中国植物保护学会成立50周年庆祝大会暨2012年学术年会

# 植保科技创新与现代农业建设

吴孔明　主编

中国农业科学技术出版社

**图书在版编目（CIP）数据**

植保科技创新与现代农业建设／吴孔明主编．—北京：
中国农业科学技术出版社，2012.10
ISBN 978 - 7 - 5116 - 1086 - 7

Ⅰ．①植…　Ⅱ．①吴…　Ⅲ．①植物保护 - 学术会议 -
文集　Ⅳ．①S4 - 53

中国版本图书馆 CIP 数据核字（2012）第 222341 号

责任编辑　　徐　毅　姚　欢
责任校对　　贾晓红　郭苗苗

出 版 者　　中国农业科学技术出版社
　　　　　　北京市中关村南大街 12 号　邮编：100081
电　　话　　（010）82109704（发行部）　　（010）82106636（编辑室）
　　　　　　（010）82109703（读者服务部）
传　　真　　（010）82106631
网　　址　　http://www.castp.cn
经 销 者　　新华书店北京发行所
印 刷 者　　北京富泰印刷有限责任公司
开　　本　　787 mm×1 092 mm　1/16
印　　张　　41.75
字　　数　　1 000 千字
版　　次　　2012 年 10 月第 1 版　2012 年 10 月第 1 次印刷
定　　价　　120.00 元

# 前　言

　　2012 年是中国植物保护学会成立 50 周年。中国植物保护学会十届三次理事会和十届六次常务理事会扩大会研究决定，将于 2012 年 10 月在北京隆重召开"中国植物保护学会成立五十周年庆祝大会"，并与"2012 年学术年会"同时举行。本次大会还将与农业部种植业管理司、全国农业技术推广服务中心联合召开"农作物重大病虫科学防控高层论坛"。这将是我国植物保护领域内容丰富、热烈欢庆、和谐团结的科技盛会。

　　2012 年学术年会主题是"科学防控病虫、持续减轻危害、保障粮食安全"。2012 年中央一号文件明确指出"农业科技是确保国家粮食安全的基础支撑，是加快现代农业建设的决定力量"，并明确提出"大力加强有害生物控制、生物安全和农产品安全等方面基础研究，突破一批重大基础理论和方法"，"大力支持在关键农时、重点区域开展防灾减灾技术指导和生产服务，加快推进农作物病虫害专业化统防统治，完善重大病虫疫情防控支持政策"。本届学术年会将围绕主题开展活动。农业部余欣荣副部长将应邀莅临大会，并发表题为"科学防控病虫灾害，保障国家粮食安全"的重要讲话。大会还将邀请 8 位两院院士和国外科学家作大会主题报告，并将在"第五届全国园艺作物病虫害预防与控制"、"生物防治技术及其应用策略"、"农药与食品安全"、"植物病害成灾机理与综合治理"、"农业害虫及草鼠害成灾机理与综合治理" 5 个分会场，邀请参加"农作物重大病虫科学防控高层论坛"以及在有关研究领域取得显著成绩的专家作专题报告。为了加强中国植物保护学会与国际植保科学协会（IAPPS）的科技交流，学会将与 IAPPS 联合主办"国际学术交流分会场——第一届国际水稻病虫害综合治理新策略研讨会"。

　　在中国植物保护学会各分支机构和各省、自治区、直辖市植物保护学会以及广大植保科技工作者的大力支持下，本届年会论文集将在会前正式出版。由于时间紧，编辑工作量大，编委会本着文责自负的原则对作者投文未作修改。错误之处，请读者批评指正。

　　祝贺中国植物保护学会五十华诞！

编　者<br>二〇一二年十月

# 目 录

## 大会报告

## 研 究 论 文

# 研究简报及摘要

# 大会报告

# The Challenge of Integrating Plant Protection Strategies and Tactics in a Changing World

Geoff Norton *

(*Queensland Alliance for Agriculture and Food Innovation The University of Queensland, Brisbane, Queensland* 4072, *Australia*)

Plant protection scientists face a number of challenges in the future in developing technologies, strategies and tactics to reduce the crop and food losses due to pests, particularly insect pests, diseases and weeds. Since the pressure to increase food production to feed an increasing world population is likely to lead to more intensive crop production systems, this, in turn, can result in an increase in the problems associated with existing pests and to the development of new pest problems. The expected consequences of climate change will bring about additional changes in pest attack: directly, by causing more variable weather conditions and increasing the suitability of the crop environment to certain pests, andindirectly, through further changes that farmers make to their crop production systems and ecosystems in response to climate change. Other pressures associated with increasing scarcity of water resources, phosphates and nitrogen can be expected to cause further impacts on crop production systems and pest problems.

On the other hand, future technological developments in crop breeding will enhance genetic resistance to targeted pests and new chemical and bio-pesticide products will be developed aimed at reducing future pest attack and crop loss. However, experience over the past 50 years has shown that reliance on single treatment solutions can often be short-lived, particularly due to the breakdown of varietal resistance or pest resurgence due to destruction of natural enemies. In these circumstances, the design and implementation of regional varietal and pesticide deployment strategies and their integration with other control methods, including the conservation and enhancement of natural control agents, has been needed to improve the effectiveness and longevity of these technologies.

Past experience has also shown that designing integrated pest management strategies without accounting for those on-farm factors that influence their feasibility, suitability, and economic performanceare unlikely to be widely adopted. Similarly, the operation of off-farm agencies engaged in marketing, regulation and providing information and training programs can have an important influence on the success or failure of integrated plant protection strategies.

One of the main challenges facing plant protection in the future therefore is how to combine

---

* E-mail: G. Norton@ uq. edu. au

research, development and implementation activities in a way that enables crop productivity to be increased while maintaining the resilience of cropping systems to pest attack. An integrated plant protection strategy aimed at achieving this outcome will require improved decision making at many levels during the process of developing and implementing plant protection measures. The paper describes the arguments for this broader approach to plant protection, including the need to identify future changes in those variables that affect the incidence of pests, the damage they cause, and that influence our response to future pest problems. The paper discusses some of the analytical and stakeholder workshop techniques that can be used to help achieve this more integrated approach to plant protection.

## Key References

Norton, G. A. and Mumford, J. D. (Eds) (1993). Decision Tools for Pest Management. CAB International, Wallingford.

Norton, G A; Adamson, D; Aitken, L G; Bilston, L J; Foster, J; Frank, B and Harper, J K (1999). Facilitating IPM: The Role of Participatory Workshops. International Journal of Pest Management 45, 85-90

Walker, B and Salt, D (2006) Resilience Thinking: Sustaining Ecosystems and People in a Changing World. Island Press, USA.

# Predicting Plant Disease Epidemics: A Case Study with Fusarium Head Blight of Wheat

Laurence V. Madden    Gareth Hughes and Neil McRoberts *

(*First author (corresponding author): Department of Plant Pathology, Ohio State University, Wooster, OH 44691 USA. Email: MADDEN. 1@ OSU. EDU. Second author: Scottish Agricultural College, The King's Buildings, Edinburgh EH9 3JG Scotland. Third author: University of California, Davis, CA 95616, USA.*)

One of the greatest contributions of plant disease epidemiology is in the development, testing, and optimization of disease prediction (or forecasting) systems. Numerous prediction systems have been developed for many crops around the world, and several of these are used routinely in disease management. In making predictions about possible epidemic outbreaks (or the need for control interventions), there are, at a minimum, two possibilities: 1) predicting an epidemic, or 2) predicting a non-epidemic (i. e. , predicting that no epidemic will occur) . Each prediction, which is really a decision, can be correct or incorrect, which leads to four possible outcomes. With results from a sample of epidemics and non-epidemics, one can thus determine the: 1) true positive proportion (proportion of true epidemics correctly predicted; known as sensitivity or TPP); 2) true negative proportion (proportion of true non-epidemics correctly predicted; known as specificity or TNP); 3) false positive proportion (proportion of true non-epidemics incorrectly predicted to be epidemics; FPP); and 4) false negative proportion (proportion of true epidemics incorrectly predicted to be non-epidemics; FNP) . These proportions, which are estimates of conditional probabilities of correct and incorrect decisions, define the accuracy of a plant disease predictor. Given the (fixed) costs of incorrect decisions and the prior probability of an epidemic (estimated, for example, by the overall prevalence of epidemics in a given region, or the overall prevalence of the need to control a disease in a given area over multiple years), the Expected Cost of disease prediction (EC) can be estimated. Using a Regret Graph of Hilden and Glasziou and the Skill/Value function of Briggs and Ruppert, which are both partly based on EC, one can determine if disease prediction is more or less cost effective relative to: 1) always predicting an epidemic; or 2) always predicting a non-epidemic. The Skill/Value function can further be used to choose the threshold (or cut-off) of a predictor variable for the risk of an epidemic (e. g. , hours of high relative humidity) that minimizes the expected (long-term) cost of using the prediction system. These concepts will be explained using a field-crop disease example. Additional details can be found in Phytopathology 101: 654-665 (2011) .

---

\* E-mail: madden. 1@ osu. edu.

# Current Situation and Future Prospects of Plant Defense Activators for Rice Disease Control

Noriharu Ken Umetsu*

(*Otsuka Chemical Co. Lt. / Nodai Research Center, Tokyo University of Agriculture*
*615 Hanamen, Satoura-cho, Naruto, Tokushima 772-8601, Japan*)

Plant defense activators (PDAs) are chemicals, which induce a systemic acquired resistance (SAR) of plants against pathogen attack. Although PDAs have no direct antimicrobial activities, they protect plants from a wide range of plant pathogens, and have low risk of developing resistance of pathogen. During past over 35 years many different kinds of PDAs were designed and synthesized mainly on the basis of organic synthesis-approaches for agricultural use, particularly for rice disease control. It has been proved that PDAs show no or minimum biocidal activity and therefore have good environmental safety and significantly reduced risk to non-target organisms.

The first PDA of practical use is probenazole (PBZ) followed by acibenzolar-S-methyl (BTH), tiadinil, isotianil and PRDA-003 (fluoro-thiazole-ester). PBZ was discovered during *in vivo* screening for rice blast protectants, and currently has registrations on various diseases for over 10 crops, though a major use is for rice blast. BTH was found by a special screening technique, which measures the infected leaf area of cucumber plants sprayed with Anthracnose spore suspension. Other 3 PDAs were probably found by more or less utilizing the structural information of BTH. Farmers in Japan, Korea and other countries have been successfully used PDAs for rice blast control for a long time. Biological activities of PDAs and their application for control of plant disease as well as advantages and disadvantages of PDAs will be discussed. Some of the PDAs were proved to control soilborne disease. Of interest is that a foliar spray of validamycin A controls soilborne wilt caused by *Fusarium oxysporum*.

Extensive studies on the site of action of PDAs in the signal transduction pathway have shown that PBZ and validamycin A stimulate the SAR signaling pathway at upstream of salicylic acid accumulation, while BTH, tiadinil and isotianil at downstream of the pathway. Recently, efforts to discover novel and useful PDAs have been conducted based on the knowledge of defense genes and signal transduction pathways of disease-resistance. A high-throughput screening for PDAs and other related studies will be also introduced.

---

\* E-mail: ken-umetsu@ otsukac. co. jp

Probenazole    BTH    Tiadinil    Isotianil    PRDA-003

## Key References

Invited speech at the Special symposium, APS-IPPC Joint Meeting Honolulu, Hawaii, August 9, 2011

# 菌传小麦病毒病的研究现状[*]
## ——从宏观病害防控到微观致病机理

陈剑平[**]

（浙江省农业科学院病毒学与生物技术研究所，杭州　310021）

**摘　要：** 小麦黄花叶病毒（WYMV）和中国小麦花叶病毒（CWMV）是引起我国土传小麦病毒病的主要病原。自20世纪70年代开始，这些病害已成为影响我国小麦高产优质的重要制约因素之一，常年发病面积超过2 000万亩，导致减产100万t以上。近年来随着大型农机具跨区作业，促进病害传播蔓延。2008年至今，我们实验室连续5年调研表明土传小麦病毒病在冬麦区的发生逐年扩大。由于菌传病毒病的传播介体为土壤习居菌——禾谷多黏菌。此类真菌分布广泛，寄主范围广，生命力强，厚壁休眠孢子可在极端逆境中长时间存活。因而，生产中化学农药及轮作等农事操作无法有效控制菌传病毒病的传播。目前，最有效的防控技术是以种植抗病品种为主，适当结合追施化肥、调整播期等农事操作。

我国菌传病毒病主要分布在黄淮、长江中下游等冬小麦种植区。此区是我国小麦单产最高的种植区，其气候特点温度适宜，雨水充足有时有涝灾发生。而菌传病毒病暴发流行的主要气候条件是秋冬雨水充分，春季小麦返青拔节期的持续低温。当春季温度回暖，连续一周温度超过23℃时，病毒复制受到抑制，出现"隐症现象"。"隐症现象"具有很强的迷惑性，隐症之后，人们往往忽略了病害对小麦生产的影响。由于菌传小麦病毒病的发病严重影响小麦根系发展，干扰植株的营养运输，同时影响小麦正常分蘖，因此，病害对小麦后期的抗逆反应，产量、品质都有不同程度的影响。我们的研究不仅积累了大量的田间调查结果，病害发生侵染及循环特点，并且从分子生物学、细胞生物学水平详细分析了菌传小麦病毒致病性差异的分子基础，病毒的分子变异特点。鉴定了一系列与病毒致病力相关的基因，观察了病毒由根部侵染进行全株系统性扩散的途径，以及明确了基因沉默抗病途径对病毒低温复制及病症表达的影响，分析了病毒编码的病程蛋白在不同温度时对症状表达的影响，最后分析了病毒蛋白在不同温度下的表达情况，发现病毒复制、粒子组装相关蛋白在温度上升至23℃时蛋白质的稳定性发生明显变化，并对其降解途径进行了深入分析。

**关键词：** 小麦菌传病毒；病害分布；侵染循环；细胞间扩散；致病特点；分子机理

---

[*] 基金项目：国家现代农业产业技术体系（CARS-3-1）；抗病虫转基因小麦新品种培育-子课题（2008ZX08002-001）

[**] 作者简介：陈剑平，中国工程院院士，研究员；E-mail：jpchen2001@ yahoo. com. cn

# 飞蝗型变的分子调控——飞蝗行为的可塑性

康　乐*

（中国科学院动物研究所，北京　100101）

**摘　要：** 蝗灾的暴发是蝗虫由散居型向群居型转变的结果，种群密度低时产生相互回避的、善于伪装的散居型飞蝗，种群密度高时产生聚集的、迁飞的群居型飞蝗，这两种型随着种群密度的变化可以相互转化，称为飞蝗的型变。群、散两型飞蝗在行为、形态和生理等方面存在很大的差异。我们在国际上率先利用基因组学的手段，开展飞蝗型变的分子机制研究，揭示了 500 多个参与型变相关的差异基因。当研究两型转变过程中的基因表达，发现 *CSP* 和 *takeout* 基因家族通过调控嗅觉敏感性而影响飞蝗的吸引和排斥行为，启动两型间的相互转变。当研究极端两型间最大差异基因时，发现参与多巴胺合成和突触转运的基因 *pale*、*henna* 以及 *vat*1 是和飞蝗行为变化相关的关键靶基因，首次证明多巴胺代谢途径调控飞蝗两型行为和体色的维持机制。将上述两个过程综合研究，通过代谢组学技术检测两型飞蝗的代谢谱差异和型变过程的代谢谱时相变化，发现脂类代谢途径在两型飞蝗间差异显著，鉴定了二酰甘油、膜磷脂、肉碱等代谢物在群居型形成过程中起关键作用，证明了群居型蝗虫瘦长的体型以及迁飞中的能量代谢主要是靠肉碱类调控脂肪代谢实现的。最近我们的研究发现放牧活动会降低植物的含氮量，蝗虫取食这样的植物有利于蝗虫种群的生长和发育，从而导致草原蝗灾的形成。如果今后能发现植物的含氮量与群居型形成的关系，将是又一个重要的发现，对控制蝗灾具有重要意义。

**关键词：** 飞蝗；型变；行为；表型可塑性；基因组；代谢组

---

\* 作者简介：康乐，中国科学院院士，研究员；E-mail：lkang@ioz.ac.cn

# 从基础研究走向绿色农药

钱旭红[*]

（华东理工大学药物化工研究所，上海　200237）

**摘　要**：近来，在国家"绿色化学农药"973 计划项目的支持下，我们在以下几个方面取得进展：（1）虚拟筛选和化学信息学与生物信息学，新农药的分子设计学；（2）新的分子靶标和作用机理；（3）环境和毒理行为，以及高通量活体高效微量筛选；（4）基于靶标的杀虫、杀菌、抗病毒、除草、植物抗病激活新先导的发现与开发。将以若干例子简要介绍以上进展，包括农药先导和靶标，以及毒理学和结构—活性关系研究、发现和开发。

同时，随后将重点介绍本研究组的工作：

建立了基于网络和工具的数据库，发现农药先导和靶标相互作用，其已经覆盖 23 组 1 722 个农药和潜在先导，以及根据农药类型划分类别的 4 722 个潜在农药靶标。

在新类烟碱方面取得进展，发现建立了顺式类烟碱杀虫剂。严重的抗性、高蜜蜂毒性和低的鳞翅目活性是传统类烟碱杀虫剂存在的主要问题。我们提出了氢键诱导的先导与靶标 $\pi$-$\pi$ 相互作用机制和模型，用于新先导的设计，同时，提出了化学结构的顺式策略，即通过引入并环，或者大的位阻基团，强迫固定类烟碱上的硝基为顺式，从而获得五个系列、结构新颖的高活性化合物和先导。我们仔细研究了这些先导和新农药的合成、生物活性、田间药效。它们大多体现出独特的高活性，特别对抗性品系高效，毒性低或者无公害，展现了良好的应用及商业化前景或者潜力。

在含硫植物抗病激活剂方面取得进展。中国是温室大棚农业的大国，然而需要新的技术控制相应的病害。我们建立了一系列计算机辅助分子设计和实验验证方法，发现了若干新母核的植物抗病激活剂先导，它们表现出高活性和广谱性。特别例子如含氟烷氧基化的噻二唑，如氟噻唑酯等，其正成为候选农药。其本身及其代谢物没有杀菌、杀病毒、杀虫活性，而活体应用和田间试验却表明，它们具有突出的诱导植物抗病激活作用，能抗菌、抗病毒，更能通过从顶叶向下传导至根部，抗土传病害，其使用简便而高效。更重要的是，其能诱导激活植物高效的广谱抗虫活性，展现了成为生态农药的广泛前景。

**关键词**：绿色农药；先导；靶标；分子设计；农用化学品的开发

## Key References

[1] X. Shao, P. Lee, Z. Liu, X. Xu, Z. Li, X. Qian, cis-Configuration：A New Tactic/Rationale for Neonicotinoid Molecular Design, *J. Agric. Food Chem.* 2011, 59, 2 943 – 2 949.

[2] X. Shao, Z. Ye, H. Bao, Z. Li, X. Xu, Z. Li, X. Qian, Advanced Research on cis-Neonicotinoids, *Chimia*, 2011, 65, 957 – 960.

[3] X. Qian, P. Lee, S. Cao, China：Forward to the Green Pesticides via a Basic Research Program, *J. Agric. Food Chem.* 2010, 58, 2 613 – 2 623.

[4] B. Li, H. Yuan, J. Fang, L. Tao, Q. Huang, X. Qian, Z. Fan, Recent progress of highly efficient in vivo biological screening for novel agrochemicals in China, *Pest. Manag. Sci.* 2010, 66, 238 – 247.

---

* 作者简介：钱旭红，中国工程院院士；E-mail：xhqian@ecust.edu.cn，通信地址：上海市梅陇路 130 号 544 信箱，邮编：200237

# 研究论文

# 植物病害

# 链霉菌769防治水稻稻瘟病的可行性及对水稻生产的影响*

杜 茜** 张振鲁 吕宙明 李启云***

（吉林省农业科学院植物保护研究所，公主岭 136100）

**摘 要：** 本实验考察了链霉菌769对水稻稻瘟病病菌不同生理小种的拮抗作用及在育苗期769对稻瘟病菌侵染水稻幼苗的保护和对稻瘟病防治的效果。同时研究了链霉菌769对稻种发芽率、水稻生产产量和品质的影响。本实验的结果显示链霉菌769对稻瘟病的发生有明显的控制作用，通过链霉菌769的喷施，可有效地提高水稻的产量和品质。

**关键词：** 链霉菌769；稻瘟病；水稻生产

全球近1/2的人口以水稻为主食，而稻瘟病持续不断地威胁世界稻谷的供应。基于化学农药长期大量使用带来的食品安全和防效下降以及抗性品种多年种植带来的抗性丧失和稻瘟病菌生理小种发生变化等问题，为更有效地预防稻瘟病发生和控制其发展蔓延以及解决抗性治理问题，筛选高效低毒的生物农药并将其与不同农药的合理混配混用，开发新的高效制剂防治稻瘟病具有重大的经济效益、社会效益和生态效益。

链霉菌769是吉林省农业科学院1971年分离的，其代谢产物公主岭霉素主要成分包括脱水放线酮、异放线酮、奈良霉素-B、制霉菌素、苯甲酸和绿色荧光霉素6种成分，各成分具有协同增效作用，是一种自然生物合成的混合制剂。早期研究表明其具有广谱抗病效果，尤其对禾谷类黑穗病、水稻恶苗病、稻曲病的防效显著[1]。近年来研究还发现，公主岭霉素对包括水稻稻瘟病菌在内的多种植物病害的病原菌具有较高的拮抗作用[2]。同时，该菌可通过诱导水稻植株防御酶系活性的变化而增强植株的抗病性[3]。本文就链霉菌769防治水稻稻瘟病的可行性进行了初步研究，并探索了链霉菌769对水稻生产中产量和品质的影响。

## 1 试验方法

### 1.1 链霉菌769对水稻稻瘟病菌的室内抑菌效果

采用系列稀释平板法以菌丝对峙的方式测定链霉菌769对水稻稻瘟病菌菌丝生长的抑菌活力。将PDA培养基（200ml）熔化并冷却到60℃左右，加入定量生防菌发酵液，并迅速倒入培养皿，制成系列浓度的含菌平板；将在PDA培养基上培养7天的稻瘟病菌落沿边缘连续打出0.8mm直径菌片，用挑针将菌片移到含菌平板中央。置25℃黑暗条件下

* 基金项目：吉林省农科院植保所青年基金项目（zbs2010 – 01）

** 作者简介：杜茜，女，助理研究员，硕士，从事微生物农药及微生物分子生物学研究；E-mail：dqzjk@163.com

*** 通讯作者：李启云，男，研究员，博士；E-mail：qyli@cjaas.com

培养 7 天，测量菌落直径，计算抑菌百分率。各浓度处理重复 3 次。计算生防菌的抑菌活力。

## 1.2 链霉菌 769 对水稻稻瘟病菌不同生理小种稻瘟病菌的生物活性

收集稻瘟病的不同生理小种，采用菌丝对峙法考察 769 菌株对不同生理小种的生物活性。方法同 1.1。

## 1.3 链霉菌 769 对水稻稻瘟病防治效果（盆栽）

以苗盘培养水稻，播种后 14 天左右育苗期接种稻瘟病菌，24～36h 后喷施链霉菌 769 进行防治实验，接种后 5～7 天调查稻瘟病的发生情况。以吉粳 88 作为供试品种，高感品种蒙古稻作为发病监测品种。

## 1.4 链霉菌 769 对稻种发芽率的影响

以吉粳 88 作为供试品种，769 发酵培养，原液的含菌量约为 $10^7$ cfu/ml，以不同稀释浓度的发酵液浸泡稻种，考察不同含菌量的发酵液对稻种发芽率的影响。

## 1.5 链霉菌 769 喷施对水稻产量和品质的影响

在水稻生育期田间喷施链霉菌 769 菌液，第一次喷药正值水稻分蘖盛期，第 1 次喷药后每 7～10 天喷药一次，到水稻扬花期止共计喷药 5～6 次。于水稻收获期调查与水稻生产相关的产量因子和品质因子。

### 1.5.1 产量构成因子及产量

单位面积有效穗数、穗粒数、每穗实粒数、结实率、千粒重；成熟期各小区理论产量。

### 1.5.2 稻米主要品质指标测定

测定指标包括糙米率、精米率、整精米率、垩白粒率、含水量及蛋白质和淀粉含量。

## 2 实验结果

## 2.1 链霉菌 769 防治水稻的可行性研究

**图 1 链霉菌 769 对水稻稻瘟病原菌的室内抑菌效果**

（A. 不同稀释浓度；B. 不同生理小种）

### 2.1.1 链霉菌 769 对水稻稻瘟病菌的拮抗作用

以不同稀释倍数的发酵原液（浓度约为 $1 \times 10^7$ cfu/ml）测定链霉菌 769 对稻瘟病菌

的拮抗作用，在发酵原液稀释到 $5 \times 10^5$ cfu/ml 的情况下，仍可以 100% 抑制稻瘟病菌的生长。利用从吉林省吉林、延边、松原、通化、四平、长春等地区采集到的 10 个不同的生理小种，以番茄炭疽病菌作为活性指示菌，以 105 的发酵原液稀释浓度（浓度约为 $1 \times 10^2$ cfu/ml）室内平板拮抗实验表明，链霉菌 769 对稻瘟病菌的不同生理小种亦表现出了极强的拮抗活性，拮抗率为 100%。表明链霉菌 769 对稻瘟病菌的抑菌作用无生理小种的偏好。

### 2.1.2　链霉菌 769 对苗期水稻稻瘟病的防治作用

**表 1　链霉菌 769 对育苗期稻瘟病发生的防治（吉粳 88）**

| 实验处理 | 样本数 | 平均病斑数 | 标准误 | 对照品种平均病斑数 | 差异显著性分析 |
|---|---|---|---|---|---|
| 对照 | 16 | 6 | 0.7012 | 32 | a A |
| 32h 后喷施 | 16 | 3 | 0.4990 | 15 | b B |
| 16h 后喷施 | 16 | 2 | 0.6581 | 11 | b B |

育苗期以稻瘟病菌接种，人工保湿，对照处理产生稻瘟病特征病斑数为 6 个，而在人工接种 16h 后喷施链霉菌 769 出现的特征病斑数为 2 个，在接种 32h 后喷施链霉菌 769，出现的稻瘟病特征病斑数为 3 个，相对应的高感品种出现的特征病斑数分别为 32 个、11 个、16 个。喷施链霉菌 769 后可显著地降低稻瘟病的特征病斑，从而有效地防止稻瘟病的发生，而且早期喷施比较晚喷施更有效。

## 2.2　链霉菌 769 对水稻生长的影响

### 2.2.1　链霉菌 769 对稻种发芽率的影响

**表 2　769 发酵液浸种对稻种发芽率的影响（吉粳 88）**

| 含菌量（cfu/ml） | 样本数 | 发芽率 | 差异显著性分析 |
|---|---|---|---|
| $10^7$ | 5 | 0.66 ± 0.0243 | c B |
| $10^5$ | 5 | 0.9 ± 0.0046 | b A |
| $10^4$ | 5 | 0.95 ± 0.0086 | a A |
| $10^3$ | 5 | 0.90 ± 0.0079 | b A |
| 清水对照 | 5 | 0.91 ± 0.0088 | b A |

在 $10^4$ cfu/ml 的数量级菌量处理下的稻种有最大的发芽率，$10^4$ cfu/ml 的菌量处理稻种，种子的发芽率与清水对照无显著差异，但是清水处理下的芽长较短，即 $10^4$ cfu/ml 的菌量处理稻种后芽的生长速度会显著的加快。$10^3$ cfu/ml 以上稀释使用浓度，发芽率与清水对照无显著差异，芽长也无显著差异。高浓度的 769 发酵液可以抑制种子发芽，以 $10^7$ cfu/ml 浸种的种子发芽极显著的低于清水对照。

### 2.2.2 链霉菌 769 对稻米产量的影响

**表3　769 喷施对水稻稻米产量的影响（2011，农大 828）**

| 含菌量<br>（cfu/ml） | 每穴成<br>株数 | 每穴穗数 | 成穗率<br>（%） | 每穗粒数 | 每穗实<br>粒数 | 结实率<br>（%） | 千粒重<br>（g） | 理论亩产量<br>（kg/667m²） |
|---|---|---|---|---|---|---|---|---|
| 对照 | 18.54 | 16.77 | 90.45 | 110.52 | 101.79 | 92.10 | 22.51 | 640 |
| 药剂 | 20.83 | 18.08 | 86.78 | 106.50 | 100.22 | 94.10 | 23.08 | 697 |
| $10^6$ | 19.16 | 17.35 | 90.55 | 121.46 | 112.48 | 92.61 | 23.05 | 750 |
| $10^5$ | 19.03 | 17.213 | 90.45 | 114.82 | 101.87 | 88.72 | 22.65 | 662 |
| $10^4$ | 20.09 | 18.097 | 90.08 | 113.62 | 103.36 | 90.97 | 22.12 | 690 |
| $10^3$ | 20.43 | 18.06 | 88.40 | 104.54 | 97.65 | 93.41 | 22.53 | 662 |
| $10^2$ | 18.63 | 16.32 | 87.60 | 104.46 | 101.44 | 97.11 | 22.94 | 633 |

$10^4$ cfu/ml 的喷施浓度对水稻的分蘖有较大的影响，可提高水稻的分蘖数。而 $10^6$ cfu/ml 的喷施浓度对水稻的成穗影响较大，使得水稻的成穗率、穗粒数、结实率和千粒重都有较大幅度的提高，从而显著提高水稻的产量。以种植密度 20cm×20cm 计算，$10^6$ cfu/ml 喷施浓度下的理论亩产量可达到 750kg，比化学药剂处理亩产量高 53kg，比清水对照高 110kg。$10^4$ cfu/ml 喷施浓度下的理论亩产量可达到 690kg，与化学药剂防治的产量相当，但却避免了化学农药的使用。

### 2.2.3 链霉菌 769 对稻米品质的影响

**表4　769 喷施对水稻稻米品质的影响（2011，农大 828）**

| 含菌量<br>（cfu/ml） | 糙米率<br>（%） | 精米率<br>（%） | 整精米率<br>（%） | 垩白粒率<br>（%） | 水分<br>（%） | 蛋白质 | 淀粉 | 食味值 |
|---|---|---|---|---|---|---|---|---|
| 对照 | 75.5 | 63.81 | 18.49 | 5.63 | 10.06 | 6.02 | 16.89 | 78.6 |
| 药剂 | 74.5 | 63.13 | 17.49 | 8.14 | 9.96 | 6.06 | 17.21 | 76.6 |
| $10^6$ | 74.4 | 63.73 | 18.4 | 7.56 | 9.68 | 6.37 | 17.12 | 76.2 |
| $10^5$ | 75.3 | 63.82 | 25.26 | 8.72 | 9.68 | 6.33 | 17.22 | 78.2 |
| $10^4$ | 75.1 | 63.57 | 28.23 | 4.86 | 10.27 | 6.41 | 16.82 | 77.4 |
| $10^3$ | 75.3 | 62.94 | 23.69 | 6.27 | 10.1 | 6.34 | 17.17 | 78.9 |
| $10^2$ | 74.5 | 61.92 | 14.73 | 6.29 | 9.2 | 6.29 | 17.44 | 77.3 |

链霉菌 769 喷施对水稻品质影响较大的几个品质因子包括整精米率，垩白粒率和蛋白质的积累，其中，以 $10^4$ cfu/ml 的喷施浓度影响最为显著，分别与对照相差了 52.67%、13.68%、6.48%。各喷施浓度的淀粉含量和食味值最高值与最低值相差不大。

## 3 结论和讨论

链霉菌 769 对稻瘟病的拮抗作用明显，并可以明显抑制稻瘟病的特征病斑的形成。链霉菌 769 的幼苗期以 $10^4$ cfu/ml 为最佳喷施浓度，可促进幼苗的分蘖，高浓度的菌液会抑制种子的发芽和幼苗生长，但在水稻分蘖结束后 $10^6$ cfu/ml 的喷施浓度更有助于水稻的结实和灌浆，对水稻增产有显著效果。

稻米是一个有机整体，米的主要营养成分是淀粉和蛋白质，它们的种类与数量决定了稻米的品质。垩白、粒形、蛋白质含量、直链淀粉含量等 4 个主成分的累计贡献率为 76.7%[4]。整精米率是整精米重量占稻谷重量的百分率。垩白是指稻米中白垩不透明的部分，还容易使稻谷在碾米过程中产生碎米。适当浓度的链霉菌 769 的喷施可以有效地提高稻谷的整精米率，降低垩白粒率，并可提高蛋白质的含量，实验表明链霉菌 769 的喷施可以提高稻米的品质。

链霉菌 769 的使用可以有效的降低化学农药对环境的污染，同时可以起到促进生长、增产和提高品质的效果。不同的菌液浓度会对水稻生长产生不同的影响，该结果产生的有待于进一步验证和对其机理进行探究。

**参考文献**

［1］岳德荣．胡吉成文集［M］．长春：吉林科学技术出版社，2006.

［2］张红丹，杜茜，张正坤，等．放线菌769抑菌谱及液体培养生长曲线的测定［J］．中国植保导刊，2010，30（7）：5－9.

［3］隋丽，徐文静，杜茜，等．放线菌769发酵液对水稻体内主要防御酶活性的影响［J］．吉林农业大学学报，2009，31（4）：382－384，389.

［4］姜文洙，刘宪虎，许明子，等．延边地区稻米品质的评价与分析［J］．延边大学农学学报，2001，23（2）：116－121.

# 自然诱发观察杂交水稻对南方水稻黑条矮缩病抗性

龚朝辉[1]*　　龚航莲[2]**　　何　丹[3]***

（1. 江西省萍乡市农技站，萍乡　337000；2. 江西省萍乡市植保站，萍乡　337000；

3. 上栗县植保站，萍乡　337009）

**摘　要**：本文通过 2010～2012 年自然诱发观察早、中、晚稻杂交水稻抗南方水稻黑条矮缩病抗性，结果表明，2010 年 30 个杂交水稻品种表现抗病 18 个，高抗 1 个，高感 11 个。2011 年表现抗病 1 个，其余 29 个品种为高抗。2012 年表现高抗 13 个，抗病 17 个。自然诱发抗病性鉴定方法简明、便捷、直观，便于操作。是开展抗病育种及筛选抗性强高产优质杂交水稻品种供大面积推广应用的一种简捷方法。

**关键词**：自然诱发；抗南方水稻黑条矮缩病；杂交水稻品种；抗性鉴定

南方水稻黑条矮缩病（Southern rice black-stveaked dwarf，SRBSDV）属呼肠孤病毒科（Reociridae）斐济病毒属（*Fijirus*）。2001 年在广东阳西首次发现，目前该病毒病的发生地涉及国内的海南、广东、广西、湖南、江西、江浙以及国外的越南等（Zhou 等，2008；Haetat，2009；陈卓等，2010；郭荣，2010；刘万才等，2010；张松柏等，2010；周倩等，2010）。据萍乡市植保植检站统计：萍乡市 2009 年水稻只零星发病，发病面积 670hm$^2$，2010 年该病在萍乡市大暴发，发病面积达 3 万 hm$^2$。

现已确定白背飞虱 *Sogatella furcifera*（Horvath）（WBPH）为传播该病毒的主要介体（Zhou 等，2008；郭荣等，2010；曹杨等，2011）。为了测定萍乡市水稻主栽的杂交水稻对南方水稻黑条矮缩病的抗性，从 2010～2012 年应用灯光诱集白背飞虱在杂交水稻抗性试验田内观察主栽杂交水稻对南方水稻黑条矮缩病抗性。以筛选抗性强高产优质杂交水稻品种供萍乡市大面积推广应用。

## 1　材料与方法

### 1.1　供试水稻材料

湖南隆平种业公司提供的早稻杂交品种有陵两优 611、陵两优 32、陵两优 164、陵两优 942、隆平 001、丁优 898、金优 10 以及萍乡市种子局提供的金优 458、涂鑫 203、金优 463、先农 20 号、金优 039。隆平种业公司提供的中稻杂交品种有 Y 两优 1 号、两优 1128、C 两优 608、准两优 608、准两优 0293、准两优 527、II优 416，萍乡市种子局提供的丰两优 4 号、内 5 优 8015、丰两优香一号、Y 两优 9981。隆平种业公司提供的晚稻杂交品种有丰优 210、岳优 6135、丰优 191、丰两优 2297、丰优 299、金优 207、陵优 207、丰两优 227、丰优 9 号、H

---

　　* 作者简介：龚朝辉，男，学士学位，农艺师，长期从事病虫综合治理；QQ：26537383

　** 通讯作者：龚航莲；E-mail：ghl1942916@sina.com

*** 何丹，女，学士学位，硕士研究生，从事分子植物病理学研究；E-mail：wedan0214@yahoo.com.cn

优15，萍乡市种子局提供的深优957、天优2168、丰两优晚三、天优华占。

## 1.2 方法

### 1.2.1 杂交水稻品种对南方水稻黑条矮缩病抗性评价

参照陈卓、宋宝安等对南方水稻黑条矮缩病品种抗（耐）性初步分析方法进行。拔节后感染南方水稻黑条矮缩病的水稻有一重要病理指标，即植株明显矮化。在既往水稻病毒病发病情况调查研究中，往往在水稻抽穗后进行调查，其判断中指标涉及植株高低，穗粒多少和大小等。为尽早对水稻品种抗（耐）病情况进行分析以及便于田间大量样本的调查，对指标进行了简化，即测量健康植株和发病植株高度。以正常植株高度为基准，对分级标准进行了定义：0级，全株无病；1级，植株无明显矮化，高度比健株矮20%以内；3级，植株矮化，高度比健株矮20%～35%；5级，植株严重矮化，高度比健株矮35%～50%；7级，植株严重矮缩，高度比植株矮50%以上，或者死亡（陈卓等，2010）。在此基础上我们增加第九级，详见表1。

表1　水稻品种抗南方水稻黑条矮缩病鉴定评价标准

| 抗性级别 | 为害症状 | 抗性水平 |
|---|---|---|
| 0级 | 全株无病 | 免疫（1） |
| 1级 | 植株无明显矮化，高度比健株矮20%以内 | 高抗（HR） |
| 3级 | 植株矮化，高度比健株矮20%～30% | 抗病（R） |
| 5级 | 植株严重矮化，高度比健株矮30%～40% | 中抗（MR） |
| 7级 | 植株严重矮缩，高度比健株矮40%～50% | 感病（S） |
| 9级 | 植株严重矮缩，高度比健株矮50%以上或者死亡 | 高感（HS） |

### 1.2.2 实验小区设计

试验分早稻、中稻、晚稻3个试验区，每个试验区选择大面积推广使用的杂交水稻品种10个，重复3次，30个小区，每小区面积为20m²，随机区组排列。试验区在萍乡市连陂病虫观察区，早稻安排在4月5日播种，5月5日移栽。中稻安排在5月15日播种，6月15日移栽。晚稻安排在6月1日播种，7月1日移栽。稻田基肥：六国复合肥40kg/667m²，钾肥20kg/667m²，磷肥30kg/667m²，返青期追肥，尿素15kg/667m²，常规管水。

### 1.2.3 试验田装黑光灯诱集白背飞虱

分别在早稻、中稻、晚稻试验田左右两边各安装一盏30瓦黑光灯，以诱集白背飞虱。秧田期在秧苗二叶一心开始装灯，移栽田在移栽后5天开始装灯，每2天普查一次，秧田以每平方尺有白背飞虱成虫8～10只，移栽田以累计每丛禾有白背飞虱成虫10～15只后停止诱虫。萍乡入迁白背飞虱，历年从4月下旬至7月上旬入迁高峰期，试验田装黑光灯诱集，解决了试验田白背飞虱入迁扩散和传毒问题。

## 1.3 数据分析

采用DPS统计软件进行数据分析。

# 2 结果与分析

## 2.1 2010年抗病性鉴定结果

2010年对早、中、晚稻30个主栽品种抗病性鉴定结果见表2、表3、表4，结果表明，对南方水稻黑条矮缩病表现为抗病（R）有 T 优 898、株两优 99、金优 213、欣荣优205、金优 476、陵两优 611、陵两优 32、隆平 001、金优 458、涂鑫 203、隆平 305、两优1128、Ⅱ优 416、丰优 210、丰优 191、陵优 207、丰优 9 号、H 优 15 等 18 个品种。表现为高抗（HR）有 Y 两优 1 号。表现为高感（HS）有 T 优 111、培优 1993、准两优 527、T 优 141、丰两优 4 号、丰两优香 1 号、丰两优 299、金优 207、岳优 6135、丰两优 227、丰两优 2297 等 11 个品种。

## 2.2 2011 年抗病性鉴定结果

2011 年对早、中、晚稻 30 个主栽品种抗病性鉴定结果见表 5、表 6、表 7，结果表明，只有宜香 725 病株率 0.5% ~ 0.8% 表现为抗病（R），其余 29 个主栽品种全部为高抗（HR）。

## 2.3 2012 年抗病性鉴定结果

2012 年对早、中、晚稻 30 个主栽品种抗病性鉴定结果见表 8、表 9、表 10，结果表明，对南方水稻黑条矮缩病表现为高抗（HR）有陵两优 32、陵两优 164、陵两优 942、隆平 001、T 优 898、金优 10、金优 458、涂鑫 203、先农 20 号、Ⅱ优 416、丰优 299、金优 207、H 优 15 等 13 个品种。表现为抗病（尺）有陵两优 611、两优 1128、Y 两优 1 号、C 两优 608、准两优 608、准两优 0293、准两优 527、丰两优 4 号、丰两优香一号、Y 两优9918、丰优 210、岳优 6135、丰优 191、丰两优 2297、陵优 207、丰优 227、丰优 9 号等17 个品种。

**表 2 2010 年自然诱发观察杂交水稻抗南方水稻黑条矮缩病抗性（早稻）**

| 品种 | 重复 | 诱发病情 | | | | | | | 病株率（%） | 平均病株率（%） | 病情指数 | 平均病情指数 | 抗性评价 |
|---|---|---|---|---|---|---|---|---|---|---|---|---|---|
| | | 总数 | 0 级 | 1 级 | 3 级 | 5 级 | 7 级 | 9 级 | | | | | |
| T 优 898 | 1 | 398 | 394 | 4 | 0 | 0 | 0 | 0 | 1.0 | | 0.1 | | |
| | 2 | 406 | 404 | 2 | 0 | 0 | 0 | 0 | 0.5 | 1.5 | 0.1 | 0.8 | R |
| | 3 | 412 | 400 | 1 | 1 | 2 | 0 | 8 | 2.9 | | 2.3 | | |
| 株两优 99 | 1 | 385 | 375 | 1 | 0 | 0 | 0 | 9 | 2.6 | | 2.4 | | |
| | 2 | 405 | 397 | 3 | 1 | 1 | 3 | 0 | 1.9 | 2.1 | 0.9 | 1.6 | R |
| | 3 | 414 | 407 | 1 | 0 | 1 | 0 | 5 | 1.7 | | 1.4 | | |
| 金优 213 | 1 | 407 | 396 | 5 | 0 | 0 | 6 | 0 | 2.7 | | 1.3 | | |
| | 2 | 412 | 397 | 4 | 2 | 1 | 0 | 8 | 3.6 | 3.2 | 2.3 | 1.9 | R |
| | 3 | 397 | 384 | 2 | 4 | 0 | 0 | 7 | 3.3 | | 2.2 | | |
| 欣荣优 205 | 1 | 389 | 387 | 2 | 0 | 0 | 0 | 0 | 0.5 | | 0.1 | | |
| | 2 | 404 | 400 | 4 | 0 | 0 | 0 | 0 | 1.0 | 1.4 | 0.1 | 0.7 | R |
| | 3 | 413 | 402 | 2 | 1 | 0 | 0 | 7 | 2.7 | | 2.0 | | |
| 金优 476 | 1 | 408 | 405 | 1 | 0 | 0 | 0 | 1 | 0.7 | | 0.4 | | |
| | 2 | 410 | 406 | 1 | 1 | 2 | 0 | 0 | 1.0 | 0.9 | 0.4 | 0.4 | R |
| | 3 | 394 | 390 | 3 | 0 | 0 | 1 | 0 | 1.0 | | 0.3 | | |
| 陵两优 611 | 1 | 402 | 395 | 1 | 0 | 0 | 0 | 6 | 1.7 | | 1.5 | | |
| | 2 | 394 | 392 | 1 | 0 | 0 | 1 | 0 | 0.5 | 1.2 | 0.2 | 0.9 | R |
| | 3 | 406 | 400 | 1 | 0 | 1 | 4 | 0 | 1.5 | | 0.9 | | |

（续表）

| 品种 | 重复 | 诱发病情 | | | | | | | 病株率（%） | 平均病株率（%） | 病情指数 | 平均病情指数 | 抗性评价 |
|---|---|---|---|---|---|---|---|---|---|---|---|---|---|
| | | 总数 | 0级 | 1级 | 3级 | 5级 | 7级 | 9级 | | | | | |
| 陵两优32 | 1 | 388 | 386 | 2 | 0 | 0 | 0 | 0 | 0.5 | | 0.1 | | |
| | 2 | 411 | 407 | 4 | 0 | 0 | 0 | 0 | 1.0 | 1.4 | 0.1 | 0.7 | R |
| | 3 | 398 | 387 | 2 | 1 | 1 | 0 | 7 | 2.8 | | 2.0 | | |
| 隆平001 | 1 | 414 | 413 | 3 | 0 | 0 | 0 | 0 | 0.7 | | 0.1 | | |
| | 2 | 406 | 399 | 1 | 2 | 0 | 4 | 0 | 1.7 | 1.3 | 0.9 | 0.6 | R |
| | 3 | 397 | 391 | 2 | 0 | 1 | 0 | 3 | 1.5 | | 1.0 | | |
| 金优458 | 1 | 387 | 378 | 1 | 0 | 0 | 0 | 8 | 2.3 | | 2.1 | | |
| | 2 | 404 | 394 | 2 | 1 | 1 | 4 | 2 | 2.5 | 2.1 | 2.1 | 1.8 | R |
| | 3 | 413 | 407 | 1 | 0 | 1 | 0 | 4 | 1.5 | | 1.1 | | |
| 涂鑫203 | 1 | 412 | 402 | 1 | 1 | 0 | 0 | 8 | 2.4 | | 2.0 | | |
| | 2 | 406 | 398 | 3 | 0 | 1 | 2 | 2 | 2.2 | 2.0 | 1.1 | 1.4 | R |
| | 3 | 401 | 395 | 1 | 0 | 1 | 0 | 4 | 1.5 | | 1.2 | | |

**表3　2010年自然诱发观察杂交水稻抗南方水稻黑条矮缩病抗性（中稻）**

| 品种 | 重复 | 诱发病情 | | | | | | | 病株率（%） | 平均病株率（%） | 病情指数 | 平均病情指数 | 抗性评价 |
|---|---|---|---|---|---|---|---|---|---|---|---|---|---|
| | | 总数 | 0级 | 1级 | 3级 | 5级 | 7级 | 9级 | | | | | |
| 隆平305 | 1 | 402 | 387 | 4 | 3 | 2 | 1 | 5 | 3.7 | | 2.1 | | |
| | 2 | 409 | 398 | 5 | 0 | 3 | 2 | 1 | 2.7 | 3.6 | 1.2 | 2.2 | R |
| | 3 | 385 | 368 | 1 | 3 | 2 | 3 | 8 | 4.4 | | 3.3 | | |
| T优111 | 1 | 410 | 321 | 12 | 11 | 35 | 16 | 15 | 21.7 | | 12.7 | | |
| | 2 | 408 | 349 | 10 | 4 | 22 | 13 | 10 | 14.5 | 20.1 | 8.5 | 10.9 | HS |
| | 3 | 396 | 300 | 14 | 9 | 38 | 17 | 18 | 24.2 | | 11.6 | | |
| Y两优1号 | 1 | 414 | 414 | | | | | | | | | | |
| | 2 | 407 | 407 | 0 | 0 | 0 | 0 | 0 | 0 | 0 | 0 | 0 | HR |
| | 3 | 399 | 399 | | | | | | | | | | |
| 培优1993 | 1 | 394 | 302 | 11 | 3 | 40 | 20 | 18 | 23.4 | | 14.7 | | |
| | 2 | 407 | 353 | 9 | 1 | 20 | 15 | 9 | 13.3 | 17.5 | 8.1 | 11.5 | HS |
| | 3 | 412 | 309 | 15 | 6 | 42 | 19 | 21 | 25.0 | | 11.7 | | |
| 准两代527 | 1 | 402 | | | | | 87 | 315 | | | 95 | | |
| | 2 | 398 | 0 | 0 | 0 | 0 | 15 | 383 | 100 | 100 | 99 | 98 | HS |
| | 3 | 413 | | | | | | 413 | | | 100 | | |
| T优141 | 1 | 409 | 333 | 11 | 9 | 31 | 12 | 13 | 18.9 | | 10.7 | | |
| | 2 | 411 | 365 | 6 | 3 | 19 | 10 | 8 | 11.2 | 16.6 | 6.8 | 9.6 | HS |
| | 3 | 389 | 312 | 12 | 7 | 29 | 13 | 16 | 19.8 | | 11.3 | | |

（续表）

| 品种 | 重复 | 诱发病情 | | | | | | | 病株率（%） | 平均病株率（%） | 病情指数 | 平均病情指数 | 抗性评价 |
|---|---|---|---|---|---|---|---|---|---|---|---|---|---|
| | | 总数 | 0级 | 1级 | 3级 | 5级 | 7级 | 9级 | | | | | |
| 两优1128 | 1 | 392 | 384 | 2 | 0 | 4 | 2 | 0 | 2.0 | | 1.0 | | |
| | 2 | 413 | 400 | 3 | 1 | 1 | 3 | 5 | 3.1 | 2.6 | 2.1 | 1.3 | R |
| | 3 | 404 | 392 | 5 | 0 | 1 | 4 | 2 | 2.9 | | 0.8 | | |
| Ⅱ优416 | 1 | 408 | 391 | 3 | 1 | 6 | 4 | 3 | 4.2 | | 2.5 | | |
| | 2 | 413 | 400 | 4 | 2 | 0 | 5 | 2 | 3.1 | 3.9 | 1.7 | 2.2 | R |
| | 3 | 394 | 376 | 7 | 0 | 2 | 6 | 3 | 4.6 | | 2.4 | | |
| 丰两优4号 | 1 | 387 | 262 | 61 | 10 | 2 | 8 | 42 | 31.8 | | 18.2 | | |
| | 2 | 406 | 279 | 55 | 19 | 8 | 4 | 41 | 31.3 | 31.5 | 15.0 | 16.1 | HS |
| | 3 | 414 | 286 | 50 | 26 | 6 | 11 | 37 | 31.4 | | 15.2 | | |
| 丰两优香1号 | 1 | 407 | 312 | 47 | 8 | 1 | 6 | 33 | 23.3 | | 11.3 | | |
| | 2 | 412 | 377 | 25 | 0 | 1 | 2 | 7 | 8.5 | 18.7 | 2.9 | 8.8 | HS |
| | 3 | 387 | 293 | 36 | 17 | 5 | 7 | 29 | 24.3 | | 12.1 | | |

表4 2010年自然诱发观察杂交水稻抗南方水稻黑条矮缩病抗性（晚稻）

| 品种 | 重复 | 诱发病情 | | | | | | | 病株率（%） | 平均病株率（%） | 病情指数 | 平均病情指数 | 抗性评价 |
|---|---|---|---|---|---|---|---|---|---|---|---|---|---|
| | | 总数 | 0级 | 1级 | 3级 | 5级 | 7级 | 9级 | | | | | |
| 丰两优299 | 1 | 409 | 296 | 21 | 11 | 41 | 19 | 21 | 27.6 | | 15.8 | | |
| | 2 | 412 | 290 | 26 | 13 | 38 | 21 | 24 | 29.6 | 28.7 | 16.7 | 16.4 | HS |
| | 3 | 398 | 282 | 20 | 15 | 39 | 22 | 20 | 29.1 | | 16.6 | | |
| 金优207 | 1 | 399 | 301 | 16 | 4 | 39 | 21 | 18 | 24.5 | | 14.8 | | |
| | 2 | 407 | 289 | 27 | 14 | 41 | 20 | 16 | 28.9 | 24.9 | 15.2 | 14.1 | HS |
| | 3 | 413 | 325 | 22 | 16 | 21 | 23 | 10 | 21.4 | | 12.3 | | |
| 岳优6135 | 1 | 409 | 336 | 11 | 10 | 27 | 12 | 13 | 17.8 | | 10.1 | | |
| | 2 | 414 | 356 | 8 | 12 | 18 | 11 | 9 | 14.0 | 16.9 | 7.8 | 9.5 | HS |
| | 3 | 402 | 326 | 16 | 7 | 25 | 13 | 15 | 18.2 | | 10.7 | | |
| 丰优210 | 1 | 387 | 376 | 3 | 0 | 6 | 2 | 0 | 2.8 | | 1.3 | | |
| | 2 | 406 | 391 | 2 | 2 | 2 | 3 | 6 | 3.7 | 3.1 | 2.5 | 1.8 | R |
| | 3 | 411 | 399 | 5 | 0 | 2 | 2 | 3 | 2.9 | | 1.5 | | |
| 丰优191 | 1 | 398 | 383 | 4 | 1 | 7 | 3 | 0 | 3.8 | | 1.8 | | |
| | 2 | 408 | 388 | 3 | 3 | 3 | 4 | 7 | 4.9 | 4.2 | 3.2 | 2.3 | R |
| | 3 | 412 | 396 | 6 | 1 | 2 | 3 | 4 | 3.9 | | 2.0 | | |
| 隆伏207 | 1 | 385 | 372 | 6 | 0 | 5 | 2 | 0 | 3.4 | | 1.2 | | |
| | 2 | 402 | 398 | 3 | 4 | 2 | 3 | 2 | 3.5 | 3.3 | 1.8 | 1.7 | R |
| | 3 | 413 | 401 | 7 | 0 | 1 | 3 | 1 | 2.9 | | 1.1 | | |
| 丰两优227 | 1 | 402 | 332 | 12 | 9 | 26 | 11 | 12 | 17.4 | | 8.9 | | |
| | 2 | 399 | 344 | 9 | 11 | 19 | 9 | 7 | 13.8 | 16.5 | 7.3 | 8.9 | HS |
| | 3 | 414 | 338 | 17 | 6 | 23 | 14 | 16 | 18.4 | | 10.5 | | |
| 丰两优2297 | 1 | 392 | 333 | 10 | 7 | 23 | 10 | 9 | 15.1 | | 8.6 | | |
| | 2 | 407 | 358 | 8 | 10 | 16 | 8 | 7 | 12.0 | 13.5 | 6.5 | 7.7 | HS |
| | 3 | 415 | 359 | 11 | 5 | 19 | 13 | 8 | 13.4 | | 8.1 | | |

（续表）

| 品种 | 重复 | 诱发病情 | | | | | | | 病株率（%） | 平均病株率（%） | 病情指数 | 平均病情指数 | 抗性评价 |
|---|---|---|---|---|---|---|---|---|---|---|---|---|---|
| | | 总数 | 0级 | 1级 | 3级 | 5级 | 7级 | 9级 | | | | | |
| 丰优93 | 1 | 397 | 388 | 3 | 0 | 5 | 1 | 0 | 2.3 | 2.6 | 0.9 | 1.4 | R |
| | 2 | 406 | 392 | 2 | 3 | 1 | 3 | 5 | 3.4 | | 2.2 | | |
| | 3 | 410 | 401 | 4 | 0 | 1 | 2 | 2 | 2.2 | | 1.1 | | |
| H优15 | 1 | 404 | 391 | 4 | 0 | 9 | 0 | 0 | 3.2 | 2.4 | 1.3 | 1.2 | R |
| | 2 | 412 | 399 | 0 | 4 | 1 | 4 | 4 | 3.2 | | 1.9 | | |
| | 3 | 399 | 395 | 2 | 0 | 1 | 0 | 1 | 1.0 | | 0.5 | | |

表5　2011年自然诱发观察杂交水稻抗南方水稻黑条矮缩病抗性（早稻）

| 品种 | 重复 | 诱发病情 | | | | | | | 病株率（%） | 平均病株率（%） | 病情指数 | 平均病情指数 | 抗性评价 |
|---|---|---|---|---|---|---|---|---|---|---|---|---|---|
| | | 总数 | 0级 | 1级 | 3级 | 5级 | 7级 | 9级 | | | | | |
| 欣荣优205 | 1 | 406 | 406 | | | | | | | | | | |
| | 2 | 416 | 416 | 0 | 0 | 0 | 0 | 0 | 0 | 0 | 0 | 0 | HR |
| | 3 | 385 | 385 | | | | | | | | | | |
| 金优476 | 1 | 413 | 413 | | | | | | | | | | |
| | 2 | 408 | 408 | 0 | 0 | 0 | 0 | 0 | 0 | 0 | 0 | 0 | HR |
| | 3 | 410 | 410 | | | | | | | | | | |
| 陵两优611 | 1 | 394 | 394 | | | | | | | | | | |
| | 2 | 409 | 409 | 0 | 0 | 0 | 0 | 0 | 0 | 0 | 0 | 0 | HR |
| | 3 | 414 | 414 | | | | | | | | | | |
| 陵两优32 | 1 | 402 | 402 | | | | | | | | | | |
| | 2 | 411 | 411 | 0 | 0 | 0 | 0 | 0 | 0 | 0 | 0 | 0 | HR |
| | 3 | 396 | 396 | | | | | | | | | | |
| 隆平001 | 1 | 415 | 415 | | | | | | | | | | |
| | 2 | 398 | 398 | 0 | 0 | 0 | 0 | 0 | 0 | 0 | 0 | 0 | HR |
| | 3 | 403 | 403 | | | | | | | | | | |
| T优898 | 1 | 392 | 392 | | | | | | | | | | |
| | 2 | 399 | 399 | 0 | 0 | 0 | 0 | 0 | 0 | 0 | 0 | 0 | HR |
| | 3 | 406 | 406 | | | | | | | | | | |
| 金优10 | 1 | 406 | 406 | | | | | | | | | | |
| | 2 | 402 | 402 | 0 | 0 | 0 | 0 | 0 | 0 | 0 | 0 | 0 | HR |
| | 3 | 397 | 397 | | | | | | | | | | |
| 金优458 | 1 | 390 | 390 | | | | | | | | | | |
| | 2 | 412 | 412 | 0 | 0 | 0 | 0 | 0 | 0 | 0 | 0 | 0 | HR |
| | 3 | 401 | 401 | | | | | | | | | | |
| 涂鑫203 | 1 | 414 | 414 | | | | | | | | | | |
| | 2 | 407 | 407 | 0 | 0 | 0 | 0 | 0 | 0 | 0 | 0 | 0 | HR |
| | 3 | 389 | 389 | | | | | | | | | | |
| 先农20号 | 1 | 398 | 398 | | | | | | | | | | |
| | 2 | 407 | 407 | 0 | 0 | 0 | 0 | 0 | 0 | 0 | 0 | 0 | HR |
| | 3 | 415 | 415 | | | | | | | | | | |

表6 2011年自然诱发观察杂交水稻抗南方水稻黑条矮缩病抗性（中稻）

| 品种 | 重复 | 诱发病情 | | | | | | | 病株率（%） | 平均病株率（%） | 病情指数 | 平均病情指数 | 抗性评价 |
|---|---|---|---|---|---|---|---|---|---|---|---|---|---|
| | | 总数 | 0级 | 1级 | 3级 | 5级 | 7级 | 9级 | | | | | |
| 准两优527 | 1 | 408 | 408 | | | | | | | | | | HR |
| | 2 | 397 | 397 | 0 | 0 | 0 | 0 | 0 | 0 | 0 | 0 | 0 | |
| | 3 | 388 | 388 | | | | | | | | | | |
| T优141 | 1 | 402 | 402 | | | | | | | | | | HR |
| | 2 | 398 | 398 | 0 | 0 | 0 | 0 | 0 | 0 | 0 | 0 | 0 | |
| | 3 | 413 | 413 | | | | | | | | | | |
| Y两优1号 | 1 | 412 | 412 | | | | | | | | | | HR |
| | 2 | 422 | 422 | 0 | 0 | 0 | 0 | 0 | 0 | 0 | 0 | 0 | |
| | 3 | 398 | 398 | | | | | | | | | | |
| 培优1993 | 1 | 403 | 403 | | | | | | | | | | HR |
| | 2 | 411 | 411 | 0 | 0 | 0 | 0 | 0 | 0 | 0 | 0 | 0 | |
| | 3 | 387 | 387 | | | | | | | | | | |
| 宜香725 | 1 | 382 | 379 | 1 | 1 | 1 | 0 | 0 | 0.8 | | 0.3 | | R |
| | 2 | 399 | 396 | 1 | 0 | 1 | 1 | 0 | 0.75 | 0.7 | 0.4 | 0.3 | |
| | 3 | 402 | 400 | 0 | 1 | 1 | 0 | 0 | 0.5 | | 0.2 | | |
| 两优1128 | 1 | 414 | 414 | | | | | | | | | | HR |
| | 2 | 409 | 409 | 0 | 0 | 0 | 0 | 0 | 0 | 0 | 0 | 0 | |
| | 3 | 401 | 401 | | | | | | | | | | |
| 准两优0293 | 1 | 389 | 389 | | | | | | | | | | HR |
| | 2 | 412 | 412 | 0 | 0 | 0 | 0 | 0 | 0 | 0 | 0 | 0 | |
| | 3 | 406 | 406 | | | | | | | | | | |
| Ⅱ优416 | 1 | 385 | 385 | | | | | | | | | | HR |
| | 2 | 408 | 408 | 0 | 0 | 0 | 0 | 0 | 0 | 0 | 0 | 0 | |
| | 3 | 413 | 413 | | | | | | | | | | |
| 丰两优4号 | 1 | 402 | 402 | | | | | | | | | | HR |
| | 2 | 397 | 397 | 0 | 0 | 0 | 0 | 0 | 0 | 0 | 0 | 0 | |
| | 3 | 404 | 404 | | | | | | | | | | |
| 丰两优香1号 | 1 | 408 | 408 | | | | | | | | | | HR |
| | 2 | 412 | 412 | 0 | 0 | 0 | 0 | 0 | 0 | 0 | 0 | 0 | |
| | 3 | 392 | 392 | | | | | | | | | | |

表7 2011年自然诱发观察杂交水稻抗南方水稻黑条矮缩病抗性（晚稻）

| 品种 | 重复 | 诱发病情 | | | | | | | 病株率（%） | 平均病株率（%） | 病情指数 | 平均病情指数 | 抗性评价 |
|---|---|---|---|---|---|---|---|---|---|---|---|---|---|
| | | 总数 | 0级 | 1级 | 3级 | 5级 | 7级 | 9级 | | | | | |
| 丰两优299 | 1 | 398 | 398 | | | | | | | | | | HR |
| | 2 | 410 | 410 | 0 | 0 | 0 | 0 | 0 | 0 | 0 | 0 | 0 | |
| | 3 | 403 | 403 | | | | | | | | | | |
| 金优207 | 1 | 406 | 406 | | | | | | | | | | HR |
| | 2 | 412 | 412 | 0 | 0 | 0 | 0 | 0 | 0 | 0 | 0 | 0 | |
| | 3 | 409 | 409 | | | | | | | | | | |

| 品种 | 重复 | 诱发病情 | | | | | | | 病株率（%） | 平均病株率（%） | 病情指数 | 平均病情指数 | 抗性评价 |
|------|------|--------|------|------|------|------|------|------|-----------|--------------|---------|-------------|---------|
| | | 总数 | 0级 | 1级 | 3级 | 5级 | 7级 | 9级 | | | | | |
| 岳优6135 | 1 | 411 | 411 | | | | | | | | | | |
| | 2 | 405 | 405 | 0 | 0 | 0 | 0 | 0 | 0 | 0 | 0 | 0 | HR |
| | 3 | 397 | 397 | | | | | | | | | | |
| 丰优210 | 1 | 407 | 407 | | | | | | | | | | |
| | 2 | 414 | 414 | 0 | 0 | 0 | 0 | 0 | 0 | 0 | 0 | 0 | HR |
| | 3 | 396 | 396 | | | | | | | | | | |
| 丰优191 | 1 | 402 | 402 | | | | | | | | | | |
| | 2 | 385 | 385 | 0 | 0 | 0 | 0 | 0 | 0 | 0 | 0 | 0 | HR |
| | 3 | 397 | 397 | | | | | | | | | | |
| 丰两优2297 | 1 | 402 | 402 | | | | | | | | | | |
| | 2 | 382 | 382 | 0 | 0 | 0 | 0 | 0 | 0 | 0 | 0 | 0 | HR |
| | 3 | 391 | 391 | | | | | | | | | | |
| 陵优207 | 1 | 385 | 385 | | | | | | | | | | |
| | 2 | 391 | 391 | 0 | 0 | 0 | 0 | 0 | 0 | 0 | 0 | 0 | HR |
| | 3 | 406 | 406 | | | | | | | | | | |
| 丰两优227 | 1 | 420 | 420 | | | | | | | | | | |
| | 2 | 397 | 397 | 0 | 0 | 0 | 0 | 0 | 0 | 0 | 0 | 0 | HR |
| | 3 | 401 | 401 | | | | | | | | | | |
| 丰优9号 | 1 | 388 | 388 | | | | | | | | | | |
| | 2 | 403 | 403 | 0 | 0 | 0 | 0 | 0 | 0 | 0 | 0 | 0 | HR |
| | 3 | 394 | 394 | | | | | | | | | | |
| H优15 | 1 | 406 | 406 | | | | | | | | | | |
| | 2 | 402 | 402 | 0 | 0 | 0 | 0 | 0 | 0 | 0 | 0 | 0 | HR |
| | 3 | 399 | 399 | | | | | | | | | | |

**表8　2012年自然诱发观察杂交水稻抗南方水稻黑条矮缩病抗性（早稻）**

| 品种 | 重复 | 诱发病情 | | | | | | | 病株率（%） | 平均病株率（%） | 病情指数 | 平均病情指数 | 抗性评价 |
|------|------|--------|------|------|------|------|------|------|-----------|--------------|---------|-------------|---------|
| | | 总数 | 0级 | 1级 | 3级 | 5级 | 7级 | 9级 | | | | | |
| 陵两优611 | 1 | 425 | 421 | 1 | 1 | 1 | 0 | 1 | 0.9 | | 0.5 | | |
| | 2 | 394 | 391 | 0 | 1 | 0 | 1 | 1 | 0.8 | 0.9 | 0.5 | 0.6 | R |
| | 3 | 409 | 405 | 0 | 1 | 1 | 1 | 1 | 1.0 | | 0.7 | | |
| 陵两优32 | 1 | 408 | 405 | 1 | 1 | 1 | 0 | 0 | 0.7 | | 0.2 | | |
| | 2 | 413 | 411 | 1 | 0 | 1 | 1 | 0 | 0.7 | 0.6 | 0.3 | 0.2 | HR |
| | 3 | 389 | 387 | 0 | 1 | 1 | 0 | 0 | 0.5 | | 0.2 | | |
| 陵两优164 | 1 | 392 | 389 | 1 | 0 | 1 | 1 | 0 | 0.8 | | 0.4 | | |
| | 2 | 407 | 404 | 1 | 0 | 1 | 0 | 1 | 0.7 | 0.7 | 0.4 | 0.3 | HR |
| | 3 | 419 | 417 | 1 | 0 | 1 | 0 | 0 | 0.5 | | 0.2 | | |
| 陵两优942 | 1 | 414 | 412 | 2 | 0 | 0 | 0 | 0 | 0.5 | | 0.1 | | |
| | 2 | 406 | 402 | 1 | 2 | 1 | 0 | 0 | 0.9 | 0.7 | 0.3 | 0.1 | HR |
| | 3 | 389 | 386 | 2 | 1 | 0 | 0 | 0 | 0.8 | | 0.1 | | |

（续表）

| 品种 | 重复 | 诱发病情 | | | | | | | 病株率（%） | 平均病株率（%） | 病情指数 | 平均病情指数 | 抗性评价 |
|---|---|---|---|---|---|---|---|---|---|---|---|---|---|
| | | 总数 | 0级 | 1级 | 3级 | 5级 | 7级 | 9级 | | | | | |
| 隆平001 | 1 | 413 | 411 | 1 | 0 | 0 | 1 | 0 | 0.5 | | 0.2 | | |
| | 2 | 405 | 403 | 0 | 1 | 1 | 0 | 0 | 0.5 | 0.6 | 0.2 | 0.2 | HR |
| | 3 | 419 | 406 | 2 | 1 | 0 | 0 | 0 | 0.7 | | 0.1 | | |
| T优898 | 1 | 417 | 414 | 2 | 0 | 0 | 1 | 0 | 0.7 | | 0.2 | | |
| | 2 | 409 | 406 | 1 | 1 | 1 | 0 | 0 | 0.5 | 0.5 | 0.1 | 0.1 | HR |
| | 3 | 396 | 394 | 1 | 0 | 0 | 1 | 1 | 0.3 | | 0.03 | | |
| 金优10 | 1 | 409 | 406 | 2 | 0 | 0 | 1 | 0 | 0.7 | | 0.2 | | |
| | 2 | 413 | 409 | 2 | 1 | 1 | 1 | 0 | 0.9 | 0.8 | 0.3 | 0.3 | HR |
| | 3 | 496 | 403 | 1 | 0 | 1 | 1 | 0 | 0.7 | | 0.4 | | |
| 金优458 | 1 | 387 | 385 | 1 | 0 | 1 | 0 | 0 | 0.5 | | 0.2 | | |
| | 2 | 421 | 418 | 2 | 1 | 0 | 0 | 0 | 0.7 | 0.6 | 0.1 | 0.2 | HR |
| | 3 | 407 | 405 | 1 | 0 | 1 | 0 | 0 | 0.5 | | 0.2 | | |
| 涂鑫203 | 1 | 416 | 415 | 0 | 1 | 0 | 0 | 0 | 0.2 | | 0.08 | | |
| | 2 | 408 | 406 | 1 | 0 | 0 | 1 | 0 | 0.5 | 0.4 | 0.2 | 0.1 | HR |
| | 3 | 385 | 383 | 1 | 1 | 0 | 0 | 0 | 0.5 | | 0.1 | | |
| 先农20号 | 1 | 399 | 398 | 1 | 0 | 0 | 0 | 0 | 0.3 | | 0.02 | | |
| | 2 | 407 | 404 | 2 | 0 | 1 | 0 | 0 | 0.7 | 0.4 | 0.08 | 0.04 | HR |
| | 3 | 421 | 420 | 1 | 0 | 0 | 0 | 0 | 0.2 | | 0.03 | | |

**表9　2012年自然诱发观察杂交水稻抗南方水稻黑条矮缩病抗性（中稻）**

| 品种 | 重复 | 诱发病情 | | | | | | | 病株率（%） | 平均病株率（%） | 病情指数 | 平均病情指数 | 抗性评价 |
|---|---|---|---|---|---|---|---|---|---|---|---|---|---|
| | | 总数 | 0级 | 1级 | 3级 | 5级 | 7级 | 9级 | | | | | |
| 两优1128 | 1 | 450 | 445 | 3 | 0 | 1 | 1 | 0 | 1.1 | | 0.4 | | |
| | 2 | 426 | 418 | 5 | 1 | 0 | 1 | 1 | 1.9 | 2.3 | 0.6 | 1.2 | R |
| | 3 | 416 | 400 | 3 | 2 | 2 | 1 | 8 | 3.9 | | 2.6 | | |
| Y两优1号 | 1 | 415 | 400 | 2 | 0 | 1 | 0 | 12 | 3.6 | | 3.1 | | |
| | 2 | 446 | 434 | 3 | 2 | 3 | 4 | 0 | 2.0 | 2.9 | 1.3 | 2.3 | R |
| | 3 | 385 | 373 | 2 | 0 | 2 | 0 | 8 | 3.1 | | 2.4 | | |
| C两优608 | 1 | 390 | 385 | 2 | 1 | 0 | 2 | 0 | 1.3 | | 0.5 | | |
| | 2 | 385 | 374 | 3 | 0 | 1 | 0 | 7 | 2.9 | 1.6 | 2.0 | 0.9 | R |
| | 3 | 412 | 409 | 2 | 0 | 0 | 1 | 0 | 0.7 | | 0.2 | | |
| 准两优608 | 1 | 440 | 436 | 1 | 2 | 0 | 2 | 1 | 1.4 | | 0.6 | | |
| | 2 | 396 | 392 | 2 | 1 | 0 | 1 | 0 | 1.0 | 1.3 | 0.3 | 0.6 | R |
| | 3 | 426 | 420 | 3 | 0 | 1 | 1 | 2 | 1.6 | | 0.9 | | |
| 准两优0293 | 1 | 394 | 390 | 2 | 0 | 0 | 0 | 8 | 208 | | 2.2 | | |
| | 2 | 388 | 383 | 2 | 0 | 0 | 2 | 1 | 1.3 | 2.2 | 0.7 | 1.4 | R |
| | 3 | 410 | 406 | 1 | 1 | 2 | 6 | 0 | 2.4 | | 1.5 | | |
| 两优1128 | 1 | 450 | 445 | 3 | 0 | 1 | 1 | 0 | 1.1 | | 0.4 | | |
| | 2 | 426 | 418 | 5 | 1 | 0 | 1 | 1 | 1.9 | 2.3 | 0.6 | 1.2 | R |
| | 3 | 416 | 400 | 3 | 2 | 2 | 1 | 8 | 3.9 | | 2.6 | | |

（续表）

| 品种 | 重复 | 诱发病情 | | | | | | 病株率（%） | 平均病株率（%） | 病情指数 | 平均病情指数 | 抗性评价 |
|---|---|---|---|---|---|---|---|---|---|---|---|---|
| | | 总数 | 0级 | 1级 | 3级 | 5级 | 7级 | 9级 | | | | | |
| 准两优527 | 1 | 415 | 409 | 4 | 1 | 0 | 1 | 0 | 1.4 | 2.0 | 0.4 | 1.0 | R |
| | 2 | 406 | 395 | 3 | 0 | 2 | 0 | 4 | 2.2 | | 1.3 | | |
| | 3 | 395 | 385 | 2 | 3 | 0 | 5 | 0 | 2.5 | | 1.2 | | |
| Ⅱ优416 | 1 | 422 | 420 | 2 | 0 | 0 | 0 | 0 | 0.5 | 0.8 | 0.1 | 0.2 | HR |
| | 2 | 397 | 392 | 3 | 1 | 0 | 1 | 0 | 1.3 | | 0.4 | | |
| | 3 | 405 | 403 | 2 | 0 | 0 | 0 | 0 | 0.5 | | 0.05 | | |
| 丰两优4号 | 1 | 412 | 406 | 2 | 0 | 3 | 1 | 0 | 1.5 | 2.3 | 0.6 | 1.4 | R |
| | 2 | 392 | 378 | 1 | 2 | 0 | 0 | 11 | 3.8 | | 3.0 | | |
| | 3 | 408 | 401 | 2 | 2 | 3 | 0 | 0 | 1.7 | | 0.6 | | |
| 丰两优香1号 | 1 | 442 | 434 | 2 | 2 | 3 | 0 | 1 | 1.8 | 1.8 | 0.8 | 0.8 | R |
| | 2 | 398 | 391 | 3 | 1 | 1 | 2 | 0 | 1.7 | | 0.7 | | |
| | 3 | 411 | 403 | 2 | 2 | 1 | 1 | 2 | 1.9 | | 1.0 | | |
| Y两优9918 | 1 | 435 | 424 | 3 | 1 | 0 | 7 | 0 | 2.5 | 4.4 | 1.4 | 2.0 | R |
| | 2 | 399 | 390 | 5 | 3 | 2 | 0 | 9 | 7.3 | | 2.8 | | |
| | 3 | 414 | 400 | 6 | 1 | 1 | 0 | 6 | 3.4 | | 1.8 | | |

**表10　2012年自然诱发观察杂交水稻抗南方水稻黑条矮缩病抗性（晚稻）**

| 品种 | 重复 | 诱发病情 | | | | | | 病株率（%） | 平均病株率（%） | 病情指数 | 平均病情指数 | 抗性评价 |
|---|---|---|---|---|---|---|---|---|---|---|---|---|
| | | 总数 | 0级 | 1级 | 3级 | 5级 | 7级 | 9级 | | | | | |
| 丰优210 | 1 | 408 | 406 | 2 | 0 | 0 | 0 | 0 | 0.5 | 1.4 | 0.05 | 0.8 | R |
| | 2 | 412 | 408 | 4 | 0 | 0 | 0 | 0 | 0.9 | | 0.1 | | |
| | 3 | 387 | 376 | 1 | 1 | 2 | 0 | 7 | 2.8 | | 2.2 | | |
| 岳优6135 | 1 | 413 | 403 | 1 | 0 | 0 | 0 | 9 | 2.4 | 2.1 | 2.2 | 1.6 | R |
| | 2 | 406 | 398 | 2 | 1 | 2 | 3 | 0 | 2.0 | | 1.0 | | |
| | 3 | 392 | 384 | 1 | 0 | 1 | 0 | 3 | 2.0 | | 1.7 | | |
| 丰优191 | 1 | 382 | 383 | 1 | 0 | 0 | 1 | 0 | 0.5 | 0.9 | 0.2 | 0.6 | R |
| | 2 | 414 | 406 | 2 | 0 | 1 | 0 | 5 | 1.9 | | 1.4 | | |
| | 3 | 402 | 401 | 0 | 0 | 0 | 1 | 0 | 0.2 | | 0.2 | | |
| 丰两优2297 | 1 | 382 | 374 | 2 | 0 | 0 | 6 | 0 | 2.1 | 2.7 | 1.3 | 1.6 | R |
| | 2 | 398 | 384 | 4 | 2 | 1 | 0 | 7 | 3.5 | | 2.2 | | |
| | 3 | 407 | 397 | 5 | 0 | 0 | 0 | 5 | 2.5 | | 1.4 | | |
| 丰优299 | 1 | 385 | 381 | 1 | 1 | 2 | 0 | 0 | 0.1 | 0.6 | 0.4 | 0.4 | HR |
| | 2 | 416 | 412 | 3 | 0 | 0 | 1 | 0 | 0.9 | | 0.3 | | |
| | 3 | 409 | 406 | 1 | 1 | 0 | 0 | 1 | 0.7 | | 0.4 | | |
| 金优207 | 1 | 408 | 406 | 0 | 1 | 0 | 1 | 0 | 0.5 | 0.4 | 0.3 | 0.3 | HR |
| | 2 | 411 | 410 | 1 | 0 | 0 | 0 | 0 | 0.2 | | 0.03 | | |
| | 3 | 413 | 409 | 2 | 0 | 0 | 0 | 2 | 0.6 | | 0.5 | | |
| 陵优207 | 1 | 396 | 389 | 1 | 0 | 0 | 0 | 6 | 1.8 | 1.2 | 1.5 | 0.9 | R |
| | 2 | 385 | 383 | 1 | 0 | 0 | 1 | 0 | 0.5 | | 0.2 | | |
| | 3 | 415 | 409 | 0 | 0 | 1 | 5 | 0 | 1.4 | | 1.1 | | |

（续表）

| 品种 | 重复 | 诱发病情 | | | | | | | 病株率（%） | 平均病株率（%） | 病情指数 | 平均病情指数 | 抗性评价 |
|---|---|---|---|---|---|---|---|---|---|---|---|---|---|
| | | 总数 | 0级 | 1级 | 3级 | 5级 | 7级 | 9级 | | | | | |
| 丰两优227 | 1 | 402 | 400 | 2 | 0 | 0 | 0 | 0 | 0.5 | 1.4 | 0.05 | 0.8 | R |
| | 2 | 416 | 412 | 4 | 0 | 0 | 0 | 0 | 1.0 | | 0.1 | | |
| | 3 | 387 | 376 | 2 | 1 | 1 | 0 | 7 | 2.8 | | 2.1 | | |
| 丰优9号 | 1 | 388 | 385 | 3 | 0 | 0 | 0 | 0 | 0.8 | 1.2 | 0.08 | 0.6 | R |
| | 2 | 404 | 398 | 2 | 0 | 1 | 0 | 3 | 1.2 | | 0.9 | | |
| | 3 | 410 | 403 | 1 | 2 | 0 | 4 | 0 | 1.5 | | 0.9 | | |
| H优15 | 1 | 394 | 390 | 1 | 1 | 2 | 0 | 0 | 1.0 | 0.8 | 0.4 | 0.3 | HR |
| | 2 | 410 | 407 | 2 | 0 | 0 | 1 | 0 | 0.7 | | 0.2 | | |
| | 3 | 389 | 386 | 1 | 1 | 0 | 0 | 1 | 0.8 | | 0.4 | | |

## 3 结论与讨论

自然诱发观察杂交水稻对南方水稻黑条矮缩病抗性，通过 2010～2012 年的观察试验，获得了初步成功。其鉴定方法简明、便捷、直观，便于操作，适用于抗病育种及鉴定大面积主栽杂交水稻品种抗南方水稻黑条矮缩病一种简捷方法。

自然诱发观察杂交水稻对南方水稻黑条矮缩病抗性鉴定受 5～6 月入迁萍乡白背飞虱发生量及携带（Southern rice black-stveaked dwarf，SRBSDV）（斐济病毒属）病毒量及入迁批次的影响。2010 年因该病在萍乡市大暴发，鉴定的 30 个主栽杂交水稻，有 11 个是高感品种。由于我国华南地区由于气温偏低，稻飞虱越冬条件差，越冬虫量偏少，早稻虫源和毒源基数都偏低（刘万才等，2012），鉴定的 30 个主栽水稻品种，只有宜香 725 轻微发病，表现为抗病（R），其余的 29 个杂交水稻品种全部为高抗（HR），这与杂交水稻实际的抗病性差异很大。没有毒源受自然诱发条件限制。

Y 两优 1 号是隆平种业公司提供的高产优质两系稻杂交水稻在 2010 年萍乡市南方水稻黑条矮缩病大暴发，全市栽种的 500 余亩稻田，全都未发病，深受农户的喜爱。至 2012 年全市推广面积达 11 330 余亩，在鉴定圃中表现为抗病，而在萍乡市重病区麻田乡及新泉乡少数农户为高感病，个别农户出现绝收。从高抗只经历两年就表现为高感。抗南方水稻黑条矮缩病育种工作任重道远。

**参考文献**

[1] 陈卓，宋宝安，等. 南方水稻黑条矮缩病防控技术. 北京：化学工业出版社，2010.

[2] 刘万才，陆明红. 2011 年南方水稻黑条矮缩病偏轻发生原因及监测对策. 中国植保导刊，2012，32（7）：36－39.

# 河南小麦推广品种和后备品种
# 抗叶锈病鉴定与评价*

何文兰**　宋玉立　杨共强　徐　飞　李亚红

（河南省农业科学院植物保护研究所，农业部华北南部农作物
有害生物综合治理重点实验室，郑州　450002）

**摘　要：** 为客观评价河南省小麦品种对叶锈病的抗性，采用异地病圃法对110河南省小麦推广品种、后备品种进行了成株期对小麦叶锈病抗性鉴定，结果表明，供试110个小麦品种中没有免疫的品种；表现高抗的品种有泰乐麦1号和偃高03710等2个，占鉴定总数的1.8%；中抗的品种有郑育8号、中新20和郑麦103等15个，占鉴定总数的13.6%；表现中感的品种有华育198、理生828和新麦2119等85个，占鉴定总数的77.3%；表现高感的品种有郑育麦043、许麦1021和众麦2号等8个，占鉴定总数的7.3%。

**关键词：** 小麦品种；叶锈病；抗病性

小麦叶锈病由小麦隐匿柄锈菌（*Puccinia recondita f. sp. tritici* Erikss）引起，近年来，随着小麦产量的不断提高，小麦群体加大，水肥施用增加，小麦叶锈病为害有加重趋势，严重影响小麦的高产、稳产和优质[1]。利用小麦抗病品种是防治小麦病害最经济有效的措施。河南省小麦品种繁多且每年都有新品种推出，对河南省小麦推广品种、后备品种进行小麦叶锈病抗性鉴定和评价，为小麦新品种的培育和利用，以及生产上的有目的防治提供重要依据[2]。

## 1　材料和方法

### 1.1　材料

供试的110个小麦材料中，90个参加2011~2012年年底河南省区试的品种是由河南省农科院小麦中心品种利用研究室提供，20个河南省推广品种为相应品种培育部门提供，感病对照品种感病1号为本所小麦病害课题组自留。

### 1.2　方法

在河南省不同生态区的洛阳、温县、漯河、南阳、濮阳、西华六地设立统一病圃。病圃内每材料用种8g，播种2行，每行2m，行距0.23m。田间管理同大田一致，但只防治虫害，不防治病害；适当多施水肥，促进自然发病。在小麦叶锈病发病盛期——5月上旬至中旬（约在小麦灌浆期）调查病情1~2次，以最重一次为准。

\*　基金项目："十二五"国家科技支撑计划（2011BAD16B07）；公益性行业（农业）科研专项（200903035）；河南省小麦产业技术体系（S2010-01-05）

\*\*　作者简介：何文兰，女，副研究员，从事小麦病害研究；Tel：0371-65738143，E-mail：hewenlan2004@ yahoo. com. cn

## 1.3 调查记载标准

调查记载内容包括病害反应型、严重度和普遍率。反应型分为 0 ~ 4 级：0 级：无病；0；级：叶片上产生大小不同的枯斑，不产生孢子堆；1 级：夏孢子堆小，量很少，不破裂，四周有枯斑反应；2 级：夏孢子堆小到中等，数量较少而分散，条锈可成短条状，四周有枯死和失绿现象；3 级：夏孢子堆中等大小，数量多，四周无枯死反应，有失绿现象；4 级：夏孢子堆大而多，四周组织无枯死和失绿现象。普遍率为病叶占调查总叶数的百分率。严重度为病斑占叶面积的比例。

## 1.4 抗性评价标准

5 个点病圃病情综合考虑，以最重点病情为准。主要以反应型为划分抗感标准，参考严重度和普遍率。反应型 0 级为免疫，0；1 级为高抗，2 级为中抗，3 级为中感，4 级为高感。

## 2 结果与分析

2012 年河南省小麦叶锈病偏重发生，病圃供试小麦品种发病充分。由试验结果（表 1 略）可以明显看出品种间抗性差异。根据以上评价标准，供试 110 个小麦品种中没有免疫的品种；表现高抗的品种有泰乐麦 1 号和偃高 03710 等 2 个，占鉴定总数的 1.8%；表现中抗的品种有郑育 8 号、中新 20、郑麦 103、偃高 21、百农 898、科元 5 号、豫农 368、濮麦 1 号、新麦 19、平安 10 号、宛麦 912、漯 6088、新麦 2111、峡麦 5 号和郑麦 9023-9 等 15 个，占鉴定总数的 13.6%；表现中感的品种有华育 198、理生 828、新麦 2119、平安 9 号、泰禾 881、丹试 816、新麦 2119、豫农 211、郑麦 0934、松发 688、濮 2056、金粒 66、国安 368、郑麦 3596、滑麦 3 号、保月 3 号、中麦 875、许科 168、百农金光 588、中育 9302、H528、郑品麦 6 号、懒抗 98、周麦 32、许科 415、广发麦 1 号、中植 0316、郑麦 1023、兰考 186、郑麦 106、开麦 22、中育 9307、洛 05159、温麦 0418、优抗 9 号、泛麦 10 号、中泛 7058、中鉴 49、中泛 7134、09 漯 97、豫教 6 号、新麦 03037、百杂 1001、漯 1857、金麦 19、中麦 934、乐农 8 号、偃丰 21、春丰 0021、先麦 12、周麦 23、金麦 18、漯 09T07、周抗 1008、郑麦 119、宛麦 98、偃亳 197、郑麦 108、郑农 03087、先麦 11、郑麦 00314、洛旱 16、长义麦 3 号、商麦 1 号、墾氏 2010-06、汝麦 076、鹤麦 801、新农 19、新麦 0208、中麦 63、峡麦 6 号、郑麦 004、豫麦 49、郑麦 9023、郑麦 366、豫麦 34、豫麦 18、周麦 19、新育麦 836、矮抗 58、BN160、周麦 16、豫麦 49-198、郑 03876 和豫保 1 号等 85 个，占鉴定总数的 77.3%；表现高感的品种郑育麦 043、许麦 1021、俊达 104、秋乐 2122、9988、太空 6 号、豫麦 70、众麦 2 号等 8 个，占鉴定总数的 7.3%。

## 3 讨论

本试验结果表明，河南省小麦推广品种、区试品种对小麦叶锈病害的抗性较差，没有免疫品种，抗病品种（反应型 0；1 ~ 2 级）只占 15.5%，并且多为中抗品种，感病品种（反应型 3 ~ 4 级）占 84.6%。这个结果一方面说明大面积感病品种的存在是近年来特别是 2012 年小麦叶锈病大流行的主要原因；另一方面说明小麦育种部门一直没有把抗叶锈病作为主要目标[3]。在目前小麦叶锈病发生为害严重的情况下，加强对小麦抗叶锈病抗性育种工作，生产中充分利用现有各品种的抗性特性，并注意结合对感病品种药剂防治，保证小麦品种的优质、高产和稳产。

**参考文献**

［1］李振奇，商鸿生．小麦锈病及其防治［M］．上海：上海科学技术出版社，1989.

［2］何文兰，宋玉立，张忠山．应用统一病圃综合评价小麦品种（系）抗病性．河南农业科学，1994（8）：21－22.

［3］王绍中，田云峰，郭天财，等．河南小麦栽培学（新编）［M］．北京：中国农业科学技术出版社，2010.

# 云南大理地区大麦条纹病发生调查及药剂拌种研究

李月秋[1]*　　刘荣斌[2]　　宇迎彪[1]　　杜文芳[2]　　马　艳[1]　　王红愫[1]

（1. 云南省大理州植保植检站，大理　671000；

2. 云南省大理州洱源县植保植检站，洱源　671200）

大麦条纹病是一种种传系统性病害，近年来在大理州各大麦种植区普遍发生。大麦地上部均可受害，主要为害叶片和叶鞘，分蘖期形成了叶脉平行的细长条纹，病斑由黄色变为褐色，至拔抽穗期，病株提前枯死或矮小，不能抽穗或弯曲畸形，不能结实或不饱满。经鉴定，病原为 *Drechslera graminea*（Rabenh.）Shoem. *Helminthosporium gramineum* Rabenh.，称禾内脐蠕孢，属半知菌亚门真菌。据对洱源县 2008～2011 年发生情况的调查：各种植区都有不同程度的发生，发生面积达 2.8 万亩，占全县大麦种植面积的 56%，严重地块病株率达 36.5%，并且有逐年加重的趋势，严重影响产量和品质。

## 1　材料与方法

### 1.1　大麦不同品种和种子不同产地发病情况调查

本调查于 2011 年 4 月，在大麦条纹病发病重的三营镇永胜村委会和苴碧湖镇永联村委会，选本地大面积推广的主要品种"S–4"和"墨西哥 500 号"及不同产地的大麦块田进行调查。每块田对角线五点取样，每个点定 20 丛，共调查 100 丛，计算病丛率、病株率和病指。

### 1.2　大麦条纹病消长规律调查

本调查于 2011 年 2 月 21 日至 4 月 22 日即在大麦出苗后，发病始期至稳定期；每块田定 5 个点，对角线取样，每个点定 20 丛，共调查 100 丛。定点后，每隔 10 天调查一次，发病丛数，发病株数，并分级。大麦条纹病分级标准（参考：麦类病害——百度文库，附：小麦其他病害病情分级及品种抗性评价标准—7、大麦条纹病—P13）：0 级：无症状；1 级：叶和叶鞘上产生少量病斑，穗部无病；3 级：叶和叶鞘上产生多量病斑，少数小穗受害，植株略矮；5 级：叶和叶鞘产生大量病斑，旗叶发病重，穗抽不出或抽出为白穗。

---

\* 通讯作者：李月秋（1968—），男，农业推广研究员，从事植物保护技术推广应用；E-mail：liyueqiiudl@163.com

### 1.3 田间药效试验材料与方法

#### 1.3.1 材料及来源

供试大麦品种为 S－4，来源于云南省大理州巍山县，为大麦条纹病发病较重的品种。供试药剂及来源见表1。

**表1 供试药剂名称及来源**

| 药剂名称 | 生产厂家 |
| --- | --- |
| 10% 苯醚甲环唑 WG | 北京绿色农华植保科技有限公司 |
| 15% 三唑醇 WP | 江苏剑牌农药化工有限公司 |
| 80% 戊唑醇 WP | 江苏丰登农药有限公司 |
| 25% 三唑酮 WP | 江苏剑牌农药化工有限公司 |
| 25% 联苯三唑醇 WP | 江苏剑牌农药化工有限公司 |
| 石灰水 | 本地 |

#### 1.3.2 试验处理及设计

**表2 大麦种子处理防治条纹病试验处理**

| 处　理 | 浓度（农药/种子） | 备注 |
| --- | --- | --- |
| 10% 苯醚甲环唑 WG | 2g/kg | |
| 15% 三唑醇 WP | 2g/kg | |
| 80% 戊唑醇 WP | 0.025g/kg | 用少量的水将药剂调成糊状，然后放入种子充分翻拌均匀，闷种48h晾干播种 |
| 25% 三唑酮 | 1.5g/kg | |
| 25% 联苯三唑醇 WP | 1.5g/kg | |
| 石灰水 | 1% | |
| 对照（CK） | | |

试验设 7 个处理，3 次重复，采用随机区组排列，共 21 个小区。每小区面积为 3.0m×4.5m，计 13.5m²；小区间隔0.2m，重复间隔0.3m；每小区播处理过的大麦种子 600g，四周种植保护行。

#### 1.3.3 试验田基本情况

试验于 2010 年 11 月至 2011 年 5 月在云南省洱源县茈碧湖镇永联村委会小营村大麦田中进行。试验田面积为 1 533m²，前作为烤烟，地势高抗，排灌方便，土质为黑胶泥土，土壤肥力好。试验田 2010 年 11 月 17 日采用开沟起墒条播；每 666.7m² 施普钙 43.8kg，施碳酸氢铵 34.8kg，作基肥和种肥；进行化学除草一次，防蚜虫 3 次，每 666.7m² 追尿素 40kg。

#### 1.3.4 调查方法

##### 1.3.4.1 药剂安全性调查

选一个重复，每个小区定点播种 100 粒处理过的大麦种子，检查出苗率。

### 1.3.4.2　防治效果调查

在发病高峰期，每小区对角线 5 点取样，每点调查 20 丛，共调查 100 丛，数总株数、病株数并进行分级，分别计算病株率、病情指数和防治效果。

### 1.3.4.3　考种及测产

在大麦成熟时，每小区对角线 5 点取样，每点调查 20 株，进行经济性状调查。同时，每小区对角线 3 点取样，每点取 $1m^2$ 大麦，进行产量测定。

## 2　结果与分析

### 2.1　大麦不同品种和不同产地发病情况调查结果

根据对洱源县 2008～2011 年发生情况的调查：各种植区都有不同程度的发生，并且有逐年加重的趋势。主要受害大麦品种为大理州主推品种"S-4"，且种子产地不同，发病程度不同，即从巍山县调入的大麦种子发病重，从弥渡县调入的大麦种子不发病（表3）。通过进一步调查得知，从弥渡县调入的大麦种子，在繁种时进行了种子处理。

**表 3　大麦不同品种和不同产地发病情况调查表**

| 调查地点 | 种植品种 | 品种来源 | 调查时间 | 生育期 | 病丛率（%） | 病株率（%） | 病指 | 备注 |
|---|---|---|---|---|---|---|---|---|
| 小营村 | S-4 | 巍山县 | 4 月 22 日 | 乳熟期 | 41 | 18.0 | 17.9 | |
| 小营村 | S-4 | 巍山县 | 4 月 22 日 | 乳熟期 | 39 | 14.3 | 14.2 | |
| 小营村 | S-4 | 巍山县 | 4 月 22 日 | 乳熟期 | 48 | 29.5 | 29.1 | |
| 孟福营 | S-4 | 巍山县 | 4 月 22 日 | 乳熟期 | 45 | 22.7 | 22.7 | |
| 小计 | | | | | 173 | 84.5 | 83.9 | |
| 平均 | | | | | 43.2 | 21.1 | 21.0 | |
| 小营村 | S-4 | 弥渡县 | 4 月 22 日 | 乳熟期 | 0 | 0.0 | 0.0 | |
| 小营村 | S-4 | 弥渡县 | 4 月 22 日 | 乳熟期 | 0 | 0.0 | 0.0 | |
| 小计 | | | | | 0 | 0.0 | 0.0 | |
| 小营村 | 墨西哥 500 号 | 弥渡县 | 4 月 22 日 | 乳熟期 | 0 | 0.0 | 0.0 | |
| 小营村 | 墨西哥 500 号 | 弥渡县 | 4 月 22 日 | 乳熟期 | 0 | 0.0 | 0.0 | |
| 小计 | | | | | 0 | 0.0 | 0.0 | |

### 2.2　大麦条纹病消长规律调查结果

据大麦条纹病定点调查结果：大麦条纹病在 2 月初即分蘖期开始发病，抽穗期发病丛数不再增加，发病株数及病情继续扩展，到乳熟期病情基本稳定（图1）。

### 2.3　不同药剂对大麦条纹病拌种控制效果

#### 2.3.1　对作物的安全性

据对大麦出苗情况调查，出苗率最高为石灰水处理的大麦种，其次为 15% 三唑醇 WP 处理的大麦种和 80% 戊唑醇 WP 处理的大麦种等。从整个试验看，几种药剂和剂量拌种，对大麦出苗影响不大，药剂对大麦安全（表4）。

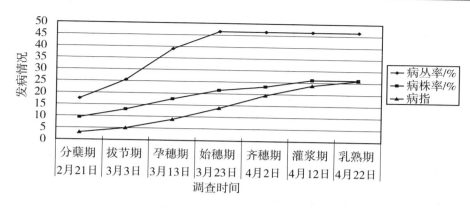

**图1 大麦条纹病消长规律图**

**表4 10％苯醚甲环唑 WG 等药剂处理大麦种子出苗率调查表**

| 处　理 | 出苗数 | 出苗率（％） | 与对照相比 |
|---|---|---|---|
| 10％苯醚甲环唑 WG | 44 | 44 | −6 |
| 15％三唑醇 WP | 63 | 63 | +13 |
| 80％戊唑醇 WP | 60 | 60 | +10 |
| 25％三唑酮 | 45 | 45 | −5 |
| 25％联苯三唑醇 WP | 47 | 47 | −3 |
| 石灰水 | 68 | 68 | +18 |
| 对照（CK） | 50 | 50 | — |

**2.3.2　不同药剂对大麦条纹病拌种控制效果（病株率）**

　　经调查，供试药剂中以 10％苯醚甲环唑 WG2g/kg 拌种的防治效果最好，病株防效达 93.88％；25％联苯三唑醇 WP1.5g/kg、15％三唑醇 WP2g/kg、1％石灰水、80％戊唑醇 WP0.025g/kg 拌种，效果相当，病株防效分别为 89.8％、89.8％、88.44％、84.35％；防效最差为 25％三唑酮 WP1.5g/kg 拌种，防效仅为 42.18％。且 10％苯醚甲环唑 WG2g/kg、25％联苯三唑醇 WP1.5g/kg、15％三唑醇 WP2g/kg、1％石灰水、80％戊唑醇 WP0.025g/kg 拌种防治效果显著和极显著高于 25％三唑酮 WP1.5g/kg 防治效果（表5）。

**表5　大麦条纹病（病株率）防治效果表（调查时间：3月23日）**

| 处　理 | 病株率（％） | | | | | 防治效果（％） | 显著性 | |
|---|---|---|---|---|---|---|---|---|
| | Ⅰ | Ⅱ | Ⅲ | 合计 | 平均 | | 0.05 | 0.01 |
| 对照（CK） | 15.4 | 13.8 | 14.9 | 44.1 | 14.7 | — | a | A |
| 25％三唑酮 WP | 7.7 | 12.9 | 4.8 | 25.4 | 8.5 | 42.18 | b | B |
| 80％戊唑醇 WP | 2.7 | 1.9 | 2.2 | 6.8 | 2.3 | 84.35 | c | C |

（续表）

| 处　理 | 病株率（%） | | | | | 防治效果（%） | 显著性 | |
|---|---|---|---|---|---|---|---|---|
| | Ⅰ | Ⅱ | Ⅲ | 合计 | 平均 | | 0.05 | 0.01 |
| 石灰水 | 4.5 | 0.0 | 0.5 | 5.0 | 1.7 | 88.44 | c | C |
| 15%三唑醇WP | 2.4 | 0.9 | 1.1 | 4.4 | 1.5 | 89.80 | c | C |
| 25%联苯三唑醇WP | 1.7 | 0.8 | 1.9 | 4.4 | 1.5 | 89.80 | c | C |
| 10%苯醚甲环唑WG | 1.9 | 0.7 | 0.0 | 2.6 | 0.9 | 93.88 | c | C |

### 2.3.3　不同药剂对大麦条纹病拌种控制效果（病指）

经调查，供试药剂中以10%苯醚甲环唑WG2g/kg拌种的防治效果最好，病指防效达97.95%；25%联苯三唑醇WP1.5g/kg、15%三唑醇WP2g/kg、1%石灰水、80%戊唑醇WP0.025g/kg拌种，效果相当，病指防效分别为93.04%、92.92%、91.55%和85.79%；防效最差为25%三唑酮WP1.5g/kg拌种，防效仅为37.46%。且10%苯醚甲环唑WG2g/kg拌种与25%联苯三唑醇WP1.5g/kg、15%三唑醇WP2g/kg、1%石灰水拌种防治效果显著高于80%戊唑醇WP0.025g/kg和25%三唑酮WP1.5g/kg拌种防治效果；10%苯醚甲环唑WG2g/kg、25%联苯三唑醇WP1.5g/kg、15%三唑醇WP2g/kg、1%石灰水、80%戊唑醇WP0.025g/kg拌种防治效果极显著高于25%三唑酮WP1.5g/kg拌种防治效果（表6）。

表6　大麦条纹病（病指）防治效果表（调查时间：3月23日）

| 处　理 | 病　指 | | | | | 防治效果（%） | 显著性 | |
|---|---|---|---|---|---|---|---|---|
| | Ⅰ | Ⅱ | Ⅲ | 合计 | 平均 | | 0.05 | 0.01 |
| 对照（CK） | 9.67 | 7.19 | 7.99 | 24.85 | 8.28 | — | a | A |
| 25%三唑酮 | 3.88 | 8.82 | 2.84 | 15.54 | 5.18 | 37.46 | a | A |
| 80%戊唑醇WP | 1.17 | 1.07 | 1.29 | 3.53 | 1.18 | 85.79 | b | B |
| 石灰水 | 1.69 | 0.00 | 0.41 | 2.10 | 0.70 | 91.55 | bc | B |
| 15%三唑醇WP | 0.72 | 0.56 | 0.48 | 1.76 | 0.59 | 92.92 | bc | B |
| 25%联苯三唑醇WP | 0.84 | 0.26 | 0.63 | 1.73 | 0.58 | 93.04 | bc | B |
| 10%苯醚甲环唑WG | 0.37 | 0.14 | 0.00 | 0.51 | 0.17 | 97.95 | c | B |

## 2.4　不同药剂处理后对大麦经济性状及产量的影响

### 2.4.1　不同药剂处理后对大麦经济性状的影响

通过经济性状分析，大麦条纹病重的小区关键是有效穗减少，使得产量减少。其他性状差异不大。防效最好的10%苯醚甲环唑WG2g/kg拌种，比对照增产达17.2%（表7）。

表7  不同药剂拌种防治大麦条纹病试验经济性状表

| 试验处理 | 有效穗<br>（万穗/亩） | 株高<br>（cm） | 穗长<br>（cm） | 穗实粒数<br>（粒/穗） | 千粒重<br>（g） | 产量<br>（kg/亩） | 比对照<br>（%） |
|---|---|---|---|---|---|---|---|
| 10%苯醚甲环唑WG | 76.93 | 67.2 | 15.6 | 22.0 | 31.9 | 539.9 | 17.2 |
| 15%三唑醇WP | 72.47 | 67.7 | 15.8 | 22.2 | 32.7 | 521.8 | 13.2 |
| 80%戊唑醇WP | 72.82 | 67.4 | 15.5 | 21.9 | 32.8 | 521.5 | 13.2 |
| 25%三唑酮 | 69.04 | 66.1 | 15.7 | 21.0 | 32.9 | 477.0 | 3.5 |
| 25%联苯三唑醇WP | 73.15 | 64.3 | 15.7 | 22.3 | 31.5 | 522.0 | 10.0 |
| 石灰水 | 75.80 | 68.0 | 15.7 | 21.5 | 32.0 | 521.5 | 13.2 |
| 对照（CK） | 65.82 | 66.8 | 15.8 | 21.4 | 32.7 | 460.7 | — |

2.4.2  不同药剂处理后对大麦产量的影响

通过小区产量结果分析，几种药剂中以10%苯醚甲环唑WG2g/kg拌种的产量最高，达539.9kg/亩；25%联苯三唑醇WP1.5g/kg、15%三唑醇WP2g/kg、1%石灰水、80%戊唑醇WP0.025g/kg拌种，产量相当，分别为522.0kg/亩、521.8kg/亩、521.5kg/亩和477.0kg/亩；且10%苯醚甲环唑WG2g/kg拌种与25%联苯三唑醇WP1.5g/kg、15%三唑醇WP2g/kg、1%石灰水、80%戊唑醇WP0.025g/kg产量显著和极显著高于25%三唑酮WP1.5g/kg拌种和对照（见表8）。

表8  不同药剂拌种大麦条纹病试验产量结果分析表

| 处理 | 小区产量（kg） | | | | | 显著性 | |
|---|---|---|---|---|---|---|---|
| | Ⅰ | Ⅱ | Ⅲ | 合计 | 平均 | 0.05 | 0.01 |
| 10%苯醚甲环唑WG | 11.05 | 11.11 | 10.64 | 32.80 | 10.93 | a | A |
| 25%联苯三唑醇WP | 10.27 | 10.69 | 10.74 | 31.70 | 10.57 | ab | A |
| 石灰水 | 10.35 | 10.52 | 10.80 | 31.67 | 10.56 | ab | A |
| 15%三唑醇WP | 10.47 | 10.28 | 10.69 | 31.44 | 10.48 | ab | A |
| 80%戊唑醇WP | 10.52 | 10.38 | 10.27 | 31.17 | 10.39 | b | A |
| 25%三唑酮 | 9.27 | 9.78 | 9.93 | 28.98 | 9.66 | c | B |
| 对照（CK） | 9.00 | 9.42 | 9.58 | 28.00 | 9.33 | c | B |

# 3  结果与讨论

防治大麦条纹病关键是选择无病种子，即不从病区调种。在良种繁育基地，对发生大麦条纹病的大麦品种进行种子处理。种子处理可用10%苯醚甲环唑WG2g/kg、25%联苯三唑醇WP1.5g/kg、15%三唑醇WP2g/kg、1%石灰水、80%戊唑醇WP0.025g/kg药剂和剂量拌种，防治大麦条纹病效果显著，且对大麦安全。可在生产上推广应用。种子企业对发生大麦条纹病的品种，可在分装大麦种子时，进行拌种处理。各农户在生产上，考虑购买方便、成本等因素，可使用1%石灰水浸种。播种前，晒种1~2天，可以有效杀灭细菌，提高发芽势和增强发芽率，后用上述药剂进行拌种。对水为种子量的3%左右，先用少量的水将药剂调成糊状，然后放入种子翻拌均匀，闷种48h后晾干即可播种。

# 宁夏固原市原州区冷凉蔬菜病虫害
# 无公害防治之我见

马占鸿*

（中国农业大学植物病理学系，北京 100193）

原州区地处宁夏南部六盘山东麓，是固原市委、市政府所在地。境内海拔 1 450～2 500m，年均气温 6.3℃，年均降水量 300～550mm。近年来，在区、市党委、政府的领导下，原州区积极发展冷凉蔬菜，截至 2011 年底，冷凉蔬菜种植面积达 18 万亩，其中芹菜、菜用马铃薯、辣椒、番茄、黄瓜、大白菜、娃娃菜、西兰花、南瓜、胡萝卜、萝卜、西瓜、洋葱、甜瓜等 14 个产品获得了农业部无公害产地认定和产品认证。区内总产蔬菜 57 794.4 万 kg，完成总产值 7.07 亿元，纯收入达到 5.2 亿元，人均种菜收入达 890 元，占全区当年农民人均纯收入 4 190 元的 21.2%，冷凉蔬菜产业已成为原州区农民经济收入主要来源之一。

冷凉蔬菜，顾名思义就是高海拔地区种植的夏季蔬菜，原州区即是典型的冷凉蔬菜生产区。影响冷凉蔬菜生产的因素很多，其中病虫害是其中之一。一般而言，冷凉蔬菜病虫害较低海拔、温暖地区为少，但仍是冷凉蔬菜安全生产的主要限制因素。由于原州区冷凉蔬菜种类繁多，其病虫种类复杂多样。常见的病虫害有疫病、根腐病、立枯病、枯萎病、白粉病、霜霉病、蚜虫、蚜虫传毒引起的番茄条斑病毒病、温室白粉虱、由烟粉虱传毒引起的番茄黄化曲叶病毒病、菜青虫、小菜蛾、甘蓝夜蛾、潜叶蝇、叶螨、茶黄螨、蓟马等。此外，还有一些生理性病害，如强光引起的灼烧、干旱引起的萎蔫、缺素引起的缺素症等。如何做到冷凉蔬菜病虫"无公害"防治，建议做到如下"四个坚持"。

## 1 坚持树立"公共植保、绿色植保"的理念

所谓公共植保，就是要把植保工作作为农业和农村公共事业的重要组成部分，强化"公共"性质，从事"公共"管理，开展"公共"服务，提供"公共"产品。所谓绿色植保，就是要把植保工作作为人与自然和谐系统的重要组成部分，拓展"绿色"职能，满足"绿色"消费，服务"绿色"农业，提供"绿色"产品[1]。

为贯彻"公共植保、绿色植保"的理念，政府部门首先要认识到冷凉蔬菜病虫防治工作的公共性、公益性、社会性和基础性地位。他不是一家一户能解决了的问题，而是一项需要政府和社会相关部门或机构提供专业化服务的工作。政府部门要有专门机构、植保专业技术人员定点、定时对辖区蔬菜病虫进行监测和跟踪，及时向菜农普及、培训蔬菜病虫识别及防治科学知识、技术。菜农协会、企业或植保专业化组织要及时到位提供专业化防治服务，也即提供"公共"管理和"公共"服务，广大菜农则要牢固树立创建"绿

---

* 作者简介：马占鸿，宁夏海原县人，教授、博士生导师；E-mail：mazh@ cau. edu. cn

色"农业和提供"绿色"产品理念。

## 2 坚持"预防为主、综合防治"两句话、八个字的植保总方针

预防为主，就是要做到：①引种要严格检疫，决不把危险性病虫引入。②收获季节及时清除田园病虫残体，尽可能减少初侵染来源。③播种、移苗、定植前，彻底处理土壤、苗床或田垄中的病菌、虫源（如用毒土、生石灰或药剂熏蒸等防治土传病虫等）。

综合防治，就是要做到以种植抗病虫品种和加强栽培管理措施为主，针对不同病虫种类辅以生物的（如以鸟治虫、以虫治虫、以虫治病、以菌治病等）、物理的（如水选、风选汰除病虫种子、播前温汤浸种、射线杀菌防治种传病害、高温闷棚防治病毒病和霜霉病等）和化学的方法进行防治。

综合防治中，抗病（虫）品种的推广利用，是防治病虫害最经济有效的方法。目前，我国已培育出一大批抗病蔬菜良种，如抗烟草花叶病毒（TMV）和叶霉病的番茄有中蔬7、中蔬8、中蔬9号，苏保1号，佳粉15号，申粉3号等；抗TMV和耐黄瓜花叶病毒的甜椒有中椒4、6号，苏椒4号，甜杂3号，农乐，吉椒2号等；抗霜霉病、白粉病、枯萎病或疫病的黄瓜有津杂2、4号，中农5、7、1101号，龙杂黄3号，鲁黄瓜4号，夏青4号等；抗病毒病（TuMV）、霜霉病、软腐病或黑腐病的大白菜有北京小杂60号，北京新1号，中白4号，青庆，冀菜5号，龙协白3号，秦白3号等；白菜有冬常青，夏冬青，矮抗2号等；抗TuMV、黑腐病的甘蓝有中甘8、9号，西园3、4号，秦甘13号、8718等[2]。选用抗病品种必须因地制宜，先试验再推广，同一品种不宜长期、大面积种植，需合理搭配和更新，并要做到良种配良法。其次，良好的栽培管理措施也是病虫防治的关键。任何病虫的发生都与栽培管理有关，应力图通过调整栽培措施，创造不利病虫生存的环境来达到控制为害的目的。如轮作倒茬或水旱轮作可减少枯萎病、青枯病、菌核病、线虫病等的发生；施用充分腐熟的有机肥使种蝇和蛴螬的数量减少，一些通过粪肥传播的病害也能减轻；适期播种和播后保持土壤湿润是减轻大白菜病毒病的重要措施；在保护地应用节水栽培、加强通风、调温控湿措施对防治霜霉病、晚疫病、灰霉病收效明显；黄瓜嫁接防治枯萎病、高垄种植大白菜防治软腐病、施足底肥和适时追肥防治早疫病、收获后深翻土地防治菌核病等都已取得了良好的效果。另外，生物和物理防治有时也效果明显，如生物防治方面，可用微生物农药农抗120防治多种蔬菜霜霉病、炭疽病等，农用链霉素防治软腐病、黑腐病、角斑病等，井冈霉素防治猝倒病、白绢病等；苗期和生长前期喷洒83增抗剂来提高番茄、辣椒等蔬菜对病毒病的抵抗能力；细菌农药苏云金杆菌、白僵菌以及颗粒体病毒防治菜青虫、小菜蛾效果都较好；在保护地悬挂寄生蜂丽蚜小蜂的卵卡能有效减轻白粉虱的为害。物理防治方面，利用病虫对温度、湿度、光谱、颜色等的特异反应和忍耐能力，来杀死或驱避有害生物。如用温汤浸种和干热灭菌进行种子消毒；夏季灌水闷棚可杀死土壤中的病菌和害虫；棚上覆盖遮阳网可挡光降温，不利病毒病发生；在育苗棚上和露地地面上铺放或植株上方悬挂银灰色反光薄膜有一定的避蚜防病毒病的作用；田间和保护地放置黄皿或黄板可诱杀蚜虫和白粉虱；黑光灯、高压汞灯诱杀地老虎、棉铃虫等鳞翅目幼虫效果良好。

至于化学防治，决不轻易使用，只有在万不得已时再用，必须使用时要严格遵照高效、低毒、低残留原则慎重选用无公害农药，且一定注意控制用药量和药剂的有效期，做到有效期过后收获蔬菜，或施药与采收安全间隔期一定要在7天以上。冷凉蔬菜常见病虫害化学防

治的用药及浓度要求是：萝卜、白菜霜霉病、马铃薯晚疫病、西芹斑枯病等可选用 75% 百菌清 600 倍液，或 70% 代森锰锌 500 倍液，或 50% 多菌灵 500 倍液，在发病初期隔 7 ~ 10 天喷洒 1 次，防治 2 ~ 3 次。蚜虫为害初期用 10% 吡虫啉可湿性粉剂 1 500 倍液，0.9% 爱福丁（阿维菌素）乳油 2 000 ~ 3 000 倍液喷雾，或用 15% 蚜虱一次净熏杀。潜叶蝇可采用 0.9% 爱福丁乳油 1 000 ~ 1 500 倍液或 20% 斑潜净 1 000 ~ 2 000 倍液喷雾防治。

无论哪种病虫害，只要严格按照八字方针并有针对性地及时采取有效防治措施，都能取得很好的防效。

## 3 坚持"早发现、早清除、早防治"的"三早防"病虫原则

"三早防"病虫原则，就是要定时、定点派人到菜田、地头或大棚中清查病虫，一旦发现有病、虫为害的叶、果、枝或株，要及时用剪刀剪除有病虫的叶、果、枝或铲子（铁锹）挖除病虫为害株，并用塑料袋带离菜地，深埋或烧毁，千万不能遗弃在蔬菜田头、地垄或棚内，成为新的传染源。及时清洁田园，是减少病虫为害的经济有效措施，正所谓"人勤地不懒、人勤病虫少"。若一旦在冷凉蔬菜生产地、棚（重点用于种苗生产）发现成片或连株病虫发生区，就要及时请专家会诊，"对症下药"。

## 4 坚持"统一供种、统一栽培技术、统一配方施肥、统一病虫防治"的"四统一"防治要求

"四统一"是冷凉蔬菜病虫无公害防治的关键。只有统一供种、统一栽培技术、统一配方施肥、统一病虫防治才能从蔬菜生产的各个环节有效预防病虫发生为害。四统一需要有政府相关政策引导，菜农协会、专业机构或相关公司企业具体组织实施。

总之，冷凉地区生产无公害蔬菜，病虫虽然相对较轻一点，但是在生产过程中，一定要按无公害有关规定操作，借鉴各地冷凉蔬菜无公害生产先进经验[3~5]，采取"利用抗病品种、深耕晒垡、间作套作、调整播期、合理放风、高温闷棚、增施磷钾肥及二氧化碳、壮苗健身栽培、嫁接换根、利用有色膜或银灰膜、覆盖遮阳网、种子处理、使用天敌昆虫、施用生防制剂、喷洒高效低毒的化学药剂等多项措施有机结合的综合防治病虫体系[6]。其主要目标是尽可能地使用生物防治及栽培防治措施，将化学农药的使用量降下来，以生产出高产、优质、高效、生态、安全的无公害蔬菜。

**致谢：**感谢宁夏固原市原州区科技局提供相关背景资料。

**参考文献**

[1] 夏敬源. 公共植保、绿色植保的发展与展望. 中国植保导刊，2010，30（1）：5 - 9.

[2] 冯兰香. 蔬菜病虫害的综合治理（一）防治蔬菜病虫害必须贯彻"预防为主、综合防治"的植保方针. 中国蔬菜，1997（1）：54 - 56.

[3] 贵州省黔东南州麻江县科协. 发展破季蔬菜生产带领农民增收致富——记麻江县高山冷凉蔬菜专业技术协会带领农民增收致富事迹. 科协论坛，2010（10）：43 - 45.

[4] 马芙华. 高海拔地区保护地西芹无公害栽培技术. 现代农业科技，2009（19）：110.

[5] 马春花，马俊. 西吉县露地冷凉蔬菜生产现状及发展对策. 甘肃农业科技，2008（4）：35 - 36.

[6] 李明远. 蔬菜病虫害的综合治理（二）试谈我国蔬菜病虫害综合治理中存在的问题. 中国蔬菜，1997（2）：51 - 52.

# 西藏高寒地区设施蔬菜菌核病防治技术规范[*]

代万安[1][**]    张明兰[2]    陈翰秋[1]    罗　布[1]    杨　杰[1]    德庆卓嘎[1]

(1. 西藏自治区农牧科学院蔬菜研究所，拉萨　850032；

2. 西藏自治区农牧科学院，拉萨　850032)

**摘　要：** 蔬菜菌核病是由核盘菌（*Sclerotinia sclerotiorum*）侵染所致，是目前西藏设施蔬菜生产上一种重要土传病害。为害茄子、辣椒、番茄、黄瓜、冬瓜、生菜、芹菜、莴笋、四季豆、十字花科蔬菜等多种蔬菜，该病主要为害植株的茎、叶、花和果实，苗期和成株期均可感病，已严重影响到蔬菜的产量和品质，给种植者带来较大的经济损失，成为西藏设施蔬菜产业可持续发展的限制因素之一。为此，我们从为害症状、生物学特性、防治技术等方面作了大量的调查和研究。特编写设施蔬菜菌核病防治技术规范，蔬菜菌核病的防治应以农业措施为基础，针对菌核病的初侵染源及传播途径采用土壤、种子、苗床消毒技术，生态防治技术、栽培管理防治技术，降低作物的发病率。一旦发病，在病害初期运用显微镜准确诊断后，适当运用生物农药、化学农药进行药剂防治菌核病的发生与蔓延，旨在西藏高寒地区防治蔬菜菌核病提供技术支撑，供生产上使用。

**关键词：** 核盘菌（*Sclerotinia sclerotiorum*）；防治技术规范；西藏

## 1　为害症状

　　为害植株茎、叶及果实。幼苗受害，一般在距地面 0～3cm 的幼茎上产生黄褐色的病斑，生白色菌丝，继而绕茎一周，病部缢缩易于折倒，呈猝倒状；叶片发病，产生淡黄色边缘暗绿色的病斑，上生白色菌丝，以后病叶软腐脱落。病部到后期均可产生黑色菌核。茄果类及瓜类蔬菜多在开花结果期发病，花、果、叶、茎（蔓）均可受害。茄株茎秆发病，在接近地面到分权处初生椭圆形褐色水渍状病斑，上生絮状白色菌丝，病斑继续扩展，木质部变褐色，皮层软腐易于剥脱，湿度大时，长茂盛的白色菌丝，后期病斑灰白色，有浅褐相间的同心纹，茎秆内（髓部）外形成黑色菌核；主茎发病时，可致全株萎蔫死亡，也可侧枝发病萎枯。叶片发病，产生淡褐色具浅褐相间同心纹，长白色菌丝，组织软腐易烂。果实多在脐部发病，病斑黄褐色，具浅褐相间同心纹，生茂盛的白色菌丝，菌丝在病部表面扭集成黑色颗粒状物（鼠粪状）菌核，可使果部分或全部组织变褐软腐。黄瓜、辣椒的发病症状与茄子相似，只是辣椒的白色菌丝生在果实的空腔内，茎秆上的菌核较小。

---

　* 项目来源：西藏自治区重点科研项目（2012 年）

　** 作者简介：代万安（1968—），男，副研究员，主要从事园艺植物保护、无公害蔬菜生产工作；
E-mail：daiwa1968@126.com

## 2 病原菌形态与生物学特性

病原为核盘菌［*Sclerotinia sclerotiorum*（Lib.）de Bary］，属子囊菌门真菌。菌丝呈白色棉絮状，菌丝具有明显的分枝和较多的隔膜。后期菌丝扭集形成菌核，菌核初为白色，老熟后黑色，圆柱形、不规则形或鼠粪状，（1.5~6.0）mm×（2.0~10.0）mm，适宜条件下，菌核萌发产生一个至十几个子囊盘，子囊盘浅褐色，盘状，直径 2.0~8.0mm，中央凹陷，有柄，柄长 3.0~15.0mm，盘表面生有子实层，上着生近圆柱形的子囊，（91.0~125.0）μm×（6.0~9.0）μm，每个子囊内有 8 个子囊孢子，子囊孢子单胞，椭圆形至近梭形，（10.0~15.0）μm×（5.0~10.0）μm。0~35℃菌丝能生长，菌丝生长及菌核形成最适温度 20℃，最高 35℃，50℃经 5min 致死。菌核耐干热、低温，不耐湿热，在潮湿土壤中菌核只存活 1 年，在干燥土壤中能存活 3 年以上。

## 3 防治措施

### 3.1 定植前准备

#### 3.1.1 实行轮作

主要与水生蔬菜、禾本科及葱蒜蔬菜 2~3 年轮作。

#### 3.1.2 设施消毒

定植前选用药剂熏蒸、喷雾消毒及土壤消毒等方法进行设施消毒。

##### 3.1.2.1 熏蒸消毒

用甲醛和高锰酸钾按照 1:1 的比例放入碗或盆中，密闭烟熏一昼夜消毒；或每 100m² 将硫磺粉 0.25kg 加锯末 0.5kg 及敌敌畏 25ml 混合后分堆放置，点燃密闭温室熏蒸一昼夜。

##### 3.1.2.2 喷雾消毒

用福尔马林 100 倍液对温室全面喷雾，包括架杆、墙体。

##### 3.1.2.3 土壤消毒

在夏季（7~8 月）高温天气，及时清除前茬作物茎秆和残枝败叶、杂草等，防止二次感染，在设施土壤中添加 5~6cm 的农作物秸秆 6 000kg/hm² 和石灰氮（氰氨化钙）1 200kg/hm² 旋耕机深翻土壤 25~30cm，土壤全面覆白地膜，灌透水，四周压实，棚室关严通风口，高温闷棚 20~30 天，在高温高湿的作用下使菌核不能萌发而烂在土中，揭膜后用旋耕机深耕土壤（应控制深度，以 20~25cm 最好，以防把土壤深层的有害微生物翻到地表）、透气 3~5 天，能有效地杀死致病菌、虫卵及杂草种子等。

#### 3.1.3 选择抗病品种

可选择抗菌核病的品种进行栽培。

#### 3.1.4 留种

选用无病种子，从健康种株上采收种子。

#### 3.1.5 种子消毒

种子用 50℃温水浸种 10min，杀死病原菌。在播种前，用 10% 盐水漂种 2~3 次，汰除菌核。用种子重量 0.3%~0.5% 的 50% 腐霉利 WP 或 40% 菌核净 WP 拌种。

### 3.1.6 苗床处理

采用无病土或基质育苗，或进行苗床消毒，每平方米可用 50%腐霉利 WP 或 40%菌核净 WP 8～10g 与干细土 10～15kg 拌匀施入苗床内，与育苗土混匀。

### 3.1.7 药土育苗

干细土 10～15kg 内加入 50%多菌灵 WP 或 50%速克灵 WP 8～10g 拌匀，取 1/3 药土覆盖在苗床上，再把其余 2/3 药土覆盖在种子上面，做到下垫上覆把种子夹在药土中间。

## 3.2 苗期菌核病的防治

### 3.2.1 加强苗床管理

控制设施内温湿度，注意苗床保温，防止秧苗受冻。

### 3.2.2 培育壮苗

苗床定期适时用药预防，苗期可选用 1.5%多抗霉素 WP 或 50%朴海因 WP 等进行防治，每 7～10 天用药 1 次，连用 3 次。

### 3.2.3 高垄覆膜带药定植

采用高垄覆膜栽培，垄高不低于 25cm；最好采用滴灌，控制浇水，沟灌时水深达垄高 2/3 处即可，作物根围湿度低，降低病原菌侵染几率，较平作发病轻，切不可淹垄；在定植前 1 天喷 50%速克灵 1 000 倍液 1 次，做到带药定植，不定植病、弱苗，严格控制秧苗带病定植。

## 3.3 成株期菌核病的防治

### 3.3.1 加强田间管理

合理密植，控制设施内温湿度，及时放风排湿，尤其要防止夜间设施内湿度迅速升高。合理控制浇水和施肥量，宜在上午浇水，并及时开棚排湿。特别是在春季寒流侵袭前，要及时采取增温保温措施，防止蔬菜受冻，诱发病害。

### 3.3.2 清洁田园

及时打掉老叶和摘除留在果实上的残花，发现中心病株及时拔除，并带出设施外集中烧毁或深埋。

### 3.3.3 药剂防治

#### 3.3.3.1 蔬菜菌核病的预防

在蔬菜生长初期选用一些具有保护功能的药剂来预防菌核病的发生，每隔 7～10 天用药 1 次，连喷 3 次。可提升植株的抗病能力，有效降低菌核病的发生。可选用 1.5%多抗霉素 WP 250～300 倍液或 53.8%可杀得干悬浮剂 600～800 倍液喷雾。

#### 3.3.3.2 蔬菜菌核病的治疗

##### 3.3.3.2.1 喷药防治

应及时清除中心病株，并进行药剂控制。选用 50%腐霉利 WP 2 000 倍液，或 40%菌核净 WP 1 500 倍液，灰核·斯乐水分散性颗粒剂 1 000 倍液间隔 7～10 天喷施 1 次连续 3～4 次，防治蔬菜菌核病效果显著。

##### 3.3.3.2.2 药剂涂茎秆

如果瓜蔓、茎部发病，除喷药外，还可把上述药剂采用高浓度 20～30 倍液涂抹处理后再喷药液，效果更佳。注意药剂的交替使用，每种药剂使用次数不应超过 3 次。

### 3.3.3.2.3　烟熏防治

连续阴雨天发病，选用 10%FU 腐霉利或 45%FU 百菌清 3.75～4.5kg/hm²，于傍晚均匀布点，闭棚熏一夜。每隔 7～10 天熏 1 次，连熏 2～4 次。先开棚排湿 30min 后再闭棚烟熏。

## 3.4　采收期菌核病的防治

成熟后及时采收。收获后彻底清除病残体，深翻土壤，防止菌核萌发出土，造成下茬为害。

## 3.5　产品安全控制措施

严格按照农药的安全间隔期及施药方法用药。避开采摘时间施药，应先采摘后施药。产品应经农药残留检测合格。

# 辽宁省西瓜倒瓤病防控技术研究*

蔡　明[1]** 　王文航[1] 　王　林[1] 　徐秀德[2] 　吴元华[3]

江　冬[1] 　李　春[1] 　张　昆[1]

（1. 辽宁省植物保护站，沈阳　110034；2. 辽宁省农业科学院植保所，沈阳　110866；

3. 沈阳农业大学植保学院，沈阳　110866）

**摘　要：** 本文针对近年辽宁省新传入的外来检疫性有害生物黄瓜绿斑驳花叶病毒（CGM-MV）引起的西瓜倒瓤病，国内疫情防控方面的研究报道较少，而生产上又亟待解决的防控难题，我们系统研究了该病的物理、化学及农业防控技术等方法，提出了疫病综合防控措施。

**关键词：** 西瓜倒瓤病；防控；研究

辽宁省葫芦科作物种植总面积达 13.3 余万 hm²，产值 100 亿元，是农民增收的主要途径。2006 年辽宁省突发西瓜倒瓤病，该病害由黄瓜绿斑驳花叶病毒引起，是西瓜、黄瓜、葫芦等瓜类作物上的一种毁灭性病害，具有为害严重、致病性强、防治难度大等特点，严重威胁葫芦科作物生产[1,2]。该病害曾造成辽宁省盖州市 19 户瓜农 6.3hm² 西瓜绝产，受害面积达 0.66 万 hm²，对辽宁省瓜类产业构成严重威胁，对全国瓜类生产也存在潜在危险性[3]。

## 1　物理防控技术研究

辽宁省棚室西瓜种植一般采用嫁接栽培方法，这次发生的倒瓤病疫情，经实地调查和研究，借鉴日本、韩国经验[4]，表明病害主要是通过嫁接的砧木种子带毒侵染所致，西瓜种子本身带毒率较低，甚至不带毒，不是种子处理的关键。因此，本试验主要是针对感染黄瓜绿斑驳花叶病毒砧木种子进行消毒处理，了解不同处理方法对病害的防治效果，达到控制病害的目的。

### 1.1　材料与方法

#### 1.1.1　试验基本情况

试验在大石桥市博洛铺镇江南村江兰昌家西瓜地（大棚栽培），面积 1 000.5m²，2008 年 4 月 11 日定植。处理的嫁接砧木种子品种为瓠子（FROK）（经检测带毒），西瓜种子品种为京欣二号（经检测不带毒）。

#### 1.1.2　试验设计

试验共设 6 个处理，每处理 3 次重复，小区面积 50m²，共 18 个小区，随机排列。试验除种子处理差异外，其他田间管理均一致。6 个处理分别为：（1）干热处理：将恒温箱

*　基金项目：辽宁省科技计划重大、重点项目（2008214001）

**　第一作者：蔡明（1966—），男，硕士，高级农艺师，主要从事植物检疫工作；E-mail：lnjycm@sohu.com

的温度升到40℃，把砧木种子放入箱中处理24h，再将温度升到72℃，处理72h，然后取出种子，用清水浸4h后，催芽播种；（2）药剂消毒：将砧木种子放到10%磷酸三钠溶液中浸泡20～30min，然后捞出，用清水洗净催芽播种；（3）干热处理结合药剂消毒：将经过干热处理的砧木种子用清水浸4h，然后再浸于10%磷酸三钠溶液中20～30min后捞出，用清水洗净，催芽播种；（4）温汤浸种：将砧木种子在55℃的温水中浸泡15min，边加热水边搅拌，保持水温恒定，防止种子沉入水底，然后再放到清水中浸泡5～6h后，催芽播种；（5）温汤浸种结合药剂消毒：将经过温汤浸种的砧木种子放到清水中浸泡5～6h，再浸于10%磷酸三钠溶液中20～30min后捞出，用清水洗净，催芽播种；（6）对照（常规方法）：将砧木种子用清水浸泡后，催芽播种。

### 1.1.3　试验调查

采收时调查各处理的显症病株率、病瓜率，并测产。

## 1.2　结果分析

由表1可知，干热处理结合药剂消毒的防效最好，为100%，增产12.36%，明显优于其他处理及对照；其次是干热处理，防效为93.46%，增产11.33%；温汤浸种结合药剂消毒，防效为80.47%，增产11.00%；药剂消毒，防效为73.93%，增产9.27%；温汤浸种，防效为58.2%，增产7.21%。

**表1　不同处理对防治效果及西瓜产量影响调查**

| 处理 | 病株率（%） | 病果率（%） | 防效（%） | 折合产量（kg/667m²） | 增产率（%） |
|---|---|---|---|---|---|
| 干热处理 | 1.33 | 0.67 | 93.46 | 4 325 | 11.33 |
| 药剂消毒 | 2.00 | 2.67 | 73.93 | 4 245 | 9.27 |
| 干热处理结合药剂消毒 | 0 | 0 | 100 | 4 365 | 12.36 |
| 温汤浸种 | 4.13 | 4.28 | 58.20 | 4 165 | 7.21 |
| 温汤浸种结合药剂消毒 | 3.33 | 2.00 | 80.47 | 4 285 | 11.00 |
| 对照 | 8.65 | 10.24 | 0 | 3 885 | 0 |

注：表中数据为3次重复均值。

## 1.3　小结与讨论

本试验选择的5种处理方法（除对照外）均有预防黄瓜绿斑驳花叶病毒病发生的作用，其中，干热处理结合药剂消毒（10%磷酸三钠）的效果最好，防效为100%，该种处理方法可以钝化种子内外部病毒，能有效预防西瓜绿斑驳病毒病的发生。

# 2　化学防控技术研究

## 2.1　材料与方法

### 2.1.1　材料

（1）土壤处理试验

供试西瓜品种：选择当地主栽的西瓜品种，接穗品种为佳鑫美好，砧木品种为护瓜使者。

土壤处理材料：垄鑫（98%棉隆）微粒剂，江苏南通施壮化工有限公司生产；石灰氮，衡阳百赛化工实业有限公司生产；黑色塑料膜于当地市场购买。

（2）药剂防治试验

供试西瓜品种：当地露地栽培西瓜品种。

化学药剂：8%南宁霉素水剂900倍液、6%菌毒克可湿性粉剂800倍液、33%抑传灵可湿性粉剂100倍液、31%绿亨吗啉胍·三氮唑可湿性粉剂1 000倍液。

### 2.1.2 方法

（1）土壤处理方法

试验地选择在辽宁省新民市梁山镇顾屯村农户大棚，秋茬西瓜。供试西瓜苗为嫁接苗，每年幼苗嫁接时间为7月5日左右，定植时间为7月20日左右。

本试验设为4个处理，分别为垄鑫处理土壤、石灰氮处理土壤、黑膜覆盖土壤和不做土壤处理作为对照区。每个处理面积为667m$^2$，1个整棚，移栽后每棚保苗750株。本试验设年度间重复，分别于2006～2008年下茬西瓜3次试验。各处理施肥量、灌水等田间管理相同，且与当地栽培管理一致。

①垄鑫土壤处理方法：施药前把有机肥翻施入土壤内，浇水湿润土壤，并且塑料布盖棚保温4天，土壤湿润程度以手捏成团，掉地后能散开为宜，将垄鑫药剂均匀撒施于土壤表面，用量20kg/667m$^2$，施药后覆盖5cm厚度田土，然后立即盖膜封闭土壤，防止气体跑漏影响防效。盖膜4天后揭膜，通风10天左右。通风期间划土2次，使药剂充分散发，避免对西瓜幼苗毒害。通风结束后2天进行西瓜幼苗移栽。

②石灰氮土壤处理方法：在大棚盖膜和整地后，将铡碎的稻草，长度2～3cm，用量1 000kg/667m$^2$，撒施于土壤表面，再在稻草上撒施石灰氮药剂，用量100kg/667m$^2$；然后将稻草和石灰氮翻入15～20cm土层下。地面覆盖塑料地膜密封，四周要盖严，全田浇灌透水，棚室用新棚膜完全密封；在夏日高温强光下闷棚25天。闷棚结束后将棚膜、地膜揭掉，耕翻起垄、晾晒后进行西瓜幼苗移栽。

③黑膜覆盖处理方法：大棚内土壤翻耕2次，施入底肥，平整畦面，使土块充分碎细。沿着畦垄方向平铺黑色塑料膜，膜要紧贴地面、压实，膜间交接处用田土盖严。高温强光下闷棚15～20天。然后灌足底水，在畦面打孔进行西瓜幼苗移栽。植株定殖后发现有破膜处，立即用土压严，以减少空气透入和水分蒸发。

发病情况调查：在西瓜成熟前10～15天，调查病害发病情况，各处理全区逐株调查，分别调查记载总株数、发病株数。按下列公式计算发病率和病害防治效果。

发病率（%）=（发病株数/调查总株数）×100

防病效果（%）=[（对照区发病率-处理区发病率）/（对照区发病率）]×100

（2）药剂试验方法

试验选择在大石桥市永安镇西赖村张恩满农户露地栽培西瓜，试验面积973.82m$^2$，5月1日定植。用8%南宁霉素水剂900倍液、6%菌毒克可湿性粉剂800倍液、33%抑传灵可湿性粉剂100倍液、31%绿亨吗啉胍·三氮唑可湿性粉剂1 000倍液，施药3次，隔7天喷1次，以喷清水为对照。每个处理3次重复。

## 2.2 结果与分析

### 2.2.1 不同土壤处理方法对病害防治效果

由表2可知，经垄鑫、石灰氮、黑膜覆盖土壤处理区的植株发病率明显低于未经处理的对照区植株发病率。垄鑫、石灰氮和黑膜覆盖处理的植株 3 年平均发病率分别为 3.38%、5.87%、10.09%。对照棚的发病率高达 31.51%。垄鑫、石灰氮、黑膜覆盖处理后的防治效果分别为 89.27%、81.37%、67.98%。垄鑫处理防治效果好于石灰氮和黑膜覆盖处理。石灰氮处理防治效果好于黑膜覆盖处理。黑膜覆盖处理防治效果最低。3 个处理的防治效果差异显著。

表 2　不同处理防治西瓜病害的防治效果

| 土壤处理 | 2006 年病株率（%） | 2007 年病株率（%） | 2008 年病株率（%） | 平均病株率（%） | 防病效果（%） | 差异显著性 5% |
|---|---|---|---|---|---|---|
| 垄鑫 | 4.27 | 2.53 | 3.33 | 3.38 | 89.27 | a |
| 石灰氮 | 6.53 | 5.47 | 5.60 | 5.87 | 81.37 | b |
| 黑膜覆盖 | 8.93 | 9.87 | 11.47 | 10.09 | 67.98 | c |
| 对照 | 26.80 | 32.40 | 35.33 | 31.51 | — | — |

#### 2.2.2　不同化学药剂处理对病害的防治效果

由表 3 可知，施药后 7 天、14 天、21 天调查 3 次均未发现显症病株，在 6 月 7 日调查发现显症病株。收获前调查结果表明，南宁霉素、抑传灵和绿亨吗啉胍·三氮唑药剂，防治效果为 77.59%、70.86%、53.77%，南宁霉素、抑传灵药剂防治，果实均未发病，增产效果较对照显著，增产率为 18.2% 和 19.7%。

表 3　不同药剂对西瓜病害防治效果调查

| 药剂处理 | 调查株数 | 发病株数 | 发病率（%） | 防治效果（%） | 病果数 | 病果率（%） | 小区产量（kg） | 产量（kg/667m²） | 增产率（%） |
|---|---|---|---|---|---|---|---|---|---|
| 南宁霉素 | 100 | 0.67 | 0.67 | 77.59 | 0.0 | 0.0 | 390 | 4 000 | 18.2 |
| 菌毒克 | 100 | 3.33 | 3.33 | 34.93 | 1.0 | 1.0 | 336 | 3 446 | 1.8 |
| 抑传灵 | 100 | 0.98 | 0.98 | 70.86 | 0.0 | 0.0 | 395 | 4 051 | 19.7 |
| 绿亨吗啉胍·三氮唑 | 100 | 2.67 | 2.67 | 53.77 | 1.5 | 1.5 | 342 | 3 508 | 3.6 |
| 对照 | 100 | 4.33 | 4.33 | — | 1.7 | 1.7 | 330 | 3 385 | — |

### 2.3　小结与讨论

本试验通过采用垄鑫、石灰氮和黑膜覆盖等不同土壤处理方法和南宁霉素、菌毒克、抑传灵、绿亨吗啉胍·三氮唑不同化学药剂喷施方法对西瓜病害防治效果的探讨。研究结果表明：垄鑫、石灰氮和黑膜覆盖处理对西瓜病害均有良好的防治效果，防效分别为 89.27%、81.37%、67.98%，垄鑫处理防治效果好于石灰氮和黑膜覆盖处理，石灰氮处理防效高于黑膜覆盖处理，3 个处理的防治效果差异显著。南宁霉素、抑传灵和绿亨吗啉胍·三氮唑药剂有较好的防治效果，防效分别为 77.59%、70.86%、53.77%，其他化学药剂防效较差。

## 3　农业防控技术研究

为了摸清田间管理与病毒病的发生关系，在新民项目区设计了破坏性棚、正常管理棚和优化管理棚的对比试验，此项试验每个棚2个处理（进口砧木种子＋未脱毒西瓜种子、山东未脱毒砧木种子＋未脱毒西瓜种子），在田间管理程度上设置不同，其余均相同。

### 3.1 材料与方法

#### 3.1.1 破坏性试验

2个处理，每个处理400株。田间管理粗放，人工制造适合于病毒病发病的环境条件（西瓜成熟期中午高温闷棚并用地下水滴灌），不进行任何药剂防治。

#### 3.1.2 正常管理试验

2个处理，每个处理400株。正常田间管理与肥水管理。

#### 3.1.3 优化管理试验

2个处理，每个处理400株。除正常田间管理与肥水管理外，在瓜未熟之前用垦易 $25g/667m^2$、低聚糖 $25g/667m^2$、诱抗剂 $25g/667m^2$ 混配后喷药。

①营养生长期管理：当秧苗成活后，可浇施1次提苗肥，每 $667m^2$ 用尿素5kg，磷酸二氢钾2kg。当秧苗真叶数达到12片后，可浇施1次伸蔓肥，每 $667m^2$ 用尿素10kg，复合肥20kg。整个西瓜营养生长期水分见干见湿，一般3天浇1次浅沟水，温度控制在 $30\sim35℃$。同时每7天可用托布津、百菌清、农用链霉素交替防治。

②生长期管理：当西瓜主蔓节位达到16节后，会出现第 $2\sim3$ 朵雌花，此时应进行授粉。授粉时应于雌花开放当天，采摘授粉株上的雄花于晴天上午 $8\sim10$ 时进行授粉。授粉期应尽量避免喷水喷药。授粉时间一般控制在 $3\sim5$ 天，每株西瓜授粉 $1\sim2$ 朵。当幼果长至乒乓球大时，应及时进行定果。将畸形果、节位低的小果去除。授粉后7天，应及时进行1次小水肥灌溉，每 $667m^2$ 用复合肥 $2\sim3kg$，硫酸钾5kg。以后每隔2天浇1次浅沟水，每隔5天施1次肥料。

### 3.2 结果与分析

由图1可知，在苗期、伸蔓期和果实成熟期分3次调查，粗放管理试验：苗期发病率7%，果实倒瓤率12.1%；正常水肥管理：苗期发病率3.5%，果实倒瓤率8.1%；优化管理栽培：控制温湿度，适当灌水、施肥，及时防治病害，苗期发病率0.5%，果实倒瓤率3%。由此可见，优化管理较常规生产田发病率降低85.7%，果实倒瓤率降低62.9%，效果明显。

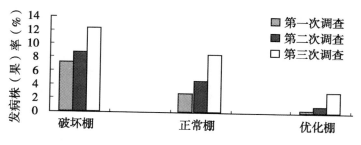

**图1 不同处理棚发病效果调查**

## 4 结论与讨论

黄瓜绿斑驳花叶病毒（CGMMV）传入我国时间不长，在疫情防控方面国内多为综述文献，非具体的研究工作。辽宁省在科学研究的基础上，首次集成了种子处理、土壤处理、栽培管理、药剂防治等综合防控措施，制定了防控、监测和检验检测技术规范，2008～2011年累计推广应用面积15.6万 hm$^2$次，挽回产量损失108 519.04万 kg，新增纯收益122 935.48万元；将为害损失率由95%降到3%以下，快速扑灭了疫情，实现了"防疫、保产、稳定"的目标。本项技术主要针对辽宁省西瓜生产上病毒病的控制，尚需要进一步加大在葫芦科其他作物上的防控应用，有待于在全国范围内推广应用，发挥更大的作用。本试验中干热处理结合药剂消毒（10%磷酸三钠）和干热处理的效果都很好，但其对发芽率影响也较大，从控制病害流行为害角度建议采用此方法，对如何提高处理后的发芽率问题有待进一步深入研究。

## 参考文献

[1] 冯兰香，谢丙炎，杨宇红，等. 检疫性黄瓜绿斑驳花叶病毒的检测及防疫控制［J］. 中国蔬菜，2007（9）：34-38.

[2] 任小平. 黄瓜绿斑驳花叶病毒病的鉴定与防治［J］. 中国植保导刊，2007，27（5）：41-43.

[3] 吴元华，李丽梅，赵秀香，等. 黄瓜绿斑驳花叶病毒在我国定殖和扩散的风险性分析［J］. 植物保护，2010-02，36（1）：33-36.

[4] 蔡明，李明福，江东. 日本、韩国黄瓜绿斑驳花叶病毒防控策略［J］. 植物检疫，2010，24（4）：65-68.

# 值得重视的几种柑橘真菌性病害<sup>*</sup>

# 值得重视的几种柑橘真菌性病害[*]

侯 欣 黄 峰 朱 丽 王兴红 陈昌胜 符雨诗 李红叶[**]

（浙江大学生物技术研究所，杭州 310058）

**摘 要：**本文介绍了我国新近发现的柑橘轮斑病（*Cryptosporiopsis citracarpa*）和柑橘褐斑病（*Alternaria alternate*）的症状和病原性质，国际上对柑橘黑斑（星）病（*Guignardia citricarpa*）和柚黑斑病（*Phyllosticta citriasiana*）病原种类的重新划分及其产生的影响。同时还介绍了我国尚未，但具有入侵威胁甜橙疮痂病（*Elsinöe australis*）和壳针孢斑点病（*Septoria citri*）的病原性质，寄主范围、在世界上的分布和为害性。作者希望通过该论文的发表能引起我国柑橘生产者、管理者和研究者对这些病害发生和扩散的重视，对防范病害的入侵和应对这些病害的流行有所帮助。

**关键词：**柑橘；真菌病害；入侵防范

柑橘是世界上最重要水果之一，在其田间生长发育和采后果实贮运过程中柑橘树体和果实可不断遭受各种病害的侵袭，从而使柑橘产业受到不同程度的影响。柑橘病害种类繁多，常年发生的有疮痂病、树脂病（黑点病）、脂点黄斑病、炭疽病、脚腐病，以及贮藏期的绿霉病、青霉病、酸腐病、黑腐病、褐腐病等。由于 1980 年后，国内鲜有柑橘病害种类的调研报道，而随着柑橘品种结构的调整，种植地域的扩大，栽培模式和病害防治措施的改变，柑橘病害种类和优势种也在发生变化。在过去 5 年中，笔者走访了我国多个柑橘主产区，同时调查和鉴定了一些地区反映的一些真菌性病害问题。现将部分研究结果报道如下。

## 1 轮斑病（target spot）

陕西城固位于陕西南部汉中盆地的中部，具有 2000 多年的柑橘种植历史，主栽品种为温州蜜柑。近年来，每到晚冬和早春（12 月至翌年 3 月），该县柑橘园大面积暴发一种未知病害，造成冬季和早春柑橘落叶和枯梢，甚至全株死亡，死树毁园现象普遍，给当地柑橘产业带来严重的威胁。因叶片上的病斑呈圆形，病菌分生孢子盘在病斑中央也呈轮纹状排列，故称之为轮斑病。

据 2010 年 1 月到 2012 年 5 月的定期调查发现，轮斑病在每年 12 月中下旬开始发生，2 月份开始发病叶片开始大量脱落，随后发生小枝、大枝、甚至全株树的枯死，然而未枯死枝干上新发的枝梢在当年 12 月之前均无病斑出现。病害不仅在成年树上发生，也在苗木上发生；除温州蜜柑外，金橘也感病。平地橘园比山地橘园发生更严重（Zhu 等，

\* 基金项目：现代农业（柑橘）产业技术体系（MATS）专项经费

\*\* 通讯作者（第一作者）：李红叶，女，教授，主要从事植物病理学研究；Tel：0571 - 88982328，E-mail：hyli@ zju. edu. cn

2012）。轮斑病症状特点为初期在叶片正面出现针头大小的红褐色小点，病斑逐渐变大，呈圆形、近圆形，直径 1 ~ 13mm，略凹陷，随着病斑扩展和老化，其中央颜色逐渐变淡，呈灰白色，叶正面病斑中央处产生黑色的茸毛状小点，即病菌分生孢子盘。叶背面病斑边缘常呈油渍状。叶片上的病斑一般散生，有时 2 ~ 3 个病斑可愈合成大斑。除侵染叶片外，病菌还感染叶柄、嫩梢、枝干。叶柄、幼梢上的病斑症状与叶片上的相似，初期病斑呈红褐色小点，略凹陷，随后形成圆形、椭圆形或梭形，边缘深褐色，中央灰褐色的病斑。枝干一旦发病，树皮变成红褐色至暗褐色，皮层和木质部均变红褐色，当病部围绕整个枝梢或枝干时，其上部枝梢即迅速萎蔫枯死。所幸的是，到目前为止，笔者尚未发现果实有发病（Zhu 等，2012）。

综合病菌的形态学分子特征和致病性试验，柑橘轮斑病病原被确定为柑橘拟隐孢壳菌 *Cryptosporiopsis citracarpa*（Zhu 等，2012），其有性态尚未发现。该病菌与新西兰和澳大利亚发生的柑橘叶斑病病原（*C. citri*）在形态学上有所差异（Johnston 等，1988；Ray 等，2008）

轮斑病病斑中央密生黑褐色茸毛状小颗粒即为病菌的分生孢子盘，其直径为 111 ~ 413μm，平均 210μm。分生孢子盘无刚毛，无分生孢子梗，产孢细胞圆柱形，无色，（12 ~ 49）μm ×（4 ~ 7）μm。病组织上产生的分生孢子多为大型分生孢子，单胞，偶然有一个隔膜，无色，腊肠型、长椭圆形，直或向一侧略弯，两端钝圆或钝圆锥形，（21 ~ 40）μm ×（5 ~ 9）μm。在 PDA 培养基，25℃条件下，病菌生长缓慢，分生孢子梗形态与菌丝区别不明显，产生的分生孢子单胞无色，椭圆形、长椭圆形，向一侧略弯，顶端钝圆，基部略呈钝圆锥状，有明显的油球，［3.7 ~ 19.3（6.9）］μm × ［1.2 ~ 4.6（2.5）］μm。病菌生长温度范围 0 ~ 28℃，最适生长温度 20℃，置 35℃条件下 14 天，即不再具有恢复生长的能力（Zhu 等，2012）。

在陕西城固柑橘产区，轮斑病的为害性不容置疑，目前对该病害在我国的分布、寄主范围、潜在为害性、发生规律，特别是病害与冻害之间的关系尚不清楚，更无针对性的防治措施。有必要开展相关的研究，以便及时控制病害。

## 2 褐斑病（brown spot）

褐斑病最早于 1903 年在澳大利亚的皇帝柑（Emperor mandarin）上发现和记载，其病原到 1959 年才得到确定，为交链格孢菌（*Alternaria alternata*）（Kiely，1964；Pegg，1966）。橘类（tangerines）及其一些橘柚杂交种对褐斑病尤为敏感，病菌也轻微感染葡萄柚，但不感染脐橙。病菌产生专化性毒素，不仅菌丝，萌发中的分生孢子即可产生，致使受害组织变褐、发黄，最终落叶、落果和枯梢。条件适宜时，病害的潜育期很短，感染后 16 ~ 24h 就可出现症状（Akimitsu 等，2003；Peever 等，2002，2004；Kohmoto 等，1979）。

褐斑病的识别要点为，尚未完全展开的幼叶发病，病斑褐色，细小，中央少数细胞崩解，变灰白透明，周围褐色，外围黄色晕圈不明显。当温湿度适宜，病斑密集时，幼叶很快脱落。完全展叶后的叶片发病，病斑褐色，不规则形，大小不等，周围有明显的黄色晕圈，褐色坏死常沿叶脉上下扩展，使病斑常呈拖尾状，发病叶片也极易脱落。尚未木质化的幼梢发病，很快变黑褐色萎蔫枯死，木质化后的新梢发病形成褐色下陷的病斑。刚落花的幼果和转色后的果实均可发病。幼果发病形成凹陷、黑褐色斑点，病果很快脱落。膨大期或转色后的果实发病产生褐色凹陷病斑，中间渐变灰白色，周围有明显的黄色晕圈，病果大多脱落或失去商品性。此外，在果实上还可产生微突起，痘疮状的斑点（陈昌胜等，2011）。

褐斑病在美国、日本、南非、以色列、土耳其、西班牙、巴西和阿根廷都有发生（Peever 等，2002，2004），而在我国直到 2010 年才有在云南发生的正式报道（Wang 等，2010）。但是，最近两年褐斑病在重庆万州的红橘、湖南湘西和云南瑞丽的椪柑，浙江的瓯柑，以及广西贡柑上暴发成灾，成为这些地区柑橘生产上最主要的问题（陈昌胜等，2011；黄峰等，2012），而且也怀疑 1997 年来在广东流行的贡柑急性炭疽病是为褐斑病或与之类似的病害（阳廷密等，2011）。笔者调查和初步研究发现，椪柑对褐斑病非常感病，而我国椪柑面积很大。鉴于目前病害仅在局部地区流行，作者认为有必须引起大家的高度重视。

## 3　黑斑（星）病（black spot）

在我国，黑斑病也称为黑星病，是温州蜜柑、本地早、椪橘、南丰蜜柑、砂糖橘等多种柑橘，以及柠檬上较为常见的病害，除特殊年份一般不引起重大损失。但黑斑病是重庆夏橙，广东梅州、福建漳州和广西沙田柚、琯溪蜜柚上的最主要病害，个别果园病果率达100%（罗杏良等，2008）。病菌主要在幼果期侵染，但在果实开始成熟时才显现症状，发病果实无法上市鲜销，带病果实贮藏期间继续发病，引起果实腐烂。

黑斑病在澳大利亚、南非、南美洲和亚洲均有分布，最近美国佛罗里达州局部甜橙上也发现该病害（Schubert 等，2010）。但意大利和西班牙等地中海和欧洲国家尚无发生，黑斑病被欧盟和美国等多个国家列入禁止入境的有害生物名单（EPPO/CABI，1997；Chung，2005），我国出口欧盟的柑橘遭受严格的检疫，是我国柑橘出口欧盟的壁垒之一（王兴红等，2011）。

由于缺少研究，过去人们将各类柑橘上的黑斑病菌均归为一个种，即柑橘球座菌（*Guignardia citricarpa*，无性态为柑橘叶点霉菌 *Phyllosticta citricarpa*）。Wulandari 等（2009）年首先报道柚果（*Citrus maxima*）棕褐斑病（tan spot）的病菌与 *P. citricarpa* 在形态学、生理生化和分子特征上存在明显不同，其差异达到将之归为一个新种的水平，称之为亚洲柑橘叶点霉菌（*P. citriasiana*）（Wulandari 等，2009）。

笔者从 2009 年起从我国柑橘主产区的宽皮柑橘（*Citrus reticulate*）、橙（*C. sinensis*）、柚类和柠檬（*C. limon*）等柑橘上采集了 496 个叶点霉属真菌菌株，通过形态学和分子鉴定发现，我国柑橘上存在 4 种叶点霉属真菌。① *P. citricarpa* 即被欧盟和美国列为检疫对象的种，只从宽皮橘、甜橙和柠檬上发现，没有从柚上类现；② *P. citriasiana*，引起柚黑斑病（也被称棕褐斑，"tan spot"），只从沙田柚和琯溪蜜柚上发现，未从其他柑橘种上发现；③ *P. capitalensis*，一种内生菌，可从本研究中的所有柑橘无症状的材料上获得，或与上述两种病菌伴生，同时分离获得；④一种新发现的叶点霉属真菌，暂定为 *Phyllosticta citrichinaensis* X. H. Wang, K. D. Hyde &H. Y. Li，该菌可从本研究中的各种柑橘的非典型黑斑病症状的材料上获得（Wang 等，2012）。鉴于沙田柚和琯溪蜜柚上从未发现过欧盟的禁止入境的有害生物 *P. citricarpa*，这一事实也被荷兰海关证实（私人通讯）。因此，笔者认为欧盟不必也不应对进口的柚果实施检疫（Wang 等，2012）。

国际上，柑橘黑斑病菌的无性态学名早在 1973 年就做了更改，从茎点霉属（*Phoma*）转移到叶点霉属（*Phyllosticta*）中（Van der Aa，1973），并一直沿用至今。但在国内相关教材、著作和杂志上还是一直沿用柑橘茎点霉菌（*Phoma citricarpa*），一定程度上反映了国内学者对这些方面关注的不足。建议改进，以便于国际交流。

## 4  甜橙疮痂病（sweet orange scab）

国内文献描述不同柑橘对疮痂病（citrus scab）抗性是多为：橘类、柠檬最感，柑类、柚类次之，甜橙类、金柑、枳抗性较强（高抗）。事实上这仅仅描述了由柑橘痂囊腔菌（*Elsinöe fawcettii*，无性态为柑橘痂圆孢菌 *Sphaceloma fawcettii*）引起的疮痂病，也称普通疮痂病。在南美洲、美国和韩国还存在甜橙类十分感病的疮痂病，称之为"甜橙疮痂病（sweet orange scab，SOS）"。甜橙疮痂病的病原为澳洲痂囊腔菌（*Elsinöe australis*），与柑橘疮痂病同属不同种，两者在形态学和培养性状上很难区别（Bitancourt 和 Jenkins，1936，1937；Timmer 等，1996），但分子特征和寄主范围存在明显差异（Tan 等，1996；Hyun 等，2001，2009）。

甜橙疮痂病主要为害果实，影响果实的外观品质，严重时也引起落果，叶片和枝梢受害较轻。与柑橘疮痂病比较，甜橙疮痂病所引起的木栓化突起较轻。感病的柑橘包括所有的甜橙，以及橘和橘的杂交种，也可为害柠檬和葡萄柚。甜橙疮痂病主要分布在南美洲，包括阿根廷、玻利维亚、巴西、厄瓜多尔、巴拉圭和乌拉圭（Hyun 等，2001，2009）。尽管 2010 年 7 月在美国得克萨斯州已经发现了甜橙疮痂病的存在，随后在路易斯安那州、亚利桑那、密西西比州和佛罗里达州也陆续发现，目前尚未在加州发现，但美国仍然将甜橙疮痂病定为危险性外来入侵有害生物加以控制（North American Plant Protection Organization，2010）。

在我国（《中国果树病虫害志》，1994，第二版），记录了甜橙疮痂病在广东、广西和云南的存在。但查阅大量的文献，仅发现在一些病害调查报告中记录了柑橘疮痂病的寄主包括了橙（*Citrus sinensis*），未见实验研究论文。本实验室近年来对我国主要柑橘，特别是橙类生产区一些疑似甜橙疮痂病的材料进行了检测，并未发现甜橙疮痂病。笔者认为有必要开展更深入的调查研究，警惕其传入和扩散。

## 5  壳针孢斑点病（septoria spot）

由柑橘壳针孢菌（*Septoria citri*）引起。原本为美国加利福尼亚州的次要病害，但韩国将之列为禁止入境的有害生物，使美国加利福尼亚州出口韩国的柑橘受到影响，引起美国加州的重视。2010 年，美国和韩国签订检疫协定。最近壳针孢斑点病在意大利首次发现（Garibaldi 等，2011）。壳针孢斑点病在我国尚未发现，但尚未列入检疫对象，须引起重视。

**致谢**：本论文工作得到丁德宽（陕西省汉中市城固县柑橘研究所）、谢岳昌（梅州市沙田柚研究所）、岳建强（云南省农科院红瑞柠檬研究所）、赵小龙（广西水果生产技术指导总站）、彭际森（湖南省湘西柑橘研究所）、陈克玲（四川省农业科学院园艺研究所）的帮助

## 参考文献

［1］陈昌胜，黄峰，程兰，等．红橘褐斑病病原鉴定［J］．植物病理学报，2011，41（5）：449－455.

［2］黄峰，朱丽，李红叶．瓯柑褐斑病的病原鉴定［J］．浙江农业科学，2012，印刷中.

［3］罗杏良，卜木祥，房志芬，等．沙田柚黑斑病发生为害及防治［J］．福建果树，2008，144：48－49.

［4］王兴红，陈国庆，王卫芳，等．柑橘黑斑病（Citrus Black Spot）发生为害现状和研究进展［J］．果树学报，2011，28（4）：674－679.

［5］阳廷密，邓明学，王明召，等．贡柑（皇帝柑）疑似"急性炭疽病"的病原鉴定［J］．南方园艺，2011，22（5）：30－32.

［6］中国农业科学院果树研究所，中国农业科学院柑橘研究所．中国果树病虫志（第二版）［M］．北京：中国农业出版社，1994：1 013－1 017

［7］Akimitsu K，Peever T L，and Timmer L W. Molecular，ecological and evolutionary approaches to understanding *Alternaria* diseases of citrus［J］．Mol Plant Pathol，2003，4（6）：435－446.

［8］Bitancourt A A and Jenkins A E. *Elsinoe fawcettii*，the perfect stage of the Citrus scab fungus［J］．Phytopathol，1936，26（4）：393－395.

［9］Bitancourt A A andJenkins A E. Perfect stage of the Sweet Orange fruit scab fungus［J］．Mycologia，1936，28（5）：489－492.

［10］Bitancourt A A and Jenkins A E. Sweet orange fruit scab caused by *Elsinoe australis*［J］．Journal Agr. Res. 1937，54（1）：1－18.

［11］Chung K R. Citrus diseases exotic to Florida：Black Spot［OL］．UF/IFAS EDIS（Electronic Data Information Systems）Database（http：//edis. ifas. ufl. edu/PP135）（Fact Sheet PP－213）.

［12］EPPO/CABI，Guignardia citricarpa. In：Quarantine Pests for Europe，（Eds. Smith IM，McNamara DG，Scott PR & Holderness M）［M］．1997，2nd edn，1425pp.

［13］Garibaldi A，Bertetti D，Amatulli M T，et al. First Report of Septoria Spot of Clementine Caused by Septoria citri in Italy［J］．Plant Dis，2011，95（7）：873.

［14］Hyun J W，et al. Pathological characterization and molecular analysis of Elsinoe isolates causing scab diseases of citrus in Jeju island in Korea［J］．Plant Dis，2001，85（9）.

［15］Hyun J W，et al. Pathotypes and Genetic Relationship of Worldwide Collections of Elsinoöe spp. Causing Scab Diseases of Citrus［J］．Phytopathol，2009，99（6）：721－728.

［16］Johnston P R，and Fullerton R A. Cryptosporiopsis citri sp. nov.；cause of a citrus leaf spot in the Pacific Islands［J］．New Zeal. J. Exp. Agr. 1988，16：159－163.

［17］Kiely T. Brown spot of Emperor mandarin［J］．Agricultural Gazette，1964，854－856.

［18］Kohmoto K，Scheffer R and Whiteside J. Host－selective toxins from Alternaria citri［J］．Phytopathol，1979，69（6）：667.

［19］North American Plant Protection Organization. Quarantine areas established for Sweet Orange Scab（Elsinoöe australis）［OL］．2010，Database（http：//www. pestalert. org/oprDetail. ID＝472）.

［20］Peever T L，Lbanez A，Akimitsu K，et al. Worldwide phylogeography of the citrus brown spot pathogen，Alternaria alternata［J］．Phytopathol，2002，92（7）：794－802.

［21］Peever T L，Su G，Carpenter－Boggs L，et al. Molecular systematics of citrus－associated Alternaria species［J］．Mycologia，2004，96（1）：119－134.

［22］Pegg K. Studies of a strain of Alternaria citri Pierce，the causal organism of brown spot of Emperor mandarin［J］．Queensl. J. Agric. Anim. Sci.，1966，23：14－18.

［23］Ray J D, McTaggart A R, and Shivas R G. First record of Cryptosporiopsis citri on lime in Australia ［J］. Australasian Plant Dis Notes, 2008, 3: 158 – 159.

［24］Schubert T, Sutton B, and Jeyaprakash A. Citrus Black Spot (Guignardia citricarpa) discovered in Florida ［J］. Pest alert. 2010.

［25］Tan M L, Timmer L M, Broadbent P, et al. Differentiation by molecular analysis of Elsinoe spp. causing scab diseases of citrus and its epidemiological implications ［J］. Phytopathol, 1996, 86 (10): 1 039 – 1 044.

［26］Timmer L M, Priest M, Broadbent P, et al. Morphological and pathological characterization of species of Elsinoe causing scab diseases of citrus ［J］. Phytopathol, 1996, 86 (10): 1 032 – 1 038.

［27］Van der Aa H A. Studies in Phyllosticta ［J］. Stud Mycol, 1973, 5: 1 – 110.

［28］Wang X F, Li Z A, Tang K Z, et al. First report of Alternaria brown spot of citrus caused by *Alternaria alternata* in Yunnan Province, China ［J］. Plant Dis., 2010, 94: 375.

［29］Wang X H, Chen G Q, Huang F, et al. Phyllosticta species associated with citrus diseases in China ［J］. Fungal Divers, 2012, 52: 209 – 224.

［30］Wulandari N F, To – Anun C, Hyde K D, et al. Phyllosticta citriasiana sp. nov. , the cause of Citrus tan spot of *Citrus maxima* in Asia ［J］. Fungal Divers, 2009, 34: 23 – 39.

［31］Zhu L, Wang X H, Huang F, Zhang J Z, et al. A destructive new disease of citrus in China caused by *Cryptosporiopsis citricarpa* sp. nov ［J］. Plant Dis, 2012, 96, 804 – 812.

# 植物病害流行学研究与植物病害防治*
## ——以四种苹果病害为例

李保华**

（青岛农业大学农学与植物保护学院 山东省植物病虫害
综合防控重点实验室，青岛 266109）

植物病害流行学研究包括两方面的内容：理论研究和应用研究。应用研究主要是针对某种具体病害，运用流行学的理论与方法，研究病害流行规律、测报方法及防控方案等，为解决具体而实际的病害问题提供策略、方案或具体措施。本文以 4 种苹果病害为例，说明流行学在病害防治中的应用。

（1）苹果锈病是苹果上的重要病害，近年来为害逐年加重。苹果锈病主要依赖于化学防治，流行学研究的主要目标是研究制订一套简洁、高效的防治方案。依据流行研究的理论与方法，已明确苹果锈病菌的侵染时期、冬孢子的萌发条件和萌发动态、担孢子的侵染条件和萌发动态、担孢子侵染后的最佳用药期等，并提出自苹果萌芽后的 60 天内，若遇雨量超过 2mm、使叶面持续结露超过 6h 的降雨，苹果锈病菌便能完成全部的侵染过程，导致叶片发病，7 ~ 10 天后侵染病斑显症。降雨持续时间越长，病菌侵染量越大。苹果锈病菌侵染后，5 天内喷施三唑类杀菌剂能有效抑制侵染病菌发病。依据流行学研究结果制订的防治方案，于 2011 年和 2012 年有效控了全国范围内苹果锈病的大流行。

（2）苹果褐斑病是导致苹果早期落叶的主要病害，生产上主要依靠化学防治，结合清除落叶等措施防治该病，但防治效果一直不够理想。流行学研究的目标是研究确定一种有效的防治方案。在流行学理论的指导下，通过多年系统监测，明确苹果褐斑病的流行可划分为 4 个阶段：4 ~ 6 月为病原菌的初侵染期；7 月是病原菌的累积期，也是病害的指数增长期；8 ~ 9 月是褐斑病的盛发期，也是病害的逻辑斯蒂增长期；10 ~ 11 月为病原菌的越冬准备期。其中，子囊孢子的初侵染期和 7 月病原菌的累计期是防治苹果褐斑病的关键时期。

通过流行学研究，提出了分生孢子侵染预测方法、子囊孢子成熟期预测方法等。依据流行学研究结果提出的防治方案在烟台苹果产区实施后，烟台苹果因褐斑病的平均落叶率从 2007 年 20% 以上降至 2011 年的 2% 以下。

（3）苹果轮纹病是苹果三大主要病害之一，目前生产上对苹果轮纹病还无有效的防控措施。流行学研究的目标是在现有的技术条件下，寻找一种简洁、高效的防治策略和措施。在流行学理论的指导下，结合组织学研究方法，研究发现：苹果轮纹病瘤（轮纹病）和干腐病斑（干腐病）是同一种病原菌侵染后在不同条件下引发的两种症状，而不是两

* 基金项目：现代农业产业技术体系（CARS – 28）；973 前期项目（2012CB126302）；山东省泰山学者建设工程专项资助经费

** 通讯作者：李保华；E-mail：Baohuali@qau.edu.cn

种病害；苹果轮纹病的发生与流行具如下特点：病菌来源广泛，干腐病斑和轮纹病瘤都能持续大量产孢；病原菌侵染期长：4~11月份病菌都能侵染，主要侵染期为6~8月份雨季；病原菌侵染位点多：气孔、皮孔、剪锯口和伤口都是病菌侵染的孔口；侵染条件易满足，降水量超过2mm、使枝条表皮湿润超过3h的降雨就能导致病菌的传播和侵染；病原菌逐年积累，干腐病斑和轮纹病瘤的产孢期都能维持3年，菌源量不因越冬或越夏而减少；品种抗病性差，目前我国主栽的红富士品种，对轮纹病敏感；侵入病菌难铲除，病菌一旦侵入寄主组织，药剂难以到达靶标，用内吸治疗剂难以铲除。

针对轮纹病的积年流行特点，作者提出苹果轮纹病的防治应从苗期和幼树期开始防治，防止病原在菌枝干上累积；对于成年果树，以保护枝干不受病原菌的侵染为主，防治的关键时期为6~8月份。该项措施已初显效果。

（4）苹果树腐烂病是苹果的第一大病害。对苹果腐烂病流行学研究，目前还没有找到关键的突破点，生产上已实施的防治措施都未能有效控制腐烂病的发生与流行，腐烂病仍是苹果生产的主要问题。依据流行学理论和已有研究结果，作者认为，病原菌侵染过程和在寄主组织内的扩展过程不是导致苹果树腐烂病发生和流行的关键环节，导致苹果树腐烂病流行的关键环节应是病原菌如何突破寄主的防御，从腐生转入寄生的阶段。腐烂病的流行学研究应重点针对这一生物学过程开展研究，以期明确腐烂病的流行机制、导致流行的主导因子和防治腐烂病的实用技术。

# 天津苹果斑点落叶病的发生现状与防治对策

刘晓琳* 郝永娟 刘春艳 王 勇 霍建飞 高 苇

（天津市植物保护研究所，天津 300381）

苹果斑点落叶病（*Alternaria mail* Roberts），又称褐纹病，是继苹果早期落叶病的又一主要病害。天津现有苹果栽培面积约 10 005 万 $m^2$，且中、低产果园面积较大，斑点落叶病发生严重，病虫防治相对滞后，果农经济损失较大。

## 1 为害症状

主要为害叶片，尤其是幼嫩叶片，还可为害叶柄、一年生枝条和果实。叶片初侵染发病时可见直径 2~3mm 褐色斑点，圆形，后逐渐扩大至边缘呈直径 5~6mm 的红褐色大斑，其中，央多呈一深色同心轮纹或斑点。发病严重时幼叶扭曲变形，甚至造成整叶干枯；染病叶柄会呈现暗褐色椭圆形凹陷斑，直径 3~5mm，致使染病叶片脱落或自叶柄病斑处折断；枝条发病时往往在枝条上产生褐色或灰褐色病斑，芽周变黑，凹陷坏死，边缘裂开；果实染病，将产生黑点型、疮痂型、斑点型和果实褐变型 4 种病征，初期在幼果表面上产生黑色发亮的小斑点或锈斑，6~8 月上旬感病果实干瘪，褐色，多在病健结合处开裂。

## 2 病原菌

*Alternaria* f. sp. *mail* 属链格孢苹果专化型，半知菌亚门真菌的强毒株系。

## 3 传播途径

病菌以菌丝在受害叶、枝条或芽鳞中越冬，第二年春季产生分生孢子，随气流、风雨传播，自皮孔侵入进行初侵染。

## 4 发生条件

该病的发生、流行与气候、品种密切相关。高温多雨年份或季节发病程度重，春季干旱年份，病害始发期推迟或轻度发生；天津地区每年 6 月上中旬开始发病，夏季阴雨日多或降水量多时，将会造成该病大暴发或严重减产。红星、印度、红元帅等品种易于感病，而富士系品种相对抗病，发病程度较轻。

## 5 防治方法

5.1 选种如富士系、元帅系等相对抗病品种，尽量避免单一品种大面积种植。

---

* 第一作者：刘晓琳，E-mail：lxl888@126.com

5.2 加强水肥管理，及时排水，适度追肥保墒，改善果园通透性；夏季剪除徒长枝或带菌枝条，清洁田园以减少再侵染源。

5.3 适时用药进行化学除治，重在预防。①苹果发芽前，喷施如5波美度石硫合剂等保护剂；②落花后，可喷施80%波尔多液可湿性粉剂200~400倍液、30%碱式硫酸铜悬浮剂300~500倍液、70%代森锰锌可湿性粉剂600倍液、80%炭疽福美（福美双·福美锌）可湿性粉剂600倍液；③发病后，可喷施43%戊唑醇悬浮剂5 000~7 000倍液、12.5%烯唑醇水剂1 000~2 500倍液、45%几丁·戊唑醇悬浮剂5 000~7 000倍液、50%醚菌酯水分散粒剂3 000~4 000倍液、25%戊唑醇水剂2 000~2 500倍液、75%百菌清可湿性粉剂600~700倍液、10%苯醚甲环唑水分散粒剂1 000~1 500倍液、80%代森锰锌可湿性粉剂600~800倍液、1.5%多抗霉素可湿性粉剂400倍液、70%甲基硫菌灵可湿性粉剂600倍液、40%氟硅唑乳油6 000~8 000倍液、50%异菌脲可湿性粉剂1 000~1 500倍液、25%阿米西达水悬浮剂1 500倍液等，每隔7天左右喷施一次，连续3次，即可有效控制该病害的发生与传播。

**参考文献**

[1] 刘晓琳，徐维红，郝永娟，等. 苹果病虫害防治［M］. 天津：天津科技翻译出版公司，2011.

[2] 赵亚荣，陈玉环，丁晓霞，等.8%苯醚甲环唑·中生菌素可湿性粉剂防治苹果斑点落叶病田间药效试验［J］. 农业科技与信息，2011（15）.

[3] 时春喜，黄磊，惠浩浩，等. 几种杀菌剂防治苹果斑点落叶病田间药效试验［J］. 西北农业学报，2011（11）.

[4] 冷鹏.20%噻唑锌悬浮剂防治苹果斑点落叶病简报［J］. 烟台果树，2010（1）.

# 槟榔的栽培及病害研究进展*

陈　圆** 肖彤斌***

（海南省农业科学院农业环境与植物保护研究所　海南省
植物病虫害防控重点实验室，海口　571100）

**摘　要**：本文综述了槟榔的分布、栽培及病害研究概况，总结了槟榔各个生育期病害的防治技术。

**关键词**：槟榔；栽培；病害；防治技术；研究进展

基于槟榔的药用和食用经济价值，人类对槟榔的种植已有较长的历史。曹兴兴等[1]在《农业考古》中报道，我国对槟榔最早的记载可追溯到公元 265 年前后的《南中八郡志》，距今已有 1 800 年的历史。然而，人类对槟榔病害的研究主要集中于 20 世纪。

## 1　国内对槟榔病害的研究进展

### 1.1　中国古代对槟榔的认识

我国古代关于槟榔的栽培技术的记载较少，仅在个别的文献中提到，比如，郭柏苍[6]在《闽产录异》中有记载："种槟榔必种椰树，得椰树则槟榔结实愈繁。"其意指：槟榔宜和椰子间作，则可以使槟榔增产。有的技术是将槟榔苗与香蕉间作。借助香蕉的叶片给小苗遮阳，待槟榔苗长至一尺多高时候将香蕉移走，这是周钟瑄在《杂记志·外纪》详细记载了台湾地区的槟榔栽种技术，但是其对槟榔病害的描述甚少。

### 1.2　中国近代对槟榔病害的研究

#### 1.2.1　中国台湾对槟榔病害的研究

在中国台湾，槟榔被列入果树类，属高经济作物，全岛均有种植，以屏东、嘉义、南投、花莲、台东等地为多。台湾岛虽然不是槟榔栽培的最适宜区，但却保持着世界亩产 7 832kg/hm² 的纪录（国外以马来西亚亩产最高，为 1 625kg/hm²）；单株产量约 4.75kg[5]。可见其栽培管理经验十分丰富。而良好的栽培管理与槟榔病害的发病率呈负相关。

Sawada K. 等[18]于 1959 年记述我国台湾早在 1911 ~ 1929 年分别采到的槟榔叶斑病和果实上的斑点病是由炭疽菌（槟榔盘长孢）（*Gloeosporium caletechu* Syd.）引起的。在病害的研究上，黄昭奋等[8]主要根据 Vox Arx（1975）和 B. C. Sullon（1980）关于炭疽病菌现代分类标准，对台湾槟榔烂果病与已有台湾槟榔炭疽病报道以及与海南、云南烂果病进行

　* 基金项目：海南省科学事业费资助项目（琼财预［2009］71 号）

　** 作者简介：陈圆（1982—），女，助理农艺师，从事植物病害研究；Tel：0898 - 65372596；E-mail：jesse - 42@ 163. com

　*** 通讯作者：肖彤斌（1972—），女，研究员，从事植物病虫害研究；Tel：0898 - 65314639；E-mail：XiaoTBin@ sina. com

对比。结果表明台湾槟榔烂果病是由胶孢炭疽病 [G. gloeosporiodes（Penz.）Sacc] 引起的。随着科技的发展，台湾学者 Wang 等[19]于 2006 年采用槟榔根、茎和叶成功诱导出槟榔幼苗。另外，在分子技术方面，台湾学者 Hu Cheng-Heng 等利用 9 条 SSR 引物对采自台湾屏东县的 36 份槟榔材料进行 PCR 扩增，发现有 8 个引物都偏离了 HWE 平衡，怀疑可能是因为长期的人工选择，或存在过多的无效等位基因位点[15]。

### 1.2.2　国内对槟榔病害的研究

林石明等[10]于 1991 年描述了海南岛槟榔 7 种叶斑类真菌病害的症状、病原菌并介绍其病情及分布，这 7 种病害分别是：黑媒病、褐斑病、炭疽病、灰斑病、轮纹叶枯病、斑点病和多毛盘孢叶斑病。钟秀英等于 1992 对槟榔炭疽病的发生特点、病原菌生物学特性、潜伏侵染特性和防治药物的筛选做了系统研究，提出了一套槟榔炭疽病的综合防治措施。

随着槟榔经济价值的提高，各学者纷纷开展对槟榔各方面的深入研究。近十年是研究的热潮。而我国对槟榔的病害种类调查方面，李增平等做的比较系统。他们在 2003～2005 年对海南省 13 个市（县）的部分槟榔园内发生的槟榔根部及茎部病害进行了调查与病原鉴定。报道了海南岛槟榔茎腐及根腐病害及附生植物 6 类 21 种，其中，真菌病害 8 种，非侵染性病害 4 种，地衣类 3 种，附生蕨类植物 4 种，寄生植物病害 1 种，病原未明病害 1 种（丛枝病）[9]。朱辉等[14]于 2007～2009 年也对海南岛的槟榔进行了病害调查，但是所鉴定的 8 个种类也是李增平等所报道过的，没有新的病害报道。

我国在槟榔病害研究的深度方面，主要是中国热带农业科学院环境与植物保护研究所和椰子研究所在研究。罗大全等[11]于 2001 年采用四环素抗菌素鉴定了槟榔黄化病病原为植原体（Phytoplasmas）。2010 年，车海彦等[2]也报道了通过 DNA 巢式 PCR 扩增和核苷酸序列测定等分子手段，进一步阐明了黄化病的病原。2010 年，椰子研究所培育出"热研 1 号槟榔"，目前，正开展槟榔黄化病耐病品种、抗寒品种的选育工作，探索槟榔分类研究[13]。

## 2　国外对槟榔病害的研究

国外，槟榔主要分布于东南亚、亚洲热带地区、东非及欧洲部分区域以及太平洋岛屿，零星分布在皮纳佩岛、美属马里亚、夏威夷群岛、纳群岛（联邦）和马绍尔群岛[12]。这些地区的国家对槟榔各方面皆有研究，其中印度做的比较系统。印度是世界上最大的槟榔生产国，其对槟榔的品种选育有较成熟的技术，先后培育出高产品种"Mangala"和矮小品种"Hirehalli"[16]。而对于槟榔的无性繁殖技术上，印度的研究也属领先地位。Karun 等[17]利用 7 个月龄的槟榔种子胚成功地诱导出试管苗并已移栽成功。在槟榔病害的研究方面，在黄朝豪等[7]的译文中得知印度报道了 16 种病害。2009 年，北京有新闻报道了印度怀疑发现了一种新病害，该症状为槟榔束有黄灰色斑点，槟榔梗变红。

美国研究槟榔的机构主要是美国农业部，其研究资料收录在种质资源信息网（GRIN）。其他国家如菲律宾、缅甸、印度尼西亚等，对槟榔的研究进展不大。

## 3　槟榔病害的防治技术研究

在槟榔各个生育期，对其病害的防治主要以预防为主，以栽培措施为辅，在病害流行季节用化学控制。在选种时，选育健康种苗，严格把关携带黄化病病原。在苗期，施足基肥，增强植株抗病能力，同时喷施（1∶1∶100）波尔多液保护叶面，每隔15天喷施1次，连喷2~3次[3]，减少病原孢子与叶面的接触，或者喷施50%多菌灵可湿性粉剂800倍液，每隔7天喷施1次，连喷3次[4]。主要预防炭疽病和叶点霉属叶斑病。在生长期间，加强槟榔园的管理，及时除草和清除病残体，减少再侵染来源。发病初期，用70%甲基硫菌灵可湿性粉剂1 000~1 500倍液叶面喷雾有效控制炭疽病害和拟茎点霉叶斑病。在槟榔开花与结果期，加强水肥管理，每隔15天喷施50%多菌灵可湿性粉剂1 000倍液保护花穗。在槟榔果采收后，以50%咪鲜胺锰盐可湿性粉剂1 000倍液浸果2min，以防炭疽病菌的后期潜伏侵染，还可以预防槟榔果腐病害。

## 4　结语

槟榔是热带地区的主要经济作物，是仅次于橡胶的第二大农业支柱产业。基于槟榔的经济重要性，其种植面积不断增加。据统计，2001年，海南省的槟榔种植面积只有44.8万亩，10年后，其种植面积约为100万亩。因此，植保工作显得十分重要，主要避免重要病害大发生和流行。

**参考文献**

[1] 曹兴兴，茹慧. 中国古代槟榔的栽培技术及历史地域分布研究 [J]. 农业考古，2010（4）：193-197.
[2] 车海彦，吴翠婷，符瑞益，等. 海南槟榔黄化病病原物的分子鉴定 [J]. 热带作物学报，2010，31（1）：83-87.
[3] 陈良秋. 海南岛主要病虫害的化学防治 [J]. 现代农业科技，2006，18：74-75.
[4] 陈良秋. 海南岛槟榔园常见病虫害的防治 [J]. 现代农业科技，2006，10：76-77.
[5] 陈良秋. 国槟榔栽培与产业发展现状 [J]. 现代农业科技，2007（22）：60-64.
[6] 郭柏苍. 闽产录异 [M]. 长沙：岳麓书社，1986.
[7] 黄朝豪，狄榕. 印度的槟榔病害综述 [J]. 热带作物译丛，1984，5：43-46.
[8] 黄昭奋，谢柳. 槟榔烂果病的病原菌鉴定 [J]. 基因组学与应用生物学，2009，28（6）：1 101-1 005.
[9] 李增平，罗大全，王友祥，等. 海南槟榔根部及茎部病害调查及病原鉴定 [J]. 热带作物学报，2006，27（3）：70-76.
[10] 林石明. 槟榔叶斑类真菌病害 [J]. 热带作物研究，1991，2：44-48.
[11] 罗大全. 海南槟榔黄化病研究现状 [J]. 世界热带农业信息，2007（6）：24-26.
[12] 覃伟权，范海阔. 槟榔 [M]. 北京：中国农业大学出版社，2010：4-5.
[13] 依托资源优势突出棕榈特色——椰子研究所科研概况 [J]. 热带农业科学，2009（11）：56-59.
[14] 朱辉，余凤玉，覃伟权，等. 海南省槟榔主要病害调查研究 [J]. 江西农业学报，2009，21（10）：81-85.
[15] Hu Cheng-heng, Huang Chi-chun, Hung Kuo-hsiang, et al. Isolation and characterrization of polymorphic microsatellite loci from *Areca catechu*（Arecaceae）using PCR-based isolation of microsatellite arrays [J]. Molecular Ecology Resources, 2009, 9：658-660.
[16] Areca Nut — India Development Gateway. http：//www. indg. in/agriculture.
[17] Karun A, Siril E A, Radha E, et al. In vitro embryo retrieval technique for arecanut（*Areca catechu*

Linn. ). Proceedings of the 15th Plantation Crops Symposium Placrosym XV, Mysore, India, 0 – 13 December, 2002.

［18］ Sawada K（泽田兼吉）1959 Descriptive catalogue of Tawan Fungi Part X1 175 J. A. Von Arx 1957 Die Arten der Gattung Golletotrichum Cda. Phytopathot-ogiche Z. 29. 43 – 468（中译油印本，西北农学院，植保系，1981）.

［19］ Wang H C, Chen J T, Chang W C. Somatic embryogenesis and plant regeneration from leaf, root, and stem-derived callus cultures of Areca catechu ［J］. Biologia Plantarum, 2006, 50（2）: 279 – 282.

# 外来入侵有害生物——向日葵白锈病
# 在新疆的风险性评估

张金霞　　陈卫民[*]

（新疆伊犁职业技术学院，伊宁　835000）

**摘　要：** 向日葵白锈病是一种我国新发现的检疫性外来入侵病害，目前该检疫性病害只在新疆发生，其中，主要分布于伊犁河谷八县一市、乌鲁木齐市、昌吉市、温泉县等县市。目前向日葵白锈病疫情在新疆不明，研究向日葵白锈病对保护新疆向日葵产业正常发展具有重要意义。本文根据田间调查的相关数据资料，利用我国农林有害生物的危险性综合评价标准和"PRA评估模型"对已入侵新疆的向日葵白锈病进行了风险评估，得出向日葵白锈病（R=1.567）在新疆属于中度危险有害生物。

**关键词：** 向日葵白锈病；风险评估；PRA评估模型；新疆

向日葵（*Helianthus annuus* Linn.）是我国重要油料作物之一。新疆是我国向日葵的主产区，该区域向日葵开花期无高温干旱气候，夜间平均气温低，向日葵籽粒形成期持续时间长，最适合向日葵的生长发育和油份积累，故向日葵在该区域产量高，含油率高，增产潜力大，随着农业产业结构调整力度的不断深入，新疆向日葵种植面积呈逐年扩大的趋势。但在向日葵生产过程中外来入侵有害生物频频发生，向日葵白锈病就是其中一种。该病害2001年首次在新疆伊犁发现，属国内新病害，目前我国仅在新疆发生。该病已列入《中华人民共和国进境植物检疫性有害生物名录》（2007年5月新修订）中[1]，是我国重要的对外检疫性有害生物。向日葵白锈病由婆罗门参白锈菌［*Albugo tragopogonis*（Persoon）Schroeter = *Cystopus tragopogonis*（Pers.）J. Schrot］侵染引起[2~4]。目前，国外如阿根廷、澳大利亚、波利维亚、法国、肯尼亚、津巴布韦、南非、前苏联、美国、乌拉圭等国均有发生。

为了解向日葵白锈病在新疆的为害性，通过多指标综合评判法对向日葵白锈病进行评估，来断定向日葵白锈病在新疆的为害程度，具有重要的现实意义。

## 1　多指标综合评判法

我国的生物入侵风险分析研究开始于20世纪80年代，我国植物检疫专家所提出的多指标综合评判法广受关注，以该方法为基础，陆续开展了大量的外来生物风险分析工作，其研究结果已在市场准入等谈判及防控外来生物入侵等方面发挥了重要的作用。

随着国际上对风险分析工作的重视，我国加强了与先进国家的风险分析技术交流，参加了部分PRA指南的起草，并于1995年成立了中国植物有害生物风险分析工作组。PRA工作组开展了许多具体的工作，如梨火疫病菌、马铃薯甲虫、假高粱和地中海实蝇的

* 通讯作者：陈卫民，E-mail：cwm3998@163.com

PRA分析，同时确立了多指标综合评判的方法（蒋青等，1994，1995），即风险评估指标体系（表1）、风险指标评判标准（表2）以及风险计算公式（表3）。

在确定某一生物因子潜在风险的影响因素时，所遵循的原则包括：①相对固定的因子：指标的评价值要相对稳定，一些变量，如运输过程的变量不易确认，因而不必列入指标体系中。②重要因子：影响风险的因素很多，如果面面俱到，会影响决定因素的作用分析。③易于评价的因子：有些不易收集、不易量化的因素，如外来生物的传入对社会和生态的影响，可以暂时不选入指标体系中。④相对独立的因子：如果选择的因素在内含上有交叉，会加重该因素的权重，影响结果的可靠性。⑤概括的因子：为了最大限度地达到统一评价，应选择能概括评价的因素；如"为害程度"这一因素，可以对不同类型的外来生物进行综合统一评价[5]。

**表1　多指标综合评判风险评估指标体系（蒋青等，1995）**

| 总指标 | 一级标准 | 二级标准 |
|---|---|---|
| | 1. 国内分布状况（$P_1$） | |
| | 2. 潜在的为害性（$P_2$） | （1）潜在的经济为害性（$P_{21}$） |
| | | （2）是否为其他检疫性有害生物的传播媒介（$P_{22}$） |
| | | （3）国外重视程度（$P_{23}$） |
| | 3. 受害栽培寄主的经济重要性（$P_3$） | （1）受害栽培寄主的种类（$P_{31}$） |
| 有害生物危险性（R） | | （2）受害栽培寄主的种植面积（$P_{32}$） |
| | | （3）受害栽培寄主的特殊经济价值（$P_{33}$） |
| | 4. 移植的可能性（$P_4$） | （1）截获难易（$P_{41}$） |
| | | （2）运输过程中有害生物的存活率（$P_{42}$） |
| | | （3）国外分布广否（$P_{43}$） |
| | | （4）国内的适生范围（$P_{44}$） |
| | | （5）传播力（$P_{45}$） |
| | 5. 危险性管理的难度（$P_5$） | （1）检疫鉴定的难度（$P_{51}$） |
| | | （2）除害处理的难度（$P_{52}$） |
| | | （3）根除难度（$P_{53}$） |

**表2　多指标综合评判风险指标评判标准**

| 评判指标 | 指标内容 | 数量指标 |
|---|---|---|
| $P_1$ | 国内分布状况 | 国内无分布 $P_1 = 3$；国内分布面积占 0% ~ 20%，$P_1 = 2$；国内分布面积占 20% ~ 50%，$P_1 = 1$；国内分布面积大于 50%，$P_1 = 0$ |
| $P_{21}$ | 潜在的经济为害性 | 据预测，造成的产量损失达 20% 以上，和（或）严重降低作物产品质量，$P_{21} = 3$；产量损失为 20% ~ 5%，和（或）有较大的质量损失，$P_{21} = 2$；产量损失为 1% ~ 5%，和（或）较小的质量损失，$P_{21} = 1$；且对质量无影响，$P_{21} = 0$（如难以对产量/质量损失进行评估，可考虑用有害生物的为害程度进行间接的评判） |

（续表）

| 评判指标 | 指标内容 | 数量指标 |
|---|---|---|
| $P_{22}$ | 是否为其他检疫性有害生物的传播媒介 | 可传带3种以上的检疫性有害生物，$P_{22}=3$；传带两种检疫性有害生物，$P_{22}=2$；传带一种检疫性有害生物，$P_{22}=1$；不传带任何检疫性有害生物，$P_{22}=0$ |
| $P_{23}$ | 国外重视程度 | 如有20个以上国家把某一有害生物列为检疫性有害生物，$P_{23}=3$；10～19个国家把某一有害生物列为检疫性有害生物，$P_{23}=2$；1～9个国家把某一有害生物列为检疫性有害生物，$P_{23}=0$ |
| $P_{31}$ | 受害栽培寄主的种类 | 受害的栽培寄主达10种以上，$P_{31}=3$；栽培寄主为9～5种，$P_{31}=2$；栽培寄主为1～4种，$P_{31}=0$ |
| $P_{32}$ | 受害栽培寄主的面积 | 受害栽培寄主的总面积达350万 hm² 以上，$P_{32}=3$；受害栽培寄主的总面积为150万～350万 hm²，$P_{32}=2$；受害栽培寄主的总面积小于150万 hm²，$P_{32}=1$；无受害，$P_{32}=0$ |
| $P_{33}$ | 受害栽培寄主的特殊经济价值 | 根据其应用机制、出口创汇等方面，有专家进行判断定级，$P_{33}=3，2，1，0$ |
| $P_{41}$ | 截获难易 | 有害生物经常被截获，$P_{41}=3$；偶尔被截获，$P_{41}=2$；从未截获或历史上只截获过少数几次，$P_{41}=1$；因现有检验技术的原因本项不设"0"级 |
| $P_{42}$ | 运输中有害生物的存活率 | 运输中有害生物的存活率在40%以上，$P_{42}=3$；存活率为10%～40%，$P_{42}=2$；存活率为0%～10%，$P_{42}=1$；存活率为0，$P_{42}=0$ |
| $P_{43}$ | 国外分布状况 | 在世界50%以上的国家有分布，$P_{43}=3$；在世界上的国家分布比例为25%～50%，$P_{43}=2$；在世界上的国家分布比例为0%～25%，$P_{43}=1$；在世界上的国家分布比例为0，$P_{43}=0$ |
| $P_{44}$ | 国内的适生范围 | 在国内50%以上的地区能够适生，$P_{44}=3$；国内适生地区比例为25%～50%，$P_{44}=2$；国内适生地区比例为0%～25%，$P_{44}=1$；适生范围为0，$P_{44}=0$ |
| $P_{45}$ | 传播力 | 对气传的有害生物，$P_{45}=3$；由活动力很强的介体传播的有害生物，$P_{45}=2$；土传传播力很弱的有害生物，$P_{45}=1$；该项不设"0"级 |
| $P_{51}$ | 检疫鉴定的难度 | 现有检疫鉴定方法的可靠性很低，花费的时间很长，$P_{51}=3$；检疫鉴定方法非常可靠且简便快捷，$P_{51}=0$；介于二者之间 $P_{51}=2，1$ |
| $P_{52}$ | 除害处理的难度 | 现有的除害处理方法几乎不能杀死有害生物，$P_{52}=3$；除害率在50%以下，$P_{52}=2$；除害率为50%～100%，$P_{52}=1$；除害率为100%，$P_{52}=0$ |
| $P_{53}$ | 根除难度 | 田间的防治效果差，成本高，难度大，$P_{53}=3$；田间防治效果显著，成本很低，简便，$P_{53}=0$；介于二者之间，$P_{53}=2，1$ |

### 表3 多指标综合评价风险计算公式

| 评判指标 | 指标计算公式 |
|---|---|
| R | $R=\sqrt[5]{P_1 P_2 P_3 P_4 P_5}$ |
| $P_1$ | $P_1$ 根据评判指标决定 |
| $P_2$ | $P_2=0.6P_{21}+0.2P_{22}0.2P_{23}$ |
| $P_3$ | $P_3=\text{Max}(P_{31},P_{32},P_{33})$ |
| $P_4$ | $P_4=\sqrt[5]{P_{41}P_{42}P_{43}P_{44}P_{45}}$ |
| $P_5$ | $P_5=\dfrac{P_{51}+P_{52}+P_{53}}{3}$ |

## 2 取值计算

根据我国有害生物的危险性多指标综合评判风险指标评判标准，取值如下表所示。

| 取值原因 | 取值结论 |
| --- | --- |
| 向日葵白锈病在国内分布状况面积占 0% ~ 20%（新疆北部） | $P_1 = 2$ |
| 据预测，向日葵白锈病造成的产量损失为 1% ~ 5% | $P_{21} = 2$ |
| 向日葵白锈病传带两种检疫性有害生物（向日葵黑茎病、向日葵茎溃疡病） | $P_{22} = 2$ |
| 向日葵白锈病有 10 ~ 19 个国家列为检疫性有害生物 | $P_{23} = 2$ |
| 向日葵白锈病栽培寄主为 1 ~ 4 种（仅侵染向日葵） | $P_{31} = 0$ |
| 向日葵白锈病受害栽培寄主的总面积小于 150 万 $hm^2$（新疆北部为害为 75 万亩） | $P_{32} = 1$ |
| 根据其应用机制、出口创汇等方面，专家判断向日葵白锈病定级 | $P_{33} = 1$ |
| 向日葵白锈病偶尔被截获（在天津港港口的种子偶尔被截获） | $P_{41} = 2$ |
| 运输中向日葵白锈病的存活率为 0% ~ 10%（经检验进口的向日葵种子带菌 10% 以下） | $P_{42} = 1$ |
| 向日葵白锈病在世界上的国家分布比例为 0% ~ 25%（世界上种植向日葵的国家部分有分布） | $P_{43} = 2$ |
| 向日葵白锈病国内适生地区比例为 0% ~ 25%（根据适生性研究，国内 25% 以下可发生） | $P_{44} = 3$ |
| 向日葵白锈病传播力：气传的有害生物（田间观察向日葵白锈病以气流传播） | $P_{45} = 3$ |
| 向日葵白锈病现有检疫鉴定方法的可靠性中等，花费的时间中等，检疫鉴定方法可靠 | $P_{51} = 2$ |
| 现有的除害处理方法除害率为 50% ~ 100%（田间有药剂可防治） | $P_{52} = 1$ |
| 田间的防治效果一般，成本中等，难度较小 | $P_{53} = 2$ |

## 3 计算

| 评判指标 | 计算结果 |
| --- | --- |
| $P_1$ | 2 |
| $P_2$ | 2 |
| $P_3$ | 1 |
| $P_4$ | 2.048 |
| $P_5$ | 1.155 |
| $R$ | 1.567 |

根据表 1 ~ 3 多指标综合评价风险计算公式带入数值，计算得向日葵白锈病（$R = 1.567$）。

## 4 结论

对已入侵新疆伊犁河谷八县一市、博乐州、昌吉市、温泉县部分县市的向日葵白锈病，根据田间调查的有关资料，利用我国有害生物的危险性综合评价标准和"PRA 评估模型"进行了风险评估，得出向日葵白锈病 $R = 1.567$。结果表明，向日葵白锈病（$R = 1.567$）在新疆属于中度危险有害生物。

**参考文献**

[1] 商鸿生，胡小平．向日葵检疫性有害生物［J］．植物检疫，2001，15（3）：152 – 154.

[2] 陈卫民．新疆向日葵有害生物［M］．北京：科学普及出版社，2008.

[3] 陈卫民，马俊义，缪卫国，等．新疆向日葵白锈病与防治［J］．新疆农业科学，2004，41（5）：361 – 362.

[4] 陈卫民，张中义，马俊义，等．国内新病害——新疆向日葵白锈病发生研究［J］．云南农业大学学报，2006，21（2）：184 – 187.

[5] 万方浩，彭德良，王瑞．生物入侵：预警篇．北京：科学普及出版社，2010.

# 新疆特克斯县23个向日葵不同品种
# 黑茎病田间抗病性鉴定*

张金霞[1**] 尤 娴[1] 陈卫民[1***] 廖真剑[2]

（1. 伊犁职业技术学院，伊宁 835000；2. 特克斯县种子管理站，特克斯 835500）

**摘 要：** 在自然条件下，2011年对新疆伊犁河谷特克斯县向日葵种植产区的23个向日葵品种抗病性进行了鉴定，结果表明：向日葵品种间抗病性存在明显差异，23个品种中无免疫和高抗品种；同一品种间的田间抗病在开花前期、开花后期和成熟期也有差异，总体表现为开花前期田间抗病性较强，开花后期和成熟期田间抗病性较差，病害达到发生高峰期。在开花前期中抗品种占25%，高感和中感品种各占29.17%和5.83%；开花后期高感和中感品种各占70.83%和29.17%；成熟期高感和中感品种各占62.5%和37.5%。

**关键词：** 向日葵；黑茎病；免疫；中抗；高感

栽培向日葵（*Helianthus annuus* var. Macrocarpus）起源于北美洲，在我国至今已有367年的种植历史，其主要种植地区分布在东北、华北、西北和西南等地，是我国五大油料之一[1]。向日葵茎点霉黑茎病（Sunflower phoma black stem）首次于20世纪70年代后期发现于欧洲，1984年在美国发现。罗马尼亚、前苏联、前南斯拉夫、加拿大、美国、阿根廷等国均有发生。向日葵黑茎病 *Phoma macdonaldii* Boerma，*Leptosphaeria lindquistii* Frezzi 于2005年首次在新疆伊犁发现，属国内危险性检疫新病害，近年来，因从外地大量引进新品种和防治不利，导致该病害在新疆发生，严重影响了向日葵种植业的发展[2~5]。伊犁河谷地理气候条件在地域间存在较大差异，向日葵种植品种繁多，向日葵黑茎病发病严重，急需了解伊犁河谷区域当前种植的向日葵品种在当地的抗病性状，以指导品种合理布局，筛选抗病性资源。关于向日葵黑茎病的抗性研究较少。为此于2011年对伊犁河谷特克斯县种植23个向日葵品种进行了田间抗病性鉴定，以明确其抗病性差异[6~8]。

## 1 材料和方法

### 1.1 鉴定材料

2011年选用当年新疆伊犁河谷23个主栽向日葵品种：8N270、NK5151、西亚218、西亚53、5208、Q8105、RH-316、澳优、MJ789、XFY-1、XFY-2、606（CK）、XY6001、

* 基金项目：国家自然基金（30960217）；国家质检总局"进境向日葵检疫性病原菌快速检测及检疫处理技术研究"（2011IK168）；新疆维吾尔自治区高等学校科学研究计划（XJEDU2011S47）

** 作者简介：张金霞（1989—），女，甘肃定西人，助理讲师，研究方向农作物病虫害防治；E-mail：1475777149@qq.com

*** 通讯作者：陈卫民（1965—），男，甘肃静宁人，教授，硕士生导师，研究方向为向日葵病害；E-mail：cwm3998@163.com

S672、矮丰 NK3133、FJA006、MJ789（金粒）、Q1020、HS-315、矮丰 8283、宋兆文（食）、MT767、先瑞 8 号。

## 1.2 试验条件及试验设计

### 1.2.1 试验条件

试验设在向日葵黑茎病重病区新疆伊犁河谷特克斯县农技站试验田中进行，2011 年 5 月 14 日播种，试验田采用人工点籽穴播，每穴 2 ~ 3 粒，其他田管理措施同大田。

### 1.2.2 试验设计

试验设置 23 个处理，重复 3 次，采用随机区组排列，共计 69 个小区；行距 3.6m，长 6m，每个小区 21.6m²。处理间及重复间设有隔离区 0.5m，试验地周围设有保护行 1.5m，整个试验地面积 3.38 亩。

## 1.3 调查方法

植株在田间自然发病的情况下，进行定点调查，每个处理随机选取一个样点，每个样点连续取 20 个样株分别挂牌标记，进行 3 次调查，计算发病率、病情指数和相对抗病性指数。

## 1.4 病害分级及抗性分级标准

### 1.4.1 病害分级标准

采用 9 级分级法，分级标准如下：

0 级　无病斑；

1 级　整株茎秆上的病斑个数为 1 ~ 5，形成黑褐色斑块；

3 级　整株茎秆上的病斑个数为 6 ~ 10，形成黑褐色斑，下部 1 ~ 5 个叶片有病斑；

5 级　整株茎秆上的病斑个数为 11 ~ 15，形成黑褐色斑块，下部 1 ~ 3 个叶片枯死；

7 级　整株茎秆上的病斑个数为 16 ~ 20，形成黑褐色斑块，下部 5 个以上叶片枯死；

9 级　整株茎秆上的病斑个数为 21 以上，形成黑褐色斑块，植株枯死。

### 1.4.2 抗性划分标准

采用相对抗病性方法评价抗病程度，抗病程度分为：

免疫（I）：抗病指数为 1.00；

高抗（HR）：抗病指数为 0.80 ~ 0.99；

中抗（MR）：抗病指数为 0.40 ~ 0.79；

中感（MS）：抗病指数为 0.20 ~ 0.39；

高感（HS）：抗病指数为 0.19 以下。

### 1.4.3 计算公式

发病率（%）＝发病数/调查总数×100%

$$病情指数 = \frac{\sum（各级病株数 \times 相对级数值）}{调查总株数 \times 最高级数} \times 100$$

相对抗病性指数＝鉴定品种的平均病指/对照品种病指（病指最高的为对照品种）

抗病性指数＝1－相对抗病性指数

## 2 调查结果与分析

### 2.1 2011年向日葵不同品种抗病性鉴定

**表1 向日葵不同品种开花前期黑茎病的抗性调查（2011-8-6，新疆特克斯）**

| 品种 | I | II | III | 病情指数 | 发病率（%） | 相对病指 | 相对抗病性 | 综合评价 |
|------|-----|-----|-----|---------|-----------|---------|-----------|---------|
| 8N270 | 12.32 | 9.12 | 6.60 | 9.35 | 74.64 | 0.76 | 0.24 | MS |
| NK5151 | 14.21 | 11.70 | 5.29 | 10.40 | 72.63 | 0.73 | 0.27 | MS |
| 西亚218 | 3.33 | 3.70 | 5.56 | 4.20 | 33.33 | 0.75 | 0.25 | MS |
| 西亚53 | 10.30 | 2.34 | 12.91 | 8.52 | 60.97 | 0.66 | 0.34 | MS |
| 5208 | 21.48 | 12.87 | 11.11 | 15.15 | 94.97 | 0.71 | 0.29 | MS |
| Q8105 | 6.13 | 9.80 | 0.73 | 5.55 | 48.68 | 0.57 | 0.43 | MR |
| RH-316 | 7.21 | 2.78 | 1.15 | 3.71 | 31.60 | 0.51 | 0.49 | MR |
| 澳优 | 9.49 | 9.26 | 2.22 | 6.99 | 58.92 | 0.74 | 0.26 | MS |
| MJ789 | 9.72 | 9.26 | 8.11 | 9.03 | 75.71 | 0.93 | 0.07 | HS |
| XFY-1 | 9.18 | 11.11 | 9.31 | 9.87 | 80.60 | 0.89 | 0.34 | MS |
| XFY-2 | 6.06 | 2.72 | 1.03 | 3.27 | 29.45 | 0.54 | 0.46 | MR |
| 606（CK） | 14.81 | 7.07 | 0.29 | 7.39 | 53.19 | 0.50 | 0.50 | MR |
| XY6001 | 15.43 | 3.62 | 9.13 | 9.39 | 71.58 | 0.61 | 0.39 | MS |
| S672 | 19.51 | 11.33 | 8.75 | 13.20 | 87.16 | 0.68 | 0.32 | MS |
| 矮丰NK3133 | 50.31 | 44.44 | 37.28 | 44.01 | 98.00 | 0.87 | 0.13 | HS |
| FJA006 | 13.19 | 10.23 | 3.81 | 9.08 | 73.38 | 0.69 | 0.31 | MS |
| MJ789（金粒） | 10.83 | 8.53 | 9.09 | 9.48 | 83.62 | 0.88 | 0.12 | HS |
| Q1020 | 1.43 | 10.27 | 4.63 | 5.45 | 46.49 | 0.53 | 0.47 | MR |
| HS-315 | 0.00 | 9.05 | | 4.53 | 37.04 | 0.50 | 0.50 | MR |
| 矮丰8283 | 7.72 | 5.09 | | 6.40 | 57.64 | 0.83 | 0.17 | HS |
| 宋兆文（食） | 0.95 | 0.95 | | 0.95 | 8.57 | 1.00 | 0.00 | HS |
| MT767 | 2.38 | 0.65 | | 1.52 | 13.66 | 0.64 | 0.36 | MS |
| 先瑞8号 | 2.22 | 2.22 | | 2.22 | 20.00 | 1.00 | 0.00 | HS |

由表1鉴定结果可知：开花前期23个品种中无免疫和高抗向日葵黑茎病的种质材料；MJ789、矮丰NK3133、MJ789（金粒）、矮丰8283、宋兆文（食）、先瑞8号6个品种为高感品种，占供试品种的29.17%；8N270、NK5151、西亚218、西亚53、5208、澳优、XFY-1、XY6001、S672、FJA006、MT767 11个品种为中感品种，占供试品种的45.83%；Q8105、RH-316、XFY-2、606（CK）、Q1020、HS-315 6个品种为中抗品种，占供试品种的25%。

**表 2　向日葵不同品种开花后期黑茎病的抗性调查（2011-8-17，新疆特克斯）**

| 品种 | I | II | III | 病情指数 | 发病率（%） | 相对病指 | 相对抗病性 | 综合评价 |
|---|---|---|---|---|---|---|---|---|
| 8N270 | 16.96 | 12.82 | 13.03 | 14.27 | 96.55 | 0.84 | 0.16 | HS |
| NK5151 | 19.54 | | 12.50 | 16.02 | 100.00 | 0.82 | 0.18 | HS |
| 西亚 218 | 12.42 | 10.58 | 10.58 | 11.19 | 93.65 | 0.90 | 0.10 | HS |
| 西亚 53 | 16.44 | 10.07 | 15.15 | 13.89 | 96.88 | 0.84 | 0.16 | HS |
| 5208 | 27.08 | 15.74 | 16.48 | 19.77 | 100.00 | 0.73 | 0.27 | MS |
| Q8105 | 12.70 | 12.04 | 10.28 | 11.67 | 96.57 | 0.92 | 0.08 | HS |
| RH-316 | 16.05 | 8.50 | 10.34 | 11.63 | 89.86 | 0.72 | 0.28 | MS |
| 澳优 | 14.01 | 14.18 | 10.07 | 12.75 | 96.88 | 0.90 | 0.10 | HS |
| MJ789 | 11.11 | 13.13 | 13.73 | 12.66 | 100.00 | 0.92 | 0.08 | HS |
| XFY-1 | 16.83 | 16.67 | 15.71 | 16.40 | 100.00 | 0.97 | 0.03 | HS |
| XFY-2 | 11.11 | 8.55 | 9.92 | 9.86 | 88.74 | 0.89 | 0.11 | HS |
| 606（CK） | 14.01 | 11.11 | 3.37 | 9.50 | 69.70 | 0.68 | 0.32 | MS |
| XY6001 | 1.43 | 10.63 | 10.00 | 7.35 | 62.85 | 0.69 | 0.31 | MS |
| S672 | 13.68 | 14.70 | 16.13 | 14.83 | 100.00 | 1.01 | -0.01 | HS |
| 矮丰 NK3133 | 61.54 | 63.64 | 47.56 | 57.58 | 100.00 | 0.90 | 0.10 | HS |
| FJA006 | 11.11 | 14.81 | 11.11 | 12.35 | 100.00 | 0.83 | 0.17 | HS |
| MJ789（金粒） | 17.78 | 13.33 | 15.71 | 15.61 | 100.00 | 0.88 | 0.12 | HS |
| Q1020 | 6.84 | 13.89 | 11.11 | 10.61 | 87.18 | 0.76 | 0.24 | MS |
| HS-315 | 11.11 | 11.11 | 6.35 | 9.52 | 85.71 | 0.86 | 0.14 | HS |
| 矮丰 8283 | 16.05 | 4.68 | 9.72 | 10.15 | 76.54 | 0.63 | 0.37 | MS |
| 宋兆文（食） | 12.76 | 9.72 | 13.89 | 12.12 | 95.83 | 0.87 | 0.13 | HS |
| MT767 | 11.11 | 11.11 | 17.33 | 13.19 | 100.00 | 0.76 | 0.24 | MS |
| 先瑞 8 号 | 11.11 | 12.70 | 13.89 | 12.57 | 98.41 | 0.90 | 0.10 | HS |

　　由表 2 鉴定结果可知：开花后期 23 个品种中均无对向日葵黑茎病免疫、高抗和中抗的种质材料；8N270、NK5151、西亚 218、西亚 53、Q8105、澳优、MJ789、XFY-1、XFY-2、S672、矮丰 NK3133、FJA006、MJ789（金粒）、HS-315、宋兆文（食）、先瑞 8 号这 16 个品种为高感品种，占供试品种的 70.83%；5208、RH-316、606（CK）、XY6001、Q1020、矮丰 8283、MT767 这 7 个品种为中感品种，占供试品种的 29.17%。

表3 向日葵不同品种成熟期黑茎病的抗性调查 （2010-9-6，新疆特克斯）

| 品种 | I | II | III | 病情指数 | 发病率（%） | 相对病指 | 相对抗病性 | 综合评价 |
|------|------|------|------|---------|-----------|---------|-----------|---------|
| 8N270 | 44.44 | 55.56 | 41.67 | 47.22 | 100.00 | 0.85 | 0.15 | HS |
| NK5151 | 38.41 | 40.56 | | 39.48 | 100.00 | 0.97 | 0.03 | HS |
| 西亚218 | 27.78 | 45.40 | 34.57 | 35.91 | 100.00 | 0.79 | 0.21 | MS |
| 西亚53 | 47.85 | 50.75 | 27.27 | 41.96 | 100.00 | 0.83 | 0.17 | HS |
| 5208 | 34.57 | 27.57 | 46.67 | 36.27 | 100.00 | 0.78 | 0.22 | MS |
| Q8105 | 28.89 | 33.78 | 50.35 | 37.67 | 100.00 | 0.75 | 0.25 | MS |
| RH-316 | 40.07 | 33.89 | 12.89 | 28.95 | 100.00 | 0.72 | 0.28 | MS |
| 澳优 | 59.37 | 36.97 | 39.56 | 45.30 | 100.00 | 0.76 | 0.24 | MS |
| MJ789 | 55.56 | 58.40 | 54.12 | 56.03 | 100.00 | 0.96 | 0.04 | HS |
| XFY-1 | 30.74 | 38.06 | 30.48 | 33.10 | 98.29 | 0.87 | 0.13 | HS |
| XFY-2 | 36.70 | 30.81 | 35.14 | 34.21 | 100.00 | 0.93 | 0.07 | HS |
| 606（CK） | 10.91 | 38.89 | 41.27 | 30.35 | 96.91 | 0.74 | 0.26 | MS |
| XY6001 | 40.35 | 38.27 | 28.74 | 35.79 | 100.00 | 0.89 | 0.11 | HS |
| S672 | 37.20 | 32.70 | 37.22 | 35.71 | 100.00 | 0.96 | 0.04 | HS |
| 矮丰NK3133 | 35.63 | 41.88 | 53.85 | 43.79 | 100.00 | 0.81 | 0.19 | HS |
| FJA006 | 30.37 | 42.48 | 34.34 | 35.73 | 100.00 | 0.84 | 0.16 | HS |
| MJ789（金粒） | 50.15 | 52.29 | 39.44 | 47.29 | 100.00 | 0.90 | 0.10 | HS |
| Q1020 | 37.68 | 17.92 | 40.92 | 32.17 | 100.00 | 0.79 | 0.21 | MS |
| HS-315 | 82.83 | 40.10 | 倒伏 | 61.46 | 100.00 | 0.74 | 0.26 | MS |
| 矮丰8283 | 62.22 | 46.36 | 倒伏 | 54.29 | 100.00 | 0.87 | 0.13 | HS |
| 宋兆文（食） | 30.56 | 36.70 | 23.08 | 30.11 | 100.00 | 0.82 | 0.18 | HS |
| MT767 | 36.95 | 47.56 | 55.56 | 46.69 | 100.00 | 0.84 | 0.16 | HS |
| 先瑞8号 | 34.22 | 29.24 | 62.96 | 42.14 | 100.00 | 0.67 | 0.33 | MS |

由表3鉴定结果可知：成熟期23个品种中均无对向日葵黑茎病免疫、高抗和中抗的种质材料；8N270、NK5151、西亚53、MJ789、XFY-1、XFY-2、XY6001、S672、矮丰NK3133、FJA006、MJ789（金粒）、矮丰8283、宋兆文（食）、MT767这14个品种为高感品种，占供试品种的62.5%；西亚218、5208、Q8105、RH-316、澳优、606（CK）、Q1020、HS-315、先瑞8号这9个品种为中感品种，占供试品种的37.5%。

## 2.2 向日葵不同品种抗病性鉴定结果

由表1和表2鉴定结果可知：23个品种在向日葵开花前期和开花期均无对向日葵黑茎病免疫和高抗的品种。Q8105、RH-316、XFY-2、606（CK）、Q1020、HS-315这6个品种在开花前期为中抗品种，开花后期Q8105为中抗品种，XFY-2、HS-315这2个品种为高感品种，RH-316、606（CK）、Q1020这3个品种为中感品种。

MJ789、矮丰NK3133、MJ789（金粒）、宋兆文（食）、先瑞8号这6个品种在开花前期为高感品种，开花后期MJ789、MJ789（金粒）、宋兆文（食）、先瑞8号这5个品种为高感品种，矮丰NK3133为中感品种。

8N270、NK5151、西亚218、西亚53、5208、澳优、XFY-1、XY6001、S672、FJA006、

MT767 这 11 个品种在开花前期为中感品种，开花后期 8N270、NK5151、西亚 218、西亚 53、澳优、XFY-1、S672、FJA006 这 8 个品种为高感品种，5208、XY6001、MT767 这 3 个品种为中感品种。

由表 2 和表 3 鉴定结果可知：23 个品种在向日葵开花期和成熟期均无对向日葵黑茎病免疫和高抗的品种。8N270、NK5151、西亚 218、西亚 53、Q8105、澳优、MJ789、XFY-1、XFY-2、S672、矮丰 NK3133、FJA006、MJ789（金粒）、HS-315、宋兆文（食）、先瑞 8 号这 16 个品种在开花后期为高感品种，成熟期 8N270、NK5151、西亚 53、MJ789、XFY-1、XFY-2、XY6001、S672、矮丰 NK3133、FJA006、MJ789（金粒）、矮丰 8283、宋兆文（食）、MT767 这 14 个品种为高感。

5208、RH-316、606（CK）、XY6001、Q1020、矮丰 8283、MT767 这 7 个品种在开花后期为中感品种，成熟期西亚 218、5208、Q8105、RH-316、澳优、606（CK）、Q1020、HS-315、先瑞 8 号这 9 个品种为中感品种。

## 3 结论

综上所述可知，经田间 23 个向日葵品种在不同生育期进行抗病性鉴定，没有一个抗病种质资源。但向日葵品种间抗病性存在明显差异；同一品种间的田间抗病性上存在差异，总体表现为开花前期田间抗病性较强，开花后期和成熟期田间抗病性较差，病害达到发生高峰期。在开花前期中抗品种占 25%，高感和中感品种各占 29.17% 和 5.83%；开花后期高感和中感品种各占 70.83% 和 29.17%；成熟期高感和中感品种各占 62.5% 和 37.5%。

## 4 讨论

向日葵黑茎病是我国发生的一种新病害，该病害为害十分严重，不同的向日葵品种在不同的时期抗病性有所不同，田间采用对比的方法来衡量不同品种的抗病性，有较好的可比性。

23 个品种中在开花后期和成熟期抗病性无规律性，有待于进一步研究。

**参考文献**

［1］吴殿林. 中国向日葵及其开发之探讨［J］. 山西农业科学，1992（10）：14 – 15.

［2］陈卫民，宋红梅，郭庆元，等. 新疆向日葵黑茎病［J］. 植物检疫，2008，22（3）：176 – 178.

［3］陈卫民，郭庆元，宋红梅，等. 国内新病害——向日葵茎点霉黑茎病在伊犁河谷的发生出报［J］. 云南农业大学学报，2008，23（5）：609 – 612.

［4］陈卫民. 新疆向日葵有害生物［M］. 北京：科学普及出版社，2008：18 – 19.

［5］全国农业技术推广服务中心. 潜在的植物检疫性有害生物图鉴［M］. 北京：中国农业出版社，2004：219 – 221.

［6］成卓敏. 科技创新与绿色植保［M］. 北京：中国农业科学技术出版社，2006：174 – 176.

［7］李振岐，商鸿生. 中国农业作物抗病性及其利用［M］. 北京：中国农业出版社，2005：264 – 274.

［8］陈卫民，郭庆元. 新疆伊犁河谷特克斯县向日葵不同品种黑茎病田间抗病性研究. 见：公共植保与绿色防控. 北京：中国农业科学技术出版社，2010：194 – 198.

# 一株烟草炭疽病病原菌鉴定和生物学特性研究[*]

田 华[1**] 赵 杰[2,3] 王 静[3***] 孔凡玉[3]

(1. 青岛农业大学农学与植物保护学院，青岛 266109；2. 中国农业科学院研究生院，北京 100081；3. 中国农业科学院烟草研究所，青岛 266101)

**摘 要：** 对从山东诸城采集烟草炭疽病叶上分离的病原进行了致病性测定、传统的形态特征和分子鉴定，结果表明：该病原菌为毁灭炭疽菌（*Colletotrichum destructivum*）。本文又进一步研究了温度、pH 值、光照、营养对烟草炭疽病菌生长、产孢的影响。烟草炭疽菌株菌丝生长的温度范围为 4～40℃，最适生长温度为 26℃，该菌产生分生孢子的温度范围为 15～40℃，最适产孢温度 30℃。在完全光照、12h 光暗交替、完全黑暗 3 种光照处理条件下，连续 24h 光照不利于菌丝生长，黑暗条件利于孢子萌发。该菌在 pH=4～11 范围内均能生长和产孢，但是菌丝生长和产孢的适宜 pH 值为 6～10，最适 pH 值为 8。烟草炭疽菌最适宜生长的培养基为 PDA 培养基。

**关键词：** 烟草；炭疽菌；鉴定；生物学特性

烟草炭疽病（*Colletotrichum destructivum*）是烟草的主要病害之一，俗称"水点子"、"麻点子"、"雨斑"、"烘斑"、"热瘟"。苗期至成熟期均可受害，以苗期为重，一般病叶率为 5%～20%，严重的高达 90%～100%，甚至造成整株死亡，个别未经种子消毒的和未喷药保护，管理粗放的苗床发病较重，而以连作地、房前屋后菜地、空隙地、晾晒场附近的地块作苗床，发病亦不宜忽视[1,2]。我们从山东诸城烟草上分离了一株炭疽病病原菌，对其形态特征、种类鉴定及其生物学特性进行了详细的研究，以期为烟草炭疽病的防治提供参考和依据。

## 1 材料与方法

### 1.1 材料

#### 1.1.1 样品来源

烟草炭疽病菌（*Colletotrichum destructivum*）病叶采自山东诸城苗床，编号为 T1。

#### 1.1.2 培养基

PDA 培养基：马铃薯 200g，葡萄糖 20g，琼脂 15～20g，水 1 000ml。

燕麦培养基：燕麦 33g，琼脂 18g，水 1 000ml。

察氏培养基：硝酸钠 3g，磷酸氢二钾 1g，硫酸镁（$MgSO_4 \cdot 7H_2O$）0.5g，氯化钾 0.5g，硫酸亚铁 0.01g，蔗糖 30g，琼脂 20g，水 1 000ml。

* 基金项目：中国烟草总公司重点项目"全国烟草有害生物调查研究"（110200902065）
** 作者简介：田华（1989—），女，从事烟草病害综合防治研究；E-mail：376609425@qq.com
*** 通讯作者：王静，副研究员，从事烟草病害综合防治研究；E-mail：wjing323@163.com

MS 培养基：酵母膏 1g，蛋白胨 1g，蔗糖 10g，硫酸镁（$MgSO_4 \cdot 7H_2O$）2.5g，琼脂 17g，磷酸氢二钾 2.7g，水 1 000ml。

## 1.2 病原菌的鉴定

### 1.2.1 病原菌的分离及纯化

组织分离法：取烟草炭疽病菌新鲜病叶，剪取病健交界处 5mm×5mm 大小的组织块，将病叶放入 75% 酒精中浸 20s，再放入次氯酸钠溶液 3min，无菌水洗 3 次，用灭菌滤纸吸干病组织块表面的水分，再将病组织块移至配制好的 PDA 培养基平板上，28℃ 条件下培养。

纯化和保存：从组织块边缘挑取长出的病原菌至 PDA 平板上，28℃ 条件下培养，3 天后将纯化的病原菌转置斜面上低温保存[3]。

### 1.2.2 致病性测定

按照 Koch 法则进行测定。供试烟株品种为 K326，采用分生孢子悬浮液喷雾法接种，并保湿，以清水为对照。发病后，从病斑上再次分离病原菌。

### 1.2.3 病原菌的形态鉴定

取在 PDA 培养基培养 6 天的 T1 菌株菌饼（Φ=3mm）置于 PDA 平板中央，28℃ 条件下培养 8 天，逐日观察不同菌株菌落形态；显微镜观察分生孢子盘、刚毛、分生孢子和菌丝的形态、颜色和大小等。结合菌落培养特征，参考相关资料从形态上进行初步鉴定[4,5]。

取 T1 菌株菌饼置于 PDA 平板中央，28℃ 培养，第三天开始逐日测量菌落直径，至第 7 天，测量菌落生长速率。

### 1.2.4 病原菌的分子鉴定

DNA 的提取：从培养好的 T1 平板上，刮取少量菌丝，液氮研磨，再按照酵母基因组 DNA 提取试剂盒提取。提取的 DNA 冷冻保存。

PCR 扩增：用真菌核糖体 DNA 通用引物 ITS4 和 ITS5 进行 PCR 扩增[6]。扩增体系（50μl），DNA 模版：4μl，dd 水：32μl，ITS4：2μl，ITS5：2μl，dNTP：4μl，taq 酶：1μl，用 PCR 仪进行 PCR 扩增。

电泳检测：进行琼脂糖凝胶电泳。

PCR 产物纯化测序：PCR 扩增后的产物送往华大公司测序，测序结果进行 BLAST 同源性对比。

## 1.3 生物学特性的研究

### 1.3.1 温度对 T1 菌丝生长及产孢的影响

在 PDA 平板上移入直径 3mm 的菌饼，分别置于 4℃、10℃、15℃、20℃、26℃、30℃、35℃、40℃8 种温度下培养。培养 4 天后测量菌落直径，7 天后在显微镜下用血球计数板测定产孢量。每个处理 3 皿，重复 3 次。

### 1.3.2 光照对 T1 菌丝生长及产孢的影响

在 PDA 平板上移入直径 3mm 的菌饼，分别置于连续光照、12h 光暗交替、完全黑暗 3 种条件下培养。培养 4 天后测量菌落直径，7 天后在显微镜下用血球计数板测定产孢量。每个处理 3 皿，重复 3 次。

### 1.3.3 pH 值对 T1 菌丝生长及产孢的影响

用一定浓度柠檬酸和 NaOH 将灭菌后的 PDA 培养基 pH 值调到 4、6、8、10、11，共 5 种，每个培养皿中倒 20ml，待培养基凝固后移入直径 3mm 的菌饼，培养 4 天后测量菌落直径，7 天后在显微镜下用血球计数板测定产孢量。每个处理 3 皿，重复 3 次。注：pH 值 > 11 或 pH 值 < 4 时，培养基无法凝固，所以无法测得准确数据。

#### 1.3.4 不同培养基对 T1 菌丝生长及产孢的影响

配制 PDA 培养基、察氏培养基、燕麦培养基、MS 培养基，在不同培养基平板上移入直径 3mm 的菌饼，培养 4 天后测量菌落直径，7 天后在显微镜下用血球计数板测定产孢量。每个处理 3 皿，重复 3 次，步骤同上。

## 2 结果与分析

### 2.1 烟草炭疽病害症状与病原菌形态鉴定

#### 2.1.1 烟草炭疽病在叶片上的症状

叶片感病初期在叶片上产生暗绿色水渍状的小点，2 天后病斑扩大。在干燥条件下，病斑边缘黄褐色或褐色，中央灰白色，凹陷；在潮湿环境下，病斑大，颜色深，往往呈褐色或黄褐色（图 1A）。

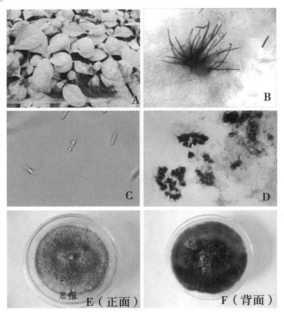

**图 1　烟草炭疽病菌菌落及显微形态**

注：A. 烟草炭疽病叶片症状；B. 烟草炭疽菌的刚毛；C. 烟草炭疽菌的分生孢子；D. 烟草炭疽菌的分生孢子盘；E、F. 在 PDA 培养基上培养的烟草炭疽菌的菌落形态

#### 2.1.2 致病性测定结果

接种 T1 分生孢子悬浮液 3 天后，供试烟株叶片发病，对照均不发病。接种 T1 菌株后的发病症状与自然发病的病斑相似，再次分离，从接种病斑中获得了与原接种病株相同的病原菌。证明 T1 为烟草炭疽病的病原菌。

#### 2.1.3 病原菌菌落形态及显微观察

菌落圆形，初期为灰白色，后期变为黑褐色或黑色，边缘整齐，着生白色的菌丝，菌丝比较发达，后期会产生黑色颗粒状的孢子堆（图 1E、F）。

病原菌分生孢子盘不规则的盘状，生有黑色的或暗褐色刚毛，刚毛分隔，散生，向顶端渐细。分生孢子长椭圆形，无色，单孢，有的分生孢子含有油球。菌丝为白色，较密，平均生长速率是 1.275cm（图 1B、图 1C、图 1D）。

## 2.2 分子鉴定

利用真菌通用引物 ITS1 和 ITS4 扩增病菌 DNA，得到大小为 516bp，将所得序列在 GenBank 中进行对比，结果显示 *Colletotrichum destructivum* 与本研究所得 DNA 扩增序列同源性最高（图 2），且同源性达到 99%，结合形态学的鉴定结果可以确定是炭疽病菌。

Sequences producing significant alignments:

| Accession | Description | Max score | Total score | Query coverage | E value | Max ident |
|---|---|---|---|---|---|---|
| FJ450032.1 | Fungal endophyte strain 3196 18S ribosomal RNA gene, partial sequ | 998 | 998 | 99% | 0.0 | 99% |
| FJ450035.1 | Fungal endophyte strain 3176 18S ribosomal RNA gene, partial sequ | 990 | 990 | 98% | 0.0 | 99% |
| AF320963.1 | Colletotrichum destructivum strain ATCC11995 internal transcribed s. | 979 | 979 | 96% | 0.0 | 99% |
| HQ674938.1 | Colletotrichum destructivum strain RGT-S12 18S ribosomal RNA gene | 972 | 972 | 99% | 0.0 | 98% |
| FJ450058.1 | Fungal endophyte strain 3277 18S ribosomal RNA gene, partial sequ | 972 | 972 | 98% | 0.0 | 99% |
| EU070911.1 | Colletotrichum destructivum strain CD-hz 01 18S ribosomal RNA gene | 972 | 972 | 99% | 0.0 | 98% |

**图 2　DNA 扩增序列同源性比较**

## 2.3 病原菌的生物学特性观察

### 2.3.1 温度对菌丝生长、产孢的影响

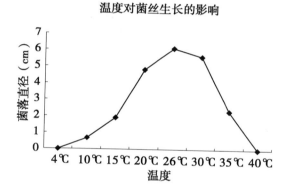

温度对菌丝生长的影响

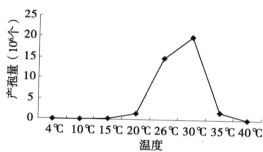

温度对产孢的影响

**图 3　温度对菌丝生长和产孢量的影响**

实验结果表明，在 PDA 培养基上，烟草炭疽菌在 4℃ 和 40℃ 下不能生长，该菌丝生长的温度范围为 4～40℃，最适生长为温度为 26℃（图 3）。该菌产生分生孢子的温度范围为 15～40℃，最适产孢温度为 30℃（图 3）。

### 2.3.2 光照对菌丝生长及产孢的影响

**表 1　光照对菌丝生长和产孢的影响**

| 处理 | 产孢量（个） | 菌落直径（cm） |
|---|---|---|
| 24h 黑暗 | 1347000000aA | 4.9aA |
| 24h 光照 | 2830000bB | 4.5bA |
| 12h 光照 12h 黑暗 | 56000007bB | 4.8abA |

注：表中数据用 DPS 软件进行的方差分析，为 3 次结果的平均值，大写字母表示在 1% 极显著水平，小写字母表示在 5% 显著水平。

经 DPS 软件分析，结果表明，在 PDA 培养基上，烟草炭疽菌菌株在连续光照、12h

光暗交替、完全黑暗3种条件下培养，光照条件下菌落直径最小，与其他条件下差异显著（表1），所以连续24h光照不利于菌丝生长；黑暗条件下产孢量最大，与其他相比差异极显著，所以黑暗利于孢子萌发。

### 2.3.3 pH值对菌丝生长及产孢的影响

**表2　pH值对菌丝生长和产孢的影响**

| pH值 | 产孢量（个） | 菌落直径（cm） |
| --- | --- | --- |
| pH=4 | 221000dC | 3.8eD |
| pH=6 | 6300000bB | 5.0bB |
| pH=8 | 27500000aA | 5.4aA |
| pH=10 | 4550000cB | 4.7cBC |
| pH=11.7 | 270000eD | 4.5dC |

注：表中数据用DPS软件进行的方差分析，为3次结果的平均值，大写字母表示在1%极显著水平，小写字母表示在5%显著水平。

经DPS软件分析，结果表明，烟草炭疽菌在pH值=4~11范围内PDA培养基上均能生长和产孢，但各pH条件差异显著，除了pH值=6和pH值=10外，其他条件差异极显著，所以，菌丝生长和产孢的适宜pH值为6~10，最适pH值为8（表2）。

### 2.3.4 不同培养基对菌丝生长及产孢的影响

**表3　不同培养基对菌丝生长和产孢的影响**

| 培养基 | 产孢量（个） | 菌落直径（cm） |
| --- | --- | --- |
| PDA培养基 | 22900000aA | 4.5aA |
| MS培养基 | 250000cB | 3.0bB |
| 察氏培养基 | 530000bcB | 2.6cB |
| 燕麦培养基 | 3400000bB | 3.3bB |

注：表中数据用DPS软件进行的方差分析，为3次结果的平均值，大写字母表示在1%极显著水平，小写字母表示在5%显著水平。

经DPS软件分析，结果表明（表3），烟草炭疽菌在PDA条件下菌落直径最大，产孢量最多，与其他条件差异极显著，所以，烟草炭疽菌最适合的培养基为PDA培养基。

## 3　结论与讨论

通过对烟草炭疽病病原菌进行系统性的研究，从病原菌的形态特征和分子鉴定的研究表明，从诸城采样分离的菌株为毁灭炭疽菌（*Colletotrichum destructivum*），属于炭疽菌属（*Colletotrichum*）[7]。与贾玉等[8]对山东省主产烟区烟草炭疽病菌的鉴定结果一致。

生物学特性表明，烟草炭疽菌株菌丝生长的温度范围为4~40℃，最适生长为温度为26℃，该菌产生分生孢子的温度范围为15~40℃，最适产孢温度30℃，连续24h光照不利于菌丝生长，黑暗条件利于孢子萌发，菌丝生长和产孢的适宜pH值为6~10，最适pH

值为 8，适宜生长的培养基为 PDA 培养基。

本研究初步阐明，温度、光照、pH 和营养条件对烟草炭疽菌的菌丝生长和产孢都会产生影响，这可为病害的应用基础研究和防治提供借鉴。然而，更多的环境因子对病原菌菌丝和产孢的影响，以及病害的侵染机制、病害与寄主互作关系，均有待进一步探讨和研究。

**参考文献**

[1] 朱贤朝．中国烟草病害 [M]．北京：中国农业出版社，2001：11.

[2] 谈文，吴元华．烟草病理学 [M]．北京：中国农业出版社，2003.

[3] 方中达．植病研究方法 [M]．北京：中国农业出版社，1998.

[4] 魏景超．真菌鉴定手册 [M]．上海：上海科学技术出版社，1979.

[5] 李宁．基因组学与应用生物学 [J]．广西农学院学报，2012，31（1）：51 – 56.

[6] 许志刚．普通植物病理学 [M]．北京：中国农业出版社，2003.

[7] 贾玉，郑翠梅，张广民，等．山东省主产烟区烟草炭疽病菌的鉴定与分子检测 [J]．山东农业科学，2012，44（4）：10 – 14.

# 土壤调控对烟草青枯病发生程度的影响[*]

夏先全[1][**] 杨 建[2] 汪 莹[3] 邹 禹[4] 蒋文平[1]

（1. 四川省农业科学院植物保护研究所，四川 610066；2. 宜宾市烟草公司
兴文县营销部，兴文 644400；3. 攀枝花烟草公司盐边县营销部，攀枝花
617000；4. 金堂县赵镇片区农技站，金堂 610400）

**摘 要**：选取石灰 $[Ca(OH)_2]$ 和土壤添加物 T-310，分别采用移栽前半个月全田撒施混土和移栽时窝施两种方式，对青枯病烟田进行土壤改良调控。从四川省兴文县和米易县两地试验结果来看，青枯病烟田施用 T-310 和石灰在降低青枯病发病率和抑制青枯病病情指数方面都有较好效果，与空白对照相比，发病率最多能低 23.3% 和 21.3%，病情指数最多能降低 20.2 和 17。两种土壤处理小区的发病率和病情指数也低于药剂处理。石灰和 T-310 的施用对烟叶生长无明显不良影响。

**关键词**：烟草青枯病；石灰；土壤添加物；发病率；病情指数

细菌性青枯病（*Ralstonia solanacearum*）是烟草大田生产上的毁灭性土传病害，其发生与土壤结构关系密切[1~3]。匡传富等研究了不同季节中烟草青枯病田土壤中的微生物数量，结果表明，青枯病重发田块细菌和真菌平均数多、放线菌平均数少，硝酸细菌和反硫化细菌平均数少、反硝化细菌平均数多；轻发田块则相反[2]。更多的研究表明，通过调节土壤微生态能抑制青枯病的发生[3~6,9~12]。笔者在前期研究中发现用石灰 $[Ca(OH)_2]$ 和自制土壤添加物 T-310 能抑制青枯病的发生[7,8]，为比较两种添加物对青枯病发生程度的影响，分别在四川兴文县小寨乡和米易县横山乡设立试验点进行研究，为生产实践提供理论依据和参考。

## 1 材料与方法

### 1.1 试验材料

#### 1.1.1 石灰 $[Ca(OH)_2]$

#### 1.1.2 土壤生态调控物为生石灰和土壤添加物 T-310

T-310 配方为：甘蔗渣 4.4%、谷壳 8.4%、贝壳粉 4.25%、尿素 8.25%、硝酸钾 2%、过磷酸钙 12%、硼砂（$Na_2B_4O_7 \cdot 10H_2O$）0.3%、硫酸锌 0.5%、石灰 5%、矿渣 54.9%。其中，矿灰为成都钢管厂提供的高炉渣，其余材料为市售。

#### 1.1.3 对照药剂

天赞好 WP（10 亿/g 枯草芽孢杆菌-Y1336），台湾百泰生物科技股份有限公司，

---

* 基金项目：四川省财政基因工程专项资金项目（2011LWJJ-007）

** 作者简介：夏先全（1976- ），男，副研究员，主要从事农作物抗性鉴定及病害防治研究；E-mail：xiaxianquan@163.com

市售。

## 1.2 试验地情况

试验地分别位于四川省兴文县的小寨乡和米易县的横山乡。试验地土壤分别为黄壤土和砂壤土，偏酸性，肥力均匀，青枯病常年发生且较严重。兴文试验地种植烤烟品种为K326，米易试验点为红花大金元。

## 1.3 试验设置

本试验共设 6 个处理，每处理重复 3 次，共 18 个小区，每小区 35m²，随机分布，小区间用土砌埂加以隔离。田间水肥管理照常规进行。各处理使用方法如下：

| 处理 | 施用方法 |
|------|----------|
| 1 | 移栽前半个月撒施生石灰并用旋耕机混土 15cm 深，2.3t/hm² |
| 2 | 移栽时窝施生石灰，1.5 t/hm²（约 100g 每窝） |
| 3 | 移栽前半个月撒施 T-310 并用旋耕机混土 15cm，3t/hm² |
| 4 | 移栽时窝施 T-310，1.5 t/hm²（约 100g 每窝） |
| 5 | 10 亿/g 枯草芽孢杆菌-Y1336，灌根 150ml/hm²，自发病初期开始连续 3 次，每次间隔 10 天 |
| 6 | 空白对照 |

## 1.4 调查方法

### 1.4.1 青枯病调查

从烟草青枯病发生初现后第十天开始第一次调查，调查每小区所有烟株的发病株数及病级，以后每隔 10 天左右调查一次，共调查 6 次，并计算发病率和病情指数。发病率和病情指数按照下面公式计算：

发病率（%）＝发病株数/调查总株数×100

病情指数＝∑（各级病株数×该病级值）/（调查总株数×最高级值）

按照病害严重度分级国家标准（7 级）记载发病情况：

0 级：全株无病。

1 级：茎部偶有褪绿斑或病侧 1/2 以下叶片凋萎。

3 级：茎部有黑色条斑，但不超过茎高 1/2 或病侧 1/2 至 2/3 叶片凋萎。

5 级：茎部黑色条斑超过茎高 1/2，但未到达茎顶部或病侧 2/3 以上叶片凋萎。

7 级：茎部黑色条斑到达茎顶部或病株叶片全部凋萎。

9 级：病株基本枯死。

### 1.4.2 农艺性状调查

烟株打顶后，调查每个小区所有烟株的株高、最大叶片长和宽、叶片数。计算出平均值。

# 2 结果与分析

## 2.1 不同土壤处理对烟田青枯病初发时间和发病率的影响

调查结果表明，石灰和 T-310 对青枯病的初发时间均有推迟作用。在两地试验中，最先发现病株的小区均为空白对照和药剂对照处理小区。米易试验地的青枯病初现时间是 6 月 3 日，兴文试验点的初发日期为 6 月 10 日。

从 6 月中旬至 8 月上旬的多次调查结果可以看出，无论是在兴文试验点还是在米易试验点，两种生态添加物处理小区的青枯病发病率均低于空白对照和药剂对照，发病率最低的 T-310 窝施，其次为 T-310 撒施，随后依次为石灰窝施和石灰撒施。随着烟株的生长和病情的发展，青枯病发病率逐渐上升，几种生态物土壤处理小区青枯病的发病率均仍然低于空白对照，而且两种生态添加物处理小区的发病率上升幅度明显小于对照小区。

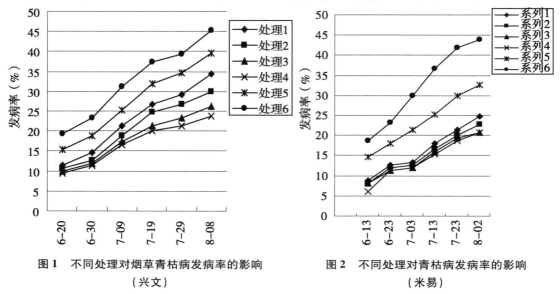

图1　不同处理对烟草青枯病发病率的影响　　　　图2　不同处理对青枯病发病率的影响
（兴文）　　　　　　　　　　　　　　　　　　　　（米易）

8 月 8 日调查，兴文 T-310 窝施和撒施处理的发病率分别比空白对照低 21.6% 和 19%；石灰窝施和撒施处理的发病率比空白对照低 15.3% 和 11%（图 1）。8 月 2 日调查米易调查结果为 T-310 窝施、撒施、石灰窝施、撒施处理的发病率分别比对照低 23.3%、23.3%、21.3% 和 19.3%（图 2）。同时，两地土壤处理小区的发病率也均低于药剂灌根。

## 2.2　不同土壤处理对烟株青枯病病情指数的影响

从图 3 可以看出，在兴文点，从发病初期到调查结束，各处理青枯病病情指数呈逐渐上升趋势，病情指数最高的是空白对照，最低的是 T-310 窝施，不同处理病情指数高低的排序始终为空白对照、药剂对照，石灰撒施、石灰窝施、T-310 撒施、T-310 窝施。从图 4 可知，在米易试验点不同处理青枯病病情指数的差异情况与兴文点相同，空白对照最高，生态添加物 T-310 处理最低，窝施和撒施处理比较，窝施的病情指数较低。

随着烟株的生长，各处理病情指数逐渐增加，但是两种土壤添加物处理的病情指数增加幅度较小，呈缓坡型增加；而空白对照的增加幅度逐渐变大。从最后一次调查数据看，在两地的平均病情指数上，T-310 窝施、撒施分别比空白对照降低 20.2% 和 19.2%；石灰窝施和撒施分别比对照降低 17% 和 15.3%。整体来看，在抑制青枯病病情指数方面，T-310 优于石灰，窝施优于撒施。在兴文和米易两地的试验中均是这种情况。

## 2.3　不同处理对烟株农艺性状的影响

在米易点，我们调查测量了各处理烟株的株高、叶片数和叶片最大长宽，计算出平均

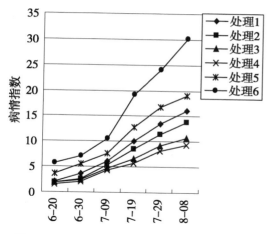

图3　不同处理对烟草青枯病病情指数的影响
（兴文）

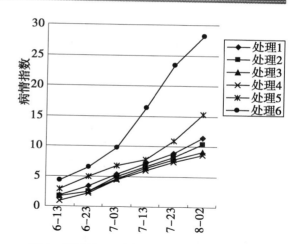

图4　不同处理对烟草青枯病病情指数的影响
（米易）

值列。从图5可以看出，在同一田块里，各处理之间的烟株株高、叶片数和叶片长宽等主要农艺性状差异均在3%以下，无明显差异，本试验中石灰和T-310的施用对烟叶生长无明显不良影响。

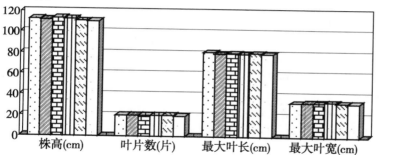

图5　不同处理对烟株农艺性状的影响（平均值）

## 3　结论与讨论

施用生石灰能改善酸化土壤，刺激土壤微生物活性，从而有效的控制烟草青枯病的为害[8]。石灰对土壤的改良作用不仅仅是中和土壤酸性，石灰能刺激土壤微生物活性，降低土壤离子毒害效应，但石灰施用过量，将会导致对其他微量元素吸收受阻，土壤水分流失快，土壤板结。所以，在用量上应严格控制，宁少勿多[13~15]。

自制土壤添加物T-310也能有效地控制烟草青枯病的为害，进一步研究发现，土壤添加剂T-310是通过增强土壤中固有拮抗菌的生长繁殖（土壤改良），从而达到抑病目的，对烟株生长环境起到了生态调控的作用。其缺点是要配齐T-310的10种配方相对繁琐，在实际生产中难以普及。

生态添加物的两种不同施用方式对土壤调节作用是不同的，窝施方式虽然施用量较小，但对烟株根系周围调节能力最强，而对整个田块土壤状况的影响较小，从而对下茬作物影响较小；反之，全田撒施的方式虽然对根系周围和当季烟株的影响作用有限，但是对下茬作物同样具有一定影响。本试验中虽然窝施效果要优于撒施，但从长远来看，撒施方式更适合对土壤进行生态调控和改良。这就需要对土壤添加物调节土壤的持效性和施用频率做进一步研究。

## 参考文献

[1] 刘旭，夏先全，姚革，等．四川省烟草青枯病的病原菌及发病规律［J］．西南农业学报，2008，21（6）：1 587 – 1 590.

[2] 匡传富，何志明，汤若云，等．烟草青枯病土壤微生物数量及生理群的测定［J］．中国烟草科学，2003（1）：43 – 45.

[3] 李红丽，李清飞，郭夏丽，等．调节土壤微生态防治烟草青枯病［J］．河南农业科学，2006（2）：57 – 60.

[4] 张永春，黄镇，关国经，等．不同农业生态调控措施对烟草青枯病的影响［J］．中国烟草科学，2007，28（4）：49 – 52.

[5] 霍沁建，张深，王若焱．烟草青枯病研究进展［J］．中国农学通报，2007，23（8）：364 – 368.

[6] 蔡燕飞，廖宗文，董春，等．番茄青枯病的土壤微生态防治研究［J］．农业环境保护，2002，21（5）：417 – 420.

[7] 李霞．土壤添加剂防治烟草青枯病研究［J］．西南农业学报，2008，21（2）：364 – 367.

[8] 丁吉林，丁伟，张永强，等．石灰施用方式对土壤 pH 值及烟草青枯病发生程度的影响［J］．烟草农业科学，2010，6（1）：66 – 69.

[9] 王万能，全学军，肖崇刚．烟草内生细菌对烟草病害的拮抗和防治作用［J］．烟草科技，2006（1）：54 – 57.

[10] 夏振远，祝明亮，杨树军．烟草生物农药的研制及其应用进展［J］．云南农业大学学报，2004，19（1）：110 – 115.

[11] 何良胜，刘初成．烟草秸秆还田的效果研究初报［J］．湖南农业科学，2002，（6）：34 – 35.

[12] 徐国伟，段骅，王志琴，等．麦秸还田对土壤理化性质及酶活性的影响［J］．中国农业科学，2009，42（3）：934 – 942.

[13] 吕永华，詹寿，马武军，等．石灰、钙镁磷肥对烤烟生产及土壤酸度调节的影响［J］．生态环境，2004，13（3）：379 – 381.

[14] 李洪连，黄俊丽，袁红霞．有机改良剂在防治植物土传病害中的应用［J］．植物病理学报，2002，32（4）：289 – 295.

[15] 唐莉娜，胡斌杰，熊德中，等．酸性土壤施石灰对烤烟产质量的影响［J］．福建农业科技，1999，（2）：9 – 10.

# 不同覆盖方式下烟草农艺性状及
# 青枯病发生情况的比较*

郑世燕[1**]　丁　伟[1***]　陈弟军[2]　杜根平[1]　徐小洪[3]　谢华东[3]

（1. 西南大学植物保护学院，重庆　400716；2. 湖南中烟工业有限责任公司，
长沙　410014；3. 重庆市黔江烟草分公司，重庆　409000）

**摘　要：** 为明确不同覆盖方式对青枯病发病情况及烟草农艺性状的影响，探索最佳的烤烟保健栽培措施，以云烟87为供试作物，设置了前期盖膜后期膜上覆盖油菜秸秆、前期盖膜后期揭膜培土覆盖油菜秸秆、地膜覆盖并套作马铃薯、地膜覆盖一直不揭膜、前期盖膜后期揭膜、露地栽培等6项栽培措施，进行田间小区试验。结果表明：露地栽培、地膜覆盖并套作马铃薯措施处理烟草进入各生育期的时间比其余覆盖处理晚2~9天，团棵期采用油菜秸秆进行覆盖处理的小区比未处理区早2~9天；前期盖膜后期膜上覆盖油菜秸秆、前期盖膜后期揭膜两处理对烟草的生长发育均有较好的促进作用；前期盖膜后期膜上覆盖油菜秸秆处理对烟草青枯病的控制作用最佳，发病率比露地栽培少2.81%~25.55%，病情指数比露地栽培处理小0.62~15.19。研究表明，在烟叶生产过程中，采用前期盖膜后期直接在地膜上培土覆盖秸秆的方式种植烤烟，对控病增产具有较好的效果。

**关键词：** 烤烟；青枯病；覆盖栽培；发病情况；农艺性状

近年来，我国烟叶生产中地膜覆盖、秸秆覆盖等栽培技术的研究与应用相对较多[1,5,8,10~11,15,18~24]，但大部分研究都着重于其对烤烟生长、产量及品质的影响方面，同时把其对烟草青枯病的影响纳入研究的相对较少[4]。众所周知，烟草青枯病是一种世界性的毁灭性细菌病害，由茄科劳尔氏菌（*Ralstonia solanacearum*）引起[13,14]。目前该病广泛分布于热带、亚热带和一些温暖地区[16,28,32]。在南卡罗来纳州（South-Carolina）青枯病的发病率也由1981年的0.2%增加到2001年的33%[30]。在2007年全国烟草病虫害情况的统计中，烟草青枯病的发生面积65.81万亩次，产量损失670.82万kg，产值损失7 397.98万元，据皖南烟叶公司统计，2006年皖南优质烟区青枯病的发生面积及发病程度呈加重趋势，其受害面积达520.2hm²，直接和间接损失达2 938 438.13元[3]。王占伟等研究指出[17]，重庆市每年因青枯病造成的产量损失高达2 000万元。迄今为止，虽然已在烤烟抗病品种的选择、农业防治、生物防治、化学防治等方面进行了大量研究，取得了较

* 基金项目：重庆市烟草公司科技攻关项目"烟草基地单元植保综合调控技术及专业化全程服务模式的探索与实施"（渝烟局科〔2011〕135号）；湖南中烟工业有限责任公司"提高上部烟叶可用性配套生产技术研究与推广"；重庆市烟草公司科技项目"武陵山优质烟叶栽培技术研究（20086999）"

** 作者简介：郑世燕（1988—），硕士，研究方向：烟草病虫草害的标准化控制；E-mail：zsy641576717@163.com

*** 通讯作者：丁伟（1966—），教授，主要从事天然产物农药方面的研究；E-mail：dwing818@163.com

大进展，但由于多方面因素的影响，对其仍无特效的解决措施[29,31]。因此，从不同角度对烟草青枯病的防治进行研究势在必行。本研究以烤烟保健栽培为指导思想，开展不同覆盖模式对烤烟的农艺性状及青枯病发病情况的影响研究，旨在为今后烤烟的生产，尤其是烟草青枯病的防治提供科学的实践依据。

# 1 材料与方法

## 1.1 试验地基本情况

试验于 2011 年设在黔江区水市乡水市村二组进行，面积 667m²，历年种植烤烟，青枯病发生严重。试验地，砂壤，pH 值 5.8，肥力中等，地势平坦，有灌溉条件，光照条件好，海拔 1 100m。种植行株距为 120cm×50cm，垄高 30cm。田间管理按照重庆市优质烟叶生产技术实施。

## 1.2 供试烤烟品种

云烟 87（*Nicotiana tabacum* L.），由重庆市烟草公司黔江分公司提供。

## 1.3 试验设计

试验共设 6 个处理，3 次重复，共计 18 个小区，各小区栽烟 60 株，田间随机区组排列，四周设有保护行。

处理 1：前期地膜覆盖，团棵期地膜上覆盖 5cm 厚的油菜秸秆。

处理 2：前期地膜覆盖，团棵期揭膜、培土上厢并覆盖 5cm 厚的油菜秸秆。

处理 3：地膜覆盖并套作马铃薯。

处理 4：地膜覆盖后一直不揭膜。

处理 5：前期地膜覆盖，团棵期揭膜，培土上厢。

处理 6：（露地栽培），一直不盖膜，不加覆盖物，对照。

## 1.4 调查内容及方法

### 1.4.1 农艺性状的调查

按全国烟草行业 YC/T 142-1998《烟草农艺性状调查方法》标准，在烟株打顶后 7 天，调查各小区烟株的株高、茎围、最大叶长、叶宽、有效叶片数等农艺指标，并按公式（1）、（2）计算最大叶叶面积。

叶面积（cm²）＝ 叶面积指数 × 叶长（cm）× 叶宽（cm）    (1)

叶面积指数 ＝ 0.7244 − 0.0297 ×（叶长/叶宽）    (2)

### 1.4.2 病害调查

按 GB/23222—2008《烟草病虫害分级及调查方法》国家标准，采用 5 点取样方法，每点固定调查 10 株，在烟草青枯病零星发生时（团棵期初期），调查各处理青枯病发病情况，每隔 7~10 天调查一次，并按照（3）、（4）、（5）公式分别计算各处理病情指数和相对防效。

烟草青枯病病情分级标准（以株为单位）：0 级：全株无病；1 级：茎部偶有褪绿斑，或病侧 1/2 以下叶片凋萎；3 级：茎部有黑色条斑，但不超过 1/2，或病侧 1/2~2/3 叶片凋萎；5 级：茎部黑色条斑超过 1/2，但未到达茎顶部，或病侧 2/3 以上叶片凋萎；7 级：茎部黑色条斑到达茎顶部，或病株叶片全部凋萎；9 级：病株基本枯死。

$$发病率（\%） = \frac{病株数}{调查株数} \times 100 \qquad (3)$$

$$病情指数 = \frac{\sum（发病株数 \times 该病级代表值）}{调查总株数 \times 最高级代表值} \times 100 \qquad (4)$$

$$相对防效（\%） = \frac{（对照病情指数 - 处理病情指数）}{对照病情指数} \times 100 \qquad (5)$$

## 1.5 数据处理

采用 Microsoft Excel 2003 对试验数据进行基本处理，计算出发病率、病情指数以及相对防效，然后采用 SPSS 16.0 统计软件分析相关数据的显著性差异。

# 2 结果

## 2.1 不同覆盖方式对烟草大田生育期的影响

不同栽培方式处理烟草大田生育期调查结果（表1）表明，地膜覆盖并套作马铃薯、露地种植烤烟两种栽培方式，不利于烟草正常生长，甚至会延长烟草的生育期；油菜秸秆覆盖处理对烟草的生长发育具有一定的促进作用。从表1可明显看出，露地栽培方式进入各生育期的时间比覆盖种植处理晚4~9天，地膜覆盖并套种马铃薯处理较其晚2~5天，油菜秸秆覆盖处理较其余处理早2~9天。露地、地膜覆盖并套作马铃薯两种栽培方式对烟草正常进入各生育期存在一定不利影响的原因，可能是由于露地种植烟株前期土壤温度低、水分不足、营养供应不及时；套种绿色植物马铃薯后，其与烟株争夺营养，影响烟草正常生长。

**表1 不同处理对烟草进入各主要生育阶段的影响**

| 覆盖方式 | 移栽期 | 50% 烟株达到团棵期标准的时间 | 50% 烟株出现花蕾的时间 | 三片脚叶成熟的时间 |
|---|---|---|---|---|
| 处理1 | 5月4日 | 6月10日 | 6月28日 | 7月10日 |
| 处理2 | 5月4日 | 6月10日 | 6月28日 | 7月10日 |
| 处理3 | 5月4日 | 6月12日 | 7月2日 | 7月15日 |
| 处理4 | 5月4日 | 6月10日 | 6月30日 | 7月12日 |
| 处理5 | 5月4日 | 6月10日 | 6月30日 | 7月12日 |
| 处理6 | 5月4日 | 6月17日 | 7月6日 | 7月19日 |

注：处理1：前期地膜覆盖，后期地膜上覆盖5cm厚的油菜秸秆；处理2：前期地膜覆盖，后期揭膜、培土上厢并覆盖5cm厚的油菜秸秆；处理3：地膜覆盖并套作马铃薯；处理4：地膜覆盖后一直不揭膜；处理5：前期地膜覆盖，后期揭膜，培土上厢；处理6（露地栽培）：对照，一直不盖膜，不加覆盖物；下同。

## 2.2 不同覆盖方式对烟草青枯病发病情况的影响

试验分别在发病初期、发病中期、发病后期对不同栽培方式处理烟草青枯病发病情况进行调查，结果表明，露地栽培方式青枯病发病相对最严重，前期盖膜后期膜上覆盖油菜秸秆处理对青枯病有较好的控制作用。由表2可知，在发病初、中、后3个时期，露地栽培方式处理青枯病的病情指数分别为0.84、15.93、37.47，依次比前期盖膜后期膜上覆盖油菜秸秆处理高0.62、6.55、15.19；方差分析表明，两者差异显著。另外，从表中数据还可得出，揭膜培土操作可能有加重青枯病发病的趋势，油菜秸秆覆盖处理对青枯病的扩散、流行可能有一定的抑制作用。

表2 覆盖方式对烟草青枯病发病情况的影响

| 覆盖方式 | 发病初期（6月28日） | | 发病中期（7月20日） | | 发病后期（8月6日） | |
| --- | --- | --- | --- | --- | --- | --- |
| | 发病率（%） | 病情指数 | 发病率（%） | 病情指数 | 发病率（%） | 病情指数 |
| 处理1 | 2.19c | 0.22c | 34.44c | 9.38d | 42.78d | 22.28d |
| 处理2 | 2.78bc | 0.31bc | 43.33b | 12.96c | 54.44c | 30.62c |
| 处理3 | 4.44ab | 0.62ab | 51.11a | 14.69b | 61.67b | 34.26b |
| 处理4 | 3.89abc | 0.43bc | 44.44b | 12.84c | 55.00c | 30.31c |
| 处理5 | 3.33abc | 0.37bc | 50.00a | 14.81b | 66.67a | 35.31b |
| 处理6 | 5.00a | 0.84a | 52.22a | 15.93a | 68.33a | 37.47a |

注：表中不同小写字母表示显著水平差异达5%显著水平，下同。

### 2.3 不同覆盖方式对烟草移栽后75天农艺性状的影响

不同覆盖方式处理对烟草移栽后75天农艺性状的影响如表3所示。方差分析表明，不同处理间存在显著性差异。从表中数据可明显看出，打顶后烟株的株高、有效叶片数两农艺指标均以前期盖膜后期膜上覆盖油菜秸秆处理最好，分别比露地栽培处理多19.33cm、3.00片，两者差异显著；最大叶长、最大叶面积、茎围等指标以前期盖膜后期揭膜处理最佳，分别较露地栽培处理多19.38cm、710.5cm$^2$、2.38cm，两者呈显著性差异；最大叶宽以一直地膜覆盖处理最宽，比露地栽培处理多11.21cm，两者差异显著。表明前期地膜覆盖、后期地膜上覆盖油菜秸秆处理有利于烟株长高及叶片数的增多；前期地膜覆盖、后期揭膜、培土上厢处理对烟草叶片的增大、茎的增粗有一定的促进作用；地膜覆盖并套作马铃薯对烟草正常的生长发育存在一定的不利影响；露地栽培不利于烟草的正常生长。

表3 不同处理对烟草移栽后75天农艺性状的影响

| 覆盖方式 | 株高（cm） | 最大叶片 | | | 茎围（cm） | 有效叶片数 |
| --- | --- | --- | --- | --- | --- | --- |
| | | 叶长（cm） | 叶宽（cm） | 叶面积（cm$^2$） | | |
| 处理1 | 108.52a | 81.19b | 28.40ab | 1475.4a | 10.51a | 20.78a |
| 处理2 | 99.93bc | 80.97ab | 29.28ab | 1524.6a | 10.13a | 20.56a |
| 处理3 | 95.13cd | 71.79c | 26.72bc | 1241.1b | 9.01b | 19.11bc |
| 处理4 | 101.45abc | 75.65bc | 33.45a | 1526.7a | 10.10a | 20.30ab |
| 处理5 | 104.91ab | 83.41a | 30.22ab | 1624.4a | 10.56a | 20.60a |
| 处理6 | 89.19d | 64.03c | 22.24c | 913.9c | 8.18c | 17.78c |

## 3 结论

由于条件所限，试验秸秆措施方面仅做了油菜秸秆覆盖、与绿色作物套作措施方面仅做了烤烟与马铃薯套作，在今后的相关研究中，条件适合情况下，可开展油菜秸秆外的其他秸秆覆盖以及烤烟与其他绿色植物套作措施，对烤烟生长发育、产量、品质及青枯病发生情况的影响相关研究。此外，还可对团棵期膜上培土，团棵期揭膜培土两种栽培方式对烤烟生长及青枯病，以及根际微生物变化情况的影响做进一步的研究与探讨。

研究结果证实地膜和秸秆覆盖对烤烟的生长发育均有显著的促进作用，在烟叶生长后期秸秆覆盖优于地膜覆盖。另有大量研究表明，地膜覆盖是目前烟草抗旱方面采取的主要措施，具有提高地温、土壤保肥、保水等性能[1,10,15,22]；秸秆覆盖具有减少水土流失、改土增肥的作用[5,20,24]；在干旱季节两种覆盖栽培方式均可有效减少土壤水分蒸发、降低土壤地表温度，防治温度过高产生的伤根，同时可增加各土层土壤含水量，但前期地膜覆盖的保水效果较秸秆覆盖好[4,8,10~11,19,21]。此外，揭膜培土具有改善烟株农艺性状作用，这一结论与罗发健、林雷通、胡丽涛等的研究结果一致[2,7,9,27]。

试验结果表明，露地栽培方式处理烟株长势较差、抗病性不佳；前期盖膜后期膜上覆盖油菜秸秆、前期盖膜后期揭膜两处理对烟草生长发育均有较好的促进作用，但在病害方面，前期盖膜后期膜上覆盖油菜秸秆处理对青枯病有较好的控制作用，而前期盖膜后期揭膜处理发病较严重，即揭膜培土可能有加重青枯病发生的趋势，可能的原因是在揭膜、培土等农事操作过程中，对烟株的根及茎基部造成损伤，形成伤口，为青枯病菌的侵入创造了条件。前期盖膜后期膜上覆盖油菜秸秆处理对烟草青枯病的防控作用相对最佳，这一结果与种斌等研究结果几乎一致[33]。其可能的原因是地膜与秸秆双覆盖有利于提高烤烟生长前期土壤温度，降低后期土壤温度；改善土壤微物群落结构，维持土壤微生态平衡；提高烤烟的根系活力，改善烟株体内各种抗性指标酶的活性，增强烟株的抗逆性[6,12,22,23,25]。因此，在烟草栽培生产过程中，可采取前期盖膜、团棵期膜上培土上厢并覆盖秸秆的种植方式进行烤烟栽培管理，条件适合情况下，辅以一些化学防治措施，效果更明显。

## 参考文献

［1］耿伟，吴群，焦枫，等. 覆盖栽培在烟草生产中的应用研究进展［J］. 河南农业科学，2010（2）：115－119.

［2］胡丽涛，杨通华，岑小红，等. 揭膜培土对烟株生长和烟叶品质的影响［J］. 安徽农业科学，2011，39（19）：11 449－11 450.

［3］季学军，竟丽丽，马称心，等. 烟草青枯病抗性的研究进展［J］. 安徽农业科学，2008，36（10）：4 158－4 159，4 161.

［4］李集勤，屠乃美，易镇邪，等. 烟草覆盖栽培研究现状与展望［J］. 作物研究，2009，23（5）：349－354.

［5］李贻学，李新举，刘太杰，等. 秸秆覆盖与抗旱剂对烟田土壤水分及烟株生长的影响［J］. 山东农业大学学报，2002，33（2）：144－147.

［6］李正风，李文正，夏玉珍，等. 不同覆盖方式对植烟土壤有机质及烟叶品质影响的初步研究［J］. 中国农学通报，2007，23（12）：164－168.

［7］林雷通，林云通，童德文，等. 不同揭膜培土技术对云烟87品质的影响［J］. 湖南农业科学，2010（7）：41－43，45.

［8］刘红日. 稻草还田方式对烤烟生产发育的影响［J］. 中国烟草科学，2005（1）：31－33.

［9］罗发健，邱铭生. 不同揭膜培土方式对烤烟生长及产质量的影响［J］. 现代农业科技，2009（23）：9－13.

［10］尚志强，张晓海，邵岩，等. 秸秆还田和覆盖烤烟生长发育及品质的影响［J］. 烟草科技，2006（1）：50－53.

[11] 史宏志，陈炳，刘国顺，等．不同覆盖措施的保税效果及对烟叶产质的影响［J］．河南农业科学，2007（11）：47－50.

[12] 时向东，耿伟，焦枫，等．不同覆盖方式下烤烟根际土壤微生物数量动态变化［J］．华北农学报，2010，25（3）：221－224.

[13] 孙思，韦爱梅，等．青枯病的化学与生物防治研究进展［J］．江西植保，2004，27（4）：157－161.

[14] 谈文，吴元华．烟草病理学［M］．北京：中国农业出版社，2008：180－183.

[15] 唐经祥，孙敬权，任四海．烤烟地膜覆盖栽培存在的问题及对策［J］．烟草科技，2000（9）：42－44.

[16] 汪炳华，殷红慧．烟草青枯病研究进展［J］．农业科技通讯，2009（1）：126－129.

[17] 王占伟，徐小红，丁伟，等．重庆市烟草青枯病的系统控制［J］．植物医生，2010，23（6）：26－27.

[18] 魏洪武，袁家富．秸秆覆盖对烤烟产量和品质的影响［J］．土壤肥料，1995（4）：25－27.

[19] 肖艳松，李晓燕，戴兴武，等．稻草覆盖和地膜覆盖对烤烟生长发育及品质的影响［J］．西南农业学报，2008，21（5）：1 262－1 264.

[20] 许静，唐晓红，陈松柏，等．秸秆覆盖对坡耕地土壤性状和马铃薯产量的影响［J］．中国农学通报，2006，22（6）：333－336.

[21] 徐天养，赵正雄，李忠环，等．中耕培土后覆盖秸秆对烤烟生长及养分吸收和产质量的影响［J］．中国烟草学报，2008，14（4）：18－22.

[22] 杨铁钊，杨志晓，柯油松，等．不同种植模式对烤烟根系和叶片衰老特性的影响［J］．应用生态学报，2009，20（12）：2 977－2 982.

[23] 张晓海，邵丽，张晓林．秸秆及土壤改良剂对植烟土壤微生物的影响［J］．西南农业大学学报，2002，24（2）：169－172.

[24] 章新军，陈永明，毕庆文，等．"前膜后草"覆盖栽培对烤烟生长及产质量的影响［J］．中国烟草科学，2007，28（4）：33－36.

[25] 张忠锋，姜自谦，石屹，等．施用秸秆对改善土壤性状及烟叶品质的效应研究［C］．中国烟叶学术论文集，北京：科学技术文献出版社，2004：266－269.

[26] 种斌，郭淼森，徐小洪，等．覆盖模式对连作烟田青枯病防治的影响［J］．烟草科技，2011（6）：74－77.

[27] 周思瑾，杨虹琦，林雷通，等．不同揭膜培土方式对烤烟产质量的影响［J］．湖南农业科学，2010（9）：35－38.

[28] 邹阳．烟草青枯病的综合防治技术［J］．植物医生，2007，20（1）：28.

[29] Cakmakc R, Donmez F, Aydin A. Growth promotion of plants by plant growth-promoting rhizobacteria under greenhouse and two different field soil conditions［J］. Soil Biology & Biochemistry, 2005, 1－6.

[30] Fortnum BA, Kluepfel DA. Mechanical transmission has contributed to the spread of bacterial wilt on tobacco［J］. Phytopathology, 2004, 94（6）: S144.

[31] Guo JH, Qi HY, Guo YH. Biocontrol of tomato wilt by plant growth-promoting rhizobacteria［J］. Biological Control, 2004, 29: 66－72.

[32] Hayword AC. Biology and epidemiology of bacterial wilt caused by *Pseudomonas solanacearum*［J］. Annu. Rev. Phytopathology, 1991, 29: 65－87.

[33] Ran LX, Liu CY, Wu G J. Suppression of bacterial wilt in Eucalyptus urophylla by *fluorescent Pseudomonas* spp. in China［J］. Biological Control, 2005, 32: 111－120.

# 噻呋酰胺（满穗）防治鱼腥草白绢病田间效果初报

张　蕾[1]*　刘　勇[1]**　黄小琴[1]　刘红雨[1]　余垚颖[1]　周西全[1]　陈　蓉[1,2]

（1. 四川省农业科学院植物保护研究所，成都　610066；2. 四川农业大学，雅安　625014）

**摘　要：** 本文采用叶面喷雾法测定了噻呋酰胺（满穗）不同浓度对鱼腥草白绢病的田间防治效果。结果表明，化学药剂满穗对鱼腥草白绢病具有较好的防效，当满穗的用量为 120ml/hm$^2$ 时，其防效为 66.82%，而对照药剂多菌灵 500 倍液处理的防效仅为 45.24%。

**关键词：** 满穗；白绢病；鱼腥草；防治

鱼腥草（*Houttuynia cordata* Thunb）又名蕺菜、侧耳根、猪鼻孔，属三白草科蕺菜属，是一种药、蔬兼用的多年生草本植物。近年来，随着鱼腥草需求量不断增大，其人工栽培规模也在不断扩大，由于人工栽培鱼腥草种植密度大，白绢病（*Sclerotium rolfsii* Sacc）的发生和为害也日趋严重，对鱼腥草的产量和质量都造成了严重威胁。

白绢病主要为害鱼腥草植株的茎基和地下茎。发病初期地上茎叶变黄，地下茎表面遍生白色绢丝状菌丝，茎基及根茎出现黄褐色至褐色软腐。中后期在布满菌丝的茎及附近土壤中产生大量酷似油菜籽状的菌核。菌核形成初期为白色球形小颗粒，直径 0.1~1mm，老熟后为黄褐色至褐色，直径 1~2mm，在连续阴雨条件下，病株地表周围也可见到明显的白色菌丝及菌核。到后期，整个植株枯黄而死。白绢病发病主要为高温、干旱，一般 5~9 月发病，以 7 月上旬至 8 月上旬最为严重。

为了有效控制鱼腥草白绢病的发生和为害，本文对在室内表现出较好抑制病原菌效果的化学药剂噻呋酰胺在田间栽培条件下进行了不同使用浓度对鱼腥草白绢病的防治效果比较研究，以期为鱼腥草白绢病的大田防治提供安全有效的防治药剂和使用浓度。

## 1　材料与方法

### 1.1　供试材料

供试药剂：24% 噻呋酰胺悬乳剂（商品名：满穗，日产化学公司生产）。对照药剂为 50% 多菌灵可湿性粉剂（江苏蓝丰生物化工股份有限公司生产）。

供试品种：当地常规大面积种植鱼腥草品种。

防治器具：手动式喷雾器（型号：AGROLEX HD400）。

### 1.2　试验地概况

试验于 2012 年 7~8 月在四川省成都市双流县新兴镇柏杨村进行，试验地为白绢病常发地块，土壤为紫色壤土，肥力中等，四周水沟保湿。

### 1.3　试验设计

在鱼腥草生长期和白绢病发病盛期采用喷雾法将不同浓度噻呋酰胺悬浮剂喷施鱼腥草

* 作者简介：张蕾，女，博士，主要从事植物病害防治、植物抗性和生物农药研发；Tel：028 - 84504101，E-mail：zhanglei9296@ yahoo. com. cn

** 通讯作者：刘勇；Tel：028 - 84504089，E-mail：liuyongdr@ 163. com

叶面一次。共设置 6 个不同处理，噻呋酰胺悬浮剂浓度分别为 120ml/hm²、240ml/hm²、360ml/hm²、720ml/hm² 共 4 个浓度，50% 多菌灵为对照药剂，清水为空白对照（表 1），每处理设置 6 次重复，每小区面积 20m²，随机排列。试验田周围设保护行。

**表 1　供试药剂试验设计**

| 处理编号 | 供试药剂 | 施药剂量（制剂量或稀释倍数） |
|---|---|---|
| 1 | 24% 噻呋酰胺，SC | 120ml/hm² |
| 2 | 24% 噻呋酰胺，SC | 240ml/hm² |
| 3 | 24% 噻呋酰胺，SC | 360ml/hm² |
| 4 | 24% 噻呋酰胺，SC | 720ml/hm² |
| 5 | 50% 多菌灵，WP | 500 倍 |
| 6 | 清水对照 | — |

## 1.4　调查分析

### 1.4.1　调查时间和次数

施药后 7 天和 14 天时各调查一次，记载发病株数和发病等级，计算各小区株发病率、病情指数和防治效果。

### 1.4.2　调查方法

采用 5 点取样法从每个小区东、南、西、北、中 5 个方位进行取点调查，每个样点分别从点周围的 4 个方向贴地及近土表植株茎蔓调查 25 个植株。

### 1.4.3　分级标准

0 级：全株无病；

1 级：第三叶片以下各茎或叶片发病（自顶叶算起，下同）；

2 级：第二叶片以下各茎或叶片发病；

3 级：顶叶发病；

4 级：全株发病，提早枯死。

### 1.4.4　防治效果计算方法

$$发病率（\%）= \frac{发病株数}{调查总株数} \times 100$$

$$病情指数 = \frac{\sum（各级病株数 \times 相对病级数值）}{（调查总株数 \times 最高病级数值）} \times 100$$

$$防治效果（\%）= \frac{CK - PT}{CK} \times 100$$

式中：$CK$ 为对照病情指数，$PT$ 为处理病情指数。

### 1.4.5　数据统计方法

植株发病率和病情指数分别采用 SAS 软件进行统计分析（SAS Institute，Cary，NC，USA，Version 8.0，1999）。每个处理结果运用 LSD 法（$P = 0.05$）进行多重比较。

## 2　结果与分析

### 2.1　不同药剂对鱼腥草白绢病的防治效果

鱼腥草经 24% 噻呋酰胺悬乳剂处理后，鱼腥草的发病株率和病情指数均显著低于清水对照和药剂对照，表明供试药剂 24% 噻呋酰胺悬乳剂对鱼腥草白绢病具有较好的防效（表2）。噻呋酰胺用量为 120ml/hm²、240ml/hm²、360ml/hm²、720ml/hm² 时，防效分别为 66.82%、66.07%、67.18%、65.20%，表明不同噻呋酰胺施用浓度对鱼腥草白绢病的防治效果没有明显差异，均在 65% 以上（表2）。

**表2　不同药剂（浓度）对鱼腥草白绢病防治效果**

| 处理 | 发病率（%） | 病情指数 | 防效（%） |
|---|---|---|---|
| 噻呋酰胺，120ml/hm² | 22.53 b[1] | 15.26 c | 66.82 |
| 噻呋酰胺，240ml/hm² | 20.67 b | 15.60 bc | 66.07 |
| 噻呋酰胺，360ml/hm² | 20.53 b | 15.09 c | 67.18 |
| 噻呋酰胺，720ml/hm² | 22.13 b | 16.00 bc | 65.20 |
| 多菌灵，500 倍 | 35.20 b | 25.18 b | 45.24 |
| 清水对照 | 69.40 a | 45.98 a | —— |
| LSD$_{0.05}$（df²）[2] | 9.87（30） | 14.91（30） | |

[1] 标有相同字母的平均值表示没有明显的区别（$P > 0.05$）；
[2] df = 自由度。

## 2.2　噻呋酰胺对鱼腥草的安全性

噻呋酰胺悬浮剂施用后 7 天和 14 天调查时，均未发现经噻呋酰胺悬浮剂处理后的鱼腥草出现萎蔫、抑制生长等药害症状出现，经噻呋酰胺悬浮剂处理后的鱼腥草长势好，株高明显高于清水对照。

# 3　讨论

目前，白绢病是为害鱼腥草产区的主要病害，严重影响鱼腥草的产量和质量，造成了严重的经济损失，迫切需要发掘高效低毒的防治药剂。唐莉等采用多菌灵防治鱼腥草白绢病田间试验结果表明：多菌灵处理鱼腥草种茎能推迟白绢病的发病时间和降低发病率，防治效果达 46.95%，这一结果与本文的实验结果一致（表2）。而敌力脱田间防治白绢病的效果优于其他药剂，对白绢菌有较好的抑制作用，但需连续施药 2 次，间隔一周左右。本实验证实化学药剂噻呋酰胺悬浮剂在白绢病发病期只需田间施用一次即表现出较好的防效（65% 以上）（表2）。特别是噻呋酰胺悬浮剂在低浓度（120ml/hm²）、一次施用的情况下，其防效仍可达到 66.82%，说明该药剂在用作鱼腥草白绢病防治药剂时具有使用浓度低和一次施用防效持久等优点，可作为防治鱼腥草白绢病的化学药剂进行进一步推广应用，以期为鱼腥草白绢病的综合防治提供更好的基础数据。

**参考文献**

[1] 李涛，张圣喜，李苏翠，等. 鱼腥草主要病虫害调查方法与综合防治标准操作规程 [J]. 中国农学通报，2009，25（3）：185 – 189.

[2] 唐莉，吴锡明，马曲，等. 鱼腥草白绢病发生发展规律及防治方法研究 [J]. 中草药，2005，36（12）：1 872 – 1 875.

[3] 严巍，倪桂菊，陈培利，等. 马蹄金白绢病的防治研究 [J]. 森林病虫通讯，1999（1）：26 – 27.

# 基于人工神经网络和高光谱技术的病害
# 胁迫下油茶叶片含水率反演[*]

伍　南[1,2][**]　刘君昂[1][***]　闫瑞坤[1,2]　张　磊[1]

(1. 中南林业科技大学，经济林培育与保护教育部重点实验室，长沙　410004；
2. 阿克苏地区林业局，新疆阿克苏　843000)

**摘　要：** 分析炭疽病胁迫下油茶叶片含水率与病情指数及冠层光谱特征的关系，探索利用高光谱数据建立病害胁迫下油茶叶片含水率的人工神经网络模型，从而促进高光谱遥感技术在油茶林病害监测中的应用。结果表明：叶片含水率与病情指数间存在极显著负相关性，随着病情指数的增加，叶片含水率逐渐减少；不同程度炭疽病胁迫下油茶叶片含水率与光谱反射率存在显著相关性，且一阶微分光谱比原始光谱更为敏感；以高光谱特征参数为输入矢量构建的油茶叶片含水率人工神经网络模型反演精度较高，其计算出的预测值与实测值之间的决定系数 ($R^2$) 为 0.996 7，均方根误差为 0.002 4。该研究表明，利用人工神经网络模型结合高光谱遥感技术可以实现快速、无损测定病害胁迫下油茶叶片的含水率。

**关键词：** 油茶炭疽病；高光谱；人工神经网络；叶片含水率；反演

　　水分是植物体的重要组成部分，对于植物的生长具有重要意义。同一种植物生长在不同的环境中，其含水量也不尽相同。而测量水分含量的传统方法是通过人工采样在实验室内，用烘干法测定。既费时费力，又对植被造成损伤。因此，利用高光谱遥感技术实现快速、无损测定植物的水分含量具有重要意义。

　　20 世纪 70 年代初，国外就开始利用光谱反射率诊断植物水分状况的相关试验研究[1]。Dobrowski 等[2]研究发现 690nm 和 740nm 处的冠层光谱能够反映植株的水分胁迫状态。Kriston-Vizi 等[3]应用 Visible Imaging 技术监测蜜柑树和桃树的水分胁迫情况，发现无论是单个植株或是冠层，绿光波段 490 ~ 580nm 和红光波段 580 ~ 680nm 的光谱反射率与叶片含水量显著相关。国内，吉海彦、王圆圆等用偏最小二乘法建立了冬小麦叶片水分含量与反射光谱的定量分析模型[4~5]，蒋金豹等[6]以冠层光谱比值指数为变量建立了反演条锈病胁迫下小麦水分含量的线性模型，均取得了较好的效果。苏毅等[7]根据光谱参数与棉花植株水分含量的相关关系，建立了植株含水量监测模型。毛罕平等[8]采用 4 种方法建立了生菜叶片含水量的定量分析模型，结果表明偏最小二乘-人工神经网络模型的预测能力优于其他模型。

---

\* 基金项目："十二五"农村领域国家科技计划课题 (2012BAD19B08)
\*\* 作者简介：伍南 (1983—)，男，湖南冷水滩人，硕士，主要从事森林病虫害遥感监测技术研究；E-mail：dslbdg@163.com
\*\*\* 通信作者：刘君昂 (1963—)，男，湖北钟祥人，教授，博士，主要从事森林健康经营技术研究；Tel.：0731-85623131，E-mail：kjc9620@163.com

油茶（*Camellia oleifera*）是我国特有的食用木本油料树种[9~10]，炭疽病是油茶的主要病害之一[11~12]。因此，炭疽病的监测对油茶林生态系统健康发展有着重要意义。目前，利用冠层高光谱数据反演病害胁迫下油茶冠层叶片含水率的研究尚未发现有报道。本研究通过实地调查病情指数，获取不同严重程度的油茶炭疽病冠层光谱和叶片含水率数据，并进行相关分析，从中提取敏感波段，构建了基于人工神经网络（Artificial Neural Network，ANN）和高光谱遥感技术的炭疽病胁迫下油茶叶片含水率的反演模型。该研究结果可为今后利用遥感技术进行油茶林的健康评价提供参考。

# 1　材料与方法

## 1.1　试验材料的获取

根据油茶炭疽病的发生特点及机理，试验于 2011 年 6~9 月在湖南省油茶示范基地进行，所选油茶品种为长林 166 号，林龄为 10a。在研究区内随机选取 3 块 30m×30m 的标准样地，分别测量了 43 株不同发病程度的油茶冠层光谱及相应的冠层叶片含水率。由于观测过程和仪器本身误差，剔除有明显误差的 5 条数据，共采集有效数据 38 组。病情严重度分为 5 级，即：无明显病斑为 I 级，代表值为 0；病斑面积占叶片总面积的 1/4 以下为 II 级，代表值为 1；病斑面积占叶片总面积的 1/4~2/4 为 III 级，代表值为 2；病斑面积占叶片总面积的 2/4~3/4 为 IV 级，代表值为 3；病斑面积占叶片总面积的 3/4 以上为 V 级，代表值为 4。通过统计各严重度的油茶叶片数，再根据统计结果按公式（1）计算病情指数（disease index，DI）[13]：

$$DI(\%) = \frac{\sum(x \times f)}{f \times n} \times 100 \tag{1}$$

式中：$x$ 为各梯度的级值；$n$ 为最高梯度值 4；$f$ 为各梯度的叶片数。

## 1.2　冠层光谱数据的获取

光谱测试使用美国 ASD（Analytical Spectral Device）公司生产的手持式野外光谱辐射仪，波长范围为 325~1 075nm，光谱分辨率为 3.5nm，光谱采样间隔 1.6nm，视场角 25°，共 512 个波段。测量时间选择为北京时间 10：00~14：00（天气晴朗少云）。测量时，仪器探头保持垂直向下，探头与测试目标的垂直距离控制在 1.2m 左右，每次采集目标光谱前进行 1 次白板校正。每个采样点记录 10 个光谱，以其平均值作为该点的光谱反射率。

## 1.3　油茶叶片含水率测量方法

冠层光谱测试完成后，立即摘取光谱测试点的叶片，装入保鲜袋，带回实验室用高精度分析天平（精度为 0.1mg）速称鲜质量，然后用烘箱 105℃ 杀青，80℃ 下烘至恒质量。按公式（2）计算油茶叶片的相对含水率：

$$叶片含水率(\%) = \frac{鲜叶质量 - 干叶质量}{鲜叶质量} \times 100 \tag{2}$$

## 1.4　数据处理方法

将测得的油茶冠层光谱反射率用 ASD 公司的 Viewspec Pro 5.6 计算平均值，然后进行光谱平滑处理，消除测量仪器引起的随机误差，本研究采用 5 点加权平滑法对采集的冠层光谱数据进行平滑处理。为了便于理解，本研究将进行平均、平滑处理后的光谱数据称为原始光谱。光谱数据平滑处理完成后，再采用光谱归一化微分分析技术进行一阶微分（差分）处理，得到微分光谱。应用光谱微分技术能够较好地消除大气效应、植被环境背景（阴影、土壤等）的影响，能更好的反映植物的本质特征，其计算公式见（3）式[14]。

$$\rho'(\lambda i) = \frac{[\rho(\lambda i + 1) - \rho(\lambda i - 1)]}{2\Delta\lambda} \tag{3}$$

式中，$\lambda_i$ 为波段 $i$ 的波长值，$\rho'(\lambda_i)$ 为波长 $\lambda_i$ 的光谱值，$\triangle\lambda$ 为波长 $\lambda_{i-1}$ 到 $\lambda$ 的差值。

利用数据处理系统 DPS（Data Processing System）分析不同发病程度的油茶炭疽病冠层光谱特征与相应的叶片含水率之间的关系，从中提取敏感波段，并随机选取 2011 年 6~9 月采集的 38 个样本中的 25 个样本建立炭疽病胁迫下油茶叶片含水率的反演模型，其余的 13 个作为检验样本。模型精度用均方根误差（RMSE）进行评价和验证，计算公式见（4）式。

$$RMSE = \sqrt{\sum_{i=1}^{n}(y_i - \hat{y_i})^2/n} \tag{4}$$

式中，$y_i$ 和 $\hat{y_i}$ 分别代表实测值和由模型计算出来的预测值，$n$ 为样本数。RMSE 值相对越小则模型的预测精度越高。

## 2　结果与分析

### 2.1　炭疽病胁迫下油茶叶片含水率与病情指数的关系

从图 1 可以看出，炭疽病胁迫下油茶叶片含水率与病情指数存在极显著负相关，且随着油茶炭疽病病情指数的增加，叶片含水率逐渐减少。由于水分是细胞质的主要成分，是植物对物质吸收和运输的溶剂，亦是植物代谢作用过程的反应物质。而水分含率的减少，必然导致油茶内部的养分合成与运输受到阻碍，从而造成减产。因此，油茶叶片含水率的变化，可以作为辅助判断油茶遭受病害胁迫的因素之一。

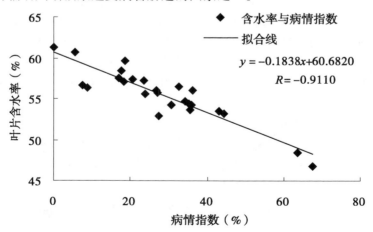

**图1　炭疽病胁迫下油茶叶片含水率与病情指数的相关性**

注：$R_{0.05} = 0.381$　$R_{0.01} = 0.487$

## 2.2 炭疽病胁迫下油茶叶片含水率与光谱反射率的关系

相关分析表明（图2），炭疽病胁迫下油茶叶片含水率与其原始光谱反射率在667～689nm存在显著负相关性，在518～567nm和715nm之后达到极显著正相关，单波段相关系最大值为0.73。从图3可以看出，一阶微分光谱在498～540nm、552～591nm、608～632nm、668～678nm和693～751nm处与叶片含水率均达到极显著相关，单波段相关系数绝对值最大为0.85，其他波段波动较大。其中，498～540nm和693～751nm两个波段为极显著正相关，552～591nm、608～632nm和668～678nm 3个波段为极显著负相关。由此可知，可见光和近红外区域是病害油茶叶片含水率反射和吸收的敏感区域，且一阶微分光谱比原始光谱更为敏感。

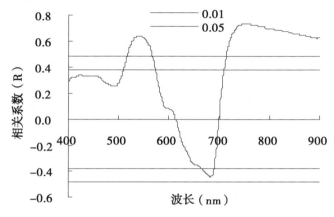

**图2 炭疽病胁迫下油茶叶片含水率与原始光谱的相关性**

注：$R_{0.05}=0.381$　$R_{0.01}=0.487$

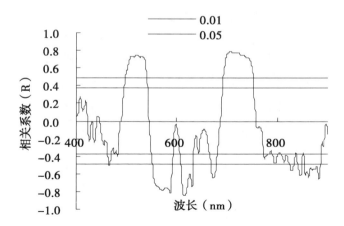

**图3 炭疽病胁迫下油茶叶片含水率与微分光谱的相关性**

## 2.3 高光谱特征参数的提取

鉴于可见光和近红外区域是病害油茶叶片含水率反射和吸收的敏感区，在此基础上结合前人的研究方法和经验[15～17]，利用光谱分析技术提取叶片含水率的敏感波段，共定义了20个高光谱特征参数（见表1）。

**表1 高光谱特征参数的定义**

| 光谱变量 | 定义 |
|---|---|
| $R751$ | 751nm 处对应的反射率值 |
| $FD521$ | 521nm 处对应的反射率一阶微分值 |
| $FD587$ | 587nm 处对应的反射率一阶微分值 |
| $FD616$ | 616nm 处对应的反射率一阶微分值 |
| $FD706$ | 706nm 处对应的反射率一阶微分值 |
| $D_b$ | 蓝边（490~530nm）范围内最大的一阶微分值 |
| $D_r$ | 红边（680~780nm）范围内最大的一阶微分值 |
| $R_g$ | 绿峰反射率 $R_g$ 是波长 510~580 nm 范围内最大的波段反射率 |
| $\lambda_g$ | $\lambda_g$ 是 $R_g$ 对应的波长位置（nm） |
| $SD_b$ | 蓝边范围内一阶微分的总和 |
| $SD_y$ | 黄边（550~582nm）范围内一阶微分的总和 |
| $SD_r$ | 红边范围内一阶微分的总和 |
| $RVI[R680,R780]$ | （$R780/R680$） |
| $DVI[R680,R790]$ | （$R780$-$R680$） |
| $DVI[FD616,FD706]$ | （$FD616$-$FD706$） |
| $NDVI[R680,R780]$ | （$R780$-$R680$）/（$R780$+$R680$） |
| $NDVI[SDy,SDr]$ | （$SDr$-$SDy$）/（$SDr$+$SDy$） |
| $RDVI(R680,R780)$ | （$R780$-$R680$）/（$R780$+$R680$）$^{1/2}$ |
| $RDVI[FD616,FD706]$ | （$FD706$-$FD616$）/（$FD706$+$FD616$）$^{1/2}$ |
| $TWARI$ | 3 [（$R700$-$R670$）-0.2（$R700$-$R550$）（$R700/R670$）] |

注：$R$ 为光谱反射率，$FD$ 为光谱反射率的一阶微值，$\lambda$ 为波长，$RVI$ 为比值植被指数，$DVI$ 为差值植被指数，$NDVI$ 为归一化植被指数，$RDVI$ 为重归一化植被指数，$TWARI$ 为改进型的含水率吸收指数。

炭疽病胁迫下油茶叶片含水率与高光谱特征参数之间的相关性见表2。从表2可以看出，叶片含水率与所定义的20个高光谱特征参数全部达到极显著相关。其中，变量 $\lambda_g$ 和 $SD_y$ 与叶片含水率为极显著负相关，其余18个变量与叶片含水率均为极显著正相关。由此说明，高光谱特征参数对叶片含水率具有很好的指示作用，利用高光谱特征参数建立炭疽病胁迫下油茶叶片含水率的反演模型是可行的。

**表2 含水率与高光谱特征参数之间的相关性**

| 光谱变量 | 叶片含水率 | 光谱变量 | 叶片含水率 |
|---|---|---|---|
| $R751$ | 0.726** | $FD521$ | 0.736** |
| $FD587$ | 0.818** | $FD616$ | 0.854** |
| $FD706$ | 0.790** | $D_b$ | 0.742** |
| $D_r$ | 0.781** | $R_g$ | 0.535** |
| $\lambda_g$ | -0.616** | $SD_b$ | 0.731** |
| $SD_y$ | -0.762** | $SD_r$ | 0.778** |
| $RVI[R680,R780]$ | 0.719** | $DVI[R680,R790]$ | 0.779** |
| $DVI[FD616,FD706]$ | 0.775** | $NDVI[R680,R780]$ | 0.743** |
| $NDVI[SDy,SDr]$ | 0.714** | $RDVI(R680,R780)$ | 0.807** |
| $RDVI[FD616,FD706]$ | 0.716** | $TWARI$ | 0.669** |

*，** 分别代表5%和1%的显著水平；$n=25$，$R_{0.05}=0.381$，$R_{0.01}=0.487$

# 3 人工神经网络模型的建立与评价

人工神经网络是 20 世纪 80 年代中后期迅速发展起来的一个前沿领域，具有并行处理、非线性、容错性、自适应和自学习的特点，因其良好的预测性和实用性被广泛应用于各个领域[18]。通常单个高光谱特征参数所囊括的波段具有一定的局限性，而人工神经网络可以实现各高光谱特征参数之间的优势互补。因此，本研究将多个高光谱特征参数作为输入矢量来预测炭疽病胁迫下的油茶叶片含水率。本次研究采用的人工神经网络模型共有 3 层，依次为输入层、隐含层和输出层，最大迭代次数为 5 000 次，允许误差为 0.000 1。输入层有 20 个节点，对应所提取的 20 个高光谱特征参数；隐含层设置为 15 个节点；输出层为 1 个节点，对应叶片含水率。即构成了一个 20-15-1 结构的神经网络模型。模型训练完毕后，将模型计算出的预测值与实测值进行拟合，结果如图 4a 所示。利用 13 个检验样本对模型进行精度检验，结果如图 4b 所示：预测值与实测值之间的决定系数（$R^2$）为 0.998 6，均方根误差为 0.006 7。

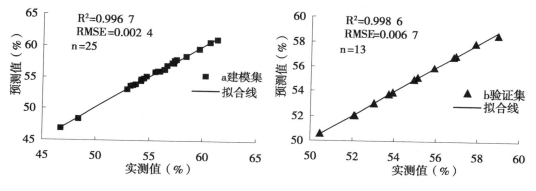

**图 4　神经网络模型的建模与验证**

# 4 结论

①病害胁迫下油茶叶片含水率与病情指数存在极显著负相关性，且随着病情指数的增加，叶片含水率逐渐减少。因此，通过监测油茶叶片含水率的变化，可以作为辅助判断油茶遭受病害胁迫的因素之一。②炭疽病胁迫下油茶叶片含水率与光谱反射率存在显著关系，且一阶微分光谱比原始光谱更为敏感。因此，通过提取敏感波段构建病害胁迫下油茶叶片含水率的反演模型是可行的。③文中提取的高光谱特征参数，均与油茶叶片含水率达到极显著相关，将这些特征参数作为输入矢量构建的油茶叶片含水率人工神经网络模型，其计算出的预测值与实测值之间的决定系数为 0.996 7，均方根误差为 0.002 4。④通过精度检验进一步证明，BP 神经网络模型的预测值与实测值之间的决定系数达 0.998 6，均方根误差为 0.006 7，模型预测能力较好。

以上研究结果表明，利用人工神经网络模型和高光遥感技术对病害胁迫下油茶叶片含水率进行诊断是可行的，也为今后利用遥感技术对油茶林进行大面积监测提供了依据。

**参考文献**

[1] 陈海波，李就好. 基于光谱反射率的作物水分状况研究进展 [J]. 节水灌溉，2010 (8)：69 - 72.

[2] Dobrowski S Z, Pushnik J C, Zarco-Tejada P J, et al. Simple reflectance indices track heat and water stress-induced changes in steady-state chlorophyll fluorescence at the canopy scale [J]. Remote Sensing of Environment, 2005, 97: 403 - 414.

[3] Kriston-Vizi J, Mikio Umeda, Kumi Miyamoto. Assessment of the water status of mandarin and peach canopies using visible multispectral imagery [J]. Biosystems Engineering, 2008, 100 (3): 338 - 345.

[4] 吉海彦，王鹏新，严泰来. 冬小麦活体叶片叶绿素和水分含量与反射光谱的模型建立 [J]. 光谱学与光谱分析，2007, 27 (3)：514 - 516.

[5] 王圆圆，李贵才，张立军，等. 利用偏最小二乘回归从冬小麦冠层光谱提取叶片含水量 [J]. 光谱学与光谱分析，2010, 30 (4)：1 070 - 1 074.

[6] 蒋金豹，黄文江，陈云浩. 用冠层光谱比值指数反演条锈病胁迫下的小麦含水量 [J]. 光谱学与光谱分析，2010, 30 (7)：1 939 - 1 943.

[7] 苏毅，王克如，李少昆，等. 棉花植株水分含量的高光谱监测模型研究 [J]. 棉花学报，2010, 22 (6)：554 - 560.

[8] 毛罕平，高洪燕，张晓东. 生菜叶片含水率光谱特征模型研究 [J]. 农业机械学报，2011, 42 (5)：166 - 170.

[9] 李春平，李清华，钟伟. 油茶常见病害的发生与防治 [J]. 安徽农业科学，2003, 31 (6)：1061.

[10] 刘跃进，欧日明，陈永忠. 我国油茶产业发展现状与对策 [J]. 林业科技开发，2007, 21 (4)：1 - 4.

[11] 靳爱仙，周国英，李河. 油茶炭疽病的研究现状、问题与方向 [J]. 中国森林病虫，2009, 28 (2)：27 - 31.

[12] 周国英，陈彧，刘君昂，等. 拮抗细菌诱导油茶植株抗炭疽病研究 [J]. 中国森林病虫，2009, 27 (1)：88 - 90.

[13] 刘君昂，潘华平，伍南，等. 油茶主要病害空间分布格局规律的研究 [J]. 中国森林病虫，2010, 29 (5)：8.

[14] 王秀珍，李建龙，唐延林. 导数光谱在棉花农学参数测定中的作用 [J]. 华南农业大学学报：自然科学版，2004, 25 (2)：18.

[15] 王秀珍，黄敬峰，李云梅，等. 水稻生物化学参数与高光谱遥感特征参数的相关分析 [J]. 农业工程学报，2003, 19 (2)：144 - 148.

[16] 王娟，郑国清. 夏玉米冠层反射光谱与植株水分状况的关系 [J]. 玉米科学，2010, 18 (5)：86 - 89，95.

[17] 毛罕平，张晓东，李雪，等. 基于光谱反射特征葡萄叶片含水率模型的建立 [J]. 江苏大学学报：自然科学版，2008, 29 (5)：369 - 372.

[18] Danson F M, Rowland C S. Training a neural network with a canopy reflectance model to estimate crop leaf area index [J]. International Journal of Remote Sensing, 2003, 24 (23): 4 891 - 4 905.

# 农业害虫

# 麦长管蚜腹管的形态学观察*

张方梅** 李祥瑞 程登发***

（中国农业科学院植物保护研究所，北京 100193）

**摘 要**：通过光学显微镜、扫描电镜对麦长管蚜各个龄期的若蚜和成蚜的腹管进行观察，发现其腹管呈圆柱状，基本与体壁相连，顶端有一层薄膜覆盖，薄膜上具有半月形的开口（半月形瓣）可通过控制其开闭机制使腹管释放报警信息素。腹管的长度随龄期的增长而增长，1 龄到 3 龄幼虫期腹管的外部形态基本相似，4 龄期幼虫腹管端部开始膨大，而近端部变细；成虫期有翅蚜和无翅蚜腹管基本无差异，与若蚜相比最明显的区别是近顶端表面均呈现多角形网状结构，推测可能与辅助成蚜行使特殊的功能有关。

**关键词**：麦长管蚜；腹管；报警信息素；扫描电镜

蚜虫是农业的主要害虫之一，具有分布广、数量大、繁殖力强、为害严重等特点，成为农业领域病虫害防治研究的热点之一。蚜虫不仅直接吸食植株汁液，而且其排泄的蜜露还可孳生交链孢属、芽胞属及圆酵母属等霉菌。更为严重的是，蚜虫还是传播植物病毒病的首要昆虫媒介，给农业生产造成巨大损失。麦长管蚜 Sitobion avenae （F.），为害小麦穗部和旗叶，导致小麦灌浆不足，是小麦穗部害虫的优势种群（彩万志等，2001）。腹管是蚜虫的一种特殊结构，当蚜虫受到天敌侵袭或其他干扰而感到危险时，就会从腹管分泌出一种化学物质，即报警信息素。该化学物质可以使周围其他蚜虫感知危险，使其停止取食、移动或从取食的位置掉落，以便从被捕食的为害中逃脱，经鉴定这种化学物质的主要成分是（反）-β-法尼烯（Bowers WS，1972）。不同种类的蚜虫腹管长度、形状、颜色差别较大，常作为重要的蚜虫分类条件（Stoetzel MB，1994；Stoetzel MB and Miller GL，1998），但蚜虫腹管的组织学特征都基本相同。本研究主要对麦长管蚜若虫到成虫的腹管进行观察，以期为麦长管蚜的行为生物学、化学生态学研究提供参考。

## 1 材料与方法

### 1.1 试虫饲养及收集

取成虫单独饲养于直径为 10cm 的培养皿中，铺入定性滤纸，加入 500ml 自来水，放入 3~4 片新鲜小麦（北京 837）叶片，每隔 3 天更换一次，用封口膜封口。饲养条件：T = 22℃，17L/7 天。待母蚜产幼仔后，依照上述饲养方法，分别独立饲养幼蚜于培养皿中，逐日观察其蜕皮次数，收集各龄若蚜及成虫，存放于 75% 的无水乙醇内，备用。

---

\* 基金项目：国家科技支撑计划 2012BAD19B04；现代农业产业技术体系 CARS-03

\*\* 作者简介：张方梅，女，研究方为昆虫分子生物学，目前在中国农业科学院植物保护研究所攻读博士学位；E-mail：fangmeizh@ tom. com

\*\*\* 通讯作者：程登发，研究员；E-mail：dfcheng@ ippcaas. cn

### 1.2 扫描电镜样品的制备

取已收集好的麦长管蚜成虫及各龄若蚜，用75%的乙醇反复清洗，超声波清洗仪间断冲洗30s；经30%，50%，70%，80%，90%，100%乙醇梯度逐级脱水，各级20min，100%乙醇重复2～3次；$CO_2$临界干燥仪干燥后，将各龄虫体按不同面粘在电镜载物台上，离子溅射仪喷金（Polaron E 5400 high-resolution sputter），EI Quanta 200 型扫描电子显微镜（FEI Company，the Netherlands）观察，拍照。

## 2 结果与分析

### 2.1 麦长管蚜不同龄期若蚜腹管的特征

麦长管蚜若蚜的腹管呈短圆柱状，基本与体壁相连，位于腹部第六节和第七节的两侧，每侧均有一个，似小排气管。腹管顶端有一层薄膜覆盖，薄膜上具有半月形的开口，称为半月形瓣（图1B），腹管通过其开闭机制，控制腹管释放报警信息素。随着龄期的增长，麦长管蚜腹管的长度也随之增长；经测量麦长管蚜虫各龄期的腹管长度分别约为：$75\mu m$、$130\mu m$、$230\mu m$、$300\mu m$、$400\mu m$。随着龄期的增加若蚜腹管端部也随之膨大，1龄幼虫腹管端部比基部细，2龄和3龄幼虫腹管端部粗细跟基部基本一致，端部略外凸。4龄期幼虫腹管端部膨大，近端部变细（图1D）。各龄期腹管表面均匀分布着鳞状感器，呈有规律的层级排布。

### 2.2 麦长管蚜有翅成虫和无翅成虫腹管的特征

麦长管蚜成虫的腹管呈长圆柱状，长度远大于幼虫期，约为$400\mu m$。有翅蚜和无翅蚜腹管的外形基本无差异。成蚜腹管的外形跟4龄期若蚜最为接近，基部和中部均匀分布着鳞状感器，不同在于成蚜腹管的近顶端表面出现多角形网状结构（图2），而且腹管的半月形瓣较若蚜期更明显（图2C）。

## 3 讨论

蚜虫个体遭到侵袭时，具有多种防御反应，并获得不同程度的成功。其腹管与腺体相连，受到机械刺激时，腹管会向上倾斜，从其顶端孔内释放分泌黏液，主要成分为多种脂肪酸，同时还有挥发性的报警信息素，其中的挥发性物质对周围蚜虫发出报警，起到防御和报警作用，而其他黏性物质也能使捕食性天敌释放蚜虫。

不同种类的蚜虫其腹管外形差别较大，常作为蚜虫分类的标准之一。目前研究报导中只涉及各类蚜虫成蚜的腹管特性，如长管蚜属（Macrosiphum）腹管呈长圆形，端部具网状纹；无长管蚜属（Acyrthostplum）腹管呈长圆筒形，端部无网状纹；蚜属（Aphis）腹管较短，圆筒形，基部较宽（刘玉素，1955）。而还有一些蚜虫腹管退化，甚至没有腹管，如葡萄根瘤蚜。本研究中观察到的麦长管蚜成蚜的腹管与已经报道的长管属蚜虫Macrosiphum rosae（Chen SW and Edwards JS，1972）的外部形态基本一致，腹管端部表面具有多角形网状结构。这种网状结构到成蚜期才出现，可能与其特定的功能有关。例如，从力学角度上分析，多角网状结构利于维持长管状的三维结构的稳定和端部的扩张。割除蚜虫的腹管（刘春素，1955）发现蜕皮后腹管不再生长，只留下疤痕；相对于正常的蚜虫个体，其寿命、生殖日数、繁殖量相对减少；其第三代个体的腹管才开始恢复正常，可见蚜虫的腹管对其个体的生长发育和代谢有重要的影响。

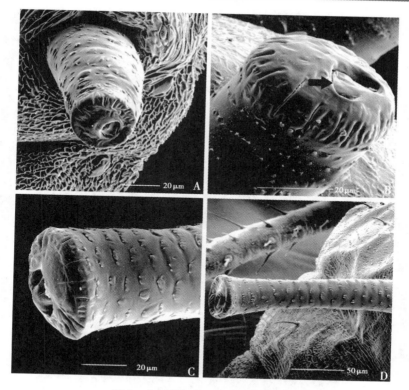

**图1　麦长管蚜各龄期若蚜的腹管**

A. 麦长管蚜的 1 龄幼虫腹管；B. 麦长管蚜的 2 龄幼虫腹管 （黑
色箭头：半月形瓣）；C. 麦长管蚜的 3 龄幼虫腹管；D. 麦长管蚜的 4
龄幼虫腹管

　　在蚜虫个体发育过程中，随着幼虫龄期的增长，腹管也随着增长。蚜虫腹管的长短与防御有关，其分泌的报警信息素也有所差异。腹管较长、较发达的蚜虫，通常生活在较暴露、而无保护的生境中；而生活在隐蔽地方的蚜虫，腹管退化，只留一些痕迹，如生活在柳树根部的柳长喙蚜。幼龄蚜虫比成蚜特别是有翅蚜更易分泌报警信息素。在生长过程中，大部分蚜虫都从腹管内释放报警信息素。不同龄期的蚜虫释放的量不同，1 龄幼虫报警信息素的释放量较低，2~4 龄期幼虫释放报警信息素的量达到顶点，成虫阶段又明显下降（Mondor WB 等，2002），也许是因为在幼虫期更易受到侵害。刺激蚜虫的不同部位，其腹管分泌的活动也不同，刺激头、胸及腹部等关键部位，腹管容易分泌，而刺激足、腹管分泌的可能性比较小。

　　起初推测腹管的功能为防御（Edwards，1966）或者分泌器官（Lindsay，1969）。大部分蚜虫受到天敌侵袭或干扰时，均能从腹管中释放的报警信息素，可以使周围其他蚜虫感知危险并逃逸（游越，张忠宪，2005）。该信息素施于田间，可使蚜虫的虫口密度控制在一定阈值之内，而且报警信息素的使用使蚜虫产生有翅蚜比率下降，减少迁移蚜的数量（路虹，1994）。通过本次对麦长管蚜腹管的观察研究，可以为蚜虫报警信息素的研究提供理论基础。蚜虫报警信息素将成为一种新型的、无公害的、极具发展潜力的农药，探索各种方法制备信息素，是今后研究的热点。

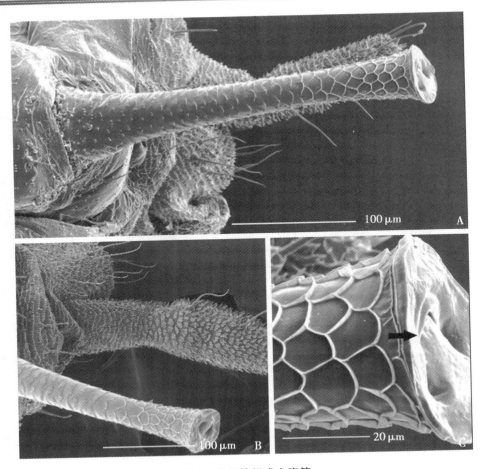

**图2 麦长管蚜成虫腹管**

A. 麦长管蚜有翅成虫腹管；B. 麦长管蚜无翅成虫腹管；C. 麦长管蚜成虫腹管
端部多角形网状结构（箭头指半月形瓣）

## 参考文献

[1] 彩万志，庞雄飞，花保祯，等. 普通昆虫学 [M]. 北京：中国农业大学出版社，2001.

[2] 刘玉素. 蚜虫的腹管 [J]. 生物学通报，1955，10：51-53.

[3] 路虹，宫亚军，王军，等. 蚜虫报警信息素对桃蚜产生有翅蚜的影响 [J]. 北京农业科学，1994，12（5）：1-4.

[4] 游越，张忠宪. 蚜虫报警信息素的合成及应用研究 [J]. 云南化工，2005，32（6）：57-59.

[5] Bowers WS, Nault LR, Webb RE, et al. Science, 1972, 177：1 121-1 122.

[6] Chen S W and Edwards J S. Observation on the structure of sectoryy cells associated with aphid cornicles [J]. Z. Zellforsch, 1972, 130：312-317.

[7] Edwards JS. Defense by smear：Supercooling in the cornilcle wax of aphids [J]. Nature (Lond.), 1966, 211：73-74.

[8] Lindsay KL. Cornicles of the pea aphid, Acyrthosiphon pisum：their structure and function. A light and electron microscope study [J]. Ann. Entomol. Aoc. Amer., 1969, 62：1 015-1 021.

[9] Mondor WB, Roitberg B, and Stadler B. Cornicle length in Macrosiphini aphids：a comparison of ecological

traits. Ecological entomology [J]. 2002, 27: 758 - 762.

[10] Mondor, E and Roitberg B. Pea aphid, *Acyrthosiphon pisum*, cornicle ontogeny as an adaptation to preferential predation risk [J]. Can. J. Zool. , 2002, 80: 2 131 - 2 136

[11] Mondor, ES. Baird, K. Slessor, and B. Roitberg. Ontogeny of alarm pheromone secretion in pea aphid, *Acyrthosiphon pisum* [J]. Jour of Chem. Ecol. , 2000, 26 (12): 2 875 - 2 882.

[12] Stoetzel, MB and Miller, GL. Aphids (Homoptera: Aphididae) colonizing peach in the united states or with potential for introduction [J]. Florida Entomologist, 1998, 81 (3): 325 - 345.

[13] Stoetzel, MB. Aphids (Homoptera: aphididae) of potential importance on citrus in the united states with illustrated keys to species [J]. Proc. Entomol. Soc. , 1994, 96 (1): 74 - 90.

[14] Message in a cornicle. http: //www. sciencefriday. com/blogs/07/25/2012/message-in-a-cornicle. html.

# 昆虫病原线虫侵染对宿主血淋巴免疫系统的影响[*]

孙昊雨[1,2][**]　李克斌[1][***]　席景会[2]　尹　姣[1]　曹雅忠[1]

（1. 中国农业科学院植物保护研究所，植物病虫害生物学国家重点实验室，北京　100193；

2. 吉林大学植物科学学院，长春　130062）

**摘　要：** 昆虫病原线虫作为一种绿色高效生物杀虫剂，目前在农田以及草坪害虫防治中得到了大量应用。本文从昆虫病原线虫进入昆虫体内对昆虫血淋巴免疫系统的影响这个角度，阐述昆虫病原线虫的致病机理。

**关键词：** 昆虫病原线虫；血淋巴；致病机理

昆虫病原线虫（后文简称"线虫"）作为一种生物杀虫剂，它具有无污染，对环境无害，杀虫范围广，能主动寻找寄主，与共生细菌共同作用，迅速致死寄主等优点。昆虫病原线虫喜潮湿隐蔽环境，适于隐蔽性害虫钻蛀和土栖等害虫的防治[9]，在蛴螬等土栖性害虫的防治中展现出独特的优点。刘树森等[3]的研究证实，感染嗜菌异小杆线虫沧州品系后 96h 和 120h，暗黑鳃金龟幼虫的死亡率分别达到 83.3% 和 93.3%，铜绿丽金龟幼虫的死亡率分别为 63.3% 和 80.0%。鉴于线虫的广泛的应用前景，各地开展了大量优秀线虫品系筛选工作。截至 20 世纪末，全球有 40 多个国家在研制昆虫病原线虫杀虫剂，商品化生产的线虫品系有百余种[2,4]。然而线虫致病机理方面的研究并不十分充分。

目前已知线虫在环境中主要是借助载体间的水膜做垂直或水平移动，从而能主动搜索寄主。昆虫排泄物中的一些物质，如尿酸、精氨酸等对线虫有引诱作用[36]，昆虫呼吸产生的 $CO_2$ 以及粪便散发的味道对线虫都有吸引作用[14,25]。线虫携带共生菌进入寄主的血腔，在二者共同作用下，破坏寄主昆虫的免疫系统，最终导致寄主患败血症死亡。

昆虫的先天性免疫通常被分为体液免疫和细胞免疫。细胞免疫依赖于血细胞对外来物的吞噬和包囊作用；体液免疫包括抗菌肽、细胞识别因子、溶菌酶、外源凝集素和酚氧化酶（PO）系统[30]。昆虫病原线虫通过寄主的自然孔口（口、肛门和气门）、伤口或者直接通过节间膜进入寄主血腔，破坏寄主的免疫系统和组织结构并致死寄主[14]。

## 1　线虫侵染对血淋巴的细胞免疫的影响

### 1.1　线虫的作用模式

线虫和共生菌二者是相互作用的[16,34]，线虫作为载体将共生菌传给寄主，以此保护共生菌不受土壤环境的影响，抵御寄主昆虫的防御系统对共生菌的损害；共生菌则为线虫繁殖提供所需的基本营养成分，并能产生毒素和抑菌物，阻止寄主尸体被来自环境中的微生物和其他生物的二次降解，为线虫繁殖提供良好的环境条件。如斯氏线虫和异小杆线虫

　*　基金项目：公益性行业（农业）科研专项（201003025）

　**　作者简介：孙昊雨（1987—），男，硕士研究生，主要从事昆虫生理生化方面的研究

　***　通讯作者：李克斌，E-mail：likebin54@163.com；席景会，E-mail：jhxi1965@jlu.edu.cn

的共生菌可以释放一些抗生素[23,27]、吲哚和1,2-二苯乙烯[27,33]，这些物质可以抑制植物线虫和其他腐生线虫的生长。

## 1.2 线虫入侵对昆虫血细胞的破坏作用

Jones[29]将昆虫血细胞归纳为5种类型，分别是：原细胞、浆细胞、粒细胞、珠细胞和类绛细胞，这些血细胞主要通过吞噬、形成结节、包被及血凝等保护昆虫免受侵害。

当线虫侵入寄主后，寄主的血淋巴对外界异物的侵入有各种不同的防御反应，首先是寄主吞噬细胞和其他血细胞对共生菌初期产生的抵抗作用，这种抵抗作用一般在3~12h达其抵抗最大阈值，但24h后共生菌能破坏这种抵抗反应并大量繁殖，进而破坏寄主的主要器官[14]。

大蜡螟幼虫受线虫侵染后12h的血细胞核界限开始变得模糊；24h时，血细胞膜完全破裂，细胞内含物流出[3]。与此同时，在昆虫濒临死亡时（24~32h），其血细胞总数不足正常值的10%~15%[3,12]。

这种变化表明，昆虫对病原线虫的侵入有一定的防御能力。血细胞数目的暂时上升是由于共生菌和线虫的刺激，引起虫体各功能体系作出的相应反应，其中有可能是一些附着的血细胞补偿到循环血细胞中来，使血细胞总数达到一个高峰值，但随着时间的推移，线虫和共生菌破坏了寄主的防御系统开始大量繁殖或线虫对寄主组织器官破坏的加剧使寄主的一些组织系统发生功能障碍，引起体内环境的变化，致使血细胞变形、转化、崩解，最后使血细胞数降至最低[14]。

## 2 线虫侵染对血淋巴体液免疫的影响

线虫的侵入除了影响寄主血细胞数目外，寄主血淋巴的生理生化指标都表现出明显的病理学变化，如血蛋白含量和血糖含量减少，脂酶活性增强[12]，这些都导致了寄主组织功能障碍或被直接破坏，过度消耗寄主营养，导致寄主的快速死亡。

### 2.1 线虫对昆虫免疫系统的抵抗

线虫和共生菌对不同寄主的血淋巴有不同的免疫反应，或者是共生菌能忍受或破坏寄主的体液包被[17,19,21]抑或线虫产生诱导酶抑制因子保护共生菌[24]，或者是线虫被寄主血细胞包被前，释放共生菌使寄主患败血症而死亡[14,26]。如共生菌能忍受或逃避寄主的防御反应是因为其细胞壁的脂多糖（LPS）能阻止寄主昆虫酚氧化酶的形成，而酚氧化酶参与了昆虫血细胞的黑化过程[20]。还有研究表明，昆虫病原线虫——芜菁线虫（*Steinernema feltiae*）通过体表的脂类成分（cuticular lipids）来逃避昆虫血细胞的免疫识别与包裹，若经脂酶或甲醇—氯仿去脂处理，线虫虫体会受到强烈的血细胞攻击[32]。

某些昆虫病原线虫的致病能力与是否包被鞘蛋白有关，杨君[13]等（2012）通过2-DE和MALDI-TOF-MS证实鞘蛋白在拟双角斯氏线虫D43品系致病性中起到了重要作用，鞘蛋白对大蜡螟幼虫具有免疫抑制作用，有鞘蛋白包被的D43比脱鞘个体对大蜡螟致死率更高，血细胞数目下降得更快，PO活性受抑制程度更高。

### 2.2 线虫对寄主保护酶系统的影响

超氧化物歧化酶（SOD）、过氧化氢酶（CAT）、过氧化物酶（POD）组成了一个防御体系，共同清除自由基，Fridovinch[22]将其称为保护酶系统。研究表明，保护酶在清除自由基和保护机体免受损伤方面发挥着重要作用[8]。国内学者研究发现[7]，柞蚕血液CAT活性与蚕的生长发育、体内代谢、抗病性密切相关，其活性大小可作为衡量品种抗病性强弱的一个生理指标[15]。

Liu 和 Wu[28]等研究证实嗜菌异小杆线虫侵染大蜡螟末龄幼虫过程中 24h 内 SOD、POD、CAT 活性逐步上升，24h 后显著下降，但 MDA 活性在 24h 内保持稳定，24h 后显著上升，反映线虫的侵染提升了大蜡螟体内的氧化应激反应水平，造成寄主血细胞的损伤，导致大蜡螟的死亡。

Seo 等[35]从嗜线虫致病杆菌（*Xenorhabdus nematophila*）和发光杆菌（*Photorhabdus temperata* subsp.）两种线虫共生菌液体培养基中分离出 7 种抑制因子，这些抑制因子能显著降低 $PLA_2$ 和 PO 的活性，抑制昆虫血细胞的凝集和包被，抑制昆虫的免疫反应，最终致死昆虫。

## 2.3 线虫对寄主血淋巴能源物质含量的影响

昆虫的血淋巴中含有丰富的能源物质，包括蛋白质、糖类等以供昆虫自身生长、发育以及繁衍后代。昆虫体内丰富的蛋白质和糖不仅与组织形成的物质代谢相关，而且与虫体的抗药性和免疫机制也有密切关系。

线虫入侵以后，一方面线虫和共生菌的繁殖可以消耗寄主大量能源物质，另一方面许多线虫和共生菌可以产生毒素、内毒素脂多糖等加快寄主血淋巴的降解[11,18]。病原线虫处理 24h 后大蜡螟血淋巴总量最多减少了 73.61%。高志华等[5]利用 *Heterorhaditis bacteriphora* E_ 6_ 7 感染血蜱雌虫 12h 血淋巴蛋白含量显著增加，极显著高于对照组，24h 蛋白含量显著减少，48h 降至最低。

血淋巴蛋白含量发生的这些变化，初期可能由于线虫的侵染，使得昆虫防御系统发挥作用，血淋巴中产生更多的与抗虫性和免疫机制相关的酶类；随后由于线虫释放的共生细菌数量的急剧增长，昆虫组织被破坏，组织解离释放更多蛋白。伴随着蛋白的裂解，最终昆虫体免疫系统和细胞免疫系统失效，线虫得以致死昆虫。

糖类是昆虫生命活动所需能量的主要来源，大部分昆虫将糖转变为海藻糖（循环转运形式）和糖原（组织贮藏形式），二者通过一些中间代谢可以在需要时互相转化。海藻糖被称为昆虫的"血糖"，在大多数昆虫血淋巴中含量很高（20～170mmol），在家蚕体内占到 90% 以上[6]。细胞内高含量的海藻糖能够增强昆虫的免疫能力，维持细胞活性和降解酶的活性[1]。

线虫的入侵，也会影响到昆虫的糖类代谢过程，血淋巴中糖类含量不可避免的要受到影响。有研究结果表明，家蚕幼虫感染线虫后 6h 开始血淋巴含量中间减少，24h 后比处理初期下降了 2.78%[12]；丁晓帆等用不同线虫侵染大蜡螟后 24h，处理组大蜡螟血糖因线虫品系不同有不同程度的降低，最高可达 69%[3]。

# 3 结语

线虫入侵后，对寄主产生了一系列生理的生化的影响，损伤乃至破坏了寄主的免疫系统，最终导致了寄主的死亡。对此，Janeway 和 Medzhitov2002 年提出免疫模式识别理论，把先天性免疫针对靶分子信号称为病原相关分子模式（PAMPs），PRPs 与 PAMP 的结合继而引发一系列的免疫反应，包括细胞吞噬、包裹、凝聚、抗菌肽的形成以及酚氧化酶原（PPO）级联反应等[31]。昆虫的模式识别受体（PRPs）大致分属 6 个基因家族，包括肽聚糖识别蛋白（PGRPs）、硫脂蛋白（TEPs）、革兰氏阴性细菌结合蛋白（GNBPs）、清道夫受体（SCRs）、C 型凝集素（CTLs）和半乳糖凝集素（GALE）。其中，GNBP 和脂多糖

（LPS）和 β-（1,3）-葡聚糖有很高的亲和性，主要结合革兰氏阴性细菌、脂多糖和 β-（1,3）-葡聚糖。线虫共生菌 Thomas 等[14]鉴定为肠杆菌科（Entobacteriadae）嗜线虫杆菌属（Xenorhabclus），属革兰氏阴性菌。而 GNBPs 可以和结合细菌的 β-（1,3）-葡聚糖导致 Toll 的激活和诱导抗真菌肽的产生，GNBPs 作为识别真菌的受体被广泛接受，但线虫侵染过程中，线虫共生菌是否有类似的途径仍需进一步明确。

目前，线虫作为一种绿色高效生物杀虫剂，在农业害虫防治中越来越显示出其独特性和优越性，在农药污染日益严重、害虫抗药性发展迅速的今天，昆虫病原线虫已成为可持续发展农业的迫切需要。然而，线虫侵染对昆虫血淋巴免疫系统的影响方面的研究并不充分，因而明确线虫的致病机理，提高线虫的利用效率变得重要而且紧迫。

## 参考文献

［1］陈鹏，肖琳，史小丽，等. 胞内海藻糖在 CP02 菌降解对苯二甲酸中的作用［J］. 农业环境科学学报，2004，23：977－980.

［2］丛斌，刘维志，杨怀文. 昆虫病原线虫研究和利用的历史、现状与展望［J］. 沈阳农业大学学报，1999，30（3）：343－353.

［3］丁晓帆，林茂松，刘亮山. 几种昆虫病原线虫对大蜡螟幼虫血淋巴及其能源物质含量的影响［J］. 南京农业大学学报，2005，28（3）：43－47.

［4］董国伟，刘贤进，余向阳，等. 昆虫病原线虫研究概况［J］. 昆虫知识，2001，38（2）：107－111.

［5］高志华，杨小龙，刘敬泽，等. 长角血蜱雌蜱感染嗜菌异小杆线虫后血淋巴的变化［J］. 昆虫学报，2006，49（1）：34－37.

［6］李季生. 蝇蛆寄生对家蚕生理生化的影响［D］. 泰安：山东农业大学，2006.

［7］李健男，夏润玺，刘勤，等. 柞蚕血液过氧化氢酶（CAT）活性的研究. 沈阳大学农学报，2000，31（4）：337－339.

［8］李允中，李文杰. 自由基与酶［M］. 北京：科学出版社，1989：44－70.

［9］刘奇志，赵映霞，严毓骅，等. 我国昆虫病原线虫生物防治应用研究进展［J］. 中国农业大学学报，2002，7（3）：65－69.

［10］刘树森，李克斌，刘春琴，等. 河北异小杆线虫一品系的分类鉴定及其对蛴螬致病力的测定［J］. 昆虫学报，2009，52（9）：959－966.

［11］王立霞，杨怀文，黄大昉. 昆虫病原线虫共生细菌致病机理的研究进展［J］. 微生物学报，2000，40（4）：448－451.

［12］肖猛. 昆虫病原线虫侵染鳞翅目幼虫的血淋巴病理学［J］. 中国生物防治，2000，16（3）：114－117.

［13］杨君，曾红梅，邱德文，等. 拟双角斯氏线虫 D43 品系鞘蛋白对大蜡螟幼虫的免疫抑制作用［J］. 昆虫学报，2012，55（5），527－534.

［14］杨秀芬，杨怀文. 昆虫病原线虫的致病机理［J］. 中国生物防治，1998，14（4）：181－185.

［15］晏容，刘晖，万启惠. 昆虫血细胞的形态分类及其免疫作用的研究进展［J］. 安徽农业科学，2010，38（18）：9 542－9 544.

［16］Akhust R J. Xenorhabdus nematophilus spp. poinarii：its interaction with insect pathogenic nematodes［J］. Systematic and Applied Microbiology，1986（8）：142－147.

［17］Breholin M，Drif L，Boemare N. Depression of defence reaction in insects by Steinememetidae and their associated bacteria［M］//Proceeding and Abstract，Vth International Colloquium on Invertebrate Pathology and Microbial Control. Adelaide：1990.

[18] Burman M. Neoaplectana carpocapsae: toxin production by axenic insect parasitic nematodes [J]. Nematologica, 1982, 28: 62 – 70.

[19] Dunphy G B, Rutherford T A, Webster J M. Growth and Virulence of *Steinernema glaseri* Influenced by Different Subspecies of *Xenorhabdus nematophilus* [J]. Journal of Nematology, 1985 (17): 476 – 482.

[20] Dunphy G B, Webster J M. Lipopolysaccharides of *Xenorhabdus nematophilus* (Enterobacteriaceae) and Their Haemocyte Toxicity in Non-immune *Galleria mellonella* (Insecta: Lepidoptera) Larvae [J]. Journal of General Microbiology, 1988 (134): 1 017 – 1 028.

[21] Dunphy G B, Webster J M. Antihemocytic surface components of Xenorhabdus nematophilus var. dutki and their modification by serum of nonimmune larvae of *Galleria mellonella* [J]. Journal of Invertebrate Pathology, 1991 (58): 40 – 51.

[22] Fridovinch I. Oxyjen is toxic [J]. Bioscience, 1977, 22 (7): 462.

[23] Forst S, Nealson K. Molecular biology of the symbioticpathogenic bacteria Xenorhabdus spp. and *Photorhabdus* spp. [J]. Microbiological Reviews, 1996, 60: 21 – 43.

[24] Gotz P, Boman A, Boman H G. Interactions between insect immunity and an insect-pathogenic nematode with symbiotic bacteria [J]. Proceedings of Royal Society: Series B, 1981 (212): 333 – 350.

[25] Gaugler R, LeBack L, Nakagaki B, et al. Orientation of the Entomogenous Nematode *Neoaplectana carpocapsae* to Carbon Dioxide [J]. Environmental Entomology, 1980 (8): 658.

[26] Gangler R, Kaya H K. Entomopathogenic Nematodes in Biological Control [M]. Florida, Boca Raton: RC Press, 1990.

[27] Georgis R, Kelly J. Novel pesticidal substances from entomopathogenic nematode-bacterium complex [M] // Hedin P A, Hollingworth R M, Masler E P, et al. Phytochemicals for pest control. Washington DC: 1997.

[28] HanDong Wu and QiZhi Liu. Antioxidative responses in Galleria mellonella larvae infected with the entomopathogenic nematode *Heterorhabditis* sp. *Beicherriana* [J]. Biocontrol Science and Technology, 2012, 5 (22): 601 – 606.

[29] Jones J C. Current concepts concerning insect hemocytes [J]. American Zoologist, 1962 (2): 209.

[30] Kanost M R, Jiang HB, Yu XQ. Innate immune response of a lepidopteran insect, Manduca Sexta [J]. Immunological Reviews, 2004, 198 (1): 97 – 105.

[31] Lazzaro B P. Natural selection on the Drosophila antimicrobial immune system [J]. Current Opinion in Microbiology, 2008, 11 (3): 284 – 289.

[32] Mastore M, Brivio MF. Cuticular surface lipids are responsible for disguise properties of an entomoparasite against host cellular responses [J]. Developmental and Comparative Immunology, 2008, 32 (9): 1 050 – 1 062.

[33] Paul VJ, Frautschy S, Fennical W, et al. Antibiotics in microbial ecology: Isolation and structure assignment of several new antibacterial compounds from the insect-symbiotic bacteria *Xenorhabdus* spp. [J]. Journal of Chemical Ecology, 1981, 1: 589 – 597.

[34] Poinar G. O. , Thomas G. M. Significance of Achromobacter nematophilus Poinar and Thomas (Achromobacteraceae: Eubacterials) in the development of the nematode, DD-136 (Neoaplectana sp. *Steinernematidae*) [J]. Parasitology, 1966, 56 (2): 385 – 390.

[35] Samyeol Seo, Sunghong Lee, Yongpyo Hong, et al. Phospholipase A2 Inhibitors Synthesized by Two Entomopathogenic Bacteria, *Xenorhabdus nematophila* and *Photorhabdus temperata* subsp. *Temperata* [J]. Applied and Environmental Microbiology, 2012, 78 (11): 3 816 – 3 823.

[36] Schemidt J, All J N. Chemical Attraction of Neoaplectana Carpocapsae (Nematoda: Steinernematidae) to Insect Larvae [J]. Environmental Entomology, 1978 (7): 605.

# 昆虫对 *Bt* 毒素的抗性机制概述[*]

谭树乾[1,2**]　　束长龙[1]　　李克斌[1]　　曹雅忠[1]　　尹　姣[1***]　　仵均祥[2***]

（1. 中国农业科学院植物保护研究所，北京　100193；

2. 西北农林科技大学，杨凌　712100）

**摘　要：**由于 *Bt* 抗虫基因的广泛和长时间使用，田间昆虫对 *Bt* 产生抗性的案例越来越多，严重威胁到了 *Bt* 抗虫基因的应用前景。在众多抗性机制中，昆虫中肠蛋白酶与 *Bt* 的中肠受体对抗性产生的影响最为重要。本文从昆虫体内酶和 *Bt* 的中肠受体蛋白两个方面对抗性产生机制进行了综述。

**关键词：** *Bt* 毒素；抗性；结合蛋白；酶活

苏云金芽孢杆菌（*Bacillus thuringiensis*，简称 *Bt*）属革兰氏阳性细菌，可以产生对昆虫有致病性的毒素。这些毒素可按其存在的部位分为内毒素和外毒素两大类，内毒素亦称为晶体毒素或 δ-内毒素，是主要的杀虫毒素，由 *cry* 和 *cyt* 两大类基因编码；外毒素主要包括 α-外毒素、β-外毒素和 γ-外毒素[12]。目前发现的苏云金芽孢杆菌对鳞翅目（Lepidoptera）、双翅目（Diptera）、鞘翅目（Coleoptera）、膜翅目（Hymenoptera）、半翅目（Hemiptera，包括原同翅目 Homoptera）、直翅目（Orthoptera）和食毛目（Mallophaga）等多种昆虫，以及线虫、螨类和原生动物等具有特异性的杀虫活性[2,8,14,15,24,33]。

1901 年日本学者石渡首次从染病的家蚕中分离出苏云金芽孢杆菌。对苏云金芽孢杆菌的研究已不仅仅局限于新基因的发掘、克隆以及转基因植物的应用。现在昆虫抗性的产生、与毒力相关的作用位点、毒素蛋白的受体以及作用机制等都成为热点课题。要解决抗性问题就要对抗性机制有十分彻底的了解，而理解害虫抗性机制又需要对 *Bt* 的作用模式有全面的认识。*Bt* 毒蛋白的经典作用模型是：毒蛋白在昆虫中肠里溶解；继而在中肠蛋白酶的作用下活化，即由 130kDa（少数为 70kDa）的原毒素变为有毒性的 60kDa 小分子量蛋白；活化的毒蛋白与中肠受体结合；在中肠细胞上形成孔洞或扰乱其信号转导途径导致中肠细胞病变，最终导致昆虫死亡[9,42]。这个过程中的每个步骤都可以影响蛋白的毒性，也是昆虫抗性产生的重要因素。

苏云金芽孢杆菌已经成为最广泛的微生物杀虫剂并被广泛应用到生产中。虽然害虫对 *Bt* 产生抗性的速度比化学杀虫剂慢，但是随着 *Bt* 的长期和广泛地应用，昆虫对 *Bt* 的抗性问题还是慢慢显露出来。1985 年，McGaughey 等报道了首例室内筛选昆虫抗 *Bt* 品系，即印度谷螟（*Plodia interpunctella*）对 *Bt* 产生抗性[28]。此后，一些学者一直致力于室内筛选

　 *　基金项目：公益性行业（农业）科研专项（201003025）

　**　作者简介：谭树乾（1988—），男，硕士研究生，从事地下害虫 *Bt* 杀虫机理研究

***　通讯作者：尹姣，E-mail：jyin@ ippcaas. cn；仵均祥，E-mail：junxw@ nwsuaf. edu. cn

抗 *Bt* 的昆虫品系[3,25]，丰富抗性研究的材料和理论。除室内筛选外，许多田间害虫产生抗性的案例也被相继报道。首次田间产生抗性的报道是在 1990 年，有报道称小菜蛾（*Plutella xylostella*）在田间对 *Bt* 制剂产生抗性，抗性倍数达 30 多倍[36]；2006 年，美国棉铃虫（*Helicoverpa armigera*）在田间对 *Bt* 棉产生抗性[7]；2010 年，印度田间的红铃虫（*Pectinophora gassypiella*）对 Cry1Ac 产生抗性[37]等。这些抗性的产生对 *Bt* 的应用前景构成了巨大的威胁。

目前国内外对昆虫抗 *Bt* 机制的研究工作已经广泛开展，结果表明，主要有以下两种方式导致了昆虫对 *Bt* 毒素产生抗性。一种是昆虫中肠蛋白酶发生改变，这包括昆虫中肠蛋白酶对原毒素的活化活性降低和对毒素的降解作用上升。另外一种是毒素的中肠结合受体发生改变，这其中包括受体发生变异而导致的亲和力下降和中肠中的受体位点浓度降低[31]。本文主要从这两个方面对昆虫抗性产生的影响进行综述。

# 1 昆虫体内酶

## 1.1 中肠蛋白酶

昆虫中肠蛋白酶对活化 *Bt* 原毒素至关重要。研究者在对室内筛选或田间自然产生抗性的各物种品系研究后发现，中肠蛋白酶对 *Bt* 毒素蛋白的毒性影响巨大，中肠蛋白酶的缺失或失活，昆虫中肠蛋白酶表达水平或类型的变化都可导致昆虫对 *Bt* 抗性的产生[16,21]。

鳞翅目昆虫的中肠蛋白酶主要是丝氨酸蛋白酶（包括类胰蛋白酶和类胰凝乳蛋白酶）。梁革梅等比较棉铃虫（*Helicoverpa armigera*）敏、抗品系的中肠消化酶酶活后发现，中肠总蛋白酶中强碱性类胰蛋白酶差异较大[4]。Li 等比较欧洲玉米螟（*Ostrinia nubilalis*）敏、抗品系蛋白酶活力，发现抗品系中肠提取物中的蛋白酶对 Cry1Ab 的溶解力相较于敏感品系下降了 20% ~ 30%[26]。通过昆虫敏、抗品系之间蛋白酶活力比较，揭示了中肠蛋白酶与抗性的关系。1997 年，Oppert 等报道印度谷螟从遗传上缺失了一条主要的中肠蛋白酶，消化功能受到影响，但获得了对 *Bt* 的抗性[30,31]。

对鳞翅目昆虫中肠类胰凝乳蛋白酶和类胰蛋白酶的系列研究验证和巩固了 Oppert 的观点，即丝氨酸蛋白酶类是 *Bt* 原毒素的主要消化酶，对昆虫的抗性产生非常重要[30]。但是对于主要消化酶并非丝氨酸蛋白酶的昆虫，如鞘翅目昆虫的中肠内主要是半胱氨酸蛋白酶和天门冬氨酸蛋白酶[12]，*Bt* 毒素在其中肠中的活化方式及作用机制都尚未明确。因此，亟须深入开展研究。

## 1.2 其他

许多研究者认为，除昆虫中肠蛋白酶之外还有其他酶类与蛋白酶共同影响昆虫对 *Bt* 抗性的产生。梁革梅等比较了棉铃虫 *Bt* 抗性种群和敏感种群解毒酶的变化，结果发现抗性种群棉铃虫的乙酰胆碱酯酶活力显著升高，认为其作为分解代谢酶可能直接参与 *Bt* 的代谢作用[4]。Gunning 发现棉铃虫抗性品系的遗传表现型是半显性遗传，利用表面等离子共振技术发现棉铃虫酯酶可以与 Cry1Ac 的原毒素和活性毒素结合。用转基因植物饲喂过的抗性品系棉铃虫酯酶活力低于未取食毒素的分组，此处理降低了 Cry1Ac 毒素与中肠受体蛋白的结合量[20]。张少燕等研究发现棉铃虫幼虫取食不同浓度 *Bt* 毒蛋白的人工饲料后，羧酸酯酶和乙酰胆碱酯酶的活力随 *Bt* 毒蛋白浓度的升高而呈上升趋势[6]。

## 2　*Bt* 毒素受体

目前对 *Bt* 毒蛋白受体的研究主要是集中在鳞翅目昆虫，间或有双翅目和鞘翅目。已经发现的受体主要有以下几类：氨肽酶 N（Aminoopeptidase N，APN）、钙粘蛋白家族（Cadherin-like）、碱性磷脂酶（Alkaline phosphatase，ALP）、肌动蛋白（Actin）、糖酯（Glycolipid）和金属蛋白酶（ADAM metalloprotease）。结合蛋白的变化是昆虫对 *Bt* 产生抗性的主要模式。

### 2.1　氨肽酶 N（APN）

APN 家族是一组肽链端解酶，从蛋白质的 N 端水解中性氨基酸。它们在不同物种中的功能多种多样。在鳞翅目幼虫的中肠里，它们与肽链内切酶以及羧肽酶共同作用消化分解食物中的蛋白[39]。APN 作为 *Bt* 结合蛋白，最先是在烟草天蛾（*Manduca sexta*）中发现的，其分子量为 120kDa[23]。

通过对舞毒蛾（*Lymantria dispar*）、烟芽夜蛾（*Heliothis virescens*）、小菜蛾（*Plutella xylostella*）、家蚕（*Bombyx mori*）、粉纹夜蛾（*Trichoplusia ni*）、印度谷螟（*Ploida interpunctella*）和棉铃虫（*Helicoverpa armigera*）等多种昆虫的 APN 研究比较后发现，其种类众多，不同昆虫中肠上的 APN 种类和数量各不相同[10,17,27,39,41]。APN 作为昆虫中肠刷状缘膜囊泡（Brush-border membrane vesicles，BBMV）上的重要 Cry 毒素受体，其变异会导致昆虫对 Cry 毒素敏感性下降甚至产生抗性。

Rajagopal 等通过 RNA 干扰技术，将构建的 dsRNA 注入 5 龄斜纹夜蛾（*Spodoptera litura*）幼虫血淋巴中，48h 后，发现处理组的 APN 表达量比对照组减少了 80%，而 $LC_{50}$ 提高了 70%[32]。Zhu 等构建了印度谷螟的 cDNA 文库，克隆了 *APN* 基因，发现抗性品系的 APN 有 4 个核苷酸突变，其中 2 个导致了氨基酸突变，并推测这两个点突变分别影响了 APN 与毒素结合部的构造和 APN 蛋白的三级结构，导致抗性产生[44]。

APN 的表达量变化、氨基酸突变以及功能缺失都是导致抗性产生的因素。

### 2.2　钙粘蛋白（Cadherin）

另一种研究比较多的 *Bt* 毒素受体蛋白是钙粘蛋白（Ceadherin）。Gómez 认为钙粘蛋白（BT-R1）跟中肠细胞表面穿孔有关。钙粘蛋白在 *Bt* 蛋白毒理过程中的作用可体现为与毒素单体结合，并诱导单体毒素蛋白寡聚，蛋白寡聚体再在 APN 的作用下嵌入微绒毛造成穿孔[18]。对于钙粘蛋白与昆虫抗性关系，现有的研究在不同昆虫上存在一定的差异。例如，Xu 等通过克隆敏、抗棉铃虫的钙粘蛋白，分析发现抗性品系的钙粘蛋白基因提前出现一个终止密码子，使钙粘蛋白出现较大缺失。他认为钙粘蛋白的基因缺失，与抗性紧密连锁[40]。但 Zhang 等对粉纹夜蛾的研究得出了几乎相反的结论。Zhang 等在 2011 年通过定量蛋白组学分析，对粉纹夜蛾的敏抗品系 BBMV 蛋白组分进行比较，发现他们的钙粘蛋白含量无明显差异，从而认为粉纹夜蛾对 Cry1Ac 产生抗性跟钙粘蛋白的改变无关[43]。

### 2.3　碱性磷酸酯酶（ALP）

2003 年，McNall 和 Adang 在烟草天蛾里发现了一个与膜结合的 62kDa 的碱性磷酸酯酶（membrane- bound form of alkaline phosphatase，m-ALP），通过 GPI 锚定在 BBMV 上，可以与 Cry1Ac 结合[29]。Bravo 对 ALP 的功能进行了研究，发现碱性磷酸酶可以通过分解 APN 来阻止 *Bt* 毒素寡聚体和 BT-R1 在中肠微绒毛上的结合[9]。Jurat-Fuentes 通过蛋白组学和 qRT-pcr 技术对鳞翅目害虫 BBMV 上 APN 研究之后发现，抗性品系 APN 活性和 APN 表达量的降低共同造成了抗性的产生[22]。几乎同时，Silvia 对玉米夜蛾（*Helicoverpa zea*）敏、抗品系的中肠 BBMV 及中肠液中的 ALP 活性进行了比较，结果发现抗性品系 BBMV 上的 ALP 活性比敏感品系虫子的减少 3 倍，但中肠液中的 ALP 的活性比敏感品系的要高 10 倍。他认为部分游离的 ALP 可与中肠 BBMV 上的 ALP 竞争结合 Cry1A 毒素，从而减弱毒素与中肠细胞的结合，使昆虫产生抗性[35]。BBMV 上 ALP 的酶活和表达量以及中肠中游离的 ALP 的酶活和表达量对昆虫抗性产生密切相关。

## 2.4 糖酯（Glycolipid）

2001 年，Griffits 发现在秀丽隐杆线虫（*Caenorhabditis elegans*）中与 *Bt* 毒素抗性有关的编码 β-1，3-半乳糖基转移酶的基因 bre-5，其缺失将导致对 Cry5B 产生抗性。2005 年，Griffits 等又鉴定了四种与 *Bt* 抗性相关的四种基因（bre-2、bre-3、bre-4、bre-5），bre 基因编码四种糖基转移酶，参与糖酯（Glycolipid）的生物合成，在毒素向肠道运转过程中发挥作用，并且结合性试验表明，糖酯可与 *Bt* 毒素直接特异性结合，证明了糖酯为 *Bt* 毒素的新受体，并且这种结合是糖依赖的，在体外与 *Bt* 抗性相关[19]。

# 3 其他抗性机制

除去这两个主要因素之外，Cry 蛋白在昆虫中的溶解性，昆虫中肠环境的 PH 等，也可成为昆虫对 *Bt* 产生抗性的因素。而且新的抗性机制也在研究中不断被发现。最近，研究者发现了 ATP 结合盒转运体（ATP-binding cassette transporter，ABC-T）与抗性的相关性。2011 年，Shogo Atsumi 报道家蚕由于一个 ABC-T 的单个氨基酸突变而获得了对 Cry1Ab 的抗性[34]。紧接着，David 就报道了 ABC-T 的突变使四种鳞翅目昆虫产生抗性[13]。

# 4 结语

昆虫产生抗性的因素复杂又多元，昆虫对 *Bt* 抗性的产生已经成为 *Bt* 应用的巨大威胁，所以怎样降低这种抗性的产生就成了现在广大科学工作者的当务之急。因此，有学者提出延缓害虫产生抗性的措施[1,5]：

（1）单基因，多基因，嵌合基因，多种转基因植物轮作或顺序使用、镶嵌种植，并保证各种转基因植物之间无交互抗性；

（2）将害虫为害控制在经济阈以下为好，不必完全消灭害虫，为一部分害虫提供无抗虫基因的庇护所；

（3）提供敏感虫源以稀释种群中的抗性基因；

（4）密切监测田间抗性演化动态，进行准确的预测预报和适宜的抗性治理指导。

**参考文献**

[1] 郭三堆. 植物 *Bt* 抗虫基基工程研究进展 [J]. 中国农业科学，1995，28（5）：8-13.

[2] 黄大昉，林敏. 农业微生物基因工程 [M]. 北京：科学出版社，2001.

[3] 梁革梅，谭维嘉，郭予元. 棉铃虫对 *Bt* 的抗性筛选及交互抗性研究 [J]. 中国农业学报，2000，33：46-53.

［4］ 梁革梅，谭维嘉，郭予元. 棉铃虫 *Bt* 抗感种群间数种解毒酶和中肠蛋白酶活性的比较［J］. 植物保护学报，2001，28（2）：133 – 138.

［5］ 谭声江，陈晓峰，李典谟. 棉铃虫对转 *Bt* 基因的抗性及其治理策略研究进展［J］. 昆虫学报，2002，45（1）：138 – 144.

［6］ 张少燕，李典谟，谢宝瑜. *Bt* 毒蛋白对棉铃虫的生长发育和相关酶活性的影响［J］. 昆虫知识，2004，41（6）：536 – 540.

［7］ Ali M I, Luttrell R G, Young S Y III. Susceptibilities of Helicoverpa zea and Heliothis virescens（Lepidoptera：Noctuidae）population to Cry1Ac insecticidal protein［J］. J Econ Entomaol, 2006, 99：164 – 175.

［8］ Barloy F, Lecadet M M and DélécluseA. Cloning and Sequencing of Three New Putative Toxin Genes From *Clostridium Bifermentans*［J］. Gene, 1998, 211：293 – 295.

［9］ Bravo A, Gómez I, Conde J, et al. Oligomerization triggers binding of a *Bacillus thuringiensis* Cry1Ab poreforming toxin to aminopeptidase N receptor leading to insertion into membrane microdomains［J］. Biochim Biophys Acta, 2004, 1667：38 – 46.

［10］ Craig R, Pigott and David J, Ellar role of receptors in *Bacillus thuringiensis* Crystal Toxin Activity［J］. Mirobiology and Molecular Biology Reviews, 2007, 71（2）：255 – 281. 10.

［11］ Carroll J, Convents D, Vandamme J, et al. Intramolecular proteolytic cleavage of *Bacillus thuringiensis* Cry3A delta-endotoxin may facilitate its coleopterantoxicity［J］. Journal of Invertebrate Pathology, 1997, 70：41 – 49.

［12］ Crickmore N, Zeigler D R, Feitelson J, et al. Revision of the nomenclature for the *Bacillus thuringiensis* pesticidal crystal proteins［J］. Microbiol Mol Biol Rev, 1998, 62：807 – 813.

［13］ David G Heckel. Learning the ABCs of *Bt*：ABC transporters and insect resistance to *Bacillus thuringiensis* provide clues to a crucial step in toxin mode of action［J］. Pesticide Biochemistry and Physiology, 2012.

［14］ Edwards D L, Payne J and Soares G. Novel isolates of *Bacillus thuringiensis* having activity against nematodes［J］. European Patent Application, 1988, 303 – 426.

［15］ Faust G M, Abe K, Held G A, et al. Evidence for plasmid-associated crystal toxin production in *Bacillus thuringiensis* subsp. Israelensis［J］. Plasmid, 1983, 9：98 – 103.

［16］ Ferre J, Van Rie J. Biochemistry and genetics of insect resistance to *Bacillus thuringiensis*［J］. Annu Rev Entomol, 2002, 47：501 – 533.

［17］ Gill S S, Cowles E A and Francis V. Identification, isolation and cloning of a *Bacillus thuringiensis* CryIAc toxin-binding protein from the midgut of the lepidopteran insect *Heliothis virescens*［J］. Journal of Biological Chemistry, 1995, 270：27 277 – 27 282.

［18］ Gómez I, Sánchez J, Miranda R, et al. Cadherinlike receptor binding facilitates proteolytic cleavage of helix a-1 in domain I and oligomer pre-pore formation of *Bacillus thuringiensis* Cry1Ab toxin［J］. Febs Lett, 2002,（513）：242 – 246.

［19］ Griffitts J S, Haslam S M, Yang T, et al. Glycolipids as receptors for *Bacillus thuringiensis* crystal toxin. Science, 2005, 307：922 – 925.

［20］ Gunning R V, Dang H T, Kemp F C, et al. New resistance mechanism in *Helicoverpa armigera* threatens transgenic crops expressing *Bacillus thuringiensis* Cry1Ac toxin［J］. Appl Environ Microbiol, 2005, 71：2 558 – 2 563.

［21］ Heckel D G. The complex genetic basis of resistance to *Bacillus thuringiensis* toxin in insects［J］. Biocontrol Science and Technology, 1994, 4：405 – 417.

［22］ Jurat-Fuentes J L, Karumbaiah L, Jakka SRK, Ning C, Liu C, et al. Reduced levels of membrane-bound alkaline phosphatase are common to lepidopteran strains resistant to Cry toxins from *Bacillus thuringiensis*

［J］. Plos One, 2011, 6（3）: e17606.

［23］Knight P J, Crickmore N and Ellar D J. The receptor for *Bacillus thuringiensis* CrylA（c）delta-endotoxin in the brush border membrane of the lepidopteran *Manduca sexta* is aminopeptidase N［J］. Moleculer Microbiology, 1994, 11: 429 – 436.

［24］Kotze A C, Grady J, Gough J M, et al. Toxicity of *Bacillus thuringiensis* to parasitic and free-living life-stages of nematode parasites oflivestock［J］. International Journal for Parasitology, 2005, 35: 1 013 – 1 022.

［25］Kranthi K R, Krsthi S, Ali D, Kranthi S. Resistance to Cryl Ac-endotoxin of *Bacillus thuringiensis* in a laboratory selected strain of *Helicoverpa armigera*（Hubner）［J］. Curr Sci, 2000, 78: 1 001 – 1 004.

［26］Li H, Oppert B, Higgins R A, et al. Comparative analysis of proteinase activities of *Bacillus thuringiensis*-resistance and susceptible *Ostrinia nubilalis*（Lepidoptera: Crambidae）［J］. Insect Biochen Mol. Biol. , 2004, 34（8）: 753 – 762.

［27］Luo K, Sangadala S, Masson L, et al. The *Heliothis virescens* 170 kDa aminopeptidase functions as "receptor A" by mediating specific *Bacillus thuringiensis* CrylA delta-endotoxin binding and pore formation ［J］. Insect Biochemistry Molecular Biology, 1997, 27: 735 – 743.

［28］McGaughey W H. Insect resistance to the biological insecticide *Bacillus thuringiensis*［J］. Science, 1985, 229: 193 – 195.

［29］McNall R J and Adang M J. Identification of novel *Bacillus thuringiensis* CrylAc binding proteins in *Manduca sexta* midgut through proteomic analysis［J］. Insect Biochemisty and Molecular Biology, 2003, 33: 999 – 1010.

［30］Oppert B, Kramer K J, Johnson D, et al. Luminal proteases from *Plodia interpunctella* and the hydrolysis of *Bcillus thuringiensis* CrylAc protoxin［J］. Insect Biochem. Molec. Biol, 1996, 26: 571 – 583.

［31］Oppert B, Kramer K J, Beeman R W, et al. Proteinase-mediated insect resistance to *Bacillus thuringiensis* Toxins［J］. JBC, 1997, 272: 23 473 – 23 476.

［32］Rajagop al R, Sivakumar S, Agrawal N, et al. Silencing of midgut aminopeptidase N of *Spodoptera litura* by double-stran- ded RNA establishes its role as *Bacillus thuringiensis* toxin receptor［J］. Biol Chem. , 2002, 277: 46 849 – 46 851.

［33］Schnepf E, Crickmore N, Van Rie J, et al. *Bacillus thuringiensis* and its pesticidal crystal proteins［J］. Microbiology and Molecular Biology Reviews, 1998, 62: 775 – 806.

［34］Shogo Atsumi, Kazuhisa Miyamoto, Kimiko Yamamoto, et al. Single amino acid mutation in an ATP - binding cassette transporter gene causes resistance to *Bt* toxin CrylA in the silkworm, *Bombyx mori*［J］. Pnas Plus, 2012.

［35］Silvia Caccia, William J Moar, Jayadevi Chandrashekhar, et al. Resistance to CrylAc toxin in *Helicoverpa zea*（Boddie）is associated with increased alkaline phosphatase levels in the midgut lumen［J］. American Society for Microbiology, 2012.

［36］Tabashnik B E, Cushing N L, Finson N, et al. Field development of resistance to *Bacillus thuringiensis* in *diamondback moth*（Lepidoptera: Plutellidae）. J Econ Entomaol, 1990, 83: 1 671 – 1 676.

［37］Tabashnik B E. Communal benefits of transgenic corn［J］. Science, 2010, 330: 189 – 190.

［38］Valaitis A P, Lee M K, Rajamihan F and Dean D H. Brush border membrane aminopeptidase-N in the midgut of the Gypsy Moth serves as the receptor for the CrylA δ-Endotoxin of *Bacillus thuringiensis*［J］. Insect Biochemisty and Molecular Biology, 1995, 25: 1 143 – 1 151.

［39］Wang P, Zhang X and Zhang J. Molecular characterization of four midgut aminopeptidase N isozymes from the cabbage looper［J］. Trichoplusiani. Insect Biochem. Mol. Biol. , 2005, 35: 611 – 620.

［40］ Xu X J, Yu L Y, Wu Y D. Disruption of a cadherin gene associated with resistance to Cry1Ac δ-endotoxin of *Bacillus thuringiensis* in *Helicoverpa armigera* ［J］. App l. Environ. Micro biol. , 2005, 71 （2）: 948 – 954.

［41］ Yaoi K, Kadotani T, Kuwana H, et al. Aminopeptidase N from Bombyx mori as a candidate for the receptor of Bacillus thuringiensis Cry1Aa toxin ［J］. European Journal of Biochemistry, 1997, 246: 652 – 657.

［42］ Zhang X, Candas M, Griko N B, et al. A mechanism of Cell Death involving an Adenylyl Cyclase/PKA Signaling Pathway is Induced by the Cry1Ab Toxin of *Bacillus thuringiensis* ［J］. Proc Natl Acad Sci USA, 2006, 103: 9 897 – 9 902.

［43］ Xin Zhang, Kasorn Tiewsiri, Wendy Kain, et al. Resistance of *Trichoplusia ni* to *Bacillus thuringiensis* toxin Cry1Ac is independent of alteration of the cadherin-Like receptor for Cry Toxins ［J］. Plos One, 2012, 5 （7）: e35991.

［44］ Zhu Y C, Kramer K J, Oppert B, et al. cDNAs of aminopep -tidase-like protein genes from *Plodia inter-punctella* strains with different susceptibilities to *Bacillus thuringiensis* toxins ［J］. Insect Biochem. Mol. Biol. , 2000, 30: 215 – 224.

# *COI* 基因在金龟子分子分类研究中的问题探讨*

田雷雷[1,2]**　李克斌[1]***　席景会[2]　尹　姣[1]　曹雅忠[1]

（1. 中国农业科学院植物保护研究所，植物病虫害生物学国家重点实验室，北京　100193；
2. 吉林大学植物科学学院，长春　130062）

**摘　要：**金龟子是我国农林业生产中的一大主要害虫。其种类多，对农作物为害大。为了更好的防治金龟子，准确将其分类鉴定是很有必要的。形态学方法鉴定比较繁琐，随着分子分类技术的发展，各国的科学家发现利用生物个体细胞内线粒体中的 *COI* 基因来进行物种分类是一种简单快捷的鉴定方法，该方法操作的简便性和高效性可以快速完成物种的鉴定。本文中将主要讨论利用 *COI* 基因进行金龟子分子分类鉴定过程时的采样、COI 序列的扩增、序列分析可能存在的一些问题及解决方法。

**关键词：**COI 基因；DNA 条形编码；金龟子

金龟子是昆虫纲、鞘翅目的一类杂食性害虫的总称，成虫除为害梨、桃、李、葡萄、苹果、柑橘等果木外，还为害柳、桑、樟、女贞等林木，幼虫则为害多种农作物、牧草、草坪等。据调查统计，植物地下部分受害的 86% 是由金龟子幼虫蛴螬造成的[1]。金龟子种类繁多，目前认为，金龟总科中有 7 个较常见的科和 6 个非常见科。其中，全球记载金龟子有 3 万种左右，我国记载的有 8 000 余种，其中许多近似种极难辨认，很容易造成鉴定错误。而幼虫的鉴定更是一大难题，可借鉴的资料极其稀缺，各个种间的金龟子幼虫形态学特征特别难区分，在张芝利 1984 年编写的《中国经济昆虫志》中有多种金龟子幼虫详细的形态学鉴定方法，形态学鉴定中主要是靠内唇、上下颚的发育结构，但是这些结构的特征与区别较难掌握。再加上其他一些形态学分类中的限制因素，使得形态学分类方法特别难以快速的对各种金龟子进行鉴定[5]。因此就需要探索一种高效快速的辅助鉴定方法。

现代遗传学研究表明，物种的遗传性状都是由基因决定的。基因的变异不仅体现在外部形态的变异上，还体现在体内蛋白质分子结构的变化方面。而基因的变异是由于 DNA 分子中碱基序列的变化造成的[9]。因此。利用分子手段可以从另一方面较好地解决形态分类难以解决的问题。

在生物分类学领域，根据对一个统一的目标基因 DNA 序列的分析来完成物种鉴定的过程被称为 DNA 条形码编码过程。加拿大生物学家 Paul Hebert（2003）首先倡导将条形码编码技术应用到比零售业更复杂的生物物种鉴定之中[7]。之后基因条形码技术得到长足的发展，我国较早提出利用基因条码技术的是肖金花等人。随着近些年对基因条码的应

---

* 　基金项目：公益性行业（农业）科研专项（201003025）
** 　作者简介：田雷雷（1987—），男，硕士研究生，主要从事昆虫分子生物学
*** 通讯作者：李克斌，E-mail：likebin54@163.com；席景会，E-mail：jhxi1965@jlu.edu.cn

用，很多物种的特定基因条码都已经测定出来，国际上还开通了一些专门的网站，如2003 年 7 月开通的生物条形编码网站（ http：//www. barcodinglife. com/），为全球所有研究者提供有关生物条形编码研究的信息，同时 GenBank 提供的 *COI* 序列数迅速增长，尤其表现在除脊索动物之外类群里 *COI* 数量的剧增[6]。近两年，科学家们还突破了基因条码只应用在动物界的界限，将基因条形码技术广泛运用在植物分类中。使基因条形码技术得到了更加长足的发展。

# 1 DNA 条形编码的意义和原理

利用形态学手段进行金龟子鉴定本身具有很大的复杂性和低效性。金龟子在传统形态学鉴定方法中有一些缺陷：①表型可塑性（Phenotypic plasticity）和遗传可变性（ Geneticvariability）容易导致不正确的鉴定[2]；②形态学方法无法鉴定许多金龟子群体中普遍存在的隐存分类单元；③形态学鉴定受金龟子性别和发育阶段的限制，尤其是金龟子幼虫的鉴定最为困难，因此很多种金龟子无法被准确鉴定；④虽然现代交互式鉴定系统是一个很大的进步，但它要求很高的专业技术，金龟子生长年限较长，一旦操作不正确则很容易导致错误的鉴定。DNA Barcoding 一旦被证明是一个行之有效的生物鉴定手段，它将对金龟子鉴定与防治起着至关重要的作用.

作为能够用作条形编码的基因，需要具备两个看似矛盾的特征：①必须具有相对的保守性，便于用通用引物扩增出来；②要有足够的变异才能够将金龟子区别开来。核内基因变化速率通常要低于线粒体基因好几倍，太过保守，不太适合用作基因条形码，而在金龟子线粒体基因中存在一段约含 800bp 的 *COI* 基因[18]。它能够保证足够变异的同时又很容易被通用引物扩增。所以选择 *COI* 基因作为分类基因。

# 2 金龟子分子分类中可能会遇到的问题

## 2.1 样本采集

由于金龟子的种类很多，不同种类的金龟子有时分布在不同的地区，有很多种稀缺种的金龟子只在特定的地区与时间段才能采集到，即使是同一个种的金龟子，由于地区隔离，在不同地区采到的也是不同的亚种。因此在采样过程种，每一个种类的金龟子应采集5 只以上。所以需要到各地大量采集样本。

采集到样本后，应将采集来的样本分别在无水乙醇或者甘油中保存，一般取金龟子的胸部组织来提取 DNA，如果是遇到稀缺的金龟子品种时，可以只取金龟子的两条后腿泡在无水乙醇中以备实验时使用，而将其他部分留下作为标本[19]。

## 2.2 金龟子的 *COI* 序列 *PCR* 的问题

这步中就涉及利用引物来对金龟子特定的基因序列扩增。在一些文献中，部分学者运用一段通用引物用作各种昆虫 *COI* 基因扩增的引物[8]，这一通用引物通常是：LCO1490和 HCO2198 [3,20]。在各个金龟子的 *COI* 序列扩增中，一些学者也是主要利用该引物。但是也有部分学者探索到了金龟子所特有的 *COI* 序列的特异引物，这样的引物能够更有针对性的扩增出金龟子 *COI* 序列。扩增出来的 *COI* 序列能更好的用来进行金龟子分子鉴定。

同时，在金龟子分子分类中，只用 *COI* 基因作为分类依据有时不能完全准确的将该类金龟子分类，这时就需要再添加一些特定序列，来辅助 *COI* 基因[11]，使分类结果更加准确可靠。如英国科学家 Alfried P. Vogler 在一些鞘翅目昆虫的分类中运用线粒体中的 16SrRNA 基因作为 *COI* 基因的补充[12]。而在另一位英国科学家 Marianne Elia 则选取了核基因中的 Efl α 作为 *COI* 基因的补充[13]，这些都能使鉴定更准确。在金龟子的 *COI* 序列扩增时也需要找到这样的一些辅助序列来使得金龟子分子分类更准确更合理。

## 2.3 序列分析处理

在对所测的金龟子 *COI* 序列进行处理前，需要先到较权威的数据库，如 NCBI 等数据库中尽可能多的下载已发表的金龟子 *COI* 序列，使自己所做的分析更系统，理由更充分。一般常用的数据库为 BOLD 与 GenBank。就近来的科研文献中发现 BOLD 中能更提供更好更全面的数据[14]。在构建金龟子 *COI* 序列系统进化树方面，现在比较常用的三种重建系统发育树方法有：① P-距离的 NJ（Neighor Joining）法；② P-距离的 ME（Minimum Evolution）法；③ Bayesian analysis 法[15]。经过一系列分析后得出最可信的一个系统发育树。

在金龟子 *COI* 序列遗传距离的分析时采用转换加颠换，转换比颠换得到的相对遗传距离是比较合理的分析方法[17]。因为基因的转换容易而颠换很难进行，用转换比颠换得到的结果才能更加显示出各个种之间距离的差距。

在遗传距离的分析中，科学界普遍公认的是种内个体的基因差异在 2% 以内，而种间差距则在 11% ~ 20%[10]。但是有一些试验中也会发生种内差异有偏差，发生种内个体基因差距达到 8%。这些可能是因为基因杂交及基因渗透导致的。基因条码技术提出以来一直遭到质疑，主要就是这个因素导致的。

# 3 发展展望

基因条码技术在金龟子分子分类运用中还存在一些不明确的地方和不足的地方：①由于金龟子的数量庞大，我们对很多新种还不认识，没有命名，这样在基因条码区分时存在很大的障碍[4]。②现在金龟子 *COI* 序列数据库的不全面或者不准确，导致我们在建系统发育树时不能构建一个很全面的和准确的系统发育树，需要进行不断研究与补充[16]。③用基因条码技术分析时用哪些辅助序列辅助金龟子分子分类比较合适还不清楚，这样导致基因条码技术被一定程度的限制。

虽然存在上面的这些问题，但是随着科学家们的不断研究探索，上面的这些问题都将会逐步解决。在金龟子分类上的运用将会很好的实现。

**参考文献**

[1] 高金声，章有为，刘广瑞，冯晋生. 山西金龟子区系研究 [J]. 山西农业科学，1987（3）：6-14.

[2] 顾耘，王思芳，张迎春. 东北与华北大黑鳃金龟分类地位的研究 [J]. 昆虫分类学报，2002，24（3）：180-185.

[3] 焦明超，赵大显，欧阳珊，吴小平. DNA 条形码技术在生物分类学中的应用前景 [J]. 湖北农业科学，2011（5）.

[4] 刘勇，宋毓，李晓宇. 基于线粒体 *COI* 基因的 DNA 条形码技术在昆虫分子鉴定中的应用 [J]. 植物检疫，2010（2）.

[5] 孙娜，郭晓华，刘广纯. 金龟子部分种类 *COI* 基因序列比较分析 [J]. 沈阳农业大学学报，2009，12，40（6）：688-692.

[6] 肖金花，肖晖，黄大卫. 生物分类学的新动向——DNA 条形编码 [J]. 动物学报，2004，50（5）：

852 – 855.

［7］ Ahrens, D., 2004. Monographie der Sericini des Himalaya (Coleoptera, Scarabaeidae) Dissertation. de-Verlag im Internet GmbH, Berlin.

［8］ Agusti, N., Bourguet, D., Spataro, T., et al., 2005. Detection, identification and geographical distribution of European corn borer larval parasitoids using molecular markers. Mol. Ecol., 14, 3 267 – 3 274.

［9］ Antonia Adriana Pop, Ga'bor Cech, Michael Wink, Csaba Csuzdi, Victor V. Pop, 2007, Application of 16S, 18S rDNA and *COI* sequences in the molecular systematics of the earthworm family Lumbricidae (Annelida, Oligochaeta).

［10］ Ball, S. L., Armstrong, K. F., 2006. DNA barcodes for insect pest identification: a test case with tussock moths (Lepidoptera: Lymantriidae). Can. J. For. Res., 36, 337 – 350.

［11］ Brower, A. V. Z. 2006 Problems with DNA barcodes for species delimitation: 'ten species' of Astraptes fulgerator reassessed (Lepidoptera: Hesperiidae). Syst. Biodiv., 4, 127 – 132.

［12］ Clare, E. L., Lim, B. K., Engstrom, M. D., Eger, J. L. & Hebert, P. D. N. 2007 DNA barcoding of Neotropical bats: species identification and discovery within Guyana. Mol. Ecol. Notes, 7, 184 – 190.

［13］ Cognato, A. I. 2006 Standard percent DNA sequence difference for insects does not predict species boundaries. J. Econ. Entomol., 99, 1 037 – 1 045.

［14］ Dasmahapatra, K. K. & Mallet, J. 2006 DNA barcodes: recent successes and future prospects. Heredity, 97, 254 – 255.

［15］ DeSalle, R., Egan, M. G. & Siddall, M. 2005 The unholy trinity: taxonomy, species delimitation and DNA barcoding. Phil. Trans. R. Soc., 360, 1 905 – 1 916.

［16］ Dirk Ahrens, Michael T. Monaghan, Alfried P. Vogler, 2007, DNA-based taxonomy for associating adults and larvae in multi-species assemblages of chafers (Coleoptera: Scarabaeidae), Molecular Phylogenetics and Evolution 44 (2007) 436 – 449.

［17］ Ekrem, T., Willassen, E. & Stur, E. 2007 A comprehensive DNA sequence library is essential for identification with DNA barcodes. Mol. Phylogenet. Evol. 43, 530 – 542.

［18］ Hebert PDN, Cywinska A, Ball SL, deWaard JR, 2003a. Biological indentifications through DNA barcodes. Proc. R. Soc Lond. B., 270 (1512): 313 – 321.

［19］ Hebert PDN, Ratnasingham S. dewaard JR, 2003b Barcoding animal life: cytochrome coxidase subunit 1 divergences among closely related species Proc. R. Soc. Lond. B (Suppl.)., 270: s96 – s99.

［20］ Marianne Elias, Ryan I. Hill, Keith R. Willmott, Kanchon K. Dasmahapatra, Andrew V. Z. Brower, James Mallet and Chris D. Jiggins, 2007b. Limited performance of DNA barcoding in adiverse community of tropical butterflies, Proc. R. Soc. B, 2007, 274, 2 881 – 2 889.

# 酵母双杂交技术在互作组学中的研究进展[*]

王　冰[**]　尹　姣　李克斌　曹雅忠[***]

（中国农业科学院植物保护研究所，植物病虫害生物学国家重点实验室，北京　100193）

**摘　要**：本文介绍了研究蛋白质与蛋白质相互作用的筛选技术。解析了互作组学在系统生物学中的重要性。重点介绍了酵母双杂交技术及其衍生技术的原理，并提出了其具有的局限性。同时，对酵母双杂交技术进行了展望。

**关键词**：蛋白互作；酵母双杂交技术；研究进展

蛋白质—蛋白质的相互作用存在于许多生物过程中，这包括大分子结构的形成，细胞信号转导，调控以及代谢途径等，是错综复杂的生物系统的核心特征[7,36]。研究蛋白质—蛋白质的相互关系有助于了解蛋白质的结构和功能，进一步解析生物系统的工作机能。

## 1　互作组学在系统生物学中的重要性

近几年，系统生物学领域得到了飞速的发展。这主要是由于：①基因组学和蛋白质组学相继发展；②对了解错综复杂的细胞系统或者例如癌症或代谢综合征等多因子疾病的迫切需要；③复杂的生物分子高通量筛选或者活细胞或整个有机体非入侵性研究等新兴技术的发展；④以及利用生物信息学工具分析大量的数据[7]。

蛋白质是细胞的实际功能分子，它们几乎负责细胞所有的生物化学活性[38]。而多蛋白复合物正被视为细胞分子、信号以及能量变迁的分子基础。因此，我们能够了解细胞中的互作，尤其是在衡量代谢物变化的生物大分子和信号转导通路之间互作的技术，这在系统生物学领域占有重要的地位[21]。同时，综合分析蛋白互作对于整个细胞蛋白质组的全面了解至关重要，同时，也是系统生物学最主要的目标[3]。

互作组学是研究生物体内蛋白质或者其他大分子间的相互作用，是一种完整的细胞系统方法，或是一种更有针对性的研究特定蛋白质的方法[20]。迄今为止，细胞互作组学主要探讨在细胞信号转导和细胞结构领域的蛋白质互作。蛋白质相互作用的分析不仅能提供关于蛋白质自身的功能信息，而且能够提供关于蛋白质在代谢通路、调控网络和复合体中起作用的信息[38]。

## 2　蛋白质—蛋白质互作的筛选技术

蛋白质—蛋白质互作参与所有细胞过程。绘制相互作用网以阐明蛋白质组的功能单元

* 基金项目：公益性行业（农业）科研专项（201003025）；国家自然科学基金项目（31000853）

** 作者简介：王冰（1983—），女，博士研究生，主要从事昆虫分子生物学

*** 通讯作者：曹雅忠，E-mail：yzcao@ippcaas.cn

对系统生物学研究来说是头等重要的。筛选蛋白质互作有许多方法，主要包括生物化学法（例如，共纯化、亲和纯化和免疫共沉淀等方法）、质谱技术、新近发展起来的表面等离子体共振技术，生物物理技术、以及噬菌体展示技术和酵母双杂交技术等[5,26,31]。目前，研究蛋白—蛋白相互作用最经典的方法当属酵母双杂交技术。该技术几乎能进行整个细胞内的蛋白质相互作用的筛选，包括膜蛋白、转录活性蛋白以及定位于不同亚细胞结构的蛋白。它具有简便、灵敏、高效、高通量和价格相对低廉的特点[10]。

## 3  酵母双杂交技术

酵母双杂交技术由 Fields 和 Song 等首先在研究真核基因转录调控中建立起来的，是在真核细胞中检测蛋白质与蛋白质之间的相互作用的方法[10]。该系统是通过两个分别称之为"诱饵蛋白"（bait protein）和"捕获蛋白"（prey protein）的融合蛋白形成一个完整的转录激活因子，从而激活报告基因的表达，通过在营养缺陷型培养基上生长或呈现显色反应来检测系统的功能。酵母双杂交系统可在全基因组规模上进行蛋白质—蛋白质相互作用高通量的研究，这些研究的内容主要涉及像 T7 噬菌体病毒[4]，酿酒酵母 *Saccharomyces cerevisiae*[17,39]，果蝇 *Drosophila melanogaster*[11]，线虫 *Caenorhabditis elegans*[27] 以及人类[33,35]等领域。

### 3.1  筛选方法

酵母双杂交系统是第一个适合于全面分析蛋白质相互作用的技术[38]。包含两种筛选方法，即矩阵筛选和文库筛选。在矩阵筛选方法中，通过在不同酵母交配型中分别表达的一套诱饵和猎物进行直接的交配，使得全长开放阅读框之间所有可能的组合能被进行系统的研究。这种方法已经用于酵母和人类基因组大规模的酵母双杂交筛选。在酵母中，已经克隆了 6 000 个开放阅读框，并且超过 5 600 组互作已经被鉴定，这包括了 70% 的酵母蛋白质组[12,17,39]。Uetz 及同事应用矩阵筛选法对酵母蛋白组进行了相互作用筛选。用 200 多个诱饵蛋白与 5 000 多个捕获蛋白进行筛选，结果发现 87 个诱饵蛋白参与了 281 个互作[39]。这种方法的优点在于可以进行全面的筛选，并且能涵盖整个相互作用组[38]。另一种方法是 cDNA 文库筛选法。用该方法能够在 cDNA 文库寻找与诱饵蛋白互作的蛋白。这种用选择性的诱饵全面的筛选可以替代矩阵的方法，文库中除了包含了全长开放阅读框还包括了 cDNA 片段，因此，大大覆盖了转录组，从而降低了假阳性[2]。此外，相互作用的蛋白质还可以通过菌液 PCR 以及测序来鉴定，这样的筛选更加昂贵和耗时。该方法的优点就是相互作用可以被缩小到一个特定的蛋白质结构域，而一般情况下所有的克隆代表一个诱饵或者捕获蛋白[38]。

### 3.2  酵母双杂交原理

酵母双杂交系统是基于对真核生物调控转录起始的认识而研发的一项研究蛋白质相互作用的技术。利用真核转录因子—典型的酵母模式结构 Gal4，识别特殊的 DNA 序列，即上游激活序列（Upstream activating sequence，UAS），并激活转录。转录因子 Gal4 分为 N 端和 C 端两部分，N 端部分称为 DNA 结合结构域（DNA binding domain，DBD），它能识别位于 GAL4 效应基因的上游激活序列（UAS），并与之结合；C 端部分称为转录激活结构域（Transcriptional activation domain，AD），定位于所调节的基因的上游，它可同转录复合体的其他成分作用，以启动 UAS 下游的基因进行转录[19]。这两个结构域具有各自独立的功能，互不影响。它们单独作用不能激活转录，只有同时含有这两个结构域，才能激活特定基因表达的激活因子，否则无法完成激活功能。

Fields 和 Song[10] 将 Gal4 系统进行了改进，基本的原理是将两种感兴趣的蛋白 X 和 Y 分别融合到 DNA 结合结构域（DBD）和转录激活结构域（AD），即构成了融合蛋白 DBD-X 和 AD-Y。其中 X 蛋白一般为已知蛋白，或称为诱饵蛋白（bait protein）；Y 蛋白为未知蛋白或称为捕获蛋白（prey protein）。如果 X 和 Y 发生相互作用，就能使 AD 与 DBD 相互接近，形成一个完整的转录激活因子，并激活相应的报告基因表达。反之，如果 X 和 Y 之间没有发生相互作用，那么 DBD 和 AD 不能重建形成转录因子，报告基因的转录就不能被激活（图 1）[7]。如果将 cDNA 文库直接克隆到捕获载体上，用已知的诱饵蛋白对其进行基因组范围内的筛选，那么即可筛选到能与诱饵蛋白相互作用的大量蛋白[14]。

经典的酵母双杂交系统进一步发展，开发了其他不同的 DNA 结合结构域（如 *E. coli* 转录抑制因子 LexA），转录激活域（疱疹病毒 VP16）以及各种各样的报告基因。报告基因除了含有颜色反映的 *lac*Z 基因外，最普遍的当属营养缺陷型标记（如 *LEU*2，*HIS*3，*ADE*2，*URA*3，*LYS*2），可以在缺陷型培养基上生长。目前，为了保证酵母双杂交筛选的严谨性，多种报告基因同时被用来验证蛋白质之间的互作[8]。事实上，酵母双杂交普遍存在的假阳性问题主要是由于非特异性互作造成的。选择两种报告基因更有利于转录激活，从而提高了筛选的严谨性，但对于瞬时互作和较弱的互作效果欠佳。另一种提高严谨性的方法是部分地抑制报告基因编码的酶活性。例如，通过增加 3-AT 的浓度可以抑制 *HIS*3 报告基因的底物咪唑磷酸甘油脱氢酶的作用[7]。

相比早期的互作筛选，酵母双杂交技术可以检测活体内部细胞真实环境内的相互作用。由于其便于操作以及成本较低，该技术快速的成为了研究蛋白质 - 蛋白质相互作用的首选。随后，三杂交系统被发展起来用来研究配体与受体间的互作[22]。这个三杂交系统可以被用来鉴定蛋白互作的抑制物[16]。另一种酵母双杂交技术的拓展是使用两个以上的诱饵，尤其是比较互作的特异性[34]。再进一步的技术扩展是研究高通量的互作，即所谓的矩阵筛选，这在之前已经介绍过了。早期的酵母双杂交系统只能研究细胞核内的蛋白质之间的互作，这就使得细胞质和细胞膜内蛋白质之间的互作研究受到了局限性。因此，酵母双杂交的衍生系统在随后得到了发展。

## 3.3 酵母双杂系统的发展

近年来，以酵母双杂交技术为基础的其他衍生系统被逐渐的发展起来。它们中大多数系统依据的原理同酵母双杂交系统相似。主要包括转录激活蛋白在细胞核内的酵母双杂交系统和细胞质以及细胞膜中的酵母双杂交系统（图 2）。

### 3.3.1 转录激活蛋白在细胞核内的酵母双杂交系统

（1）反式激活抑制系统

与经典的酵母双杂交系统相反，反式激活抑制（RTA）系统（repressed transactivator system）则是诱饵蛋白和捕获蛋白的相互作用抑制了报告基因的转录激活。蛋白 X 与 Gal4 的结合结构域（DBD）融合后具有了例如转录因子的激活活性；蛋白 Y 与转录抑制子（如 Tup1p）的抑制结构域（RD）融合。如果蛋白 X 与蛋白 Y 发生相互作用，那么报告基因的转录就会被抑制。RTA 系统已被用于研究哺乳动物蛋白 MyoD 和 E12、c-Myc 与 Bin1 之间的相互作用[13]。同时，该系统还被用于筛选新的与各种转录激活子相互作用的

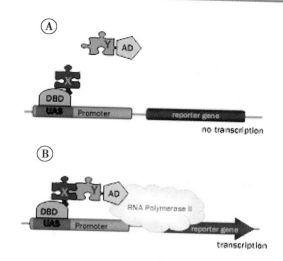

**图1 经典的酵母双杂交系统**[7]

A. 蛋白 X 融合到 DNA 结合结构域（DNA binding domain，DBD），称为诱饵蛋白。蛋白 Y 融合到转录激活结构域（Transcriptional activation domain，AD），称为捕获蛋白。B. 诱饵蛋白，如 DBD-X 融合蛋白与启动子的上游激活序列（Upstream activating sequence，UAS）结合。与诱饵蛋白相互作用的捕获蛋白，例如 AD-Y 融合蛋白，吸引 AD，因此重建了转录因子并吸引 RNA 聚合酶 II，启动报告基因的表达。

蛋白，如疱疹病毒调控蛋白 VP16[13]、c-Myc[41] 及雄性激素受体[15]。该系统不仅仅能够鉴定转录因子的相互作用，而且还能作为反向酵母双杂交系统去筛选小分子文库，例如寻找阻断致病相关的蛋白质间的相互作用的新药[7]。

（2）基于 RNA 聚合酶 III 的酵母双杂交系统

基于 RNA 聚合酶 III 的酵母双杂交系统是一种代替 RNA 聚合酶 II 为基础的转录激活系统。经典的酵母双杂交是将蛋白质 X 融合到 Gal4-DBD（诱饵），而该系统的诱饵能够结合 DNA 是由于 Gal4p 结合序列认为的被引入到报告基因 SNR6。然而，猎物载体的构建相对困难，是因为另一个蛋白质 Y 被融合到 τ138p，它是一个多聚体络合物的亚基 TFIIIC（两个转录因子之一），参与 RNA 聚合酶 III 介导的转录。如果诱饵蛋白和猎物蛋白互作，TFIIIC 将结合到 DNA 上，征集第二个转录因子（TFIIIB）以及聚合酶 III。这将激活 SNR6 报告基因的转录产生 U6 snRNA[23]。在含有温度敏感型 U6 snRNA 突变体酵母菌株中，这个报告基因的转录将补救温度敏感型缺陷，允许酵母在 37°C 生长[30]。该系用可用来筛选 cDNA 文库，如利用 τ138p-mBRCA1 为诱饵筛选小鼠胚胎 cDNA 文库[30]。

3.3.2 细胞质和细胞膜中的酵母双杂交系统

（1）SOS 和 RAS 募集系统

SOS（SOS recruitment system，SRS）和 RAS 募集系统（RAS recruitment system，RRS）是一种 Ras 信号通路杂交系统，它在酵母细胞和哺乳动物中是相似的。Ras 被定位在质膜上，可通过酵母 Cdc25 蛋白或哺乳动物 SOS 蛋白作为 Ras 的鸟苷酸交换因子（guanyl necleotide exchange factor，GEF），促使 GDP 与 GTP 的转换。Ras 被激活后会引发下游信号转导。该系统使用 Cdc25-2 温度敏感型酵母菌株，在 Cdc25-2 没有活性时，不能激活 Ras 信号转导途径，在高温（36 ℃）下不能生长。如果选择性激活 Ras，可以使其温度敏

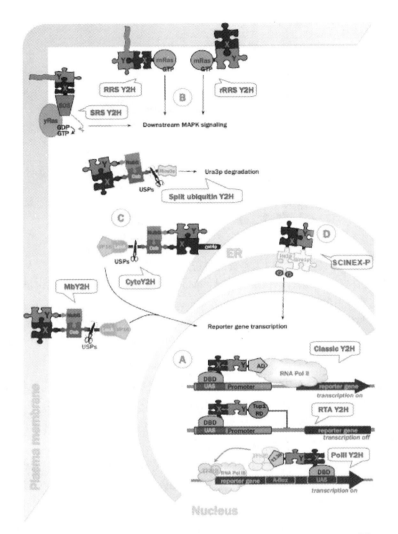

**图 2　酵母双杂交系统，酵母细胞中亚细胞定位以及操作模式[7]**

A. 细胞核内酵母双杂交系统：诱饵和猎物的互作在细胞核内，经典的 Y2H 和 RTA Y2H 都是使 RNA 聚合酶 II 转录，或者是激活作用，或者是抑制作用。相比之下，Pol III Y2H，是基于 RNA 聚合酶 III 的转录。B. 在质膜上的基于 Ras 信号的酵母双杂交系统：SRS Y2H，RRS Y2H 和 rRRS Y2H 都是定位在质膜上，捕获蛋白互作，随后 MAPK 下游信号被激活。SRS Y2H 和 RRS Y2H 将锚定在质膜上的蛋白 Y 与猎物载体融合，以检测细胞中与诱饵载体融合的蛋白 X；而 rRRS Y2H 是用于分析可溶蛋白 Y 与膜蛋白 X 间的互作。C. 基于分裂泛素的酵母双杂交系统：利用泛素重组的两个结构域来研究诱饵蛋白与猎物蛋白之间的互作。它们的亚细胞定位是根据感兴趣的两个蛋白 X 或 Y 的性质以及报告蛋白的应用而定的。Split ubiquitin Y2H 是利用细胞质中蛋白互作的非转录报告，但也可以用于膜蛋白；MbY2H 是用于膜上诱饵的互作分析，因此蛋白质 X 定位在膜上，例如质膜；CytoY2H 利用锚定在膜上的胞质诱饵，筛选在内质网膜附近的蛋白。D. 内质网酵母双杂交系统：SCINEX-P Y2H 允许诱饵蛋白和猎物蛋白互作分析发生在内质网环境中，是基于蛋白二聚体激活蛋白信号转导。

感表型消失[7]。

　　SOS 募集系统将可溶性蛋白 X 融合到哺乳动物 SOS 蛋白。如果 SOS-X 与定位在细胞质膜上的捕获蛋白互作，那么 SOS 刺激激活酵母 Ras（yRas）鸟苷酸交换，并启动下游信号转导[1]。Ras 募集系统是将可溶性的蛋白 X 直接融合到有活性的哺乳动物 Ras（mRas）蛋白。一经激活，这个 Ras 仅需要在膜上定位，而无需 Ras 交换因子（Cdc25 或 SOS）的激活。mRas-X 融合蛋白通过与膜结合的猎物蛋白的互作被募集到膜上[6]。SRS 和 RRS 系统均可研究可溶性诱饵蛋白与可溶性捕获蛋白或膜捕获蛋白间的互作。

　　（2）分裂泛素系统

　　该系统是在 1994 年由 Johnsson 和 Varshavsky[18]建立的，可用于检测细胞质内蛋白质间的相互作用，后来又被扩展为研究膜蛋白之间的互作筛选。泛素是一类含有 76 个氨基酸的肽链，它通常作为一种信号成分与另外一种蛋白质的 N 端相连。泛素分为两部分，即 N 端部分（N terminal part of ubiquitin，Nub）和 C 端部分（C terminal part of ubiquitin，Cub）。野生型的泛素 N 端和 C 端高度亲和，能被泛素专一性蛋白酶（ubiquitin-specific protease，UBP）识别。分裂泛素的酵母双杂交系统是基于泛素可分裂为两个独立片段的特点而设计的。该系统将泛素 N 端 Nub13 位亮氨酸（NubI）突变为丙氨酸（NubA）或甘氨酸（NubG），从而大大降低了 Nub 和 Cub 的亲和性，并不能被泛素专一性蛋白酶 UBP 识别。将蛋白质 X 和 Y 分别融合到突变后的 NubA 端（或 NubG 端）和 Cub 端，如果蛋白质 X 和 Y 发生相互作用，NubG/A 和 Cub 被拉到足够接近的距离时，就能够被 UBP 识别并导致转录因子（Lex A-VP16）释放，转录因子进入细胞核后激活报告基因的表达，这样就可以检测两种蛋白 X 和 Y 的相互作用情况[18]。基于分裂泛素的酵母双杂交系统是目前比较流行的双杂交系统。它已经成功的应用于 cDNA 文库的筛选[9,24,29,37,42]以及大规模的矩阵筛选[25]。

　　（3）细胞外及跨膜蛋白的酵母双杂交系统

　　SCINEX-P 系统（screening for interactions between extracellular proteins system）是在 2003 年由 Urech 等提出的在内质网膜内的氧化环境中分析蛋白质之间的互作[40]。该系统利用了酵母未折叠蛋白反应（UPR）的信号途径。内质网中错误折叠蛋白的积累会诱导酵母内质网 I 类跨膜蛋白（Ire1p）形成二聚体，后者诱导转录激活产物 Hac1p，并激活分子伴侣的转录。在 SCINEX-P 系统中，诱饵蛋白与缺少位于腔内的 N 末端寡聚化结构域的 Ire1p 突变蛋白（ΔIre1p）融合。两种杂合蛋白的互作会引起 Ire1p 蛋白二聚体的重构，并激活 UPR 下游信号转导过程。为了监测蛋白互作，Hac1p UPR 部分被引入报告基因的启动子上。该系统被成功地用于分析二硫异构酶 ERp57 与钙联蛋白（这两个蛋白都在内质网中折叠）之间的互作[32]，同时也用于分析抗原与抗体间的互作[40]。

## 3.4 酵母双杂交系统的局限性

　　酵母双杂交系统是唯一的一个能在蛋白质组学范围内对蛋白质间相互作用进行高通量系统分析的体内研究技术，但是该方法却存在着一定的局限性。首先，有许多已知存在的相互作用并没有在大规模的筛选中被鉴定出来，表明这种方法存在着较高的假阴性。其主要原因有以下几点：筛选方法不同检测到的蛋白间的互作也不同。例如经典的酵母双杂交系统只能检测到核内蛋白，对于胞质蛋白和膜蛋白则检测不到；融合的报告蛋白很可能空间排列受阻，从而影响蛋白互作；有些蛋白质间的互作是瞬时发生的，目前的一些方法很难检测到；高级的真核生物在酵母中表达的蛋白缺乏转录后修饰，因此发生的互作很难检测到[28]；报告基因的缺陷；RNA 聚合酶 Ⅱ 的变化等等。其次，假阳性可以反映蛋白质间非特异性相互作用，也就是说捕获蛋白能与许多不同的诱饵蛋白相互作用，即黏性捕获，这可能是由于有些蛋白需要与多个蛋白质相互作用才能正常使用其功能，如分子伴侣；同时，诱饵蛋白和捕获蛋白可能存在自激活能力，不需要发生蛋白质间的互作就能激活报告基因的表达；有些蛋白存在于不同的组织中，或在发育的不同时间表达，或分布在细胞不同的区域，它们在正常情况下不可能发生互作却被检测到了，这样的互作也是一种假阳性。要想检测双杂交中筛选到的相互作用是否真实，还需进行其他的验证实验再次验证。除此之外，通过统计学方法可以给每一个相互作用一个可靠度分值，从而能够排除许多假阳性。

## 4 展望

酵母双杂交系统的建立，发展和完善为蛋白质组学的发展提供了有效的途径。随着后基因组时代的发展，人们对蛋白质结构与功能的研究将不断深入，这就需要更高效，更便捷的新的互作系统被开发出来。同时，随着细胞内大规模的蛋白质动态互作网络的构建以及生物信息学的飞速发展，蛋白质互作组学必将进入一个全新的发展阶段。

**参考文献**

[1] Aronheim A, Engelberg D, Li N, et al. Membrane targeting of the nucleotide exchange factor Sos is sufficient for activating the Ras signaling pathway [J]. Cell, 1994, 78: 949 – 961.

[2] Auerbach D, Thaminy S, Hottiger M O, et al. The post-genomic era of interactive proteomics: facts and perspectives [J]. Proteomics, 2002, 2: 611 – 623.

[3] Auerbach D, Thaminy S, Hottiger M O, et al. The postgenomic era of interactive proteomics: facts and perspectives [J]. Proteomics, 2002, 2: 611 – 623.

[4] Bartel P L, Roecklein J A, SenGupta D, et al. Protein linkage map of *Escherichia coli bacteriophage* T7 [J]. Nat. Genet. , 1996, 12: 72 – 77.

[5] Boireau W, Rouleau A, Lucchi G, et al. Revisited BIA-MS combination: entire "on-achip" processing leading to the proteins identification at low femtomole to sub-femtomole levels [J]. Biosens. Bioelectron. , 2009, 24: 1 121 – 1 127.

[6] Broder Y C, Katz S, Aronheim A. The Ras recruitment system, a novel approach to the study of protein-protein interactions [J]. Curr. Biol. , 1998, 8: 1 121 – 1 124.

[7] Brückner A, Polge C, Lentze N, et al. Yeast two-hybrid, a powerful tool for systems biology [J]. Int J Mol. Sci. , 2009, 10 (6): 2 763 – 2 788.

[8] Durfee T, Becherer K, Chen P L, et al. The retinoblastoma protein associates with the protein phosphatase type 1 catalytic subunit [J]. Genes Dev. , 1993, 7: 555 – 569.

[9] Felkl M, Leube R E. Interaction assays in yeast and cultured cells confirm known and identify novel partners of the synaptic vesicle protein synaptophysin [J]. Neuroscience, 2008, 156: 344 – 352.

[10] Fields S and Song O K. A novel genetic system to detect protein-protein interactions [J]. Nature, 1989, 340: 245 – 246.

[11] Formstecher E, Aresta S, Collura V, et al. Protein interaction mapping: a Drosophila case study [J]. Genome Res. , 2005, 15: 376 – 384.

［12］ Fromont-Racine M, Mayes A E, Brunet-Simon A, et al. Genome-wide protein interaction screens reveal functional networks involving Sm-like proteins ［J］. Yeast, 2000, 17: 95 – 110.

［13］ Hirst M, Ho C, Sabourin L, et al. A two-hybrid system for transactivator bait proteins ［J］. Proc. Natl. Acad. Sci. , 2001, 98: 8 726 – 8 731.

［14］ Hong S, Choi G, Park S, et al. Type D retrovirus Gag polyprotein interacts with the cytosolic chaperonin ［J］. J. Viro. l. , 2001, 75 (6): 2 526 – 2 534.

［15］ Huang A, Ho C S, Ponzielli R, et al. Identification of a novel c-Myc protein interactor, JPO2, with transforming activity in medulloblastoma cells ［J］. Cancer Res. , 2005, 65: 5 607 – 5 619.

［16］ Huang J, Schreiber S L. A yeast genetic system for selecting small molecule inhibitors of protein-protein interactions in nanodroplets ［J］. Proc. Natl. Acad. Sci. , 1997, 94: 13 396 – 13 401.

［17］ Ito T, Chiba T, Ozawa R, et al. A comprehensive two-hybrid analysis to explore the yeast protein interactome ［J］. Proc. Natl. Acad. Sci. , 2001, 98: 4 569 – 4 574.

［18］ Johnsson N, Varshavsky A. Split ubiquitin as a sensor of protein interactions in vivo ［J］. Proc. Natl. Acad. Sci. , 1994, 91: 10 340 – 10 344.

［19］ Keegan L, Gill G, Ptashne M. Separation of DNA binding from the transcription-activating function of a eukaryotic regulatory protein ［J］. Science, 1986, 231: 699 – 704.

［20］ Kelly W, Stumpf M. Protein-protein interactions: from global to local analyses ［J］. Curr. Opin. Biotechnol. , 2008, 19: 396 – 403.

［21］ Kiemer L, Cesareni G. Comparative interactomics: comparing apples and pears ［J］. Trends Biotechnol, 2007, 25: 448 – 454.

［22］ Licitra E J. Liu J O. A three-hybrid system for detecting small ligand-protein receptor interactions ［J］. Proc Natl. Acad. Sci. , 1996, 93: 12 817 – 12 821.

［23］ Marsolier M C, Prioleau M N, Sentenac A A. RNA polymerase III-based two-hybrid system to study RNA polymerase II transcriptional regulators ［J］. J. Mol. Biol. , 1997, 268: 243 – 249.

［24］ Matsuda S, Giliberto L, Matsuda Y, et al. The familial dementia BRI2 gene binds the Alzheimer gene amyloid-beta precursor protein and inhibits amyloid-beta production ［J］. J. Biol. Chem. , 2005, 280: 28 912 – 28 916.

［25］ Miller J P, Lo R S, Ben-Hur A, et al. Large-scale identification of yeast integral membrane protein interactions ［J］. Proc. Natl. Acad. Sci. , 2005, 102: 12 123 – 12 128.

［26］ Natsume T, Nakayama H, Jansson O, et al. Combination of biomolecular interaction analysis and mass spectrometric amino acid sequencing ［J］. Anal. Chem. , 2000, 72: 4 193 – 4 198.

［27］ Obrdlik P, El-Bakkoury M, Hamacher T, et al. A channel interactions detected by a genetic system optimized for systematic studies of membrane protein interactions ［J］. Proc. Natl. Acad. Sci. , 2004, 101: 12 242 – 12 247.

［28］ Osborne M A, Zenner G, Lubinus M, et al. The inositol 5´-phosphatase SHIP binds to immunoreceptor signaling motifs and responds to high affinity IgE receptor aggregation ［J］. J. Biol. Chem. , 1996, 271: 29 271 – 29 278.

［29］ Pasch J C, Nickelsen J, Schunemann D. The yeast split-ubiquitin system to study chloroplast membrane protein interactions ［J］. Appl. Microbiol. Biotechnol. , 2005, 69: 440 – 447.

［30］ Petrascheck M, Castagna F, Barberis A. Two-hybrid selection assay to identify proteins interacting with polymerase II transcription factors and regulators ［J］. Biotechniques, 2001, 30: 296 – 298, 300, 302.

［31］ Phizicky E M, Fields S. Protein-protein interactions: methods for detection and analysis ［J］. Microbiol. Rev. , 1995, 59: 94 – 123.

［32］ Pollock S, Kozlov G, Pelletier M F, et al. Specific interaction of ERp57 and calnexin determined by NMR spectroscopy and an ER two-hybrid system ［J］. J. Embo. , 2004, 23: 1 020 – 1 029.

［33］ Rual J F, Venkatesan K, Hao T, et al. Towards a proteome-scale map of the human protein-protein interaction network ［J］. Nature, 2005, 437: 1 173 – 1 178.

［34］ Serebriiskii I, Khazak V, Golemis E A. A two-hybrid dual bait system to discriminate specificity of protein interactions ［J］. J. Biol. Chem. , 1999, 274: 17 080 – 17 087.

［35］ Stelzl U, Worm U, Lalowski M, et al. A human protein-protein interaction network: a resource for annotating the proteome ［J］. Cell, 2005, 122: 957 – 968.

［36］ Suter B, Kittanakom S and Stagljar I. Two-hybrid technologies in proteomics research ［J］. Current Opinion in Biotechnology, 2008, 19: 316 – 323.

［37］ Thaminy S, Auerbach D, Arnoldo A, et al. Identification of novel ErbB3-interacting factors using the split-ubiquitin membrane yeast two-hybrid system ［J］. Genome Res. , 2003, 13: 1 744 – 1 753.

［38］ Twyman R M. Principles of proteomics ［M］. BIOS Scientific Publishers, New York, 2004.

［39］ Uetz P, Giot L, Cagney G, et al. A comprehensive analysis of protein-protein interactions in *Saccharomyces cerevisiae* ［J］. Nature, 2000, 403: 623 – 627.

［40］ Urech D M, Lichtlen P, Barberis A. Cell growth selection system to detect extracellular and transmembrane protein interactions ［J］. Biochim. Biophys. Acta. , 2003, 1622: 117 – 127.

［41］ Wafa L A, Cheng H, Rao M A, et al. Isolation and identification of L-dopa decarboxylase as a protein that binds to and enhances transcriptional activity of the androgen receptor using the repressed transactivator yeast two hybrid system ［J］. J. Biochem. , 2003, 375: 373 – 383.

［42］ Wang B, Pelletier J, Massaad M J, et al. The yeast split-ubiquitin membrane protein two-hybrid screen identifies BAP31 as a regulator of the turnover of endoplasmic reticulum-associated protein tyrosine phosphatase-like B ［J］. Mol. Cell. Biol. , 2004, 24: 2 767 – 2 778.

# 昆虫飞行肌代谢研究进展[*]

王　伟[1][**]　李克斌[1][***]　尹　姣[1]　刘春琴[2]　曹雅忠[1]

（1. 中国农业科学院植物保护研究所，植物病虫害生物学国家重点实验室，北京　100193；

2. 河北省沧州市农林科学院，沧州　061000）

**摘　要：** 飞行肌是昆虫体内重要的组织和飞行动力来源。飞行肌在昆虫发育某一特定阶段发生降解，这是昆虫对环境的生物学适应性的一个表现，进一步说，此代谢过程是昆虫一个世代中质的改变，是整个生活史中的转折点。本文介绍了昆虫飞行肌的结构特点和降解代谢，重点说明了飞行肌降解作用和相关生理变化，探讨其降解的生理生化机制、调控、影响因素及相关研究方法。

**关键词：** 昆虫飞行肌；代谢研究；生理生化

昆虫是一类唯一有翅的无脊椎动物，飞行肌是昆虫肌肉系统中最主要的一部分，为昆虫的远距离迁飞提供前强大的动力来源和物质承担[1]，正因为这些昆虫能远距离迁飞，寻找如食源充足、天敌少等条件适宜环境，扩散为害，给农业生产造成重大影响。早在20 世纪初人们就发现，当发育到某一时期时，如完成迁飞或在滞育期，一些昆虫的飞行肌会发生溶解的现象，这引起了人们极大的关注[2~9]。虽然飞行肌代谢是一个生理过程，但是受到内外因素的影响，如虫口密度、交配、饥饿（取食）等。飞行肌的代谢过程对昆虫的生活史以及世代的繁衍有着重要的意义，也是连接迁飞行为与生殖等生理活动的纽带，其降解作用是对体内物质和能量的保存和有效利用。

## 1　昆虫飞行肌的种类及结构特点

飞行肌是昆虫所特有的肌肉类型，包括直接飞行肌（direct flight muscle，DFM）和间接飞行肌（indirect flight muscle，IFM）两部分。二者的区别在于肌肉与翅的连接及作用方式不同，间接飞行肌是固定在体壁的背腹板上，由背纵肌和背腹肌构成，通过改变胸部背板形态使翅振动。直接飞行肌自身与翅相连，由两对肌肉组成，其中一对收缩牵动翅上升，另一对则控制翅的下降。

昆虫飞行能力的大小与飞行肌结构直接相关。根据结构特点，可将飞行肌分为同步飞行肌和非同步飞行肌两种。研究表明弄蝶（*Achalarus lyciades*）[10]，黏虫 [*Mythimna separata*（Walker）][11] 和小地老虎 [*Agrotis ypsilon*（Rottem）][12] 的飞行能力比烟草天蛾（*Manduca sexta*）[13]，柞蚕（*Antheraea pernyi*）[14] 的强，罗礼智[15]和王荫长[12]分别对前者进行研究发现，它们飞行肌的粗细肌丝相间排列成规则的六角行，且比例为1∶3，这

---

* 基金项目：公益性行业（农业）科研专项（201003025）

** 作者简介：王伟（1987—），男，硕士研究生，主要从事昆虫生理生化方面的研究

*** 通讯作者：李克斌，E－mail：likebin54@163.com

是一种收缩能力最强的结构，只有在飞行能力较强的昆虫纤维肌及同步肌中才有。而后者粗细肌丝比都大于1：3，事实也证明它们的飞行能力较弱。尽管昆虫的飞行肌的种类因种而异，但它们有着相似的微结构：纤维状的肌细胞（故又称肌纤维）具有特化的细胞器——肌原纤维，电镜下肌原纤维由成分为肌球蛋白构成的粗肌丝及主要成分为肌动蛋白辅以原肌球蛋白和肌钙蛋白的细肌丝交叉排列组成[16]。

## 2 昆虫飞行肌的降解

### 2.1 昆虫飞行肌降解的生理基础

昆虫发育的前期，即卵到幼虫，再到羽化成成虫，是个体机体生长发育阶段。此过程主要是各种组织与器官的分化和构建。成虫羽化完成后，部分迁飞性昆虫便开始完善其飞行肌的发育，为迁飞作准备。迁飞是昆虫对不良环境的一种生存策略，寻觅新的栖息地，使昆虫在新的生境中繁衍种群[17,18]。昆虫的飞行是依靠飞行肌牵引着翅的上下振动来完成的，因此飞行肌的发育状况能很好的反映出昆虫迁飞能力的强弱。

Roff[19]的研究显示飞行肌占昆虫总体重的10%～20%，这表明飞行肌的生理活动需要大量的物质和能量来维持。飞行时昆虫利用多种能源物质，包括碳水化合物、脂肪、氨基酸。多数昆虫以碳水化合物为短距离飞行供能；一般来讲，在更远距离持续飞行过程中，当碳水化合物消耗殆尽时，就改为脂肪供能[20,21]。由于飞行所需的能源与生殖所需物质基本一致，因此迁飞活动与生殖会相互影响，这可能暗示着卵子发生—飞行颉颃的存在[22]。Johnson把这种飞行与生殖相颉颃、并交替进行的过程叫做"卵子发生—飞行颉颃综合症"，并认为这是大多数迁飞性昆虫的生理特征[23]。当昆虫性成熟后，就立即进入生殖阶段，开始交配产卵，此时一些昆虫的飞行肌开始发生降解，大部分能量则运用到生殖上，并且飞行肌降解的产物也会参与生殖行为。Nair等[24]首先用免疫学方法研究棉红蝽（*Dysdercus cingulantus*）雌蛾降解的飞行肌，发现确实能在血淋巴、卵巢及卵中检测到简介的飞行肌成分。李克斌等[25]利用同种方法在黏虫雌蛾的血淋巴、卵巢以及卵粒中也检测到了飞行肌的蛋白，表明飞行肌完成飞行功能后，降解的部分结构物质被重新利用于生殖活动中。这些结果表明飞行肌与生殖之间存在着某种互相牵制关系。

### 2.2 昆虫飞行肌降解的生理机制

目前研究普遍认为细胞凋亡（apoptosis，APO）是飞行肌降解的主要方式。APO最早由希腊科学家Kerr等于1972年提出的[26]，是由个体基因控制特定时期的细胞主动有序的死亡过程，故也称其为细胞程序性死亡（programmed cell death，PCD）。细胞凋亡对胚胎发育及形态发生（morphogenesis）、组织内正常细胞群的稳定、机体的防御和免疫反应、疾病或中毒时引起的细胞损伤、老化、肿瘤的发生进展都有着重要意义。细胞凋亡过程与坏死相比有着明显的生物学特征：细胞质密度增加，细胞核凝集，染色质固缩，DNA片段化[27]，线粒体逐渐衰亡、消失[28]，细胞膜褶皱，细胞裂解形成凋亡小体[29,30]，同时还合成一些凋亡调控因子。

在对一些昆虫飞行肌降解的研究中发现了细胞凋亡的现象。细胞凋亡使肌细胞裂解、消亡，宏观上表现为组织的溶解及功能的丧失。Kobayashi等[31]研究了豌豆蚜（*Acyrthosiphon pisum*）间接飞行肌的蜕皮后发育和降解中蛋白质合成变化后，得出结论：有翅蚜虫的飞行肌在迁移飞行后的降解包含细胞程序性死亡过程。Rush[32]对家蟋 *Achrta domestic-*

us 飞行肌溶解过程的进行研究，发现家蝇飞行肌组织溶解是一个通过内分泌信号生长调节细胞程序性死亡的主动过程。一些学者近年来以果蝇等为实验材料，对细胞凋亡进行研究并取得了一定成果[33~35]。此外，还有学者报道飞行肌降解是与保幼激素相关的泛素依赖蛋白的水解[36,37]。

## 2.3　飞行肌降解的主要影响因素

迁飞是各种迁飞性昆虫的生物学特性，是种在进化过程中长期适应环境而形成的遗传特性。许多迁飞昆虫在其整个成虫期内并不能始终持有飞行能力，也就是说到某个发育阶段，暂时性或永久性失去飞行能力。生理学上研究发现，是飞行肌肉组织的降解，直接导致飞行动力的丧失。因此飞行肌的发育状况能很好的反映出昆虫的迁飞能力，并且受内外环境因素的影响。有关蚜虫的报道，在饥饿的条件下不进行降解，然而再次喂食后则发生飞行肌肉组织溶解的现象[38,39]，说明取食（饥饿）是影响飞行肌降解一个因素。Tana-ka[40]对蟋蟀（*Modicogryllus confirmatus*）进行研究的结果表明，保幼激素（juvenile hormone，JH）及其类似物可引起飞行肌的降解和卵的产生，说明激素也是影响飞行肌降解的一个因素。Visalakshy[41]对水葫芦象甲（*Neochetina eichhorniae*）飞行肌发育和降解的影响因素进行研究发现，飞行肌的发育受虫口密度和环境温度的影响，在虫口密度大和高温条件下能促进发育，一旦转移到低密度环境中，飞行肌就开始进行降解。原因可能是低密度条件下食物空间充足，可以持续和频繁的进行取食活动，刺激咽侧体合成和分泌保幼激素，保幼激素的滴度升高，引起飞行肌降解。另外，Jone[42,43]对火蚁蚁后在婚飞前后的对比研究中发现交配引发了飞行肌降解，表明交配是飞行肌降解的又一个影响因素。由此可见，飞行肌降解作用受到内外因素综合作用影响，其中的一种或某几种占主导作用。

# 3　昆虫飞行肌代谢的激素调控

## 3.1　激素合成和代谢

昆虫激素是昆虫的内分泌腺分泌的激素，对昆虫的生理机能、代谢、生长发育、滞育、变态、生殖等方面起着调节控制作用。保幼激素（juvenile hormone，JH）是其中最重要的一种，保幼激素最早是由 Wigglesworth[44]在昆虫的头部发现的，起初被认为是咽侧体分泌的阻抑变态活性因子，进一步研究证明 JH 是一类半萜烯类化合物，自此许多国内外学者对保幼激素做了多方面的研究。目前已发现并确定的天然 JH 有 7 种，它们是 JH0、JHI、JHII、JHIII、4-methyl-JHI、JHIII-bisepoxide 和 Methyl farnesoate。JHIII是直翅目昆虫的主要 JH；而鳞翅目的 JH 主要是 JH0、JHI和 JHII的混合物；在高等双翅目中存在 JHIII双环氧化物。保幼激素含量变化在昆虫体内是动态的，由合成代谢和降解代谢同时决定的。其降解代谢主要由保幼激素酯酶（juvenile hormone esterase，JHE）、保幼激素环氧水解酶（（juvenile hormone epoxide hydrolase，JHEH）和保幼激素二醇激酶（juvenile hormone diol kinase，JHDK）三种酶[45~48]，催化生成保幼激素酸（juvenile hormone acid，JHa）和保幼激素二醇（juvenile hormone diol，JHd），代谢最终产物是保幼激素酸二醇（juvenile hormone acid diol，JHad）和保幼激素二醇磷酸（juvenile hormone diol phosphate，JHdp）。

## 3.2　激素的生理作用

JH 含量变化在调控昆虫生长、发育、变态和生殖等生理的多方面起着重要作用。昆虫飞行肌的发育和功能的维持通常是在羽化后几天或一周内进行的，是一个发育地程序化过程，此过程也受昆虫体内激素水平地调控，保幼激素是其中重要的一种。Tanaka[40] 在研究中发现，将 JH III 施用到颈部结扎的长翅曲脉姬蟋（*Modicogryllus confirmatus*）上，能够引起飞行肌降解，这说明飞行肌的降解受体内激素调控。Davis[49] 将一种红蝽（*Dysdercus fulvonige*）的活性咽侧体移饥饿的雌虫中时，刺激了饥饿雌虫的飞行肌的降解；用人工合成的保幼激素对饥饿的雄、雌虫飞行肌进行局部点滴处理，其飞行肌就能发生降解。Borden 等[50]用人工合成的保幼激素对加州齿小蠹（*Ips confusus*）进行注射处理后，发现飞行肌减少量与对照相比差异显著，这表明保幼激素能促进加州十齿小蠹飞行肌的降解。Rankin[51]指出保幼激素可刺激迁飞，她用不同浓度保幼激素处理马利筋长蝽（*Oncopeltus fascitus*），研究表明，高滴定量的停止飞行，然而用保幼激素类似物处理 5 日龄雄虫和 8 日龄成虫时，都刺激了其飞行，说明保幼激素在昆虫飞行肌代谢中起着重要的角色。其作用机制，在不同的昆虫中可能起着不同作用，还有待进一步研究。此外，因保幼激素及其类似物能阻止有害昆虫的正常生长发育，同时不会造成抗药性，被称为"第三代杀虫剂"，广泛用于防治农业害虫和卫生害虫。

## 4　飞行肌降解的研究方法

根据目前昆虫飞行肌相关的研究成果，对飞行肌降解的研究主要集中在生理学和分子生物学两方面。其中大多数都是在生理学研究方法上，分子方面相对较少，还比较薄弱。

生理学方法有凋亡的检测、激素含量、结构组分变化三方面来进行研究。常用检测细胞凋亡的方法有形态学检测、Annexin V 法检测、原位缺口标记（Tunel）法检测、线粒体膜势能检测、DNA 凝胶电泳（DNA Ladder）、流式细胞仪分析（flow cytometry assay，FCA）、酶联免疫吸附法（ELISA 法）、Caspase-3 活性的检测等方法，每种方法都有各自的优缺点，下面以其中几个常用的为例阐述一下各自的优缺点。形态学检测方法主要是通过电镜（EM）观察来实现的，可以清晰的观察到细胞凋亡的变化过程，这是凋亡检测最常用的手段，也是定性检测非常有效的方法之一，但是灵敏度低，难以定量，同时取材、切片、观察时的随机性使其准确性也受到限制；Tunel 法检测效率率高，十分准确，只标记凋亡细胞，不标记坏死和正常细胞，可做定量分析，但此法检测时间长，操作较烦琐，要求严格；DNA 凝胶电泳也是最常用的方法之一，在琼脂糖凝胶上可以清晰的看到断裂的染色质 DNA 梯形图，DNA 断片用放射性核素标记，电泳后进行放射自显影，则可使灵敏度提高 50～100 倍。要指出的是 Tunel 法和 DNA 凝胶电泳在较高等的动物上（如小白鼠等）应用较成熟，而在昆虫上的应用相当少，还有待进一步探索。FCA 是定量检测的一个重要方法，但这种方法对于 S 和 $G_2/M$ 期特异性凋亡的检测有局限性。此方法敏感性高，所需细胞数少，可检测低至 $5 \times 10^2/ml$ 的凋亡细胞，仪器要求不高，缺点是不能准确组织定位。研究细胞凋亡时宜选用既特异、灵敏，又能定量的方法。激素含量变化的检测方法有生测法、放射免疫测定、以及色谱法，近年来随着研究技术的发展，色谱法越来越受到研究者的青睐。生测法是指 Gilbert 提出的对蜡蛹的"蜡伤测试法"，但此法的灵敏度和特异性都很差，现在已很少采用；色谱法和放射性免疫分析法是 20 世纪 70 年代后发展起来的，前者发展相当迅速，毛细管柱的出现使得色谱检测的下限已达 <1ng，常用的色谱技术有气质联谱（GC-MS）、液质联谱（LC-MS）、高效液相色谱（HLPC）等，色谱法检测的灵敏度、精度高，操作也较简便，但是设备仪器和试剂要求高[52～55]。结构组分主要指蛋白质等构建物质含量的检测，凡是能检测蛋

白含量的方法均可，如 BCA 法、蒽酮法、考马斯亮蓝法等。

分子生物学方法，狭义的说是相关基因的研究。飞行肌降解是昆虫一个重要的生理过程，受到不同基因的共同调控，如凋亡基因（Caspase 基因家族等）、结构编码基因等。这些基因直接或间接的参与了飞行肌的降解调控。目前这方面的研究很少，不是很深入，也将是未来飞行肌降解机制研究的重要方面。

## 5 展望

大多数迁飞性昆虫，如鳞翅目的黏虫、棉铃虫等，主要取食花蜜，其成分主要是碳水化合物，蛋白质、脂肪含量很少，也就是说这些昆虫摄取的绝大多数是碳水化合物，少量氮素。但是生殖过程中卵的形成需要大量的氮素，而这些昆虫体内贮存蛋白很少，那么卵黄蛋白形成所需氮素主要来自哪里？有研究发现，在生殖生理过程开始进行时，这类昆虫的飞行肌同时也开始了降解代谢，李克斌[25]通过黏虫对此进行研究发现，飞行肌降解后的一些物质被转移到了生殖上，是不是所有迁飞性昆虫都有这种生理机制还有待进一步研究。

另一方面，有关研究表明，在飞行肌降解行程中肌肉蛋白分解的同时，也会有一些新蛋白的产生，如泛素蛋白；被降解蛋白质的去向，是完全被彻底分解还是被重新利用，被用来做什么？现在还不是完全的明确；产生的新蛋白的种类及各自的作用，哪些基因控制合成的？这也是需要我们去探索。在激素的调控上，保幼激素有多种，浓度含量及比例关系对飞行肌降解影响作用怎样，以及控制激素合成酶和如何基因表达调控的？这都是有待我们去研究的。此外，从分子生物学方面来看，控制肌细胞凋亡相关基因的研究比较少，对这些基因的研究不仅在农业害虫防治上，甚至在医学上都有着重大意义。

迁飞是害虫繁衍和扩散为害的重要方式，而飞行肌是其飞行的直接动力来源。飞行肌降解直接决定着迁飞性害虫的迁飞能力，是昆虫生活史中一个重要的生理过程。关于飞行肌降解影响因素的研究还不是很多，探究主要影响因素及其利用是将来研究的一个重要方向。研究飞行肌代谢机制对寻找迁飞性害虫的防治方法有着重要意义。

**参考文献**

[1] James H. Marden. Variability in the size, composition, and fuction of insect flight muscles [J]. *Annu. Rev. Phusiol.*, 2000, 62: 157 – 78.

[2] Janet C. Anatomic du Corselet et Histolysis des Muscles Vibrateurs apres le Vol Nup tial chez la Fourmi (Lasius Niger) [M]. *Paris: Limoges*, 1907.

[3] Feytaud J. Contribution a l'étude du Termite lucefuge (Anatomie, Foundation de Colonies Nouvelles) [J]. *Archs anat Micr.*, 1912, 13: 481 – 607.

[4] Hocking B. Autolysis of flight muscles in mosquito [J]. *Nature*, 1952, 169: 1101.

[5] Johnson B. Flight muscle autolysis and reproduction in aphids [J]. *Nature*, 1953, 172: 813.

[6] Tanaka S. De-alation, flight muscle hiatolysis, and oocyte development in the stiped ground cricket, *Allonembius fasciatus* [J]. *Physiology of Entomology*, 1986, 11: 453 – 458.

[7] John H B, Catherine E S. Induction of flight muscle degeneration by sythetic juvenile hormone in *Ips confusus* (Coleoptera: Scolytidae). *Journal of Comparative Physiology* [J]. 1986, 61 (3): 1 432 – 1 435.

[8] Socha R, Sula J. Differential allocation of protein resources to flight muscles and reproductive organs in the flightless wing-polymorphic bug, pyrrhocoris apterus (L) (Heteroptera) [J]. *Journal of Comparative*

Physiology, 2008, 178（2）：179 – 188.

［9］ Muda A R B, Tugwell N P, Haizlip M B. 稻水象甲的季节发生史和背中纵肌的退化与再生［A］. 稻水象甲译文集［C］. 北京：学苑出版社, 1989.

［10］ Reger J F, Cooper D P. A comparative study on fine structure of the basalar muscle of the wing and the tibial extensor muscle of the leg of the lepidopteran Achalarus-lyciades［J］. J. Cell. Biol. , 1967, 33：531 – 542.

［11］ 罗礼智. 黏虫飞行肌的发育：超微结构特征分析. 昆虫学报, 1996, 39（4）：366 – 374.

［12］ 王荫长, 尤子平. 小地老虎飞行肌的超微结构与飞行能力的研究. 昆虫学报, 1986, 29（3）：252 – 258.

［13］ Rheuben M B. Kammer A E. Comparison of slow larval and fast adult muscle innervated by the same motor meurone. J. Exp. , 1980, 84：103 – 118.

［14］ Nuesch H. Controlof muscle development. In：Kerkut G A, Gilbert L I eds. Comprehensive Insect Physiology Biochemistry and Phamacology. Vol 2. Oxford：Pergamon Press, 1985, 425 – 452.

［15］ 罗礼智, 李光博. 黏虫蛾飞行肌超微结构的研究. 昆虫学报, 1996, 39（2）：141 – 148.

［16］ 杨璞, 余海忠, 程家安, 祝增容. 昆虫飞行肌蛋白质［J］. 昆虫知识, 2005, 42（3）：726 – 731.

［17］ Rankin M. A. And Burchsted J. C. A. , The cost of migration in insect. Annu. Rev. Entomol, 1992, 37：533 – 559.

［18］ Southood, T. R. E. Habitat-the gemplet for ecological strategies：J. of Animal Ecology, 1977, 337 – 365.

［19］ Roff DA（1990）The evolution of flightlessness in insects. Ecological Monographs, 60：389 – 421.

［20］ Beenakkers, A. M. Th. Carbohydrate and fat as a fuel for insect flight：a comparati ve study. J. Insect Physiol. , 1969, 15：353 – 361.

［21］ Beenakkers, A. M. Th. , Van der Horst, D. J. , Van Marrewijk, W. J. A. 1984. Insect flight muscle metabolism. Insect Biochem. , 1984, 14：243 – 260.

［22］ 李克斌. 黏虫和甜菜夜蛾能源物质利用、保幼激素及能源物质代谢相关酶活力与飞行关系的研究［D］. 中国农业大学, 2005.

［23］ Jone C G. Migration and dispersal of insect by flight, Methuen, London, 1969, 763.

［24］ Nair C N M, Prabhu K K. Enty of proteins from degenerating flight muscles into oocytes in Dys-dercus cingulatus［J］. Journal of Insect Physiology, 1985, 31（2）：383 – 388.

［25］ 李克斌, 罗礼智, 曹雅忠, 胡毅. 黏虫飞行肌降解与生殖关系的初步研究, 中国学术期刊文摘, 2001, 7（5）：662 – 664.

［26］ Kerr JFR, et al. , 1972, Br J Cancer, 26：239 – 257.

［27］ Ecker JR, 1995, Science, 268：667 – 675.

［28］ 吴波等. 电子显微镜报, 2000, 19（6）：792 – 798.

［29］ Wyllie AH, et al. , 1980, Int Rev Cytol, 68：251 – 306.

［30］ Kerr JFR, et al. , 1994, Cancer, 73：2 013 – 2 016.

［31］ Kobayashi M, Ishikawa H. Mechanisms of histolysis in indirect flight muscles of alate aphid［J］. Journal of Insect Physiology, 1994, 40（1）：33 – 38.

［32］ Rush H O, Acchia N J, Timothy A M. Programmed cell death in flight muscle histolysis of the house cricket ［J］. Journal of Insect Physiology, 2007, 53：30 – 39.

［33］ Tittel JN, Steller H. A comparision of programmed cell death between species. Genome Biol. , 2000, 1（3）：1 – 6.

［34］ Lee C, Baehrecke EH. Genetic regulation of programmed cell death in Drosophila. Cell Res. , 2000, 10（3）：193 – 204.

［35］ Cashio P, Lee TV, Bergmann A. Genetic control of programmed cell death in Droso phila melano-gaster

［J］. *Semin Cell Dev. Biol.*，2005，16（2）：225 – 235.

［36］ Kobayashi M，Ishikawa H. Involement of juvenile hormone and ubiquitin-dependent proteolysis in flight muscle breakdown of alate aphid［J］. *Insect Physiol.*，1994，40（2）：107 – 111.

［37］ Davis W L，Jacoby B H. Goodman D. B. P.，Immunolocalization of ubiquitin in degerating insect flight muscle［J］. Histochemical Journal，1994，26，298 – 305.

［38］ Johnson B. Studies on the degeneration of the flight muscles of alate aphids—2. Histology and control of muscle breakdown［J］. *Insect Physiol.*，1959，3：367 – 377.

［39］ Kobayashi M，Ishikawa H. Breakdown of indirect flight muscles of alate aphids（*Acyrthosiphon pisum*）in relation to their flight，feeding and reproductive behavior［J］. *Insect Physiol.*，1993，39，549 – 554.

［40］ Tanaka，S. Endocrine control of ovarian development and flight muscle histolysis in a wing dimorphic cricket，*Modicogryllus confirmatus*［J］. Insect Physiol.，1994，40，483 – 490.

［41］ Vsialakshy P N G. Development and degeneration of flight muscles in *Neochetina eichhorniae*（Co-leoptera：Curculionidae），potential biocontrol agent of the aquatic weed，Eichorniae crassipes［J］. Biocontrol Sci. Technol.，2004，14（4）：403 – 408.

［42］ Jones R W. Insemination-induced histolysis of the flight musculature in fire ants（*solenopsis spp.*）：An ultrastructural study［J］. *Amer. J. Anatomy*，1978，151（4）：603 – 610.

［43］ Jones R W，Davis W L. Leupeptin，a protease inhibitor，blocks insemination-induced flight muscle histolysis in the fire ant Solenopsis［J］. Tissue and Cell，1985，17（1）：111 – 116.

［44］ Wigglesworth，V. B. The physiology of ecdysis in Rhodnius prolixus. II. Factors controlling moulting and metamorphosis［J］. Quart. J. Microscop. Sci. 1934，77，191 – 222.

［45］ Hammock BD，Sparks TC. A rapid assay for insect juvenile hormone esterase activity［J］. Anal. Biochem. 1977，82：573 – 579.

［46］ Share MR，Roe RM. A partition assay for the simultaneous determination of insect juvenile hormone esterase and epoxide hydrolase activity［J］. *Anal. Biochem.* 1988，169：81 – 88.

［47］ Maxwell RA，Weleh WH，Horodyski FM，Schegg KM，Schooley DA. Juvenile hormone kinase Ⅱ. Sequencing，cloning，and molecular modeling of juvenile hormone-selective diol kinase from *Manduca sexta*［J］. *J. Bivl. Chem.* 2002a，277：21 882 – 21 890.

［48］ Maxwell RA，Weleh WH，Schooley DA. Juvenile hormone kinase I. Purification，characterization，and substrate specificity of juvenile hormone-selective diol kinase from *Manduca sexta*［J］. *J. Biol. Chem.* 2002b，277：21 874 – 21 881.

［49］ Davis N. T. Hormonal Control of Flight Muscle Histolysis in *Dysdercus fulvoniger*［J］. *Ann. Entomol. Soc. Amer.*，1975，68：710 – 714.

［50］ John H. Borden，Catherine E. Slater. Induction of Flight Muscle Degeneration by Synthetic Juvenile Hormone in *Ips confusus*（Coleoptera：Scolytidae）. *Z. Vergl. Physiologic*，1968，61：366 – 368.

［51］ Rankin M. A. 昆虫迁飞的激素控制［M］. 1984. 昆虫迁飞和滞育的进化（H. 丁格编）. 北京：科学出版社，2 – 24：

［52］ 徐瑞成，陈小义，陈莉. 四种检测细胞凋亡方法的比较［J］. 武警医学院学报，2000，9（1）：17 – 20.

［53］ 矫毓娟，刘江红，许贤豪. 细胞凋亡检测方法［J］. 中国神经免疫学和神经学杂志，2004，11（1）：53 – 56.

［54］ 司丽琴. 昆虫保幼激素的研究方法. 烟台师范学院学报［J］，1990，6（2）：76 – 81.

［55］ 唐健，平霄飞，汤富彬，杨保军. 用气质联谱测定褐飞虱体内的保幼激素［J］. 中国水稻科学，2001，15（2）：142 – 144.

# 12 种昆虫病原线虫对小地老虎的致病力[*]

武海斌[**]　辛　力　范　昆　于　欣　张坤鹏　孙瑞红[***]

（山东省果树研究所，泰安　271000）

**摘　要**：测定了 12 个品系昆虫病原线虫对小地老虎幼虫的防治效果。结果表明：线虫品系 NC116、14、Mex、An/6 对小地老虎幼虫有较高致病力，其 $LD_{50}$ 均小于 5.1 条/虫，其中，品系 NC116 的 $LD_{50}$ 为 2.4 条/虫，为最佳线虫品系。线虫品系 H06、KG、LN2、SF-SN、$XT_2$-2 对小地老虎也有较高侵染活性，其 $LD_{50}$ 为 8.5~20.2 条/虫，品系 X-7 对小地老虎的侵染力最低。线虫品系 NC116 可作为候选品系进一步研究，为制备线虫制剂和田间防治小地老虎提供理论指导。

**关键词**：昆虫病原线虫；小地老虎；致病力

小地老虎（*Agrotis ypsilon* Rottemberg）又名切根虫、夜盗虫，属鳞翅目夜蛾科，是一种严重为害蔬菜、棉花、玉米、烟草等农作物的多食性害虫，在我国各省区均有分布[1]。主要以幼虫将幼苗茎咬断拖入土中，造成缺苗断垄。小地老虎 1 年发生代数随纬度升高而减少，在北方 1 年发生 2~4 代，南方 6~7 代。越冬代成虫 3 月下旬至 4 月上旬开始出现，4 月下旬盛发。成虫羽化后 1~2 天开始交尾，6~7 天后进入产卵盛期，一头雌蛾一生可产卵 800~2 000 粒。卵大多产于幼嫩、低矮的植物叶背[2]。初孵幼虫于地上取食寄主叶片，3 龄后入土为害根、茎，适合在土壤中栖居的昆虫病原线虫寄生。

昆虫病原线虫（entomopathogenic nematodes，EPNs）是一类专门寄生昆虫的线虫，以 3 龄感染期幼虫通过害虫身体的自然开口或节间膜侵入寄主体内，释放携带的共生细菌，使其在害虫体内繁殖，产生毒素，导致害虫患病死亡[4]。因 EPNs 具有寄主范围广泛、主动寻找寄主，对非靶标生物安全、对环境无副作用、能与许多农药、肥料混用等优点[5~7]，已广泛应用于防治蛴螬、地老虎、桃小食心虫、天牛等多种农林害虫[8~9]。不同线虫对寄主的侵染力不同，为了选择对小地老虎具有高致病力的昆虫病原线虫，本研究于室内测定了 12 个线虫品系对小地老虎幼虫的致死试验。

## 1　材料与方法

### 1.1　供试线虫

昆虫病原线虫：斯氏线虫（*Steinernema carpocapsae*）AN/6、NC116、Mex、*S. glaseri* KG、*S. sp.* X-7、ED/1、*S. fetuae* Sf-SN 等品系由广州省昆虫研究所提供。异小杆线虫（*Heterorhabditis bacteriphora*）H06、*H. indica* LN2 品系由本实验室保存。14，XT2-2，1108-2 所用线虫品系是由本实验室采集后用大蜡螟活体繁殖获得侵染期幼虫。

---

\* 基金项目：泰安市科技专项：昆虫病原线虫生物防治蔬菜主要害虫研究与示范推广（20103070）

\*\* 作者简介：武海斌（1983—），男，硕士，山东省果树研究所，助研，主要从事农业害虫综合防治研究；E-mail：jinghaijiangxuan@126.com

\*\*\* 通讯作者：孙瑞红（1965—）女，博士，研究员，主要从事农业害虫综合防治研究；E-mail：ruihongsun@yahoo.com.cn

## 1.2 供试害虫

供试小地老虎由本实验室饲养获得。

## 1.3 供试线虫的制备与计量

用蒸馏水将保存在海绵块中的线虫冲洗到烧杯中，制成线虫悬浮液。然后用吸管取线虫液 0.1ml，滴于载玻片上，于双目体视镜下检查线虫活力和单位体积内线虫数量。

## 1.4 昆虫病原线虫对小地老虎幼虫的侵染试验

采用培养皿滤纸法[10]。用蒸馏水直接稀释各供试线虫悬浮液，按等比法稀释成 5 个系列浓度。在直径 9cm 的培养皿中放两张中速滤纸，均匀滴入 0.5ml 清水，然后加入 0.5ml 线虫悬浮液，再放入 5 头小地老虎 3 龄幼虫。每处理设 4 次重复，以蒸馏水处理做空白对照。置于温度（25 ± 1）℃、相对湿度（70 ± 10）％的恒温光照培养箱内。处理 72 h，观察记录被线虫侵染致死的幼虫数量。

## 1.5 数据统计分析

根据 Abbott 氏公式计算死亡率和校正死亡率，使用 DPS 生物统计软件计算毒力回归方程、致死中量 $LD_{50}$ 值和 95％ 置信限。

相对毒力指数：选择线虫品系 X-7 对小地老虎的 $LD_{50}$ 值作为标准，用其他药剂的 $LD_{50}$ 与之比较，相对毒力指数 = 其他药剂 $LD_{50}$ 值/X-7 $LD_{50}$ 值 ×100。

# 2 结果与分析

## 2.1 线虫侵染后小地老虎的死亡症状

小地老虎被线虫侵染后初期异常活跃，侵染中期，活动减少，表现呆滞，后期则无力爬行，虫体逐渐变软，体色也相继变化，由灰褐色变成灰色，寄主随之死亡，虫体失水后便萎缩干瘪。在体视镜下解剖观察死亡的小地老虎幼虫尸体，内有大量活动的线虫。

## 2.2 不同线虫品系对小地老虎 3 龄幼虫的致病力

室内测定结果（表 1）表明，12 个不同品系的昆虫病原线虫对小地老虎幼虫具有不同程度的致病力，致病力较高的品系为 NC116、14、Mex、An/6，其相对毒力指数是 X-7 的 6 倍以上，其中，致病力最高的（*Steinernema carpocapsae*）NC116 品系致死中量 $LD_{50}$ 为 2.4 条/虫；线虫品系 H06、KG、LN2、SF-SN、$XT_2$-2 对小地老虎也有较高致病力，其 $LD_{50}$ 为 8.5 ~ 20.2 条/虫，相对毒力指数为 174.758 ~ 413.7906；线虫品系 1108-2、ED/1 和 X-7 的 $LD_{50}$ 分别为 29.6 条/虫、34.9 条/虫和 35.3 条/虫，致病力较低。

分析各线虫品系的 $LD_{95}$ 表明，致病力较高的品系为 NC116、Mex、14、LN2、$XT_2$-2、SF-SN 其 $LD_{95}$ 为 18.9 ~ 211.3 条/虫；其中，*Steinernema carpocapsae* NC116 品系仍具有最高的致病力，$LD_{95}$ 为 18.9 条/虫；线虫品系 AN/6、KG、H06 对小地老虎也有较高致病力，其 $LD_{95}$ 为 360.1 ~ 696.8 条/虫，线虫品系 ED/1、1108-2 和 X-7 的 $LD_{95}$ 分别为 966.3 条/虫、1171.0 条/虫和 1316.9 条/虫，基本没有致病力。

# 3 讨论

小地老虎作为地下害虫生活隐蔽，防治困难[1]。作为害虫天敌的昆虫病原线虫自然条件下生活在潮湿的土壤中，对不良条件有一定的抵抗力，能主动寻找寄主，用线虫防治地下害虫具有独特的便利[5]。从研究结果看，供试的 12 个昆虫病原线虫品系均能侵染小地老虎 3 龄幼虫，但不同昆虫病原线虫间致病力不同，故出现不同的死亡率。昆虫病原线虫品系 NC116、14、Mex 具有较高的致病力，其相对毒力指数是 X-7 的 6 倍以上。其中 (*Steinernema carpocapsae*) NC116 品系致病力最高，具有防治小地老虎的潜力。至于田间对小地老虎的控制效果，有待进一步研究。

**表 1 12 种昆虫病原线虫对小地老虎幼虫致病力**

| 品系 | 回归方程 ($y=$) | $LD_{50}$值 （条/虫） | $LD_{95}$值（条/虫） | $LD_{50}$(95%置信区间) | 相关系数 | 毒力指数 |
|---|---|---|---|---|---|---|
| NC116 | $1.81733\,x+4.32475$ | 2.4 | 18.9 | 1.3~3.4 | 0.9920 | 1 499.685 |
| 14 | $1.12535\,x+4.27598$ | 4.4 | 127.4 | 0.5~8.9 | 0.9771 | 802.0345 |
| Mex | $1.84959\,x+3.79452$ | 4.5 | 34.8 | 3.1~6.9 | 0.9667 | 786.7087 |
| AN/6 | $0.88878\,x+4.37274$ | 5.1 | 360.1 | 2.2~19.6 | 0.9820 | 694.727 |
| H06 | $0.86013\,x+4.19941$ | 8.5 | 696.8 | 1.6~16.2 | 0.8903 | 413.7906 |
| KG | $1.02157\,x+4.04787$ | 8.6 | 416.5 | 1.9~16.0 | 0.9975 | 412.6148 |
| LN2 | $1.46070\,x+3.38774$ | 12.7 | 169.8 | 5.3~20.9 | 0.9984 | 277.8503 |
| Sf－SN | $1.46159\,x+3.24678$ | 15.8 | 211.3 | 6.1~25.2 | 0.9586 | 222.8636 |
| $XT_2-2$ | $1.72726\,x+2.7457$ | 20.2 | 180.9 | 11.2~29.6 | 0.9830 | 174.7588 |
| 1108－2 | $1.02993\,x+3.48446$ | 29.6 | 1 171.0 | 16.7~99.7 | 0.9831 | 119.1421 |
| ED/1 | $1.13011\,x+3.25637$ | 34.9 | 996.3 | 18.7~70.6 | 0.9300 | 101.0826 |
| X－7 | $1.04636\,x+3.38068$ | 35.3 | 1 316.9 | 17.6~79.1 | 0.9809 | 100 |

**参考文献**

[1] 郭秀芝，邓志刚，毛洪捷，等. 小地老虎的生活习性及防治 [J]. 吉林林业科技，2009，38（4）：53－55.

[2] 孙瑞红，李爱华，韩日畴，等. 昆虫病原线虫 HeterorhabditisindicaLN2 品系防治韭菜迟眼蕈蚊的影响因素研究. 昆虫天敌，2004，26（4）：150－155.

[3] 向玉勇，杨茂发，李子忠，等. 小地老虎室内连续饲养 12 代的化蛹率、羽化率和性比观察 [J]. 黄山学院学报，2010，12（5）：67－69.

[4] 张中润，韩日畴，许再福. 草坪地下害虫蛴螬的生物防治研究进展. 昆虫知识，2004，41（5）：387－392.

[5] Anonymous，Proposed insecticide/acaricide sussceptiility tests，IRAC method No. 7. Bull. Eur. Plant Prot. Org，1990，20：399－400.

[6] Friedman M J. Langston S L，Pollitt S. Mass production in liguid culture of insect-killing nematodes. Int. Patent. 1989 WO，9/04602.

[7] Gaugler R. Ecological considerations in the biological control of soil-inhabiting insects with entomopathogenic nematodes. Agr. Ecosys. Environ.，1988，24：351－360.

[8] Glaser R W，Farrell C C. Field experiments with the Japanese beetle and its nematode parasites. J. NY Entomol. Soc. 1935，43：345－371.

[9] Kaya，H K，and Gaugler，R.，Entomopathogenic nematodes. Annu. Rev. Entomol. 1993，38：181－206. Willmott D M et al. Use of cold-active entomopathogenic nematode Steinernema kraussei to control overwintering larvae of black vine weevil Otiorhynchus sulcatus（Coleoptera：Curculinidae）in outdoor strawberry plants. Nematology，2002，4（8）：925－932.

# 高温对昆虫生命活动的影响[*]

阳任峰[**]　李克斌　尹　姣　曹雅忠[***]

（中国农业科学院植物保护研究所，北京　100193）

**摘　要：** 温度是影响昆虫生命活动重要的环境因素之一。目前有关温度影响昆虫的生长、发育、生殖及存活等做了大量的研究。在高温条件下，随着温度的升高，高温对昆虫的正常生理活动有着不利的影响，其主要导致昆虫发育速率降低、滞育、生殖紊乱以及直接死亡等。高温影响昆虫的生理生化活动，主要研究集中在对昆虫体内水分胁迫、离子失衡、体壁破坏、蛋白质失活等方面，但是对于其伤害过程，还有待于进一步的探索。昆虫对高温具有一定的防卫机制，能够适应一定的高温环境。

**关键词：** 高温；昆虫；生理生化；影响作用

　　昆虫是变温动物，保持和调节体内温度的能力不强，环境温度影响其生命活动中全部化学反应的速率，并决定蛋白质的空间结构，因此，温度是影响昆虫的生长发育、生殖及存活等生命活动最重要的因素[1~3]。Vannier（1987）定义了最适温度，指的是在这个温度范围内昆虫能够正常完成生命活动的各项功能。高于最适温度时，昆虫的生命活动功能就会受到减弱[4]。在高温条件下，昆虫的生理生化特征乃至生命活动会发生重大改变。Francis Fleurat-Lessard（2009）通过利用多通道呼吸仪分析在连续温度梯度下玉米象甲的二氧化碳释放率曲线图，测定了在高温下的 3 个临界点：气孔关闭点（spiracle closing point，SCP）、热昏迷点（heat stupor point，HSP）、致死点（the death point，DP），表明昆虫在高温下生命活动发生改变的临界温度值[5]。一方面高温能直接杀死昆虫，因此可以利用高温防治害虫[6]。高温致死昆虫的生理生化机制的研究主要集中在对昆虫磷脂膜的损伤、体内水分的丧失、离子失衡、蛋白质的损伤等方面[7]。另一方面昆虫对高温具有一定的适应能力及防卫机制，当温度上升到一定程度时昆虫就会变得非常活跃，昆虫大量的抗逆反应就被激活，来防御高温对虫体的伤害[8]。

　　不同种类、不同龄期或者性别不同的昆虫对温度有着不同的适应范围，在相同温度下昆虫的生理生化机制也有可能不同[9]。灰飞虱 [*Laodelphgax striatellus*（Fallen）] 是不同种稻飞虱中较耐高温的种类[10]。在长时间的尺度上，个体对极端温度可通过遗传反应差异的累积最终导致物种对该反应的进化变异，所以从进化上看，不同昆虫种群的分化甚至异域物种的形成与温度是有着必然的联系[11]。马罡等发现在禾谷缢管蚜 [*Rhopalosiphum padi*（Linnaeus）] 比麦长管蚜 [*Sitobion avenae*（Fabricius）] 和麦二叉蚜 [*Schizaphis graminum*（Rondani）] 这两种麦蚜对高温的适应能力要强[12]。陈磊等采用短时高温处理

　　　* 基金项目：公益性行业（农业）科研专项（201103022）

　　** 作者简介：阳任峰（1988—），男，在读硕士研究生

　*** 通讯作者：曹雅忠；E-mail：yzcao@ ippcaas. cn

观测 40 ~ 47℃高温对莲草直胸跳甲［*Agasicles hygrophilas*（Selam&Vogt）］的存活时发现，44℃处理 1h 后雌成虫的存活率开始显著高于雄成虫[13]。马春森等研究发现在一定的温度时间处理下，麦无网长管蚜［*Metopolophium dirhodum*（Walker）］的若虫比成虫有着更高的耐热性[14]。

# 1 高温对昆虫种群发展的影响

高温对昆虫种群发展的影响主要表现在对昆虫个体的生长发育进度、生殖系统及繁殖能力以及存活的影响，而这些影响均为负面作用，即直接抑制昆虫整个种群的增长速率，甚至导致种群的衰落。

## 1.1 高温对昆虫生长发育的影响

在适宜的温度范围内，昆虫的发育速率随着外界温度的升高而加快，但当温度升高到一定程度时，发育速率反而会下降[15~17]。高温直接影响昆虫各阶段的发育历期，如秦西云等研究发现第一代烟蚜［*Myzus persicae*（Sulzer）］若虫的发育历期在 8℃和 26℃条件下分别为 32.54 天和 5.43 天，缩短了 27.11 天，但是温度在 28℃以上时，发育受到了高温的抑制作用，发育速率降低，28℃、30℃和 32℃下若蚜的发育历期依次为 6.24 天、6.68 天和 7.19 天，同 26℃相比，分别延长了 0.81 天、1.25 天和 1.76 天[18]；刘向东等的研究表明 35℃的高温下，灰飞虱各龄若虫无论在杂交籼稻还是粳稻上，其发育历期均比 25 ~ 30℃推迟 2 ~ 7d[19]；金化亮等研究发现椰甲截脉小蜂［*Asecodes hispinarum*（Boucek）］卵、幼虫和蛹在 30℃、33℃、36℃、39℃、42℃分别处理 8h 后，其发育历期同 24℃下处理存在显著差异，卵和幼虫在 30 ~ 39℃4 个温度梯度范围下，其发育历期随着温度的升高而逐渐延长，但是蛹则只有当温度上升到 36℃时，其发育历期才开始延长[20]。

高温也影响卵的孵化，降低孵化率甚至导致完全不能孵化。如韩瑞东研究表明在油松毛虫［*Dendrolimus tabulaeformis*（Tsai et Liu）］卵经过 40℃的高温 80min 处理后，显著降低孵化率；将初产卵持续放置在大于 34℃高温下不能孵化[21]；蔗扁蛾［*Opogona sacchari*（Bojer）］卵在温度为 42℃下处理 24h 就不能孵化，在自然环境温度下，38℃是蔗扁蛾卵孵化的高温上限[22]；梨小食心虫［*Grapholita molesta*（Busck）］卵在 35℃条件下经过 48 小时不能孵化[23]。

当温度较高时，有部分昆虫会出现滞育现象[24]，以躲避不适宜的环境条件。例如：Butler G D 研究表明，烟芽夜蛾（*Heliothis virescens*）在 32℃及以上温度产生滞育[25]；Niboche S 发现棉铃虫（*Helicoverpa armigera* Hubner）在 37℃产生滞育[26]；Ishikawa Y 观测葱蝇（*Delia antiqua* Meigen）在 24℃以上能产生滞育现象[27]。

## 1.2 高温对昆虫生殖的影响

过高的温度对昆虫的生殖系统有着较大的伤害作用，当升高到一定的温度时，随着温度的升高，其生殖能力下降[28~29]。高温能够影响昆虫生殖系统的发育，如叶恭银等研究了天蚕（*Antheraea yamamai* Guerin-Meneville）的卵巢发育情况，发现在幼虫期 3、4 龄幼虫卵巢生长发育在 20 ~ 29℃随温度提高而加快，至 32℃则略有下降而 5 龄幼虫卵巢发育对温度尤为敏感，在 32℃高温条件下可抑制其卵巢发育[30]。叶恭银等也利用高温对天蚕睾丸生长发育做了相应的研究，发现 3、4 龄幼虫睾丸大小在 20 ~ 29℃随温度提高而增大，32℃下则略有下降；5 龄幼虫睾丸大小在 20 ~ 26℃随温度提高而减小，过高的温度能够导致睾丸里面的精子合成受阻，精子数量减少，可溶性蛋白含量减少[31]。陈革等（1986）研究也表明家蚕在受到35℃36h后，家蚕（*Bombyx mori* Linaeus）雄蛹精子束头部明显缩短，精子束尾部膨大，因此引起雄性不育，而雌蛹在35℃下36h，就能抑制细胞发育，引起卵巢管内产生卵、叠卵位置改变。高温也能够直接导致昆虫繁殖量的下降[32]。江幸福等研究表明当黏虫［*Mythimna separata*（Walker）］的饲养温度达到27℃时其生殖系统会受到损害，30℃中平均每雌仅能产852.7粒卵，约为24℃的一半[33]。罗举等研究表明高温可导致二化螟［*Chilo suppressalis*（Walker）］种群的发育生殖力下降，主要表现在繁殖力从30℃时每雌产卵量148.7粒减至36℃时70.5粒[34]。崔旭红等分析了Q型烟粉虱［*Bemisia tabaci*（Gennadius）］在短期高温下的生殖率，结果表明：短时高温处理对Q型烟粉虱成虫产卵量没有显著影响，但随着处理温度达到41~45℃，其$F_1$代从卵发育到成虫的比例迅速下降，与对照（26℃）存在显著差异[35]。吴孔明等发现棉蚜（*Aphis gossypii* Glover）繁殖力在18~20℃最强，超过20℃后随着温度的上升其繁殖力不断的降低[36]。

## 1.3 高温对昆虫存活的影响

昆虫在高温条件下能降低存活率甚至全部死亡。王永宏等研究温度对玉米蚜［*Rhopalosiphum maidis*（Fitch）］种群增长的影响时发现，在15℃和20℃条件下，成蚜羽化后15天和10天内没有死亡，但是在30℃高温下玉米蚜存活曲线下降较快，此温度下不适于玉米蚜的存活[37]。棉铃虫在28℃、33℃、36℃条件下3龄幼虫存活率分别为92.6%、85.0%、57.7%，随着温度的升高，其存活率明显降低[38]。马巨法等用高温强度-高温作用时间模拟模型分析35~40℃高温对褐飞虱、白背飞虱、灰飞虱3种稻飞虱高龄若虫生存的影响时发现在40℃下，褐飞虱、白背飞虱、灰飞虱的$LT_{50}$值依次为23h、22.5h和25h，37.5℃下依次为62h、63h和81h[10]。周永丰等（2003）室内实验表明高温（40~48℃）处理2h对南美斑潜蝇［*Liriomyza huidobrenisis*（Blanchard）］各虫态均有较强的致死作用，其杀伤力随温度升高而明显提高，45℃对各虫态的校正致死率均在90%以上；48℃时，对各虫态校正致死率均达100%。田间试验结果表明，高温闷棚（40~48℃）对幼虫、蛹、成虫的防效分别达到86.4%、88.2%和92.1%[39]。

在极端高温的作用下，昆虫在短时间内即会死亡。因此可以利用短时间的极端高温防治害虫，目前的研究主要集中在仓储害虫、检疫害虫等方面[6]。如检疫害虫苹果蠹蛾［*Cydia pomonella*（L.）］幼虫在52℃下2min即可死亡[40]。在美国，由于局部农业害虫马铃薯甲虫［*Leptinotarsa decemlineata*（Say）］特大暴发时，利用火焰喷火器进行应急防治，喷火器可达到200℃的高温能使马铃薯甲虫瞬间死亡[41]。Fields（1992）统计过利用高温防治仓储害虫使不同害虫致死率达到100%的防治效果时所需要的处理温度和高温处理时间：烟草粉螟（*Ephestia elutella*）、粉斑螟（*Ephestia cautella*）、烟草甲（*Lasioderma sericorne*）、锯谷盗（*Oryzaephilus surinamensis*）、谷蠹（*Rhyzoperthadom inica*）、谷象（*Sitophilus granarius*）、米象（*Sitophilus oryzae*）、赤拟谷盗（*Tribolium castaneum*）、谷斑皮蠹（*Trogoderma granarium*）、杂拟谷盗（*Tribolium confusum*）的处理温度及时间组合分别为45℃、12h；40℃、24h；50℃、5min；60℃、30s；55℃、1min[9]。

## 2 高温对昆虫致死的生理生化机制

昆虫在适宜的温度范围内能够正常完成生命活动的各项功能。但是温度高于这个范围，昆虫的生命活动功能开始减弱，温度升高达到一定限度时昆虫生理生化活动就会紊乱，直至导致昆虫死亡；这时的温度一般称为致死高温。到目前为止，有关高温致死昆虫的生理生化机制相关研究主要集中在对昆虫体壁破坏、体内水分丧失、离子失衡、蛋白质失活等方面。

## 2.1 体壁破坏及体内水分丧失

昆虫的体壁对昆虫维持体内水分平衡有着极其重要的作用，当温度超过昆虫体壁的溶解温度时，体壁的蜡层就会造成不可逆转的破坏，即体壁的屏障和保护作用丧失。从而导致昆虫失水量急剧上升，这一温度成为临界转变温度[42]。当温度高于临界转变温度时，昆虫会快速的大量失水，造成昆虫死亡。不同种类的昆虫及同种昆虫的不同发育阶段有不同的临界转变温度，一般变化在 30~60℃，这主要与昆虫表皮内的碳氢化合物数量不同有关[43]。另外，当昆虫处于稍高于最适温度条件下，昆虫的活动行为加强，呼吸加剧，从而也造成了体内水分丧失的加剧[44]。

## 2.2 对磷脂膜的损伤

昆虫磷脂膜性质的改变被认为是高温致死主要的原因[45]。在高温的条件下，磷脂膜流动性会加强，造成磷脂膜的不完整。而昆虫的神经系统能够正常的运转则需要细胞膜的完整性，在室内实验发现，在高温处理的过程中发现昆虫受到高温伤害时，虫体抽搐然后死亡，很可能是因为磷脂膜受到损伤而导致神经系统不能够正常的运转。

## 2.3 导致离子失衡

昆虫体液内有很多离子保持液压的平衡，比如 $K^+$、$Na^+$ 等。昆虫体内的酶需要在一个合适 pH 值完成正常的功能活动[7]。昆虫体内的 pH 值的改变，从而造成体内酸碱失衡。当昆虫大量失水时，会造成体内离子浓度的大量增加，从而造成了膜系统的不可逆的损伤[46]。沙漠昆虫能够比较耐高温，宋菁分析了沙漠昆虫天花吉丁虫 [*Julodis variolaris* （Pallas）]、伪东鳖甲 [*Anatolica pseudiduma* （Kaszab）]、光滑胖漠甲 [*Trigonoscelis sublaevigata* （Reitter）]、何氏胖漠甲 [*Trigonoscelis holdereri* （Reitter）] 和谢氏宽漠王 [*Mantichoru lasemenowi* （Reitter）] 在高温条件下的脱水情况，发现沙漠昆虫在脱水严重的情况下，其血淋巴内 $K^+$、$Na^+$ 呈下降趋势，但是变化都不显著[47]。除了沙漠昆虫，整体来说昆虫脱水会导致离子下降更严重从而导致昆虫死亡[9]。

## 2.4 对蛋白质的损伤

高温能够改变蛋白质的结构和功能性质[48]。酶作为昆虫体内重要的蛋白质，温度对酶及酶促反应速率的影响特别显著。昆虫体内酶活随着温度的升高其活性增加，但是温度过高时酶活性就会下降，如椰心叶甲啮小蜂体内的过氧化氢酶（CAT）、幼虫过氧化物酶（POD）、超氧化物歧化酶（SOD）[49]。刘缠民分析黄粉虫的存活率与保护酶系统（SOD、POD 、CAT 等）时发现，黄粉虫高温致死的原因和其体内保护酶系统有着紧密的联系[50]。高温能够对蛋白质造成不可逆的失活，从而抑制昆虫完成各项生命活动，最终导致昆虫死亡。高温对昆虫生理生化的影响是复杂的相互联系的。高温对昆虫的致死效应是对其生理生化各个方面产生的综合影响的结果，不能单一考虑某方面的影响[51,52]。但是高温对昆虫致死的响应机制还不是特别清楚，程序之间的发生的先后顺序以及之间的联系还有待于进一步的探索。

## 3 昆虫对高温的适应及防卫反应

高温对昆虫的生长发育等有着不利的影响，但是昆虫也能够适应一定的高温。在长期的进化过程中，昆虫通过生理生化或者行为等方面的改变而逐渐的适应高温的环境。当环境温度高于昆虫的最适温度时，部分昆虫能够启动对高温的保护机制。

### 3.1 昆虫的行为防卫机制

昆虫对高温的行为或生态防卫方式主要有爬行躲避、迁飞躲避、生活史躲避、形态学躲避高温。吕昭智等发现一种沙漠昆虫中华漠王（*Platyope proctoleuca chinensis*）在 5～6 月份通过钻洞穴行为躲避 60℃ 的地表高温[53]。刘向东在实验室观察发现麦长管蚜［*Sitobion avenae*（Fabricius）］在温度为 20℃ 时个体均能够起飞，但是在较低温度（10℃ 下）均不起飞[54]，因此麦长管蚜的起飞和温度有着密切的关系。在田间调查也发现麦长管蚜和麦二叉蚜在夏季通过迁飞行为来躲避炎热的夏天[55～56]。麦蚜除了季节性迁移外，在丘陵地区存在垂直方向上的季节性迁移现象，夏季通过迁移到海拔 1 700m 的地方越夏[57]。昆虫体色的变化也能够有助于昆虫适应高温，如当温度上升时，田间红体色的麦长管蚜比例会升高。杜桂林等分析发现红体色的麦长管蚜的发育起点温度和有效积温均高于绿色体色的麦长管蚜，在室内和田间试验也发现其最适应温度范围也高于绿体色麦长管蚜，因此表明红体色麦长管蚜是适应高温而产生的一种生态型[58]。沙漠昆虫由于生活在高温干旱的地方，因此其在适应高温方面有着独特的形态学和行为学的特点：如体表颜色通常为白色、浅黄色等，能够起到反射太阳光，降低体温的作用；沙漠甲虫（*Onymacris plana*）的足较长，这样能够使昆虫能够快速的爬行躲避沙面的高温；而爬行较慢的昆虫，跗节下方或至少第一跗节下方具有隔热作用的浓密海面状跗垫，其昆虫在沙漠表面行走时，而不必受到高温的伤害[47]。

### 3.2 昆虫的生理防卫机制

由于环境温度的上升是一个相对连续的过程，当温度升高时，昆虫能够通过生理上的改变来逐渐适应高温环境。昆虫在无法躲避高温的条件下，首先要通过增加水分的蒸发来带走热量降低昆虫体内及体表的温度，避免高温的伤害[43]。另外，昆虫能够通过增加摄取水分和散失水分来降低体内的温度，如黏虫［*Mythimna separata*（Walker）][59]、剑角蝗 *Romalea guttata* 等[60]。在一定的温度下，*Alphitobius diaperinus* 水分的散失率与温度呈线性关系，一方面昆虫能够通过呼吸作用增加水分的散失来降低温度，另一方面昆虫能够通过增加体表的水分散失来降低温度[43]。热激蛋白（heat shock proteins，HSPs）的产生对于昆虫抵御高温有着积极的作用，目前研究较为广泛的是果蝇类（*Drosophila*）的 HSPs。Ritosasa 将果蝇的培养温度从 25℃ 提高到 30℃，30min 后，在多线热色提上看到了蓬松现象，由此发现了热诱导下蛋白质的合成现象[61]。昆虫体内热激蛋白（HSPs）和昆虫耐热性有着紧密的联系，昆虫受到亚致死温度处理后能够产生热激蛋白，从而能够提高昆虫的耐热性，所以当昆虫用亚致死温度预热处理后，可以短时间耐受致死高温。热激蛋白还具有分子伴侣的作用，能够保护昆虫体内的一些蛋白受到高温的伤害[62]。而且 HSPs 能够在逆境下解析蛋白质结合，防止其自发折叠成不溶状态；同时 HSPs 也可以利用水解 ATP 的能量，维持变性蛋白的可溶状态，并进一步使之复性，从而使昆虫具有耐热性[63]。但是，热激蛋白的产生也受到高温的限制，在温度过高时，昆虫并不能产生热激蛋白而很快死亡[64]。昆虫滞育也是在生理上对高温适应的一种手段，在夏季温度过高时，部分昆虫会进入夏滞育状态如棉铃虫[25]、紫苜蓿叶象甲（*Hypera postica*）[65]、龙虱（*Agabus disintegtatus*）[66]等。昆虫夏滞育主要表现为四个特征：呼吸率低、含水率低、脂肪含量高和生殖系统未发育完全[67]。夏滞育期间，尽管外界环境温度高，但是昆虫耗氧量总是维持在一个低水平，以减少能量的消耗，度过不良环境。低的呼吸率是至于昆虫的重要特点，有时被用作判断滞育的生理指标[68]。有研究表明在夏滞育的昆虫的血淋巴里发现了新的特殊的蛋白，其功能相当于热休克蛋白，如烟蚜夜蛾（*Heliothis virescens*）[69]。

## 4 展望

温度是影响昆虫生命活动的主要抑制因子之一。通过设定一系列的高温条件可以在室内测定昆虫的生命参数，如发育历期、生殖力、存活力等也可以通过模拟室外连续温度来测定昆虫生命参数，从而为昆虫种群的发生、扩散提供数据依据。高温防治作为综合治理害虫的重要手段之一，研究害虫在高温下的生理生态指标有助于提供更准确的更合理的温度处理时间的防治组合，从而减少高温防治害虫的费用，减少对非靶标或寄主植物的伤害。在全球性温度不断上升的现实情况下，高温对昆虫影响的研究将会越来越受到重视，一方面研究高温对昆虫生命活动的影响；另一方面也反过来研究昆虫是如何适应高温的相关机制，这些方面的研究为人类理解环境温度上升如何影响生物的生命活动以及生物对温度变化的适应性提供了丰富材料和前瞻性的内容。

**参考文献**

[1] Ma C S, Chen R L. Effects of temperature on development and reproduction of the diamond-back moth, *Plutella xylostella L* [J]. Journal of Jilin Agricultural Sciences, 1993, 3: 44 – 49.

[2] Ratte H T. Temperature and insect development. In: *Environmental Physiology and Biochemistry of Insects* [M]. K. H. Hoffmann ed. Berlin Heideberg, New York: Springer-Verlag, 1984, 33 – 65.

[3] Hoffmann K H. Metabolic and enzyme adaptation to temperature. In: *Environmental Physiology and Biochemistry of Insects* [M]. K. H. Hoffmann ed. Berlin Heideberg, New York: Springer-Verlag, 1985, 1 – 2.

[4] Vannier G. Mesure de la thermotorpeur chez les insects [J]. Bull. Soc. Ecophsical. 12: 165 – 186.

[5] Francis Fleurat-Lessard, Steve A. Dupis. Comparative analysis of upper thermal tolerance and co₂ production rate during heat stock in two different European strains of Sitophilus zeamais (Coleoptera: Curculionidae) [J]. Journal of Stored Products Research, 2010, 46: 20 – 27.

[6] J. D. Hansen, J. A. Johnson, D. A. Winter. History and use of heat in pest control: a review [J]. International Journal of Pest Management, 2011, 57 (4): 267 – 289.

[7] Francis Fleurat-Lessard, Jean-Marc Le Torch. Control of insects in post-harvest: high temperature and inert atmospheres. Physical Control Methods in Plant Protection, New York: Springer, 2001, 75 – 93.

[8] Bale, J. S., Masters, G. J., Hodkinson. Herbivory in global climate change research: direct effects of rising temperature on insect herbivores. Global Change Biology, 8: 1 – 16.

[9] Paul. G. Fields. The control of stored-product insects and mites with extreme temperature [J]. Journal of Stored, 1992, 28 (2): 89 – 118.

[10] 马巨法，胡国安，程家安. 高温下三种稻飞虱的生存分析：高温-时间-死亡率模型 [J]. 华东昆虫学报. 2005, 1: 81 – 87.

[11] Hoffmann A A, Parson P A. Evolutionary Genetics Genetics and Environmental Stress [M]. New York:

Oxford University Press，1991.

［12］马罡，马春森．三种麦蚜在温度梯度中活动行为的临界高温［J］．生态学报，2007，27（6）：2 449－2 459.

［13］陈磊，蔡笃程，陈青，唐超，彭正强，金启安，温海波．短时高温对莲草直胸跳甲成虫及繁殖的影响［J］．昆虫知识，2010，47（2）：308－312.

［14］Chun sen MA，Bernhard Hau，Hans Michael Poehling. The effect of heat stress on the survival of the rose grain aphid，*Metopolophium dirhodum*（Hemiptera：Aphididae）［J］．Eur. J. Entomal，2004，101：327－331.

［15］王如松，兰仲雄，丁岩钦．昆虫发育速率与温度关系的数学模型研究［J］．生态学报，1982，2（1）：47－56

［16］Davidson，J. On the relationship between temperature and rate of development of insects at constant temperature［J］．J. Anim. Ecol，1944，13：26－38.

［17］陈安国等．高温对黏虫 *Leucania sepatata* Walker 发育与生殖的作用［J］．昆虫学报，1965（3）：41－45.

［18］秦西云，李正跃．烟蚜生长发育与温度的关系研究［J］．中国农学通报，22（4）：365－370.

［19］刘向东，翟保平，胡自强．高温及水稻类型对灰飞虱种群的影响［J］．昆虫知识，2007，44（3）：348－352.

［20］金化亮，陈青，金启安，唐超，温海波，彭正强．热胁迫对椰甲截脉姬小蜂生长发育和繁殖的影响［J］．热带作物学报，2010，31（4）：631－635.

［21］韩瑞东，徐延熙，王勇，戈峰．高温对油松毛虫卵发育的影响［J］．昆虫知识，2005，42（3）：294－297.

［22］杜予州，鞠瑞亭，郑福山，龚伟荣，刁春友．环境因子对蔗扁蛾生长发育及存活的影响［J］．植物保护学报，2006，33（1）：11－16.

［23］鲍晓文，补充营养和短期高温对梨小食心虫生殖及成虫寿命的影响［D］．杨凌：西北农林大学，2010.

［24］Dean G J. Effect of temperature on the cereal aphids *Metopophiun dirhodium*（W.），*Rhopalosiphum*（L.）and *Macrosiphum avenue*（F.）［J］．Bulletin of Entomological Reasearch，1974，63：401－409.

［25］Butler G D，Wislson L T，Henneberry T J. Heliothis virescens（Lepidoptera：Noctuidae）：Initiation of Summer diapause［J］．Jounal of Economic Entomology，1985，78：320－324.

［26］Nibouche S. High temperature induced diapause in the cotton bollworm shape *Helicoverpa armigera*［J］．Entomologia Experimentalis et Applicata，1998，87：271－274.

［27］Ishikawa Y，Yamashita T，Nomura M. Characteristics of summer diapause in the onion maggot，*Delia antiqua*（Diptera：Anthomyiidae）［J］．Journal of Insect Physiology，2000，46：161－167.

［28］吴坤君，陈玉平，李明辉．不同温度下的棉铃虫实验种群生命表［J］．昆虫学报，1978：21（4）：385－390.

［29］冯炳灿，黄次伟，王焕弟等．温度对白背飞虱种群增长的影响［J］．昆虫学报，1985，4：123－127.

［30］叶恭银，胡萃．高温对珍贵绢丝昆虫—天蚕卵巢生长发育的影响［J］．生态学报，2002，20（3）：490－494.

［31］叶恭饮，胡萃．高温对珍贵绢丝昆虫—天蚕睾丸生长发育的影响［J］．应用生态学报，2000，11（6）：851－855.

［32］陈革，潘洁玲，甘礼珍．高温对家蚕蛹期生殖细胞与产卵质量的影响［J］．蚕业科学，1986，12（2）：110－113.

[33] 江幸福，罗礼智，胡毅. 饲养温度对黏虫飞行和生殖能力的影响 [J]. 生态学报，2000，2（20）：288－291.

[34] 罗军，张孝羲，翟保平，郭玉人，朱建华. 高温对二化螟实验种群生长、存活和繁殖的影响 [J]. 生态学报. 2005，4（25）：931－935.

[35] 崔旭红，徐建信，李晓宇，蔡冲. 短期高温暴露对 Q 型粉虱成虫存活和生殖适应性的影响 [J]. 中国农学通报，2011，27（5）：377－379.

[36] 吴孔明，刘芹轩. 温度对棉蚜生命参数影响的研究 [J]. 棉花学报，1992：4（1）：61－68.

[37] 王永宏，苏丽，忤均祥. 温度对玉米蚜种群增长的影响 [J]. 昆虫知识，2002，39（4）：277－280.

[38] 郭慧芳，陈长琨，李国清. 高温胁迫对雄性棉铃虫生殖力的影响 [J]. 南京农业大学学报，2002，23（1）：30－33.

[39] 周永丰，唐峻岭. 高温对南美斑潜蝇的致死作用 [J]. 昆虫知识，2003，40（4）：372－373.

[40] Wang S, Yin X, Tang J, et al. Thermal resistance of different life stages of codling moth（Lepidotera：Tortricidae）[J]. Journal of Stored products Research, 2004, 40（5）：565－574.

[41] R. - M. Duchesne, C. Lague, M. Khelifi, J. Gill. Physical Control Methods in Plant Protrction [M]. Spring-Verlag Berlin Herdelberg New York, 2001：61－73

[42] Cossins A. R. , Prosser C. L. Evolutionary adaptation of membrances to temperature. Proc. Natn. Acad. Sci. USA75：2 040－2 043.

[43] Christophe Salin, David Renault, Guy Vannier, Philippe Vernon. Critical thermal maximum and water loss in developmental stages of the lesser mealworm *Alphitobius diaperinus* [J]. Acta Zoologica Sinica, 2006, 52（1）：79－86.

[44] Allen G. Gibbs. Lipid melting and cuticular permeability：new insights into an old problem [J]. Journal of Insect Physiology, 2002, 48：391－400.

[45] Boina D, Subrammanyam B. Relative susceptibility of *Tribilium confusun* life stages exposed to elevated temperatures [J]. Journal of Economic Entomology, 2004, 97（6）：2 147－2 168.

[46] 宋菁. 荒漠甲虫水分散失和补充过程中血淋巴内离子、能量物质及其能量的变化，[D]，新疆：新疆农业大学，2008.

[47] S. Wang, J. A. Johnson, J. D. Hansen, et al. Determining thermotolerance of fifth-inster *Cydia pomonella*（L. ）（Lepidoptera：Tortricidae）and *Amyelois transitella*（Walker）（Lepidoptera：Pyralidae）by three different methods [J]. Joural of Stored Products Research, 2009, 45：184－189.

[48] Fabrice Savarit, Jean-Francois Ferveur. Temperature affects the ontogeny of sexually dimorphic cuticular hydrocarbons in Drosophila melanogaster [J]. The Journal of Experimental Biology, 2002, 205：3 241－3 429.

[49] 李志明. 椰心叶甲小蜂耐热性机理初步研究 [D]. 海口：海南大学，2010.

[50] 刘缠民. 不同温度对黄粉虫幼虫存活率和保护酶系的影响 [J]. 西北林学院学报，2006，21（1）：107－109.

[51] 杜饶，马春森，赵清华等. 高温对昆虫影响的生理生化作用机理研究进展 [J]. 生态学报，2007，27（4）：1 565－1 572.

[52] Hoffman A A, Sorensen J G, Loeschcke V. Adaptation of Drosophila to temperature extremes：Bringing together quantitative and molecular approaches [J]. Journal of Thermal Biology, 2003, 28：175－213.

[53] 吕昭智，钟晓英，苏延乐，梁红斌. 中华漠王 Platyope proctoleuca chinensis（鞘翅目：拟步甲科）对微生镜的选择 [J]. 生态学杂志，2010，29（11）：2 199－2 203.

[54] 刘向东，翟保平，张孝羲. 蚜虫迁飞的研究进展 [J]. 昆虫知识，2004，41（4）：302－307.

［55］曹雅忠，李克斌，尹姣，等．小麦蚜虫不断猖獗原因及控制对策的探讨［J］．植物保护，2006a，32（5）：72－75．

［56］董庆周，李效禹，孟庆祥，等．宁夏地区麦二叉蚜远距离迁飞的研究［J］．昆虫学报，1995，38（4）：414－420．

［57］曹雅忠，李世功．麦蚜及其综合治理［M］．见：李光博等，编．小麦病虫草鼠害综合治理．北京：中国农业科技出版社，1990：325－327．

［58］杜桂林，李克斌，尹姣，刘辉，曹雅忠．红体色麦长管蚜发育起点温度和有效积温［J］．昆虫知识，2008，45（6）：900－904．

［59］金翠霞，何忠，马世骏．黏虫的发育和成活与环境湿度的关系［J］．昆虫知识，1964，13（6）：835－843．

［60］Quinlan M C，Hadly N F. Gas exchange，ventilatory patterns and water loss in two lubber grasshoppers：quantifying cuticular and respiratory transpiration［J］．Physiological Zoology，1993，66：628－642．

［61］Ritossa F. M. Exp［J］．Cell Res，1963，35：601－607．

［62］Ellis R. J［J］．Annu. Rev. Plant Physiol，1981，32：111－117．

［63］张永强，王进军，丁伟，赵志模．昆虫热休克蛋白的研究概况［J］．昆虫知识，2004 40（1）：16－19．

［64］安少利．高温诱导条件下麦长管蚜的差异蛋白分析．［吉林大学硕士生学位论文］．长春：吉林大学，2011．

［65］Tombes A. S［J］．Ann. Entomol. Soc. Am，1971，64：77－80．

［66］Katsoyannos P. ，Kontodimas D. C. ，Stathas G. J. ［J］．Entomophaga，1997，42：483－491．

［67］Tombes A. S. J. ［J］．Insect Physiol，1964，10：997－1003．

［68］刘柱东，吴坤君，龚佩瑜．昆虫的夏滞育［J］．昆虫知识，2002，39（3）：234－237．

［69］Thomas S. H. ［J］．William D. H. Environ. Entomol. ，1989，18：563－569．

# 碧蛾蜡蝉行为习性的观察*

于玮台**　　陈文龙***

（贵州大学昆虫研究所，贵州山地农业病虫害重点实验室，贵阳　550025）

**摘　要：** 碧蛾蜡蝉（Geisha distinctissima Walker）为茶树主要害虫。本文观察了碧蛾蜡蝉的行为习性。结果表明：雌虫产卵纵向产于茶树冠层，一般每列刻痕有 2~19 个刻点，每个刻点有 1 粒卵，刻痕均是稍突出于枝条表皮外；若虫孵化多在凌晨，初孵若虫不取食条件下可存活 4 天；若虫蜕皮 3 次，共 4 龄，傍晚和凌晨 3：00 时至早晨 9：00 时均有发生，阴天湿度较高时，下午也可发生，蜕皮时间为 32~108min，平均 70min，每次蜕皮前 2~3 天体躯绿色加深，活动性降低；羽化多发生在上午 8：00~12：00 时，羽化前会寻找叶背作为羽化场所，羽化初期以雄虫居多；成虫交尾发生在晚上，雄虫用其肛节钩住雌虫腹部进行交尾，人为干扰也不分开，持续时间 60min 左右，自然界中不易发现；若、成虫有趋黑光和紫光两种短波光的特性。

**关键词：** 碧蛾蜡蝉；茶树害虫；行为习性；趋光性；蜕皮

碧蛾蜡蝉 Geisha distinctissima Walker 近几年在贵阳市部分茶园为害极其严重，该虫为害茶树的方式主要有 4 种：第一，若、成虫刺吸茶树汁液的方式为害[1]；第二，成虫产卵于茶枝上，形成纵向刻痕，造成翌年茶树抽梢率降低；第三，若、成虫会分泌蜜露，引起茶树发生煤污病[2]；第四，若虫在爬行时，会在叶片及枝条上残留大量蜡絮，影响植物光合作用的进行。迄今为止，国内外有关碧蛾蜡蝉的研究报道甚少，只是对其部分形态特征、发生规律、若虫抽样技术、药剂防治等方面有所涉及[3~6]，而对其行为方面的研究尚属空白。为此，作者对碧蛾蜡蝉的行为习性进行了较深入的研究，现将研究报道如下：

# 1　材料及方法

## 1.1　供试虫源

碧蛾蜡蝉若虫与成虫均采自贵阳市花溪羊艾茶园。选取贵州大学茶园 8 株健康茶树，每株茶树罩上 1 个网罩（1m×1m×1.2m），向茶树上接成虫数千头。

## 1.2　试验设备及仪器

人工气候箱（RXZ 系列多段可编程智能人工气候箱，宁波江南仪器厂生产）、Caso-L

　*　基金项目：贵州省科技厅农业攻关项目"茶树重要病虫害无公害防除技术研究与推广"（黔科合字 NY 字［2010］3024）

　**　作者简介：于玮台，男，江苏盐城人，硕士研究生。研究方向：昆虫学；E-mail：wtyu1988111@163.com。Tel：18798093381

　***　通讯作者：陈文龙，教授，硕士生导师。研究方向：农业昆虫与害虫防治；E-mail：CWL001@163.com

动物行为习性观察分析系统、体视显微镜（Motic，SMZ-168）、自制小网袋（80 目）、棉花球、试管、一次性透明杯、吸虫器等。

## 1.3 试验方法

### 1.3.1 室内饲养

在碧蛾蜡蝉产卵盛期，将在贵州大学茶园所产卵带回实验室，置于人工气候箱中（温度 28℃、相对湿度 70% ±5%）孵化，所孵若虫用高 50cm 左右的茶苗室内饲养，每天定期观察其蜕皮，当若虫第一次蜕皮后，将虫移至罐头瓶中单头饲养，瓶内放新鲜枝条供其取食，当茶枝萎蔫时，需及时更换。描述记录其行为习性。

由于碧蛾蜡蝉羽化后需一个月左右才可交配产卵[1]。为此，观察成虫交配是在成虫发生期从田间或松林坡采集回来，室内配对观察。

趋光性试验采用 Caso-L 动物行为习性观察分析系统，共有 8 种光，分别为红、橙、黄、绿、青、蓝、紫、黑。光强度设为 70%，相对湿度为 60%，温度为 25℃。

若虫趋光性：每次用试管装 30~40 头若虫，将虫放入 Caso-L 装置的中间部分，盖好盖子，暗处理 60min 后，开启光源，隔 90min 后观察虫体在各光源区域的分布情况。重复 20 次。

成虫趋光性：每次用饭盒装 15~25 头成虫，置于其中，暗处理 60min。之后，将其倒入 Caso-L 装置中，盖好玻璃盖，开启光源，观察计数。重复 20 次。

### 1.3.2 室外饲养

在成虫发生期，于田间捕捉足够量的碧蛾蜡蝉成虫，置于贵州大学茶园饲养观察。此外，还需结合田间调查。

### 1.3.3 数据处理

数据处理采用 Excel2007 及 SPSS18.0 软件。

## 2 结果与分析

### 2.1 孵化习性

卵初产时为白色，接近孵化时，颜色变黄，红色眼点显现。若虫多在凌晨孵出，白天少见。孵化过程中，足最后孵出，同时还会不时上翘腹部，此动作利于其足的顺利伸出。若虫孵化也有头部和足等前半部身躯孵出，而腹部最后离开卵壳的现象，但这种情况不常见。

初孵若虫白色，腹部末端光滑而无尾丝，经过 2~4h 后，腹部末端出现白色尾丝。在爬行或人为干扰时，有时尾丝会碰掉，但一段时间后可再次分泌出尾丝。

室内（21±2）℃初孵若虫在不取食情况下，最多可存活 4 天，且尾丝很短，最后尾丝逐渐消失。

### 2.2 蜕皮习性

若虫蜕皮前 2~3 天，体躯绿色加深，多会爬至叶背，静伏在叶背不动，人为干扰时也基本不动。头胸部逐渐出现裂痕，身体上部先从裂痕处缓慢钻出，之后，身体腹部不断向前蠕动弯曲，这需在解剖镜下才可看出。当虫体尾部最后脱离虫蜕后，休息 20~45min 后，突然向前爬 2mm 左右，之后在虫蜕附近固着不动。刚蜕皮的若虫体色淡，虫体柔弱湿润，可见，其体躯及足中的体液流动。腹部未见尾丝，之前尾丝连同上一龄的皮一起蜕去。蜕皮后2h左右，尾部可形成尾丝，但不明显。

若虫蜕皮3次，蜕皮发生在傍晚和凌晨3:00时至早晨9:00时，蜕皮时间为32~108min，平均70min。在阴天湿度相对较高时，白天下午也发现其有蜕皮。

## 2.3 羽化习性

若虫到了4龄末期，就进入了羽化阶段，此时会保持不动状态，寻找茶树叶片背部作为羽化的场所。刚羽化的成虫，复眼白色，翅边缘部分折叠，前翅浅绿色，经过1min左右，逐渐地舒展开来，直至翅膀完全干燥，体力恢复后，才会活动取食。羽化过程一般持续50min左右完成。通过图1看出，全天均有羽化，但羽化高峰发生在上午8:00~12:00时及傍晚18:00时左右，其他时间段羽化较少。羽化成虫以雄虫居多，这与田间调查相符。图1为碧蛾蜡蝉日羽化节律。

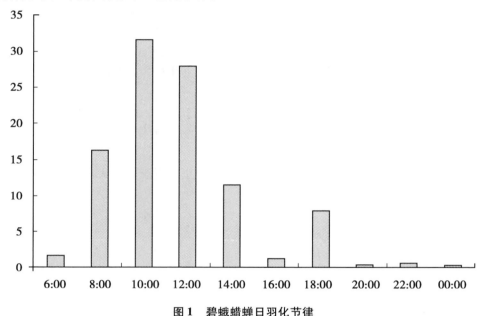

图1 碧蛾蜡蝉日羽化节律

## 2.4 交配、产卵习性

刚孵化的成虫不能立即交尾，需补充营养，一个月后方可交尾产卵[1]。交尾一般在夜晚，弱光下进行，交尾时雌雄虫均展开翅膀，雄虫用其肛节钩住雌虫腹部，雄虫腹部有所弯曲将阴茎插入雌虫尾部，时间可长达60min，交配后立即飞散开，交尾过程受人为干扰时，虫体亦不分开，而是躲避干扰，继续完成交尾。

雌虫产卵均发生在夜间，纵向产于茶树上层枝条，每列刻痕有2~19个刻点，每个刻点有1粒卵，刻痕均略突出于枝条表皮外。

## 2.5 趋光性

从图2可看出，碧蛾蜡蝉成、若虫对不同刺激光的反应，总的趋性表现为随着红、橙、黄、绿、青、蓝、紫、黑8种光的顺序，上灯虫数比例逐渐增加。由表1看出，在8种光源下，若虫对紫光灯和黑光灯的趋性与其他几种光源相比，趋性显著，而对红光、橙光、黄光、绿光、青光、蓝光5种光的趋性无显著差异。成虫对紫光灯、黑光灯的趋性与其他几种光源相比，趋性显著，对蓝光的趋性低于紫光和黑光，但高于其他5种光下的上灯虫数比例，与其他 5 种光下的上灯虫数呈显著差异。成虫在 8 种光的刺激下，不做选择的虫口比例明显高于若虫。

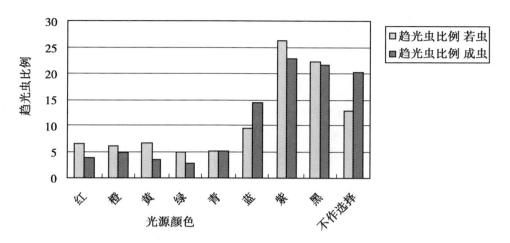

图 2 碧蛾蜡蝉在不同光源刺激下趋虫数比例图

表 1 不同光源刺激下碧蛾蜡蝉成、若虫趋光虫数

| 编号 | 处理 | 趋光虫比例 | |
|---|---|---|---|
| | | 若虫 | 成虫 |
| 1 | 红 | 6.6846 ± 0.9212c | 3.8899 ± 0.8597c |
| 2 | 橙 | 6.1824 ± 1.3545c | 5.0737 ± 0.9633c |
| 3 | 黄 | 6.7227 ± 1.6935c | 3.5268 ± 0.6556c |
| 4 | 绿 | 4.9815 ± 1.0887c | 2.8026 ± 0.6961c |
| 5 | 青 | 5.2512 ± 1.2239c | 5.222 ± 0.9042c |
| 6 | 蓝 | 9.7011 ± 1.4851bc | 14.4339 ± 1.669b |
| 7 | 紫 | 26.2325 ± 2.4473a | 22.9427 ± 1.7089a |
| 8 | 黑 | 22.1613 ± 1.0683a | 21.6478 ± 1.8625a |
| 9 | 不作选择 | 12.9619 ± 1.7903b | 20.4605 ± 1.4181a |

注：数据为 20 个重复平均数，每列数据后小写字母相同，表示经 Duncan 统计差异不显著（$P = 0.05$）

## 2.6 取食

碧蛾蜡蝉为多食性害虫，其寄主植物广泛，除文献所记载的植物外，调查发现，还为害悬铃木科的二球悬铃木、樟科的樟树、旋花科的甘薯、蔷薇科的刺梨等，低龄若虫多取食嫩叶部分，高龄若虫及成虫聚集停栖在寄主植物枝条上，呈"1"字形或两排"1"字形排开取食。低龄若虫多聚集在茶丛中下部分支枝条叶背上取食，一片叶子多则可聚集十几头若虫。2 龄后若虫的聚集度没低龄若虫高，但也是小范围的聚集，由于贵阳地区 5~6 月份多雨，茶园陡长枝增多，此时 2 龄以后若虫亦多聚集在茶丛陡长枝条上端取食，叶背少见。

## 2.7 活动

碧蛾蜡蝉若、成虫在晚上基本不活动，中午阳光强烈，也会躲入茶丛、叶背或在茶树下层枝干上。阴雨天多静伏在茶丛里，成虫还会躲在茶树主干下部。若虫在爬行时会在嫩枝上留下大量白色絮状物。总体来讲，碧蛾蜡蝉若虫、成虫自我活动性不强，但对振动很敏感，若虫受惊即会跳离，成虫不但会跳，还会飞走，但只做短距离飞行后又停栖于茶树上。成虫还具假死性，通常会闭合翅膀侧着体躯平躺于茶树叶片上或地面，但轻微触动虫体会立刻飞离。

## 3 小结与讨论

本试验研究结果表明，碧蛾蜡蝉羽化主要集中在 8：00 ~ 12：00 及傍晚，这可能是因为上午和傍晚的温度适合碧蛾蜡蝉羽化，而其他时间段温度可能太高或太低而不利于其羽化，羽化初期雄虫居多。碧蛾蜡蝉在贵阳地区一年发生 1 代，羽化后需 30 天左右才开始交尾产卵[1]，且将刚羽化的成虫饲养至性成熟比较困难。因此，本试验对成虫的交尾观察是在田间采集成虫在室内进行的，故对其行为习性的观察还不够连续全面，例如，成虫是否有多次交配不详。在对碧蛾蜡蝉的产卵行为的研究，只是描述了产卵时间及所产卵的形态，而其具体产卵动作如何，本试验未能观察到。由于碧蛾蜡蝉低龄若虫聚集分布在茶丛里，而在 2 龄以后，主要会爬至陡长枝条上取食，易发现。所以，在对其进行药剂防治时，可在 2 龄若虫后进行防治，而在初孵期防治对喷药的要求较高。此外，部分试验结果为室内观察所得，而在田间自然状况下，是否可得到一致结果，还待进一步研究。

利用一些昆虫具有趋光的特性，采用黑光灯来诱杀害虫，在害虫防治中已得到了广泛应用[7~9]。张汉鹄等报道称碧蛾蜡蝉成虫无趋光性[1]，但笔者在试验中观察到，碧蛾蜡蝉若、成虫对黑光和紫光两种短波光的趋性明显，而且在这两种光之间有时会来回爬行，不稳定，尤其成虫很明显，这可能是由于紫光波长（380 ~ 440nm）和黑光波长（330 ~ 400nm）具重叠区间。初步可认为碧蛾蜡蝉若、成虫对短波光有很强的趋性，但此结果仅为室内条件下得到，若要用于田间防治，还需要田间实际诱虫效果来验证。最后，此实验未设定不同光强度来进行验证，而是统一采用 70% 的光强度。

**参考文献**

[1] 张汉鹄，谭济才．中国茶树害虫及其无公害防治［M］．合肥：安徽科技出版社，2004：272 – 273.

[2] 梅志坚．茶树碧蛾蜡蝉的发生与防治［J］．茶叶科学技术，2004，7（3）：43.

[3] 喻爱林，等．油菜高产无性系碧蛾蜡蝉的生物学特性及防治［J］．江西植保，2006，29（4）：181 – 182.

[4] 王应伦，等．中国碧蛾蜡蝉属的分类研究［J］．昆虫分类学报，2005，27（3）：179 – 185.

[5] 徐自伦．碧蛾蜡蝉若虫在茶园中空间分布型和抽样技术［J］．安徽农业科学，1986（11）：21 – 25.

[6] 徐德良．茶树蜡蝉种群生态及控制技术研究［D］．苏州大学，2009，5.

[7] 罗春娥，等．频振式杀虫灯在园林上的应用［J］．河南林业科技，2005，25（1）：49 – 50.

[8] 康爱国，等．康保县 2001 年防治草地螟技术经验［J］．植保技术与推广，2002，22（5）：35.

[9] 江幸福，等．佳多虫情测报灯和黑光灯对草地螟种群监测与防治效果比较［J］．植物保护，2009，35（2）：109 – 113.

# 烟蚜两种寄生蜂成蜂的过冷却点及冰点测定[*]

张　洁[**]　张礼生[***]　陈红印　李玉艳　刘　遥

（中国农业科学院植物保护研究所农业部作物有害生物综合治理
综合性重点实验室，北京　100081）

**摘　要：** 烟蚜茧蜂和菜蚜茧蜂是农林重要害虫烟蚜的优势寄生性天敌。为了解这两种寄生蜂的耐寒能力，确定这两种天敌产品的低温贮存阈值，本研究测定了烟蚜茧蜂和菜蚜茧蜂成蜂的过冷却点和冰点。结果表明：烟蚜茧蜂的过冷却点为 -9.13℃，冰点为 -5.50℃；菜蚜茧蜂的过冷却点为 -11.52℃，冰点为 -8.24℃。菜蚜茧蜂的过冷却点和冰点较烟蚜茧蜂低并且差异显著。烟蚜茧蜂雌、雄蜂之间的过冷却点和冰点差异显著，而菜蚜茧蜂雌、雄蜂之间则没有显著差异。

**关键词：** 烟蚜；烟蚜茧蜂；菜蚜茧蜂；过冷却点；冰点

烟蚜茧蜂（*Aphidius gifuensis*）及菜蚜茧蜂（*Diaeretiella rapae*）是十字花科菜田中蚜虫的重要初寄生蜂。烟蚜茧蜂主要分布在亚洲东部及夏威夷，在我国南北均有分布，是蚜虫的一种主要内寄生性天敌，对寄主蚜虫的自然控制力较强，对烟蚜的防治效果尤其显著[1]。菜蚜茧蜂世界性分布，寄生范围广，包括可寄生烟蚜（*Myzus persicae*）、甘蓝蚜（*Brevicoryne brassicae*）和萝卜蚜（*Lipaphis erysimi*）。国内外学者对这两种蚜茧蜂的形态学和生物学作过许多研究[2~6]。国内已把烟蚜茧蜂用于露地及保护地内防治烟叶、辣椒及黄瓜上的桃蚜，减少了化学农药的使用次数，有效地控制了烟蚜的为害。在天敌昆虫生产及产品贮存中，往往对天敌产品进行滞育诱导或低温贮存，以期延长产品的贮存期和货架期。因此确定低温贮存阈值至关重要。过冷却点和冰点是反映昆虫抗（耐）寒性的重要指标，故可通过测定这两个生理指标，指导低温贮存阈值的确定。目前对烟蚜茧蜂和菜蚜茧蜂过冷却点和冰点尚无报道，因此本研究首次测定了烟蚜茧蜂和菜蚜茧蜂成蜂的过冷却点和冰点。

## 1　材料与方法

### 1.1　试验材料

供试虫源烟蚜茧蜂和菜蚜茧蜂均采自中国农业科学院植物保护研究所廊坊科研中试基地油菜田。烟蚜以油菜为寄主，烟蚜茧蜂和菜蚜茧蜂以桃蚜为寄主，室内饲养多代，饲养条件为温度（25±2）℃、相对湿度（70±10）%、光照为16h/天。

---

* 基金项目：国家自然科学基金项目（31071742）；公益性行业（农业）科研专项（201103002）

** 作者简介：张洁（1989—），女，硕士研究生，研究方向为害虫生物防治；E-mail：zhangjie8999@163.com

*** 通讯作者：张礼生，E-mail：zhangleesheng@163.com

## 1.2 试验方法

### 1.2.1 过冷却点、冰点测定方法

采用 SUN-II 型智能昆虫过冷却点测定仪（北京科林恒达科技发展有限公司生产）测定过冷却点及冰点。将羽化 24h 内的成蜂黏于热敏测温探头，一起置入超低温冰箱内。虫体温度将随冰箱温度持续下降，计算机自动记录、分析虫体表面温度的变化，并绘制出变化曲线图。昆虫体液冻结释放热量，引起虫体表面温度骤然升高，此时计算机绘制的温度变化曲线图会出现一个明显的峰，该峰的始点是过冷却点，突然上升的折点是冰点。烟蚜茧蜂和菜蚜茧蜂的雌、雄蜂各测 60 头。

### 1.2.2 统计分析

采用统计分析软件 SAS（9.1）对所有数据应用 t 检验法进行分析。

## 2 结果与分析

### 2.1 烟蚜茧蜂雌蜂与雄蜂过冷却点和冰点的差异

由表 1 中的数据得知，烟蚜茧蜂雌蜂的过冷却点为 –8.82 ℃，冰点为 –5.12℃。烟蚜茧蜂雄蜂的过冷却点为 –9.44℃，冰点为 –5.88℃。烟蚜茧蜂雌蜂的过冷却点和冰点皆高于雄蜂，并且达到显著差异水平（$P < 0.05$）。

**表 1　烟蚜茧蜂雌、雄蜂的过冷却点和冰点**

| 寄生蜂种类 | 过冷却点温度（℃） | 冰点温度（℃） |
| --- | --- | --- |
| 烟蚜茧蜂雌蜂 | –8.82 ± 0.205a | –5.12 ± 0.209a |
| 烟蚜茧蜂雄蜂 | –9.44 ± 0.222b | –5.88 ± 0.253b |

注：表中数据为平均值 ± 标准差，同列数据后不同字母表示差异显著（t-test，$P = 0.05$）

### 2.2 菜蚜茧蜂雌蜂与雄蜂过冷却点和冰点的差异

菜蚜茧蜂雌蜂与雄蜂的过冷却点和冰点非常接近，二者无显著差异（表 2）。菜蚜茧蜂雌蜂的过冷却点为 –11.38℃，雄蜂的过冷却点为 –11.66℃。菜蚜茧蜂雌、雄蜂冰点没有显著差异，分别为 –8.34℃ 和 –8.14℃。

**表 2　菜蚜茧蜂雌、雄蜂的过冷却点和冰点**

| 寄生蜂种类 | 过冷却点温度（℃） | 冰点温度（℃） |
| --- | --- | --- |
| 菜蚜茧蜂雌蜂 | –11.38 ± 0.505a | –8.34 ± 0.381a |
| 菜蚜茧蜂雄蜂 | –11.66 ± 0.291a | –8.14 ± 0.283a |

注：表中数据为平均值 ± 标准差，同列数据后不同字母表示差异显著（t-test，$P = 0.05$）

### 2.3 烟蚜茧蜂与菜蚜茧蜂过冷却点和冰点的差异

烟蚜茧蜂的过冷却点为 –9.13℃，冰点为 –5.50℃；菜蚜茧蜂的过冷却点为 –11.52℃，冰点为 –8.24℃。烟蚜茧蜂与菜蚜茧蜂的过冷却点和冰点存在极显著差异（$P < 0.01$），菜蚜茧蜂的过冷却点和冰点明显低于烟蚜茧蜂（表 3）。

表3　烟蚜的两种优势寄生性天敌的过冷却点和冰点

| 寄生蜂种类 | 过冷却点温度（℃） | 冰点温度（℃） |
| --- | --- | --- |
| 烟蚜茧蜂 | −9.13 ± 0.153A | −5.50 ± 0.167A |
| 菜蚜茧蜂 | −11.52 ± 0.291B | −8.24 ± 0.236B |

注：表中数据为平均值 ± 标准误，同列数据后不同字母表示差异显著（t-test，$P = 0.01$）

## 3　讨论

　　本试验仅测定了室内饲养多代的烟蚜茧蜂和菜蚜茧蜂成蜂的过冷却点及冰点，自然条件下的两种寄生蜂的耐寒力，以及不同虫态、年度和不同地理种群分化模式下的过冷却点及冰点尚待进一步测定。目前的测定表明，烟蚜茧蜂和菜蚜茧蜂均具有一定程度的耐寒能力，可以通过低温调控进行天敌产品贮存探索。相对而言，菜蚜茧蜂的过冷却点和冰点低于烟蚜茧蜂，更适于低温贮存，而烟蚜茧蜂产品贮存的温度设定不宜过低。

**参考文献**

[1] 丁垂平. 烟蚜茧蜂胚胎发育初步观察 [J]. 昆虫知识，1980，17（2）：64 − 66.
[2] 任广伟，秦焕菊，史万华，等. 我国烟蚜茧蜂的研究进展 [J]. 中国烟草科学，2000，21（1）：27 − 30.
[3] 阎福利. 烟蚜茧蜂防治温室蚜虫的试验. 黑龙江省昆虫学会论文集. 1984，3：29 − 33.
[4] 杨玉清，陈珠梅. 烟蚜茧蜂生物学特性的初步研究 [J]. 福建农学院学报，1984，13（2）：99 − 125.
[5] 忻亦芬. 烟蚜茧蜂繁殖利用研究 [J]. 生物防治通报，1986，2（3）：108 − 111.
[6] 赵万源，丁垂平，董大志，等. 烟蚜茧蜂生物学及其应用研究 [J]. 动物学研究，1980，1（3）：405 − 415.

# 小地老虎对几种植物挥发性物质的 EAG 反应[*]

李石力[**]　李　梦　张永强　罗金香　丁　伟[***]

（西南大学植物保护学院天然产物农药研究室，重庆　400716）

**摘　要：**利用触角电位仪测定了小地老虎成虫对15种植物挥发性物质、性信息素（Z7-12：Ac、Z9-14：Ac、Z11-16：Ac）及两者混合物（质量比1：1）的触角电位仪反应（EAG）值。结果表明，小地老虎雌雄蛾对15种挥发物质的EAG反应差异显著（$P < 0.05$），其中，叶醇、正庚醛的反应最高，分别为8.48mV、5.38mV、4.86mV与6.71mV、6.43mV、5.20mV，说明了15种挥发物质对小地老虎成虫的感应功能有所不同。6种寄主植物挥发物与性信息素主要组分混合后能引起雄蛾EAG反应明显高于单独性信息素的反应，其中，有4种挥发性物质明显增强小地老虎对性信息素的反应（$P < 0.05$），为叶醇、正庚醛、苯乙醛、甲基环己酮，其EAG反应值分别为10.65mV、9.92mV、10.87mV、9.97mV。而性信息素与几种挥发物组合引起雄蛾的EAG反应，以2种挥发物 SP + Phenylacetaldehyde + 3-Hexen-1-ol 最大，为11.15mV。

**关键词：**小地老虎；植物挥发性物质；性信息素；触角电位反应

　　小地老虎 *Agrotis ypsilon*（Rottemberg）是农业生产中重要的较难防治的夜蛾科（Noctuidae）地下害虫，别名土蚕、地蚕、黑地蚕、切根头等，是地老虎中分布最广、为害最严重的种类之一。其食性杂，可取食棉花、瓜类、豆类、甜菜、烟草等36科100多种植物（曾昭慧，1994）。小地老虎主要以为害幼苗、剪断幼茎、取食嫩叶为主，高龄幼虫的剪苗率高，取食量大。并且小地老虎又属迁飞性害虫，存在暴发成灾现象。近年来，小地老虎的为害常造成农作物缺苗、断垄，严重影响其产量（丁蕙淑，1992）。由于小地老虎属于地下隐蔽性害虫，现有的措施难以有效的防治，亟待寻找一种新型高效的防治方法。

　　植食性昆虫在与植物的协同进化过程中，进化出了能够准确辨别寄主和非寄主的能力，从而保证自身种群的繁衍。而在昆虫与植物间的化学通信系统中，植物释放的特定的挥发性气味物质能够诱导昆虫的觅食、寻偶、交配、产卵、逃避天敌等行为，由寄主植物释放的挥发性化合物在植食性昆虫寻找寄主植物的识别和定向过程中，起着重要的通讯引导作用（杜家纬，2001）。近年来，利用植物挥发物对昆虫的引诱与趋避作用来进行昆虫种群的治理，已成为害虫综合防治研究中的重点。经过国内外化学生态学者研究表明，许多植物挥发物对昆虫具有引诱作用，如烟草挥发物中的绿叶气体对烟夜蛾与棉铃虫（付小伟等，2008）、水杨酸甲酯对草蛉（Davia 等，2003）、黄秋葵挥发油对小菜蛾（王彦阳等，2011）、受为害后的豇豆对黏虫（Mark 等，2008）等。并且许多研究表明，昆虫寄主

　\*　项目资助：全国地下害虫（农业）公益性行业专项（10037157）

　\*\*　作者简介：李石力，男，硕士研究生，研究方向为天然产物农药研究与开发；E-mail：lsl203lst@163.com

　\*\*\*　通信作者：丁伟，E-mail：dwing818@163.com

植物气体能增强昆虫对性信息素的反应，欧洲葡萄浆果蛾的性信息素中加入 3-己烯-1-醇、4-萜烯醇、水杨酸甲酯、石竹烯 4 种混合物后引诱效果明显增强（Daniela 等，2009），小菜蛾性信息素的引诱作用因加入乙酸叶醇酯、3-己烯-1-醇与异硫氰酸酯的混合物而得到提高（DAI 等，2008）。而对于小地老虎上述方面的研究，郭线茹等采用水蒸气和二氯甲烷，萃取提取黑杨萎蔫叶中的诱虫活性成分，经田间测定结果表明，其萃取液对小地老虎、甜菜夜蛾等具有较高的诱集活性（郭线茹等，2001）。Zhu（1993）研究表明吊兰对小地老虎具有较高的引诱活性。本文根据前人的研究，筛选出 15 种植物挥发物，首先测定了小地老虎对这些挥发物的 EAG 反应，并初步研究了植物信息化合物与性信息素混合后的增效作用。为筛选出对小地老虎具有生物活性的植物源引诱剂、趋避剂，以及发现小地老虎性信息素增效剂和对其生态控制提供科学理论依据。

# 1 材料与方法

## 1.1 供试昆虫

供试小地老虎〔*Agrotis ypsilon*（Rottemberg）〕卵采集于河南省农业科学院，置于温度（26±1）℃光照 L/D=14/10 的人工养虫室内，用人工饲料进行饲养。每次试验选择健康成虫进行触角电位。

## 1.2 标准化合物

标准化合物的来源见表 1。以石蜡油作溶剂，将 15 种标准化合物配成与石蜡油体积比 1/10；性信息素主要成分的标准化合物 Z7-12：Ac、Z9-14：Ac、Z11-16：Ac，均购自于美国 ISCA 公司。

## 1.3 触角电位反应

触角电位仪由荷兰 Syntech 公司的智能化数据获取控制器 IDAC-4、刺激气流控制器 CS-55、探测器 Probes 及 Syntech 软件处理系统 AUTOSPIKE 四部分组成。气流系统由气流分配仪控制，空气经过净化，气流速度 100ml/min。刺激时间 0.5s，两次刺激时间间隔 60s 以上，以保证触角的活性完全恢复。将剪成 5cm×1cm 的长条，使滤纸正好卡巴斯德管内。以滤纸作为各溶液的载体，测试剂量为 10μl。用眼科剪刀将甜菜夜蛾触角从基部剪下，尖端切除少许后，用导电胶将其横搭在电极上，气味混合管与触角相距 5cm。以石蜡油为对照。具体方法参照董文霞（2000）和吴才宏的方法（1991）。

EAG 试验分两步进行，第 1 步以 EAG 记录技术测定小地老虎雄蛾、处女雌蛾及交配后雌蛾对 15 种标准化合物的敏感度；第 2 步分别以引起雄蛾 EAG 反应较强的 5 种挥发物与性信息素混用后对雄蛾的 EAG 反应。每种化合物或混合物对雌蛾或雄蛾均重复 10 头，每头蛾只用一根触角重复测定 3 次。

表 1    15 种标准化合物的纯度及来源

| 样品名称 | 纯度（%） | 来源 |
| --- | --- | --- |
| 正己醇 | 98 | aladdin-e. com |
| 顺-3-己烯醇（叶醇） | 98 | aladdin-e. com |
| 反-2-己烯醛 | 98 | aladdin-e. com |
| 苯甲醛 | 97 | aladdin-e. com |

（续表）

| 样品名称 | 纯度（%） | 来源 |
|---|---|---|
| 苯乙醛 | 97 | aladdin-e. com |
| 水杨酸甲酯 | 99 | aladdin-e. com |
| 水杨醛 | 99 | aladdin-e. com |
| 丁香酚 l | 99 | aladdin-e. com |
| 苯甲醇 | 99 | aladdin-e. com |
| 正庚酸 | 99 | aladdin-e. com |
| 正庚醛 | 97 | aladdin-e. com |
| 乙酸叶醇酯 | 98 | aladdin-e. com |
| 邻苯二甲酸二丁酯 | 99 | aladdin-e. com |
| 月桂烯 | 90 | aladdin-e. com |
| 2-甲基环己酮 | 98 | aladdin-e. com |

## 2 结果

### 2.1 小地老虎雌雄蛾对 15 种挥发物的 EAG 反应

雄蛾、处女雌蛾及交配后雌蛾对不同挥发物的 EAG 反应强度不同，雌雄蛾对 15 种不同挥发物的 EAG 反应的电位值去除石蜡油对照后的标准反应值如下表 2 所示。

表 2　小地老虎雌雄蛾对 15 种植物挥发物的 EAG 相对反应值（mV）

| 标准化合物 | 雄蛾 | 处女雌蛾 | 交配雌蛾 |
|---|---|---|---|
| 正庚酸 | 2.25 ± 0.43A bc | 2.57 ± 0.28A bc | 2.78 ± 0.33A cd |
| 苯甲醛 | 1.02 ± 0.07B c | 3.19 ± 1.31A bc | 4.01 ± 0.61A ab |
| 叶醇 | 8.48 ± 0.85A a | 5.38 ± 0.85B a | 4.86 ± 0.56C a |
| 正庚醛 | 6.71 ± 0.99A a | 6.43 ± 0.18A a | 5.20 ± 0.66B a |
| 月桂烯 | 2.84 ± 0.24A bc | 3.47 ± 0.73A bc | 2.91 ± 0.17A cd |
| 甲基环己酮 | 8.00 ± 0.53A a | 2.92 ± 0.31B bc | 2.38 ± 0.11B de |
| 水杨醛 | 2.89 ± 0.74A bc | 1.50 ± 0.12B de | 1.39 ± 0.02B f |
| 反 2-己烯醛 | 6.62 ± 0.20A b | 2.58 ± 0.85B bc | 1.16 ± 0.39C f |
| 水杨酸甲酯 | 1.19 ± 1.98C c | 5.31 ± 0.80A a | 3.36 ± 0.52B bc |
| 乙酸叶醇酯 | 3.95 ± 1.15A b | 1.63 ± 0.10B de | 1.45 ± 0.09B f |
| 丁香酚 | 1.67 ± 0.09A c | 1.50 ± 0.17A de | 1.27 ± 0.12A f |
| 正己醇 | 7.21 ± 0.70A a | 4.43 ± 0.28B bc | 3.88 ± 0.46C bc |
| 邻苯二甲酸二甲酯 | 1.02 ± 0.08A c | 1.44 ± 0.34A e | 1.17 ± 0.15A f |
| 苯甲醇 | 3.91 ± 0.18A bc | 4.90 ± 0.72B ab | 2.21 ± 0.49C de |
| 苯乙醛 | 7.92 ± 0.63A a | 5.82 ± 0.43B a | 3.73 ± 0.44C bc |

注：表中数字标注的大写字母表示横向比较（t 测验），表中同一列中具有不同字母的为 Duncan 氏多重比较差异显著（$P < 0.05$）。

从表 2 可以看出，雄蛾、处女蛾及交配后雌蛾对正庚酸、正庚醛、月桂烯、丁香酚、邻苯二甲酸二甲酯的 EAG 反应没有显著差异外，对其余 10 种挥发物的 EAG 反应差异均显著；大部分挥发物中以雄蛾的触角电位反应的值最高。雌蛾对大多挥发物的 EAG 反应居中，对各组分的差异均不显著，而交配后雌蛾对大部分挥发物的 EAG 反应都降低，说明了其中挥发物正庚醛、叶醇、水杨酸甲酯、苯乙醇、苯乙醛含有刺激雌成虫取食和交配的信息较多。

纵向的比较结果表明，小地老虎成虫对各种挥发物的反应具有差异性，3 个处理的成虫对叶醇、正庚醛的反应最高，分别为 8.48mV、5.38mV、4.86mV 与 6.71mV、6.43mV、5.20mV，雄蛾对叶醇、正庚醛、甲基环己酮、正己醇、苯乙醛的反应较高为 8.48mV、6.71mV、8.00mV、7.21mV、7.92mV；而处女蛾对正庚醛、叶醇、水杨酸甲酯、苯乙醇、苯乙醛的反应较高为 5.38mV、6.43mV、5.31mV、4.90mV、5.82mV。交配后雌蛾对苯甲醛、叶醇、正庚醛的反应较高为 4.01mV、4.86mV、5.20mV。说明了寄主植物挥发物的不同组分在对小地老虎成虫的不同行为功能中起不同的作用。

## 2.2 雄蛾对 7 种挥发物的 EAG 反应及与性信息素的相互作用

从以上结果可以看出，雄蛾对大部分挥发物的 EAG 反应较强，推测各种挥发物能促进雄蛾对雌蛾性信息素的反应强度。将雄蛾反应较为强烈的 7 种挥发物与性信息素组合对雄蛾做 EAG 反应测定，并以对性信息素单独的反应为对照，结果如表 3 所示。

表 3　小地老虎雄蛾对性信息素与 7 种植物挥发物相互作用的 EAG 反应

| 性信息素与植物挥发物 | 雄蛾 |
|---|---|
| SP | $7.24 \pm 0.21b$ |
| SP + 叶醇 | $10.65 \pm 0.92a$ |
| SP + 正庚醛 | $9.92 \pm 1.42a$ |
| SP + 正己醇 | $8.68 \pm 1.05ab$ |
| SP + 苯乙醛 | $10.87 \pm 0.92a$ |
| SP + 甲基环己酮 | $9.79 \pm 0.71a$ |
| SP + 反-2-己烯醛 | $8.04 \pm 0.17bcd$ |
| SP + 乙酸叶醇酯 | $5.52 \pm 0.46d$ |

注：表中 SP 表示性信息素，同一列中具有不同字母的为 Duncan 氏多重比较差异显著（$P < 0.05$）。

从表 3 可以看出，在植物挥发物与性信息素组合反应中，以单独对性信息素的反应为对照来分析，乙酸叶醇酯引起的反应显著低于单独性信息素的反应，反应值为 5.52mV，6 种组分能增强性信息素的反应，其中，有显著促进作用有 4 种成分，分别是：叶醇、正庚醛、苯乙醛、甲基环己酮，其 EAG 反应值反别为 10.65mV、9.92mV、10.87mV、9.97mV。说明了植物挥发物中有一些组分能增强雄蛾对性信息素的反应，有些组分可抑制雄蛾对性信息素的反应。

## 2.3 几种有增效作用的化合物的配比反应

为进一步了解几种挥发物对小地老虎雄蛾性信息素反应的增效作用，将表 2 中具有增效作用的挥发物按照反应的强度的大小，筛选出 5 种，测试 1~5 种组分混合刺激下雄蛾的 EAG 反应，各种组合的 EAG 反应结果如图 1 所示。

从图 1 可以看出，性信息素与几种挥发物组合引起雄蛾的 EAG 反应均大于单独性信息素的反应，其中，性信息素与 2 种挥发物（Phenylacetaldehyde + 3-Hexen-1-ol）混合后引起的雄蛾的 EAG 反应值最大为 11.15mV。多重比较表明，性信息素与 1 种、2 种、5 种挥发物组合时引起雄蛾的 EAG 反应差异不显著，但与性信息素单独的反应差异显著，与 3 种、4 种挥发物组合的 EAG 反应差异显著，说明了雄蛾对植物挥发物的反应以多组分组合反应为主，其中，以 SP + Phenylacetaldehyde + 3-Hexen-1-ol 最大。

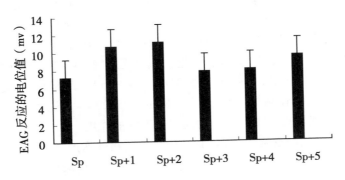

**图 1    小地老虎雄蛾对几种植物挥发物与性信息素协同作用的 EAG 反应**

注：SP 为性信息素；SP + 1 为性信息素与苯乙醛组合；SP + 2 为性信息素与 SP + 1 + 叶醇组合；SP + 3 为性信息素与 SP + 2 + 正庚醛组合；SP + 4 为性信息素与 SP + 3 + 甲基环己酮组合；SP + 5 为性信息素 SP + 4 + 正己醇组合。柱上标注的不同字母表示差异显著（$P < 0.05$）

## 3    讨论

植食性昆虫在寻找寄主、交配等行为时，寄主植物所释放的气味在其中起着重要的作用（杜永均等，1994），而在多达数十种甚至百种的挥发物中，只有一小部分关键性化合物对昆虫的行为起决定作用（Tasin 等，2007）。当前，通过电生理、风洞、嗅觉仪和田间诱捕等对植物气味物质的研究已经成为确定这些关键化合物及其之间的比例的主要方法（赵辉等，2003；薛皎亮等，2008；王翠英等，1992），并且随着气相色谱-触角电位联机技术（GC-EAG）和单细胞记录（SSR）的电生理技术的普遍应用与发展，对于这些研究已经深入到了细胞和分子水平上（严善春等，2006）。

本研究仅用电生理测定了 15 种植物挥发物对小地老虎雌雄蛾的 EAG 反应，其中，叶醇、正庚醛对雌雄蛾以及处女雌蛾具有较强的 EAG 反应，并初步筛选了几种挥发物对小地老虎雄蛾性信息素反应有增效作用的化合物，分别是叶醇、正庚醛、苯乙醛、甲基环己酮。为小地老虎成虫的防治与测报提供了一定的理论依据。但植物挥发性物质与性信息素协同作用并应用于田间的害虫综合治理，还需要进行大量寄主挥发物的筛选、具体的配比等一系列室内行为测定和田间诱捕试验。

昆虫性信息素在害虫的预测预报与综合治理中起着不可忽视的作用。但是，性信息素在某些昆虫中仅短距离内起作用，如天牛、蚜虫，大量用于田间进行诱捕可能性较小（周琳等，2006）。利用植物信息化合物来预测预报害虫的发生，可能比单独用性信息素在数据上更能反映种群动态（鲁玉杰等，2003），与昆虫性信息素一样，植物信息化合物也可用作害虫的测报与诱杀。植物释放的信息化合物可以调节昆虫与天敌的行为，如桑天牛 [*Apriona germari*（Hopp）] 为害之后，桑枝气味对长尾啮小蜂（*Aprostocetus prolixus* LaSalle et Huang）的引诱作用增强[23]，茶蚜为害可诱导茶树释放较多的苯甲醛、反-2-己烯醛和吲哚（Han 等，2002），强烈地引起七星瓢虫（*Coccinella septempunctata* L.）、中华草蛉（*Chrysopasinica* Tjeder）和蚜茧蜂（*Aphidius* sp.）的 EAG 和行为反应。田间使用水杨酸甲酯与苯乙醛的混合物对绿草蛉 *Chrysoperla carnea* s. l（Neuroptera：Chrysopidae）引诱效果显著（Miklós 等，2009）。而在应用昆虫性信息素与植物信息化合物进行害虫的预测预报与防治的同时，探明两者之间的协同作用，以及植物挥发物对性信息素的增效机制可进一步改进利用昆虫信息素控制害虫。

　　植物所释放的气味是一种复杂混合物，其组分繁多，且化学组分随季节、植物的品种、年龄、生理状况、空间分布等不同而变化（李建光，2001），这些化合物的化学及行为功能也有很多不同。昆虫对植物气味的感受机理也有所不同，其感受机理主要有味觉感受机理与嗅觉感受机理，但其中的感受机理包括嗅觉途径、嗅觉感受相关蛋白、信息传导、编码、加工处理、整合输出、感受谱及味觉感受机理，较为复杂（杨慧等，2008）。说明了对植物挥发物的了解和研究工作非常复杂，需要大量的化合物的筛选、室内与田间的生物测定等一系列工作，才有可能达到实际应用的目的。而植物挥发物与昆虫性信息素的协同增效作用，已有研究表明，寄主植物气味能够增强昆虫对性、聚集、示踪、报警等昆虫信息素的行为反应（戴建青等，2010），如甜菜夜蛾对性信息素及其寄主植物中存在的芳樟醇、苯甲醛、月桂烯有协同反应（Deng 等，2004）。正庚醛作为植物气味化合物中的一个组分，对棉铃虫性信息素具有协同、增效作用，正庚醛加棉铃虫性信息素的诱芯在田间可以提高89%的诱蛾量（方宇凌等，2002）。将苯乙醛（0.4mg）加入到斜纹夜蛾性信息素中，显著提高了引诱效果，可以作为斜纹夜蛾性诱剂的增效剂（沈幼莲等，2009）。但通过植物信息挥发物的协同作用来改善昆虫性信息素的低效性，还需要进行最佳化合物的浓度、比例以及剂量的筛选，才能达到目的。

## 参考文献

［1］丁蕙淑．文山州小地老虎发生及迁飞规律研究［J］．昆虫知识，1992，29（1）：10 – 13.

［2］董文霞，王睿，张钟宁．中红侧沟茧蜂对棉花挥发性物质的触角电位反应［J］．昆虫学报，2000，43：119 – 125.

［3］杜家纬．植物—昆虫间的化学通讯及其行为控制［J］．植物生理学报，2001，27（3）：193 – 200.

［4］杜永均，严福顺．植物挥发性次生物质在植食性昆虫、寄主植物和昆虫天敌关系中的作用机理［J］．昆虫学报，1994，37（2）：233 – 250.

［5］戴建青，韩诗畴，杜家纬．植物挥发性信息化学物质在昆虫寄主选择行为中的作用［J］．环境昆虫学报，2010，32（3）：407 – 414.

［6］付晓伟，郭线茹，罗梅浩，等．烟夜蛾和棉铃虫对高浓度烟草挥发物的电生理和行为反应［J］．昆虫学报，2008，51（9）：902 – 909.

［7］方宇凌，张钟宁．植物气味化合物对棉铃虫产卵及田间诱蛾的影响［J］．昆虫学报，2002，45（1）：63 – 67.

［8］郭线茹，原国辉，郑启伟，等．黑杨萎蔫叶片萃取物对蛾类成虫诱集活性的研究［J］．华北农学报，2001，16（4）：104 – 108.

［9］鲁玉杰，张孝羲．棉铃虫对几种信息化合物的触角电位（EAG）反应［J］．生态学报，2003，23（2）：308 – 313.

［10］李继泉，杨元，王树香，等．桑天牛卵长尾啮小蜂的寄主选择定位行为［J］．昆虫学报，2007，50（11）：1 122 – 1 128.

［11］李建光．光肩星天牛对寄主植物挥发性物质的行为反应及作用机理的研究［D］．北京：北京林业大学，2001.

［12］沈幼莲，高扬，杜永均．植物气味化合物与斜纹夜蛾性信息素的协同作用［J］．昆虫学报，2009，52（12）：1 290 – 1 297.

［13］王彦阳，崔志新，梁广文．黄秋葵挥发油对小菜蛾的触角电位反应及趋性研究［J］．应用昆虫学

报，2011，48（2）：328 – 331.

[14] 吴才宏. 柞蚕雌蛾性信息素及其类似物的结构和活性关系的电生理学研究 [J]. 昆虫学报，1991，34（3）：266 – 270.

[15] 王翠英，刘建，宋凤瑞，等. 大豆食心虫性信息素的化学结构触角电位及田间诱蛾效果 [J]. 植物保护学报，1992，19（4）：331 – 335.

[16] 薛皎亮，贺珺，谢映平. 植物挥发物对天敌昆虫异色瓢虫的引诱效应 [J]. 应用与环境生物学报，2008，14（4）：494 – 498.

[17] 杨慧，严善春，彭璐. 鳞翅目昆虫化学感受器及其感受机理新进展 [J]. 昆虫学报，2008，51（2）：204 – 215.

[18] 严善春，程红，杨慧，等. 青杨脊虎天牛对植物源挥发物的 EAG 和行为反应 [J]. 昆虫学报，2006，49（5）：759 – 767.

[19] 曾昭慧. 植物医生手册 [M]. 北京：化学工业出版社，1994：218.

[20] 赵辉，张茂新，凌冰，等. 非寄主植物挥发油对黄曲条跳甲成虫嗅觉、取食及产卵行为的影响 [J]. 华南农业大学学报，2003，24（2）：38 – 40.

[21] 周琳，马志卿，冯岗，等. 天牛性信息素、引诱植物和植物性引诱剂的研究与应用 [J]. 昆虫知识，2006，43（4）：433 – 438.

[22] Davia G., James. Field evaluation of herbivore-induced plant volatiles as attractants for beneficial inscets: methyl salicylate and the Green Lacewing. *Chrysopa nigricornis. Journal of Chemical Ecology*, 2003, 29（7）：1 601 – 1 609.

[23] Daniela Schmidt-Büsser, Martin von Arx, Patrick M. Guerin Host plant volatiles serve to increase the response of male European grape berry moths, *Eupoecilia ambiguella*, to their sex pheromone. *J Comp Physiol.*, 2009, 195：853 – 864.

[24] Deng JY, Wei HY, Huang YP, Du JW. Enhancement of attraction to sex pheromones of Spodoptera exigua by volatile compounds produced by host plants. J. Chem. Ecol., 2004, 30：2 037 – 2 045.

[25] Han BY, Chen ZM. Behavioral and electrophysiological responses of natural enemies to synomones from tea shoots and kairomones from tea aphids, *Toxoptera aurantii. Journal of Chemical Ecology*, 2002, 28（11）：2 203 – 2 219.

[26] Jianqing DAI, Jianyu DENG, Jiawei DU. Development of bisexual attractants for diamondback moth, *Plutella xylostella*（Lepidoptera：Plutellidae）based on sex pheromone and host volatiles. *Appl. Entomol. Zool*, 2008, 43（4）：631 – 638.

[27] Mark J. Carroll, Eric A. Schmelz, Peter E. A. Teal. The Attraction of Spodoptera frugiperda Neonates to Cowpea Seedlings is Mediated by Volatiles Induced by Conspecific Herbivory and the Elicitor Inceptin. *J Chem Ecol.*, 2008, 34：291 – 300.

[28] Miklós Tóth, Szentkir lyi F, Vuts J, Letardi A, Tabilio MR, Jaastad G, Knudsen GK. Optimization of a phenylacetaldehyde-based attractant for common green lacewings（*Chrysoperla carnea* s. L. ）. *Journal of Chemical Ecology*, 2009, 35（4）：449 – 458.

[29] Tasin M, Backman AC, Coracini M, et al. Synergism and redundancy in a plant volatile blend attracting grapevine moth females. *Phytochemistry*, 2007, 68（2）：203 – 209.

[30] Yu Cheng Zhu, Armon J. Field Observations on Attractiveness of Selected Blooming Plants to Noctuid Moths and Electroantennogram Responses of Black Cutworm（Lepidoptera：Noctuidae）Moths to Flower Volatiles. *Physiology and Chemical Ecology*, 1993, 22（1）：162 – 166.

# 皂角豆象生物学特性[*]

李　猷[1**]　张润志[1,2]　郭建军[1***]

（1. 贵州山地农业病虫害重点实验室，贵州大学昆虫研究所，贵阳550025；

2. 中国科学院动物进化与系统学重点实验室，中国科学院动物研究所，北京100101）

**摘　要**：皂角豆象 [*Megabruchidius dorsalis*（Fahraeus）] 是皂荚属（*Gleditsia*）植物果实的重要害虫，在室内温度（28±1）℃，相对湿度为65%条件下，卵期6~7天，豆内钻蛀期59~83天，雄虫寿命12~41天，雌虫寿命9~31天，寿命因食物和交配变化较大，雌雄性比约1:1。成虫的活动高峰期发生在13：00~21：00，雌虫活动较雄虫活跃。成虫的取食活动的高峰期在15：00~17：00。

**关键词**：皂角豆象；生物学

皂角豆象 [*Megabruchidius dorsalis*（Fahraeus）]，又名皂荚豆象，隶属于鞘翅目（Coleoptera），豆象科（Bruchidae），原隶属锥胸豆象属（*Bruchidius* Schilsky），后 Borowiec（1987）根据其触角无雌雄二型和雌虫臀板上的凹陷，将其移到 *Megabruchidius* 属。皂角豆象是豆科（Leguminosae）皂荚属（*Gleditsia*）植物果实的主要害虫（谭娟杰，1980），广泛分布于中国、日本、印度和印度尼西亚（Borowiec，1987），后有报道在意大利、瑞士和匈牙利发生（Migliaccio 和 Zampetti，1989；Ramos，2009）。

皂角豆象对皂角种子破坏力很强，钻蛀为害种子，使种子完全丧失活力。皂角豆象个体小，密度大，发生隐蔽，如何控制皂角豆象的为害，提高皂角种子的产量和质量，对生产有着重要意义。作者对皂角豆象的生物学特征进行了初步观察，以期为其防控提供参考。

# 1　材料与方法

## 1.1　材料

### 1.1.1　寄主植物种子

皂角种子（*Gleditsia sinensis* Lam.）采自贵阳市花溪区贵州大学南校区校园内的皂荚树。绿豆 [*Vigna radiata*（L.）R. Wilczek]、黄豆 [*Glycine max*（L.）Merr.]、红芸豆（*Phaseolus angularis* Wight）、菜豆（*Phaseolus vulgaris* L.）和大白豆（*Phaseolus lunatus* L.）等5种豆购于贵阳市大型超市。将皂角种子和其他5种豆分别用塑料袋包裹后，放进 -20℃冰箱内冷冻一周。

### 1.1.2　供试虫源

皂角豆象虫源采自贵阳市花溪区贵州大学南校区校园内的皂荚树，使用皂角种子进行

＊　基金项目：国家自然科学基金项目（31172130）

＊＊　第一作者：李猷，男，硕士，研究方向：动物生态及害虫综合治理；E-mail：yourreason@ hotmail. com

＊＊＊　通讯作者：郭建军，E-mail：agr. jjguo@ gzu. edu. cn

实验室饲养繁殖。供试成虫取羽化后5天、个体大小相似的成虫，初孵幼虫为孵化当日的幼虫，供试卵为成虫刚产下的卵。

## 1.2 方法

### 1.2.1 皂角豆象室内生物学观察

皂角豆象饲养在RXZ智能型人工气候箱（宁波江南仪器厂）内，设置温度（28±1）℃，黑暗：光照=14h：10h，相对湿度为65%。挑选皂角豆象初产卵30粒放入直径为9cm培养皿中，用150mm型电子游标卡尺（上海申韩量具有限公司）测量卵长和宽，统计卵历期。另挑选刚孵化幼虫接入装有足量皂角种子、绿豆、黄豆、红芸豆、菜豆和大白豆的直径9cm培养皿，每个培养皿20只幼虫，记录皂角豆象幼虫钻蛀各豆类的时间和成虫从羽化孔钻出的时间，测量成虫的体长（前胸背板前缘到腹部末端）、体宽。由于皂角豆象卵孵化后幼虫立即钻蛀入豆内，潜伏为害直至羽化成虫后钻出离开豆粒，所以本实验中作者暂时将幼虫期和蛹期合并为豆内钻蛀期。另挑选刚羽化成虫，分为有食物和无食物2种处理，每种处理按雌雄虫数分为3组，分别为雄虫10只、雌虫10只和雌雄各10只，记录各组中雌雄成虫存活天数观察食物和交配对成虫寿命的影响，提供食物为新鲜黄瓜块（1cm×1cm×1cm）。

### 1.2.2 皂角豆象室内活动观察

在实验室内，控制温度（27±1）℃，按雌雄性比1：1挑选20对健康成虫分别接入透气性良好的透明塑料瓶（7cm×7cm×9cm）内，进行每对单独饲养，定期更换新鲜黄瓜块（1cm×1cm×1cm）喂养。在塑料瓶底放入皂角种子供其产卵。每0.5h观察1次，连续观察72h。观察记录皂角豆象在各时间的状态，统计各时间处于活动和取食状态的虫数。活动状态包括爬行、飞行和交配。

成虫活动百分率（%）=在活动状态的虫数/总虫数×100

成虫取食百分率（%）=在取食状态的虫数/总虫数×100

## 1.3 数据统计与分析

实验所得数据用SPSS 13.0和Miscrosoft Office Excel 2003进行统计分析并绘图。

# 2 结果与分析

## 2.1 皂角豆象室内生物学观察

### 2.1.1 寄主范围

表1为皂角豆象幼虫移接到6种参试种子上的饲养结果，结果表明，皂角豆象只能在皂角种子上完成生活史；经野外调查，未发现皂角豆象为害皂荚属以外的其他植物。

**表1 不同豆类种子饲养皂角豆象试验**

| 供试种子名称 | 钻蛀及成虫数量增减情况 |
|---|---|
| 皂角 *Gleditsia sinensis* Lam. | 幼虫钻蛀，完成生活史，成虫数量增加 |
| 绿豆 *Vigna radiata*（L.）R. Wilczek | 幼虫钻蛀，无法完成生活史，成虫数量没有增加 |
| 黄豆 *Glycine max*（L.）Merr. | 幼虫钻蛀，无法完成生活史，成虫数量没有增加 |
| 红芸豆 *Phaseolus angularis* Wight | 幼虫钻蛀，无法完成生活史，成虫数量没有增加 |
| 菜豆 *Phaseolus vulgaris* L. | 幼虫钻蛀，无法完成生活史，成虫数量没有增加 |
| 大白豆 *Phaseolus lunatus* L. | 幼虫不钻蛀，无法完成生活史，成虫数量没有增加 |

### 2.1.2 卵

卵呈椭圆形，长 0.71 ~ 0.90mm，宽 0.24 ~ 0.37mm，初产卵为浅黄色，后逐渐变黄色，在 28℃恒温条件下，皂角豆象卵的历期为 6 ~ 7 天，即将孵化时卵头部一端出现棕色（图 1A），为幼虫头壳。在室内，卵常产在种子表面和培养皿顶面。

### 2.1.3 幼虫

皂角豆象卵孵化后，幼虫会爬行寻找合适的豆粒，1 天内钻蛀入豆内，初孵幼虫长 0.47 ~ 0.55mm，蠋型，被长毛（图 1B），钻蛀入豆时形成虫洞，洞口常可见白色粉末状虫粪（图 1G）。老熟幼虫在豆内化蛹（图 1C 和 D）。皂角豆象豆内钻蛀期 59 ~ 83 天。

### 2.1.4 成虫

成虫羽化后咬破种皮从种子或豆荚内爬出，留下一个工整的、直径为 2.3 ~ 3.4mm 的羽化孔（图 1H），成虫体长 4 ~ 6mm，宽 2 ~ 3mm，多数情况下，雌虫个体较雄虫大，雌虫臀板窄长，上有一对明显的椭圆形深色凹陷，有时候凹陷上缘有延伸相连形成心型轮廓（图 1E），雄虫臀板短钝且无深色凹陷（图 1F）。成虫爬行、飞行能力强，有假死性，雄虫寿命 12 ~ 41 天，雌虫寿命 9 ~ 31 天，寿命因食物和交配变化较大（表 2），相同条件下雄虫平均寿命较雌虫长，取食补充营养可延长寿命，雌虫一生可产卵 100 ~ 200 粒。在贵州，野外皂角豆象雌雄性比约为 1：1。

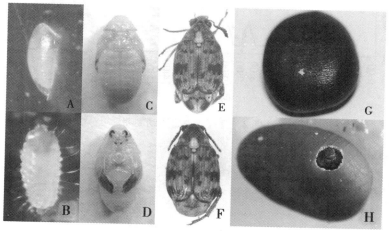

**图 1　皂角豆象**

A. 即将孵化的卵　B. 初孵幼虫　C. 蛹（背面）　D. 蛹（腹面）　E. 雌虫（背面）　F. 雄虫（背面）
G. 初孵幼虫钻蛀的虫洞　H. 羽化孔和即将钻出羽化孔的成虫

**表 2　有无食物和交配情况时成虫寿命**

| 处理 | 样本数 | 最大值（天） | 最小值（天） | 成虫平均寿命（天） |
|---|---|---|---|---|
| 有食物不交配雄虫 | 10 | 37 | 23 | 27.50 ± 1.28 a* |
| 有食物不交配雌虫 | 10 | 31 | 9 | 21.70 ± 1.89 bc |
| 有食物交配雄虫 | 10 | 41 | 12 | 22.90 ± 2.41 b |
| 有食物交配雌虫 | 10 | 28 | 12 | 19.60 ± 1.62 bcd |
| 无食物不交配雄虫 | 10 | 28 | 13 | 20.10 ± 1.43 bcd |
| 无食物不交配雌虫 | 10 | 29 | 13 | 18.50 ± 1.65 bcd |
| 无食物交配雄虫 | 10 | 23 | 13 | 18.50 ± 1.65 bcd |
| 无食物交配雌虫 | 10 | 29 | 13 | 17.20 ± 0.87 cd |
| | | | | 15.70 ± 0.87 d |

注：* 标有不同字母的具有显著差异（$P < 0.05$）

## 2.2 皂角豆象日活动周期

成虫活动高峰期在 13：00～21：00 时，在 19：00 时候活动最频繁，活动百分率达 62.5%（图 2）；最为明显的活动低谷出现在晚上 23 时到次日早上 6 时，这段时间，成虫安静地休息；在白天，雌虫活动较雄虫活跃。成虫取食的高峰期在 15：00～17：00，在 15：30 时取食最频繁，取食百分比达 45%（图 3）；在 8：00～14：00，雄虫的取食百分率维持在 20%，雌虫的取食百分率在这段时间内相比较低，其他时间的雌雄虫取食百分率较为相近。

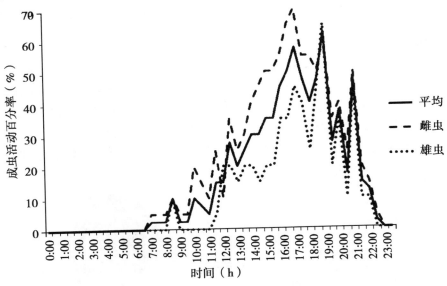

图 2　室内成虫日活动周期

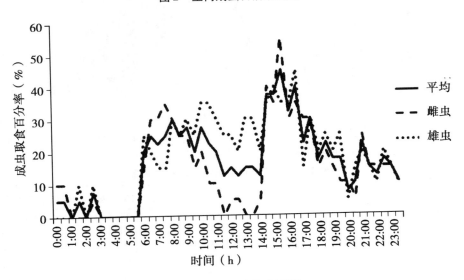

图 3　室内成虫取食周期

## 3 讨论

根据室内饲养的结果，推测在仓储的环境下，皂角豆象一年可以发生 3~4 代，在野外皂角果期为 5~12 月，挂果时间长，也可能发生多代，这和 Kurota 和 Shimada（2001）调查发现皂角豆象在日本一年发生 3~4 代相符，杨有乾和周亚君（1974）曾报道皂角豆象在河南地区一年一代，这可能与皂角豆象的发育受温度、光照的变化影响有关。

皂角豆象原产于亚洲，在国内多数省份均有分布，长久以来，因其发生隐蔽，相关的防治一直被忽视。皂角种子种皮厚而坚硬，一旦幼虫钻蛀进去，防治难度就加大了，所以应在其成虫发生期、卵期和初孵幼虫未钻蛀入豆前进行防控。可以选择在成虫活动活跃的下午进行药剂的喷施。

皂角本身具有很高的药用价值，皂角果肉中所含的皂角胶在石油、食品和防治印染等行业均有很高的价值（蒋建新等，2000），皂角木材坚硬，耐腐耐磨，是家具、车辆、工艺的好材料（杨海东，2003）。防治皂角豆象是对皂角资源利用的重要保证。

**参考文献**

[1] 蒋建新，朱莉伟，徐嘉生. 野皂荚豆胶的研究 [J]. 林产化学与工业，2000，20（4）：59 – 62.

[2] 谭娟杰. 中国经济昆虫志：鞘翅目. 叶甲总科 [M]. 北京：科学出版社，1980.

[3] 杨海东. 皂荚的多种功效及其绿化应用 [J]. 贵州农业科学，2003，31（4）：73 – 74.

[4] 杨有乾，周亚君. 为害皂角的两种害虫——皂角食心虫、皂角豆象 [J]. 农业科技通讯，1974（11）：11 – 13.

[5] Borowiec L. The genera of seed-beetles（Coleoptera，Bruchidae）[J]. Polsk. Pismo Entomol.，1987，57：3 – 207.

[6] Kurota H，Shimada M. Photoperiod- and temperature-dependent induction of larval diapause in a multivoltine bruchid，*Bruchidius dorsalis* [J]. Entomologia Experimentalis et Applicata，2001（3）：361 – 369.

[7] Migliaccio E，Zampetti M. *Megabruchidius dorsalis* e *Acanthoscelides pallidipennis*，specie nuove per la fauna italiana（Coleoptera，Bruchidae）[J]. Bollettino Associazione Romana di Entomologia，1989，43：63 – 69.

[8] Ramos R Y. Revision of the genus *Megabruchidius* Borowiec，1984（Coleoptera，Bruchidae）with some first records from Europe [J]. Boletín Sociedad Entomológica Aragonesa，2009，45：371 – 382.

# 影响广东省西南部稻纵卷叶螟
# 大发生的气象因子研究*

陈　冰[1**]　陈观浩[2]　颜松毅[1]　陈蔚烨[1***]　梁盛铭[2]

（1. 广东省化州市气象局，化州　525100；2. 广东省化州市病虫测报站，化州　525100）

**摘　要：** 稻纵卷叶螟［*Cnaphalocrocis medinalis*（Guenée）］是为害水稻的主要害虫之一，为进一步确定早稻稻纵卷叶螟大发生的关键气象因子，更好地开展稻纵卷叶螟的监测和防治，根据化州市 1992～2011 年稻纵卷叶螟的观测资料和相应气象资料，采用合成分析和距平分析方法，研究气温和降水对广东省西南部化州市早稻稻纵卷叶螟发生的影响，并分析影响原因。结果表明：（1）早稻稻纵卷叶螟发生严重年份与一般年份的旬平均气温和旬降水有显著差异；（2）早稻稻纵卷叶螟严重发生的年份，越冬后期和迁入初期（2～4 月上旬）的平均气温偏高；（3）早稻稻纵卷叶螟发生为害期间（4～6 月）气温偏高、降水偏多有利该虫发生。该研究结果为稻纵卷叶螟的监测预报和有效防治提供科学依据。

**关键词：** 稻纵卷叶螟；合成分析；气温；降水；广东

化州市是广东省重要的水稻生产基地，稻纵卷叶螟［*Cnaphalocrocis medinalis*（Guenée）］是影响化州市水稻安全生产的主要害虫之一[1]，与稻飞虱合称为水稻两迁害虫。21 世纪以来，由于境外虫源地[2]、水稻栽培制度改变[3]、冬春变暖[4,5]及种植作物品种变化等方面的原因，稻纵卷叶螟在化州市为害面积日益扩大，为害加剧，暴发频次显著增加，给水稻生产造成了严重威胁和重大损失。化州市常年稻纵卷叶螟发生面积 2.71 万 hm² · 次以上，经防治后仍损失稻谷 840t 左右，大发生年发生面积可达 6.2 万 hm² · 次以上，经防治仍损失稻谷 3 092t 左右[4]。因此，研究影响稻纵卷叶螟大发生的气象因子，有利深入了解该地区稻纵卷叶螟大发生的机理，为及时、准确地预测稻纵卷叶螟灾害发生提供理论基础。

稻纵卷叶螟的发生、发展是自身生物学特性与其生存环境相互作用的结果，其中气象条件对稻纵卷叶螟的影响最直接。国内对稻纵卷叶螟发生与环境之间的关系进行了一些研究，如袁昌洪、吴涛、胡淼等对影响稻纵卷叶螟活动的气象条件进行研究，认为气象条件对稻纵卷叶螟的迁飞、降落、发展都起到了非常重要的作用[6~8]。李大庆对稻纵卷叶螟发生程度的气象预报进行研究，用前期虫量及后期降水量、湿度等进行未来虫量预测[9]，认为根据夏季日平均气温和降水量，可以预测 3 代发生程度。郭世平利用田间蛾量、降水量和温度预报 3 代稻纵卷叶螟发生程度[10]。高萍等还利用西太平洋海温的遥相关预报稻

---

\* 基金项目：广东省科技计划项目（2010B020416004）；化州市科技计划项目［化科字（2011）10 号］

\*\* 作者简介：陈冰，女，本科，工程师，主要从事应用气象研究；E-mail：hz. chenbing@ 163. com

\*\*\* 通讯作者：E-mail：cgh7909986@ 126. com

纵卷叶螟迁入虫量[11]。另外，罗盛富等研究了温度、湿度对稻纵卷叶螟卵巢发育和怀卵量的影响[12]。由此可见，气候对稻纵卷叶螟的影响是明显的，也是极其复杂的。当环境条件适宜时，其种群数量会猛烈增长，使生产防治部门措手不及，水稻生产受到严重损失。目前，从成灾条件和灾害程度的角度研究气温和降水对稻纵卷叶螟的影响报道较少。本文就气象因子与化州市早稻稻纵卷叶螟发生程度之间的关系进行了初步的探讨，旨在了解其内部的相关性，为今后预测稻纵卷叶螟发生趋势及综合治理提供理论依据。

# 1 材料与方法

## 1.1 研究区概况

化州市是典型的双季稻区，常年水稻种植面积 5.11 万 hm² 左右。化州市位于广东省西南部（21°29′~22°13′N，110°20′~110°45′E），属典型的亚热带季风气候区，主要受海洋性气候影响，冬季兼受大陆性气候影响，雨热同季，水热资源丰富，夏季盛行东南风，冬季盛行偏北风，季风气候极为明显，2 月和 10 月为冬夏季风交替月份，年平均气温 22.1~23.9℃，最冷月（1 月）的平均最低气温为 7.7~15.1℃，≥10℃ 活动积温 7 964.4~8 683.6℃·天，年降水量 1 103.0~3 005.3mm，蒸发量 1 473.2~2 096.0mm，日照时数 1 560.2~2 430.3h。

## 1.2 数据来源

稻纵卷叶螟在该区 1 年发生 7 代，其中早稻发生 3 代，发生时间在 4~6 月。稻纵卷叶螟 1992~2011 年田间系统调查资料来自化州市病虫测报站，该站按《农作物主要病虫测报办法》[13]和《稻纵卷叶螟测报调查规范》[14]的要求，开展田间发生为害情况调查。各代发生程度按文献统一规定分为 1~5 级[14]，级数越大表示发生越严重。早稻发生程度主要以 1~3 代累计发生程度划分，早稻发生程度也分 5 级，当 1~3 代累计级数≤3 时为 1 级、4~5 为 2 级、6~7 为 3 级、8~9 为 4 级、≥10 为 5 级（表 1）。所用气象资料为化州市气象局 1991 年 8 月至 2011 年 6 月逐旬平均气温和逐旬总降水量。

## 1.3 分析方法

为了更好地凸显稻纵卷叶螟大发生年份和一般发生年份的气候特点，采用合成分析方法和距平分析方法，即根据表 1 将早稻稻纵卷叶螟中偏重和大发生（4 和 5 级）发生的年份归为一类（称为 A 类），中等和中偏轻、轻度发生的年份归为一类（称为 B 类），分别将 A 类和 B 类年份的各旬平均气温和降水量减去该要素 1991~2011 年同期平均值，可以得到两类年份的气温和降水距平序列，然后对比这两种情况下气候异常的差别，分析影响早稻稻纵卷叶螟发生程度的关键气象因子。

表 1　1992~2011 年广东省化州市早稻稻纵卷叶螟发生程度表

| 年份 | 发生程度 | 程度编码 | 年份 | 发生程度 | 程度编码 |
|---|---|---|---|---|---|
| 1992 | 中偏轻 | 2 | 2002 | 大发生 | 5 |
| 1993 | 中偏重 | 4 | 2003 | 中偏重 | 4 |
| 1994 | 中偏轻 | 2 | 2004 | 中偏重 | 4 |
| 1995 | 中偏轻 | 2 | 2005 | 中偏重 | 4 |

（续表）

| 年份 | 发生程度 | 程度编码 | 年份 | 发生程度 | 程度编码 |
|------|---------|---------|------|---------|---------|
| 1996 | 中等 | 3 | 2006 | 中偏重 | 4 |
| 1997 | 中等 | 3 | 2007 | 大发生 | 5 |
| 1998 | 中偏重 | 4 | 2008 | 中偏重 | 4 |
| 1999 | 中偏重 | 4 | 2009 | 中等 | 3 |
| 2000 | 中等 | 3 | 2010 | 中偏重 | 4 |
| 2001 | 中偏重 | 4 | 2011 | 中等 | 3 |

## 1.4 数据处理

数据采用 Excel 软件进行统计分析，并使用 Excel 软件作图。

## 2 结果与分析

### 2.1 气象条件与稻纵卷叶螟发生程度的关系

两类年份旬平均气温气候序列如图 1。图 1 可知，两个序列是截然相反，差异非常明显，这表明气温是影响稻纵卷叶螟灾害发生的重要因子。两类年份前一年 12 月下旬至当年 4 月上旬波动幅度较大；前一年 8 月至 12 月中旬和当年 4 月中旬至 6 月波动幅度相对较小。这是由于冬季到第二年的春初该地区冷空气活动较活跃，气温的变化较强，而秋季和夏季，冷空气活动弱，对本区基本无影响。总的看来，A 类年份前一年 10 月至当年 6 月气温较常年偏高，尤其是前一年的 12 月下旬至当年 1 月上旬、当年 2 月中旬至 4 月上旬，平均偏高 0.5℃，这一时段正是该地区稻纵卷叶螟越冬期和迁入初期，充分的热量积累，一方面有利于越冬寄主植物（再生稻和落粒苗）的生长，食源充足，利于稻纵卷叶螟生存、发育，进入越冬基数就会多，另一方面春初气温回升快，有利于早播种和早移栽，为早迁入的稻纵卷叶螟提供丰富的食科。B 类年份变化则恰好与 A 类年份相反，B 类年份总体看前一年 8 月至当年 6 月气温偏低，尤其是 2 月中旬至 4 月上旬，平均偏低 0.8℃。两条曲线的线性相关系数为 -0.9832，绝对值远远大于信度为 0.01 的 t 检验临界相关系数 0.449，表明这种关系是真实可信的。

由图 2 可见，A、B 类年份旬降水量演变差异显著，两类变化是反位相的。前年 11 月至当年 4 月中旬变化幅度不大，在 ±10mm 以内，降水对早稻稻纵卷叶螟发生程度的影响较小。4 月下旬到 6 月变化幅度较大，降水是否影响早稻稻纵卷叶螟发生？A 类年份 4 月下旬至 6 月上旬降水量比常年偏多明显，最明显的是 5 月中旬和 6 月上旬，降水量比常年分别偏多 16mm、21mm，这说明 4 月下旬至 6 月初多雨极有可能导致稻纵卷叶螟灾害发生。B 类年份变化则恰好与 A 类年份相反，4 月下旬至 6 月上旬降水量明显偏少，尤其是 5 月中旬和 6 月上旬，降水量比常年分别偏少 24mm、32mm，说明此段时间少雨不利稻纵卷叶螟的迁入和繁殖发育。两条曲线的相关系数为 -0.9999，并通过了信度为 0.01 的显著性检验，表明降水与虫灾发生之间的关系是客观存在的。通过温度和降水综合看，冬、春季的高温和 4~6 月的多雨有利于稻纵卷叶螟的越冬和迁入生长发育，而低温少雨不利于稻纵卷叶螟的发生。

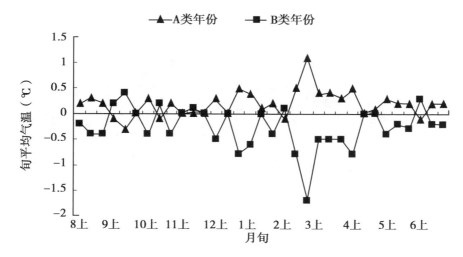

**图 1　A 类年份与 B 类年份前一年 8 月到当年 6 月旬气温合成距平序列**

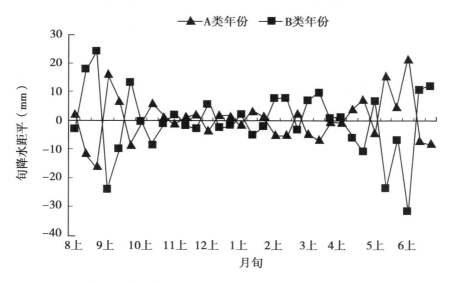

**图 2　A 类年份与 B 类年份前一年 8 月到当年 6 月旬降水量合成距平序列**

## 2.2　单年气象条件分析

在这 20 年中,早稻稻纵卷叶螟灾害最严重的两年是 2002 年和 2007 年,图 3 为这两年的旬平均气温演变情况。由图 3 可以看出,两年虽然都是重灾年,但对应的 11 个月的气候波动并不完全相同。相同的是前一年 11 月中旬至当年 4 月上旬波动都较大,但平均来看气温偏高,尤其是 2～3 月,这两年 2～3 月平均气温分别为 20.1℃和 20.5℃,比常年高 1.5℃、1.9℃,这与典型气温演变特征一致。这段时间正是化州市稻纵卷叶螟越冬后期和迁入初期,充分的热量积累为缩短越冬期和提高种群基数创造了良好的气候条件。4 月中旬至 6 月各旬气温正常或偏低,变化较弱,且以旬为周期性变化,这与典型气温演变一致,不一致的是它们具有一旬的位相差,但这并不影响早稻稻纵卷叶螟发生的程度,而是影响稻纵卷叶螟发生时间的差异。

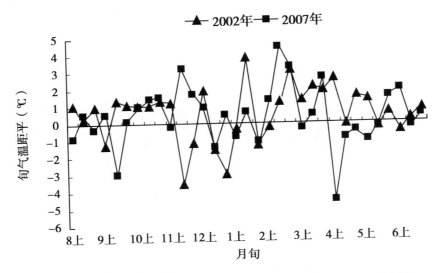

**图 3　化州市 2002 年和 2007 年前一年 8 月到当年 6 月旬气温距平序列**

对降水而言，两年的旬降水量距平序列如图4。由图4看出，两年的降水距平序列相同点：上年12月下旬至当年3月中旬波动幅度小，3月下旬至6月波动幅度较大，这与典型气候降水特征一致，不同之处在于3~6月它们的波动并不完全一致，2002年的3~6月每月虽然都有1旬或2旬的降水偏少，但每月都有1旬或2旬降水明显偏多，最后月合计降水量3月、4月、6月明显偏多，加上每月都有2旬配合相应的气温偏高，给稻纵卷叶螟的迁入和幼虫孵化和幼虫的发育等提供了合适的条件。而2007年3月、4月、6月降水偏少，但在5月中旬降水明显偏多。由此可见，发生在不同年份的稻纵卷叶螟灾害，其气候演变特征并不完全相同，但有共同的特征。

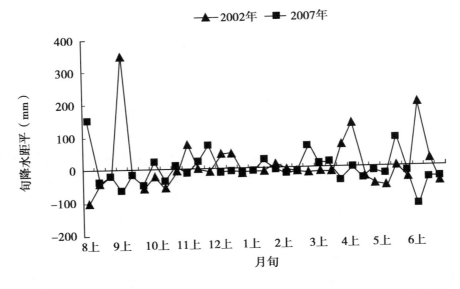

**图 4　化州市 2002 年和 2007 年前一年 8 月到当年 6 月旬降水量距平序列**

# 3　结论与讨论

研究结果表明，气温和降水对化州市早稻稻纵卷叶螟发生程度有重要影响。总体而言，冬季和春初气温偏高和4～6月降水偏多，有利于早稻稻纵卷叶螟大范围发生。当3～5月气温偏高的情况下，在广东西南部多雨地区某段时间适度的降水偏少，期间交替某段时间暖湿，并不影响稻纵卷叶螟灾害的发生。根据我们长期的观察并讨论，认为这是由于冬季气温偏高可使稻纵卷叶螟冬季繁殖或残存数量增加、越冬范围扩大，虫源基数提高，同时暖冬可造成稻纵卷叶螟迁入期提前、发生期延长，意味着虫口密度比常年明显增加。春季较高温度和适量降水，则有利于早播种和早移栽，为稻纵卷叶螟提供丰富的食料，促使稻纵卷叶螟发育速度变快，促使其为害更重。

黄秀清等研究发现，广东大陆地区稻纵卷叶螟可以越冬，每年都存在一定数量的本地虫源。在早、晚两造当中，除了本地虫源本地繁殖外，还有虫源的迁入和迁出的交替过程[15]。化州市是一个半山区市，东南望南海，北倚云开山脉，北高南低，形如坐狮，受气候和生态环境因素的影响，形成了具有当地生态适应性的稻纵卷叶螟种群。在近20多年里，化州市稻纵卷叶螟发生面积增加，重灾年频率增大，近年稻纵卷叶螟增加储备了大量虫源，一旦具备适宜气候和生存环境，虫灾可能再度大发生。因此，研究稻纵卷叶螟发生程度与气象因子的关系，建立监测、预警服务体系，提高综合防治能力和救灾应急系统是化州市农业生产和环境保护亟待解决的问题。

掌握不同地区气象因子对稻纵卷叶螟发生发展的影响及其程度，可进行区域尺度上稻纵卷叶螟发生的预测预报。然而，影响稻纵卷叶螟发生的因素很多，诸如作物品种、防治效果、虫口基数、天敌数量等因素。因而，需要利用更长期的气象资料和虫情资料，综合其他因素，建立稻纵卷叶螟灾害中长期预测模型，揭示其暴发的生态学机制以实现虫灾的可持续控制。

## 参考文献

[1] 陈观浩. 利用周期分析法预测稻纵卷叶螟的发生程度 [J]. 昆虫知识, 2004, 41 (3): 258 - 260.

[2] 翟保平, 程家安. 2006 年水稻两迁害虫研讨会纪要 [J]. 昆虫知识, 2006, 43 (4): 585 - 588.

[3] 陈观浩, 刘瑞强, 张耀忠. 抛秧栽培水稻病虫发生特点及控制技术 [J]. 安徽农学通报, 2006, 12 (2): 50, 72.

[4] 陈观浩, 刘祖建, 梁盛铭, 等. 化州市近十年稻纵卷叶螟重发生原因浅析及防治对策 [J]. 环境昆虫学报, 2011, 33 (4): 507 - 511.

[5] 刘祖建, 李志杰, 董鹏, 等. 温度变化对化州市水稻两迁害虫发生的影响 [J]. 应用昆虫学报, 2012, 49 (3): 705 - 709.

[6] 袁昌洪, 鞠红霞, 赵蓓, 等. 稻纵卷叶螟发生量与气象因子关系的研究 [J]. 安徽农业科学, 2009, 37 (6): 2 601 - 2 603.

[7] 吴涛, 谌鑫, 邓春霞, 等. 稻纵卷叶螟的影响因素及防治技术研究 [J]. 湖北植保, 2003 (5): 7 - 8.

[8] 胡淼. 稻纵卷叶螟的降落天气条件及其迁入主峰的预测 [J]. 昆虫知识, 1983, 20 (3): 98 - 103.

[9] 李大庆. 稻纵卷叶螟发生程度及发生期预测模型研究 [J]. 贵州农业科学, 2006, 34 (6): 68 - 70.

［10］郭世平．稻纵卷叶螟三代发生期及发生程度预测模型研究［J］．昆虫知识，1993，30（5）：257－259.

［11］高萍，武金岗，杨荣明，等．江苏省稻纵卷叶螟迁入期虫情指标与西太平洋海温的遥相关及其长期预报模型［J］．应用生态学报，2008，19（9）：2 056－2 066.

［12］罗盛富，黄志农．稻纵卷叶螟生物学特性研究［J］．昆虫知识，1983，20（1）：7－11.

［13］农业部农作物病虫测报总站．农作物主要病虫测报办法［M］．北京：农业出版社，1981：72－86.

［14］廖皓年，汤金仪，韦江，等．稻纵卷叶螟测报调查规范［S］．北京：中国标准出版社，1996：1－14.

［15］黄秀清，邬楚中，洪福来．田间稻纵卷叶螟卵巢发育进度的变动及虫源性质的分析［J］．昆虫知识，1981，18（2）：52－54.

# 达县白背飞虱特大发生特点及监控对策

曾　伟[1]* 　郭小文[1]　邓远录[2]　王居友[1]

（1. 达县植保植检站，达县　635006；2. 达州市植保站，达州　635000）

**摘　要：** 2012 年水稻白背飞虱在四川达县超历史特大发生，首次在水稻分蘖期出现大面积暴发态势，呈现出常年少见的"三早"、"三大"新特点。多因素综合分析认为：迁入虫源、气候、品种抗性及应急处置措施是白背飞虱特大发生的主要影响因素。在近年对稻飞虱发生演变规律及监测预警研究的基础上，运用"三代两控"法，成功地控制了白背飞虱的特大暴发。根据其影响因素分析和监控实践，提出了选用抗虫良种、加强监测预警、多措并举、发展专合组织，实施科学用药、重治主害前两代的"压前控后"对策。

**关键词：** 白背飞虱；发生特点；成因分析；监控对策

达县地处四川盆地东北部，位于 30°49′~31°33′，地势东南低、西北高，属中亚热带季风性湿润气候类型，常年一季中稻种植面积 4.0 万 $hm^2$ 左右，是重大迁飞性害虫白背飞虱（*Sogatella furcifera* Horvath）的常发区。近年白背飞虱常在水稻中、后期呈持续重发趋势，对水稻安全生产构成了严重威胁。2012 年，该虫在达县超历史水平特大发生，发生面积达 3.2 万 $hm^2$，占种植面积的 77.8%，是史料记载以来发生最为严重的一年，首次在水稻分蘖期出现大面积暴发态势。通过及时监测、准确预警和科学应急处置，虫情得到了有效控制，为害损失降到了最低限度。为此，科学分析总结 2012 年水稻白背飞虱的发生新特点和暴发成因，以及成功应急处置对策，为今后科学指导水稻白背飞虱的监控工作，减轻其为害损失，具有重要的应用价值和现实意义。

## 1　2012 年发生新特点

### 1.1　"三早"——迁入始期早、达标始期早、通火现象早

#### 1.1.1　迁入始期早

达县佳多虫情测报灯（200W 白炽灯）监测，5 月 4 日灯下始见白背飞虱成虫，为 1991 年灯测资料完整记载以来的始见最早年份，比常年提早 23 天，比 2012 年前始见最早的大发生年 2007 年提早 3 天，比大发生年 2009 年提早 15 天。

#### 1.1.2　达标始期早

达县 5 月 20 日系统监测田，百丛虫量最高 1 270 头（平均 645 头），是水稻分蘖期防治指标 500 头的 2.54 倍。达标防治田出现的始期较常年提早 45 天以上，较重发年份提早 30 天以上，较历史上最早出现达标田的 2007 年提早 25 天。

#### 1.1.3　通火现象早

水稻白背飞虱自 5 月 4 日迁入后，其初发代迅速繁殖，移栽返青较早且长势较好的早发稻田，5 月中旬虫量就开始暴发，6 月 16 日，江阳乡玉坪村一块正值分蘖末期的稻田，

---

\* 作者简介：曾伟（1973—），男，四川省达县人，高级农艺师，长期从事农业有害生物预测预报及防治技术推广工作；E-mail：zengwei0112@163.com

出现了历年同期未见的"通火"现象，比大发生年份"通火"现象出现始期提早 15 天以上。据统计，6 月中下旬，县域中南部的景市、大风、石板、龙会、百节等 6 个乡镇均先后查见了"通火"迹象稻田。

## 1.2 "三大"——迁入虫量大、田间虫量大、发生面积大

### 1.2.1 迁入虫量大

2012 年 5 月上旬至中旬初，灯下就出现了大量的迁入虫源，且迁入主峰时间前移，即较常年提早 25 天以上。成虫主迁入高峰期主要集中在 5 月 4～14 日，此期灯下累诱白背飞虱 128 头，是近年最早发生年 2007 年同期的 128 倍，是 1991～2011 年同期年均值的 266.7 倍。灯下在 5 月 5 日、9 日、11 日晚诱量较大，分别日诱 34 头、45 头、30 头，这 3 天诱虫量占 5 月累诱量的 83.85%。5 月 15 日田间调查，平均百丛成虫量 40 头，是 2007 年的 40 倍。7 月中旬前灯下在 5 月 4～5 日、9～13 日、6 月 8～9 日、7 月 1～2 日、7～14 日、19～20 日出现了 6 次较明显的诱虫峰，尤其是 7 月上中旬的诱虫峰历年少见，以 7 月 9 日诱量最大，日诱 8 320 头，比 1991 年以来同期日诱量最大值多出 7 320 头。7 月 20 日止，灯下累诱白背飞虱 11 778 头，是 1991～2011 年均值的 9.58 倍，是 1991 年以来各大发生年度均值的 1.44～14.24 倍。

### 1.2.2 田间虫量大

迁入初发代：白背飞虱迁入后即迅速进入大量繁殖为害期，部分早栽稻田呈现暴发态势。5 月 20 日调查，白背飞虱进入卵孵高峰至低龄若虫盛发高峰期。5 月 25～26 日普查已移栽稻田 17 块，有虫田 100%，百丛虫量 500 头以上稻田占 58.8%，尤以移栽返青较早、长势较好的稻田落虫量大，远远超过防治指标，百丛平均虫量 2 897.2 头，同比 2007 年增 51.7 倍；地处风口河谷地带的河市镇，部分早栽稻田呈现暴发态势，百丛最高虫量达 18 290 头，百丛平均虫量 4 403.8 头，是该镇 2007 年同期的 53.1 倍。尽管全县大部分乡镇结合 5 月中下旬一代二化螟防治对其进行了兼控，但 6 月 6～15 日普查不同区域稻田 61 块，百丛虫量 500 头、1 000 头、5 000 头以上田块数分别占调查总数的 60.7%、31.1%、3.3%，百丛虫量最高为 7 625 头，平均 1 236.1 头，是 1992～2011 年 6 月下旬均值的 3.12 倍，是常发区河市镇 2007 年同期值的 2.66 倍。常年移栽较迟且发生相对较轻的偏西北乡镇，均查见了白背飞虱，百丛平均虫量 486.7 头，超过常发区河市镇 2007 年的百丛虫量 465 头。6 月 16 日查看江阳乡玉坪村一块"通火"稻田，百丛虫量达 3.8 万头。

主害前代：水稻开始进入拔节孕穗期，虫量之大，历年罕见，部分重发稻田出现"通火"。7 月 1～3 日普查全县各地稻田 57 块，有虫田率 100%，加权百丛平均虫量 4 196.1 头，是防治指标 1 500 头的 2.8 倍，是 1991～2011 年同期均值的 5.50 倍，是 1991 年以来各大发生年的 1.61～4.20 倍。百丛虫量达 5 000 头、10 000 头以上的稻田，分别占调查田块数的 40.35% 和 26.32%。百丛最高虫量达 8.5 万头，并表现出"通火"现象。

主害代：因应急处置主害前代，全县主害代虫量特大暴发的态势得到了有效遏制，表现出无新的"通火"现象出现。7 月下旬末，调查全县各地稻田 34 块，有虫田率 97.06%，加权平均百丛虫量 1 230.3 头，比偏轻发生的 2011 年增 2.4 倍，比 2007 年少 81.98%，最高虫量 9 500 头，同比 2007 年少 77.73%，大面积无新增"通火"稻田出现。

### 1.2.3 发生面积大

2012 年水稻白背飞虱总体呈现出早发、重发、面大态势，尤其是迁入初发代和主害前代发生面积大，超过史料记载的历史水平。在迁入初发代和主害前代应急处置的条件下，主

害前代和主害代的发生面积大幅度减少，尤其是主害前代虫情得到了有效遏制后，主害代没有出现大面积"通火"成灾的情况，发生面积及为害损失显著轻于史料记载的重发年份。迁入初发代发生 23 万亩，同比 2007 年、2009 年分别增 18 万亩和 22.5 万亩；主害前代新发生 20 万亩，同比 2007 年、2009 年分别增 17 万亩和 0.5 万亩；主害代新发生 5 万亩，同比 2007 年少 14.3 万亩、同比 2009 年增 1.0 万亩。总之，2012 年全县累计白背飞虱发生 48 万亩次，是 1991～2011 年均值的 3.16 倍，是各大发生年均值的 1.29 倍。

## 2 发生为害成因分析

依据灯下及田间虫情监测，结合气候等因素综合分析认为：迁入虫源、气候、品种抗性及应急处置措施等是 2012 年水稻白背飞虱特大发生的主要影响因素。

### 2.1 与异地虫源量大及迁入时期关系密切

达县境内白背飞虱不能越冬，初发虫源全由外地迁入。前期虫源随西南气流迁入，主迁期虫源主要由桂北、黔南等南方稻区随气流迁入[1,5,6]。据四川省植保站植保情报（2012 年第 6 期）通报，国内广西、云南等南方早稻区局部，白背飞虱在 3～4 月严重发生，呈现迁入峰期早、峰次多、迁入虫量大、田间虫量多等特点。广西浦北县首迁入峰比常年偏早 15～20 天；广西钦北区 4 月 13 日最高日诱达 2.6 万头。云南潞西、景洪、江城、勐海等地均出现单日单灯百头以上迁入峰，其中，勐海已出现一次千头以上迁入峰；江城 4 月 4～10 日迁入峰虫量 3 502 头，是上年同期的 49 倍。云南勐海、孟连、思茅田间虫量已达防治指标，最高达 6 700 头。广西沿海局部稻区略高，其中，钦南、钦北两区系统观测田百丛虫量为 400～430 头。而四川省南部县灯下见虫也偏早、虫量大。宜宾兴文县 4 月 20 日灯下始见稻飞虱，古蔺、叙永、合江始见期比 2009 年提早 12～14 天，古蔺县灯下虫量属历史罕见，古蔺彰德点 4 月 1 日至 5 月 12 日共计诱虫 4 119 头，分别是特大发生 2007 年、2009 年同期的 22.6 倍和 22.5 倍。古蔺永乐点 4 月 1 日至 5 月 12 日共诱虫 62 045 头，分别是特大发生年 2007 年同期、2007 年全年总诱虫量、特大发生年 2009 年同期的 371.5 倍、2.57 倍和 283.3 倍。稻飞虱在异地虫源地发生早、虫量偏高，为达县白背飞虱特大发生奠定了丰富的虫源。2012 年达县白背飞虱超历史迁入早、峰次多、虫量大，在本地繁殖为害时期长，为其特大暴发累积了丰富的虫源。

### 2.2 与其迁入定居期的气象条件关系密切

稻飞虱成虫迁入期雨日多，降雨量较大，有利其降落、定居和繁殖[6]。初夏 5～6 月，达县降雨持续时间长，雨日多，适温高湿的凉夏气候，为白背飞虱从南方虫源地随西南暖湿气流大量迁入降落，并大量滋生繁殖创造了极为有利的气象条件。据初次迁入主峰期（5 月上中旬 500hPa、700hPa）的天气图分析发现，高纬度地区环流为纬向环流，低纬南支波动活跃并维持。达州市 5 月受多个天气系统影响，中高空主要受较强西南气流或偏南气流控制，中低层有风场辐合，对流层低层水汽充沛，5 月 1～3 日、7～9 日、11～14 日、22～25 日、28～29 日，分别出现了日雨量以小雨或中雨为主的降水天气过程，雨日多达 18～20 天，29 日出现了首场区域性暴雨。这种气候条件，有利于白背飞虱大量虫源集中降落达县稻区。白背飞虱生长发育对温度要求范围较宽，对湿度要求较高，适宜温度为 22～28℃，相对湿度要求 80%～90%，最适温度 25～28℃，相对湿度 85% 以上，适温高湿有利发生[2,6]。特别是2012 年迁入初发代繁殖为害期的 5 月上旬至 6 月中旬，降雨日数的比例占 54.90%，相对湿度80%、85%以上的日数分别达49天、36天，各占总日数的96.08%、70.59%。其中5月日均温22.0℃，同比历年均值偏高0.5℃，月降水量208.4mm，同比历年均值偏多3成，6月日均温25.0℃，雨日18天，相对湿度80%、85%以上的日数也分别达25天和23天。这种温、湿度条件，极有利于白背飞虱的大量滋生繁殖。

## 2.3 与优质稻品种抗虫性及营养条件相关

2012年达县推广种植优质杂交稻品种的面积和比例均明显增加，其总体抗、耐虫的程度减弱，且为白背飞虱提供了丰富的优质营养食料，这也是2012年白背飞虱特大发生的一个重要原因。加之初夏降水集中，雨量充沛，利于栽插，水稻移栽进度快，因肥水充足，水稻普遍长势好，尤其是一些早栽稻田、大肥田、高产稻田，植株生长茂密嫩绿，适宜白背飞虱选择此类稻田降落定居和繁育，从而促进2012年大面积稻田白背飞虱增殖迅猛，虫量特大。移栽返青期早、长势好的稻田，则表现出虫量更大，为害更重。

## 2.4 与监控措施的到位落实程度密切相关

稻飞虱的暴发程度也取决于能否及时准确预报发生程度及采取的有效防控措施[5]。达县依据上级业务部门的虫情预报和近年稻飞虱研究结果，并结合本县2012年白背飞虱将超历史特大发生的趋势预报，制定了"三代两控"技术方案，持续开展了"五不懈怠"即监测预警不懈怠、党委政府不懈怠、部门配合不懈怠、抓点示范不懈怠、督查指导不懈怠的监控工作，有效地遏制了主害前代虫量，大大降低了主害代特大暴发的风险，从而未酿成大面积水稻成灾，虫害损失降到了最低限度。据统计，2012年全县稻飞虱累计防控48万亩次，占应防面积的100%，大面积平均防效达93%以上，挽回产量损失78672t，实际为害损失控制在2%以下。

# 3 监控对策

迁飞性害虫白背飞虱是制约达县稻区水稻安全生产的一种重大灾害性害虫。针对近年白背飞虱早发重发、主害时期明显提前的特点，结合2012年白背飞虱特大发生特点及暴发原因分析，以及近年白背飞虱的发生演变规律研究结果，特提出了以下监控对策：

## 3.1 选用抗虫良种，加强栽培管理

选用抗、耐虫的优质高产品种，做到大面积合理布局，对控制稻飞虱为害可起到事半功倍的作用。科学合理施肥，忌偏施、迟施、重施氮肥，防止秧苗贪青徒长，创造不利于稻飞虱发生的稻田环境。禁用国家明令禁止的高毒、高残留农药，杜绝在稻田使用菊酯类农药，限用三唑磷等对水稻生态系统破坏性较大的农药品种[3]，保护利用当地稻田蜘蛛类、隐翅虫、稻虱红螯蜂等优势天敌，充分发挥天敌资源的自然控害作用。

## 3.2 强化监测预警，掌握发生动态

加强监测，及时准确发布防治预报、警报，是科学防控、减轻损失的基础和前提。按照测报规范，搞好虫情监测，掌握迁入数量及田间发生发展动态。针对近年始迁期提早、主害世代发生时期前移的趋势，尤其要密切掌握始迁入期的虫情动态，重点监视田间短翅型雌成虫发生消长动态，尤其做好7月1~5日、6月中下旬田间虫情监测以及5月下旬至6月中旬气象资料的记载，对开展达县稻区白背飞虱发生程度趋势预测具有重要的实用价值[4]。应用白背飞虱发生程度预测模型开展趋势预测，提高预报准确率，加强异地虫源地和当地气象部门的信息交流，结合史料等综合分析研判，即可确定各代次的发生趋势

与防治关键时期，为其应急防控处置提供科学依据。

## 3.3 重治主害前两代，压低主害代基数

据研究，迁入初发代的虫口基数是后期暴发的重要虫源，尤其是 6 月下旬及 7 月 1～5 日的田间虫量，是影响达州稻区 7 月中下旬水稻白背飞虱发生量的主要虫源基数[4,5]。主害前两代基数大，是后期暴发为害的基础，防控好前两代是防止主害代暴发的关键。据作者 2004～2008 年从事农药试验示范及监控研究实践认为：达县稻区应抓住主害前代的卵孵高峰期至低龄若虫盛发期，即 7 月上中旬，选用内吸性强、持效期长的药剂，就能取得一次用药兼防两代（即主害前代和主害代）的费省效宏的控制效果。因此，白背飞虱宜采用"立足于早、压前控后"的策略：中等或偏轻发生年份，重治主害前代；早发重发的大发生年份，狠治迁入初发代或主害前代，酌情挑治主害代"的控制策略。

## 3.4 多种措施并举，提高防控成效

实施以生物防治和生态调控为核心的水稻有害生物集合治理（IPM）策略，强化农民田间学校（FFS）培训农民，大力推广频振式灯光诱杀和稻鸭共育等绿色防控技术，加强农药监管，合理用药，保护农田生态稳定和农产品质量安全[3]。根据防控实践，重发年份，迁入初发代注重选用长效内吸性药剂适期防治，主害前代及主害代用药注重长效内吸性与触杀速效性药剂相结合，选用长效内吸性药剂与异丙威等氨基甲酸酯类等有机磷类农药的复配剂，如吡蚜酮·异丙威、噻嗪酮·异丙威等，大发生年酌情增加剂量。针对多雨气象条件不利药控时，尚需配用有机硅助剂等，提高药控效果。

## 3.5 发展专合组织，强化统防服务

白背飞虱发生为害具有隐蔽性、迁移暴发和毁灭性等特性，一旦暴发，损失严重。多途径、多形式开展好防治宣传发动和组织工作，是决定防控行动好坏的重要环节。大发生年份，防治上需采取统一时间、统一药剂、统一技术进行专业化大面积统防统治，才能有效控制其为害。针对当前农村劳动力偏紧，防治劳动强度大、技术要求高的实际情况，一家一户的分散防治很难奏效，须加速发展多元化植保专业服务组织，推进植保专业化防治服务工作，充分发挥植保专业服务组织的主力军作用，提高防控的时效性和技术的到位率，这对快速、高效控制虫情，减轻其灾害损失具有重要意义。

## 参考文献

[1] 白背飞虱种群发展与生态研究协作组. 早（中）稻、晚稻白背飞虱虫源性质的研究 [J]. 昆虫知识，1992，29（1）：1－5.

[2] 全国农业技术推广服务中心. 农作物有害生物测报技术手册 [M]. 北京：中国农业出版社，2006：130－137.

[3] 杨普云，冯晓东，常玲. 泰国和越南水稻稻飞虱的监测预警与综合治理 [J]. 中国植保导刊，2006，26（9）：44－46.

[4] 曾伟，王敏，邓远录. 达州地区水稻白背飞虱发生程度预测模型的建立与应用 [J]. 中国植保导刊，2010，30（12）：29－32.

[5] 曾伟，李仁江. 达州地区历年水稻稻飞虱发生演变规律研究 [J]. 中国植保导刊，2011，31（6）：38－41.

[6] 中国农业科学院植物保护研究所. 中国农作物病虫害：上册 [M]. 北京：中国农业出版社，1995：129－132.

# 鲜食糯玉米穗期玉米螟药剂防治效果*

韩海亮** 王桂跃*** 苏 婷

（浙江省东阳玉米研究所，东阳 322100）

**摘 要**：为了有效防治鲜食糯玉米穗期玉米螟为害，通过在吐丝期进行药剂防治，筛选出康宽和福戈对玉米螟有等防效好的药剂，结合药剂成本，推荐在吐丝期使用康宽（10ml/亩）防治玉米螟。

**关键词**：鲜食糯玉米；穗期；玉米螟；药剂防治

鲜食糯玉米作为一种理想的营养平衡食品深受消费者的青睐，近年来随着食品消费市场的需求和作为提高农民经济收入的新途径，鲜食糯玉米的种植面积不断扩大[1]。鲜食糯玉米特殊的遗传背景，分期播种、分批采收等栽培特点，使得玉米螟的为害明显重于普通玉米，玉米螟直接蛀食糯玉米幼嫩籽粒，加重穗腐病的发生，严重影响糯玉米的质量和产量[2,3]。国内对甜玉米玉米螟的研究工作相对较多，而对糯玉米的研究相对较少，浙江省鲜食玉米种植以甜玉米为主，但是糯玉米的种植面积近几年呈显著上升趋势，因此亟待系统的开展糯玉米玉米螟发生为害规律研究，从而开发采取相应的措施开展有效防治。本文针对鲜食糯玉米穗期玉米螟为害严重现状，选取几种药剂，开展本试验。

## 1 材料与方法

### 1.1 试验材料

供试玉米品种为美玉 13 号。供试药剂有 48% 毒死蜱乳油（美国陶氏益农公司）、Bt 可湿性粉剂（山东科大创业生物有限公司）、康宽（20% 氯虫苯甲酰胺悬浮剂（杜邦中国集团有限公司）和 40% 福戈水分散粒剂［先正达（中国）投资有限公司］。

### 1.2 试验方法

糯玉米花丝抽齐后喷药，试验设 48% 毒死蜱 60g/亩、Bt 可湿性粉剂 400g/亩、康宽 10ml/亩、福戈 8g/亩和清水对照 5 个处理，每处理 3 次重复，小区面积 90m²，随机区组排列，玉米种植密度 3 500 株/亩。乳熟期每小区取 3 行调查雌穗为害率，并剥查害虫种类，每小区取 15 个果穗考种，折合小区产量。收获后每处理剖秆 20 株查茎秆为害情况。

## 2 结果与分析

### 2.1 糯玉米穗部玉米螟田间防治效果

由表 1 可以看出，经吐丝期药剂防治后，乳熟期防治效果不同处理间差异较大，康宽

---

* 基金项目：国家现代玉米产业技术体系（CARS - 02 - 69）
** 作者：韩海亮（1984—），男，硕士，主要从事玉米病虫害防控研究；E-mail：hhl522@gmail.com
*** 通讯作者：王桂跃，E-mail：zjdygy@163.com

和福戈雌穗几乎没有为害，防效能达到95%以上，玉米螟活虫数为零。而常规化学药剂48%毒死蜱的防效仅为31.08%，$Bt$可湿性粉剂无显著防效。$Bt$可湿性粉剂防效差的主要原因可能是防治后天气长时间晴朗无雨，温度较高，湿度较低。同时玉米螟世代重叠，高龄若虫的抗性增强可能也是$Bt$无效的原因。

**表1　药剂防治后各处理乳熟期雌穗被害情况**

| 处理 | 调查株数 | 雌穗被害数 | 雌穗被害率（%） | 防效（%） | 玉米螟活虫数 |
|---|---|---|---|---|---|
| 48%毒死蜱 | 162 | 42 | 25.93 | 31.08 | 51 |
| $Bt$可湿性粉剂 | 180 | 92 | 51.11 | −35.92 | 119 |
| 康宽 | 168 | 2 | 1.12 | 97.02 | 0 |
| 福戈 | 170 | 2 | 1.21 | 96.78 | 0 |
| CK | 218 | 82 | 37.62 | — | 115 |

## 2.2　茎秆为害情况

糯玉米收获后对茎秆剖秆调查结果表明，康宽的防效最好，没有蛀茎发生，福戈处理只有零星蛀孔，防效次之，相对于雌穗玉米螟防效，$Bt$可湿性粉剂对蛀茎玉米螟的防效优于48%毒死蜱乳油。但两种处理防效都不理想。

**表2　收获后茎秆剖秆（60株）结果**

| 处理 | 蛀秆率（%） | 蛀孔数 | 蛀孔长度（cm） | 玉米螟活虫数 |
|---|---|---|---|---|
| 48%毒死蜱 | 93.33 | 114 | 570 | 96 |
| $Bt$可湿性粉剂 | 60.00 | 42 | 207 | 39 |
| 康宽 | 0 | 0 | 0 | 0 |
| 福戈 | 13.33 | 12 | 48 | 6 |
| CK | 100 | 189 | 879 | 132 |

## 2.3　测产

乳熟期收获时经小区测产，由表3可以看出，按所有收获45个果穗产量计算，各处理相对于对照有10%~20%的增产，其中使用康宽增产的效果最为显著，但是所有45个果穗中，不同处理间玉米螟虫害果穗数量不同，虫害果穗由于外观差，不能作为商品穗进入市场销售，因此如果按亩产商品穗来计算，各处理增产的幅度都大幅增加，最低的$Bt$可湿性粉剂达到31.93%，最高的康宽达到61.73%。由此可见，在吐丝期对玉米螟进行药剂防治，在穗期玉米螟发生严重的糯玉米上能起到显著的控害保收效果。这样就能增加总体产量，同时最为重要是的提高了商品穗率，促进了增产增收。

表3　小区测产结果

| 处理 | 取样产量（kg/45 穗） | 折合亩产（kg） | 增产幅度（%） | 商品穗数量 | 商品穗率（%） | 商品穗产量（kg） | 增产幅度（%） |
|---|---|---|---|---|---|---|---|
| 48%毒死蜱 | 9.65 | 750.67 | 17.23 | 39 | 86.67 | 650.61 | 38.55 |
| Bt 可湿性粉剂 | 9.19 | 714.83 | 11.63 | 39 | 86.67 | 619.54 | 31.93 |
| 康宽 | 9.76 | 759.47 | 18.60 | 45 | 1.00 | 759.47 | 61.73 |
| 福戈 | 9.18 | 706.02 | 10.25 | 45 | 1.00 | 706.02 | 50.35 |
| CK | 8.23 | 640.36 | — | 33 | 73.33 | 469.58 | — |

## 3　讨论

通过本试验，可以看出在玉米吐丝期施用药剂可显著地控制玉米螟在鲜食糯玉米穗期为害，提高产量，提高玉米鲜穗品质。普通玉米的研究表明，玉米螟对玉米产量影响主要在两个方面，一是直接啃食籽粒造成损失，这部分损失占总体损失的很小部分；另一方面是玉米螟蛀茎为害，阻碍营养物质运输，造成雌穗变小，百粒重减轻，最终形成产量损失，这是造成产量损失的主要原因[4~6]。本试验结果表明，不同处理控制玉米螟蛀茎的能力不同，随着蛀孔的增加，产量损失逐渐加大，另外鲜食糯玉米与普通玉米存在显著差异，糯玉米鲜穗销售的特性决定了果穗的外观必须无损伤，虫害果穗不能销售，因此穗期用药可显著提高经济效益。

虽然本试验各处理都达到了较好防效，但是在吐丝期，玉米植株高大，田间郁闭，造成施药困难，尤其是在没有高秆作业机械的地区，人工小型喷雾器用药中毒风险较大，因此应在本试验的基础上进一步研究穗期玉米螟防治前移技术，力争使防治时期提前到拔节期以前，以增加田间可操作性。康宽和福戈都是防治穗期玉米螟的理想药剂，但是综合价格因素，推荐使用康宽。

**参考文献**

[1] 李艳茹，吉士东，郑大浩．糯玉米的营养价值和发展前景［J］．延边大学农学学报，2003，25（2）：145－148.

[2] 王振营，何康来，文丽萍，等．特用玉米及其病虫害发生与防治对策［J］．植物保护，2003，29（3）：12－14.

[3] 李唐，连梅力，常六旺，等．糯玉米田亚洲玉米螟发生为害特点调查［J］．中国农学通报，2010，26（21）：235－242.

[4] 王志春，钱海涛，董辉，等．亚洲玉米螟为害程度与产量损失研究［J］．植物保护，2008，1（34）：112－115.

[5] 李文德，陈素馨，秦建国，等．亚洲玉米螟为害蛀孔在春玉米上的分布及其与产量损失的关系［J］．植物保护，2001，28（6）：25－28.

[6] 文丽萍，王振营，叶志华，等．亚洲玉米螟对玉米的为害损失估计及经济阈值研究［J］．中国农业科学，1992，25（1）：44－49.

# 冀北春玉米蓟马发生及防治技术研究

李树才* 姚明辉 金文霞 寇春会

（河北宽城满族自治县植保植检站，宽城 067600）

**摘 要：**受气候变化和耕作制度影响，蓟马已成为冀北春玉米苗期的主要害虫之一，通过调查，冀北春玉米苗期蓟马主要有禾蓟马 [*Frankliniella tenuicornis*（Uzel）]、黄呆蓟马 [*Anaphothrips obscurus*（Muller）] 两种，其中禾蓟马为优势种。春季干旱、耕作制度变化、农民认识不足等是造成近年来玉米蓟马发生重的主要原因，加强栽培管理、拌种、适期选用吡虫啉、毒死蜱等农药进行化学防治效果显著。

**关键词：**冀北；春玉米；蓟马；发生；防治

玉米是我国第三大粮食作物[1]，也是冀北地区栽培的最主要的农作物，近几年蓟马在该地区春玉米苗期发生呈加重趋势，严重影响玉米苗期正常生长，造成减产，常有部分群众误认为是种子问题，与经销商发生纠纷。通过笔者到现场调查，玉米心叶中通常能剥出蓟马，每株最多可达 20 头。笔者连续 5 年对玉米蓟马进行了优势种发生规律调查和防治技术研究，并对部分防治药剂进行了田间药效试验。

## 1 为害特点

玉米蓟马主要在苗期为害，它以成虫和若虫锉吸幼嫩玉米叶片汁液，并分泌毒素，抑制玉米生长发育。被害植株叶片上出现成片的银灰色斑，叶片点状失绿，致使玉米心叶上密布小白点及银白色条斑，严重时会造成叶片干枯，部分叶片畸形破裂，同时蓟马在玉米心叶内为害时还会释放出黏液，致使心叶不能展开，随着玉米的生长，玉米心叶呈鞭状，造成植株畸形，重者造成烂心和顶腐，一旦为害严重，常造成田间缺苗断垄。

据调查，为害期早则玉米受害重。玉米顶土时被害，可造成生长点被破坏停止生长，茎基部膨大爆裂或分蘖丛生，形成多头玉米，失去结籽能力；三叶期被害，可造成玉米叶片皱缩、扭曲而成"捻状"或"鞭状"，心叶难以长出；伸展的心叶被害，叶片呈现较多银灰色小斑，后呈破裂或断裂状。

玉米品种间抗虫性有差异。田间调查表明，马齿型品种要比硬粒型品种耐虫抗害。如鲁单 981、蠡玉 6 等抗虫性较强，郑单 958、农大 108、宽诚 60、宽诚 10 等抗性较差。

## 2 形态特征

禾蓟马雌成虫 1.3～1.4mm，体灰褐色至黑褐色，触角 8 节，第 1、第 2 节棕褐色，

---

* 第一作者：李树才，男，宽城满族自治县植保植检站农业技术推广研究员，主要从事农业有害生物预测预报、综合防治等工作；Tel：0314-6632782，E-mail：kczbz@yahoo.com.cn

第3、第4节黄色，胸背板宽大于长。雄虫体长0.9mm，与雌虫相似，体色灰黄。卵长约0.3mm，宽约0.12mm，肾脏形，乳黄色。若虫共4龄。

黄呆蓟马雌成虫体长约1.2mm，体色黄褐色，胸、腹背有暗黑色区域，触角8节，第1节黄白色，第2~4节黄色，前翅灰白略黄，长而窄，腹部第8节后缘梳齿状，孤雌生殖。卵长约0.3mm，宽约0.12mm，肾脏形，乳黄色。若虫共4龄，3~4龄已渐变为蛹，接近羽化时带褐色。

## 3 发生规律和发生特点

### 3.1 发生规律

禾蓟马以成虫在禾本科杂草根基部和枯叶内过冬。5月初春播玉米出苗后，从禾本科杂草上迁向玉米，多集中于玉米心叶内，喜阴蔽环境，成若虫均活泼，多在叶片正面取食，在春玉米上繁殖2代，第二代6月上中旬形成为害高峰。

黄呆蓟马以成虫在禾本科杂草根基部和枯叶内过冬。5月初春播玉米出苗后，从禾本科杂草上迁向玉米。在春玉米上繁殖2代。第一代若虫5月初发生，5月中下旬形成为害高峰，5月下旬为2代成虫高峰，产卵和为害均在叶背，成虫不活泼。卵常产于叶肉内，初孵若虫乳白色。以成虫和1、2龄若虫为害，3、4龄若虫即停止取食。

### 3.2 发生特点

#### 3.2.1 虫量大，为害严重

根据笔者在宽城玉米田调查，玉米苗期田间蓟马成虫、若虫共生，世代重叠。一般虫株率60%~80%，平均百株虫量在800~1 000头，严重的可达2 000头以上。一般发生田块减产5%~15%，严重受害田可减产20%~30%。

#### 3.2.2 具有群集性和隐蔽性

两种蓟马成若虫平时群集幼苗心叶、叶梢或叶片顶端卷叶中活动为害，借飞翔、爬行或流水传播。

#### 3.2.3 通常局部和间歇大发生

由于蓟马的发生与玉米品种抗性、气候条件、地块环境以及越冬基数等多种因素有关，因此在田间发生，常呈现出部分品种重、部分地块重、部分年份重的现象。

#### 3.2.4 易受降雨等气象条件影响

冀北地区5月下旬至6月上中旬通常干旱，蓟马为害重，到7月份以后降雨增多，尤其是如果遇到暴雨，此时调查发现，有的地块玉米蓟马为害症状特别明显，但剥开受害植株，蓟马虫体却很少，说明降雨能抑制蓟马发生。

## 4 近年来发生趋势加重原因分析

玉米蓟马近年来在冀北春玉米区发生呈加重趋势，究其原因：一是暖冬、春季干旱少雨，冀北地区近几年连续暖冬春旱，利于蓟马的发生，干旱导致玉米出苗后长势弱，加重了受害程度；二是玉米种植形式发生变化利于蓟马的发生，现在冀北地区春玉米多是带茬免耕播种，免耕提高了蓟马越冬的存活率，虫源基数大，玉米出苗后就近迁入玉米苗进行为害；三是单粒点播技术大面积推广应用，苗期一旦受蓟马为害，受害程度相对加重；四是蓟马虫体较小，成虫体长仅有1mm多，初孵若虫小如针尖，且活动为害部位十分隐蔽，不为人注意，认识不足，防治不到位，施药不及时，造成虫源积累，密度大，为害重。

## 5 防治技术

### 5.1 农业防治

选择抗虫品种，历年发生重的区域，避免种植抗性差的品种；结合田间定苗，拔除虫苗带出田间销毁，减少其传播蔓延；增施苗肥，适时浇水，促进玉米早发快长，营造不利于蓟马发生发育的环境，以减轻为害；拔出地头及地块周围杂草，减少虫源。

### 5.2 化学防治

一是药剂拌种防治。可以在播前用600g/L吡虫啉 FSC、35%丁硫克百威 DS、30%噻虫嗪 FS 等拌种，能有效防止蓟马为害；二是玉米苗期施药防治。苗期关键是适期防治，因为蓟马虫体小，在玉米心叶为害，不易发现，到表现为害症状时往往偏晚。苗龄越小，为害越大，10叶以上的玉米抗害能力强，所以要在做好调查的基础上及时用药防治。试验表明，玉米三叶期后，可用10%吡虫啉 WP1 500 倍液，或用48%毒死蜱 EC1 000 倍液，或用3%啶虫脒 ME1 500 倍液，或用48%噻虫啉 SC3 500 倍液，或用4.5%高效氯氰菊酯 EC1 000倍液等药剂，每公顷用药液450～600L，均匀喷雾。施药方法是在上午9时以前和下午13时以后，对玉米叶片和心叶进行喷施防治，效果显著。对于玉米心叶已经成鞭状的玉米苗，可用锥子从鞭状叶基部扎入，从中间豁开，让心叶及时生长。对已发生心叶腐烂的植株，可同时加入多菌灵等杀菌剂。

### 表　几种药剂对玉米蓟马的防治效果*
（2012 年，河北 宽城）

| 药剂 | 浓度 | 防治效果（%）** | 差异显著性 |
| --- | --- | --- | --- |
| 10%吡虫啉 WP | 1 500 倍 | 90.06 | b AB |
| 10%吡虫啉 WP | 2 000 倍 | 82.19 | c BC |
| 48%毒死蜱 EC | 1 000 倍 | 93.08 | ab A |
| 48%毒死蜱 EC | 1 500 倍 | 90.10 | b AB |
| 3%啶虫脒 ME | 1 500 倍 | 91.07 | ab AB |
| 48%噻虫啉 SC | 3 500 倍 | 95.40 | a A |
| 48%噻虫啉 SC | 5 000 倍 | 92.52 | ab A |
| 4.5%高效氯氰菊酯 EC | 1 000 倍 | 78.64 | c C |

＊调查方法为每小区五点取样，每点剥5株玉米，药前和施药后7天统计活虫数；

＊＊药效计算及方差分析方法参照《农药田间药效试验准则（二）》相关标准[2]进行。

**参考文献**

[1] 全国农业技术推广服务中心编（赵中华、朱恩林主编）. 中国植保手册玉米病虫防治分册［M］. 北京：中国农业出版社，2007.

[2] GB/T 17980.77—2004. 杀虫剂防治水稻蓟马［S］. 中华人民共和国国家标准. 农药田间药效试验准则（二）. 北京：中国标准出版社，2004.

# 新型粮食保护剂防治储粮害虫应用研究

李文辉[1]* 陈嘉东[1] 林亚珍[1] 郑妙[1] 蒋社才[2] 李志权[2]

（1. 广东省粮食科学研究所，广州 510050；

2. 广东省中山市储备粮管理有限公司，中山 528400）

**摘 要**：根据广东高温高湿特点，为解决广东省储粮害虫抗性严重、药效期短的问题，研究应用微胶囊制造技术把甲基嘧啶硫磷与溴氰菊酯原药包裹在囊中，然后与载体制成 1.0% 微胶囊剂，经试验，5mg/kg、8mg/kg 微胶囊杀虫剂对谷蠹（*Rhyzopertha dominica*）、玉米象（*Sitophilus zeamais* Motschulsy）、赤拟谷盗（*Tribolium castanamensis* L.）粮食保存 1 年杀灭率为 95% 以上，经检测，其在粮食上残留量甲基嘧啶硫磷小于 1mg/kg、溴氰菊酯小于 0.1mg/kg，符合国家食品卫生标准，确保广东省粮食储存安全。

**关键词**：储粮害虫；死亡率；甲基嘧啶硫磷；溴氰菊酯；微胶囊剂

我国是世界上最大的粮食生产、储藏及消费大国，搞好粮食储藏无疑具有更为重要的意义。据资料显示，全世界每年储藏期间的粮食至少有 10% 为储粮害虫（以下简称粮虫）所蛀食，我国的国库储粮损失率为 0.2% 左右，因此，每年我国国库的储粮损失高达 10 多亿元。目前化学防治仍是主要防虫手段。由于磷化氢作为储粮熏蒸剂在我国已有 30 多年的历史，很多重要的储粮害虫种类已对磷化氢产生了严重的抗药性。治理抗药性的主要措施之一是轮换其他杀虫剂，储粮防护剂是磷化氢的主要替代药剂，但令人遗憾的是在我国储粮上注册应用的防护剂种类较少，甲基嘧啶硫磷、溴氰菊酯是一种较好的粮食防护剂，国外从 20 世纪 70 年代开始在粮食上应用，用于防治对防虫磷产生抗性的储粮害虫，已取得非常满意的效果。

随着我国加入 WTO 和人们环境意识的不断加强，人民群众对粮食保质保鲜、营养卫生的要求也日益严格，储粮害虫防治工作直接体现了粮食储藏技术水平，影响粮食的质量和卫生状况。既要保证粮食安全，又要尽量减少残留和污染，满足粮食的卫生要求，为此，我们在粮食储存谷物保护研究工作中，要研究药效好、残效长、少污染、毒性低、高温高湿下性能稳定，使用方便的新制剂，研究开发缓释的微胶囊剂，努力克服高毒农药的残留和污染问题，应用先进的储粮害虫防治技术，可大幅度提高储粮害虫防治水平。

## 1 供试材料

### 1.1 供试虫种

玉米象（*Sitophilus zeamais* Motschulsy）、赤拟谷盗（*Tribolium castanamensis* L.）、谷蠹（*Rhyzopertha dominicas*）为我所养虫室饲养。

---

\* 李文辉，男，硕士研究生，教授级高级工程师，从事粮油储藏与害虫防治研究；E-mail：lwh803@126. com

## 1.2 实验材料

90%甲基嘧啶硫磷原油、90%杀螟硫磷原药、98%溴氰菊酯原粉、95%马拉硫磷原油、苯乙基酚聚氧乙烯聚氧丙烯醚、烷基酚聚氧乙烯醚甲醛缩合物、壬基酚聚氧乙烯醚。

# 2 微胶囊剂制备

微胶囊化方法很多，但内部界面聚合法简单实用。其过程：将农药和囊皮单体分散到水中，囊皮单体常用多元异氰酸酯，当加热到某一温度时，异氰酸酯单体在界面上被分解形成胺，它又和未分解的异氰酸酯单体形成聚脲囊壁[1]。

在配有搅拌器的反应容器中，加入定量的水和分散剂，置于恒温水浴中；将农药原药、表面活性剂、溶剂、囊皮单体按一定比例混合成均一有机相缓慢倒入水相中搅拌，形成大小合适的均匀液滴时，加入固化剂，搅拌一定时间后，调整温度，以加速体系二氧化碳的释放速度和囊皮固化。继续搅拌，充分反应至气泡消失时调整 pH 值至微酸性，停止反应即可制得甲基嘧啶硫磷-溴氰菊酯的微胶囊剂。加入载体制成1%微胶囊剂粉剂，经包装成成品。

## 2.1 工艺主要条件

### 2.1.1 反应设备与投料比

反应釜、搅拌器与投料反应釜为槽形反应器，搪瓷反应器为生产农药常用的槽形反应器。本工艺除有机相混合釜外，均采用夹套式搪瓷反应锅[2]。搅拌器试验过浆式、锤式、框式，以框式为好。微胶囊剂生产反应过程中有泡沫产生，因此，反应釜内的装料系数（反应物料的实际体积与反应釜体积之比）可控制在 0.5 ~ 0.7。

### 2.1.2 反应时间与转速

反应必须保证足够时间，通常 2 ~ 3h。根据所需微胶囊粒径大小，确定搅拌机的转速。转速快，微胶囊粒径越小。转速大小与搅拌时反应釜的电机功率密切相关[2]。

### 2.1.3 反应时的温度

根据反应物料在反应釜中的成囊情况随时调节。具体步骤如下：反应釜温度冷却至35℃以下，加入的农药原药混合物中，在 200rpm 下搅拌 30min。加入囊壁材料入反应釜中，升温至特定温度（80℃以下），500rpm 下搅拌 45min。然后，降速至 200rpm 下再搅拌 50min，即制成微胶囊浆状物（即微胶囊制剂）。

## 2.2 制备方法路径

微胶囊谷物保护剂的配制上述浆状微胶囊剂可以分两条线路配制成谷物保护剂，现分述如下：

第一条线路步骤如下：

浆状物通过离心、过滤、分离，然后干燥即得粉状微胶囊制剂。

粉状微胶囊制剂与载体滑石粉或硅藻土、稳定剂，稳定剂一般用 0.5%松香或 2%糠醛或 0.5%2-甲基-2,4-戊二醇，充分混合，80rpm，搅拌 15min，即得微胶囊谷物保护剂[3]。

上述物料经包装机封口即为产品。

第二条线路步骤如下：

浆状物中加入黏稠剂（黏稠剂一般可用分散性硅胶、动植物胶、合成树脂及非离子表面活性剂，一般黏度以 0.5 ~ 1Pa·s 为宜）及稳定剂（用量及种类同前所述），80rpm 下搅拌 3min，形成均匀的微胶囊剂[3]。

上述悬浮剂与载体硅藻土或滑石粉混合，在 80rpm 下搅拌 5min，然后经干燥脱水，制成 1% 微胶囊剂。

上述物料经定量包装机封口即为产品。

# 3　应用试验和药效

称取一定量 1% 甲基嘧啶硫磷 - 溴氰菊酯的微胶囊剂、70% 马拉硫磷乳油均匀拌于粮食（稻谷）中，不断翻动粮食混匀即可，定期检查，观察害虫发生情况。

表 1　不同剂量的微胶囊剂对 3 种储粮害虫死亡率

| 虫种 | 药剂 | 用量 (mg/kg) | 时间（月） | | | | | |
|---|---|---|---|---|---|---|---|---|
| | | | 2 | 4 | 6 | 8 | 10 | 12 |
| 谷蠹 | 1% 微胶囊剂 | 3 | 100 | 100 | 100 | 91.3 | 89.7 | 85.3 |
| | | 5 | 100 | 100 | 100 | 100 | 100 | 95.7 |
| | | 8 | 100 | 100 | 100 | 100 | 100 | 100 |
| | 70% 马拉硫磷乳油 | 30 | 51.2 | 36.5 | 21.5 | 23.8 | 15.6 | 2.1 |
| 米象 | 1% 微胶囊剂 | 3 | 100 | 100 | 100 | 100 | 100 | 100 |
| | | 5 | 100 | 100 | 100 | 100 | 100 | 100 |
| | | 8 | 100 | 100 | 100 | 100 | 100 | 100 |
| | 70% 马拉硫磷乳油 | 30 | 100 | 100 | 97.6 | 82.1 | 77.5 | 63.6 |
| 赤拟谷盗 | 1% 微胶囊剂 | 3 | 100 | 100 | 100 | 100 | 100 | 100 |
| | | 5 | 100 | 100 | 100 | 100 | 100 | 100 |
| | | 8 | 100 | 100 | 100 | 100 | 100 | 100 |
| | 70% 马拉硫磷乳油 | 30 | 100 | 100 | 81.7 | 63.2 | 41.3 | 30.5 |

用喷粉机或用超低容量喷雾器喷施 1% 甲基嘧啶硫磷-溴氰菊酯的微胶囊剂、或微胶囊剂加入载体或微胶囊剂加入增效剂增效醚按一定比例均匀喷于粮食（稻谷）中，不断翻动粮食混匀即可，并设空白对照，定期检查，观察害虫发生情况。

表 2　微胶囊剂在稻谷上应用试验

| 时间 \ 浓度 | 3mg/kg | 3mg/kg + 硅藻土 | 3mg/kg + 增效剂 | 5mg/kg | 8mg/kg | 空白试验 |
|---|---|---|---|---|---|---|
| 1 个月 | 0 | 0 | 0 | 0 | 0 | 0 |
| 2 个月 | 0 | 0 | 0 | 0 | 0 | 3 |
| 3 个月 | 0 | 0 | 0 | 0 | 0 | 28 |
| 4 个月 | 0 | 0 | 0 | 0 | 0 | 115 |
| 5 个月 | 0 | 0 | 0 | 0 | 0 | 227 |
| 6 个月 | 0 | 0 | 0 | 0 | 0 | 因虫多，已处理 |
| 7 个月 | 1 | 0 | 0 | 0 | 0 | |
| 8 个月 | 3 | 0 | 0 | 0 | 0 | |
| 9 个月 | 5 | 0 | 0 | 0 | 0 | |
| 10 个月 | 11 | 1 | 0 | 0 | 0 | |
| 11 个月 | 23 | 1 | 0 | 0 | 0 | |
| 12 个月 | 21 | 2 | 0 | 0 | 0 | |

从表1可看出，1%甲基嘧啶硫磷-溴氰菊酯的微胶囊剂应用浓度在5mg/kg、8mg/kg防治谷蠹、赤拟谷盗及谷蠹一年死亡率在95%以上，3mg/kg 1%甲基嘧啶硫磷-溴氰菊酯的微胶囊剂也在85%以上，而对照30mg/kg马拉硫磷乳油防治谷蠹4个月不足40%；从表2可看出，应用1%甲基嘧啶硫磷-溴氰菊酯的微胶囊剂应用浓度在5mg/kg、8mg/kg及3mg/kg微胶囊剂加入增效剂后可保证稻谷1年无虫，3mg/kg微胶囊剂加入硅藻土能明显减少虫害为害，而空白对照试验5个月后因虫害非常严重，进行了熏蒸处理。

## 4 微胶囊剂残留测定试验

经中国广州测试分析中心化验，结果如下：

**表3 农药微胶囊剂处理稻谷残留分析测试报告**

| 日期 | 微胶囊剂（mg/kg） | 甲基嘧啶硫磷（mg/kg） | 溴氰菊酯（mg/kg） |
| --- | --- | --- | --- |
| 2011.4.21 | 5 | 0.72 | <0.05 |
| | 8 | 0.92 | 0.050 |
| 2011.10.27 | 5 | 0.59 | 0.078 |
| | 8 | 0.31 | 0.094 |

从表3可看出，1%甲基嘧啶硫磷－溴氰菊酯的微胶囊剂应用浓度在5mg/kg、8mg/kg在稻谷上残留甲基嘧啶硫磷小于1mg/kg、溴氰菊酯小于0.1mg/kg，符合国家食品卫生标准。

## 5 结果与讨论

采用内部界面聚合法研制的1%甲基嘧啶硫磷－溴氰菊酯的微胶囊剂，经含量分析、贮存试验、悬浮率测定、成囊率及释放速率等分析，均符合试验要求，其恒定释放速率长达18天。如要延长其恒定释放量和药效，可增加囊壁材料的用量和适当改变工艺条件。

1%甲基嘧啶硫磷－溴氰菊酯的微胶囊剂应用浓度在5mg/kg、8mg/kg防治谷蠹、赤拟谷盗及谷蠹一年死亡率在95%以上，3mg/kg 1%甲基嘧啶硫磷－溴氰菊酯的微胶囊剂也在85%以上；应用1%甲基嘧啶硫磷－溴氰菊酯的微胶囊剂应用浓度在5mg/kg、8mg/kg和3mg/kg微胶囊剂加入增效剂后可保证稻谷1年无虫，3mg/kg微胶囊剂加入硅藻土能显著减少虫害为害。

应用1%甲基嘧啶硫磷－溴氰菊酯的微胶囊剂浓度为5mg/kg、8mg/kg在稻谷上残留甲基嘧啶硫磷小于1mg/kg、溴氰菊酯小于0.1mg/kg，符合国家食品卫生标准。

农药微胶囊剂的制备方法需进一步改进，先进行预处理再界面聚合反应，以提高微胶囊剂的包药率、热贮稳定性，有效地控制农药释放速度。

需进一步研究微胶囊剂对种子发芽率的影响及囊皮对粮食质量的影响。

**参考文献**

[1] 柏亚罗. 界面聚合法制备农药微胶囊剂 [J]. 世界农药, 2000, 23 (3)：34 - 41.
[2] 唐进根, 等. 混合型农药缓释微胶囊剂的研究 [J]. 南京林业大学学报, 1994, 18 (4)：33 - 38.

# 美国白蛾的可持续防治技术

韩雪瑞*

（沈阳市沈河区绿化管理二大队，沈阳　110013）

**摘　要**：阐述了美国白蛾可持续防治的重要性，提出了可持续防治技术方法。

**关键词**：美国白蛾；可持续防治；防治技术

1994年在沈阳市区发现美国白蛾，至今已有10余年历史。多年来我市为控制美国白蛾的虫口密度，投入了大量的人力和物力，基本上控制了美国白蛾的发生量，但常常是以药物防治方法为主，特别是以化学农药为主的防治方法进行防治，不仅防治费用大，而且污染环境、杀伤天敌，长此以往造成恶性循环，因此，必须采取可持续防治美国白蛾的综合防治技术。

## 1　生物防治

### 1.1　利用性信息素诱杀成虫

在美国白蛾的成虫羽化期，使用性信息素诱杀雄成虫，可极大地减少幼虫虫口密度。

### 1.2　利用天敌资源

美国白蛾在我市的天敌有很多种，包括蜂类、蛙类、鸟类等。近几年，我市在美国白蛾的老熟幼虫期和化蛹期释放周氏啮小蜂，人为地增加了自然界中的天敌数量。

### 1.3　利用仿生物农药

在预测预报的基础上于美国白蛾初孵期，喷施仿生物农药25%灭幼脲Ⅲ号40mg/kg进行喷雾，用于防治2~3龄幼虫，此药对天敌无害、对人畜及植物安全、不污染环境、残效期长，是无公害防治美国白蛾理想的杀虫剂，深受欢迎。

## 2　人工防治

### 2.1　人工捕蛾

在第一、二代美国白蛾成虫出现始见期-高峰期，每日黄昏或清晨，捕杀栖息在电杆、树干、墙壁等直立物体上的成虫，捕捉成虫对降低虫口密度可起到事半功倍的作用。

### 2.2　剪除网幕

在两代幼虫2~3龄网幕期，组织人力将幼虫连同小枝一起剪下，深埋或烧毁。在实践中体会到将剪下的幼虫网幕侵在柴油中，幼虫很快死亡。

### 2.3　绑草把

在两代美国白蛾老熟幼虫下树寻找隐蔽场所化蛹时，在树干离地面1m处用草把或草

---

　*　作者简介：韩雪瑞，女，工程师，主要从事园林植保工作；E-mail：yy8725@163.com

帘围起来，待化蛹结束后马上解下草把集中烧毁。

## 3 结论

针对我市园林绿化不同的生态环境，采用的防治措施应有所侧重。对公园等生态环境好、自然控制能力较强的大型绿地，应采用以生物防治为主的防治手段，对于单位庭院、居民区等自然控制能力较低的生态环境，应采用以人工普查为主、生物防治为辅的方针，适时适地的喷施生物类农药，减少环境污染，有效控制其为害，促进生态平衡；对于街路等自然控制能力很差的地点，适时进行人工普查，人工剪除网幕，以无公害药物防治为主，根据虫情预报选取最佳时期施药，力争向自然控制方向转变，这样才能有效的保护城市的生态环境，才能发挥生态园林的有效作用，才能满足群众对环境质量的要求，才能实现可持续防治美国白蛾的战略目标。

**参考文献**

［1］王素，魏玉良．园林植保必须坚持可持续发展［J］．中国森林病虫，2001，20（增刊）：68.

［2］王兆东．丹东地区主要病虫害测报防治技术［J］．现代园林，2008，（3）：71－73.

# 西藏高寒地区设施美洲斑潜蝇的发生与防治初探*

代万安** 陈翰秋 周 军 罗 布 杨 杰 洛 英 德庆卓嘎

（西藏自治区农牧科学院蔬菜研究所，拉萨 850032）

**摘 要：** 美洲斑潜蝇（*Liriomyza sativae* Blanchard）属双翅目潜蝇科斑潜蝇属，是近年传入我区的检疫害虫。在我区各设施蔬菜生产地均有发生，是蔬菜上重要"四小虫"之一，该虫已成为我区设施蔬菜生产、提高蔬菜品质的一大主要障碍。但是不同作物受害程度不一样，按作物排列，瓜类重于豆类，豆类重于叶菜类蔬菜。主要为害是幼虫在叶片上下表皮间取食叶肉，虫道初为针尖状，后为蛇形虫道，并有一定规律，先沿叶脉取食，而后虫道成片，虫道逐渐变宽较均匀，虫粪被挤压在虫道两侧形成两条黑线，迎光可见叶片成斑驳的花叶。虫道一般不交叉，不重叠，虫道终端明显变宽。针对以上情况，我们对美洲斑潜蝇做了全面的观察与分析，主要从形态特征、发生规律、寄主及为害情况等方面作了大量的调查和研究。提出采用严格检疫、园艺防治、物理防治和药剂防治相结合的综合防治技术，旨为西藏地区防治美洲斑潜蝇提供科学依据。

**关键词：** 美洲斑潜蝇；发生现状；发生规律；防治措施；拉萨

## 1 发生现状、生活史及其为害习性

### 1.1 发生现状

#### 1.1.1 发生与分布

经多点调查，美洲斑潜蝇主要发生在塑料大棚和温室中，为害面积扩大迅速。拉萨、山南、林芝、日喀则、昌都等蔬菜生产地均有不同程度的发生为害。春季来势猛，扩展快，为害较严重。但是不同作物受害程度不一样，按作物排列，瓜类重于豆类，豆类重于叶菜类蔬菜。特别是黄瓜、菜豆、西瓜、冬瓜、豇豆、西葫芦、四季豆和芹菜等受害严重。据拉萨郊区田间调查，虫株率达100%，叶被害率30%~40%，严重达80%以上，致使叶片枯黄，造成减产20%~30%，甚至绝收。该虫已成为我区保护地蔬菜生产，提高蔬菜品质的一大主要障碍。

#### 1.1.2 为害特点

美洲斑潜蝇的寄主主要是葫芦科、豆科、茄科等3个科的植物，在保护地蔬菜上主要为害黄瓜、丝瓜、菜豆、青椒、番茄、茄子等蔬菜。主要为害是幼虫在叶片上下表皮间取食叶肉，虫道初为针尖状，后为蛇形虫道，并有一定规律，先沿叶脉取食，而后虫道成片，虫道逐渐变宽较均匀，虫粪被挤压在虫道两侧形成两条黑线，迎光可见叶片成斑驳的花叶。虫道一般不交叉，不重叠，虫道终端明显变宽。

---

\* 项目来源：西藏自治区财政预算项目（2012年）

\*\* 作者简介：代万安（1968—），男，副研究员，主要从事园艺植物保护、无公害蔬菜生产工作；E-mail：daiwa1968@126.com

雌成虫取食补充营养时，先用产卵器将植物表皮刺破，然后舐吸汁液，导致植物细胞死亡，在植物叶片上形成大量的圆形白点。雄虫不能刺伤叶表皮，但可在雌虫造成的伤口上取食。

## 1.2 美洲斑潜蝇的形态特征

成虫：小型蝇类，体长 1.3～2.3mm，翅展约 5mm，雌虫较雄虫体稍大。头部额及触角第 3 节鲜黄色。体灰黑色，胸背板亮黑色，在其两翅基部中间（小盾片），有一较为显著黄色亮点，这是该虫重要特征。胸侧及体腹面淡黄色，足淡黄褐色，头黄色，复眼暗红色。前翅膜质，有金属光泽，后翅退化为平衡棒，黄色。足的基节、腿节黄色，胫节、跗节色较深暗。头部外顶鬃着生于黑色区域，内顶鬃着生于黄色与黑色交界处。翅上 M (3+4) 脉末段的长度是前段的 3～4 倍。

卵：成虫寿命较长，交配后在叶片上刻刺产卵，形成约 0.5mm 半透明小斑，产卵多时叶片有大量半透明小斑点，卵椭圆形，乳白色，极小，产于由雌虫产卵器刺破叶表皮所形成的刺伤斑点内，只有少部分刺伤斑内有卵粒。

幼虫：蛆状，前端细小，可见黑色能伸缩的口钩，虫体后端粗大。幼虫分 3 个龄期，初龄体细小，呈半透明乳白色，2～3 龄幼虫为鲜黄色或浅橙黄色，蛆状，虫体两侧紧缩，老熟幼虫体长 3mm，黄色或浅橙黄色。

蛹：椭圆形，大小为 （0.8～1）mm×（1.5～2.3）mm，浅橙黄色。当蛹内成虫近羽化时，蛹色变深，为黄褐或深褐色。蛹前端有 1 对形似叉状的前气门突，后气门突亦呈分叉状，但较前气门突宽大。

## 1.3 生活史与为害习性

### 1.3.1 生活史

经田间和温室饲养观察美洲斑潜蝇在拉萨露地可发生 2～3 代，温室大棚可发生 6～7 代，在自然种群中存在着世代重叠现象。该虫对温度变化较敏感，喜暖怕冷，温度 20～30℃ 适合其生长发育。春末夏初，气温逐步上升，其生长繁殖速度加快，为害加重。在夏季高温时，完成 1 代只需 23～30 天，而在冬季低温时，则需 50～60 天。常年以夏秋季为害最重，春冬季较轻，遇温度 35℃ 以上持续 1 周，其生长发育受抑制，田间有发生自然死亡现象，其中以幼虫为多。美洲斑潜蝇 1 天中在上午 10：00～12：00 时和下午 15：00～17：00 时活动较强，卵的孵化和蛹的羽化大多发生在以上两段时间。

### 1.3.2 为害习性

该虫生长发育经历卵、幼虫、蛹、成虫 4 个发育阶段。

成虫白天活动，有趋黄性、向上性、趋光亮性。成虫羽化时，头部额囊膨大顶破蛹壳即出，羽化多在 10：00～12：00 时，雌、雄成虫一般于 9：00～14：00 时活动，早、晚行动缓慢，中午较活跃，成虫较活跃，在叶上吸取植物汁液或产卵时受惊扰则迅速飞离，但飞行距离短，仅在植株间转移，在植株上先为害下部叶片，然后再转至上部叶片为害，且多在叶正面取食产卵，在叶背面活动较少。饲养中，常见成虫喜聚集在养虫箱向光的一面和箱上部活动。若将箱倒置或转换方向，该虫亦随之变动方向，仍表现其趋性。

成虫以吸取植株叶片的汁液为害，在叶片上造成圆形刻点状凹陷，取食并觅偶交尾，交配后的雌成虫当天即可产卵。雌虫用产卵器刺破叶表组织形成刺伤斑，然后将卵产下，卵产于叶片上下表皮之间的叶肉中，但不是所有刺伤斑内都有卵，有卵的约占斑点数的

10%，大多数刺斑成为雌雄成虫吸食叶汁液孔。雄成虫不能刺破叶表组织吸食植物汁液，只能靠雌成虫造成的刺伤斑吸食存活。产卵时对植物有选择性，尤其喜好叶嫩肥厚，汁液多的寄主植物部位，如瓜类子叶，菜豆初发真叶等。

初孵化幼虫即可在叶片中潜行取食绿色组织，残留叶表皮形成细小潜道，虫道为蛇形线状，初期淡绿色，后期白色带暗色。随虫体长大食量增加，其弯曲的潜道也相应增宽大，潜道端部略膨大，潜道中留有细线状黑色粪迹。幼虫取食的潜道可合并扩大成片状，由于叶绿组织被破坏，不能进行光合作用，叶片随之萎蔫或枯黄脱落。

老熟幼虫将化蛹时，便咬破潜道的上表皮爬出道外化蛹，老龄幼虫有时就在破口处化蛹，这在菜豆、黄瓜叶上常见；也有的幼虫从叶内爬出后另觅化蛹场所或将虫体反弹落入植株近土表层化蛹。

## 2 发生与环境因素的关系

### 2.1 寄主广，充足的食物源是维系种群的基本条件

据不完全调查和统计，该虫在拉萨地区寄主范围广，为害9科30多种植物，主要寄主植物有黄瓜、丝瓜、西葫芦、瓠瓜、冬瓜、豇豆、四季豆、芹菜、菜心、白菜、空心菜、菠菜、番茄、茄子、茼蒿、菊花、万寿菊等蔬菜，其中以豆科、葫芦科、茄科、芹菜等蔬菜受害严重。众多的寄主植物，为其终年发生提供了丰足的食物源。

### 2.2 嗜食性强，为害加剧，利于虫量增殖

美洲斑潜蝇虽食性广，但对寄主植物有选择性，尤喜嗜食瓜、豆、芹菜和茄果及十字花科等类蔬菜。植物组织柔嫩，叶片肥厚更适于取食和产卵。在我区设施蔬菜周年种植，世代重叠为害严重。种群得以快速增殖，致使该虫为害猖獗。

### 2.3 气候条件是种群发生发展的影响因素

温度是影响美洲斑潜蝇发育速度的主要因子，而湿度的影响次之[1]。成、幼虫在9～33℃均可活动，最适温为18～25℃。温度由高到低，发育历期相应延长，饲养观察：在22～23℃时，幼虫期7～8天，蛹期10～11天；在16℃时，幼虫期12～13天，蛹期14～15天，8℃时，幼虫期及蛹期均达20余天。湿度对成虫及幼虫均有影响，在过分干燥或极潮湿的情况下，幼虫大量从叶内爬出化蛹；成虫在低湿条件下，羽化少，且不易展翅；湿度增高时则羽化多。降水多，土壤积水，湿度大，对蛹的发育不利，也不利成虫存活。

## 3 数量消长及发生规律

田间观察，美洲斑潜蝇在拉萨地区一年四季中均有该虫的为害，发生数量和为害程度，以夏、秋季虫口密度最大，虫情指数最高，为害程度最重，春冬季较轻，虫情指数低，为害稍轻（图1）。一年中温室大棚以5～10月份为发生盛期，在此期间，其虫情指数变动出现两个明显的高峰，次高峰在5月中旬至6月上旬，最高峰在8月上旬至9月上旬。5月上旬至6月上旬是该虫幼虫的为害高峰期，6月5～14日羽化高峰期。

经田间和温室大棚饲养观察美洲斑潜蝇在拉萨露地可发生2～3代，温室大棚可发生6～7代，在自然种群中存在着世代重叠现象。美洲斑潜蝇在我区发生特点为露地与保护地互为虫源，在保护地越冬，在拉萨自然环境中即露地不能越冬，并造成周年为害。以我市蔬菜种植时期看，冬季和晚秋以为害叶菜类为主，夏季和早秋以为害瓜、豆类为主。在

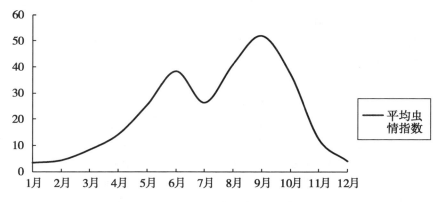

图1 2011年美洲斑潜蝇温室蔬菜虫情指数曲线

露地，拉萨地区是4月下旬开始，随气温逐渐回升，田间寄主作物增多，成虫开始从保护地迁飞到大田扩散为害，5月下旬形成为害高峰期，随气温不断升高，该虫繁殖速度加快，从6月上旬到8月中旬田间种群数量增加，为害加重。进入9月下旬随气温下降，田间种群数量减少，成虫又陆续迁入保护地进行为害。从10月下旬到翌年2月份，种群数量较少，在保护地越冬。进入3月份，种群数量回升，直到5月底，在温室大棚中形成一个为害高峰期，4月底至9月底在保护地内形成一个又一个的高峰期，可造成周年为害。

## 4 防治措施

美洲斑潜蝇在我区保护地发生为害严重。因此，在综合防治策略上，应采用更换抗虫品种，合理调节种植期，轮作倒茬和加强田间管理等园艺措施与科学用药相结合。美洲斑潜蝇在我区发生特点为露地与保护地互为虫源，在保护地越冬。总的防治策略上是狠抓保护地，控制露地，抓住美洲斑潜蝇4月份由保护地转向露地的关键时期，保护地集中防治，压低虫源基数，就可减轻露地为害。重点抓好物理防治及药剂治虫，压低虫口密度，降低为害程度，减少产量损失。

### 4.1 严格检疫

美洲斑潜蝇虽已传入我区并扩散为害，但发生地域不一，为此，应加强植物检疫工作。非疫区不得向疫区引进产品、花卉等；疫区不得将有虫农产品和植物以及废弃茎叶等作包装填充物运出。

### 4.2 加强测报，掌握防治指标和适期及时防治

做好调查监测，监控虫情，掌握其发生动态，根据发生为害情况确定防治适期。在成虫羽化期，受害叶片出现较多刺伤斑点时；或受害叶片初见极小潜道时，是防治成虫和低龄幼虫的极好时机，应根据虫情，及时防治。在1～2世代较整齐的情况下，对压低虫源基数很有作用。以后各代因世代重叠发生，难以针对某一虫态进行药剂防治，一般掌握在成虫多，且叶片上多为细小潜道时用药效果较好。

根据美洲斑潜蝇生活习性和特点，预蛹一般落地化蛹，田间监测可选用行之有效的托盘法收集虫蛹（每年6月和9月虫峰期间），推算成虫高峰期和卵孵化高峰期。具体做法：将一长方形托盘（规格为长30cm、宽20cm、高2cm）放置在田垄的内侧，植物下部

的地面上，长边与垄平行，一般放置 3 天后收盆算蛹，然后放回原处继续收集，以此方法掌握虫蛹高峰期，利用 1/2 蛹历期（6 天）＋成虫历期（4 天）＋卵历期（3 天），推算卵孵化高峰时间，即收集虫蛹高峰期推迟 13 天为防治适期，掌握准确的防治适期，及时用药是最经济有效的防治方法。

### 4.3 园艺防治

#### 4.3.1 合理布局，抗虫作物与感虫作物套种

因地制宜地将不同的蔬菜种类进行合理布局，在蔬菜品种上将为害严重的种类与为害轻或不为害的种类间套种，美洲斑潜蝇对苦瓜等为害极轻，安排种植抗虫作物与美洲斑潜蝇感虫作物套种，形成田间的隔虫屏障，能有效降低受害作物的虫情指数，减轻为害，从而达到综合防治的目的，试验结果表明：运用抗虫作物苦瓜套种感虫作物丝瓜和豇豆等，均能降低虫情指数达 50% 以上，可降低美洲斑潜蝇的为害程度。

#### 4.3.2 适当疏植，提高通风透光率

适当疏植，摘除有虫叶片，减少枝叶的荫蔽，增强田间通透性，造成不利于该虫生长发育的环境，也可以压低虫口密度，有效控制该虫为害。

#### 4.3.3 清洁田园，减少虫源

早春及时消除大棚和田边杂草及栽培寄主老叶，作物收获后应及时清除田间的残株老叶、落叶及杂草等收集在一起，集中高温堆肥或烧毁，可压低田间虫口。

#### 4.3.4 深耕、灌水灭蛹

根据美洲斑潜蝇多为落地化蛹的习性，所以在清洁田园后，将田块进行深耕 20 ～ 30cm，并灌水浸泡 24h。

### 4.4 物理防治

由于美洲斑潜蝇有趋黄性，在成虫发生高峰期，在温室大棚内利用黄板进行诱杀。选择不同类型有代表性田块，设置黄色诱虫板诱集成虫，既是一种测报手段，又可直接诱杀成虫。具体做法为：将涂有黄油的 20cm × 30cm 的黄板设置于作物上部或顶部 5 ～ 10cm 处，可用小竹竿作支脚，每 667m$^2$ 放置 30 块左右。

### 4.5 药剂防治

施药防治时在防治指标、防治适期和防治时间上掌握好"早"、"小"、"准"三个字。防治适期在 1 ～ 2 龄幼虫盛发期，即在叶片上看到有线丝状为害状、叶片受害率达 10% ～ 20% 时为该虫防治适期。施药时间掌握在棚水干后至上午 12 时，因此时幼虫活动最盛，也是老熟幼虫从虫道爬出的时间，还是成虫羽化的高峰期。喷药时一般从作物顶部向下均匀喷施，保证叶背着药。

#### 4.5.1 适时防治

在成虫盛发和低龄幼虫期喷药防治较适宜。防治成虫主要是压低虫量和减少产卵，低龄幼虫因抗药性弱，防效较好。

防治要统一行动，以免遗漏防治地块，且田边地角杂草亦不应疏漏。由于成虫产卵先后不一，故在第一次防治 5 ～ 6 天后再连续防治 2 ～ 3 次。特别是春季对瓜、豆类起到很好的保苗作用。

#### 4.5.2 选用农药

应用于蔬菜作物上的农药应选用高效、低毒、低残留药剂，最好选用生物农药。根据

此原则，我们以阿维·杀单、绿品来、40％绿菜宝、米特、潜雕等农药试验示范，筛选出生物农药：阿维·杀单、绿品来、23％绿菜宝2号乳油等，无公害农药：潜克可湿性粉剂、23％威敌水剂、特杀（33％阿维·辛乳油）、斑潜灵、25％斑潜净乳油、23％威敌水剂等广谱高效无公害农药，药效期长，效果好，且无污染，是生产无公害蔬菜的理想药剂。

### 4.5.3　协调防治

在防治时应选用高效、低毒、低残留的无公害农药，以利保护天敌。药剂防治宜单剂交替使用，以免产生抗药性。用生物农药阿维·杀单、绿品来、40％绿菜宝、米特、潜雕等，交替喷雾施用。另外，要严格控制施药间隔期，每5～7天1次，连续施药3次。以上措施在综合防治中都有较好的效果。

**参考文献**

［1］陈升碧，关德盛．美洲斑潜蝇在高原山区的生物学特性及防治研究．285－288.

［2］刘佳．美洲斑潜蝇综防技术．长江蔬菜，2002，7：30－31.

# 35%好年冬干拌种剂防治花生地下害虫的研究[*]

赵志强[**]　曲明静[***]　鞠　倩　李　晓　姜晓静　李　翔

（山东省花生研究所，青岛　266100）

**摘　要：** 试验结果表明，35%好年冬干拌种剂拌种防治花生地下害虫，效果良好。从防效上看，700g处理（82.42%）＞500g处理（81.21%）＞300g处理（79.39%）。从产量表现上看，35%好年冬干拌种剂700g处理荚果产量为3 140.93kg/hm²，比对照增产16.15%；500g处理荚果产量2 916.04kg/hm²，比对照增产8.12%；300g处理荚果产量为2 817.09kg/hm²，比对照增产4.45%。

**关键词：** 好年冬干拌种剂；花生地下害虫；防治效果；产量

近年来花生田蛴螬等地下害虫发生为害日趋严重，已成为影响花生产量提高的重要因素。针对目前花生田蛴螬等害虫的发生及为害特点，在治理上应坚持以农业防治成虫为基础，以化学防治幼虫为关键的原则，多种措施配套，进行综合治理，适时进行施药防治，才能从根本上控制和减轻花生田蛴螬等地下害虫的为害。

花生田地下害虫种类主要有蛴螬、金针虫、拟地甲、蝼蛄，其中蛴螬、金针虫数量最多，分别占总虫量的82.02%和9.66%。因此，为害花生的地下害虫主要是蛴螬和金针虫。

35%好年冬干拌种剂又叫丁硫克百威、安棉特，对天敌和有益生物毒性较低，为氨基甲酸酯类农药，是克百威低毒化品种之一，属高效安全、使用方便的杀虫杀螨剂，是剧毒农药克百威较理想的替代品种之一。为了探讨35%好年冬干拌种剂防治花生蛴螬等地下害虫的效果，特进行了以下试验。

## 1　材料与方法

### 1.1　供试药剂

35%好年冬干拌种剂（DS），苏州富美实植物保护剂有限公司生产；60%高巧悬浮种衣剂（FS），拜耳植物保护剂有限公司生产；对照（不处理）。

供试花生品种为花育25。

---

　\* 基金项目：国家花生产业技术体系（CARS—14）；山东省自然科学基金项目（2009zrc02070）；山东省优秀中青年科学家科研奖励基金（BS2010NY022）；青岛市公共领域科技支撑计划（11 - 2 - 3 - 27 - nsh）

　\*\* 作者简介：赵志强（1955—），男，河北南皮人，山东省花生研究所高级农艺师，主要从事花生植保研究

　\*\*\* 通讯作者：曲明静：E-mail：mjqu@yahoo.com.cn

## 1.2 试验概况

试验设于山东省花生研究所莱西试验站，地力中等，轻壤土，有机质含量 1.29%，全氮 0.09%，速效磷 33.98mg/kg，速效钾 90mg/kg，pH 值 6.69。供试田块为常年发生暗黑鳃金龟甲的花生田。前茬作物是玉米。花生起垄覆膜栽培，垄高 10cm，宽 83cm，播种双行，每墩 2 粒，墩距 16.67cm，播种 8 000 墩/667m²。试验设 35% 好年冬 DS 有效成分 300g/100kg 花生种子、500g/100kg 花生种子、700g/100kg 花生种子 3 个处理，对照药剂 60% 高巧 FS 有效成分 500g/100kg 花生种子，空白对照（CK）为不施药，共 5 个处理。小区面积（6.67×10）66.7m²，走道宽 0.5m，播种时开沟种植，随机区组排列，重复 4 次，共 20 个小区，试验四周设有保护行。4 月 27 日播种。

## 1.3 拌种方法

花生用种量按 225kg/hm² 计算，折每小区用种量 1.5 kg。按照试验设计，分别取 35% 好年冬 DS 和 60% 高巧 FS，用专用拌种器拌种，药剂、种子按比例称好倒入拌种器内，正、倒转各 10min 拌匀。在无拌种器的情况下，可用塑料袋代替，将农药与种子倒入袋中，扎紧袋口，上下左右来回摆动 50 次即可。使用此法时，注意塑料袋不宜过大，装种量不超过袋长的 2/3，以便于操作和保证拌种质量。将充分拌匀后的花生种放在阴凉的地方晾干、备用，等待播种。

## 1.4 对花生安全性观察

花生出苗后，不定期观察花生有无药害发生及其症状，并观察对非靶标生物的影响。

## 1.5 调查计算方法

调查蛴螬（活虫）采用的方法是，在花生收获前，每小区采取"Z"字型 5 点取样，每点 4 墩 8 株，共 40 株，随即挖土调查被取样株的蛴螬活虫数。然后对取样株的花生荚果被害情况进行分级。花生荚果被害分级标准如下：0 级：荚果完整，无被害状；1 级：荚果表皮有被害痕迹；2 级：荚果有被害小洞，但果仁完整，不影响产量；3 级：荚果有被害大洞，果仁被害 1/2，影响产量；4 级：荚果、籽仁均被害 1/2 以上。收获时小区花生单刨，单收，单摘果，单晒，最后称出小区荚果产量。有关数据采用 DPS 软件进行统计分析。

药效计算公式为：

$$防治效果（\%）= \frac{空白对照区活虫数 - 药剂处理区活虫数}{空白对照区活虫数} \times 100$$

$$荚果被害指数（\%）= \frac{\sum（被害果数 \times 该被害果级别）}{调查总果数 \times 最高被害级} \times 100$$

$$保果效果（\%）= \frac{空白对照区荚果被害指数 - 药剂处理区被害指数}{空白对照区荚果被害指数} \times 100$$

# 2 结果与分析

## 2.1 安全性调查

花生出苗后，对花生的长相和叶片进行不定期观察，未发现花生叶片有受害现象。5 月 18 日，对各处理区花生出苗情况进行了调查，出苗率全部在 98% 以上（表 1）。因此认为，采用 35% 好年冬 DS 和 60% 高巧 FS 拌种防治花生地下害虫，在试验设计的前提下，对花生是安全的。

**表1　不同处理出苗率调查**

| 处　理 | 有效成分（g/100kg 种子） | 出苗率（%） | 差异性比较 |
|---|---|---|---|
| | 300 | 99.41±0.8989 | aA |
| 35%好年冬干拌种剂 | 500 | 98.69±0.4757 | aA |
| | 700 | 98.98±1.0081 | aA |
| 60%高巧悬浮种衣剂 | 500 | 99.46±0.6235 | aA |
| CK | — | 98.03±2.1367 | aA |

## 2.2　对蛴螬的防治效果

从表2可以看出，35%好年冬 DS 300g 处理虫口密度8.50头/40株，500g 处理虫口密度7.75头/40株，700g 处理虫口密度7.25头/40株，60%高巧 FS 500g 处理虫口密度9.00头/40株，而对照（不防治）虫口密度高达41.25头/40株。

从防治效果来看，35%好年冬 DS 300g 处理对花生荚果的防效为79.39%，500g 处理防效为81.21%，700g 处理防效为82.42%，对照药剂60%高巧 FS 500g 处理防效为78.18%，和35%好年冬 DS 各处理相比差异不显著。本试验结果证明，对暗黑鳃金龟甲的防治效果为700g 处理（82.42%）＞500g 处理（81.21%）＞300g 处理（79.39%），对照药剂60%高巧 FS 500g 处理防效为78.18%，各处理之间没有明显差异。35%好年冬 DS 700g 处理在本次试验中表现最好。对照区虫口密度高达41.25头/40株，折合每平方米（约12墩24株花生）有活虫8.1头，远远高于防治指标平均每平方米有活虫2头以上，因此花生田蛴螬防治刻不容缓。

**表2　35%好年冬干拌种剂对蛴螬的防治效果（%）**

| 处　理 | 有效成分（g/100kg 种子） | 虫口密度（头/40株） | 防治效果（%） |
|---|---|---|---|
| | 300 | 8.50±4.1231 | （79.39±10.1518）aA |
| 35%好年冬干拌种剂 | 500 | 7.75±5.4391 | （81.21±12.6875）aA |
| | 700 | 7.25±4.5735 | （82.42±11.0089）aA |
| 60%高巧悬浮种衣剂 | 500 | 9.00±1.1547 | （78.18±1.7332）aA |
| CK | — | 41.50±2.6458 | 0bB |

## 2.3　对花生的保果效果

从表3可以看出，空白对照区花生荚果受害指数为32.79%，处理区被害指数为35%好年冬 DS 300g 处理（12.07%）＞500g 处理（9.69%）＞700g 处理（8.78%），对照药剂60%高巧 FS 500g 处理被害指数为8.99%。反之，保果效果以700g 处理（73.22%）最好，500g 处理（70.45%）次之，300g 处理（63.19%）最低，对照药剂60%高巧 FS 500g 处理保果效果为72.58%，处理间差异不显著。

**表3　35%好年冬干拌种剂对花生的保果效果（%）**

| 处　　理 | 有效成分（g/100kg 种子） | 被害指数（%） | 保果效果（%） |
|---|---|---|---|
| | 300 | 12.07 ± 2.1672 | （63.19 ± 1.3194） aA |
| 35%好年冬干拌种剂 | 500 | 9.69 ± 0.4168 | （70.45 ± 3.3844） aA |
| | 700 | 8.78 ± 0.2819 | （73.22 ± 2.1662） aA |
| 60%高巧悬浮种衣剂 | 500 | 8.99 ± 1.2656 | （72.58 ± 5.3252） aA |
| CK | — | 32.79 ± 1.1329 | 0bB |

### 2.4 对花生荚果产量的影响

花生收获时，对各处理区花生荚果进行单打单收，单摘果单晾晒。表4统计结果表明，35%好年冬 DS 300g 处理花生荚果产量为 2 817.09kg/hm$^2$，比对照增产4.45%；500g处理产量为 2 916.04kg/hm$^2$，比对照增产8.12%；700g 处理产量为 3 140.93kg/hm$^2$，比对照增产16.45%。60%高巧 FS 500g 处理花生荚果产量 3 004.50 kg/hm$^2$，比对照增产11.40%。药剂处理区之间差异不显著，但 35%好年冬 DS 700g 处理和 CK（不施药）之间差异显著。

**表4　不同处理对花生荚果产量的影响**

| 处理 | 有效成分（g/100kg 种子） | kg/小区 | 折荚果产量（kg/hm$^2$） | 比 CK ± % |
|---|---|---|---|---|
| | 300 | 18.79 | 2 817.09abA | 4.45 |
| 35%好年冬干拌种剂 | 500 | 19.45 | 2 916.04abA | 8.12 |
| | 700 | 20.95 | 3 140.93aA | 16.45 |
| 60%高巧悬浮种衣剂 | 500 | 20.04 | 3 004.50abA | 11.40 |
| CK | — | 17.99 | 2 697.15bA | — |

## 3　小结与讨论

蛴螬是为害花生的主要地下害虫之一。目前为害花生田的蛴螬主要有暗黑鳃金龟甲、铜绿丽金龟甲和大黑鳃金龟甲，分别占58.7%、33.8%和7.5%，尤其是暗黑鳃金龟甲，在我国多个花生产区为害加重，成为为害我国花生生产的主要优势种。据统计，花生每年因蛴螬为害一般减产20%～40%，为害严重又疏于防治的地块减产70%～80%，甚至颗粒无收，严重影响花生的产量和品质。暗黑鳃金龟甲成虫昼伏夜出，趋光性较强，且有隔日出土的习性。其幼虫是地下害虫中最大的类群，也是为害最重、造成损失最大的种类。花生幼苗期受害，根茎常被平截咬断，造成缺苗；荚果期受害，果柄被咬断、幼果被咬伤或蛀入取食果仁，为害严重时，嫩果全部被吃光仅留果柄，有的吃空果仁形成"泥罐"，有的剥食主根使植株死亡。

35%好年冬干拌种剂又叫丁硫克百威、好年冬、安棉特，对天敌和有益生物毒性较低，为氨基甲酸酯类农药，是克百威低毒品种之一，属高效安全、使用方便的杀虫剂，是剧毒农药克百威较理想的替代品种之一。其杀伤力强，见效快，具有胃毒及触杀作用。特点是内吸性好、渗透力强、作用迅速、残留低、使用安全，对成虫及幼虫均有效，对作物无害。国内外广泛应用证明，好年冬干拌种剂适用于小麦、水稻、花生、玉米等多种作物，对蛴螬、金针虫、蝼蛄等地下害虫有独特防效。由于其独特的剂型和成膜技术，好年冬干拌种剂在应用时表现安全，是理想的种衣剂。

60%高巧悬浮种衣剂为氯烟碱类杀虫剂，内吸性较强，活性较高，具备胃毒和触杀作用。对花生田蛴螬防治效果好且持效期长，毒性低，对环境安全。试验结果表明，60%高巧 FS 在播种时对花生进行拌种，可降低虫果数，提高花生产量，对花生生长安全。

本次试验结果表明，35%好年冬干拌种剂防治花生田蛴螬效果显著。35%好年冬干拌种剂防效 700g 处理（82.42%）＞500g 处理（81.21%）＞300g 处理（79.39%）。从产量表现上看，35%好年冬干拌种剂 700g 处理荚果产量为 3 140.93kg/hm²，比对照增产16.15%；500g 处理荚果产量为 2 916.04kg/hm²，比对照增产8.12%；300g 处理荚果产量为 2 817.09kg/hm²，比对照增产4.45%。对照药剂 60%高巧悬浮种衣剂 500g 处理花生荚果产量为 3 004.50 kg/hm²，比对照增产11.40%。

拌种注意事项：一是拌种时，称量种子重量、药量和水量要准，稀释要均匀，以防药物过多而伤害种子，药量过少则达不到防治的效果。因此，应充分了解农药性能。二是拌种时要尽量做到随拌随种，不能长期存放，拌好药的种子不宜在阳光下暴晒，以免影响药效。三是目前拌种的农药多为毒性较大的农药，操作时要注意安全，拌种时应戴口罩，穿长袖衣服，拌种后剩余农药要及时清理干净，防止人畜中毒。

## 参考文献

[1] 徐秀娟. 中国花生病虫草鼠害 [M]. 北京：中国农业出版社，2009.

[2] 刘顺通，段爱菊，张自启，等. 地下害虫对花生不同品种的为害及药剂防治试验 [J]. 河南农业科学，2008 (11)：94 - 95.

[3] 赵志强，曲明静，鞠倩，等. 杀虫剂拌种防治花生田蛴螬效果的研究 [J]. 江西农业学报，2011，23 (5)：88 - 90.

[4] 苏卫华，戚仁德，朱建祥. 35%辛硫磷微胶囊剂防治花生蛴螬试验及示范 [J]. 安徽农业科学，2005，33 (5)：783 - 784.

[5] Zhou L M, Ju Q, Qu M J, et al. EAG and behavioral responses of the large black chafer, *Holotrichia parallela* (Coleoptera：Scarabaeidae) to its sex pheromone [J]. Acta Entomologica Sinica, 2009, 52 (2)：121 - 125.

[6] 曲明静，赵志强，王磊，等. 30%辛·毒微囊悬浮剂对花生田蛴螬的防治效果 [J]. 植物保护，2008，34 (6)：148 - 150.

[7] 刘小民，郭巍，李瑞军，等. 12 种药剂对蛴螬的田间药效评价 [J]. 花生学报，2010，39 (3)：12 - 15.

[8] 罗宗秀，李克斌，曹雅忠，等. 暗黑鳃金龟性信息素田间应用的初步研究 [J]. 植物保护，2010，36 (5)：157 - 161.

[9] W. S. Leal, Masaaki Sawada et al. Unusual periodicity of Sex Pheromone production in the Large Black Chafer *Holotrichia parallela* [J]. Journal of Chemical Ecology, 1993, 19 (7)：1 381 - 1 391.

[10] 刘玉芹，陈香艳，陈乃存，等. 35%辛硫磷微囊悬浮剂防治花生蛴螬效果研究 [J]. 现代农业科技，2010 (13)：170 - 171.

[11] 马铁山，侯启昌，郝改莲，等. 5 种农药对花生田蛴螬防治效果的对比试验 [J]. 吉林农业科学，2007，32 (4)：41 - 42.

# 果园梨小食心虫种群消长动态研究初报*

张红梅[1**]　仇明华[2]　陈福寿[1]　王　燕[1]

杨艳鲜[1]　陶耀明[1]　陈宗麒[1***]

（1. 云南省农业科学院农业环境资源研究所，昆明　650205；

2. 云南省农业科学院园艺所，昆明　650205）

**摘　要：** 利用性诱粘板调查昆明果园梨小食心虫种群的消长动态。结果表明：在昆明地区梨小食心成虫一年发生 4~5 代，2 月下旬为梨小食心成虫始见期，3~4 月越冬代逐渐羽化，4 月中旬为第一代成虫发生高峰期，5 月下旬、6 月下旬为第二、第三代高峰期，主要为害桃树新梢；7 月中下旬、9 月上中旬为第四、第五代发生的高峰期，主要为害桃、梨果实；12 月中旬为梨小食心成虫终见期。梨小食心虫越冬期短，世代重叠，给防治工作带来一定的难度，建议以农业防治、物理防治、生物防治等相结合的综合措施控制梨小食心虫为害。

**关键词：** 果园；梨小食心虫；种群消长动态

梨小食心虫（*Grapholita molesta* Busk）属鳞翅目（Lepidoptera）卷蛾科（Tortricidae），在世界桃、李等种植区均有发生。它是多种果树上钻蛀果实的一大害虫，尤以苹果、梨的果实受害严重[4]。在我国东北、华北、华中、华南均有发生，尤其在桃梨混栽区发生较重。梨小食心虫是梨树、桃树主要害虫，食性广泛，为害甚大，果树虫食率达 80% ~ 90%，严重影响经济价值和经济收入。梨小食心虫为害寄主的方式有两类：一类为取食新梢，有桃、樱桃、杏、李和海棠等；另一类为取食果实，有梨、苹果、桃、李、杏等[5]。2011 年开展昆明地区果园梨小食心成虫消长动态调查，发现梨小食心虫前期主要为害桃树新梢，后期转移到果实为害。为了摸清梨小食心虫种群消长动态，2011 年 5 月至今在桃、梨相邻种植果园采用性诱粘板测报梨小食心虫成虫种群消长动态，为昆明果园防治技术提供可靠的依据。

## 1　材料与方法

### 1.1　供试果园概况

供试果园地处云南高原山地，位于昆明市北郊松华坝库区的小河村委会，海拔1 997m，年均温 14.7℃，最冷月（1 月）均温 7.4℃，最热月（7 月）均温 21.05℃，≥10℃ 的活动积温为 4 480℃。全年气候温和，年温差较小，日温差较大。2011 年昆明干旱

　* 基金项目：农业部行业专项：新种植模式下病虫害生物防治主打型新技术研究（201103002）；国家桃产业技术体系昆明综合试验站（CARS－31－Z－13）

　** 第一作者简介：张红梅（1978—），女，助理研究员，主要从事农业害虫生物防治研究；E-mail：bshrjs999@163.com

　*** 通讯作者：E-mail：zongqichen55@163.com

降水量约为 598mm。果园面积 13hm²，其中，梨树 7hm²，桃树 6hm²，桃、梨仅是相邻种植，没有混栽。果园管理跟常规一样，常年打药 1~2 次，果实进行套袋，桃树主要是十字花科蔬菜，梨树地面覆盖物主要是苜蓿。桃树龄 3 年，株行距为 2m×3m；梨树龄 8 年，株行距为 3m×4m。

## 1.2 调查方法

梨小食心成虫数量动态采用船型诱捕器粘板调查，诱捕器由北京中捷四方生物科技有限公司提供，诱芯由中国科学院动物研究所提供，调查时间为 2011 年 5 月 17 日至 2012 年 6 月，在梨园内设定 5 个诱集点，诱集点之间相距 30m 左右，诱捕器悬挂在距地面 1.5m 的树冠上，诱芯悬挂在距粘板 8~10cm 处，性诱粘板长宽为 25cm×17cm，每周更换 1 次粘虫板，每月更换 1 次诱芯，每 7 天调查梨小食心成虫头数；在桃园内设定 5 个诱集点，采用同样的方法诱集梨小食心成虫头数。

# 2 结果与分析

## 2.1 为害特点

梨小食心虫以幼虫蛀食桃树嫩梢为害，嫩梢受害蛀入孔先出现流胶，而后新梢顶端开始萎蔫下垂，后期受害枝条干枯折断。幼虫在新梢髓部蛀食为害，有转移为害的特性，严重时许多新梢被害。果实受害，果面有虫粪排出。蛀果孔多不明显，幼虫蛀果后直达果核周围为害，将虫粪排于其中，形成"豆沙馅"，被害果易脱落。

## 2.2 发生习性

梨小食心虫在昆明 1 年发生 4~5 代，3 月下旬至 4 月越冬代大量羽化，6 月前主要为害桃树的新梢，7 月以后主要转移桃梨果实为害。据报道云南禄丰 1 年发生 4 代，以老熟幼虫在树干翘皮裂缝结茧越冬，树干基部接近土面处也有少量越冬幼虫[6]，这与昆明梨小食心虫发生的代数有差异，这主要与不同年份气候环境、温度、降水量等有很大的关系。

成虫白天多静伏，黄昏后活动，对醋酸液、黑光灯诱有趋性。幼虫从新梢顶端蛀入后向下蛀食，蛀到较老的木质部后开始转移到其他新梢为害。为害果实时，多从胴部蛀入，直达果心处为害，老熟幼虫在树干粗皮裂缝内化蛹。

## 2.3 诱集数量

表1 不同月份梨小食心成虫诱集头数

| 年.月 | 桃树 | 梨树 |
| --- | --- | --- |
| 2011.5.17~31 | 194 | 85 |
| 2011.6 | 402 | 268 |
| 2011.7 | 211 | 216 |
| 2011.8 | 224 | 381 |
| 2011.9 | 211 | 326 |
| 2011.10 | 75 | 105 |
| 2011.11 | 4 | 3 |
| 2011.12 | 1 | 1 |
| 2012.1 | 0 | 0 |

（续表）

| 年. 月 | 桃树 | 梨树 |
|---|---|---|
| 2012. 2 | 3 | 6 |
| 2012. 3 | 111 | 66 |
| 2012. 4 | 177 | 201 |
| 2012. 5 | 179 | 73 |
| 2012. 6 | 38 | 22 |

2011 年 5 月 17 日至 6 月在桃树、梨树上诱集梨小食心成虫，不同月份平均每块粘板梨小食虫成虫诱集头数见表 1，2011 年 5 ~ 6 月桃树诱集成虫头数较多，6 月诱集成虫最多为 402 头，7 ~ 9 月诱集到成虫数逐渐减少到 211 ~ 224 头，10 ~ 12 月成虫大量减少；2012 年 1 月没有诱集到成虫，2 月诱集到 3 头成虫，随着气温回升，3 ~ 5 月诱集到梨小食心成虫逐渐增多在 111 ~ 179 头，6 月虫量逐渐减少，从不同月份诱集数看，梨小食心虫对桃树为害集中在 3 ~ 9 月这段时间；2011 年 5 ~ 6 月在梨树上诱集梨小食心成虫数在 85 ~ 268 头，比桃树上少，7 ~ 10 月诱集梨小食心成虫数在 105 ~ 381 头，则比桃树的多，8 ~ 9 月成虫最多，主要为害梨果实，10 ~ 12 月诱集头数逐渐减少，2012 年 1 月没有诱集到成虫，2 月诱集到成虫 6 头，3 ~ 4 月虫量逐渐增多，4 月诱集到头数多为 201 头，这主要是梨小食心虫在梨园上大量越冬的缘故，5 ~ 6 月虫量逐渐降低。

从 1 周年诱集成虫头数看，梨小食心虫具有转移寄主的生活习性，6 月前梨小食心虫主要为害桃树新梢，7 ~ 10 月主要为害果实。在昆明果园 3 ~ 10 月梨小食虫集中发生期，1 月、2 月、11 月、12 月大量梨小食心虫处于越冬状态。

## 2.4 成虫发生规律

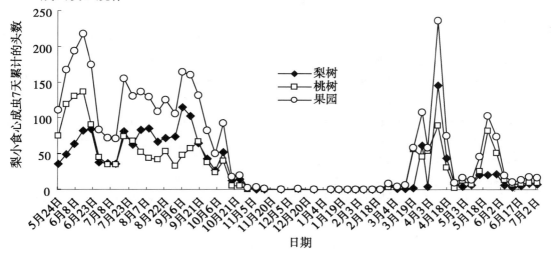

**图 1 果园梨小食心虫的消长规律**

从图 1 可以看出，在桃树、梨树上梨小食心成虫消长动态基本一致。2011 年 5 月 17 日至 6 月 14 日桃树上梨小食心虫成虫发生主高峰期，6 月 14 日虫量最多为 136 头，7 月 19 日、9 月 20 日、10 月 11 日梨小食心虫成虫出现小高峰期，11 ~ 12 月成虫大量降低，

2011 年 12 月 13 日为桃树梨小食心虫成虫的终见期仅诱集到 1 头，2012 年 2 月 28 日为始见期诱集到 3 头，3 月 20 日出现小高峰期，4 月 10 日出现主高峰期诱集到 90 头，4 月上旬越冬代大量羽化，5 月 22 日出现小的高峰期；2011 年 9 月 6 日在梨树上梨小食心成虫出现主高峰期，诱集到 115 头，6 月 21 日、7 月 19 日、10 月 11 日出现小高峰期。2011 年 12 月 13 日为梨树梨小食心虫成虫的终见期，仅诱集 1 头，2012 年始见期在 2 月 21 日，诱集成虫 1 头，3 月 27 日梨小成虫出现小高峰期，4 月 10 日出现主高峰为 146 头，5 月 29 日出现小高峰期。

综合来看，在昆明桃梨相邻种植果园梨小食心虫一年发生 4～5 代，仅 1 月诱集不到成虫，其他月份均能诱集到成虫，11 月、12 月、2 月诱集成虫头数在 6 头以下，说明 1 月至翌年 2 月大量梨小食心虫处于越冬状态，以哪种虫态越冬，怎样越冬还有待进一步的验证。2 月下旬至 4 月下旬越冬代第一代梨小食心虫大量羽化，2 月 21 日为梨小食心成虫始见期、3 月 20 日为第一代始盛期，4 月 10 日为第一代高峰期，4 月 24 日为第一代盛末期，这段时间是防治梨小食心虫关键时期；5 月下旬、6 月下旬为梨小食心虫的第二、第三代发生高峰期，也是桃树新梢受害的高峰期；7 月中下旬、9 月上中旬为梨小食心虫的第四、第五代发生的高峰期，主要为害桃、梨果实；12 月 13 日为末见期。桃梨果树相邻种植在一起，给梨小食心虫提供更多营养，造成梨小食心虫世代重叠现象。

## 3 防治措施

在四季如春的昆明梨小食心虫越冬期短、世代重叠、为害期长，给果园防治工作带来一定难度。通过 1 年的数据分析初步掌握梨小食心成虫消长动态，为果园防治技术提供可靠依据，笔者建议以农业防治、物理防治、生物防治为主，充分利用自然优势，保护利用天敌，辅以药剂适时抑制梨小食心虫的发生，具体防治措施如下：

### 3.1 农业防治

果园选择：建园时应选择土层深厚、排灌方便的向阳缓坡地为好，平地应高垄深沟栽植。规划果园要深翻改土、晒垡；不要把苹果、梨、桃和杏等果树混栽及近距离地栽种，可减少梨小食心虫转移寄主；选择抗病品种，增施有机肥，合理排灌，可增强树势，提高果树的抗病虫能力。

剪折梢：2～4 月梨小食心虫越冬代逐渐羽化，大量成虫产卵初孵即幼虫蛀入新梢，发现新梢刚萎蔫时，及时剪除并烧毁，越冬代虫量较多，第 1 代幼虫蛀梢防治尤为重要；5～6 月桃树新梢受害高峰期，要结合夏季修剪清除折梢并烧毁。

套袋：套袋是防治梨小食心虫为害果实的重要措施。套袋一般应在定果后、生理落果停止前进行，套袋前喷施叶面肥和药剂，采摘前 20 天左右去袋较好，这样能保证果面着色，又能使果实不受虫害。

清除虫果：7～8 月果实采收期间，要及时摘除病果、虫果，清除果园烂果、落果，并将其运到果园外集中深埋处理，搞好果园卫生，铲除虫源。

清园：冬季梨小食心虫进入越冬期，应修剪果园里溃疡枝、病枝，清除地面的枯枝落叶集中烧毁，并刮粗翘树皮或绑麻片诱杀越冬虫，或者对树干涂白破坏越冬场所；对用过果筐或果箱用药剂浸泡减少越冬虫源。

### 3.2 生物防治

保护天敌：充分保护利用自然天敌控制害虫的大量发生，是生物防治措施之一。在昆明桃园种植十字花科蔬菜、豆科植物和苜蓿，寄生性天敌的节肢动物群落，这与梨园种植十字花科蔬菜增加梨园内多食性的捕食性天敌数量[8]有相似方面，但果园在什么时间种植那种作物还有待进一步的研究；据报道，在云南昭通苹果园种植黑麦草、三叶草、苜蓿，有利于果园天敌种类数量增多和天敌昆虫群落的稳定，有效控制害虫发生[2]。建议在果园地面种植苜蓿等能增殖果园害虫天敌种类，增强生态群落稳定性。

释放天敌：在果园中释放梨小食心虫的天敌—松毛虫赤眼蜂（*Trichogramma dendrolimi* Matsumura），通过人为增殖天敌的方式控制梨小食心虫的发生，但释放的时间应掌握在成虫发生盛期之后 3 天释放[3]。

生物药剂：防治的关键时期在 4 月中旬梨小食心虫成虫发生高峰期施用药剂 1 次和套袋前施用药剂。

### 3.3 物理防治

糖醋液诱杀：在 2 月 21 日诱集到第 1 头成虫时，应及时在果园安放糖醋液诱杀梨小食心虫。此方法防治时间长，成本低，省工省时又无污染和残留，是果农防治害虫的重要方法。用糖 5 份、酒 5 份、醋 20 份、水 80 份配成糖醋诱杀液，并加入少量洗衣粉或洗洁精，然后将其倒在盆中，盆口径最好为 8 ~ 10 cm，用绳固定盆挂于离地面 1.5 ~ 2.0m 的树枝上方，诱杀成虫[2]。

黑光灯诱杀：2 月下旬开始，在果园内安装高压电网灭虫灯和黑光灯，灯架下放一个大口盛水容器。黑光灯诱捕时间为日落后至第 2 日日出前，早晨清理和消灭灯架下的成虫[7]，此方法可以大量诱杀其他蛾类等昆虫。

性诱剂诱杀：性诱剂粘板或水盆诱集是梨小食心成虫预测预报和防治的好方法。利用性诱粘板诱杀雄成虫，减少雌雄交配的机会，导致雌虫产下不育卵，从而达到杀虫、治虫目的[1]。性诱粘板使用成本高，水盆性诱集要经常向盆里加水以免无水诱集不到成虫，在 2 月下旬就可以在果园挂上一些粘板和放置水盆诱杀越冬代成虫，此方法能有效地保护和利用天敌，是无公害果品生产中一项较好的措施。

**参考文献**

[1] 刘红敏，汪新娥，胡肄珍. 梨小食心虫的发生与防治［J］. 河南农业科学，2005（1）：74 – 75.

[2] 李向永，谌爱东，赵雪晴，等. 植被多样性对昆虫发生期和物种丰富动态的影响［J］. 西南农业学报，2006，29（3）：519 – 524.

[3] 焦瑞莲，郭霞. 无公害果园防治梨小食心虫技术［J］. 果树花卉，2004（6）：20.

[4] 赵连吉，邹文权，刘超，等. 梨小食心虫生物学特性及防治［J］. 吉林林业科技，1998，132（1）：23.

[5] 张继军，李金锁. 梨小食心虫的防治［J］. 中国林副特产，2004，68（1）：47.

[6] 杨本立，邓有金. 梨小食心虫的生活史及早期防治［J］. 中国南方果树，1998，27（1）：36.

[7] 王兴平. 应用新技术对梨小食心虫开展综合推广防治研究［J］. 甘肃科技，2006，22（5）：199 – 201.

[8] FYE A E. Cover crop manipulation for building pearpssylla（Homoptera：Psyllidae）predator population in per orchards［J］. Journal of Economic Entomology，1983，76：306 – 310.

# 温度对柑橘大实蝇脱果幼虫化蛹的影响*

周红艳** 赵志模 刘映红*** 于文惠 张 欢

（西南大学植物保护学院，昆虫学及害虫控制工程重庆市重点实验室，重庆 400715）

**摘 要**：温度是影响昆虫羽化的重要环境因子之一。本文研究了 5℃、10℃、15℃、20℃ 和 25℃ 不同恒定温度条件下对柑橘大实蝇脱果幼虫化蛹的影响。结果表明：柑橘大实蝇脱果幼虫经 5 种供试温度处理后，均可以化蛹。15℃、20℃ 和 25℃ 条件下化蛹率均达到 100%，而在 5℃ 和 10℃ 较低温度条件下，化蛹率降低。根据逻辑斯蒂方程，得出 5 种恒温下脱果幼虫 50% 化蛹时间分别为处理后的第 5.24 天、3.43 天、2.03 天、-0.04 天和 -0.55 天。

**关键词**：柑橘大实蝇；脱果幼虫；温度；化蛹

柑橘大实蝇 *Bactrocera minax*（Enderlein），属双翅目 Diptera，实蝇科 Tephritidae，寡鬃实蝇亚科 Dacinae，果实蝇属 *Bactrocera* Macquart（陈世骧，谢蕴贞，1955）。原产于日本九州，硫球群岛的奄美大岛（周华众，2009）。在我国主要分布于四川、重庆、云南、贵州、湖北、湖南、广西、陕西、安徽等柑橘产区。除我国外，巴基斯坦、印度、锡金和不丹也有发生（杨永政，2008）。柑橘大实蝇仅为害柑橘类，以酸橙和甜橙受害严重，柚子、红橘次之，偶尔也为害柠檬、香橼、佛手等（方正茂，2009）。

自 20 世纪 80 年代以来，随着柑橘种植面积的增加和果实频繁调运等原因，柑橘大实蝇发生范围和为害程度迅速扩大。尽管各地投入了大量人力、物力予以防治，也取得了一定效果，但至今仍是制约各地柑橘生产的重要因素（余乐明，2007）。目前，柑橘大实蝇的大田研究比较多，主要侧重于田间调查和诱剂防治（谢天宝，2006；张小亚，2007；刘莉，2008；周华众，2009；杨明霞，2009；王小蕾，2009；王穗，2009；方正茂，2009；吴晓燕，2010），而室内的研究资料比较少（范京安，1994；张小亚，2007；周伯春，2009），鉴于此，本文主要在室内，通过不同温度对柑橘大实蝇脱果幼虫的处理，来探索温度对其化蛹的影响。

## 1 材料与方法

### 1.1 供试虫源

2011 年 10 月从重庆市武隆地区，采集柑橘大实蝇为害的落果带回实验室待用。

---

\* 基金项目："973"计划前期研究专项：柑橘实蝇类害虫成灾机理与持续控制的基础研究 科技部 2009CB125903

\*\* 作者简介：周红艳，女，硕士研究生，西南大学植物保护学院，主要从事昆虫生态学研究；E-mail：490077385@qq.com

\*\*\* 通讯作者：刘映红，研究员；E-mail：yhliu@swu.edu.cn

## 1.2 实验仪器

光照培养箱，塑料盒，一次性塑料杯，沙子，剪刀，镊子。

## 1.3 试验方法

2011 年 10 月 23 日从蛆果中剖出 3 龄幼虫，当天 20：00 时，每 5 头放入一个盛有沙子的塑料杯内（沙子保持湿润），每 12 个杯子放在一个塑料盒内，共 60 头幼虫。将其分别置于 5℃、10℃、15℃、20℃和 25℃的光照培养箱内，于翌日 20：00 时统计各个处理的化蛹头数。

## 1.4 数据处理

所得数据用平均值 ± 标准差来表示，平均历期的差异显著性用邓肯氏新复极差法（Duncan）测验进行比较。所用的统计分析软件为 Excel 软件。

# 2 结果与分析

## 2.1 不同温度对柑橘大实蝇脱果幼虫化蛹率和平均化蛹历期的影响

柑橘大实蝇的脱果幼虫，经不同恒定温度处理后化蛹率比较（表 1）。如表所示，脱果幼虫经 5℃、10℃、15℃、20℃和 25℃处理后均可化蛹，但经过 5℃和 10℃处理的脱果幼虫，有一定的死亡率，为 8.33% ~ 15%；温度在 15 ~ 25℃时，化蛹率可达到 100%。

**表 1 不同恒定温度处理下柑橘大实蝇脱果幼虫逐日化蛹进度及化蛹率**

| 日期（月/日） | 温度 | | | | |
|---|---|---|---|---|---|
| | 5℃ | 10℃ | 15℃ | 20℃ | 25℃ |
| 10/24 | 0 | 20 | 19 | 40 | 44 |
| 10/25 | 4 | 3 | 9 | 9 | 6 |
| 10/26 | 2 | 3 | 14 | 6 | 3 |
| 10/27 | 17 | 0 | 5 | 2 | 4 |
| 10/28 | 12 | 0 | 11 | 3 | 3 |
| 10/29 | 0 | 1 | 0 | | |
| 10/30 | 8 | 10 | 2 | | |
| 10/31 | 0 | 6 | | | |
| 11/1 | 9 | 0 | | | |
| 11/2 | 1 | 6 | | | |
| 11/3 | 2 | 2 | | | |
| 合计 | 55 | 51 | 60 | 60 | 60 |
| 处理头数 | 60 | 60 | 60 | 60 | 60 |
| 死亡率（%） | 8.33 | 15 | 0 | 0 | 0 |
| 化蛹率（%） | 91.67 | 85.00 | 100.00 | 100.00 | 100.00 |

由表 2 可知，温度对柑橘大实蝇脱果幼虫的化蛹历期有一定的影响，化蛹历期随着处理温度的升高而缩短。经过不同温度处理，脱果幼虫平均化蛹历期 5℃下需要 5.65 天，10℃下 4.73 天，15℃下 2.80 天，20℃下 1.65 天，25℃下 1.60 天。

表2　不同恒定温度处理下柑橘大实蝇脱果幼虫加权平均发育历期

| 经历时间（天） | 温度 | | | | |
|---|---|---|---|---|---|
| | 5℃ | 10℃ | 15℃ | 20℃ | 25℃ |
| 1 | 0（0） | 20（20） | 19（19） | 40（40） | 44（44） |
| 2 | 8（4） | 6（3） | 18（9） | 18（9） | 12（6） |
| 3 | 6（2） | 9（3） | 42（14） | 18（6） | 9（3） |
| 4 | 68（17） | 0（0） | 20（5） | 8（2） | 16（4） |
| 5 | 60（12） | 0（0） | 55（11） | 15（3） | 15（3） |
| 6 | 0（0） | 6（1） | 0（0） | | |
| 7 | 56（9） | 70（10） | 14（2） | | |
| 8 | 0（0） | 48（6） | | | |
| 9 | 81（9） | 0（0） | | | |
| 10 | 10（1） | 60（6） | | | |
| 11 | 22（2） | 22（2） | | | |
| 总日数 | 311（55） | 241（51） | 168（60） | 99（60） | 96（60） |
| 加权平均历期（天） | 5.65±2.40 | 4.73±3.67 | 2.80±1.67 | 1.65±1.12 | 1.60±1.17 |

注：表中数据为平均数±标准差；括号里的数字为化蛹头数

　　从表3可看出，在5℃条件下柑橘大实蝇脱果幼虫平均发育历期分别与20℃和25℃下的差异达到极显著水平，与15℃下的平均发育历期达到显著水平，其他温度间的差异不显著。结果表明，不同温度显著影响了柑橘大实蝇脱果幼虫在土壤中的平均化蛹历期，且5℃条件下与20℃、25℃表现出极显著差异。

表3　不同恒定温度处理下柑橘大实蝇脱果幼虫平均发育历期（天）差异显著表

| 处理 | 蛹数（头） | 总日数（天） | 平均数（天） | 差异显著性 | |
|---|---|---|---|---|---|
| | | | | 0.05 | 0.01 |
| 5℃ | 55 | 311 | 5.65 | a | A |
| 10℃ | 51 | 241 | 4.73 | ab | ABC |
| 15℃ | 60 | 168 | 2.80 | bcd | ABC |
| 20℃ | 60 | 99 | 1.65 | cd | BC |
| 25℃ | 60 | 96 | 1.60 | d | C |

注：邓肯新复极差法测验，同列数据后不同大小写字母分别表示处理间在0.01和0.05水平上的差异显著性

　　根据公式 $T = K + CV$，对（表2）平均发育历期进行数据回归分析，得到柑橘大实蝇脱果幼虫在土壤中的发育起点温度为0.84℃，有效积温为35.83日度。

## 2.2　不同温度处理下柑橘大实蝇脱果幼虫累计化蛹进度及化蛹盛期（累计50%化蛹）

　　对逐日化蛹数量进行累计，统计累计化蛹进度（表4）。

表4 柑橘大实蝇脱果幼虫累计化蛹数量及累计化蛹进度（%）

| 日期（月/日） | 经历时间（天） | 5℃ | | 10℃ | | 15℃ | | 20℃ | | 25℃ | |
|---|---|---|---|---|---|---|---|---|---|---|---|
| | | 累计数 | 累计进度 | 累计数 | 累计进度 | 累计数 | 累计进度 | 累计数 | 累计进度 | 累计数 | 累计进度 |
| 10/24 | 1 | 0 | 0 | 20 | 39.22 | 19 | 31.67 | 40 | 66.67 | 44 | 73.33 |
| 10/25 | 2 | 4 | 7.27 | 23 | 45.1 | 28 | 46.67 | 49 | 81.67 | 50 | 83.33 |
| 10/26 | 3 | 6 | 10.91 | 26 | 50.98 | 42 | 70 | 55 | 91.67 | 7 | 88.33 |
| 10/27 | 4 | 23 | 41.82 | 26 | 50.98 | 47 | 78.33 | 57 | 95 | 57 | 95 |
| 10/28 | 5 | 35 | 63.64 | 26 | 50.98 | 58 | 96.67 | 60 | 100 | 60 | 100 |
| 10/29 | 6 | 35 | 63.64 | 27 | 52.94 | 58 | 96.67 | | | | |
| 10/30 | 7 | 43 | 78.18 | 37 | 72.55 | 60 | 100 | | | | |
| 10/31 | 8 | 43 | 78.18 | 43 | 84.31 | | | | | | |
| 11/1 | 9 | 52 | 94.55 | 43 | 84.31 | | | | | | |
| 11/2 | 10 | 53 | 96.36 | 49 | 96.08 | | | | | | |
| 11/3 | 11 | 55 | 100 | 51 | 100 | | | | | | |

令 K = 100，将公式 Y = K/1 + e^{a-rt} 转化成 ln（K/N-1）= a-rt，令 Ln（K/N-1）= Y，10 月 24 日 = 1，根据累计化蛹进度值进行拟合，获得 5 种恒温下脱果幼虫发育进度的 Lojistic 方程，如下：

$$Y（5℃）= \frac{100}{1 + e^{3.6716 - 0.70132t}} \quad (R^2 = 0.9467，F = 124.2287，P = 1.04E\text{-}05)$$

$$Y（10℃）= \frac{100}{1 + e^{1.1856 - 0.3453t}} \quad (R^2 = 0.8202，F = 36.4886，P = 0.00031)$$

$$Y（15℃）= \frac{100}{1 + e^{1.8348 - 0.9035t}} \quad (R^2 = 0.9470，F = 71.5247，P = 0.0011)$$

$$Y（20℃）= \frac{100}{1 + e^{0.0321 - 0.7658t}} \quad (R^2 = 0.9910，F = 219.0835，P = 0.00453)$$

$$Y（25℃）= \frac{100}{1 + e^{-0.3441 - 0.6214t}} \quad (R^2 = 0.9749，F = 77.7990，P = 0.01261)$$

根据求得的逻辑斯蒂方程，计算 5 种恒温下脱果幼虫发育进度的模拟值，制作逻辑斯蒂曲线并求出脱果幼虫在 5 种恒温处理下 50% 化蛹日，分别为处理后的第 5.24 天、3.43 天、2.03 天、-0.04 天和-0.55 天，即：5℃为 10 月 28 日，10℃为 10 月 27 日，15℃为 10 月 26 日，20℃为 10 月 24 日，25℃为 10 月 23 日（表5）。

表5 不同恒温条件下柑橘大实蝇脱果幼虫的化蛹率和化蛹时间

| | 5℃ | 10℃ | 15℃ | 20℃ | 25℃ |
|---|---|---|---|---|---|
| 化蛹率（%） | 91.67 | 85.00 | 100.00 | 100.00 | 100.00 |
| 化蛹始见日（月/日） | 10/25 | 10/24 | 10/24 | 10/24 | 10/24 |
| 化蛹终见日（月/日） | 11/03 | 11/03 | 10/30 | 10/28 | 10/28 |
| 化蛹历期（天） | 10 | 11 | 7 | 5 | 5 |
| 50% 化蛹日数（天） | 5.24 | 3.43 | 2.03 | -0.04 | -0.55 |
| 50% 化蛹日（月/日） | 10/28 | 10/27 | 10/26 | 10/24 | 10/23 |

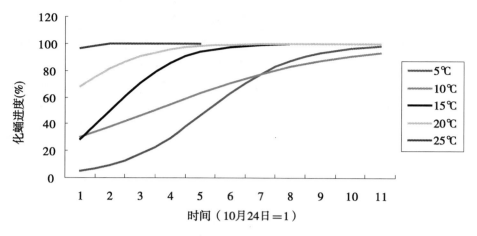

**图1　5种恒温下脱果幼虫发育进度的模拟曲线**

## 3　小结与讨论

　　不同恒定温度对柑橘大实蝇脱果幼虫化蛹影响作用显著。在5～25℃条件下，脱果幼虫均可以化蛹，但是在5℃和10℃较低温度条件下，化蛹率分别为91.67%和85.00%，其他较适宜的温度条件下，其化蛹率均达到100%。柑橘大实蝇脱果幼虫平均化蛹历期随着处理温度的升高而缩短；在土壤中脱果幼虫化蛹的发育起点温度为0.84℃，有效积温为35.83日度。

　　范京安等（1994）对柑橘大实蝇耐寒及滞育性研究结果表明：柑橘大实蝇幼虫在较低或较高的温度下，均能加快化蛹过程。在3℃幼虫在1周后开始化蛹，第9天出现化蛹高峰（52%），20天后结束化蛹。在6℃幼虫在第9天开始化蛹，两周后进入化蛹高峰，第29天结束。在21℃幼虫在24h内便开始化蛹，第4天达高峰，9天后结束化蛹。而本研究发现，柑橘大实蝇的脱果幼虫在5种恒温处理下，5℃下第2天开始化蛹，10～25℃下第1天开始化蛹。通过拟合逻辑斯蒂方程计算，也得出在20℃和25℃条件下，在24h内已有幼虫化蛹。此结论与范京安等（1994）的研究结果既有矛盾又有相似的地方。其原因可能是选取试虫的发育程度有差异以及试验方法的差异。范京安等人是将幼虫置于底部铺1层湿润吸水纸的烧杯中，本研究则是将老熟幼虫放入盛有保湿沙子的塑料杯内。因此，温度对柑橘大实蝇脱果幼虫化蛹的影响，以及不同温度处理后对成虫羽化的影响还需进一步研究。

**参考文献**

[1] 陈世骧，谢蕴贞. 关于橘大实蝇的学名及种征 [J]. 昆虫学报，1955，5（1）：123-126.

[2] 范京安，赵学谦，朱军. 柑橘大实蝇耐寒及滞育性研究 [J]. 西南农业大学学报，1994，16（6）：532-534.

[3] 方正茂. 柑橘大实蝇的为害及防治 [J]. 河北果树，2009（2）：33-34.

[4] 刘莉. 柑橘大实蝇的发生、为害及防治 [J]. 保山师专学报，2008，27（5）：52-54.

[5] 王小蕾，张润杰. 橘大实蝇生物学、生态学及其防治研究概述 [J]. 环境昆虫学报，2009，31

（1）：73 – 79.

[6] 王穗，何建云，肖铁光，等．橘大实蝇生物学特性及药剂防治研究 [J]．作物研究，2009，23（3）：203 – 207.

[7] 吴晓燕．柑橘大实蝇周年防治技术 [J]．果农之友，2010（5）：33 – 35.

[8] 谢天宝，陈煌，吕志藻．橘大实蝇的产卵行为观察 [J]．昆虫知识，2006，43（2）：242 – 244.

[9] 杨永政，张富国，何涛．橘大实蝇发生为害规律与防治对策 [J]．湖北植保，2008（1）：18 – 22.

[10] 杨明霞．柑橘大实蝇发生规律及防治技术 [J]．植物医生，2009，22（4）：43 – 44.

[11] 易传辉，陈晓鸣，史军义，等．温度在柑橘凤蝶蛹滞育解除中的作用 [J]．昆虫知识，2009（3）：453 – 456.

[12] 余乐明．柑橘大实蝇的发生为害及综合防治技术 [J]．南方农业，2007，1（5）：37 – 39.

[13] 张小亚，喻法金，韩庆海，等．橘大实蝇对三种寄主植物的偏好比较 [J]．昆虫知识，2007（3）：364 – 366.

[14] 张小亚，张长禹，韩庆海，等．柑橘大实蝇诱杀方法研究及防治效果初步评估 [J]．中国植保导刊，2007，27（1）：5 – 8.

[15] 周伯春，李彩红，杨桂芳，等．柑橘大实蝇的培养方法 [J]．生物学教学，2009（34）：41 – 42.

[16] 周华众，向子钧，秦仙姣．柑橘大实蝇的发生为害特点及防控技术 [J]．湖北植保，2009，111（1）：38 – 39.

# 橘小实蝇对几种果实的产卵选择及嗅觉反应*

于文惠**　　刘映红***　　周红艳　　张　欢

（西南大学植物保护学院，昆虫学及害虫控制工程重庆市重点实验室，重庆　400715）

**摘　要：** 本文研究了橘小实蝇对其7种寄主果实的产卵选择性，并用四臂嗅觉仪测定了橘小实蝇对其4种寄主果实的嗅觉选择行为。结果表明，橘小实蝇对寄主的选择与橘小实蝇的嗅觉行为有很大的关系，嗅觉信号很可能是橘小实蝇成虫进行取食和寄主选择时的主要因素之一。

**关键词：** 橘小实蝇；寄主；选择性；嗅觉反应

橘小实蝇 Bactrocera dorsalis（Hendel），又名东方果实蝇，属双翅目 Diptera，实蝇科 Tetriphitidae，果实蝇属 Bactrocera Macquar，是一种食性广、世代重叠严重、繁殖力强、传播快、为害大、难防治的危险性检疫害虫，给我国的果蔬业生产带来了巨大损失。

橘小实蝇主要是通过雌成虫对果实种类的选择，将卵产在果实中，幼虫在果实内取食为害，造成烂果和落果。该虫的寄主范围广，可为害香蕉、柑橘、苹果、番石榴、番木瓜等46科的250多种作物果实，以热带和亚热带的果蔬植物为主。昆虫对寄主的选择行为取决于挥发性的刺激或者拒食化合物，这种正负化学刺激的相互作用影响昆虫对某一植物接受或拒绝的最终决策，在一定程度上也取决于植物的某些物理性状。此外，抱卵昆虫的生理状态以及活动能力、以往经历、环境条件、种内其他个体及其他生物种类出现与否等因素，均对其在特定部位的接受或拒绝行为有一定的影响。有学者认为植食性昆虫寄主选择行为一般可以分为对寄主植物的定向、着陆和接受3个步骤，认为植食性昆虫的成虫主要依赖寄主植物的形状和颜色提供的视觉信号寻找寄主，并利用植物挥发物提供的嗅觉信号定向寄主。植物和昆虫之间经过长期的协同进化过程之后形成了植食性昆虫具有特定食性范围的特点，植物挥发物是引导植食性昆虫寄主定位的利它素，为植物植食性昆虫二级营养关系建立过程中的信息化合物。Roland Schroder 提出了寄主植物气味诱发拟寄生物产卵学习的特殊机制，认为植食性拟寄生物的幼虫能够进行结合性学习而对植物挥发物作出反应。植物的气味物质传递着有关昆虫取食、产卵、及其他活动的信息，对昆虫的行为反应起着关键的作用。所以对昆虫的嗅觉行为的研究不仅可以揭示害虫与寄主植物间的信息化学联系，而且可为害虫的防治、预测预报提供新的思路。

本研究将从橘小实蝇对几种不同寄主果实的产卵选择及嗅觉反应来验证寄主果实的气味是橘小实蝇进行寄主选择定向及产卵的主要因素，为橘小实蝇的防治提供一定的理论依据。

---

*　基金项目："973"计划前期研究专项：柑橘实蝇类害虫成灾机理与持续控制的基础研究 科技 2009CB125903

**　作者简介：于文惠（1986—），女，汉族，新疆伊宁人，硕士，西南大学植物保护学院，主要从事昆虫行为生态学研究；E-mail：bodsh1986@163.com

***　通讯作者：刘映红，研究员，E-mail：yhliu@swu.edu.cn

# 1 材料与方法

## 1.1 橘小实蝇对 7 种寄主果实的产卵选择性

### 1.1.1 供试虫源

用人工饲料饲养 10 代以上的橘小实蝇实验室种群的成虫。

### 1.1.2 供试寄主果实

香蕉、脐橙、莲雾、苹果、番茄、梨、柿子，均从超市购买。

### 1.1.3 橘小实蝇对 7 种寄主果实产卵量的测定

试验在养虫笼中进行。选择不透明的白色一次性纸杯（高 7.5cm，杯口直径 7cm，杯底直径 5cm），用图钉（直径约为 1mm）在距离底部 1.5cm 的杯壁均匀刺上 50 个小孔作为产卵容器。取 7 种带皮的果实切成体积等大的块（3cm × 3cm × 3cm）；每种果实取 20g。擦净水果表面多余的汁液后分别放入培养皿（直径为 10cm）内，分别用产卵容器罩住，随机放入养虫笼内，再放入 60 头成虫（性比为 1 : 1）并设空白对照。每隔 6h 检查雌虫在产卵容器内壁的产卵数量，每天检查 2 次；试验后立即更换新的产卵容器，分别计算产卵量。每组试验重复 6 次。

## 1.2 橘小实蝇对香蕉、脐橙、苹果、梨 4 种寄主果实的嗅觉反应测定

分别称取香蕉、脐橙、苹果、梨 4 种带皮果实 20g 放入味原瓶中，对照瓶为空白，用四臂嗅觉仪进行测定。待四臂嗅觉仪转子流量计均稳定至 300ml/min 时抽气，可放入待测橘小实蝇雌成虫，所测定的 20 头橘小实蝇雌成虫均处于产卵期。每次测定结束后，用无水乙醇擦拭测定区域。供试橘小实蝇从放入被测定区域后作出第一反应时开始计时，计时 10 分钟。记录供试橘小实蝇在每个区域停留的时间和次数，若供试橘小实蝇雌成虫在中心区域或在某区域停留超过 2min，则终止此次试虫的试验。

## 1.3 试验数据的分析与处理

试验数据经 Excel 处理后，用 SPSS 18.0 数据处理分析软件进行分析。

# 2 结果与分析

## 2.1 橘小实蝇对 7 种寄主果实的产卵选择性

实验结果见表 1。供试的这 7 种寄主果实中，橘小实蝇在香蕉上的平均产卵量最多，为 140.44 粒；橙仅次于香蕉，为 132 粒；然后是莲雾，为 67.17 粒；平均产卵量最低的是柿子，仅为 18.9 粒。试验结果表明，这 7 种果实对橘小实蝇都表现出具有引诱的作用，香蕉、脐橙与莲雾、苹果、番茄、梨、柿子间橘小实蝇的平均产卵量差异达到显著水平；而在香蕉、脐橙之间并无明显差异；莲雾与苹果、番茄、梨、柿子间的差异显著，而苹果、番茄、梨、柿子之间并无明显差异。

**表 1 橘小实蝇产卵对 7 种寄主果实的选择性**

| 供试材料 | 产卵量 |
| --- | --- |
| 香蕉 | $140.44 \pm 12.73a$ |
| 脐橙 | $132 \pm 18.31ab$ |
| 莲雾 | $67.17 \pm 9.31c$ |

（续表）

| 供试材料 | 产卵量 |
|---|---|
| 苹果 | 31.5 ± 5.11d |
| 番茄 | 17.56 ± 3.58de |
| 梨 | 22.89 ± 4.67def |
| 柿子 | 18.9 ± 3.22defg |
| CK | 0 |

注：表中数据为平均数±标准误，同列字母不同表示差异显著（P < 0.05）（邓肯新复极差法）

## 2.2 橘小实蝇对香蕉、脐橙、苹果、梨4种寄主果实的嗅觉反应测定

表2 橘小实蝇对4种寄主果实的嗅觉反应

| 供试材料 | 滞留时间（min） | | | 进入次数 | | |
|---|---|---|---|---|---|---|
| | 对照 | 处理 | SI（选择系数） | 对照 | 处理 | SI（选择系数） |
| 香蕉 | 0.45 ± 0.07 | 3.26 ± 0.16 | 7.24 * | 2.11 ± 0.70 | 8.67 ± 0.71 | 4.11 * |
| 苹果 | 0.88 ± 0.10 | 1.43 ± 0.04 | 1.62 | 3.13 ± 0.43 | 4.67 ± 0.42 | 1.49 |
| 脐橙 | 0.37 ± 0.09 | 2.60 ± 0.24 | 7.03 * | 2.38 ± 0.46 | 6.75 ± 1.05 | 2.84 * |
| 梨 | 0.81 ± 0.11 | 1.47 ± 0.18 | 1.81 | 3.33 ± 0.57 | 6.15 ± 0.65 | 1.85 |

注：* 表示在相同气流量下处理与对照差异达到显著水平（t检验）

由表2可知，从滞留时间和进入处理区域可得出：橘小实蝇对香蕉和脐橙的嗅觉反应的选择性显著高于苹果和梨，这与橘小实蝇的产卵选择性的结果吻合，说明橘小实蝇在供试寄主选择过程中的嗜好寄主为香蕉和脐橙。

## 3 讨论

对植食性昆虫而言，寄主植物分为两类：取食寄主与产卵寄主。植食性昆虫主要从取食寄主中获得生长所需的营养物质，而在产卵寄主上繁衍后代。在这些行为过程中，昆虫的视觉、嗅觉、触觉和味觉发挥着关键作用。昆虫在接触植物前的定向、降落运动阶段，主要受植物的光学和气味特点的影响，因此其视觉和嗅觉起着主导作用。同时幼虫期的寄主经历也能够影响其成虫的取食及对寄主的选择，幼虫期的取食经历能明显影响幼虫随后对潜在拒食化合物的反应，在其他寄主上的取食经历促进昆虫对拒食化合物敏感性的发展，而连续接触拒食化合物则会引起习惯性反应或抑敏感性的发展。昆虫幼期发育所在的寄主可影响成虫的行为。橘小实蝇的幼虫经历是否能够影响其下一代成虫取食的嗜好性以及对寄主的选择，还需做进一步研究和考证。

本文研究结果与许益镌等的相一致。香蕉等水果成熟期时对橘小实蝇的产卵选择性具有较强的引诱能力，这很可能与果皮在成熟期挥发物具有很大的关系，橘小实蝇从而通过嗅觉信号对寄主进行定位。因此，本研究用四臂嗅觉仪测定橘小实蝇对4种寄主果实的嗅觉反应，结果表明在橘小实蝇主要通过嗅觉寻找寄主，对香蕉和脐橙等寄主果实表现出很强的嗜好性，说明橘小实蝇与这种寄主果实经过长期的协同进化形成了较强嗜好选择性。

**参考文献**
[1] 胡菡青，等. 橘小实蝇寄主选择性的研究与应 [J]. 江西农业学报，2007，19（2）：68 – 71.

［2］刘光华，梁广文等. 三化螟对海芋挥发油的嗅觉和触角电位反应［J］. 华南农业大学学报，2011，32：35 – 38.

［3］陆宴辉，张永军，吴孔明. 植食性昆虫的寄主选择机理及行为调控策略［J］. 生态学报，2008，28：5 113 – 5 122.

［4］欧海英，田明义，等. 寄主利它素和学习行为对赤眼蜂嗅觉反应的影响［J］. 环境昆虫学报，2010，32：243 – 249.

［5］任荔荔，等. 植物果实、颜色和形状对橘小实蝇产卵选择的影响［J］. 昆虫知识，2008，45（4）：593 – 597.

［6］王争艳，李心田，鲁玉杰，等. 昆虫寄主选择行为的进化机制［J］. 应用昆虫学报，2011，48：174 – 177.

［7］许益镌，等. 橘小实蝇对不同水果产卵的选择性［J］. 华中农业大学学报，2005，24：25 – 26.

［8］喻国辉. 美洲斑潜蝇寄主选择和嗅觉学习行为研究［D］. 广东：中山大学. 2004.

［9］张庆贺，姬兰柱. 1994. 植食性昆虫产卵的化学生态学［J］. 生态学杂志，13（6）：39 – 43.

［10］Fein B L, Reissig W H, Roelofs W L. Identification of apple volatiles attractive to the apple maggot Rhagoletis pomonella. *J Chem Ecol*, 1982, 8：1 473 – 1 487.

［11］Roland Schroder, Larissa Wurm, Martti Varama, Torsten Meiners Monika Hilker. Unusual mechanisms involved in learning of oviposition-induced host plant odours in an egg parasitoid. Animal Behaviour, 2008, 75：1 423 – 1 430.

# 光照对柑橘始叶螨生长发育和繁殖的影响<sup>*</sup>

李迎洁<sup>**</sup>　　王梓英　　刘　怀<sup>***</sup>

（西南大学植物保护学院 昆虫学及害虫控制工程重庆市市级重点实验室，重庆　400716）

**摘　要：** 为了进一步明确光照对柑橘始叶螨［*Eotetranychus kankitus*（Ehara）］生长发育的影响，在恒温条件下，研究了不同光照条件对柑橘始叶螨实验种群生长发育的影响，为该螨的监测与综合治理提供参考依据。结果表明：光周期对柑橘始叶螨卵、幼螨和若螨的发育历期有显著影响，整个世代的发育历期在 13.26～15.12 天，在光照 14.0h 时整个世代的发育历期最短。同时，光周期对卵的孵化率和各螨态存活率也有一定影响，12.0～14.0h 光照下卵的孵化率比较高且没有显著性差异，光周期与幼螨和若螨的存活率呈正相关。由此推断，在适当的光照范围内，长日照有利于柑橘始叶螨生长发育，短日照抑制柑橘始叶螨的生长发育。

**关键词：** 柑橘始叶螨；光周期；发育历期；存活率

柑橘始叶螨［*Eotetranychus kankitus*（Ehara）］，又名四斑黄蜘蛛，俗称柑橘黄蜘蛛，属蛛形纲（Arachnida）、蜱螨目（Acarina）、叶螨科（Tetranychoidae）、始叶螨属（*Eotetranychus*）[1]。柑橘始叶螨分布于我国大部分柑橘产区，是西南、华中及福建两广一带柑橘的重要害虫。该螨个体微小、繁殖力强，以幼、若、成螨寄生于叶片背面吸食汁液，喜在主脉和侧脉两侧为害，并有吐丝拉网习性。叶片受害轻者呈黄白色小斑点，猖獗年份造成大量落叶、落花、落果及枯枝，不仅导致当年果实产量下降，品质变劣，而且导致树势衰弱，影响其生长[2~5]。该螨在 20 世纪 80 年代就对其简单的研究，主要集中在柑橘始叶螨种群动态研究和环境因子的主分量分析及消长动态分析和综合防治方面[6~10]。近年来，随着全球气候变暖，当前的工作多注重温度和湿度对柑橘始叶螨的影响，对柑橘始叶螨的发育历期的研究已有报道[11~12]，目前柑橘始叶螨面临的复杂的环境因素，繁殖的越来越快，它已进化到具有各种各样生态学的、习性的、生理学的和遗传学的适应性，这一切组成了他们的适应对策[13]。因此，从基础生态学研究出发，是预测种群数量动态的理论依据。光照与温湿度一样是影响螨类生存的基本要素之一，因此，光照间接地成为影响螨类的生态因子，影响害螨的生长发育[14]。为进一步开发柑橘产业，促进柑橘产业的快速发展，有必要对光周期等环境因素对柑橘始叶螨生长发育等生物学特性影响进行深入研究。

## 1　材料和方法

### 1.1　供试螨源

柑橘始叶螨采自四川省安岳县柠檬树的果实及叶片，在实验室通过单头纯化饲养，以

---

* 基金项目：公益性行业（农业）科研专项（项目编号：200903032）；重庆市科技攻关（项目编号：2011GGC020）

** 作者简介：李迎洁（1987—），女，天津市人，硕士研究生，主要从事昆虫学及害虫生物防治研究

*** 通讯作者：刘怀；E-mail：redliuhuai@yahoo.com.cn

蜜橘叶为寄主食物建立实验种群，以作为供试螨源。

## 1.2 实验仪器与材料

RXZ 型智能 PQX 型多段人工气候箱（宁波江南仪器厂）、0 号细毛笔、培养皿、滤纸、解剖镜、海绵、脱脂棉、瓷盘。

## 1.3 试验方法

饲养方法参照海绵水盘法[15~17]。试验光周期为 24h 循环光周期，设置为 5 个，分别为 LD 8.0：16.0，LD 10.0：14.0，LD 12.0：12.0，LD 14.0：10.0，LD 16.0：8.0。光周期设置参照柑橘始叶螨在四川安岳地区出现时的光周期进行，并参考了其他昆虫对光周期的反应。温度设置（27 ±1）℃。从群集饲养的螨源内选取已开始产卵的雌成螨移至饲养皿内的叶片上，放入各处理人工培养箱，待其产卵 12h 后移去雌成螨。每天观察两次（8：00 时、20：00 时），记录卵孵化情况，并将初孵的幼螨用毛笔挑入新的饲养皿内进行单头饲养。观察各螨态生物学习性。

## 1.4 数据处理

实验数据采用 SPSS 16.0 和 Excel 数据处理系统中进行处理，采用 Duncan 氏方差分析比较发育历期和存活率之间的差异显著性。

## 2 结果与分析

### 2.1 光周期对柑橘始叶螨各螨态发育历期的影响

柑橘始叶螨在不同光周期下的发育历期（表 1）。结果显示，在试验光周期范围内，卵、幼螨、第一若螨和第二若螨的发育历期分别在 4.20 ~ 4.78 天、2.51 ~ 3.27 天、2.04 ~ 2.5 天和 2.38 ~ 2.97 天，分别相差 0.58 天、0.76 天、0.46 天和 0.59 天，整个世代的发育历期在 13.26 ~ 15.12 天，相差 1.86 天。分析表明，卵期、幼螨期和整个世代的在不同的光周期下差异显著。各个螨态的最长和最短历期在不同的光照下出现。卵的最长历期和最短历期分别出现在光照 12.0h 和 8.0h 时，幼螨的最长历期和最短历期分别出现在光照 10.0h 和 16.0h 时，第一若螨和第二若螨的最长和最短历期均在 10.0h 和 14.0h 光照时。结果表明，不同的发育阶段对光周期的反应存在差异，同一个发育期在不同光照条件下也存在差异。

表1 不同光照下柑橘始叶螨各螨态的发育历期（Mean ± SE）

| 光照 (h) | 发育历期 | | | | |
| --- | --- | --- | --- | --- | --- |
| | 卵期（天） | 幼螨（天） | 第一若螨（天） | 第二若螨（天） | 世代（天） |
| 8.0 | 4.20 ± 0.10a | 2.89 ± 0.12d | 2.35 ± 0.16bc | 2.67 ± 0.07b | 13.61 ± 0.17b |
| 10.0 | 4.42 ± 0.07b | 3.27 ± 0.10e | 2.5 ± 0.09c | 2.97 ± 0.09c | 15.12 ± 0.28e |
| 12.0 | 4.78 ± 0.05e | 2.79 ± 0.09c | 2.46 ± 0.09c | 2.92 ± 0.10c | 14.67 ± 0.28d |
| 14.0 | 4.69 ± 0.07d | 2.63 ± 0.06b | 2.04 ± 0.06a | 2.38 ± 0.04a | 13.26 ± 0.06a |
| 16.0 | 4.48 ± 0.06c | 2.51 ± 0.08a | 2.26 ± 0.08b | 2.89 ± 0.07c | 14.17 ± 0.25c |

注：表中的数据为平均数 ± 标准误差，同列中不同的字母表示经邓肯氏方差分析在 0.05 水平上的差异显著

## 2.2 光周期对存活率的影响

光周期对卵、幼螨和若螨的孵化率和存活率有一定的影响，不同光周期下孵化率和存活率存在差异（图1）。结果显示，整体上看，卵的孵化率、幼螨和若螨的存活率在8.0h光照时均低于90%，其余光照下孵化率和存活率均超过90%。在适宜的光周期中，适当地延长光照有利于该螨卵的孵化和幼若螨的存活，卵的孵化率在8.0~12h光照下升高的较快，在14~16h下有下降的趋势，说明10.0~14.0h光照有利于柑橘始叶螨卵的孵化。

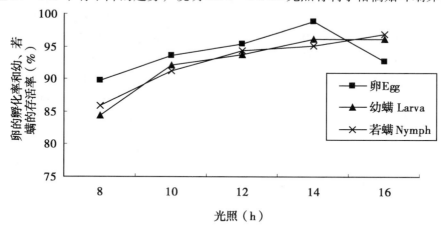

图1 不同光周期下柑橘始叶螨卵的孵化率和螨态的存活率

## 3 结论与讨论

光是昆虫（螨类）生命活动中的重要影响因子，光照条件的改变可以使一些昆虫的昼夜节律发生变化，进而干扰或影响其生活习性和行为活动。段云等夜间用3种波长的LED光进行持续光照和间歇光照，均能有效地保持棉铃虫成虫的明适应状态，使其平均产卵期延长，卵的孵化率降低[18]。本文研究柑橘始叶螨在不同光照下，其发育历期和存活率之间存在明显的差异。不同光周期下整个世代历期13.26~15.12天，最长和最短历期相差1.86天；卵的孵化率、幼螨的存活率和若螨的存活率除了8.0h光照下，其他的光照下均大于90%。14.0~16.0h光照下，幼螨存活率和若螨存活率没有显著性差异，并且存活率比较高，说明长日照能导致短时间内柑橘始叶螨种群剧增，该结果对生产中分析该虫种群动态具有一定的指导意义。

在光照为12.0~16.0h时，柑橘始叶螨卵的孵化率和幼螨的存活率均较高，并且发育历期之间相差不多，表明在27℃时12.0~16.0h光照可能是柑橘始叶螨生长发育较适合光照，与其寄主植物温州蜜橘生长良好气温相对稳定5月中旬的光周期和温度相吻合，这可能与柑橘始叶螨适应当地生态环境有关。昆虫在进化过程中形成了对光周期变化的测度来调节生长发育，以适应环境的变化，这一个现象称为光周期钟，Saunders等对光周期钟做了详细的论述，是昆虫适应环境的结果[19]。这与该螨发生高峰期在4~5月份的日照长短基本吻合。

总之，从本实验的结果可以看出，适当的长日照有利于柑橘始叶螨的生长发育，目前柑橘始叶螨在我国主要柑橘产区为害越来越严重[8,9]，光照也可能改变寄主植物—害虫—

天敌的物候同步性和昆虫原有种间互作关系[20]，因此，系统研究光照以及相对湿度、温度、寄主等因素对柑橘始叶螨生长发育与消长规律的影响，是柑橘始叶螨监测与防治重要基础。

## 参考文献

[1] 王慧芙. 中国经济昆虫志（螨目：叶螨总科）. 北京：科学出版社，1981：50 – 52.

[2] 郐军锐. 柑桔始叶螨及其重要天敌尼氏钝绥螨消长规律 [J]. 贵州农学院学报，1997，16（3）：22 – 26.

[3] 李隆术. 桔始叶螨消长因素研究 [J]. 西南农学院学报，1982，4（3）：23 – 29.

[4] 陈杰林，等. 桔始叶螨春季转移为害的动态分析 [J]. 西南农业大学学报，1985，7（3）：91 – 97.

[5] 赵志模. 桔始叶螨种群动态研究——环境因子的主分量分析 [J]. 西南农业大学学报，1985，7（3）：98 – 102.

[6] 叶根成. 柑橘害螨的抗性机理及防治对策 [J]. 江西园艺，2005，4（28）：14 – 14.

[7] 黄加盛. 胡瓜钝绥螨控制柑桔害螨的技术 [J]. 福建农林科技，2009，10（30）：58 – 59.

[8] 龚道国，赵葵. 湘西自治州柑桔始叶螨大发生原因及综合治理对策 [J]. 湖南农业科学，2004，（3）：34 – 36.

[9] 陈玖勋. 柑橘始叶螨的发生与防治 [J]. 四川农业科技，2002，7：31 – 31.

[10] 魏冬，王涛. 柑橘始叶螨的空间分布规律及综合防治 [J]. 植物医生，2011，24（2）：18 – 19.

[11] 周良，岳碧松，邹方东. 温湿度对柑桔始叶螨发育历期和产卵量的影响 [J]. 四川大学学报（自然科学版），2000，37（1）：1 – 5.

[12] 郐军锐，郭振中，熊继文. 温度对柑桔始叶螨实验种群的影响 [J]. 贵州农学院学报，1996，15（3）：37 – 42.

[13] 徐汝梅，成新跃. 昆虫种群生态学 [M]. 北京：科学出版社，2005：232 – 284.

[14] 吴千红，丁兆荣. 光照对朱砂叶螨生长发育的影响 [J]. 生态学杂志，1985，（3）：22 – 26.

[15] 孙绪艮，周成刚，刘玉美，等. 杨始叶螨生物学和有效积温研究 [J]. 昆虫学报，1996，39（2）：166 – 172.

[16] 韩柏明，金大勇，吕龙石. 苹果全爪螨在不同温度下的实验种群生命表. 昆虫知识，2007，44（2）：226 – 228.

[17] 段云. 武予清，蒋月丽，等. LED 光照对棉铃虫成虫明适应状态和交尾的影响 [J]. 生态学报，2009，29（9）：4 727 – 4 731.

[18] 陈瑜，马春森. 气候变暖对昆虫影响研究进展 [J]. 生态学报，2010，30（8）：2 159 – 2 172.

[19] Liangzhou, Bisongyue, Fangdong Zou. Life table studies of *Entetranychus kankitus*（Acari Tetranychidae）at different temperatures [J]. Systematic & Applied Acarology，1999，4（3）：69 – 73.

[20] Saundersd S，Steelcgh X，Vafopoulou et al. Insect Clocks [M]. 3rd. Oxford：Elsevier，2002.

# 近十年柑橘木虱研究文献分析*

赵金鹏**　王华堂　曾鑫年***

（华南农业大学资源环境学院，广州　510642）

**摘　要**：通过文献检索，收集了自2001年以来近10年中发表的有关柑橘木虱SCI文献127篇、中文文献93篇。运用Thom-son Data Analyzer文献系统分析了国内外柑橘木虱研究的动态及热点内容。分析结果表明，近10年来国内对柑橘木虱的研究总体呈现上升趋势，但自2008年后研究有所萎缩；而国外研究呈现指数式增长，这可能与该害虫于2005年前后入侵美国、巴西等拉美国家有关。SCI文献类型以期刊论文为主，占77.17%；而会议论文占10.24%。研究来源主要为美国、巴西、日本、中国和澳大利亚，共占文献总量的91.34%，其中美国占58.27%。研究的前十项热点内容依次为化学药剂、天敌、防治、扩散、种群密度、繁殖、温度、标记、蛋白质和基因。

**关键词**：柑橘木虱；研究动态；文献分析

亚洲柑橘木虱（简称柑橘木虱，Asian citrus psyllid, *Diaphorina citri* Kuwayam）是柑橘、月橘、枸橼、黄皮、九里香等芸香科植物嫩梢期的重要害虫，以成、若虫吸食汁液为害为主，在世界范围内均有分布[1]。其若虫产生的蜜露还能引起柑橘煤烟病，影响光合作用。重要的是，它是有柑橘树上的"癌症"之称的柑橘黄龙病的唯一自然传播媒介。柑橘黄龙病（Citrus Huanglongbing, HLB）是全株系统性病害，传染性强，发病幼树一般在1~2年内死亡，老龄树则在3~5年内枯死或丧失结果能力。病害大流行时，往往使大片柑橘园在几年之内全部毁灭，给柑橘产业带来了严重威胁[2]。有关柑橘木虱的研究随着研究的深入而在不断发展变化，本文采用文献计量法对近十年来柑橘木虱研究文献的外部形态及内容进行统计和分析，较为客观地展示柑橘木虱基础研究领域的现状和研究的热点与方向，以期为柑橘木虱研究提供指导[3]。

## 1　数据来源与分析方法

本文的SCI文献来源于Thomson Scientific公司的美国科学情报研究所（Institute for Scientific Information, ISI）的 Web of Science 引文数据库（http://www.isiknowledge.com）。以关键词 *Diaphorina citri* 进行主题检索，并结合标题检索、关键词检索，检索2001~2011年的相关数据，最终确定有关柑橘木虱SCI文献为127篇；中文文献来源于中

---

*　基金项目：广东高校国际科技合作创新平台项目（gjhz1140）；国家自然科学基金项目（31071712）

**　第一作者：赵金鹏，男，硕士生，研究方向为天然源农药与害虫控制；E-mail：ajin5586@126.com

***　通讯作者：曾鑫年，男，博士生导师；E-mail：zengxn@scau.edu.cn

国期刊全文数据库（CNKI）和维普中文科技期刊全文库，以关键词柑橘木虱进行主题检索，并结合标题检索、关键词检索，检索 2001～2011 年的相关数据，最终确定有关柑橘木虱中文文献为 93 篇。利用 Thomson Data Analyzer 文献分析系统，分析 SCI 文献出版时间、关键词、文献类型、期刊来源等信息，通过对比数据获析柑橘木虱研究文献的年度分布、分布的主要期刊、主要研究人员分布国家、分布的学科领域以及研究热点等相关信息[4]。

## 2　结果与分析

### 2.1　柑橘木虱研究趋势分析

从图 1 可以看出，以柑橘木虱为主题的论文在近几年呈现递增趋势，特别是最近 5 年增长迅速，说明人们对柑橘木虱的关注程度和研究力度在加强。近十年间，仅 2003 年、2007 年和 2008 年发表的中文文献多于 SCI，其他年份都少于 SCI。从整体趋势看，国外对柑橘木虱研究呈现指数式上升趋势，国内研究则在 2008 年后有所萎缩，整体进程要慢于国外研究。柑橘木虱研究文献自 2005 年以后逐渐增多，这可能与该害虫于 2005 年前后入侵美国、巴西等拉美国家有关。

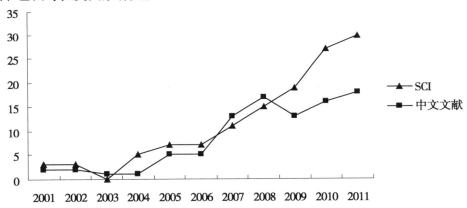

图 1　2001～2011 年 SCI 和国内数据库各年度收录柑橘木虱研究文献数量

### 2.2　柑橘木虱研究文献类型及来源

#### 2.2.1　文献类型

从 SCI 文献来看，期刊论文占 77.17%；会议论文占 10.24%；摘要文献占 4.72%；综述文献占 3.15%。有关论文主要发表在 Florida Entomologist、Journal of Economic Entomology 和 Annals of the Entomological Society of America 三种美国期刊上。

#### 2.2.2　文献来源分析

从表 1 可见，美国、巴西、日本、中国、澳大利亚 5 国共计发表文献 116 篇，占文献总数的 91.34%。我国对柑橘木虱研究的 SCI 论文偏少，有关柑橘木虱研究的高水平论文发表量远不如美国，可能与国家的重视程度以及研究水平有关，我国应该加大柑橘木虱的研究力度。

### 2.3　柑橘木虱研究热点内容

关键词是表达文献主题概念的自然语言词汇。通过分析柑橘木虱研究论文中存在的大量关键词，可在一定程度上揭示该领域研究的热点内容特征，了解学术研究的发展脉络及发展方向。表 2 列举了频次≥3 的关键词，并在统计时去除柑橘木虱、木虱、柑橘、黄龙病等无实质意义的词汇，同时对同义同类的关键词进行整合。可见，关键词集中在化学药剂（chemical agent）、天敌（natural enemy）、防治（control）、扩散（diffusion）等词语中，这些关键词是柑橘木虱研究所关注的中心问题，在一定程度上反映出柑橘木虱研究的热点和方向。相对来讲，与基因有关的分子方面的研究、引诱和诱捕、性信息素和寄主挥发物的研究还不够多，这将是未来需要加强的研究方向。仍有大部分关键词频次为 1，可见，对于柑橘木虱的研究主题比较分散。

**表 1 2001 ~ 2011 年 SCI 数据库收录柑橘木虱研究文献数量排位前 10 名的国家（地区）**

| 国家/地区 | 记录文献数量（篇） | 比率（%） |
| --- | --- | --- |
| 美国 | 74 | 58.27 |
| 巴西 | 18 | 14.17 |
| 日本 | 13 | 10.24 |
| 中国 | 6 | 4.72 |
| 澳大利亚 | 5 | 3.94 |
| 印度 | 4 | 3.15 |
| 墨西哥 | 2 | 1.57 |
| 越南 | 2 | 1.57 |
| 法国 | 1 | 0.79 |
| 中国台湾 | 1 | 0.79 |

**表 2 2001 ~ 2011 年 SCI 数据库收录柑橘木虱研究文献中出现频次前 18 的关键词**

| 序号 | 关键词 | 频次 | 比率（%） |
| --- | --- | --- | --- |
| 1 | 化学药剂 | 33 | 18.54 |
| 2 | 天敌 | 28 | 15.73 |
| 3 | 防治 | 22 | 12.36 |
| 4 | 扩散 | 12 | 6.74 |
| 5 | 虫口密度 | 10 | 5.62 |
| 6 | 繁殖 | 10 | 5.62 |
| 7 | 温度 | 10 | 5.62 |
| 8 | 标记 | 9 | 5.06 |
| 9 | 蛋白质 | 7 | 3.93 |
| 10 | 基因 | 6 | 3.37 |
| 11 | 引诱 | 6 | 3.37 |
| 12 | 电子显微镜 | 5 | 2.81 |
| 13 | 挥发物 | 4 | 2.25 |
| 14 | 监测 | 4 | 2.25 |
| 15 | 触角 | 3 | 1.69 |
| 16 | 二甲基二硫化物 | 3 | 1.69 |
| 17 | 气象 | 3 | 1.69 |
| 18 | 饲养 | 3 | 1.69 |

# 3 讨论

分析 2001~2011 年期间发表的有关柑橘木虱研究主题的文献，不难发现，美国对柑橘木虱的研究位居前列。同样以 *Diaphorina citri* 为检索词检索 1950~2000 年间发表的柑橘木虱研究文献，美国仅发表两篇且发表于 2000 年[5~6]。自 1998 年 6 月美国首次在佛罗里达南部发现柑橘木虱[7]，2001 年在德克萨斯州也发现了柑橘木虱[8]，美国对柑橘木虱的研究也就此展开。但其研究进程较快，研究水平也较高，短短十年间已经超过其他国家成为柑橘木虱研究的主流国家。

在 20 世纪 60~70 年代时，柑橘木虱与黄龙病病原的宿主关系研究一直是人们关注的重点，随着其宿主关系的确立[9~10]，人们才将更多的精力转移到对柑橘木虱的研究上，期望能通过控制柑橘木虱种群的扩散来遏制柑橘黄龙病的发展和蔓延，自此有关柑橘木虱的研究全面展开。据以上的统计结果分析，在柑橘木虱的生物学特性、生物防治、化学药剂防治等方面的研究较多，也相对较成熟。但是，在种间信息素与通讯、寄主选择机理以及柑橘木虱与病原菌互作机理等方面的研究还显得相对不够深入，其中仍然值得我们作出进一步的努力。第一，种间信息素与通讯。自 1959 年西德化学家 Butenandt 成功地从家蚕雌蛾的提取物中分离、鉴定出第一个昆虫性信息素，并证明其对异性具有很高的特异性引诱活性以来，人们就对利用昆虫的种间信息素进行害虫的治理具有极大兴趣。目前，虽然 Wenninger 等人通过实验证明柑橘木虱种间可能存在性信息素[11]，而且发现其异性之间还能通过 170~250 Hz 的声音进行种间通讯[12]，但是至今人们仍然未能从柑橘木虱体内分离出具有生物活性的信息素类物质。第二，寄主选择机理。众多的研究结果表明许多的植物源挥发性化学物质对柑橘木虱有引诱或驱避作用[13~16]，柑橘木虱也对不同的波长的颜色具有不同的趋向性反应[17~19]，Onagbola（2008）等人还对柑橘木虱的触角进行了详细的形态学研究[20]，但有关其寄主选择机理方面研究仍然进展缓慢。第三，柑橘木虱与病原菌互作机理。有研究表明，通过在冈比亚按蚊中导入特异性的 Wolbachia 氏体，能够抑制冈比亚按蚊携带和传播疟原虫[21]。自 20 世纪 60~70 年代确立了柑橘木虱与黄龙病病原菌之间的宿主关系以来，人们也一直致力于探究其内在的互作机理。显然，这样也对于了解黄龙病病害循环过程以及更好的防治黄龙病具有重要的积极意义，但是在 2001~2011 年，有关此方面的研究仅有 1 篇文章发表[22]。综上所述，在过去的 10 年间柑橘木虱的生物学特性、生物防治、化学药剂防治是几个主要研究热点，今后的研究方向应是柑橘木虱的种间信息素与通讯、寄主选择机理以及柑橘木虱与病原菌互作机理等方面的深入研究。

**参考文献**

[1] 戴月明，陈乃荣，陈循渊，等. 柑橘黄龙病传病昆虫木虱的研究 [J]. 中国柑橘，1982，3：1-2.

[2] 胡元旺，吴联生. 柑桔黄龙病发生情况及防控措施 [J]. 福建农业，2012，2：23.

[3] 宋玉双. 从文献分析看我国松材线虫病研究进展 [J]. 森林病虫通讯，1997，3：33-37.

[4] 仇琛. 利用 Web of Science 检索论文被引用情况的方法与技巧 [J]. 中国索引，2004，2（3）：34-36.

[5] Liu Y H, Tsai J H. Effects of temperature on biology and life table parameters of the *Asian citrus* Psyllid,

*Diaphorina citri* Kuwayama（Homoptera：Psyllidae）［J］. Annals of Applied Biology, 2000, 137（3）: 201 – 206.

［6］ Tsai J H, Liu Y H. Biology of *Diaphorina citri*（Homoptera：Psyllidae）on four host plants［J］. J Econ Entomol. , 2000, 93（6）: 1721 – 1725.

［7］ Knapp J L, Halbert S, Lee R, et al. The *Asian citrus* Psyllid and citrus greening disease［J］. Citrus Industry, 1998, 79（10）: 28 – 29.

［8］ French J V, Kahlke C J, Da Graca J V. First record of the *Asian citrus* Psylla, *Diaphorina citri* Kuwayama（Homoptera：Psyllidae）, in Texas［J］. Subtropical Plant Science, 2001, 53: 14 – 15.

［9］ Capoor S P, Rao D G, Viswanath S M. *Diaphorina citri* Kuway: a vector of the greening disease of citrus in India［J］. Indian Journal of Agricultural Science. 1967, 37: 572 – 576.

［10］ Martinez A L, Wallace J M. Citrus leaf-mottle-yellows disease in the Philippines and transmission of the causal virus by a psyllid, *Diaphorina citri*［J］. Plant Dis. Rep. , 1967, 51（8）: 692 – 695.

［11］ Wenninger E J, Stelinski L L, Hall D G. Behavioral evidence for a female-produced sex attractant in *Diaphorina citri*［J］. Entomologia Experimentalis Et Applicata, 2008, 128（3）: 450 – 459.

［12］ Wenninger E J, Hall D G, Mankin R W. Vibrational Communication Between the Sexes in *Diaphorina citri*（Hemiptera：Psyllidae）［J］. Annals of the Entomological Society of America, 2009, 102（3）: 547 – 555.

［13］ Rouseff R L, Onagbola E O, Smoot J M, et al. Sulfur volatiles in guava（*Psidium guajava* L. ）leaves: Possible defense mechanism［J］. Journal of Agricultural and Food Chemistry, 2008, 56（19）: 8 905 – 8 910.

［14］ Zaka S M, Zeng X, Holford P, et al. Repellent effect of guava leaf volatiles on settlement of adults of citrus psylla, *Diaphorina citri* Kuwayama, on citrus［J］. Insect Science, 2010, 17（1）: 39 – 45.

［15］ Onagbola E O, Rouseff R L, Smoot J M, et al. Guava leaf volatiles and dimethyl disulphide inhibit response of *Diaphorina citri* Kuwayama to host plant volatiles［J］. Journal of Applied Entomology, 2011, 135（6）: 404 – 414.

［16］ Mann R S, Rouseff R L, Smoot J M, et al. Sulfur volatiles from *Allium* spp. affect *Asian citrus* psyllid, *Diaphorina citri* Kuwayama（Hemiptera：Psyllidae）, response to citrus volatiles［J］. Bulletin of Entomological Research, 2011, 101（1）: 89 – 97.

［17］ Hall D G, Hentz M G, Ciomperlik M A. A comparison of traps and stem tap sampling for monitoring adult *Asian citrus* Psyllid（Hemiptera：Psyllidae）in citrus［J］. Florida Entomologist, 2007, 90（2）: 327 – 334.

［18］ Hall D G, Sétamou M, Mizell Iii R F. A comparison of sticky traps for monitoring *Asian citrus* Psyllid（Diaphorina citri Kuwayama）［J］. Crop Protection, 2010, 29（11）: 1 341 – 1 346.

［19］ Hall D G. An Assessment of Yellow Sticky Card Traps as Indicators of the Abundance of Adult *Diaphorina citri*（Hemiptera：Psyllidae）in Citrus［J］. J Econ Entomol. , 2009, 102（1）: 446 – 452.

［20］ Onagbola E O, Meyer W L, Boina D R, et al. Morphological characterization of the antennal sensilla of the *Asian citrus* Psyllid, *Diaphorina citri* Kuwayama（Hemiptera：Psyllidae）, with reference to their probable functions［J］. Micron. , 2008, 39（8）: 1 184 – 1 191.

［21］ Abdul-Ghani R, Al-Mekhlafi A M, Alabsi M S. Microbial control of malaria: Biological warfare against the parasite and its vector［J］. Acta Tropica, 2012, 121（2）: 71 – 84.

［22］ Wang Z, Tian S, Xian J, et al. Detection and phylogenetic analysis of Wolbachia in the *Asian citrus* Psyllid（Diaphorina citri）（Homoptera：Psylloidea）populations in partial areas in China［J］. Acta Entomologica Sinica, 2010, 53（9）: 1 045 – 1 054.

# 运城枣树主要害虫的综合治理[*]

马革农[1][**]　李建勋[1][***]　郭红秀[2]　原　辉[1]

（1. 山西省农业科学院棉花研究所，运城　044000；

2. 山西省运城市红枣发展中心，运城　044000）

**摘　要**：本文在对运城枣区害虫发生及防治现状分析基础上，提出了运城枣区害虫治理以加强害虫发生动态监测，培养树势，优化枣园管理，农业、物理及化学防治措施并举。

**关键词**：枣树；害虫；综合治理

中国是枣的原产国，也是世界上最大的枣生产国，目前种植面积超过 150 万 $hm^2$，年产量 430 多万 t，占世界枣树种植面积和产量的 98% 以上，国际贸易的枣几乎 100% 来自中国。红枣种植主要分布在河北、山东、河南、山西、陕西五省，新疆近年发展势头迅猛[1,2]。

运城市是山西省红枣主产地之一，以稷山板枣、运城相枣、临猗梨枣、平陆与芮城的屯屯枣久负盛名。近年来随着鲜枣市场发展，随着冬枣、梨枣、子弹头、爆米花、鸡心枣等鲜食品种的推广普及，鲜枣已经占到运城枣产业的 65%，目前枣树面积达 1.8 万 $hm^2$，产量达 30 万 t 以上[3]。由于市场效益好，枣农追求过度高产，个别梨枣高产田可以达到 3.1t/666.7$m^2$，在生产中造成树势弱，病虫害发生严重，滥用农药，导致枣园天敌数量减少，虫害抗性增加，同时次要害虫上升为枣树的主要害虫[4]。对枣树主要害虫实行综合治理成为当务之急。

## 1　运城枣树害虫的发生和防治现状

### 1.1　害虫的发生情况

运城枣区枣树害虫发生近年来呈现两个显著特点：一是虫害种类发生变化，以前给生产带来较大损失的害虫有枣步曲、枣黏虫、食蚜象甲、介壳虫、桃小食心虫、红蜘蛛、叶蝉等，其中，枣步曲、枣黏虫、红蜘蛛、介壳虫、桃小食心虫常年发生，某些年份会大发生，给生产带来严重损失；现在是绿盲蝽、枣瘿蚊、红蜘蛛等发生严重，成为枣树上常发害虫。绿盲蝽自 2001 年在芮城枣区暴发为害以来，多年以来已经成为枣生产的主要害虫，特别是 2009 年和 2010 年暴发为害造成了部分枣园绝产；2012 年枣园枣瘿蚊和枣黏虫发

---

　*　项目来源：山西省农业科学院博士研究基金（YBSJJ1003）；山西省科技产业化环境建设项目（20120510019 − 1）

　**　作者简介：马革农，男，助理研究员，主要从事农业有害生物综合治理；E-mail：sxsmgn@163.com

　***　通讯作者：李建勋；E-mail：lijxyc@163.com

生严重[5]。二是发生面积大，为害严重。据运城市红枣中心调查，2010 年绿盲蝽为害面积达 2.1 万 hm²，占整个红枣种植面积 71%，鲜枣品种几乎全部遭受为害；2011 年 6 月、7 月枣瘿蚊为害幼龄枣树，造成新枝枯死，幼树发育缓慢；2012 年 8 月调查二年树龄枣树，枣黏虫有虫株达到 100%，单株虫数最高达 28 头。

## 1.2 防治现状

运城枣区害虫的防治水平各地发展很不平衡。以临猗县庙上乡、稷山县城关镇为代表的枣区栽培、管理及病虫害防治水平较高；但在栽培分散的枣区管理还比较粗放，枣农对病虫害认识水平不高，防治水平还较低，对主要害虫的防治还停留在病虫害发生时，采用应急措施。目前主要手段仍然是化学防治。防治中存在农药使用频繁，依靠高毒农药，农药品种不对路等问题，随之带来了害虫抗性增加，不得不加大用量、增加次数。如此往复循环，害虫的为害也越来越重。

## 2 枣园害虫综合治理

### 2.1 综合治理策略

结合枣树生产特点，从枣林生态系统出发，根据有害生物与环境之间的相互关系，充分发挥自然控制因素的作用。本着预防为主的指导思想和安全、有效、经济、简易的原则，因地因时制宜，合理应用农业、生物、化学、物理方法及其他有效的生态学手段，把枣树害虫的种群数量控制在允许的经济损失以下，以达到保护环境、增加产量、提高经济效益、生态效益和社会效益的目的。运城枣区害虫治理应以加强害虫发生动态监测，培养树势，优化枣园管理，农业、物理及化学防治措施并举。

### 2.2 综合治理措施

枣树害虫防治方法有农业、生物、化学、物理等防治办法。制定枣树害虫综合治理技术体系，就是在以上几方面措施的基础上，因时、因地、因虫而适宜地组种配套、协调应用，形成综合治理体系。

#### 2.2.1 农业防治技术

农业措施主要是做好枣园清理工作，结合冬季整枝修剪、刮树皮、堵树洞、清洁枣园消灭越冬虫源，压低虫口密度，减轻来年的为害。绿盲蝽主要是以卵在树皮和杂草上越冬，通过刮除粗皮裂缝和清理枣园杂草，可以有效降低翌年虫口基数。

#### 2.2.2 生物物理防治

生物防治由于其见效慢，生产上使用不多，更多的是从保护天敌，特别是运城枣区这些年麻雀等鸟类数量多，对部分枣树害虫防治具有明显效果。

黏虫胶近年来在枣树害虫防治中取得了很好的效果，防治红蜘蛛、食芽象甲效果达 95% 以上[6]，治理绿盲蝽可以显著降低叶片为害率和幼果为害率[7]。

早春设置障碍物，即绑、堆、挖、涂五道防线综合治理枣步曲，秋季树干束草诱杀枣树越冬害虫，都是很实用的物理防治办法。

#### 2.2.3 化学防治

化学防治仍然是目前大多数枣园害虫治理的重要手段之一。实行综合治理，必须使用选择性杀虫剂。根据害虫种类、发生时期结合枣树生育期从生理选择性和生态选择性两方面考虑使用杀虫剂。运城枣区害虫化学防治主要抓住以下关键措施。

萌芽展叶期防治绿盲蝽及枣瘿蚊：根据运城枣区近几年绿盲蝽发生动态，早春旬均温稳定在10℃以上（枣芽尚未萌发时），对枣园及附近农作物喷药，防治初孵第一代若虫；在枣树萌芽期结合枣瘿蚊发生动态防治喷药。这两次用药是全年防治的关键。由于绿盲蝽白天一般在树下杂草及行间作物上潜伏，夜晚出来为害，所以，喷药防治可选在傍晚或清晨进行，要对树干的顶部嫩梢、地上杂草、行间作物全面细致喷药，才能达到良好的防治效果。药剂以触杀性较好和内吸性较强的药剂混合喷施效果最好。可用10%吡虫啉2 000倍液，或用5%啶虫脒3 000～3 500倍液，或联苯菊酯（天王星）乳油2 000～3 000倍液等。由于绿盲蝽成虫寿命和产卵期长，导致世代重叠，一般防治效果低劣药剂难以控制为害，因此，一定要选择有效药剂，并交替进行使用，防止害虫产生抗药性。

现蕾期防治绿盲蝽：4月下旬至5月上旬，枣叶现蕾期，喷2次5.7%氟氯氰菊酯1 500倍液或2.5%高效氯氰菊酯2 000倍液，均可有效防治绿盲蝽为害枣蕾。

麦收后防治红蜘蛛：红蜘蛛具有在高温干旱条件下快速繁殖和在叶背产卵为害的习性。运城枣区6～8月份是高温少雨时期，适宜红蜘蛛发生为害。在麦收后6月中旬连续喷2次15%哒螨灵2 000倍液，或用螨死净2 000倍液，或用1.8%阿维菌素8 000倍液，可有效防治红蜘蛛为害。

**参考文献**

[1] 郭满玲，齐跃强. 我国鲜食枣研究进展 [J]. 陕西林业科技，2005（1）：51－55.

[2] 樊保国. 我国枣果生产的安全问题及对策研究 [J]. 食品科学，2006，27（11）：539－543.

[3] 李新岗，黄建，高文海，等. 我国鲜食枣的发展趋势与前景 [J]. 经济林研究，2002，20（4）：75－76.

[4] 刘明辉. 运城市枣树虫害发生状况及防治对策 [J]. 山西林业科技，2006（4）：49－50.

[5] 马革农，李建勋，郭红秀，等. 运城枣区绿盲蝽的发生及防治 [J]. 科技致富向导，2012（17）：8，83.

[6] 郭小军，温秀军，韩会智，等. 黏虫胶的应用技术 [J]. 林业科学，2007，43（9）：31－37.

[7] 张秀红，韩会智，郭小军，等. 绿盲蝽象防治试验研究 [J]. 河北林业科技，2008（3）：13－14.

# 广西桑园害虫及其主要生态控制方法

黄立飞[1]　邹　源[2]　姜建军[1]　杨　朗[1]*

（1. 广西农业科学院植物保护研究所，南宁　530007；

2. 广西山区综合技术开发中心，南宁　530001）

近年来桑蚕业快速发展，广西壮族自治区的桑蚕业发展更是成绩喜人，但同时桑园病虫害防治工作也提上了日程。关于桑园节肢动物群落种类的报道，在害虫方面的研究主要集中在种类、数量、发生规律和防治方法方面[1~4]，而对于天敌的研究则主要集中在种类和数量动态及防治效果上。将桑园节肢动物种类作为一个整体，从群落生态学的角度出发，以桑园节肢动物群落为研究对象的研究鲜有报道。广西是桑蚕业快速发展的主要地区，历史悠久，为了充分了解广西桑园节肢动物种类的发生情况，为害虫综合防控及可持续控制提供理论依据，本文对广西南宁市桑田节肢动物的种类进行了调查。

## 1　材料与方法

### 1.1　调查方法

试验桑园在广西宜州。采用平行跳跃式取样法，即每点选 1 株桑树，调查植株及地面上的节肢动物种类。每次调查植株 100 株。为确保数据的合理性，选择桑园中间位置的植株进行调查。主要采用静观目测法记录桑园节肢动物的种类和数量，不认识的将其收集以便带回室内鉴定。从春节开始调查，每月调查 1 次，共调查 12 次。

### 1.2　物种优势度等级及类群划分

物种优势度指数（$D$）$= n_i/N$（其中，$n_i$ 为物种 $i$ 的个体数，$N$ 为群落个体总数。类群按以下标准划分为 5 个等级：$D \geqslant 0.1$ 时为优势种，用 D（Dominant）表示；$0.05 \leqslant D < 0.1$ 时为丰盛种，用 A（Abundant）表示；$0.01 \leqslant D < 0.05$ 时为常见种，用 F（Frequent）表示；$0.001 \leqslant D < 0.01$ 时为偶见种，用 O（Occasional）表示；$D < 0.001$ 时为稀少或罕见种，用 R（Rare）表示[5]。

## 2　结果与分析

### 2.1　桑园节肢动物的物种组成及优势度

经田间系统调查可知，桑园节肢动物种类。在桑园共调查到的节肢动物 26 种，隶属于 2 纲 13 目 26 科（表 1）。其中，植食性害虫分属 18 种，占总种类数的 69.23%；捕食性天敌 4 种，占总种类数的 15.38%；寄生性天敌 2 种，占总种类数的 7.69%；中性昆虫 2 种，占总种类数的 7.69%。在调查期间朱砂叶螨和白粉虱个体数量名列前茅，为桑园的优势种，桑螟、蜗牛、桑叶蝉、狼蛛等为常见种。从物种的优势度分析，优势种、丰盛

---

* 第一作者：E-mail：yang2001lang@163.com

种、常见种、偶见种和稀有种所占的比例分别为 7.69%、7.69%、26.92%、30.77% 和 26.92%（图1）。

**表1 桑园的节肢动物名录**

| 序号 | 种名 | 学名 | 物种优势度指数（D） | 序号 | 种名 | 学名 | 物种优势度指数（D） |
|---|---|---|---|---|---|---|---|
| 1 | 白粉虱 | *Bemisia myricae* Kuwana | 0.1001 D | 14 | 稻红瓢虫 | *Verania discolor* Fabricius | 0.0158 F |
| 2 | 桑螟 | *Diaphania pyloalis* Walker | 0.0269 F | 15 | 黄曲条跳甲 | *Phyllotreta striolata* Fabricius | 0.0035 O |
| 3 | 朱砂叶螨 | *Tetranychus cinnabarinus* Boisduval | 0.5724 D | 16 | 潜叶蝇 | *Agtomyzidae* sp. | 0.0003 R |
| 4 | 桑蓟马 | *Pseudoden drothripsmori* Niwa | 0.0870 A | 17 | 叶甲 | Chrysomelidae | 0.0003 R |
| 5 | 蜗牛 | *Brddybaena similaris* Ferussac | 0.0457 F | 18 | 双线盗毒蛾 | *Porthesia scintillans* Walker | 0.0051 O |
| 6 | 桑天牛 | *Apriona germari* Hope | 0.0021 O | 19 | 露尾甲 | Sap beetle（Nitidulidae） | 0.0028 O |
| 7 | 园果大赤螨 | *Anystis baccarn* Linnaeus | 0.0156 F | 20 | 南方小花蝽 | *Orius similis* Anthocoridae | 0.0018 O |
| 8 | 姬小蜂 | Eulophidae | 0.0025 O | 21 | 狼蛛 | *Pirata* sp. | 0.0265 F |
| 9 | 蚂蚁 | *Monamorium* sp. | 0.0106 F | 22 | 八斑球腹蛛 | *Theridion octomaculatum* Boes. et Str. | 0.0001 R |
| 10 | 角蝉 | Treehopper（Membracidae） | 0.0003 R | 23 | 缘蝽 | *Riptortus* sp. | 0.0006 R |
| 11 | 桃蚜 | *Myzus persicae* Sulzer | 0.0006 R | 24 | 小毛食螨瓢虫 | *Scymnus* sp. | 0.0022 O |
| 12 | 桑叶蝉 | *Erythroneura mori* Matsumura | 0.0211 F | 25 | 茧蜂 | *Amyosoma* sp. | 0.0012 O |
| 13 | 啮虫 | Psocoptera | 0.0545 A | 26 | 花蝇 | Anthomyiidae | 0.0005 R |

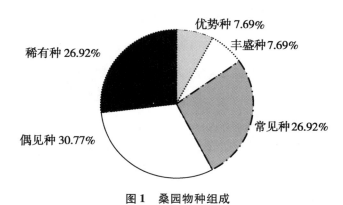

图1 桑园物种组成

## 2.2 生态控制方法

### 2.2.1 桑园害虫生态控制的基本策略

桑园害虫无公害防治和生态控制,强调以维持有害生物和有益生物之间生态平衡为基础,主要通过农业防治方法提高寄主的抗性,辅之以物理防治,逐渐以高效、低毒、无残留的生物农药逐步替代高毒、高残留化学农药。通过选用较强抗病性和抗逆性的品种,提高寄主的抗性;调节种植结构模式,优化桑园的生态环境,保护天敌;采用合理的农业耕作制度,清除传播源;加强栽培管理,增强树势,提高树体自身抗病虫能力。重视采取中间寄生植物的害虫诱捕、易于辨认害虫的人工捕捉以及虫卵刮除等农业手段控制桑园虫害的发生。

### 2.2.2 物理方法

在害虫种群数量规模较少的情况下,主要采取灯光引诱驱避害虫,如金龟子、天牛等;应用色彩诱杀及趋化性害虫防治法,消除害虫扩散源。

### 2.2.3 生物防治

可采用保护天敌,如食螨瓢虫、小花蝽、蜘蛛及捕食螨等,应注意保护利用。另外,可采用人工引移、繁殖释放天敌的方法调节目的害虫与天敌之间的相互作用关系,以控制害虫种群与规模数量。

### 2.2.4 化学防治

发生量大、为害重的虫害应采取化学药剂防治以控制其大发生。但是,在农药选择及使用时应避免选择使用高毒、高残留药剂;首选低毒生物源农药、矿物源农药,提高农药的安全性[7,8];注意农药交替使用、合理配用;避免害虫产生抗性;注重精确掌握施药浓度及防治时期,提高农药的使用效益。

本文虽经一年调查了解桑园的节肢动物情况,但也存在较多问题,主要有以下几方面:(1)调查地域面积较小,只是针对广西南宁地区进行,材料有失代表性;(2)桑田生产管理水平较高,而且种植单一,不利于节肢动物种群的生存繁殖;(3)本研究所采取的调查方法是静观法目测法,所以,调查的范围主要是地上部分的节肢动物群落,地下部分则几乎没有,另外,由于部分节肢动物个体较小,在调查采集过程中难免有些疏漏,以上这些对节肢动物群落研究的准确性都有一定的影响。

**参考文献**

[1] 陈仁方,何诗明,陈绍雄. 桑粉虱的为害特点及综合防治方法. 蚕学通讯,2006,26(1):21-22.

[2] 吴福安,王兴科,余茂德,等. 桑园害虫朱砂叶螨的研究进展. 蚕业科学,2006,32(3):386-391.

[3] 佘柳涛. 对桑园害虫防治情况的调查分析与思考. 江苏蚕业,2010(1):46-48.

[4] 严芳. 睢宁县桑园害虫的发生特点及防治对策. 江苏蚕业,2008(1):34-35.

[5] 李继虎,何余容,吴仁波,等. 甘蔗田节肢动物群落的结构及特征. 华南农业大学学报,2011,32(1):39-44.

[6] 刘雨芳. 稻田生态系统节肢动物群落结构研究. 广州:中山大学生命科学学院,2000.

[7] 吴浙东. 板栗用药技术. 农药,2000,39(8):40-43.

[8] 王邵军. 板栗主要病虫害生物学特征及其生态控制技术. 山东林业科技,2011,192(1):82-86.

# 杂草、鼠害

# 重庆市烟田土壤杂草种子库调查研究*

石生探**  丁  伟***  罗金香

（西南大学植物保护学院，重庆  400716）

**摘  要：** 采用直接萌发法，对重庆市酉阳、黔江、彭水、奉节和巫山 5 个植烟区县烟田土壤杂草种子库的组成及数量进行了调查研究。结果表明，土壤中杂草种子库共有 16 科 33 种杂草，主要分布于 0～10cm 土层中。杂草种类主要有马唐、狗尾草、腺梗豨莶、繁缕等，其中马唐为优势种，占杂草总量的 26.65%，是重点防治对象。5 个植烟区县中，巫山、酉阳、黔江烟田的土壤杂草种子库数量较大，密度分别为 48 050 粒/m²、44 933 粒/m²、35 000 粒/m²；彭水、奉节烟田土壤中杂草种子库数量较小，杂草种子密度分别为 25 933 粒/m²、28 125 粒/m²。

**关键词：** 重庆烟田；土壤；杂草种子库；丰富度；优势种

土壤杂草种子库是存留于土壤表面及土层中具有活力的杂草种子的总和，是杂草从上一个生长季节向下一个生长季节过渡的纽带，是杂草种群得以自然延续的关键所在（Roberts，1981）。杂草种子库作为潜在性杂草群落，其大小、组成及结构特点决定了将来田间杂草发生及为害情况，可以作为预测杂草来年发生与为害情况的依据。烟田土壤杂草种子库可以提供过去烟田管理的依据，也能预测未来烟田杂草的发生趋势。研究烟田杂草种子库的数量特征及演替规律，可为烟草生产中定时、定点、定量使用除草剂以及采用其他控草措施提供重要依据，从而减轻盲目使用除草剂对生态环境带来的不利影响，降低除草剂对杂草的选择压力，延缓杂草抗药性的产生（陈志石等，2006；冯远妖等，2001；苟正贵等，2010；何云核等，2007；王一专等，2007）。

重庆烟区是我国烟草的主要产区之一，烟叶种植面积达 70 余万亩，烟叶产量约占全国总量的 4%（王子芳，2006），而有关植烟土壤种子库的研究还未见相关报道。对重庆地区烟田土壤种子库的特征进行研究，有助于制定适当的农艺技术措施，指导烟叶生产，减少杂草与烟草的竞争以及控制病虫害的发生，节省烟叶生产的劳力投入，达到节本增效的目的，从而推动现代农业的发展。

# 1  材料和方法

## 1.1  供试土样

重庆的植烟区县分布于以黔江、酉阳、彭水等为主的渝东南和以巫山、巫溪、奉节等为

* 基金项目：重庆市烟草有害生物调查研究（NY2010060103007）

** 作者简介：石生探，男，硕士研究生，从事烟田杂草综合防控技术研究；E-mail：st1950132@163.com

*** 通讯作者：丁伟，男，教授，博士生导师；E-mail：dwing818@163.com

主的渝东北地区，两地区分属于武夷山区和三峡库区，生态气候环境存在着显著性差异。烟田耕耙后至起垄前，分别在黔江、酉阳、彭水、巫山、奉节 5 个植烟区县烟田选择具有代表性的烟田，采用直径 5cm 的圆形土壤取样器利用 5 点取样法进行分层取样，分别为 0～5cm、5～10cm、10～15cm、15～20cm，共取土样 600 份，每份土样体积 $0.01 \times 10^{-3}$ $m^3$。

## 1.2 试验方法

将每块田的 5 个点同层土壤风干混匀，置于面积约 $0.01m^2$ 的塑料盒中，按照取土顺序 0～5cm、5.0～10cm、10.0～15cm、15.0～20cm 进行摆放，灌水浸透土壤。以后每天用喷雾器喷水保持花钵土样湿润，采用直接萌发法观察出草情况。

## 1.3 土壤杂草种子库种类鉴定及数量和分布记录

当杂草开始萌发后，每 3 天对杂草进行一次观察，记录杂草种类及数量，然后拔除。对于一时无法鉴定的幼苗，移栽至专用培养土中培养，直至可准确鉴定其种类为止，一直观察到连续 15 天无杂草长出为止。将土壤中杂草的数量换算为 $1m^2$ 的数量，即为杂草种子库的种子密度。

## 2 结果与分析

### 2.1 重庆烟田土壤杂草种子库丰富度及优势种

从 2012 年 2 月 21 日起至 4 月 25 日为止，通过观察记录得到的重庆地区烟田土壤杂草种子库杂草种类丰富度[5,8]。由表 1 可知，重庆烟田土壤杂草种子库共有杂草 16 科 33 种，主要分布于禾本科、石竹科、菊科、藜科、蓼科、荨麻科和莎草科中，其中，菊科杂草的种类最多，共 9 种；禾本科杂草种子数最多，为优势科，占萌发杂草种子库的 45.99%；马唐为优势种，杂草萌发的数量为 2 725 粒/$m^2$，占总萌发杂草种子量的 26.65%，其长势强、萌发速度快，主要发生于 4 月下旬至 6 月下旬，需在此期间重点进行防治。

表 1　杂草种类丰富度

| 科 | 种 | 杂草数量/（粒/$m^2$） | | | | 总数（粒/$m^2$） | 占总草比例（%） |
| --- | --- | --- | --- | --- | --- | --- | --- |
| | | 0～5cm | 5～10cm | 10～15cm | 15～20cm | | |
| 禾本科 | 荩草 Arthraxon hispidus T. | 480 | 467 | 317 | 220 | 1483 | 4.35 |
| | 马唐 Digitaria sanguinalis L. | 2 740 | 2 353 | 2 517 | 1 473 | 9 083 | 26.65 |
| | 狗尾草 Setaira viridis L. | 1 713 | 1 010 | 1 150 | 903 | 4 777 | 14.01 |
| | 光头稗 Echinochloa colonum L. | 70 | 80 | 20 | 37 | 207 | 0.61 |
| | 看麦娘 Alopecurus aequalis S. | 43 | 43 | 13 | 27 | 127 | 0.37 |
| 莎草科 | 香附子 Cyperus rotundus L. | 203 | 263 | 170 | 140 | 777 | 2.28 |
| | 碎米莎草 Cyperus iria L. | 77 | 110 | 113 | 30 | 330 | 0.97 |
| 天南星科 | 半夏 Pinellia ternata T. | 23 | 30 | 17 | 27 | 97 | 0.28 |
| 鸭跖草科 | 鸭跖草 Commelina communis L. | 60 | 100 | 73 | 103 | 337 | 0.99 |
| 菊科 | 腺梗豨莶 Sigesbeckia pubescens M. | 277 | 300 | 320 | 190 | 1 087 | 3.19 |
| | 鼠麴草 Gnaphalium affine D. | 17 | 23 | 30 | 30 | 100 | 0.29 |
| | 牛膝菊 Galinsoga parviflora C. | 267 | 287 | 263 | 170 | 987 | 2.89 |

（续表）

| 科 | 种 | 杂草数量/（粒/m²） | | | | 总数（粒/m²） | 占总草比例（%） |
|---|---|---|---|---|---|---|---|
| | | 0~5cm | 5~10cm | 10~15cm | 15~20cm | | |
| | 醴肠 *Eclipta prostrate* L. | 83 | 77 | 77 | 60 | 297 | 0.87 |
| | 野茼蒿 *Gynura crepidioides* B. | 20 | 20 | 30 | 30 | 100 | 0.29 |
| | 艾蒿 *Artemisia argyi* L. | 13 | 13 | 13 | 3 | 43 | 0.13 |
| | 青蒿 *Artemisia annua* L. | 177 | 183 | 277 | 180 | 817 | 2.40 |
| | 马兰 *Kalimeris indica* L. | 103 | 57 | 67 | 40 | 267 | 0.78 |
| | 小飞蓬 *Conyza canadensis* L. | 13 | 17 | 3 | 7 | 40 | 0.12 |
| 蓼科 | 酸模叶蓼 *Polygonum lapathifolium* L. | 303 | 343 | 230 | 200 | 1 077 | 3.16 |
| | 尼泊尔蓼 *Pojygonum nepalense* M. | 53 | 50 | 37 | 40 | 180 | 0.53 |
| 紫草科 | 细茎斑种草 *Bothriospermum tenellum* H. | 10 | 13 | 7 | 0 | 30 | 0.09 |
| 石竹科 | 繁缕 *Stellaria media* L. | 653 | 680 | 643 | 453 | 2 430 | 7.13 |
| | 雀舌草 *Stellaria alsine* G. | 23 | 30 | 40 | 47 | 140 | 0.41 |
| | 粘毛卷耳 *Cerastium viscosum* L. | 1 160 | 1 477 | 1 107 | 997 | 4 740 | 13.91 |
| 酢浆草科 | 酢浆草 *O. corniculata* L. | 50 | 53 | 37 | 27 | 167 | 0.49 |
| 十字花科 | 碎米荠 *Cardamine hirsute* L. | 53 | 43 | 37 | 30 | 163 | 0.48 |
| | 荠菜 *Capsella bursapastoris* L. | 50 | 50 | 47 | 43 | 190 | 0.56 |
| 藜科 | 藜 *Chenopodium album* L. | 673 | 553 | 457 | 290 | 1973 | 5.79 |
| 大戟科 | 铁苋菜 *Acalypha australis* L. | 170 | 217 | 163 | 110 | 660 | 1.94 |
| 苋科 | 反枝苋 *Amaranthus retroflexus* L. | 53 | 63 | 40 | 70 | 227 | 0.66 |
| 车前草科 | 车前草 *Plantago asiatica* L. | 0 | 7 | 7 | 7 | 20 | 0.06 |
| 玄参科 | 通泉草 *Mazus japonicus* T. | 7 | 23 | 3 | 7 | 40 | 0.12 |
| 荨麻科 | 雾水葛 *Pouzolzia zeylanica* L. | 340 | 297 | 217 | 243 | 1 097 | 3.22 |
| 合计 | — | 9 980 | 9 333 | 8 540 | 6 233 | 34 087 | 100 |

## 2.2 重庆烟田杂草种子在土壤中的垂直分布

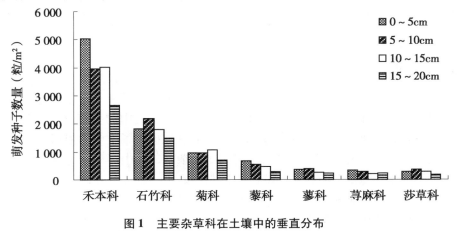

图1 主要杂草科在土壤中的垂直分布

根据表1可知，萌发试验中，0~5cm土层杂草种子为9 980粒/m²、5~10cm土层杂草种子萌发数量为 9 333 粒/m²、10～15cm 土层杂草种子萌发数量为 8 540 粒/m²、15～20cm 土层杂草种子萌发数量为 8 540 粒/m²。表明烟田土壤杂草种子库中的杂草种子数量从总体趋势上，随着土层的加深而减少。所以，在烟田杂草的防除过程中，主要应集中在 0～5cm 和 5～10cm 土层的杂草防治中。重庆烟田土壤杂草种子库中主要的杂草种类在土壤中的垂直分布见图1。由图1可知，禾本科、藜科、荨麻科杂草种子主要分布于 0～5cm 土壤层；石竹科、蓼科和莎草科种子主要分布于 5～10cm 土壤层中；菊科分布于 5～15cm 土层中。在重庆地区烟叶生产中，禾本科的马唐、石竹科的繁缕等在 3～6 月发生量较大，可以通过冬耕与烟草移栽前使用灭生性除草剂有效地控制在此期间禾本科与石竹科杂草的为害；菊科杂草腺梗豨莶等通常在 6～9 月为害较重，可通过中耕培土与相应除草剂的定向喷雾等措施防治。

## 2.3 不同植烟区县烟田土壤杂草种子库数量与垂直分布

5 个植烟区县烟田土壤杂草种子库数量见表2。由表2可知，在 5 个植烟区县中，巫山烟田的土壤杂草种子库数量最大，密度为 48 050 粒/m²，其中 0～5cm 土壤中杂草种子密度为 10 900 粒/m²、5～10cm 为 13 425 粒/m²、10～15cm 为 13 425 粒/m²、15～20cm 为 10 300 粒/m²；彭水烟田土壤中杂草种子库数量最小，杂草种子密度为 25 933 粒/m²，在各层土壤中的分布分别为 0～5cm 土壤中 8 383 粒/m²，5～10cm 土层中 7 400 粒/m²，10～15cm 土层中 5 367 粒/m²，15～20cm 土层中 4 783 粒/m²；黔江、奉节、酉阳 3 区县烟田土壤中的杂草密度分布为 35 000 粒/m²、28 125 粒/m²、44 933 粒/m²。在实际生产中，受农艺措施、环境等因素的影响，烟田杂草的实际生长量远小于土壤种子库中的杂草量，但杂草种子库可预测烟田杂草的发生与为害。

表 2 重庆 5 个植烟区县土壤种子库数量与垂直分布

| 土层（cm） | 黔江（粒/m²） | 彭水（粒/m²） | 奉节（粒/m²） | 酉阳（粒/m²） | 巫山（粒/m²） |
|---|---|---|---|---|---|
| 0～5 | 10 622 | 8 383 | 9 150 | 12 233 | 10 900 |
| 5～10 | 8 644 | 7 400 | 8 400 | 12 300 | 13 425 |
| 10～15 | 10 056 | 5 367 | 6 050 | 10 467 | 13 425 |
| 15～20 | 5 678 | 4 783 | 4 525 | 9 933 | 10 300 |
| 合计 | 35 000 | 25 933 | 2 8125 | 44 933 | 48 050 |

## 3 结论与讨论

通过对重庆烟区具有代表性的 5 个植烟区县烟田土壤杂草种子库的研究，初步明确重庆地区烟田土壤种子库的丰富度与优势种，杂草种子在土壤中的垂直分布，5 个区县的杂草种子库数量差异与垂直分布，对制定相应的除草措施提供了重要的依据。

重庆地区烟田土壤种子库中，共有 16 科 33 种杂草，其中，马唐为重庆地区烟田的优势种，占杂草种子总量的 26.65%，其最适土层深度为 1～5cm，在防治过程中，可通过移栽前的翻耕措施，破坏其萌发，同时施用除草剂防除已出苗的杂草。

杂草种子在土壤中主要分布于 0～10cm 土层中，可通过冬耕使一部分杂草种子提前萌发而受到冬季低温影响而枯死；同时使一部分杂草种子沉入下部，陷入长时间休眠而失去活力。

土壤中存在的杂草种子库是杂草发生的根源，为"断其源、截其流、竭其库"，采取化学除草配套技术与合理轮作、土壤耕作、人工防除相结合的综合防除技术，辅助于施用腐熟有机肥、清洁地块环境和水源、加强杂草检疫等措施，可有效地控制烟田杂草的发生与为害，达到高效、低成本、高效益的目的（强胜，2001）。

**参考文献**

［1］陈志石，吴竞仑，李永丰，等．麦田土壤杂草种子库研究［J］．江苏农业学报，2006，22（4）：401－404.

［2］冯远妖，王建武．农田杂草种子库研究综述［J］．土壤与环境，2001，10（2）：158－160.

［3］苟正贵，焦剑，宋泽军，等．黔南植烟土壤杂草种子库初步研究［J］．河南农业科学，2010（7）：56－59.

［4］何云核，强胜．安徽沿江水稻田杂草种子库研究［J］．武汉植物学研究，2007，25（4）：343－349.

［5］马承忠，杨天桥．农田杂草识别及防除—幼苗和成株简明图鉴［M］．北京：中国农业出版社，1999.

［6］强胜．杂草学［M］．北京：中国农业出版社，2001.

［7］王一专，吴竞仑，李永丰．南京地区稻田土壤杂草种子库的数量特征及演替规律［J］．江苏农业学报，2007，23（5）：428－431.

［8］王子芳．彭水县植烟土壤肥力变异特征研究［D］．西南大学，2006.

［9］周小刚，张辉．四川农田常见杂草原色图谱［M］．成都：四川科学技术出版社，2006.

［10］Roberts H. A. Seed Banks in Soil［J］．Advances in Applied Biology，1981，6（1）：1－55.

# 小子䅺草在云南省的地理分布、生物生态学特性及其发生特点[*]

徐高峰[1][**]　申时才[1]　张付斗[1][***]　李天林[1]　张　云[2]　金桂梅[1]

（1. 云南省农业科学院农业环境资源研究所，昆明　650205；

2. 云南省农业科学院粮食作物研究所，昆明　650205）

**摘　要：** 本文调查研究了外来入侵植物小子䅺草在云南省的地理分布、生物生态学特性及其在不同生境条件下的发生特点。结果表明在云南省温带地区的昆明市、楚雄州、大理州、保山市、德宏州、曲靖市、红河州和玉溪市共36个县发现了外来入侵植物小子䅺草，发生小子䅺草的县占云南省总县数的27.91%。小子䅺草的分布存在明显的空间异质性，不同区域小子䅺草的发生频度和多优度存在较大差异，其中，保山市小子䅺草的发生为害最为严重，德宏州和红河州发生最轻。小子䅺草在云南省常在当年9～11月份萌发，翌年3～4月份开花结实，后植株逐渐死亡，种子脱落休眠；但随着地理位置的改变，其在不同区域的物候期也存在差异，其中，昆明市和玉溪市小子䅺草的物候期早于楚雄州、大理州和保山市。小子䅺草在不同地理位点小麦地、油菜地和蚕豆地中，其种群密度和生物学特性也存在差异，其中小麦地其种群密度最大，发生为害最为严重；蚕豆地其分枝数、成穗率和穗粒数最大，最适合小子䅺草生长繁殖；油菜地其株高最高，但成穗率和穗粒数最小。

**关键词：** 小子䅺草；地理分布；生物学和生态学特性；物候期

外来生物入侵导致生态系统的破坏和生物多样性资源的丧失，并造成巨大的经济损失，引起国际社会的高度关注[1~6]。外来入侵植物小子䅺草（*Phalaris minor* Retz.）原产于欧洲、非洲、美洲和亚洲泛热带地区，为禾本科（Gramineae）䅺草属（*Phalaris*）一年生杂草[7]。近年来随着全球气候的变暖，耕作制度的变化，高产矮秆小麦品种的大面积种植，以及全球贸易、旅游和交通等迅速发展，小子䅺草已在欧洲、亚洲、非洲、美洲和大洋洲的近70个国家和地区快速传播和为害，对发生地冬春农作物，特别是麦类作物造成较大为害，是世界公认的麦田恶性杂草[8~10]。20世纪70年代小子䅺草随麦类引种传入中国，目前主要分布于我国云南省温带地区，其种群经过30多年的适应和进化，逐渐演变为云南省温带地区麦田的主要恶性杂草之一，2002年被中华人民共和国环境保护部列入我国主要外来入侵物种名录[11,12]。

小子䅺草具有很强的繁殖能力、竞争能力和生态适应性，整个生长周期与小麦激烈竞争光、肥和水等资源，对小麦的产量和品质造成严重影响[13,14]。研究表明在土壤水肥条

---

[*]　基金项目：科技部国际合作项目（201103027）；云南省农业科学院所长青年基金（HZ2010001）

[**]　作者简介：徐高峰（1979—），男（汉族），硕士，助理研究员，从事入侵生态学研究；E-mail：xugaofeng1059@163.com

[***]　通讯作者：张付斗（1971—），副研究员，从事杂草学和入侵生态学研究；Tel：0871-5894429，E-mail：fdzh@vip.sina.com

件较好的麦田，一株小子藟草幼苗在成熟时产生约 10 000 粒种子，当田间小子藟草的幼苗发生密度为 160 株/m² 时，小麦的产量损失均超过了 80%，几乎绝收[15]，控制小子藟草在入侵地的蔓延与为害已成为人们面临的迫切任务。目前大多数研究认为，掌握新入侵生物的生物学与生态学特性是制定防控外来有害生物对策和措施的首要科学问题[16]。因此，研究小子藟草在入侵地的地理分布、生物生态学特性及其在不同生境下的发生规律对认识、了解小子藟草的适生性与扩散性，有效控制小子藟草具有重要的科学意义，但国内目前对此尚无研究的报道。本文通过文献调研、电话调查、走访调查和野外调查，研究了小子藟草在云南省的地理分布和在不同区域下的发生情况，并在云南省发生为害严重的昆明市、玉溪市、保山市、楚雄彝族自治州和大理白族自治州设立观测点，详细研究了其生物生态学特性及其在小麦地、油菜地和蚕豆地 3 种不同生境下的发生规律，以期为认识、了解小子藟草的适生性与扩散性提供理论基础。

# 1 材料与方法

## 1.1 小子藟草在云南省的地理分布及其发生程度调查方法

2010 年 3 月至今，课题组分别采用文献调研、电话调查、走访调查和野外调查的方法，在云南省 16 个市（州）开展了小子藟草种群地理分布和发生为害程度调查研究。具体做法为以行政规划"县"为单位，将小子藟草的不同生育时期图片发给云南省各县级农业主管部门，请求协助调查。对反映有疑似发生的区域进行野外实地调查，确认为小子藟草发生地的，每县随机选取 5 个乡，每乡随机选取 5 个自然行政村（寨），每村（寨）随机选取 4 块样地（样地要求面积大于 666.7 m²，样地之间直线距离大于 500 m），采用随机取样法每块样地随机调查 25 个 1 m×1 m 的样方。记录各样方小子藟草的出现频度，并以盖度为主结合多度，采用 6 级多优度划分法[17]调查每个样方内小子藟草的发生情况并记录。

## 1.2 研究小子藟草的生物生态学特性及其在不同生境下的发生规律

2011 年 5 月，分别在云南省的昆明市、玉溪市、保山市、楚雄州和大理州小子藟草发生严重的乡镇设立观测点（各观测点地理信息见表 1），每观测点随机选取土地平整、水肥均匀、耕作一致的小麦、油菜和蚕豆 3 种农作物地各 5 块作为定点调查样地，样地面积和样地间距离同 1.1。样地土壤类型属于南方红壤，肥力中等，播前底肥施用量：复合肥 50 kg/亩，尿素 10 kg/亩；后期追肥 2 次，分别施尿素 15 kg/亩和 10 kg/亩，浇水按正常田间管理。样地内小麦、油菜和蚕豆的种植时间和种植密度依照当地耕作习惯。采用随机取样法在每种样地的作物田选取 25 个面积 1 m×1 m 作为定点观测样方，每周观察一次。从小子藟草种子萌芽（有子叶出土）开始直至其成熟枯死止，详细观察记录各观测点样方内小子藟草的种群密度、各生长发育时期的时间、分蘖数、有效穗、穗粒数和千粒重等生物学特性，并在小子藟草盛花期，在每样地随机选取小子藟草 100 株连根挖出，测量其株高，后洗净在 65℃烘箱中烘至恒重。

## 1.3 数据分析方法

数据利用 DPS 统计软件进行统计分析，并用 Dancun's 新复极差法对不同生境下小子藟草的幼苗数、株高、分蘖数等进行多重比较[18]。

频度（%）=（小子藟草样方发生数/总样方数）×100

样方多优度级别率（%）=（发生小子藟草多优度级别样方数/总样方数）×100

**表 1  小子藨草观测点地理信息**

| 位点 | 观测点名称 | 纬度（°） | 经度（°） | 海拔（m） |
|---|---|---|---|---|
| 1 | 昆明市宜良县狗街镇 | 24.50 | 103.18 | 1 733 |
| 2 | 楚雄州鹿城镇 | 25.02 | 101.29 | 1 812 |
| 3 | 大理州弥渡县红岩乡 | 25.28 | 100.25 | 1 880 |
| 4 | 保山市隆阳区板桥镇 | 25.12 | 99.13 | 1 658 |
| 5 | 玉溪市红塔区北城镇 | 24.25 | 102.33 | 1 642 |

6 级多优度等级划分标注（即盖度—多度级），分别为：

5 级：样方内小子藨草的盖度在 75% 以上；

4 级：样方内小子藨草盖度在 50% ~75%；

3 级：样方内小子藨草盖度在 25% ~50%；

2 级：样方内小子藨草盖度在 5% ~25%；

1 级：样方内小子藨草盖度在 5% 以下；

0 级：样方内无小子藨草发生。

## 2  结果分析

### 2.1  小子藨草在云南省空间分布格局与发生程度

调查表明，在云南省 16 个市（州）129 个县中，小子藨草已在昆明市、楚雄州、大理州、保山市、德宏州、曲靖市、红河州和玉溪市共 36 个县发生为害，发生小子藨草的县占云南省总县数的 27.91%。不同区域小子藨草的空间分布存在明显的空间异质性，在发生小子藨草的 8 个市（州）中，其中，保山市小子藨草的发生最为严重，小子藨草样方出现频度占调查总样方的 49.70%，明显高于其他发生地；且 5 级和 4 级样方比例也高于其他市（州）。另外，调查也显示玉溪市、大理州和楚雄州小子藨草的样方出现频度分别为 34.96%、28.51% 和 26.83%，田间发生较为广泛，为害较为严重；而昆明市、红河州、德宏州和曲靖市的样方出现频度较低，为零星发生，且其发生小子藨草为害的样方多优度等级多集中在 2 级，而发生严重的 5 级样方比例均小于 1%；表明昆明市、红河州、德宏州和曲靖市小子藨草的为害较轻，尚处于种群建群阶段（表 2）。

**表 2  小子藨草在云南省地理分布及发生为害程度**

| 调查地点 | 发生县数 | 县发生率（%） | 出现频度（%） | 样方多优度级别率（%） | | | | | |
|---|---|---|---|---|---|---|---|---|---|
| | | | | 5 级 | 4 级 | 3 级 | 2 级 | 1 级 | 0 级 |
| 昆明 | 6 | 42.86 | 19.97 | 0.87 | 1.90 | 4.63 | 9.30 | 3.27 | 80.03 |
| 保山 | 4 | 80.00 | 49.70 | 2.80 | 5.15 | 14.75 | 20.95 | 6.05 | 50.30 |
| 楚雄 | 5 | 60.00 | 26.83 | 1.10 | 2.50 | 6.47 | 12.37 | 4.40 | 39.83 |
| 大理 | 6 | 58.33 | 28.51 | 1.54 | 3.63 | 7.31 | 12.63 | 3.40 | 57.20 |
| 德宏 | 3 | 40.00 | 13.30 | 0.30 | 0.80 | 2.30 | 7.10 | 2.80 | 86.70 |
| 曲靖 | 4 | 22.22 | 16.90 | 0.50 | 1.40 | 2.90 | 9.70 | 2.40 | 83.10 |
| 玉溪 | 4 | 55.56 | 34.96 | 1.68 | 3.56 | 10.56 | 15.08 | 4.08 | 65.04 |
| 红河 | 4 | 30.77 | 13.75 | 0.30 | 1.70 | 4.25 | 5.20 | 2.30 | 86.25 |

## 2.2 小子䅟草生物学特性

### 2.2.1 小子䅟草形态特征

通过对云南省各发生区域小子䅟草的形态特征观测后发现，小子䅟草为一年生草本植物，地上茎直立，基部屈曲，成熟时株高 30～200cm。叶片线形，先端渐尖，长 10～30cm，宽 4～20mm，叶面积 8～40cm²，叶舌长 2～5mm，膜质，圆形。圆锥花序紧密，有时稍扩散，长 3～10cm，部分藏在上部叶鞘内；小穗有 10～20 个簇生，成熟后从上至下种子从颖壳中逐步脱落，但颖壳留于穗上。无柄的中间的为孕性小穗，其余的 5～6 个为有柄不孕小穗；孕性小穗的颖长 6～9mm，不孕小穗的颖长 7～15mm，上部具翼，翼具齿状突起；孕花外稃长 3～5mm。成熟后穗长 3～10cm，单穗种子数 300～450 粒；颖果椭圆形，深褐色，光滑，长 4～7mm，种子千粒重 1.5～2.4 g。

### 2.2.2 小子䅟草的物候期与生活史

研究表明，小子䅟草从种子出苗到植株孕穗需要经历 85～100 天，而从抽穗扬花到种子成熟仅需 30～40 天，种子成熟后植株枯死，但不同区域小子䅟草的物候期存在细微差异（表3）。其中，在昆明市和玉溪市发生期较早，9 月下旬即有种子萌发出土，10 月中下旬达到出苗盛期；而楚雄州、大理州和保山市小子䅟草的出苗时间则稍晚。在云南省的多数发生地，小子䅟草的种子在每年 10 月份萌发，翌年的 3 月份前后开花，到 4 月份种子由穗顶至穗底逐渐成熟并脱落，开花至种子成熟脱落时间为 25～30 天，5 月份植株逐渐枯死。种子散落地面后通常有 4～6 个月的休眠期，秋季条件适合则萌发生长。但调查也发现，少数小子䅟草种子因秋季条件不适导致其二次休眠，后在翌年 1 月中下旬条件合适时萌发。

## 2.3 不同生境条件下小子䅟草的发生规律

由表4可知，不同地理位点的小麦田、油菜田和蚕豆田，小子䅟草的种群发生密度存在差异，其中，保山市小麦田小子䅟草幼苗数显著多于其他地区，发生最为严重；油菜田和蚕豆田小子䅟草的幼苗数与其他地区差异虽不显著，但也多于其他地区。调查也发现小子䅟草在蚕豆地的分枝最强，成穗率也明显大于油菜地和小麦地；油菜地小子䅟草的分枝最弱，成穗率最低，但株高最高，显著大于小麦地和蚕豆地生长的小子䅟草株高。通过对穗粒数调查发现，发现油菜地生长的小子䅟草穗粒数最少，显著小于小麦地和蚕豆地生长的小子䅟草的穗粒数，但小麦地、油菜地和蚕豆地小子䅟草的千粒重均无显著差异。

**表3 不同地点小麦田小子䅟草的物候期**

| 物候期 | 昆明市 | 楚雄州 | 大理州 | 保山市 | 玉溪市 |
|---|---|---|---|---|---|
| 萌芽期 | 9月下旬～11月中旬 | 10月上旬～11月中旬 | 10月上旬～11月下旬 | 10月上旬～11月下旬 | 9月下旬～11月中旬 |
| 幼苗期 | 10月中旬～12月上旬 | 10月中旬～12月上旬 | 10月中旬～12月上旬 | 10月中旬～12月上旬 | 10月中旬～12月上旬 |
| 分蘖期 | 11月上旬～1月中旬 | 11月中旬～1月下旬 | 11月中旬～2月上旬 | 11月上旬～2月上旬 | 11月上旬～1月中旬 |
| 拔节期 | 12月中旬～2月中旬 | 12月下旬～2月中旬 | 12月下旬～2月中旬 | 12月中旬～3月上旬 | 12月中旬～2月中旬 |
| 孕穗期 | 1月下旬～3月中旬 | 1月下旬～3月下旬 | 2月上旬～4月中旬 | 2月中旬～4月中旬 | 1月下旬～3月中旬 |
| 开花期 | 2月中旬～4月上旬 | 2月下旬～4月中旬 | 2月下旬～4月中旬 | 3月上旬～4月下旬 | 2月中旬～4月上旬 |
| 结实期 | 3月上旬～4月下旬 | 3月中旬～5月上旬 | 3月中旬～5月下旬 | 3月中旬～5月下旬 | 3月上旬～4月下旬 |
| 种子成熟期 | 3月中旬～5月下旬 | 3月中旬～5月下旬 | 4月上旬～5月下旬 | 4月上旬～5月下旬 | 3月中旬～5月下旬 |
| 植株枯死 | 4月中旬～5月下旬 | 4月中旬～5月下旬 | 4月中旬～5月下旬 | 5月上旬～6月上旬 | 4月中旬～5月下旬 |

表4 不同生境条件下小子虉草的发生规律

| 位点 | 生境 | 幼苗数（株/m²） | 株高（cm） | 生物量（株/g） | 分枝数（株） | 有效穗（穗/m²） | 成穗率（%） | 穗粒数（粒·穗） | 千粒重（g） |
|---|---|---|---|---|---|---|---|---|---|
| | 小麦地 | 11.92±1.77bcd | 108.3±3.98b | 4.81±0.19a | 37.8±4.22d | 269.6±15.07cd | 59.94±3.35bcd | 321.72±12.63a | 2.31±0.12a |
| 昆明市 | 油菜地 | 4.94±1.01e | 132.6±4.97a | 5.11±0.23a | 22.5±1.88e | 51.10±5.83g | 48.32±5.51de | 204.37±7.93b | 2.24±0.08a |
| | 蚕豆地 | 5.89±1.36e | 99.7±4.11b | 4.74±0.16a | 52.3±3.13a | 227.1±13.63de | 74.87±4.49a | 336.94±9.48a | 2.33±0.09a |
| | 小麦地 | 19.60±2.53a | 110.4±3.58b | 4.93±0.24a | 40.5±6.96bcd | 474.3±20.91a | 59.75±26.3bcd | 318.91±10.07a | 2.27±0.11a |
| 保山市 | 油菜地 | 10.20±2.24cde | 135.6±4.79a | 5.06±0.15a | 24.7±5.33e | 112.3±12.18f | 44.57±4.84e | 211.33±8.49b | 2.18±0.07a |
| | 蚕豆地 | 6.91±1.35cde | 100.3±3.35b | 4.62±0.23a | 51.6±8.99a | 236.3±15.76de | 66.37±4.42abc | 324.52±10.05a | 2.33±0.12a |
| | 小麦地 | 12.72±2.32bc | 107.7±5.02b | 4.75±0.27a | 38.9±6.24cd | 287.9±17.15bc | 58.28±3.47bcde | 316.76±10.64a | 2.25±0.11a |
| 玉溪市 | 油菜地 | 8.63±1.65bcde | 141.3±4.39a | 4.98±0.31a | 21.9±4.96e | 92.7±6.76fg | 49.22±3.59de | 199.62±9.15b | 2.18±0.14a |
| | 蚕豆地 | 6.16±1.33de | 103.5±4.85b | 4.69±0.19a | 48.3±8.48abc | 203.5±12.07e | 69.07±4.09ab | 338.35±10.76a | 2.19±0.13a |
| | 小麦地 | 14.21±2.21b | 100.9±3.41b | 4.77±0.21a | 36.2±8.91d | 321.4±24.77b | 62.52±4.81abcd | 311.63±8.75a | 2.36±0.12a |
| 楚雄州 | 油菜地 | 9.17±1.73bcde | 136.7±4.45a | 5.01±0.26a | 20.2±8.32e | 101.5±9.30f | 55.22±5.06bcde | 192.42±10.21b | 2.22±0.09a |
| | 蚕豆地 | 7.24±1.22cde | 100.7±3.52b | 4.83±0.33a | 49.6±9.10ab | 241.1±12.93de | 67.51±3.62ab | 325.43±11.50a | 2.28±0.11a |
| | 小麦地 | 12.71±1.99bc | 106.4±5.31b | 4.90±0.12a | 34.3±6.56d | 259.6±15.18cd | 59.59±3.48bcd | 331.24±7.78a | 2.37±0.09a |
| 大理州 | 油菜地 | 7.83±1.91cde | 137.8±4.68a | 5.06±0.26a | 22.1±4.71e | 90.7±10.63fg | 52.62±6.16cde | 203.51±8.82b | 2.22±0.12a |
| | 蚕豆地 | 6.45±1.41de | 106.3±4.27a | 4.85±0.28a | 50.3±9.15ab | 212.3±13.51e | 65.95±4.20abc | 328.72±9.94a | 2.34±0.13a |

注：表中数据为平均值±标准差，同一列数值后小写字母相同表示在5%水平上差异不显著

# 3  讨论

## 3.1  小子虉草在云南省的地理分布与发生程度分析

人类活动是影响外来入侵种分布和扩散的重要因素之一[1,16,17]。有关研究表明，从区域尺度上分析外来种的分布格局时，环境因子如纬度梯度往往是主导因子；而在较小的尺度上进行分析时，人类活动因子的主导作用才可能体现出来。本研究通过调查发现，目前小子虉草在云南省的昆明市、楚雄州、大理州、保山市、德宏州、曲靖市、红河州和玉溪市发生，发生为害区域集中于海拔1 200～2 000m滇中的温带地区，发生地的纬度、年平均温度和年日照时数等变化较小；而在云南省的北部和南部均未发现；表明环境因子对小子虉草的区域分布具有重要作用。另外研究结果也显示在云南省小子虉草发生的8个州（市）中，在不同地区间小子虉草的发生的频度和多优度等级也存在较大差异，存在明显的空间异质性；其结果可能与人类活动存在较大关系。小子虉草为一年生草本植物，以种子繁殖方式进行生命的延续。目前云南省小子虉草发生地昆明市、楚雄州、大理州、保山市、德宏州、曲靖市、红河州和玉溪市以前和现在均大面积种植小麦，小麦种子调运对小子虉草在该区域的的扩散、传播起到了重要作用。

## 3.2  不同地生境下小子虉草的发生规律分析

本试验通过对5个不同区域、3种不同居群条件下小子虉草的形态特征观测研究，表明小子虉草具有较强的生态适应性和表现可塑性。为适应不同的气候条件下生长发育，不同区域小子虉草的物候期发生了改变，且在不同居群条件下，小子虉草的株高、分枝数等形态特征也发生了改变。外来入侵种在入侵过程中对不同生境条件的适应性与其入侵能力密切相关，多数入侵物种经常表现出较高的表型可塑性[19]，研究结果表明小子虉草的表型可塑性和强的适生性可能是其近年来大面积暴发为害的重要原因之一。

植物各构件的生物量配置状况既反映了植物种群对环境条件的适应能力也反映环境资源对植物种群生长与生殖的限定状况[20]。通常植株会调节各构件的分配比例来适应不同生境条件，以达到优化配置。本研究结果表明，不同居群条件下小子虉草的生物量分配比例存在差异。如在小麦地，由于存在强的竞争作用小子虉草的分枝数显著小于蚕豆地，但株高确较高，油菜地中土壤养分较好，但是光线较差，小子虉草则将更多的资源分配到茎和叶，以提高对光的获取率，增加其在疏林地的竞争力，以占领一定的生存空间。

## 参考文献

[1] 万方浩."973"项目"农林危险生物入侵机理与控制基础研究"简介 [J]. 昆虫知识，2007，44（6）：790－797.

[2] 万方浩，郑小波，郭建英. 重要农林外来入侵物种的生物学与控制 [M]. 北京：科学出版社，2005，820.

[3] CHRISTIAN C E. Consequences of a biological invasion reveal the importance of mutualism for plant communities [J]. *Journal of Ecol*, 2001, 88: 528－534.

[4] HAWKES C V, WREN I F, HERMAN D J, FIRESTON M K. Plant invasion alters nitrogen cycling by modifying the soil nitrifuing community [J]. *Ecology Letters*, 2005, 8: 976－985.

[5] Traveset A, Richardson D M. Biological invasions as disruptors of plant reproductive mutualisms [J]. *Trends in Ecology and Evolution*, 2006, 21: 208－216.

［6］ Ricciardi A. Assessing species invasions as a cause of extinction ［J］. *Trends in Ecologyand Evolution*, 2004, 19: 619.

［7］ 李扬汉. 中国杂草志 ［M］. 北京: 中国农业出版社, 1998: 1 297 - 1 299.

［8］ Dhiman S D, Hari O, Kumar S and Goel S K. Biology and management of *Phalaris minor* in rice-wheat system ［J］. *Crop Protection*, 2004, 23 (12): 1 157 - 1 168.

［9］ Chhokar R S, Singh S, Sharma R K. Herbicides for control of isoproturon-resistant Littleseed Canarygrass (*Phalaris minor*) in wheat ［J］. *Crop Protection*, 2008, 27 (3): 719 - 726.

［10］ Cuthbertson A G S, Murchie A K. Economic spray thresholds in need of revision in Northern Irish Bramley orchards ［J］. *Bio. News*, 2005, 32: 19.

［11］ 赵国晶. 中国农田新纪录的两种禾本科杂草防除及利用 ［J］. 云南农业科技, 1988 (1): 14.

［12］ 我国主要外来入侵种名录. http: //sts. mep. gov. cn/swaq/lygz/200211/t20021118_ 83385. htm.

［13］ Shad R A, Siddique S U. Problems associated with *Phalaris minor* and other grass weeds in India and Pakistan ［J］. *Experimental Agriculture*, 1996, 32: 154 - 160.

［14］ 徐高峰, 张付斗, 李天林, 等. 环境因子对奇异虉草和小子虉草种子萌发的影响 ［J］. 西北植物学报, 2011, 31 (7): 1 458 - 1 465.

［15］ 徐高峰, 张付斗, 李天林, 等. 奇异虉草和小子虉草生物学特性及其对小麦生长的影响和经济阈值研究 ［J］. 中国农业科学, 2010, 43 (21): 4 409 - 4 417.

［16］ 徐汝梅, 叶万辉. 生物入侵: 理论与实践 ［M］. 北京: 科学出版社, 2003: 1 - 98.

［17］ 冯建孟, 朱友勇. 滇西北地区种子植物地理分布及区系分化 ［J］. 西北植物学报, 2009, 29 (11): 2 312 - 2 317.

［18］ 唐启义, 冯明光. 实用统计分析及其 DPS 数据处理系统 ［M］. 北京: 科学出版社, 2002.

［19］ 许凯扬, 叶万辉, 曹洪麟, 等. 植物群落的生物多样性及其可入侵性关系的实验研究 ［J］. 植物生态学报, 2004 (3): 385 - 391.

［20］ 韩忠明, 韩梅, 吴劲松, 等. 不同生境下刺五加种群构件生物量结构与生长规律 ［J］. 应用生态学报, 2006, 17 (7): 1 164 - 1 168.

# 除草剂生测新靶标野大豆种子硬实破除方法研究 *

王正航** 崔东亮 马宏娟 卢政茂 李 鸣 林长福***

（沈阳化工研究院新农药创制与开发国家重点实验室，沈阳 110021）

**摘 要**：除草剂生测靶标的构建是对新除草化合物进行筛选评价的基础性工作，野大豆作为除草剂生测新靶标，对除草剂开发及新除草化合物的生测评价具有独特的作用。野大豆种子硬实性严重影响其发芽率、出苗整齐度，进而影响除草剂生测评价的准确性。本研究通过对野大豆种子硬实破除方法的研究，保证了野大豆种子的发芽率，实现了野大豆作为除草剂室内生测新靶标的均一化、规模化、连续化培养。

**关键词**：除草剂生测靶标；野大豆；种子硬实；破除方法

野大豆（*Glycine soja* Sieb. et Zucc.）别名落豆秧、乌豆，为一年生豆科草本植物，整个植物体疏生黄褐色毛，根系发达，根部具有根瘤，根瘤固氮活性较高[1]。野大豆生长季节茎叶繁茂，茎柔软缠绕，多分枝，分枝多的超过百条且分枝与主枝分别不明显。广泛分布于我国南北各地和东亚东部，是我国重点保护的资源植物之一[2]。除草剂生测杂草靶标是在除草剂开发过程中对除草剂除草活性进行评价时首先应用的防除对象，是除草剂开发的必备要素之一。构建基于野大豆的除草剂生测靶标，在丰富除草剂生测靶标的同时，可在前期评价目标除草剂对豆科作物的安全性，为相关除草剂的开发提供了极大的方便。目前，野大豆在大豆资源方面研究较多[3~5]，但用作除草剂生测靶标，对其进行研究，还未见报道。

为了对除草剂除草活性进行有效评价，要求其作用对象即杂草靶标的培养必须出苗率高、长势一致。然而，野大豆种子具有硬实性，种皮厚而坚硬，难以破除。本研究对破除野大豆种皮硬实性的方法进行了探索，旨在提高野大豆发芽率，实现野大豆的快速化、均一化、连续化、规模化人工培养，为新化合物除草活性筛选研究提供新的生测靶标。

## 1 材料与方法

### 1.1 试验材料

采自沈阳市于洪区德胜村及其周边的野大豆种子。

### 1.2 试验方法

培养皿清洗干净后置于烘干箱内消毒、烘干以备用。选取饱满、大小均匀的野大豆种子分别用浓硫酸浸泡、热水浸泡、磨砂等方法处理。以不做处理的种子作对照组，每24h

---

\* 基金项目：国家重点基础研究发展计划（973 计划）项目（2010CB735601）、（2012CB724501）

\*\* 第一作者：王正航（1978—），男，博士，从事除草剂生物测定及田间药效相关研究

\*\*\* 通讯作者：林长福，Tel：024－62353392，E-mail：linchangfu@ sinochem.com

记录种子的萌发个数，通过对其发芽率、发芽势、芽体长度的分析确定最佳破除种子硬实的处理方法。

浓硫酸浸泡法：用98%浓硫酸分别浸泡种子7min、14min、21min，搅拌约1min，浸泡后用大量清水反复冲洗，将种皮上残留的水分吸干，3个处理组分别记作T1-1、T1-2、T1-3；热水浸泡法：分别用45℃、55℃、65℃的热水浸泡种子至水自然冷却到室温，用吸水纸吸干种子表面的水分，3个处理组分别记作T2-1、T2-2、T2-3；磨砂处理法：用细沙纸轻轻摩擦野大豆种皮至其种子表面的泥膜脱落，此处理组记作T3；对照组记作CK。将培养皿内铺入两层滤纸并用蒸馏水润湿，每皿放入各组处理后的种子80粒，每个处理设3次重复，置于25℃恒温培养箱内黑暗培养，每天补充适量蒸馏水保证其发芽所需，每24h记录萌发种子的个数（以种子露白为萌发标准），连续记录6天，并于第6天用千分尺测量其芽体长度。各处理种子发芽势计算公式为：发芽势（%）＝3天内发芽的种子数/供试种子总数×100；发芽率计算公式为：发芽率（%）＝6天内发芽的种子数/供试种子总数×100[6]。

## 2　结果与分析

### 2.1　不同硬实破除方法对野大豆种子发芽势的影响

除草剂生测杂草靶标的重要指标就是种子发芽的整齐度与发芽速度，而发芽势能够较好的反映出种子的发芽整齐度及发芽速度。本研究试验结果（表1）表明，浓硫酸浸种能够显著地提高种子的发芽势，是3种处理方法中野大豆种子发芽势最高的处理，处理7min种子的发芽势为88.75%，处理14min、21min的种子发芽势都超过97%。磨砂处理对发芽势的影响效果较浓硫酸处理差，但优于热水浸泡处理，磨砂处理后发芽势达89.58%，比对照组高80.41%。热水浸泡虽然是3种处理方法中效果最差的方法，但也极大地提高了野大豆种子的发芽势。这表明3种处理方法均能有效提高野大豆种子发芽势，且处理效果为：浓硫酸浸种 ＞ 磨砂处理 ＞ 热水浸种。

表1　不同处理方法对野大豆种子发芽势的影响

| 处理方法 | 发芽势（%） | 处理方法 | 发芽势（%） |
| --- | --- | --- | --- |
| CK | 9.17 | T2-1 | 40.83 |
| T1-1 | 88.75 | T2-2 | 62.08 |
| T1-2 | 97.50 | T2-3 | 62.92 |
| T1-3 | 97.92 | T3 | 89.58 |

### 2.2　不同硬实破除方法对野大豆种子发芽率的影响

本研究3种处理方法均能提高野大豆的发芽率（表2），处理效果以浓硫酸处理法最好，磨砂处理其次，热水浸泡处理稍差于磨砂处理。浓硫酸处理法除处理7min处理组发芽率为93.33%外，处理14min、21min的发芽率均为100%。磨砂处理后的种子发芽率达到95.83%。热水浸泡处理后种子的发芽率也显著高于对照组，随水温的升高发芽率升高，热水温度为65℃时发芽率达到最大值92.08%，极显著高于对照处理的11.67%。

表2　不同处理方法对野大豆种子发芽率的影响

| 处理方法 | 发芽率（%） | 处理方法 | 发芽率（%） |
| --- | --- | --- | --- |
| CK | 11.67 | T2-1 | 56.67 |
| T1-1 | 93.33 | T2-2 | 79.58 |
| T1-2 | 100.00 | T2-3 | 92.08 |
| T1-3 | 100.00 | T3 | 95.83 |

## 2.3　不同硬实破除方法对野大豆种子发芽长度的影响

种子发芽后的芽体长度反映了不同处理方法对破除种子硬实的有效程度，也反映出不同处理方法对种子萌发后生长的影响。本研究处理结果显示（表3），不同处理方法对芽体生长的影响均优于不做处理的对照组，浓硫酸处理组平均芽体长度较对照组长8.72cm，热水浸泡处理组平均芽体长度较对照组长6.45cm，磨砂处理组芽体长度较对照组长10.13cm。浓硫酸处理组中随处理时间的增加，芽体长度呈现出逐步增加的趋势，处理种子21min的芽体长度为15.35cm，比对照组长11.20cm，是所有处理方法中种子芽体长度最长的。热水浸泡处理组中，随热水温度的逐步升高，芽体长度也随之增加，水温为65℃时，芽体长度为13.81cm，比对照组长9.66cm。综上分析，不同处理对野大豆芽体生长的影响为：浓硫酸处理法＞磨砂处理法＞热水浸泡法。

表3　不同处理方法对野大豆种子发芽长度的影响

| 处理方法 | 发芽长度（cm） | 处理方法 | 发芽长度（cm） |
| --- | --- | --- | --- |
| CK | 4.15 | T2-1 | 7.53 |
| T1-1 | 9.83 | T2-2 | 10.47 |
| T1-2 | 13.42 | T2-3 | 13.81 |
| T1-3 | 15.35 | T3 | 14.28 |

# 3　讨论

野大豆独特的生物学特性使其充当除草剂生测杂草靶标成为可能。然而，由于野大豆属于野生植物，在抗拒恶劣环境的自然选择中，为确保种的繁衍，具备了种子硬实的野生习性，硬实率高达96%，在自然状态下全部吸水要用5～7年时间[7]。这一特性使得野大豆在正常条件下难以发芽，进而影响着其作为除草剂生测杂草靶标，在除草剂生测评价中的应用。因此，人工栽培前必需对种子进行处理，以破除硬实，提高发芽率。也正因此，野大豆种子硬实性的有效破除，成为其作为除草剂生测靶标有效应用的关键性技术。前人研究表明，一般播前用碾米机碾磨1～2次，去掉种子表面的蜡质和擦伤种皮后即可播种。用80℃的温水处理野大豆种子有较好的效果，大多数种类的野大豆发芽率可达90%～95%[8]。用浓硫酸浸泡搅拌可显著提高发芽率和发芽势，经9min处理，发芽率和发芽整齐度都达最佳状态，分别为100%和99.33%[9]。本研究中，浓硫酸浸种能够显著地提高种子的发芽势，是3种处理方法中野大豆种子发芽势最高的处理，处理7min种子的发芽势为88.75%，处理14min、21min的种子发芽势都超过97%；浓硫酸处理法除处理7min处理组发芽率为93.33%外，处理14min、21min的发芽率均为100%；浓硫酸处理组平均芽体长度较对照组长 8.72cm，与前人研究结果基本一致。深入研究野大豆生物学特性、把握其最佳的发芽条件，为实现野大豆规模化、连续化培养提供技术支持。野大豆的快速、均一化培养，可为新化合物除草活性筛选研究提供可靠的生测靶标。

## 4 结论

野大豆种子具有硬实性，正常条件下发芽势和发芽率均较低，难以快速、均一出苗。98%浓硫酸浸种 14~21min 能够有效破除野大豆种子硬实性，实现温室条件下野大豆的快速、均一培养，为野大豆作为生测靶标，在除草剂筛选评价中的应用提供了条件。

**参考文献**

[1] 陈成榕. 野大豆（*Glycine soja*）根系特性的研究 [J]. 福建省农业科学报, 1992, 7 (2): 53-59.
[2] 庄炳昌, 徐航, 王玉民等. 中国野大豆（*Glycine soja*）茎叶性状的多态性及其地理分布 [J]. 作物学报, 1996, 22 (5): 583-586.
[3] 庄炳昌. 中国野生大豆生物学研究 [M]. 北京: 科学出版社, 2002.
[4] 王洪新, 胡志昂, 钟敏等. 盐渍条件下野大豆群体的遗传分化和生理适应: 同工酶和随机扩增多 DNA [J]. 植物学报, 1997, 39: 34-42.
[5] 魏伟, 钟敏, 王洪新, 等. 野大豆群体 DNA 随机扩增产物的限制性内切酶消化 [J]. 植物学报, 1998, 40 (5): 412-416.
[6] 贺莉. 野大豆生长发育规律及盐胁迫的生理反应 [D]. 长春: 吉林农业大学中药材学院. 2011.
[7] 李光发, 黄文, 曲刚, 等. 野生大豆籽粒吸水性的探讨 [J]. 大豆科学, 1994, 13 (4): 376-379.
[8] 武跃通. 野生大豆种子处理出苗效果试验 [J]. 内蒙古农业科技, 1994 (6): 32.
[9] 姜慧新. 浓硫酸处理对黄河三角洲野大豆发芽效果的影响 [J]. 草业科学, 2005, 22 (11): 58-59.

# 100g/L 三氟啶磺隆钠盐油悬浮剂对狗牙根草坪杂草的防除效果研究

周小刚* 朱建义 陈庆华 高 菡 郑勇生

（四川省农业科学院植物保护研究所，成都 610066）

**摘 要**：2008 年和 2009 年在四川省进行了两年 100g/L 三氟啶磺隆钠盐油悬浮剂防除狗牙根草坪杂草的田间药效试验研究。结果表明：100g/L 三氟啶磺隆钠盐油悬浮剂对狗牙根草坪安全，对狗牙根草坪莎草科杂草（水蜈蚣）、天胡荽、小飞蓬、酢浆草、风轮菜、空心莲子草、通泉草、鱼眼草等防效优良；对毛花雀稗、马唐鲜重防效一般至良好，对车前防效较差。100g/L 三氟啶磺隆钠盐油悬浮剂防除毛花雀稗的效果较对照药剂 25% 秀百宫 WDG 好，防除车前、马唐的效果较对照药剂 25% 秀百宫 WDG 差，对其他杂草的防效与 25% 秀百宫 WDG 相当，速效性（较差）及持效性（好）与 25% 秀百宫 WDG 相当。

**关键词**：狗牙根草坪；杂草；三氟啶磺隆钠盐；化除技术

三氟啶磺隆钠盐是先正达公司新近研发的一种苗后选择性除草剂，属于磺酰脲类，其作用机理为可抑制杂草中乙酰乳酸合成酶（ALS）的生物活性，杂草受害表现为停止生长、萎黄、顶点分裂组织死亡，随后在 1～3 周死亡[1]。三氟啶磺隆钠盐水分散粒剂在甘蔗田、棉花田、细叶结缕草草坪等已有田间药效试验，且试验结果表明此药剂对作物安全[2~6]。受公司委托，为考察瑞士先正达作物保护有限公司生产的 100g/L 三氟啶磺隆钠盐油悬浮剂防除狗牙根草坪杂草的效果、杀草谱、合理使用剂量及对草坪的安全性，为登记和大面积生产应用提供科学依据，受委托在四川地区进行了两年田间药效试验研究。结果表明：100g/L 三氟啶磺隆钠盐油悬浮剂对狗牙根草坪安全，可以推广使用；对狗牙根草坪莎草科杂草（水蜈蚣）、天胡荽、小飞蓬、酢浆草、风轮菜、空心莲子草、通泉草、鱼眼草等防效优良；对毛花雀稗、马唐鲜重防效一般至良好，对车前防效较差。100g/L 三氟啶磺隆钠盐油悬浮剂防除毛花雀稗的效果较对照药剂 25% 秀百宫 WDG 好，防除车前、马唐的效果较对照药剂 25% 秀百宫 WDG 差，对其他杂草的防效与 25% 秀百宫 WDG 相当，速效性（较差）及持效性（好）与 25% 秀百宫 WDG 相当。

## 1 材料与方法

### 1.1 试验药剂

100g/L 三氟啶磺隆钠盐油悬浮剂（trifloxysulfuron sodium），瑞士先正达作物保护有限公司提供。对照药剂 25% 秀百宫 WDG（flazasulfuron），日本石原产业株氏会社生产，市售。

---

\* 作者简介：周小刚（1970—），男，副研究员，主要从事杂草学和除草剂使用技术研究；E-mail：weed1970@yahoo.cn

## 1.2 试验处理（表1）

表1 供试药剂试验设计

| 处理号 | 药剂 | 施药制剂量（g/hm²） | 施药有效成分量（g a. i. /hm²） |
|---|---|---|---|
| A | 100g/L 三氟啶磺隆钠盐油悬浮剂 | 225 | 22.5 |
| B | 100g/L 三氟啶磺隆钠盐油悬浮剂 | 300 | 30 |
| C | 100g/L 三氟啶磺隆钠盐油悬浮剂 | 450 | 45 |
| D | 100g/L 三氟啶磺隆钠盐油悬浮剂 | 600 | 60 |
| E | 100g/L 三氟啶磺隆钠盐油悬浮剂 | 900 | 90 |
| F | 25% 秀百宫 WDG | 225 | 56.25 |
| G | 空白对照处理 | | |

每个处理设 4 次重复，共 28 个小区，随机区组排列，每个小区面积为 15m²。

## 1.3 试验概况

试验在成都市植物园开放式景观草坪进行，管理较为粗放，面积约 1 500m²，从中挑选杂草分布较为一致的草坪地作为试验小区。土壤：黄壤性，pH 值 6.3，无碳酸盐反应，有机质 16g/kg，较紧实。草坪草为狗牙根草坪。该草坪杂草主要有毛花雀稗（*Paspalum dilatatum* Poir.）、鱼眼草 [*Dichracephala auriculata*（Thunb.）Druce.]、小飞蓬 [*Cornyza canadensis*（L.）Cronq.]、水蜈蚣（*Kyllinga brevifollia* Rottb.）、车前草（*Plantago asiatica* L.）、马唐 [*Digitaria sanguinalis*（L.）Scop.]，少量空心莲子草 [*Alternanthra philoxeroides*（Mart.）Groseb.]、通泉草 [*Mazus japonicus*（Thunb.）Kuntze.]、牛筋草 [*Eleuine indica*（L.）Gaertn.]、天胡荽（*Hydrocotyle sibthorpioides* Lam.）等。

2008 年 6 月 5 日施药，施药一次。施药时，狗牙根处于抽穗期；阔叶杂草除鱼眼草为成株期外，大多为 3～6 叶期；马唐、牛筋草数量较少，未出齐；毛花雀稗有 3～10 个分蘗，未抽穗；水蜈蚣为幼苗期。2009 年 5 月 25 日施药，施药一次，狗牙根抽穗期。阔叶杂草除鱼眼草为成株期外，大多为 3～6 叶期；毛花雀稗有 3～10 个分蘗，未抽穗；水蜈蚣为幼苗期；马唐数量较少，3～5 叶期。

2008 年施药当日天气阴间多云，气温 18～29℃，南风 1～2 级。2009 年施药当日天气阴间多云，气温 19～27℃，南风 1～2 级。

## 1.4 施药方法

液剂用移液管吸取正确剂量药品，粉剂用电子天平称取后，先在小烧杯里加水溶解摇匀，倒入手动喷雾器内加水到方案用水量摇匀，对杂草茎叶喷雾。

使用利农 HD-400 手动喷雾器，扇形喷嘴，喷嘴型号：LURMARK OIF110。

药液喷量 450 L/hm²。

## 1.5 观察与调查

1.5.1 安全性观察 分别于调查药效的同时目测各药剂处理对狗牙根的安全性，记录是否有药害、药害程度恢复情况等。

1.5.2 药效调查 杂草调查采用绝对值调查法，调查杂草株数（禾本科杂草和水蜈蚣数分蘗数）或重量，每小区随机选择 3 个点，每点 0.25m²。此外，由于施药时，马唐、牛筋草数量较少，未出齐，药剂处理区药后大量发生（这说明对没有出土的马唐、牛筋草无效或效果差），不便调查；空心莲子草分布很不均匀，天胡荽为匍匐生长，也不便调查；这几种杂草均做定性观察，未统计在数据中。

2008 年：第一次 6 月 16 日（药后 11 天）目测杂草防效，第二次 7 月 1 日（药后 26 天）目测并调查杂草株防效，第三次 7 月 17 日（药后 42 天）调查杂草株防效及鲜重防效。

2009 年：第一次 6 月 1 日（药后 7 天）目测杂草防效，第二次 6 月 9 日（药后 15 天）目测杂草防效，6 月 19 日（药后 25 天）调查杂草株防效，第四次 7 月 2 日（药后 38 天）调查杂草株防效及鲜重防效。

### 1.6 药效计算方法与统计

依据中华人民共和国国家标准农药田间药效试验准则（二）第 148 部分：除草剂防治草坪杂草 GB/T 17980.148—2004 来执行。防效经反正弦转换后用邓肯氏新复极差法，DPS 软件检验差异性。

药效按下式计算：

$$防治效果（\%）= \frac{CK - PT}{CK} \times 100$$

PT—处理区残存草数（或鲜重）；CK—空白对照区活草数（或鲜重）。

## 2 结果与分析

### 2.1 100g/L 三氟啶磺隆 OD 对狗牙根的安全性

从药后 7~42 天的目测结果可知，处理药剂对成坪的狗牙根无药害症状，叶色、株高等均未出现不正常现象，说明在用量恰当、施药方法正确和施药时间适当的条件下各处理药剂对成坪的细叶结缕草的生长无影响，对草坪安全。

### 2.2 100g/L 三氟啶磺隆 OD 对狗牙根草坪杂草的防效

药后 7~11 天目测：100g/L 三氟啶磺隆钠盐油悬浮剂各剂量处理区各类杂草除毛花雀稗、车前外表现为黄化，有的生长点枯萎，不同剂量间有程度差异；25% 秀百宫 WDG 处理区杂草反应与 100g/L 三氟啶磺隆钠盐油悬浮剂相似。各试验处理对毛花雀稗、车前药害反应不明显。

药后 15 天目测：空白对照区杂草生长正常；100g/L 三氟啶磺隆钠盐油悬浮剂处理区天胡荽叶片黄化、枯焦，随剂量增高症状加重；莎草科（主要是水蜈蚣）少数已死，D、E 两剂量死亡达 70% 以上；其他杂草与药后 7 天相比，症状稍重，但未死亡，毛花雀稗叶片大都呈褐紫色，较萎蔫，枯焦，鱼眼草叶片黄化，失水状，马唐叶尖枯焦，随剂量增高症状加重。25% 秀百宫水分散粒剂处理区对鱼眼草及车前、马唐的药害程度较重些，对毛花雀稗药害较轻，对其他杂草的药害程度与 100g/L 三氟啶磺隆钠盐油悬浮剂相当。各药剂处理对狗牙根无药害。

从表 2、表 3 可看出，在药后 25 天左右，对车前草的株防效：100g/L 三氟啶磺隆钠盐油悬浮剂五剂量的平均防效在无效到 60%，25% 秀百宫水分散粒剂的平均防效两年分别为 65.56%、78.05%。对鱼眼草的株防效：100g/L 三氟啶磺隆钠盐油悬浮剂五剂量的平均防效为 49.38%~98.04%，25% 秀百宫水分散粒剂的平均防效两年分别为 91.18%、88.13%。对毛花雀稗的株防效：100g/L 三氟啶磺隆钠盐油悬浮剂五剂量的平均防效为

9.65% ~70.08%，25% 秀百宫水分散粒剂的平均防效两年分别为负值至 9.11%。对水蜈蚣的株防效：100g/L 三氟啶磺隆钠盐油悬浮剂五剂量的平均防效为 78.23% ~100%，25% 秀百宫水分散粒剂的平均防效两年分别为 89.17%、97.28%。对其他阔叶杂草的株防效：100g/L 三氟啶磺隆钠盐油悬浮剂五剂量的平均防效为 77.06% ~100%，25% 秀百宫水分散粒剂的平均防效两年分别为 79.82%、85.92%。对总杂草的株防效：100g/L 三氟啶磺隆钠盐油悬浮剂五剂量的平均防效为 47.45% ~78.89%，25% 秀百宫水分散粒剂的平均防效两年分别为 49.74%、45.72%。

表 2　100g/L 三氟啶磺隆钠盐油悬浮剂防除狗牙根草坪杂草田间药效
试验株防效结果（%）——施药后 26 天（2008 年 7 月 1 日）

| 处理号 | 水蜈蚣 | | 毛花雀稗 | | 鱼眼草 | | 小飞蓬 | | 车前 | | 其他阔叶杂草 | | 总杂草 | |
|---|---|---|---|---|---|---|---|---|---|---|---|---|---|---|
| | 防效（%） | SSR | 防效（%） | SSR | 防效（%） | SSR | 防效（%） | SSR | 防效（%） | SSR | 防效（%） | SSR | 防效（%） | SSR |
| A | 91.30 | b B | 9.65 | | 77.45 | c B | 96.30 | a A | -13.33 | | 77.06 | b C | 48.36 | c C |
| B | 92.36 | b B | 20.35 | | 83.33 | bc B | 100.00 | a A | -1.11 | | 93.58 | a ABC | 55.81 | c BC |
| C | 93.63 | b B | 27.54 | | 84.31 | bc B | 96.30 | a A | 26.67 | | 94.50 | a ABC | 61.14 | bc BC |
| D | 99.15 | a A | 39.30 | | 85.29 | bc B | 100.00 | a A | 60.00 | | 96.33 | a A | 70.42 | ab AB |
| E | 99.58 | a A | 59.12 | | 98.04 | a A | 100.00 | a A | 46.67 | | 96.33 | a A | 78.89 | a A |
| F | 89.17 | b B | -0.88 | | 91.18 | b AB | 100.00 | a A | 65.56 | | 79.82 | b BC | 49.74 | c C |
| G（株） | 117.75 | | 142.50 | | 25.50 | | 6.75 | | 22.50 | | 27.25 | | 342.25 | |

注：其他阔叶杂草包括空心莲子草、通泉草、天胡荽。表 4 同

表 3　100g/L 三氟啶磺隆钠盐油悬浮剂防除狗牙根草坪杂草田间药效
试验株防效（%）——施药后 25 天（2009 年 6 月 19 日）

| 处理号 | 车前草 | | 鱼眼草 | | 毛花雀稗 | | 其他阔叶杂草 | | 水蜈蚣 | | 总杂草 | |
|---|---|---|---|---|---|---|---|---|---|---|---|---|
| | 防效（%） | SSR | 防效（%） | SSR | 防效（%） | SSR | 防效（%） | SSR | 防效（%） | SSR | 防效（%） | SSR |
| A | 34.76 | b B | 49.38 | c B | 39.19 | b B | 80.28 | b A | 78.23 | b C | 47.45 | b B |
| B | 43.90 | b AB | 69.38 | b AB | 63.25 | a A | 91.55 | ab A | 85.03 | b C | 65.86 | a A |
| C | 57.93 | ab AB | 68.13 | b AB | 70.08 | a A | 91.55 | ab A | 85.71 | b BC | 71.39 | a A |
| D | 47.56 | b AB | 75.00 | ab A | 64.07 | a A | 97.18 | a A | 100.00 | a A | 69.84 | a A |
| E | 35.98 | b B | 81.88 | ab A | 60.65 | a AB | 98.59 | a A | 100.00 | a A | 67.42 | a A |
| F | 78.05 | a A | 88.13 | a A | 9.11 | — | 85.92 | b A | 97.28 | a AB | 45.72 | b B |
| G（株） | 41.00 | | 40.00 | | 153.75 | | 17.75 | | 36.75 | | 289.25 | |

注：其他阔叶杂草包括小飞蓬、酢浆草、风轮菜。表 5 同

从表 4、表 5 可看出，在药后 38 ~42 天对车前草的鲜重防效：100g/L 三氟啶磺隆钠盐油悬浮剂五剂量的平均防效为负值至 46.77%，25% 秀百宫水分散粒剂的平均防效两年分别为 75.37%、89.05%。对鱼眼草的鲜重防效：100g/L 三氟啶磺隆钠盐油悬浮剂五剂量的平均防效为 68.32% ~100%，25% 秀百宫水分散粒剂的平均防效两年分别为 99.33%、100%。对毛花雀稗的鲜重防效：100g/L 三氟啶磺隆钠盐油悬浮剂五剂量的平

均防效为 35.52% ~ 90.57%，25% 秀百宫水分散粒剂的平均防效两年分别为 11.19%、23.42%。对其他阔叶杂草的鲜重防效：100g/L 三氟啶磺隆钠盐油悬浮剂五剂量的平均防效为 95.00% ~ 100%，25% 秀百宫水分散粒剂的平均防效为 88.00% 和 100%。对水蜈蚣的鲜重防效：100g/L 三氟啶磺隆钠盐油悬浮剂五剂量的平均防效为 93.75% ~ 100%，25% 秀百宫水分散粒剂的平均防效两年分别为 86.84%、100%。对总杂草的鲜重防效：100g/L 三氟啶磺隆钠盐油悬浮剂五剂量的平均防效为 51.48% ~ 87.21%，25% 秀百宫水分散粒剂的平均防效两年分别为 37.66%、53.42%。

表4　100g/L 三氟啶磺隆钠盐油悬浮剂防除狗牙根草坪杂草田间药效
试验鲜重防效结果（%）——施药 42 天（2008 年 7 月 17 日）

| 处理号 | 水蜈蚣 | | 毛花雀稗 | | 鱼眼草 | | 小飞蓬 | | 车前 | | 其他阔叶杂草 | | 总杂草 | |
|---|---|---|---|---|---|---|---|---|---|---|---|---|---|---|
| | 防效(%) | SSR | 防效(%) | SSR | 防效(%) | SSR | 防效(%) | SSR | 防效(%) | SSR | 防效(%) | SSR | 防效(%) | SSR |
| A | 98.03 | b A | 35.52 | | 95.97 | b A | 100.00 | a A | −20.90 | | 95.00 | a A | 51.48 | d C |
| B | 99.12 | ab A | 38.15 | | 98.21 | ab A | 100.00 | a A | 10.45 | | 97.00 | a A | 54.62 | cd BC |
| C | 99.12 | ab A | 46.54 | | 98.88 | ab A | 100.00 | a A | 12.69 | | 97.00 | a A | 60.48 | bc BC |
| D | 99.34 | ab A | 50.27 | | 99.33 | ab A | 100.00 | a A | 20.90 | | 98.00 | a A | 63.37 | b B |
| E | 100.00 | a A | 72.72 | | 100.00 | a A | 100.00 | a A | 44.78 | | 100.00 | a A | 79.59 | a A |
| F | 86.84 | c B | 11.19 | | 99.33 | ab A | 100.00 | a A | 75.37 | | 88.00 | a A | 37.66 | e D |
| G (g) | 57.00 | | 703.75 | | 111.75 | | 113.00 | | 33.50 | | 12.50 | | 1031.50 | |

表5　100g/L 三氟啶磺隆钠盐油悬浮剂防除狗牙根草坪杂草田间药效
试验鲜重防效结果（%）——施药 38 天（2009 年 7 月 2 日）

| 处理号 | 车前草 | | 鱼眼草 | | 毛花雀稗 | | 其他阔叶杂草 | | 水蜈蚣 | | 总杂草 | |
|---|---|---|---|---|---|---|---|---|---|---|---|---|
| | 防效(%) | SSR | 防效(%) | SSR | 防效(%) | SSR | 防效(%) | SSR | 防效(%) | SSR | 防效(%) | SSR |
| A | 1.99 | — | 68.32 | c B | 75.47 | b A | 99.12 | b A | 93.75 | a A | 65.75 | bc BC |
| B | 15.92 | — | 96.74 | b A | 81.35 | ab A | 100.00 | a A | 93.75 | a A | 77.07 | ab AB |
| C | 22.39 | — | 97.98 | ab A | 88.96 | a A | 100.00 | a A | 96.88 | a A | 82.76 | a AB |
| D | 28.11 | — | 98.14 | ab A | 89.73 | a A | 100.00 | a A | 100.00 | a A | 84.10 | a A |
| E | 46.77 | — | 98.91 | ab A | 90.57 | a A | 100.00 | a A | 100.00 | a A | 87.21 | a A |
| F | 89.05 | — | 100.00 | a A | 23.42 | c B | 100.00 | a A | 100.00 | a A | 53.42 | c C |
| G (g) | 100.50 | | 161.00 | | 450.50 | | 28.25 | | 24.00 | | 764.25 | |

## 3　结论

综合两年试验结果，100g/L 三氟啶磺隆钠盐油悬浮剂对狗牙根草坪莎草科杂草（水蜈蚣）、天胡荽、小飞蓬、酢浆草、风轮菜、空心莲子草、通泉草、鱼眼草等防效优良；对毛花雀稗、马唐鲜重防效一般至良好，对车前防效较差。100g/L 三氟啶磺隆钠盐油悬浮剂防除毛花雀稗的效果较对照药剂 25% 秀百宫 WDG 好，防除车前草、马唐的效果较对照药剂25%秀百宫 WDG 差，对其他杂草的防效与25%秀百宫 WDG 相当，速效性（较差）及持效性（好）与25%秀百宫 WDG 相当。建议100g/L 三氟啶磺隆钠盐油悬浮剂防除狗牙根草坪杂草推荐剂量为（制剂量）225～300g/hm²（22.5～30g a. i. /hm²），在大多数杂草生长出齐时喷雾施药。若杂草草龄较大，应选用高剂量。100g/L 三氟啶磺隆钠盐油悬浮剂对狗牙根草坪安全，可以推广使用。

**参考文献**

［1］冯淑华，陈雅君，任秋香. 草坪杂草的为害及其防除技术 ［J］. 北方园艺，2002（6）：39.

［2］张兆松，沈益新，杨志民. 草坪杂草的综合防除 ［J］. 草原与草坪，2001（4）：12 - 16.

［3］张宗俭，崔东亮，马宏娟. 用于棉花和甘蔗田的新型磺酰脲类苗后除草剂三氟啶磺隆 ［J］. 农药，2002，41（5）：40 - 41.

［4］马艳，彭军，马小艳，等. 75%三氟啶磺隆钠盐 WG 对棉田杂草的防除效果 ［J］. 中国棉花，2010（1）：20 - 21.

［5］李华英，贾雄兵. 75%三氟啶磺隆钠盐水分散粒剂防除甘蔗田杂草的效果 ［J］. 杂草科学，2009（3）：42 - 44.

［6］李战胜，陈勇，高旭华. 100g/L 三氟啶磺隆 OD 对细叶结缕草草坪杂草的防除效果研究 ［J］. 安徽农业科学，2011，39（8）：4 578 - 4 579.

# 夏播玉米田烟嘧磺隆除草技术新探

赵占周* 李建东

（中国农科院植保所农药厂，北京 100193）

**摘 要**：6月25日到7月5日，正是冀鲁豫夏播玉米的 3~5 叶期，温度高降雨少，玉米耐药性差。调查显示，近三年以来出现的烟嘧磺隆药害85%是在玉米 3~5 叶期喷药后出现的。参考相关文献，小面积示范后，改变用药时期和喷药技巧，玉米 5~8 叶期顺垄定向喷药，可以减少药剂喷进玉米心叶内的几率，从而降低药害的风险，同时因为降雨开始增多杂草生长加快，药效表现更好。

**关键词**：夏播玉米田；烟嘧磺隆

作为冀鲁豫区域夏播玉米苗后除草剂的主要品种之一，烟嘧磺隆因其对马唐、稗草、狗尾草、反枝苋等一年生杂草突出的防除效果，以及低廉的价格，深受农民欢迎。但是，随着使用面积的增加，烟嘧磺隆对玉米造成的药害和药效不稳等，每年都困扰着农民和相关企业。在什么时间、用什么方法，引导农民合理使用烟嘧磺隆防除玉米苗后杂草，达到高效和安全的目的？

刘秀梅认为"玉米 3~5 叶期对烟嘧磺隆的抗性最强，此时用药最安全"[1]。孙艳萍也认为"应在玉米 3~5 叶期，禾本科杂草 2~4 叶期，阔叶杂草 3~4 叶期，草高 5cm 左右进行施药。烟嘧磺隆不宜在玉米 3 叶期前、6 叶期后使用"[2]。几乎所有烟嘧磺隆产品说明书上标注的施药时期是玉米 3~5 叶期，但此时冀鲁豫夏播区域的夏播玉米正处于 6 月 25 至 7 月 5 日，玉米株型较小，高温干旱，此时高浓度喷药时极易将药剂喷进玉米心叶上，造成轻则叶片发黄、扭曲，重则停滞生长、植株严重矮化，甚至生长点腐烂等药害。王德等经过一系列试验后发现，"一般玉米 2 叶期前及 10 叶期以后，对该药敏感，10 叶期前玉米的耐药性与叶龄正相关，苗龄越大，药害越轻，恢复越快，因此，在不影响除草效果的前提下，苗龄越大越好。苗龄在 5 叶期前的玉米植株是由自养向异养转化发展阶段，对外界不良影响耐受力较差，特别是甜糯等特种玉米的苗初期比较细弱，耐药性差易造成死亡，因此，施药最好在 5~8 展叶施药"[3]。

## 1 药害数据分析

首先对药害分级，叶片上有失绿斑块，不扭曲为 I 级药害；心叶扭曲，植株不矮化为 II 级药害；心叶严重扭曲，植株明显矮化为 III 级药害。接下来我们对 2010 年、2011 年、2012 年这 3 年，中国农业科学院植物保护研究所农药厂生产的 4% 烟嘧磺隆 OF 在冀鲁豫区域销售推广中 III 级药害植株占 30% 以上表现的药害案例进行了分析，结果见表 1。

* 作者简介：赵占周，男，高级农艺师，研究作物保护技术和推广；E-mail：chcc6621@sina.com

**表 1　2010～2012 年冀鲁豫区域药害事件情况调查表**

| 地点 | 喷药时间 | 喷药方法 | 药害面积（hm²） |
|---|---|---|---|
| 曲阳县慈顺村 | 2010 年 6 月 29 日/4 叶期 | 全田喷洒 | 5.47 |
| 定州市东扬村 | 2011 年 6 月 30 日/5 叶期 | 全田喷洒 | 0.13 |
| 无极县东宋村 | 2010 年 7 月 2 日/4 叶期 | 全田喷洒 | 26.7 |
| 南宫市邢村 | 2012 年 7 月 15 日/7 叶期 | 机动弥雾 | 0.2 |
| 许昌市邓庄 | 2011 年 6 月 25 日/4 叶期 | 全田喷洒 | 33.3 |
| 邹平县徐毛村 | 2010 年 6 月 23 日/3 叶期 | 全田喷洒 | 1.33 |
| 莱州市诸望村 | 2011 年 6 月 25 日/4 叶期 | 全田喷洒 | 3.33 |

药害案例中，除 2012 年河北省南宫市邢村是因为使用机动弥雾机喷施烟嘧磺隆造成药害以外，其余案例都是因为玉米 3～5 叶期之内、高温干旱天气、高浓度全田喷洒，这 3 个原因的综合后果。

## 2　小面积示范验证

在喷药方法上，李彩丽等认为"改进施药技术，进行半定向施药（玉米心叶不喷药），即使对烟嘧磺隆敏感的登海系列也可较大程度上降低药害的发生"。[4]

### 2.1　设计

从 2010 年开始，笔者对夏播玉米苗后使用烟嘧磺隆除草技术做了改进。为了避开玉米 3～5 叶期对高温干旱天气适应能力差，株高小，药剂容易喷进玉米心叶上等，改为在玉米 5～8 叶期顺垄喷洒，此时的玉米幼苗一般在 20cm 以上，只要注意顺垄喷药，药液喷进心叶上的几率明显减少，7 月 10 日以后，冀鲁豫区域降水开始增加，杂草生长加快，这样就会达到高效、无药害的目的。

### 2.2　示范及结果

2010 年，笔者在河北省曲阳县采用新技术方案做了小面积示范。示范药剂是中国农业科学院植物保护研究所农药厂生产的 4% 烟嘧磺隆 OF，在玉米 5～8 叶期按 1 500ml/hm² 或 2 250ml/hm²，下午 14 时前后用背负式手动喷雾器顺垄喷洒，一亩地 30kg 水。喷药 1 周后，5 点取样调查，每点 100 株，统计各级药害株数，计算全田各级药害百分比，结果见表 2。

**表 2　夏播玉米 5～8 叶期烟嘧磺隆顺垄喷药示范效果**

| 地点 | 面积（hm²） | 喷药时间 | 用量（ml） | I 级药害（%） | II 级药害（%） | III 级药害（%） |
|---|---|---|---|---|---|---|
| 慈顺村赵雷 | 0.37 | 7 月 15 日/6 叶 | 1 500 | 16 | 0.6 | 0 |
| 东流德郑登建 | 0.40 | 7 月 14 日/6 叶 | 2 250 | 15 | 0.6 | 0 |
| 赵城东赵亚周 | 0.53 | 7 月 20 日/8 叶 | 2 250 | 8 | 0 | 0 |
| 晓林王龙堂 | 0.20 | 7 月 20 日/7 叶 | 2 250 | 11 | 0 | 0 |
| 盖都葛同现 | 0.80 | 7 月 19 日/8 叶 | 2 250 | 8 | 0.3 | 0 |

从表中可以看出，在玉米 5～8 叶期，只要顺垄喷药避免将药液喷进玉米心叶上，就可以把药害水平控制在不影响产量的范围之内。

## 3 推广

2011 年，新技术方案在河北省推广，2012 年在冀鲁豫全面推广。

2012 年 8 月笔者对 4% 烟嘧磺隆油 OF 在冀鲁豫区域三年来的使用面积和药害比例情况做了统计，详情见图 1。

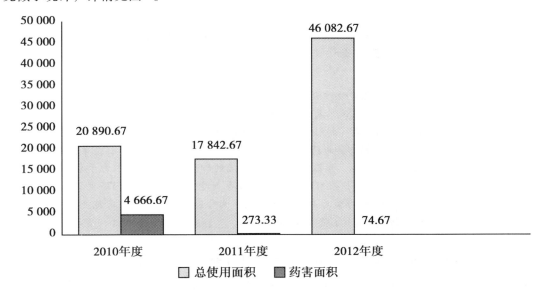

**图 1  2010～2012 年冀鲁豫区域烟嘧磺隆使用面积和药害面积变化示意图**

2010 年，作为新上市产品，河北省的销售数量和使用面积最大，但出现的药害最多最重，药害比例占到 29.76%，山东省因为喷药期间气温较低，出现的药害较少，只有 0.95%；2011 年，河北省的产品销售数量和使用面积虽然下降，但因为新技术的推广，药害面积极小，只有 0.08%，山东销售数量有所增加，药害面积却达到了 3%；2012 年，新技术在冀鲁豫区全面展开，销售数量和使用面积比 2010 年翻了一番，药害面积只有 75hm²。

## 4 结论

从相关文献、药害案例分析、示范结果显示和大面积推广等，多角度和多层次论证显示，在冀鲁豫区域，使用烟嘧磺隆除治夏播玉米田杂草时，在玉米 5～8 叶期顺垄喷药，避免药液喷进玉米心叶上，对玉米安全，对杂草药效更好。

**参考文献**

[1] 刘秀梅. 烟嘧磺隆药害产生原因及预防补救措施 [J]. 现代农业科技，2010，18：162.

[2] 孙艳萍 烟嘧磺隆安全实用技术 [J]. 农药科学与管理，2010，31（4）：52.

[3] 王德，王泽民，徐泽海，等. 烟嘧磺隆使用技术及药害对策 [J]. 北京农业，2009，30：22.

[4] 李彩丽，乔利，王守宝，等. 烟嘧磺隆在玉米上的药害原因及预防补救措施 [J]. 福建农业科技，2010（4）：61.

# 二氯吡啶酸防除夏玉米田和冬油菜田阔叶杂草的药效试验

朱建义[1]*　　周小刚[1]**　　陈庆华[1]　　郑仕军[2]　　高　菡[1]　　郑勇生[1]

（1. 四川省农业科学院植物保护研究所，成都　610066；

2. 四川省青神县植保站，青神　612460）

摘　要：综合两年二氯吡啶酸防除夏玉米和冬油菜田阔叶杂草药效试验的结果，发现75%二氯吡啶酸可溶性粉剂对夏玉米菊科杂草刺儿菜、辣子草、鳢肠、鬼针草、小飞蓬、艾蒿等防效优良，田间推荐剂量为（制剂量）225~315g/hm$^2$（168.75~236.25g a.i./hm$^2$），在玉米3-5叶期，杂草3~5叶期喷雾施药。30%二氯吡啶酸AS对冬油菜田菊科杂草鼠麴、稻槎菜、石胡荽、小飞蓬、野茼蒿、黄鹌菜、田野千里光的防除效果优良。但由于草相差异，该药剂在四川冬油菜田种植区推广有较大限制。推荐剂量为（制剂量）375~525ml/hm$^2$（112.5~157.5g a.i./hm$^2$），在移栽后15~20天，大多阔叶杂草3~4叶期喷雾施用。

关键词：二氯吡啶酸；夏玉米；冬油菜；杂草

二氯吡啶酸属于吡啶类除草剂，用于夏玉米田和冬油菜田，可防除阔叶杂草，为考察其除草效果、杀草谱、合理利用剂量和安全性，受生产厂家利尔化学股份有限公司委托，分别于2004年和2005年（冬油菜田）、2008年和2009年（夏玉米田）在四川省进行了田间药效试验，现将试验情况总结如下。

## 1　材料与方法

### 1.1　供试药剂

75%二氯吡啶酸可湿性粉剂、30%二氯吡啶酸水剂（利尔化学股份有限公司），72%2,4-D丁酯乳油（大连松辽化工有限公司），30%好实多SC（江苏省农药研究所南京农药厂）、50%高特克SC（利尔化学股份有限公司）。

### 1.2　防除对象

夏玉米田和冬油菜田阔叶杂草。

### 1.3　田间设计

试验各设7个处理，4次重复。小区面积20m$^2$，采用随机区组排列。

### 1.4　施药及调查

均进行了两年试验，夏玉米田为2008年8月13日和2009年6月25日，冬油菜田为2004年12月6日和2005年11月10日。共调查3次：药后7~10天目测防效，药后30天株防效，药后60天株防效和鲜重防效。

---

＊作者简介：朱建义，男，助研，主要从事杂草学和除草剂应用技术研究；E-mail：zhujianyi88@163.com

＊＊通讯作者：周小刚，副研究员；E-mail：weed1970@yahoo.cn

## 2 结果与分析

### 2.1 30%二氯吡啶酸水剂防除冬油菜田阔叶杂草

药后7天目测：30%二氯吡啶酸AS各剂量处理区扬子毛茛稍畸形、稻槎菜等菊科杂草萎蔫，其余杂草无变化，剂量间有程度上的差异。30%好实多扬子毛茛稍畸形，繁缕萎蔫，其余杂草无变化。空白对照和人工除草区杂草旺长。

从表1至表3可看出，30%二氯吡啶酸AS四剂量对菊科杂草稻槎菜、石胡荽防效优良，对多茎鼠麴有一定抑制，但防效很差，此外，30%二氯吡啶酸AS对小飞蓬、野茼蒿、黄鹌菜、田野千里光等菊科杂草也有优良防效，均优于30%好实多SC的防效；但30%二氯吡啶酸AS四剂量间防效差异不显著。

**表1 30%二氯吡啶酸AS防除冬油菜田阔叶杂草试验株防效结果（药后28天）**

| 处理 | 多茎鼠麴 | | 稻槎菜 | | 石胡荽 | | 总菊科杂草 | |
| --- | --- | --- | --- | --- | --- | --- | --- | --- |
| | 防效（%） | 差异显著性 | 防效（%） | 差异显著性 | 防效（%） | 差异显著性 | 防效（%） | 差异显著性 |
| A | −2.65 | — | 85.37 | aA | 83.18 | aA | 40.74 | aA |
| B | 3.70 | — | 96.34 | aA | 84.11 | aA | 46.56 | aA |
| C | 23.81 | — | 90.24 | aA | 96.26 | aA | 58.73 | aA |
| D | 16.93 | — | 82.93 | aA | 95.33 | aA | 53.44 | aA |
| E | 32.80 | — | 2.44 | bB | 33.64 | bB | 26.46 | bB |
| G（株数） | 47.25 | | 20.50 | | 26.75 | | 94.50 | |

**表2 30%二氯吡啶酸AS防除冬油菜田阔叶杂草试验株防效结果（药后97天）**

| 处理 | 多茎鼠麴 | | 稻槎菜 | | 石胡荽 | | 总菊科杂草 | | 株高（cm） |
| --- | --- | --- | --- | --- | --- | --- | --- | --- | --- |
| | 防效（%） | 差异显著性 | 防效（%） | 差异显著性 | 防效（%） | 差异显著性 | 防效（%） | 差异显著性 | |
| A | −13.68 | — | 98.29 | aA | 100.00 | aA | 25.97 | bB | 129.35 |
| B | 1.71 | — | 97.44 | aA | 100.00 | aA | 35.64 | bB | 128.33 |
| C | 23.93 | — | 100.00 | aA | 100.00 | aA | 50.83 | bB | 129.85 |
| D | −5.98 | — | 100.00 | aA | 100.00 | aA | 31.49 | bB | 129.83 |
| E | 34.62 | — | 20.51 | cC | 18.18 | bB | 29.56 | bB | 128.08 |
| F | 86.32 | — | 76.07 | bB | 0.00 | cC | 80.39 | aA | 129.60 |
| G（株数） | 58.50 | | 29.25 | | 2.75 | | 90.50 | | 129.73 |

**表3 30%二氯吡啶酸AS防除冬油菜田阔叶杂草试验鲜重防效结果（药后97天）**

| 处理 | 多茎鼠麴 | | 稻槎菜 | | 石胡荽 | | 总菊科杂草 | |
| --- | --- | --- | --- | --- | --- | --- | --- | --- |
| | 防效（%） | 差异显著性 | 防效（%） | 差异显著性 | 防效（%） | 差异显著性 | 防效（%） | 差异显著性 |
| A | −27.80 | — | 99.22 | aA | 100.00 | aA | 26.84 | bB |
| B | −4.25 | — | 99.22 | aA | 100.00 | aA | 40.26 | bB |
| C | 24.52 | — | 100.00 | aA | 100.00 | aA | 56.99 | bB |
| D | −0.19 | — | 100.00 | aA | 100.00 | aA | 42.90 | bB |

（续表）

| 处理 | 多茎鼠麴 | | 稻槎菜 | | 石胡荽 | | 总菊科杂草 | |
|---|---|---|---|---|---|---|---|---|
| | 防效（%） | 差异显著性 | 防效（%） | 差异显著性 | 防效（%） | 差异显著性 | 防效（%） | 差异显著性 |
| E | 29.92 | — | 37.40 | cC | 66.67 | cC | 33.33 | bB |
| F | 95.46 | — | 89.09 | bB | 83.33 | bB | 92.68 | aA |
| G（鲜重，g） | 129.50 | | 96.25 | | 1.50 | | 227.25 | |

## 2.2　75%二氯吡啶酸可湿性粉剂防除夏玉米田阔叶杂草

药后 9 天目测：75%二氯吡啶酸可溶性粉剂四剂量处理区对菊科刺儿菜、小飞蓬、艾蒿、鬼针草有防效，表现为畸形、扭曲，一些阔叶杂草生长点黄枯变褐，部分开始死亡；其他杂草稍有中毒症状，表现为萎蔫，皱卷。

药后 29 天株防效：75%二氯吡啶酸可溶性粉剂四剂量对刺儿菜、鲤肠、鬼针草的防效均在90%以上，优于72% 2,4-D 丁酯乳油；对苋科杂草的防效在35.51%～70.09%，72% 2,4-D 丁酯乳油的防效为89.72%；对其阔的防效较差；对总杂草的防效在30.59%～44.95%，72% 2,4-D 丁酯乳油的防效为64.36%（表4）。

**表 4　75%二氯吡啶酸可溶性粉剂防除夏玉米田阔叶杂草试验株防效结果（药后 29 天）**

| 处理号 | 刺儿菜 | | 鲤肠 | | 鬼针草 | | 其他菊科杂草 | | 苋科杂草 | | 其他阔叶杂草 | | 总杂草 | |
|---|---|---|---|---|---|---|---|---|---|---|---|---|---|---|
| | 防效（%） | 差异显著性 | 防效（%） | 差异显著性 | 防效（%） | 差异显著性 | 防效（%） | 差异显著性 | 防效（%） | 差异显著性 | 防效（%） | 差异显著性 | 防效（%） | 差异显著性 |
| A | 92.50 | aA | 100.0 | aA | 100.0 | aA | 71.43 | — | 35.51 | — | 17.65 | — | 39.36 | ab AB |
| B | 90.00 | aA | 100.0 | aA | 100.0 | aA | 100.0 | aA | 50.47 | bB | 19.79 | — | 44.95 | ab AB |
| C | 97.50 | aA | 100.0 | aA | 100.0 | aA | 100.0 | aA | 58.88 | bAB | -15.51 | — | 30.59 | — |
| D | 100.0 | aA | 100.0 | aA | 100.0 | aA | 100.0 | aA | 70.09 | ab AB | 5.35 | — | 44.41 | ab AB |
| E | 37.50 | bB | 91.30 | bA | 91.67 | bA | 100.0 | aA | 89.72 | aA | 49.20 | — | 64.36 | aA |
| F | 30.00 | — | 26.09 | — | 100.0 | aA | 85.71 | aA | 85.05 | a AB | -12.30 | — | 27.66 | bB |
| G（株） | 10.00 | | 5.75 | | 3.00 | | 1.75 | | 26.75 | | 46.75 | | 94.00 | |

药后 45 天株防效和鲜重防效：75%二氯吡啶酸可溶性粉剂四剂量对刺儿菜的防效在90%以上，对鲤肠、鬼针草和其他菊科杂草的防效均为100%，优于72% 2,4-D 丁酯乳油；对其阔的防效较差；对总杂草株防效在30.53%～41.68%，72% 2,4-D 丁酯乳油的平均防效为50.09%；对总杂草的鲜重防效在55.30%～71.02%，72% 2,4-D 丁酯乳油的平均防效为76.94%（表5、表6）。

**表 5　75％二氯吡啶酸可溶性粉剂防除夏玉米田阔叶杂草试验株防效结果（药后 45 天）**

| 处理号 | 刺儿菜 | | 鲤肠 | | 鬼针草 | | 其他菊科杂草 | | 苋科杂草 | | 其他阔叶杂草 | | 总杂草 | |
|---|---|---|---|---|---|---|---|---|---|---|---|---|---|---|
| | 防效（％） | 差异显著性 | 防效（％） | 差异显著性 | 防效（％） | 差异显著性 | 防效（％） | 差异显著性 | 防效（％） | 差异显著性 | 防效（％） | 差异显著性 | 防效（％） | 差异显著性 |
| A | 90.00 | a A | 100.0 | a A | 100.0 | a A | 100.0 | a A | 26.67 | — | 9.52 | — | 32.36 | a A |
| B | 90.00 | a A | 100.0 | a A | 100.0 | a A | 100.0 | a A | 56.30 | b A | 9.52 | — | 39.67 | a A |
| C | 96.00 | a A | 100.0 | a A | 100.0 | a A | 100.0 | a A | 61.48 | b A | −10.88 | — | 30.53 | a A |
| D | 100.0 | a A | 100.0 | a A | 100.0 | a A | 100.0 | a A | 71.85 | ab A | 4.42 | — | 41.68 | a A |
| E | 44.00 | b B | 85.11 | b A | 71.43 | b A | 42.86 | — | 90.37 | a A | 26.19 | — | 50.09 | a A |
| F | 18.00 | — | 53.19 | c B | 100 | a A | 85.71 | a A | 79.26 | ab A | −86.73 | — | −17.18 | — |
| G（株） | 12.50 | | 11.75 | | 3.50 | | 1.75 | | 33.75 | | 73.50 | | 136.75 | |

**表 6　75％二氯吡啶酸可溶性粉剂防除夏玉米田阔叶杂草试验鲜重防效结果（药后 45 天）**

| 处理号 | 刺儿菜 | | 鲤肠 | | 鬼针草 | | 其他菊科杂草 | | 苋科杂草 | | 其他阔叶杂草 | | 总杂草 | |
|---|---|---|---|---|---|---|---|---|---|---|---|---|---|---|
| | 防效（％） | 差异显著性 | 防效（％） | 差异显著性 | 防效（％） | 差异显著性 | 防效（％） | 差异显著性 | 防效（％） | 差异显著性 | 防效（％） | 差异显著性 | 防效（％） | 差异显著性 |
| A | 93.51 | a A | 100.0 | a A | 100.0 | a A | 100.0 | a A | 50.29 | b B | 41.79 | — | 55.92 | b AB |
| B | 96.76 | a A | 100.0 | a A | 100.0 | a A | 100.0 | a A | 86.76 | a A | 22.71 | — | 71.02 | ab A |
| C | 99.10 | a A | 100.0 | a A | 100.0 | a A | 100.0 | a A | 74.31 | a AB | — | | 55.30 | b AB |
| D | 100.0 | a A | 100.0 | a A | 100.0 | a A | 100.0 | a A | 87.81 | a A | — | | 58.13 | b AB |
| E | 67.21 | b B | 87.38 | b B | 87.93 | b A | 77.92 | b A | 89.94 | a A | 52.35 | — | 76.94 | a A |
| F | 23.96 | c C | 28.16 | c B | 100.0 | a A | 85.42 | ab A | 70.26 | ab AB | — | | 33.67 | c B |
| G（g） | 138.75 | | 25.75 | | 43.50 | | 60.00 | | 857.50 | | 431.00 | | 1 556.50 | |

## 2.3　安全性

结合田间调查和观察，75％二氯吡啶酸可溶性粉剂对夏玉米、30％二氯吡啶酸 AS 对冬油菜均安全，无药害发生，可以推荐使用。

# 3　结论与讨论

综合两年试验结果，75％二氯吡啶酸可溶性粉剂对夏玉米菊科杂草刺儿菜、辣子草、鲤肠、鬼针草、小飞蓬、艾蒿等防效优良，较对照药剂 72％ 2，4-D 丁酯乳油处理防效好；对叶下珠、通泉草、母草、陌上菜等防效一般至优良；对藜、苋科杂草（青葙、凹头苋、反枝苋）有一定防效，不理想，总体上不及 72％ 2，4-D 丁酯乳油。田间推荐剂量为（制剂量）225～315g/hm² （168.75～236.25g a. i. /hm²），在玉米 3～5 叶期，杂草 3～5 叶期喷雾施药。

30％二氯吡啶酸 AS 对冬油菜田菊科杂草鼠麴、稻槎菜、石胡荽、小飞蓬、野茼蒿、黄鹌菜、田野千里光的防除效果优良；对多茎鼠麴有一定抑制，但防效很差；对繁缕、通泉草、雀舌草、碎米荠、扬子毛茛等其他阔叶杂草防效差或几无防效。30％二氯吡啶酸 AS 防除菊科杂草的效果优于 30％好实多 SC。

据资料，30％二氯吡啶酸 AS 防除菊科、豆科、茄科、伞形科杂草的效果好，但四川省冬油菜田杂草以禾本科杂草、繁缕、猪殃殃、碎米荠、扬子毛茛为主，也有部分田块有鼠麹、稻槎菜、小飞蓬、野茼蒿、黄鹌菜发生，该药剂在四川省冬油菜田种植区推广有较大限制。

30%二氯吡啶酸 AS 可以防除以鼠麹、稻槎菜、石胡荽等菊科杂草及豆科、茄科、伞形科杂草为主的移栽（或直播）甘蓝型冬油菜田，推荐剂量为（制剂量）375～525ml/hm² （112.5～157.5g a. i. /hm²），在移栽后 15～20 天（直播冬油菜 6～8 叶期），大多阔叶杂草 3～4 叶期喷雾施用。

**参考文献**

［1］郭良芝，郭青云，张兴. 二氯吡啶酸防除春油菜田刺儿菜和苣荬菜的效果［J］. 杂草科学，2009（1）：53－54.

［2］王险峰. 春玉米苗后如何防治鸭跖草［J］. 现代农业，2009（9）：1－2.

［3］郭良芝，郭青云，辛存岳，等. 75%二氯吡啶酸可溶性粒剂防除春小麦田大刺儿菜试验［J］. 植物保护，2007，33（4）：137－139.

# 仓库鼠类防治技术应用研究

张新府* 郑 妙 林亚珍 卢木波 杨永强 曾伶 李文辉 赵志敏

(广东省粮食科学研究所, 广州 510050)

**摘 要：** 研究第一及第二代抗凝血灭鼠剂、熏蒸剂及粘鼠板在不同环境对不同鼠种的现场杀灭效果, 为有效预防及控制鼠类为害及灭鼠工作提供科学依据。用粉迹法灭前、灭后鼠密度并进行比较, 调查仓库鼠种, 用毒饵、毒水、粘鼠板等研究应用其灭鼠效果。结果现场灭效均在90%以上, 溴敌隆及敌鼠钠盐毒饵摄食系数分别为0.53及0.41。仓库优势种为褐家鼠, 其次为小家鼠, 溴敌隆及敌鼠钠盐毒饵均具有较好的适口性及毒杀效果, 溴敌隆灭效略高于敌鼠钠盐, 建议常更换鼠药品种、剂型, 在食品生产场所应用粘鼠板, 延缓鼠类对抗凝血灭鼠剂抗性产生及提高灭鼠效果。

**关键词：** 灭鼠效果；抗凝血灭鼠剂；小家鼠；褐家鼠；适口性

鼠类作为四害之一, 繁殖快、数量多、行动迅速、适应性强, 可传播高达35种以上疾病, 如鼠疫、流行性出血热、班疹伤寒等。历史上被鼠类传播疾病夺走的生命据专家估计超过历史上所有战争死亡人数的总和。世界由于鼠害造成粮食损失最高可达到收获量的15%~20%, 相当于25个贫穷国家国民收入总值, 够1.5亿人全年的口粮。在我国每年近千万亩森林和十亿亩草场被破坏成为沙漠或荒洲, 损失超过30亿元。对城市工业鼠害造成的损失很严重, 鼠咬啮电缆绝缘材料引起短路, 钻入变压器引起燃爆, 在高压线路引起强磁场感应击穿烧毁设备, 造成停电, 使工厂停工停产。咬断通信电缆, 造成通信中断, 机场瘫痪等。因此, 通过调查鼠的种类、鼠密度, 了解其自身活动、分布和繁殖规律, 监测其为害情况, 研究出灭效好、低毒、无二次中毒、不污染环境的快速灭鼠方法和药剂已是当代的强音。

## 1 材料和方法

### 1.1 药物来源及配制

粘鼠胶：中国·丰华科技发展有限公司

0.25%溴敌隆母液：河南省普朗克农药工业有限公司。

0.005%溴敌隆鼠谷：陕西先农生物科技有限公司。

0.03%敌鼠钠盐毒谷：广州新天地化学实业有限公司。

0.005%溴敌隆水剂配制：0.25%溴敌隆母液10g加入500ml容量瓶中, 用水定容至刻度即可。

0.005%溴敌隆毒糊配制：0.25%溴敌隆母液10g加入490g浆糊, 搅拌均匀即可。

---

* 作者简介：张新府, 男, 副所长, 高级工程师, 从事粮油储藏与害虫防治工作30年；E-mail：xinfuzh@126.com

### 1.2 试验方法

#### 1.2.1 仓库鼠密度测定方法

采用粉迹法（鼠迹法），采用内径 20cm × 20cm 的三合板框，四边中其中一端开口，在框内均匀撒布 0.1mm 滑石粉，沿墙脚布放，开口一端靠墙，15m² （不足 15m² 按 15m² 投）布两块，晚放次日晨检查，计算鼠密度，布放粉块中有鼠爪印和鼠尾迹，视为阳性粉块，如粉块被破坏（粉块残缺不全，有水迹和扫帚痕迹或模糊不清）视为无效粉块。

#### 1.2.2 毒饵投放方法及药效检查

采用饱和投饵，室内每 15m² （不足 15m² 按 15m² 投）投 2 堆，野外每隔 5 m 投 1 堆，每堆放 0.005% 溴敌隆毒饵 25g 或敌鼠钠盐毒饵 40g。连续投放 5 天，同时检查毒饵摄食情况并及时补充毒饵消耗，吃光处加倍补放，试验 7 天、28 天及 42 天用粉迹法测定灭后鼠密度。

## 2 防制结果

### 2.1 室内鼠密度测定方法

我们对下列 4 个单位仓库鼠类分布情况进行了调查。从表 1 可知，褐家鼠为仓库的主要优势种，其次为小家鼠，只有个别仓库有黄胸鼠。

**表 1 仓库鼠种调查**

| 仓库名称 | 鼠类总数 | 褐家鼠 | | 小家鼠 | | 其他* | |
|---|---|---|---|---|---|---|---|
| | | 只 | 百分比 | 只 | 百分比 | 只 | 百分比 |
| 广州市牛奶公司王圣堂仓库 | 56 | 37 | 66.1% | 19 | 33.9% | 0 | 0 |
| 清远市面粉厂仓库 | 235 | 171 | 67.6% | 78 | 30.8% | 4 | 1.6% |
| 广东省种子公司仓库 | 17 | 14 | 82.4% | 3 | 17.6% | 0 | 0 |
| 广州珠江啤酒股份有限公司仓库 | 46 | 31 | 67.4% | 15 | 32.6% | 0 | 0 |

* 黄胸鼠。

从表 1 可知仓库鼠类优势种为褐家鼠，其次为小家鼠。褐家鼠主要栖息于建筑物下层、下水道、沟渠、路旁河堤上，善于掘穴打洞。小家鼠多栖息于仓库的柜橱、箱盒、抽屉与杂物堆中，食性杂。较喜食各种种子，比较耐渴，取食较零碎，时断时续，场所不固定，日食量 1~3g。昼夜活动，清晨和黄昏各有一次活动高峰，多沿墙或家具近旁出没，食源丰富时，活动范围仅局限于数尺之内。根据小家鼠摄食频繁而每次取食量小的特点，投毒以多堆少量为宜，堆与堆之间不超过 5m。

### 2.2 鼠类摄食率调查

**表 2 灭鼠毒饵实验室测试结果**

| 毒饵名称 | 大鼠数量（只） | 毒饵消耗量（g） | 无毒基饵消耗量（g） | 摄食系数 | 级别 |
|---|---|---|---|---|---|
| 溴敌隆毒饵 | 10 | 272 | 513 | 0.53 | A |
| 敌鼠钠盐毒饵 | 10 | 219 | 532 | 0.41 | A |

## 2.3 控制鼠类效果

**表3 杀鼠毒饵现场灭鼠效果（清远市面粉厂）**

| 毒饵 | 灭前 | | | 灭后 | | | 灭鼠率（%） | 效正灭鼠率（%） | 级别 |
|------|------|------|------|------|------|------|------|------|------|
| | 布粉块数 | 阳性数（块） | 阳性率（%） | | | 阳性率（%） | | | |
| 敌鼠钠盐毒饵 | 517 | 182 | 35.20 | 503 | 18 | 3.58 | 89.83 | 90.34 | B |
| 溴敌隆毒饵 | 362 | 149 | 41.16 | 359 | 7 | 1.95 | 95.26 | 95.50 | B |
| 对照 | 150 | 74 | 49.33 | 156 | 81 | 51.92 | −5.25 | — | |

鼠密度（%）=阳性粉块数/有效粉块数×100

效正灭鼠率（%）=（试验区灭鼠率−对照区灭鼠率）/（1−对照区灭鼠率）×100

摄食系数 = 试验组毒饵消耗量/试验组对照（无毒基料）饵料消耗量

根据 NY/T1152—2006《农药登记用杀鼠剂防治家栖鼠类药效试验方法及评价》，摄食系数大于或等于0.3者，即达到A级要求；摄食系数小于0.3而大于或等于0.1者，即达到B级要求。从表2可知，溴敌隆毒饵及敌鼠钠盐毒饵实验室测试结果为，溴敌隆及敌鼠钠盐摄食系数为A级，符合农药登记要求；从表3可知现场校正死亡率敌鼠钠盐毒饵90.34%、溴敌隆毒饵95.50%，达到B级。

**表4 溴敌隆毒饵及粘鼠胶灭鼠效果**

| 杀鼠剂型 | 场地 | 死亡数（只） |
|------|------|------|
| 0.005%溴敌隆毒饵 | 清远面粉厂仓库 | 78 |
| 0.005%溴敌隆毒饵 | 广州市牛奶公司王圣堂仓库 | 56 |
| 0.005%溴敌隆毒饵 | 广州珠江啤酒股份有限公司麦芽仓库 | 3 |
| 0.005%溴敌隆毒饵 | 广州市南方面粉股份有限公司 | 39 |
| 粘鼠胶 | 广州市南方面粉股份有限公司 | 15 |

**表5 灭后鼠密度监测**

| 场所 | 灭后7天 | | 灭后28天 | | 灭后42天 | |
|------|------|------|------|------|------|------|
| | 鼠迹法阳性率（%） | 鼠密度（只/间） | 鼠迹法阳性率（%） | 鼠密度（只/间） | 鼠迹法阳性率（%） | 鼠密度（只/间） |
| 广州市牛奶公司王圣堂仓库 | 7 | 0 | 3 | 0 | 0 | 0 |
| 清远市面粉厂仓库 | 19 | 0 | 8 | 0 | 0 | 0 |
| 广东省种子公司仓库 | 5 | 0 | 2 | 0 | 0 | 0 |

从表4、表5可知，应用溴敌隆毒饵，灭鼠效果显著，在灭鼠后7天、28天及42天鼠密度监测为0，而2012年1月我们在广州市南方面粉股份有限公司办公室天花板及地面、北筒仓、南筒仓、三车间及四车间共放粘鼠79块，共粘有15只老鼠，分别为11只

小家鼠及 4 只褐家鼠，到目前为止仅发现 1 只老鼠，灭鼠率达 93.75%；2012 年 2 月我们在广州市南方面粉股份有限公司旧二仓至旧九仓外围、三四车间外围、北筒仓外围、饭堂外围、南筒仓外围及绿化带共放 295 处约 7.5kg 0.005% 溴敌隆毒饵，共杀灭 39 只老鼠，分别为 21 只小家鼠和 18 只褐家鼠，到目前为止仅发现 3 只老鼠，灭鼠率达 92.86%。此外，毒水毒糊灭鼠夏季仓库气温高且干燥，根据老鼠爱喝水的习性，用毒水进行诱杀。褐家鼠洞口诱杀效果明显。在老鼠洞口及其他必经之道涂以毒糊，根据老鼠四足有汗腺，若爪上粘有毒糊，必用口舐之的特性来毒死老鼠。在清远市面粉厂投放毒糊后，虽当天下大雨，但仍有 8 只褐家鼠死亡。

## 3 结果与讨论

3.1 仓库主要优势种为褐家鼠，其次为小家鼠，溴敌隆及敌鼠钠盐摄食系数为 A 级，其实毒饵具有较好的适口性，经现场试验毒杀效果为敌鼠钠盐毒饵 90.34%、溴敌隆毒饵 95.50%，溴敌隆灭效略高于敌鼠钠盐田。

3.2 化学灭鼠是仓库鼠类种群密度大时的一种快速有效的防治方法，在灭鼠中占有重要位置。但是长期使用，鼠类对灭鼠药剂会产生抗药性。因此建议常更换鼠药品种、剂型，根据鼠类生物特性对症下药，对鼠类进行综合治理。在食品生产场所应用粘鼠板，延缓鼠类对抗凝血灭鼠剂抗性产生及提高灭鼠效果。

3.3 无论化学灭鼠、生物灭鼠还是物理灭鼠，诱鼠剂对灭鼠效果的影响都很大。只有比仓库内食品对鼠类更具引诱力的诱鼠剂才可以达到诱鼠、灭鼠的目的。我们一般采甲乙酸乙酯、酵母粉、味精、白糖、食用醋、食用香精及酒等，按一定比例配制诱鼠效果好，而且不易变质，为今后商品化生产及推广应用打下了基础。

3.4 褐家鼠和小家鼠为家栖鼠，其一是多产，二是有惊人的繁殖力，小范围的鼠类大部分被消灭以后，残存的少数个体又能在短期内迅速恢复原来的种群，即使该范围种群全部被消灭，附近的鼠类也会迁移进来，不断繁殖而继续为害。显然一个地区不彻底灭鼠，或者小范围部分地区进行彻底的灭鼠工作，却会在短期（1a 左右）被鼠类的繁殖力和迁移能力所抵消。因此，必须不间断地开展大面积的巩固灭鼠活动，而且必须加强仓库防鼠，应用驱鼠剂引起驱避行为，减少鼠类取食与咬啮。仓库门最好使用铁门，若为木门不能有大于 10mm 的缝隙，门四周用 20~30cm 宽的金属皮包钉好在仓库窗口、排气扇安装处、通风口等处用孔径小于 10mm 的金属网盖住，进入仓库内的管道及电线四周不应留缝隙，并应套铁圈或钉铁皮防鼠，地面下水道口须有铁栅。只有这样才会真正做到减少仓库鼠类为害。

**参考文献**

[1] 曲宝泉，张奎卫，李凤霞，等. 敌鼠钠蜡饵农村家庭现场灭鼠效果观察 [J]. 预防医学论坛，2007，13（4）：335~336.

[2] 石杲，阎丙申. 中国鼠类及其防治概述 [J]. 医学动物防制，2003，19（11）：689~691.

[3] 张世炎，胡杰，梁练，等. 湛江地区黄胸鼠和褐家鼠对抗凝血剂的抗药性 [J]. 中国媒介生物学及控制杂志，2002，13（1）：61~68.

[4] NY/T1152-2006 农药登记用杀鼠剂防治家栖鼠类药效试验方法及评价 [S]. 北京：中国农业出版社，2006.

# 生物防治

# 两种剂型的井冈霉素药液在水稻叶面上的行为分析[*]

徐广春[**]　　顾中言[***]　　徐德进　　许小龙

（江苏省农业科学院植物保护研究所，南京　210014）

**摘　要**：为了提高井冈霉素药液在稻叶上的润湿性能及滞留量，本文测定了含有不同浓度杰效利的井冈霉素水剂和可溶性粉剂的药液在水稻叶面的润湿动态，并采用微量称重法测定喷雾过程中药液在不同倾角稻叶上的流失点和最大稳定持留量。结果表明，两种剂型的井冈霉素药液在水稻叶面上的行为趋势相似。当药液中杰效利的质量分数为 0.80% 和 1.60% 时，表面张力小于稻叶的临界表面张力，均能在稻叶上润湿展布，且后者在稻叶上完全展布所需的时间远小于前者，而流失点和最大稳定持留量均显著高于表面张力大于稻叶临界表面张力的水溶液和杰效利质量分数为 0、0.02% 的井冈霉素药液；同时稻叶倾角越小，流失点和最大稳定持留量越大。

**关键词**：井冈霉素；表面张力；接触角；流失点；最大稳定持留量

　　我国的水稻种植面积占粮食作物的 1/3，江苏省的水稻面积有 3 000 多万亩。病虫害的发生严重威胁着水稻的生产，每年因病、虫、草害造成的损失分别约为 10%、14% 和 11%，严重时可导致部分稻田绝收，而投入 1 元农药成本可以取得 8 ~ 10 元的经济效益（祁力钧等，2002）。水稻表面具有极强的拒水能力，因此，稻田喷洒农药利用率低，绝大多数药液以水珠的形式从稻叶上滚落到田水中，是污染水系的主要来源之一。据估计，农药喷施过程中从施药器械喷洒出去的农药只有 25% ~ 50% 能沉积在作物的叶片上，而起到杀虫作用的药剂不足 0.02% ~ 3%（Graham-Bryce，1977）。在药液中添加表面活性剂可以有效地降低药液的表面张力，降低药液与水稻表面的接触角，从而间接地提高稻田的农药利用率（胡美英等，1998；屠豫钦，1999）。实际上农药制剂中均含有一定量的表面活性剂，可绝大多数药剂的常规推荐剂量仍不能使它在水稻表面润湿展布（顾中言等，2002）。

　　一般植物叶面所能承载的药液量有一个饱和点，超过这一点，就会发生自动流失现象，发生流失后，药液在植物叶面上达到最大稳定持留量（袁会珠等，2000）。植物叶片上的最大稳定持留量与药液特性、叶片倾角、雾滴大小等因子有关（Haque 等，1992；Gaskin 等，2005；Mulle 等，2005；Zhang 等，2006；Yu 等，2009；Puente 等，2011；Shih 等，2011）。疏水型的植物如水稻、甘蓝、小麦等，如果药液的表面张力小于叶片的临界表面张力，其叶面持留量相对较少（顾中言等，2003）；液滴在亲水型植物的叶面形

---

* 基金项目：公益性行业（农业）科研专项（200903033）；国家自然科学基金项目（31101459）

** 作者简介：徐广春，男，硕士，主要从事农药应用技术研究，Tel：025 – 84390403；E-mail：xgc551@163.com

*** 通信作者：顾中言，Tel/Fax：025 – 84390403；E-mail：guzy@ jaas. ac. cn

成的接触角较小，如果再加表面活性剂会发生"径流"现象，导致药液流失，如添加表面活性剂能降低水溶液的表面张力，但也会降低在棉花、黄瓜叶片上的最大稳定持留量（Wolfgang 等，1991；袁会珠等，1998）。药液在稻叶上的持留稳定性与叶片的倾角密切相关。采用雾滴体积中径（VMD）149.4~233.7 $\mu m$ 雾滴进行试验，喷雾时毒死蜱药液在叶片倾角大的稻叶上的沉积量较多（朱金文等，2004）。氟虫腈药液经喷雾后，随着雾滴体积中径增大，药液在稻叶上的沉积量降低；施药液量少于 339L/hm$^2$ 时，药液在稻叶上的沉积效率较高，为 25.6%~28.1%，药液在稻叶上的最大稳定持留量约为 1.42$\mu l$/cm$^2$（朱金文等，2009）。有机硅是一种理想的表面活性剂，表面张力低，具有超级润湿和铺展性能等（陈铁等，2008）。在 10% 吡虫啉可湿性粉剂稀释 2 500 倍的药液中添加 Silwet408，药液的表面张力和其在小麦叶片上的接触角明显降低，雾滴在小麦叶片上扩展面积明显增大，从而提高对麦蚜的防效（邱占奎等，2006）。有研究表明农药的药效与药液在靶标上的润湿和最大稳定持留量相关，而持留能力与药液表面张力、药液在叶面上的接触角相关。药液喷洒到植物叶面后接触角的变化对于润湿铺展以及药效是关键（顾中言等，2004）。本文通过研究杰效利对井冈霉素液滴在稻叶上的润湿行为的影响，探讨表面活性剂、表面张力与水稻叶面之间的关系，以合理调节药液中的表面活性剂浓度和表面张力，提高药液在靶标上的最大稳定持留量，为提高农药利用率，减少农药使用量提供依据。

# 1 材料和方法

## 1.1 供试材料

采集新鲜水稻品种南粳 44 的倒 2 叶（穗期）进行试验。供试药剂为 5% 井冈霉素水剂（无锡市玉祁生物有限公司）；20% 井冈霉素水溶性粉剂（无锡市玉祁生物有限公司）；有机硅助剂杰效利（美国 GE 公司）。

## 1.2 供试仪器

接触角测量仪 JC2000C1B（上海中晨数字技术设备有限公司生产）；JZHY-180 型界面张力仪（承德大华试验机有限公司生产）；0~50$\mu l$ 微量注射器（上海高鸽工贸有限公司）；ED-H200 型电子天平（日本岛津）；WDY-500A 型面积测量仪（哈尔滨市光学仪器厂）。

## 1.3 试验方法

### 1.3.1 水稻叶面接触角的测定

当 1 滴液体的体积小于 6$\mu l$ 时，认为该液滴呈标准圆的一部分，重力对接触角的影响较小，误差可以忽略。在疏水界面上测量接触角时，通常采用 1~5$\mu l$ 的液滴，但考虑到雾滴体积太小，长时间后蒸发作用对液滴的形状影响较明显，故本实验中采用 5$\mu l$ 的液滴进行试验（杜文琴等，2007；庞红宇，2006）。

采集新鲜水稻叶片，不破坏叶面结构并使叶面保持自然状态，平整地固定在接触角测量仪的载物台上，然后用微量注射器分别注出体积为 5$\mu l$ 的液滴在水稻叶片上进行测量比较。

### 1.3.2 水稻叶片临界表面张力的参考基线

将不含表面活性剂的、不同表面张力的液体点滴在水稻叶片正反面上，表面张力大的液体在稻叶上的接触角大，表面张力小的液体接触角小，以接触角的$\cos\theta$对液体表面张力作图，得到接触角与表面张力的回归直线，直线外延至$\cos\theta=1$（即接触角为零）处，对应的液体表面张力值即为水稻叶的临界表面张力值（蒋庆哲等，2006）。

### 1.3.3 不同剂型井冈霉素药液表面张力的测定

用自来水分别将5%井冈霉素水剂和20%井冈霉素水溶性粉剂稀释成3.906 25mg/L、7.812 5 mg/L、15.625mg/L、31.25mg/L、62.5mg/L、125mg/L、250mg/L、500mg/L、1 000mg/L、2 000mg/L（有效成分含量，下同）等的药液，然后参照 GB/T 22237—2008 中的圆环拉起液膜法测定溶液的表面张力。

### 1.3.4 有机硅助剂杰效利临界胶束浓度的测定

用表面张力法测定溶液中表面活性剂的临界胶束浓度，按国家标准 GB5549—90 的方法，使用 JZHY-180 型界面张力仪进行测定，同一样品连续 3 次测得的表面张力值相差不超过 0.2 mN/m，将测定的不同浓度表面活性剂溶液的表面张力与对应的浓度对数作图，曲线转折点对应的表面活性剂浓度即为该表面活性剂的临界胶束浓度。

### 1.3.5 有机硅助剂杰效利对井冈霉素药液在水稻叶面上接触角和滞留量的影响

配制150mg/L（有效成分）的井冈霉素药液（推荐使用剂量），然后在药液中分别添加质量浓度为 0.02%，0.80%，1.60% 的杰效利，测定溶液的表面张力后，用微量注射器注出体积为 5μl 的液滴在水稻叶片正面，通过接触角测量仪观察液滴的行为。

自制30°、45°、60°的载物台，用双面胶把水稻叶片粘在载物台上，载物台通过铝合金连接杆与天平托盘相连，用玻璃罩把连接杆与喷雾器喷出的雾滴隔开，避免雾滴沉积在载物台、连接杆和天平内，确保电子天平读数准确反映沉积在水稻叶片上的雾滴重量。叶片放好后，用带压力表的卫士牌手动喷雾器（喷雾压力保持在 0.3MPa，喷孔直径为 2.2mm）开始喷雾，喷孔距离载物台约40cm，以降低吹出来的气流给载物台施加压力，喷雾过程中看到药液从叶片上开始滴淌时，记录此过程中天平的最大读数（g）；停止喷雾，待药液不再从叶片上流淌（天平显示数字稳定），记录天平读数（g）。测定叶片面积（cm²），然后分别根据公式（1）和（2）计算叶片的流失点 $POR$（mg/cm²）和最大稳定持留量 $R_m$（mg/cm²）。

$$流失点 = \frac{喷雾过程中天平的最大读数 \times 1\ 000}{叶片面积} \tag{1}$$

$$最大稳定持留量 = \frac{停止滴淌时的天平读数 \times 1\ 000}{叶片面积} \tag{2}$$

## 2 结果与分析

### 2.1 水稻叶片临界表面张力的参考基线

不同表面张力的液体在水稻叶面的接触角的 Zisman 图如图 1 所示。随着液体表面张力的增大，接触角逐渐变大，通过 Zisman 图法，分别获得稻叶正反面的表面张力与 $\cos\theta$ 的回归方程。稻叶正面的方程为 $y = -0.0444x + 2.3277$，将图1中的直线外延至 $\cos\theta = 1$ 处，求得水稻叶正面的临界表面张力为 29.90mN/m。因此，只要表面张力小于 29.90mN/m 的液体都能在水稻叶正面润湿展布。

### 2.2 井冈霉素药液表面张力与水稻叶面临界表面张力的关系

从表 1 可以看出，随着井冈霉素浓度的增加，表面张力逐渐变小，到达一定程度后，

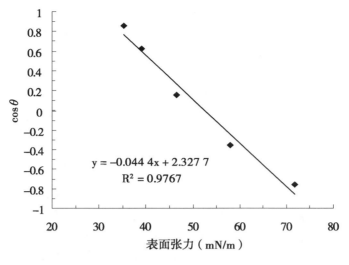

$$y = -0.044\ 4x + 2.327\ 7$$
$$R^2 = 0.9767$$

图1　稻叶正面的 Zisman 图

药液的表面张力基本不变，或变化幅度较小。井冈霉素水剂和可溶性粉剂（3. 906 25 ~ 2 000mg/L）的表面张力主要介于 44. 99 ~ 55. 38mN/m，均远远大于水稻的临界表面张力 29. 90mN/m，故会在水稻叶面上呈现不同的接触角，而不能完全润湿水稻叶。

表1　两种剂型的井冈霉素药液不同浓度下的表面张力

| 药剂的浓度（mg/L） | 水剂（mN/m） | 可溶性粉剂（mN/m） |
| --- | --- | --- |
| 3. 906 25 | 48. 82 | 55. 38 |
| 7. 812 5 | 47. 79 | 52. 92 |
| 15. 625 | 47. 82 | 51. 06 |
| 31. 25 | 47. 74 | 47. 54 |
| 62. 5 | 47. 74 | 46. 88 |
| 125 | 47. 82 | 45. 22 |
| 150 | 47. 52 | 45. 08 |
| 250 | 47. 28 | 45. 05 |
| 500 | 47. 85 | 44. 99 |
| 1 000 | 46. 68 | 45. 16 |
| 2 000 | 46. 79 | 45. 02 |

### 2. 3　有机硅助剂水溶液表面张力的测定及临界胶束浓度的测定

有机硅助剂的浓度对数与对应表面张力值的关系如图2所示。从图2中可以看出，溶液中有机硅浓度为大于等于4mg/L时，所对应的表面张力为小于等于29. 44mN/m，均低于水稻叶的临界表面张力值 29. 90mN/m；有机硅表面活性剂的临界胶束浓度为 78. 49mg/L，此浓度所对应的表面张力为 20. 7mN/m。

### 2. 4　两种剂型的井冈霉素推荐剂量下的液滴在稻叶正面的行为动态

从图3中可以看出，井冈霉素水剂和可溶性粉剂在推荐剂量下的液滴与水在稻叶正面的行为很相似，均呈球形，200s 时间内的变化幅度较小。水滴从滴下瞬间至 200s 的时间

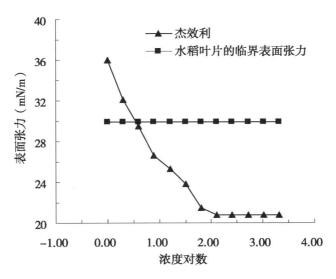

图2 有机硅助剂杰效利浓度对数与表面张力的关系

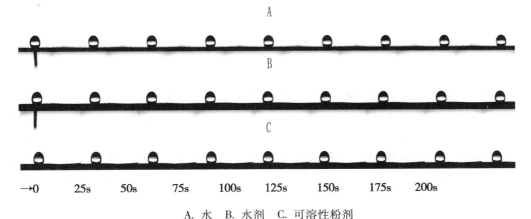

A. 水  B. 水剂  C. 可溶性粉剂

图3 井冈霉素推荐剂量下的液滴及水滴在稻叶正面的行为动态

内，接触角由 142.7° 减小为 139.5°；井冈霉素水剂的接触角则分别从 135.5° 减小为 128.6°；可溶性粉剂在稻叶正面的接触角则从 134.2° 减小为 126.7°。

### 2.5 有机硅助剂杰效利对两种剂型的井冈霉素药液在稻叶面润湿动态的影响

从表2可以看出，井冈霉素水剂和可溶性粉剂的药滴中杰效利的含量越高，药滴越容易润湿水稻叶片。井冈霉素药液中添加质量分数为 0.02% 的杰效利后，表面张力由原来的 46.53mN/m 和 45.08mN/m（表1）分别减小到 36.42mN/m 和 33.14mN/m（表2），且都大于稻叶的临界表面张力 29.90mN/m，经过 200s 后仍不能完全润湿稻叶，在稻叶上分别形成了 31.25° 和 21.75° 的接触角。当井冈霉素药液中杰效利的质量分数为 0.80% 和 1.60% 时，其药液的表面张力接近或小于稻叶的临界表面张力，经过 200s 后均能完全润湿稻叶，且杰效利含量为 1.60% 的药滴完全润湿稻叶的时间小于含量为 0.80% 的药滴。

表2 不同浓度杰效利对井冈霉素药滴在稻叶正面润湿动态的影响

| 时间<br>（s） | 接触角（°） | | | | | |
| --- | --- | --- | --- | --- | --- | --- |
| | 水剂 | | | 可溶性粉剂 | | |
| | 杰效利的质量分数 | | | 杰效利的质量分数 | | |
| | 0.02% | 0.80% | 1.60% | 0.02% | 0.80% | 1.60% |
| 0 | 180 | 180 | 180 | 180 | 180 | 180 |
| →0 | ≥81.15 | ≥84.17 | ≥28.38 | ≥94.68 | ≥100.60 | ≥60.33 |
| 20 | 41.93 | 57.57 | 0 | 40.52 | 49.12 | 9.639 |
| 40 | 37.22 | 38.04 | 0 | 31.80 | 23.31 | 0 |
| 60 | 35.63 | 27.35 | 0 | 27.26 | 11.66 | 0 |
| 80 | 35.15 | 21.23 | 0 | 25.44 | 8.509 | 0 |
| 100 | 34.45 | 16.32 | 0 | 24.97 | 3.980 | 0 |
| 120 | 34.12 | 11.98 | 0 | 24.33 | 0 | 0 |
| 140 | 33.36 | 9.481 | 0 | 23.96 | 0 | 0 |
| 160 | 33.32 | 7.391 | 0 | 23.40 | 0 | 0 |
| 180 | 32.15 | 0 | 0 | 22.20 | 0 | 0 |
| 200 | 32.15 | 0 | 0 | 21.75 | 0 | 0 |

## 2.6 水稻叶片在喷雾过程中的流失点和最大稳定持留量

采用微量称重装置测定不同浓度杰效利对井冈霉素水剂和可溶性粉剂药液的流失点和最大稳定持留量的影响过程中所获得的结论较为相似（表3）。在两种剂型推荐剂量的药液中分别添加质量分数为0和0.02%的杰效利，药液的流失点和最大稳定持留量均与水的流失点和最大稳定持留量之间无显著差异；当杰效利的质量分数为0.80%和1.60%时，两种剂型的药液流失点和最大稳定持留量均显著高于水和杰效利质量分数为0、0.02%药液的流失点和最大稳定持留量。

表3 杰效利对井冈霉素水剂和可溶性粉剂的药液在稻叶上的流失点和最大稳定持留量

| 处理 | 杰效利添加量（%） | 表面张力（mN/m） | 流失点（mg/cm²） | | | 最大稳定持留量（mg/cm²） | | |
| --- | --- | --- | --- | --- | --- | --- | --- | --- |
| | | | 30° | 45° | 60° | 30° | 45° | 60° |
| 水剂<br>150mg/L | 0 | 46.53 | 6.74±0.44 c | 5.92±1.32 b | 4.28±0.53 d | 4.31±0.68 b | 2.59±1.01 b | 2.46±0.38 b |
| | 0.02 | 36.42 | 8.02±2.10 c | 5.22±0.43 b | 5.13±0.27 c | 5.29±0.97 b | 3.58±0.68 b | 2.49±0.17 b |
| | 0.80 | 22.88 | 15.28±1.07 a | 12.28±2.94 a | 12.21±0.35 a | 7.10±1.83 a | 6.82±3.46 a | 5.04±0.77 a |
| | 1.60 | 21.31 | 11.15±1.35 b | 10.32±1.69 a | 9.44±1.11 b | 7.11±0.36 a | 6.65±0.52 a | 5.33±0.86 a |
| 水 | 0 | 71.80 | 7.39±1.21 c | 6.08±0.45 b | 4.81±0.34 cd | 4.12±0.22 b | 1.94±0.47 b | 1.49±0.07 c |
| 可溶性粉剂<br>150mg/L | 0 | 45.08 | 6.75±0.47 c | 5.93±1.31 b | 4.46±0.44 cd | 4.33±0.68 b | 2.71±0.90 b | 2.52±0.37 b |
| | 0.02 | 33.14 | 7.91±1.95 c | 5.28±0.56 b | 5.15±0.22 c | 5.25±0.84 b | 3.61±0.66 b | 2.59±0.09 b |
| | 0.80 | 22.69 | 15.52±1.23 a | 12.41±2.91 a | 12.58±0.32a | 7.23±1.98 a | 6.61±0.83 a | 5.40±0.42 a |
| | 1.60 | 20.99 | 11.06±0.41 b | 10.09±1.86 a | 9.43±1.05 b | 6.91±0.51 a | 6.04±0.36 a | 5.43±0.52 a |

注：数字后的小写字母表示每一列在 $P=0.05$ 水平上的差异显著性。

用自制的微量称重装置测定药液在不同倾角的水稻叶片上的流失点和最大稳定持留量

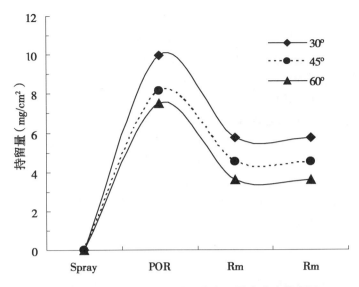

图 4    不同倾角水稻叶片上的流失点和最大稳定持留量

（将上述试验各角度的流失点和最大稳定持留量进行平均后作图，如图 4 所示），发现叶片倾角小，沉积在叶面上的液滴发生滚动和流淌的作用小，流失点和最大稳定持留量就大；反之，流失点和最大稳定持留量就小。

## 3　讨论

水稻叶片表层具有一层蜡质，其临界表面张力为 29.90mN/m，远低于 100mN/m[17]，属于低能表面。采用常规大容量喷雾法施药，喷雾药液的表面张力常远远高于水稻的临界表面张力，导致喷出的雾滴不能很好地在稻叶上润湿展布，本试验中井冈霉素两种剂型在稻叶上形成的接触角分别为 128.6° 和 126.7°，药液的润湿性能较差。表面活性剂能够改变药液的表面张力，试验中通过添加 3 种不同浓度的杰效利，使得井冈霉素药液表面张力均有不同程度地下降，最终导致药液的润湿性能存在差异。当杰效利的添加量为 0.02% 时，药液中的表面活性剂未达到临界胶束浓度，且大于稻叶的临界表面张力，故其润湿性能比井冈霉素推荐剂量下的药液要好，其在稻叶上形成的接触角为 31.25° 和 21.75°；添加量为 0.08% 时，药液中的表面活性剂接近临界胶束浓度且小于稻叶临界表面张力，在药液接触稻叶后的 160～180s（水剂）和 100～120s（可溶性粉剂）的时间内完全润湿稻叶；添加量为 1.60% 时，药液中的表面活性剂大于临界胶束浓度且小于稻叶临界表面张力，在药液接触稻叶后的 0～20s（水剂）和 0～40s（可溶性粉剂）的时间内完全润湿稻叶。这就表明药液中表面活性剂达到临界胶束浓度，且小于作物叶片的临界表面张力，就能够迅速地被叶片持留且很好地润湿，但是否就表明药液中表面活性剂达到临界胶束浓度后，浓度越高，完全润湿的时间越短，还有待进一步研究。

作物叶面所能承载的药液量有一个饱和点，超过这一点，就会发生自动流失现象。田间大容量喷雾时，由于药滴表面张力大，彼此间相互吸引，形成大的药滴，加上喷雾过程中农药雾滴在叶片上重复沉积，很容易发生药液的流失，由于惯性作用导致叶片上药液持留量迅速下降，最终达到最大稳定持留量，其在数值上小于流失点；同时植株叶片倾角越小，流失点和最大稳定持留量越大，这与袁会珠等的研究结论一致。试验中，杰效利质量分数为 0.80% 和 1.60% 时，药液的最大稳定持留量均显著高于水和杰效利质量分数为 0、0.02% 药液。这是因为表面活性剂浓度低于临界胶束浓度时，表面活性剂单分子定向吸附在界面上，使界面达到饱和吸附；当表面活性剂浓度大于临界胶束浓度时，此时药液内部形成了胶束，浓度增加导致胶束解离为单分子的速度变慢，阻碍形成胶束的带支链的或亲水基在中间的表面活性剂，就能增加单分子状态吸附到界面上去，从而提高持留量。杰效利质量分数为 0.80% 和 1.60% 的井冈霉素药液流失点和最大稳定持留量虽然统计上基本上无差异显著性，但在数值上前者多大于后者，这说明表面活性剂在达到临界胶束浓度后，浓度与流失点和最大稳定持留量并非线性增大。因此，合理确定药液中表面活性剂的浓度，有利于提高药液在作物叶片上的最大稳定持留量，在减少农药用量的同时，提高对靶标有害生物的防治效果。

## 参考文献

[1] 陈轶，吕劳富. 有机硅表面活性剂在农药喷雾中的减药节水试验初报 [J]. 植物保护，2008，34 (3)：147-149.

[2] 杜文琴，巫莹柱. 接触角测量的量高法和量角法的比较 [J]. 纺织学报，2007，28 (7)：29-32.

[3] 顾中言，许小龙，韩丽娟. 一些药液难在水稻、小麦和甘蓝表面润湿展布的原因分析 [J]. 农药学学报，2002，4 (2)：75-80.

[4] 顾中言，许小龙，韩丽娟. 作物叶片持液量与溶液表面张力的关系 [J]. 江苏农业学报，2003，19 (2)：92-95.

[5] 顾中言，许小龙，韩丽娟. 不同表面张力的杀虫单微乳剂药滴在水稻叶面的行为特性 [J]. 中国水稻科学，2004，18 (2)：176-180.

[6] 胡美英，黄炳球，肖整玉，等. 表面活性剂对杀虫剂的增效机制及药效研究 [J]. 华南农业大学学报，1998，19 (3)：41-46.

[7] 蒋庆哲，宋昭峥，赵密福，等. 表面活性剂科学与应用 [M]. 北京：中国石化出版社，2006：193-221.

[8] 庞红宇. 几种农药助剂溶液在靶标上的润湿性研究 [D]. 北京：中国农业大学，2006.

[9] 祁力钧，傅泽田，史岩. 化学农药施用技术与粮食安全 [J]. 农业工程学报，2002，18 (6)：203-206.

[10] 邱占奎，袁会珠，李永平，等 添加有机硅表面活性剂对低容量喷雾防治小麦蚜虫的影响 [J]. 植物保护，2006，32 (2)：34-37.

[11] 屠豫钦. 农药剂型和制剂与农药的剂量转移 [J]. 农药学报，1999，1 (1)：126.

[12] 袁会珠，齐淑华. 植物叶片对药液的最大承载能力初探 [J]. 植物保护学报，1998，25 (1)：95-96.

[13] 袁会珠，齐淑华，杨代斌. 药液在作物叶片的流失点和最大稳定持留量研究 [J]. 农药学学报，2000，2 (4)：66-71.

[14] 朱金文，吴慧明，孙立峰，等. 叶片倾角、雾滴大小与施药液量对毒死蜱在水稻植株沉积的影响 [J]. 植物保护学报，2004，31 (3)：260-263.

[15] 朱金文，周国军，曹亚波，等. 氟虫腈药液在水稻叶片上的沉积特性研究 [J]. 农药学学报，2009，11 (2)：250-254.

[16] Gaskin R E, Steele K D, Forster W A. Characterising plant surfaces for spray adhesion and retention [J].

New Zealand Plant Protection, 2005, 58: 179 – 183.

[17] Graham-Bryce I J. Crop protection: a consideration of the effectiveness and disadvantages of current methods and of the scope for improvement [J]. Philos Trans R Soc London B, 1977, 281: 163 – 179.

[18] Haque M M, Mackill D J, Ingram K T. Inheritance of leaf epicuticular wax content in rice [J]. Crop Science, 1992, 32 (4): 865 – 868.

[19] Muller C, Riederer M. Plant surface properties in chemical ecology [J]. Journal of Chemical Ecology, 2005, 31 (11): 2 621 – 2 651.

[20] Puente D W M, Baur P. Wettability of soybean (*Glycine max* L.) leaves by foliar sprays with respect to developmental changes [J]. Pest Management Science, 2011, 67: 798 – 806.

[21] Shih F F, Daigle K W, Champagne E T. Effect of rice wax on water vapour permeability and sorption properties of edible pullulan films [J]. Food Chemistry, 2011, 127: 118 – 121.

[22] Wolfgang W, Storp S, Jacobsen W. Mechanisms controlling leaf retention of agricultural spray solutions [J]. Pesticide Science, 1991, 33: 411 – 420.

[23] Yu Y, Zhu H, Frantz J M, Reding M E, et al. Evaporation and coverage area of pesticide droplets on hairy and waxy leaves [J]. Biosystems Engineering, 2009, 104: 324 – 334.

[24] Zhang Y, Zhang G Y, Han F. The spreading and superspeading behavior of new glucosamide-based trisiloxane surfactants on hydrophobic foliage [J]. Colloids and Surfaces A: Physicochemical and Engineering Aspects, 2006, 276: 100 – 106.

# 防治水稻细菌性病害的生物
# 杀菌剂"叶斑宁"的研发[*]

陈志谊[**]　张荣胜　刘永锋　陆　凡

（江苏省农业科学院植物保护研究所，南京　210014）

**摘　要：** 筛选获得一种防治水稻细菌性病害的解淀粉芽孢杆菌（*Bacillus amyloliquefaciens*）生防菌 Lx-11，研制开发成生物杀菌剂"60 亿活芽孢/ml 解淀粉芽孢杆菌"（商品名：叶斑宁）。生防菌株 Lx-11 对水稻多种病原菌均有较强的抑制作用。60 亿活芽孢/ml 解淀粉芽孢杆菌 Lx-11 水剂对水稻白叶枯病菌的 $EC_{50}$ 为 $9.96 \times 10^5$ cfu/ml；对细菌性条斑病菌的 $EC_{50}$ 为 $1.85 \times 10^6$ cfu/ml。经江苏省疾病预防控制中心检验报告：生防菌 Lx-11 属微毒农药。发现 Lx-11 菌株防治水稻细菌性条斑病主要作用机理是分泌 surfactin 类抗菌物质和诱导水稻 ISR 效应。采用响应曲面法对影响生防菌株 Lx-11 发酵培养条件进行了优化，优化后的培养条件其菌含量和抑菌活性提高了 184% 和 30.2%。在泗阳县建立示范区，示范推广生物杀菌剂"叶斑宁"防治水稻细菌性条斑病，2009 ~ 2011 年 3 年累计推广面积 6.32 万亩，防治效果平均在 60% ~ 72.5%。

**关键词：** 解淀粉芽孢杆菌；生防菌 Lx-11；水稻细菌性病害；生物防治；控病机理

水稻细菌性病害（白叶枯病和条斑病）是我国水稻生产上的一类重要病害。目前，两种病害常年发生面积在 8 000 万亩以上，造成水稻产量损失达 10% ~ 20%，严重时达 50% 以上，甚至绝产。根据近年来对我国长江中下游地区白叶枯病和条斑病发生趋势预测，水稻白叶枯病和条斑病在粳稻上已处于暴发的临界期，预计未来几年这两种细菌病害在我国的发生面积将进一步扩大，并将再次成为我国水稻生产安全的重要隐患之一。

目前水稻生产上细菌性病害的防治依赖于化学药剂噻枯唑（叶枯宁、叶枯唑）。该药剂已使用近 20 年，病原菌已产生抗药性，噻枯唑的每亩使用量越来越大，并且防效仅有 50% ~ 60%。因此，有必要研究新的防治策略，开发控制水稻细菌性病害的新药剂。

江苏省农业科学院植保所筛选获得的一种解淀粉芽孢杆菌（*Bacillus amyloliquefaciens*）生防菌 Lx-11，研制开发成生物杀菌剂"60 亿活芽孢/ml 解淀粉芽孢杆菌"（商品名：叶斑宁）。研究进展如下：

## 1　解淀粉芽孢杆菌生防菌 **Lx-11** 的抑菌谱

解淀粉芽孢杆菌生防菌株（Lx-11）对水稻多种病原菌均有较强的抑制作用，且抑菌能力与生防菌发酵液的菌含量成正相关。

## 2　解淀粉芽孢杆菌生防菌 **Lx-11** 的室内生物活性和毒性测定

60 亿活芽孢/ml 解淀粉芽孢杆菌 Lx-11 水剂对水稻白叶枯病菌的 $EC_{50}$ 为 $9.96 \times 10^5$ cfu/ml；

　＊　基金项目：江苏省农业科技自主创新资金项目（CX（11）2045）

　＊＊　通讯作者：陈志谊，研究员，主要从事植物病害的生物防治研究；E-mail：chzy@ jaas. ac. cn

是田间推荐使用浓度（$6 \times 10^7$ cfu/ml）是其 $EC_{50}$ 的 60.2 倍。

表1　解淀粉芽孢杆菌生防菌株（Lx-11）对水稻多种病原菌的抑制作用

| 水稻病害 | 病原菌 | 抑菌率（%） | |
| --- | --- | --- | --- |
| | | 原液 | 1∶100 |
| 细菌性条斑病 | *Xanthomonas campestris* pv. *Oryzicola* | 100 | 85.6 |
| 白叶枯病 | *Xanthomonas campestris* pv. *Oryzae* | 100 | 78.9 |
| 纹枯病 | *Rhizoctonia solani* | 95.4 | 88.9 |
| 稻曲病 | *Ustilaginoidea virens* | 100 | 100 |
| 稻瘟病 | *Pyricularia grisea* | 100 | 74 |
| 恶苗病 | *Fusarium monitiforme* | 87.6 | 76.4 |

60 亿活芽孢/ml 解淀粉芽孢杆菌 Lx-11 水剂对细菌性条斑病菌的 $EC_{50}$ 为 $1.85 \times 10^6$ cfu/ml；是田间推荐使用浓度（$6 \times 10^7$ cfu/ml）是其 $EC_{50}$ 的 32.43 倍。

根据江苏省疾病预防控制中心检验报告，解淀粉芽孢杆菌生防菌 Lx-11 属微毒农药。

家兔皮肤刺激反应积分均值为 0，属无刺激性；眼刺激反应积分指数为 2，眼刺激平均指数 48h 为 0，属无刺激性；致敏率为 0，属弱致敏物。

大鼠经口毒性雌雄均大于 5 000（mg/kg b. wt.）；经皮毒性雌雄均大于 2 000（mg/kg b. wt.）；吸入毒性雌雄均大于 2 000（mg/kg b. wt.）。

## 3　解淀粉芽孢杆菌生防菌 Lx-11 防治水稻细菌性病害的作用机理

通过基质协助激光解吸附离子化-飞行时间质谱（MALDI-TOF-MS）对 Lx-11 分泌的脂肽类抗生素进行检测，发现其分泌的脂肽类抗生素种类主要包括 surfactin，bacillomycin D 和 fengycin 三大类。大多数研究表明，surfactin 能够在拟南芥根部抑制革兰氏阴性菌的生长。我们构建 surfactin 突变体菌株（Lx-11Δ*srfA*），发现突变体菌株盆栽防效与野生型菌株相比下降了 50% 左右，因此，认为 surfactin 类物质在防治水稻细菌性条斑病中起主要作用。

测定了水稻（金刚 30）植株中 3 个防卫反应基因 *PR-1a*、*PR-1b* 和 *PAL* 和 1 个转导基因 *NPR*1 的表达情况。RT-PCR 结果显示喷施野生型 Lx-11 后，8h 即可检测到植株体内 *PR-1a* 和 *PR-1b* 的表达，在 24h 时达到最大值，随后表达量有所降低。与突变体菌株相比，野生型菌株处理植株后 *PAL* 基因的表达水平显著提高。野生型菌株喷施 24h 后植株体内 *PAL* 基因表达量最大，是 CK 和突变体菌株处理的 7.3 倍和 3.8 倍。野生型菌株诱导 *NPR*1 基因的表达水平是 CK 和突变体菌株处理的 4.2 倍和 2.1 倍。由此可见，突变体菌株 surfactin 功能的丧失导致了诱导水稻体内防卫反应基因表达水平的降低。

我们发现 Lx-11 菌株防治水稻细菌性条斑病主要作用机理是分泌 surfactin 类抗菌物质和诱导水稻 ISR 效应。

## 4　解淀粉芽孢杆菌 Lx-11 发酵生产工艺及其中试生产

通过 Plackett-Burman 试验设计及 Box-Behnken 设计的响应曲面法（response surface methodology，RSM）对影响生防菌株 Lx-11 发酵培养条件进行了优化。试验结果表明，培养温度、通气量和接种量是影响发酵活菌数和抑菌活性的主要因子，由所得响应曲面方程预测出这 3 个主要因子分别为 30.84 ℃ 、59.68ml/250ml 和 1.52% 时，在初始 pH 值 7.0，150r/min 培养时间为 48h 时发酵活菌数和抑菌带宽的最大预测值为 $3.85 \times 10^9$ cfu/ml 和 8.4mm。以预测最优发酵培养条件和初始发酵培养条件分别进行摇瓶发酵试验，结果表明，初始发酵培养条件和优化后两种方式发酵菌含量和抑菌活性实测值与模型预测值在 $\alpha = 0.05$ 水平上均无显著差异，验证了该模型具有较高的拟合度；优化后的培养基与基础发酵培养基相比，其菌含量和抑菌活性提高了 184% 和 30.2%，显示了较好的优化效果。

## 5 生物杀菌剂"叶斑宁"的示范推广

在泗阳县建立示范区，示范推广生物杀菌剂"叶斑宁"防治水稻细菌性条斑病，2009～2011 年 3 年累计推广面积 6.32 万亩，防治效果平均在 60%～72.5%，生物杀菌剂"叶斑宁"深受广大农民欢迎。本研究通过有针对性地大量引进解淀粉芽孢杆菌生防菌 Lx-11，操纵调节稻田生态环境中微生物群落合理分布，恶化病原菌生存环境，有效利用自然和生态的控害作用，达到可持续地控制水稻细菌性病害的流行和暴发的目的，产生了良好的社会、经济和生态效益。

表 2　2011 年在泗阳使用生物杀菌剂 Lx-11 防治水稻条斑病示范试验结果

| 处理 | 地点 | 喷雾生防菌 | CK |
|---|---|---|---|
| 用药前病指 | 李口镇 | 11.1 | 10.2 |
| | 众兴镇 | 7.8 | 8.8 |
| | 卢集镇 | 7.6 | 7.5 |
| 平均数 | | 8.8 | 8.8 |
| 用药后 15 天病指 | 李口镇 | 28.2 | 68.3 |
| | 众兴镇 | 25.6 | 65.9 |
| | 卢集镇 | 23.5 | 70.5 |
| 平均数 | | 25.8 | 68.3 |
| 相对防效（%） | | 71.7 | |

## 参考文献

[1] 陈志谊，聂亚峰，张荣胜，等.江苏省水稻品种细菌性条斑病抗性评价与病原菌植致病力分化.植物保护学报，2009，36（4）：315-318.

[2] 张荣胜，陈志谊，刘永锋，等.水稻细菌性条斑病菌遗传多样性和致病型分化研究.中国水稻科学，2011，25（5）：523-528.

[3] 张荣胜，刘永锋，陈志谊，等.水稻细菌性条斑病菌拮抗细菌的筛选、评价与应用研究.中国生物防治，2011，27（4）：510-514.

[4] 张荣胜，陈志谊，刘永锋，等.细菌性条斑病菌致病力分化及其对水稻幼苗和成株的致病力差异.江苏农业学报，2011，27（5）：996-999.

[5] 张荣胜，刘永锋，梁雪杰，等.解淀粉芽孢杆菌 Lx-11 生物发酵工艺优化.中国生物防治，已接受，待刊出.

[6] 于俊杰，陈志谊，刘永锋，等.江苏水稻白叶枯病菌致病型的检测.江苏农业学报，2011，27（5）：1 151-11 153.

[7] Rongsheng Zhang, Yongfeng Liu, Chuping Luo, et al. *Baillus amyloliquefaciens* Lx-11——A potential Biocontrol agent against Rice Bacterial Leaf Streak. Journal of Plant Pathology（accepted）.

# 商陆农用生物活性物质的研究与应用进展[*]

丁丽娟[**]　丁　伟[***]　张永强

（西南大学植物保护学院，重庆　400716）

**摘　要**：通过对商陆的分布分类、化学成分、农用生物活性、安全性和可行性等方面的研究进展进行论述，提出了商陆作为一种新的植物源农药应用于农业领域中的前景，同时简要概述了商陆的杀虫、杀菌、杀螨活性、化感作用及商陆在有害生物防治中的可能用途和经济可行性。

**关键词**：商陆；农用生物活性；应用

商陆为商陆科多年生亚灌木状草本植物，多数以其干燥根入药，其主要成分为皂甙、商陆碱、商陆素及硝酸钾。商陆原生长于亚马逊雨林，后分布于美洲、加勒比、非洲、斯里兰卡等地方。因其具有镇静作用，故而被古时的奴隶称为"使主人镇静"的神药。现商陆广泛应用于病原学、风湿病学和肿瘤学等领域；商陆除作为中草药外，也可用于生物防治（Gomes 等，2005）。由于商陆根含有商陆毒素，故而其浸出液对蚜虫具有一定的防治效果。另外，商陆鲜茎叶中含有氮、磷、钾等营养元素，这些元素随生长期的不同而略有差异，因而商陆具有很好的肥效，将商陆用作绿肥，既可以缓解钾肥紧缺，又可以增加土壤有机质的含量，同时也是提高土壤肥力的有效途径之一（余德等，2010）。但是目前关于商陆的研究和开发还是主要集中于医药方面，关于其在农业方面的应用报道还是相对较少。

## 1　商陆的理化性质及种类分布

### 1.1　商陆的地理分布及种类

#### 1.1.1　商陆的分布

商陆属（*Phytolacca*）是商陆科中唯一一个世界性分布的属，其种的分布多为特有分布。商陆属植物约 35 种，分布于热带至温带地区，绝大部分产于南美洲，少数产于非洲和亚洲，我国仅有 4 种，其中，垂序商陆（*Phytolacca americana* L.）是现在世界上分布最广的商陆属植物，在各个大陆都有分布（郑宏春等，2002）。

商陆属分布模式的一个重要特点，就是多数种为一个地区所特有，不同的种分布在不

* 基金项目：科技部农业科技成果转化基金项目（2010GB2F100388）；教育部博士点新教师基金项目（20100182120021）

** 第一作者：丁丽娟，女，硕士，从事天然产物农药的研发；Tel.：02368250218，E-mail：happygirl010@163.com

*** 通讯作者：丁伟（1966—），教授，主要从事天然产物农药方面的研究；E-mail：dwing818@163.com

同的地区，故而作为该区所特有的种。依据 Stace（1980）的观点，商陆属有 20 个种分布于美洲，占所有种总数的 69%，且有该属 3 个进化阶段的两个，因而可以认为美洲中南部为该属的分布和分化中心；同时，由于亚洲也具有 3 个进化阶段中的两个，故而可以将亚洲作为商陆属的次级分化中心。商陆属在分布上除了澳大利亚的种为外来种以外，其他大陆都有其分布，加之其具有离生多心皮，因此，说明商陆属是一个比较古老的属。另外，商陆属大量的种都是特有种，这一点又说明该属的分化是比较晚的。

商陆在我国的分布也比较广泛。除东北、内蒙古、青海、新疆外，在我国大部分地区都有分布。因其生活力强，对土质要求不严，喜生于土层深厚、湿润、疏松、土壤肥沃、气候温暖湿润的地方，加之其在土层厚、湿润疏松的环境中长势更好，故而商陆多野生于村旁、山坡、林下、林缘、路旁及土壤阴湿肥沃的环境中，在房前屋后与田园也可见栽培或逸生。目前商陆在我国主产于河南、湖北、安徽、陕西等地区，另外，在朝鲜、日本、印度等也有分布（赵洪新等，2001）。

### 1.1.2　商陆的分类

商陆属植物在我国有 4 个种（即商陆 *Phytolacca acinosa* Roxb、垂序商陆 *Phytolacca americana* L.、多雄蕊商陆 *Phytolacca polyandra* Batalin 和日本商陆 *Phytolacca japonica* Makino）和 1 个变种，并以垂序商陆分布广泛、资源丰富（周国海等，2004）。其中，商陆（别名野萝卜、见肿消、土人参等）和垂序商陆（别名美商陆、美洲商陆、十蕊商陆等）均为历版《中国药典》收载的中药"商陆"的原植物（杨柯等，2003）。

商陆属在被子植物中是一个比较小的属，由于该属长期以来缺乏系统的研究，因而在种的划分以及形态描述上都比较粗糙。目前商陆属只有两种比较完善的分类系统，其中一个分类系统是由 Hans Walter 在 1909 年提出的。这是一个相对比较详细的分类系统，该系统以植物心皮的合生程度来划分，共分为 3 个亚属。第一个亚属是以心皮在花期完全离生，果实由分离的小浆果组成来分的，共包括 8 个种，且被分成 2 个组；第二个亚属则以心皮在花期基部合生而从上部分离来区分的，共包含 6 个种，被分成 2 个组；第三个亚属是以心皮在花期中完全合生来分的，共包含 15 个种，也被分为 2 个组。其中，离心生皮和合生心皮是比较容易区别的，但半合生心皮比较难区分。尽管该系统在分类特征上还存在一些问题，但目前它仍然是比较完整的，也是唯一较容易使用的一个。另外一个分类系统是 Heimerl（1934）提出的，以植物是单性花还是两性花为特征，从而分出 2 个亚属的一类分类系统，这类系统的分类相对于 Walter 的分类系统较为粗略，在进行亚属的分类时也没有沿用 Walter 的系统，该系统指出商陆属中已被描述的大约有 35 种，但并没有对种的分类进行修订。总的来说，关于商陆属分类的研究比较重要的是 Hans Walter（1909）的商陆科专著，这本专著虽然受到当时科学水平的限制，有很多问题还没有得到研究，但已经是目前为止一个对该属的分类处理较为细致的分类系统了（郑宏春等，2002）。

## 1.2　商陆的化学成分

商陆的主要有效成分包括多种皂甙、商陆碱、商陆素及硝酸钾等。自 1949 年 Ahmed 等报道了垂序商陆具有的毒性成分以来，商陆的化学成分得到了深入研究，大致分为水溶性成分、脂溶性成分、蛋白多肽类成分及其他成分 4 类。水溶性成分包括多种具生理活性的三萜皂苷（Esculentoside，简称 ES）及其配糖体，这两种成分在多药商陆（*Phytolacca* polyandra Batalin. ) 中的含量较高，达 6.24%；还包括两种酸性杂多糖，即商陆多糖 I 和 II（*Phytolacca esculenta* polysaccharide- I、II，简称 PEP-I 和 PEP-II），它们在商陆（*Phytolacca acinosa* Roxb. ）中的含量最高，达 10.57%；另外，浆果中富含的红色素甜菜苷也是一种水溶性成分。脂溶性成分主要是棕榈酸十四酯、油酸乙酯、亚油酸-2-单甘油酯等 8 种成分。蛋白多肽类成分包括分子量大、组分较复杂的商陆素（PWM）以及从垂序商陆不同组织或不同生长阶段分离得到的一系列商陆抗病毒蛋白（Pokeweed antiviral proteins，PAP）和单多肽链抗真菌蛋白（PAFP-R$_1$ 和 PAFP-R$_2$）。另外，商陆还含有铁、铜、锌、硒等多种人体所必需的微量元素及微量的组织胺、γ-氨基丁酸等其他成分（杨柯等，2003）。

商陆化学成分的研究是从研究其毒性开始的。1964 年 Stout 等从垂序商陆中分离得到了商陆毒素（Phytolaccatoxin）；1971 年 Bvrke 等从垂序商陆的种子中分离得到了 3-乙酰齐墩果酸（3-acetyloleanolic acid）；1974 年 Johnson 等对垂序商陆浆果中提取的粗皂苷进行酸解，得到了商陆皂苷元和另外两个新的皂苷元；同年，Woo 等又从垂序商陆根的乙醚提取物中分离得到了加利果酸（jaligonic acid）、商陆皂苷元和其他 3 个未知甙元 A、B、D；1975 年 Woo 等从商陆中分离出了商陆酸（elculentic acid）、美商陆苷 E、美商陆酸（phytoaccagentic acid）和一些皂苷类成分（原思通等，1991）。随后，我国学者从商陆中分离得到了商陆苷 A、B、C、D、E、F、H、K、L、O、P、Q、J、M、I、N，2-羟基商陆酸，2-羟基-30-氢化商陆酸，商陆苷元等多种皂苷类化合物，并鉴定了它们的结构。同时，有研究者发现，中药商陆在不同时期，其体内的皂甙和多糖含量不同。皂甙含量，根为 6 月最高（0.64%），茎为 5 月最高（1.58%），叶为 8 月最高（6.24%）；多糖含量，根为 5 月最高（21.30%），茎为 5 月、10 月最高（2.65%），叶为 11 月最高（3.12%）。通过该研究得出，商陆类药材在 8～11 月份采收比较合理，药用部位除根外，茎和叶也有开发利用价值（李润平等，1997）。与此同时，经过大量研究者多年的不断努力，从商陆的浆果中分离得到了多种三萜化合物，并鉴定了它们的结构（原思通等，1991）。1990 年，易扬华等对商陆的脂溶性成分进行了分析并鉴定了其中的 8 种组分，分别为 2-乙基-正己醇（2-ethyl-1-hexanol）、2-甲氧基-4-丙烯基苯酚（2-methoxy-4-propenylphenol）、邻苯二甲酸二丁酯（dibutylphthalate）和棕榈酸乙酯（ethylpalmitate）、带状网翼藻醇（zonarol）、2-单亚油酸甘油酯（2-monolinolein）、油酸乙酯（ethyloleate）和棕榈酸十四醇酯（tetradetyl-palmitate）。同年，王祝禄等（1990）报道了从商陆中分离得到了两种具有免疫活性的酸性杂多糖，即商陆多糖-I（PAP-I）和商陆多糖-II（PAP-II）。

商陆的化学成分目前已经得到了大量的研究和证实，这为商陆以后的研发提供了充分的理论基础，也为明确其各成分的药理作用和生物活性提供参考。

## 2  商陆农用生物活性

商陆在中医方面的传统功效基本已得到了现代药理研究证实，其药理作用也已随着现代研究的不断深入而获得了极大的丰富。与此同时，商陆在农业上的应用与研究也得到了广泛的关注。

### 2.1  商陆在抑制植物病毒中的作用

目前，关于商陆在农业方面的应用，主要集中于其对植物病毒和真菌的抑制作用。研究者通过基因技术从商陆的植物体中克隆编码抗病毒和真菌毒蛋白的基因并研究其表达，（付鸣佳等，2001）积极研究其对不同种类的病毒和真菌的活性，进而对商陆在植物病毒的预防和控制上给予一定的指导意义。

从美洲商陆不同组织或不同生长阶段分离得到的一系列商陆抗病毒蛋白（Pokeweed Antivirus Proteins，PAP）及单多肽链抗真菌蛋白，该蛋白为一种碱性核糖体失活蛋白（Ribosome Inactivating Proteins，RIPs），具有一种潜在的能阻碍病毒传播的因子，对多种动植物病毒都具有广谱抗性（Chen 等，1991）。美洲商陆抗病毒蛋白（PAP）以其独特的抗病毒机理及广谱的抗性，引起了世界各国植保工作者浓厚的兴趣。通过多年不断深入的研究，PAP 的蛋白特性和抗病机制已逐步明确。早在 1918 年，Allard 就发现烟草花叶病毒（Tobacco mosaic vitus，TMV）侵染美洲商陆后不能再接种到烟草上；之后又发现，黄瓜花叶病毒（Cucumber mosaic virus，CMV）侵染美洲商陆后不能接种到黄瓜上（杨宇等，2006）。张海燕等（1998；1999）将商陆抗病毒蛋白（Pokeweed Antiviral Proteins，PAP）导入油菜，继而获得了抗病毒转基因植株；用激光微束穿刺法将 PAP cDNA 导入油菜，通过基因工程获得的转 PAP 基因植物，可抗马铃薯 X 病毒（Potato virus X，PVX）、马铃薯 Y 病毒（Potato virus Y，PVY）、黄瓜花叶病毒（Cucumber mosaic virus，CMV）和芜菁花叶病毒（Turnip mosaic virus，TuMV）。Chen（1991）报道了商陆抗病毒蛋白具有抑制植物病毒的活性，能抑制黄瓜花叶病毒（Cucumber mosaic virus，CMV）、烟草花叶病毒（Tobacco mosaic virus，TMV）、苜蓿花叶病毒（Alfalfa mosaic virus，AMV）、马铃薯 X 病毒（Potato virus X，PVX）、马铃薯 Y 病毒（Potato virus Y，PVY）等植物病毒的传染。另外，马萧等（2005）也对美洲商陆粗提物对烟草花叶病毒的控制作用进行了研究，当施药浓度分别在 200μg/ml 和 100μg/ml 条件下，美洲商陆甲醇粗提物对 TMV 的抑制率均在 80% 以上。使用商陆蛋白生物制剂 100 倍液、200 倍液、500 倍液与病毒抑制剂净土灵 500 倍液同时在田间进行烟草病毒病的防治，试验结果表明，商陆蛋白生物制剂 100 倍液、200 倍液和净土灵 500 倍液防治效果分别达到 61.85%，59.18%，67.22%，并且显著好于清水对照，因此可以得出，商陆蛋白生物制剂对烟草病毒病有较好的防治效果，且防治效果略好于病毒抑制剂净土灵，进而可以得出商陆蛋白生物制剂可以用于烟草病毒病的防治（陈玉国等，2004）。同时也有研究发现，用宁南霉素、60% 毒克星泡腾片剂和美洲商陆甲醇粗提物处理心叶烟叶片，可抑制病毒的初侵染，相对防效分别达到了 94.39%、92.52% 和 87.85%，且均使植株发病时间推迟了 3～5 天。由此可以看出，商陆抗病毒的功效可与化学农药媲美，这也就为商陆作为生物农药应用于农田防治农作物病害提供了丰富的自然资源和理论指导。

## 2.2 商陆的杀虫活性

商陆的提取物对昆虫具有触杀作用。在古代，人们就已使用商陆的干粉来进行稻田杀虫，并用其根的水浸液来防治蚜虫（*Rhopa losiphumpadi*）。《中国土农药志》中有记载，商陆叶粉的水浸液对菜蚜具有 35% 的杀虫率，其煎煮液对蚜虫的杀虫率高达 92%。可见，不同的提取部位、不同的提取方法都会影响提取物的杀虫活性。在埃塞俄比亚北部，阿瓦德人用美洲商陆浆果干粉悬浮在水中可杀死有血吸虫的钉螺，且其药效不易受外界环境的干扰，对哺乳动物的毒性很低，对环境污染小；同时，商陆总皂甙对灭钉螺也具有较强的杀灭效果，在浓度为 125mg/L 条件下，用药处理 24h，其效果与化学灭螺药五氯酚钠

（10mg／L）的效果相当（吴晓华等，2007）。基于这些研究，商陆在农用杀虫活性方面的应用得到了广泛普遍的认同和肯定，大量的研究者对商陆的农用杀虫活性进行了初步或深入的研究，使得商陆的研究日渐成熟。

近几年，研究者相继发现美洲商陆的根、皮对毛毡黑皮蠹（*Attagenus minutus* Olivie）、四纹豆象（*Callosobruchus maculates*）、墨西哥豆瓢虫（*Epilachna varivesti*）等害虫皆有防效（徐汉虹，2001）。何雅蔷等（2007）初步研究了美洲商陆正己烷粗提物对赤拟谷盗和玉米象这两种储粮害虫作用效果，结果表明美洲商陆粗提物在 1.0μl 剂量下触杀处理 72h，对赤拟谷盗和玉米象的校正死亡率分别为 98.89% 和 100%。在浓度 800μl／L 下处理 24h 后，美洲商陆粗提物对赤拟谷盗的驱避率达到 94.1%。在浓度为 1 000μl／L 时，处理 45 天后，美洲商陆粗提物对赤拟谷盗和玉米象 $F_1$ 代的种群抑制率均达到了 100%，这个结果证实了美洲商陆的粗提物对玉米象和拟谷盗具有很好的触杀、驱避和种群抑制作用。此外，商陆提取物对菜粉蝶也具有良好的拒食活性，24h、48h 的拒食率分别达到了 74.53% 和 82.34%，且随着提取物处理浓度的增加，菜粉蝶的非选择性拒食率也随之不断增大（王国夫等，2010）。2006 年，有研究者通过室内实验确定了商陆水提取物对稠李巢蛾（*Yponomeutidae evonymellus* L.）的杀虫活性；72h 后，其胃毒活性达到了 72.73%，生长抑制活性达到了 72.08%，同时还具有一定的触杀活性（蒋妮等，2006）。丁伟等（2003）经研究发现，商陆乙醇提取物对嗜卷书虱（*Liposcelis bostrychophila* Badonnel）具有良好的熏蒸活性，24h 后的校正死亡率达到了 80%。由此看来，商陆的杀虫谱较广，作用方式也多种多样。因此，开发商陆作为植物源杀虫剂具有一定的潜在价值。另外，商陆作为一种外来入侵植物，若将其开发成为植物源农药，变害为宝，将其有效地用于农业生物防治。

## 2.3 商陆的杀螨活性

目前，关于商陆杀螨活性的报道还相对较少，但有研究者对商陆科植物的杀螨活性进行了研究。Risado-Aguilar 等（2010）通过玻片浸渍法研究了商陆科蒜臭母鸡草属植物 *Petiveria alliacea* L. 的茎、叶甲醇粗提物对微小牛蜱幼螨和成螨的触杀活性，以及对微小牛蜱（*Rhipicephalus microplus*）的杀卵和产卵抑制作用，结果表明，商陆科蒜臭母鸡草属植物的茎、叶甲醇粗提物对微小牛蜱幼螨 48h 的触杀活性都达到了 100%，对成螨 48h 的校正死亡率分别为 26% 和 86%，杀卵活性分别为 26% 和 17%，产卵抑制率分别达到了 40% 和 91%。由此，我们可以看出商陆科蒜臭母鸡草属植物可以作为一种新型杀螨剂进行开发研究，同时，也为商陆杀螨活性的研究提供了思路和线索。因此，我们可以着手于研究商陆不同部位的多种极性溶剂提取物对不同螨类的杀螨活性，从触杀、熏蒸、趋避、产卵抑制等多种作用方式入手，研究商陆的农用活性价值，开发商陆在农业生物上的活性，大大拓展商陆的发展空间，也为天然产物农药的研究提供新思路。

## 2.4 商陆的抑菌活性

从植物中寻找抑菌、杀菌活性物质一直以来都是开发研制无公害新型农药的热点之一，商陆属植物［其中，主要是商陆（*Phytolacca acinosa* Roxb）和美洲商陆（*Phytolacca americana* L.）2 种］作为一种重要的传统中药植物，近十几年来，国内外医药界对其进行了大量的研究，证明其提取物具有抗菌消炎、抑制肿瘤等作用，并分离出了商陆皂甙、商陆多糖、商陆抗病毒、真菌蛋白、姜黄素和姜黄酮等一些有效成分（贾金萍等，2003）。近年来，有研究者对商陆的杀菌和抑菌活性进行了大量的研究和报道，将商陆逐步列入到了杀菌植物的行列当中。

为探究商陆不同极性、部位提取物的抑菌性能，赵国栋等（2010）分别从商陆根和茎中提取石油醚相、乙酸乙酯相、正丁醇相和水相 4 种不同极性的提取物，采用滤纸片法测量了提取物对大肠杆菌（*Escherichia coli*）、金黄色葡萄球菌（*Staphyloccocus aureus*）、巨大芽孢杆菌（*Bacillus megaterium*）和副溶血弧菌（*Vibrio parahaemolyticus*）4 种细菌的抑制性能，结果表明，部分商陆的提取物有一定的抑菌活性，如根的正丁醇提取物对巨大芽孢杆菌和副溶血弧菌，茎的水提取物对副溶血弧菌都具有明显的抑菌活性。实验还发现商陆抑菌活性最强的物质大都存在于根中，且抑菌活性最强的物质大都存在于水和正丁醇这种极性较高的溶剂的提取物中，不同提取物对不同细菌的抑菌活性情况不一致。杨帮等（2005）采用生长速率法测定了美洲商陆的多种溶剂提取物对玉米小斑病菌（*Helminthosporium maydis*）、棉花枯萎病菌（*Fusarium oxysporium*）、柑橘绿霉病菌（*Penicilliam digitatum*）和小麦纹枯病菌（*Rhizotonia cerealis*）4 种植物病原真菌的生物活性。结果表明，美洲商陆甲醇提取物对柑橘绿霉和小麦纹枯两种病原菌有较强的抑制作用，尤其是根、叶、果 3 部分的提取物。从甲醇提取物中分离得到美洲商陆总皂甙，生测结果表明美洲商陆总皂甙对柑橘绿霉病菌有很强的抑制作用，其 $EC_{50}$ 为 0.2032g/L。

## 2.5　商陆对植物的化感作用

商陆作为北美洲的本地植物，却在欧洲和亚洲也有广泛分布（Lee 等，1997；Han 等，1998；Kim 等，2000）。有报道称，商陆作为外来入侵植物，已经通过化感作用影响了许多当地植物的种群多样性和生态系统的稳定性（Callaway 和 Aschehoug，2000；Keane 和 Crawley，2002；Kennedy 等，2002；Bais 等，2003；Vila 和 Weiner，2004）。植物化感作用是指一个活体植物（供体植物）通过茎叶挥发、淋溶、根系分泌等途径向环境中释放其产生的某些化学物质，从而影响周围植物（受体植物）的生长和发育的化学生态学现象（叶仁杰等，2011）。研究发现，商陆影响其他植物生长的主要方式，是通过产生大量的化感物质，将其释放到周边环境中从而影响周边其他植物的生长发育等。而目前所知的植物化感物质，主要是一些酚类、萜类、生物碱、黄酮类化合物，其中以酚类物质为主，在大田条件下，可以影响其他植物种子的发芽率、种苗的生长、细胞的分裂以及真菌活性（Lodhi，1976；Bhowmik 和 Doll，1984；Rice，1984，1995；Inderjit，2003；Kim 等，2000）。

在大田条件下，商陆中的酚类化合物主要是通过在土壤中释放成一种水溶性的化合物，从而干扰其周边植物的生长或与其周边植物形成竞争关系。有研究者报道，商陆的提取物能够在很低的浓度下，抑制其周边植物种子的发芽和种苗的生长，同时还具有一定的抗真菌活性（Lee 等，1997；Kim 等，2000）。Kim 等（2005）通过研究证实，商陆叶的提取物对两种商陆科植物 *Phytolacca esculenta* 和 *Phytolacca insularis* 具有一定的生长干扰作用。主要表现在，商陆叶提取物对这两种植物种子发芽率和种苗生长的抑制作用，但是这两种植物的提取物在高浓度下对商陆的影响却很小，而且商陆提取物对其本身的种子发芽率和种苗生长也几乎没有影响；同时，该研究者还发现商陆叶中的酚类化合物含量很高，且这种酚类物质对另外 35 种植物物种和 9 个真菌种类也都具有明显的生长抑制作用。例如，商陆叶的提取物（10.2 mg/L）对苦苣菜（*Sonchus oleraceus*）和山莴苣（*Lactuca indica*）两种植物的种子萌发率和种苗的干重都有明显的抑制作用（Kim 等，2005）。因此，我们可以认为，商陆作为一种外来入侵植物，其分布广的原因可能归结于其叶部高浓度的酚类化合物。就此，有研究者提出，植物物种的分布可能与其含有酚类化合物的化学性质和含量高低有关，因为酚类物质的化学性质和含量高低影响了该物种在复杂环境中的生存能力和可塑性反应（Del Moral, 1972; Inderjit 和 Dakshini, 1998）。因此，我们可以利用商陆的化感作用及其体内含有的化感物质进行新型植物源除草剂的开发和研究，将商陆应用到生产实际当中，在除草剂的研发方面开拓新的领域，也为农业生产提供新的解决方法和思路。

## 3 商陆运用于有害生物防治的安全性和可行性

### 3.1 商陆的安全性

近年来，随着我国加入 WTO，农业受到较大的冲击，农产品将面临严重挑战，其中，农药残留是首要的问题，为较好地解决这个问题，植物源农药应运而生。植物源农药来源于植物，具备在自然界顺畅的代谢途径、环境污染小、对高等动物安全、对非靶标生物安全等优点，已成为新型农药研究的热点。而商陆的活性物质存在于其叶、茎、根或果实中，通过冷浸法或溶剂提取法提炼萃取从而获得的天然源产物，具有良好的环境相溶性，在环境中降解彻底，无残留且对高等动物安全。因本身就是医药，具有逐水消肿，通利二便，解毒散结，主治水肿胀满，二便不利，痈肿，疮毒，为历版中国药典收载品种，故而对人体相对安全。

### 3.2 商陆的经济可行性

商陆属植物在我国分布广泛，从经济角度看，市面上商陆根平均价格为 4.5 元/kg，显然大量购买商陆的成本较低，价廉易得；从植物本身性质上看，商陆为多年生草本，秋、冬或春季均可采收，可见，若进一步研究新鲜植株，商陆的采集不受季节限制；从对人体的为害看，商陆毒性较小，所以，用商陆作为实验材料更安全；同时，商陆是我国中医传统药用植物，其用药多数以根为主，疗效显著。近年来，对美洲商陆叶、种子、果实的研究表明，其内含有的抗菌抗病毒蛋白（PAP 及 PAFP）具有广谱的抗性，对动物、植物都有较强的抗菌抗病毒作用。

## 4 结语与展望

农药是化学品中毒性高、环境释放率大和影响面广的物质。由于品种繁多、生产量和使用量大，它们在对作物进行保护的同时也进入环境。如果使用不当，非但不能达到预期效果，反而会污染农产品和环境，造成药害和人畜中毒事故。随着农用化学物质长期不断地输入土壤，有害物质在土壤和水体中逐步富积，一部分通过物质循环进入农作物及人畜体内，严重污染农产品和环境，为害人体健康。利用植物资源开发农药是农药发展史中最古老、最原始的途径。早期古罗马人便已使用藜芦防治鼠类和害虫。古波斯也利用红花除虫菊进行杀虫，后又发现了毒力更为强大的白花除虫菊。早在 16 世纪中叶，烟草就已被发现具有杀虫活性，19 世纪中叶时，鱼藤也被用做杀虫剂进行杀虫，而我国是使用杀虫植物最早的国家。早在 2 000 多年前，我国《周礼秋官》就已有"剪氏掌除蠹物，以攻禜攻之，以莽草熏之"的记载；后《神农本草经》中也收载了 365 多种植物药物；《齐民要术》中记载可用藜芦根煮水洗治羊疥；《本草纲目》中也记载了不少杀虫植物，如狼毒、百部、雷公藤、苦参、川楝、巴豆和鱼藤根等；而《中国有毒植物》一书中则列入了1 300余种有毒植物，其中，许多种类被作为植物性农药利用（徐汉虹等，2002）。近年来，随着现代科技的迅猛发展及人们对环境质量的要求逐步提高，植物性农药受到了极大的重视，利用植物资源开发和创制新农药已成为现代农药开发的重要途径。

商陆是一种多年生草本科植物，具有分布广、易采收、价格低廉等特点。由于目前限制植物源农药发展的一个很大因素是成本相对较高，然而商陆的特点却决定了其研究所需的成本相对较低，因此，将商陆开发研制成一种新的植物源农药具有一定的前景。然而，商陆的研究还多数集中于医药方面的应用，关于其在农业方面的报道和应用还相对较少。目前已有研究者证实，商陆具有杀虫、抑菌、抑制病毒等活性，且其所含的活性物质都是极性相对较大的成分；同时，经过大量研究者证实，商陆不仅作用对象广，作用方式亦是多种多样，如触杀、驱避、拒食、熏蒸、胃毒、种群抑制等活性。因而，我们可以充分利用现有的研究成果，继续研究并探索商陆的农用生物活性，开发出一种新的高效、无公害的植物源农药。

## 参考文献

[1] 陈玉国，李淑君，王海涛，等. 商陆蛋白生物制剂防治烟草病毒病田间药效试验初报 [J]. 河南农业科学，2004，9：45 – 46.

[2] 丁伟，张永强，陈仕江，等. 14 种中药植物杀虫活性的初步研究 [J]. 西南农业大学学报，2003，25（5）：417 – 424.

[3] 付鸣佳，吴祖建，林奇英，等. 美洲商陆抗病毒蛋白研究进展 [J]. 生物技术通讯，2001，13（1）：66 – 71.

[4] 国家中医药管理局《中华本草》编委会. 中华本草精选本（上册）[M]. 上海：上海科学技术出版社，1998：372 – 381.

[5] 何雅蔷，鲁玉杰，仲建锋，等. 美洲商陆粗提物对赤拟谷盗和玉米象的作用效果研究 [J]. 河南工业大学学报（自然科学版），2007，28（2）：19 – 22.

[6] 贾金萍，秦雪梅，李青山. 商陆化学成分和药理作用的研究进展 [J]. 山西医科大学学报，2003，34（1）：89 – 91.

[7] 蒋妮，缪剑华，谢保令. 商陆等6种药用植物粗提物对扶芳藤稠李巢蛾的杀虫活性 [J]. 中国农学通报，2006，22（10）：297 – 299.

[8] 李润平，郑汉臣，宓鹤鸣，等. 不同采收期垂序商陆有效成分含量测定 [J]. 第二军医大学学报，1997，18（5）：418 – 420.

[9] 马萧，祝水金，丁伟，等. 美洲商陆粗提物对烟草花叶病毒的控制作用 [J]. 西南农业学报，2005，18（2）：168 – 171.

[10] 王国夫，周玉婷，易明花. 商陆等3种植物提取物对菜粉蝶的拒食作用 [J]. 安徽农业科学，2010，38（15）：8 272 – 8 273.

[11] 王祝禄，陈海生，郑钦岳，等. 商陆多糖的分离和纯化 [J]. 第二军医大学学报，1990，11（3）：56 – 57.

[12] 吴晓华，周晓农. 商陆科植物的灭螺效果及其应用 [J]. 中国血吸虫病防治杂志，2007，（1）：78 – 80.

[13] 徐汉虹. 杀虫植物与植物性杀虫剂 [M]. 北京：中国农业出版社，2001：401 – 498.

[14] 徐汉虹，涨志祥，程东美. 植物源农药与农业可持续发展 [J]. 科技导论，2002（7）：42 – 43.

［15］杨帮，丁伟，赵志模，等．美洲商陆和姜黄提取物抑菌活性的研究［J］．西南农业大学学报（自然科学版），2005，27（3）：297－300.

［16］杨柯，刘景生．中药商陆的研究进展［J］．中国医学文摘·肿瘤学，2003，17（2）：186－188.

［17］杨宇，王锡锋，吴元华．美洲商陆抗病毒蛋白及其在植物病害防治中的应用［J］．中国植保导刊，2006，26（6）：23－25.

［18］叶仁杰，李彩娟，陈艳，等．小麦化感作用及其在农业生产中的应用综述［J］．安徽农学通报，2011，17（15）：49－52.

［19］易扬华．中药商陆脂溶性成分的研究［J］．中国药学杂志，1990，25（10）：585－586.

［20］余德，吴德峰，郑真珠．商陆的利用及其栽培技术［J］．福建农业科技，2010，4：85－86.

［21］原思通，王祝举，程明．中药商陆的研究进展（I）［J］．中药材，1991，14（1）：46－48.

［22］张海燕，田颖川，周奕华，等．将商陆抗病毒蛋白导入油菜获得抗病毒转基因植株．科学通报，1998，43（23）：2 534－2 537.

［23］张海燕，党本元，周奕华，等．用激光微束穿刺法将 PAP cDNA 导入油菜获得抗病毒转基因植株．中国激光，1999，26（1）：1 053－1 056.

［24］赵国栋，王立宽，等．商陆不同剂型、根和茎提取物的抑菌性能分析［J］．基因组学与应用生物学，2010，29（4）：717－720.

［25］赵洪新，孟涛．商陆的植物学特征及利用［J］．药源植物，2001（9）：28.

［26］郑宏春，赵明水，胡正海．商陆属分类与分布的研究现状．延安大学学报（自然科学版），2002，21（3）：59－61.

［27］周国海，杨美霞，于华忠，等．商陆生物学特性的初步研究［J］．中国野生植物资源，2004，23（4）：37－40.

［28］Bais，H P，Vepachedu R，Gilroy S. Allelopathy and exotic plant invasion：From molecules and genes to species interactions. Science，2003，301：1 377－1 380.

［29］Bhowmik P C，Doll，J D Allelopathic effects of annual weed residues growth and nutrient uptake of corn and soybeans［J］. J. Agron，1984，76：383－388.

［30］Callaway R M，Aschehoug E T. Invasive plants versus their new and old neighbors：A mechanism for exotic invasion. Science，2000，290：521－523.

［31］Chen Z C.，White R F，et al. Effect of pokeweed antiviral protein（PAP）on the infection of plant virus. Plant Pathology，1991，40：612.

［32］Del Moral R. On the variability of chlorogenic acid concentration. Oecologia，1972，9：289－300.

［33］Han S M.，Bae K H，Choi K S. Identification and bioassay of bioactive compounds isolated from *Phytolacca americana*. Kor. J. Ecol.，1998，21：35－45.

［34］Gomes P B，Oliveira M M S. Study of antinociceptive effect of isolated fractions from *Petiveria alliacea* L.（tipi）in mice. Biological & pharmaceutical bulletin，2005，28（1）：42－46.

［35］Heimerl A. Phytolaccaceae in Engler & prantl. Naturl. Pflanzenfam，1934，4（16）：135－164，Leipzig.

［36］Inderjit，Dakshini，K M M. Allelopathic interference of chickweed，Stellaria media with seedling growth of wheat（Triticum aestivum）. Can. J. Bot.，1998，76：1 317－1 321.

［37］Inderjit. Ecophysiological aspects of allelopathy. Planta，2003，217：529－539.

［38］Kennedy T A，Naeem S，Howe K M. Biodiversity as a barrier to ecological invasion. Nature，2002，417：636－638.

［39］Keane，R. M. and Crawley，M. J. Exotic plant invasions and the enemy release hypothesis. Trends Ecol. Evol.，2002，17：164－170.

［40］Kim Y O，Lee E J，Lee H J. Antimicrobial activities of extracts from several native and exotic plants in Korea. Kor. J. Ecol. , 2000, 23: 353 – 357.

[41] Kim Y O, John J D, Lee E J. Phytotoxic effects and chemical analysis of leaf extracts from three phytolaccaceae species in south Korea. Journal of Chemical Ecology, 2005, 31 (5): 1 175 – 1 186.

[42] Lee H J, Kim, Y O, Chang N K. Allelopathic effects on seed germination and fungus growth from the secreting substances of some plants. Kor. J. Ecol. , 1997, 20: 181 – 189.

[43] Lodhi M A K. Role of allelopathy as expressed by dominating trees in a lowland forest in controlling the productivity and pattern of herbaceous growth. Am. J. Bot. , 1976, 63: 1 – 8.

[44] Rice E L. Allelopathy. 2nd edn. Academic Press, New York, 1984.

[45] Rice E L. Biological control of weeds and plant diseases: Advances in applied allelopathy. University of Oklahoma Press, Norman, 1995.

[46] Rosado-Aguilar J A, Aguilar-Caballero A. Acaricidal activity of extracts from *Petiveria alliacea* (Phytolaccaceae) against the cattle tick, *Rhipicephalus* (Boophilus) *microplus*. Veterinary Parasitology, 2010, 168: 299 – 303.

[47] Stace A C. Plant Taxonomy and Biosystematics [M]. Edward Anold, 1980, 205 – 211.

[48] Vila M, Weiner J. Are invasive plant species better competitors than native plant species, Evidence from pair-wise experiments. Oikos, 2004, 105: 229 – 238.

[49] Walter H. Phytolaccaceae in A. Engler Das Pflanzenreich. Leipcig, 1901, 83 (39): 36 – 63.

# 西花蓟马及其天敌微小花蝽在月季上的发生特点*

李向永**  谌爱东***  陈福寿  尹艳琼  赵雪晴

（云南省农业科学院农业环境资源研究所，昆明　650205）

**摘　要**：西花蓟马是昆明地区月季花卉上的重要害虫，微小花蝽是其天敌优势种。本文系统研究了 2006～2008 年西花蓟马和微小花蝽在月季大棚和露地不同种植模式下的种群发生特点，结果表明：在两种不同种植模式下，西花蓟马和微小花蝽的种群发生期基本一致，但发生高峰期与种群密度有所变化。西花蓟马和微小花蝽在大棚和露地模式下的种群发生高峰期都在 4～7 月，但微小花蝽种群发生高峰期在两种模式下均与西花蓟马一致或早于西花蓟马；西花蓟马在大棚模式和露地模式下的峰值密度比较基本一致，分别为 4.90～11.15 头/朵花和 5.23～15.04 头/朵花，差异不明显；微小花蝽在大棚模式和露地模式下的高峰期主要在 4～7 月和 4～6 月，大棚下的发生期要较露地长，但同期露地种群密度要高于大棚。本研究表明充分保护与利用微小花蝽可以为控制西花蓟马的发生与为害提供有效的技术手段。

**关键词**：西花蓟马；微小花蝽；种群动态；月季

西花蓟马［*Frankliniella occidentalis*（Pergande）］属缨翅目，蓟马科，花蓟马属，原产于北美洲，是一种世界性的危险害虫。目前已知的寄主植物有 50 多科 500 余种。对经济作物如蔬菜、花卉、果树、棉花等造成的为害严重（Brodsgaard，1994）。西花蓟马取食花朵可导致花朵畸形、花瓣碎色等。西花蓟马除直接取食寄主外，还可传播番茄斑萎病毒（TSWV）和凤仙花坏死病毒（INSV），病毒病造成的经济损失远大于西花蓟马本身的为害。西花蓟马个体较小，为害部位较为隐蔽，喷施化学药剂防治难度大，已对有机磷、氨基甲酸盐和除虫菊酯类的常用杀虫剂产生了抗性（Immaraju 等，1992；Sten，2000），合理利用自然天敌控制西花蓟马成为了国内外研究的重要内容（Ebssa 等，2006；Shipp 和 Wang，2006）。大量研究表明，捕食性天敌中半翅目花蝽科（Anthocoridae）小花蝽属（*Orius*）的许多种对蓟马具有较强的自然控制能力（Schmidt 等，1995），我国大陆地区于 2003 年首次报道了西花蓟马在北京郊区温室的发生情况（张友军等，2003），在云南省已呈广泛分布状态（吴青君等，2007），国内其他地方如江苏、湖南、贵州等也有西花蓟马在蔬菜和花卉上严重为害的报道（刘佳等，2010；严丹侃等，2010；郢军锐等，2010）。月季是云花系列中鲜切花的主要品种，西花蓟马目前已经成为影响云南花卉产业快速发展的危险性害虫之一，目前对于其在不同花卉品种上的发生情况研究较少，已有的研究结果表明西花蓟马在昆明地区的月季、满天星、百合等花卉品种上均有发生且为优势种，月季上的蓟马种群高峰期为 4～7 月（梁贵红等，2007）。微小花蝽是西花蓟马的重要天敌，

---

\* 项目资助：云南省农业与社会发展重大专项（2005NG01）

\*\* 第一作者，李向永，E-mail：lxybiocon@163.com

\*\*\* 通讯作者，谌爱东，E-mail：shenad68@163.com

明确西花蓟马和微小花蝽的种群发生动态，可为有效的保护和利用天敌，发挥微小花蝽的自然控制作提供理论依据。

# 1 材料与方法

## 1.1 调查地点

云南省昆明市晋宁县（102°58′E，24°68′N）是月季花卉主要种植区，种植模式主要采用温室大棚种植，部分采用露地种植，周年种植月季。春夏季生长期平均 7 ~ 10 天施 1 次药，秋冬季平均 15 天施 1 次药。杀虫剂种类主要为阿维菌素、毒死蜱、高效氯氰菊酯、多杀菌素等。

## 1.2 调查方法

选择代表当地种植水平的 5 个温室大棚及 5 个露天地块进行调查。在每个大棚及露天地块内采用 5 点取样法摘取半开状态的月季花朵 15 朵，分别装入 40 目纱网袋，扎紧袋口带回室内。用乙酸乙酯熏蒸 1h 后检查记录每纱网袋内的西花蓟马、微小花蝽的成虫、若虫数量。4 ~ 7 月高峰期时每月调查 2 次，其余月份每月 1 次。

## 1.3 数据处理

害虫及天敌的虫口密度（头/花朵）＝（5 个大棚采样虫数总量/75 花朵）；采用 SPSS 13.0（SPSS Inc.）中的 Analyze 模块进行标准差计算并进行平均数的差异性比较。

# 2 结果

## 2.1 大棚种植模式下的发生

在大棚模式下，西花蓟马和微小花蝽的种群发生动态基本一致在 4 ~ 9 月，微小花蝽高峰期与西花蓟马一致或有所提前。2006 年，西花蓟马种群高峰期为 4 月 27 日，峰值密度为 9.90 头/朵花，微小花蝽的高峰期为 4 月 14 日，较西花蓟马提前 13 天，峰值密度为 0.69 头/朵花；2007 年，西花蓟马种群高峰期和峰值密度分别为 7 月 16 日与 4.90 头/朵花，微小花蝽分别为 7 月 14 日与 0.23 头/朵花，较西花蓟马提前 2 天；2008 年，西花蓟马种群高峰期和峰值密度分别为 6 月 11 日与 11.15 头/朵花，微小花蝽分别 5 月 7 日与 0.03 头/朵花，较西花蓟马提前 20 多天。西花蓟马和微小花蝽在每年 4 ~ 7 月呈现 1 个明显高峰期，8 ~ 9 月有 1 个小高峰，9 月后西花蓟马和微小花蝽的种群密度逐渐下降，一直保持在较低密度水平（图 1）。

## 2.2 露地种植模式下的发生

露地种植模式下，西花蓟马和微小花蝽的种群动态与大棚模式有所不同。西花蓟马和微小花蝽的发生高峰期分别是 5 ~ 6 月和 4 ~ 6 月；西花蓟马在大棚模式下的种群发生高峰期要较露地提前 1 个月左右，微小花蝽在两种模式下的高峰期基本一致。2006 年，西花蓟马和微小花蝽的发生高峰期和峰值密度分别为 6 月 22 日与 5.23 头/朵花，4 月 14 日与 2.13 头/朵花；2007 年，西花蓟马和微小花蝽的发生高峰期和峰值密度分别为 6 月 4 日与 6.69 头/朵花，6 月 14 日与 0.43 头/朵花，2007 年露天地块在 9 月中旬有个小的高峰，峰值密度为 0.32 头/朵花，但此高峰有着激增激减的现象，前后时间的种群密度水平均较低，这可能是由于微小花蝽的在不同地块间的迁移所引起的；2008 年，西花蓟马和微小花蝽的发生高峰期和峰值密度分别为 5 月 27 日与 15.04 头/朵花、5 月 7 日与 0.76 头/朵花（图 2）。

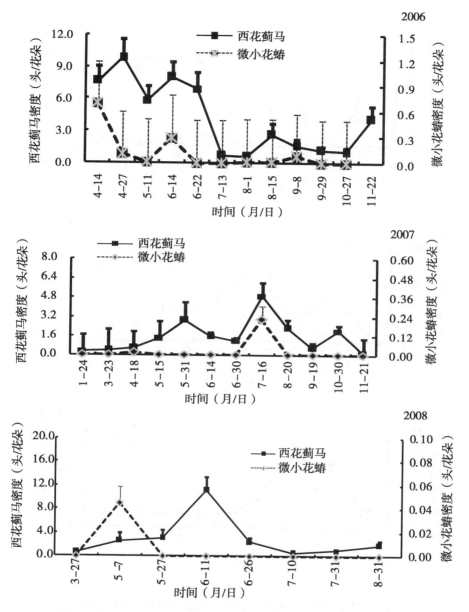

图1　大棚内西花蓟马和微小花蝽的种群动态（2006～2008，昆明）

## 3　讨论

　　西花蓟马个体较小，为害隐蔽，单一依靠化学防治往往难以长期有效的控制其为害，还需与其他防治方法相结合，如生物防治、物理防治等。已有研究表明西花蓟马对蓝色粘板的趋性高于黄板，在大田操作中常用蓝板诱集进行监测及物理防治（Allsopp，2010）；生物防治是西花蓟马综合防治策略中重要环节，其天敌种类较多，常见的有小花蝽属等捕食性天敌（Sanchez 和 Lacasa，2002）、捕食螨（Wimmer 等，2008）、小蜂属寄生蜂（Loomans 等，2006）、寄生性线虫（Buitenhuis 和 Shipp，2005）、虫生真菌等（Ansari 等，

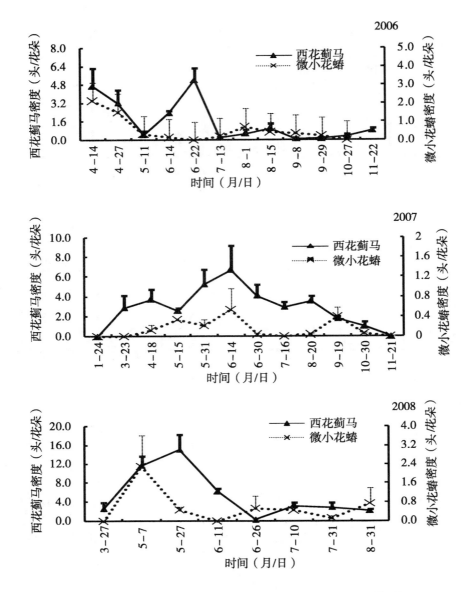

图 2　不同品种模式下西花蓟马种群动态 （2006～2008，昆明）

2007）。

微小花蝽是昆明地区月季花卉上西花蓟马的优势天敌，对西花蓟马的日最大捕食量达 16.9 头，最佳寻找密度为 7.7 头，益害比为 1：8 （李向永等，2011）。微小花蝽的发生高峰期和西花蓟马的高峰期基本吻合，并有所提前，这为发挥微小花蝽对西花蓟马的自然控制作用提供了操作的可能性，但在天敌的发生高峰期，正值西花蓟马的种群快速增长期。此时，单靠天敌的控制作用难以有效地降低西花蓟马的种群数量，还需施用阿维菌素、多杀菌素等化学农药控制西花蓟马的种群数量 （吴青君等，2005；肖长坤等，2006）。如何将生物防治和化学防治协调应用，有机地结合在一起，筛选对西花蓟马高效但对天敌较安全的化学农药品种、喷药方法及喷药时机等是今后值得继续深入研究的内容之一。

本文研究表明，微小花蝽可作为西花蓟马生物防治措施中的一个重要天敌因子，可为有效控制西花蓟马的发生与为害提供技术手段。但要将其成功应用到实际生产中，还有许多尚未解决的问题，如微小花蝽在田间的实际控制能力、田间温湿度条件、自身间的干扰效应及其他天敌对微小花蝽的干扰效应等都有待于进一步研究。

## 参考文献

[1] 李向永，陈福寿，赵雪晴，等. 微小花蝽的发生及其对西花蓟马的捕食作用 [J]. 环境昆虫学报，2011，33（3）：346 – 350.

[2] 刘佳，张林，卢焰梅，等. 湖南外来入侵害虫西花蓟马初步调查 [J]. 安徽农业科学，2010，38（25）：13800 – 13801；13804.

[3] 吴青君，徐宝云，张治军，等. 京、浙、滇地区植物蓟马种类及其分布调查 [J]. 中国植保导刊，2007，27（1）：32 – 34.

[4] 吴青君，张友军，徐宝云，等. 入侵害虫西花蓟马的生物学、为害及防治技术 [J]. 昆虫知识，2005，42（1）：11 – 14.

[5] 肖长坤，郑建秋，师迎春，等. 防治西花蓟马药剂筛选试验 [J]. 植物检疫，2006，20（1）：20 – 22.

[6] 严丹侃，汤云霞，贺子义，等. 南京地区西花蓟马发生调查及其分子检测 [J]. 南京农业大学学报，2010，33（4）：59 – 63.

[7] 张友军，吴青君，徐宝云，等. 危险性外来入侵生物 – 西花蓟马在北京发生为害 [J]. 植物保护，2003，29（4）：58 – 59.

[8] 郅军锐，李景柱，盖海涛. 西花蓟马取食不同豆科蔬菜的实验种群生命表 [J]. 昆虫知识，2010，47（2）：313 – 317.

[9] Allsopp E. Investigation into the apparent failure of chemical control for management of western flower thrips, *Frankliniella occidentalis* Pergande, on plums in the Western Cape Province of South Africa [J]. *Crop Prot.*, 2010, 29（8）：824 – 831.

[10] Ansari MA, Shah FA, Whittaker M, et al. Control of western flower thrips（*Frankliniella occidentalis*）pupae with *Metarhizium anisopliae* in peat and peat alternative growing media [J]. *Biol. Control*, 2007, 40（3）：293 – 297.

[11] Brodsgaard H F. Effect of photoperiod on the bionomics of *Frankliniella occidentalis* Pergande（Thysanoptera：Thripidae）[J]. *J. Appl. Entomol.*, 1994, 117：498 – 507.

[12] Buitenhuis R, Shipp JL. Efficacy of Entomopathogenic nematode *Steinernema feltiae*（Rhabditida：Steinernematidae）as influenced by *Frankliniella occidentalis*（Thysanoptera：Thripidae）developmental stage and host plant stage [J]. *J. Econ. Entomol.*, 2005, 98（5）：1 480 – 1 485.

[13] Ebssa L, Borgemeister C, Poeling H M. Simultaneous application of entomopathogenic nematodes and predatory mites to control western flower thrips *Frankliniella occidentalis* [J]. *Biological Control*, 2006, 39：66 – 74.

[14] Immaraju J A, Paine T D, Bethke K L, et al. Western flower thrips（Thysanoptera：Thripidae）resistance to insecticides in coastal Californian greenhouses [J]. *Journal of Economic Entomology*, 1992, 85：9 – 14.

[15] Loomans A J M, Tolsma J, Fransen JJvvan Lenteren JC. Releases of parasitoids（*Ceranisus* spp.）as biological control agents of western flower thrips（*Frankliniella occidentalis*）in experimental glasshouses

[J]. *Bull. Insectol.* , 2006, 59 (2): 85 – 97.

[16] Sanchez J A, Lacasa A. Modelling population dynamics of *Orius laevigatus* and *O. albidipennis* (Hemiptera: Anthocoridae) to optimize their use as biological control agents of *Frankliniella occidentalis* (Thysanoptera: Thripidae) [J]. *Bull. Entomol. Res.* , 2002, 92 (1): 77 – 88.

[17] Schmidt J M, Richards P C, Nadel H, et al. A rearing method for the production of large numbers of the Insidiosus flower bug, *Orius insidiosus* (Say) [J]. *The Canadian Entomologist*, 1995, 127: 445 – 447.

[18] Shipp J L, Wang K. Evaluation of dicyphus Hesperus (Heteroptera: Miridae) for biological control of *Frankliniella occidentalis* (Thysanoptera: Thripidae) on greenhouse tomato [J]. *Journal of Economic Entomology*, 2006, 99: 414 – 420.

[19] Sten E J. Insecticide resistance in the western flower thrips, *Frankliniella occidentalis* [J]. *Integrated Pest Management Reviews*, 2000, 5: 131 – 146.

[20] Wimmer D, Hoffmann D, Schausberger P. Prey suitability of western flower thrips, *Frankliniella occidentalis*, and onion thrips, *Thrips tabaci*, for the predatory mite *Amblyseius swirskii* [J]. *Biocontrol Sci. Technol.* , 2008, 18 (6): 541 – 550.

# 矿物油与印楝素对柑橘木虱的协同控制作用[*]

欧阳革成[1][**]　岑伊静[2]　卢慧林[1]　方小端[1]　梁广文[2][***]　郭明昉[1][***]

（1. 广东省昆虫研究所，广州 510260；　2. 华南农业大学资源环境学院，广州　510642）

**摘　要**：矿物油乳剂和植物源农药均是国、内外有机食品生产允许使用的农药。试验结果表明：矿物油有利于印楝素的抗氧化，可延长印楝素的作用时效。印楝素乳油与矿物油乳剂混合使用对柑橘木虱的直接致死有相互叠加或增效作用。印楝素乳油在以矿物油乳剂为基础控制柑橘木虱成虫的推-拉式组合中可起到协同增效作用。

**关键词**：矿物油；印楝素；行为拒避；柑橘木虱；综合防治

矿物油乳剂和植物源农药均是国、内外有机食品生产允许使用的农药，两类农药联合应用几乎是必然的。虽然矿物油乳剂与其他农药易相容并有增效作用（王强等，2004），但是具体情况是千差万别的，不能一概而论。如矿物油乳剂和植物源农药 – 印楝素混合使用，是有增效协同作用还是有干扰作用，并无文献报道。本试验初步研究了印楝素与矿物油乳剂对柑橘重要害虫 – 柑橘木虱 *Diaphorina citri* Kuwayama（Hemiptera：Psyllidae）的协同控制作用。

## 1　材料与方法

### 1.1　材料

爱禾牌 0.3% 印楝素乳油；印楝素 A 含量 0.3%。

40%（w/w）印楝素原药，其中含 33.5%（w/w）的印楝素 A。

98%（w/w）的印楝素 A 标样，分子式：$C_{35}H_{44}O_{16}$，分子量：720.71。

以上均为云南中科生物产业有限公司生产。

"绿颖"农用喷洒油（韩国 SK 株式会社生产，山东省招远市三联化工厂分装）；

矿物源基础油（不加任何添加剂），中国石化茂名分公司生产。

### 1.2　方法

#### 1.2.1　矿物油对印楝素 A 稳定性的影响

矿物源基础油以甲醇配成浓度为 0.1ml/ml 的混合液；印楝素原药以甲醇配成印楝素 A 浓度为 1.5mg/ml 的溶液，两者等体积混和。用移液器滴入 6×1ml＝6ml 混合液滴入一个玻璃培养皿中，室内（22：00~8：00 时）晾干，在阳光下处理 2 天（8：00~16：30 时）。印楝素甲醇液与甲醇等体积混和，其他处理同上，作为光对照。印楝素甲醇液与甲醇等体积混和，置入纸箱避光，其他处理同上，作为暗对照。以高效液相色谱检测印楝素 A 含量。

#### 1.2.2　印楝素乳油对柑橘木虱成虫的拒避作用

剪取健康九里香的枝条，每枝保留 4 片对称的叶片，插入盛有吸水树酯（已吸满水）

　*　基金项目：广东省科技计划项目（2011B050400006，2010B050600006）

　**　作者简介：欧阳革成（1967—），男，副研究员；E-mail：gechengouyang@yahoo.com

　***　通讯作者：梁广文，E-mail：gwliang@scau.edu.cn；郭明昉，E-mail：guomf@gdei.gd.cn

的纸杯中培养。每个纸杯 1 个小枝。每个小枝的 4 片叶子分为 2 组，分别标记。1 组浸入印棟素乳油 100 倍液的水乳液中 3s，另 1 组以清水作对照。2h 晾干后（东西向交替排列）置入封闭的网笼中，放入 20 只以上柑橘木虱成虫。12h 后检查各组处理叶片上的柑橘木虱成虫总数，4 个重复。以寄主选择拒避指数评价印棟素乳油对柑橘木虱的拒避效果。

寄主选择拒避指数 = 处理叶片上木虱成虫数/处理叶片与对照叶片上木虱成虫总数

**1.2.3　矿物油乳剂与印棟素乳油的混配对柑橘木虱的防治作用**

选取长势相同的盆栽九里香苗，1 盆九里香苗于 1 个网笼中，每个网笼放入 30 只柑橘木虱成虫于其中，静置 4h，待木虱移于九里香苗上。

配备以下 3 种药液：①矿物油乳剂 200 倍液；②印棟素乳油 500 倍液；③矿物油乳剂与印棟素乳油的混合液，其中矿物油乳剂浓度为 200 倍，印棟素乳油浓度为 500 倍。以手持喷雾器分别喷施以上药液至九里香苗上至滴水。定时检查每个网笼中柑橘木虱活成虫数。每处理 3 个重复。

**1.2.4　印棟素对以矿物油为基础的推－拉式组合控制柑橘木虱作用的影响**

选择生长状况相近盆栽九里香苗（苗高 12cm）和盆栽柑橘小苗（苗高 20cm）各 3盆，喷洒吡虫啉 1 000 倍液水液至滴水。

选择生长状况相近的盆栽柑橘苗（极少嫩梢，苗高 35cm），采集柑橘木虱成虫释放任其选择柑橘苗寄主。5h 后检查各柑橘苗上的木虱成虫数。而后每 3 盆分别置于正三角形的顶点处，两两相距 1m，作为一组。每组柑橘苗之间至少相距 5m。

推-拉式组合 A：放置吡虫啉水液处理的九里香苗 1 盆于 3 株柑橘苗的正中间，以手持喷雾器喷施 100 × 矿物油乳剂水乳液于柑橘大苗树冠至滴水。

推-拉式组合 B：放置吡虫啉水液处理的九里香苗 1 盆于柑橘苗中间，以 100 × 矿物油乳剂 + 100 × 印棟素乳油水液喷洒盆栽柑橘苗树冠至滴水。

对照 C：无吡虫啉处理苗，以手持喷雾器喷施 100 倍液矿物油乳剂水乳液于柑橘大苗树冠至滴水。

各 3 个重复。12h 检查各组柑橘大苗上的木虱成虫数，比较各处理的木虱成虫减退率。另采用干扰作用控制指数 IIPC 进行评价，仅以加入的"拉"虫方式为评价对象，不考虑对成虫存活率的影响，因此将公式简化为：

$$IIPC = Nrtr/Nrck$$

Nrtr 为推-拉式组合中的存活木虱成虫总数，Nrck 为单独使用矿物油乳剂的对照组的存活木虱成虫总数（岑伊静等，2003）。

## 2.2　结果与分析

**2.2.1　矿物油对印棟素 A 稳定性的影响**

经过 3 天的太阳紫外线照射处理后，添加了矿物基础油的印棟素原药中的印棟素 A残留量与对照（光）有显著差异（表 1），保护效率达到 65.507%，甚至显著高于对照（暗）中的印棟素 A 残留量。这表明矿物油对印棟素 A 的稳定性有较好的促进作用。

**2.2.2　印棟素乳油对柑橘木虱成虫的拒避作用**

配对比较试验结果显示，在 100 倍液浓度下，"爱禾"印棟素乳油对柑橘木虱成虫的寄主选择性拒避作用（表 2）。

**表 1　矿物油对印楝素原药中印楝素 A 的抗氧化作用**

| 处理 | 重复数 | 印楝素 A 残留量 | 保护效率（%） |
|---|---|---|---|
| 对照（光） | 3 | 0.977 ± 0.012　a | |
| 对照（暗） | 3 | 1.389 ± 0.011　b | |
| 矿物油（光） | 3 | 1.617 ± 0.017　c | 65.507 |

注：同列具相同字母的平均数间差异不显著（$P > 0.05$，DMRT 法）

**表 2　印楝素乳油对柑橘木虱成虫的寄主选择性拒避作用（配对比较试验）**

| 处理 | N | 寄主选择拒避指数 | 成虫数 | | P |
|---|---|---|---|---|---|
| | | | 处理 | 对照 | |
| 印楝素乳油 | 4 | 64.660　±11.881 | 16.000　±12.028 | 14.500　±11.565 | 0.103 |

注：P 为配对样本 T 检验中平均值检验显著值（$a = 0.05$，双尾检测）

2.2.3　矿物油乳剂与印楝素乳油的混配对柑橘木虱的防治作用

试验结果显示，"爱禾"印楝素 500 倍液和 SK 矿物油乳剂 200 倍液分别喷施有虫的植株，2 天和 4 天后处理株上的柑橘木虱成虫存活数均比两者混和液处理的高，其虫口减退率均显著低于两者混和液处理（表 3）。表明对柑橘木虱成虫的直接致死作用，"爱禾"印楝素 500 倍液和 SK 矿物油乳剂有叠加或增效作用。

**表 3　矿物油乳剂与印楝素乳油的混配对柑橘木虱的防治作用**

| 处理 | N | 成虫存活数 | | 虫口减退率（%） | |
|---|---|---|---|---|---|
| | | 2 天 | 4 天 | 2 天 | 4 天 |
| 矿物油乳剂 | 3 | 8.667 ± 1.202 a | 6.000 ± 1.000 a | 71.111 ± 4.006a | 80.000 ± 3.333a |
| 印楝素乳油 | 3 | 7.667 ± 0.882 a | 2.667 ± 0.333b | 74.444 ± 2.940a | 91.111 ± 1.111b |
| 印楝素乳油 + 矿物油乳剂 | 3 | 0.667 ± 0.667 b | 0.000 ± 0.000c | 97.778 ± 2.222b | 100 ± 0.000c |

注：同列具相同字母的平均数间差异不显著（$P > 0.05$，DMRT 法）

2.2.4　印楝素乳油对以矿物油乳剂为基础的推 – 拉式组合控制柑橘木虱作用的影响

试验结果显示，在开放的环境中，柑橘大苗组（极少嫩梢和芽）的木虱成虫存活率为：仅以 100 倍液 SK 矿物油乳剂水乳液喷施作保护的对照 > 以吡虫啉处理的九里香苗作诱杀株、喷施 100 倍液 SK 矿物油乳剂的推-拉式组合 > 以吡虫啉处理的九里香苗作诱杀株、喷施 100 倍液 SK 矿物油乳剂 + 1 000 倍液爱禾印楝素乳油混合液的推-拉式组合，三者之间均有显著差异，后一个推-拉式组合的"拉"虫方式的干扰作用控制指数仅为0.090（表 4）。可见矿物油乳剂单独使用，对柑橘木虱成虫的防治效果并不理想。以矿物油乳剂组成推-拉式措施，对柑橘木虱成虫的防治效果得到显著提高。在此基础上加入印楝素乳油，防治效果得到进一步的提高，显示印楝素乳油在以矿物油乳剂为基础控制柑橘木虱成虫的推-拉式组合中可起到协同增效作用。

## 3　讨论

作为绿色农药，印楝素乳油（张兴，1996）和矿物油乳剂（Rae 等，2007）在柑橘害虫防治中均有较多的应用。在世界性重大柑橘病害黄龙病传病昆虫 – 柑橘木虱的防治上，印楝素乳油（杨平等，2005）和矿物油乳剂（Rae 等，1997）对其卵和若虫均有较

**表 4　印棟素对以矿物油为基础的推 - 拉式组合控制柑橘木虱作用的影响**

| 处理 | N | 成虫存活率（%） | IIPC |
|------|---|------------|------|
| 柑橘苗喷施 SK 矿物油，九里香苗作诱杀株 | 3 | $4.396 \pm 1.094b$ | 0.358 |
| 柑橘苗喷施 SK 矿物油 + 和印棟素乳油，九里香苗诱杀株 | 3 | $1.102 \pm 0.554a$ | 0.090 |
| 柑橘苗喷施 SK 矿物油，无诱杀株 | 3 | $12.269 \pm 0.939c$ | |

注：IIPC 为"拉"虫方式的干扰作用控制指数，同列具相同字母的平均数间差异不显著（$P > 0.05$，DMRT 法）

好的控制作用。但对成虫，则防治效果有待提高。据报道，以喷雾方法进行田间小区试验，施药 3 天后，"绿晶" 0.3% 印棟素乳油 1 000 × 的成虫的校正虫口减退率仅为 70.1%（杨平等，2005）。本试验表明，印棟素乳油与矿物油乳剂混合使用对害虫的直接致死有相互叠加或增效作用。印棟素乳油对害虫有一定的触杀作用，矿物油则能使害虫窒息死亡，且可能有利于印棟素的分布与展着。印棟素在自然环境中容易氧化降解，阳光中的紫外线能使印棟素加速分解，持效期短，有文献报道印棟素 A 涂敷成薄膜在紫外灯下照射的半衰期只有 48min（Dureja 等，2000）。而矿物油有利于印棟素的抗氧化，可延长印棟素的作用时效。

矿物油乳剂对害虫有较强的行为拒避作用（欧阳革成等，2007），应用推拉式组合则可以增强矿物油乳剂对害虫的拒避作用效果（Samantha 等，2007；欧阳革成等，2010；卢慧林等，2012）。本试验表明，印棟素乳油在以矿物油乳剂为基础控制柑橘木虱成虫的推-拉式组合中可起到明显的协同增效作用。

## 参考文献

［1］岑伊静，庞雄飞，张茂新，等.26 种非嗜食植物乙醇提取物对柑橘潜叶蛾的产卵驱避作用［J］.华南农业大学学报，2003，24（3）：27 - 29.

［2］卢慧林，欧阳革成，郭明昉.拒避 - 诱杀组合技术对橘小实蝇产卵的影响［J］.环境昆虫学报，2012，34（2）：184 - 189.

［3］欧阳革成，杨悦屏，钟桂林，等.4 种矿物油乳剂对橘小实蝇和柑橘木虱产卵行为的影响［J］.植物保护，2007，33（4）：72 - 74.

［4］欧阳革成，方小端，郭明昉.以矿物油乳剂为基础的拒避 - 诱杀组合防治柑橘木虱试验初报［J］.中国南方果树，2010，39（5）：47 - 49.

［5］杨平，熊锦君，黄明度.矿物油乳剂及印棟素对柑橘木虱的防治效果初报.中国昆虫学会 2005 年学术年会论文摘要集，64.

［6］张兴.植物性农药在生防中的地位和作用.世界农业，1996（1）：31 - 32.

［7］Dureja P, Johnson Sapna. Photo degradation of azadirachtin-A：A neem-based pesticide［J］. *Current Science*, 2000, 79（12）：1 700 - 1 703.

［8］Rae D J, Liang W G, Watson D M, et al. Evaluation of petroleum spray oils for control of the Asian citrus psylla, *Diaphorina citri*（Kuwayama）（Hemiptera：Psyllidae）, in China［J］. *International of Pest Management*, 1997, 43（1）：71 - 75.

［9］Rae D J, Beattie G A C, 黄明度，等.矿物油乳剂及其应用 - 害虫持续控制与绿色农业［M］.广州：广东科技出版社，2006.

［10］Samantha M C, Zeyaur R K, John A P. The use of push-pull strategies in integrated pest management［J］. *Annual Review of Entomology*, 2007, 52：375 - 400.

# 不同生活型植物对薇甘菊幼苗生长繁殖与竞争影响*

申时才**　徐高峰　张付斗***　李天林　刘树芳　金桂梅　张玉华

（云南省农科学院农业环境资源研究所，昆明　650205）

**摘　要：** 以攀援植物甘薯（*Ipamoea batas*）、扁豆属植物（*Lablab*）和直立植物皱叶狗尾草（*Setaria plicata*）为试验材料，温室条件下采用密度添加系列设计，研究了3种植物在不同密度下对薇甘菊幼苗生长繁殖与竞争作用，为薇甘菊替代控制提供理论依据。结果表明，除物种和种植密度对薇甘菊的分枝数影响不显著（$P > 0.05$）外，物种、种植密度和物种与种植密度互作均对薇甘菊茎长、主茎长、分枝长、分枝数和生物量有显著或极显著影响（$P < 0.05$ 或 $0.001$）；3种受试植物中，对薇甘菊株高、分枝数和生物量抑制作用最强的是甘薯，其次为扁豆属植物，最弱的是皱叶狗尾草；3种植物和薇甘菊的相对产量（$RY$）和相对产量总和（$RYT$）均显著小于1.0，表明薇甘菊和3种植物的种间竞争均大于种内竞争；甘薯和扁豆属植物对薇甘菊的竞争平衡指数（$CB$），在扁豆属植物和薇甘菊混种比例为20∶20时显著小于0，其余各个混种比例下竞争平衡指数均显著大于0，说明甘薯和扁豆属植物与薇甘菊之间存在很强的竞争作用，甘薯和扁豆属植物对薇甘菊的竞争能力强于薇甘菊；皱叶狗尾草对薇甘菊的竞争平衡指数均显著小于0，说明皱叶狗尾草与薇甘菊之间存在很强的竞争作用，但皱叶狗尾草对薇甘菊的竞争能力小于薇甘菊。本研究表明，从形态特征和生物量综合考虑，甘薯和扁豆属植物可作为对薇甘菊进行替代控制的理想竞争植物。

**关键词：** 薇甘菊；本地物种；竞争效应；替代控制

在外来入侵植物的生态管理中，利用本地物种的替代控制已经受到广泛关注和探索研究（田耀华等，2009；马杰等，2010；彭恒等，2010）。作为一种针对外来入侵植物的生态防治方法，替代控制是利用植物的种间竞争规律，用一种或多种植物的生长优势抑制外来植物的生长，达到防治或减轻其为害的目的，并促进自然生态系统的逐渐恢复（LUGO，1997）。与其他的控制方法相比，替代控制具有生态、安全、经济和可持续等特征（蒋智林，2007）。目前，替代控制中竞争力较强的本地物种筛选、与外来物种的竞争机制以及对自然生态系统的恢复效应等已成为研究热点之一（田耀华等，2009；马杰等，2010；彭恒等，2010；吕远等，2011；申时才等，2012）。

薇甘菊（*Mikania micrantha* H. B. K）是菊科假泽兰属的一种多年生草质攀援植物，原产于南美洲和中美洲，现已广泛传播到南亚、东南亚、太平洋等地区，是世界上最具为害

---

\* 基金项目：云南省应用基础研究重点项目（2010CC002）；公益性行业（农业）科研专项"入侵植物综合防控技术研究与示范推广"（20110307）；国家科技部国际合作"中国－东盟重大农业外来有害生物与防控平台"（2011DFB30040）

\*\* 作者简介：申时才（1979—），男，云南镇雄人，硕士，主要从事植物生态学和外来生物入侵研究；E-mail：shenshicai2011@ yahoo. com. cn

\*\*\* 通信作者：张付斗，E-mail：fdzh@ vip. sina. com

的热带、亚热带杂草之一（Holm 等，1977；Lowe S 等，2000）。在中国，薇甘菊主要分布于广东、云南、海南、广西和香港等地，它的入侵给我国农业、林业、生态环境等造成了严重为害（Zhang 等，2004；杜凡等，2006；Li 等，2007；Chen 等，2009），据估算中国每年因为薇甘菊泛滥造成的生态经济损失约几拾亿元（钟晓青等，2004）。为控制薇甘菊的蔓延与为害，国内外已开展了大量的人工机械铲除、化学除草剂应用、生物天敌引进等各种防治技术研究（Barreto 等，1995；邵华等，2002；昝启杰等，2007）。然而，大量研究证明由于薇甘菊强大的无性和有性繁殖（张付斗等，2011）、较强的形态可塑性与补偿能力（李天林等，2012；申时才等，2012）以及快速的适应性进化（Wang 等，2008），使得单一的防治措施很难奏效，因此必须采取综合性的防治措施。作为生态防治方法必不可少的一部分，薇甘菊替代控制技术越来越受关注。

近年来，一些学者开展了对本地植物与薇甘菊竞争影响的研究，发现一些本地物种菟丝子（Yu 等，2009；Shen 等，2011）、甘薯（申时才等，2012）、黑麦草、高羊茅和黄花蒿（徐高峰等，2011）对薇甘菊具有较强的竞争和抑制作用，但这方面的研究还处于起步阶段。为探索更多的薇甘菊替代控制技术，本文选择了 2 种多年生藤本植物甘薯（*Ipanoea batas*）、扁豆属植物（*Lablab*）和 1 种多年生直立草本植物皱叶狗尾草（*Setaria plicata*）作为供试替代竞争植物，温室条件下采用完全随机区组试验设计，测定评价 3 种竞争植物对薇甘菊幼苗的竞争作用，旨在为替代控制外来入侵植物薇甘菊提供理论依据。

# 1 试验地概况与研究方法

## 1.1 试验地点概况

试验点位于昆明北郊云南省农业科学院日光温室（102°17′E，25°48′N，海拔 1 964m）。试验地土壤类型属于南方红壤，肥力均等，其中 0 ~ 20cm 土层土壤理化性质为：有机质 3.34g/kg，全氮 0.24g/kg，全磷 0.19g/kg，全钾 0.47g/kg，速效氮 126.48g/kg，速效磷 86.88g/kg，速效钾 398.67g/kg，pH 值：7.61。室内温度为 21 ~ 29℃，湿度为 60 ~ 85℃。

## 1.2 试验材料

薇甘菊（*Mikania micrantha* H. B. K）为云南省德宏州常见的外来入侵物种。在森林、果园和灌木中薇甘菊多以攀缘方式生长，在路边、沟边和非耕地则常以伏地方式生长。甘薯（*Ipamoea batas*）为云南省德宏州村民长期种植的本地品种，属于旋花科，也是当地主要的粮食作物品种之一，由于其块根颜色为紫色，因此又名紫甘薯。扁豆属植物（*Lablab*）和皱叶狗尾草（*Setaria plicata*）为德宏州本地的野生物种，扁豆属植物属于豆科，种子可供食用和市场销售，而且具有很强的固氮作用；皱叶狗尾草属于禾本科，具有较高的药用价值，当地村民通常当作中草药采集和利用。为了保证 3 种植物的竞争作用结果不受到种群内遗传变异的影响，每一个物种材料均来自同一个种群，即具有相同的基因型。

## 1.3 试验设计和数据收集

实验采用薇甘菊密度固定而各竞争物种密度增加的添加系列设计（李博，2001），在日光温室分别建立各竞争物种甘薯、扁豆属植物、皱叶狗尾草与薇甘菊的单种与混种试验种群。其中薇甘菊的种植密度为 20 株/m²，均匀等间距分布于试验小区中。各竞争物种处理设置 4 个密度水平，分别为 20 株/m²、40 株/m²、60 株/m² 和 80 株/m²，均匀分布于薇甘菊周围；目标种和各竞争物种的对照为相应密度水平下的单种处理。试验采用完全随机设计，小区面积均为 2 m×1 m，每处理重复 4 次，共计 100 个小区。小区之间有 1.5 m 的隔离带，每个小区用高 0.25 m 玻璃板围起来以便把植株的生长控制于各小区内。2012 年 3 月 28 日播种薇甘菊幼苗培育，5 月 7 日播种皱叶狗尾草幼苗培育，5 月 25 日播种扁豆属植物幼苗培育和剪切长度 8～10cm 具有叶芽的双节甘薯茎苗插入 1 倍 Hoagland 营养液中。6 月 5 日，按照试验设计要求将供试的目标种薇甘菊幼苗和各竞争物种幼苗进行同期移植。移栽时同一种物种的初始大小基本一致（株高、分枝和叶数基本一致），在 95% 的置信区间上差异不显著，小区内植物均匀分布。试验过程中，适时浇水，适时清除田间其他杂草，并进行人为干预把植株的生长控制于各小区的玻璃板内。

2012 年 8 月 19 日，在每个单种处理小区中随机抽取 15 株植株，在每个混种处理小区间随机抽取 30 株（每一种各 15 株）。用直尺（精确度 1mm）测定薇甘菊、甘薯、扁豆属植物和皱叶狗尾草的主茎长度、分枝长和叶柄长，记录分枝/分蘖数、主茎节数和不定根节数，叶面积用 Li-3000A 型叶面积仪（Li-Cor，Lincoln，USA）测定。然后，分别将选取植物的地上部剪下和地下根系全部挖出（深约 35cm），用自来水将根系洗净后将植株分开为地上、地下部分，在烘箱 75℃ 烘干至恒质量，用电子天平（型号 SPS202F80104042，精确度 0.0001g）称重。

## 1.4 数据处理

采用相对产量（relative yield，$RY$）（De Wit，1960）、相对产量总和（relative yield total，$RYT$）（FOWLER，1982）和竞争平衡指数（competitive balance index，$CB$）（WILSON，1988）来测度物种间资源竞争利用效能和竞争影响，计算公式如下，计算中生物量产量为整株植株干物质质量。

$$RYa = Yab / Ya \text{ 或 } RYb = Yba / Yb$$

$$RYT = （RYab + RYba）/2$$

$$CBa = \ln （RYa / RYb）$$

式中：$a$、$b$ 代表两物种名称；$RYa$、$RYb$ 分别为物种 $a$ 和物种 $b$ 在混种时的相对产量；$Ya$、$Yb$ 分别为物种 $a$ 和物种 $b$ 在单种时的单株产量（或单位面积产量）；$Yab$、$Yba$ 分别为物种 $a$ 和物种 $b$ 在混种时的单株产量。

$RY$ 值表明不同种所经历竞争的类型：$RY = 1.0$ 表明种内和种间竞争水平相当；$RY > 1.0$ 表示种内竞争大于种间竞争；$RY < 1.0$ 表示种间竞争大于种内竞争。$RYT < 1.0$ 表明 2 物种间具有竞争力；$RYT > 1.0$ 表明 2 物种之间没有竞争作用；$RYT = 1.0$ 表明 2 物种需要相同的资源，且一种可以通过竞争将另一种排除出去。$CBa > 0$ 说明物种 $a$ 的竞争能力比物种 $b$ 强；$CBa = 0$ 说明物种 $a$ 和物种 $b$ 竞争能力相等；$CBa < 0$ 说明物种 $a$ 的竞争能力比物种 $b$ 弱；$CBa$ 越大说明物种 $a$ 的竞争能力越强。

薇甘菊和 3 种竞争物种的主茎长、分枝长、分枝数和生物量等用 DPS v9.01 版软件的配对样本 t 测验（paired-samples）检测，薇甘菊和 3 种竞争物种在混种中的竞争影响采用单一样本 t 测验（one samples t test）分别比较 $RY$、$RYT$ 与 1、$CB$ 与 0 的差异性，物种、试验密度及物种×密度对薇甘菊的竞争影响采用两因素（随机模型）（Two-way ANOVA）进行方差分析。

## 2 结果和分析

### 2.1 3种植物对薇甘菊株高的影响

研究结果表明，物种、种植密度以及物种和种植密度互作对薇甘菊的总茎长、主茎长和分枝长均有显著或极显著影响（$P < 0.05$ 或 $0.001$）（表1）。薇甘菊单种时，其总茎长、主茎长和分枝长分别为 988.07 cm、300.55 cm 和 687.52 cm，分枝长明显大于主茎长。3种植物与薇甘菊混种，薇甘菊植株总茎长、主茎长和分枝长均明显地受到竞争的影响，其中甘薯的抑制能力最强，其次为扁豆属植物，最差的是皱叶狗尾草。甘薯与薇甘菊混种，随甘薯密度增加薇甘菊的总茎长、主茎长和分枝长均显著地受到抑制，甘薯对薇甘菊分枝长抑制率明显高于主茎长，在甘薯与薇甘菊混种比例为 60：20 和 80：20 达到最大，分别为 83% 和 91%（表2）。扁豆属植物与薇甘菊混种，随扁豆属植物密度增加薇甘菊的总茎长、主茎长和分枝长也显著地受到抑制，除扁豆属植物与薇甘菊混种比例为 20：20 主茎长小于分枝长外，其余各同等密度下均大于分枝长，在扁豆属植物与薇甘菊混种比例为 80：20 抑制率达到最大，为 96%。皱叶狗尾草与薇甘菊混种，随皱叶狗尾草密度增加薇甘菊的总茎长、主茎长和分枝长明显地受到抑制，其中对薇甘菊的分枝长抑制率明显大于主茎长，但对主茎长抑制的变化规律不明显，有时对主茎长反而会有促进作用（表2）。

### 2.2 3种植物对薇甘菊分枝数的影响

物种和种植密度对薇甘菊的分枝数影响不显著（$P > 0.05$），但物种和种植密度互作对薇甘菊的分枝数有极显著影响（$P < 0.001$）（表1）。单种时，薇甘菊平均分枝数为 9.03 个/株，混种时明显地受到竞争的影响，其中甘薯的抑制能力最强，其次为扁豆属植物，最差的是皱叶狗尾草（表2）。甘薯与薇甘菊混种，随甘薯密度增加薇甘菊的分枝数显著地受到抑制，但当甘薯与薇甘菊混种比例为 60：20 和 80：20 时差异并不显著，这表明混种比例 60：20 是抑制薇甘菊分枝数的最佳密度。扁豆属植物与薇甘菊混种，除扁豆属植物与薇甘菊混种比例为 20：20 时薇甘菊分枝数显著大于其单种外，其余各处理的分枝数均显著小于单种，且各处理随扁豆属植物密度增加薇甘菊的分枝数显著地受到抑制。皱叶狗尾草与薇甘菊混种，各处理与薇甘菊单种的分枝数差异显著，但各处理随皱叶狗尾草密度增加薇甘菊分枝数的差异并不显著（表2）。

**表1 不同密度3种植物对薇甘菊株高、分枝数和生物量二因素方差分析**

| 因变量 | 自由度 | 平方和 | 均方 | F | P |
|---|---|---|---|---|---|
| 总茎长 | | | | | |
| 物种 | 2 | 1 172 604.63 | 586 302.32 | 25.58 | 0.001 2 |
| 密度 | 3 | 805 074.89 | 268 358.30 | 11.71 | 0.006 4 |
| 物种×密度 | 6 | 137 508.59 | 22 918.10 | 104.46 | 0.000 1 |
| 误差 | 33 | 7 240.16 | 219.40 | | |
| 主茎长 | | | | | |
| 物种 | 2 | 76 026.63 | 38 013.32 | 11.48 | 0.008 9 |
| 密度 | 3 | 51 712.38 | 17 237.46 | 5.20 | 0.041 6 |
| 物种×密度 | 6 | 19 872.17 | 3 312.03 | 34.90 | 0.000 1 |
| 误差 | 33 | 3 131.74 | 94.90 | | |

| 因变量 | 自由度 | 平方和 | 均方 | F | P |
|---|---|---|---|---|---|
| 分枝长 | | | | | |
| 物种 | 2 | 649 589.61 | 324 794.80 | 25.55 | 0.001 2 |
| 密度 | 3 | 466 640.18 | 155 546.73 | 12.23 | 0.005 7 |
| 物种×密度 | 6 | 76 284.21 | 12 714.03 | 138.63 | 0.000 1 |
| 误差 | 33 | 3 026.56 | 91.71 | | |
| 分枝数 | | | | | |
| 物种 | 2 | 37.06 | 18.53 | 1.40 | 0.317 7 |
| 密度 | 3 | 95.98 | 31.99 | 2.41 | 0.165 3 |
| 物种×密度 | 6 | 79.61 | 13.27 | 109.00 | 0.000 1 |
| 误差 | 33 | 4.02 | 0.12 | | |
| 生物量 | | | | | |
| 物种 | 2 | 568.00 | 284.00 | 29.32 | 0.000 8 |
| 密度 | 3 | 161.51 | 53.84 | 5.56 | 0.036 3 |
| 物种×密度 | 6 | 58.11 | 9.69 | 194.45 | 0.000 1 |
| 误差 | 33 | 1.64 | 0.05 | | |

## 2.3　3 种植物对薇甘菊生物量的影响

物种、种植密度以及物种和种植密度互作对薇甘菊的生物量均有显著或极显著影响（$P < 0.05$ 或 $P < 0.001$）（表 1）。单种时，薇甘菊的平均生物量为 12.45 g/株，混种时明显地受到竞争的影响，其中抑制能力最强的是甘薯，其次为扁豆属植物，皱叶狗尾草为最弱（表 2）。甘薯与薇甘菊混种，随甘薯密度增加薇甘菊的生物量均显著地受到抑制，在甘薯与薇甘菊混种比例为 80∶20 达到 86%（表 2）。扁豆属植物与薇甘菊混种，随扁豆属植物密度增加薇甘菊的生物量也显著地受到抑制，在扁豆属植物与薇甘菊混种比例为80∶20 达到 92%。皱叶狗尾草与薇甘菊混种，除皱叶狗尾草与薇甘菊混种比例为 20∶20 生物量显著高于薇甘菊单种外，其余各处理的生物量均显著小于单种，但各处理随皱叶狗尾草密度增加薇甘菊生物量的差异并不显著，表明皱叶狗尾草与薇甘菊混种比例等于或小于 1∶1 更有利于促进薇甘菊的生物量增长（表 2）。

### 表 2　3 种植物对薇甘菊形态特征和生物量的影响

| 竞争物种 | 竞争种密度（株/m²） | | | | |
|---|---|---|---|---|---|
| | 0 | 20 | 40 | 60 | 80 |
| 薇甘菊总茎长（cm） | | | | | |
| 甘薯 I. batatas | 988.07 ± 4.34[a] | 440.49 ± 11.45[b] | 347.37 ± 7.32[c] | 296.11 ± 14.47[d] | 202.67 ± 7.80[e] |
| 扁豆属植物 Lablab | 988.07 ± 4.34[a] | 677.09 ± 09.06[b] | 430.77 ± 12.02[c] | 325.03 ± 16.66[d] | 135.05 ± 11.40[e] |
| 皱叶狗尾草 S. plicata | 988.07 ± 4.34[a] | 844.73 ± 31.74[c] | 639.03 ± 5.50[d] | 717.45 ± 14.06[e] | 529.74 ± 13.37[e] |
| 薇甘菊主茎长（cm） | | | | | |
| 甘薯 I. batatas | 300.55 ± 13.58[a] | 221.09 ± 9.66[b] | 198.78 ± 5.03[c] | 177.61 ± 13.69[d] | 139.84 ± 5.62[e] |
| 扁豆属植物 Lablab | 300.55 ± 13.58[a] | 261.01 ± 7.79[b] | 231.16 ± 6.62[c] | 199.74 ± 13.25[d] | 107.19 ± 7.34[e] |
| 皱叶狗尾草 S. plicata | 300.55 ± 13.58[a] | 286.94 ± 17.19[a] | 267.38 ± 4.22[b] | 293.68 ± 5.44[a] | 253.65 ± 7.75[b] |

（续表）

| 竞争物种 | 竞争种密度（株/m²） | | | | |
|---|---|---|---|---|---|
| | 0 | 20 | 40 | 60 | 80 |
| 薇甘菊分枝长（cm） | | | | | |
| 甘薯 I. batatas | 687.52 ± 11.75[a] | 219.39 ± 5.45[b] | 148.59 ± 7.49[c] | 118.49 ± 6.38[d] | 62.83 ± 3.27[e] |
| 扁豆属植物 Lablab | 687.52 ± 11.75[a] | 416.08 ± 16.81[b] | 199.61 ± 12.96[c] | 125.29 ± 4.60[d] | 27.86 ± 7.87[e] |
| 皱叶狗尾草 S. plicata | 687.52 ± 11.75[a] | 557.79 ± 16.43[b] | 371.65 ± 9.96[d] | 423.77 ± 10.14[c] | 276.15 ± 8.93[e] |
| 薇甘菊分枝数 | | | | | |
| 甘薯 I. batatas | 9.03 ± 0.29[a] | 4.60 ± 0.16[b] | 3.23 ± 0.13[c] | 1.73 ± 0.05[d] | 1.83 ± 0.05[d] |
| 扁豆属植物 Lablab | 9.03 ± 0.29[b] | 10.05 ± 1.06[a] | 4.63 ± 0.40[c] | 3.48 ± 0.24[d] | 1.78 ± 0.10[e] |
| 皱叶狗尾草 S. plicata | 9.03 ± 0.29[a] | 4.18 ± 0.15[b] | 4.13 ± 0.17[b] | 4.05 ± 0.13[b] | 4.18 ± 0.15[b] |
| 薇甘菊生物量（g） | | | | | |
| 甘薯 I. batatas | 12.45 ± 0.54[a] | 4.37 ± 0.21[b] | 3.43 ± 0.06[c] | 2.28 ± 0.09[d] | 1.73 ± 0.08[e] |
| 扁豆属植物 Lablab | 12.45 ± 0.54[a] | 9.40 ± 0.36[b] | 4.20 ± 0.26[c] | 1.59 ± 0.05[d] | 1.05 ± 0.14[e] |
| 皱叶狗尾草 S. plicata | 12.45 ± 0.54[b] | 13.02 ± 0.34[a] | 9.84 ± 0.17[c] | 10.27 ± 0.34[c] | 9.83 ± 0.15[c] |

注：表中数据为平均值±标准差，同一行数值后小写字母相同表示未达5%显著水平，不同表示5%水平差异显著

## 2.4　3种植物与甘薯混种的竞争作用

3种植物与薇甘菊在不同比例混种的相对产量测定表明，薇甘菊与3种物种之间呈现出较强的竞争作用（表3）。3种物种与薇甘菊混种，薇甘菊与3种植物的相对产量 RY 值均显著小于1.0，表明薇甘菊和3种物种的种间竞争均大于种内竞争。甘薯与薇甘菊混种，甘薯相对产量在各个混种比例下 RY 明显大于薇甘菊，随甘薯密度增加薇甘菊相对产量显著地受到抑制；扁豆属植物与薇甘菊混种，除扁豆属植物与薇甘菊混种比例为20：20扁豆属植物 RY 小于薇甘菊外，其余各处理在同等密度下 RY 明显大于薇甘菊，随扁豆属植物密度增加薇甘菊相对产量显著地受到抑制；皱叶狗尾草与薇甘菊混种，皱叶狗尾草相对产量在各个混种比例下 RY 明显小于薇甘菊，随皱叶狗尾草密度增加薇甘菊相对产量变化规律并不明显，所有这些表明甘薯和扁豆属植物对薇甘菊相对产量的抑制率大于薇甘菊对其抑制率，而皱叶狗尾草对薇甘菊相对产量的抑制则相反。此外，3种植物与薇甘菊的相对产量总和 RYT 均显著小于1.0，表明3种物种和薇甘菊之间存在着竞争作用。

3种物种与薇甘菊的竞争平衡指数，甘薯与薇甘菊混种的所有处理中薇甘菊的竞争指数 CB 均显著大于0，随甘薯密度增加薇甘菊竞争指数显著地增加，最大为1.85，表明甘薯对薇甘菊的竞争力强于薇甘菊。扁豆属植物与薇甘菊混种，在扁豆属植物与薇甘菊混种比例为20：20时薇甘菊竞争指数显著小于0，其余各个混种比例下其竞争指数均显著大于0，最大为2.44，表明扁豆属植物对薇甘菊的竞争力强于薇甘菊。皱叶狗尾草与薇甘菊混种，所有处理中薇甘菊的竞争指数均显著小于0，随皱叶狗尾草密度增加薇甘菊竞争指数逐渐降低且变化规律不明显，表明皱叶狗尾草对薇甘菊的竞争力小于薇甘菊。

表3　3种物种与薇甘菊混合种植条件下的相对产量，相对产量总和与竞争平衡指数

| 竞争物种 | 竞争种密度（株/m²） | | | |
| --- | --- | --- | --- | --- |
| | 20 | 40 | 60 | 80 |
| 薇甘菊相对产量（RYM） | | | | |
| 甘薯 I. batatas | 0.35 ± 0.03[a]** | 0.28 ± 0.02[b]** | 0.18 ± 0.01[c]** | 0.14 ± 0.01[d]** |
| 扁豆属植物 Lablab | 0.76 ± 0.05[a]** | 0.34 ± 0.03[b]** | 0.13 ± 0.01[c]** | 0.09 ± 0.01[d]** |
| 皱叶狗尾草 S. plicata | 0.96 ± 0.02[a]* | 0.79 ± 0.02[bc]** | 0.83 ± 0.04[b]** | 0.77 ± 0.03[c]** |
| 竞争物种相对产量（RYI, RYL, RYS） | | | | |
| 甘薯 I. batatas | 0.63 ± 0.02[c]** | 0.76 ± 0.02[b]** | 0.73 ± 0.01[b]** | 0.90 ± 0.02[a]** |
| 扁豆属植物 Lablab | 0.55 ± 0.02[d]** | 0.78 ± 0.03[c]** | 0.82 ± 0.02[b]** | 0.97 ± 0.01[a]* |
| 皱叶狗尾草 S. plicata | 0.74 ± 0.02[b]** | 0.52 ± 0.00[b]** | 0.51 ± 0.01[b]** | 0.51 ± 0.01[b]** |
| 相对产量总和（RYT） | | | | |
| 甘薯 I. batatas | 0.49 ± 0.01[b]** | 0.52 ± 0.02[a]** | 0.46 ± 0.00[c]** | 0.52 ± 0.01[a]** |
| 扁豆属植物 Lablab | 0.65 ± 0.02[a]** | 0.56 ± 0.01[b]** | 0.47 ± 0.01[d]** | 0.53 ± 0.00[c]** |
| 皱叶狗尾草 S. plicata | 0.85 ± 0.01[a]** | 0.66 ± 0.01[bc]** | 0.67 ± 0.02[b]** | 0.64 ± 0.01[c]** |
| 竞争平衡指数（CB） | | | | |
| 甘薯 I. batatas | 0.59 ± 0.09[d]** | 1.01 ± 0.05[c]** | 1.40 ± 0.05[b]** | 1.85 ± 0.08[a]** |
| 扁豆属植物 Lablab | − 0.31 ± 0.07[d]** | 0.83 ± 0.13[c]** | 1.86 ± 0.04[b]** | 2.44 ± 0.07[a]** |
| 皱叶狗尾草 S. plicata | − 0.26 ± 0.04[a]** | − 0.42 ± 0.03[b]** | − 0.49 ± 0.04[c]** | − 0.41 ± 0.03[b]** |

注：表中数据为平均值 ± 标准差，同一行数值后小写字母相同表示在5% 水平上差异不显著，反之则显著；" ＊＊" 表示 RYM、RYI, RYL, RYS, RYT 与1，CB 与0 比较分别在 $P < 0.001$ 水平的差异显著性；" ＊" 表示在 $P < 0.05$ 水平的差异显著性

## 3　讨论

替代控制是根据植物间的竞争原理，利用替代植物对资源具有强大的竞争优势，包括光照、水分和营养等植物生长所必须的资源和有特殊的化感作用（王平等，2007）。薇甘菊是一种多年生攀援植物，具有极强的形态可塑性（申时才等，2012）和高度异质环境适应性（张付斗等，2011），生长方式为匍匐生长、攀缘生长或二者相结合，而且具有很强的化感作用（Zhang 等，2004；Chen 等，2009）。本试验中，采用的竞争物种甘薯和扁豆属植物属于多年生攀援植物，皱叶狗尾草属于多年生直立草本，这样可以分析本地物种与薇甘菊竞争中植物形态特征和种群密度所扮演的角色，为将来薇甘菊替代物种的快速和准确筛选提供依据。

在物种替代物种能力的评估中，物种类型和种群密度具有重要作用（Watkinson，1980；Keddy 等，2002）。本研究结果表明，除物种和种植密度对薇甘菊的分枝数影响不显著外（$P > 0.05$），其余各处理中物种、种植密度以及物种和种植密度互作对薇甘菊的总茎长、主茎长、分枝长、分枝数和生物量均具有极显著影响（$P < 0.05$ 或 $0.001$）（表1）。甘薯和扁豆属植物的形态特征与薇甘菊相似，能够与薇甘菊一起争夺更多的同类资源而抑制薇甘菊的生长。皱叶狗尾草形态与薇甘菊差异巨大，竞争过程中往往会被薇甘菊覆盖，因此可能需要大量增加种植密度才能抑制薇甘菊的种子发芽和幼苗生长。

大量研究证明，植物的形态和生长特性可能与入侵性有关，与本地物种相比，入侵种

通常具有一些较强的形态可塑性和竞争力（蒋智林等，2008）。在植物相对竞争能力预测中，植物大小特征是最好的指标，其中生物量是最为重要的参数，它能够反应植物相对竞争力能力的64%（Keddy等，2002）。本试验中，从生物量和形态特征对比看，甘薯和扁豆属植物对薇甘菊具有明显的优势，而皱叶狗尾草处于明显的劣势。无论是在单种还是混种条件下，甘薯和扁豆属植物单株生物量都明显大于薇甘菊，且混种时薇甘菊生物量受到的抑制率明显高于其对甘薯和扁豆属植物的抑制率；皱叶狗尾草单株生物量明显小于薇甘菊（表2）。在各个混种比例下，4物种的相对产量和相对产量总和均显著小于1.0，说明3种植物和薇甘菊的种间竞争大于种内竞争，二者之间存在竞争作用。从竞争平衡指数看，甘薯对薇甘菊的竞争力强于薇甘菊，这与申时才等（2012）报道的结果相吻合。扁豆属植物对薇甘菊的竞争力强于薇甘菊，然而当扁豆属植物与薇甘菊混种比例为20：20时竞争指数小于0，与0差异显著（$P<0.001$），说明小于此混种比例下薇甘菊的竞争力开始强于扁豆属植物。皱叶狗尾草对薇甘菊的竞争指数小于0，与0差异显著（$P<0.001$），说明皱叶狗尾草对薇甘菊的竞争力小于薇甘菊。

从形态特征方面看，甘薯、扁豆属植物与薇甘菊具有很多相似之处，甘薯以匍匐生长为主，对薇甘菊具有一定的化感作用（徐高峰等，2009）；扁豆属植物以攀援生长为主。申时才等（2012）研究发现甘薯对薇甘菊株高、节间长、叶柄长和叶面积有明显的抑制作用，甘薯的节间比薇甘菊短有利于增加甘薯的节数，从而增加与土壤接触的机会和吸收土壤养分，甘薯叶柄长和叶面积均大于薇甘菊而对光照吸收处于竞争优势。本次试验结果进一步证实了上述结论。本研究中，皱叶狗尾草对薇甘菊的形态特征完全处于劣势，而扁豆属植物则具有很多优势。扁豆属植物与薇甘菊混种，对薇甘菊株高、节间长、叶柄长和叶面积有明显的抑制作用。扁豆属植物在叶片数、叶柄长和叶面积方面明显大于薇甘菊，这表明在竞争中大部分薇甘菊的茎和叶片被扁豆属植物遮蔽而导致其生物量的明显降低。同样，本研究中发现扁豆属植物根具有很强的固氮能力，能供给自身养分的需求和增加土壤养分，从而更有利于适应恶劣的外界环境。

总之，本研究表明无论形态特征还是生物量方面，甘薯和扁豆属植物对薇甘菊都具有明显的优势，皱叶狗尾草则完全处于劣势，从而初步确定扁豆属植物和进一步确定甘薯为薇甘菊替代控制的比较理想物种。甘薯和扁豆属植物都是本地物种，甘薯是当地的主要粮食物作物品种之一，扁豆属植物具有较高的经济价值，易于被社会接受和推广。关于甘薯、扁豆属植物与薇甘菊3种植物一起混种、甘薯与薇甘菊、扁豆属植物与薇甘菊不同生长时期的竞争效应、长期竞争演替结果等有待于进一步的深入研究，以便为薇甘菊的替代控制和生态修复提供更加全面和深入的基础理论。

## 参考文献

[1] 杜凡，杨宇明，李俊清，等．云南假泽兰属植物及薇甘菊的为害 [J]．云南植物研究，2006，28（5）：505-508.

[2] 蒋智林．入侵杂草紫荆泽兰与非入侵草本植物竞争的生理生态机制研究 [D]．北京：中国农业科学院博士论文，2007，22-26.

[3] 蒋智林，刘万学，万方浩，等．植物竞争能力测度方法及其应用评价 [J]．生态学杂志，2008，27（6）：985-992.

［4］ 李博. 植物竞争——作物与杂草相互作用的实验研究 ［M］. 北京：中国高等教育出版社，2001，40－71.

［5］ 李天林，申时才，徐高峰，等. 薇甘菊不同时期的营养繁殖及其生物量分配特征 ［J］. 西北植物学报，2012，32（7）：1 377－1 383.

［6］ 吕远，王贵启，郑丽，等. 入侵植物黄顶菊与本地植物的竞争 ［J］. 生态学杂志，2011，30（4）：677－681.

［7］ 马杰，易津，皇甫超河，等. 入侵植物黄顶菊与3种牧草竞争效应研究 ［J］. 西北植物学报，2010，30（5）：1 020－1 028.

［8］ 彭恒，桂富荣，李正跃，等. 白茅对紫茎泽兰的竞争效应 ［J］. 生态学杂志，2010，29（10）：1 931－1 936.

［9］ 邵华，彭少麟，刘运笑，等. 薇甘菊的生物防治及其天敌在中国的发现 ［J］. 生态科学 2002，21（1）：33－36.

［10］ 申时才a，徐高峰，张付斗，等. 甘薯对薇甘菊的竞争效应 ［J］. 生态学杂志，2012，31（4）：850－855.

［11］ 申时才b，徐高峰，李天林，等. 5种入侵植物补偿反应及其形态可塑性比较 ［J］. 西北植物学报，2012，32（1）：173－179.

［12］ 田耀华，冯玉龙，刘潮. 氮肥和种植密度对紫茎泽兰生长和竞争的影响 ［J］. 生态学杂志，2009，28（4）：577－588.

［13］ 王平，王天慧，周道玮，等. 植物地上竞争与地下竞争研究进展 ［J］. 生态学报，2007，27（8）：3 489－3 499.

［14］ 徐高峰，张付斗，李天林，等. 5种植物对薇甘菊化感作用研究 ［J］. 西南农业学报，2009，22（5）：1 439－1 443.

［15］ 徐高峰，张付斗，李天林，等. 不同密度五种植物对薇甘菊幼苗的竞争效应 ［J］. 生态环境学报，2011，20（5）：798－804.

［16］ 昝启杰，孙延军，廖文波，等. 林草净杀灭薇甘菊（*Mikania micrantha*）及其安全性 ［J］. 生态学报，2007，27（8）：3 407－3 416.

［17］ 张付斗，李天林，徐高峰，等. 薇甘菊不同生长方式下的繁殖特征比较 ［J］. 植物学报，2011，46（1）：59－66.

［18］ 钟晓青，黄卓，司寰，等. 深圳内伶仃岛薇甘菊为害的生态经济损失分析 ［J］. 热带亚热带植物学报，2004，12（2）：167－170.

［19］ Barreto R W, Evans H C. The mycobiota of the weed *Mikania micrantha* in southern Brazil with particular reference to fungal pathogens for biological control ［J］. *Mycological Research*，1995，99（3）：343－352.

［20］ Chen Baoming, Peng Shaolin, Ni Guangyan. Effects of the invasive plant *Mikania micrantha* H. B. K. on soil nitrogen availability through allelopthy in South China ［J］. *Biological Invasions*，2009，11：1 291－1 299.

［21］ De Wit C T. On Competition ［M］. Verslagen Landbouwkundige Onderzoekigen，1960，66：1－82.

［22］ Fowler N. Competition and coexistence in a North Carolina grassland ［J］. *Journal of Ecology*，1982，70：19－82

［23］ Holm L G, Plucknett D L, Pancho J K, et al. The World's Worst Weeds：Distribution and Biology ［M］. Honolulu：University Press of Hawaii，1977，320－327.

［24］ Keddy P, Nielsen K, Weiher E, et al. Relative competitive performance of 63 species of terrestrial herbaceous plants ［J］. *Journal of Vegetation Science*，2002，13：5－16.

［25］ Li Weihua, Zhang Chongbang, Gao Guijuan, et al. Relationship between *Mikania micrantha* invasion and soil microbial biomass, respiration and functional diversity ［J］. *Plant Soil*, 2007, 296: 197 – 207.

［26］ Lowe S, Browne M, Boudjelas S, et al. 100 of the World's Worst Invasive Alien Species, A selection from Global Invasive Species Database ［M］. Auckland: IUCN/SSC Invasive Species Specialist Group (ISSG), 2000, 1 – 12.

［27］ Lugo A E. The apparent paradox of reestablishing species richness on degraded lands with tree monocultures ［J］. *Forest Ecology and Management*, 1997, 99: 9 – 19.

［28］ Shen Hao, Hong Lan, Chen Hua, et al. The response of the invasive weed *Mikania micrantha* to infection density of obligate parasite *Cuscuta campestris* and its implications for biological control of *Mikania micrantha* ［J］. *Botanical Studies*, 2011, 52: 89 – 97.

［29］ Wang Ting, Su Yingjuan, Chen Guopei. Population genetic variation and structure of the invasive weed *Mikania micrantha* in Southern China: Consequences of rapid range expansion ［J］. *Journal of Heredity*, 2008, 99 (1): 22 – 33.

［30］ Watkinson A R. Density dependence in single-species populations of plants ［J］. *Journal of Theoretical Biology*, 1980, 83: 354 – 357.

［31］ Wilson J B. Shoot competition and root competition ［J］. *Journal of Applied Ecology*, 1988, 25: 279 – 296.

［32］ Yu Hua, He Weiming, Liu Jian, et al. Native *Cuscuta campestris* restrains exotic Mikania micrantha and enhances soil resources beneficial to natives in the invaded communities ［J］. *Biological Invasions*, 2009, 11: 835 – 844.

［33］ Zhang Linyan, Ye Wanhui, Cao Honglin, et al. *Mikania micrantha* H. B. K in China-an overview ［J］. *Weed Research*, 2004, 44: 42 – 49.

# 不同载体骨架类型对大豆再生效率影响的研究[*]

隋　丽[**]　　杨向东　　杨　静　　邢国杰　　董英山　　李启云[***]

（吉林省农业科学院，长春　130033）

**摘　要**：本试验研究了不同载体骨架对大豆子叶节诱导再生率的影响。试验选用 2 种双价表达载体 PB7RWG 和 pCAMBIA3300（均携带目的基因 oxdc1 和 glu），采用农杆菌介导大豆半种子遗传转化方法，分别转化不同大豆基因型 Jack、W82、HC6。结果表明：以 PB7RWG 为载体骨架的基因，3 种基因型诱导效果都比较好，其中 Jack 的诱导率最高，达到 84.87%；以 pCAMBIA3300 为载体骨架的基因，3 种基因型诱导率都比较低，仅为 10% 左右。因此，不同载体骨架类型可能会明显影响大豆子叶节再生效率和转化效率。

**关键词**：载体构建；农杆菌介导；半种子法；转化效率

大豆的转基因研究开始于 20 世纪 80 年代，自 1988 年 Hinche 等[1]用农杆菌侵染大豆子叶节率先获得转基因大豆植株以来，大豆的遗传转化研究受到广泛的重视。近年来随着分子生物学实验技术的发展，转基因大豆研究不断深入，尽管经过 20 多年的研究，大豆转化效率不断提高，但是与水稻（转化率 30%）、玉米（转化率 41%）等农作物相比较，大豆转化效率仍然较低，依旧是公认的难转化作物[2]。影响大豆转化效率的因素有很多，包括大豆基因型、农杆菌菌株、载体构建、抗氧化剂类型、筛选剂，光照强度、光照时间、培养温度[3]等，通过对各转化环节因素的优化，大豆的转化效率有待于进一步提高。本文探讨了载体构建这一环节对大豆转化效率的影响。

## 1　材料与方法

### 1.1　试验材料

#### 1.1.1　植物材料

大豆品种为 Jack、W82、HC6 号，由吉林省农业科学院生物技术研究所大豆遗传转化实验室提供。

#### 1.1.2　菌株及质粒

农杆菌菌株为 EHA105，目的基因为 oxdc1 和 glu，筛选标记基因为除草剂抗性 Bar 基因，植物表达载体分别以 PB7RWG 和 pCAMBIA3300 为骨架，PB7RWG-oxdc1-glu 结构见图 1，pCAMBIA3300-oxdc1-glu 结构见图 2，其中 PB7RWG-oxdc1-glu 更换大豆组成型启动在 Gmubi3。

#### 1.1.3　培养基

试验所用的培养基及其成分参考 Zhang 等[4]和 Paz 等[5]的方法，见表 1。

---

\* 基金项目：国家转基因生物新品种培育重大专项（2011ZX08004 - 004，2008ZX08004 - 006B，2009ZX08009052B）

\*\* 第一作者简介：隋丽（1981—），女，硕士，助理研究员，研究方向为大豆遗传转化；Tel：0431 - 87063192，E-mail：suiyaoyi@ yahoo. com. cn

\*\*\* 通讯作者：李启云；Tel：0431 - 87063003，E-mail：qyli@ cjaas. com

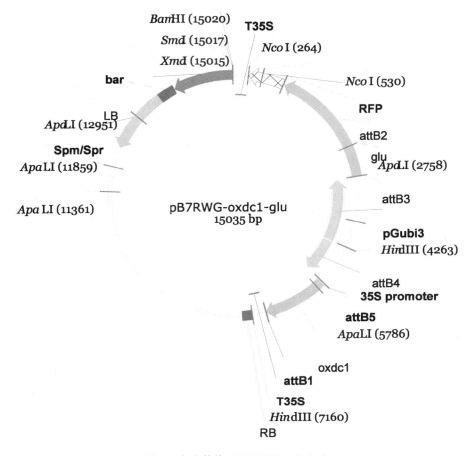

图 1　表达载体 PB7RWG-oxdc1-glu

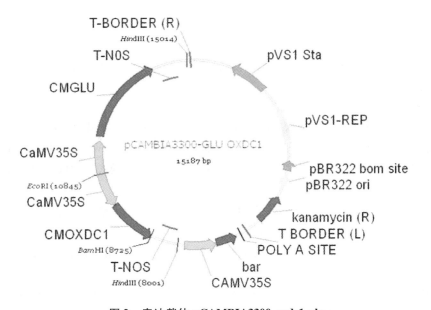

图 2　表达载体 pCAMBIA3300-oxdc1-glu

表1 农杆菌介导大豆半种子法转化过程中应用的培养基

| 培养基 | 培养基成分（1L） |
| --- | --- |
| YEP | 10g 胰蛋白胨 + 10g 酵母浸膏 + 5g 氯化钠，pH7.0 |
| 萌发培养基 GM | $B_5$ 无机 + $B_5$ 有机 + 20g 蔗糖 + 凝胶，pH5.8 |
| 共培养培养基 CCM | 1/10 $B_5$ 无机 + $B_5$ 有机 + 30g 蔗糖 + 微量元素 + 8g 琼脂，pH5.4 |
| 菌体重悬培养基 CCM | 1/10 $B_5$ 无机 + $B_5$ 有机 + 30g 蔗糖 + 微量元素，pH5.4 |
| 不定芽诱导培养基 SIM | 以 MS 作基本培养基，附加 30 g 蔗糖，pH5.7 |
| 生根培养基 RM | 以 MS 作基本培养基，附加 20 g 蔗糖，pH5.6 |

## 1.2 试验方法

### 1.2.1 农杆菌菌液的制备

取甘油管保存的农杆菌菌液，接种于含有抗生素的 YEP 液体培养基中，28℃，180r/min 振荡培养过夜，进行一次活化。二次活化按照适当的比例将活化好的菌液加入含有抗生素的 YEP 液体培养基中，振荡培养至 $OD_{600} = 0.6 \sim 0.8$。侵染前，将活化好的农杆菌菌液分到 50ml 的离心管中，每管约 40ml，3500 r/min，离心 10min，菌体沉淀用等体积的菌体重悬培养基 CCM 重悬。

### 1.2.2 农杆菌介导的半种子转化法

农杆菌介导法根据 Paz 等的方法有所改动[5~6]。大豆种子萌发：取挑选表面光滑、饱满、无病斑的成熟大豆种子，采用氯气熏蒸法灭菌，在超净工作台内将种子吹至无明显氯气味道后，接种在萌发培养基 GM 上，暗培养过夜，温度为 23℃。共培养：萌发后的种子用来制备外植体。用解剖刀沿中轴线将大豆种子切开，去皮，在子叶节有效分化部位划出切口，浸泡到装有重悬农杆菌菌液的培养基中，保证外植体被完全浸泡，60r/min，计时 30min。侵染完成后，将外植体转移到铺有无菌滤纸的共培养基中，23℃，暗培养 4 天。丛生芽诱导：共培养后，将外植体放到茎诱导培养基（SIM）中，14 天后继代培养，此次需要切掉下胚轴，余 5mm 左右。培养条件为全天（25 ± 2）℃，16/8 昼夜比。幼茎伸长：14 天后结束丛生芽诱导阶段，将分化的外植体转移到茎伸长培养基（SEM），每 14 天继代。生根：待抗性苗高度约 3cm 时，将其切下，转移至生根（RM）培养基中继续培养，待根系发达，经炼苗移入盆中栽培。

统计共培养外植体数、抗性外植体数（SEMI 得到的外植体数）计算丛生芽诱导率，计算公式如下：

丛生芽诱导率（%） = （抗性外植体数/共培养外植体数）×100

## 2 结果与分析

本实验选用的 3 种基因型 Jack、W82 及 HC6 号，相对而言都易于转化。对采用 PB7RWG 和 pCAMBIA3300 载体的大豆受体材料转化结果进行比较，统计抗性外植体数和丛生芽诱导率，结果见表2。从表中数据可以看出，以 PB7RWG 作为载体，3 种基因型都获得了较高的诱导率，其中，Jack、W82、HC6 号的诱导率分别为 84.87%、70.8%、69.17%，在后续的实验中，丛生芽也比较容易伸长，其中，Jack 获得转化抗性苗 7 株，W82 及 HC6 号均有部分丛生芽伸长，出苗总数还有待于调查；以 pCAMBIA3300 为载体，

Jack、W82、HC6 号诱导率均偏低，分别为 13.43%、5.38%、7.25%，外植体都很快褐化死亡，没有抗性苗产生。从总体情况来看，PB7RWG-oxdc1-glu 明显优于 pCAMBIA3300-oxdc1-glu 的转化效果，二者转化效果差异显著。转化 *oxdc1-glu* 基因时，以 PB7RWG 为载体骨架进行构建改造，有利于外源基因的转化及表达。

**表 2　三种受体材料丛生芽诱导结果**

| 载体 | 基因型 | 共培养外植体数 | 抗性外植体数 | 丛生芽诱导率（%） |
|---|---|---|---|---|
| PB7RWG | Jack | 119 | 101 | 84.87A |
|  | W82 | 161 | 114 | 70.8A |
|  | HC6 号 | 120 | 83 | 69.17A |
| pCAMBIA3300 | Jack | 134 | 18 | 13.43B |
|  | W82 | 130 | 7 | 5.38B |
|  | HC6 号 | 138 | 10 | 7.25B |

## 3　讨论

构建植物表达载体力求易改造、方便实用，目前农杆菌介导法常用的中间载体有两类：共整合载体和双元载体。由于双元载体不需要共整合过程，无须要求系统中的 2 个质粒具有同源序列，构建相对简单，而且转化频率较高，目前农杆菌介导作物遗传转化多采用双元载体进行[7]。在本试验中，采用两种载体骨架得到的实验结果差异显著，这可能与 PB7RWG-oxdc1-glu 更换 ubi3 启动子为 pGubi3 有关，此外，每批次侵染农杆菌菌株的活性、侵染划刀过程中外植体伤口的处理情况（深或浅）、载体构建过程中感受态的状态等都会影响转化效果，通过大量的转化试验，笔者认为此次试验结果载体骨架不同，元件不同是最主要的影响因素。

高效、稳定的遗传转化技术是大豆转基因研究的核心问题之一。大豆转基因的方法主要有农杆菌介导法、基因枪法、电激法、PEG 法和花粉管通道法等[8]。到目前为止，农杆菌介导法因其外源基因整合拷贝数低且完整，操作简便，一直是大豆转化的重要方法。与其他转基因技术相比，农杆菌介导的遗传转化系统具有拷贝数低、遗传稳定、基因沉默现象少和成本低等优点，但农杆菌介导的大豆遗传转化效率一直偏低。近年来，有很多学者对影响大豆转化效率的因素进行了研究和探讨，大豆基因型及外植体、农杆菌菌株及转化效率、外植体与菌株之间的互作、抗性植株的筛选方法等因素均会影响大豆遗传转化的效率。本试验结果表明，对于相同基因而言，利用不同的表达载体，对转化结果有着显著的影响。在遗传转化过程中，我们还要不断摸索，适合的基因与载体相配对，才会有利于转化效率的提高。同时也要关注其他因素对大豆遗传转化的影响，建立良好的再生系统，为后续研究打下坚实的基础。

**参考文献**

[1] Hinchee M A W, Connor-Ward D V, Newell C A, et al. Production of transgenic soybean plants using *Agrobacterium*- mediated gene transfer [J]. Nature Biotechnology, 1988, 6: 915 – 922.

[2] Zhang Z J, Chen X, Nguyen H T. Auto-regulated expression of bacterial isopentenyl transferase gene pro-

motes T-DNA transformation in soybean: US Patents, US 2008/ 0184393 A1 [P]. 2008 – 7 – 31.

[3] 杨向东, 隋丽, 李启云, 等. 大豆遗传转化技术研究进展 [J]. 大豆科学, 2012, 31 (2): 302 – 310, 315.

[4] Zhang Z Y, Xiang A Q, Staswick Q. The use of glufosinate-ammonium as a selective agent in Agrobacterium-mediated transformation of soybean [J]. Plant Cell, Tissue and Organ Culture, 1999, 56: 37 – 46.

[5] Paz M M, Martinez J C, Kalvig A B, et al. Improved cotyledonary node method using an alternative explants derived from mature seed for efficient Agrobacterium-mediated soybean transformation [J]. Plant Cell Reports, 2006, 25: 206 – 213.

[6] Paz M M, Shou H, Guo Z, et al. Assessment of conditions affecting Agrobacterium-mediated soybean transformation using the cotyledoanry node explant [J]. Euphytica, 2004, 136: 167 – 179.

[7] 赵印华, 陈颖珊, 郭丽琼, 等. Pcaafp66 表达载体的构建及其大豆遗传转化的研究 [J]. 大豆科学, 2011, 30 (4): 541 – 545.

[8] Trick H, Dinkins R D, Santarém E R, et al. Recent advances in soybean transformation [J]. Plant Tissue Culture and Biotechnology, 1997, 3: 9 – 26.

# 枯草芽孢杆菌 Bs-0728 芽孢固体发酵条件的优化*

王佳佳**  曹克强  王树桐***

（河北农业大学植物保护学院，保定  071001）

**摘　要：** 枯草芽孢杆菌 Bs-0728 对板蓝根根腐病病原菌有良好的抑制作用。本试验采用固体发酵方式，利用单因素试验和正交试验相结合的方法，获得了 Bs-0728 菌株芽孢固体发酵的最优培养基成分：以 400g/kg 玉米秸秆粉和 300g/kg 的麦麸作为基质，以 100g/kg 玉米粉作为碳源，50g/kg 花生饼粉作为氮源，无机盐为 8g/kg 氯化钙，固液比为 2.5∶1，培养温度为 28～30℃。

**关键词：** 发酵条件；枯草芽孢杆菌；生防菌

　　枯草芽孢杆菌（*Bacillus subtilis*）在自然界中分布广泛，对人畜无害，具有广谱抗菌活性，又因其能产生抗逆性很强的芽孢，有利于生防制剂的加工、运输。因而，成为理想的生防细菌筛选对象。近年来，越来越受到国内外研究学者的关注。枯草芽孢杆菌 Bs-0728 是本实验室筛选发现的一株有较强抑菌活性的生防菌株。在前期试验中，对板蓝根根腐病病原菌表现出良好的抑制作用。室内盆栽试验和大田试验表明 Bs-0728 菌株对苹果再植病害也有良好的防治效果。

　　生防制剂生产的关键技术在于发酵培养，培养条件的优化能提高菌株的生长繁殖速度和抑菌物质的分泌。不同细菌的最优培养条件差异很大。和液体发酵相比，固体发酵原材料价格低廉，发酵条件容易满足，有利于大规模生产，因而本研究对 Bs-0728 芽孢的固体发酵培养基进行了优化，为下一步扩大生产及生防菌剂的田间应用提供依据。

## 1　材料与方法

### 1.1　材料

　　枯草芽孢杆菌 Bs-0728（*Bacillus subtilis*-0728）由本实验室分离、鉴定并保存。种子液培养基为 LB 培养基；平板计数使用 NA 培养基；原始发酵培养基：以质量比为 4∶3 的玉米秸秆粉和麦麸作为基质，氮源 50g/kg，碳源 50g/kg，无机盐为 4g/kg，初始含水量为 200%，分别装入 500ml 三角瓶中，每瓶 50 g。

＊　基金项目：公益性行业（农业）科研专项（200903034）；国家苹果产业技术体系（nycytx－080401）

＊＊　作者简介：王佳佳（1988—），女，在读研究生，主要从事苹果再植病害生物防治研究工作；E-mail：252333559@qq.com

＊＊＊　通讯作者：王树桐（1975—），男，教授，主要从事植物病害流行与综合防控研究工作；Tel：0312－7528589，E-mail：bdstwang@163.com

## 1.2　培养方法

取一环活化的 Bs-0728 单菌落，接入装有 100ml LB 的 300ml 三角瓶中，32℃，180r/min培养18h，作为种子液。在固体培养基中接入0.5%（v/w）的种子液；固液比为200%；置于生化培养箱中32℃培养 7 天，期间每24h 叩瓶翻料两次。80℃ 水浴加热60min 后，采用平板计数法测量芽孢个数。

## 1.3　单因素试验

（1）分别以葡萄糖、淀粉、玉米粉、蔗糖作为碳源，以不加碳源的处理作为空白对照；

（2）分别以棉粕、花生饼粉、蛋白胨、豆粕、酵母浸粉作为氮源，以不加氮源的处理作为空白对照；

（3）分别以硫酸镁、硫酸亚铁、氯化钙、磷酸二氢钠＋磷酸氢二钠作为无机盐，以不加无机盐的处理作为空白对照；

（4）分别使培养基的初始含水量为 50%、100%、150%、200%、250%、300%和350%；

（5）分别在0℃、5℃、15℃、26℃、28℃、30℃、32℃、34℃、36℃条件下培养 Bs-0728 菌株。

## 1.4　正交试验

将筛选出的最优碳源、氮源、无机盐3 个因素选用 $L_9(3^4)$ 正交表，进行正交试验，以确定最适配比，3 个因素的具体水平见表1，试验3 次重复。

**表1　正交因素水平表**

| 水平 | 因子 | | |
| --- | --- | --- | --- |
| | A（碳源）（g/kg） | B（氮源）（g/kg） | C（无机盐）（g/kg） |
| 1 | 50 | 50 | 2 |
| 2 | 100 | 100 | 4 |
| 3 | 200 | 200 | 8 |

## 2　结果与分析

### 2.1　碳源对 Bs-0728 产芽孢数量的影响

从图1可以看出，当以葡萄糖作为碳源时，得到的芽孢数量最多，和其他处理之间差异显著，以淀粉和玉米粉作为碳源时，得到的芽孢数量其次，且两者之间无显著性差异，考虑到工业大规模生产成本，选择价格低廉的玉米粉作为最优碳源，进行下一步试验。

### 2.2　氮源对 Bs-0728 产芽孢数量的影响

由图2可知，当以花生饼粉作为氮源时，发酵得到的芽孢数量最多，达到 $6.47 \times 10^9$ cfu/g，且和其他处理之间差异显著，因此选择花生饼粉作为最优氮源，进行下一步试验。

### 2.3　无机盐对 Bs-0728 产芽孢数量的影响

从图3中可知，不同无机盐对 Bs-0728 芽孢产量的影响差异较大，以氯化钙作为无机盐时，芽孢的产量最大，达到 $8.65 \times 10^8$ cfu/g，与其他处理之间差异显著，因此选择氯化

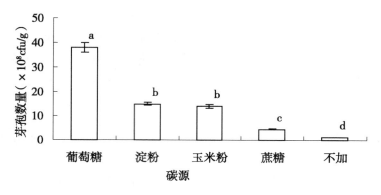

**图1 不同碳源对 Bs-0728 芽孢产量的影响**

注：图中不同处理所标的字母相同，表示相互之间差异不显著（Duncan 多重比较 $P = 0.05$）

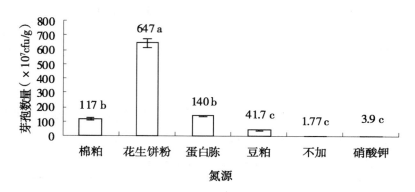

**图2 不同氮源对 Bs-0728 芽孢产量的影响**

注：图中不同处理所标的字母相同，表示相互之间差异不显著（Duncan 多重比较 $P = 0.05$）

钙为最优无机盐，进行下一步试验。

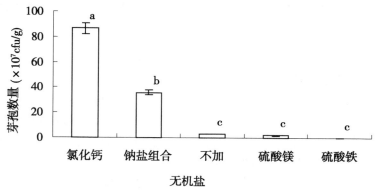

**图3 不同无机盐对 Bs-0728 芽孢产量的影响**

注：图中不同处理所标的字母相同，表示相互之间差异不显著（Duncan 多重比较 $P = 0.05$）

## 2.4 初始含水量对 Bs-0728 产芽孢数量的影响

由图4可以看出，培养基的初始含水量从50%到250%递增时，发酵得到的芽孢数量也呈递增趋势，在初始含水量为250%时达到最大值，当初始含水量从250%到350%递增时，培养基产生芽孢的数量却呈递减趋势，因此选定250%为最优初始含水量。

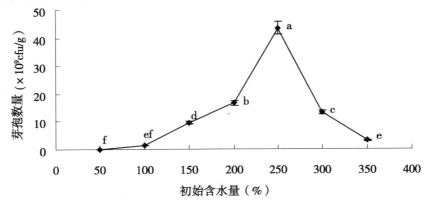

**图4 初始含水量对 Bs-0728 芽孢产量的影响**

注：图中不同处理所标的字母相同，表示相互之间差异不显著（Duncan 多重比较 $P = 0.05$）

## 2.5 发酵温度对 Bs-0728 产芽孢数量的影响

从图5可知，Bs-0728 菌株在 0～15℃ 培养条件下，繁殖速度缓慢，在 24℃ 以上时，繁殖速度增加，在 28～30℃ 时，芽孢数量达到最大。当温度高于30℃时，菌体的繁殖速度呈迅速下降趋势，因此，Bs-0728 菌株芽孢发酵的最适温度为 28～30℃。

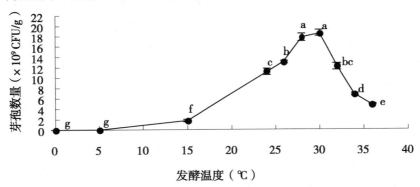

**图5 发酵温度对 Bs-0728 芽孢产量的影响**

注：图中不同处理所标的字母相同，表示相互之间差异不显著（Duncan 多重比较 $P = 0.05$）

## 2.6 正交试验优化结果

由表2中 R 值可知，三营养因子中，氮源对芽孢产量的影响最大，碳源其次，结合 k 值选出最优组合为 $A_2B_1C_3$ 即 100g/kg 玉米粉：50g/kg 花生饼粉：8g/kg 氯化钙。因为本试验中并无 $A_2B_1C_3$ 组合，故以 $A_2B_1C_3$ 水平组合配置培养基，与本实验中产生芽孢数量最多的7号培养基（$A_3B_1C_3$）进行比较。测定两种培养基芽孢产生数量的差异，使用 $A_2B_1C_3$ 配方发酵得到芽孢数量为 $2.01 \times 10^{10}$ cfu/g，7号培养基产芽孢数量为 $1.97 \times 10^{10}$ cfu/g，因此，选择理论最优组合 $A_2B_1C_3$ 作为最优组合配方。

表2 培养基各组分正交试验优化结果分析

| 试验号 | A 碳源 | B 氮源 | C 无机盐 | 芽孢个数 * 10^8 |
|---|---|---|---|---|
| 1 | 1 | 1 | 1 | 8.43 |
| 2 | 1 | 2 | 2 | 2.90 |
| 3 | 1 | 3 | 3 | 27.33 |
| 4 | 2 | 1 | 2 | 97.00 |
| 5 | 2 | 2 | 3 | 56.33 |
| 6 | 2 | 3 | 1 | 79.67 |
| 7 | 3 | 1 | 3 | 182.33 |
| 8 | 3 | 2 | 1 | 1.37 |
| 9 | 3 | 3 | 2 | 43.00 |
| k1 | 12.886 7 | 95.920 0 | 29.823 3 | |
| k2 | 77.666 7 | 20.200 0 | 47.633 3 | |
| k3 | 75.566 7 | 50.000 0 | 88.663 3 | |
| R | 64.780 0 | 75.720 0 | 58.840 0 | |
| 主次顺序 | B > A > C | | | |
| 最优水平 | 100g/kg | 50g/kg | 8g/kg | |
| 最优组合 | A₂B₁C₃ 即玉米粉 100g/kg，花生饼粉 50g/kg，氯化钙 8g/kg | | | |

## 3 讨论与结论

  枯草芽孢杆菌的芽孢耐热、耐干燥、耐酸碱，抗逆性强，比菌体更容易存活，是理想的生物制剂形式。因此，本试验以芽孢数量作为评价 Bs-0728 菌株发酵条件的指标。固体培养基基质成分及颗粒体积对发酵结果也有重要的影响[8]。常用的固体发酵基质有谷子、麦麸、稻壳、玉米秸秆粉、豆饼粉和荞麦等[4,7,12]。本研究在前期试验中发现，以质量比为 4∶3 的玉米秸秆粉和麦麸作为固体发酵基质，最有利于 Bs-0728 菌体的生长[3]。玉米秸秆粉起到疏松培养基的作用，为菌体生长提供了良好的环境，麦麸为菌体的生长提供了多种营养。

  本试验研究了培养基成分及培养条件对枯草芽孢杆菌 Bs-0728 产生芽孢数量的影响，得到了 Bs-0728 菌株芽孢发酵的最优培养基为玉米粉 100g/kg，花生饼粉 50g/kg，氯化钙 8g/kg。最适初始含水量为 250%，最适培养温度为 28 ~ 32℃。使用最优培养基对 Bs-0728 进行发酵得到的芽孢数量达到 $2.01 \times 10^{10}$ cfu/g，超过国家标准规定的生物菌剂最低含菌量标准 $2.0 \times 10^9$ cfu/g。在碳源筛选试验中，以葡萄糖作为碳源的处理，得到的芽孢数量显著高于其他处理，但是以后要进行大规模工业生产，选用葡萄糖作为碳源的成本远远高于玉米粉，因此选择了产生芽孢数量其次的玉米粉作为最优碳源。最优氮源花生饼粉价格低廉，也适于大规模工业生产。本文仅对 Bs-0728 菌株固体发酵培养基成分，及部分培养条件进行了优化，对于其他发酵条件的优化及中试条件的优化尚需进一步研究。

**参考文献**

[1] 杜连祥. 工业微生物实验技术 [M]. 天津：天津科学技术出版社，1992.

［2］ 高琳娜，曹克强，段英姿，等．拮抗细菌 Bs-0728 对板蓝根根腐病的防治作用［J］．植物保护，2011，37（5）：97－100.

［3］ 高琳娜．五株生防细菌对苹果再植病菌的拮抗作用及生防效果研究［D］．保定：河北农业大学硕士学位论文，2011.

［4］ 刘春来，李新民，王克勤，等．蜡蚧轮枝菌固态发酵基质筛选和发酵条件研究［J］．植物保护，2008，34（2）：114－116.

［5］ 穆常青，刘雪，陆庆光，等．枯草芽孢杆菌 B－332 菌株对稻瘟病的防治效果及定殖作用［J］．植物保护学报，2007.34（2）：123－128.

［6］ 宋卡魏，王星云，张荣意．培养条件对枯草芽孢杆菌 B68 芽孢产量的影响［J］．中国生物防治，2007，23（3）：255－259.

［7］ 王英姿，祁之秋，魏松红，等．绿色木霉固体发酵培养基优化组合正交筛选［J］．植物保护，2007，33（2）：61－63.

［8］ 姚伟芳，弓爱君，宋晓春，等．Bt 固态发酵基质优化组合正交筛选［J］．植物保护，2006，5（3）：4－6.

［9］ Cavaglien L，Orlando J，Rodriguez M I，et al. Biocontrol of *Bacillus subtilis* against *Fusarium verticillioides* in vitro and at the maize root level［J］．Research in Microbiology，2005，3（001）：748－754.

［10］ Georgakopoulos D G，Fiddaman P，Leifert C，et al. Biological control of cucumber and sugar beet damping-off caused by *Pythium* ultimum with bacterial and fungal antagonists［J］．Journal of Applied Microbiology，2002，92：1 078－1 086.

［11］ Ongena M，Duby F，Jourdan E，et al. *Bacillus subtilis* M4 decreases plant susceptibility towards fungal pathogens by increasing host resistance associated with differential gene expression［J］．Appl Microbiol Biot，2005，67：692－698.

［12］ Uyar F，Baysal Z. Production and optimization of process parameters for alkaline protease production by a newly isolated *Bacillus sp.* Under solid-state fermentation［J］．Process Biochemistry，2004，39：1 893－1 898.

# 食用菌常见病虫害及无公害防治方法

王　剑[1]　叶慧丽[1]　陈晓娟[1]　胡容平[1]　姚　琳[1]

龚学书[1]　卢代华[1]*　郑林用[2]

（1. 四川省农业科学院植物保护研究所，成都　610066；

2. 四川省农业科学院，成都　610066）

**摘　要：** 中国在食用菌生产品种和产量上居世界第一，但食用菌产业化生产形式下，栽培中出现的病虫侵害以及高毒农药的施用，对食用菌产业发展影响严重。本文论述了食用菌栽培过程中的主要病虫害。食用菌病害主要分成侵染性病害和非侵染性病害两大类；在虫害方面，约有4大类有害昆虫和动物能直接侵害食用菌。在此基础上，讨论了食用菌主要病虫害的无公害防治措施，并提出了研究过程中出现的问题及以后的发展方向。

**关键词：** 食用菌；病虫害；防治方法；生物防治

## 1　前言

我国是食用菌生产大国，其生产量和品种数量在国际上都处于前列。据有关统计，1978 年我国食用菌产量还不足 10 万吨，而到2002 年，全国食用菌总产量已达865 万吨，占世界总产量的70.6%；品种上，据统计，2008 年我国驯化栽培的食用菌种类超过 100 种，商品化的种类约为 60 个，已成为世界上食用菌栽培种类最多的国家。

近年来，随着食用菌产业的迅速发展食用菌栽培规模的不断增大，食用菌病虫害也越来越猖獗。食用菌在栽培过程中，菌丝暴露在外，作为良好的营养基质，为病虫害的发生提供了便利的条件，食用菌病虫害的猖獗对食用菌的产量和质量都造成了不可忽视的影响。据相关统计，食用菌病虫害能使食用菌生产减产 20% ~ 30%，严重时甚至能使食用菌生产绝收。

## 2　食用菌常见病害

按照食用菌病害发生的原因，可分成两大类：侵染性病害（病原病害）和非侵染性病害（非病原病害）。侵染性病害是食用菌在生长发育过程中受到某种病原生物的侵染而引起的病害。进一步可以分为寄生性病害和干扰性病害。

寄生性病害通过寄生在食用菌菌丝体或者子实体上吸收养分，使食用菌生长衰竭，或者不形成子实体，严重地影响了食用菌的产量和质量，其主要以半知菌为主，如镰刀菌（*Fusarium*）、轮枝菌（*Verticillium*）等；线虫由于其发病的特殊性，也常被认为是病害的一种。生产中，主要表现为以下几种病害：

---

* 通讯作者：E-mail：daihualu@ yahoo. com. cn

### 细菌性腐烂病

其病原菌为假单胞菌（*Pseudomonas* sp.），常发生在高温、高湿和通气不良的生长环境下。对茶树菇、鸡腿菇、杏鲍菇、滑菇等生产影响较大，子实体成长期受到细菌侵染后，呈水渍状，发黏，进而腐烂发臭。

### 褐腐病

褐腐病又称湿泡病，由疣孢霉（*Mycogone perniciosa*）引起，主要为害双孢蘑菇、草菇、香菇、平菇、灵芝、银耳等，当菇房内通气不良、温度高（20～30℃）、湿度大时病菌极易暴发。发病初期，蘑菇的菌盖表面和菌柄出现白色绵毛状菌丝，此后，病菇呈水泡状，进而褐腐死亡。幼菇受害后常呈畸形，并伴有褐色液滴渗出，最后腐烂死亡。

### 褐斑病

褐斑病又称干泡病、轮枝霉病，其病原菌为轮枝孢霉（*Verticillium fungicola*），是双孢蘑菇主要病害之一。发病的最适温度为20℃，若在蘑菇未分化期染病，被害幼菇上会形成一团小的干硬球状物；而子实体分化后染病，菌柄变褐，菌盖发生歪斜，形成畸形菇，病菇上着生着一层灰白色病原菌菌丝；当子实体分化完全时感病，菌盖顶部长出丘疹状的小突起，或在菌盖表面上出现灰白色病斑，严重影响蘑菇生产。

### 线虫病

食用菌发生的线虫为害主要有噬菌丝茎线虫（*Ditylenchus myceliophagus*）、堆肥滑刃线虫（*Aphelenchoides composticola*）和小杆线虫（*Pelodera* spp.）3种，噬菌丝茎线虫和堆肥滑刃线虫主要取食菌丝，导致出菇产量显著下降。18～26℃时生长繁殖最快。这两种线虫在双孢蘑菇上较为常见；小杆线虫取食菌丝和子实体，引起子实体稀少、零散、菌丝萎缩或消失，局部菇蕾大量软腐死亡，其在30℃左右时生长繁殖最快，主要为害双孢蘑菇、黑木耳、金针菇。

此外，由黏菌引起的黏菌病害，假单胞杆菌引起的平菇黄斑病，*Pseudomonas tolaasii* 引起的细菌性斑点病、*Cladobotryumvariospermun* 引起的枝霉菌被病也是十分常见的食用菌病害。

干扰性病害主要以真菌为主，这类病原菌在培养料上生长时，会产生一些次生代谢产物，对食用菌菌丝的正常生长造成影响，主要以半知菌为主，包括曲霉（*Aspergillus*）、青霉（*Penicillium*）等。

木霉：常见为害食用菌的木霉主要有绿色木霉（*Trichoderma viride*），康氏木霉（*T. kaningii* Oudem）两种，它们主要着生在菌种、菌棒、菌床的培养基上，适应性很强，各季节都易发生，培养基上呈浅绿、黄绿或绿色。

曲霉：主要有黄曲霉（*A. flavus*）、黑曲霉（*A. niger*）、灰绿曲霉（*A. glaucus*）3种，它们适应性很强，当高温高湿、不通气时极易发生。菌落在培养基上呈黄色、黑色、褐色、绿色，绒状、絮状或厚毡状，有的略带皱纹。

鬼伞：栽培中常见的鬼伞有毛头鬼伞（*Coprinus comatus*）、长根鬼伞（*C. macrorhizus*）、墨汁鬼伞（*C. atrameatarius*）和粪鬼伞（*C. sterquilinus*），高温高湿环境适合它们生长，鬼伞子实体早期白色、个小，2天后倒伏、变黑并液化。

除此之外，青霉、毛霉、根霉、链孢霉等也是食用菌生产中常见的污染杂菌。

# 3　食用菌常见虫害

我国科研工作者对食用菌虫害的研究始于 20 世纪 80 年代，1981 年，杨集昆报道我国已明确为害食用菌的害虫仅 5 种，这是我国最早的对于食用菌害虫的统计。之后，科研工作者陆续调查统计了我国各地食用菌上发生的虫害种类，还发现了许多害虫新种。2005 年何嘉等人总结了当时国内已报道的食用菌害虫种类，共 11 目 44 科 90 余种，害螨 14 科 26 种。食用菌害虫种类多，主要可分为以下几大类：

## 3.1　蚊蝇类

蚊蝇类是食用菌栽培过程中的一大类主要害虫，几乎为害目前栽培的所有食用菌种类，发生普遍的菌蚊包括平菇厉眼菌蚊（*Lycoriella pleuroti*）、真菌瘿蚊（*Mycophila fungicola*）等，菌蝇主要有蚤蝇（*Megaselia* sp.）、厩腐蝇（*Muscina stabulans*）、黑腹果蝇（*Drosophilc melanogaster*）等。蚊蝇类害虫主要以幼虫为害食用菌生产，其直接取食多种食用菌菌丝和子实体，如双孢蘑菇、平菇、茶树菇、秀珍菇、毛木耳、金针菇等，幼虫爬行于菌丝之间，咬食菌丝，使菌丝减少，培养料变黑、松散、下陷，造成出菇困难；出菇以后，幼虫从菇柄基部蛀入取食，并蛀到菇体内部，形成孔洞和隧道，被害部位基质成糊状，继而感染各种霉菌，造成菌袋污染。

## 3.2　跳虫类

跳虫又名烟灰虫，属弹尾目，它们食性很杂，主要为害草菇、金针菇、平菇，也能为害双孢蘑菇、香菇、银耳、竹荪等。其行动迅速，弹跳能力强，以成虫为害，取食食用菌菌丝体，严重时成千成虫聚集于接种穴周围。跳虫每年可以发生 6～7 代，常在夏秋季节暴发，5～8 月份高温季节为害最重。

## 3.3　螨类

螨俗称"菌虱"，其繁殖力强，个体很小，分散活动时很难发现。为害方式主要是取食菌丝和子实体，尤其喜欢吃原基。食用菌菌丝被取食后，造成断裂并逐渐老化衰退，当螨虫群集于菌丝体上时，常将菌丝体啃食一空，使培养料内菌丝退尽、变黑。子实体形成后，螨可将子实体啃成微小的疮疤。螨虫还能携带病菌，导致菇床感染病害。螨虫以成螨和卵的形式越冬，菇房一旦出现螨虫后，短时内难以控制，连续几年都易出现螨虫为害。害螨优势种类中为害最严重的是腐食酪螨（*Tyrophagus putrescentiae*）、食菌嗜木螨（*Caloglyphus mycophagus*）等。

## 3.4　其他害虫

双翅目蚊蝇、弹尾目跳虫、蛛形纲螨类是为害各地食用菌的主要种群，数量大，为害重。其他如鞘翅目、革翅目、鳞翅目、直翅目、缨翅目、等翅目等害虫种类和数量均较少，为害较轻，属次要害虫。

蓟马，属缨翅目，成虫黑色，体小，多发生于潮湿的环境，群集性很强，爬行迅速和随气流扩散，蓟马取食菌类孢子、菌丝体、菇体或腐殖质汁液，并传播病毒及病害。

蛞蝓昼伏夜出，生活在阴暗潮湿的墙缝、土缝、土块等地方。咬食原基和菇体，造成空洞和缺刻，爬行于菇床中，携带和传播病害，常造成病菌从伤口侵染引发多种病害，在其爬行之处，留下一道白色黏液，影响菇体的质量。

## 4　食用菌病虫害无公害防治概述

　　食用菌病虫害的防治一直是食用菌栽培的重要话题，防治手段也是多种多样。由于食用菌的特殊性，药物防治对食用菌影响较大，不能大力推广，对于食用菌病虫害的防治应以"预防为主，综合防治"为指导方针，减少食用菌病虫害的为害。

### 4.1　物理防治

　　物理防治手段是指采用物理方法来控制食用菌病虫害的发生与为害，主要是通过规范的操作、科学灭菌、接种和发菌等环节的无菌操作来减少病害的发生。另外，调节栽培料的碳氮比、pH 值和营养成分的配比，也有助于减少病害的发生。Tokimoto 和 Komatsu 研究发现，在碳源和氮源的种类和配比不同的培养料中，香菇对木霉的抵抗能力不同，因而可以通过调节培养料养分配比来减少木霉对香菇生产的影响。培养料的堆肥要彻底灭菌，也是减少食用菌病害发生的重要途径。吴小平等研究发现，用木屑发酵料栽培毛木耳能大幅度降低霉菌污染。他分析发酵过程中木屑堆积料可能会产生一些抑菌物质，抑制青霉、链孢霉的生长。

　　在虫害方面，物理防治主要是应用害虫的生物学特性而采用物理手段来对其进行控制。例如，黑光灯下放置盛有 0.1% 敌敌畏药液或适量洗衣粉水溶液的盆，置于菇棚内，也可防治菇蚊菇蝇。王尚堃等研究发现，菇棚内强光处挂涂有 40% 的聚丙烯黏胶粘虫板，并定期更换，防治有效期可达 2 个月。除此之外，菇房门窗和通气处安装 60 目以上的防虫网，可以防止成虫飞入。

### 4.2　化学防治

　　采用化学药剂对病虫害进行预防和控制称为化学防治。在防治特点上，化学防治方便易行，见效迅速，是目前食用菌病虫害防治的主流方法。但食用菌的病虫害防治较之其他作物更为困难，化学农药施用不恰当或过于频繁都会给食用菌生长带来不利影响。

　　因此，利用化学防治法防治病虫害在药剂的选择上要谨慎，选择符合 NY/T393—2000《绿色食品农药使用准则》的农药，如甲基托布津、多菌灵等低毒低残留农药，这些药剂按一定浓度使用可以有效防治真菌性病害。周传富等研究发现，0.1% 多菌灵对黄曲霉和绿色木霉有较好的防治效果，但多菌灵的施用浓度不能超过 0.5% 时，否则对平菇菌丝生长的抑制作用非常明显。张松研究表明，平菇可在含 0.1% 托布津或 1% ~ 5% 的 $KMnO_4$ 的培养料中栽培，可较好地防止杂菌的污染，而且对菌丝的生长无不良的影响。邢路军等做了 6 种药剂对食用菌链孢霉防效研究后，发现水杨酸等对链孢霉防治效果非常好且对香菇菌丝生长无明显影响。郭丽琼等研究表明，速生薄口螨和跗线螨对杀虫杀螨剂的反应存在着种的差异性，中西溴氟菊酯和噻螨酮对跗线螨有较强毒力。

### 4.3　生物防治

　　生物防治食用菌病虫害主要是利用微生物的代谢产物或提取物杀灭杂菌害虫，或利用寄生生物、捕食性天敌、病原微生物等生物因子来防治食用菌有害病虫。生物防治方法对环境为害小或不影响环境，安全无毒，前景广阔，是应大力推荐开发的防治方法。

　　对于真菌和细菌性病害，可以利用植物、微生物代谢产物或提取液进行控制，如井冈霉素、多抗霉素等对木霉、青霉和黄曲霉等真菌性病害有较好的防效，而木霉浸出液的抑菌效果优于多菌灵、高锰酸钾等药品。Bis'ko 研究发现，浸麻芽孢杆菌（*Bacillus macer-*

ans) 能降解纤维素和固氮, 改善培养料营养组成, 并对病原菌有一定的拮抗作用, 从而促进糙皮侧耳的生长。

关于食用菌害虫的生物防治研究报道较多。Binns 总结出捕食性螨类天敌主要有双革螨 (*Digamasellusfallax*)、粪寄螨 (*Parasitusfimetorum*) 和窄蛛螨 (*Arctoseiuscetratus*) 3 种。王兆唐等试验发现, 平菇套栽在稻田中, 可显著减少食用菌害虫的发生, 这主要由于稻田中有大量的捕食性蜘蛛, 它们能有效的捕食菌蚊菌蝇, 是害虫的天敌优势种。寄生性天敌主要为线虫, 英国成功研制了斯氏线虫商品制剂, 名为"Nemasysm", 并已广泛地应用于食用菌尖眼蕈蚊的防治上。1993 年 Grewal 等详细研究了 *Steinernemafeltiae* 对金翅刺眼菌蚊 (*Lycoriellaauripila*) 的防治效果, 发现其能显著降低害虫为害的同时, 还能提高蘑菇的产量。

微生物生防制剂中, 对苏云金芽孢杆菌 (*Bacillus thuringiensis*) 研究最为深入, 其杀蚊亚种 *Bti* 是发现最早的具有杀虫效果的生防菌株, 现已广泛应用于各个领域的害虫防治。国内袁盛勇等研究发现, 球孢白僵菌 (*Beauveriabassiana*) MZ041016 菌株、蜡蚧轮枝菌 (*Verticilliumlecanii*) MZ041024 菌株在室内对平菇厉眼蕈蚊的幼虫和成虫均有较好的防治效果。2007 年, Cloyd 等从土荆芥 (*Chenopodiumambrosioides*) 中提取出一种对温室内的害虫具有一定的杀虫活性植物精油, 能使菇蚊 *Bradysia* sp. hr. coprophila 成虫不能正常羽化, 并对高龄幼虫有高于 Bti 及其他植物提取物防治效果。

## 5 问题与展望

长期以来, 食用菌栽培均为季节性传统小农手工作坊式栽培, 对食用菌产业投入不足, 缺乏相应的技术支持和对农民的专业培训。菇农在生产过程中往往只关心栽培产量, 忽视产品的质量安全; 有的菇农追求短期的经济效益, 忽视物理防治为先的原则, 导致菇农在生产中遇到病虫害时措手不及, 盲目施用甚至滥用农药的现象时有发生, 使原本深受消费者喜爱的食用菌也出现了某些有害成分超标现象, 滥用农药不仅达不到理想的防治效果, 还影响食用菌的产量和质量, 加速病虫害产生抗药性, 导致施药量、施药次数和防治成本不断增加, 污染食用菌和产地环境, 影响人体健康, 给食用菌生产带来很大的负面影响。另一方面, 食用菌方面的病菌和害虫从不同的季节以不同的方式与食用菌争夺培养料的营养或者侵害菌丝体和子实体, 造成食用菌产量显著下降。粗略估计, 每年全国有 20% 以上的培养料和子实体为此而报废, 直接经济损失达 40 亿元以上。因此, 如何有效防治食用菌病虫害, 贯彻综合防治的方针, 规范使用农药, 筛选高效、低毒、低残留农药品种, 探索其他绿色无公害的防治方法是当前食用菌产业迫切解决的重要问题, 此外, 广泛应用生物学技术和生物物理等方法, 开展食用菌脱毒方面的研究也是今后的研究方向。

总之, 病虫害的防治应坚持"预防为主, 综合防治"的原则, 把多种有效的、可行的预防措施配合应用, 彼此取长补短, 组成一套有计划的、全面的、有效的防治体系, 就能保证蘑菇的正常生长, 保证优质高产。

## 参考文献

[1] 暴增海, 王文广, 马洪静. 食用菌病虫害生物防治的研究与应用 [J]. 世界农业, 2000 (12): 30 - 32.

［2］ 边银丙，李海峰．人工栽培食用菌主要害虫的无害化防治技术［J］中国食用菌，2008，27（4）：42－44.

［3］ 高会东．食用菌产前、产中、采后无公害生产技术［J］．天津农学院学报，2003，10（2）：53－56.

［4］ 郭丽琼，温志强，林俊扬．几种杀螨剂对食用菌害螨的毒力测定［J］．植物保护学报，1998（1）：91－92.

［5］ 何嘉，张陶，李正跃，等．我国食用菌害虫研究现状［J］．中国食用菌，2005（1）：21－24.

［6］ 胡清秀，宋金俤，侯桂松．优质食（药）用菌生产实用技术手册［M］．北京：中国农业科学技术出版社，2005：329－381.

［7］ 黄毅．食用菌栽培（第三版）［M］．北京：高等教育出版社，2008：323－334.

［8］ 李俊明．绿霉A12浸出液在生料栽香菇中的防霉效果［J］．食用菌，1958，10（3）：34.

［9］ 李胜，于文瑞，张宽健．食用菌菌螨的发生与防治［J］．特种经济动植物，2004（1）：42.

［10］ 李玉．中国食用菌产业现状及前瞻［J］．吉林农业大学学报，.2008，30（4）：446－450.

［11］ 李宗兰．食用菌常见杂菌的无公害防治［J］．西北园艺，2004（3）：44－46.

［12］ 凌亚飞．食用菌病害及其防治研究近况［J］．浙江万里学院学报，1998（3）：23－26.

［13］ 王本成，张志勇，马东艳，等．菇房环境对平菇眼菌蚊生长发育的影响［J］．中国食用菌，2004，23（2）：52－53.

［14］ 王尚堃，徐炜．食用菌害虫无公害综合防治［J］．食用菌，2004（6）：41－42.

［15］ 王增洪．菇蚊、菇蝇的发生及综合防治［J］．食用菌，2001（6）：32－33.

［16］ 王兆唐，蒋玉标，陈俊，等．平菇害虫的生物防治研究［J］食用菌，1998（3）：38.

［17］ 吴光荣，虞轶俊．蘑菇菌种害螨侵染途径的调查研究［J］．植物保护学报，1996，23（1）：17－19.

［18］ 吴小平，饶益强，温志强．木屑堆积发酵料及其在栽培毛木耳上的应用［J］．福建农业大学学报，1999，28（2）：192－195.

［19］ 邢路军，段学君，连红香，等．食用菌链孢霉病绿色化学防治研究［J］．北方园艺，2011（11）：159－161.

［20］ 杨集昆，张学敏．食用菌害虫的类群［J］．植物保护，1981，7（2）：43－46.

［21］ 杨集昆，张学敏．食用菌害虫的类群［J］．植物保护，1981，7（4）：40－45.

［22］ 杨集昆，张学敏．食用菌害虫的类群［J］．植物保护，1981，7（6）：36－40.

［23］ 袁盛勇，孔琼，张宏瑞，等．蜡蚧轮枝菌MZ041024菌株对平菇厉眼蕈蚊成虫的毒力测定［J］．安徽农业科学，2009b，37（30）：14 743－14 744.

［24］ 袁盛勇，孔琼，张宏瑞，等．蜡蚧轮枝菌对平菇厉眼蕈蚊幼虫和蛹的毒力测定［J］．中国农学通报，2009a，25（19）：194－196.

［25］ 袁盛勇，孔琼，张宏瑞，等．球孢白僵菌MZ041016菌株对平菇厉眼蕈蚊的毒力［J］．植物保护，2010，36（2）：141－143.

［26］ 张丽．食用菌厉眼蕈蚊生防菌苏云金杆菌的筛选及毒力测定［D］．福州：福建农林大学，2011.

［27］ 张松．食用菌和霉菌对药剂敏感性的研究［J］．中国食用菌，1995，15（4）：13－14.

［28］ 张晓云，张陶，弓力伟，等．我国食用菌虫害物理防治与生物防治研究现状［J］．中国食用菌，2007，26（1）：10－12.

［29］ 周宝亚．食用菌病虫害的无公害防治技术［J］．现代园艺，2009（5）：29－30.

［30］ 周传富，何云霞，王杰．多菌灵对几种食用菌霉菌抑制作用的研究［J］．安徽农业大学学报，1999，26（4）：457－460.

［31］ Balaraman K. Occurrence and diversity of mosquitocidal strains of Bacillus thuringiensis［J］. Vector Borne Diseases，2005，42：81－86.

［32］ Bis' ko N A, Bilai V T. Influence of bacillus species on the vital functions of Pleurotusostreatus （Jacq. : Fr. ） Kumm. in the paatus （Jacq. : Fr. ） Kumm. in the partly closed artificial ecosystem ［J］. Mikologiya Fitopatologiya, 1995, 29 （5 - 6）: 1 - 7.

［33］ Cloyd R A, Chiasson H. Activity of an essential oil derived from Chenopodiumambrosioides on greenhouse insect pests ［J］. Journal of Economic Entomology, 2007, 100 （2）: 459 - 466.

［34］ Grewal P S, Richardson P N. Effects of application rates of Steinernemafeltiae （Nematoda: Steinernematidae） on biological control of the mushroom fly Lycoriellaauripila （Diptera: Sciaridae） ［J］. Biocontrol Science and Technology, 1993, 3 （1）: 29 - 40.

［35］ Tokimoto K, Komatsu M. Effect of carbon and nitrogen sources in media on the hyphal interference between Lentiunsedodes and some species of Trichoderma ［J］. Annals of the Phytopathological Society of Japan, 1979, 45 （2）: 261 - 264.

# 东莨菪内酯与双脱甲氧基姜黄素对柑橘全爪螨和酢浆草如叶螨的触杀活性研究*

杨振国** 丁 伟 罗金香 张永强***

（西南大学植物保护学院，重庆 400716）

**摘 要**：为明确植物源杀螨活性物质东莨菪内酯与双脱甲氧基姜黄素对柑橘全爪螨和酢浆草如叶螨的触杀活性，采用玻片浸渍法测定室内毒力。结果表明，柑橘全爪螨对东莨菪内酯和双脱甲氧基姜黄素更敏感，处理后48h的$LC_{50}$分别为0.0343mg/ml和0.1141mg/ml；酢浆草如叶螨对东莨菪内酯和双脱甲氧基姜黄素的敏感性次之，处理后48h的$LC_{50}$分别为0.2766mg/ml和0.3542mg/ml。2.0mg/ml东莨菪内酯和双脱甲氧基姜黄素处理柑橘全爪螨和酢浆草如叶螨的$LT_{50}$分别为8.5h、9.1h和26.4h、28.1h。

**关键词**：东莨菪内酯；双脱甲氧基姜黄素；柑橘全爪螨；酢浆草如叶螨

东莨菪内酯（scopoletin）属香豆素类化合物，主要存在于瑞香狼毒（*Stellera chamaejasme*）[1]、丁公藤（*Erycibe obtusfolia*）[2]、黄花蒿（*Artemisia annua*）[3]、诺丽果（*Morinda citrifolia*）[4]等多种植物中。东莨菪内酯对朱砂叶螨和柑橘全爪螨（*Panonychus citri*）具有较强的触杀、内吸活性[5~6]；对朱砂叶螨具有一定的产卵抑制活性，无驱避活性[7]；主要抑制朱砂叶螨体内的乙酰胆碱酯酶（acetylcholinesterase，AChE）、单胺氧化酶（monoamine oxidase，MAO）、$Na^+$-$K^+$-ATP酶及$Ca^{2+}$-$Mg^{2+}$-ATP酶的活性，可能为神经毒剂[8~9]；在70%的选择压力下，筛选18代，朱砂叶螨未表现出抗性的趋势[10]；其亚致死剂量能够降低朱砂叶螨种群发育和繁殖速率[11]。双脱甲氧基姜黄素（bisdemethoxycurcumin）主要源于中药姜黄（*Curcuma longa*），是姜黄素类化合物的主要成分之一，其对朱砂叶螨具有较强的触杀、驱避、杀卵及抑制产卵活性[12~14]，作用机理可能为抑制朱砂叶螨体内的超过氧化物歧化酶（superoxide dismutase，SOD）、谷胱甘肽S-转移酶（gultathione S transferases，GSTs）及过氧化氢酶（catalase，CAT）的活性[15]。目前，尚未有研究报道东莨菪内酯与双脱甲氧基姜黄素对柑橘全爪螨和酢浆草如叶螨的生物活性，本研究为了明确这两种植物源杀螨活性物质对柑橘全爪螨和酢浆草如叶螨的生物活性，研究了东莨菪内酯与双脱甲氧基姜黄素对柑橘全爪螨和酢浆草如叶螨的室内毒力，以期明确东莨菪内酯与双脱甲氧基姜黄素的杀螨活性。

## 1 材料与方法

### 1.1 供试螨类

柑橘全爪螨（*Panonychus citri*），采自西南大学柑橘研究所多年未施药的柑橘园区，

* 基金项目：科技部农业科技成果转化基金（2010GB2F100388）；教育部博士点新教师基金（20100182120021）

** 作者简介：杨振国，男，硕士研究生，研究方向为天然产物农药；E-mail：zhenguoyang@qq.com

*** 通讯作者：张永强，博士，副教授；Tel：023-68250218，E-mail：zhangyq80@tom.com

选择大小一致的雌成螨作为供试对象；酢浆草如叶螨（*Petrobia harti*），采自西南大学校园内的红花酢浆草上。

## 1.2　供试药剂

74.5%东莨菪内酯，为实验室从2011年7月采集的黄花蒿叶中分离纯化所得；90%双脱甲氧基姜黄素，购自河北食品添加剂有限公司。实验时取适量东莨菪内酯与双脱甲氧基姜黄素原药，加入5%丙酮，使原药充分地溶解，再用0.1%吐温80水溶液将东莨菪内酯和双脱甲氧基姜黄素丙酮液稀释2.0mg/ml、1.0mg/ml、0.5mg/ml、0.25mg/ml、0.125mg/ml，以0.1%吐温80水溶液中加入5%丙酮为对照。

## 1.3　毒力测定方法

杀螨活性测定参照联合国粮食及农业组织（FAO）推荐的测定螨类抗药性的标准方法——玻片浸渍法（Busvine，1980）。用零号毛笔挑取大小一致、颜色鲜艳的活泼雌成螨，将其背部粘于贴有双面胶的玻片上，在处理温度下放置4h，用双目解剖镜检查，剔除死亡和不活泼的个体，记录活螨数。将玻片粘有害螨的一端浸入供试液中5s后取出，用吸水纸吸去螨体周围多余的药液，放入恒温培养箱中培养2天，每8h检查1次害螨死亡情况。用零号毛笔轻触螨体，以其螯肢不动者为死亡。每个浓度和对照处理120头成螨，实验重复3次。

## 1.4　数据统计与分析

试验数据均由SPSS软件（SPSS17.0）统计完成；相对毒力的计算是以具有最大$LC_{50}$值的温度下药剂的相对毒力为1，其他各温度下药剂的相对毒力为最大$LC_{50}$值除以该温度下药剂的$LC_{50}$值。

# 2　结果与分析

## 2.1　东莨菪内酯与双脱甲氧基姜黄素杀螨活性的剂量效应

东莨菪内酯对柑橘全爪螨和酢浆草如叶螨处理后48h的$LC_{50}$分别为0.0343mg/ml和0.2766mg/ml；双脱甲氧基姜黄素对柑橘全爪螨和酢浆草如叶螨处理后48h的$LC_{50}$分别为0.114 1mg/ml和0.354 2mg/ml（表1）。根据表1中相对毒力可知，柑橘全爪螨对东莨菪内酯与双脱甲氧基姜黄素更敏感，其次序为东莨菪内酯 > 双脱甲氧基姜黄素，相对毒力分别为10.33和3.10；酢浆草如叶螨对东莨菪内酯和双脱甲氧基姜黄素的敏感程度相当，相对毒力分别为1.28和1.00。

表1　东莨菪内酯与双脱甲氧基姜黄素对柑橘全爪螨和酢浆草如叶螨的毒力测定（处理后**48h**）

| 化合物 | 螨类 | 毒力回归方程 | $LC_{50}$及95%置信限（mg/ml） | $\chi^2$ | $P$ | 相对毒力 |
|---|---|---|---|---|---|---|
| 东莨菪内酯 | 柑橘全爪螨 | $y = 1.650\,4 + 1.126\,6x$ | 0.034\,3（0.005\,5-0.073\,3） | 4.480 | 0.214 | 10.33 |
| | 酢浆草如叶螨 | $y = 0.817\,4 + 1.464\,5x$ | 0.276\,6（0.210\,4-0.344\,8） | 0.441 | 0.932 | 1.28 |
| 双脱甲氧基姜黄素 | 柑橘全爪螨 | $y = 0.888\,1 + 0.942\,2x$ | 0.114\,1（0.043\,0-0.188\,0） | 1.628 | 0.653 | 3.10 |
| | 酢浆草如叶螨 | $y = 0.617\,2 + 1.369\,0x$ | 0.354\,2（0.271\,8-0.443\,8） | 1.358 | 0.715 | 1.00 |

## 2.2　东莨菪内酯与双脱甲氧基姜黄素杀螨活性的时间效应

东莨菪内酯与双脱甲氧基姜黄素对柑橘全爪螨和酢浆草如叶螨的$LT_{50}$随着处理浓度的

增加呈递减趋势，具有明显的时间—剂量效应，东莨菪内酯和双脱甲氧基姜黄素以 2.0mg/ml 处理柑橘全爪螨和酢浆草如叶螨的 $LT_{50}$ 分别为 8.5h、9.1h 和 26.4h、28.1h（图1）。

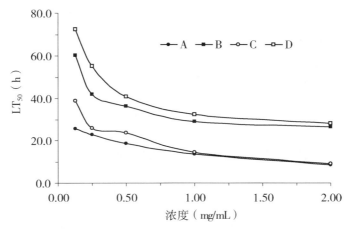

**图1 东莨菪内酯与双脱甲氧基姜黄素对柑橘全爪螨和酢浆草如叶螨的 $LT_{50}$**

注：A 和 B 分别为东莨菪内酯对柑橘全爪螨和酢浆草如叶螨的 $LT_{50}$；

C 和 D 分别为双脱甲氧基姜黄素对柑橘全爪螨和酢浆草如叶螨的 $LT_{50}$

## 3 讨论

植物源杀螨活性物质东莨菪内酯和双脱甲氧基姜黄素对朱砂叶螨具有较强的生物活性，对雌成螨处理后48h的 $LC_{50}$ 分别为0.188 4mg/ml 和0.337 6mg/ml[16]，本研究结果表明，东莨菪内酯与双脱甲氧基姜黄素对柑橘全爪螨处理后48h的 $LC_{50}$ 分别为0.034 3mg/ml和0.114 1mg/ml；对酢浆草如叶螨处理后48h的 $LC_{50}$ 分别为0.276 6mg/ml 和0.354 2mg/ml。因此，东莨菪内酯和双脱甲氧基姜黄素的杀螨活性次序为：柑橘全爪螨 > 朱砂叶螨 > 酢浆草如叶螨。

**参考文献**

[1] Modonova L D, Zhapova T, Bulatova N V, et al. Coumarins from *Stellera chamaejasme* [J]. Chemistry of Natural Compounds, 1985, 21（5）：666 –667.

[2] Pan R, Gao X H, Lu D, et al. Prevention of FGF-2-induced angiogenesis by scopoletin, a coumarin compound isolated from *Erycibe obtusifolia* Benth, and its mechanism of action [J]. International Immunopharmacology, 2011, 11（12）：2 007 –2 016.

[3] Effertha T, Herrmann F, Tahrani A, et al. Cytotoxic activity of secondary metabolites derived from *Artemisia annua* L. towards cancer cells in comparison to its designated active constituent artemisinin [J]. Phytomedicine, 2011, 18（11）：959 –969.

[4] Mahattanadul S, Ridtitid W, Nima S, et al. Effects of *Morinda citrifolia* aqueous fruit extract and its biomarker scopoletin on reflux esophagitis and gastric ulcer in rats [J]. Journal of Ethnopharmacology, 2011, 134（2）：243 –250.

[5] Zhang Y Q, Ding W, Zhao Z M, et al. Studies on acaricidal bioactivities of *Artemisia annua* L. extracts a-

gainst *Tetranychus cinnabarinus* Bois.（Acari：Tetranychidae）［J］．Scientia Agricultura Sinica，2008，7（5）：577－584.

［6］张永强，丁伟，田丽，等．黄花蒿提取物对柑橘全爪螨的生物活性［J］．中国农业科学，2009，42（6）：2 217－2 222.

［7］雍小菊，张永强，丁伟．东莨菪内酯对朱砂叶螨的驱避和产卵抑制活性［J］．应用昆虫学报，2012，49（2）：422－427.

［8］张永强．黄花蒿杀螨物质活性追踪及杀螨作用机理［D］．重庆：西南大学，2008.

［9］梁为，白雪娜，马兰青，等．东莨菪素对朱砂叶螨的毒力及杀螨机理初探［J］．广东林业科学，2011，38（8）：68－71.

［10］张永强，丁伟，王丁祯．朱砂叶螨对天然杀螨活性物质东莨菪内酯的抗性评价［J］．农药，2011，50（3）：226－228.

［11］雍小菊，张永强，丁伟．东莨菪内酯对朱砂叶螨实验种群的亚致死效应［J］．昆虫学报，2011，54（12）：1 377－1 383.

［12］张永强，丁伟，赵志模，等．姜黄对朱砂叶螨的生物活性［J］．植物保护学报，2004，31（4）：390－394.

［13］张永强，丁伟，赵志模．姜黄素类化合物对朱砂叶螨的生物活性［J］．昆虫学报，2007，50（12）：1 304－1 308.

［14］雍小菊，丁伟，张永强，等．双去甲氧基姜黄素对朱砂叶螨的生物活性及作用方式［J］．应用生态学报，2011，22（6）：1 592－1 598.

［15］张永强．中药植物姜黄 *Curcuma longa* 杀虫杀螨活性及作用机理研究［D］．重庆：西南农业大学，2005.

［16］杨振国，张永强，丁伟，等．东莨菪内酯与双脱甲氧基姜黄素对朱砂叶螨毒力的温度效应［J］．昆虫学报，2012，55（4）：420－425.

# 6 种球孢白僵菌菌株对朱砂叶螨雌成螨致病力的研究<sup>*</sup>

张国豪<sup>**</sup>　彭　军　刘　怀<sup>***</sup>

（西南大学植物保护学院，重庆　400716）

**摘　要**：本试验采用喷雾法测定了 6 种球孢白僵菌菌株：Bb02、Bb08、Bb014ss-1、Bb2170、Bb2157 和 Bb001 对朱砂叶螨雌成螨的毒力，旨在筛选出对该螨高致病力的菌株，为防治该螨提供新的生物资源。试验结果表明：6 种菌株对朱砂叶螨雌成螨累积死亡率均随时间的增加而逐渐增高；接种 9 天后，6 种白僵菌菌株对朱砂叶螨雌成螨校正死亡率在 45.00% ~76.25%，僵虫率在 43.33% ~72.22%；致死中时间 $LT_{50}$ 为 5.25 ~7.84 天。因此，所测 6 种球包白僵菌菌株对朱砂叶螨雌成螨均具有一定的致病力，尤其是菌株 Bb2170 和 Bb08，不仅致死率高，且致死速度快，僵虫率高，在朱砂叶螨的生物防治中有重要的应用潜力。

**关键词**：球孢白僵菌；朱砂叶螨；毒力测定；生物防治

朱砂叶螨［*Tetranychus cinnabarinus*（Boisduval）］是一种重要的世界性害螨，可为害温室和农田里的 120 多种植物，包括谷物、棉花、果树、蔬菜和观赏植物等（Hazan 等，1974；Ho 等，1997；Biswas 等，2004）。因其个体小、发育快和繁殖力强等特点，防治极为困难。且朱砂叶螨极易产生抗药性，在我国，已经对至少 25 种化学杀虫（螨）剂产生了强烈抗药性（Guo 等，1998）。面对日益突出的农业螨害问题，国际生防领域知名专家对螨类微生物防治寄予新的希望（Chandler 等，2000）。

昆虫病原真菌是一类重要的害虫自然控制因子，而病原真菌杀虫剂由于具有不污染环境、流行性、大量生产较为容易等优点，在害虫综合治理中占重要地位。白僵菌、绿僵菌及拟青霉等常见丝孢类昆虫病原真菌是重要的生防因子，已被深入研究并广泛应用于农林害虫防治（Roberts 等，2004）。目前真菌杀虫剂研究最多的是球孢白僵菌（*Beauveria bassiana*），其对温室玫瑰上的二斑叶螨具有较好的控制效果（Wright 等，1996）。用白僵菌处理蔬菜上的侧多食跗线螨（*Polyphagotarsonemus latus*），表现一定的控制效果（Pena 等，1996）。球孢白僵菌 SG8702 菌株可使朱砂叶螨的卵致死而不孵化，受染卵变形变瘪，在保湿条件下卵体表面可长出菌物并产生大量孢子（施卫兵等，2003）。然而，利用该病原真菌防治朱砂叶螨雌成螨的报道较少。本研究通过球孢白僵菌不同菌株对朱砂叶螨雌成螨的生物测定，旨在筛选出对其致病力强的菌株，为防治该害螨提供新的措施，为温室以及农田的有机生态栽培、产品优质丰产提供保障。

＊　基金项目：公益性行业（农业）科研专项（200903032）；重庆市科技攻关（2011GGC020）

＊＊　作者简介：张国豪（1988—），男，硕士研究生，主要从事农业害螨生物防治研究；E-mail：zgh-sailing@163.com

＊＊＊　通讯作者：刘怀，教授，博士生导师；E-mail：redliuhuai@yahoo.com.cn

# 1  材料与方法

## 1.1  供试球孢白僵菌菌株

6 种供试球孢白僵菌菌株 Bb02、Bb08、Bb014ss-1、Bb2170、Bb2157 和 Bb001，均由西南大学生物科技中心提供。菌株保存于西南大学植物保护学院，保存方式为无菌水 4℃低温保存。试验前将菌株转入 SDY 液体培养基中（27±1）℃振荡培养 72 h，再转入 SDAY 平板培养 9~10 天，待产孢充分后保存备用。经测定，供试孢子的萌发率均在 95%以上。

## 1.2  供试螨源与植物叶片

供试朱砂叶螨采自重庆市北碚区田间豇豆苗上，单头接到新鲜盆栽豇豆苗上，在人工气候室内饲养多代，获得朱砂叶螨实验室种群。饲养条件为：（27±1）℃，相对湿度 75%~80%，光照周期为 14：10（L：D）。饲养过程中不接触任何药剂。

植物叶片采自实验室种植的芸豆苗，带叶柄采下后制成叶碟，保湿待用。为获得螨龄一致的雌成螨，事先将数十头处于产卵盛期的雌成螨从实验种群中转至单株豇豆苗上，任其产卵繁殖 24h 后挑除所有成螨，在光照培养箱 [（27±1）℃，10L：14D] 中培养 10~12 天，待绝大部分若螨完成最后一次蜕皮后，所获雌成螨每 15 头转接至做好的叶碟中，用于生物测定。

## 1.3  高致病力菌株筛选

采用喷雾法接种，将带螨的叶碟置于喷雾塔下，分别以 6 种菌株的 $1.0 \times 10^7$ 个/ml 孢子悬浮液进行喷雾处理，喷雾后贴好标签，置于（27±1）℃、相对湿度 90% 的人工气候箱内饲养。每天定时观察并记录各处理朱砂叶螨的死亡情况，连续观察 9 天；将死螨移出并保湿培养，每天观察死亡螨螨体菌丝生长情况。统计死亡数和僵虫数 [僵虫判断标准：虫尸上长出肉眼可见的菌丝及孢子（何学友等，2011）]。每个处理设 6 个重复，每个重复测定 15 头健康雌成螨，以 0.05% 吐温 80 无菌水为对照。

## 1.4  数据统计与分析

试验数据应用 DPS 数据处理系统进行统计分析（唐启义等，2002），用死亡率—时间几率值分析法，以时间（D）的对数值为 X，死亡率的机率值为 Y，计算出回归方程和致死中时间（$LT_{50}$）（蒲蛰龙等，1996）。朱砂叶螨雌成螨死亡率、校正死亡率及感染僵虫率的计算公式如下：

$$死亡率（\%） = \frac{死亡数}{供试虫数} \times 100$$

$$校正死亡率（\%） = \frac{处理组死亡率 - 对照组死亡率}{1 - 对照组死亡率} \times 100$$

$$感染僵虫率（\%） = \frac{感染白僵菌虫数}{供试虫数} \times 100$$

# 2  结果与分析

## 2.1  朱砂叶螨雌成螨的累积死亡率

朱砂叶螨雌成螨接种不同白僵菌菌株后累积死亡率见图 1。

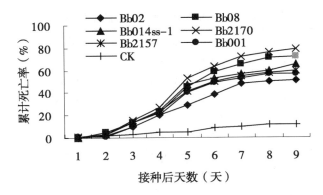

图1 接种不同球孢白僵菌菌株后朱砂叶螨雌成螨累积死亡率

试验结果表明,不同菌株对朱砂叶螨雌成螨累积死亡率均随时间的增加而逐渐增高。接种2天以后,各处理朱砂叶螨开始死亡,3~6天致死速度明显加快,7~9天有所减缓,死亡高峰期出现在第4~6天。接种Bb08菌株、Bb014ss-1菌株和Bb2157菌株3天后,其累计死亡率之间没有显著性差异;但第6天和第9天时差异显著。接种白僵菌Bb2170菌株9天后,累积死亡率为78.89%显著高于其他5种菌株;其次为Bb08,累积死亡率为72.22%亦显著高于其他4种菌株。

## 2.2 球孢白僵菌对朱砂叶螨雌成螨的致病力

表1 不同球孢白僵菌菌株对朱砂叶螨雌成螨的致病力

| 菌株 | 试虫数量 | 累积死亡率（%） | | | 校正死亡率（%） | 僵虫率（%） | 回归方程 | 相关系数 | P值 |
|---|---|---|---|---|---|---|---|---|---|
| | | 3天 | 6天 | 9天 | | | | | |
| Bb02 | 90 | 10.00c | 38.89e | 51.11f | 45.00f | 45.55e | $Y = 2.2650 + 3.0573X$ | 0.9711 | 0.8694 |
| Bb08 | 90 | 13.33b | 58.89b | 72.22b | 68.75b | 65.55b | $Y = 2.2625 + 3.6705X$ | 0.9749 | 0.7841 |
| Bb014ss-1 | 90 | 13.33b | 53.33c | 65.56c | 61.25c | 58.89c | $Y = 2.3320 + 3.3579X$ | 0.9706 | 0.4199 |
| Bb2170 | 90 | 15.56a | 63.33a | 78.89a | 76.25a | 72.22a | $Y = 2.0078 + 4.1532X$ | 0.9833 | 0.6385 |
| Bb2157 | 90 | 13.33b | 50.00d | 60.00d | 55.00d | 50.00d | $Y = 2.4987 + 3.0395X$ | 0.9874 | 0.6155 |
| Bb001 | 90 | 10.00c | 48.89d | 56.67e | 51.25e | 43.33f | $Y = 2.2894 + 3.2295X$ | 0.9624 | 0.1399 |
| CK | 90 | 3.33d | 8.89f | 11.11g | — | — | — | — | — |

注：小写英文字母为 $P = 0.05$ 的差异显著性

用浓度为 $1.0 \times 10^7$ 个/ml的球孢白僵菌孢子悬浮液对朱砂叶螨雌成螨进行了毒力测定,不同菌株死亡率明显高于对照,处理9天以后,Bb2170菌株死亡率为78.89%,校正死亡率为76.25%,死螨保湿培养以后,僵虫率为72.22%,各项指标均显著高于其他5种菌株。除Bb02菌株9天后校正死亡率为45%以外,其余5种菌株均在50%以上。以时间对数值与死亡率的机率值进行回归,结果见表1,经检验,各个回归方程拟合程度显著水平均大于0.05,表明所求回归方程合适,各菌株回归方程相关系数均高于0.9。进一步分析不同菌株对朱砂叶螨雌成螨的 $LT_{50}$ 和 $LT_{90}$,结果见表2。

表 2　不同菌株对朱砂叶螨雌成螨的 $LT_{50}$ 和 $LT_{95}$

| 菌株 | $LT_{50}$ | 95% 置信区间 | $LT_{95}$ | 95% 置信区间 |
|---|---|---|---|---|
| Bb02 | 7.84a | 6.9453 ~ 9.2599 | 27.07a | 20.0851 ~ 41.5611 |
| Bb08 | 5.56e | 5.1874 ~ 6.0578 | 15.62e | 13.0619 ~ 19.8229 |
| Bb014ss-1 | 6.23d | 5.7213 ~ 6.9292 | 19.24d | 15.4622 ~ 25.9246 |
| Bb2170 | 5.25f | 4.9377 ~ 5.6413 | 13.07f | 11.2587 ~ 15.8852 |
| Bb2157 | 6.65c | 6.0326 ~ 7.5352 | 23.12b | 17.9136 ~ 32.9385 |
| Bb001 | 6.90b | 6.2519 ~ 7.8626 | 22.31c | 17.3512 ~ 31.6701 |

注：小写英文字母为 $P = 0.05$ 的差异显著性

试验结果表明，6 种不同白僵菌菌株对朱砂叶螨雌成螨致病力的大小之间存在显著性差异。其中，Bb2170 菌株 $LT_{50}$ 和 $LT_{95}$ 值显著低于其他 5 种菌株，分别为 5.25 天和 13.07 天，因此，其对朱砂叶螨致死速度显著快于其他 5 种菌株；Bb08 菌株次之。Bb02 菌株和 Bb001 菌株 $LT_{50}$ 分别为 7.84 天和 6.90 天，值最高，故其致死速度最慢。

## 3　结论与讨论

本研究以 $1.0 \times 10^7$ 个/ml 孢子悬液，采用喷雾法接种了 6 种不同球孢白僵菌菌株，对朱砂叶螨雌成螨进行了毒力测定。研究表明，球孢白僵菌 Bb2170 和 Bb08 菌株对朱砂叶螨雌成螨致病力最强，杀螨效果最好，接种后 9 天，累计死亡率接近 80%，$LT_{50}$ 分别为 5.25 天和 5.56 天，杀螨速度较快。因此，Bb2170 和 Bb08 菌株是可用于叶螨微生物防治的优异生防菌株，值得重点研究和具有开发成为真菌杀螨剂的潜力。

本试验研究结果表明，球孢白僵菌对朱砂叶螨雌成螨的致病力 $LT_{50}$ 至少需要 5 天，因此，建议利用此类真菌杀虫剂防治朱砂叶螨时应该在害螨大量发生之前，大量发生时可结合化学杀螨剂的速效性与菌剂持效性相结合，可将害螨控制在经济损失允许水平以下。本研究主要是在室内进行毒力测定，大田防治的实际效果还有待进一步研究。

**参考文献**

[1] 何学友，蔡守平，童应华，等. 球孢白僵菌和金龟子绿僵菌不同菌株对黑足角胸叶甲成虫的致病力评价 [J]. 昆虫学报，2011，54（11）：1 281 - 1 287.

[2] 蒲蛰龙，李增智. 昆虫真菌学 [M]. 合肥：安徽科学技术出版社，1996.

[3] 施卫兵，冯光明. 两种丝孢类昆虫病原真菌对朱砂叶螨卵的侵染及杀灭活性 [J]. 科学通报，2003，48（24）：2 534 - 3 538.

[4] 唐启义，冯明光. 实用统计分析及其 DPS 数据处理系统 [M]. 北京：科学出版社，2002.

[5] Biswas G C, Islam W, Haque M M, et al. Some biological aspects of carmine spider mite, *Tetranychus cinnabarinus* Boisd. (Acari：Tetranychidae) infesting eggplant from Rajshahi [J]. Journal of Biological Science, 2004, 4 (5)：588 - 591.

[6] Chandler D, Davidson G, Pell J K, et al. Fungal biocontrol of Acari [J]. Biocontrol Seience and Technology, 2000, 10：357 - 384.

[7] Guo F Y, Zhang Z Q, Zhao Z M. Pesticide resistance of *Tetranychus cinnabarinus* (Aeari：Tetranychidae) in China：a review [J]. Systematic and Applied Acarology, 1998, 3：3 - 7.

[8] Hazan A, Gerson U, Tahori A S. Spider mite webbing I. The production of webbing under various environ-

mental conditions ［J］. Acarologia, 1974, 16: 68 – 84.

［9］ Ho C C, Lo C C, Chen W H. Spider mites (Acari: Tetranychidae) on various crops in Taiwan ［J］. Journal of Agricultural Research of China, 1997, 46: 333 – 346.

［10］ Pena J E, Osborne L S, Duncan R E. Potential of fungi as biocontrol agents of *Polyphagotarsonemus latus* (Acari: Tarsonemidae) ［J］. Entomophaga, 1996, 41: 27 – 36.

［11］ Roberts D W, Stleger R J. *Metarhizium* spp. , cosmopolitan insect-pathogenic fungi: mycological aspcets ［J］. Advances in Applied Microbiology, 2004, 54: 1 – 70.

# 二点委夜蛾年生活史及天敌种类调查*

马继芳**  李立涛  甘耀进  董志平***

（河北省农林科学院谷子研究所，石家庄  050035）

二点委夜蛾（*Athetis lepigone* Möschler），属鳞翅目夜蛾科委夜蛾属，是近些年严重为害夏玉米苗的重要农业害虫。以幼虫咬食幼苗茎基部形成蛀孔造成死苗，或咬断植株气生根造成倒伏，严重时被害株率可达 30% 以上，产量损失 20% 以上，甚至毁种。二点委夜蛾喜欢在阴凉隐蔽的场所栖息，黄淮海地区小麦、玉米一年两熟的种植模式，特别是联合收割机收割小麦过程中会遗留大量麦秆和麦糠在玉米田，为二点委夜蛾成幼虫生存提供良好的栖息环境和充足的食物来源。2011 年二点委夜蛾在黄淮海 6 省暴发为害，面积超过 220 万 hm²，引起了农业部及各级领导和科研单位的重视。目前已有不少关于其生物学习性方面的研究报道，但多为形态学、室内饲养研究及习性观察，未见有关其年生活史的系统研究。作者通过连续几年的田间调查与系统观测，明确了二点委夜蛾在石家庄的年生活史、世代历期等田间发生规律，并对其天敌昆虫情况进行了首次报道。

## 1 二点委夜蛾发生世代和年生活史

二点委夜蛾在石家庄 1 年发生 4 代，以老熟幼虫在表土层或附着于植物残体，吐丝粘着土粒、碎植物组织等结茧越冬。从 3 月上旬羽化至 11 月中旬作茧越冬，历时 8 个多月的活动期在不同作物田转移栖息，相邻世代间各虫态均有重叠现象，其详细生活史如表 1 所示：

**表 1  二点委夜蛾年生活史**

| 世代\\月 | 1上 | 1中 | 1下 | 2上 | 2中 | 2下 | 3上 | 3中 | 3下 | 4上 | 4中 | 4下 | 5上 | 5中 | 5下 | 6上 | 6中 | 6下 | 7上 | 7中 | 7下 | 8上 | 8中 | 8下 |
|---|---|---|---|---|---|---|---|---|---|---|---|---|---|---|---|---|---|---|---|---|---|---|---|---|
| 越冬代 | - | - | - | - | - | - | - | | | | | | | | | | | | | | | | | |
| 第1代 | | | | | | | | o | o | o | o | o | o | o | o | | | | | | | | | |
| | | | | | | | | | | + | + | + | + | + | + | + | | | | | | | | |
| | | | | | | | | | | | | | . | | | | | | | | | | | |
| | | | | | | | | | | | | | | - | - | - | - | - | | | | | | |
| | | | | | | | | | | | | | | | | o | o | o | o | o | o | | | |
| | | | | | | | | | | | | | | | | | + | + | + | + | + | | | |

＊ 资助项目：河北省科技厅"主要粮食作物新发生重大病虫害发生规律及防控体系研究与应用"（11220301D）

＊＊ 第一作者：马继芳，女，助理研究员，从事农作物虫害研究；E-mail：zhibaoshi@ yahoo. com. cn，0311 - 87670721

＊＊＊ 通讯作者：董志平，研究员，从事农作物病虫害研究；E-mail：dzping001@ 163. com，0311 - 87670712

（续表）

| 世代＼旬＼月 | 1 上中下 | 2 上中下 | 3 上中下 | 4 上中下 | 5 上中下 | 6 上中下 | 7 上中下 | 8 上中下 | 9 上中下 | 10 上中下 | 11 上中下 | 12 上中下 |
|---|---|---|---|---|---|---|---|---|---|---|---|---|
| 第2代 | | | | | · · · · · | — — — — — | o o o o o  + + + + + + | | | | | |
| 第3代 | | | | | | | | · · · · ·  — — — — — | o o o o o o o  + + + + + + + | | | |
| 第4代 | | | | | | | | | | · · · · ·  — — — — — — — — | | |

注：成虫（＋＋＋＋）　卵（..）　幼虫（----）　蛹（oooo）

## 2　二点委夜蛾各世代虫态历期

石家庄地区周年季节分明，二点委夜蛾1年4代各世代虫态历期也会随着不同季节的温度变化表现出较大的差异（表2）。

**表2　二点委夜蛾各世代虫态历期表**　　　　　　　　　　　　（石家庄）

| 代数 | 卵期（天）范围 | 卵期（天）平均 | 幼虫期（天）范围 | 幼虫期（天）平均 | 蛹期（天）范围 | 蛹期（天）平均 | 产卵前期（天）范围 | 产卵前期（天）平均 | 成虫期（天）范围 | 成虫期（天）平均 | 世代（天） |
|---|---|---|---|---|---|---|---|---|---|---|---|
| 第1代 | 9~12 | 10 | 24~40 | 28.9 | 7~9 | 7.9 | 2~5 | 2.7 | 11~23 | 14♂ | 60.8 |
| | | | | | | | | | 11~23 | 15♀ | |
| 第2代 | 3~4 | 3.5 | 18~25 | 22 | 7~10 | 8 | 1~3 | 2 | 5~15 | 8 | 42 |
| 第3代 | 3~5 | 4 | 21~27 | 25 | 7~11 | 8.5 | 1~3 | 2 | 5~15 | 9 | 47 |
| 第4代（越冬代） | 4~6 | 5 | 180~198 | 190 | 15~37 | 20.5 | 2~6 | 3.2 | 8~16 | 13.9♂ | 232 |
| | | | | | | | | | 12~20 | 16.6♀ | |

## 3　天敌种类

作者在对二点委夜蛾田间发育进度进行系统研究的同时对其天敌种类也进行了初步的调查研究，发现了两种不同的捕食性天敌和一种寄生于幼虫的天敌小蜂。

### 3.1　小茧蜂 *Microplitis* sp.

属膜翅目侧沟茧蜂属。该小蜂发生在二点委夜蛾幼虫期，小蜂多产卵在3~4龄的较大幼虫体内。多寄生，一头二点委夜蛾幼虫可被5~6只小蜂寄生，多者可达10头以上。幼虫老熟后从寄主体内钻出作茧化蛹，常见多个小茧聚集成堆。茧灰白色、椭圆形，长3~4mm，宽1.2mm。被寄生的二点委夜蛾幼虫虽能老熟结茧但始终不能化蛹，最后死亡。寄生率在1.5%~5%。

### 3.2 黄斑青步甲 *Chlaenius nicans* Fabricius

属鞘翅目步甲科，异名绒毛曲斑青地甲。该步甲喜欢在阴暗潮湿的场所生活，如麦茬玉米地、甘薯地等，与二点委夜蛾幼虫生存环境相似，因此，在二点委夜蛾栖息地很容易发现该天敌。根据室内试验观察，该步甲一天可捕食 3 头以上中大龄二点委夜蛾幼虫。

### 3.3 铺道蚁 *Tetramorinm caespitum* Linnaeus

属切叶蚁亚科铺道蚁属。该蚁普遍存在于农田、林地、荒地、居民区等各种生境，数量众多。杂食性，取食或群体捕食新鲜的或死的动植物。多于田间阴暗处捕食二点委夜蛾幼虫，当 1 头蚂蚁发现二点委夜蛾幼虫后，会马上进行信息联络，引来大量群体共同攻击取食猎物或将其搬至蚁穴。

# "以螨治螨"与柑橘黄龙病的关系初探

张艳璇　林坚贞　陈　霞　季　洁*

（福建省农业科学院植物保护研究所，福州　350013）

柑橘黄龙病〔Citrus huang long bing（HLB）〕是世界性的柑橘病害，是柑橘生产中的癌症。近年来在我国福建省、广东省、广西自治区等柑橘产区黄龙病以 10%～20% 的速度扩散蔓延，造成很大的经济损失。目前世界各地最有效的防控措施就是大量地砍伐病树[1]，其次就是用化学药剂防治柑橘木虱〔（Diaphorina citri（Kuwayama）][2]。柑橘出梢时间不统一、发梢次数多、嫩梢时间长，特别是挂果的夏梢基本上不喷药，柑橘木虱成虫产卵在柑橘露芽后的芽叶缝隙处，因此，单一靠喷药防治柑橘木虱效果差，无法控制柑橘木虱的种群增长[3]。这也是为什么柑橘黄龙病不断扩散蔓延的重要原因之一。另一方面，柑橘园中病虫害种类达 850 多种，但是能构成严重为害的仅占 1%～2%。由于长期以来依赖化学防治，破坏了柑橘园的生物多样性，天敌大量伤亡，造成柑橘木虱、柑橘红蜘蛛、锈壁虱、介壳虫、潜叶蛾、粉虱、橘小实蝇等害虫害螨大发生、大暴发，农药用量被迫不断加大。目前已报道表明柑橘木虱成虫已对常用的敌敌畏、乐果、乙酰甲胺磷、辛硫磷、啶虫脒等低残留有机磷农药产生严重的抗药性，因此，寻找新的防控方法与途径是一项迫切的任务[3]。

生物防治是控制柑橘木虱为害的有效措施之一。国外的越南、留尼王岛、美国的佛罗里达以及我国台湾都被视为柑橘木虱生物防治的经典措施地区[3]。而我国大陆对柑橘木虱生物防治的研究报道与实际应用较少。本文将从"以螨治螨"与"柑橘黄龙病"扩散蔓延的关系进行分析，旨在为柑橘木虱的可持续控制及由柑橘木虱为媒介传播黄龙病的控制提供参考。

## 1　"以螨治螨"生防措施减缓柑橘黄龙病蔓延的速度

广东省肇庆市的德庆、封开、高要、广宁、四会等县市是柑橘黄龙病的重发生区，根据肇庆市农业局调查数据表明，目前已有 20 万亩柑橘发生黄龙病，占肇庆市柑橘总面积 20%。而且每年仍以 1 万～2 万亩速度继续扩散蔓延。肇庆市农业局 2002 年开始与福建省农业科学院植物保护研究所合作，引进胡瓜钝绥螨在柑橘园实施"以螨治螨"生物防治技术。2007 年肇庆市农业局与我们一起在高要市、德庆县、封开县等地发现：连续释放几年胡瓜钝绥螨的柑橘园柑橘黄龙病的发病率要比常规的化防园低，而且出现不少健康树与相邻病树相处几年不受感染的现象。2010 年 1～10 月广东省昆虫研究所、广东省农业厅植保站、广东省园艺学会、广东省农业科学院果树研究所有关专家闻讯后也多次专程到这几个地方调研及定期观测，结果与我们观察到的现象是一致的。所有的调查结果都表

---

　*　通讯作者：E-mail：xuan7616@ sina. com

明实施了"以螨治螨"生防技术可以减缓柑橘黄龙病的扩散蔓延的速度。

## 2 "以螨治螨生防园"与"常规化防园"柑橘黄龙病发生与扩散速度比较

2007～2010年我们在肇庆市高要市选择1对相邻释放胡瓜钝绥螨,实施"以螨治螨"技术的柑橘园和常规的化学防治果园进行跟踪观察。实例是发生在高要市活道镇严村,果农刘永飞和刘昆雄2004年在高要莲塘镇同一果苗场同一天各自购进沙糖橘果苗1 000株,并同时种在相邻不到60m的果园中。两果场气候、生态、土壤、农事管理水平一致。2006年调查两果园黄龙病病树分别为15株、17株,发病率分别为1.5%和1.7%,并各自都砍掉其中较重5株。2007～2010年,刘永飞果场在笔者的指导下释放胡瓜钝绥螨,采用"以螨治螨"生物防治技术。而刘昆雄果场在2007～2010年一直采用常规的化学防治。这两个果场黄龙病蔓延扩散情况见表1,产量情况比较见表2。

表1 "以螨治螨"橘园与常规化防园黄龙病扩散速度比较

| 果场 | 品种 | 面积（hm²） | 数量（株） | 黄龙病新增发生量（株） | | | | 4年新增病株数（株） | 平均每年新增发病率（%） |
| --- | --- | --- | --- | --- | --- | --- | --- | --- | --- |
| | | | | 2007年 | 2008年 | 2009年 | 2010年 | | |
| 刘永飞果场 | 沙糖橘 | 1 | 1 000 | 1 | 2 | 1 | 5 | 9 | 0.225 |
| 刘昆雄果场 | 沙糖橘 | 1 | 1 000 | 77 | 176 | 432 | 278 | 963 | 24.1 |

表2 "以螨治螨"橘园与常规化防园柑橘产量比较

| 果场 | 2007年（kg） | 2008年（kg） | 2009年（kg） | 2010年（kg） | 累计总产量（kg） |
| --- | --- | --- | --- | --- | --- |
| 刘永飞果场 | 16 000 | 20 500 | 23 500 | 10 500 | 70 500 |
| 刘昆雄果场 | 15 500 | 18 500 | 7 500 | 1 500 | 43 000 |

调查分析表明:①刘永飞生防园果场于2007年开始在每年3月底4月初,从福建省农业科学院植物保护研究所引进胡瓜钝绥螨释放,"以螨治螨"生防园每年只喷3次生物农药,即释放捕食螨前清园时喷1次,放秋梢后喷2次,所用农药为:0.26%苦参碱或0.3%印楝素或阿维菌素。全年果园基本上未出现柑橘红蜘蛛、锈壁虱、粉虱、介壳虫等主要害虫为害,5～9月果园基本上极少发现木虱。根据肇庆市农业局2010年8月份调查10株柑橘树,木虱发生率为0,新芽有虫率为0,而蜘蛛网的发生率达65%,每株发生量平均8.5只。在果园里能发现很多瓢虫、草蛉、寄生蜂等天敌。柑橘叶片清秀,干净无杂质、树势健壮。4年黄龙病平均每年新增发病率0.225%。②刘昆雄化防果场,从2007年开始每年喷杀虫剂、杀螨剂等化学农药8～10次。所用的是常规化学农药,如:灭扫利、三唑锡、尼索郎、乐果、甲胺磷等。红蜘蛛、锈壁虱全年中等为害水平。5～9月份,柑橘木虱较多。根据肇庆市农业局2010年8月份调查10株,木虱发生率达90%,新芽有虫率达85%,而蜘蛛网发生率仅有1%,株发生量平均0.1只,柑橘树整体看上去黄化。4年新增柑橘黄龙病株达956株,占总体植株数95.6%,平均每年新增发病率23%。目前,果园基本上失去经济价值。

2010年11月13～15日,由广东省园艺学会柑橘科技协会主办,肇庆市农业局承办,国家柑橘产业体系岭南综合试验站协办,在我们的"以螨治螨"示范区召开了"柑橘黄龙病生物防治现场观摩会"。邀请了中国农业科学院植物保护研究所、广东省科学技术协会、广东省农业厅、广东省现代农业产业技术体系、广东省农业科学院果树研究所、华南农业大学、广东省昆虫研究所及广东省各柑橘产区的有关专家和技术人员共60多人到高要市活道镇现场及德庆县新圩镇现场进行观摩与技术交流。现场现象确实表明，实施"以螨治螨"生防技术后可以显著地减缓柑橘黄龙病蔓延的速度，专家与技术人员认为其中奥秘很值得进行深入的研究。

## 3 "以螨治螨"可减缓柑橘黄龙病蔓延速度的分析

"以螨治螨"减缓柑橘黄龙病蔓延速度的原因，有直接因素和间接因素两种。

（1）直接因素：解剖镜下我们观察到胡瓜钝绥螨能捕食柑橘木虱的卵与低龄若虫、能完成发育，并使用德国莱卡解剖镜拍摄胡瓜钝绥螨捕食柑橘木虱的卵与低龄若虫视频全过程。胡瓜钝绥螨捕食柑橘木虱是减少传播媒介的直接因素。

（2）间接因素："以螨治螨"生防园减少了化学农药的使用次数达60%～70%，改善橘园的生态环境、使得橘园自然天敌生存条件得到明显改善，因此，柑橘木虱在自然天敌控制下不发生或少发生，从而减缓柑橘黄龙病蔓延的速度。柑橘木虱的自然天敌很多，寄生性天敌主要有寄生蜂。广东省曾报道过在柑橘秋梢，寄生蜂的寄生率最高可达80%[3]，柑橘木虱的捕食性天敌比较多，主要有瓢虫、草蛉、蜘蛛、蓟马、花蝽、螳螂和食蚜蝇等多种昆虫。其中，捕食柑橘木虱的瓢虫有近20种。其中异色瓢虫与楔斑瓢虫的捕食量最大，对不同虫态的柑橘木虱每天每头捕食总量分别可达152头和144头。长角六点蓟马能捕食木虱低龄若虫和卵。草蛉主要捕食柑橘木虱的若虫、卵，一年四季均具有捕食效果，其中以4～5月和10月发生较多。蜘蛛、小花蝽对柑橘木虱具有一定的效果[3]。因此，保护与助迁自然天敌，能有效地控制柑橘木虱的种群增长，从而减缓柑橘黄龙病蔓延的速度。

**参考文献**

[1] 王爱明，邓晓玲. 柑橘黄龙病诊断技术研究进展 [J]. 广东农业科学，2008（6）：101－103.

[2] 陈又新，朱文灿. 防治柑橘木虱是防治柑橘黄龙病蔓延的关键 [J]. 现代园艺，2008（9）：28－39.

[3] 章玉苹，李敦松，黄少华，等. 柑橘木虱的生物防治研究进展 [J]. 中国生物防治，2009，25（2）：160－164.

# 黄花蒿提取物对酢浆草如叶螨的生物活性[*]

张永强[**]　丁　伟[***]　罗金香

（西南大学植物保护学院，重庆　400716）

**摘　要：** 为了明确黄花蒿提取物对红花酢浆草等造成严重为害的酢浆草如叶螨的杀螨生物活性。采集6月和7月的黄花蒿植株，分成根、茎、叶3个部分，采用石油醚（30～60℃）、石油醚（60～90℃）、乙醇、丙酮和水溶剂的平行和顺序提取方法，获得54种提取物，并测定了它们对酢浆草如叶螨的室内杀螨活性。就杀螨活性而言，采集了7月黄花蒿植株不同部位的提取物对酢浆草如叶螨表现出优越于6月的生物活性。其中，7月叶的丙酮平行提取物生物活性最高，处理48h，对酢浆草如叶螨的校正死亡率为95.00%。7月黄花蒿叶丙酮平行提取物对酢浆草如叶螨处理48h，其$LC_{50}$是0.4715mg/ml，而6月的为0.9083 mg/ml。并对其进行柱层析分离，得20种组分，组分19的杀螨活性最高，有待进一步深入研究。

**关键词：** 黄花蒿；酢浆草如叶螨；杀螨生物活性

酢浆草如叶螨［*Tetranychina harti*（Ewing）］，又名酢浆草岩螨（*Petrobia harti*），属寡食性种类。主要为害红花酢浆草（*Oxalis corymbosa*）、酢浆草（*O. corniculata*）、六月雪（*Serissa japonica*）、黄兰（*Michelia champaca*）、白玉兰（*Magnolia heptapeta*）等花木。1年可发生多代；在叶片正背面均可为害，不结网；温度适宜时，易猖獗为害。以幼螨、若螨、成螨口针刺破植物组织，然后吮吸汁液，使叶片形成许多黄白色小点，严重时，小点密集成黄色斑块，可造成全叶发黄枯萎[1~2]。随着红花酢浆草越来越多地被应用于美化园林景观，以及该属其他种类作为药材、野菜和蜜源植物越来越多地被开发[3~5]，酢浆草如叶螨的经济重要性越来越高[6]。

## 1　材料与方法

### 1.1　材料

#### 1.1.1　供试螨类

酢浆草如叶螨：采自于西南大学第32教学楼和第37教学楼之间的红花酢浆草上。挑选整齐一致的成螨作为供试螨类。2011年在西南大学校园内为重度发生，曾致使当年7～8月红花酢浆草受螨严重为害，整草地上部分死亡。此外，在白玉兰上也发现了少量的酢浆草如叶螨，但未造成严重为害。

#### 1.1.2　供试植物材料

6月25日和7月25日，在重庆市北碚区西南大学教学实验农场附近，分别采集黄花

---

　\* 基金项目：教育部博士点新教师基金（20100182120021）；重庆市自然科学基金（cstcjjA80008）

　\*\* 作者简介：张永强（1980—），男，副教授，主要从事植物源杀螨剂研究

　\*\*\* 通讯作者：丁伟（1966—），男，教授，博士生导师，主要从事天然产物农药研究；Tel：023－68250218；E-mail：dwing818@yahoo.com.cn

蒿全株。将采得的黄花蒿分成根、茎、叶 3 部分，置于 60℃ 烘箱烘干，小型粉碎机粉碎，过 80 目筛。提取物的制备方法详见参考文献[7]。

### 1.1.3 黄花蒿杀螨活性成分的分离

层析用硅胶（100~200 目）（青岛海洋化工），干法装柱，称取活性最高的提取物 4g，加 4g 硅胶拌匀，加于硅胶柱顶端，用石油醚：丙酮（13:1，11:1，9:1，7:1，5:1，3:1，1:1，1:2，1:3）洗脱，控制洗脱剂流速在 300ml/h，每 40min 收集 1 份，共分离得 48 份物质。然后用薄层层析［石油醚：丙酮（3:1）混合液为展开剂］检查，根据 Rf 值的大小合并相同部分，共得到 20 份不同的组分。

## 1.2 实验方法

取适量的顺序和平行提取物加入一定量丙酮和吐温 20，用水稀释配制成 5mg/ml，作为供试药液。作毒力回归分析时，在初试的基础上选用 5~7 个浓度。参照 FAO 推荐的测定螨类抗药性的标准方法——玻片浸渍法并加以改进。结果进行方差分析，并用 Duncan 新复极差法比较各处理间的效果差异，毒力回归式由机率值分析法计算[8]，由 SAS 软件[9]统计完成。

# 2 结果与讨论

## 2.1 黄花蒿 6 月和 7 月提取物对酢浆草如叶螨的触杀活性

用 5mg/ml 的黄花蒿 6 月和 7 月的不同溶剂提取物，在实验室条件下测定各自对酢浆草如叶螨的触杀活性，结果如图 1 所示：

从图 1 中可见，黄花蒿 6 月根、茎、叶不同溶剂的提取物对酢浆草如叶螨的活性普遍不高。而叶的提取物的生物活性与根茎相比有所增强，其中，叶的丙酮平行提取物的活性最高，处理 48h，对酢浆草如叶螨的校正死亡率为 82.52%，根的丙酮平行提取物、叶的石油醚 I 平行提取物及叶的丙酮顺序提取物，处理 48h 后，对酢浆草如叶螨的校正死亡率均在 60% 左右。在所有的提取物中茎的水提取物活性最差，处理 48h 后，对酢浆草如叶螨的校正死亡率仅为 17.35%。

采集于 7 月黄花蒿植株的不同部位，采用极性不同的几种溶剂提取后，对酢浆草如叶螨表现出优越于 6 月的生物活性。处理 48h 后，叶的乙醇平行提取物、丙酮提取物、石油醚 I 顺序提取物和丙酮顺序提取物对酢浆草如叶螨的校正死亡率均在 90% 以上。其中，叶的丙酮平行提取物生物活性最高，处理 48h 后，对酢浆草如叶螨的校正死亡率为 95.00%。

## 2.2 黄花蒿几种提取物对酢浆草如叶螨的毒力

为了比较 6 月和 7 月黄花蒿植株对酢浆草如叶螨的生物活性差异，这里选择了 6 月和 7 月植株不同部位不同溶剂提取物中活性最高的叶丙酮平行提取物，设置系列浓度，比较了这两种提取物对酢浆草如叶螨的活性差异，结果见表 1。

表 1  6 月和 7 月黄花蒿叶丙酮平行提取物对酢浆草如叶螨的毒力（48h）

| 处理 | 毒力回归直线 | 相关系数 | 致死中浓度及其 95% 置信区间 | LC$_{95}$ 及其 95% 置信区间 |
|---|---|---|---|---|
| 6 月 | $y = 1.3560 + 1.2318x$ | 0.980 5 | 0.908 3（0.613 8~1.344 0） | 19.659 6（13.285 8~29.091 1） |
| 7 月 | $y = 0.6002 + 1.6457x$ | 0.990 9 | 0.471 5（0.382 7~0.580 9） | 4.709 8（3.823 2~5.801 9） |

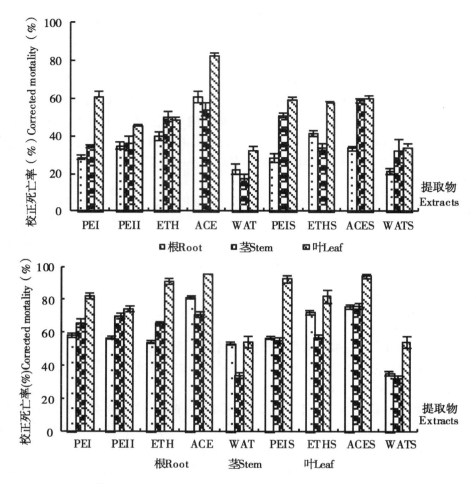

**图1 黄花蒿6月（左）和7月（右）不同溶剂不同部位提取物对酢浆草如叶螨的触杀活性（5 mg/ml, 48h）**

PEI：石油醚30~60℃平行提取物；PEII：石油醚60~90℃平行提取物；ETH：乙醇平行提取物；ACE：丙酮平行提取物；WAT：水平行提取物；PEIIS：石油醚60~90℃顺序提取物；ETHS：乙醇顺序提取物；ACES：丙酮顺序提取物；WATS：水顺序提取物。图上所标小写字母表示同一植株部位不同溶剂提取物之间的生物活性差异，相同字母间不存在显著差异，不同字母间存在显著差异（$P < 0.05$）

从表1看出，7月黄花蒿叶丙酮平行提取物对酢浆草如叶螨处理48h，其$LC_{50}$是0.471 5mg/ml，而6月的为0.908 3mg/ml。7月丙酮平行提取物表现出较为优异的毒力，与6月的相比约提高1倍。而要达到杀死95%供试酢浆草如叶螨的效果，6月丙酮平行提取物使用的药量约为7月的4倍。7月叶丙酮平行提取物对酢浆草如叶螨表现出较强的生物活性，在进一步的研究中可作为重点研究对象。

## 2.3 黄花蒿7月叶丙酮提取物柱层析所得不同组分对酢浆草如叶螨的杀螨活性比较

采用生物活性追踪法测定黄花蒿叶的丙酮提取物柱层析所得不同组分的杀螨活性，结果见表2。从中可以看出，在最终分离出的20种组分中，组分19的杀螨活性最高，处理48h后的校正死亡率分别达到69.28%。组分18、20和组分6次之，48h的平均校正死亡率分别达到 60.73%、59.79% 和 48.49%。

表2　7月黄花蒿叶丙酮平行提取物柱层析组分杀螨活性（5mg/ml）

| 不同组分 | 24h | | 48h | |
| --- | --- | --- | --- | --- |
| | 校正死亡率（%） | 校正死亡率95%置信区间 | 校正死亡率（%） | 校正死亡率95%置信区间 |
| 1 | 7.61 ± 2.64 e | − 3.73 ~ 18.96 | 22.23 ± 1.01 e | 17.88 ~ 26.59 |
| 2 | 9.24 ± 0.79 de | 5.84 ~ 12.63 | 33.35 ± 2.81 d | 21.25 ~ 45.45 |
| 3 | 7.06 ± 0.08 e | 6.71 ~ 7.41 | 36.49 ± 1.44 cd | 30.29 ~ 42.69 |
| 4 | 13.82 ± 0.93 c | 9.80 ~ 17.84 | 29.79 ± 0.91 d | 25.88 ~ 33.70 |
| 5 | 6.59 ± 1.79 e | − 1.14 ~ 14.34 | 39.99 ± 1.69 bc | 32.74 ~ 47.25 |
| 6 | 10.73 ± 0.89 d | 6.88 ~ 14.56 | 48.49 ± 2.77 c | 36.58 ~ 60.39 |
| 7 | 3.57 ± 2.06 f | − 5.30 ~ 12.44 | 16.80 ± 3.03 f | 3.78 ~ 29.81 |
| 8 | 21.47 ± 0.53 ab | 19.20 ~ 23.74 | 32.57 ± 1.12 d | 27.73 ~ 37.41 |
| 9 | 13.01 ± 0.83 c | 9.44 ~ 16.58 | 31.66 ± 2.03 d | 22.89 ~ 40.42 |
| 10 | 10.76 ± 2.61 d | − 0.48 ~ 22.01 | 42.29 ± 2.29 c | 32.43 ~ 52.15 |
| 11 | 0.98 ± 0.75 g | − 3.24 ~ 5.20 | 37.74 ± 0.24 cd | 36.69 ~ 38.79 |
| 12 | 11.76 ± 1.93 d | 3.46 ~ 20.08 | 41.82 ± 2.95 c | 29.14 ~ 54.51 |
| 13 | 12.39 ± 0.94 cd | 8.35 ~ 16.45 | 44.24 ± 1.59 bc | 37.36 ~ 51.12 |
| 14 | 10.73 ± 1.78 d | 3.08 ~ 18.38 | 56.83 ± 1.24 b | 51.48 ~ 62.19 |
| 15 | 0.98 ± 0.15 g | − 3.24 ~ 5.19 | 38.24 ± 1.69 cd | 30.93 ~ 45.54 |
| 16 | 10.51 ± 1.46 d | 4.21 ~ 16.80 | 35.96 ± 0.49 cd | 33.83 ~ 38.08 |
| 17 | 7.38 ± 0.06 e | 7.12 ~ 7.64 | 36.09 ± 3.43 cd | 21.36 ~ 50.84 |
| 18 | 16.57 ± 3.91 bc | − 0.26 ~ 33.40 | 60.73 ± 3.58 ab | 45.34 ~ 76.12 |
| 19 | 19.90 ± 2.34 b | 9.85 ~ 29.96 | 69.28 ± 1.39 a | 63.28 ~ 75.29 |
| 20 | 24.08 ± 1.36 a | 18.23 ~ 29.94 | 59.79 ± 1.86 ab | 51.81 ~ 67.77 |

注：同列数据后不同小写字母表示差异显著（$P < 0.05$，邓肯新复极差测验）

## 3　讨论

通过对黄花蒿6月和7月的根、茎、叶不同溶剂提取物对酢浆草如叶螨的生物活性研究，证明了7月黄花蒿叶的丙酮平行提取物对酢浆草如叶螨表现出较强的生物活性。而通过几种溶剂和两种提取方法的对比研究表明，丙酮平行提取是合适的提取方案。叶的丙酮平行提取物生物活性最高，处理48h，对酢浆草如叶螨的校正死亡率为95.00%。7月叶丙酮平行提取物柱层析组分18和19是活性组分，可作为进一步研究的重点。

国内外有关酢浆草如叶螨的研究报道并不多见，对酢浆草如叶螨进行防治的报道更少，仅见王答龙[10]针对几种杀螨剂对酢浆草如叶螨的田间防治效果进行了报道，结果证实，三氯杀螨醇对酢浆草如叶螨的防治效果好；螨死净与哒螨灵、阿维虫清混用，同样能获得较好的防治效果；氧化乐果及敌敌畏，对酢浆草如叶螨防治效果较差。而对酢浆草如叶螨的防治方法方面也有探讨，李俊超等[2]探讨了平顶山地区酢浆草如叶螨的综合防治技术，通过精细的田间管理，提高酢浆草自身的抗虫能力，再加上必要的化学防治，可大大降低酢浆草如叶螨的为害程度，保持草坪的观赏效果。本试验证实黄花蒿7月叶丙酮平行提取物中存在对酢浆草如叶螨活性较高的化合物，可作为防治酢浆草如叶螨的备选药剂。

## 参考文献

[1] Nunes M V, Saunders D. Photoperiodic Time Measurement in Insects：A Review of Clock Models [J]. Journal of Biological Rhythms, 1999, 14 (2)：84–104.

[2] 李俊超, 马占峰. 酢浆草岩螨综合防治技术 [J]. 平顶山工学院学报, 2006, 15 (1)：50–52.

[3] 曾志红. 紫叶酢浆草的栽培及利用 [J]. 西南园艺, 2005, 33 (6)：60.

[4] 刘永花, 何云, 陈业渊, 等. 我国热带作物种质资源保存现状及对策 [J]. 热带农业科学, 2005, 25 (6)：61–64.

[5] 王俊辉, 万红辉, 杨敏群. 红花酢浆草和雪茄花 [J]. 中国蜂业, 2006, 57 (5)：30.

[6] 郑兴国, 洪晓月. 酢浆草如叶螨研究概述 [J]. 昆虫知识, 2007, 44 (5)：647–651.

[7] 张永强, 丁伟, 赵志模, 等. 姜黄对朱砂叶螨的生物活性 [J]. 植物保护学报, 2004, 31 (4)：390–394.

[8] Finney D J. Probit analysis [M]. 3rd Ed. Cambridge：Cambridge University Press, 1971.

[9] SAS institute. SAS OnlineDoc ®, Version 8.01. Statistical Analysis System Institute, Cary, North Carolina, 2000.

[10] 王答龙. 几种杀螨剂防治红花酢浆草岩螨田间试验 [J]. 草原与草坪, 2007 (5)：60–61.

# 微生物在瓜类枯萎病生物防治中的应用[*]

赵志祥[1,2][**]　肖　敏[1,2]　谢丙炎[3]　肖彤斌[1,2]　陈绵才[1,2][***]

（1. 海南省农业科学院农业环境与植物保护研究所，海口　571100；

2. 海南省植物病虫害综合防控重点实验室，海口　571100；

3. 中国农业科学院蔬菜花卉研究所，北京　100081）

**摘　要**：瓜类枯萎病是葫芦科作物上常见的一种土传病害，给瓜类蔬菜的生产造成严重的损失。近年来，利用微生物来防治瓜类枯萎病取得了较大的进展，已成为防治该病害的重要手段。本文对近十年来国内外瓜类枯萎病的生物防治进行了简单的回顾和综述，并对其未来发展趋势进行了展望。

**关键词**：瓜类枯萎病；生物防治；作用机制；微生物

瓜类枯萎病又称蔓割病、萎蔫病，由尖孢镰刀菌（*Fusarium oxysporum*）引起，对葫芦科作物为害极为严重，在我国南方露地和北方保护地瓜类作物种植区均有发生。近年，随着海南冬季瓜菜生产基地的建立，瓜菜生产面积逐步扩大，随之而来的瓜类枯萎病等土传病害越来越严重。轮作、种植抗病品种等农业防治措施防效不理想；化学防治破坏生态平衡、污染环境；因此，污染小、使用安全的微生物生防制剂的开发和利用，成为防治瓜类枯萎病的首选，并且必将成为冬季瓜菜生产中病害防控的重中之重。本文就瓜类枯萎病生防微生物种类、作用机制和工程菌的构建等方面进行综述，并对其研究方向进行展望，旨在为瓜类枯萎病的生物防治提供参考，为建设热带高效、现代化农业提供技术支持。

## 1　生防微生物种类及生防机制

在瓜类枯萎病生物防治研究中，国内外研究得较多的有真菌、细菌和放线菌等。

### 1.1　真菌

瓜类枯萎病的生防真菌中主要有木霉、无致病尖孢镰刀菌、菌根菌（*Arbuscular mycorrhiza*，AM）和寄生性真菌等。

### 1.1.1　木霉

木霉广泛分布于海水、土壤、植物根际和叶表面等环境中，繁殖能力快，对枯萎病、炭疽病和黄萎病等多种病原菌有抑制作用。生防机制主要为竞争、重寄生、分泌抗菌物质、诱导抗性和促生5个方面。高增贵等（2010）从10株耐铜锌木霉菌中筛选出2株对瓜类枯萎病防治效果较好的木霉菌变异株TR123、T R68。张丽荣等（2011）将3种木霉菌发酵并按一定的助剂配比制成木霉制剂，田间防治试验发现该制剂对西瓜枯萎病具有良

* 基金项目：国家自然科学基金（31160024）；十二五国家科技支撑计划（2012BAD19B06）

** 作者简介：赵志祥，男，博士，助理研究员，研究方向：微生物资源与利用

*** 通讯作者：陈绵才，研究员，硕士生导师，研究方向：分子植物病理学；E-mail：mcchen@263.net

好的防治效果。程莹等（2010）通过室内盆栽试验发现，绿色木霉菌 T23 和哈茨木霉菌 Ta22 生防菌剂对甜瓜枯萎病具有较强拮抗作用。多数木霉菌株的生防机制都是以一种机制为主，多种机制相互作用、相互促进的结果。庄敬华等研究发现，木霉 T23 不但对黄瓜枯萎病有防效；而且，黄瓜幼苗经木霉处理后，防御酶 PAL、POD、PPO 及 CAT 的活性有明显增加。说明木霉不但对黄瓜枯萎病有拮抗作用，而且可能诱导植物防御反应及内部的木质素、植保素等抗性物质的参与。

此外，绿色木霉对植物病原真菌，尤其是瓜类枯萎病，有较强的拮抗作用。主要生防机制是产生酶类消解病菌细胞壁，从而达到灭杀病原菌的目的。高苇等（2008）从食用菌栽培土中分离 1 株绿色木霉 TH4，可以促进黄瓜对尖孢镰刀菌侵染的抵御作用，减轻、延缓病害的发生，并诱导黄瓜产生系统抗性。纪明山等（2005）观察了绿色木霉 TR-8 菌株对尖孢镰刀菌 FO-G1 的重寄生作用，结果含有 TR-8 分泌物的培养基对病菌孢子萌发抑制率高达 75%。

### 1.1.2　不致病的尖孢镰刀菌

尖孢镰刀菌是根围微生物区系中非常重要的代表。一些能够引起植物的枯萎和根腐，而其他的则不能引起植物病害。在土壤环境中，致病和不致病的菌株相互作用，能够抑制枯萎病的发生。因此，不致病菌株有着重要的生防作用。其生防机制主要有：竞争营养，影响病原菌厚垣孢子萌发率，竞争侵染位点，诱导系统抗性等。Park 等（1988）将不致病的菌株 C5、C14 与荧光假单胞菌一起加入土壤，能有效地防治黄瓜枯萎病。进一步研究其作用机制发现，荧光假单胞菌产生含铁细胞，竞争了铁元素，而不致病菌株竞争侵染位点和 C 元素。因此，可以有效地抑制黄瓜枯萎病菌在根围或根表的定殖。紫外诱变也可以获得不致病菌株。Freeman 等（2002）采用紫外诱变，得到 2 株不致病的甜瓜枯萎病菌株 4/4 和 15/15。在交叉保护试验中，菌株 4/4 比野生型的尖孢镰刀菌能够显著减少甜瓜、西瓜苗的死亡率。谷祖敏等（2003）对黄瓜枯萎病病菌进行紫外诱变，获得一株不致病的突变株，人工接种证明其对黄瓜枯萎病具有一定的防病作用。

类似于木霉，非致病尖孢镰刀菌也可诱导寄主植物产生抗性。王守正等（2001）做了两组比较试验：用从西瓜中分离到的非致病菌株 F0-3 和茄病镰刀菌非致病菌株 Fs-1 诱导处理西瓜幼苗，能使西瓜产生对枯萎病的抗性，非致病菌与致病菌接种间隔天数越多，诱导抗病效果越好；同样，用从黄瓜枯萎病株分离到的弱致病菌株 F0-1 和 F0-2 诱导处理黄瓜苗，也能取得上述结果，且在两种处理中，防御酶活性显著增强。史娟（2001）等发现，黄瓜尖孢镰刀菌能诱导黄瓜几丁酶的积累，但在诱导的速度和强度上，抗病品种和感病品种有明显的差异。

### 1.1.3　AM 菌根真菌

AM 菌根真菌能够与大多数的植物根系形成共生体。1968 年，Safir 首次发现摩西球囊霉能降低洋葱红腐病的发病率，促进洋葱的生长。此后，各国研究者对 AM 真菌生防机制、种类及与植物的互作等进行了深入的研究。影响 AM 真菌防效的因素很多，如 AM 真菌种类、致病菌毒性强弱和共生植物类型等。其中，共生体的建成是影响 AM 真菌防效的关键。研究表明，当菌根侵染率高于 50% 时，AM 真菌能够诱导寄主产生抗病性。但对菌根侵染率高低的界定往往因寄主基因型、AM 种类、接种病原菌时间及取样时间的不同而不同。王倡宪等（2008）研究了盆栽条件下播种黄瓜同时接种 *Glomus etunicatum*，4 周后对接种处理和对照黄瓜苗分别浇灌黄瓜枯萎病分生孢子悬液，发现接种 *Glomus etunicatum* 根系干重增加了 9.3%，减少了根围真菌数量，降低了发病率和病情指数。而不接种 *Glomus etunicatum* 的黄瓜苗根系干重减少了 28.0%。研究认为 *Glomus etunicatum* 对黄瓜枯萎病具有一定的生防价值。

AM 真菌能参与植物许多生理生化代谢过程，对植物有着多方面的作用，主要包括促进植物对土壤矿质元素的吸收，增加产量、改善品质，与病原菌竞争营养和侵染位点，从而提高作物的抗逆性、抗病性等。郝永娟等（2007）通过温室盆栽试验发现：接种 AM 真菌后能减少枯萎病菌在植株根系及根围土壤中的数量，抑制镰刀菌的侵染，降低黄瓜枯萎病菌的发病率和病情指数。李敏等（2000）研究了 AM 真菌 *Gigaspora rosea*、*Glomus mosseae* 和 *Glomus versiforme* 与西瓜枯萎病菌的关系。发现接种 AM 真菌能促进西瓜植株的生长发育，增加植株干重；显著减少根内和根围土壤中镰刀菌群体数量及其对根系的侵染率；降低枯萎病发病率和病情指数，减轻西瓜枯萎病的为害。AM 真菌与镰刀菌的不同接种时间和顺序影响西瓜枯萎病的发生发展，证实 AM 真菌与镰刀菌存在侵染位点的竞争关系。

### 1.1.4 其他真菌

除竞争、抗生、诱导抗性和促生作用等机制外，少数真菌还能够寄生瓜类枯萎病菌，使菌丝生长和孢子萌发速度减缓。如 Harveson 等（2001）报道，*S. retispora* 和 *M. zamiae* 可寄生西瓜枯萎病菌，接种 *S. retispora* 后，发现西瓜枯萎病引起的植株死亡率明显降低，9 个月后从土壤和植株的根系监测到的寄生菌明显增多。此外，孙燕霞等（2009）首次报道，白地霉对黄瓜枯萎病有一定的防治效果，其生防机制还有待于进一步研究。

## 1.2 细菌

近几十年，国内外的研究证明，大多数对瓜类枯萎病有生防效果的细菌来源于变形菌门（如假单胞杆菌）和厚壁菌门（如芽孢杆菌）。其生防机制主要有营养竞争、生态排斥和拮抗作用，以及产生嗜铁素和抗菌化合物等。

### 1.2.1 芽孢杆菌

目前，防治瓜类枯萎病的芽孢杆菌有：短短芽孢杆菌、多黏类芽孢杆菌、枯草芽孢杆菌、地衣芽孢杆菌和蜡质芽孢杆菌等。生防机制主要是营养和空间位点竞争、分泌抗菌物质、溶菌和促生作用等。张璐等（2010）从温室黄瓜根际土壤中筛选出对黄瓜枯萎病具有稳定拮抗作用的细菌 DS-1，经鉴定为短短芽孢杆菌。张昕（2005）发现，短短芽孢杆菌 ZJY-1 在黄瓜整个生育期均可稳定、有效地定殖于根围。陈雪丽等（2008）用多粘类芽孢杆菌 BRF-1 和枯草芽孢杆菌 BRF-2 不同稀释倍数的代谢产物抑制黄瓜尖孢镰刀菌。盆栽试验发现，两种生防细菌对黄瓜枯萎病不仅有较好的防效，而且有明显的促生作用。枯草芽孢杆菌来源广泛，海洋、陆地均有报道。李伟等（2008）从南海柳珊瑚中分离到一株海洋枯草芽孢杆菌 3512A。能够在土壤中高密度定殖，促进黄瓜的生长。为探讨菌株对黄瓜枯萎病的生防作用及对黄瓜生长和产量的影响，进行了盆栽试验，发现 3512A 能有效地防治黄瓜枯萎病，促进黄瓜的生长，提高叶绿素含量，增加黄瓜的产量。Chen 等（2010）筛选出对黄瓜枯萎病具有拮抗作用的枯草芽孢杆菌 B579。该菌能分泌几丁酶、β-1，3-葡聚糖酶和含铁细胞等。盆栽试验中 B579 能降低病害发生率，促进植物生长；同时 POX、PPO 和 PAL 等的活性明显增加。说明枯草芽孢杆菌对黄瓜枯萎病同时具有拮抗、竞争铁元素、促生和诱导植物抗性等多种生防作用。此外，蜡质芽孢杆菌对瓜类枯萎病也有一定的拮抗作用。高芬等（2004）发现，蜡质芽孢杆菌 BC98-I 拮抗蛋白粗提物对黄瓜枯萎菌孢子萌发和菌丝生长有强烈的抑制作用。

随着现代分子生物学的发展，微生物在瓜类枯萎病生物防治上的应用开始朝着抑菌活性物质、酶类及其基因资源挖掘的方向发展。郑爱萍等（2005）从土壤中分离到对黄瓜枯萎病病原菌有抑制作用的枯草芽孢杆菌，发酵产物经 DEAE-纤维素、Sephadex G-100 柱层析，分离到 15 kD 抑菌蛋白 L37，SDS-PAGE 显示纯度达到电泳纯，N-末端氨基酸序列同源性检测结果提示可能是一种新型的抑菌蛋白。蛋白质抑菌结果表明，对多种病原真菌具有抑制效果，且对蛋白酶、温度和大部分有机物不敏感，是稳定的抑菌蛋白。对病原菌菌丝抑制机理研究表明，抑菌蛋白具有严重扭曲、断裂、阻止生长等抗生效果。

### 1.2.2　假单胞菌

众所周知，假单胞菌是最普通的根围细菌组群，也是一种理想的土传病害生防菌。因为 *Pseudomonas* spp. 有较强的根围定殖能力，产生含铁细胞，强烈地竞争 $Fe^{3+}$。而铁元素是 *F. oxysporum* 分生孢子芽管生长必须的。在抗甜瓜枯萎病离体试验中，*P. putida* strain 30 和 *P. putida* strain 180 产生大量的含铁细胞，竞争 $Fe^{3+}$，达到抑制 *Fusarium* 生长的目的。单独使用 *P. putida* strain 30，对甜瓜枯萎病的防效达 63%。但是，对该病害具有如此长时期的抑制效果，不能只用孢子产生含铁细胞的抑制因素来解释，除了微生物的竞争关系，可能还有另外一种抑制枯萎病的行为模式：生防制剂诱导宿主植物抗性。

目前的研究已证实，利用荧光假单胞菌防治植物病害的机制包括竞争铁元素和其他营养物质、生态位排斥作用、诱导植物产生系统抗性以及产生拮抗微生物的代谢产物等。王灿华等（2000）从植物根际土壤在分离假单胞菌株 M18，能有效地抑制黄瓜枯萎病菌以及多种其他植物病原菌菌丝的生长，并能促进黄瓜幼苗的生长。岳东霞等（2002）从蔬菜种植区分离出一株假单胞菌。该菌株对黄瓜枯萎病菌有较强的抑制作用，温室防效达 67%。多种对瓜类枯萎病具有拮抗作用的假单胞菌混用，对瓜类枯萎病具有协同抗病和促生的作用。Bora 等（2004）将两种恶臭假单胞菌制成粉末制剂，通过种子处理，*P. putida* strain 30 防效达 63%，*P. putida* strain 180 防效达 46%~50%。混合处理防效达 95%。

### 1.2.3　其他拮抗细菌

自然环境中，也有个别其他种属的细菌对瓜类枯萎病具有较强的抑制作用。Hu 等（2008）对 3 株抗西瓜枯萎病的菌株进行了鉴定，其中 1 株属于芽孢杆菌，另外 2 株为微球菌属，而微球菌属作为生防细菌，尚未见报道。

## 1.3　放线菌

放线菌是抗生素的主要生产菌。迄今，已知开发的抗生素中，约有 2/3 是来源于放线菌。但只有极少的一部分被用于瓜类枯萎病生物防治研究，如链霉菌等，作用机制主要是分泌抗菌素抑制枯萎病菌的生长。刘秋等（2008）从针叶林土壤中筛选到的一株拮抗放线菌 *Streptomyces* H628，发现该菌株对黄瓜枯萎病有较强的抑制作用。杨宇等（2006）从保护地瓜类作物根际土壤中分离 4 株对黄瓜枯萎病菌有抑制活性的拮抗放线菌株。在抑菌试验中，4 菌株对孢子萌发及菌丝生长都有不同程度抑制作用。潘争艳等（2005）用放线菌Ⅲ-61 和 A-21 对黄瓜枯萎病菌进行平板对峙试验，发现抑菌带宽达 17.5~20.9mm；100 倍稀释液对孢子萌发后的芽管具有致畸作用，使其顶端膨大或呈粗栉齿状而不再继续伸长；4 倍稀释液对黄瓜枯萎病的温室盆栽防效分别为 65.15% 和 60.61%。

## 2　多种拮抗菌株的混合使用

在瓜类作物田间实际生产过程中，由于受气候、温湿度、土壤酸碱度以及土壤中其他微生物或软体动物（如线虫等）等生物或非生物因素的影响，单一使用一种细菌或真菌防治瓜类枯萎病防效低且不够稳定。因此，使用拮抗细菌和拮抗真菌联合防治瓜类枯萎病，是该病害生物防治的一个新方向。柳春燕等将拟康氏木霉和枯草芽孢杆菌发酵液1∶1混合，并与复合诱导子一起配制成的"多功能生物制剂"，对黄瓜枯萎病有良好防效，并且混合菌防效好于单一菌，表明两菌株有协同防病的效果。田永永等（2011）从大棚甜瓜根际土壤分离得到对甜瓜枯萎病有较强拮抗作用的细菌菌株 F-1 和 D-3。经大田验证，F-1 和 D-3 对甜瓜枯萎病的防效分别达到 85.7% 和 81.6%，F-1 和 D-3 混合发酵液对甜瓜枯萎病的防效达到 91.8%。纪明山等（2002）从健康西瓜和黄瓜的根际土壤中，筛选出拮抗作用较强的绿色木霉 TR-8 和芽孢杆菌 B67 菌株。将两菌株分别发酵后，制备成 TR-8 制剂和 B67 制剂，并将两菌株发酵物混合后制备成健根宝粉剂。室内人工接种试验表明：3 种拮抗菌制剂对西瓜枯萎病均有较好的防治效果，尤以健根宝粉剂的防效最理想。此外，除草剂或生物肥与细菌或真菌混合使用也能防治瓜类枯萎病。如 EI-Sayed（2003）在大田试验中，将草甘膦与枯草芽孢杆菌、巨大芽胞杆菌和哈茨木霉联合施用，结果发现，西瓜枯萎病的发生率较对照低得多，而且该混合药剂处理种子的效果更为明显。Wu（2009）等报道：生物有机肥与多黏芽孢杆菌和哈茨木霉联合使用也能有效地控制苗床西瓜枯萎病的发生，并能促进植物的生长，克服连作障碍。

## 3 生防工程菌株

随着分子生物学和遗传学的发展，新型高效的生防工程菌株陆续被构建，并显示出较好的抗瓜类枯萎病潜能。岳东霞等（2008）采用基因工程的方法，将含有 2, 4-DAPG 基因的质粒 pMON5122 导入到野生型荧光假单胞菌株中，构建抗黄瓜枯萎病的工程菌株。探索了不同热激时间、不同 $CaCl_2$ 浓度和荧光假单胞菌的不同生长时期对转化子形成的影响；研究了荧光假单胞菌工程菌株对黄瓜枯萎病的防治效果。Maurhofe 等（1995）将融合质粒 pME3090 导入 *P. fluorencens* CHAO 获得融合菌株，大大提高对黄瓜枯萎病的生防能力。从生防菌突变体库中寻找对瓜类枯萎病有活性的生防工程菌株，为瓜类枯萎病的生物防治提供了更为快捷、有效的手段。王晶（2008）构建深绿木霉 T23 菌株突变体库，并筛选出生防黄瓜枯萎病的工程菌株 H6，研究表明：H6 的发酵产物不仅对黄瓜枯萎病具有良好的生防能力，还具有改良土壤的盐碱质地的功能和促生作用。此外，在构建生防工程菌的基础上，人们也开发出抗瓜类枯萎病生物制剂，如康地蕾得等，能够控制或杀灭瓜类枯萎病，并对瓜类作物具有促生作用。

## 4 展望

海南是我国唯一的热带岛屿省份，终年高温高湿。瓜类枯萎病菌厚垣孢子和菌丝体无需在土壤和病残体中越冬，而直接在田间积累，成为下一茬瓜类作物的初侵染源。因此，瓜类尖孢镰刀菌枯萎病的发生越来越严重。对其防治是搞好海南岛冬季瓜菜生产的关键。目前，在防治瓜类枯萎病中，生防微生物因其安全等特点得到广泛地关注，但在大田应用中，结果并不理想。如在不同类型的土壤中防效不一致、不稳定等。究其因主要有：①生防菌株与土壤中其他微生物竞争营养、生态位点等；同时，也受到其他微生物的抑制和排斥，使其生防功能不能充分地发挥。②过去很长一段时间，人们开发的生防制剂主要是活菌体，受生物和非生物因素的影响较大，生防效果不稳定。此外，当环境条件改变时，某些不致病的镰刀菌可能变成其他瓜类作物的致病菌。

随着分子生物学技术的发展，寻找拮抗能力强、广谱抗病、在瓜类作物根际和土壤环境中定殖能力较强的生防菌株或生防工程菌株是其主要的研究方向。对可培养的微生物而言，研究者通过提取和纯化生防菌的抗菌活性物质，并研制成生物农药，避免活菌体不易保存，在不同的土壤中防效不一致、不稳定的问题，提高和促进病害生物防治效果，构建生防工程菌。对于非培养的微生物而言，"宏基因组学"则是全新的研究平台，它避开传统微生物分离、纯化和培养的问题，将微生物基因组信息直接转移到宿主细胞中，然后，基于功能驱动筛选，从中筛选出酶和抗菌活性物质等，并进行基因克隆、蛋白表达和纯化以及构建生防工程菌株，通过该途径往往能从非培养的微生物中筛选出新型的抗瓜类枯萎病活性物质。

## 参考文献

[1] 陈雪丽，王光华，金剑，等．多粘类芽孢杆菌 BRF-1 和枯草芽孢杆菌 BRF-2 对黄瓜和番茄枯萎病的防治效果 [J]．中国生态农业学报，2008，16（2）：446－450.

[2] 程莹，白寿发，庄敬华，等．木霉菌多功能生防菌剂对瓜类枯萎病的防效研究 [J]．现代农业科技，2010，23：157－158.

[3] 高芬，马利平，乔雄梧，等．芽孢杆菌 BC98-I 抗真菌物质的初步分离及特性 [J]．植物保护学报，2004，4：31－36.

[4] 高苇．菌糠木霉发酵物防治黄瓜土传病害及其机理研究 [D]．沈阳：沈阳农业大学，2008.

[5] 高增贵，那明慧，庄敬华，等．瓜类枯萎病耐铜锌生防木霉菌株的初步筛选 [J]．北方园艺，2010，2：190－192.

[6] 谷祖敏，庄敬华，高增贵，等．黄瓜枯萎病菌无毒突变的稳定性 [J]．植物保护学报，2003，30（3）：331－332.

[7] 郝永娟，刘春艳，王勇，等．AM 真菌对黄瓜生长和枯萎病的影响 [J]．安徽农学通报，2007，13（19）：73－74.

[8] 纪明山，王英姿，程根武，等．西瓜枯萎病拮抗菌株筛选及田间防效试验 [J]．中国生物防治，2002，18（2）：71－74.

[9] 纪明山，李博强，陈捷，等．绿色木霉 TR-8 菌株对尖镰孢的拮抗机制 [J]．中国生物防治，2005，21（2）：104－108.

[10] 李敏，孟祥霞，姜吉强，等．AM 真菌与西瓜枯萎病关系初探 [J]．植物病理学报，2000，30（4）：327－331.

[11] 李伟，胡江春，王书锦．海洋细菌 3512A 对黄瓜枯萎病的防治及促进植株生长的效应 [J]．沈阳农业大学学报，2008，39（2）：182－185.

[12] 刘秋，齐小辉，闫建芳，等．瓜类枯萎病拮抗放线菌 H628 的鉴定 [J]．沈阳农业大学学报，2008，39（2）：178－181.

[13] 柳春燕，郭敏，林学政，等．拟康氏木霉和枯草芽孢杆菌对黄瓜枯萎病的协同防治作用 [J]．中国生物防治，2005，21（3）：206－208.

[14] 潘争艳，刘伟成，裘季燕，等．放线菌Ⅲ-61 和 A-21 对蔬菜枯萎病和灰霉病的控制作用 [J]．华北农学报，2005，20（4）：92297.

[15] 史娟，邱艳，王红玲，等．黄瓜几丁酶活性与其对枯萎病抗性的关系 [J]．宁夏农学院学报，2001，4：4－5.

[16] 孙燕霞，张瑞清，张伟．一株黄瓜枯萎病拮抗菌的筛选和鉴定 [J]．生物技术，2009，19（6）：22－25.

[17] 田永永，陈立，谢云，等．甜瓜枯萎病拮抗细菌的筛选及大田防效试验 [J]．中国农学通报，

2011，27（5）：367－371.

[18] 王灿华，祝新德，许煜泉，等. 假单胞菌株 M18 分泌羧基吩嗪抑制黄瓜枯萎病害［J］. 上海交通大学学报，2000，34（11）：1 574－1 578.

[19] 王倡宪，郝志鹏. 丛枝菌根真菌对黄瓜枯萎病的影响［J］. 菌物学报，2008，27（3）：395－404.

[20] 王 晶. 深绿木霉突变菌株 H6 对黄瓜枯萎病的生物防治［D］. 保定：河北农业大学，2008.

[21] 王守正，王海燕，李洪连，等. 瓜类植物诱导抗病性研究［J］. 河南农业科学，2001，10：28－30.

[22] 杨宇，吴元华，郑亚楠. 瓜类枯萎病拮抗放线菌的筛选［J］. 北方园艺，2006，4：177－179.

[23] 岳东霞，许长蔼，张要武，等. 黄瓜枯萎病拮抗细菌的筛选与防治［J］. 天津农业科学，2002，8（4）：7－9.

[24] 岳东霞，张要武，陈融，等. 荧光假单胞菌工程菌株的构建及对黄瓜枯萎病的防治效果［J］. 华北农学报，2008，23（6）：101－104.

[25] 张丽荣，康萍芝，杜玉宁，等. 木霉制剂对西瓜枯萎病的田间防治效果［J］. 北方园艺，2011，17：148－149.

[26] 张璐，丁延芹，杜秉海，等. 黄瓜枯萎病病原拮抗细菌 DS-1 菌株鉴定及生防效果研究［J］. 园艺学报，2010，37（4）：575－580.

[27] 张昕. 植物病原拮抗细菌的发酵条件作用机制及定殖规律的研究［D］. 杭州：浙江大学，2005.

[28] 郑爱萍，闫敏，李平，等. 黄瓜枯萎病新型抑制蛋白 L37 的研究［J］. 园艺学报，2005，32（6）：1 102－1 104.

[29] 庄敬华，高增贵，杨长城，等. 绿色木霉菌 T23 对黄瓜枯萎病防治效果及其几种防御酶活性的影响［J］. 植物病理学报，2005，35（2）：179－183.

[30] Bora T, Ozaktan H, Gore E, et al. Biological Control of *Fusarium oxysporum* f. sp. melonis by Wet-table Powder formulations of the two Strains of *Pseudomonas putida* ［J］. J. Phytopathology, 2004, 152：471－475.

[31] Chen F, Wang M, Zheng Y, et al. Quantitative changes of plant defense enzymes and phytohormone in biocontrol of cucumber *Fusarium wilt* by *Bacillus subtilis* B579 ［J］. World J Microbiol Biotechnol., 2010, 26：675－684.

[32] EI-Sayed E A. Efficiency of biocontrol agents to control fusarial diseases of watermelon as influenced by herbicide Roundup Reg ［J］. Assiut Journal of Agricultural Sciences, 2003, 34（2）：225－239.

[33] Freeman S, Zveibil A. Vintal H, et al. Isolation of nonpathogenic mutants of *Fusarium oxysporum* f. sp. *melonis* for biological control of *Fusarium wilt* in cucurbits ［J］. Phytopathology, 2002, 92：164－168.

[34] Harveson R M, Kimbrough J W. Parasitism and measurement of damage to *Fusarium oxysporum* by species of *Melanosp ora*, *Sphaerodes* and *Persiciospora* ［J］. Mycologia, 2001, 93（2）：249－257.

[35] Hu X Q, Zhang H B, Su XF. Screening of soil antagonistic bacteria for watermelon *Fusarium Wilt*.

[36] Agricultural Science and Technology ［J］. 2008, 9（6）：132－135.

[37] Maurthofer M, Keel C, Haas D, et al. Influence of plant species on disease suppression by *Pseudomons fluorencens* CHAO with enhanced antibiotic production ［J］. Plant Pathology, 1995, 44（1）：40－45.

[38] Park C S, Paulitz T C, Baker R. Biocontrol of *Fusarium wilt* of cucumber resulting from interactions between *Pseudomonas putida* and nonpathogenic isolates of *Fusarium oxysporum* ［J］. Phytopathology, 1988, 78：190－194.

[39] Safir G E. The influence of vesicular-arbuscular mycorrhiza on the resistance of onion to Pyrenochaeta terrestris ［M］//Thesis M. S. Urbana：University of Illinois, 1968.

[40] Wu H S, Yang X N, Fan J Q, et al. Suppression of *Fusarium wilt* of watermelon by a bioorganic fertilizer containing combinations of antagonistic microorganisms ［J］. BioControl, 2009, 54（2）：287－300.

化学防治

# 高工效农药使用技术

袁会珠[1]　李卫国[2]　杨代斌[1]　黄文九[2]

（1. 中国农业科学院植物保护研究所，北京　100193；

2. 广西田园生化股份有限公司，南宁　530007）

**摘　要：** 随着农村经济的发展，发展省力化、高工效农药使用技术已成为农业生产的必然需求。高工效农药使用技术建立在最佳生物粒径和雾滴杀伤半径理论基础上，通过把高效农药与高效率的施药机械结合起来，用最少的人力投入、用最短的时间、在确保环境效益的前提下处理最大面积的农作物。

**关键词：** 高工效；农药使用技术；雾滴粒径；雾滴杀伤半径；环境效益

在农业生产中，使用农药是防控病虫草等有害生物的最有效途径之一。我国在使用农药过程中，20世纪60~70年代主要采用喷粉方法，随着1983年六六六的禁用，六六六粉等粉剂农药的供应停止，露地喷粉方法迅速被淘汰，取而代之的是背负喷雾作业，操作人员背负着工农-16型手动喷雾器械或者东方红-18机动弥雾机，行走在作物行间喷雾作业。这种背负喷雾作业的方式目前仍然是全国农作物防控病虫草害的主要方式，其劳动强度大，施药液量大，已经不能满足现代农村经济发展的需求。

随着我国农村经济的快速发展，发展省力化、高工效的农药使用技术已逐渐成为农业生产的需求。例如，在防治水稻稻飞虱中，操作人员背负手动喷雾器在农田喷雾作业，因为劳动强度大，农户在没有改善喷雾方式的前提下，只是为了节约体力而把施药液量从1亩地3~4桶药液降低为1桶药液，喷洒出去的药液没有在水稻基部很好地沉积分布，大大地影响了防治效果；再比如在北方旱地作物病虫草害防治中，农民用汽油桶、三缸泵、铁管、农用车等组装成简易的喷杆喷雾设备，虽然喷雾质量欠佳，但解决了工作效率问题，反映了农户追求高工效的愿望。

农药使用过程中，追求"效果、效益、效率"的"三效"目标，这3个目标是相互关联的。本文讨论的是"效率"目标，当然，在追求"效率"目标的同时，必然是以"效果"目标为前提，假如只一味的追求"效率"，而忽视"效果"，那这种效率则毫无意义。在追求"效率"、"效果"目标的同时，还一定要注意农药使用的"效益"，"效益"包含"经济效益、社会效益、环境效益、生态效益"，特别是环境效益当前更为公众所关心。

## 1　高工效农药使用技术的涵义

"高工效"是"高工作效率"的缩写，高工效农药使用技术就是研究开发推广工作效率高的农药使用技术，即以最少的人力投入、用最短的时间、在不污染环境的前提下处理最大面积的农作物，以快速高效地防治农作物病虫草害。高工效农药使用技术有如下含义：

## 1.1 工作效率高

作为一种病虫害防治的农事操作，其工作效率高低决定了病虫害防治的效果，当面对突如其来的暴发性病虫害时，工作效率低意味着不能迅速有效防治。在古代防治农作物虫害、草害时，农民采用鞋底扑打害虫的方法，其工作效率可想而知，一天能打死几头害虫？诗人陶渊明"种豆南山下，草盛豆苗稀"，为了防治农田杂草，只有"晨兴理荒秽，带月荷锄归"，工作效率低，劳动强度大。在早期的农药使用技术条件下，用户采用泼浇法、水唧筒法等，工作效率很低，目前仍在我国很多农村地区盛行。我国广泛采用的背负手动喷雾器械操作技术，工作效率很低，处理 1 亩农作物需要 30～60min。这样低的工作效率不仅费时、费工，对于暴发性病虫害则不能做到快速扑灭。面对 2012 年 8 月份在我国北方暴发的黏虫为害，这种背负手动喷雾技术则很难胜任快速扑灭的任务。

## 1.2 人力投入少

作为高工效农药使用技术，不应依靠人海战术，而是依据农药本身的理化特性，设计研发合适的农药剂型，采用合适的施药器械，发挥高工作效率的优点，用最少的人力投入来完成病虫害的防治。

## 1.3 处理面积大

高工效农药使用技术应该具备大面积作战的能力，能够在很短的时间内处理大面积农作物，满足暴发性病虫害的应急快速防控。

## 2 高工效农药使用技术的理论基础

高工效农药使用技术的理论基础有两方面：雾滴最佳粒径理论和雾滴"杀伤半径"理论。

### 2.1 雾滴最佳粒径理论

在喷雾防治农作物病虫草害时最常用的就是喷雾方法，目前最广泛使用的是大雾滴、大容量喷雾技术。科学家经过大量研究发现，在喷洒农药时，只有某一粒径范围的农药雾滴才能有效"击中"有害生物，具体结论是 10～50μm 的雾滴更有利于被飞行的害虫捕获，所以，要采用 10～50μm 的雾滴防治飞行状态的害虫。对于杀菌剂喷雾，多以植物叶片为喷洒对象，要求农药雾滴在 30～150μm 为佳；除草剂的喷洒，因要克服雾滴飘移的风险，雾滴最佳粒径以 100～300μm 最为合适。

我国在农药田间喷雾中，没有把农药雾滴粒径作为一个标准，很多地方不论是喷洒杀虫剂，还是杀菌剂和除草剂，都采用粗雾喷洒的方式，雾滴粒径多为 200～400μm，甚至更粗大，不能很好地发挥杀虫剂和杀菌剂的生物活性。

依据生物最佳粒径理论，我国需要研发推广细雾喷雾技术体系。农药雾滴粒径减小一半，则雾滴数量增加到 8 倍（图 1），就意味着在没有增加药液体积的前提下，所形成的子弹数量（雾滴）增加到 8 倍，雾滴数量增加，则意味着"击中"有害生物的机率增加。以上分析说明，采用细雾喷撒技术，在保证"子弹"（雾滴）数量的前提上下，可以显著减少施药液量，这样，就显著提高了工作效率，达到高工效的目标。

表1　农药喷雾中生物最佳直径

| 防治对象 | | 农药种类 | 最佳粒径（μm） |
|---|---|---|---|
| 飞行的成虫 | | 杀虫剂 | 10～50 |
| 爬行的幼虫 | | 杀虫剂 | 30～150 |
| 植物表面的病原菌 | | 杀菌剂 | 30～150 |
| 杂草植株 | | 除草剂 | 100～300 |

（参考 G. A. Matthew）

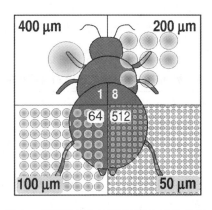

图1　雾滴粒径与雾滴数量之间的关系

## 2.2　雾滴"杀伤半径"理论

每一个农药雾滴可以看作一颗"炸弹"，均有其"杀伤半径"，药液浓度越高，"杀伤半径"越大。因为雾滴存在"杀伤半径"，因此，在农药喷雾中就不必把全部叶片喷湿透，而只需要农药雾滴在植物叶片或土壤表面形成一定的"雾滴密度"即可。

遗憾的是，很多情况下，用户多以叶片湿透为喷雾质量的目测指标，而此时实际上已经形成了大量的"药液流失"，费工、费时、费药。如果根据不同类型农药的"雾滴杀伤半径"，研究制定各自喷雾时在作物叶片或土壤表面的合理的"雾滴沉积密度"，这样就可以显著减少施药液量，显著提高工作效率，达到高工效的目标。

## 3 高工效农药使用技术的实施

高工效农药使用技术不仅在理论可行，实践中也确实可行。例如，在非洲蝗虫防治工作中，科学家研究了杀死单个蝗虫所需要的药剂剂量，然后在喷雾中设计喷头产生的单个雾滴恰好含有能够杀死单个蝗虫的剂量，在空中只需释放一定密度、一定粒径的农药雾滴，即可有效防治蝗虫的为害，达到高工效的目标。

针对我国小麦、水稻等作物的病虫害防治，我们开展了无人驾驶飞机喷雾防治小麦吸浆虫、蚜虫、水稻稻纵卷叶螟的防治技术研究，采用旋转圆盘喷头，雾滴粒径控制在 $100 \sim 150 \mu m$，与地面常规大容量喷雾相比，药剂稀释倍数减少了 40 倍，也即雾滴中的药剂浓度提高了 40 倍，显著增加了雾滴的"杀伤半径"，在田间喷雾中每平方厘米沉积 $20 \sim 30$ 个农药雾滴即可有效防治害虫为害。而这种喷雾技术处理 1 亩农田只需要 $1 \sim 2min$，工作效率远高于地面背负手动作业的 $30 \sim 60min$。

## 4 "环境效益"对高工效农药使用技术制约

在高工效农药使用技术中，一定要避免雾滴飘移所造成的环境污染风险。烟雾施药方法因此雾滴细小，是一种高工效的农药使用技术，烟雾方法分为冷烟雾法和热烟雾法，多年研究已经表明，这种热烟雾技术所产生的雾滴极易飘移，冷烟雾法依靠强大气流的切割作用进行雾化，粒径小于 $20 \mu m$ 的农药雾滴占到喷雾液体积的 38.8%；而采用热烟雾技术，粒径小于 $20 \mu m$ 的农药雾滴则占到喷雾液体积的 81.2%。这样细小的农药雾滴在空气中有很强的飘翔效应，非常容易飘移，因此，在国际上把冷烟雾技术和热烟雾技术界定为"空间处理技术"（space treatment），即适合房舍卫生杀虫、温室大棚或者郁闭高大的橡胶林等，不适合大田露地作物使用。

表 2 热烟雾技术所形成的农药雾滴粒径[*]

| 烟雾机 | 稀释液 | $D_{v0.1}$（$\mu m$）[**] | $D_{v0.5}$（$\mu m$）[**] | %体积 $<20\mu m$ [**] | %体积 $<32\mu m$ [**] |
|---|---|---|---|---|---|
| 冷烟雾机 | 清水 | 7.0 | 23.8 | 38.8 | 99.0 |
| 热烟雾机 | 柴油 | 2.0 | 11.8 | 81.2 | 100 |

[*] 引自 H Laura，2012。

[**] $D_{v0.1}$，$D_{v0.5}$ 表示雾滴体积累积占总体积百分数为 10%、50% 时所对应的雾滴粒径;% $<20\mu m$ 表示小于 $20\mu m$ 雾滴所占喷雾总体积的百分数,% $<32\mu m$ 意思相同。

非常让人遗憾的是，近年来，我国很多省份都把热烟雾技术作为一项新技术在露地作物如小麦、水稻、玉米等推广应用，违背了"环境效益"对高工效农药使用技术的制约，存在很大的风险。

## 参考文献

[1] 袁会珠. 农药使用技术指南（第二版）[M]. 北京：化学工业出版社，2011.

[2] Matthews G. A., Thomas N., Working towards more efficient application of pesticide, *Pest Manag Sci.*, 2000, 56: 974 – 976.

［3］ T. Takafumi, N. Koji. , Development and promotion of laborsaving application technology for paddy herbicides in Japan, Weed Biology and Management, 2001, 1: 61 – 70.

［4］ A. J. Hwwitt, Spray drift: impact of requirements to protect environment, *Crop Protection*, 2000, 19: 623 – 627.

［5］ H. Laura, S. Emilia, L. Susana, etc. , Droplet size and efficacy of an adulticide-larvicide ultralow-volume formulation on *Adedes aegypti* using different solvents and spray application methods, *Pest Manag Sci.*, 2012, 68: 137 – 141.

# 我国农药使用中存在的问题和建议

曹坳程　王秋霞　李　园　郭美霞

（中国农业科学院植物保护研究所，北京　100193；

现代农业产业技术体系北京果类蔬菜创新团队，北京　100029）

## 1　使用农药的必要性

我国是世界上病虫草鼠等生物灾害发生最频繁和最严重的国家之一，常年发生面积 4.5 亿~5 亿多 hm² 次，造成农作物严重减产。根据当前科学水平，控制农作物病虫害，化学防治仍是最有效、最经济的方法，尤其是遇到突发性灾害时，尚无任何防治方法可以替代化学农药。在未来相当长的历史时期内，化学防治仍然是我国植物保护最重要的手段。但目前我国化学农药在使用过程中，由于使用技术落后，施用者科技素质不高，经常不合理使用和滥用，不仅防治效果不理想，而且造成了大量的浪费、环境污染、农药残留、人畜中毒、有害生物产生抗药性、农作物发生药害等问题。近 10 年来，随着人们生活水平的提高，对食品安全越来越关注，农药导致的食品安全问题多次曝光。农药在社会上一直以负面的形象出现，影响了社会公众对农药的正确评价。

## 2　我国农药使用现状

我国是一个农药生产和使用大国，每年农药用量约为 29 万 t（折纯）。在农药使用过程中，我国很多农民几乎都没有经过使用农药的专门培训，在使用农药中存在使用对象错误、使用时间不适当、使用量过高、没有考虑间隔期等一系列问题，这些问题不但造成巨大的浪费和环境污染，而且由于农药残留超标影响到人们的健康。

在我国，农药的生产已建立了完整的监管体系，虽然假冒农药不断出现，但农药质量稳步提高。近年来，我国加大了对农药流通领域的管理。农药流通混乱状况有所改善。

目前，我国对农药的使用仍缺乏有效的监管，任何人能够买到农药和使用农药，农药过量使用，不按标签用药等问题无法解决。

## 3　滥用农药的原因分析

虽然农药是重要的生产资料，但价格不菲，农民并不想多用农药。但现实中，农民为了保证他们的收益，而他们不掌握病虫害的综合防治技术，不得不通过打农药控制病虫害。乱用农药可归纳为下列原因。

### 3.1　农民缺乏病虫害的诊断知识

受知识水平的限制，农民普遍缺乏病虫害的诊断知识，生产中遇到病虫害，主要向农药经销商询问使用何种农药可以防治，而经销商通常也缺乏准确的诊断能力，通常是推荐多种农药混用，总有一种药剂管用。这一方法对经销商也有很大的好处，就是可以更多地销售农药。因此造成农药的乱用。

## 3.2　农民缺乏病虫害的监测能力

农民通常不具备病虫害的预测预报能力，如果当地农业技术服务部门不提供相关的服务，农民大多看到病虫害大发生时，才认为需要防治，而此时病虫害发生量大，一些病虫害的综合防治技术已难凑效，因此，只能依赖大剂量的农药防治。

为了保护作物免受病虫害的为害，农民经常采用间隔一定的时间打保险药的形式防治病虫害，因而加大了用药量和对环境的污染。

## 3.3　使用手段严重落后

众所周知，喷洒农药必须使用专用的施药机具。我国农村至今所使用的施药机具仍然是 20 世纪 50 年代以前的老式传统喷雾器，进行大水量粗雾喷洒。这种施药方法几乎有 70% 以上的农药散落到环境中。并且由于药液容易泼溅滴漏，也容易对施药人员发生污染和导致中毒事故，工效也极低。因此，这种机具在工业化国家早在 20 世纪 50 年代就已淘汰。我国农村所使用的这种传统机具已有 50 多年历史，机具结构和性能至今没有变化。

近年来，我们加大了新型施药机械的开发力度，静电喷雾器、低容量喷雾器、烟雾机、高杆喷雾器、无人喷洒机等新型机械不断出现，将提高我国农药的现代施药水平。

## 3.4　对有害生物的抗药性认识不足

当发现一种药剂有效时，农民习惯于使用同一种农药，当防治效果不理想时，农民通常是加大用药量和增加用药次数，这必将诱发和导致有害生物的抗药性。最近我国要求将农药商品名统一改为通用名，有助于改善这一局面，但还有一些生产企业违规添加一些未经注明的有效成分，也不利于农药的科学使用。目前，我国中小农药企业生产的主要是复配农药，过多的复配农药使用，农民已很难找到可轮用的药剂，因而易导致病虫产生抗药性。

## 4　建议采取的措施

### 4.1　建立社会化服务体系

建立社会化服务体系，对农药从业人员实施资质认证制度。鼓励农技人员开办植物医院等多形式的社会化服务，建立标准化的服务程序和收费标准，为农民诊断病虫害和开方，或直接到田间为农户服务。

### 4.2　对农药的销售实行执照制度

根据农药的为害程度进行分级管理。低毒、低为害农药可放宽管理，农民可自己使用。对高毒、危险性大的农药品种由取得不同合格证的专业人员销售和使用，尽可能减少中间环节。

## 5　制订不同作物的良好农业规范

一个地区大量种植作物的病虫害每年的发生具有很大的重现性，建议根据地区的特点、病虫害的发生规律、农药的特性和避免有害生物产生抗药性的原则，制订不同作物的良好农业规范或防治病历，并根据病虫害发生的变化和新农药品种的登记进行更新，给农民提供用药指导。

## 6　加强病虫害综合防治技术的研究和培训

我国病虫害综合防治技术居世界先进水平，但农民采用率低。应加大 IPM 技术的推广，减少农民对农药的依赖。

继续贯彻"预防为主，综合防治"的植保方针，积极利用非化学防治技术控制有害生物的发生和为害，协调好化学防治与生物防治技术，由过去单纯依靠化学农药防治向综合防治技术转变。

由于农药具有毒性和为害性，因此应加强农药应用技术研究，提出安全的使用技术，以保障施药人员的安全。通过研究，提出合理的农药轮用方法，能有效地减缓有害生物产生抗药性的速度，延长农药使用寿命。通过研究，提出科学的无公害农产品生产技术，保障食品安全。

鼓励农民间的交流与合作，组织农民相互参观和学习，推广新技术和新经验。

## 7　提高病虫害诊断的科研水平

目前病虫害的诊断技术主要采用症状诊断和分子生物学诊断。前者依赖于经验，但经常误诊。后者则依赖于复杂的技术，并且时效性滞后。因此，迫切需要开发廉价的实时扫描诊断体系或诊断试剂等，并装备于各植物医院，大量推广应用。

# 用农药"沉积结构"解析稻田农药的使用效率[*]

顾中言[**] 徐德进 徐广春 许小龙

（江苏省农业科学院植物保护研究所，南京 210014）

**摘 要**：害虫能否死亡取决于能否获得农药致死剂量。农药"沉积结构"通过影响害虫接触药剂的概率和每次接触获得的农药剂量，影响农药的生物效果。本文探讨了农药沉积结构影响稻纵卷叶螟和褐飞虱死亡的作用方式，同时指出了药液表面张力以及喷雾器械和喷雾方式影响农药雾滴在水稻植株上沉积的机制。

**关键词**：稻田；农药；沉积结构；使用效率

农药的最佳使用效益是：将正好足够的农药剂量放到靶标上获得既安全又经济的生物结果（Hislop，1987）。但实际使用中过多强调了农药的生物效果，甚至为此超量使用农药，而对于使用尽可能少的农药来获得生物效果的热情不足，这一方面是因为田间条件下难以确认什么是农药的最低有效剂量，同时也为了避免病虫害造成的产量风险。室内生物测定中的剂量—反应曲线或浓度—反应曲线，使人们认识到病虫死亡与农药剂量和浓度的关系，而农药产品标签反映出田间使用中注重每公顷或亩的农药有效剂量，似乎只要将药剂洒入田间就行，因此，我国稻田的农药施用方式杂乱：农药剂型多样，手动喷雾器、机动弥雾机和机动喷雾机共存，喷头种类多样、药液流量不一、雾滴大小各异，喷雾角、喷雾压力和行走速度各不相同，从"低水量—高浓度—粗雾滴"到"大水量—低浓度—粗雾滴"，喷雾方式多样，甚至还有大水泼浇的现象。农户根据个人喜好选用施药方式，而一些施药方式下的农药利用率甚至不足20%。

本文将从农药沉积结构（Deposit structure）入手，解析稻田农药使用中存在的问题，探讨稻田农药科学减量的技术体系。

## 1 农药"沉积结构"在农药应用中的作用

药液经喷雾器械雾化后形成的雾滴沉积在植物表面，形成斑点状分布（图1）。Ebert（1999a）将单位面积上的雾滴数、雾滴粒径及雾滴的药剂浓度定义为农药的"沉积结构"，其剂量为：

$$Dose_{em} = \sum_{S=0\mu m}^{\infty} N_S V_S C_S$$

式中：$S$——雾滴粒径；

$N$——雾滴数；

$V$——雾滴体积；

$C$——药液浓度。

* 基金项目：公益性行业（农业）科研专项（200903033）

** 作者简介：顾中言，男，研究员，主要从事农药使用技术研究；Tel.：025 – 84390403，E-mail：guzy@ jaas. ac. cn

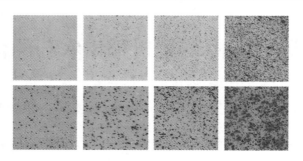

图1　雾滴分布

　　从公式可以看到，雾滴数、雾滴粒径及药剂浓度是相互关联的3个变量，当农药剂量一定时，任一个变量发生变化，其他变量也会随之改变。农药剂量是害虫死亡的决定因素，药剂浓度是沉积结构的元素之一，浓度梯度决定剂量向害虫转移的速度，害虫只有获得致死剂量才能确保死亡。沉积结构通过影响害虫与药剂的接触概率和接触期间获得的农药剂量来影响农药的生物效果。用 Bt 相同剂量不同沉积结构处理的甘蓝叶片喂养小菜蛾，用氟虫腈相同剂量不同沉积结构处理的甘蓝叶片喂养粉纹夜蛾，叶片的受损程度及小菜蛾和粉纹夜蛾的死亡率均有很大的差异[2,3]。表1是氟虫腈不同沉积结构对粉纹夜蛾的死亡率差异。

表1　不同沉积结构的氟虫腈对粉纹夜蛾的不同效果

| 处理 | 雾滴大小（μm） | 浓度（g/L） | 雾滴数（个） | 死亡率（%） | 标准差 |
|---|---|---|---|---|---|
| 1 | 160 | 0.589 | 1 800 | 37.5 | 0.236 |
| 2 | 397 | 0.300 | 232 | 21.4 | 0.184 |
| 3 | 988 | 0.300 | 15 | 8.9 | 0.135 |
| 4 | 2 437 | 0.300 | 1 | 23.2 | 0.122 |
| 5 | 397 | 69.583 | 1 | 17.9 | 0.170 |
| 6 | 983 | 4.569 | 1 | 21.4 | 0.130 |
| 7 | 160 | 1 059.723 | 1 | 26.8 | 0.179 |
| 8 | 160 | 70.650 | 15 | 35.7 | 0.254 |
| 9 | 160 | 4.568 | 232 | 67.9 | 0.251 |
| 10 | 200 | 0.300 | 1 800 | 28.6 | 0.210 |
| 11 | 179 | 0.420 | 1 800 | 33.9 | 0.036 |
| 12 | 395 | 4.516 | 16 | 69.6 | 0.229 |

　　注：甘蓝叶片直径4cm，每叶片药量431.8ng（引自 Ebert，1999b）

　　Ebert（2006）认为，将致死剂量均匀且不间断地覆盖在植株表面（雾滴间无缝隙连接），势必要增加药液量而降低药剂浓度，害虫接触药剂的概率最高，但获取致死剂量的时间延长，咀嚼式口器的害虫将吃掉更多的叶片，甚至因延长期内的药剂降解而不能获得致死剂量。减少药液量可以增加药剂浓度，但也减少了雾滴数，如雾滴数太少则大大降低了害虫接触药剂的概率，甚至因没有机会遭遇雾滴而不能获得致死剂量。这两种极端形式都将影响防治效果（Ebert，2006）。所以 Ebert（2004）认为，确定雾滴最佳分布的条件之一是在单位面积内的农药剂量衰减至低于致死剂量前害虫必须获得致死剂量，过多则是浪费，过少则不能获得预想的效果。所以，需要平衡雾滴数、雾滴粒径和药液浓度之间的关系，其中雾滴粒径起着主导作用，Ebert 认为大于或小于农药沉积的最佳雾滴粒径都将影响防治效果（Ebert，2004）。

徐德进等（2012）在行走式喷雾塔内进行了模拟试验，在水稻叶片的药液持留能力范围内，用体积中径（VMD）为 200μm 和 75μm 喷头喷洒氯虫苯甲酰胺防治水稻稻纵卷叶螟（*Cnaphalocrocis medinalis* Guenée），结果表明：①相同剂量时，随着雾滴密度的增加，防治效果显著提高，当雾滴密度达到一定程度时，再增加雾滴密度则不再显著提高杀虫效果，甚至降低保叶效果（图2）。说明剂量一定时，增加害虫与药剂的接触概率有利于提高防治效果，但当害虫与雾滴能充分接触时再增加雾滴密度则没有意义。②高雾滴密度时，低剂量与高剂量的防治效果没有显著差异；低雾滴密度时，低剂量的防治效果显著不如高剂量（图3）。说明当害虫不能充分接触药剂时，需要增加农药剂量来增加雾滴的作用半径[7]而提高防治效果；当害虫能充分接触药剂时，过多的农药剂量则是浪费。③剂量不变，减少一半药液量而提高了药剂浓度，当雾滴粒径从 200μm 减为 75μm 时，仍维持高雾滴密度，防治效果没有显著差异；当雾滴粒径仍为 200μm 时，则显著降低了防治效果（表2）。说明害虫与药剂的接触概率在导致害虫死亡中的重要性，而药剂浓度仅是害虫获得剂量的因素之一。董玉轩等（2012）在行走式喷雾塔内模拟毒死蜱防治褐飞虱（*Nilaparvata lugens* Stål）的试验，在压顶喷雾（叶面喷雾）时，由于水稻冠层的阻挡作用，水稻基部的雾滴密度远远低于冠层上部，随着喷液量的增加，同一剂量的防治效果随着雾滴密度增加而显著提高。说明在低雾滴密度时，设法增加雾滴密度、提高药剂与害虫的接触概率比增加剂量更有利于提高防治效果。使用侧面喷雾，将药液直接喷洒到褐飞虱栖息处，减少了药液用量，提高了药剂浓度，同剂量下的防治效果显著好于压顶喷雾（图4）。

表2    不同沉积结构的氯虫苯甲酰胺防治稻纵卷叶螟的效果

| 剂量<br>（mg/m²） | 雾滴粒径<br>（μm） | 药液量<br>（L） | 药液浓度<br>（mg/L） | 雾滴密度<br>（droplets/cm²） | 保叶效果<br>（%） | 杀虫效果<br>（%） |
|---|---|---|---|---|---|---|
| 2.0 | 200 | 60 | 22.17 | 82.09 | 73.79 a | 78.47 a |
|  |  | 30 | 44.33 | 38.08 | 56.92 b | 69.95 bc |
|  | 75 | 30 | 44.33 | 140.06 | 75.60 a | 74.79 ab |
|  | 200 | 40 | 33.25 | 54.68 | 59.68 b | 68.78 bc |
|  |  | 20 | 66.50 | 26.06 | 53.27 b | 62.63 c |
|  | 75 | 20 | 66.50 | 95.06 | 60.94 b | 71.50 ab |
| 2.5 | 200 | 60 | 27.83 | 82.09 | 77.09 a | 78.11 b |
|  |  | 30 | 55.67 | 38.08 | 62.86 c | 69.77 bc |
|  | 75 | 30 | 55.67 | 140.06 | 80.78 a | 89.15 a |
|  | 200 | 40 | 41.75 | 54.68 | 69.44 b | 72.86 bc |
|  |  | 20 | 83.50 | 26.06 | 61.39 c | 66.67 c |
|  | 75 | 20 | 83.50 | 95.06 | 70.56 b | 77.32 b |
| 3.0 | 200 | 60 | 33.33 | 82.09 | 74.61 b | 80.29 ab |
|  |  | 30 | 66.67 | 38.08 | 65.07 cd | 75.05 bc |
|  | 75 | 30 | 66.67 | 140.06 | 81.33 a | 83.62 a |
|  | 200 | 40 | 50.00 | 54.68 | 68.51 bc | 73.54 c |
|  |  | 20 | 100.00 | 26.06 | 61.13 d | 67.14 d |
|  | 75 | 20 | 100.00 | 95.06 | 70.89 bc | 77.59 bc |

因此，农药"沉积结构"对于合理使用农药具有重要意义。需要指出的是：①不同

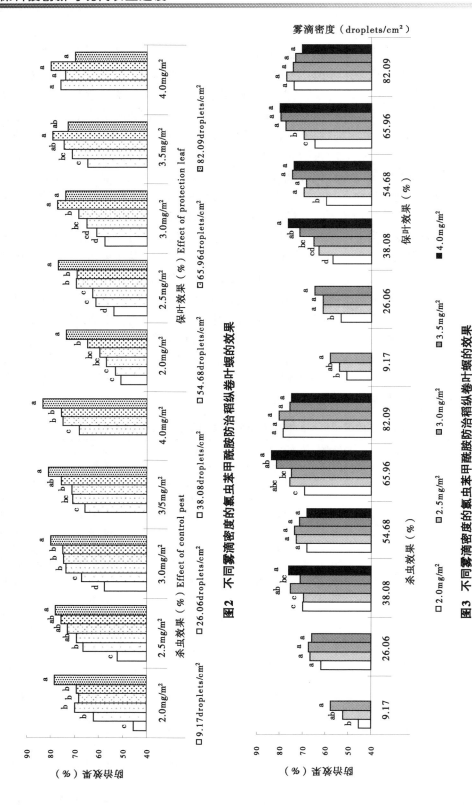

图2 不同雾滴密度的氯虫苯甲酰胺防治稻纵卷叶螟的效果

图3 不同雾滴密度的氯虫苯甲酰胺防治稻纵卷叶螟的效果

注：小写字母为同一剂量或同一雾滴密度的差异显著性分析

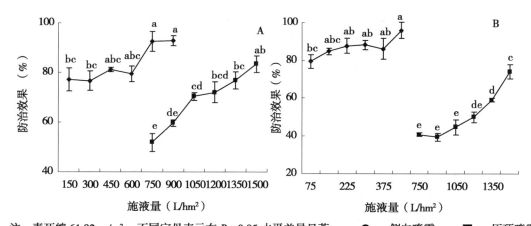

注：毒死蜱 61.82mg/m²　不同字母表示在 $P < 0.05$ 水平差异显著。　—●— 侧向喷雾，—■— 压顶喷雾

**图 4　扇形喷头（A）和圆锥雾喷头（B）不同喷雾方式对防治效果的影响**

于公顷或亩的面积单位，"沉积结构"中的单位面积特指个体害虫的活动区域；②不是简单的将农药分散在农田内，而要确保个体害虫活动区域内的雾滴粒径、雾滴密度和药液浓度之间的平衡。利用"沉积结构"的标准提出适合植物不同生长阶段的药液用量，将有利于减少农药的浪费和流失。

## 2　影响农药在水稻上沉积的因素

要在水稻植株上形成合理的农药"沉积结构"，首先要使农药雾滴能够沉积在植株表面并尽可能的均匀分布，因此，需要分析影响农药雾滴在水稻上沉积与分布的因素。

### 2.1　药液表面张力对药液在稻株上沉积效率的影响

将液体点滴于固体表面，或铺展于固体表面 [图 5（1）]，或以小滴留在固体表面 [图 5（2）]。小滴固、液、气三相交界处的切线经液滴内部与气—固界面的夹角为接触角。当接触角小于 90°，液滴能黏着在固体表面甚至完全展布；当接触角大于 90°，小液滴将聚并成大水珠而滴落（图 6）。只有液体的表面张力小于固体的临界表面张力时，液体才能牢固黏着在固体表面并润湿展布[9,10]。

（1）　　　　　　　　　　　　　　　　（2）

**图 5　水在固体表面的剖面示意**

水的表面张力为 71.8mN/m，水在不同植物表面的接触角不同（图 7）。将接触角小于 90°的植物称为亲水性植物，将接触角大于 90°的植物称为疏水性植物，水稻为疏水性植物[11]，水稻的临界表面张力在 29.9 ~ 36.7mN/m[12~17]。在水稻表面的持留量为

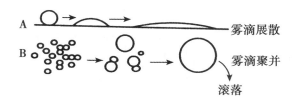

**图6　农药雾滴在植物叶面的润湿展布与聚并（摘自屠豫钦，2001）**

A. 侧视图　B 俯视图

$0.05mg/cm^2$，随着溶液表面张力的降低，水稻单位面积上的持液量增加，当溶液的表面张力小于水稻的临界表面张力时，水稻叶片的最大持液量在 $9mg/cm^2$ 以上，溶液在水稻植株上的沉积率大幅提高[18,19]。

| 棉花 | 石榴 | 水稻 |

**图7　水在3种不同植物叶片表面的形态特性**

　　然而大多数农药推荐剂量药液的表面张力大于水稻的临界表面张力（顾中言，2002；徐广春，2012），难以在水稻植株上沉积并润湿展布，在水稻表面的持留量低，难以确保单位面积上的农药剂量或保持应有的农药"沉积结构"。

　　表面活性剂具有亲水、疏水基团，能吸附在气—液界面而降低药液的表面张力，当气—液界面的吸附达到饱和时，达到临界胶束浓度，液体内部开始形成胶束，此时的表面张力最低（图8）。当气—液界面扩大，吸附在气—液界面上的表面活性剂分子被稀释，液体的表面张力升高（顾中言，2002），液体内部的胶束向气—液界面转移，使气—液界面重新达到饱和吸附，转移需要时间，即时间效应（顾中言，2004）。除粉剂和水剂外，绝大多数农药药液均为表面活性剂溶液。或由于药液内表面活性剂含量太低，不能使气—液界面达到饱和吸附；或由于喷雾产生大量雾滴导致药液的气—液界面扩大，药液内没有足够的胶束使气—液界面重新达到饱和吸附；或由于药剂所含的表面活性剂降低表面张力的能力不足，虽然气—液界面达到了饱和吸附仍不能有效降低药液表面张力，这些都影响了药液在水稻植株上的沉积效率。

　　使用合适的表面活性剂，确保农药推荐剂量药液中的表面活性剂达到或超过临界胶束浓度，在药液雾化为大量雾滴形成新的气—液界面后，其内部的胶束能快速向雾滴表面转移，增进农药雾滴在水稻植株上的沉积效率（顾中言，2002）。杀虫单微乳剂，降低了推荐剂量药液的表面张力，改变了药滴在水稻表面的行为特性，增加了与水稻植株的亲和力，提高了对害虫的防治效果（顾中言，2002；2004）。甲氨基阿维菌素苯甲酸盐微乳剂药液的表面张力小，与水稻植株的亲和性强，增加了药液持留量，提高了对水稻二化螟的

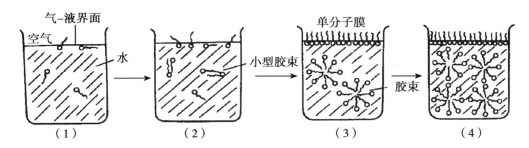

**图8　不同浓度的表面活性剂溶液**
（1）极低浓度的表面活性剂溶液　　（2）低浓度的表面活性剂溶液
（3）临界胶束浓度的表面活性剂溶液　　（4）大于临界胶束浓度的表面活性剂溶液

防治效果（范鹏，2010；2009）。生物农药纹曲宁（井冈霉素＋枯草芽孢杆菌）水剂中加用表面活性剂，提高了对水稻纹枯病的防治效果（顾中言，2005）。

### 2.2　喷雾器械和喷雾行为对农药雾滴在稻株上沉积效率的影响

稻田使用的喷雾器械主要是手动喷雾器、机动弥雾机和机动喷雾机。

手动喷雾器采用液力雾化喷头，利用液泵产生的压力造成带压药液，通过喷头喷出，形成液膜向四周飞散而远离喷孔，离喷孔愈远，液膜愈薄，最后被撕裂成细丝状，细丝断裂形成液珠，运动的液珠同相对静止的空气碰撞破碎成更细小的雾滴（王荣，1990；戴奋奋，2002，屠豫钦，2004；2006）。

手动喷雾器用于压顶喷雾（叶面喷雾），若喷头离靶标作物太近，雾化过程受阻而妨碍雾化，尚未雾化的液膜高速冲击植物，发生撞击，如表面张力大于作物的临界表面张力，药液在叶面形成液珠，或弹跳、滚落而脱离作物；如表面张力小于作物的临界表面张力，药液易被作物捕获，但由于水稻冠层的阻挡作用，药液主要集中在植株上部叶片的正面。若喷头离靶标作物太远，喷雾器加在雾滴上的速度在雾滴还没有到达作物表面时已衰减为零，雾滴以自由落体的方式降落或随风飘移，最终降落在植株上部叶片的正面。因此，压顶喷雾（叶面喷雾）的农药雾滴主要集中在植株上部20cm以上的叶片正面（图9），植株中下部和叶片背面的沉积量少。大量农药雾滴重叠降落在植株上部叶片的正面，单位面积上沉积的农药剂量因超出致死剂量而浪费，还因超出单位面积叶片药液的最大滞留能力而流失（袁会珠，1998；2000），其他部位的单位面积药量则可能不足致死剂量而不能取得预期的效果。同时因为喷雾压力、喷孔大小不同，喷雾时喷头左右摇摆、上下晃动，喷头与靶标的距离不断变化，这都影响了手动喷雾器的喷雾质量和雾滴在植株上的沉积效率，药液在水稻植株上的沉积率低（徐德进，2011）。

生产上还常见卸除喷头，改喷雾为"喷雨"，进行"低水量—高浓度—粗雾滴"的喷雾模式，减少了植株单位面积内的雾滴数，并且雾滴也难以抵达水稻植株的中下部，使得一些害虫的活动区域内甚至没有雾滴，势必影响防治效果。

机动弥雾机采用气力式喷头。弥雾机上的风机产生的高速气流，少量进入药箱而在药液上部形成高压，大部分进入喷头产生高速气流，并在喷头出液孔附近形成低压。压力差使药液经喷头的出液孔流出，流出的药液进入高速气流场，在高速气流及气流通道内的板、轮、扭转叶片等的作用下，雾化成为直径75～100μm的细小雾滴，并由气流输送至

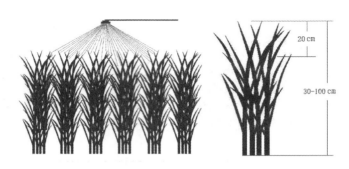

**图9　手动喷雾及雾滴沉积部位**

远方（王荣，1990；戴奋奋，2002，屠豫钦，2004；2006）。

　　由于雾滴小，药液用量少，通过增加单位药液的雾滴数量确保对靶标的覆盖率；雾滴小，质量轻，在空中飘浮的时间长，与靶标接触的机会多；小雾滴吸附能力强，不会在植物表面发生弹跳而滚落；喷液量少，沉积在植株上的药液量不易产生因超过叶片滞留能力而流失的现象。

　　生产上常采用飘移式喷雾方式，雾滴输送距离远，但飘移量与蒸发量也多，雾滴虽轻但很多雾滴仍然以自由落体的形式降落，仍主要沉积在植株上部的叶片正面。采用下倾式喷雾方式（图10），气流扰动并吹弯植株，雾流与植株的接触面扩大，直接降落在被吹弯的植株中下部；高速气流带着雾滴穿过植株间的缝隙，使其能够抵达被植株及叶片阻挡的部分；由于靶体（植株及叶片）的阻挡，气流发生偏流，向靶体边缘运动并绕过靶体流向靶体背面，使气流携带的雾滴沉积在靶体的背面（屠豫钦，2006）。所有这些都提高了雾滴在水稻植株上的分布均匀度和沉积效率（徐德进，2011）。

**图10　机动弥雾机下倾喷雾**

　　机动喷雾机由发动机带动液泵产生高压，用远射程喷枪进行喷射，喷液量大，射程远，雾化性能差，是一种"大水量—低浓度—粗雾滴"的喷雾方式（王荣，1990；戴奋奋，2002；屠豫钦，2004；2006）。

　　因为喷液量大，有些喷雾机直接从田间吸水，使得药液的浓度非常低，药液的表面张力大，同时由于药液冲向水稻植株的速度快，冲击力大，粗雾滴或带着前冲的运动惯性直接从水稻叶片上滑过、或由空中"砸"向叶面，由叶片的反作用力使雾滴反弹而落入田水中，少量持留在水稻叶面的雾滴因表面张力大而聚并成大水珠而滚落（图11），药液在水稻植株上的沉积率低。

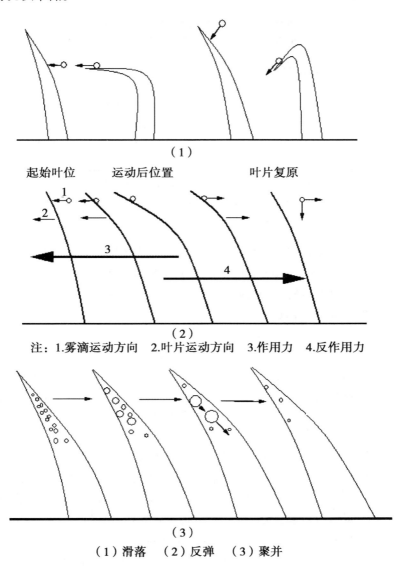

注：1.雾滴运动方向　2.叶片运动方向　3.作用力　4.反作用力

（1）滑落　　（2）反弹　　（3）聚并

**图11　机动喷雾雾滴在叶片上的行为趋势**

与其说机动喷雾机的防治靶标是水稻病虫害，不如说是整个田块，机动喷雾机只是将药液均匀地"倾泻"在田水中，因此，用机动喷雾机防治水稻病虫害，要求田间有水层并保持多日。低浓度与水稻植株上的低沉积量，影响害虫获取致死剂量，除非增加药剂用量，否则影响防治效果。

## 2.3 喷雾器械及喷雾行为与药液表面张力的互作对雾滴在稻株上沉积效率的影响

**表3 不同喷雾方式下雾滴在水稻植株上的沉积率\***

| 喷雾方式 | 溶液表面张力 | 分蘖初期（%） | 孕穗期（%） | 扬花期（%） |
|---|---|---|---|---|
| 手动压顶喷雾 | >水稻临界表面张力 | 20.27 | 34.05 | 38.69 |
| | <水稻临界表面张力\*\* | 33.13 | 43.58 | 46.18 |
| 弥雾下倾喷雾 | >水稻临界表面张力 | 46.01 | 56.59 | 56.22 |
| | <水稻临界表面张力\*\* | 70.42 | 72.55 | 72.35 |
| 弥雾飘移喷雾 | >水稻临界表面张力 | | 48.00 | 40.63 |
| | <水稻临界表面张力\*\* | | 59.49 | 52.79 |

注：＊农药利用率% = 单位面积水稻植株上农药的附着量/单位面积上的农药喷洒量×100

＊＊水稻临界表面张力值36.7mN/m，溶液的表面张力值29.51mN/m，溶液内表面活性剂超过临界胶束浓度

表3是手动喷雾器和弥雾机两种喷雾方式的雾滴在不同生育期水稻植株上的沉积率差异，从中可以看到，不同的喷雾方式喷洒不同表面张力的药液，在水稻植株上的沉积率有很大的差异，其中，以弥雾机下倾式喷雾喷洒表面张力小于水稻临界表面张力的药液，在水稻植株上的沉积率最高（徐德进，2011）。

## 3 结束语

农药"沉积结构"强调雾滴大小、雾滴密度（覆盖率）和药剂浓度之间的平衡，对于提高农药的使用效率具有现实意义。现实中注重以公顷或亩为单位面积的农药剂量，而忽略了三者之间的互动关系，于是就出现了多种施药方式。技术部门强调农药对靶标植物的覆盖率，于是就有了大水量喷雾的方式，这不仅降低了药液的表面张力，影响药液在水稻植株表面的沉积效率，即便药液能够有效沉积在植株表面，除非加大剂量，否则也会因为浓度太低而延长害虫获得致死剂量的时间，从而延长了害虫为害的时间，影响药剂的保苗（叶）效果，甚至害虫不能够获得致死剂量而影响杀虫效果。农户有两种极端：大水泼浇，比大水量喷雾更不合理；还有就是卸掉手动喷雾器的喷头，改喷雾为喷雨，低水量、粗雾滴，使得水稻植株的很多部位根本就没有雾滴。

人们逐渐认识到应使用助剂提高药液在水稻植株上的沉积率，但如果农药仅仅沉积在植株的某个部位，不一定就能提高农药的利用效率。在水稻田，采用手动喷雾器叶面喷雾（压顶喷雾）或弥雾机飘移式喷雾，农药雾滴绝大多数沉积在植株上部的叶片正面，而一些害虫的卵粒则分散在植株上中部的叶片正反面，结果将是叶片正面的剂量能够控制上部叶片正面的害虫，并且因多余而浪费，中部及叶片反面则因雾滴密度和农药剂量不足而不能有效控制这些部位的害虫，从而影响了整体防效，尤其是兼治穗部、叶片部位和水稻基部的病虫害时，如果雾滴仅仅沉积在植株上部而不能均匀抵达水稻植株的各个部位，除非加大药剂用量，否则影响防治效果。

因此，在稻田农药应用中，首先要确定最佳的农药"沉积结构"的范围，以最佳"沉积结构"中的雾滴大小、雾滴密度及药液浓度为基准，根据不同生育期水稻的生长量，确定药剂和药液用量。其次确保喷雾洒到植株上的雾滴能够沉积在水稻植株上。最

后，也是目前最难做到的，就是使农药雾滴尽可能均匀的抵达水稻植株的各个部位。如此，便能提高稻田农药的使用效率。

## 参考文献

[1] 戴奋奋，袁会珠. 植保机械与施药技术规范化 [M]. 北京：中国农业科学技术出版社，2002.

[2] 董玉轩，顾中言，徐德进，等. 雾滴密度与喷雾方式对毒死蜱防治褐飞虱效果的影响 [J]. 植物保护学报，2012，39（1）：75-80.

[3] 范鹏，顾中言，徐德进，等. 甲维盐微乳剂药液在水稻叶面的行为分析 [J]. 中国水稻科学，2010，24（5）：503-508.

[4] 范鹏，顾中言，徐德进，等. 能在水稻叶片上润湿展布的甲维盐微乳剂的研制 [J]. 江苏农业学报，2009，25（5）：1 019-1 024.

[5] 顾中言，陈明亮，许小龙，等. 表面活性剂 TX-10 对溶液表面张力及水稻植株持液量的影响 [J]. 江苏农业学报，2006，22（4）：394-397.

[6] 顾中言，唐为爱，陈志谊，等. 表面活性剂对生物农药纹曲宁抑菌活性和防病效果的影响 [J]. 江苏农业学报，2005，21（3）：162-166.

[7] 顾中言，许小龙，韩丽娟. 表面活性剂在农药使用中的作用研究 [J]. 现代农药，2003，2（4）：21-23，2.

[8] 顾中言，许小龙，韩丽娟. 不同表面张力的杀虫单微乳剂药滴在水稻叶面的行为特性 [J]. 中国水稻科学，2004，18（2）：176-180.

[9] 顾中言，许小龙，韩丽娟. 几种植物临界表面张力值的估测 [J]. 现代农药，2002，1（2）：18-20.

[10] 顾中言，许小龙，韩丽娟. 杀虫单微乳剂提高对小菜蛾和水稻纵卷叶螟防治效果的原理 [J]. 江苏农业学报，2002，18（4）：218-222.

[11] 顾中言，许小龙，韩丽娟. 杀虫剂药液中表面活性剂的临界胶束浓度及表面张力 [J]. 江苏农业学报，2002，18（2）：89-93.

[12] 顾中言，许小龙，韩丽娟. 一些药液难在甘蓝、水稻和小麦表面润湿展布的原因分析 [J]. 农药学报，2002，4（2）：75-80.

[13] 顾中言，许小龙，韩丽娟. 植物叶片持液量与溶液表面张力的关系 [J]. 江苏农业学报，2003，19（2）：92-95.

[14] 顾中言. 植物的亲水疏水特性与农药药液行为的分析 [J]. 江苏农业学报，2009，25（2）：276-281.

[15] 刘程，张万福，陈长明. 表面活性剂应用手册（第2版）[M]. 北京：化学工业出版社，1996：28-43.

[16] 屠豫钦，李秉礼. 农药应用工艺学导论 [M]. 北京：化学工业出版社，2006.

[17] 屠豫钦. 农药使用技术标准化 [M]. 北京：中国标准出版社，2001：166-170.

[18] 屠豫钦. 农药使用技术图解 [M]. 北京：中国农业出版社，2004.

[19] 王荣. 植保机械学 [M]. 北京：机械工业出版社，1990.

[20] 徐德进，顾中言，徐广春，等. 溶液表面张力及喷雾方式对雾滴在水稻植株上沉积的影响 [J]. 中国水稻科学，2011，25（2）：213-218.

[21] 徐德进，顾中言，徐广春，等. 雾滴密度及大小对氯虫苯甲酰胺防治稻纵卷叶螟的影响 [J]. 中国农业科学，2012，45（4）：666-674.

[22] 徐广春，顾中言，徐德进，等. 常用农药在水稻叶片上的润湿能力分析 [J]. 中国农业科学，

2012, 45 (9): 1 731 – 1 740.

[23] 袁会珠, 齐淑华, 杨代斌. 药液在作物叶片的流失点和最大稳定持留量研究 [J]. 农药学学报, 2000, 2 (4): 66 – 71.

[24] 袁会珠, 齐淑华. 植物叶片对药液的最大承载能力初探 [J]. 植物保护学报, 1998, 25 (1): 95 – 96.

[25] Ebert T A, Derksen R. A geometric model of mortality and crop protection for insects feeding on discrete toxicant deposits [J]. Journal of Economic Entomology, 2004, 97 (2): 155 – 162.

[26] Ebert T A, Downer R A. A different look at experiments on pesticide distribution [J]. Crop Protection, 2006, 25: 299 – 309

[27] Ebert T A, Taylor R A J, Downer R A, et al. Deposit structure and efficacy. 2: *Trichoplusia ni* on cabbage with fipronil [J]. Pesticide Scinence, 1999b, 55: 793 – 798.

[28] Ebert T A, Taylor R A J, Downer, et al. Deposit structure and efficacy. 1: Interactions between deposit size, toxicant concentration and deposit number [J]. Pesticide Science, 1999a, 55: 783 – 792.

[29] Hislop E C. Requirements for effective and efficient pesticide application [D] //Brent K J, Atkin R K. Rational Pesticide Use. Cambridge University Press, 1987, 53 – 71.

# 水稻重大病虫组合用药技术示范试验

彭丽年[1]* 伍亚琼[1] 张 伟[1] 徐增祥[2] 彭晓明[3]

（1. 四川省植物保护站，成都 610041；2. 成都市双流县植保植检站，
双流 610200；3. 叙永县植保站，叙永 646400）

**摘 要**：针对四川稻区水稻多种病虫混合发生的情况，在四川双流县和叙永县进行了水稻重大病虫组合用药示范试验，探索促进水稻健康生长的最佳用药组合模式，减少化学农药在稻田的使用。结果表明：氟虫双酰胺·阿维菌素、肟菌·戊唑醇、丙森锌、吡虫啉组合用药对水稻害虫的防治效果在 85% 以上；对水稻病害的防治效果在 80% 以上，优于农民自防的效果；增产作用明显，比农民自防增产 5.93% ~ 19%；且对稻田蜘蛛无显著不良影响，对水稻安全，可以在大面积生产中推广应用。

**关键词**：水稻二化螟；病虫害；组合用药

水稻是四川省的重要粮食作物，水稻螟虫、稻飞虱、稻纵卷叶螟、纹枯病、稻曲病发生日趋严重，并呈混合发生态势，这导致农民大剂量、高频次使用农药，既增加了防治成本，增加了农药环境风险，且使稻飞虱、螟虫等产生抗药性，增加了防治难度[1~3]和农药的使用量，对水稻的生产和食品安全构成威胁。近年来，随着甲胺磷等 5 种高毒农药的禁用，一些新型药剂也在稻田应用[4~6]，同时针对水稻螟虫、稻飞虱、稻瘟病、稻曲病和纹枯病混合发生的情况，进行了水稻组合用药试验[7~9]，本文在替代农药筛选和田间药效等前期研究的基础上，针对四川省水稻区中后期主要病虫混合发生时，如何更科学、有效地进行综合防控，减少农药的使用量，减少防治次数，开展了水稻重大病虫组合用药技术实验研究，效果良好。

## 1 试验方法

### 1.1 作物与靶标

作物为水稻。叙永试验点水稻品种为 K77；双流县水稻品种为川香 9838。

靶标是水稻二化螟、稻纵卷叶螟、稻飞虱、稻瘟病、纹枯病、稻曲病等。

### 1.2 试验时间与地点

试验于 2011 年 3 ~ 8 月在四川双流县和叙永县进行。

### 1.3 试验条件

叙永县在麻城乡田林村五社郭恩焕、赵立刚等 6 户农户稻田，示范面积共 18.5 亩。示范田块土壤全为砂壤、pH 值 5 左右、土壤肥力中等，海拔 1 100m，单季中稻，品种 K77，规格栽培为 0.24m × 0.20m，灌溉条件较好。双流县九江镇，示范面积共 20 亩，另选择一块 1 800m² 的田，作各处理的同田对比试验，对比田向阳、四周无荫蔽，排灌水方

* 通讯作者：彭丽年，女，推广研究员；Tel：028-85505213，E-mail：spnnll@126.com

便，土壤肥力中等偏上，栽插品种为川香 9838，塑盘旱育秧，5 月 29 日机插，种植密度每 667m² 1.5 万苗，前茬小麦。土壤类型为沙壤，pH 值 = 5 ~ 7，有机质含量 2% ~ 3%。

### 1.4 药剂与处理

试验药剂处理如表 1：

**表 1 试验药剂处理表**

| 组合方案 | | 防治对象 | 药剂处理 | 生产单位 |
|---|---|---|---|---|
| 拜耳组合用药 | | 二化螟 | 100g/L 稻腾 SC 每 667m² 30ml | 拜耳作物科学（中国）公司 |
| | | 稻纵卷叶螟 | 100g/L 稻腾 SC 每 667m² 30ml | 拜耳作物科学（中国）公司 |
| | | 白背飞虱 | 75% 艾美乐 WDG 每 667m² 4g | 拜耳作物科学（中国）公司 |
| | | 纹枯病 | 75% 拿敌稳 WDG 每 667m² 10g | 拜耳作物科学（中国）公司 |
| | | 稻瘟病 | 75% 拿敌稳 WDG 每 667m² 15g | 拜耳作物科学（中国）公司 |
| 农民自主用药对照 | 叙永 | 二化螟 | 90% 杀虫单 WP 667m² 50g | 江苏溧阳化工 |
| | | 稻纵卷叶螟 | 40% 氧化乐果 EC 每 667m² 150ml | 重庆农药厂 |
| | | 白背飞虱 | 25% 扑虱灵 WP 每 667m² 50g | 江苏常隆化工 |
| | | 纹枯病 | 20% 井岗霉素 WP 每 667m² 50g | 浙江桐庐汇丰公司 |
| | | 稻瘟病 | 70% 三环唑 WP 每 667m² 20g | 江苏常州丰登农药厂 |
| | 双流 | 二化螟 | 20% 阿维·三唑磷 EC 每 667m² 90ml | 江西万德化工科技有限公司 |
| | | 纹枯病、稻曲病等 | 2.5% 井冈·蜡芽菌 AS 每 667m² 80ml | 无锡市玉祁生物有限公司 |
| 清水对照 | | 同上 | — | — |

每个处理随机排列，不设重复，叙永、双流示范试验面积均为 1.33hm²，清水对照均为 667m²。

### 1.5 施药时间与方法

#### 1.5.1 施药时间

拌种：于播种前。

喷雾：二化螟叙永点在一代二化螟一至二龄高峰期（6 月 20 日）施药。水稻处于分蘖末期到拔节初期。双流点在 5 月 24 日、6 月 10 日和 8 月 2 日分别施药 3 次。稻纵卷叶螟于 6 月 20 日施药，全株均匀喷雾。水稻处于分蘖末期到拔节初期。白背飞虱于 7 月 15 日第 1 次，白背飞虱低龄（三龄以前）若虫高峰期，水稻生育期为孕穗初期。纹枯病叙永于 6 月 20 日施药，水稻生育期为分蘖末期到拔节初期。双流 7 月 15 日和 8 月 2 日施药两次防治稻瘟病、稻曲病和纹枯病，水稻生育期为破口前、孕穗末期。

#### 1.5.2 施药方法

拌种：在水稻播种时，采用用 60% 吡虫啉 SC 种衣剂（高巧）拌种包衣，用高巧按每千克干种子 5ml 加 15 ~ 20 ml 清水制成液进行拌种包衣，并晾干后播种。

喷雾：叙永点 PB-16 型喷雾器常量喷雾，采用该喷雾器配备的单孔圆锥雾喷头，喷雾压力 2kg/m²，亩喷液量 50kg。双流点用卫士牌 WS-16 型手动喷雾器（工作压力：0.2 ~ 0.4 MPa，活塞行程：60mm，皮碗直径：46mm，喷头流量：0.65 ~ 0.88L/min），每 667m² 用药液量 45kg。在水稻二化螟、稻飞虱、稻纵卷叶螟、纹枯病、稻瘟病、稻曲病发生期全株均匀喷雾，对白背飞虱、纹枯病侧重于水稻下部喷雾。

试验施药前后无恶劣气象天气。

## 1.6 调查和计算方法

### 1.6.1 秧苗素质

在水稻移栽前（5月19日）随机取样，调查有代表性20株水稻，调查叶龄、分蘖，测量株高、根长、总根数、白根数以及地上和地下部分的鲜重、茎基宽，与对照比较，计算不同处理对水稻秧苗生长发育的影响。

### 1.6.2 二化螟

在一代二化螟和二代二化螟为害基本定型后（叙永7月4日、双流7月11日和9月1日）进行枯心率和残虫量、白穗及虫伤株调查。计算方法依据《农药田间药效试验准则》。

药效计算方法：

$$枯心防效（\%）= \frac{对照区枯心率 - 处理区枯心率}{对照区枯心率} \times 100$$

$$残虫防效（\%）= \frac{对照区药后活虫数 - 处理区药后活虫数}{对照区药后活虫数} \times 100$$

### 1.6.3 稻纵卷叶螟

施药前调查活虫数，药后7天（6月27日）查虫口减退率，药后14天（7月4日）查卷叶率。每次调查3块自然田，每个自然田调查一个样本，每个样本平行式跳跃取样，调查卷叶率每样本查100丛，调查幼虫虫口减退率每样本查25丛，与对照区卷叶率和虫口减退率比较，计算相对防效。

药效计算方法：

$$卷叶率（\%）= \frac{调查卷叶数}{调查总叶数} \times 100$$

$$卷跌防效（\%）= \frac{对照区药后卷叶率 - 处理区药后卷叶率}{对照区药后卷叶率} \times 100$$

$$虫口减退率（\%）= \frac{药前活虫数 - 药后活虫数}{药前活虫数} \times 100$$

$$残虫防效（\%）= \frac{处理区虫口减退率 - 对照区虫口减退率}{100 - 对照区虫口减退率} \times 100$$

### 1.6.4 白背飞虱

用拍盘法调查，药前（7月15日）调查虫口基数，分别于药后3天（7月18日）、药后7天（7月22日）、药后14天（7月29日）、药后21天（8月5日）调查每个处理内白背飞虱数量，每个示范区调查3块自然田，每个自然田调查一个样本，每个样本平行跳跃法调查25点，每点调查2丛，计算虫口减退率。

药效计算方法：

$$虫口减退率（\%）= \frac{药前活虫数 - 药后活虫数}{药前活虫数} \times 100$$

$$残虫防效（\%）= \frac{处理区虫口减退率 - 对照区虫口减退率}{100 - 对照区虫口减退率} \times 100$$

### 1.6.5 纹枯病、稻瘟病、稻曲病

调查方法依据《农药田间药效试验准则》。如纹枯病于最后一次用药后14天（7月4

日），根据水稻叶鞘和叶片为害症状分级，以株为单位，每小区五点取样，每点调查 5 丛，共 25 丛，记录总株数、病株数和病级数，同时观察记录稻粒表现性状。统计病情指数，计算防效。

药效计算方法依据《农药田间药效试验准则》。如纹枯病计算：

$$病情指数 = \frac{\sum（各级病株数 \times 相对级值）}{调查总株数 \times 9} \times 100$$

$$防治效果（\%）= \frac{对照区病情指数 - 处理区病情指数}{对照区病情指数} \times 100$$

### 1.6.6　水稻产量调查

叙永于 9 月 1 日、双流于 9 月 12 日进行水稻产量调查。查有效穗数、实粒数、千粒重，计算理论产量。

## 2　试验结果

### 2.1　壮苗效果

试验结果详见表 2。结果表明：秧苗素质组合用药的株高、根长、总根数、白根数分别比农民自主用药对照高 6.97%、28.05%、47.16% 和 23.76%；地上鲜重、地下鲜重、茎基宽、分蘖数分别比对照高 55.86%、63.46%、21.05% 和 13.33%。

### 2.2　防治效果

试验结果详见表 3~6。对二化螟的枯心和白穗的防治效果为 89.3%~98.0%，大大优于农民自主用药 70.2%~80.8%；对稻纵卷叶螟的防治效果则比农民自主用药高 33.81%~38.50%；组合用药后 7 天、14 天、21 天对稻飞虱的防治效果分别为 88.1%~94.4%，优于农民自主用药的 76.6%~82.5%；对稻瘟病、纹枯病、稻曲病的防治效果比农民自主用药高 22.5%~23.3%。组合用药对水稻重大病虫的防治效果明显优于农民自主用药的效果。

### 2.3　增产效果

测产结果详见表 7~8。结果表明，拜耳组合用药比农民自主用药防治的平均亩产增加 5.93%~19.00%，比不施药清水对照增产 33.4%~40.7%，增产作用明显。

### 2.4　安全性

#### 2.4.1　对稻田天敌的影响

天敌以稻田蜘蛛为主，其消长情况详见附表 9。结果表明：各药剂对稻田蜘蛛影响不大，在 7 月初施药后 15 天调查，在二化螟较重的田块稻田蜘蛛的数量略有下降，由百丛 260 头下降到 240 头；在以稻纵卷叶螟为主的田块，稻田蜘蛛的数量则上升了 40 头。8 月初在防治稻飞虱后 20 天调查，稻田蜘蛛的数量则下降了 40 头。

#### 2.4.2　对水稻的影响

试验期间未发现试验药剂处理对水稻产生药害的现象，本试验各处理对水稻安全。

## 3　综合评价及使用技术要点

### 3.1　综合评价

综上所述，组合用药对水稻二化螟、稻纵卷叶螟、稻飞虱、水稻纹枯病、稻瘟病、稻曲病有较好的防治效果，对水稻害虫的防治效果在85%以上；对水稻病害的防治效果在80%以上，优于农民自主用药的防治效果，且增产作用明显，比农民自防增产5.93% ~ 19%。同时对稻田蜘蛛无显著不良影响，对水稻安全，可以在大面积生产上推广使用。

## 3.2 使用技术要点

### 3.2.1 施药时期

拌种：播种时。

喷雾：二化螟卵孵始盛期；稻纵卷叶螟在田间卷叶率1%以下；白背飞虱低龄（三龄以前）若虫高峰期；纹枯病在水稻分蘖末期至拔节期；稻瘟病、稻曲病在水稻破口前5 ~ 7天（孕穗末期）。

### 3.2.2 推荐药剂及剂量

根据水稻病虫的田间发生实际情况，确定主要防治对象，选择使用下述药剂配方。

播种时：在水稻播种时，采用60%吡虫啉SC种衣剂（高巧）拌种包衣，用高巧按每千克干种子5ml加15 ~ 20ml清水制成液进行拌种包衣，并晾干后播种。

田间二化螟、稻纵卷叶螟、白背飞虱、纹枯病、稻瘟病各自单独发生时：推荐使用100g/L稻腾每667m²SC 30ml防治水稻二化螟和稻纵卷叶螟；70%艾美乐每667m²WG 4g防治白背飞虱；75%拿敌稳每667m²WDG 10g防治纹枯病；75%拿敌稳每667m²WDG 15g防治稻瘟病和稻曲病。

田间二化螟、稻纵卷叶螟、白背飞虱、纹枯病、稻瘟病、稻曲病等混合发生时：可根据发生情况采取桶混施药兼治。

①二化螟（稻纵卷叶螟）、白背飞虱同时发生时，可采用稻腾每667m² 30ml + 70%艾美乐每667m²WG 4g。

②二化螟（稻纵卷叶螟）、纹枯病（稻瘟病）同时发生时，可采用稻腾每667m² 30ml + 拿敌稳每667m²10 ~ 15g。

③白背飞虱、纹枯病（稻瘟病、稻曲病）同时发生时，可采用70%艾美乐每667m²WG 4g + 拿敌稳每667m²10 ~ 15g。

### 3.2.3 施药器械及方法

拌种：采用用60%吡虫啉SC种衣剂（高巧）拌种包衣，用高巧按每千克干种子5ml加15 ~ 20ml清水制成液进行拌种包衣，并晾干后播种。

喷雾：推荐使用"卫士"牌或"PB-16型"手动喷雾器，每667m²对水量50L，全株均匀喷雾。白背飞虱、纹枯病侧重于水稻下部喷雾。二化螟、稻纵卷叶螟、稻瘟病、稻曲病全株均匀喷雾，施药后保浅水层7天。

**表2　秧苗素质调查（叙永，2011）**

| 处理 | 叶龄（叶） | 株高（cm） | 根长（cm） | 总根数（根） | 白根数（根） | 地上鲜重（g） | 地下鲜重（g） | 茎基宽（cm） | 分蘖（个） |
|------|------|------|------|------|------|------|------|------|------|
| 高巧拌种 | 3.15 | 25.80 | 14.70 | 28.55 | 6.25 | 34.6 | 17 | 0.46 | 3.40 |
| 清水对照 | 3.20 | 24.12 | 11.48 | 19.40 | 5.05 | 22.2 | 10.4 | 0.38 | 3.00 |

#### 表3 对二化螟的防治效果

| 地点 | 组合 | 一代二化螟 | | 二代二化螟 | | |
| --- | --- | --- | --- | --- | --- | --- |
| | | 枯心率（%） | 枯心防效（%） | 白穗数 | 白穗率（%） | 白穗防效（%） |
| 叙永县 | 组合用药 | 0.32 | 92.52 | | | |
| | 清水对照 | 4.28 | | | | |
| | 农民自防 | 0.81 | 80.94 | | | |
| | 清水对照 | 4.25 | | | | |
| 双流县同田对比 | 组合用药 | 0.515 | 95.4 | 3 | 0.13 | 98.8 |
| | 农民自防 | 2.155 | 80.8 | 66 | 2.86 | 72.6 |
| | 清水对照 | 11.269 | — | 234 | 10.44 | — |
| 双流县示范片调查 | 组合用药 | 1.574 | 89.3 | 5 | 0.22 | 98 |
| | 农民自防 | 4.075 | 72.3 | 49 | 2.15 | 80.9 |
| | 清水对照 | 14.694 | — | 257 | 11.26 | — |

#### 表4 对稻纵卷叶螟的防治效果（叙永，2011） （单位：每百丛头数，%）

| 组合 | 处理 | 卷叶率 | 药前虫量 | 药后虫量 | 虫口减退率 | 卷叶防效 | 残虫防效 |
| --- | --- | --- | --- | --- | --- | --- | --- |
| 拜耳组合 | 稻腾每667m²30ml | 1.24 | 50 | 8.2 | 83.60 | 89.94 | 89.21 |
| | 清水空白对照 | 12.32 | 50 | 76 | −52.00 | | |
| 农民自主 | 40%氧化乐果 EC每667m²150ml | 4.33 | 55 | 27 | 50.91 | 64.94 | 66.67 |
| | 清水空白对照 | 12.35 | 55 | 81 | −47.27 | | |

#### 表5 对白背飞虱的防治效果（叙永，2011） （单位：每百丛头数，%）

| 组合 | 处理 | 药前基数 | 药后3天 | | 药后7天 | | 药后14天 | | 药后21天 | |
| --- | --- | --- | --- | --- | --- | --- | --- | --- | --- | --- |
| | | | 虫口减退率 | 防效 | 虫口减退率 | 防效 | 虫口减退率 | 防效 | 虫口减退率 | 防效 |
| 拜耳组合 | 艾美乐每667m²4g | 1 440 | 69.44 | 67.09 | 94.44 | 92.22 | 93.06 | 88.14 | 90.97 | 85.13 |
| | 清水空白对照 | 1 400 | 7.14 | | 28.57 | | 41.43 | | 39.29 | |
| 农民自主 | 25%扑虱灵 WP每667m²50g | 1 420 | 57.75 | 54.87 | 86.97 | 82.51 | 85.92 | 76.64 | 80.28 | 68.41 |
| | 清水空白对照 | 1 410 | 6.38 | | 25.53 | | 39.72 | | 37.59 | |

#### 表6 对纹枯病、稻瘟病、稻曲病的防效（叙永、双流，2011）

| 地点 | 处理 | 纹枯病 | | 稻瘟病 | | 稻曲病 | |
| --- | --- | --- | --- | --- | --- | --- | --- |
| | | 病指 | 防效（%） | 病指 | 防效（%） | 病指 | 防效（%） |
| 叙永 | 拜耳组合 | 0.74 | 88.24 | 0.89 | 89.19 | | |
| | 清水对照 | 6.3 | | 8.22 | | | |
| | 农民自防 | 1.85 | 71.59 | 2.3 | 72.81 | | |
| | 清水对照 | 6.52 | | 8.44 | | | |

（续表）

| 地点 | 处理 | 纹枯病 | | 稻瘟病 | | 稻曲病 | |
|------|------|--------|------|--------|------|--------|------|
| | | 病指 | 防效（%） | 病指 | 防效（%） | 病指 | 防效（%） |
| 双流同田对比 | 拜耳组合 | 2.094 | 83.2 | | | 0.684 | 89 |
| | 农民自防 | 3.796 | 69.6 | | | 1.508 | 75.8 |
| | 清水对照 | 12.49 | — | | | 6.233 | — |
| 双流示范片调查 | 示范处理 | 2.3155 | 80.5 | | | 1.184 | 84.1 |
| | 农民自防 | 3.703 | 68.8 | | | 2.143 | 71.1 |
| | 清水对照 | 11.86 | — | | | 7.426 | — |

**表7　产量测定结果（叙永，2011）**

| 组合 | 水稻品种 | 有效穗数（穗/m²） | 实粒数（粒/穗） | 千粒重（g） | 每亩理论产量（kg） | 比清水对照增产（%） | 比农民自防增产（%） |
|------|----------|--------|--------|--------|--------|--------|--------|
| 拜耳组合 | K 77 | 162 | 158 | 27 | 460.75 | 38.5 | 19.00 |
| 农民自主 | K 77 | 150 | 145 | 26.7 | 387.17 | 16.39 | — |
| 空白对照 | K 77 | 140 | 135 | 26.4 | 332.66 | — | — |

**表8　产量测定结果（双流，2011）**

| 处理 | | 亩穴数（万个） | 有效穗（万株） | 着粒数 | 实粒数 | 结实率（%） | 千粒重（g） | 理论产量（kg） | 比清水对照增产（%） | 比农民自防增产（%） |
|------|------|--------|--------|--------|--------|--------|--------|--------|--------|--------|
| 同田对比 | 拜耳组合 | 1.5 | 14.49 | 193.1 | 149.2 | 77.3 | 28 | 605.3 | 40.7 | 6.03 |
| | 农民自防 | 1.5 | 14.44 | 188.2 | 141.2 | 75 | 28 | 570.9 | 32.7 | — |
| | 清水对照 | 1.5 | 12.78 | 191.4 | 120.2 | 62.8 | 28 | 430.1 | — | — |
| 20亩示范片典型田块调查 | 示范处理 | 1.2 | 14.79 | 186.6 | 144 | 77.2 | 28 | 596.3 | 33.4 | 5.93 |
| | 农民自防 | 1.2 | 14.38 | 184.5 | 139.8 | 75.8 | 28 | 562.9 | 25.9 | — |
| | 清水对照 | 1.2 | 12.56 | 188.8 | 127.1 | 67.3 | 28 | 447 | — | — |

**参考文献**

[1] 程家安，朱金良，祝增荣，等．稻田飞虱灾变与环境调控［J］．环境昆虫学报，2008，30（2）：176－182.

[2] 蔡国梁．稻纵卷叶螟连年大发生的原因及防治对策［J］．中国稻米，2006，2：49－50.

[3] 彭丽年，彭化贤，张小平，等．四川稻区几种重要病虫抗药性评估［J］．四川农业大学学报，2003，21（2）：135－138.

[4] 彭丽年.20%氯虫苯甲酰胺SC对二化螟的防效简报［J］．中国植保导刊，2011，31（6）：42－43.

[5] 成家壮.防治水稻螟虫药剂研究［J］．世界农药，2010，32（1）：28－31.

[6] 张志东，李春，刘勇，等.30%爱苗EC的控病作用和对水稻生长与产量的影响［J］．西南大学学报（自然科学版），2009，31（8）：34－38.

[7] 彭丽年，伍亚琼，蒋凡，等．农药减量施药对水稻中后期混合发生病虫的示范效果［J］．西南农业学报，2011，24（增）：32－36.

[8] 胡国宏，刘同友．组合用药方案防治水稻主要病虫田间药效试验研究［J］．现代农业科技，2011，13（2）：146－147.

[9] 张德政．益阳地区水稻控害增产组合用药方法［J］．湖南农业科学，2011（7）：61－62.

# 不同分散剂对双去甲氧基姜黄素悬浮剂
# 加工及贮藏物理稳定性的影响[*]

李 阳[**] 罗金香 丁 伟[***]

（西南大学植物保护学院，重庆 400716）

**摘 要：** 采用流点法，筛选出 Morwet D-110、Morwet D-425、分散剂 CNF、Tx-15、Oπ-10 和木质素磺酸钙 6 种不同流点值的分散剂，并对其在双去甲氧基姜黄素悬浮剂加工过程中研磨效率和相应研磨样品的贮存物理稳定性进行了比较研究。结果表明，润湿分散剂的流点值越小，研磨效率越高，样品粒径随研磨时间的延长降低的速度越快，粒谱越窄，样品颗粒在贮存期间的粒径变化也越缓慢。

**关键词：** 润湿分散剂；流点法；悬浮剂；研磨效率；奥氏熟化

随着人们环保意识的增强，高效、安全、经济的农药水悬浮剂愈来愈受到研究者的重视（华乃震，2007；潘立刚，2005；Sawyer，1982），近年来呈现出蓬勃发展的势头。而悬浮剂是热力学不稳定体系，贮存期间制剂的物理稳定性是该剂型存在的最主要问题（黄启良等，2001）。分散剂是悬浮剂配方中的核心成分，是影响悬浮剂加工及贮存稳定性的重要因素（刘步林，1998）。因而，润湿分散剂的筛选是悬浮剂研制中的关键步骤。

笔者以植物源杀螨活性物质双去甲氧基姜黄素为原料，在已报道方法的基础上，研究了不同种类分散剂的分散性能，以及对加工过程研磨效率和贮存期间物理稳定性的影响，并探讨了润湿分散剂的流点值与上述结果之间的关系，旨在为双去甲氧基姜黄素悬浮剂的开发提供依据。

## 1 材料与方法

### 1.1 试剂与仪器

90% 双去甲氧基姜黄素（bisdemethoxycurcumin，BDMC）（河北食品添加剂有限公司）。

分散剂：Morwet D-110、Morwet D-425、Morwet D-450、Morwet D-400、Morwet D-500、分散剂 CNF、Morwet EFW、Tx-15、乳化剂 Oπ-10、分散剂 MF、木质素磺酸钙、亚甲基二萘磺酸钠、高斯迈 K 粉。

Rise-2006 激光粒度分析仪（济南润之科技有限公司）；SDF-400 型试验多用分散机（重庆华银机电开发有限公司）；超声波清洗仪（南京君垒达电子科技有限公司）；DNP-9272 型电热恒温培养箱（上海精宏实验设备有限公司）。

* 基金项目：科技部农业科技成果转化基金（2010GB2F100388）；中央高校基本科研业务费专项资金（XDJK2010C079）

** 作者简介：李阳，男，硕士研究生，从事天然产物农药研究；E-mail：liyangswu@gmail.com

*** 通讯作者：丁伟，男，教授，博导，E-mail：dwing818@163.com

## 1.2 研究方法

### 1.2.1 流点的测定

参照文献（黄启良等，2001）所述方法。在小烧杯中加入 5.0g（精确至 0.001g）粉碎好的供试双去甲氧基姜黄素（平均粒径约为 8μm），用滴管缓慢滴加配置好的 5% 润湿分散剂水溶液，同时用小药匙不断搅拌，直至混合后的糊状物可以从小药匙上自由滴下为止，记录所用润湿分散剂水溶液的重量（精确至 0.001g），重复 3 次。计算单位重量的双去甲氧基姜黄素所用溶液的重量，即得相应润湿分散剂对双去甲氧基姜黄素的流点值。

### 1.2.2 试样的制备

每次取 1 种润湿分散剂与双去甲氧基姜黄素混合，固定两者的质量百分数，自来水补足 100%，加入 0.8～1.0mm 的锆珠适量，混合均匀后在砂磨机中研磨 100min。

### 1.2.3 分散剂对研磨效率影响的测定

在试样制备过程中，每隔 25min 取样 1 次，采用 Rise-2006 激光粒度分析仪测定样品的粒径分布情况，评价分散剂对双去甲氧基姜黄素研磨的影响。

### 1.2.4 贮藏稳定性测定

将研磨 100min 的样品等分为 3 份，分别置于 25℃、35℃和 54℃条件下贮存。分别于贮存后 5 天、10 天、15 天将样品搅拌均匀取样，并超声振荡 90s（以消除凝聚），测定粒径分布情况。

## 2 结果与分析

### 2.1 流点测定结果

13 种常用的润湿分散剂对供试双去甲氧基姜黄素的流点测定结果见表 1。各类分散剂对双去甲氧基姜黄素的流点值均较好，均低于自来水，其中，Morwet D 系列的流点值最为理想。结合生产实际，在流点值的基础上，从不同系列中筛选出 Morwet D-110、Morwet D-425、分散剂 CNF、Tx-15、乳化剂 Oπ-10 和木质素磺酸钙等 6 种润湿分散剂做进一步研究。

**表 1　分散剂流点测定结果**

| 润湿分散剂 | 流点（ml/g） | 润湿分散剂 | 流点（ml/g） |
|---|---|---|---|
| Morwet D-110 | 0.7359 | Tx-15 | 1.1625 |
| Morwet D-425 | 0.7748 | Oπ-10 | 1.1823 |
| Morwet D-450 | 0.796 | 分散剂 MF | 1.2169 |
| Morwet D-400 | 0.8251 | 木质素磺酸钙 | 1.2779 |
| Morwet D-500 | 0.8256 | 亚甲基二萘磺酸钠 | 1.7467 |
| 分散剂 CNF | 0.9293 | 高斯迈 K 粉 | 1.8758 |
| Morwet EFW | 1.0518 | 自来水 | 2.8737 |

## 2.2 润湿分散剂对研磨效率的影响

含有不同润湿分散剂的样品中双去甲氧基姜黄素粒径随研磨时间的变化情况如图 1 所示，可以看出，粒径的变化与润湿分散剂的种类密切相关，且随着研磨时间的延长平均粒径也逐渐变小。除了木质素磺酸钙，加入样品中研磨 100min 时双去甲氧基姜黄素粒径为 3.174μm，其他 4 种分散剂均可显著提高研磨效率，在短时间内使双去甲氧基姜黄素粒径

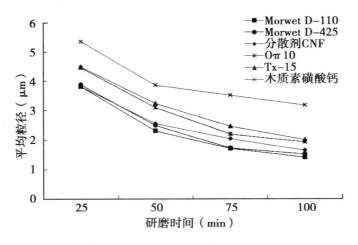

**图1　分散剂对研磨效率的影响**

显著降低，且研磨过程中产生的泡沫也较少。如加入 Morwet D-110 研磨 25min 时双去甲氧基姜黄素粒径为 3.812μm，研磨至 100min 时双去甲氧基姜黄素粒径降低至 1.404μm。

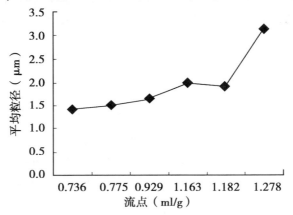

**图2　分散剂流点与样品粒径的关系**

进一步研究样品的粒径分布和分散剂流点值的相关性，如图2所示，表明两者具有一定的相关性，总体表现为分散剂的流点值越小，其对应样品的平均粒径越小。

**表2　不同分散剂对粒径分布的影响**

| 分散剂 | $D_3$（μm） | $D_{10}$（μm） | $D_{50}$（μm） | $D_{90}$（μm） | $D_{97}$（μm） | $D_{av}$（μm） | < 3.000μm（%） | < 5.000μm（%） |
|---|---|---|---|---|---|---|---|---|
| Morwet D-110 | 0.403 | 0.618 | 1.268 | 2.314 | 3.177 | 1.404 | 96.20 | 99.71 |
| Morwet D-425 | 0.460 | 0.688 | 1.366 | 2.488 | 3.408 | 1.514 | 94.93 | 99.60 |
| 分散剂 CNF | 0.480 | 0.721 | 1.444 | 2.749 | 3.963 | 1.639 | 92.36 | 98.86 |
| Tx-15 | 0.582 | 0.861 | 1.698 | 3.512 | 5.217 | 2.003 | 85.05 | 96.53 |
| Oπ-10 | 0.576 | 0.846 | 1.646 | 3.305 | 4.922 | 1.924 | 87.07 | 97.14 |
| 木质素磺酸钙 | 1.039 | 1.405 | 2.616 | 5.676 | 8.233 | 3.174 | 59.54 | 86.15 |

注：$D_n$（n=3、10、50、90、97）表示样品的累计粒度分布百分数达到 n% 时所对应的粒径；$D_{av}$ 为平均粒径

由表 2 可以看出，含不同分散剂样品研磨 100min 后的粒径分布情况存在明显差异，含 Morwet D-110 样品小于 3.000μm 和 5.000μm 的颗粒分别达到 96.20% 和 99.71%，而含木质素磺酸钙对应样品在相应区间的颗粒百分数仅为 59.54% 和 86.15%；从整体上看，粒径的分布范围随流点值的增加而变得宽泛，悬浮体系的均匀度也随之降低。

## 2.3 润湿分散剂对贮藏稳定性的影响

含不同种类的润湿分散剂的样品在贮存期间所表现的稳定性如图 3 所示，样品的贮存稳定性越好，其所含分散剂的流点值越小。其中，含有 Morwet D-110 的样品的粒径在 25℃ 下贮存 15 天后仅增加 0.9%，在 35℃ 和 54℃ 条件下粒径的增加也不显著。而含有木质素磺酸钙样品的粒径，即使在 25℃ 下仍表现出明显的不稳定性。在测定贮藏温度范围内，粒径的增长与温度呈现正相关性，贮藏温度越高，粒径的增加越快。

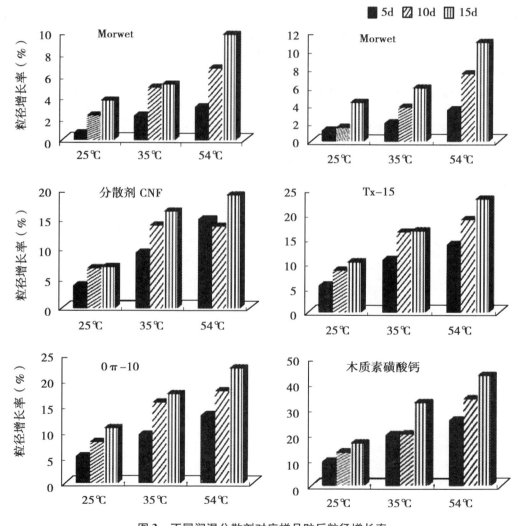

**图 3   不同润湿分散剂对应样品贮后粒径增长率**

由于在粒径检测时排除了凝聚的因素，粒径的增加主要影响因素是奥氏熟化作用。在相同的条件下，粒径分布愈窄，奥氏熟化作用愈缓慢；反之，则愈快速。含有流点值较小的分散剂的样品，其粒径的分布区间越窄，粒径增加越缓慢，这与图 3 所反映的结果是一致的。

# 3 结论

研究表明，不同种类的润湿分散剂在分散性能、影响研磨效率和贮存稳定性 3 个方面具有不同的表现，且与流点值呈现出一定的相关性：流点值较小的润湿分散剂，可显著提高研磨效率和样品的储存稳定性。分子量、化学结构和 HLB 值等是影响分散剂的重要因素，它们与润湿分散剂的流点值及其分散性能、研磨效率和贮存稳定性之间的关系，仍需要做进一步探究。

**参考文献**

［1］华乃震．农药悬浮剂的进展、前景和加工技术［J］．现代农药，2007，6（1）：1-7．

［2］黄启良，李凤敏，袁会珠，等．颗粒粒径和粒谱对悬浮剂贮存物理稳定性的影响［J］．农药学学报，2001，3（2）：77-80．

［3］黄启良，李凤敏，袁会珠，等．悬浮剂润湿分散剂选择方法研究［J］．农药学学报，2001，3（3）：66-70．

［4］刘步林．农药剂型加工技术［M］．北京：化学工业出版社，1998．

［5］潘立刚，陶岭梅，张兴．农药悬浮剂研究进展［J］．植物保护，2005，31（2）：17-20．

［6］Sawyer E W. Stabilizing agents for agricultural suspensions and emulsions［J］. Ind. Chem. Prod. Res. Dev. ,1982（21）：85-290.

# 5 种杀虫剂对大黑鳃金龟幼虫的毒力测定*

刘艳涛[2]**　　席国成[1]　　冯晓洁[1]　　刘春琴[1]　　刘福顺[1]　　王庆雷[1]***

（1. 河北省沧州市农林科学院，沧州　061001；

2. 河北省沧州市职业技术学院，沧州　061001）

**摘　要**：测定毒死蜱乳油、辛硫磷乳油、毒死蜱微胶囊、辛硫磷微胶囊和吡虫啉微胶囊对大黑鳃金龟 7 日龄幼虫的室内毒力。在大黑鳃金龟成虫及幼虫室内饲养方法的基础上，采用土壤混药法，将该 5 种杀虫剂按照制剂浓度配成 5 种浓度梯度，测定其在相同浓度梯度下对大黑鳃金龟 7 日龄幼虫的室内毒力，处理 72 h 后调查、计算幼虫的死亡率和校正死亡率。结果表明在相同浓度梯度下 5 种杀虫剂对大黑鳃金龟一龄幼虫的毒力：毒死蜱乳油 > 辛硫磷乳油 > 毒死蜱微胶囊 > 辛硫磷微胶囊 > 吡虫啉微胶囊。

**关键词**：大黑鳃金龟；幼虫；毒力

大黑鳃金龟属鞘翅目金龟总科，其幼虫称为蛴螬，由于其为土栖性害虫，生活周期较长，食性杂，为害隐蔽，防治十分困难[1]，生产上所选用的杀虫剂效果往往不稳定，而对其防效较好的高毒药剂呋喃丹、甲基异柳磷等，由于对食品安全和生态环境影响较大，国家已明令禁止使用。近年来由于气候、种植方式的改变其为害日趋严重，严重影响了花生、甘薯、马铃薯等的生产。因此，筛选出对蛴螬高效低毒的农药十分必要。大黑鳃金龟一龄幼虫抗药性差，死亡率高，是防治的关键环节，能用较低的药剂浓度起到较高的防治效果，目前在一龄幼虫药剂防治方面的研究报道较少[2~5]，因此，本研究采用土壤混药法，选用 5 种常用杀虫剂对大黑鳃金龟一龄幼虫进行室内毒力试验，为筛选高效、低毒、低残留的农药品种，寻找高毒农药的理想替代药剂提供参考。

## 1　材料与方法

### 1.1　材料

#### 1.1.1　供试虫源

大黑鳃金龟。

#### 1.1.2　供试药剂

辛硫磷微胶囊（30% 江苏省新沂市科大农药厂）；辛硫磷乳油（40% 天津市汇源化学品有限公司）；毒死蜱微胶囊（30% 江苏省新沂市科大农药厂）；毒死蜱乳油（48% 通州正大农药化工有限公司）；吡虫啉微胶囊（25% 江苏省东宝农药化工有限公司）。

---

* 基金项目：公益性行业（农业）科研专项（201003025）；农田地下害虫综合防控技术研究与示范

** 作者简介：刘艳涛，女，硕士研究生，助理研究员；E-mail：lyt80323@163.com

*** 通讯作者：王庆雷，E-mail：wqlei02@163.com

## 1.2 方法

### 1.2.1 成虫的采集和饲养

大黑鳃金龟成虫于2012年6月采集于沧州市农林科学院附近农田中，放置于大小一致的塑料箱中（内放5cm左右的过筛土壤），以新鲜榆树叶喂养；待其产卵后，将卵放入装满土的培养皿中，土壤湿度16%左右，温度（28±2）℃条件下饲养，使其孵化成幼虫。

### 1.2.2 幼虫的饲养

以新鲜马铃薯片喂养孵化出的幼虫，7日龄时用于毒力测定。

### 1.2.3 毒力测定方法

采用土壤混药法[6]，土壤取自沧县田间沙壤土，风干后过20目筛；将杀虫剂按照表1浓度稀释后加入过筛的土壤中混匀配成毒土；以清水为对照。挑取个体均匀、活力良好的大黑鳃金龟7日龄幼虫进行毒力测定，以新鲜土豆丝喂食，每个药剂浓度处理30头幼虫，重复3次。处理72h调查各处理幼虫的死亡情况，死亡判断标准：虫体明显收缩、轻触虫体不能正常爬动视为死亡。

**表1　5种杀虫剂浓度梯度（mg/kg）**

| 25%吡虫啉微胶囊 | 40%辛硫磷乳油 | 30%辛硫磷微胶囊 | 30%毒死蜱微胶囊 | 48%毒死蜱乳油 |
| --- | --- | --- | --- | --- |
| 36 | 22.5 | 30 | 30 | 18.75 |
| 18 | 11.25 | 15 | 15 | 9.375 |
| 9 | 5.625 | 7.5 | 7.5 | 4.68 |
| 4.5 | 2.81 | 3.75 | 3.75 | 2.34 |
| 2.25 | 1.40 | 1.875 | 1.875 | 1.17 |

### 1.2.4 数据处理方法

计算死亡率和校正死亡率，Excel软件作图。

## 2 结果与分析

从图1可以看出，相同浓度下对大黑鳃金龟一龄幼虫的毒力毒死蜱乳油＞辛硫磷乳油＞毒死蜱微胶囊＞辛硫磷微胶囊＞吡虫啉微胶囊。

1kg土壤中杀虫剂浓度为9 mg时除吡虫啉外杀虫效果均大于50%，辛硫磷微胶囊在浓度为2.25mg/kg、毒死蜱微胶囊在浓度为1.125mg/kg时杀虫效果降低到几乎为零，基本无效，这可能是由于一龄幼虫在杀虫剂浓度为4.5～1.125mg/kg之间非常敏感亦或是药剂被微囊包被，导致土壤中杀虫剂浓度太低因而防效太差，对于该问题还需进一步探讨。

## 3 讨论

除吡虫啉外其余4种均为高效低毒的有机磷杀虫剂，其作用方式比较复杂，兼有触杀、胃毒和部分内吸作用。吡虫啉为内吸杀虫剂，在表现药剂的综合毒力的土壤混药法中表现的毒力最差，几乎等于无效。

田间金龟幼虫是混合发生，金龟幼虫的一龄幼虫抗药性差、死亡率高，是防治上的关键环节，可以用较低的药剂浓度达到较好的防治效果。本实验中，乳油的毒力水平高于同

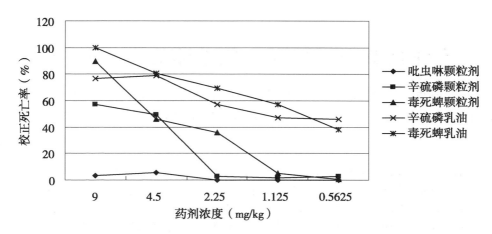

图1　5种杀虫剂对大黑鳃金龟一龄幼虫毒力

种药剂的微胶囊，和谢明惠等[7]的结果一致；并且利用乳油进行毒力测定时，未死亡的幼虫虫体发黄，变软卷曲，活动力弱，体长较放入时差别不大甚至变小；微胶囊进行毒力测定时，未死亡的幼虫体白，活动能力强，体长较放入时明显见长。但是微胶囊解决了见光分解、控制释放等技术难题，微胶囊的残效期在2.5～3个月，乳油剂型在土壤中残效期1个月左右，本试验仅测定72h的毒力，因此，微胶囊的持效性没有体现出来。苏卫华等[8]用35%辛硫磷微胶囊拌砂盖种防治花生蛴螬的效果比乳油剂型提高近2倍，陈益鹤[9]也认为毒死蜱颗粒剂效果好于辛硫磷乳油；因此，花生播种时用辛硫磷微胶囊或毒死蜱微胶囊拌药，可使有效成分长时间保持在花生根区土壤中，金龟幼虫孵化出来后即可接触药剂致死，显著提高杀虫效果和持续性。

本实验所设浓度梯度，还需要进一步完善补充并结合田间试验明确这几种杀虫剂在田间对大黑鳃金龟一龄幼虫的毒力。

**参考文献**

[1] 罗益镇，崔景岳. 土壤昆虫学 [M]. 北京，中国农业出版社，1995：172

[2] 宋化稳，陈泽龙，杨来景. 13种杀虫剂对暗黑蛴螬的毒力研究 [J]. 农药科学与管理，2002，23（2）：23－24.

[3] 李耀发，党志红，高占林，等. 三种方法测定几种杀虫剂对华北大黑鳃金龟的毒力 [C]. 粮食安全与植保科技创新. 北京：中国农业科学技术出版社，2009：661－663.

[4] 李耀发，高占林，党志红，等. 18种杀虫剂对华北大黑鳃金龟和铜绿丽金龟的毒力比较 [J]. 植物保护科学，2008，24（3）：296－299.

[5] 周丽梅，鞠倩，曲明静，等. 暗黑鳃金龟人工饲养及对杀虫剂敏感性研究初探 [J]. 花生学报，2008，37（1）：46－48.

[6] 陈年春. 农药生物测定技术 [M]. 北京，北京农业大学出版社，1991：56.

[7] 谢明惠，苏卫华，徐德进，等. 2种辛硫磷制剂对暗黑鳃金龟幼虫的毒力测定 [J]. 安徽农业科学，2010，38（36）：20 647－20 648.

[8] 苏卫华，戚仁德，朱建祥. 35%辛硫磷微胶囊剂防治花生蛴螬试验及示范 [J]. 安徽农业科学，2005，33（5）：783－784.

[9] 陈益鹤. 毒死蜱防治蛴螬的室内毒力测定和田间药效试验 [J]. 武夷科学，1998，12（14）：193－197.

# 5 种杀虫剂对铜绿金龟子卵的毒力效应[*]

席国成[1**]　刘春琴[1]　刘艳涛[2]　冯晓洁[1]　刘福顺[1]　王庆雷[1***]

（1. 河北省沧州市农林科学院，沧州　061001；2. 沧州职业技术学院，沧州　061001）

**摘　要**：为了解不同杀虫剂对铜绿金龟子卵的毒力，筛选高毒农药的替代产品，采用不同药剂配制成毒土进行室内测定。结果表明：铜绿金龟子卵对吡虫啉悬浮剂敏感性最低，$LC_{50}$ 值为 29.3647mg/kg；对毒死蜱乳油敏感性最高，$LC_{50}$ 值为 1.4840mg/kg；以 $LC_{50}$ 值为标准其他供试杀虫剂对铜绿金龟子卵的室内毒力由高到低依次为：毒死蜱微囊悬浮剂、辛硫磷乳油、辛硫磷微囊悬浮剂。而毒死蜱、辛硫磷微囊悬浮剂和吡虫啉悬浮剂杀卵长效性好于毒死蜱、辛硫磷乳油。

**关键词**：铜绿金龟子；卵；杀虫剂；毒力；死亡率

金龟类幼虫发生遍及世界各地，在地下害虫中为害居首位，是世界性的一类难防治的地下害虫（魏鸿钧等，1989）；铜绿金龟子（*Anomala corpulenta* Motschulsky），是地下害虫中的优势种群，近几年对农、林、菜等作物的为害呈上升趋势，在金龟类种群中该虫分布的广泛性和为害的严重性均居前列；铜绿金龟子又名铜绿丽金龟，属于鞘翅目丽金龟科；1 年发生 1 代，以幼虫在土壤内越冬，翌年 5 月幼虫老熟，在土室内化蛹，6～7 月为成虫出土为害期，7 月中旬后逐渐减少，8 月下旬终止；主要为害花生、林木、蔬菜等作物，为害期 40 天左右。以前已有药剂对铜绿金龟子幼虫毒力测定的报道，但药剂对铜绿金龟子卵毒力测定的报道却很少，笔者旨在通过室内毒力效应试验，为生产和科研提供科学依据。

## 1　材料与方法

### 1.1　供试药剂

30%辛硫磷微囊悬浮剂（江苏省新沂市科大农药厂）；40%辛硫磷乳油（天津市汇源化学品有限公司）；30%毒死蜱微囊悬浮剂（江苏省新沂市科大农药厂）；48%毒死蜱乳油（江苏省通州正大农药化工有限公司）；25%吡虫啉悬浮剂（江苏省东宝农药化工有限公司）。

### 1.2　供试虫（卵）源

于 2012 年 7 月铜绿金龟子发生高峰期，将田间采集到的成虫，在沧州市农林科学院

---

* 基金项目：公益性行业（农业）科研专项（201003025）"农田地下害虫综合防控技术研究与示范"

** 作者简介：席国成（1963—），男，河北沧州人，副研究员，主要从事植物保护和作物栽培研究；E-mail：xiguocheng2006@163.com

*** 通讯作者：王庆雷（1967—），男，河北肃宁人，研究员，硕士，主要从事植物保护研究；E-mail：wqlei02@163.com

养虫室自然状态下（室内自然温度、湿度、光照）进行经人工饲养，挑选 3 日龄左右大小一致、新鲜的卵供试。

## 1.3 毒力测定方法

将供试药剂配制成毒土，测试对供试卵的毒力。将供试药剂分别用蒸馏水稀释成一定浓度的母液备用，按相应的处理将供试药剂母液分别配制毒土，然后在毒土中放入适量的土豆丝作为幼虫的食物，之后将毒土分别装入圆形牙签盒（规格直径 4cm，高 6cm）中，同时在牙签盒毒土中均匀的放入挑选好的供试卵 10 粒；供试药剂分别设 5 个浓度梯度，以纯净水为对照，为方便描述供试药剂不同浓度分别用代号表示（表 1）；每处理设 3 次重复，10 盒（100 粒卵）为一个重复；处理后放于实验室内（自然温度、湿度状态下）待查。

表 1 5 种供试药剂毒土的浓度梯度表

| 浓度代号 | 辛硫磷 微囊悬浮剂（mg/kg） | 辛硫磷乳油（mg/kg） | 毒死蜱 微囊悬浮剂（mg/kg） | 毒死蜱乳油（mg/kg） | 吡虫啉悬浮剂（mg/kg） |
|---|---|---|---|---|---|
| ① | 30.00 | 22.5 | 30.00 | 18.75 | 36.00 |
| ② | 15.00 | 11.25 | 15.00 | 9.38 | 18.00 |
| ③ | 7.50 | 5.63 | 7.50 | 4.60 | 9.00 |
| ④ | 3.75 | 2.81 | 3.75 | 2.34 | 4.50 |
| ⑤ | 1.88 | 1.40 | 1.88 | 1.17 | 2.25 |
| ⑥（CK） | 0 | 0 | 0 | 0 | 0 |

## 1.4 调查、计算方法

7 天、10 天后分别调查卵及孵化后幼虫的死亡情况（死亡标准：卵变黑不能发育、幼虫虫体明显收缩或触之不能正常爬行）[4]，计算死亡率；如果对照组死亡率 <5%，处理死亡率无须校正；若对照组死亡率在 5%～20% 时，按下面公式计算校正死亡率；若对照组死亡率高于 20%，试验无效；处理死亡率用 SAS 数据处理软件计算毒力回归方程式、$LC_{50}$ 值、$LC_{50}$95% 置信限和 r 值，并且采用邓肯氏新复极差法进行差异显著性测定。

校正死亡率（%）=（处理死亡率 − 对照组死亡率）×100/（1 − 对照组死亡率）

## 1.5 试验时间和地点

试验于 2012 年 7～8 月，在河北省沧州市农林科学院实验室内完成。

# 2 结果与分析

## 2.1 毒力测定结果与分析

5 种杀虫剂 7 天后对铜绿金龟子卵的毒力测定结果见表 2，室内毒力测定结果（表 2）表明：铜绿金龟子卵对吡虫啉悬浮剂敏感性最低，对毒死蜱乳油敏感性最高；以 $LC_{50}$ 值为标准，供试杀虫剂对铜绿金龟子卵的室内毒力由高到低顺序为：毒死蜱乳油、毒死蜱微囊悬浮剂、辛硫磷乳油、辛硫磷微囊悬浮剂和吡虫啉悬浮剂，它们的 $LC_{50}$ 值分别是 1.4840mg/kg、6.1841mg/kg、22.7031mg/kg、26.9494mg/kg、29.3647 mg/kg；其毒力指数分别为 19.79 倍、4.75 倍、1.29 倍、1.09 倍、1 倍。

表 2　铜绿金龟子卵对杀虫剂的敏感性测定结果（7 天）

| 药　剂 | 毒力回归方程 | LC$_{50}$（mg/kg） | LC$_{50}$95% 置信限（mg/kg） | r 值 | 相对毒力指数 |
|---|---|---|---|---|---|
| 毒死蜱乳油 | $Y = 4.8139 + 1.0857X$ | 1.4840 | 0.4274 ~ 5.1526 | 0.9805 | 19.79 |
| 毒死蜱微囊悬浮剂 | $Y = 4.1704 + 1.0484X$ | 6.1841 | 2.7478 ~ 13.9179 | 0.9466 | 4.75 |
| 辛硫磷乳油 | $Y = 3.7347 + 0.9331X$ | 22.7031 | 4.4354 ~ 116.2070 | 0.9972 | 1.29 |
| 辛硫磷微囊悬浮剂 | $Y = 2.8527 + 1.5011X$ | 26.9494 | 9.2995 ~ 78.0983 | 0.9854 | 1.09 |
| 吡虫啉悬浮剂 | $Y = 2.8217 + 1.4840X$ | 29.3647 | 10.7296 ~ 80.3653 | 0.9677 | 1 |

注：相对毒力指数 = 标准药剂 LC$_{50}$ 值/测试药剂 LC$_{50}$ 值（以 LC$_{50}$ 值最大的药剂为标准药剂，其相对毒力指数为 1）

## 2.2　7 天后、10 天后死亡率差异显著性检验结果与分析

7 天后各供试杀虫剂，不同浓度之间铜绿金龟子卵死亡率，进行差异显著性检验见表 3。结果表明 7 天后各供试杀虫剂浓度梯度由低到高，铜绿金龟子卵死亡率也呈现由低到高的趋势，最高为毒死蜱乳油的①处理为 86.67%，最低为辛硫磷微囊悬浮剂和吡虫啉悬浮剂的⑤处理，同为 3.33%，详见表 3。

表 3　铜绿金龟子卵 7 天死亡率（%）结果与差异显著性检验表

| 时　间 | 药剂浓度代号 | 辛硫磷微囊悬浮剂（mg/kg） | 辛硫磷乳油（mg/kg） | 毒死蜱微囊悬浮剂（mg/kg） | 毒死蜱乳油（mg/kg） | 吡虫啉悬浮剂（mg/kg） |
|---|---|---|---|---|---|---|
| | ① | 50.00 ± 0.58aA | 50.00 ± 0.57aA | 73.33 ± 0.88aA | 86.67 ± 0.33aA | 50.00 ± 0.58aA |
| | ② | 33.33 ± 1.20abAB | 40.00 ± 0.58abAB | 66.67 ± 0.67aA | 83.33 ± 0.33aA | 43.33 ± 1.67aA |
| | ③ | 26.67 ± 0.33bcABC | 26.67 ± 0.33bcBC | 63.33 ± 0.67aA | 73.33 ± 0.88aA | 20.00 ± 0.00bAB |
| 7 天 | ④ | 10.00 ± 0.58cdBC | 20.00 ± 0.58cBCD | 33.33 ± 0.33bB | 53.33 ± 0.33bB | 16.67 ± 0.33bAB |
| | ⑤ | 3.33 ± 0.33dC | 13.33 ± 0.67cdCD | 30.00 ± 1.00bB | 46.67 ± 0.33bB | 3.33 ± 0.33bB |
| | ⑥（CK） | 0.00 ± 0.00dC | 0.00 ± 0.00dD | 0.00 ± 0.00cC | 0.00 ± 0.00cC | 0.00 ± 0.00bB |

注：小写字母代表 F = 0.05 水平同列数据之间差异显著性，大写字母代表 F = 0.01 水平同列数据之间差异极显著性，表中数据为 3 次重复的平均值加标准差，单位为百分数

10 天后铜绿金龟子卵死亡率上升，和各供试杀虫剂浓度梯度依然是正相关的趋势；最高为辛硫磷微囊悬浮剂、毒死蜱微囊悬浮剂、吡虫啉悬浮剂的①处理，三者均达到 100%，而毒死蜱乳油、辛硫磷乳油的①处理仅为 96.67%；差异显著性检验各处理均比对照达到显著和极显著水准详见表 4。

表4　铜绿金龟子卵10天死亡率（%）结果与差异显著性检验表

| 时 间 | 药剂浓度代号 | 辛硫磷微囊悬浮剂（mg/kg） | 辛硫磷乳油（mg/kg） | 毒死蜱微囊悬浮剂（mg/kg） | 毒死蜱乳油（mg/kg） | 吡虫啉悬浮剂（mg/kg） |
|---|---|---|---|---|---|---|
| 10天 | ① | 100.00 ± 0.00aA | 96.67 ± 0.33aA | 100.00 ± 0.00 aA | 96.67 ± 0.33 aA | 100.00 ± 0.00 aA |
| | ② | 86.67 ± 0.67aA | 86.67 ± 0.33 abA | 100.00 ± 0.00 aA | 93.33 ± 0.67 aA | 93.33 ± 0.33 abAB |
| | ③ | 83.33 ± 0.67aA | 80.00 ± 1.15 abA | 100.00 ± 0.00 aA | 93.33 ± 0.33 aA | 90.00 ± 0.58bABC |
| | ④ | 50.00 ± 1.00bB | 70.00 ± 1.15bA | 90.00 ± 0.58 aA | 90.00 ± 0.58 aA | 83.33 ± 0.33 cBC |
| | ⑤ | 36.67 ± 1.20 bBC | 66.67 ± 0.67bA | 70.00 ± 0.58 bB | 83.33 ± 0.33 aA | 76.67 ± 0.33 cC |
| | ⑥（CK） | 5.00 ± 0.00cC | 5.00 ± 0.00 cB | 5.00 ± 0.00cC | 5.00 ± 0.00 bB | 5.00 ± 0.00 dD |

注：小写字母代表 $F = 0.05$ 水平同列数据之间差异显著性，大写字母代表 $F = 0.01$ 水平同列数据之间差异极显著性，表中数据为3次重复的平均值加标准差，单位为百分数

　　5种杀虫剂7天和10天后对铜绿金龟子卵的毒力，从最高浓度的①处理看出，7天时辛硫磷微囊悬浮剂、毒死蜱微囊悬浮剂、吡虫啉悬浮剂均最低为50%，而10天时均最高达到100%，说明微囊悬浮剂长效性优于乳油，与孙培章、王向阳、吕敬军等人[6~8]杀虫剂试验结果基本一致。

## 3　结论与讨论

　　试验结果表明：铜绿金龟子卵对吡虫啉悬浮剂敏感性最低，对毒死蜱乳油敏感性最高；而毒死蜱、辛硫磷微囊悬浮剂和吡虫啉悬浮剂杀卵长效性均好于毒死蜱、辛硫磷乳油。一般的杀虫剂对杀卵的效果不好，而金龟子类的卵有明显的吸涨现象，杀虫剂杀卵作用得到体现，具体杀卵机理有待进一步研究。

　　防治蛴螬一般在作物生长期间用药，这样不但效果差而且不经济、不环保；如果在播种时用药喷穴或地表，会更方便、更经济、效果也好，可以起到杀卵和杀虫双重作用。

　　乳油释放快，短期内药效高，但防效短；而微胶囊持效期长，药效释放缓慢，环保无公害，弥补了乳油的缺陷，是生产上新型的好产品。

　　建议田间防治蛴螬从杀卵开始，播种时即用药，这样防治效果事半功倍；生产上提倡使用微囊悬浮剂，逐步减少或取代乳油类药剂，以期达到经济、环保和食品安全的目的。

**参考文献**

[1] 王容燕，王金耀，宋健，等. 铜绿丽金龟的室内人工饲养 [J]. 昆虫学报，2007，50（1）：20 – 24.
[2] 罗益镇，崔景岳. 土壤昆虫学 [M]. 北京：中国农业出版社，1995.
[3] 胡宏云 许春远. 华北大黑鳃金龟生物学特性研究 [J]. 安徽农业科学，1986，4（30）：69 – 70.
[4] 李耀发，高占林，党志红，等. 18种杀虫剂对华北大黑鳃金龟和铜绿丽金龟的毒力比较 [J]. 植物保护科学，2008（3）：296 – 299.
[5] 周国辉，凌炎，龙丽萍. 不同杀虫剂对稻纵卷叶螟的毒效研究 [J]. 中国农学通报，2012，28

（6）：202 - 206.

［6］ 孙培章 . 30% 辛硫磷微囊悬浮剂防治花生蛴螬田间药效试验 ［J］. 安徽农业科学，2008，36（26）：11 434，11 455.

［7］ 王向阳，黄娟，巩旭，等 . 毒死蜱微囊悬浮剂防治花生田蛴螬田间药效试验 ［J］. 农药科学与管理，2004，25（2）：19 - 21.

［8］ 吕敬军，赵存花，唐洪杰，等 . 35% 辛硫磷微囊剂防治花生蛴螬药效试验 ［J］. 植物医生，2011，24（6）：34 - 36.

# 雾滴大小对阿维菌素和醚菊酯触杀毒力的影响[*]

徐德进[**]　顾中言　许小龙　徐广春

（江苏省农业科学院植物保护研究所，南京　210014）

**摘　要**：为探明雾滴大小对杀虫剂毒力的影响，利用 Burkard 手动微量点滴仪和图像处理技术，以菜青虫和甜菜夜蛾为对象，对不同粒径阿维菌素和醚菊酯雾滴的触杀毒力进行了室内比较。试验结果表明：点滴体积为 $0.25\mu l$、$0.5\mu l$、$1\mu l$、$2\mu l$、$5\mu l$ 的液滴，对应的粒径值分别为 $264.32\mu m$、$286.91\mu m$、$420.04\mu m$、$506.27\mu m$ 和 $701.69\mu m$。阿维菌素和醚菊酯对菜青虫和甜菜夜蛾的 $LC_{50}$ 值均表现为随雾滴粒径的增加而减小的趋势。阿维菌素对菜青虫和甜菜夜蛾及醚菊酯对菜青虫的 $LD_{50}$ 值随雾滴粒径的增加而增大；但醚菊酯对菜青虫的 $LD_{50}$ 值随雾滴粒径的增加而减小。雾滴粒径对杀虫剂毒力的影响与药剂及生物的种类相关。

**关键词**：雾滴大小；阿维菌素；醚菊酯；触杀

大部分农药制剂是经过喷雾器械，形成由雾滴组成的药雾来完成剂量转移（屠豫钦等，1996）。雾滴的大小、数量和有效成分浓度，都会对农药的使用效率产生影响。Fisher（1974）和 Muntahli（1986）分别用"等高线法"和致死中密度 $LN_{50}$ 研究了三氯杀螨醇雾滴密度与红叶螨的防治关系，袁会珠等（2000，2010）用自制雾滴密度卡研究了氧化乐果和吡虫啉雾滴密度与麦蚜的防治关系，结果均证实农药喷雾需要达到一定的雾滴密度才能保证防治效果，但当雾滴密度已经能保证防治效果，再增加雾滴数量只能是浪费农药和水。朱金文等（2004a，2004b，2009）讨论了毒死蜱、草甘膦药液喷雾雾滴的体积中径（VMD）对药液在水稻、棉花、甘蓝及空心莲子草叶片上沉积的影响，研究表明随雾滴 VMD 减小，叶片上的药液沉积量增加。Franklin 等（1994）测定不同粒径的氯菊酯和高效氯氟氰菊酯雾滴对粉纹夜蛾的触杀毒力，发现雾滴粒径 $100\mu m$ 时的 $LD_{50}$ 值是雾滴粒径 $500\mu m$ 和 $1000\mu m$ 时的 1/10。但在 Latheef（1995）测定丙溴磷和硫双威对棉花烟青虫毒力时发现，雾滴体积中径（VMD）$246\mu m$ 时的毒力显著低于 VMD$325\mu m$ 时的毒力。徐德进等（2012）利用行走式喷雾塔定量喷雾，证明相同农药剂量和施液量下，减小雾滴粒径、增加雾滴密度能够提高氯虫苯甲酰胺防治稻纵卷叶螟的效果。

阿维菌素和醚菊酯都具有触杀作用，可以用于蔬菜上菜青虫和甜菜夜蛾的防治。本研究利用手动微量点滴仪点滴形成不同体积的雾滴，测定不同雾滴粒径条件下，阿维菌素和醚菊酯对菜青虫和甜菜夜蛾的触杀毒力，为提高这两种药剂的田间使用效率提供科学依据。

---

\* 基金项目：公益性行业（农业）科研专项（200903033）；江苏省农业科技自主创新项目（CX（11）2034）

\*\* 作者简介：徐德进，男，硕士，助理研究员，主要从事农药使用技术研究；Tel：025 - 84390403，E-mail：jaasxdj@ hotmail. com

# 1 材料与方法

## 1.1 材料

### 1.1.1 供试药剂

95%阿维菌素原药，浙江升华拜克生物股份有限公司；95%醚菊酯原药，南京盼丰化工有限公司。

### 1.1.2 供试昆虫

菜青虫，2011年6月初采集于江苏省农业科学院植物保护研究所甘蓝试验田，试验时选择5L高龄幼虫供试。

甜菜夜蛾，室内饲养的敏感种群，试验时选择3L幼虫供试。

### 1.1.3 仪器设备

Burkard手动微量点滴仪，英国Burkard科学仪器公司；梅特勒AB135-S电子天平（精确至十万分之一），梅特勒-托利多仪器（上海）有限公司；水敏纸（water sensitive paper，WSP；Quantifoil Instruments GmbH）；HP G4050型扫描仪，美国惠普公司；通用图像处理软件，南京江南光学仪器公司。

## 1.2 试验方法

### 1.2.1 雾滴粒径的测定

利用Burkard手动微量点滴仪点滴体积分别为$0.25\mu l$、$0.5\mu l$、$1\mu l$、$2\mu l$、$5\mu l$水滴于$76mm \times 26mm$的水敏纸上，雾滴间不重叠。待水敏纸上的斑点固定后，通过扫描仪扫描输入电脑，扫描分辨率固定为200dpi。利用通用图像处理软件进行图像分析，计算各个点滴体积形成的斑点面积。通过圆的面积公式估算斑点直径。根据Salyani和Ciba-Geigy（1994）公开的校正公式$D_d = 0.95D_s^{0.910}$（$D_d$代表水敏纸上的斑点粒径；$D_s$代表雾滴粒径）计算不同点滴体积下的雾滴粒径。

### 1.2.2 触杀毒力测定方法

参考联合国粮农组织（FAO）推荐的点滴测定法进行触杀毒力测定。首先进行预备试验，确定药剂对靶标昆虫的10%～0%致死剂量区间。根据预备试验结果，将供试药剂用分析纯丙酮稀释成5～7个浓度梯度，每个浓度设4次重复，每个重复10头幼虫。测定时先把昆虫置于9cm培养皿中用$CO_2$轻度麻醉，接着用手动微量点滴仪分别将体积为$0.5\mu l$、$1\mu l$、$2\mu l$的药液点在虫体胸部背板上，以对应体积的丙酮处理为对照。菜青虫点滴后放入直径为10cm的水瓶盖中，并添加新鲜的甘蓝叶片，黑布封口并放湿润棉球保湿；甜菜夜蛾点滴后放入添加有新鲜人工配方饲料的24孔板中。点滴后试虫均置于温度为25℃、湿度为75%、光照：黑暗＝16h：8h的养虫室内，48h后调查死亡率，对照死亡率低于5%为有效测定。

### 1.2.3 数据处理及分析

利用EXCEL和DPS 7.55数据处理软件进行数据处理，并进行毒力回归方程式、$LC_{50}$、$LD_{50}$及相关数值的分析。

## 2 结果与分析

### 2.1 不同点滴体积的雾滴粒径

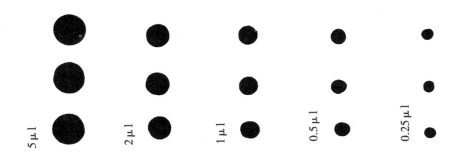

**图1　不同点滴体积在水敏纸上形成的斑点**

**表1　不同点滴体积的雾滴粒径估测**

| 点滴体积（μl） | 斑点面积（cm²） | 形状因子 | 斑点粒径（μm） | 雾滴粒径（μm） |
| --- | --- | --- | --- | --- |
| 5 | 1.59 ± 0.052 | 0.92 ± 0.008 | 1419.69 ± 23.200 | 701.69 ± 10.427 |
| 2 | 0.77 ± 0.020 | 0.88 ± 0.004 | 991.71 ± 12.472 | 506.27 ± 5.790 |
| 1 | 0.53 ± 0.034 | 0.82 ± 0.012 | 808.71 ± 23.140 | 420.04 ± 10.846 |
| 0.5 | 0.23 ± 0.008 | 0.77 ± 0.006 | 531.60 ± 9.407 | 286.91 ± 4.638 |
| 0.25 | 0.19 ± 0.005 | 0.76 ± 0.007 | 485.65 ± 6.541 | 264.32 ± 3.248 |

体积为 0.25μl、0.5μl、1μl、2μl、5μl 的液滴点滴在水敏纸上，形成了不同大小的、近似圆形的斑点（图1）。利用图像处理软件，计算出各个斑点的实际面积。形状因子越接近1，说明斑点越趋向为圆形。点滴体积越大，获得的形状因子值越大，水敏纸上的斑点也就越接近于圆形。所有测定点滴体积的形状因子均高于 0.75。通过圆的面积公式，计算获得斑点粒径，再根据 Salyani 和 Ciba-Geigy 总结的经验公式，估算出不同体积液滴的雾滴粒径（表1）。从表1中可以看出，体积 5μl 的雾滴粒径为 701.69μm，是体积 0.5μl 雾滴粒径的 2.45 倍。随点滴体积的减小，雾滴粒径间的差距缩小。

### 2.2 不同雾滴粒径的阿维菌素和醚菊酯对菜青虫的毒力

根据雾滴中有效成分的浓度和对应浓度下菜青虫死亡率的几率值绘制阿维菌素和醚菊酯剂量反应曲线，如图2和图3。雾滴粒径大，雾滴中含有的有效成分量多，对应的死亡率高。由图2和图3中的剂量反应曲线可明显看出，阿维菌素和醚菊酯对菜青虫的 $LC_{50}$ 值均随雾滴粒径的增加而减小。

根据雾滴的体积和所包含的药液浓度，计算出每个雾滴中药剂有效成分实际的量，再利用有效剂量的对数和菜青虫死亡率的几率值绘制剂量反应曲线，如图4和图5。对于阿维菌素，同等有效剂量下，雾滴粒径为 420.04μm 时，对菜青虫的毒力高于雾滴粒径为 286.91μm 和 506.27μm；但对于醚菊酯，同等有效剂量条件下，雾滴粒径越大，菜青虫

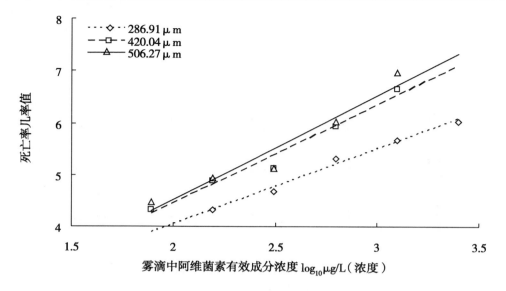

图2　不同雾滴粒径阿维菌素点滴菜青虫的 LC-P 线

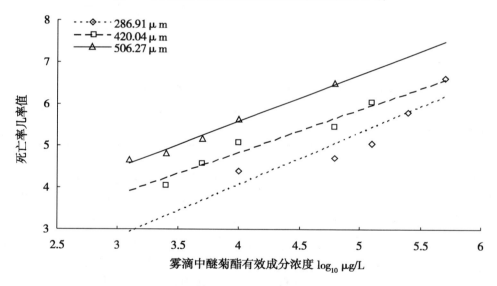

图3　不同雾滴粒径醚菊酯点滴菜青虫的 LC-P 线

的死亡率越高。表2中列出了各个雾滴粒径下，阿维菌素和醚菊酯对菜青虫的 $\log_{10} LD_{50}$ 值。从表2中可以看出，对于阿维菌素，雾滴粒径对毒力的影响较小，各个雾滴粒径下，致使菜青虫死亡50%所需的阿维菌素有效剂量相当，没有显著差异；对于醚菊酯，雾滴粒径对毒力的影响较大，雾滴粒径增加，所需的农药剂量减少，其中，雾滴粒径为286.91 μm 时的 $LD_{50}$ 值比506.27 μm 时的 $LD_{50}$ 值增加了18.62%，两者间差异显著。

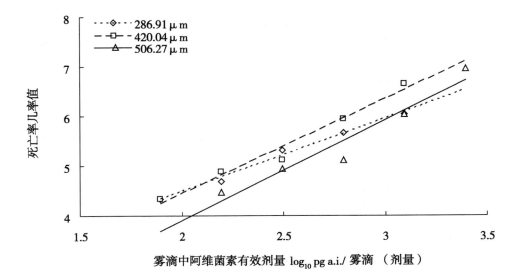

**图 4 不同雾滴粒径阿维菌素点滴菜青虫的 LD-P 线**

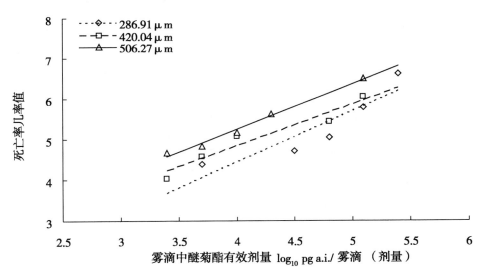

**图 5 不同雾滴粒径醚菊酯点滴菜青虫的 LD-P 线**

**表 2 不同雾滴粒径对阿维菌素和醚菊酯触杀毒力的影响（菜青虫）**

| 药剂 | 雾滴粒径<br>（μm） | 处理虫数 | 毒力回归<br>方程 | $\log_{10} LD_{50}$（pg a. i.） | 斜率标准误 | 卡方值 |
|---|---|---|---|---|---|---|
| 阿维菌素 | 286.91 | 240 | $Y = 1.5175 + 1.4805X$ | 2.3524a（2.1944 – 2.4790） | 0.2376 | 0.5378 |
| | 420.04 | 240 | $Y = 0.8195 + 1.8173X$ | 2.3004a（2.1579 – 2.4105） | 0.2572 | 1.9123 |
| | 506.27 | 240 | $Y = 0.3488 + 1.8219X$ | 2.5530a（2.3971 – 2.6671） | 0.2614 | 4.0668 |
| 醚菊酯 | 286.91 | 151 | $Y = 0.114 + 1.0884X$ | 4.4892b（4.1914 – 4.7110） | 0.2186 | 5.4256 |
| | 420.04 | 170 | $Y = 0.8724 + 0.9908X$ | 4.1659ab（3.9185 – 4.4029） | 0.1894 | 2.5605 |
| | 506.27 | 180 | $Y = 0.7800 + 1.1150X$ | 3.7846a（3.4679 – 3.9851） | 0.2247 | 0.3975 |

注：以 $LD_{50}$ 置信区间的不重叠作为毒力间有显著差异的标准，下同。

## 2.3 不同雾滴粒径的阿维菌素和醚菊酯对甜菜夜蛾的毒力

同样地，根据雾滴中有效成分的浓度和对应浓度下的甜菜夜蛾死亡率的几率值绘制阿维菌素和醚菊酯剂量反应曲线，如图6和图7。由图6和图7中的剂量反应曲线可看出，对于阿维菌素，雾滴粒径为506.27μm 时的LC-P线在雾滴粒径286.91μm 和420.04μm 的左上方，$LC_{50}$ 值小，毒力高。雾滴粒径286.91μm 和420.04μm 的LC-P线交缠在一起，毒力相近。对于醚菊酯，雾滴粒径506.27μm 和420.04μm 的LC-P线交缠在一起，毒力相近，但都在雾滴粒径286.91μm  LC-P线的左上方，即毒力均高于后者。

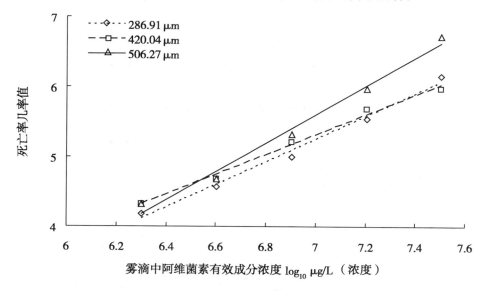

图6 不同雾滴粒径阿维菌素点滴甜菜夜蛾的 LC-P 线

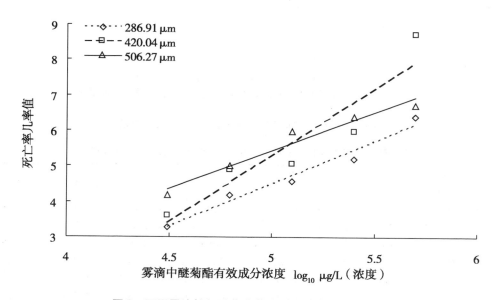

图7 不同雾滴粒径醚菊酯点滴甜菜夜蛾的 LC-P 线

利用雾滴的体积和所包含的药液浓度，计算出每个雾滴中药剂有效成分实际的量，再利用有效剂量的对数和甜菜夜蛾死亡率的几率值绘制剂量反应曲线，如图8和图9。对于阿维菌素，同等有效剂量下，雾滴粒径为286.91μm时毒力最高，雾滴粒径506.27μm时对甜菜夜蛾的毒力最低。对于醚菊酯，表现出与阿维菌素同样的趋势，即雾滴粒径小毒力高。表3中列出了各个雾滴粒径下，阿维菌素和醚菊酯对菜青虫的$\log_{10}LD_{50}$值。从表3中可以看出，对于甜菜夜蛾，阿维菌素和醚菊酯均表现出随雾滴粒径增加，$LD_{50}$值增加的趋势。

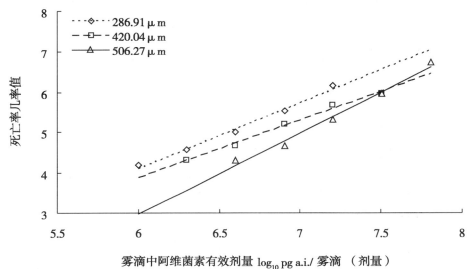

图8　不同雾滴粒径阿维菌素点滴甜菜夜蛾的 LD-P 线

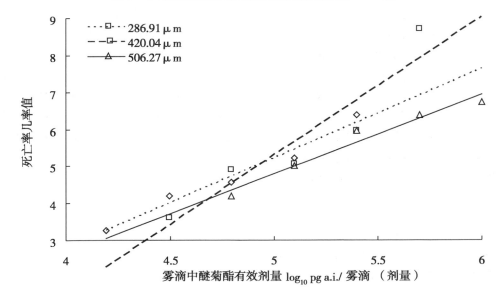

图9　不同雾滴粒径醚菊酯点滴甜菜夜蛾的 LD-P 线

表3 不同雾滴粒径对阿维菌素和醚菊酯触杀毒力的影响（甜菜夜蛾）

| 药剂 | 雾滴粒径（μm） | 处理虫数 | 毒力回归方程 | $\log_{10}$ LD$_{50}$（pg a. i.） | 斜率标准误 | 卡方值 |
|------|--------|--------|---------|----------|--------|--------|
| 阿维菌素 | 286.91 | 144 | $Y = -5.6020 + 1.6181X$ | 6.5519a（6.3794 – 6.7078） | 0.3117 | 0.2767 |
| | 420.04 | 144 | $Y = -4.7128 + 1.4322X$ | 6.7817ab（6.5620 – 6.9507） | 0.3034 | 0.1914 |
| | 506.27 | 144 | $Y = -8.7891 + 1.9668X$ | 7.8474b（6.8274 – 7.1432） | 0.3442 | 0.5742 |
| 醚菊酯 | 286.91 | 144 | $Y = -6.4741 + 2.3285X$ | 4.9277a（4.8134 – 5.0705） | 0.3709 | 1.8000 |
| | 420.04 | 144 | $Y = -7.6451 + 2.5455X$ | 4.9676a（4.8333 – 5.0705） | 0.3939 | 4.0777 |
| | 506.27 | 144 | $Y = -6.8084 + 2.3176X$ | 5.0951a（4.8227 – 5.2285） | 0.4019 | 1.6610 |

## 3 讨论

农药的发明为人类同植物病虫害的斗争提供了有力武器。农药的效率与使用技术密切相关。关于农药使用技术，Hislop 曾经简要概括为"是要把足够剂量的农药有效成分安全有效地输送到靶标生物上以获得预想中的防治效果"，其研究的核心问题是"足够剂量"。剂量低了达不到效果，剂量高了则导致浪费（Liu 等，2006）。

如果选择的雾滴大小合适，可以最小的药量、最少的环境污染代价达到有效控制病虫害的目的。若实际使用时的雾滴比需要的大，浪费的农药就会以雾滴直径 3 次方的速率增长。相关研究报道指出，雾滴大小影响药剂的触杀毒力。普遍认为减小雾滴粒径，有助于提高触杀效果，其原因可能在于雾滴粒径的减小，降低了雾滴体积，在固定剂量条件下，提高了药液中有效成分的浓度，增强了生物效果。同时，雾滴粒径的减小，有助于药剂迅速穿透昆虫表皮。雾滴粒径为 100 ~ 200μm，昆虫表皮可瞬间吸收；雾滴粒径为 500μm 时，昆虫表皮的吸收时间为 2 ~ 5s，当雾滴粒径超过 1 000μm 时，吸收的时间可能会增加到 10 ~ 15s。在田间相同施液量条件下，雾滴粒径减小 1/2，对应的雾滴数量是原来的 8 倍，从而增加了靶标区域内的雾滴数量，提高了与有害生物的接触概率，有利于发挥药剂效果。当然，雾滴粒径的减小，增加了雾滴蒸发及喷雾飘移的风险，导致药剂的浪费和环境污染的产生。不同生物靶标捕获的雾滴粒径范围不同，只有在最佳粒径范围内，靶标捕获的雾滴数量最多，防治效果最好。本试验结果显示，对于甜菜夜蛾，雾滴粒径的减小可以提高阿维菌素和醚菊酯的触杀毒力。但对于菜青虫，这一趋势并不明显，进一步说明雾滴粒径对触杀毒力的影响会因药剂种类、生物种类的变化而有所不同。

**参考文献**

[1] 崔丽，王金凤，秦维彩，等. 机动弥雾法施用70%吡虫啉水分散粒剂防治小麦蚜虫的雾滴沉积密度与防效的关系［J］. 农药学学报，2010，12（3）：313 – 318.

[2] 傅泽田，祁力钧，王秀，等. 农药喷施技术的优化［M］. 北京：中国农业科学技术出版社，2002：13 – 30.

[3] 祁力钧，傅泽田. 影响农药施药效果的因素分析［J］. 中国农业大学学报，1998，3（2）：80 – 84.

[4] 屠豫钦，袁会珠. 农药和化学防治法前景广阔［J］. 农药，1996，35（5）：6 – 9.

[5] 徐德进，顾中言，徐广春，等. 雾滴密度及大小对氯虫苯甲酰胺防治稻纵卷叶螟效果的影响［J］.

中国农业科学，2012，45（4）：666－674.

［6］ 朱金文，吴慧明，程敬丽，等. 雾滴体积中径与施药量对毒死蜱在棉花叶片沉积的影响［J］. 棉花学报，2004，16（2）：123－125.

［7］ 朱金文，吴慧明，朱国念. 雾滴大小与施药液量对草甘膦在空心莲子草叶片沉积的影响［J］. 农药学学报，2004，6（1）：63－66.

［8］ 朱金文，周国军，曹亚波，等. 氟虫腈药液在水稻叶片上的沉积特性研究［J］. 农药学学报，2009，11（2）：250－254.

［9］ Fisher R W，Menzies R W，Herne D C，et al. Parameters of dicofol spray deposit in relation to mortality of European red mite［J］. *Journal of Economic Entomology*，1974，67（1）：124－126.

［10］ Franklin R H，Thacker M R J. Effects of droplet size on the topical toxicity of two pyrethroids to the cabbage looper *Trichoplusia ni*［J］. *Crop Protection*，1994，13（3）：225－229.

［11］ Latheef M A. Influence of spray mixture rate and nozzle size of sprayers on toxicity of profenofos and thiodicarb formulations against tobacco budworm on cotton［J］. *Crop protection*，1995，14（5）：423－427.

［12］ Munthali D C，Wyatt I J. Factors affecting the biological efficiency of small pesticide droplets against［J］. *Tetranychus urticae* eggs. *Pesticide Science*，1986，17：155－164.

［13］ Liu Q，Cooper S E，Qi L J，et al. Experimental study of droplet transport time between nozzles and target［J］. Biosystems Engineering，2006，95（2）：151－157.

［14］ Ebert T A，Downer R A. A different look at experiments on pesticide distribution［J］. Crop Protection，2006，25：299－309.

# 有害生物综合防治

# 推进病虫专业化防治 为现代农业发展服务

王明勇* 陈 真 包文新 张 琍

（安徽省植物保护总站，合肥 230001）

**摘 要**：总结回顾了近年来安徽省践行"公共植保、绿色植保"理念，大力发展农作物病虫害专业化防治工作取得的进展和主要经验。分析了进一步发展专业化防治面临的制约因素。提出了推进专业化防治可持续发展的基本思路、基本目标、基本措施等方面的见解。

**关键词**：病虫害；专业化防治；进展；前瞻

安徽省地处亚热带和暖温带过渡地区，农业有害生物发生种类繁多，重发生频次高，发生面积大，为害程度重，常年主要作物病虫害发生面积近 2 000 万 hm² 次，对农业安全、优质、高产、高效生产威胁巨大。适应现代农业发展，践行"公共植保"理念，大力发展农作物病虫害专业化防治，具有重要的政治意义和经济意义。

## 1 专业化防治取得的进展

### 1.1 专业化防治工作成效显著

2006 年以来，安徽省把大力发展农作物病虫害专业化防治作为提高病虫害防治"三大效益"的重要抓手，大力推进，特别是在 2008 年中央 1 号文件颁布之后，在强大政策力量的推动下，在各级政府重视、相关部门支持、各级农业植保部门的共同努力下，专业化防治服务体系初步建立、防治能力逐步增强、防治面积不断扩大，全省农作物病虫害专业化防治工作取得显著成效。

#### 1.1.1 专业化防治组织规模日趋壮大

经过近年来的推动发展，全省农作物病虫害专业化防治已初具规模，专业化防治组织的数量、防治作业质量及防治面积都呈现出跨越式的发展。据统计，目前全省拥有专业化防治组织 7 200 多个，其中经工商局注册，具有独立法人资格的"注册登记型"的专业组织约占 20%，在各级农委备案的"非注册登记型"专业组织约占 80%。各类专业组织共有从业人员 5.6 万多人，拥有各类机动药械 6.2 万多台。2011 年全省实现粮棉重大病虫害专业化防治面积 133.33 万 hm²，约占粮棉病虫防治总面积 15.0% 以上。

#### 1.1.2 专业化防治服务形式呈现多元发展

基于全省各地农村社会经济发育程度存在的差异，农民群众对新生事物接受程度存在的差异，各地应因差异，因地制宜，采取不同服务形式为农民提供专业化防治服务，目前主要有以下 3 种服务形式。

---

\* 作者简介：王明勇（1955—），汉族，安徽肥西人，高级农艺师，长期从事植保技术管理与推广；Tel.：0551-2633144；E-mail：Clwmy@163.com

（1）代防代治型。根据农民防治需求，专业化防治组织提供喷雾机械、由作业机手实施防治作业，防治药剂、时间、病虫对象由农户提供。防治组织根据防治面积、次数收取代治费（水稻每 $667m^2$ 每次为 5～10 元；小麦每 $667m^2$ 每次为 4～6 元）。这种方式与农户关系松散，责任纠纷少，是安徽省目前病虫专业化防治的主要形式。

（2）全程承包防治型。专业化防治组织与农民签订病虫防治合约，明确应达到的防效指标，农户一次性交纳防治承包费用，水稻每 $667m^2$ 每年为 50～70 元；小麦每 $667m^2$ 每年为 20～35 元。防治决策由防治组织自主掌握实施。

（3）集体统筹防治型。由农户自购农药，村委组织机防队统一防治，机械组织，防治安排，人工、燃油等费用由村集体统一支付。

### 1.1.3 专业化防治效益明显提高

社会效益显著，较好解决了农村千家万户防治病虫难问题，减轻了劳动强度，提高了劳动效率，加速了新型植保器械和绿色植保新技术到位率，提升了农产品质量安全水平；经济效益提高，据典型调查：水稻全季节专业化防治田较农民自防田平均减少农药防治1.9 次，每 $667m^2$ 节约农药、用工成本平均为 30 多元，工效提高了 5～6 倍，平均防效提高 10 个百分点；生态效益明显，专业化防治避免了农药"大处方"和高毒农药使用，病虫害防治次数的减少、化学农药施用量的下降，农药包装物的回收集中销毁，有利于农田生态环境改善，农田有益生物种群数量增加，据调查，专业化防治田百丛蜘蛛量比农户自防田约提高 3 倍左右。

## 1.2 开展专业化防治工作取得的基本经验

近年来专业化防治发展较快，效果较好，实现了病虫害防治"三大"效益的明显提高，取得主客体参与各方双赢的局面，积累了一些有益的经验。

### 1.2.1 强化领导，部署到位

安徽省委、省政府对开展病虫害专业化防治高度重视，2008 年安徽省委将"加强农作物重大病虫害防控体系建设，加快发展植保专业化服务组织，坚持重大病虫害统防统治，提高抗灾能力"写进了当年的省委 6 号文件，2011 年、2012 年省委两个 1 号文件再次为病虫害专业化防治发展指出新方向、提出新要求，强调各地要把发展农作物病虫害专业化防治，作为转变农业发展方式，建设现代农业的重要举措，作为保障农产品有效供给和农产品质量安全的关键抓手摆到重要位置加以大力推进。省政府在召开的全省农作物重大病虫防治工作电视电话会议上，多次反复强调推进专业化防治工作的重要性和必要性，各级政府均成立了以分管市、县长为组长的农作物病虫专业化防治领导组，加大专业化防治的组织领导和推进力度。省农委连续 8 年制定颁发专业化防治实施方案，层层建立专业化防治示范区，组织开展全省性的专业化防治工作专题调研，推进专业化防治健康发展。

### 1.2.2 整合资金，大力扶持

随着城乡发展一体化的日益推进，"多给、少取"农业政策的执行，各项支农资金大幅度提升，合理配置资金成为推动专业化防治较快发展的重要物质基础。2006～2012 年不完全统计，安徽省财政安排专业化防治专项资金、国家现代农业建设示范县和产粮大县补助资金、小麦抗旱田管资金、小麦"一喷三防"资金共 2 亿多元，用于购买专业化防治设备（农药、药械为主），扶持专业化防治发展。各地因地制宜，采取不同措施支持专业化防治工作的开展。霍邱县以"政府引导、群众自愿、群众筹一半、政府补一半"的原则，2011 年全县实施小麦专业化防治面积 1.7 万 hm²。寿县县政府与国元农业保险股份有限公司联合拿出 700 万元，购置 9 000 台机动喷雾器和农药，扶持专业化防治发展。凤台县 2008 年以来连续 5 年，县财政每年列专款 100 万元，用于专业化防治补贴，全县小麦专业化防治 1.7 万 hm²，占小麦播种面积的 40%。

### 1.2.3 建章立制，提高效能

安徽省农委连年制定"重大病虫专业化防治年度实施方案"，以规范性文件下发各级农委，指导发展专业化防治工作。各地规范防治行为，提高服务效能，促进更好发展，相继制订一系列规章制度。界首、太和、颖东、芜湖县等地制定了《专业化防治队职责》、《专业化防治组织管理办法》。长丰县按照"十有"标准（即有章程、有制度、有招牌、有电话、有注册证件、有办公场所、有专业机手、有规模器械、有展示窗口和有服务信息）规范专业机防队行为。

### 1.2.4 培训示范，全程服务

加强机手培训和机械维修服务。2009～2011 年全省每年培训专业化防治组织作业机手近 10 万人次，已建立了机动喷雾器维修点 80 个。开展病虫防治信息和技术服务。通过简报、手机短信等方式及时向专业防治组织提供病虫发生信息、防治技术要点服务，组织农技人员深入现场指导服务。开展专业化防治示范服务，全省建立专业化防治示范片 370 个，组织现场观摩，引导农户主动参与专业化防治。

### 1.3 专业化防治工作面临的挑战

近年来安徽省农作物病虫害专业化防治工作取得的成绩值得肯定，但是，目前各地对专业化防治工作的认识高度、重视程度，对专业化防治内涵的认知水平、管理规范还有一定差异；各地专业化防治组织规模、覆盖范围、服务质量、科技含量等方面的发展水平仍处于初级阶段；专业化防治总体发展与现代农业发展需求、与国内先进地区相比、与广大农民群众的热切期盼还有不小的差距，可持续健康发展仍面临诸多因素的制约。农户分散经营的生产方式和小农经济思想束缚的长期影响，加之专业化防治劳动强度大、科技要求高、病虫发生发展不确定因素多、生产投入要素波动大、抗风险能力差、比较效益低等这些固有特点，对专业化防治发展空间的限制作用较大。各地现有生产发展水平上的差异，和人们对专业化防治真正内涵理解水平上的差异的客观存在，实现专业化防治区域间、作物间、集成技术措施运用间的均衡发展、全面发展难度较大。总之，切实提高思想认识，统一各方意志，着力解决发展不平衡问题；切实完善建立长效机制，着力解决管理不够规范问题；切实提升服务能力，着力解决组织规模偏小、覆盖面偏低问题；切实加大扶持力度，着力解决资金投入不足、政策落实不够到位问题，确保专业化防治长期稳定可持续健康发展不仅需要更高的激情，更需要持之以恒的不懈努力。

## 2 专业化防治发展前景前瞻

农作物病虫害专业化防治是适应农村经济形势新变化、满足农民群众新期待应运而生的一种为农服务的新方式。发展专业化防治既是一项长期而艰巨的任务，又是当前一项迫切而重要的工作，我们要立足当前，谋划长远，积极进取，稳步推进。力争通过若干年的努力，逐步培育出一批批能够拉得出、用得上、打得赢的专业化防治队伍，使之成为病虫防治的主导力量[1]。

## 2.1　基本思路

坚持以科学发展观为指导，贯彻落实"预防为主、综合防治"的植保工作方针和"公共植保、绿色植保"理念，以促进农业稳定发展、农民持续增收为目标，坚持以"政府支持、市场运作、农民自愿、因地制宜"为原则，贯彻农业部提出的重大病虫的防控能力明显提升，切实减轻灾害损失；病虫害防控水平明显提升，切实提高防治效果、效益和效率；绿色防控技术的普及率明显提升，切实降低农药使用量"三提升、三切实"的要求精神；按照在扶持环节上突出专业化防治组织，在防治模式上突出全程承包服务，在发展布局上突出重点作物和关键区域，在推进方式上突出整建制示范带动的"四突出"的要求[2]，认真组织实施。强力推动农作物病虫专业化防治组织公司（法人）化、防治行为承包（合同）化、防治措施综合（无害）化、防治作业规范（标准）化、防治人员青壮（职业）化、防治装备现代（机械）化"六化标准"进程，把农作物病虫专业化防控整体水平提高到一个新高度。

## 2.2　基本目标

从安徽省作物区域种植布局、促进粮食稳定发展、农产品质量安全大局出发，率先在小麦、水稻、玉米粮食主产区，经济作物优势和重大病虫重发区加快推进专业化防治。到"十二五"末，力争实现粮食作物专业化防治覆盖率40%，棉花、蔬菜、水果等经济作物专业化防治覆盖率15%，农作物高产创建区和核心示范区实现专业化防治全覆盖。专业化防治示范区内大力示范推广性诱剂、生物农药、频振杀虫灯、高效低毒低残留农药等新产品、新技术，大力推广应急防治及总体防治等配套技术，化学农药使用量与周边常规防治区比下降20%，生物农药使用率提高20%以上，高效、低毒、低残留对农药剂使用实现全覆盖率，防治成本下降20%，防治效果提高10%以上。

## 2.3　基本对策

### 2.3.1　因势利导，积极推进

目前推进专业化防治的时机基本成熟：城镇化水平提高和大量农民长年在外务工，轻型劳动、为农减压，农民对专业化防治服务需求迫切。各地专业化防治服务有成功的实践基础，专业化防治具有成本低、防效好等优势明显显现，为农业抗灾夺丰收作出了积极贡献。专业化防治成为推进现代农业发展的主要内容之一，是发展农村服务业的重要组成部分，已成为越来越多人们的广泛共识。各级农业植保部门都应抓住有利时机，趁势而上，积极推进。

### 2.3.2　加大宣传，营造氛围

实施专业化统防统治是适应病虫发生规律，解决农民防病治虫难的必然要求；是提高重大病虫防控效果，促进粮食稳定增产的关键措施；是降低农药使用风险，保障农产品质量安全和农业生态环境安全的有效途径；是提高农业组织化程度，转变农业生产经营方式的重要举措；是发展现代农业、推进社会主义新农村建设的需要。要通过各类媒体，加大对病虫害专业化防治的舆论宣传，营造良好的环境和氛围。从农民切身利益出发，加强对广大农民的宣传引导，尊重农民的意愿，使广大农民充分认识病虫害统防统治的优越性，激发农民积极加入专业化防治的自觉性和主动性。

### 2.3.3　加大投入，落实政策

加大对农作物病虫害专业化防治工作"真金白银"的投入，千方百计拓宽支持专业化资金来源渠道。着力加大对现代农业发展项目、省级现代农业示范建设、粮食作物高产创建、农业机械购置、农民专业合作组织发展、重大病虫防治补贴、阳光工程培训资金等各类涉农资金进行统筹整合的力度；建议国家设立病虫害专业化防治扶持专项，对专业化防治按照面积给予药剂和作业成本 30% 左右的比例给予补助；积极鼓励社会资本进入农作物病虫害专业化防治领域，多渠道、全方位支持专业化防治组织建设。

### 2.3.4 因地制宜，多元发展

发展专业化防治要根据不同地区的农业生产水平，种植结构内涵，人文社会环境等基础条件的差异，通过政策引导、部门组织、市场拉动、企业带动等形式，发挥比较优势，因势利导多元发展。①坚持以市场为导向，发挥市场配置资源的重要作用，走市场化发展的路子，构建专业化防治组织市场化运作的经营主体。着力支持农资经营户、种粮大户、专业合作社、植保协会为主体构建专业化防治组织。②着力扶持培育更多的经过工商登记注册的专业化防治示范组织，把这些组织逐步扶持培养成为专业化防治的核心组织，成为部省挂牌的示范组织，使之真正成为病虫害专业化防治中的一支重要生力军。③积极创新建立基层公益植保（农业）服务体系，以行政村植保员（农技员）为依托，以自然村为单位，组建专业化防治服务队。

### 2.3.5 强化示范，集成技术

要把病虫害专业化防治示范建设作为植保工作的一项重要基础性工作紧抓不放，着力强化示范区示范带动作用，通过典型引路，发展壮大一批示范组织，培育一批示范带头人，扩大覆盖面，逐步实现整村或整乡推进，从而实现区域内统防统治。近期，拟在全省粮食主产区的 31 个县（市、区）分别建立面积不少于 0.3 万 $hm^2$ 的小麦、水稻、玉米病虫害专业化防治示范区，示范区内要克服专业化防治就是单单组织统一打农药的一般化应急防治的弊端，而要将生态调控、生物防治、物理防治，及高效低毒低残留农药应急防治等新技术集成推广应用，把专业化防治示范区建设和病虫害综合治理、绿色防控示范区的建设有机地结合起来，达到合二为一、事半功倍的效果。

### 2.3.6 强化服务，规范管理

规范专业化防治组织的组建和运行行为，加强对专业化防治组织的技术服务和监管，择优扶强，实现规模扩张，释放规模效应。①对各级专业化防治组织进行登记造册，建立详细技术档案，提高专业化防治责任、防治质量溯源管理水平。②制订行之有效、操作性强的病虫防效评判指标体系，不断完善各类纠纷仲裁机制，以便及时化解专业化防治中出现的防效矛盾等纠纷问题。③为专业化防治组织优先提供技术培训、病虫情信息、专家指导等公益性服务，健全完善配套的机械维修服务网络。④协助专业化防治组织做好所需对路农药品种及数量预测，为专业化防治组织提供优质对路农药，降低防治成本，保障防治效果。⑤开展考评奖励，重视总结宣传专业化防治的典型经验，使之学有榜样、赶有目标，推进专业化防治均衡健康发展。

**参考文献**

[1] 危朝安在全国植保工作会议上的讲话 www. sxzb. com/nykxlnxo. asp？id = 1149 2012-05-19

[2] 危朝安在全国农作物病虫害专业化统防统治工作会议上的讲话 www. oldweb. cqvip. com/qk/88754A/201118/393559. . 2012 - 05 - 0

# 推进农作物病虫害专业化统防统治中的"五大"突出问题与对策

袁玉付[1]*　仇学平[1]　曹方元[1]　茅永琴[1]　宋巧凤[1]　谷莉莉[1]　孙万纯[2]

(1. 江苏省盐城市盐都区植保植检站，盐城　224002；2. 盐都区大纵湖镇农业中心)

**摘　要**：本文概述了农作物病虫害专业化统防统治中面临的突出问题，提出了加快推进专业化统防统治的对策。

**关键词**：病虫害；专业化统防统治；对策

近几年来，在各级农业植保部门的推动下，农作物病虫害专业化统防统治发展快速，形势良好，前景广阔。江苏省盐城市盐都区位于江苏省中部偏东，紧临盐城市区，辖19个镇（区、街道、中心社区），253个村（居），总人口74.75万人，耕地面积52 566.7hm²，常年农作物种植面积10万hm²，大田作物主要种植三麦、水稻、棉花、油菜、蔬菜等，种植业生产总值29亿元。从2004年开始示范尝试植保专业化防治以来，2010年被列为农业部农作物病虫害专业化统防统治示范区，按照"政府支持、市场运作、农民自愿、循序渐进"原则，通过资金补助、物资扶持、技术援助等方式，扶持成立了一批专业化统防统治组织，服务模式不断完善，防治作用日益凸显。但发展中仍然遇到一些复杂而突出的问题，剖析其困扰和制约的原因，从根本上采取有力措施加以解决，才能促进农作物病虫害专业化统防统治工作的持续、稳定、健康发展。

## 1　专业化统防统治面临的突出问题

农作物病虫害专业化统防统治在盐都区虽有一定的发展，但与现代农业的发展和农民的实际需求差距较大，据了解，制约发展的因素较多，主要有：

### 1.1　植保机械质次价高，影响防治效率和效果

目前市场上主推的植保机械一种是弥雾机，一种是手推（担架）式喷药机械，这两种机械性能都不太稳定，容易出故障，尤其是手推（担架）式喷药机械，更容易出问题。2010～2011年盐都区新购置的11台手推（担架）式喷药机械都不同程度出现故障，有的出现几次故障，影响防治工作的开展。同时由于机械的主体配件、工具不全或性能偏低，如：无维修工具，水管偏短仅有20m，实际操作需要100m以上；原有喷头在农作物上不适用，需要重新购置宽幅喷头；还有未配置绕管架等，每台机械配全后还需要再花费800元左右，投入是比较大的，农民不愿购买。至于农机购机补贴，据对区内创办的好兄弟植保专业合作社等几家植保服务组织了解，他们认为价格比市场高，厂家服务也不尽人意。

---

* 通讯作者：袁玉付（1963—），男，副站长，推广研究员，主要从事植保技术推广工作；E-mail：yyf-829001@163.com

因此，2012 年盐都区好兄弟植保专业合作社在前两年实践的基础上，进行订制手推（担架）式喷药机械的尝试，2012 年新订制手推（担架）式喷药机械 9 台，目前已经投入使用。

## 1.2 牵头人难物色，机手劳动强度大、报酬低、难留人

在盐都区，大部分农户农田面积小，接受服务的田块零散不连片，服务效率低，一台背负式弥雾机，按安全操作要求施药，一天的服务面积最多也就 1.33hm² 左右，一个虫期最多服务 3.33~4hm²，机手每天纯收益也就只有 50~60 元，还赶不上一个普通农民工的收入，与承担的责任、付出的劳动强度极不成比例。同时由于病虫害防治有其特殊性，每年就那么几次，机手虽专业但不能成为职业，大部分时间机械闲置没活干，觉得不如出去打工。因此，目前青壮年机手很少，50~60 岁、乃至 60 岁以上的人较多，队伍无朝气，人员也不稳定，发展后劲差。

## 1.3 大部分农民既想得到服务，又不想增加生产投入，机防规模难扩大

农业生产周期长，投入多，风险大，种田比较效益低，几乎无收益，因此，大部分农民种田只为解决吃粮问题或供给进城的子女食用，不想在种田上有收益，积极性普遍不高，不少农户虽也想享受机防服务，但又不想再增加新的投入，从而影响植保机防发展规模。如盐都区大冈镇、龙冈镇成立了植保专业合作社，2011 年水稻全程承包服务，不包括除草在内，定价为 667m² 收费 130 元，实际为成本价，虽然进行广泛宣传，有的农户想得到服务，但不愿意交费，大多数机手属微利，少数还亏本。2012 年水稻全程承包服务，包括除草在内，定价是 667m² 收费 150 元，大冈镇有 1/2 村的部分农户签订了服务合同，对机手而言面积越小，服务难度越大，规模效益越低。

## 1.4 机手安全风险大，机防队和合作社责任大

植保机手经常和农药打交道，虽然现在推广高效低毒农药或是生物农药，但是药三分毒，总有一定风险，加上机手年龄大、农民工体检少、身体素质没底细，打药高峰期大多处在高温期，安全没保障，遇上小头晕的基本上能挺过去，但一旦出现大的风险，机手自身、机防队和合作社都将卷进风险中，解决起来麻烦大。2012 年 6 月 16 日盐都区农委植保植检站在大冈镇召开全区植保专业化防治推进现场会之后，大冈好兄弟植保专业合作社在社部召开了机防大队队长的专题会议，会上对机手安全风险，大家的看法和争论非常激烈，这也是有的地方仅办理了植保专业合作社的工商执照，但机防大队运作难的原因之一。

## 1.5 防治效果难保证，承包服务风险大

病虫害防治效果受多种因素制约，客观上有病虫害种类多、发生复杂、农户分散种植、土地远近搭配、肥瘦搭配、天气、机械故障、作物品种（感病性）、生育期、旱涝灾害、农资价格波动、防治时间、药剂质量等因素，主观上有施药人员责任心、农民期望值、利益矛盾等多方面，有一个环节出问题都有可能影响最后的结果，因此，植保专业合作社及服务人员承担的责任太大，很容易因防效争议而引发服务双方的矛盾。目前还没有农作物病虫害防治保险。

## 2 解决专业化统防统治突出问题的对策

新时期，经济社会全面发展，农业生产发展面临着工业化、城镇化带来的务农劳力短

缺等压力，特别突出反映在农民一家一户分散防病治虫难等问题上，只有发展规模化经营的专业化统防统治服务，才能打破瓶颈。盐都区植保植检站工作人员经常在思考如何解决农作物病虫害专业化统防统治中遇到的难题，通过实践，得出经验，深化认识，化解矛盾，并结合自身实际，创造条件，积极培养、扶持、引导植保专业合作社，为农民提供更加科学、先进、便捷的农作物病虫害专业化统防统治技术服务。

## 2.1 加快技术资源整合

加强部门之间协调合作，建立现代植保体系，按照"大农业、大植保、大服务"的理念，开展机耕、机播、机防、机收、节水灌溉、配方施肥、沼气物业和农产品运销加工等综合服务，促进植保、栽培、土肥、农机、新能源等技术的集成升级推广。通过整合，逐步实行"四统一"，即"统一农资供应、统一耕作管理、统一病虫防治、统一产品收购"。为降低成本，保证质量，建议政府工商部门扶持植保专业合作社开办诚信农资服务部，以微利或成本价供应种子、化肥、农药和小型农机具。

## 2.2 加大财政扶持力度

发展专业化统防统治是转变农业发展方式的有效途径，其服务的产业是农业，服务的对象是农民，服务的内容是防灾减灾，不仅具有很强的公益性质，而且符合现代农业发展方向，对保障国家粮食安全和促进农民增收作用巨大。政府部门应将发展植保机防服务纳入为民办实事工程，实实在在地抓上手。同时要不断推进和完善区、镇、村三级农作物病虫害专业化统防统治服务网络建设，落实"民办公助"政策，对各级专业化服务组织，在购机、用工、燃油、劳保、药剂、培训、宣传等方面增加财政补贴力度，给从事农作物病虫害专业化服务工作的弥雾机手进行定期健康检查，购买健康安全保险，不断提高机手收入水平和待遇，稳定植保机防队伍。

## 2.3 加速植保药械更新

政府相关部门要加大对植保新药械研究开发的投入，加速实用性强、机械化、自动化程度高、防效好、效率高的植保机械的研制。同时加快现有老式植保机械更新速度，加快新型、轻型植保机械的推广速度。建议将电动喷雾器、静电弥雾机列入农机补贴范围，提高电动喷雾的普及率，对老式、低效、易发生"跑、冒、漏、滴"的手动喷雾器进行强制淘汰。政府可采取以旧换新的形式调动农民更新植保机械的积极性，提高新式高效药械的普及速度。

## 2.4 加强植保技术指导

专业化防治组织是新时期植保公共服务的延伸，是植保工作的重要依靠力量，是解决植保技术服务最后"一公里"的有力抓手，基层农业服务中心要强化服务意识，创新工作思路，主动与基层专业合作社建立紧密的业务指导关系，提高其为农服务的能力和水平。

### 2.4.1 完善病虫防治预案

按照"统一监测预报、统一防治方案、统一组织实施、统一防效评估"的原则制定防治预案，积极引导专业化统防统治组织在搞好病虫害综合防治的基础上科学开展化学防治。

### 2.4.2 及时提供防治信息

在防治适期前3~5天将病虫害防治技术信息传递到专业防治组织，并在重大病虫害防治的关键时期，派专业技术人员深入实地指导，及时了解并帮助解决专业化统防统治中遇到的困难和问题。

### 2.4.3　全面搞好技术培训

加强对从业人员安全用药、防治技术和药械维修技能等方面的技术培训，通过培训和考核，开展职业技能鉴定，统一发放农作物病虫害专业化统防统治人员"职业资格证书"，力求做到持证上岗。不断强化从业人员的责任意识，提高工作技能，保证服务质量和防治效果。

### 2.4.4　创新机制强化管理

通过创新服务机制、规范承包合同管理，推行农药等主要防控投入品的统购、统供、统配、统施"四统一"模式，从而提高农药利用率，减少使用量，降低农药残留污染，保障农业生产安全、生态环境安全和农产品质量安全。

# 出口食品农产品质量安全示范区建设的实践及思考[*]

傅苏友[**]　苏保乐[***]

（潍坊出入境检验检疫局，潍坊　262041）

**摘　要：** 近年来，以区域化管理为核心的出口食品农产品质量安全示范区建设已在全国稳妥推进，其主旨在强化地方政府责任，健全基层监管机构，从源头上严格治理农业化学品投入，推进农业标准化生产，健全质量安全检测体系与可追溯体系等，示范区建设整体上提高了示范区内农产品质量安全水平，保障了国内外消费者对农产品质量安全的需求，产生了良好的效益，值得借鉴和推广。

**关键词：** 农产品质量安全；区域化管理；效益

面向出口的食品农产品质量安全区域化管理始于 2007 年在山东安丘试点，初衷是提高出口农产品质量安全水平，以满足出口农产品质量要求，应对不断提高的国际农产品技术壁垒。经过几年的探索与推广，出口农产品质量安全区域化管理成效明显，并开始由保障出口农产品质量安全转向保障国内农产品质量安全，以区域化管理为核心的出口食品农产品质量安全示范区（以下简称"示范区"）建设稳妥推进，取得了明显成效，示范区内食品农产品质量安全监管体系日益健全，质量安全整体水平不断提升。区域化管理成为《中华人民共和国食品安全法》、《中华人民共和国农产品质量安全法》和《国务院关于加强食品安全的决定》等法律法规实施的强有力抓手。

## 1　质量安全区域化管理体系

### 1.1　质量安全区域化管理体系的发展

2006 年，由于日本全面实施"食品中农业化学品残留肯定列表制度"、欧盟实施新的食品安全卫生法规等原因，我国出口食品和农产品被国外检出农药、兽药残留等问题时有发生，在国外通报的质量安全问题中，约有 70% 是农兽药残留、重金属残留等源头污染问题。2007 年，山东省检验检疫局在安丘市探索实行出口农产品质量安全区域化管理。2008 年，出口农产品质量安全区域化管理模式向山东其他管理基础较好的县级区域推广。2009 年，山东省政府出台了《关于加快推进出口农产品质量安全示范区建设的意见》，以示范区的形式进一步规范、推行区域化管理模式。当年 10 月份，全国出口食品农产品质量安全示范区建设会议在山东潍坊召开，以区域化管理为核心的出口食品农产品质量安全示范区建设正式向全国推广。2010 年，全国出口食品质量安全示范区建设会议在威海召

* 质检总局项目：初级农产品安全区域化管理体系推广理论与实践的探索研究（20122K139）

** 作者简介：傅苏友（1959—），男，副局长，主要从事进出口食品安全研究

*** 通讯作者：苏保乐（1969—），男，硕士，主要从事进出口食品安全研究院；E-mail：13516367809@163.com

开，充分肯定了以区域化管理为核心的示范区取得的良好效果。2011 年，全国出口食品质量安全示范区建设会议在河南召开，会议充分肯定了示范区建设取得丰硕成果，并公布全国范围内已重点建设的典型示范区达 55 个，各地通过考核验收的示范区达 140 多个。《初级农产品安全区域化管理体系要求》国家标准通过审查后，于 2011 年 9 月 1 日起正式实施。

### 1.2 质量安全区域化管理内涵

区域化管理就是在重点区域内，从强化食品农产品安全生产法制观念和经营理念入手，提升出口农业生产经营管理综合素质，推广先进的出口农业质量安全生产和管理技术，注重数量与质量、安全与效益的有机结合。以点带面、逐步推进，保持出口农业的发展后劲，实现现代出口农业高产、优质、生态、安全的基本目标。

以区域化管理为核心的示范区建设，就是在一定区域内，以出口食品农产品符合国际市场准入标准为目标，整合行政管理和检测资源，加强区域内环境、水源、水域、农业投入品等综合管理，构筑"源头备案、过程监督、抽查验证"三道防线，对农业生产和产品质量安全实施全程监控，以保障质量安全。

## 2 区域化管理模式

### 2.1 山东安丘区域化管理模式

安丘区域化管理模式又被称"安丘模式"，即按照"加强党委政府领导是保证、加强基地建设是基础、抓好农业投入品是关键、提高农民素质是根本"的原则，在安丘市行政区划内，在党委领导和监督下，政府负总责，发动并整合农业、畜牧、工商、质监、环保、公安等行政执法管理和技术、检测等区域内资源，实现部门间分工协作、配合联动；取缔区域内违禁农业投入品的非法经销，建立专营专供网络，做好农业投入品的综合管理，为农产品安全生产提供环境和制度保障；在不改变联产承包与土地隶属关系的情况下，通过土地流转和市场运作，鼓励农业龙头企业和农村合作组织从农民手中包租土地，实现土地联方成片，扩大基地规模，推动种植、养殖管理集约化、规模化；实施良好农业操作规范，推动农产品生产科学化、标准化；建立农产品质量安全追溯与监控、预警、评估控制体系，实现对整个区域的统一管理，从源头上改造传统农业，发展现代农业，促进农业生产产业化，从根本上提升农产品质量安全水平。在具体实践中，安丘市重点建立并实施了 8 个体系：政府部门协调控制体系、政策法规控制体系、农业投入品控制体系、基地质量标准体系、质量安全追溯控制体系、监控检测和预警纠偏控制体系、科技服务体系和宣传培训支持体系。

### 2.2 山东威海示范区建设模式

威海在全市范围内推广以区域化管理为核心的示范区建设，又被称为"威海经验"，即把区域化管理范围由出口基地、县级市扩大到全市，把领域由蔬菜拓展到粮食、蔬菜、水果、畜禽等所有农产品，把管理从陆地延伸到海洋，实现区域全覆盖、品种全覆盖和空间全覆盖，形成了"投入无违禁、管理无盲区、产品无公害、出口无障碍、百姓无担忧"的示范区建设模式。威海市政府成立了由市领导任组长，各市区和检验检疫、农业、海洋、林业、商务等 14 个职能部门参加的领导小组，每半年对各市（区）该项工作进行定期考核，并将考核权重由原来的 8% 提升到 10%，是所有经济指标中考核分值最高的，市财政也每年安排 1 200 万元支持示范区建设；对农业化学品实行专营专供，对农产品生产推行国际标准，对农产品流通开展质量监测；全市坚持内外联动，统筹国际国内市场，不断扩大区域化建设成果，实现可持续发展。

## 2.3  河南示范区建设

河南省结合食品农产品出口实际情况，因地制宜，确定了发展示范区的两种模式。一是"企业主导型"模式，即以"公司＋基地＋标准化"为特点，旨在培育一批在国内外具有先进管理水平的食品农产品种植养殖示范区；二是"政府主导型"模式，即以"政府主导、科学引导、部门联动、企业为主、全面参与"为特点，旨在县（市、区）打造一批具有一定知名度的示范区。

## 2.4  福建示范区建设

福建省通过建立"政府主导、部门联动、企业首责、行业自律"的工作机制，建立适应国际市场需求的现代食品农产品生产方式和质量安全公共管理体系，大力推动农业区域化管理，推动食品农产品种植、养殖基地实现"科学化、集约化、标准化"，积极推行"公司＋农业合作＋基地＋标准化"现代农业生产加工组织形式，在福州、三明、宁德、南平、泉州等重点地区，以鳗鱼、大黄鱼、禽肉、茶叶、芦柑等产品为重点，探索建设出口食品农产品质量安全示范区。

## 2.5  宁波示范区建设

针对宁波市农村耕地流转面积达 124.6 万亩，占农户承包耕地面积的 50.6%，土地流转率位居全国前列的实际，宁波政府整合现有行政、社会和生产资源，对出口食品农产品基地实施区域化管理的安全示范区管理模式，一是创新基地备案新模式，改变原有"公司＋基地＋标准化"的传统模式，基地不再由出口加工企业负责备案，转而由拥有独立法人资格的出口蔬菜基地作为备案主体，此举抬高了备案基地实施区域化管理门槛。二是创新检验检疫监管新模式，改变原仅靠检验检疫部门一家管理的模式，由检验检疫部门和当地农业部门共同监管，按照合作框架协议各负其责。三是改变原有一对一的供货模式，获得备案资格后的区域化管理基地备案，可以向任何出口生产企业提供其自产的动植物源性食品原料。

# 3  效益

通过几年的不懈努力，通过建设以区域化管理为核心的示范区，有效提升了出口农产品质量安全水平和国际竞争力。

一是示范区内农产品质量安全水平整体得到提升，以山东省为例，全省出口农产品检验检疫合格率连续三年超过 99.5%，出口食品农产品被国外通报的安全问题逐年减少，其中，农兽药残留 2010 年比 2009 年减少 66%。质量安全水平的提高带动了农产品出口增长，2010 年，山东省农产品出口 127 亿美元，同比增长 30%，占全国农产品出口总额的 1/4 以上，连续 11 年居全国首位。再以广东省为例，2010 年示范区内出口水产品 7.7 亿美元，不合格检出率从示范区建设前的 4% 降到 0.6%。

二是农产品质量提升促进了农民增收。2010 年，威海农产品进入了日本永旺、韩国乐天等跨国公司采购网络，农产品出口增加 2.7 亿美元，其中，生姜收购价格实现翻番，出口价格上涨 43%，带动农民增收 5 亿元，出口苹果基地每亩增收 2 400 元。2010 年乳山市生姜、苹果价格每千克较周边地区分别高出 0.3 元和 0.4 元，仅差额部分就增收 1.7 亿元。2011 年，河南黄泛区供香港活猪示范区建立以后，直接带动 7 000 多家农户从事生猪养殖，可间接安排劳动就业人员 26 000 余人，户均增收 8 000 多元，每年可为农户增收 5 600 万元以上。

三是创新了农业监管机制，打破了政府部门各自为政、协调不力的传统模式，建立了富有成效的工作机制。通过检验检疫与农业等部门的共同监管，各司其职，明晰了源头的管理关系，提高了出口蔬菜源头管理工作的有效性。同时，作为法人代表的基地管理者，自觉提高了"第一责任人"的意识，更加主动地做好质量安全工作，积极与监管部门配合，不断提高自检自控能力，从根本上保证了农产品质量。

四是减少了污染，保护了环境。农业投入品的规范使用有效控制了农业面源污染，保护了农业生产大环境，促进了生态文明和新农村建设。

五是农民的素质得到进一步提升。广泛的宣传发动和科技知识推广培训服务让广大农民掌握了现代农业生产技术，违禁农业投入品成为人人皆知其为害的"过街老鼠"，农民的整体素质全面提高。

## 4 思考与建议

我国地大域广，不同区域的经济社会发展水平、政府管理能力、农产品生产经营状况及输入输出市场结构等差别很大，因此，不同区域的农产品质量安全状况也有很大差异。在这种情形下，根据地区间的不同特点，突出地方政府的主导作用，实行区域化管理模式就成为一种有效的选择。通过山东安丘、山东威海、福建厦门等出口农产品质量安全示范区的实践表明，区域化管理是做好食品农产品安全工作的有效手段。

### 4.1 进一步强化地方政府职责，将部门分段监管与地方政府统一监管有机结合

地方政府监管职责不明确，部门分段监管漏洞大是难以做好食品和农产品质量安全监管工作的重要原因。食品和农产品质量安全监管要真正做到纵向到底、横向到边、不留死角和盲点，关键是强化地方政府的作用，区域化管理是落实政府责任，将部门分段监管与地方统一监管相结合的有效手段。

### 4.2 强化一线监管力量，切实增加用于食品和农产品质量安全体系建设的投入

目前，由于缺乏专业化监管力量、缺乏必要的检验检测设施等客观原因而造成的基层政府很难对食品和农产品质量安全实施有效的监管，有效整合检测资源和执法力量的区域化管理有利于在产地环境、初级农产品生产、食品农产品加工、流通、消费等全过程全面提高质量安全控制水平和监管能力。

### 4.3 推进区域化管理应该统筹把握好 7 个关系

一要把握好服务经济发展与提升质量安全水平的关系。示范区能否真正发挥服务经济、促进发展的功能作用，是决定示范区建设实效的重要标准，示范区推进过程中一方面要提升食品农产品质量安全水平；另一方面，要借助示范区建设平台，着力为地方经济社会发展服务，切实在调结构、惠三农、保安全、稳外贸、促民生等方面要更有作为。

二要把握好产量与质量的关系。农业生产不单纯是 GDP 问题，农产品质量更关乎农业永续发展。地方政府应认真研究分析区域内三农实际，发挥主导作用，统筹把握产量与质量关系，积极打造区域优质农产品品牌，以质量促产量、效益提升。

三要把握好部门利益与整体利益的关系。政府部门间的不协调主要来自利益矛盾，政府应该创新思路，统筹兼顾，采取得力措施促使职能部门以农业科学发展大局为重，配合联动，促进传统农业走向现代农业。

四要把握好土地使用权私有和规模化生产的关系。推进农业生产规模化、集约化必须严格掌握土地政策，保护农民合法权益；要通过扎实宣传，稳妥推进土地依法、自愿、有偿、规范流转，要以企业为主体，靠市场来运作，不能急于求成。

五要把握好典型带动与面上推广的关系。打破传统农业发展模式并非易事，要通过完善科技服务、技术推广做好典型带动，并以典型引领，广泛宣传，逐渐推开，扎实推进。

六要把握好借鉴经验与创新发展的关系。以区域化管理为核心的示范区建设之所以能够发挥其巨大效能作用是因为无政府与结合当地农业发展相结合的产物，有关地方在推进示范区建设的同时，更应实事求是，立足当地实际统筹考虑，大胆创新，探索适宜本地发展的新路子。

七要把握好小区域和大环境的关系。一个县市的区域化是新生事物，难以独立生存。应该在分散推进的基础上，逐渐向更大范围扩展，联网成片，在更广泛的区域内形成声势，才有生命力，实现中央提出的提升发展现代农业、保障农产品安全的目标。

# 茶叶病虫害统防统治实践与创新

陈银方[1]*  吴金水[1]  石春华[2]

（1. 浙江省松阳县农业局，松阳　323400；2. 浙江省植物保护检疫局，杭州　310020）

茶叶是浙江省出口优势和山区农民增收致富的农产品，2011 年茶叶总面积 273 万亩，比 2010 年增长 2.3%，茶叶总产量 17 万 t，增长 4.3%，25 个茶叶主产区茶叶总产量为 12.6 万 t，占全省茶叶总产量的 74%，产量比上年增长 3.3%，且茶叶和其他农产品如水稻、水果不同，是连续收获的农产品，要注重农药安全间隔期。

松阳县地处浙江省西南部山区，县里近几年倾力打造"浙江生态绿茶第一县"和"中国绿茶集散地"现代农业区域品牌，形成了 3 个 1/3 格局，农业产值、农民人口、农民收入来自茶产业。截至 2011 年年底，全县茶园面积 11.3 万亩，茶树良种率 93.6%，实现茶叶总产量 10 800t，产值 8.08 亿元，较上年分别增长 15.4% 和 25.7%，茶产业对农业产值增长的贡献率达 79.4%；浙南茶叶市场实现茶叶交易量 5.59 万 t，交易额 25.99 亿元，较上年分别增长 9.2% 和 46.01%。松阳县相继获得了中国名茶之乡、中国绿茶集散地、全国重点产茶县、中国茶文化之乡、浙江省茶叶产业强县、2011 年度中国茶叶产业发展示范县等一系列荣誉称号，松阳银猴茶被命名为中华文化名茶、"松阳茶"成为国家地理标志保护产品，松阳银猴茶蝉联第一、第二届"浙江十大名茶"称号，松阳银猴品牌价值达 12.78 亿元。在松阳历史上，还没有一个产业能够像茶叶这样惠及千家万户、富裕万千农民，茶叶已成为宣传松阳、推介松阳、展示松阳的一张金名片。

病虫害是影响农作物产量和品质的重要因素，当前千家万户的小生产格局，生产管理技术不一，防治时间不统一、防治不及时、施药器械落后、同一成分的农药重复使用造成害虫抗药性、病虫再增猖獗，引起生态环境的破坏和茶叶产品的污染，农药的不合理使用导致茶叶农残超标问题仍时不时出现，质量安全隐患依然存在，影响茶叶销售和出口。

松阳县 2007 年起开始实施茶叶病虫害统防统治工作，2010 年被农业部列为茶叶病虫害统防统治示范区，实施过程中认真践行"绿色植保"理念，贯彻"预防为主，综合防治"的植保方针，以统防统治为平台，以示范方建设为抓手，大力推广应用茶叶病虫害绿色防控技术，保证茶叶质量达到无公害标准，实现茶园生态环境安全。

## 1　茶树病虫害统防统治实践

2011 年据 20 个乡镇上报汇总，全县已有 107 家统防统治专业合作社和企业从事茶叶病虫害统防统治，服务面积 6.86 万亩，配备防治机手 2 407 名，购置背负式机动喷雾机 939 台，担架式喷雾 123 台，电动喷雾器 486 台，涉及茶农 1.15 万户，符合县里五统一即统一人员、统一器械、统一时间、统一药剂和统一安全间隔期要求的 73 家，面积达到

* 作者简介：陈银方，E-mail：cenyinfang@163.com

4.12 万亩。与 2010 年相比，表现 3 个特点：一是专业队伍壮大，由茶叶病虫害统防统治服务专业合作社原来 5 家发展到 107 家；二是服务能力大大提高，植保服务器械由原来不足 100 台发展到 1 500 多台，服务人员由不足 100 人发展到 2 400 多人；三是统防面积成倍增加，服务面积由原来 4 000 多亩到现在 4 万亩。中国农业科学院茶叶研究所种植中心主任肖强研究员肯定，成为全国面积最大、成效显著的县。

## 1.1 主要工作措施

### 1.1.1 加强组织领导，制订工作方案

全县各级领导对茶叶病虫害统防统治工作十分重视，明确指出把茶叶病虫害统防统治工作作为今后茶叶质量提升的重要手段来抓，加快茶叶病虫害统防统治的推广。2010 年政协常委会把提升茶叶质量安全作为专题协商课题，7 月 27 日与县政府举行专题协商，形成《关于种植环节中提升茶叶质量的建议》，建议中明确指出应用物理、生物、生态配套防治技术，实施病虫统防统治模式，鼓励开展杀虫灯、色板、性诱剂和信息素诱捕等物理和生物防治措施，将茶叶病虫害统防统治工作上升到县委、县政府的议事日程。松阳县委、县政府研究通过了《松阳县茶叶病虫害统防统治考核办法（试行）》，2010 年底由县委办、县政府办下发了《松阳县委办（2010）130 号》文件印发各乡镇党委、政府和县直有关部门，部署全县全面实施茶叶病虫害统防统治工作。

县农业局根据《浙江省农作物病虫害防治条例》（2010 年 9 月 30 日浙江省第十一届人民代表大会常务委员会第二十次会议通过）和《松阳县茶叶统防统治考核办法（试行）》制定了《茶叶病虫害专业化统防统治的技术操作规程（试行）》，县农业局文件下发［松农发（2011）7 号］，严格按照五统一即统一植保机械、统一防治人员、统一防治时间、统一药剂配方、统一安全间隔期，开展茶叶病虫害统防统治。

### 1.1.2 加强宣传培训，确保技术到位

全县 2010 年举办各种茶叶病虫害统防统治技术培训班 60 期，受训人员 5 000 人次，举办茶叶病虫害统防统治现场会 5 期，参加人数 600 人次。印发茶叶病虫害综合防治技术资料和挂图 5 200 余份，印发《松阳茶师》一书 1 500 本，印发《茶叶统防统治教材》一书 2 000 本，通过中央七台播出《信息素诱捕茶园黑刺粉虱技术》，松阳电视台播出《无公害茶叶病虫害综合防治技术》和《茶叶病虫害统防统治》专题二集，在病虫发生防治季节还利用松阳电视台、《新松阳报》宣传病虫发生信息和防治技术。

### 1.1.3 建立示范基地，以点带面推广

全县共建设了 4 个茶叶病虫害统防统治示范方，面积 4 400 亩，分别是新兴乡上安村四小搭 2 370 亩茶叶示范基地、古市镇庄门村 734 亩、望松乡郑家村 633 亩和西屏镇项桥下 663 亩示范基地。

大力推广配套绿色防控技术，应用苦参碱、苏云金杆菌、茶尺蠖病毒·苏云金、多抗霉素等生物制剂防治病虫害，应用面积 5.2 万亩；2011 年推广安装各类杀虫灯 420 盏，全县累计有杀虫灯 505 盏，灯光诱杀面积达 1.5 万亩，推广信息素诱捕器面积 2.1 万亩。同时，还大力推广应用新药械机动喷雾机和担架式喷雾机。

### 1.1.4 加强病虫预测预报，及时发布情报

县里指定 2 名专业技术人员常年从事茶叶病虫害的田间调查和预测预报工作，通过测报灯和田间系统调查，监测茶叶病虫发生情况，及时准确发布病虫情报，2010 年共发布

茶叶病虫情报 8 期，通过信件、农技 110 网站、农民信箱和县电视台图文频道等渠道，及时发布病虫情报等各种病虫害防治信息 50 多条，指导农户科学用药。

### 1.1.5 建立田间档案，形成质量安全可追溯制度

在统防统治区对茶叶病虫防治药剂采购、防治时间、用药种类及效果、施肥情况和茶叶销售都做详细的记录，建立完整田间操作档案，形成质量可追溯制度。

### 1.1.6 注重源头检测，监控茶叶质量

加强对茶叶市场等生产源头的监督管理，全年共检查茶叶 51 批次，确保了农产品质量安全，为上海世博会的食品安全提供了保障。

## 1.2 主要成效

### 1.2.1 茶叶质量安全水平大大提高

按考核要求对上报的 107 家专业合作社每家抽检了 3 个茶样，321 个茶样，全部达到无公害茶叶农药残留标准，没有检出禁用农药三氯杀螨醇、氰戊菊酯和甲胺磷等。

### 1.2.2 经济效益明显

据 10 家典型专业合作社调查茶叶病虫害统防统治项目实施区比对照区年平均亩增经济效益 1 779.2 元，亩节约农药成本 111.5 元，亩节约用工成本 42.7 元，扣除信息素诱捕器每亩 40 元（含成本和用工），全年平均每亩节本增效 1 930.4 元。

### 1.2.3 取得较好的生态和社会效益

茶叶病虫害统防统治项目的实施后，茶园每亩减少化学农药使用次数 3.5 次，减少化学农药使用量达 36.21%，明显地减少了化学农药的使用次数和使用量，有效地减轻了化学农药对茶园的污染，促进了茶园生态环境的改善，为茶园天敌的生存繁衍提供了有利地条件，提高了茶园生态调控能力，有效地控制了病虫发生为害，生态效益显著；2011 年共举办培训班 67 期，受训农户 8 040 人次，印发技术资料 1.5 万份；培训乡镇茶科员、专业合作社理事长、防治机手等 1 870 人次，举办统防统治现场会 5 场，有 128 人取得劳动人事社会保障部植保工职业技能资格证书。通过多种方式的培训宣传，较大地提高茶农和测土配方施肥、茶园修剪等技术水平，所以，茶叶病虫害统防统治项目实施区的增产幅度就比较高，有较好的社会效益。

## 2 茶叶病虫害统防统治的创新

2010 年底松阳县委和县政府研究通过，县委办、政府办下发了《松阳县茶叶病虫害统防统治考核办法（试行）》［松委办（2010）130 号］，加大行政推动力度，把茶叶病虫害统防统治摆在农业工作更加突出的位置，将茶叶病虫害统防统治工作由部门行为上升到政府行为，列入对乡镇年度工作目标责任考核。经过 20 个乡镇大力宣传、组织和实施，创新了茶叶病虫害统防统治政策扶持、运行机制、组织模式和考核机制，取得初步成效。

## 2.1 出台扶持政策，加大投入力度

县政府从省欠发达县特别扶持项目资金中每年拨出 600 万元用于茶叶病虫害统防统治，县里补助实行定额补助与考核奖励相结合的原则，实施主体定额补助每亩 30 元，并对实施主体的统防统治和绿色防控技术推广实行奖励，统防统治年度考核评级为合格的每亩奖励 20 元，良好的每亩奖励 25 元，优秀的每亩奖励 30 元；绿色防控年度考核评级为合格的每亩奖励 10 元，良好的每亩奖励 15 元，优秀的每亩奖励 20 元。奖励经费在年度

考核结束后拨付；对新添置符合浙江省农机补贴产品目录的喷雾机（器）在享受国家财政补贴的基础上，县里再给予相同金额的资金补助。

## 2.2 运行机制创新

茶叶统防统治实行全程专业化统防统治，包括统一预防和防治，严格按照五统一（统一防治人员、统一植保机械、统一防治时间、统一药剂、统一安全间隔期）要求落实。建立相应的茶叶统防统治专业合作社等服务组织，单个服务组织统防统治面积要求：松古平原乡镇300亩以上，山区乡镇200亩以上，由符合条件的专业合作社或企业与村委会或茶农签订茶叶病虫统防统治服务协议，与村委会签订的应包括农户盖章的附表，协议包含服务内容、面积、收费和纠纷解决等。

## 2.3 组织模式创新

松阳县茶叶病虫害统防统治组织发展坚持"政府引导、市场运作、农民自愿、循序渐进"的原则，统防统治组织形式有专业合作社和茶叶龙头企业，共106家，以专业合作社为主，占98.1%，茶叶龙头企业占1.9%。专业合作社大致可分为农资企业型、村干部带动型、基地带动型、专业户领办型和其他，分别占6.7%、30.8%、12.5%、46.1%和3.9%。服务组织按照"五有"标准建设，即有法人资格、有防治队伍、有防治设备、有规章制度、有档案记录。

## 2.4 考核办法创新

茶叶病虫害统防统治考核内容由统防统治组织机构、统防统治实施情况、统防统治实施效果等组成，统防统治组织机构包括工商注册登记、办公技术咨询交流仓储场所、兼职农民植保员、防治队伍、新型高性能植保器械和服务规章制度统防统治的操作规程；统防统治实施情况包括签订协议、示范方建立、农药采购、农药使用、安全用药、效果检查、技术培训和配套绿色防控技术；统防统治实施效果（绩效评价）包括茶叶农药残留检测无公害认证、实施面积、农药台账茶事生产记录档案、农药减量控害增效和服务对象满意度评价。

考核办法。考核采取定期考核与不定期考核相结合，定期考核每季一次，不定期考核每月一次。实行县考核乡镇，乡镇考核辖区内的各茶叶统防统治专业合作社，乡镇考核成绩由乡属范围内各统防统治专业合作社的考核平均分数为乡镇得分。考核评级标准：实施主体，90分（含90分）以上为优秀，85~90分（含85分）为良好，75~85分（含75分）为合格，75分以下为不合格；乡镇，85分（含85分）以上为优秀，80~85分（含80分）为良好；70~80分（含70分）为合格，70分以下为不合格；考核不合格的乡镇，在乡镇年度目标考核总分中扣1分，考核合格加1分。

# 建设县级绿色植保体系的思路及对策

刘荣斌*  郭红杏  杜文芳  段利琴  左磊丽  李泽龙

（云南省大理州洱源县植保植检站，洱源  671200）

**摘　要：** 植物保护工作是农业生产中非常重要的工作，在阻截外来危险性农业有害生物、科学防控农业有害生物为害，减轻生物灾害损失中作用巨大。建设县级绿色植保体系是推广绿色植保新技术的基础，是发展高原特色现代农业的必需。在总结植保工作经验的基础上，提出了建设县级绿色植保体系的思路和对策。

**关键词：** 绿色植保；体系；思路；对策

县级植保体系是承接上级植保部门和农民的重要纽带。建设县级绿色植保体系，是推广绿色植保新技术的基础。洱源县位于云南省西北部，大理州北部，是一个典型的农业大县。大力发展高原特色现代农业是洱源农业发展的必由之路。而植保工作履行着为农业生产防灾减灾的职能，是洱源发展高原特色农业中的重要工作。为此，我们必须进一步总结经验，分析面临的形势，明确思路，建设县级绿色植保体系，推动洱源高原特色现代农业健康发展。

## 1　十一五以来洱源县植保工作成效显著，经验可贵

洱源县植保工作在县农业局的领导下，各级植保部门的支持指导下，全县科技人员的共同努力下，以科学发展观为指导，坚持"预防为主，综合防治"的植保方针，贯彻"公共植保，绿色植保"的理念，科学防控重大病虫为害，实现了全县粮食生产"八年增"，取得了显著成效；经验值得总结和推广。

### 1.1　十一五以来植保工作成效显著

#### 1.1.1　全县未发生植物疫情，保障了生产安全

在云南陆续发现了蔗扁蛾、西花蓟马、印度小裂绵蚜、微甘菊、扶桑绵粉蚧、稻水象甲等危险性有害生物疫情[1]的严峻形势下，县植保植检站及时进行疫情普查工作；加强检疫工作，严格实行计算机联网管理。到目前为止，洱源县未发生植物疫情，保障了生产安全。

#### 1.1.2　农业有害生物为害得到有效控制，实现了增产

在农业有害生物发生为害逐年加重的严峻形势下，县植保站认真制定防治预案和防治技术方案；定期对农作物主要病虫害进行调查，及时发布病虫发生趋势预报和防治简报，搞好防治。2011年农作物病虫草鼠害发生 9.05 万 $hm^2$，防治 11.49 万 $hm^2$，防治面积占

---

* 作者简介：刘荣斌（1965—），男，植保植检站站长，高级农艺师；Tel.：0872-5125968，E-mail：yndllrb@126.com

发生面积的 126.9%，挽回损失 7 852.3t，实现了粮食增产。

**1.1.3 加强农药监管，推广科学用药技术，农产品合格率高**

全县 2011 年对农药市场进行 3 次检查，未发现销售高毒、高残留农药，农药合格率为 58.4%。建立重大病虫控制技术示范区 4 个；大力推广"蚕豆锈病、稻瘟病、玉米叶斑病"等病虫害综合防治技术面积 6.67 万 hm²，推广科学用药技术面积 3.33 万 hm²，推广生物农药防治面积 6.6 万 hm²。通过对农药残留检测，合格率达 100%。

**1.1.4 加强宣传、培训，农民科技水平逐年提高**

2011 年县植保站抓住基层农技体系改革与示范县建设、劳动力转移培训、农民田间学校等项目的机遇，开展植保技术宣传、培训 15 期，受训农民 2 087 人次；州县联办农民田间学校一期，培训 30 人，提高了农民的科技水平。

**1.1.5 加强植保科技研究和创新，为防控提供技术支撑**

针对全县农业有害生物发生为害情况，对发生为害严重的病虫草害，如："大麦条纹病"，积极开展技术研究，努力解决农业生产存在的问题。同时，积极开展"蜡质芽孢杆菌、杀虫灯、黄蓝板、性诱剂"等防治技术示范，为农业有害生物防控提供技术支撑。

**1.2 植保植检工作的经验**

回顾本县十一五以来植保植检工作历程，许多经验值得总结，也值得推广。

**1.2.1 完善的体系建设是做好植保工作的基础**

县植保植检站 1999 年成立，虽然办公条件简陋，但已有一个独立的专门机构，且全县 9 个镇（乡）均设立农业综合服务中心农技（农机）组，村有农科员，这为做好全县植保工作奠定了基础。

**1.2.2 建立高素质的农技队伍是做好植保工作的关键**

县植保植检站 2011 年末有专业技术人员 9 人。其中，高级职称 2 人，占 22.2%，中级职称 7 人，占 77.8%。全县 9 个镇（乡）2011 年末有专业技术人员 49 人，工勤人员 9 人；专业技术人员中高级职称 2 人，占 4.1%，中级职称 26 人，占 53.1%，高素质的农技队伍是做好植保工作的关键。

**1.2.3 经费投入是做好植保工作的保障**

俗语"巧妇难为无米之炊"，实施农作物有害生物监测、调查需要经费，进行农作物有害生物防治和植保新技术试验需要经费，经费投入是做好植保工作的保障。

**1.2.4 加强对科技人员管理是做好植保工作的核心**

加强对科技人员管理，增强做好工作的责任感和紧迫感，激励有奋发向上，努力工作的思想，创新思路，充分发挥积极性、创造性，是做好植保工作的核心。

## 2 存在问题与面临的挑战

"十二五"是本县创建全国"生态文明试点县、全国新增 1 000 亿斤粮食生产能力项目建设县"的关键时期。同时，也是"云南高原特色现代农业"发展的关键时期，这是本县植保事业发展的机遇。同时，对植保工作的要求也越来越高，提升农作物有害生物监测预警和控制水平，已成为提高全县农业生产水平的重要保障。目前全县建设绿色植保体系主要存在以下问题和挑战。

## 2.1 全县基础设施薄弱，难以适应新时期农业发展的要求

县植保植检站 1999 年成立，借用办公用房 5 间 65m²。全县 9 个镇（乡）由原来的农业站（法人单位）变为现在的农业综合服务中心农技（农机）组（非法人单位）；房产仅还有一个乡存在。全县无病虫检验室、实验室和交通工具。难以应对发展高原特色现代农业，农作物病虫发生的复杂性的要求。

## 2.2 科技人员不稳，难以完成新时期防控农业有害生物的坚巨任务

全县镇（乡）农业站"人、财、物"三权下放镇（乡）管理后，镇（乡）农技人员，大部分被借用，科技人员行政化现象突出。据 2012 年 7 月调查，全县 9 个镇（乡）有专业技术人员 49 人，仅有 15 人从事农业技术推广工作，占 30.6%，且在岗农技人员大部分还有兼职；有 2 个镇（乡）缺农业技术专业人员。每个村有一名月工资 18 元"名存实亡"的农科员。

## 2.3 实施专业化防治、绿色防控难度大

目前，全县农业生产效益低，实施专业化防治、推广绿色防控技术难度大。据调查，本县种植的"水稻（粳稻）、大蒜"平均产量分别为 570kg/667m²、1 720kg/667m²，平均净产值仅为 1 010 元/667m²、2 000 元/667m²。农业生产效益低、农民增收困难，制约了实施专业化防治和采用绿色防控技术。

## 2.4 农民素质下降，保障"增产"任务艰巨

目前，全县农村青壮年劳动力大多外出务工，留守的劳动力接受新知识、新技术的能力相对偏弱，劳动技能提高难度大。加之，气候及农作物种植"丰富多样"等因素，使得农业有害生物发生"日新月异、丰富多样"，控制农业有害生物为害任务艰巨。

## 2.5 缺乏经费，植保新技术创新困难

农业有害生物疫情调查、普查、监测和重大病虫害科研需要经费，植保新技术创新，农药残留检测需要经费；缺乏经费使得全县植保技术服务和创新困难重重。

# 3 建设县级绿色植保体系的思路及对策

面对全县农业有害生物发生为害逐年加重、持续干旱和大力发展高原特色现代农业的新形势。我们必须以科学发展观为指导，牢固树立"公共植保、绿色植保"理念，与时俱进、开拓创新，建设县级绿色植保体系，不断提升全县重大农业有害生物防控能力，推进高原特色现代农业健康发展。

## 3.1 出台《植物保护条例》，努力构建新型植保体系

植保工作人员要牢固树立"公共植保与绿色植保"两个理念，贯彻、宣传"两个"理念。通过宣传，争取得到国家的支持，出台《植物保护条例》，构建新型植保体系"在县级以上建立、健全国家公共植保机构，在乡镇设立国家公共植保人员，大力发展以企业、农科教技术实体、农民合作经营组织等为依托的多元化植保服务组织"[2]，推进高原特色现代农业发展。

## 3.2 加大基层植保体系投入力度，提高防灾减灾能力

植保工作是防灾减灾公益性的事业，是关系到农业发展、农民增收的一个重要环节。各级政府要高度重视，加大投入。建立县级农业有害生物的预警体系和镇（乡）农技推广体系，改善基础条件，提高装备水平，增强服务能力。同时，认真落实中央要求，把农

业试验、示范等工作经费纳入财政预算[3]，保障农业有害生物调查、植保新技术创新等经费。实现"工作有场所、服务有手段、下乡有工具，创新有保障"，做到"体系畅通、信息畅通、措施有力、效果显著"。

### 3.3 创新体制、稳定人员，保障科技进步

针对目前镇乡农技推广体系不畅的现状，建议：一是收回"三权"，归县农业局管理。二是建立镇（乡）农业区域综合站和村级服务点[3]。根据全县镇（乡）区域性分布，可将2～3镇（乡）农业科技人员合并，设置独立的"四个农业区域综合站"，每个区域站设置"农技、植保、土肥、园艺、农环、种子、农经、农机、工勤"8个专业，每个专业2人。同时设村级服务点，人员由县农业局进行考核录用，由农业区域综合站进行管理；并提高村级农科人员待遇，可参照"特岗教师"的待遇执行。完善体制、机制，稳定人员，保障科技进步。

### 3.4 提高植保队伍素质，促进植保科技进步

各级植保部门应组织植保专家，一年至少开展1次对下级植保人员的培训，基层植保人员直接培训农民，并将此项工作作为长效制度来提高植保队伍的素质和水平。同时，根据科技人员继续教育，可由州农业教育部门聘请高层次专家，每年进行一次培训，努力建设一支"业务精通、作风优良、素质过硬、团结奉献"的植保队伍，加快植保科技成果的转化和应用。

### 3.5 加强植物检疫、农药管理，为农业生产保驾护航

#### 3.5.1 加强植物检疫，保障产业安全

建立健全农业有害生物监测网络，加强检疫性病虫害疫情监测，加强产地检疫和调运检疫，加强对市场销售的种子清查，防控外来有害生物侵入和蔓延，准备好疫情扑灭工作，保障产业安全。

#### 3.5.2 加强农药管理，确保用药安全

根据《中华人民共和国农药管理条例》及相关规定，在用药高峰期，及时进行农药标签抽查，配合有关部门严厉打击经营高毒农药行为。努力提高农药标签合格率，建立农药使用可追溯制度；建立"放心农药店"，确保用药安全。

### 3.6 加强农民和经销商科技培训，提高防治水平

加强对农民进行植保科技培训，促进科学用药，提高防治能力和水平；加强对经销商农药上岗技术培训，做到"对症下药、合理用药"；避免"乱开药方"，提高防治水平。

### 3.7 建立农业科技示范园和展示园，促进科技成果转化及应用

以发展高原特色现代农业为契机，以县农业局为主单元，建立县和区域站农业科技示范园和展示园。积极开展科技攻关和技术创新，集中"种子、栽培、土肥、植保"等专业的先进技术进行试验、示范，集成"高效配套"技术。力争将农业科技示范园和展示园做成技术人员的"试验田、操作田、展示田"，使之成为先进农业技术推广示范的窗口"，加快科技成果的转化和应用，促进高原特色农业健康跨越发展。

### 3.8 建立植保专业化防治队，提高防治能力

以县级植保站为主单元，各镇乡农业区域站为次单元，积极引导农业生产大户、农业种植企业和村民委员会，建立植保专业化防治队。县级植保站负责对从业人员进行技术培训、提供防治技术，对政府组织开展应急防治优先照顾。同时，积极争取上级在专业化防

治方面的资金支持；对购置防治设备在农机购机补贴方面优先给予照顾，加快推进农作物病虫害防治专业化，提高防治能力。

### 3.9 建立绿色防控、科学用药技术示范区，保障农产品安全

以高原特色农作物生产基地为基础，集成"灯诱、性诱、色诱"等配套技术，建立绿色防控、科学用药示范区。加强农药残留检测、监测，建立无公害、绿色、有机农产品生产基地，创建无公害、绿色、有机农产品品牌；加强示范、推广绿色防控、科学用药技术，保障农产品安全。

**参考文献**

［1］李庆红，鲁用强. 云南重大植物疫情阻截带建设展望［J］. 中国植保导刊，2012，12（4）：42 – 43.

［2］范小建. 加快构建新型植物保护体系. 绿色植保实用技术［C］. 北京：中国农业出版社，2006.

［3］农业部关于加快推进乡镇或区域性农业技术推广机构改革与建设的意见农科教发［2009］7 号.

# 怎样才能做好生产一线的农作物病虫测报工作
## ——基层测报工作者的思考

秦惠玲[1]* 何 勤[2] 杜仲龙[3] 王建国[4]

（甘肃省临洮县农业技术推广中心，临洮 730500）

**摘 要**：本文提出了通过重视测报人员的素质培养、根据本地实际，做好田间调查、提高预报水平，及时发布预报，完善测报体系等，做好县级测报工作。

**关键词**：农作物；病虫；调查；预报

我是一名从事基层测报工作近 15 年的测报工作者，在多年的测报工作实践中，深深的体会到测报工作的酸甜苦辣，对如何遵循测报规律、不断完善测报工作进行过思考。下面结合临洮县生产实际和测报工作实践简述如下：

## 1 必须重视测报人员的素质培养

农作物病虫测报是农业技术推广工作的主要组成部分，是保证农作物安全生产的重要手段，是农作物病虫防治工作的重要依据。测报工作责任重大，同时测报工作专业性强，工作面宽、量大，田间调查辛苦繁琐。因此，要成为一名合格的基层测报工作者，必须具备高度的责任心、较强的事业心、较高的专业水平和工作的自觉性以及吃苦耐劳的精神。只有具备了以上素质的人，才能全面系统地进行田间调查，才能认真细致的分析材料、才能准确无误地作出预报、才能及时有效的给上级业务部门提供病虫发生动态。只有真正具备了以上素质的人，才能成为一名合格的、名副其实的一线测报工作者。

不论干什么事情，人是第一的和最根本的要素，只有培养了具备以上素质的、真正合格的农作物病虫测报人员，才能做好农作物病虫测报工作。我们是这样认识的，也是这样培养和要求年轻同志的。

## 2 根据本地实际，做好田间调查

田间调查是测报工作的重要部分，是分析预报的前提，如何结合当地自然条件做好科学合理的田间调查是决定调查工作能否正确反映实际的关键。临洮县洮河河谷区（水川区）从南到北（海拔 1 980 ~ 1 760m）有 10 个乡镇，每个乡镇均确定一个具有代表性的监测点（100 亩）。县测报站位于临洮县中部的八里铺镇。我们对主要病虫如麦蚜、小麦条锈病、黏虫等从 3 月份开始首先在八里铺镇、洮阳镇（八里铺镇南）、新添镇（八里铺镇北）3 个乡镇冬小麦田块调查，坚持 5 天一查，一般是普查和定点调查相结合，当查到

---

* 作者简介：秦惠玲（1978—），女，甘肃省临洮县人，助理农艺师，主要从事病虫测报工作；E-mail：lintaocebaozhan@163.com

始见（发）期后，再在其他各乡镇进行全面调查（普查和定点调查相结合）。根据省、市业务部门要求坚持一周一查一报，及时为上级业务部门提供病虫发生第一手资料，为以后进行预报打下基础。

进入6月临洮县广大山区（海拔2 200~2 500m）农作物主要病虫相继发生，调查重点从水川区转移到山区。在能代表临洮县广大山区的塔湾乡、连儿湾乡（东北部）、上营乡、峡口镇（北部）均有一个100亩的监测点，调查农作物从冬小麦逐步转移到春小麦、玉米、马铃薯等作物上。总之，我们是定点调查和全县普查相结合；主要病虫系统调查和其他病虫关键发生期调查相结合；主要农作物（小麦、玉米、马铃薯）全生育期调查和其他作物（蔬菜、药材）关键生育期调查相结合。尽可能的使调查工作全面系统，调查结果能够准确地反映客观实际。

## 3 提高预报水平，及时发布预报

预报是防治的前提，预报工作要始终走在防治工作的前面。我们一贯做到在病虫防治适期（或达防治指标）前10天作出发生程度预报（确定防治时间、防治建议、防治方法）下发到各乡镇。做到及时、有效。预报发生后继续进行田间调查，根据调查情况下发1~2次病虫发生及防治情况反映，以便领导决策和广大群众相互了解学习，促进防治工作。

目前农作物病虫预报仍然以经验预报为主，数理统计预报为辅。走数理统计和经验相结合的道路是预报工作的方向。如何逐步完善预报方程，采用电脑等先进手段作出更加准确的预报是我们永远追求的目标。我们通过多年的工作作出了小麦条锈病、麦蚜、小麦黄矮病的时间序列分析图表，小麦条锈病、麦蚜复相关预报表小麦条锈病、小麦条锈病、麦蚜的短期预报方程，在预报工作中发挥了一定的作用。

## 4 增加预报经费，完善测报体系

近年来，农业部进一步建设和完善了各地区域测报站，各级政府、业务部门也进行了多方努力，但是测报经费仍然不足，省站每年下拨临洮县测报专用经费1 000~2 000元，无法满足交通工具用油、测报人员的下乡补助。测报人员下乡调查时间多，工作辛苦，但下乡补助不高。我们下乡每天补助2.6元，执行的是20世纪80年代初的补助标准，有挫下乡调查的积极性。同时测报体系不健全，乡农技站没有确定专业测报人员，村社没有测报员，信息不畅。目前，县测报站下发的预报到各乡镇农技站后，有些乡镇农技站长重视该项工作则通过黑板、会议和广播等形式将预报进一步下达，使广大的农民群众了解，反之，预报则在乡镇农技站"睡觉"，预报受众面偏小，作用发挥有限。因此，建议上级业务部门每年给县测报站（特别是全国城区测报站）每年下拨1万~2万元测报经费，以便增加下乡补助，增加测报人员（县站达到6人），同时解决车辆用油，更好地完成测报工作。

逐步完善测报体系。建议各乡镇农技站确定一名测报员，每村至少确定一名村级测报人员，形成县乡（镇）村三级测报网。进一步扩大县级预报下发范围，增强预报受众面和影响力，同时县测报站随时了解和掌握各地病虫突发情况，更加全面系统的做好测报工作。

## 5 增加培训力度、利用现代传媒

上级业务部门要加大对县级测报人的培训力度。特别是在新形势下，面对蔬菜、药材、花卉等新兴产业异军突起的今天，广大县级测报人员由于知识面窄，过去接触的少，无法适应新形势的要求，因此，建议有关部门加大培训力度，使每个测报人员 1~2 年内得到一次省级及省级以上业务部门的培训，使我们不断熟悉和提高对粮食作物以外的其他农作物的预报能力，使测报工作更好地为地方农业产业化的发展作出应有的贡献。

为了扩大预报的影响力和受众面，我们和县电视台合作编制了几次预报节目，在县电视台的播放，让预报走进千家万户，人人知晓。这方面我们还在探索，如何让有关部门支持，做到常态化，还需要今后不断努力。

如何做好农作物病虫测报工作，各地有各地的经验，但如何做到预报科学准确地反映客观实际、及时有效地指导防治工作，是我们每个测报工作者为之奋斗的目标。

# 滨海新区大港在建设绿色植保体系和专业化统防统治方面取得的经验、建议及存在问题

田翠杰* 阳积文 范春斌 王 纲

吴福海 夏慈娟 崔 健

（天津市滨海新区大港农业服务中心，天津 300270）

**摘 要**：随着气候环境变化、耕作制度变革和产业结构的调整，生物多样性已日益显现，农业重大生物灾害频发，外来有害生物种类增多、入侵加快、为害加剧，农业生物灾害防控工作日趋复杂。大港在绿色植保体系和专业化统防统治方面经过多年不懈努力的建设，取得了一些宝贵经验与大家分享，同时对今后更好地开展此项工作提出一些不成熟的建议和工作中存在的问题及不足与大家一同探讨研究。

**关键词**：绿色；植保体系；专业化统防统治；经验；建议

近年来，随着气候环境的变化、耕作制度的变革和产业结构的调整，生物多样性已日益显现，农业重大生物灾害频发，外来有害生物种类增多、入侵加快、为害加剧，农业生物灾害防控形势日趋复杂。由于农业生物灾害具有暴发性、毁灭性、突发性等特征，一旦蔓延，极难控制，将给农业生产造成灾难性后果和毁灭性打击。早期监测预警和农作物病虫害专业化应急防治是有效预防和控制农业生物灾害的重要保障。充分认识加强植保服务体系建设和农作物病虫害专业化防治工作的重要性和紧迫性，以科学发展观为指导，坚持"预防为主，综合防治"的植保方针及"公共植保"和"绿色植保"的理念，保障农作物生产安全，大力推进专业化统防统治是当前植保工作的重点。

## 1 植保防控工作取得的经验

### 1.1 健全植保防控体系、保障农作物安全、预防病虫害入侵

#### 1.1.1 健全植保队伍，强化公益职能

大港区现有植保植检站区站一个，植保技术人员11名；本科5人、大专4人、中专2人；高级农艺师2人、农艺师4人、助理农艺师1人，高级技工4人，每个街镇至少有2名植保员，全区植保队伍愈来愈强大；农业部投资建设的农作物有害生物预警与控制区域站建设项目，目前大港区中塘镇正在建设中，区域站建设投入使用后，大大提升了植保防灾减灾的能力，进一步强化了履行公益职能的手段。

#### 1.1.2 完善现代植保防控体系建设，是促进现代农业发展的客观要求

现代农业很重要的一个特征，就是现代物质装备和现代科技的大面积应用。目前，大

---

\* 作者简介：田翠杰，女，本科，农艺师，主要从事东亚飞蝗、农作物监测技术研究与推广及农药监督管理工作；Tel：63102709 E-mail：tj_ dgzbz@126.com

港区农业生产逐步由"数量生产"向"质量生产"、"效益生产"的转化，必须以现代科技和装备为支撑，提高农业的劳动生产率、资源产出率和商品率。植保防控工作几乎涵盖农业生产各个环节，以最低限度的药物投入、有效控制各种有害生物的威胁是植物保护的核心内容，采用传统的防治病虫害方法，不仅农药浪费严重、防控效率低，而且用药时间、品种、质量不一，无法达到区域治理，与现代农业发展的客观要求不相适应。发展植保服务组织，用现代植保机械装备，提高生物灾害防控能力，已是势在必行。

### 1.1.3 完善现代植保防控体系，是保障农产品质量安全的重要手段

当前，大港区防治农作物病虫害，特别是在蝗害的防治工作中，仍以化学农药为主，加之施药机械落后、防控主体力量弱化、农药品种杂乱等诸多因素的影响，很容易引起农药残留量超标和水质污染，严重影响农产品质量安全和生态环境。只有不断地完善现代植保防控体系建设，才能确保农产品质量的安全。

### 1.1.4 完善现代植保防控体系，是实现农业生产安全的现实需求

农作物病虫发生具有"漏治一点，为害一片"的特点。特别是近5年来，多种重大病虫的发生范围扩大、为害程度加重，全区年平均发生病虫草鼠害1 300余万亩次，其中，蝗害发生面积就高达650余万亩次，严重威胁着农业生产安全。传统的防治方法不仅难以控制病虫为害，而且容易造成农药污染，为害生态环境，影响人身健康。为此，迫切需要提升有害生物防控能力，提高综合防治和科学用药水平，千方百计降低农药带来的副作用，确保人与自然和谐发展、农业可持续发展。实践证明，集中统一防治的效果明显高于分散防治，只有建设有效的植保防控体系，推行区域统一、快速高效、联防联治和统防统治，才能提高防控效果、效率和效益，最大限度地减少病虫为害损失，保障农业生产安全。

## 1.2 推进病虫害专业化统防统治工作，提升综合防控水平

### 1.2.1 病虫害专业化统防统治的内涵

农作物病虫害专业化统防统治，是指按照现代农业发展的要求，遵循"预防为主，综合防治"的植保方针，由具有一定植物保护技能的专业人员组成的具有一定规模的服务组织，采用先进的设备和技术对农作病虫害实行安全高效的统一预防与治理的全程承包服务，同时鼓励涉农企业、专业合作社（协会）、社会组织、乡村集体组织、种植大户及个人开展农作物病虫害专业化统防统治经营服务。取得工商登记农作物病虫害专业化统防统治服务组织具有统一标志，具有组织章程、健全管理制度、规范的服务合同和可追溯的作业档案。按照国家保险法和有关政策，与农民协商，投保农业政策和责任险；与机防队员协商，投保人身意外伤害险。2011年上半年大港区共成立专业化统防统治队伍4个，从业人员136人，已在工商登记注册队伍数1个，拥有机械数178台，全程承包10 660亩，单项承包3 100亩，代防代治9 500亩，其他1 800亩。

### 1.2.2 病虫害专业化统防统治的重要性

1.2.2.1 专业化统防统治是适应病虫发生规律，解决农民防病治虫难的必然要求。

1.2.2.2 专业化统防统治是提高重大病虫防控效果，促进粮食稳定增产的关键措施。

1.2.2.3 专业化统防统治是降低农药使用风险，保障农产品质量安全和农业生态环境安全的有效途径。

1.2.2.4 专业化统防统治是提高农业组织化程度，转变农业生产经营方式的重要举措。

大力推进专业化统防统治，是符合现代农业发展方向、适应病虫发生规律变化、提升植保工作水平的有效途径，是保障农业生产安全、农产品质量安全和农业生态安全的重要措施，势在必行、大有可为，必须高度重视，全力推进。

### 1.2.3 病虫害专业化统防统治具体体现

**1.2.3.1 提高防治效果。** 由于植保专业化防治组织开展防治，施药时间统一、配方统一、技术统一，并根据植保部门提供的病虫发生实况，对症下药，且使用机动喷雾器防治，雾化效果好，附着力强，不但显著提高了病虫防治效果，同时也避免了药害的发生。

**1.2.3.2 降低农药成本。** 专业化防治组织可成批量从厂家或经销商处购买农药，减少了中间环节，降低了农药的价格，同时也保证了农药质量。统一配方也避免了农民乱用药、喷"保险药"而导致成本增加的问题。

**1.2.3.3 省工省时，提高工效。** 在劳动力大量转移的广大农村，劳力不足是近年来的普遍现象。专业化防治组织在缓解喷药用工矛盾，及时控制病虫为害方面的优势越来越明显。从近年来防治实践看，每台机动喷雾器工效是普通手动喷雾器的 10 倍以上。

**1.2.3.4 提高农产品质量。** 专业化防治组织选用无公害生物农药或低毒低残留的化学农药，使高毒高残留农药的污染问题从源头得到了控制，降低了农药残留量，提高了农产品质量。

**1.2.3.5 保护农民身体健康，减轻环境污染。** 专业化防治组织开展防治，既有效地防止了盲目用药、不当用药、使用假劣农药和非生产性农药中毒事故的发生，又防止了高毒高残留农药对农民身体的毒害和对环境的污染，同时减轻了农民用药后随地抛弃药瓶、药袋垃圾而造成的环境污染。

**1.2.3.6 提高作物产量。** 由于专业化防治组织开展防治科学及时，杜绝了病虫的进一步扩散蔓延，克服了由于防治时间不统一导致交叉传播的现象，明显提高了作物产量。

**1.2.3.7 增加机手的经济收益。** 机手大多数主要从事农业生产，收入有限，成为代防代治或专业防治机手后，不仅掌握了病虫防治技术，增加了劳务收入，同时家中农活也没有受到多大影响。

**1.2.3.8 辐射及带动效应明显。** 由于专业化防治组织开展防治技术到位、时间统一、效果保证、省工节本，所以只要机防队喷药，周边农户就能看到或间接收到植保信息。这样的辐射影响及带动效应远胜于平时培训、宣传。

### 1.2.4 病虫害专业化统防统治的要求

**1.2.4.1** 病虫害专业化统防统治必须贯彻"预防为主、综合防治"的植保方针，树立"公共植保，绿色植保"理念，严格按照当地农业行政主管部门所属植物保护机构提出的农作物病虫害防控技术开展防治，优先采用农业、物理、生物防治措施，科学、安全合理使用农药，确保防治效果。

**1.2.4.2** 病虫害专业化统防统治服务组织遵循农药安全使用规定，严禁施用国家禁限用的农药品种，田间作业时，应及时对农药包装废弃物进行无害化处理，避免废弃物对农田生态环境造成污染。

**1.2.4.3** 大面积统一施药防治作业时，应注意周边其他作物以及鸟类、蜜蜂、鱼等安全，提前发布信息公告，各类作物收获前最后一次用药，应将该药的名称及其安全间隔期告知被服务者，保障农产品质量安全。

## 2 植保专业化统防统治体系建设的建议

### 2.1 加强对植保专业化防治体系建设工作的领导

要把推进植保专业化防治体系建设作为服务"三农"、满足农民群众需要的大事，列入重要的议事日程，加强领导，重点支持，积极推进。制定适合本地区特点的植保专业化防治体系建设发展规划，明确目标采取具体措施，狠抓落实。充分利用各种媒体进行宣传，争取广大农民和社会各界的支持与配合，确保推进专业化防治工作各项措施的落实。

### 2.2 加大对植保专业化防治体系建设的投入

要加大对植保专业化防治体系建设的支持力度，拿出专项资金，设立植保专业化防治体系建设专项补贴，对纳入开展统防统治面积较大的植保专业化防治组织的农民，进行财政直接补贴，通过补贴鼓励农民成立或加入病虫害专业化防治组织，扶持专业化防治组织的发展。充分利用各项病虫防治经费补贴，努力提高重大病虫专业化防治的覆盖面。制订优惠政策，鼓励社会资本进入植保专业化防治体系建设领域，探索市场化运作的企业共建、联建模式。

### 2.3 加大对植保专业化防治体系建设技能培训服务

植保植检站要为服务组织提供农作物病虫害发生、防治技术等信息，为专业化防治从业人员提供技能培训服务，宣传引导农民接受病虫害专业化统防统治服务。

### 2.4 加大对植保专业化防治体系建设的督查

农业行政主管部门对专业化统防统治工作进行督查，及时掌握实施动态，评定实施效果和服务质量。

### 2.5 强化对植保专业化防治组织的服务指导

对从业人员加强安全用药、防治技术和药械维修技能等方面的技术培训。积极引导专业化防治组织开展以化学防治为主的农业防治、物理防治、生物防治等综合防治。

### 2.6 建立健全植保专业化防治的管理机制

制订适合本地区的植保专业化防治管理办法，逐步对专业化防治组织的组建或撤销、服务方式、收费标准、用药规范、机械配置和使用保管、防效保障等环节进行规范。探索植保专业化服务组织的认定标准和行业考核办法，逐步做到植保专业化防治人员持证上岗。制订各类病虫害防治效果认定标准，探索建立农作物病虫害防治效果、药害等鉴定机制、防治效果纠纷仲裁机制，及时解决专业化防治中出现的问题。

## 3 存在问题和不足

几年以来，大港区的专业化防治工作虽然取得了一定成绩，但与上级的要求相比，仍有一定的差距，主要表现在以下几个方面：

一是工作经费、业务经费投入不足，没有专项的专业化防治工作经费，造成资金不到位，专业化防治工作在一定程度上有些滞后。

二是专业化防治工作人员流动性较大、工作中身兼数职的现象普遍存在。专业化防治工作是一项需要劳力和技术相结合的工作，随着社会的发展，大量青壮年人外出打工，存在严重缺乏青壮年劳动力和应急队伍人员不稳定的现象。

三是大港区的农业基础设施差，人员知识老化，知识更新慢，技术队伍不稳定，在一定程度上已不能满足当前的植保工作需要。

**参考文献**

［1］危朝安．专业化统防统治是现代农业发展的重要选择［J］．中国植保导刊，2011，9：5－8．

［2］王开堂．加强植保机防队建设 提升病虫专业化防治水平［J］．安徽农学通报，2008，3：110－111．

［3］夏敬源．公共植保、绿色植保的发展与展望［J］．中国植保导刊，2010，30（1）：5－9．

［4］唐会联．推进专业化统防统治快速发展 提高植保社会化抗灾减灾能力［J］．农业技术与装备，2011，10．

［5］肖晓华．对秀山县植保专业化防治组织的思考［J］．现代农业科技，2007（12）：72－74．

［6］陈恩祥，甘国福．发展"绿色植保"的障碍因素与应对措施［J］．甘肃科技，2007，23（11）：19－20．

# 研究简报及摘要

植物病害

# 利用不同方法对 HMC 毒素的活性检测研究 *

马春红[1**]　及增发[2]　李秀丽[1,3]　戴志刚[4]　王立安[3]　贾银锁[1***]

（1. 河北省农林科学院遗传生理研究所，河北省植物转基因中心，石家庄　050051；
2. 河北省农林科学院，石家庄　050051；3. 河北师范大学生命科学学院，石家庄
050016；4. 湖北省土壤肥料工作站，武汉　430064）

**摘　要：** 植物病原菌毒素是指病原真菌产生的对寄主植物有毒害作用的代谢产物，是病原真菌在与植物长期进化和复杂的互作过程中逐渐形成。这些因子造成了植物的寄主性和致病性，也称致病因子。菊池 1933 年首次报道菊池链格孢菌毒素，20 世纪 40 年代植物病理学家又发现维克多利亚平脐蠕孢（*Helminthosporium victoriae*）毒素，至今已有许多病原真菌毒素被发现。主要分为 4 种形式：一是由病原微生物产生；二是在低浓度下具有很强的毒性和致病性；三是在活体内或体外均可产生；四是对寄主植物具有很强的损伤和破坏作用。这些物质在植物病害发生、发展过程中具有明显的致病作用，是一种诱发寄主植物产生病害的敏感性诱导因子。植物真菌毒素的提取是为了研究该毒素与寄主植物间的互作关系，包括对寄主的侵染机理以及能否使寄主产生抗性等，因此，要求在提纯的每一环节必须保证该毒素的生理活性。真菌毒素的活性检测在整个试验中起着举足轻重的作用，也就应运而生了许多测定真菌毒素活性的方法。其中，生物测定方法在真菌毒素研究中占有极重要的地位。

本论文拟采用玉米小斑病菌 C 小种毒素（HMC）处理同核异质的不育细胞质 Mo17-C 及其保持系 Mo17-N 的玉米叶片，对 HMC 毒素的活性采用不同检测方法，旨在通过生物测定方法评价毒素的性质、互作机理、验证毒素分离纯化方法的正确性，为进一步研究该菌致病机理提供理论基础。

HMC 毒素活性检测采用：离体叶片法、根冠细胞法、原生质体法 3 种方法。结果表明：①离体叶片法：每组中 CK 没有病斑形成，Mo17-C 的病斑大于 Mo17-N 的病斑。②根冠细胞法：Mo17-C 经毒素处理后出现了明显的原生质体固缩现象，N 细胞质只有轻微的固缩。随着毒素浓度的增加，Mo17-C、Mo17-N 的死亡细胞在不断增加，且 Mo17-C 的细胞死亡率高于 Mo17-N。③玉米叶片游离原生质体法：用毒素浓度为 50μg/ml，100μg/ml，150μg/ml 处理 C 与 N 的玉米叶片原生质体发现，随毒素浓度的增加，原生质体的死亡率在不断增加，且随时间的不断延长，原生质体的死亡率也在不断增加。但是，C 细胞质的

---

\* 基金项目：河北省自然科学基金（C2011301010）；河北省人才工程培养经费（冀人社字［2010］353 号）；农业部 948（2011-G1（2）-07）；科技部国际科技合作项目（2006DFB02480）

\*\* 作者简介：马春红，女，研究员，主要从事植物病理和遗传育种研究；E-mail：mchdonger@ sohu. com

\*\*\* 通讯作者：贾银锁，男，研究员，博士生导师，从事植物抗逆生理研究

原生质体的死亡率高于 N 细胞质。说明：Mo17-C 细胞质的质量不如其同核保持系，HMC 毒素对雄性不育细胞质玉米具有专化毒害作用。

从实验结果可以看出：这 3 种方法的检测结果一致，较为可靠。离体叶片法虽能简便的检测出毒素的活性，但只是定性的进行分析，从宏观上检测病斑的形成，无法对其作定量分析。用根冠细胞检测毒素活性，能定性定量分析毒素的活性，它是进行抗病性鉴定的一种简便、快速、准确、经济适用的测定方法。原生质体测定 HMC 毒素的活性也是一种准确可靠的方法，但原生质体检测法的费用较高。

**关键词：**玉米小斑病菌 C 小种毒素；根冠细胞；原生质体；抗病性

# 南方水稻黑条矮缩病及介体昆虫白背飞虱
# 在云南早稻上的发生动态

张 洁[1,2]* 郑 雪[1,2] 胡 剑[1,2]
董家红[1,2] 张仲凯[1,2]**

（1. 云南省农业生物技术重点实验室，昆明 650223；
2. 云南省农业科学院生物技术与种质资源研究所，昆明 650223）

**摘　要：** 南方水稻黑条矮缩病（Southern rice black-streaked dwarf disease）由南方水稻黑条矮缩病毒（Southern rice black-streaked dwarf virus，SRBSDV）引起，该病毒属呼肠孤病毒科（Reoviridae）斐济病毒属（*Fijivirus*），是我国南方水稻生产上的一种重要病毒，经迁飞性害虫白背飞虱以持久性方式传播。本课题组通过2010年、2011年和2012年的连续调查，发现该病毒在云南文山州、西双版纳州、德宏州及玉溪地区均有发生。本研究地点选择在玉溪元江稻田实验基地（N 23°59′，E 102°），于2012年在早稻移栽15天以后开始，每7天调查一次南方水稻黑条矮缩病毒病及介体昆虫白背飞虱的发生动态。调查结果表明：自3月23日始，白背飞虱开始在早稻田建立种群，白背飞虱种群数量一共出现两次高峰，分别是4月27日和5月11日，百株虫量分别达到2 060头和2 010头。5月11日达到顶峰后，种群数量呈明显下降趋势，至6月15日水稻收割前，种群数量降到最低，百株虫量仅为200头。南方水稻黑条矮缩病最初显症发现于3月30日，发病率较低，4月20日该病的发病率达到第一次峰值（48%）；5月11日该病发病率达到最大值，调查田块的发病率达到54%。探讨病虫害的季节流行动态是作物病害流行预测预报的基础，本研究结果对分析白背飞虱与南方水稻黑条矮缩病发生流行的相关性，预测来年白背飞虱、南方水稻黑条矮缩病毒的发生情况和制定、实施相应的白背飞虱—SRBSDV综合防控策略具有重要的指导作用。

**关键词：** 白背飞虱；南方水稻黑条矮缩病毒；发生动态

* 作者简介：张洁（1983—），男，博士，从事传毒媒介昆虫与植物病毒互作研究

** 通讯作者：张仲凯（1966—），男，研究员，主要从事植物病毒学研究；E-mail：zhongkai99@sina.com

# 河南省小麦全蚀病菌的分离及变种类型鉴定

全　鑫* 　薛保国　杨丽荣

（河南省农业科学院植物保护研究所，农业部华北南部作物有害生物综合治理
重点实验室，河南省农作物病虫害防治重点实验室，郑州　450002）

**摘　要：** 从河南省 10 个地市采集的小麦病根样品中分离得到 82 株病原分离株，通过形态特征观察、回接致病性测定以及分子生物学的方法对所分菌株进行鉴定。其中，47 个菌株菌丝分支处均形成典型的 "∧" 状；子囊壳埋生或半埋生，子囊棍棒状，子囊孢子线形，稍弯曲，无色，常具有 5 ~ 10 个分隔，大小为 (68 ~ 94) $\mu m \times$ (2 ~ 4) $\mu m$；对 47 个分离株 rDNA-ITS 区进行 PCR 扩增和序列测定后做 BLAST 分析表明这 47 株菌株与小麦全蚀病菌的 ITS 序列 100% 相同，据此确定这 47 株菌株为小麦全蚀病菌。应用小麦全蚀病菌 4 个变种的特异性引物进行 PCR 扩增均扩增出禾顶囊壳小麦变种（870 bp）的特异性片段，鉴定这 47 株菌株均为禾顶囊壳小麦变种（*Gaeumannomyces graminis* var. *tritici*）。

**关键词：** 小麦全蚀病；禾顶囊壳小麦变种；分离；变种类型鉴定

---

* 第一作者：E-mail：iamsmilepixy@163.com

# 引起大豆轻皱缩花叶病病毒分离物的鉴定和外壳蛋白基因序列分析[*]

苏晓霞[1,2][**]　方　琦[1,2]　董家红[1,2]　张仲凯[1,2][***]

（1. 云南省农业科学院生物技术与种质资源研究所，昆明　650223；

2. 云南省农业生物技术重点实验室，昆明　650223）

**摘　要：** 菜豆普通花叶病毒（*Bean common mosaic virus*，BCMV）是侵染豆科作物的主要病原之一，由于 BCMV 可以通过种子传播，该病毒已经成为作物种质资源库和豆科作物进口检疫的重要对象之一。

从云南省玉溪市北城镇田间采集的大豆发病叶片，症状表现为沿叶脉轻微皱缩和花叶症状，将感病的大豆叶片汁液经负染色置透射电镜下观察，可见到大量线状病毒粒子，宽度约为 13nm，长度约为 750nm，与马铃薯 Y 属病毒相似。以大豆感病叶片总 RNA 为模板，用马铃薯 Y 属病毒通用引物 Sprimer 和 M4-T 进行 RT-PCR 扩增，经克隆和测序，得到 1781 bp 大小的 3′-末端序列。该序列包括 *NIb* 基因部分序列、*CP* 基因和 3′-末端非编码区。序列分析发现其 *CP* 基因由 858 个核苷酸组成，编码 286 个氨基酸，与 BCMV 不同株系比较，发现核苷酸序列相似性为 86.3% ~ 90.2%，氨基酸序列相似性为 87.0% ~ 92.3%，与印度尼西亚和澳大利亚报道的 BCMV- PStV 株系相似性最高，氨基酸序列相似性为 92.3%。序列分析结果表明引起大豆轻花叶的病毒为 BCMV。通过构建系统进化树，结果显示该分离物的 *CP* 基因序列变化与病毒的地理分布有着一定的相关性，与国内发生的 BCMV- PStV 株系存在明显差异。

**关键词：** 菜豆普通花叶病毒（BCMV）；序列分析；相似性

[*] 资助项目：云南省高层次科技人才培引工程——云南省农业科学院作物病毒研究与应用省创新团队项目号（2011CI134）

[**] 第一作者：苏晓霞（1980—），女，硕士，助理研究员，主要从事植物病毒研究

[***] 通讯作者：张仲凯，研究员；E-mail：zhongkai99@sina.com

# 番茄环纹斑点病毒 *NSs* 蛋白缺失突变体对 RNA 沉默影响的初步分析<sup>*</sup>

郑宽瑜<sup>**</sup>　董家红　张仲凯<sup>***</sup>

（云南省农业科学院生物技术与种质资源研究所，云南省农业生物技术重点实验室
农业部，西南作物基因资源与种质创新重点实验室，昆明　650223）

**摘　要：** 番茄环纹斑点病毒（Tomato zonate spot virus，TZSV）属于布尼亚病毒科（Bunyaviridae），番茄斑萎病毒属（*Tospovirus*）病毒。TZSV 为单链线状三分体 RNA 病毒，3 个 RNA 片段根据片段大小分为 small（S）、medium（M）、large（L）。其中，NSs 是由病毒 S 片段正链编码的一个非结构蛋白。NSs 已证实是病毒的沉默抑制子，能够抑制植物的基因沉默作用。本研究利用 ClustalX2.0 对 14 个 *Tospovirus* 病毒 NSs 蛋白进行多序列比对，发现 *Tospovirus* 病毒 NSs 蛋白的相对保守区主要位于靠近 N 端及靠近 C 端的位置（N 端氨基酸残基 1～120 位及 C 端氨基酸残基 330～420 位），并对 TZSV NSs 蛋白序列进行疏水性分析（ProtScale）及二级结构预测（PHD），在此基础上设计了 14 个缺失突变体。将 14 个缺失突变体构建到植物表达载体 pGD 中，通过农杆菌共浸润实验在长波紫外灯下观察 14 个突变体对抑制 RNA 沉默的影响。发现在浸润的第 3 天，14 个突变体均能观察到 GFP 的表达，但表达的量强弱不等。在浸润的第 5 天观察，大部分缺失突变体共浸润的本生烟产生了 GFP 的沉默而观察不到 GFP 的表达，只有 N61、C422、C380、C330 还能观察到 GFP 的表达。说明 NSs 蛋白的部分缺失对其抑制 RNA 沉默的能力有影响。尤其是 NSs N 端氨基酸的缺失对蛋白抑制 RNA 沉默的影响要比 C 端缺失影响大。推测 NSs 蛋白质序列的 61～330 区域是抑制 RNA 沉默的关键区域。

**关键词：** 番茄环纹斑点病毒；缺失突变体

---

　* 基金项目：973 计划前期研究专项（2010CB134501）；国家自然科学基金（31060237）

　** 作者简介：郑宽瑜（1981—），女，云南龙陵人，助理研究员，主要从事番茄斑萎病毒与寄主互作研究；E-mail：zhengkuanyu@ 126. com

　*** 通讯作者：张仲凯（1966—），男，云南保山人，研究员，长期从事植物病毒的生物学及分子生物学研究；E-mail：zhongkai99@ sina. com

# 钙在茉莉酸甲酯诱导番茄叶片抗灰霉病
# 及防御酶活性中的作用

余朝阁[1,2]*　李天来[1]　刘志恒[2]　张㐨㐨[1]　李琳琳[1]

（1. 沈阳农业大学园艺学院，设施园艺省部共建教育部重点实验室；

2. 沈阳农业大学植物保护学院，沈阳 110866）

**摘　要**：茉莉酸甲酯（methyl jasmonate，MeJA）可诱导多种植物抗病性增强，而钙作为重要的第二信使，参与多种激发子诱导的植物抗病过程。本研究以番茄 L402 品种幼苗为试材，通过外源施钙和缺钙处理，探索钙对茉莉酸甲酯（MeJA）诱导番茄抗病性的调节作用及其生理机制。

结果表明：①外源 MeJA 显著诱导番茄抗灰霉病程度增强；外源 $Ca^{2+}$ 进一步提高 MeJA 诱导的抗病程度；而 $Ca^{2+}$ 螯合剂 EGTA 和质膜钙通道抑制剂 $LaCl_3$，则不同程度抑制 MeJA 诱导番茄的抗病性。②MeJA 处理后 2～5 天内，番茄叶片中苯丙氨酸解氨酶（PAL）、多酚氧化酶（PPO）和过氧化物酶（POD）活性也显著高于对照，$Ca^{2+}$ 进一步增强 MeJA 诱导的上述防御酶活性，两种缺钙处理则不同程度降低防御酶活性。③外源施 $Ca^{2+}$ 及不同缺钙处理，对 MeJA 诱导的 CAT 和 SOD 活性则没有规律性影响。所以，认为钙对 MeJA 诱导番茄抗灰霉病的改变，可能与其对 MeJA 诱导番茄叶片中 PAL、PPO 和 POD 等防御酶活性的调控有关。

**关键词**：番茄灰霉病；钙；茉莉酸甲酯；防御酶活性

---

\* 第一作者：余朝阁；E-mail：yuzhaoge@ yahoo. com. cn

# 京郊保护地蔬菜根结线虫鉴定及
# RT-qPCR 检测体系建立[*]

吴篆芳[**]　曹坳程[***]　李　园　郭美霞　王秋霞　颜冬冬　毛连纲

（中国农业科学院植物保护研究所/农业部农药化学与应用重点实验室，北京　100193）

**摘　要：**根结线虫是严重制约世界农业生产的一类植物根系定居性内寄生线虫，它属于侧尾腺纲（Seeernentea），垫刃目（Tylenehida），异皮总科（Heteroderoidea），根结线虫科（Meloedogynidae），根结线虫属（*Meloidogyne*）（Goeldi，1889）。

该病在全国绝大部分省区均有分布，尤其是近年来保护地蔬菜种植面积不断扩大，复种指数不断提高，致使温室根结线虫病害日趋严重，已造成了蔬菜的大幅度减产，给菜农带来了巨大的经济损失。一般每年造成 10% ~ 15% 的经济损失，严重的损失 30% ~ 40%，甚至绝产（张芸等，2005）。据报道，蔬菜根结线虫病在北京地区 20 世纪 60 年代就有发生，但在生产上造成的损失不严重，未引起人们广泛关注。20 世纪 80 年代以来，由于种植结构改变、人为因素等影响，蔬菜根结线虫病发生日趋严重，已成为北京地区保护地蔬菜生产的一个问题（张云等，1995；1998）。

为了明确京郊保护地蔬菜根结线虫种类及建立更灵敏快捷的检测方法，为更好地预防控制根结线虫病的发生提供依据，本研究结合形态学及分子生物学手段对其进行了研究。

首先利用形态学手段（观察会阴花纹特征）初步鉴定，结果表明其特征与南方根结线虫会阴花纹特征符合（Eisenback J D，1986）；

其次采用通用引物分析了 r-DNA-ITS 序列，对其克隆测序并建立同源树，结果表明所分析根结线虫样品与南方根结线虫 ITS 序列的同源性高达 99% ~ 100%；结合特异性引物（Rand 等，2002a）扩增其 SCAR-Marker，片段大小为 400bp，与文献报道一致，进一步说明北京郊县发生的根结线虫病害病原为南方根结线虫。

本试验对 400bp 的 SCAR 片段进行回收并克隆测序，重新设计了用于荧光定量 PCR 的扩增片段为 200bp 的特异性引物，并建立荧光定量 PCR 检测系统，初步结果表明该检测系统检测限可达 31fg。

**关键词：**根结线虫；鉴定；荧光定量

　* 基金项目：现代农业产业技术体系北京市创新团队基金资助

　** 作者简介：吴篆芳（1988—），女，山西太原人，硕士研究生，主要从事土壤消毒技术及线虫分子生物学的研究；E-mail：wzhf880118@ 126. com

　*** 通讯作者：曹坳程（1963—），男，研究员，博士生导师，专业方向：土壤消毒使用技术与外来入侵植物的防控；E-mail：caoac@ vip. sina. com

# 十字花科寄主内根肿菌无性短循环研究[*]

罗红春[**]　陈国康　吴道军　肖崇刚[***]

（西南大学植物保护学院，重庆　404715）

**摘　要：** 十字花科根肿病是由原生界根肿菌门芸薹根肿菌（*Plasmodiophora brassicae* Worion）引起的一种严重的根部病害，前研究者提出的其生活史中存在无性短循环的猜想至今没有人能明确证实（图1）。本试验在水培条件下对甘蓝、白菜、油菜、榨菜、萝卜5种十字花科寄主（G1）接种根肿菌，接种浓度为$10^7/ml$；10天后，切下被侵染的寄主根部冲洗干净，放入相应寄主的未接种健康植株（G2）的培养管中，4天后镜检G2是否被侵染；收集G2根部，在光学显微镜下切下根毛，放入相应寄主的未接种健康植株（G3）的培养管中，4天后镜检G2是否被侵染（图2）。观察发现（图3），放入被侵染的G1根部4天后，5个寄主的G2根毛中有根肿游动孢子囊；放入被侵染的G2根部4天后，5个寄主的G3根毛中也有根肿游动孢子囊出现。实验结果表明：根肿菌生活史中存在无性短循环阶段。侵入寄主的根肿菌能够被释放到体外，而后再侵染根毛。

**关键词：** 十字花科；根肿病；无性循环

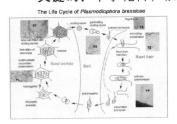

**图1　根肿菌生活史及存在的盲点（虚线标注）**

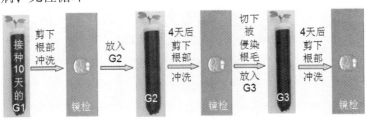

**图2　小循环试验流程**

**图3　小循环试验中根毛侵染照片（×20）**

* 基金项目：农业部公益性行业（农业）科研专项（编号201003029）

** 作者简介：罗红春（1988—），女，在读硕士研究生；E-mail：luojiayi_ 2010@126.com

*** 通讯作者：肖崇刚；E-mail：chgxiao@ swu.edu.cn

# 福建省辣椒疫霉菌群体结构表型特征分析

李本金* 兰成忠 刘裴清 陈庆河 翁启勇

（福建省农业科学院植物保护研究所，福州 350013）

**摘 要：** 为明确福建省辣椒疫霉菌的群体遗传结构表型特征，对分离自福建省 15 个市、县的 300 株辣椒疫霉菌进行了交配型、甲霜灵敏感性和生理小种测定。研究结果显示，A1 和 A2 两种交配型出现的频率分别为 4.00%（12 株）和 96.00%（288 株），在同一块田中发现两种交配型共同存在的现象；供试菌株中有 263 株（87.67%）对甲霜灵表现为敏感型，28 株（9.33%）表现为中间型，9 株（3.00%）对甲霜灵产生抗性；根据菌株对辣椒疫霉菌生理小种鉴别寄主的致病性，可将辣椒疫霉菌株划分为 3 个生理小种，其中，168 株属于生理小种 3，126 株属于生理小种 2，6 株属于生理小种 1，生理小种 3 出现频率最高，为 56.00%，是福建省优势生理小种类型，生理小种 2 和生理小种 1 的出现频率分别为 42.00% 和 2.00%。研究结果表明，福建省辣椒疫霉菌群体结构存在丰富的遗传多样性。

**关键词：** 辣椒疫霉菌；交配型；甲霜灵敏感性；生理小种

---

* 通讯作者：李本金，E-mail：lbenjin@126.com

# 利用 SRAP 标记技术分析陕西省
# 油菜菌核病菌遗传多样性*

张　强** 陈亚菲 高小宁 陈泽晗 秦虎强 黄丽丽 韩青梅***

（旱区作物逆境生物学国家重点实验室 西北农林科技大学植物保护学院，杨凌　712100）

**摘　要**：核盘菌是［*Sclerotinia sclerotiorum*（Lib.）de Bary］一种世界范围内分布的病原真菌，具有广泛的寄主范围和地区分布，由其引起的油菜菌核病为油菜重要病害。陕西省是我国冬油菜种植区之一，菌核病的发生在关中西部和陕南较为普遍，严重影响着油菜的品质和产量。到目前为止，我们对陕西省油菜菌核病菌的遗传演化规律及遗传多样性尚不明确，在一定程度上制约了对该病害流行规律的认识及防控方法的研究。

本研究利用 SRAP 分子标记技术对陕西省的 144 株油菜菌核病菌（*S. sclerotiorum*）进行遗传多样性分析。从 150 对 SRAP 引物中筛选得到 9 对多态性高、稳定性好的引物组合，对不同地区来源的 144 株菌株进行 PCR 扩增，共得到多态性条带 76 条，多态性比例为 88.4%，相似系数为 0.361～0.936。UPGMA 聚类结果显示，在相似系数 0.658 处，供试菌株被划分为 4 个类群，第 Ⅰ、Ⅳ 类群分别为陕南的汉中、安康菌株，Ⅱ 与 Ⅲ 类群均包含陕南及关中地区的菌株；选择 38 株已知致病力的菌株进行聚类分析，结果发现，在相似系数 0.730 处 38 株菌被分为 3 个类群，A 类群由中、弱两种致病力菌株组成，B 与 C 类群均包含强、中、弱 3 种致病力水平的菌株。研究结果得出：陕西省油菜菌核病菌存在丰富的 SRAP 遗传多样性，其遗传多样性与地区来源及致病力差异无显著相关性，但有少数表现地理分化的多态性存在。

**关键词**：油菜菌核病；核盘菌；遗传分化；聚类分析；致病力

＊ 基金项目：公益性行业（农业）科研专项（201103016）；高等学校学科创新引智计划（NO. B07049）

＊＊ 第一作者：张强，在读硕士，植物病理学；E-mail：right121@ 163. com

＊＊＊ 通讯作者：韩青梅，副研究员；E-mail：hanqm@ nwsuaf. edu. cn

# 两株内生菌对油菜菌核病的防治效果研究*

陈亚菲** 张 强 高小宁 秦虎强 黄丽丽 韩青梅***

（旱区作物逆境生物学国家重点实验室，西北农林科技大学植物保护学院，杨凌 712100）

**摘 要**：油菜菌核病是由核盘菌（*Sclerotinia sclerotiorum*）引起的一种世界性病害，在各油菜产区造成严重的为害。目前对油菜菌核病的防治是以化学防治为主，但由于农药残留、环境污染以及病菌抗药性产生等诸多问题，人们逐步将研究方向转向生物防治。

本试验从 17 株内生菌中筛选得到 2 株对油菜菌核病菌菌丝生长具有明显抑制作用的生防菌株 EDR4 和 BAR1-5，抑菌圈直径分别可达到 21.5mm 和 21mm，对菌核萌发的抑制率分别可达到 72.7% 和 58.8%。

在温室盆栽试验中，两株生防菌的菌悬液和发酵上清液分别于接种病菌前 24 h、同时和接种病菌后 24 h 三个不同时期喷施在油菜叶片上，调查防效发现菌株 BAR1-5 菌悬液和发酵上清液防效之间、不同喷施时期之间均存在显著性差异：其中，以接种病菌同时喷施菌悬液对油菜菌核病的防治效果最好，相对防效可达 91.1%，此时发酵上清液防效也可达 85.2%；接种病菌前 24 h 喷施的防效分别为 49.6% 和 41.7%；接种病菌后 24 h 喷施菌悬液和上清液的防效分别为 34.4% 和 45.7%。菌株 EDR4 菌悬液和上清液的防治效果之间不存在显著性差异，但是不同的喷施时期之间存在显著性差异，其中，以接种病菌同时喷施菌悬液的防治效果最好，可达 69.2%，同样处理上清液的防效为 67.0%；接种病菌前 24 h 喷施菌悬液和上清液的防效分别为 46.7% 和 43.6%；接种病菌后 24 h 喷施防效为 37.9% 和 44.3%。大田试验中，于初花期喷施 EDR4 和 BAR1-5 的防效分别可达 54.8% 和 41.3%，稀释后防治效果逐步降低。

通过光学和扫描电子显微镜观察，二者对油菜菌核菌丝生长具有明显的抑制作用，并引起菌丝畸形、原生质体外渗、顶端膨大等现象；在菌丝侵染叶片时，能明显减少菌丝量，减缓侵染垫的形成，从而抑制病菌的入侵。

**关键词**：油菜菌核病；内生菌；防治效果；电镜观察

---

* 基金项目：公益性行业（农业）科研专项（201103016）；高等学校学科创新引智计划（NO. B07049）

** 第一作者：陈亚菲，在读硕士，植物病理学；E-mail：hnpp2010@163.com

*** 通讯作者：韩青梅，副研究员；E-mail：hanqm@nwsuaf.edu.cn

# 黄瓜内生真菌及根际真菌对苗期立枯病影响的初步研究

邹　勇[*]　牛永春[**]　邓　晖

（中国农业科学院农业资源与农业区划研究所，北京　100081）

**摘　要：** 为了解分离自不同环境条件下葫芦科植物内生真菌（457 株）及黄瓜根际土真菌（10 株）共 467 株对黄瓜苗期立枯病的控制情况。通过已分离的真菌与黄瓜立枯病菌对峙培养实验，共筛选出 30 株对该病菌有抑制作用的真菌，初步明确了真菌与相应病原真菌的作用模式：其中，有 3 株真菌可以通过重寄生作用抑制病菌生长、13 株真菌可以通过产生抗生物质抑制病菌生长、14 株真菌可以通过迅速占领培养基来抑制病菌生长。菌株 JCL143（*Aspergillus terreus*）对立枯病菌的抗生作用最好，抑菌带宽度达 1.3 cm；菌株 JCL39（*Penicillium* sp.）可以更快的占领培养基；菌株 JCL6（*Trichoderma longibrachiatum*）和 5F37（*Apiospora* sp.）对病菌有较好的重寄生作用。选取对峙实验中抑菌效果较好的菌株 JCL6、JCL39、JCL143 和 5F37 进行盆栽接种实验，其中，菌株 JCL39、5F37 和 JCL143 可以明显减轻黄瓜苗期立枯病。结果表明：在黄瓜苗株龄 8 天时开始分别灌根接种菌株 JCL143 和菌株 5F37 菌悬液；株龄 20 天时灌根法接种病菌。接病菌 1 周后，幼苗发病率分别为 25% 和 41.7%，病情指数分别为 20.8 和 29.2，只接病菌的对照组发病率和病情指数分别为 100% 和 89.6，相对防效分别达到 81.3%、67.4%。菌株 JCL39 接种体与立枯病菌接种体混合均匀后接种于灭菌土壤，室温放置 1 周，再将催芽至胚根长 2 cm 的黄瓜幼苗播种，7 天后，黄瓜幼苗出苗率为 83.3%，发病率为 16.7%，病情指数为 16.7，只接病菌对照发病率为 66.7%，病情指数为 66.7，相对防效达 75%。

**关键词：** 黄瓜；内生真菌；立枯病；抑制作用

[*]　作者简介：邹勇，硕士研究生，主要从事植物内生真菌研究；E-mail：zpzydale@126.com

[**]　通讯作者：牛永春，博士，研究员，主要从事真菌资源和植物真菌病害研究；E-mail：niuyong-chun@yahoo.com.cn

# 江苏省黄瓜绿斑驳花叶病毒的初步鉴定及分子检测*

任春梅**　程兆榜***　缪　倩　范永坚　周益军

（江苏省农业科学院植物保护研究所，南京　210014）

**摘　要：** 黄瓜绿斑驳花叶病毒（*Cucumber green mottle mosaic virus*，CGMMV）是烟草花叶病毒属（*Tobamovirus*）成员，分布于英国、印度、日本、韩国等欧亚洲国家的葫芦科作物上，引起叶片斑驳花叶，植株矮化，结果延时，严重时果实内部腐烂，果肉纤维化，造成产量严重损失。早在1987年，许慧秀等就在中国台湾的冬瓜、西瓜、甜瓜和黄瓜上分离鉴定出 CGMMV，大陆最早由秦碧霞等2003年在广西某农业展示温室的观赏南瓜上发现该病毒，2004年厦门检疫局从日本进口的南瓜种子中截获此病毒，2005年以来，该病在辽宁、山东、广东、广西、河北、北京、甘肃等地均有发生，造成当地葫芦科作物不同程度地减产，因此，农业部2007年公布的第862号文，将其列为《中华人民共和国进境植物检疫性有害生物名录》中重要的对外检疫性有害生物。近年来江苏葫芦科作物的种植面积稳定在600万亩/年，其中，西甜瓜种植面积达200万亩/年，已经成为本地的支柱产业，一旦受到该病害的侵染，通过种子和机械大面积传播，必然会对该作物的产量、质量和商品性产生重大影响。因此，对江苏省该病害进行了初步调查鉴定和分子检测，以期为该病害的防控提供理论依据。

从江苏洪泽温室大棚的西瓜、仪征露地的瓠瓜、东台露地的南瓜上采集到3个表现为褪绿、斑驳花叶症状的病毒样品，粗提液经透射电镜观察，均可见直杆状病毒粒子，粒子长度约为300nm，宽度约为18nm，初步鉴定为黄瓜绿斑驳花叶病毒（*Cucumber Green Mottle Mosaic Virus*，CGMMV）。根据已报道的 CGMMV 外壳蛋白 CP（Coat protein）基因序列合成特异性引物，分别提取3个分离物的总 RNA，进行 RT-PCR 扩增，3个分离物的 RNA 模板中均检测到500bp左右的片段，将扩增得到的片段克隆到 pMD18-T 上，序列测定表明：3个分离物的片段均含有486个核苷酸，包含完整的 *cp* 基因，编码161个氨基酸。采用 DNASTAR 软件进行分析，3个 CGMMV 分离物与已报道其他5个 CGMMV 分离物核苷酸和推导氨基酸序列同源性分别为98.1%~99.4%和99.0%~100%。与同属的其他3个病毒 Kyuri 绿斑驳花叶病毒（*Kyuri green mottle mosaic virus*，KGMMV）、黄瓜果实斑驳花叶病毒（*Cucumber fruit mottle mosaic virus*，CFMMV）和小西葫芦绿斑驳花叶病毒（*Zucchini green mottle mosaic virus*，ZGMMV）*cp* 基因核苷酸和氨基酸序列同源性仅为40.7%~54.7%和44.4%~60.2%。基于 *cp* 基因核苷酸建立的系统进化树显示中国分离物具有更近的亲缘关系。

**关键词：** 黄瓜绿斑驳花叶病毒；电镜；*cp* 基因；PCR 扩增

---

\* 基金项目：江苏省农业科技自主创新项目［CX（12）3018］

\*\* 作者简介：任春梅（1981—），女，江苏大丰人，助理研究员，主要从事植物病毒研究

\*\*\* 通讯作者：程兆榜（1969—），男，江苏盐城人，研究员，主要从事植物病毒和水稻病害研究；E-mail：onlyone8501@126.com

# 华南地区双生病毒种类鉴定[*]

汤亚飞[1,2][**]　　何自福[1,2][***]　　杜振国[1]　　佘小漫[1]　　蓝国兵[1]

(1. 广东省农业科学院植物保护研究所，广州　510640；

2. 广东省植物保护新技术重点实验室，广州　510640)

**摘　要：**烟粉虱传播的双生病毒属双生病毒科（Geminiviridae）菜豆金色花叶病毒属（Begomovirus），是世界上多种重要经济作物上的毁灭性病害。该病毒也是近年来我国华南地区（广东、广西、海南）番茄、黄秋葵、番木瓜、朱槿等作物上重要病害。为了全面了解华南地区双生病毒的发生种类及其分布，2010～2012 年，我们在广东、广西、海南各地进行调查，并采集各种作物及杂草上疑似病样 228 份，包括番茄黄化曲叶病样 95 份、南瓜和葫芦曲叶病样 10 份、甘薯曲叶病样 10 份、朱槿曲叶病样 44 份、黄秋葵黄脉曲叶病样 20 份、垂花悬铃花曲叶病样 12 份、棉花曲叶病样 3 份、各种杂草（豨莶、赛葵、胜红蓟、雾水葛、金钮扣、守宫木等）黄脉或曲叶等病样 34 份。利用菜豆金色花叶病毒属病毒通用简并引物 AV494/CoPR，对采集的病样总 DNA 进行 PCR 检测，进一步应用滚环扩增（Rolling circle amplification，RCA）及 PCR 方法，对各阳性病样代表分离物的病毒全基因组进行克隆，并进行序列测定与 BLAST 比较分析。结果表明，从华南地区 14 种寄主植物病样中鉴定出双生病毒 14 种，分别为引起番茄黄化曲叶病的广东番茄黄化曲叶病毒（Tomato yellow leaf curl Guangdong virus，TYLCGuV）、广东番茄曲叶病毒（Tomato leaf curl Guangdong virus，ToLCGuV）、台湾番茄曲叶病毒（Tomato leaf curl Taiwan virus，ToLCTWV）、番茄黄化曲叶病毒以色列株系（Tomato yellow leaf curl virus‑Israel，TYLCV-Is）、中国番木瓜曲叶病毒（Papaya leaf curl China virus，PaLCuCNV）、胜红蓟黄脉病毒（Ageratum yellow vein virus，AYVV），引起朱槿曲叶病、黄秋葵黄脉病、棉花曲叶病和垂花悬铃花曲叶病的木尔坦棉花曲叶病毒（Cotton leaf curl Multan virus，CLC-MuV），引起南瓜和葫芦曲叶病的中国南瓜曲叶病毒（Squash leaf curl China virus，SLCCNV），引起甘薯曲叶病的甘薯曲叶病毒（Sweet potato leaf curl virus，SPLCV）；引起豨莶黄脉病的豨莶黄脉病毒（Siegesbeckiae yellow vein virus，SbYVV），引起赛葵曲叶病的广东赛葵曲叶病毒（Malvastrum leaf curl Guangdong virus，MaLCuGdV），引起胜红蓟曲叶病的中国番木瓜曲叶病毒（Papaya leaf curl China virus，PaLCuCNV），引起胜红蓟黄脉病和守宫木黄化病的中国胜红蓟黄脉病毒（Ageratum yellow vein China virus，AYVCNV），以及引起雾水葛黄脉病的雾水葛金花叶病毒（Pouzolzia golden mosaic virus，PGMV）。上述 14 种病毒中，PGMV 为菜豆金色花叶病毒属新种，金钮扣和守宫木为 AYVCNV 的自然新寄主，垂花悬铃花为木尔坦棉花曲叶病毒的自然新寄主。本研究为进一步弄清双生病毒病在华南地区侵染循环、烟粉虱与双生病毒互作等奠定了基础，也为双生病毒的防治技术研究提供科学依据。

**关键词：**烟粉虱传双生病毒；滚环扩增；种类鉴定

\* 基金项目：国家自然科学基金（31171817）；公益性行业（农业）科研专项（201003065）；星火计划重点项目（2011GA780007）；广东省自然科学基金（9151065005000010；S2011040003309）；广东省科技计划项目（2011B050400003）

\*\* 第一作者：汤亚飞（1980—），女，硕士，助理研究员，主要从事植物病毒学研究；E-mail：yf. tang1314@163. com

\*\*\* 通讯作者：何自福，研究员；Tel. ：020-87597476，E-mail：hezf@ gdppri. com

# 山东生姜腐霉茎基腐病病原鉴定及防治研究*

元菊丹[1,2]　冯　凯[1,2]　齐军山[1]　张　博[1]

李　林[1]　李长松[1**]　曲志才[2]

（1. 山东省农业科学院植物保护研究所　山东省重点病毒实验室，济南　250100；

2. 曲阜师范大学 生命科学院，曲阜　273165）

姜茎基腐病是由腐霉菌侵染引起的一种土传病害。近年，生姜茎基腐病在山东生姜栽培区普遍发生，且造成不同程度的为害及经济损失。目前，其病原尚未明确，发生规律及防治方法仍在探索阶段。本试验通过采集病样，在分离纯化并鉴定病原菌的基础上，进行了室内药剂筛选，及田间生物防治试验，以期为该病害的防治提供可靠的理论依据。主要研究结果如下：

1. 本试验从山东省平度、泰安、安丘、莱芜、莒县等生姜种植地，采集有生姜茎基腐病典型症状的病株 56 株，经分离纯化后，得到病原腐霉菌株 607 株。选取其中有代表性的菌株 96 株，进行致病性测定证明均有强致病性，接种发病率 100%。对发病的姜块进行病菌的再分离，均能分离到原病菌。

2. 用形态学方法和 nrDNA-ITS 技术，对有代表性的 14 株腐霉菌进行了鉴定，两种方法鉴定结果一致：这些株菌均为群结腐霉（*P. myriotylum* Drechsler）。基于 ITS 序列构建的系统发育树显示，这 14 株测序腐霉菌被分成 3 个亚组：其中，菌株 Py01、Py02、Py03、Py04、Py05、Py06、Py07、Py09、Py11、Py12、Py13 在一个亚组中，菌株 Py08 和 Py10 在另一个亚组中，菌株 Py14 则单独为一个亚组。这说明测序的 14 株腐霉菌虽然都为群结腐霉（*P. myriotylum* Drechsler），但仍存在着一定的种内差异。

3. 采用生长速率法，完成了 13 种杀菌剂和 9 种除草剂对生姜腐霉病菌的室内毒力测定试验，恶霉灵、吡唑咪菌酯·代森联、啶菌恶唑和吡唑咪菌酯 4 种杀菌剂抑菌防病效果较好，抑制中浓度 $EC_{50}$ 分别为：1.9518mg/L、2.8952mg/L、4.2275mg/L 和 4.7926mg/L，可作为防治该病害的首选药剂；5% 精喹禾灵、48% 乙氧氟草醚和 50% 扑草净 3 种除草剂对该病抑制效果较好，在发病重的地块，选用这些除草剂可减轻病害。

4. 在室内离体条件下，测定了 3 株生防菌：多黏类芽孢杆菌（*Paenibacillus polymyxa*）、死谷芽孢杆菌（*B. vallismortis*）和芽孢杆菌（*B. sp.*）及两种分子量甲壳素：低分子量和高分子量甲壳素对生姜腐霉病菌的抑菌活性。结果表明：供试的 3 株芽孢杆菌，对两株病原腐霉菌均有显著的抑制效果。其中，多黏类芽孢杆菌（*P. polymyxa*）的抑菌效果最好，不同浓度下，对两株病原菌的抑制率分别为：54.23%~96.76% 和 62.25%~93.57%，其次为禾谷芽孢杆菌（*B. vallismortis*）。芽孢杆菌（*B. sp.*）的抑菌效果则稍差。

* 基金项目：公益性行业（农业）科研专项（201003004、200903018）；省优秀中青年科学家科研奖励基金（BS2009NY027）；山东省成果转化项目

** 通讯作者：李长松，E-mail：lics1011@sina.com

此外，两种不同分子量甲壳素对病原菌也有一定的抑制效果，且低分子量的甲壳素的抑菌活性高于中分子量，其对两株病原菌的致死中浓度 $EC_{50}$ 分别为 771.8694mg/ L 和 487.3678mg/ L。

5. 利用水培法收集大蒜根系分泌物，测定其对大蒜根腐病菌和花生根腐病菌菌丝生长的影响，结果表明：大蒜根系分泌物对两种病菌均有不同程度的抑制作用，株龄在 30~40 天的根系分泌物，抑菌效果最好；随着根系分泌物浓度的提高，抑制作用加强；两种病菌对大蒜根系分泌物的反应也不同，大蒜根腐病菌反应更敏感。

6. 测定了从生姜播种到收获期间，生姜土壤中腐霉菌含量的变化情况。生姜盆栽及田间土壤中腐霉菌含量动态变化趋势为：4 月播种后，5、6 月份土壤中腐霉菌含量逐渐升高，然后在 7、8 月份急剧下降，随着时间推移到 9 月份以后又开始回升。腐霉种群消长总体表现为：春秋季增长，夏季消退。

7. 4 种生物制剂对生姜茎基腐病田间防治结果表明：康地雷德（*P. polymyza*）和寡雄腐霉菌（*P. oligandrum*）处理的生姜植株病情指数明显低于对照，对生姜茎基腐病有一定的防治效果，防效分别为：57.4% 和 55.55%。4 种药剂处理，防效均低于 60%，防病效果不够显著，药剂的选用、施药方法和时间，还有待进一步的研究和改进。

# 云南富源魔芋病毒病调查及初步鉴定[*]

李婷婷[1][**]　尹跃艳[1]　卢俊[2]　董坤[2]　吴康[2]　方琦[1]

苏晓霞[1]　董家红[1]　张仲凯[1][***]

（1. 云南省农业科学院生物技术与种质资源研究所，云南省农业生物技术重点实验室，

昆明　650223；2. 云南省农业科学院富源魔芋研究所，富源　655500）

魔芋（*Amorphophallus konjac*）属天南星科（*Araceae*）魔芋属（*Amorphophallus*）多年生草本植物，具有发达的地下球茎，球茎中含有丰富的膳食纤维——葡甘聚糖，因而在食用、保健、工业应用上前景广泛，在我国云南、湖北、陕西、四川、贵州种植较多。云南省富源县年种植魔芋面积超过 10 万亩，总产值达 3.5 亿元，魔芋产业已发展成为当地的特色产业，在农业产业结构调整中起到重要作用，是富源农民增收的第一支柱产业，受到政府高度重视和农民的青睐。然而，由于生产规模不断扩大、种芋无性繁殖和良莠不齐、连作等因素，造成软腐病、白绢病、病毒病发生普遍，给魔芋生产带来严重为害，极大地挫伤了农民种芋积极性。魔芋病毒病已经上升为除软腐病外的重要病害，据测产调查，感病毒魔芋产量较健康魔芋平均减产 35% 左右。

为摸清富源魔芋病毒病发生情况及病毒种类，分别于 2012 年 6 月和 8 月对富源魔芋主要种植区进行病毒普查，共 12 个点采集 134 个魔芋病毒病感病样品。田间调查发现，症状以花叶病为主，其次是植株矮化、黄化、叶片畸形、褪绿环斑等，发病率最低为 15%，严重地块达 65%。通过电子显微镜负染色、DAS-ELISA 技术、RT-PCR 技术对所采集的样品进行检测鉴定。

用 2% 钼酸铵负染色。电子显微镜观察发现，症状表现为花叶的病叶汁液内的病毒粒子形态有两种类型：线状病毒粒子和球形病毒粒子。线状病毒粒子有长×宽为（650～750）nm×12nm、（900～1 000）nm×11nm 两种形态，球形病毒粒子直径为 30～40nm 和 80～100nm 两种形态。病毒复合侵染严重。

用购自 Agdia 公司的黄瓜花叶病毒（*Cucumber mosaic virus*，CMV）、马铃薯 Y 病毒（*Potato Y virus*，PYV）、芋花叶病毒（*Dasheen mosaic virus*，DsMV）的 DAS-ELISA 检测试剂盒进行检测，有 20% 的测试样品分别与 CMV 和 DsMV 反应呈阳性，没有与 PYV 反应呈阳性的样品。

以花叶样品的总 RNA 为模板，用马铃薯 Y 病毒属（*Potyvirus*）病毒 3′-末端兼并引物进行 RT-PCR 扩增，获得约 1 800bp 大小的片段，经克隆、测序、Blastn 序列分析，发现获得的片段与 DsMV3′-末端序列核苷酸相似性最高为 88%，该结果说明引起富源魔芋花叶病的部分线状病毒粒子为 DsMV；用番茄斑萎病毒属（*Tospovirus*）病毒兼并引物进行 RT-PCR 扩增获得相应的扩增片段，结果表明，球形病毒粒子直径为 80～100nm 的病毒可能为番茄斑萎病毒属病毒。

初步研究结果表明，云南富源魔芋病毒病发生普遍，为害日趋严重，病毒病原种类多，复合侵染严重。有必要进一步加强病毒病原的种类鉴定、病害发生流行规律、病害综合防控技术研究，以保证富源魔芋产业的健康可持续发展。

---

* 资助项目：云南省高层次科技人才培引工程（2011CI134）

** 第一作者：李婷婷，女，助理研究员，主要从事植物病毒研究

*** 通讯作者：张仲凯，男，研究员；E-mail：zhongkai99@sina.com

# 热区瓜菜土传病害的发生流行及防控策略初探

郭建荣　彭　军　裴月玲　曾凡云　龙海波*

（中国热带农业科学院环境与植物保护研究所，海口　571101）

**摘　要**：热区瓜菜产业尤其是冬种瓜菜产业是我国热区农民主要的经济来源之一，是热带特色产业带的主要组成部分。近年来，热区瓜菜产业发展迅速，目前热区已经成为我国重要的南菜北运基地。然而，由于热区常年高温多雨，加上复种指数高，常常造成蔬菜病害尤其是土传病害流行成灾，导致瓜菜作物大量枯死，严重影响产量和品质，给热区瓜菜的产业化发展带来巨大挑战。相对于地上部分病害，土传病害防治更为困难，化学防治效果甚微，决定了蔬菜土传病害的持续控制只能走多种防治方法并举的综合防控道路。近年来，为有效治理蔬菜土传病害，我们开始了重要土传病害的防控基础研究。通过普查和病害流行监控，初步掌握了海南蔬菜主产区主要土传病害种类及枯萎病、疫病、青枯病和根结线虫病 4 种土传病害的发生流行特点。基于 LAMP 扩增技术，发展出了一套高特异性和高灵敏度的西瓜枯萎病检测技术，该技术操作简便，能有效用于该病害的定性和定量检测、风险评估、田间种群动态和发生流行规律的监测。以西瓜枯萎病菌为模式菌，开展尖孢镰刀菌致病机理及致病力进化及寄主特异性研究。运用农杆菌介导法构建了西瓜枯萎病菌转化子库，现正进行转化子的表型和基因功能分析。通过致病功能基因的大规模敲除和 RNA 沉默技术揭示西瓜枯萎病菌的致病基因功能及致病调控网络，并研究小 RNA 在土传病菌致病功能调控作用。在防治方面，长时间尺度监测了太阳能土壤消毒技术对西瓜枯萎病菌和根结线虫的杀灭效果，并检测了盖膜及淹水的增效作用。广泛收集和分离土传病菌的拮抗菌和内生菌资源，构建瓜菜土传病害的生防资源库，并测定不同生防资源的抑菌活性和防病效果，从中筛选出了一些有价值的生防菌资源。广泛收集适于瓜类和茄果类蔬菜的嫁接砧木品种，并比较分析了它们与不同瓜菜品种的亲和性及对不同土传病害（如枯萎病、根结线虫、青枯病等）的抗性水平。这些研究为未来蔬菜土传病害的绿色综合防控技术集成和推广应用打下了良好的基础。

**关键词**：蔬菜土传病害；流行特点；致病机理；防控基础；综合治理

---

　*　通讯作者：龙海波，E-mail：1546046175@qq.com

# 10 种液体培养基对花生黑腐病菌产孢量的影响[*]

蓝国兵[1,2**]　　罗方芳[1]　　佘小漫[1,2]　　何自福[1,2***]

(1. 广东省农业科学院植物保护研究所，广州　510640；

2. 广东省植物保护新技术重点实验室，广州　510640)

**摘　要：** 为了大量获得花生黑腐病菌（*Cylindrocladium parasiticum*）的分生孢子用于花生品种的抗病性鉴定，本研究试验了 PD 液和花生茎秆煎汁等体积混合培养基、PD 液和豆荚煎汁等体积混合培养基、PD 液培养基、花生煎汁培养基、25% 贝奇野菜复合蔬果汁培养基、豆荚煎汁培养基、土壤浸出液培养基、Richard 培养基、Czapek 培养基和 Petris 培养基等 10 种液体培养基对该病菌的产孢量的影响。结果表明，在 27℃ 黑暗静置培养 10 天的条件下，10 种液体培养基中花生黑腐病菌的产孢量大小依次为 PD 液和花生茎秆煎汁等体积混合培养基（$5.96 \times 10^5$ 个/ml）、PD 液和豆荚煎汁等体积混合培养基（$4.90 \times 10^5$ 个/ml）、PD 液培养基（$2.46 \times 10^5$ 个/ml）、花生煎汁培养基（$9.12 \times 10^4$ 个/ml）、25% 贝奇野菜复合蔬果汁培养基（$8.60 \times 10^4$ 个/ml）、豆荚煎汁培养基（$5.15 \times 10^4$ 个/ml）、土壤浸出液培养基（$2.85 \times 10^4$ 个/ml）、Richard 培养基（$1.95 \times 10^4$ 个/ml）、Czapek 培养基（$1.78 \times 10^4$ 个/ml）、Petris 培养基（$2.75 \times 10^3$ 个/ml）。因此，PD 液和花生茎秆煎汁等体积混合培养基适合于培养花生黑腐病菌获得大量的分生孢子

**关键词：** 花生黑腐菌；产孢；培养基

---

\* 基金项目：星火计划重点项目（2011GA780007）；国家国际科技合作项目（2011DFB30040）；国家科技成果转化（国科办农［2011］10 号）；广东省科技计划项目（2010B050300014）

\*\* 第一作者：蓝国兵，男，硕士，研究实习员，研究方向植物病理学；E-mail：languo020@163.com

\*\*\* 通讯作者：何自福，男，博士，研究员；Tel.：020-87597476，E-mail：hezf@gdppri.com

# 云南双生病毒集中发生分布区的主要
# 烟粉虱隐种类型研究[*]

胡　剑[1,2][**]　陈永对[1,2]　张　洁[1,2]　张仲凯[1,2][***]

（1. 云南省农业生物技术重点实验室，昆明 650223；

2. 云南省农业科学院生物技术与种质资源研究所，昆明 650223）

**摘　要：** 双生病毒（Geminiviruses）是世界范围内广泛发生的一类植物单链 DNA 病毒，包括菜豆金色花叶病毒属（*Begomovirus*）、玉米线条病毒属（*Mastrevirus*）、曲顶病毒属（*Curtovirus*）与番茄伪曲顶病毒属（*Topocuvirus*）4 个属。其中，大多数具有经济重要性的双生病毒属于 *Begomovirus*，严重为害热带、亚热带多种作物生产。*Begomovirus* 由烟粉虱（*Bemisia tabaci*）专一性的传播，因此，又称粉虱传双生病毒（Whitefly-transmitted geminiviruses，WTGs）。云南 WTGs 对冬春蔬菜（番茄、辣椒等）及经济作物烟草生产为害严重。WTGs 病害在云南分布于北部金沙江流域，西部澜沧江和怒江流域，中南部元江—红河流域和南部澜沧江流域 4 个集中分布发生地理区域，中国番茄黄曲叶病毒（TYLCCNV）为北部金沙江流域、中南部元江—红河流域的双生病毒优势种，西部澜沧江和怒江流域优势种为甘薯曲叶病毒（SPLCV），南部澜沧江流域优势种为烟草曲茎病毒（TbCSV）和云南烟草曲叶病毒（TLCYnV）。

烟粉虱是隐种复合种（complex cryptic species），由 24 个以上的形态难以区分的隐种组成。不同的烟粉虱隐种传播 WTGs 种类、能力、效率不同，引发 WTGs 病害发生流行的程度也不同。本研究通过对云南病毒集中发生分布区如元谋、元江、红河、版纳、保山、德宏等地的葫芦科、茄科作物及杂草田间调查，采集烟粉虱成虫标本通过线粒体细胞色素氧化酶 I 基因（COI）扩增、测序与系统发育分析，明确元谋主要传毒烟粉虱为外来入侵烟粉虱隐种 Middle East-Asia Minor 1（B 型烟粉虱），红河传毒烟粉虱主要为外来入侵烟粉虱隐种 Mediterranean（Q 型烟粉虱）、元江为隐种 Middle East-Asia Minor 1，版纳为隐种 Mediterranean，保山为隐种 Mediterranean，德宏为隐种 Middle East-Asia Minor 1 和隐种 Mediterranean。本土种以烟粉虱隐种 Asia I 为优势种，在上述所有调查区域均有发现，多分布在甘薯、大豆及杂草寄主上。

**关键词：** 双生病毒；烟粉虱；隐种

———————————

[*]　本研究受国家自然科学基金-云南联合基金重点项目（U1136606）；云南省应用基础研究面上项目（2011FB122）资助

[**]　第一作者：胡剑，博士，副研究员，从事媒介昆虫与植物病毒互作研究；E-mail：hujian712@gmail.com

[***]　通讯作者：张仲凯，研究员，从事植物病毒学研究；Tel：0871-5183204，E-mail：zhongkai99@gmail.com

# 四种病毒抑制剂防控烟草花叶病毒病的田间药效试验[*]

陈永对[1]　刘春明[2]　李宏光[2]　董家红[1]　郑　雪[1]

李婷婷[1]　苏晓霞[1]　张仲凯[1**]

（1. 云南省农业科学院生物技术与种质资源研究所，云南省农业生物技术重点实验室，
昆明　650223；2. 云南省烟草公司红河州公司技术中心，弥勒　652300）

烟草花叶病毒病是为害云南烟草的主要病害，给烤烟生产造成巨大的经济损失。药剂防治是烟草花叶病毒病综合防治中重要的辅助措施，但相同的药剂在不同的生态环境下抗病效果差异很大。为筛选出适合云南红河州烤烟生产的抗病毒抑制剂，本研究选用植物源新型抗病毒制剂 AHO 以及生物制剂多肽保、移栽灵和氨基寡糖素进行田间药效试验，以比较它们对烟草花叶病毒病的防控效果。

本试验从烤烟漂浮育苗的苗期开始防控，分别在苗期每次剪叶前一天喷施相应的病毒抑制剂 1 次，共喷施 3 次。于烟苗移栽之前采用 TAS-ELISA、负染色电镜检测法对烟苗进行检测，结果发现 AHO 和氨基寡糖素处理的烟苗其 TMV 阳性率均为 8.3%，移栽灵处理的烟苗其 TMV 阳性率为 16.6%，而多肽保处理的烟苗其 TMV 阳性率为 25%。分别于常规移栽后 1 个月、2 个月和 3 个月调查烟株的发病情况，结果表明多肽保处理的烟株发病率最高，分别为 7.3%、11.5% 和 21%，AHO 处理的烟株发病率最低，分别为 6.3%、9.4% 和 16.2%，4 种病毒抑制剂处理的烟株发病率均明显低于常规对照。从各处理的烟株的病情指数来看，多肽保组最高，分别为 6.4、10.5 和 17.9，AHO 组最低，分别为 5.6、7.8 和 12.6，4 种病毒抑制剂处理的烟株病情指数均明显低于常规对照。就它们的相对防效而言，最高的为 AHO，其平均相对防效为 44%，氨基寡糖素和移栽灵的平均相对防效均为 32%，多肽保的平均相对防效最低，只为 23%。

综合苗期和大田期的总体防控效果来看，4 种病毒抑制剂对烟草花叶病毒病均有一定的防控效果，其中，植物源新型抗病毒制剂 AHO 的效果最好，表明它可以作为抗 TMV 的新型药剂进行开发和应用推广。

---

\* 基金项目：云南省烟草公司红河州公司项目（HYSWZXY2011－19）；云南民族大学民族药资源化学国家民委－教育部重点实验室开放基金项目（MZY1106）

\*\* 通讯作者：张仲凯（1966—），男，研究员，主要从事植物病毒学研究；E-mail：zhongkai99@gmai.com

# GFPuv 标记猕猴桃溃疡病菌及标记菌在土壤、根系的定殖研究*

黄其玲** 高小宁 赵志博 秦虎强 黄丽丽***

（旱区作物逆境生物学国家重点实验室，西北农林科技大学植物保护学院，杨凌 712100）

**摘 要：** 由丁香假单胞杆菌猕猴桃致病变种 *Pseudomonas syringae* pv. *actinidiae* （*Psa*）引起的猕猴桃溃疡病是猕猴桃生产中最具毁灭性的细菌病害，近年来该病害在陕西省普遍严重发生，已使得猕猴桃产业的发展面临着巨大的威胁。然而，对于该病害的防治目前还未有一套行之有效的方案，因此，明确猕猴桃溃疡病菌的侵染过程，有望为病害防治提供理论依据。

本研究首先应用电击法对 *Psa* 进行 GFPuv 标记，比较标记前后两菌株的形态、培养特征和生长条件的差异，应用荧光显微镜和平板稀释法研究标记菌株在土壤和根系的定殖情况。结果显示，GFPuv 标记的猕猴桃溃疡病菌菌株在荧光显微镜下发出强烈的绿色荧光，8 株标记菌菌株的基因组 DNA 中均扩增出约 700 bp 的目的片段。标记前后两菌株的菌落在 BPA 培养基上均呈乳白色、圆形、半凸起，边缘不规则；细胞形态均为长椭圆形、杆状；其生长曲线、最适 pH 值和温度相一致，在非选择性培养基中连续移殖 20 次，仍然保持均匀而且强烈的绿色荧光，荧光稳定性保持在 100%。标记菌接种无菌土壤，在冬季温度环境下，可长期存活，接种 84 天，发绿色荧光的标记菌数量仅减少了 56%；在春季温度环境下，至多存活 56 天，而在非灭菌土壤中，第 28 天已检测不到目标菌落。标记菌灌根 1 天，根表、根内组织中可分离到目标菌落，随后数量逐渐增加，在检测的第 10 天两者的数量达到最高峰，此时根内标记菌的数量明显高于根表，此后数量均有所降低，但根内数量减少的趋势更平缓。因此，电击法能成功地将 *GFPuv* 基因转入猕猴桃溃疡病菌，导入的 *GFPuv* 基因对宿主菌的生物学特性没有影响，且遗传稳定。标记菌在低温条件下可在无菌土壤中至少存活 3 个月，非灭菌土壤中只能存活一个月，温度和土壤中其他微生物是影响病菌存活的至关因素；其次，该菌可依附于根表、侵入根内，并在根内定殖和增殖，由此可见，及时清理土壤中的病枝、病叶是防止病害流行的重要举措。此外，该标记菌还可用于实时地检测、监测猕猴桃溃疡病菌在组织中的侵染扩展动态等一系列后续研究。

**关键词：** 猕猴桃溃疡病菌；pDSK-GFPuv；电击转化；土壤存活；根系定殖

---

\* 基金项目：陕西省农业科技创新项目（2010NKC – 08）；高等学校学科创新引智计划（No. B07049）；西北农林科技大学科技推广专项

\*\* 第一作者：黄其玲（1987—），硕士研究生；E-mail：huangqilingxiao@ yahoo. com. cn

\*\*\* 通讯作者：黄丽丽（1961—），教授，博士生导师，主要从事植物病害综合治理研究；E-mail：huanglili@ nwsuaf. edu. cn

# 利用 Nested-PCR 技术检测苹果树
# 一年生枝条中的苹果树腐烂病菌[*]

尹志远[1,3][**]　戴青青[1,2]　臧　睿[1,2]　李正鹏[1,2]　黄丽丽[1,2][***]

(1. 旱区作物逆境生物学国家重点实验室，杨凌　712100；2. 西北农林科技大学植物保护学院，杨凌　712100；3. 西北农林科技大学创新实验学院，杨凌　712100)

**摘　要：** 由黑腐皮壳属真菌 *Valsa mali* Miyabe et Yamada ［无性阶段：*Cytospora sacculus* (Schwein.) Gvrit.］引起的苹果树腐烂病（apple tree valsa canker），是我国各主要苹果产区普遍发生且为害严重的一种枝干病害。该病菌具有潜伏侵染的特性，在树势衰弱时即可扩展为害，因此，明确其潜伏侵染规律将为苹果树腐烂病的有效防治提供理论依据。Nested-PCR 作为一种特异性高，灵敏度好且通量高的 PCR 方法，能较早、较快、高效地检测出植株带菌情况，克服了常规从发病植株的典型病斑上分离病原菌时费时且漏检率高的缺点，现已经广泛应用于植物病原真菌的检测。

选取陕西省杨凌区树龄为 10 年的中等发病果园为研究对象，采用随机取样的方法选取 5 个病树和 5 个健树，每树剪取未显症一年生枝条 5 枝，共 50 枝，分别进行 Nested-PCR 检测；分别于 1 月、4 月、7 月、10 月和次年 1 月对相同树进行取样。结果表明：未显症的一年生枝条普遍带有苹果树腐烂病菌，不同月份平均带菌率为 63%；同一月份，病树和健树的带菌率没有显著性差异；病树平均带菌率在 4 月和 7 月分别为 80%、96%，无显著性差异且显著高于其他月份，健树平均带菌率在不同月份没有显著性差异，平均为 57%。说明苹果树腐烂病菌可以侵染枝条并潜伏在其中越冬，这一结果将为进一步揭示该病菌的潜伏侵染规律奠定基础。

**关键词：** 苹果树腐烂病；分子检测；潜伏侵染

* 基金项目：公益性行业（农业）科研专项（201203034）；陕西省科技统筹创新工程计划课题（2011KTZB02 - 02 - 02）；高等学校学科创新引智计划资助项目（B07049）；国家自然科学基金项目（31171796）

** 第一作者：尹志远，西北农林科技大学创新实验学院；E-mail：vtefnfqp@163.com

*** 通讯作者：黄丽丽，教授，博士生导师，主要从事植物病害综合治理研究；E-mail：huanglili@nwsuaf.edu.cn

# 海南槟榔须芒草伯克霍尔德氏菌叶斑病病原的鉴定<sup>*</sup>

唐庆华[1]** 　张世清[2] 　牛晓庆[1] 　朱　辉[1] 　余凤玉[1] 　宋薇薇[1]

韩超文[1] 　吴多扬[1] 　覃伟权[1]***

(1. 中国热带农业科学院椰子研究所，海南省热带油料作物生物学重点实验室，
农业部热带油料作物科学观测试验站，文昌　571339；2. 中国热带农业科学
院热带生物技术研究所，海口　571101)

**摘　要**：本文首次报道了中国大陆发生由须芒草伯克霍尔德氏菌（*Burkholderia andro-pogonis*，*Ba*）侵染引起的槟榔细菌性叶斑病。2008 年，海南省文昌市发生一种严重的槟榔细菌性病害，发病槟榔叶片上具有褐色坏死病斑，病斑周围有黄色晕圈，病斑圆形至不规则形，严重者导致整片叶片黄化干枯，植株枯死。为了进行病原鉴定，我们采用形态观察、革兰氏染色、致病性测定、生理生化性状等常规细菌鉴定技术结合细菌 16S rDNA 序列特点对获得的菌株进行了分析。结果表明，2 个代表菌可引起本氏烟产生过敏性反应，接种槟榔后 5 天后开始发病。病菌形态特征为杆状，革兰氏阴性，极生单根鞭毛。在 NA 培养基上培养 2 天后，菌落白色圆形，隆起，黏稠状，边缘整齐；生理生化特征为具有氧化酶和接触酶活性，不具有 β-半乳糖苷酶、鸟氨酸脱羧酶、赖氨酸脱羧酶、精氨酸双水解酶和尿酶活性；可以利用柠檬酸盐，但不能还原硝酸盐，也不能进行明胶液化。从碳水化合物产酸上看，该菌在 47 个测试项目中仅在 L-阿拉伯糖、D-葡萄糖和 L-鼠李糖上有反应；16S rDNA 基因序列与 GenBank 中公布的须芒草伯克霍尔德氏菌 DQ786950 和 DQ786951 相应片段的序列相似性为 99%。上述结果表明，海南文昌发生的槟榔细菌病害病原为须芒草伯克霍尔德氏菌 *Burkholderia andropogonis*。槟榔细菌性叶斑病和槟榔细菌性条斑病的经济损失、症状及发病规律间的差异还有待进一步研究。

**关键词**：槟榔细菌性叶斑病；须芒草伯克霍尔德氏菌；分子鉴定

---

\* 基金项目：公益性行业（农业）科研专项项目（编号：200903026）；中央级公益性科研院所基本科研业务费专项（编号：1630052012002）；海南省自然基金项目（编号：312041）

\*\* 第一作者：唐庆华（1978—），男，博士，助理研究员，研究方向为病原细菌－植物互作功能基因组学及植原体病害综合防治；E-mail：tchuna129@163.com

\*\*\* 通讯作者：覃伟权，研究员，主要从事植物保护研究；E-mail：QWQ268@sohu.com

# 不同药剂对椰子泻血病菌孢子
# 萌发及芽管生长的影响

余凤玉*　牛晓庆　朱　辉　唐庆华　宋薇薇

（中国热带农业科学院椰子研究所，文昌　571737）

**摘　要：**椰子泻血病是为害椰子茎干的一种常见病害，分布范围广。该病一般从伤口侵入，典型症状是从树干上流出红褐色黏稠液体，干后变黑。发病严重的时候茎干腐烂，植物死亡。椰子泻血病菌奇异根串珠霉菌（*Thielaviopsis paradoxa*），属于半知菌亚门，丝孢纲、丝孢目根串珠霉属真菌，该菌寄主范围广，几乎可为害所有棕榈科植物，是棕榈科植物的重要病原菌。

本文研究了异菌脲、醚菌酯、百菌清、烯酰吗啉、甲基硫菌灵、咪鲜胺锰盐、多菌灵、代森锰锌、十三吗啉和苯甲·丙环唑 10 种药剂对椰子泻血病菌孢子萌发及芽管生长的影响。实验结果表明，不同药剂对椰子泻血病菌孢子萌发及芽管生长的影响差异显著。在供试药剂中，浓度为 100 μg/ml 时，百菌清对椰子泻血病菌孢子萌发的抑制作用最强，萌发抑制率达到 51.67%，烯酰吗啉、异菌脲、多菌灵和甲基硫菌灵对椰子泻血病菌孢子萌发的抑制作用较差，萌发抑制率分别为 6.78%、7.02%、7.89% 和 8.34%；对芽管生长的影响，除了烯酰吗啉对芽管生长的抑制作用较差，仅为 28.85% 外，其余药剂对椰子泻血病菌芽管生长的抑制作用均在 60% 以上，百菌清和苯甲·丙环唑的抑制率最高，达到 100%。

**关键词：**椰子泻血病菌；药剂；孢子萌发；芽管生长

---

* 第一作者：余凤玉，E-mail：yufengyu17@163.com

# 多粘类芽孢杆菌无细胞滤液胞外合成纳米银粒子的研究[*]

张　昕[**]　邓　晟　林　玲　周益军

（江苏省农业科学院植物保护研究所，南京　210014）

**摘　要：** 相对于传统的物理和化学合成法，纳米银的微生物合成法因为具有绿色环保、成本低廉和反应条件温和等优点，成为具有发展前景的纳米银制备新方法。本研究选用多粘类芽孢杆菌 Jaas cd 的无细胞滤液胞外还原制备纳米银粒子，并采用紫外-可见全波长扫描（UV-Vis）、透射电镜扫描（TEM）、X 射线粉末衍射分析（XRD）、傅里叶红外光谱分析（FT-IR）等方法验证纳米银粒子的形成，同时研究反应时间、硝酸银浓度、pH 值等参数对纳米银粒子合成的影响。紫外-可见全波长扫描结果表明，Jaas cd 的无细胞滤液与 $AgNO_3$ 溶液反应，在 450nm 处出现纳米银粒子的光学特征吸收峰，且吸收峰值随反应时间延长而增加；透射电镜观察获得的纳米银粒子粒度在 20～50nm，形态均一，分散性较好；XRD 结果证实晶态纳米银粒子的生成；FT-IR 结果表明某些蛋白参与了纳米银粒子的合成。通过对反应参数的优化，合成的优化条件为：反应液比例为 1 ml Jaas cd 的无细胞滤液对应 2 μl 1 mol/L $AgNO_3$ 溶液，pH 值为 9。

**关键词：** 多粘类芽孢杆菌；纳米银粒子

　＊　基金项目：江苏省自主创新资金项目［CX（11）4013］

　＊＊　作者简介：张昕（1980—），男，江苏淮安人，博士，助理研究员，主要从事植物土传病害防治研究；E-mail：njuzhangxin@163.com

# 象耳豆根结线虫快速检测技术研究[*]

何旭峰[1,2]　彭德良[1**]　丁　中[2]

（1. 中国农业科学院植物保护研究所植物病虫害生物学国家重点实验室，北京　100193；
2. 湖南农业大学生物安全科技学院，长沙　410128）

**摘　要：** 根结线虫（*Meloidogyne* spp.）是威胁全球农业生产的重要病原物，每年给农业生产造成巨大的经济损失。象耳豆根结线虫（*M. enterolobii*）在南方地区分布广泛，目前已经成为我国热带、亚热带地区的一个重要潜在病原物。本研究首次以象耳豆根结线虫 ITS 为靶标基因，建立了一种 LAMP 快速分子检测技术。结果表明，本研究建立的检测技术能够从 11 种植物寄生线虫中特异检测出象耳豆根结线虫，具有很高的特异性；最低检测阈值为 1/200000 头线虫 DNA，灵敏度比普通 PCR 高 100 倍；同时该检测技术能够从植物根结中直接检测出象耳豆根结线虫，准确性为 100%。该检测技术简便、快捷且结果可以通过肉眼判定，在田间和口岸的检测中具有广泛的应用前景。

**关键词：** 象耳豆根结线虫；ITS；LAMP；快速检测

---

\* 基金项目：公益性行业（农业）科研专项（201103018）

\*\* 通讯作者：彭德良（1963—），男，汉族，博士，研究员，主要从事植物线虫致病分子机理及控制技术研究；E-mail：dlpeng@ippcaas.cn

# 马铃薯腐烂茎线虫 *lys* 基因克隆与序列分析[*]

彭 焕[1,2] 彭德良[1**] 胡先奇[2]

（1. 中国农业科学院植物保护研究所，植物病虫害生物学国家重点实验室，北京 100193；
2. 云南农业大学农业生物多样性应用技术国家工程研究中心，昆明 650201）

**摘 要：** 马铃薯腐烂茎线虫（*Ditylenchus destructor*）引起的甘薯茎线虫病是为害我国甘薯产业的三大主要病害之一，目前该病害在我国东北和华北的甘薯产区广泛分布，为害非常严重。本研究以马铃薯腐烂茎线虫为研究对象，采用 EST 分析结合 RACE 克隆的方法首次从马铃薯腐烂茎线虫中克隆出一个溶菌酶基因（*Dd-lys*-1，Genbank 登录号为：HQ123252）。序列分析结果表明，该基因 cDNA 全长为 922bp，包含一个长度为 678bp 的开放阅读框（ORF），编码着 226 个氨基酸残基的蛋白质。信号肽分析发现，预测蛋白 N 段含有长度为 19 个氨基酸的信号肽。BLAST 比对发现和甘蓝根结线虫（*Meloidogyne artiellia*）的 MA-LYS-1（ABN58659）的相似性为 36%，秀丽隐杆线虫（*Caenorhabditis remanei*）CE-LYS-10（EFO93631）蛋白相似性为 32%。该预测蛋白含有水解糖苷酶第 25 家族保守序列，属于 GHF25 家族成员，推测其可能与抵御革兰氏阴性菌侵染有关。该基因的克隆和分析将为马铃薯腐烂茎线虫的生物防治机理的研究奠定良好的基础。

**关键词：** 马铃薯腐烂茎线虫；溶菌酶；基因克隆

\* 基金项目：国家自然科学基金（31071668，30871627）

\*\* 通讯作者：彭德良（1963—），男，汉族，博士，研究员，主要从事植物线虫致病分子机理及控制技术研究；E-mail：dlpeng@ippcaas.cn

# 北京地区禾谷孢囊线虫生活史及发生规律初步研究[*]

苏致衡[1,2][**]　黄文坤[2]　郑国栋[2]　张宏嘉[1]　刘淑艳[1]　彭德良[2][***]

（1. 中国农业科学院植物保护研究所，植物病虫害生物学国家重点实验室，北京　100193；
2. 吉林农业大学农学院，长春　130118）

**摘　要：** 小麦禾谷孢囊线虫病是小麦生产上的重要病害。2010～2011年对北京地区小麦禾谷孢囊线虫的发生规律进行了定期定点调查。结果表明，禾谷孢囊线虫在北京地区全年只发生一个世代，卵孵化高峰在4月中旬，卵除夏季滞育外全年均可持续孵化；2龄幼虫侵染高峰为4月上旬，3龄幼虫发育高峰为4月下旬至5月初，4龄幼虫发育高峰为5月上旬，白雌虫发育高峰为5月下旬至6月上旬，10月份播种后部分2龄幼虫就可以发生侵染并且冬前发育至3龄幼虫。本研究结果将为北方地区禾谷孢囊线虫的防治提供理论依据。

**关键词：** 禾谷孢囊线虫；北京地区；发生世代

　*　基金项目：农业部公益性行业（农业）科研专项（200903040）
　**　作者简介：苏致衡，吉林四平人，在读硕士研究生，植物病理学专业
　***　通讯作者：彭德良，研究员，主要从事植物线虫分子生物学及控制技术研究；E-mail：dlpeng@ippcaas.cn

# 马铃薯腐烂茎线虫 *CRT* 基因的克隆及序列分析[*]

王高峰　彭德良[**]　黄文坤　彭　焕　龙海波

（中国农业科学院植物保护研究所植物病虫害生物学国家重点实验室，北京　100193）

**摘　要：**钙网织蛋白（Calreticulin，CRT）具有多种生物学功能。在动物寄生线虫中，其通过参与寄生线虫取食，修饰寄主免疫系统等途径来辅助线虫对动物的侵染。在植物寄生线虫南方根结线虫 *Meloidogyne incogntia* 侵染拟南芥及番茄的过程中，CRT 由其侧腹食道腺腹合成并分泌于根部组织内，但该蛋白的生物学功能仍不清楚。本研究中，通过对来自不同物种中的 11 个 CRTs 蛋白序列进行序列比对分析发现，IDCGGGY 和 DGEWEPP 为 CRTs 的 2 个保守序列。根据此保守序列分别设计出简并引物 CAF 和 CAR。利用此简并引物从马铃薯腐烂茎线虫 *Ditylenchus destructor* 中克隆出 1 个 *CRT* 基因 *Dd-crt*-1（Genbank 登录号：GQ396798）。其 cDNA 全长 1 552 bp，含有一个由 1 215 bp 组成的开放性阅读框（ORF），编码 404 个氨基酸残基，编码蛋白分子量为 46.9 kDa。*Dd-crt*-1 与美洲板口线虫 *Necator americanus CRT* 基因（Genbank 登录号：CAA07254）高度同源，一致性（identities）达到 83%。*Dd-crt*-1 5′ 端和 3′ 端分别含有一个大小为 58 bp 和 279 bp 的非编码区。内含子外显子结构分析显示，*Dd-crt*-1 含有 8 个内含子，且内含子两端序列遵守 GU/AG 规则。信号肽预测显示，Dd-CRT-1 氨基端含有一个由 16 个氨基酸残基组成的信号肽，这表明 Dd-CRT-1 属于分泌型蛋白，据此推测马铃薯腐烂茎线虫可能在侵染寄主的过程中将 Dd-CRT-1 分泌至根部组织内协助其侵染。系统发育分析结果显示，来自线虫、植物和真菌中的 *CRTs* 基因分别形成 3 个独立的进化分支，由此可见，*Dd-crt*-1 并非通过基因水平转移从真菌中获得。

**关键词：**马铃薯腐烂茎线虫；钙网织蛋白；基因克隆

* 基金项目：国家自然科学基金项目（30921140411；31071668 ）资助

** 通讯作者：彭德良，E-mail：dlpeng@ippcaas.cn

# 禾谷孢囊线虫线粒体*COI*基因的克隆 [*]

徐小琴[1]  彭德良[2][**]  姜道宏[1]  黄文坤[2]  贺文婷[2]

（1. 华中农业大学植物科技学院，武汉  430070；

2. 中国农业科学院植物保护研究所，植物病虫害生物学国家重点实验室，北京  100193）

**摘  要**：根据植物寄生线虫细胞色素氧化酶 I（*COI*）基因保守区设计引物，所得序列运用 DNAMAN V6 软件与 GenBank 公布的相关线虫 *COI* 基因序列进行比对分析，对禾谷孢囊线虫（*Heterodera avenae*）北京市大兴区青云店群体中进行了线粒体基因的扩增，结果表明：所扩增得到的禾谷孢囊线虫 *COI* 基因序列片段长为 689bp，为富含 T 的重复序列。与其他植物寄生线虫 *COI* 基因序列比对，禾谷孢囊线虫与大豆孢囊线虫（*Heterodera glycines*）同源性最高，为 82.29%；与香蕉穿孔线虫（*Radopholus similis*）、松材线虫（*Bursaphelenchus xylophilus*）同源性分别为 66.76%、68.21%。表明 *COI* 基因可作为线虫的种间遗传标记，也可为线虫的分子遗传进化研究提供重要基础。

**关键词**：禾谷孢囊线虫；COI 基因；序列分析

&#42;  基金项目：国家自然科学基金（31171827；30921140411）；公益性行业（农业）科研专项（200903040）

&#42;&#42;  通讯作者：彭德良（1963—），男，汉族，博士，研究员，主要从事植物线虫致病分子机理及控制技术研究；E-mail：dlpeng@ ippcaas. cn

# 马铃薯腐烂茎线虫 *vap* 基因的克隆与表达分析[*]

周采文[1,2][**]　彭德良[1][***]　胡先奇[2]　彭　焕[1,2]　龙海波[1]　黄文坤[1]

（1. 中国农业科学院植物保护研究所植物病虫害生物学国家重点实验室，北京　100193；
2. 云南农业大学农业生物多样性应用技术国家工程研究中心，昆明　650201）

**摘　要：** 寄生基因编码的食道腺分泌蛋白在植物寄生线虫寄生过程中起关键作用。用 RT-PCR 结合 RACE 的方法从马铃薯腐烂茎线虫 *Ditylenchus destructor* Thorne 中克隆出了一个类毒液过敏原蛋白新基因 *Dd-vap-1* 的 cDNA 全长（基因登录号为：JQ 341057）。*Dd-vap-1* cDNA 全长 1346bp，包含一个长度为 1209bp 的开放阅读框，5′端非编码的长度为 69bp，3′端有一个 68bp 的非编码区。开放阅读框推导编码一个含有 402 个氨基酸的蛋白序列，预测分子量为 45.3kDa，等电点为 6.68。序列比对分析表明，Dd-vap-1 是富含半胱氨酸分泌蛋白（Cysteine-rich secretory protein，CRISP）家族的一员。原位杂交结果表明，*Dd-vap-1* 在马铃薯腐烂茎线虫的亚腹食道腺细胞特异表达，推测该基因在腐烂茎线虫侵染甘薯的早期阶段起到了重要的作用。

**关键词：** 马铃薯腐烂茎线虫；类毒液过敏原蛋白基因；原位杂交

---

　*　基金项目：国家自然科学基金（No. 31071668）

　**　第一作者：周采文（1987—）女，2009 级硕士研究生，从事植物寄生线虫研究

　***　通讯作者：彭德良，研究员，博士生导师，主要从事线虫分子生物学及生物安全研究 Tel：010 – 62815611；E-mail：dlpeng@ caas. net. cn

# 农业害虫

# Cry1Ac 对棉铃虫卵巢发育及卵黄蛋白基因的影响

张万娜* 梁革梅 郭予元**

（中国农业科学院植物保护研究所，植物病虫害生物学国家重点实验室，北京 100193）

**摘 要**：棉铃虫 *Helicoverpa armigera* 对 Cry1Ac 产生抗性后会产生一定的适合度代价，主要表现为产卵量、卵孵化率降低等。为了比较 Cry1Ac 毒素对棉铃虫卵巢发育及相关基因的影响，我们运用形态解剖比较了 Cry1Ac 抗性和敏感棉铃虫卵巢发育的差异，克隆了棉铃虫卵黄蛋白 Vitellogenin 的基因序列，并利用荧光定量 PCR 比较了两个品系棉铃虫的卵黄蛋白基因表达量的差异。结果发现：与敏感品系棉铃虫相比，抗性棉铃虫卵巢管长度、卵巢比重、卵个数等都明显降低，发育进度明显延迟；克隆得到了棉铃虫卵黄蛋白基因全长，该基因在雌性成虫的血淋巴、脂肪体和卵巢内表达；敏感品系棉铃虫卵黄蛋白基因最高表达量出现在第 5 天，而抗性品系棉铃虫的最高表达量延迟到第 7 天。卵巢发育及卵黄蛋白的变异可能是造成抗性棉铃虫适合度产生的内在原因，这些结果将为进一步明确抗性与适合度代价的关系、并为制定合理的抗性治理策略提供依据。

**关键词**：棉铃虫 *Helicoverpa armigera*；抗性；卵巢发育；卵黄蛋白 Vitellogenin；适合度

---

\* 作者简介：张万娜，女，硕士，从事昆虫分子生物学研究；Tel：010-62816306；E-mail：zhangwanna880210@ yeah. net

\*\* 通讯作者：郭予元；E-mail：yuyuanguo@ hotmail. com

# 棉铃虫浓核病毒 NS 和 VP 蛋白的细胞定位分析

徐蓬军* 肖海军 吴孔明**

（植物病虫害生物学国家重点实验室，中国农业科学院植物保护研究所，北京 100193）

**摘 要**：浓核病毒隶属于细小病毒科，浓核病毒亚科，是一类很小的 DNA 单链病毒，基因组大小 4~6kb，末端存在发卡结构；病毒粒子无囊膜，直径 18~26nm，成正二十面体状。本实验室在棉铃虫体内发现了一种新的浓核病毒，命名为 HaDNV-1。读码框分析表明，*HaDNV*-1 基因组含有 3 个读码框，分别编码 NS1、NS2 和 VP。本研究将编码 NS1 蛋白、NS2 蛋白和 VP 蛋白的读码框分别克隆到 IF2 启动子驱动的 GFP + 载体上，分别转染棉铃虫细胞系（Ha cell-line）和斜纹夜蛾细胞系（SL-hp cell-line）。结果表明两种细胞系中 NS1 蛋白和 NS2 蛋白定位于细胞核，而 VP 蛋白存在于细胞核和细胞质，成功表达上述蛋白的细胞与正常细胞相比无病变；说明 HaDNV-1 的 NS1 和 NS2 蛋白类似于其他浓核病毒的同类蛋白，含有核定位信号序列，而 VP 蛋白则同时具有核定位信号序列和出核序列。LMB（Leptomycin B）处理能阻止 HaDNV-1 的 VP 蛋白出核，表明 HaDNV-1 病毒粒子可能依赖细胞出核因子进行出核扩散，而不对宿主细胞本身造成很大影响。

**关键词**：浓核病毒；转染；核定位信号

* 作者简介：徐蓬军，男，山东东营，博士，从事昆虫分子生物学研究；Tel：010 – 62816306；E-mail：xupengjun@ 163. com

** 通讯作者：吴孔明；E-mail：kmwu@ ippcaas. cn

# 胰蛋白酶基因介导的棉铃虫抗 *Bt* 机制解析

肖玉涛*　刘晨曦　吴孔明**

（中国农业科学院植物保护研究所，植物病虫害生物学国家重点实验室，北京　100193）

**摘　要：** 棉铃虫（*Helicoverpa armigera*）是棉花上的重要害虫，转 *Bt* 基因棉花的种植有效地控制了棉铃虫的暴发。近年来，棉铃虫 *Bt* 抗性的产生成为转 *Bt* 基因棉花种植的巨大威胁。为了延缓棉铃虫对 *Bt* 抗性的产生，延长转 *Bt* 基因棉花的种植期限，棉铃虫抗 *Bt* 机制的研究成为极为紧迫的任务，也成为目前研究的热点问题。棉铃虫中肠胰蛋白酶（Trypsin）在 *Bt* 前毒素的活化过程中起着重要作用。由于蛋白酶的缺失致使前毒素的活化程度降低而产生的抗性是在抗性品系中最为普通的机制。研究发现棉铃虫至少有 5 个胰蛋白酶基因，分别命名为 *HaTLP*1-5。我们通过常年筛选获得了一系列具有抗 *Bt* 特性的棉铃虫品系。与敏感品系比较，我们发现在几个抗性品系中，有些胰蛋白酶基因表达完全沉默，另一些基因表达显著下调，还有一些基因表达没有显著变化。进一步的研究发现，抗性品系中胰蛋白酶基因的沉默是由于启动子变异所致。而相关胰蛋白酶基因下调表达可能是 *Bt* 毒素胁迫所致。胰蛋白酶基因启动子序列缺失是否与棉铃虫抗性紧密连锁还需要进一步证实。

**关键词：** 棉铃虫；*Bt* 抗性；胰蛋白酶；启动子

* 作者简介：肖玉涛，男，山东临沂人，博士后，从事昆虫与植物分子生物学研究；Tel：010-62816306；E-mail：xiao20020757@163.com

** 通讯作者：吴孔明；E-mail：kmwu@ippcaas.cn

# 取食 Cry2Ab 蛋白后棉铃虫幼虫中肠的组织病理变化

高　珍* 　魏纪珍　梁革梅**

（中国农业科学院植物保护研究所，植物病虫害生物学国家重点实验室，北京　100193）

**摘　要：** 利用透射显微镜观察了棉铃虫 *Helicoverpa armigera*（Hübner）幼虫取食含 Cry2Ab 蛋白饲料后中肠的组织病理变化，并与取食含 Cry1Ac 蛋白的棉铃虫进行了比较。结果表明，棉铃虫取食 Cry2Ab 蛋白后中肠细胞及其细胞器均发生了明显的病变。主要表现为：微绒毛脱落，细胞核皱缩，核膜不清晰，染色质凝聚，线粒体拉伸变形，内质网肿胀断裂，并且随着取食时间的延长病变越来越明显。与取食 Cry1Ac 蛋白的棉铃虫相比，Cry2Ab 引起棉铃虫中肠组织发生病变的速度较慢，而且对细胞核和内质网造成的破坏性较差。结果可为进一步明确 Cry2Ab 的作用机制、并为 Cry2Ab 作为二代双价抗虫转基因棉花的重要蛋白在棉铃虫综合防治中更好地发挥作用提供理论依据。

**关键词：** 棉铃虫；Cry2Ab；中肠；病变

* 作者简介：高真，女，硕士，从事昆虫抗药性研究；Tel：010-62816306；E-mail：gaozhen617@126.com

** 通讯作者，梁革梅；E-mail：gmliang@ippcaas.cn

# 绿盲蝽卵巢发育及卵黄原蛋白基因的克隆与表达[*]

苑 伟 吴孔明[**]

（中国农业科学院植物保护研究所，植物病虫害生物学国家重点实验室，北京 100193）

**摘 要：** 近年来，绿盲蝽 *Apolygus lucorum*（半翅目，盲蝽科）等盲蝽类害虫发生数量剧增，为害加重，已成为我国棉花上的主要害虫。昆虫卵巢发育情况直接影响其繁殖力。本文研究了室内饲养条件下绿盲蝽的卵巢发育动态，并结合卵巢管长度、卵母细胞发育和卵黄蛋白沉积情况，将绿盲蝽卵巢分为 5 级。同时，克隆得到了卵黄原蛋白基因 cDNA 全长。克隆得到的绿盲蝽卵黄原蛋白基因 cDNA 全长 6 131bp，开放阅读框长度为 5 988bp，共编码 1996 个氨基酸，预测分子量为 218.3kDa，等电点为 9.02，GENEBANK 登录号为 JQ867181（未公布）。

**关键词：** 绿盲蝽 *Apolygus lucorum*；室内饲养条件；卵巢发育；卵黄蛋白 Vitellogenin

[*] 作者简介：苑伟，女，硕士，从事昆虫分子生物学研究；Tel：010-62816306；E-mail：yuanwei19890126@163.com

[**] 通讯作者：吴孔明；E-mail：kmwu@ippcaas.cn

# 绿盲蝽对植物挥发物类似物的触角电生理反应

孙玉凤* 张永军 陆宴辉 吴孔明**

（中国农业科学院植物保护研究所，植物病虫害生物学国家重点实验室，北京 100193）

**摘 要**：植物挥发物是昆虫化学通讯的一类重要物质，在昆虫寄主选择、取食及产卵等行为过程中具有重要作用。植物挥发物主要包括 $C_6$-酯等绿叶性气味、萜类及其他化合物。

触角电位（electroantennogram，EAG）是所测昆虫触角上所有化感器对刺激物电生理反应的总和。这种方法具有很高的灵敏性和选择性，在昆虫嗅觉研究中，用以筛选生物学上有活性的化合物。通过电生理学方法研究昆虫对植物挥发物的活性与化学结构的关系，对于筛选开发害虫控制剂具有重要意义。

盲椿象隶属于半翅目盲蝽科（Hemiptera：Miridae），是一类重要的农业害虫，种类众多，其中，为害比较严重的种类为绿盲蝽（*Apolygus lucorum* Meyer-Dür）。绿盲蝽的寄主范围广泛，寄主种类多达 50 多科 200 余种，且其为害性及扩散力强。近年来，黄河流域和长江流域转基因 *Bt* 棉花大面积种植后，由于农药喷洒次数和用量都明显减少，间接导致绿盲蝽种群获得生存空间，在棉田暴发成灾。因此，如何有效控制绿盲蝽为害是当前迫切需要解决的一个重要问题。

目前，有关绿盲蝽对植物挥发物的电生理反应已见报道，然而，其对植物挥发物类似物是否具有响应仍未可知。本研究以 $C_6$-酯类植物挥发物为模板，拟将杂环酸片段替代低级脂肪酸片段，以增加分子量降低挥发性，设计合成一系列含杂环的酯类植物挥发物类似物。触角电生理试验表明，在 20μg、200μg、2 000μg 剂量，绿盲蝽雌雄虫触角对含杂环的酯类植物挥发物类似物表现强的电生理反应，它们与标准参照刺激苯乙酸甲酯的差异显著，而在 0.2μg、2 μg 剂量，绿盲蝽雌雄虫触角对含杂环的酯类植物挥发物类似物未表现电生理反应。上述结果表明，植物挥发物经结构改造所得化合物，对绿盲蝽仍然表现触角电生理反应，这对探索发现环境友好型绿盲蝽控制剂拓宽了思路与空间。

**关键词**：绿盲蝽；植物挥发物；类似物；触角电生理

---

\* 作者简介：孙玉凤（1984—），女，山东济宁人，博士后，研究方向为农业昆虫与害虫防治；E-mail：sunyufengcau@yahoo.com.cn

\*\* 通讯作者：吴孔明，研究员；E-mail：kmwu@ippcaas.cn

# 绿盲蝽气味结合蛋白基因初步鉴定

纪　萍　刘靖涛　谷少华　张永军[*]　郭予元

（中国农业科学院植物保护研究所，植物病虫害生物学国家重点实验室，北京　100193）

**摘　要：**昆虫感受性信息素和寄主挥发物主要靠灵敏的嗅觉系统，存在于昆虫触角感器淋巴液中的气味结合蛋白（odorant binding proteins，OBPs）和嗅觉神经元树突上的嗅觉受体（olfactory receptors，ORs），在昆虫感受外界信息物质的过程中发挥关键作用。本实验室利用 SMART 技术成功构建了绿盲蝽触角 cDNA 文库，通过生物信息学方法鉴定出 12 个 *OBPs* 基因，为两大类：Classical OBPs（包括 AlucOBP4，AlucOBP5，AlucOBP7，AlucOBP8，AlucOBP9，AlucOBP10）和 Plus-C OBPs（包括 AlucOBP1，AlucOBP2，AlucOBP3，AlucOBP6，AlucOBP11，AlucOBP12），并将 12 个 *OBPs* 基因与已知半翅目昆虫的 *OBPs* 基因构建了进化树分析。另外，我们采用 Real-time PCR 技术对鉴定出的气味结合蛋白基因在绿盲蝽不同发育阶段及绿盲蝽成虫不同部位的转录表达谱进行了初步研究。

**关键词：**绿盲蝽；结合蛋白基因

---

[*] 通讯作者：E-mail：yjzhang@ippcaas.cn

# 红颈常室茧蜂对绿盲蝽的控制潜能

罗淑萍[1,2]　陆宴辉[1]　李红梅[2,3]　张　峰[2,3]　吴孔明[1]*

（1. 中国农业科学院植物保护研究所，北京　100193；2. MOA-CABI 生物安全联合实验室，北京　100193；3. CABI 国际应用生物科学中心，北京　100193）

绿盲蝽（*Apolygus lucorum* Meyer-Dür）是多种农作物（如棉花、苜蓿、枣树、绿豆等）的重要害虫，红颈常室茧蜂（*Peristenus spretus* Chen et van Achterberg）是盲椿象若虫的一种重要寄生蜂。目前，该茧蜂仅在中国有记载。为了了解红颈常室茧蜂对绿盲蝽的控制潜能，本文开展了红颈常室茧蜂对绿盲蝽若虫的功能反应和过寄生率的研究，结果表明，在寄主密度分别为 10 头、20 头、40 头、80 头和 160 头时，绿盲蝽若虫被单头雌蜂寄生的数量随其密度的增加而增高，红颈常室茧蜂对绿盲蝽若虫的瞬时攻击率（a）为 0.8957，其处理 1 头绿盲蝽若虫所需要的时间为 0.0098 天，根据 Holling 圆盘方程拟合的结果，红颈常室茧蜂每日对绿盲蝽若虫的最大寄生数量为 102.0 头。种内竞争的试验结果表明，分别提供 100 头绿盲蝽若虫给 1 头、2 头、4 头、8 头和 16 头雌蜂寄生时，寄生蜂对绿盲蝽若虫的寄生数量及其种内竞争强度（I）显著受到其自身密度的影响，其种内竞争强度随自身密度的增加而显著加强，其对绿盲蝽若虫的寄生效应随自身密度增加而显著降低。红颈常室茧蜂的过寄生率随绿盲蝽若虫密度的降低或自身密度的增加而增高。基于我们的研究结果，为了避免或尽可能地减少过寄生现象，在对红颈常室茧蜂进行室内饲养时，在每一养虫盒内 1~2 雌蜂每日需提供 80~100 绿盲蝽若虫。研究结果可以更好地了解不同寄主密度下红颈常室茧蜂寄生策略，以及阐明红颈常室茧蜂自身密度干扰下个体发育的机制。

---

* 通讯作者：吴孔明，E-mail：kmwu@ ippcaas. cn

# 毫米波扫描昆虫雷达数据处理分析系统的研发[*]

胡晓文[1**]　陈　林[2]　程登发[1***]

（1. 中国农业科学院植物保护研究所 植物病虫害生物学国家重点实验室，
北京　100193；2. 宁夏出入境检验检疫局，银川　750000）

**摘　要：** 昆虫迁飞是其在进化过程中长期适应环境的遗传特性，是昆虫从时间和空间上逃避不良环境条件开辟新生境的一种手段，也是导致害虫大发生的主要原因之一，为害虫的防治带来极大的困难。深入研究昆虫的迁飞行为，是预测害虫发生期、发生量的关键。雷达昆虫学作为一门新兴学科，为研究昆虫的迁飞提供了一种革命性的工具。昆虫雷达能对迁飞性昆虫的迁飞活动进行实时监测，不受时空和人为干扰，具有较高的灵敏度和分辨率，特别适于大范围迁飞性害虫的动态监测，为害虫的爆发成灾提前发布预报具有其他方法无法比拟的优势。

毫米波扫描昆虫雷达为微小型昆虫的迁飞观测提供了有力的观测手段。但目前，其在数据读取、参数分析、回波点统计等方面存在问题。针对以上缺陷，在研究扫描昆虫雷达非实时程序的基础上，自行设计、制作了毫米波扫描昆虫雷达数据处理分析系统，定量描述雷达回波，对雷达数据进行读写并统一存放，进一步进行图像绘制，通过参数设置统计指定空间范围内昆虫回波点的方位、高度、距离等关键生物学参数，统计每个高度层的回波点数量并计算相应密度，最后对昆虫目标的移动方向和速率进行分析等。对于实现毫米波扫描昆虫雷达回波数据处理的自动化和迁飞性昆虫的实时监测、准确预测和有效治理，组建我国的雷达监测网，均具有重要的理论意义和实践价值。

**关键词：** 毫米波扫描；雷达；昆虫

---

　*　基金项目："973"国家重点基础研究项目（2010CB126200）

　**　作者简介：胡晓文，女，硕士研究生，研究方为病虫害预测预报的信息技术；E-mail：huxiaowen010@yahoo.com.cn

　***　通讯作者：程登发，研究员；E-mail：dfcheng@ippcaas.cn

# 麦长管蚜为害对小麦产量和面粉品质
# 特征影响的初步研究[*]

袁　浩[1 2**]　谢海翠[1]　刘　勇[2]　孙京瑞[1]　陈巨莲[1***]

（1. 中国农业科学院植物保护研究所，植物病虫害生物学国家重点实验室，
北京　100193；2. 山东农业大学植物保护学院，泰安 271018）

**摘　要：**小麦是我国北方地区的最主要粮食作物，麦蚜属半翅目，蚜科，是我国乃至世界上麦类作物的重要害虫。我国麦蚜主要有 4 种，在小麦生长季节常混合发生，其中，麦长管蚜是小麦田间优势种群。麦蚜的取食为害对产量的影响在国内外均有报道，但对面粉品质特征的影响报道较少。本研究以麦长管蚜为研究对象，通过田间笼罩接蚜的方式，设计密度梯度（低密度 1 头/茎、中等密度 5 头/茎、高密度 10 头/茎）3 个处理，首先研究不同初始蚜量下麦长管蚜在小麦上的田间种群动态，结果表明不同接蚜处理显著影响无翅蚜总量和高峰期蚜量（$P < 0.05$）。其次对各处理及以空白处理笼罩小麦测产，结果显示麦长管蚜取食显著降低小麦的有效穗粒数和千粒重（$P < 0.05$）。将各处理和对照小麦磨粉，测定面粉理化特性及面团流变学特性参数，结果表明，蚜虫取食小麦能极显著增加面粉的常量沉降值，且随蚜量增加而升高（$P < 0.01$）；高密度蚜虫取食小麦会延长面团的形成时间（$P < 0.05$）。本研究初步阐明麦长管蚜取食为害对优质小麦品质影响的程度，为进一步开展麦长管蚜为害对小麦籽粒蛋白组分影响的研究提供参考，为优质小麦的抗虫育种提供理论依据。

**关键词：**小麦；麦长管蚜；产量；面粉品质

* 基金项目：国家自然科学基金项目（30971920）

** 作者简介：袁浩，男，山东滕州市人，硕士研究生，研究方向为昆虫生理与分子生物学；E-mail：liuhuo_ online@ 163. com

*** 通讯作者：陈巨莲，E-mail：jlchen@ ippcaas. cn；张杰，E-mail：jzhang@ ippcaas. cn

# 禾谷缢管蚜对报警信息素的反应及
# 相应气味结合蛋白基因克隆[*]

范 佳[1][**] 袁 浩[2] 刘 勇[2] 程登发[1] 孙京瑞[1]

张 杰[1] 陈巨莲[1][***]

（1. 中国农业科学院植物保护研究所，植物病虫害生物学国家重点实验室，
北京 100193；2. 山东农业大学植物保护学院，泰安 271018）

**摘 要：** 当蚜虫受到天敌的攻击或其他干扰时，会从腹管中分泌液滴，该液滴中含有一种可使周围蚜虫感知并从栖息地迅速逃散的物质，这种物质就是报警信息素。大多数蚜虫具有释放和感受该物质的能力。研究表明，（E）-β-法尼烯（$E$-β-farnesene，EBF）是蚜虫报警信息素的主要功能组分之一。ApisOBP3 是首个被鉴定的特异结合 EBF 的昆虫气味结合蛋白，来自于豌豆蚜 Acyrthosiphum pisum。最近，另外一类昆虫气味结合蛋白 OBP7 特异识别和结合 EBF 的功能相继被报道，这类蛋白包括 SaveOBP7（麦长管蚜 Sitobion avenae）及 ApisOBP7（豌豆蚜 Scyrthosiphum pisum）。本研究以禾谷缢管蚜 Rhopalosiphum padi 为研究对象，首先利用四臂嗅觉仪测定禾谷缢管蚜的嗅觉行为反应，结果显示：禾谷缢管蚜新鲜残体挥发物及外源 EBF 对该蚜均有显著的驱避作用（$P = 0.01$）。其次通过基因克隆技术，分别获得编码 ApisOBP3 和 ApisOBP7 同源蛋白的 cDNA 序列。ApisOBP3 同源蛋白 CDs 长度为 426 bp，5'端的 69 bp 为编码信号肽序列，编码的成熟蛋白由 119 个氨基酸残基组成，命名为 RpadOBP3，与 ApisOBP3 的序列一致性为 89.83%，等电点 PI 为 4.8；ApisOBP7 同源蛋白 CDs 长度为 450bp，5'端的 72bp 为编码信号肽序列，编码的成熟蛋白由 126 个氨基酸残基组成，命名为 RpadOBP7，与 ApisOBP7 的序列一致性为 83.20%，等电点 PI 为 7.1。以测得 3D 结构的马德拉蜚蠊 Leucophaea maderae 的信息素结合蛋白 LmadPBP 为模板比较建模，结果显示 RpadOBP3 和 RpadOBP7 能够构建成类似的空间结构，在结构的疏水中心均具有典型的疏水残基。本研究结果为开展禾谷缢管蚜上述气味结合蛋白与多种气味配体结合反应，验证 EBF 与各自的结合能力和特异性，以及禾谷缢管蚜种内报警信息素具体组分的鉴定奠定了基础。

**关键词：** 气味结合蛋白；蚜虫；（E）-β-法尼烯（EBF）；报警信息素；嗅觉行为

---

[*] 基金项目：国家自然科学基金项目（31171618）；中国博士后科学基金面上资助（2012M510627）；中比国际合作项目（2010DFA32810）；现代农业产业技术体系 CARS－03

[**] 作者简介：范佳，女，黑龙江人，博士研究生，研究方向为昆虫生理与分子生物学；E-mail：jiahangyouxiang@163.com

[***] 通讯作者：陈巨莲，E-mail：jlchen@ippcaas.cn；张杰，E-mail：jzhang@ippcaas.cn

# 短时间高温处理对马铃薯甲虫存活的影响[*]

彭　赫[1**]　张云慧[1]　程登发[1***]　李　超[2]　孙京瑞[1]

（1. 中国农业科学院植物保护研究所，植物病虫害生物学国家重点实验室，
北京　100193；2. 西南大学植物保护学院，重庆　400716）

**摘　要：** 马铃薯甲虫 *Leptinotarsa decemlineata* Say 是世界著名的毁灭性检疫害虫，对我国的马铃薯生产造成严重威胁。为探索新疆乌鲁木齐地区的马铃薯甲虫种群动态与高温的关系，以及为综合防治和检疫处理措施的实施等提供必要的科学依据，本文研究了不同温度（35℃、38℃、41℃、44℃、47℃、50℃）、不同处理时间（1h、2h、4h、6h）对马铃薯甲虫各虫态（卵，1~4 龄幼虫，成虫）存活及生长发育的影响，除高温处理外，其他时间在温度28℃，相对湿度70%，光照周期为 L：D = 16h：8h 的人工气候箱以马铃薯叶片正常饲养。结果表明：在同一处理时间条件下，马铃薯甲虫各虫态的存活率随着温度的升高而降低；在同一处理温度下，存活率随处理时间的延长而降低。35~41℃温度范围内，马铃薯甲虫存活率随时间的延长降低缓慢，从44℃开始马铃薯甲虫的存活率随时间的延长迅速降低，1~3 龄幼虫及成虫在47℃下1h 就无法存活，卵在47℃下6h 孵化率为零，马铃薯甲虫各虫态在50℃下1h 内均不能存活，4 龄幼虫经高温处理后入土化蛹以及蛹成功羽化为成虫的比率下降明显，受高温影响较大。短时间耐热性卵 >4 龄 > 成虫 >3 龄 >2 龄 >1 龄。

**关键词：** 马铃薯甲虫；短时间高温；存活率

---

\* 基金项目：公益性行业（农业）科研专项（201103026－2）

\*\* 作者简介：彭赫，男，硕士研究生，研究方向为病虫测报

\*\*\* 通讯作者：程登发，研究员；E-mail：dfcheng@ ippcaas. cn

# 不同景观格局下的马铃薯甲虫空间分布与扩散规律研究[*]

李　超[1,2][**]　程登发[1][***]　刘　怀[2]　张云慧[1]　孙京瑞[1]

（1. 中国农业科学院植物保护研究所，植物病虫害生物学国家重点实验室，
北京　100193；2. 西南大学植物保护学院，重庆　400716）

**摘　要**：景观生态学是研究空间景观结构以及与生态过程相互关系的一门科学。空间过程在群落与种群生态学中扮演着越来越重要的角色，复合群落理论描述了空间中多个群落之间的相互扩散过程。昆虫个体在不同的空间斑块之间扩散成为局部群落组成的一个重要的方面，而对群落功能产生重要的影响。马铃薯甲虫作为一种我国重要的外来入侵生物，自 1993 年由哈萨克斯坦入侵我国新疆北部地区以来，自西向东扩散，给我国马铃薯等茄科作物生产带来严重威胁。为明确马铃薯甲虫空间分布与扩散规律，以及在生态多样性环境中分布扩散与环境因子的关系，尤其是农业景观环境中人类活动引起的空间景观结构的变化是否对其分布与生存带来影响。本研究通过对我国新疆马铃薯甲虫现有发生区域发生期内为害情况的普查，并结合全球定位系统（GPS）、地理信息系统（GIS）等现代空间信息技术，对马铃薯甲虫在我国新疆北部地区的种群空间分布规律展开了研究，同时利用"标记—释放—回捕"方法对马铃薯甲虫成虫在田间不同景观条件下扩散规律展开研究。确定不同的栖息地特征对马铃薯甲虫扩散的影响。结果表明：马铃薯甲虫空间分布规律为：刚出土的马铃薯甲虫成虫呈聚集分布，多数集中在刚出土的马铃薯嫩苗上；北疆地区马铃薯甲虫分布情况与近年基本一致，其分布范围没有进一步扩大；主要集中分布在海拔高度 600~700m，1 200~1 300m，1 400~1 500m，依次占总体 97 个调查点的 15.5%、14.4% 和 12.4%。在海拔 400m 以下和 1 900m 以上地区，没有发现马铃薯甲虫分布。分布点的平均海拔为（1 066±41）m。田间不同景观结构下的扩散规律：马铃薯甲虫成虫扩散呈放射状，从释放点均匀地向四周分布扩散。在寄主植物田块内，沿马铃薯种植行扩散趋势强于跨行扩散；在空白地块上的扩散无明显方向性，而在非寄主植物田块内，多沿着种植作物的间隙空白处进行扩散，田间的杂草分布能在一定程度上阻碍马铃薯甲虫的扩散。

**关键词**：景观结构；空间斑块；扩散；标记—释放—回捕

＊　基金项目：公益性行业（农业）科研专项（201103026－2）

＊＊　作者简介：李超，男，博士研究生，研究方向为昆虫生态；E-mail：lichaoyw@163.com

＊＊＊　通讯作者：程登发，E-mail：dfcheng@ippcaas.cn；刘怀，E-mail：redliuhuai@yahoo.com.cn

# 马铃薯甲虫热激蛋白基因的克隆及其序列分析[*]

蒋 健[1,2**] 李祥瑞[1] 张云慧[1] 孙京瑞[1] 程登发[1***]

(1. 中国农业科学院植物保护研究所，植物病虫害生物学国家重点实验室，
北京 100193；2. 青海大学农牧学院，西宁 810016)

**摘 要：** 马铃薯甲虫 *Leptinotarsa decemlineata*（Say），又名科罗拉多马铃薯甲虫（Colorado potato beetle）、马铃薯叶甲、蔬菜花斑虫，属鞘翅目（Coleoptera）叶甲科（Chrysomelidae），是国际公认的毁灭性检疫害虫，也是我国对外重大检疫对象和重要外来入侵物种之一。该虫的寄主范围相对较窄，主要是茄科的 20 多种植物，最适寄主为马铃薯，其次为天仙子，主要以成虫、幼虫为害，常常将马铃薯叶片吃光，一般减产 30% ~ 50%，有时高达 90%，甚至绝收，同时，它还能传播马铃薯其他病害，如褐斑病、环腐病等。马铃薯甲虫的扩散历史表明，该虫对逆境条件具有极强的适应性。研究表明，热激蛋白具有"分子伴侣"（Molecular chaperones）的作用，能够防止蛋白质变性以及帮助已变性的蛋白重新折叠，对于逆境胁迫下细胞的生存起着至关重要的作用。

为研究马铃薯甲虫对温度胁迫的适应性的分子机制，我们开展了对马铃薯甲虫热激蛋白基因的初步研究工作。本文通过在 NCBI 数据库搜索得到跟马铃薯甲虫相关的 cDNA 序列 2 725 个，EST 序列 8 596 个，利用 Gene Ontology，CAP3 等软件进行筛选分析，最终得到 12 个马铃薯甲虫热激蛋白基因 cDNA 片段。根据这些片段分别设计特异性引物，采用 RT-PCR 和 RACE 技术得到 4 个热激蛋白基因 cDNA 全长序列。其中，HSP60 cDNA 开放阅读框（ORF）长 1731bp，编码 576 个氨基酸，预测分子量为 61.27kDa，等电点为 5.51；HSP70A ORF 长 1947bp，编码 648 个氨基酸，预测分子量为 71.07kDa，等电点为 5.33；HSP70C ORF 长 1890bp，编码 629 个氨基酸，预测分子量为 68.16kDa，等电点为 5.58；HSP90 ORF 长 2160bp，编码 719 个氨基酸，预测分子量为 82.09 kDa，等电点为 4.98。马铃薯甲虫热激蛋白基因的克隆，为进一步明确该蛋白的功能以及研究马铃薯甲虫对温度的适应性机制提供了一定的理论依据。不同温度胁迫条件下，上述几种马铃薯甲虫热激蛋白基因表达量的变化，还需 Real-time PCR 进一步检测。

**关键词：** 马铃薯甲虫；逆境胁迫；热激蛋白；RACE PCR；序列分析

* 基金项目：公益性行业（农业）科研专项（201103026 – 2）
** 作者简介：蒋健，男，硕士研究生，研究方为昆虫分子生物学；E-mail：jiangjian254@163.com
*** 通讯作者：程登发，研究员；E-mail：dfcheng@ippcaas.cn

# 小菜蛾性信息素结合蛋白的克隆、表达及结合特性分析

孙梦婧* 刘 杨 王桂荣

（中国农业科学院植物保护研究所，植物病虫害生物学国家重点实验室，北京 100193）

**摘 要：** 性信息素结合蛋白（PBPs）在雄蛾识别同类雌蛾过程中起着重要的作用，它是一类水溶性蛋白，存在于触角淋巴液中。它在嗅觉识别过程中，运送脂溶性的性信息素分子穿过触角淋巴液至嗅觉神经元膜上的性信息素受体。近几年研究表明，不同 PBP 对不同种类性信息素具有很高的敏感性和专一性。本研究克隆了小菜蛾 3 个性信息素结合蛋白基因（*PxylPBP*1、*PxylPBP*2、*PxylPBP*3），其中，*PxylPBP*1 基因全长 504bp，编码 167 个氨基酸，等电点 5.33；*PxylPBP*2 基因全长 519bp，编码 173 个氨基酸，等电点 5.65；*PxylPBP*3 基因全长 495bp，编码 164 个氨基酸，等电点 5.29。RT-PCR 和 qRT-PCR 的实验结果表明，*PxylPBP*1、*PxylPBP*2、*PxylPBP*3 主要在嗅觉附器（触角、喙、下颚须）中表达；除此之外，三者亦均在雌蛾生殖器和雄蛾足中有少量表达。荧光竞争结合实验研究了 3 个 PBP 和 4 种性信息素、4 种性信息素类似物及 6 种植物挥发物的结合能力。结果表明，3 个 PBP 和 4 种性信息素均有很强的结合能力，其中，每个 PBP 都有一种结合最强的性信息素；同时 PBP 和 4 种性信息素类似物中有双键存在的类似物也有较强的结合能力，和不存在双键的类似物的结合能力则明显减弱；而 3 个 PBP 对 6 种植物挥发物则不存在明显的结合能力。本研究表明，PBPs 具有初步筛选化合物的能力，它能识别性信息素和与性信息素具有类似结构的化合物；深入研究 PBP 在昆虫信息素传导过程中的分子机制，对理解昆虫信息素的传递途径和信息素作用机理将提供有力证据。

**关键词：** 小菜蛾；性信息素结合蛋白；表达谱；荧光竞争结合

---

\* 第一作者：孙梦婧；E-mail：smj_ april@ qq. com

# 斜纹夜蛾气味受体的克隆及功能研究

张 进 刘 杨 王桂荣

（中国农业科学院植物保护研究所，北京 100193）

**摘 要：**昆虫通过识别植物挥发物来寻找寄主和产卵场所，位于神经元树突膜上的嗅觉受体（olfactory receptor，OR）在昆虫这一重要行为反应中起着关键作用。本研究中我们利用 RT-PCR 结合 RACE 技术从斜纹夜蛾触角中克隆了一个识别寄主重要挥发物的普通气味受体基因 *Slitu*OR12，半定量 RT-PCR 结果表明该基因在雌雄触角中特异表达。进一步的原位杂交结果表明 *Slitu*OR12 仅在毛形感器表达，在其他类型的感器如锥形感器中没有表达。通过爪蟾卵母细胞体外表达和双电极电压钳技术，研究了 SlituOR12 对 50 种植物挥发物的电生理反应，结果表明 SlituOR12 对顺-3-己烯基乙酸酯有特异性反应，而且非常灵敏。该化合物是斜纹夜蛾主要寄主玉米、棉花等的主要挥发物成分之一。EAG 实验表明，斜纹夜蛾触角对此挥发物具有明显的电生理反应。以上研究结果表明，普通气味受体 SlituOR12 在斜纹夜蛾寻找寄主和产卵场所等行为反应中可能起着重要作用。

**关键词：**斜纹夜蛾；顺-3-己烯基乙酸酯；嗅觉受体；原位杂交

# 甜菜夜蛾感觉神经元膜蛋白 SNMP1 和 SNMP2 的克隆和定位

刘程程[*]　刘　杨　王桂荣

（中国农业科学院植物保护研究所植物病虫害生物学国家重点实验室，北京　100193）

**摘　要**：嗅觉系统在昆虫的生命活动中至关重要，它通过多种蛋白的参与调控昆虫的取食、交配和产卵等过程。感觉神经元膜蛋白（Sensory Neuron Membrane Protein，SNMP）是一类在昆虫中特异表达的膜蛋白，属于 CD36 受体家族，它可能在性信息素的识别过程中起着辅助作用。本研究利用 RT-PCR 和 RACE 技术克隆得到甜菜夜蛾感觉神经元膜蛋白 *SexiSNMP*1 和 *SexiSNMP*2 基因，*SexiSNMP*1 基因全长 1575bp，编码 525 个氨基酸；*SexiSNMP*2 基因全长 1563bp，编码 521 个氨基酸。qRT-PCR 结果表明，*SexiSNMP*1 在触角中特异表达，*SexiSNMP*2 在多个组织中有表达，但以触角表达量为最高；*SexiSNMP*2 在触角中表达量高于 *SexiSNMP*1。原位杂交结果显示，这两个 *SNMP* 基因主要在毛型（包括长毛型和短毛型）和锥型感器中表达，而在腔锥型和刺型感器中没有表达，推测这两个 *SNMP* 在化学感受过程中起着不同的作用，但可能都与性信息素和普通气味的识别以及运输过程相关。

**关键词**：感觉神经元膜蛋白；qRT-PCR；原位杂交；甜菜夜蛾

---

＊　第一作者：刘程程；E-mail：lcvslqa@ sina. com

# 甜菜夜蛾氯虫苯甲酰胺抗性品系对其他杀虫剂的交互抗性及增效剂增效作用研究[*]

刘　佳[1]　柏连阳[1,2]　周小毛[1**]

（1. 湖南农业大学农药研究所，长沙　410128；2. 湖南人文科技学院，娄底　417000）

**摘　要：** 甜菜夜蛾 *Spodoptera exigua*（Hübner）是一种在全世界范围内以为害蔬菜、豆类等作物的害虫。多年来的化学防治，甜菜夜蛾对很多化学药剂产生了不同程度抗药性。鱼尼丁受体是分子量最大的离子通道，氯虫苯甲酰胺可选择性地扰乱或破坏细胞质 $Ca^{2+}$ 内环境的稳定性，其对鱼尼丁受体（RyR）敏感的 $Ca^{2+}$ 释放通道产生作用后害虫鱼尼丁受体 $Ca^{2+}$ 通道打开，大量的 $Ca^{2+}$ 从内钙库释放出来使细胞质中钙离子浓度失衡，肌肉细胞收缩，引起害虫呕吐拒食，收缩瘫痪死亡。为监测甜菜夜蛾抗药性发展，对采自湖南省岳阳市君山蔬菜基地甘蓝叶上的甜菜夜蛾幼虫，采用浸叶法进行交互抗性测定，经过17代的氯虫苯甲酰胺药剂汰选，产生了14.3倍抗性的室内甜菜夜蛾品系对高效氯氰菊酯的交互抗性达到6.14倍，毒死蜱15.87倍，氰氟虫腙13.56倍，甲氧虫酰肼30.21倍、茚虫威22.16倍。分别使用 GST 抑制剂 DEM、MFO 抑制剂 PBO、酯酶抑制剂 DEF 测定甜菜夜蛾抗敏品系增效作用：GST 抑制剂 DEM 对抗敏品系分别增效2.2倍和4.3倍，MFO 抑制剂和酯酶抑制剂 DEF 对敏感品系基本无增效作用，对抗性品系分别增效1.8倍和1.6倍。甜菜夜蛾对氯虫苯甲酰胺产生了一定抗药性，GST 在氯虫苯甲酰胺的抗性中起了重要作用，其他酶系也参与了对氯虫苯甲酰胺的代谢。

**关键词：** 甜菜夜蛾；氯虫苯甲酰胺；交互抗性；增效作用

---

　* 作者简介：刘佳（1985—），男，硕士研究生；研究方向：农药毒理与有害生物抗药性；E-mail：cili3@126.com

　** 通讯作者：周小毛（1972—），男，副教授，博士生导师；研究方向：农药剂型加工与使用技术，农药毒理学；E-mail：zhouxm1972@126.com

# 入侵烟粉虱及其所传病毒病的发生与防控

## 刘树生*

（浙江大学昆虫科学研究所，杭州 310058）

烟粉虱 Bemisia tabaci （Gennadius） 属半翅目、粉虱科，其种群遍及全球热带、亚热带及相邻温带地区。近 20 多年来，由于该粉虱的两个遗传群，即所谓的"B 型烟粉虱"和"Q 型烟粉虱"，广泛入侵世界各地，对许多重要作物造成严重为害、取代许多入侵地中为害性不大的土著烟粉虱，而使烟粉虱成为受全球严重关切的重大害虫。由于烟粉虱遗传结构复杂且变异幅度大，而其个体小、形态特征可随寄主植物特征等环境条件变异，其分类一直是个难题。近 5 年来分子种系发生研究和 14 个遗传型之间的杂交试验表明，烟粉虱不是一个单一物种，而是一个物种复合体（Species complex），包含 30 个以上形态上无法区分、但遗传结构差异明显的隐种。烟粉虱物种复合体的系统学研究目前进展较快，预计在 3 ~ 5 年可基本解决分类和命名问题。入侵我国的"B 型烟粉虱"和"Q 型烟粉虱"是两个隐种，暂称为 B 烟粉虱和 Q 烟粉虱。我国目前除了这两个入侵种外，另已记录 13 个土著种。

B 烟粉虱于 20 世纪 90 年代中期入侵我国，而 Q 烟粉虱约于 2003 年入侵我国。两种外来烟粉虱入侵我国后，通过取食和传播双生病毒，对棉花、烟草和多种蔬菜作物造成严重为害。尤其是 2005 年以来，随着番茄黄曲叶病毒（TYLCV）的传入，番茄曲叶病毒病大面积流行成灾。田间试验和大面积推广表明，通过隔离育苗、黄板诱杀、调整育苗期和高效低毒杀虫剂的合理应用，配合抗病毒品种的推广，可有效控制番茄曲叶病毒病的发生为害。

两种外来烟粉虱入侵后，在许多地区陆续取代了为害性不大的土著烟粉虱。Q 烟粉虱从 2003 年入侵以来，分布区域迅速扩大，并在长江以北许多地区陆续取代 B 烟粉虱而成为优势种。观察表明，外来烟粉虱入侵和长距离扩散主要依赖于人类对花卉和作物苗的调运。而田间系统调查、实验研究和种群模拟表明，在入侵地影响入侵烟粉虱与土著烟粉虱之间的竞争取代、以及两种入侵烟粉虱之间的竞争取代的主要因子包括：烟粉虱种间行为互作、烟粉虱种间寄主植物谱的差异、烟粉虱种间与所传双生病毒互作的差异、烟粉虱种间抗药性的差异。尤其是 Q 烟粉虱与 B 烟粉虱相比，对近年我国大面积应用的多种杀虫剂抗性明显要高。因此，在我国各地近年大量使用杀虫剂的农田环境中，两种烟粉虱对杀虫剂抗性的差异可能是 Q 烟粉虱在许多地区取代 B 烟粉虱的一个主要因子。但由于 B 烟粉虱的种间生殖干涉能力比 Q 烟粉虱明显强，两个物种间在寄主植物谱等特性方面存在差异，预计在我国异质性丰富的生态环境中，两种入侵烟粉虱将通过生态位分化而长期共存，并严重为害我国农业生产。

\* 通讯作者：刘树生；E-mail：shshliu@zju.edu.cn

# 基于 WebGIS 的江苏省灰飞虱发生期自动预警系统

张谷丰[1]* 张志春[1] 朱 凤[2] 朱叶芹[2]

（1. 江苏省农业科学院植物保护研究所，南京 210014；

2. 江苏省植物保护站，南京 210095）

**摘 要**：系统基于网络平台，应用 PHP 丰富的函数库和计算功能设计了有效积温运算模块，通过公共气象信息系统建立了包含逐日最高、最低气温的气象数据库，结合灰飞虱各虫态发育的起点温度、有效积温等生物学参数，应用一段时间的累计积温，自动模拟灰飞虱在不同日期的发育虫态、虫龄，在 WebGIS 以灰飞虱不同虫态、虫龄的图像实时展示，并预测预警灰飞虱的成虫及低龄若虫盛期。服务器端基于 Apache + PHP + MySQL + Mapserver 架构，可直观展示分析江苏省灰飞虱的发育动态，操作简单，调试和维护方便。2012 年经与江苏省内各地田间调查结果比对，符合实际发生情况，可在生产上推广应用。

**关键词**：灰飞虱；虫态；虫龄；模拟系统；WebGIS

---

\* 第一作者：张谷丰，男，研究员，从事农业昆虫与害虫防治研究；E-mail：tzzbzzgf@ hotmail. com

# 高 $CO_2$ 浓度和施氮量对褐飞虱生长发育及繁殖的影响[*]

吴珊珊　李保平　孟　玲[**]

（南京农业大学植物保护学院、农作物生物灾害综合治理教育部重点实验室，南京　210095）

**摘　要**：气候变化是广受关注的全球问题。气候变化可能会影响到作物的生长及物质分配，并通过作物影响到以之为食的植食性昆虫，也直接和间接地影响寄主植物与其植食性昆虫的互作关系。根据 Newman 等提出的 $CO_2$ 浓度和 N 肥对刺吸式口器昆虫影响的假说预测，$CO_2$ 浓度升高和 N 肥增加将不利于褐飞虱的个体发育和生殖。为检验该预测，利用 $CO_2$ 智能人工气候箱设置 $CO_2$ 浓度（390μl/L 和 780μl/L）和氮肥水平（20mg/L、40mg/L、80mg/L、120mg/L 和 160mg/L）观察对褐飞虱生长发育和繁殖的影响。

结果表明，$CO_2$ 浓度和施 N 量对褐飞虱卵和若虫历期、若虫存活率、雌虫生殖力以及雌虫寿命等生物学特性具有显著的影响。与当前 $CO_2$ 浓度相比，在高 $CO_2$ 浓度处理下随 N 肥量的增加：①卵历期显著延长（0.8%）；②若虫存活率大幅降低，从低氮肥量（20mg/L）处理下的 77.5% 降低到高氮肥量（160mg/L）处理下的 49.3%；③雌虫生殖力明显下降，单雌产卵量从低氮肥量（20mg/L）处理下的 360.9 粒减少到高氮肥量（160mg/L）处理下的 195.4 粒；④雌成虫寿命也明显缩短，从低氮肥量（20mg/L）下的 26.8 天缩短到高氮肥量（160mg/L）下的 16.3 天，$CO_2$ 浓度和施氮量处理对雄虫寿命没有显著影响。研究结果支持根据 Newman 模型作出的预测。

根据本研究结果预测，未来 $CO_2$ 浓度增高将显著促进褐飞虱个体发育和生殖，但通过施氮肥可能抵消 $CO_2$ 浓度升高的促进作用。当然，害虫是否猖獗不仅与个体适合度提高有关，而且与其他环境因素有关，如植物的抗性、天敌控害效应以及其他种群密度调节因素，故目前迫切需要更多气候变化对这些因素的影响的研究证据。

**关键词**：气候变化；$CO_2$ 浓度；氮肥；褐飞虱；生殖

＊国家公益性行业（农业）科研专项（200903003、201103032）和国家科技支撑计划（2012BAC19B00）资助

＊＊通讯作者：孟玲；E-mail：ml@ njau. edu. cn

# 不同致害性褐飞虱种群的蛋白质组分析*

王爱英**　王渭霞　赖凤香　傅　强***

（中国水稻研究所 水稻生物学重点实验室，杭州　310006）

**摘　要：** 为探明致害性不同的褐飞虱 *Nilaparvata lugens*（Stål）种群蛋白质表达调控方面的特点，采用双向电泳法（2-DE）对分别在不同水稻品种 TN1（感虫品种）、Mudgo（含 *Bph*1 抗虫基因）、ASD7（含 *bph*2 抗虫基因）上连续饲养了 160 代以上的 3 个褐飞虱种群（分别称为 TN1 种群、Mudgo 种群、ASD7 种群）进行蛋白质组研究，结果表明在 TN1 种群、Mudgo 种群、ASD7 种群分别检测到 237 个、225 个和 214 个蛋白点，3 个种群共有的差异蛋白点为 60 个；具有种群特异性的蛋白点为 21 个，其中，TN1 种群 12 个、Mudgo 种群 5 个、ASD7 种群 4 个；TN1 种群对 Mudgo 种群或 ASD7 种群表达上调的差异点分别有 11 个和 7 个，同时对后两个种群上调的有 1 个；Mudgo 种群对 TN1 种群或 ASD7 种群表达上调的差异蛋白点分别有 10 个和 4 个，同时对后两个种群上调的有 2 个；ASD7 种群对 TN1 种群和 Mudgo 种群表达上调的差异蛋白点分别有 7 个和 4 个，同时对后两个种群上调的有 1 个。初步表明褐飞虱致害性变异过程中，不仅需要一些保守蛋白质来调控，而且还需要一些特异蛋白质，为揭示褐飞虱致害性变异机制提供了重要基础。

**关键词：** 褐飞虱；致害性；蛋白质组；双向电泳

---

* 资助项目：国家 973 计划资助项目（2010CB126200）；国家现代农业产业技术体系建设专项资助项目（NYCYT X – 01）；浙江省自然科学基金（LQ12C14001）

** 作者简介：王爱英，女，博士，助理研究员，主要从事水稻与害虫相互关系，生化与分子生物学等方面的研究；Tel：0571 – 63370359，E-mail：ay2005w@ yahoo. com. cn

*** 通讯作者，傅强，Tel：0571 – 63370348，E-mail：qiangfu1@ yahoo. com. cn

# 粤北稻区稻纵卷叶螟的发生规律及虫源分析*

齐国君** 王 政 吕利华

(广东省农业科学院植物保护研究所，广东省植物保护新技术重点实验室，广州 510640)

**摘 要：**粤北地区位于南岭山脉南麓，属于典型的南岭双季稻区，地理位置、生态环境和气候条件都比较特殊，是稻纵卷叶螟南北往返迁飞的主要路径及繁殖为害地，也是长江流域和北方广大稻区的主要虫源地之一，分析其稻纵卷叶螟的发生规律和虫源性质，对全国稻纵卷叶螟的预测预报和防治工作意义重大。采用田间系统赶蛾、雌蛾卵巢解剖的方法研究了 2010～2011 年粤北稻区稻纵卷叶螟的种群动态及各发生世代的虫源性质，并结合 1961～1976 年、2000～2011 年曲江地区稻纵卷叶螟高峰日和高峰日蛾量分析了不同年份稻纵卷叶螟田间种群消长的差异性。结果表明：①韶关地区稻纵卷叶螟一年可发生 6 个世代，早稻发蛾高峰期集中在 6 月上中旬，正值双季早稻孕穗期，晚稻发蛾高峰期集中在 8 月底至 9 月上旬，正值双季晚稻拔节至孕穗期。②确定了韶关地区稻纵卷叶螟各发生世代的虫源性质。早稻期间第 2 代为基本迁入型，第 3 代为部分迁入、部分本地繁殖型，第 4 代为本地繁殖、大部迁出型；晚稻期间第 5 代为本地繁殖、部分迁入型，第 6 代为部分迁入、部分本地繁殖型，第 7 代为本地繁殖、大部迁出型。③在 1961～1976 年和 2000～2011 年两个时间段之间，曲江地区稻纵卷叶螟早稻和晚稻田间蛾量的高峰日差异不显著，但 2000 年以来，早稻期间田间高峰日平均蛾量（16 558 头/667m²）却显著高于 20 世纪 60～70 年代蛾量（1 760 头/667m²），晚稻期间高峰日平均蛾量差异不显著。④2000～2011 年，曲江地区稻纵卷叶螟田间蛾量的最高峰在早稻期间的出现频率为 75%，高于晚稻期间的 25%，但其发生情况年度间差异较大，有早稻发生重，晚稻发生轻，或早稻发生轻，晚稻发生重，亦有早、晚稻连续大发生的情况，其中，早稻和晚稻的主害代分别为第 3 代和第 6 代，但个别年份第 2 代、第 7 代稻纵卷叶螟也会暴发成灾。因此，前期迁入蛾量的成倍增加直接导致了粤北地区早稻稻纵卷叶螟连年大发生，而秋季回迁虫源则受北方稻区的自然环境和人为防治因素的干扰，与前期迁入量之间并没有必然的联系，2003 年全国稻纵卷叶螟大暴发以来，曲江地区稻纵卷叶螟田间蛾量居高不下，直接造成了近年来粤北地区稻纵卷叶螟的连年大发生。

**关键词：**粤北稻区；稻纵卷叶螟；发生规律；虫源性质；高峰日

---

\* 基金项目：公益性行业（农业）科研专项（200903051）

\*\* 作者简介：齐国君（1985—），男，助理研究员；E-mail：super_ qi@163.com

# 玉米弯孢叶斑病菌致病相关基因组学研究*

高士刚**　高金欣　李雅乾　陈　捷***

（上海交通大学 农业与生物学院，上海　200240）

**摘　要：**新月弯孢霉［*Curvularia lunata*（Wakker）Boed］能引起玉米弯孢霉叶斑病，此病是我国部分玉米产区的重要病害。本研究首次从基因组、转录组、转录因子精细调控三方面揭示玉米弯孢叶斑病菌的致病机理。

①对 *C. lunata* CX-3 菌株进行全基因组测序，结果表明：基因组全长 35.7 M，GC 含量为 50.22%，编码 10，372 个基因，其中，804 个基因编码分泌蛋白，占编码基因 7.6%。将其编码的蛋白序列与激酶数据库进行比对，共获得 10 个种类 124 个 kinase；通过 pathogen-host interaction（PHI）数据库比对，筛选出 361 个致病相关基因，占编码基因 3.5%，包括 MAPK 基因、细胞壁降解酶基因、毒素及黑色素合成相关基因等；与 GPCRs（G-protein-coupled receptors）数据库比对，筛选出 286 GPCP 类型基因。*C. lunata* CX-3 编码基因分别与酵母（*Saccharomyces cerevisiae*）和稻瘟病菌（*Magnaporthe grisea*）的 3 个 MAPKs 途径具有同源性。②对弱致病菌株 *C. lunata* WS18 和抗性寄主连续继代诱导而致病性增强菌株进行转录组分析，并获得 373 个上调和 203 个下调。代谢过程、菌丝生长、胁迫反应、黑色素合成和蛋白代谢类的基因为上调表达，其中，包括 3 个黑色素合成相关基因相反，参与碳水化合物代谢和蛋白修饰类的基因均为下调表达。③以玉米弯孢霉叶斑病菌中毒素相关基因 *Clt*-1 与黑色素相关基因 *Brn*1 为对象，通过分析基因在突变株中的表达、产生的黑色素理化性质分析、差异蛋白的表达、筛选与黑色素相关蛋白相互作用的蛋白质等方面展开研究。明确病菌产毒素相关基因与调控产黑色素相关，如呼吸电子链代谢途径因子、信号调节因子、热击蛋白和翻译延长因子 3；筛选出与黑色素合成相关蛋白 Brn1 互作的蛋白，包括 velvet 因子、氨基酸转运超家族的氨基酸通透酶 AGP2、GTP 酶激活蛋白等。

**关键词：**新月弯孢霉；全基因组测序；转录组分析；基因功能分析；致病因子

---

* 　基金项目：国家自然科学基金（31171798）
** 　第一作者：高士刚，博士，植物病理学；E-mail：shggao@ yahoo. cn
*** 通讯作者：陈捷（1959—）男，教授，博士生导师。研究方向：植物病害生物防治；E-mail：jiechen59@ sjtu. edu. cn

# 谷子基因表达定量 PCR 分析中内参基因的选择[*]

朱彦彬[1,2][**]　李志勇[2]　白　辉[2]　董　立[2]　董志平[2]　董金皋[1][***]

（1. 河北农业大学真菌毒素与植物分子病理学实验室，保定　071000；

2. 河北省农林科学院谷子研究所，石家庄　050035）

**摘　要：**谷子锈病是谷子生产上的重要流行性病害，发生严重时，不少地块植株倒伏，颗粒无收。开展谷子与锈菌互作关系的机理研究，揭示寄主植物的抗/感病机理，对于谷子抗锈性品种的合理利用和谷锈病的可持续控制具有重要的理论和实际意义。目前在植物与病原物互作研究中，利用分子生物学手段揭示寄主与病原物互作过程中特定基因的表达情况已成为研究的热点，而 qRT-PCR 技术成为首选的方法之一（Charu 等，2011；Peng 等，2010；Swati 等，2011；贺洋等，2012；曹珍珍等，2012；李龙云等，2012）。然而，研究表明，任何一种内参基因的所谓恒定表达都是相对的，在一定类型的细胞或实验因素作用下恒定表达的某内参基因，在其他类型的细胞中或实验因素作用下可能是变化的（Andersen 等，2004；张艳君等，2007）。目前，国内外尚未见谷子基因表达定量 PCR 分析内参基因筛选的相关报道。本研究以谷子接种叶锈菌 0h、6h、12h、24h、30h、36h 和 48h 后不同时间点的材料为研究对象，应用实时荧光定量 PCR（real-time quantitative PCR）技术，探讨 25S rRNA、18S rRNA、17S rRNA、GAPDH、β-actin 和 UBQ（Ubiquitin-protein gene）6 个内参基因 mRNA 水平的表达情况（Sekalska 等，2006；Li 等，2005；Williams 等，2005；Domoki 等，2006；Bustin，2000）。经 geNorm 软件统计分析，6 种内参基因的表达稳定性各异，25S rRNA = 18S rRNA ＞ 17S rRNA ＞ β-actin ＞ UBQ ＞ GAPDH ＞ 1.5。因此，利用荧光定量 PCR 比较谷子接锈菌后基因表达差异时，基因含量高时可选择 25S rRNA 和 18S rRNA 作为内参，基因含量低时可选择 β-actin 作为内参。

**关键词：**谷子；锈菌；内参；实时荧光定量 PCR；geNorm 软件

* 基金项目：国家自然科学基金资助项目（30771354、31271787）；河北省杰出青年基金资助项目（C2009001540）

** 第一作者：朱彦彬，硕士研究生，主要从事植物分子病理学研究；E-mail：zhuyanbin251@163.com

*** 通讯作者：董志平，研究员，主要从事农作物病虫害研究；E-mail：dzping001@163.com；董金皋，教授，博士生导师，主要从事植物分子病理学研究；E-mail：dongjingao@126.com

# 黑龙江省马铃薯晚疫病菌表型特性研究

郭　梅* 　闫凡祥　　高云飞　　杨　帅　　宿飞飞

（黑龙江省农业科学院植物脱毒苗木研究所，哈尔滨　150086）

**摘　要：** 晚疫病是由致病疫霉引起的世界性的毁灭性病害，我国东北和西南地区是马铃薯晚疫病发生和流行的重灾区，该病害造成马铃薯严重减产达50%以上，是我国马铃薯产业发展的主要制约因素。随着A2交配型在我国各省的不断扩散，含有多个毒力基因的生理小种的出现，抗药性菌株发生频率不断提高等，导致"新"的晚疫病菌群体逐步替代"旧"的群体，垂直抗病品种逐渐丧失抗性，使得晚疫病菌交配型的发生与分布，生理小种的变化，病原菌对不同杀菌剂抗药性产生情况的变化，成为我国马铃薯晚疫病专家都在密切关注和实时监测的3个重要因子。本研究的主要目的是明确2010年黑龙江省马铃薯晚疫病菌交配型比例、生理小种组成、甲霜灵抗性菌株的发生分布情况，旨在为品种抗病性评价及品种合理布局，进行有效的药剂防治提供科学依据。利用一套含有R1-R11的单基因鉴别寄主以及无毒基因 r，对2010年采集于黑龙江省哈尔滨市、克山市、塔河县、漠河县的95个马铃薯晚疫病菌株进行了生理小种鉴定，鉴定出24个生理小种类型，其中，28个菌株是小种1.3.4.7.8.10.11，分布于所有采集地点，占测试菌株的29.5%，其次是小种1.3.4.7.8 和 1.3.4.7.10.11，各有9个菌株，各占测试菌株的9.5%，含有10个毒性基因的小种有1.2.3.4.5.7.8.9.10.11 和 1.3.4.5.6.7.8.9.10.11，没有发现超级毒力小种。毒力基因 $R3$、$R4$、$R7$ 所占比例最高，各占100%；其次是 $R1$，占95%；$R2$ 占8.42%，毒力基因 $R9$ 出现最少，仅占3%。对采集于黑龙江省哈尔滨市、克山市、塔河县、漠河县的96个马铃薯晚疫病菌株进行了交配型测定，测定结果全部为A1交配型。本研究中的156个晚疫病菌从南向北分布于黑龙江省的牡丹江市、哈尔滨市、绥化市、海伦县、克山、嫩江、塔河、漠河8个市县，高抗菌株127个，占被测菌株的81.4%，敏感菌株25个，占16.%，中抗菌株4个，占2.6%。

由鉴定结果可见：黑龙江省马铃薯晚疫病菌生理小种全部为复合型生理小种，没有发现单基因生理小种，说明黑龙江省马铃薯致病疫霉基因组成趋于复杂，并出现优势小种。抗性基因 $R3$、$R4$、$R7$ 达到100%，$R1$ 达到95%，$R8$、$R10$ 和 $R11$ 分别占67.4%、72.6%和77.9%，$R5$ 和 $R6$ 相对较低，20%以下；$R2$ 和 $R9$ 比例最低，分别为8.42%和3%。由此可见，抗性基因 $R3$、R4、$R7$、$R1$、$R8$、$R10$、$R11$ 在黑龙江省已丧失了利用价值。目前监测鉴定结果显示，黑龙江省还没有发现A2交配型，为了避免A2交配型向黑龙江省扩散，必须严格限制从其他省份调入种薯，尤其应严格禁止从已发现有A2交配型的省份调入种薯。同时，从鉴定结果可见，黑龙江省甲霜灵抗性菌株发生非常普遍，已失去防治效果，因此，在黑龙江省抗性菌株比例高的地区应停止使用甲霜灵及其同类药剂，抗性菌株比例较低地区也应该减少甲霜灵的使用，避免给生产造成严重损失。

**关键词：** 致病疫霉；生理小种；甲霜灵敏感性；交配型

---

* 作者简介：郭梅：女，研究员，从事植物病理学及马铃薯真菌病害研究工作；Tel：0451-86636021，E-mail：guo_ plum@126.com

# 甲氧虫酰肼亚致死剂量对抗、感棉铃虫解毒酶活性的影响[*]

任　龙[**]　徐希宝　张　靖　芮昌辉[***]

（中国农业科学院植物保护研究所，农业部作物有害生物综合治理
重点实验室，北京　100193）

**摘　要：** 以室内经甲氧虫酰肼选育的棉铃虫抗性种群（R，抗性倍数约为 28）和同源敏感（S）种群作为研究对象，经 $LC_{40}$ 剂量分别处理两种群 3 龄初幼虫，48h 后转入人工饲料饲养，测定 3~6 龄棉铃虫体内解毒代谢酶系的活性。通过对 CK 处理下两种群比较，酯酶 EST，谷胱甘肽 S-转移酶 GST，多功能氧化酶 MFO 比活力的均存在差异。CK 处理下，分析每一种酶在抗、感两种群比活力差异，结果显示 GST 比活力差异较为显著。各个龄期 R 种群 GST 比活力均显著大于 S 种群；而 EST 仅 3 龄期 R 种群比活力显著大于 S 种群，4~6 龄两者比活力无显著差异；MFO 仅 5 龄期 R 种群抗性种群比活力显著高于 S。$LC_{40}$ 剂量处理后活性研究显示，与 CK 处理相比，经 $LC_{40}$ 剂量处理，3 种酶比活力发生不同变化。对于 S 种群，棉铃虫体内 EST 比活力除 4 龄外，均有所增大，且仅在 3 龄显著增大；5 龄棉铃虫体内 GST 比活力显著增大，其他龄期无显著变化；6 龄棉铃虫体内 MFO 比活力减小，其他龄期无显著变化。对于 R 种群，3 龄和 6 龄棉铃虫体内 EST 比活力显著减小，各龄期棉铃虫的 GST 和 MFO 比活力均显著减小。综上所述，棉铃虫抗性对甲氧虫酰肼的抗性产生与 GST 比活力增大关系密切；经亚致死 $LC_{40}$ 剂量处理，敏感种群的 EST 和 GST 可以被诱导，抗性种群 3 种酶皆受抑制。

**关键词：** 甲氧虫酰肼；解毒酶；活性

---

[*] 资助项目："十二五"国家"863"计划课题（2012AA101502）和公益性行业（农业）科研专项（201203038）

[**] 作者简介：任龙（1988 —），男，山东临沂人，在读硕士，农药毒理学；E-mail：zhongguo_long@126.com

[***] 通讯作者：芮昌辉（1964—），男，湖南永州人，研究员，主要从事农药毒理学和植物保护研究；Tel.：010 – 62815944，E-mail：chrui@ippcaas.cn

# 温度对黄胫小车蝗生长发育速度的影响*

石　玉** 董　辉 丛　斌*** 孙　嵬 张柱亭 胡志凤 谢丽娜

（沈阳农业大学植物保护学院，沈阳 110866）

**摘　要：**利用光照培养箱，在21℃、25℃、28℃、31℃、34℃5个恒温条件下饲养黄胫小车蝗（*Oedaleas infernalis* Saussure），对其各虫态（龄）的发育历期、发育速率、发育起点温度和有效积温进行了研究，用线性方程拟合了黄胫小车蝗发育速率与温度间的关系式。结果表明，黄胫小车蝗各虫态的发育历期随温度的升高而缩短，发育速率随温度的升高而加快，在本实验所设定的温度范围内，黄胫小车蝗各虫态（龄）的发育速率与温度之间具有极显著相关性。用直线回归法计算出蝗卵、1~5龄蝗蛹、整个蝗蛹期、雌成虫期、雄成虫期、雌虫全世代及雄虫全世代的发育起点温度依次为：15.57℃、17.22℃、17.04℃、18.50℃、18.75℃、19.86℃、14.99℃、18.41℃、17.04℃和19.51℃，有效积温依次为：263.97日·度、86.43日·度、71.55日·度、85.00日·度、83.99日·度、59.30日·度、423.09日·度、652.31日·度、442.90日·度、940.50日·度和657.97日·度。根据有效积温法则预测该虫在内蒙古地区1年的理论发生代数为1.36代，这与实际发生情况基本相符合。

**关键词：**黄胫小车蝗；发育历期；发育起点温度；有效积温

---

\* 基金项目：公益性行业（农业）科研专项经费资助（编号：201003079）

\*\* 作者简介：石玉（1987—），女，硕士研究生，研究害虫生物防治；E-mail：happyyu1987@163.com

\*\*\* 通讯作者：丛斌（1956—），男，教授，博士生导师；E-mail：bin1956@163.com

# 昆虫病原线虫防治韭菜根蛆研究进展[*]

孙瑞红[**] 辛 力 武海斌 张坤鹏 范 昆

（山东省果树研究所，泰安 271000）

**摘 要：**昆虫病原线虫是一类专门寄生昆虫的线虫，隶属生物农药，可以防治多种害虫，对地下害虫有特效。为此，国内一些研究人员开展了利用昆虫病原线虫防治韭菜根蛆（简称韭蛆）的研究，主要集中在高致病线虫品种筛选、温湿度影响、与化学农药的协调使用以及田间应用 4 个方面。

**关键词：**昆虫病原线虫；韭蛆；防治效果

## 1 高致病线虫品种筛选

在国内，杨怀文和张刚应（1990）首先报道了昆虫病原线虫对韭菜根蛆的侵染效果，从测试的 6 种线虫中，发现异小杆属的 *Heterorhabditis* sp. D1 品系对韭蛆的侵染力最高。随后，张宝恕等（1994）也比较了 6 种昆虫病原线虫对韭蛆的侵染效果，发现斯氏线虫属 *Steinernematidae bihionis* Otio 品系和异小杆属的 *H.* sp. CB_{15} 侵染效果较高。

2004 年，杨秀芬等人以 6 种斯氏线虫和 2 种异小杆线虫作为研究对象，进一步测试这些线虫对韭蛆的侵染效果，发现夜蛾斯氏线虫 *S. feltiae* PS4 对韭蛆的侵染力最高。在此基础上，孙瑞红（2011）等人通过室内连续测试比较，从 27 个昆虫病原线虫品系中筛选出对韭蛆高致病力的异小杆线虫 *H. indica* LN2。

## 2 温、湿度对线虫侵染韭蛆的影响

由于温、湿度影响昆虫病原线虫的活动和生长发育速率，因此，将会直接影响其对害虫的寄生与致死效果。张宝恕、杨秀芬、孙瑞红等人均在不同温度下分别用各自筛选的高效线虫品系侵染韭蛆，一致认为温度显著影响线虫侵染韭蛆的速度和寄生率。在 15℃ 下，PS4 线虫对韭蛆的 $LT_{50}$ 是 5.31 天，120 条/ml 的线虫量侵染韭蛆 12 天的致死率为 85.7%，而在 25℃ 的 $LT_{50}$ 则是 2.71 天，60 条/ml 侵染 8 天的致死率为 82.3%。当温度达到 15℃ 时，LN2 线虫才开始侵染韭蛆，20℃ 以下感染率很低，适宜 LN2 侵染韭蛆的温度是 25~30℃。

对于利用昆虫病原线虫防治在土壤内生存的韭蛆，土壤含水量是影响线虫存活和寄生的一个重要因素。孙瑞红和张宝恕等人的室内试验均证明了这一点，但在不同土壤类型所需的适宜含水量不同，但均要求土壤湿润、疏松，有利于线虫的呼吸和移动，方能达到最

* 基金项目：泰安市科技专项：昆虫病原线虫生物防治蔬菜主要害虫研究与示范推广（20103070）
** 作者简介：孙瑞红（1965—）女，博士，研究员，主要从事农业害虫综合防治研究；E-mail: ruihongsun@ yahoo. com. cn

佳寄生效果。

## 3 化学杀虫剂对线虫寄生韭蛆的影响

目前，生产上防治为害韭菜和苔韭的韭蛆多使用辛硫磷、毒死蜱、吡虫啉等化学杀虫剂灌根。为合理协调生物防治与化学防治的矛盾，提高防治效果和减少化学农药用量。孙瑞红等（2007）在实验室内分别用上述 3 种杀虫剂的常用剂量药液浸泡 *H. bacteriphora* H06 线虫 24h，线虫的死亡率均很低。用 3 种药剂的低剂量分别与 H06 线虫混合处理韭蛆，杀虫效果显著高于所有单剂处理的效果。表明昆虫病原线虫可以与少量化学杀虫剂联合使用，以提高防治韭蛆的效果。至于它们混用的增效机理，还需要深入研究。

## 4 对韭蛆的田间控制效果

关于昆虫病原线虫对韭蛆的田间实际防效，目前研究报道很少，只有张宝恕和杨秀芬（2004）分别在天津市和河北省做了防治试验，都是在 10 月份灌根施用，平均防治效果 60% 左右。因此，他们认为田间防治效果低与地温低有关，低温下线虫不便活动和侵染韭蛆。所以，昆虫病原线虫生物防治韭蛆应用技术还需要加强研究，以满足生产需要。

**参考文献**

[1] 杨怀文，张刚应 . 异小杆线虫 D_ 1 对迟眼蕈蚊侵染力的研究 [J]. 生物防治通报，1990（3）：110 – 112.

[2] 杨秀芬，简恒，杨怀文，等 . 用昆虫病原线虫防治韭菜蛆 [J]. 植物保护学报，2004（1）：33 – 37.

[3] 孙瑞红，李爱华，韩日畴，等 . 昆虫病原线虫 *Heterorhabditis indica* LN2 品系防治韭菜迟眼蕈蚊的影响因素研究 [J]. 昆虫天敌，2004（4）：150 – 155.

[4] 孙瑞红，李爱华 . 昆虫病原线虫 H06 与化学杀虫剂对韭菜迟眼蕈蚊的联合作用 [J]. 农药学学报，2007，9（1）：66 – 70.

[5] 张宝恕，王学利，陈晓文，等 . 昆虫病原线虫防治韭菜根蛆的研究 [J]. 天津农林科技，1994（2）：4 – 6.

# 我国苎麻根际寄生线虫研究[*]

刘慧玲[1,2]** 余永廷[1]*** 曾粮斌[1] 薛召东[1] 朱爱国[1]****

（1. 中国农业科学院麻类研究所，长沙 410205；

2. 中国农业科学院研究生院，北京 100081）

**摘 要**：2010～2011 年，我们在重庆、四川、湖北、湖南、江西等地苎麻主产区进行根腐线虫病调查；采集苎麻根腐病病蔸和病土，并分别利用改良贝曼漏斗法和蔗糖离心浮选法从病根和土壤中分离植物病原线虫，根据形态特征对分离到的植物病原线虫进行鉴定。研究结果表明：①苎麻根腐病病根及根际土壤中主要发现 4 种植物寄生线虫，根据形态特征，鉴定为：咖啡短体线虫（*Pratylenchus coffeae*）、穿刺短体线虫（*P. penetran*）、长针属线虫（*Paratylenchus* sp.）和丝尾属线虫（*Filenchus* sp.）；其中，后 2 种线虫均在苎麻园中首次报道；② 4 种线虫中，咖啡短体线虫发生最为普遍，存在于大多数样品中（约 91%）；丝尾属线虫次之，存在于 54.5% 的样品中；穿刺短体线虫较少，存在于少数样品（18.2%）中；长针属线虫最少，仅在 13.6% 的样品中检测到。③根际土壤中植物寄生线虫的数量，随麻园种植年限增加而增多；同时，土壤类型也对线虫生长繁殖有一定的影响。

**关键词**：苎麻；咖啡短体线虫；穿刺短体线虫；丝尾属线虫；长针属线虫

* 基金项目：国家麻类产业技术体系建设专项（CARS - 19 - S11）；中央级公益性科研院所基本科研业务费专项（0032011024）

** 作者简介：刘慧玲（1987—），女，硕士研究生。主要从事苎麻遗传育种研究；E-mail：lhl2006911@163.com

*** 并列第一作者：余永廷（1980—），男，助理研究员。主要从事苎麻病虫害防治研究；E-mail：yyting23@gmail.com

**** 通讯作者：朱爱国（1973—），男，副研究员，硕导。主要从事苎麻遗传育种研究；E-mail：ibfc-zag@hotmail.com

# 橘小实蝇 RNAi 效应及其在基因功能研究中的应用

李晓雪　郑薇薇　董小龙　张明艳　张宏宇[*]

（华中农业大学城市与园艺昆虫研究所，武汉　430070）

**摘　要：** 橘小实蝇 *Bactrocera dorsalis* 是一种为害广泛的园艺害虫，寄主多达 250 余种水果和蔬菜。RNAi（RNA interference，RNA 干扰）是一种靶标特异性降解 mRNA 的机制。该机制由双链 RNA（double-stranded RNA，dsRNA）引发，并普遍存在于真核生物中。目前该机制在基因功能研究、农业害虫防治和基因治疗中具有广泛应用前景。

本研究通过连续喂食橘小实蝇成虫 *rpl*19，*rab*11，*v-ATPase D*，*noa*4 等 4 个靶标基因的 dsRNA 和表达这些靶标基因 dsRNA 的大肠杆菌均实现系统性的 RNAi 效应，在喂食 ds-*noa* 的实验中，RNAi 效应可以在脂肪体、雌雄虫生殖系统，头部和中肠中观察到。沉默 *rab*11 基因后成虫的死亡率达 20%；而沉默 ds-*noa* 和 ds-*rab*11 基因后均可使雌虫产卵量下降。同时利用 RNAi 技术分别研究了橘小实蝇嗅觉受体 *orco* 和性肽受体 *spr* 的功能。结果表明甲基丁香酚（ME）刺激显著上调橘小实蝇雄虫成虫 *orco* 的表达水平，被 ME 引诱的雄虫的 *orco* 表达水平明显高于未被 ME 引诱的雄虫的 *orco* 的表达水平。通过 RNAi 沉默 *orco* 基因后，雄虫对 ME 趋性显著下降，与对照矿物油引诱组无明显差异。这些结果表明，*orco* 基因可能在橘小实蝇对 ME 趋性中起到重要作用。*spr* 基因与交配行为相关，实时荧光定量 PCR 结果表明，雌雄虫交配后，tor 通路的相关基因表达水平出现了下调。但利用 RNAi 沉默 *spr* 基因后，雌虫产卵量的下调，tor 通路的相关基因表达水平于交配前后的变化幅度明显减小。这些结果表明，*spr* 作为性肽受体在雌雄虫交配后行为变化的调控中起着重要作用。

**关键词：** 橘小实蝇；RNAi；嗅觉受体 *orco*；性肽受体 *spr*

---

\* 通讯作者：张宏宇；E-mail：ayanamirei402@ yahoo. cn

# 橘小实蝇再次交配及其与雄性附腺的关系[*]

魏 冬[**] 王京京 豆 威 王进军[***]

（西南大学植物保护学院，昆虫学及害虫控制工程重庆市市级重点实验室，重庆 400716）

**摘 要**：交配是昆虫选择最佳配偶以及产生后代的最重要也是最基本的过程，具有重要的进化意义。在生殖季节中，雌雄成虫通过不同的交配模式繁育后代。越来越多的研究表明，多次交配现象广泛存在于昆虫类群中，关于昆虫多次交配的动力和适应意义已有许多相关的研究。橘小实蝇 Bactrocera dorsalis （Hendel），作为一种重要的世界性害虫。田间世代发生叠置，且无明显的越冬现象，研究发现橘小实蝇存在多次交配行为。因此，本文拟在研究橘小实蝇的交配策略，通过研究不同交配状态下橘小实蝇的交配情况我们发现，橘小实蝇雄虫连续两天交配的能力无明显变化，交配成功率均高于70%；但是交配后的雌虫连续两天交配的成功率较低，第二天交配率仅为15.88%，显著低于第一次交配的77.00%，在交配过程中表现出明显的抑制性；雄虫交配与否并不影响雌虫再次交配的成功率（14.40%），即雌虫再次交配行为的这种抑制性并不受第一次交配雄虫交配地位的影响。

此外，雄性附腺也作为交配过程中重要的介质，对于昆虫的交配具有十分重要的意义，表现为附腺液对雌虫的生殖调控作用，其作用机理较为复杂。有研究表明雌虫这种再交配过程中的性接受能力的降低与雄性附腺有关。在对昆士兰果蝇的研究中，雄虫交配后雄性附腺的面积和长度都显著减小。因此，我们对橘小实蝇雄虫交配前后雄性附腺的长度和面积进行了显微测量。结果表明，橘小实蝇雄虫交配前后附腺的长度和面积均没有发生显著变化。由于实验过程中发现橘小实蝇的交配时间较长，可以达到8h或更长久。我们在对橘小实蝇交配过程中不同时间段（0.5h，1h，2h以及正常交配和没有交配）的雄性附腺进行解剖测量，结果发现雄性附腺的长度和面积仍然没有显著性变化。说明橘小实蝇在交配过程中雄虫附腺液的消耗和补充是同时进行的。这就为橘小实蝇雄虫的多次交配提供了一定的物质基础，也更进一步解释了橘小实蝇雄虫能够连续两天交配的现象。

**关键词**：橘小实蝇；再交配；交配抑制；雄性附腺

* 基金项目：公益性行业（农业）科研专项（201203038）；教育部博士点基金（20100182120022）

** 作者简介：魏冬（1988—），男，硕士研究生，研究方向为昆虫生理学；E-mail：dong_wei1988. yahoo. cn

*** 通讯作者：王进军，教授，博士生导师；E-mail：jjwang7008@ yahoo. com

# 橘小实蝇几丁质合成酶 1 基因的
# 克隆、表达与功能分析[*]

杨文佳[**]　许抗抗　丛　林　陈　力　豆　威　王进军[***]

（西南大学植物保护学院，昆虫学及害虫控制工程重庆市市级重点实验室，重庆　400716）

**摘　要**：几丁质主要存在于表皮层中的上表皮和消化道的围食膜基质中，昆虫的变态和发育依赖于体内几丁质的生物合成与降解控制。几丁质合成酶在几丁质合成的最后一步起着关键作用，直接影响着昆虫的正常发育。由于几丁质合成途径的特殊性，它作为害虫防治的靶标相对安全，对新型杀虫剂的研发具有广泛的潜力。本研究采用 RT-PCR 和 RACE 技术，克隆获得橘小实蝇 *Bactrocera dorsalis*（Hendel）几丁质合成酶 1（Chitin synthase 1，CHS1）基因，并发现有选择性剪接现象，获得了 2 条全长序列，分别命名为 *BdCHS1A*（GenBank 登录号：JN207848）和 *BdCHS1B*（JX170758）。*BdCHS1A* 和 *BdCHS1B* 的 cDNA 序列全长均为 5552 bp，包含 5′非编码区域为 685 bp 和 3′非编码区为 88 bp，开放阅读框为 4776 bp，编码 1592 个氨基酸残基。两个 *CHS1* 基因仅在编码区内的一个外显子的核苷酸序列有差异，包含 177 bp，编码 59 个氨基酸残基，且核苷酸水平上的一致性为 64.97%。不同发育阶段与不同组织荧光定量 PCR 结果表明，两者在时空表达特性存在明显差异，*BdCHS1A* 和 *BdCHS1B* 在整个发育阶段均有表达，且在橘小实蝇龄期的转化、卵—幼虫和幼虫—蛹转化过程中表达量明显高于其他时期，这也正是橘小实蝇新表皮形成的重要时期；*BdCHS1A* 主要在表皮表达，*BdCHS1B* 主要在气管中表达，而在脂肪体、中肠和马氏管的表达量较低。RNAi 结果表明：第 4 天的橘小实蝇幼虫注射 ds*BdCHS1A* 和 ds*BdCHS1B* 后，其基因表达量明显降低，橘小实蝇在生长发育过程中，表现为黑化以及表皮皱缩等现象而导致死亡。研究结果为深入分析橘小实蝇 *CHS1* 基因的功能以及实现基于 RNAi 的橘小实蝇有效控制提供重要的基础数据。

**关键词**：橘小实蝇；几丁质合成酶 1；基因克隆；表达；RNAi

* 基金项目：973 计划前期研究专项（2009CB125903）；公益性行业（农业）科研专项（201203038）；教育部博士点基金（20100182120022）

** 作者简介：杨文佳，男，四川苍溪人，博士研究生，研究方向为昆虫分子生态学；E-mail：yangwenjia10@ yahoo. com. cn

*** 通讯作者：王进军，教授，博士生导师；E-mail：jjwang7008@ yahoo. com

# 柑橘大实蝇成虫田间时空分布及其对诱杀效果的影响

李杖黎　董小龙　张宏宇 *

（华中农业大学城市与园艺昆虫研究所，武汉　430070）

**摘　要：** 柑橘大实蝇 *Bactrocera*（*Tetradacus*）*minax* 是柑橘上一种毁灭性蛀果害虫，防治困难。成虫期诱杀是柑橘大实蝇综合防控的重要环节之一，柑橘大实蝇成虫活动时空分布规律的研究是成虫诱杀点设置的依据，对柑橘大实蝇的综合防治有重要的指导意义。

通过田间试验发现，6 月 2~20 日为成虫的羽化盛期，并于 6 月 11 日达到高峰。羽化盛期以橘园与杂树林交界区域的成虫密度最大，60% 以上的柑橘大实蝇成虫在杂树林 5m 和橘园 5m 这两个交界带内活动，6 月 11 日高峰期杂树林 5m 带诱捕虫数为（24 ± 5.6）头/诱捕器，橘园 5m 距离带为（74.7 ± 21.9）头/诱捕器，显著高于其他诱虫带。羽化盛期过后，柑橘大实蝇在橘园中的分布则比较均匀，杂树林 100m 带没有诱到成虫，其他不同监测带的诱捕虫数没有显著差异。根据柑橘大实蝇成虫在橘园及其周边环境时空分布规律，我们研究了成虫田间时空分布对诱杀效果的影响，结果表明成虫羽化觅食期的诱杀效果 [（7.6 ± 1.8）头/诱捕器/天] 显著优于产卵期 [（1.8 ± 0.3）头/诱捕器/天]，羽化觅食期橘园和杂树林的交界带诱杀效果 [（7.6 ± 1.8）头/诱捕器/天] 显著优于橘园内 [（4.5 ± 1.2）头/诱捕器/天]；产卵期则是橘园内诱杀效果较好。基于虫果率的防治效果表明，羽化觅食期在橘园和杂树林的交界带诱杀柑橘大实蝇成虫与传统的整个成虫发生期在橘园内部持续诱杀（一般持续两个月左右）的防治效果无显著差异，但更节约人力物力，可操作性强。

**关键词：** 柑橘大实蝇；时空分布；诱杀技术

---

\* 通讯作者：张宏宇；E-mail：ayanamirei402@ yahoo. cn

# 一种新的害虫抗性等位基因频率快速分子检测技术：实时荧光定量特异性等位基因 PCR（rtPASA）

徐希宝* 芮昌辉** 任 龙 张 靖

（中国农业科学院植物保护研究所，农业部作物有害生物综合治理
重点实验室，北京 100193）

**摘 要：** 自 20 世纪 90 年代以来，对害虫抗药性的研究已进入分子水平。对害虫种群中抗性等位基因频率的快速测定，可以提供抗性的早期预警，明确抗性的分布和程度，同时也可以检验抗性治理措施的效果，从而提出合理的抗性治理措施，为抗性综合防治奠定基础。传统的基因突变检测技术，如单链构象多态性、限制性片段长度多态性、固相微测序和等位基因特异性扩增技术等，大多需要通过电泳来检测抗性突变，且需要使用溴化乙锭等有害物质，操作复杂，费时费力，具有一定的局限性。

荧光定量 PCR 技术自 1996 年被发明后，实现了 PCR 从定性到定量的飞跃，特异性也更强，将其与等位基因特异性 PCR 技术结合，开发成实时荧光定量特异性等位基因 PCR 技术（real-time PCR amplification of specific alleles，rtPASA），为突变基因的快速而高效的检测提供了可能。在医学研究中，Mitsuhashi 等，Bertsch 等和朱德斌等分别利用 rtPASA 的特异性扩增产物的溶解曲线峰值的不同，鉴定出了 $RR$、$RS$ 和 $SS$ 基因型，实现了对疾病的快速检测。

与医学研究侧重检测每一个病人的个体基因型不同，在昆虫抗性研究中侧重检测种群中抗性等位基因频率。利用 rtPASA 的另一特性也可实现经过一次处理就可高效地检测到害虫某一种群所有样本中抗性等位基因的频率，即 rtPASA 特异性扩增抗性突变基因时，扩增循环阈值（Ct 值）与含有抗性突变点的 DNA 模板的比例的对数存在线性关系，基于这一原理，利用不同比率的抗、感性等位基因的标准 DNA 混合品，可作出一个关于循环阈值与抗性等位基因频率的对数值的关系图。将取自害虫某一种群的所有样本个体混合后提取 DNA，进行 rtPASA，获得该 DNA 样品的 Ct 值，即可从标准曲线上计算出该 DNA 混合品中抗性等位基因频率。Kwon 等利用 rtPASA 技术检测了小菜蛾田间种群中 50 个样品的 DNA 中抗性等位基因频率，应用 rtPASA 技术推测的小菜蛾田间种群的抗性等位基因频率（67.4%）与同步进行的 PASA 推测的频率（57%）相匹配（置信度 95%）。通过优化退火温度、引物和模板浓度，实现了 0.02%~80% 范围内抗性等位基因频率的有效检测。

**关键词：** rtPASA；抗性；等位基因频率

---

\* 作者简介：徐希宝（1989—），男，山东临沂人，在读硕士，农药毒理学；E-mail：xxb0818@163.com

\*\* 通讯作者：芮昌辉（1964—），男，湖南永州人，研究员，主要从事农药毒理学和植物保护研究；Tel.：010–62815944，E-mail：chrui@ippcaas.cn

# 非靶标土壤动物白符跳 *Folsomia candida* 对 *Bt* 杀虫蛋白（Cry1Ab/1Ac）影响的转录组分析[*]

袁一杨[1]　Paul Henning Krogh[2]　Dick Roelofs[3]　陈法军[4]

Keyan Zhu-Salzman[5]　孙玉诚[1]　戈　峰[1**]

（1. 中国科学院动物研究所农业虫害鼠害综合治理研究国家重点实验室，北京　100101；

2. Department of Bioscience，University of Aarhus，P. O. Box 314，Vejlsoevej 25，

DK-8600 Silkeborg，Denmark；3. Institute of Ecological Science，VU University

Amsterdam，De Boelelaan 1085，1081 HV Amsterdam，Netherlands；

4. 南京农业大学植物保护学院昆虫学系，南京　210095；5. Department of Entomology，

Texas A&M University，College Station，TX 77843，USA）

**摘　要：** 转 *Bt* 基因水稻对于我国害虫治理、降低化学农药使用量等方面都具有很大的优越性。为了分析其对土壤生物的生态风险性，筛选其潜在的分子生物标志物，我们利用定制基因芯片与 qPCR 技术，分析了 *Bt* 杀虫蛋白 Cry1Ab 和 Cry1Ac 对土壤模式跳虫 *Folsomia candida*（Collembola：Isotomidae）基因表达的影响。

结果表明，Cry1Ab 和 Cry1Ac 对 *F. candida* 的繁殖率和死亡率均无显著影响；在此基础上，我们共筛选出 11 个差异表达基因，其中，只有 3 个基因可以进行注释，其余基因功能未知，说明 Cry1Ab 和 Cry1Ac 对 *F. candida* 的比较安全。进一步分析发现，这 3 个基因分别与组织蛋白酶 L2（cathepsin L2）和热激蛋白 70（heat shock protein 70）具有较高的相似度。因此，*F. candida* 体内的外源 *Bt* 蛋白可能被肽链内切酶降解，而热激蛋白 70 可能在肽链内切酶或 *Bt* 蛋白的折叠与生物活性调节中发挥重要作用。我们又对这 11 个差异表达基因进行了 Cry1Ab 和 Cry1Ac 浓度梯度的实验，发现其中 10 个基因均可由 Cry1Ab 和 Cry1Ac 诱导上调表达，只有 1 个基因仅能由 Cry1Ac 诱导。以表达 Cry1Ab 和 Cry1Ac 的 3 种 *Bt* 水稻（克螟稻、华恢 1 号和 *Bt* 汕优 63）及其非 *Bt* 亲本水稻喂养 *F. candida* 后，检测了这 11 个差异表达基因的表达情况。结果发现，*Bt* 水稻中的 *Bt* 蛋白含量较低，这些基因表达的差异主要由 *Bt* 水稻与非 *Bt* 水稻之间植物成分的差异造成。显然，我们所筛选出 *F. candida* 对 *Bt* 蛋白的 11 个差异表达基因，其所需 *Bt* 蛋白浓度较高，它们可作为潜在的 *F. candida* 对 *Bt* 蛋白反应的分子生物标志物。

**关键词：** 非靶标生物；*Bt* 蛋白；*Folsomia candida*；基因芯片；分子生物标志物

[*]　转基因生物新品种培育科技重大专项（2012ZX08011002）资助

[**]　通讯作者：E-mail addresses：gef@ ioz. ac. cn

# 钙粘蛋白、氨肽酶-N、碱性磷酸酯酶介导的*Bt*抗虫机制研究

张　涛[1]* 　张丽丽[2] 　梁革梅[2]**

（1. 广西大学农学院；2. 中国农业科学院植物保护研究所，植物病虫害生物学国家重点实验室，北京　00193）

**摘　要：** 钙粘蛋白（Cadherin-like，CAD）、氨肽酶 N（Aminopeptidase N，APN）和碱性磷酸酯酶（Alkaline phosphatase、ALP）是昆虫中肠的主要 *Bt* 受体蛋白，受体蛋白及其与 *Bt* 结合能力的改变是抗性产生的主要原因。利用实时荧光定量 PCR 技术比较了 3 种受体蛋白在棉铃虫不同组织部位基因表达量的差异，并比较了利用 RNAi 技术将 3 种基因沉默后棉铃虫的变化。结果发现：抗、感品系棉铃虫的 CAD、APN 和 ALP 在前肠、中肠、后肠的表达量显著高于马氏管和表皮，表皮上这 3 种受体虽然能够检测到，但是表达量已非常低。利用 RNAi 技术选择性地沉默棉铃虫的 *CAD*、*APN* 和 *ALP* 三个基因后，3 种基因表达量明显降低；而且在幼虫 4 龄期注射 3 种基因的有效 siRNA 后，生长发育受到不同程度的抑制，且发育历期延长，化蛹率、羽化率也不同程度的降低。

**关键词：** 棉铃虫；*Bt*；氨肽酶-N；钙粘蛋白；碱性磷酸酯酶；RNAi

＊ 作者简介：张涛，男，河南安阳人，博士，从事植物与昆虫分子生物学研究；Tel：010-62816306；E-mail：zhangtao0372@126.com

＊＊ 通讯作者：梁革梅；E-mail：gmliang@ippcaas.cn

# B 型烟粉虱在甘蓝上的产卵行为观察

张晓曼[1,2]　虞国跃[1]　王　甦[1]　姚　晶[1]　李　敏[1]　张　帆[1]*

（1. 北京市农林科学院植物保护环境保护研究所，北京　100097；

2. 北京农学院植物科技技术学院，北京　100097）

**摘　要：**在实验室条件下（温度 25~30℃，湿度 RH70%~75%，光照 L∶D=16h∶8h）观察了连续三代 B 型烟粉虱（基于形态和线粒体 *CO1* 基因鉴定）在甘蓝叶片（秋甘一号）上产卵排列方式。发现烟粉虱在甘蓝叶片上的产卵排列方式有圆形、弧形和半圆形 3 种方式，所占比例分别为圆形 44.8%、弧形 44.2%、半圆 11%，圆形和弧形占 89.0%。另外，烟粉虱产卵时以吸食点为圆心边取食边产卵，少散产，区别于前人对其的研究（烟粉虱卵不规则的散产在叶背面），可能原因是由于环境的不同对其产卵行为的影响。

**关键词：**B 型烟粉虱；产卵行为；复眼；线粒体 DNA 基因

* 通讯作者：张帆；E-mail：zf6131@263.net

# 博落回提取物对麦蚜室内杀虫活性初探[*]

张晓宁[1**]　陈巨莲[1***]　程　辟[2]　孙京瑞[1]　程登发[1]

（1. 中国农业科学院植物保护研究所，植物病虫害生物学国家重点实验室，
北京　100193；2. 湖南农业大学，长沙　410128）

**摘　要：** 长期使用化学农药防治会带来严重的"3R"问题，并提高害虫的抗药性。植物源杀虫剂能较好地解决此类问题，已成为目前的研究热点之一。博落回 *Macleaya cordata*（Willd.）为罂粟科药用草本植物，其根、茎、叶、果均含多种生物碱。研究表明，博落回所含生物碱具有抑菌、杀虫、杀螨、杀线虫、抗肿瘤等作用，在医药和兽药上有较多应用。本试验以小麦主要害虫麦蚜为研究对象，初步探索了博落回提取物对麦长管蚜、麦二叉蚜和禾谷缢管蚜3种麦蚜的杀虫活性。

将11种博落回提取物稀释成4g/L、2g/L、1g/L、0.5g/L、0.25g/L 不同浓度梯度的溶液，采用浸渍法对3种麦蚜进行室内生测。初步试验结果表明，11种提取物中1号、2号、9号提取物有一定杀虫效果。其中，9号对3种麦蚜均有较好的触杀效果，且杀虫效果最好，4g/L 48h 处理后平均死亡率均超过60%。麦二叉蚜对2号提取物较其他两种麦蚜敏感。另外，发现1号、2号提取物按照一定比例混合有增效作用。有关博落回提取物对麦蚜的作用方式和机理还需进一步的研究探讨。

**关键词：** 麦蚜；博落回；生物碱；杀虫活性

* 基金项目：中比国际合作项目（2010DFA32810）
** 作者简介：张晓宁，女，河南人，硕士研究生，研究方向为昆虫生理与分子生物学；E-mail：ning850215@163.com
*** 通讯作者：陈巨莲；E-mail：jlchen@ippcaas.cn

# 麦长管蚜对一种植物挥发物及蚜虫报警信息素的嗅觉行为检测[*]

张 勇[**] 范 佳 陈巨莲[***] 孙京瑞 程登发

（中国农业科学院植物保护研究所，植物病虫害生物学国家重点实验室，北京 100193）

**摘 要：** 麦长管蚜（*Sitobion avenae*）是我国大多数小麦产区的优势种。目前，该蚜虫对植物挥发物（如，顺-3-己烯醇、水杨酸甲酯等）和蚜虫报警信息素主要功能组分 E-β-法尼烯（EBF）的嗅觉生理及行为反应均已取得深入进展，而分子机理及应用技术等研究亟待突破。

本研究选择植物源挥发物顺-3-己烯醇及 EBF 作为气味源，利用"Y"型嗅觉仪，测定麦长管蚜对上述两种气味物质的趋性及产生嗅觉响应的有效阈值。"Y"型嗅觉仪三臂均长 10cm，内径 2cm，两臂夹角 75°。大气采样仪作为抽气泵，空气依次经过活性炭、水、味源瓶和流量计进入两臂。通过流量计控制进气流保持在 100ml/min，两臂上方 30cm 处放置两只 12W 日光灯，确保两臂光线均匀。取已溶解在矿物油中的上述挥发物作为气味源，相同体积的矿物油作为对照。将饥饿 3h、营养状况良好的麦长管蚜有翅成虫放置于出气端，开始测试。每次观测 10min，在观测时间内蚜虫进入侧臂超过 3cm，并停留 1min 及以上，即定义为有趋性反应，否则，定义为无反应。每次测试 20 头，至少进行 3 组平行实验。利用 SAS 软件对蚜虫在处理臂和对照臂的选择个数做两样本平均值 $t$ 检验。

实验结果表明，顺-3-己烯醇对麦长管蚜有明显的吸引作用，选择处理臂的蚜虫个数极显著高于对照臂（$P < 0.01$）；EBF 对蚜虫有明显的驱避作用，选择处理臂的蚜虫个数极显著低于对照臂（$P < 0.01$）。其次，初步确定了引起相应嗅觉行为反应（吸引或者驱避）的有效阈值。顺-3-己烯醇为 $\geqslant 10$ng，EBF 为 $6 \sim 10\mu$g。上述结论为下一步开展麦长管蚜识别上述两类气味分子的分子机理研究奠定了基础。

**关键词：** 麦长管蚜；嗅觉；植物挥发物；报警信息素；EBF

---

\* 基金项目：国家自然科学基金项目（31171618）；中国博士后科学基金面上资助（2012M510627）；中比国际合作项目（2010DFA32810）；现代农业产业技术体系 CARS – 03

\*\* 作者简介：张勇，硕士研究生，研究方向为昆虫生理与分子生物学；E-mail：sunqilong3000@163.com

\*\*\* 通讯作者：陈巨莲；E-mail：jlchen@ippcaas.cn

# 对二点委夜蛾高毒力 *Bt* 菌株的筛选及评价 *

王勤英[1**] 杨云鹤[1] 苏俊平[1] 宋 萍[1] 李立涛[2] 董志平[2]

（1. 河北农业大学植保学院，保定 071000；

2. 河北省农林科学院谷子研究所，石家庄 050035）

**摘 要：** 二点委夜蛾是近年来河北省发生的较为严重的玉米苗期害虫，由于其特殊的隐蔽为害习性，传统的化学防治方法（如喷药、拌种、种衣剂、毒土等）防治效果并不理想。为了寻找对二点委夜蛾高毒力的苏云金芽胞菌株以及特异性杀虫基因，我们以二点委夜蛾 2 龄幼虫为靶标试虫，对本实验室保存的多个 *Bt* 菌株的杀虫活性进行了测定，同时利用 PCR – RFLP 技术分析了 *Bt* 菌株的基因型。通过生物测定筛选得到了多个高毒力菌株，通过比较分析 *Bt* 菌株基因型与其杀虫活性的关系，发现同时含有 *cry1Ac*、*cry2Ac*、*cry1I*、*vip3A* 这 4 种基因的 *Bt* 菌株对二点委夜蛾的杀虫活性最高，为了确定对二点委夜蛾幼虫有活性的主效基因及其蛋白毒素，我们又分别测定了能单一表达 Cry1Ab、Cry1Ac、Cry2Ac、Cry1I 或 Vip3A 毒素的菌株的杀虫活性，结果表明对二点委夜蛾具有杀虫活性的毒素是 *cry1Ac* 基因表达的 Cry1Ac 蛋白，同时也证实营养期杀虫蛋白 Vip3A 对二点委夜蛾幼虫也有一定的杀虫活性，而 Cry1Ab 蛋白对二点委夜蛾没有活性。尽管已经筛选出了对该虫高毒力的 *Bt* 菌株，但是因为该虫在田间隐蔽为害和取食玉米根茎部位的特点，在生产上难于直接应用 *Bt* 制剂。而当前转基因玉米中所应用的杀虫基因主要是 *cry1Ab* 基因，尽管该基因表达的产物对玉米螟等害虫有很好的防效，但是对夜蛾科的二点委夜蛾却无活性，因此，即使推广现有的已商业化的转 *Bt* 基因玉米，也不能控制二点委夜蛾的为害，如果将其杀虫基因替换为 *cry1A* 或 *vip3A* 基因，就有可能利用转基因 *Bt* 玉米解决二点委夜蛾的为害。

**关键词：** 苏云金芽胞杆菌；二点委夜蛾；杀虫活性；基因型

\* 资助项目：河北省科技厅"主要粮食作物新发生重大病虫害发生规律及防控体系研究与应用"（11220301D）

\*\* 第一作者：E-mail：wqinying@ hebau. edu. cn

# 不同食物对二点委夜蛾生长发育和繁殖的影响*

李立涛**　马继芳***　甘耀进　董志平

（河北省农林科学院谷子研究所，河北省杂粮重点实验室，石家庄　050035）

**摘　要**：二点委夜蛾［*Athetis lepigone*（Moschler 1860）］属鳞翅目、夜蛾科，于2005年首次发现为害夏玉米。2011年在我国夏玉米区严重暴发，虫情涉及6省47市，面积近220hm²。8月份和越冬调查发现在甘薯、大豆、花生、棉花等地存在大量幼虫，且室内饲喂大龄幼虫显示它可以取食13个科30多种植物，但是除玉米外，目前还未见其对其他作物造成严重的为害。为了澄清二点委夜蛾取食不同植物对其自身生长发育和繁殖的影响，进一步揭示其在其他作物上暴发为害的可能性，室内用不同植物的叶片饲养二点委夜蛾幼虫，并对其不同虫态的发育历期、存活率、成虫寿命和产卵量等参数进行观察统计。结果表明：取食不同植物的叶片对二点委夜蛾的生长发育和繁殖的影响差异明显，初孵幼虫取食棉花叶片不能存活，取食小麦、花生、大豆叶片，幼虫可以生长发育，但存活率较低，最终只有极少个体能完成整个世代，取食白菜、甘薯叶片和人工饲料的幼虫期存活率较高，分别为55.3%、50.7%和46.7%，玉米叶片饲喂的幼虫存活率较低些，为16.0%；蛹的存活率和体重以人工饲料饲喂的最高，分别为92.6%和61.7mg，而取食白菜、甘薯和玉米叶片的存活率在70%左右，饲喂白菜的蛹重为42.8mg，次于人工饲料，饲喂甘薯和玉米叶片的蛹重较轻，分别只有27.9mg和25.4mg；与蛹重相对应，产卵量的大小排列也是如此，人工饲料＞白菜＞甘薯＞玉米，平均单雌产卵量分别为191.0粒、152.3粒、96.0粒和58.0粒；在幼虫发育历期方面，不同食物的影响差异很显著，甘薯叶饲喂的发育历期最长，为32.1天，玉米叶次之，为24.3天，白菜叶和人工饲料的较短，为19.4天和19.5天；另外，在成虫寿命和蛹历期方面，饲喂不同植物的处理间差异并不显著。总体看来，在本实验所选用的植物中，白菜叶是二点委夜蛾幼虫的最佳食物，甘薯叶饲养的除了在幼虫发育历期上较长外，其他方面也均优于玉米叶，而花生、小麦、大豆叶和棉花叶都不适合作为二点委夜蛾的食物。本实验的结果将为我们探究二点委夜蛾暴发的生态学机制、年发生规律和综合治理提供思路和理论依据。

**关键词**：二点委夜蛾；食物；生长发育；产卵量

---

　*　项目来源：河北省科技厅"主要粮食作物新发生重大病虫害发生规律及防控体系研究与应用"（11220301D）

　**　李立涛（1986—），男，河北隆尧人，硕士，主要从事农作物害虫研究

　***　通讯作者：董志平（1964—），女，河北邢台人，研究员，主要从事农作物病虫害研究；Tel：0311－87670712，E-mail：dzping001@163.com

# 我国检疫系统首次截获双斑齿胫天牛

张　禹* 李伟丰** 韦　剑

（龙邦出入境检验检疫局，广西　533800）

**摘　要**：2012 年 3 月，龙邦出入境检验检疫局工作人员在下辖平孟口岸对来自越南的中药材——鸡血藤（*Millettia dielsiana*）进行检疫时，从该批货物上截获 4 头天牛成虫（活）、2 只蛹。经龙邦出入境检验检疫局检验检疫综合实验室鉴定，并由专家复核，确定其为双斑齿胫天牛（*Paraleprodera bimaculata*）。这是我国检疫系统首次截获该虫。双斑齿胫天牛，分类地位为鞘翅目（Coleoptera）天牛科（Cerambycidae）沟胫天牛亚科（Lamiinae）沟胫天牛族（Lamiini Latreille）齿胫天牛属（*Paraleprodera* Breuning），1935。

**关键词**：双斑齿胫天牛；鸡血藤；截获

---

* 作者简介：张禹，男，硕士，研究方向为植物检疫及有害生物风险分析；E-mail：zyciq@ hot-mail. com

** 通讯作者：李伟丰，男，博士，从事植物检疫及有害生物风险分析研究；E-mail：lwfciq@ 163. com

# 小菜蛾精氨酸激酶的克隆和序列分析

张志春* 杨 琼 张谷丰

（江苏省农业科学研究院植物保护研究所，南京 210014）

**摘　要：**精氨酸激酶（Arginine Kinase，AK）属于磷酸原激酶家族中的重要一员，广泛地存在于无脊椎动物及软体动物中，起着类似于脊椎动物中肌酸激酶（Creatine Kinase，CK）的作用，是一个与细胞内能量运转、肌肉收缩、ATP 再生有直接关系的重要激酶。磷酸原激酶家族是一个保守家族，可逆催化肌酸或精氨酸与 ATP 之间的转磷酰基反应，形成的高能磷酸化的磷酸肌酸或磷酸精氨酸称为磷酸原。精氨酸激酶仅存在于无脊椎动物体内，且磷酸精氨酸是昆虫肌肉中唯一有效形成 ATP 的磷酰基供体，这就意味着昆虫的能量代谢途径与脊椎动物完全不同，若将精氨酸激酶作为害虫控制的一个靶标，不仅可以开辟害虫分子调控的新领域，而且对高等动物也比较安全。目前小菜蛾的控制主要采用化学防治的方法，由于化学农药引起的环境污染等问题日益突出，寻求环境友好的害虫控制新途径成为研究热点，而从基因水平上干扰酶系统来控制害虫展现出良好的发展前景。本文利用 RT-PCR 和 RACE 技术克隆得到小菜蛾精氨酸激酶 *AK* 基因，命名为 PxylAK，其核苷酸序列全长 1 068bp，编码 355 个氨基酸残基，预测其成熟蛋白质分子量为 40kD，等电点为 6.02，和其他鳞翅目昆虫的 AK 的氨基酸序列比对同源性较高，达 70% 以上。具有精氨酸激酶典型的酶活性部位氨基酸序列，酶活性中心位点氨基酸和能形成离子偶结构氨基酸。Real-time PCR 结果表明，PxylAK 在小菜蛾不同组织包括头、中肠、脂肪体、体壁和血液中均可表达，在小菜蛾不同发育阶段和幼虫不同龄期均可表达。

**关键词：**小菜蛾；精氨酸激酶；基因克隆；表达

---

* 第一作者：E-mail：zhichunzh@yahoo.com.cn

# 小菜蛾飞行能力的初步测定[*]

张 智[1][**] 张云慧[1] 石宝才[2] 程登发[1][***]

（1. 中国农业科学院植物保护研究所，植物病虫害生物学国家重点实验室，
北京 100193；2. 北京市农林科学院植物保护环境保护研究所，北京 100197）

**摘 要：**小菜蛾（*Plutella xylostella* L.）隶属于鳞翅目菜蛾科，是全世界十字花科蔬菜的重要害虫之一，具有繁殖能力强、生活周期短、世代交替和远距离迁飞等特性。飞行能力是判断昆虫迁飞范围的一个重要指标。为了解小菜蛾的飞行能力，提高小菜蛾的监测预警水平，2008 年 11 月，本研究团队利用计算机控制的微小飞行磨系统对小菜蛾的飞行能力进行了测定。供试虫源是利用人工饲料饲养的当日羽化的小菜蛾成虫，吊飞时温度为25℃，相对湿度为50%，测试时间为 24 h，记录指标包括总飞行时间、持续飞行时间、总距离、最大速度等 4 个。结果表明，雌虫总飞行时间可达 15.43 h，单次起飞后，可持续飞行9.01 h，飞行距离最大可达 48.01 km，最大飞行速度可达 6.06 km/h。与雌虫相比，雄性个体各指标的最大值相对较小，雌虫总飞行时间可达 10.70 h，单次起飞后，可持续飞行8.75 h，飞行距离最大可达 28.78 km，最大飞行速度可达 4.49 km/h。$t$ 测验表明，雌性个体的总飞行时间 [（4.97±0.15）h] 极显著高于雄性 [（1.67±0.63）h]（$t = 2.94$，$df = 44$，$P = 0.005 < 0.01$），总飞行距离也是雌性 [（12.29±2.03）km] 极显著高于雄性 [（3.91±1.70）km]（$t = 2.74$，$df = 44$，$P = 0.009 < 0.01$），而持续飞行时间和最大速度两个指标在雌雄个体间的差异不显著。

**关键词：**小菜蛾；飞行能力；飞行磨；迁飞

* 基金项目：公益性行业科研专项经费（201003079）
** 作者简介：张智（1980—），男，河南沈丘人，博士研究生，研究方向为病虫害监测预警及防治决策；E-mail：zhangzhicas@126.com
*** 通讯作者：程登发；E-mail：dfcheng@ippcaas.cn

# 干旱和洪涝灾害对亚洲玉米螟种群动态的影响

张柱亭[1]* 李　静[2] 孙　嵬[1] 类成平[1] 张统书[1]

董　辉[1] 钱海涛[1] 丛　斌[1]**

（1. 沈阳农业大学，沈阳　110866；2. 东北农业大学，哈尔滨　150030）

**摘　要：**为明确干旱和洪涝灾害对亚洲玉米螟种群动态的影响，于 2009～2011 年对辽宁省受旱灾影响的北票市和受洪涝影响的铁岭市亚洲玉米螟发生为害情况进行调研。结果表明：因 2009 年 6～9 月持续干旱影响，受灾当年亚洲玉米螟种群数量大幅下降，第二年亚洲玉米螟心叶期为害较轻，但穗期为害达到较严重程度，第三年种群数量恢复到较高水平。2010 年 7 月下旬洪涝灾害发生条件下，亚洲玉米螟发生为害维持在较高水平，受灾年份越冬种群数量较大，但不能直接影响第二年亚洲玉米螟的发生情况。

**关键词：**亚洲玉米螟；干旱；洪涝；种群动态

---

　* 作者简介：张柱亭（1983—），男，山东德州人，博士生，主要从事害虫生物防治和害虫生态学研究；E-mail：zhangzhuting120@163.com

　** 通讯作者：丛斌（1956—），男，教授，博士；E-mail：bin1956@163.com

# 云南传毒介体蓟马及其寄主植物种类和发生动态[*]

郑　雪[1][**]　李宏光[2]　刘春明[2]　肖俊华[2]　李兴勇[2]　陈永对[1]

陈宗麒[3]　张仲凯[1]　董家红[1][***]

（1. 云南省农业科学院生物技术与种质资源研究所，云南省农业生物技术重点实验室，

昆明　650223；2. 云南省烟草公司红河州公司，弥勒　652300；

3. 云南省农业科学院农业环境资源研究所，昆明　650205）

**摘　要：** 番茄斑萎病毒属（*Tospovirus*）是布尼亚病毒科（Bunyaviridae）中唯一可侵染植物的成员，主要由蓟马传播，是一类对农业生产具有严重破坏作用的植物病毒，每年在世界范围内造成数亿美元的经济损失，被列为世界为害最大的十种植物病毒之一。阻断蓟马对病毒的传播是防治该类病害的重要措施之一。根据"治虫防病"的防治策略，只有摸清传毒蓟马种类、分布及其田间发生消长规律，并根据其发生特点制定相应的防治措施，才能达到有效控制蓟马及 *Tospovirus* 病毒传播的目的。本研究于 2011 年 7 月至 2012 年 8 月对云南传播 *Tospovirus* 病毒蓟马的种类、发生动态及寄主植物进行了系统调查。共采集制作 5 000 余号蓟马标本，已鉴定出西花蓟马、花蓟马、烟蓟马、棕榈蓟马、黄胸蓟马、八节黄蓟马、端大蓟马、普通大蓟马、台湾大蓟马、树皮距管蓟马 10 余种蓟马，其中，已经明确西花蓟马、花蓟马、烟蓟马和棕榈蓟马 4 种为传毒蓟马。其寄主植物主要有白蒿、车前草、齿果酸模、刺槐、打碗花、大车前、粉花月见草、广布野豌豆、鬼针草、茴茴蒜、加拿大飞蓬、锦葵、苣荬菜、苦荆芥、苦苣菜、辣子草、藜、马鞭草、马樱丹、苦麦菜、牛繁缕、平车前、蒲公英、荞、鼠麴草、鼠掌老鹳草、天蓝苜蓿、夏枯草、千里光、胜红蓟等 30 余种田间杂草和白菜、蚕豆、番茄、辣椒、卷心菜、马铃薯、南瓜、丝瓜、西葫芦、茄子、生菜、油菜、莴苣、香菜、烟草、豌豆、茴香、灯盏花、万寿菊等 20 余种经济作物。调查结果表明，西花蓟马、棕榈蓟马、烟蓟马种群的个体数量都以 3 月份最高；西花蓟马种群数量所占比例 4 月份最高，占所采集样品的 89.23%，3 月份次之，为 60.21%；棕榈蓟马种群数量所占比例 6 月份最高，为 34.07%。本研究结果可为蓟马发生的预测预报及制定传毒蓟马及其所传 *Tospovirus* 病毒的综合防控措施提供科学依据。

**关键词：** 番茄斑萎病毒属病毒；传毒介体；蓟马；云南

　＊　基金项目：国家自然科学基金（31060237）；云南省烟草公司红河州公司项目（HYSWZXY2011 – 19）

　＊＊　第一作者：郑雪，女，博士后，从事传毒媒介昆虫与植物病毒互作研究

　＊＊＊　通讯作者：董家红，男，研究员，主要从事植物病毒学研究；E-mail：dongjhn@126.com

# 二化螟内源性*piggyBac*转座子在不同地理种群中的差异分析*

罗光华**　李晓欢　张志春　刘宝生　方继朝***

（江苏省农业科学院植物保护研究所，南京　210014）

　　二化螟是一种适应性极强的非迁飞性害虫，广泛分布于亚洲温带和亚热带稻区，食性多样，遗传多样性丰富，能较快地适应不同的杀虫剂和耕作栽培环境，因而在生产上形成周期性的大暴发，严重威胁我国的粮食生产安全。转座子是宿主基因组的重要组成部分，也是宿主进化的重要内在动力。*piggyBac*转座子是DNA型转座子，广泛分布于生物体内。基于*piggyBac*转座子超家族成员*IFP2*开发的转基因工具载体是目前转基因研究中使用最广泛的载体之一，因此，*piggyBac*转座子的研究受到广泛的关注和重视。本文基于前期克隆获得的二化螟内源性*piggyBac*转座子，利用ITR-PCR分别从二化螟不同地理种群克隆到几十份该类*piggyBac*转座子的拷贝。通过多重序列比对，再结合支序分析方法、遗传变异参数分析等方法分析相互之间的遗传变异。结果显示，在二化螟的不同地理种群中，内源性*piggyBac*转座子并没有发生很大的变异，各拷贝之间还保持很高的相似性，并且很多拷贝具有完整ORF序列，这暗示该内源性*piggyBac*转座子在二化螟体内可能起到重要的生物学功能。本研究为充分认识二化螟内源性*piggyBac*转座子的遗传进化规律和二化螟遗传多样性形成的内源性机制提供了理论指导。

---

　　* 基金项目：国家水稻产业技术体系项目（Cars-001-25）；中国博士后科学基金项目（20110491367）；江苏省博士后科学基金项目（1101048C）

　　** 作者简介：罗光华（1982—），男，博士，从事昆虫生化与分子生物学研究；E-mail：luogh_ cn@163. com

　　*** 通讯作者：方继朝；E-mail：fangjc@ jaas. ac. cn

# 山东花生蛴螬的发生特点与防治药剂优选<sup>*</sup>

闫冉冉<sup>**</sup>　赵海鹏　薛　明<sup>***</sup>

（山东农业大学植保学院，泰安　271018）

**摘　要**：山东是我国最大的花生生产和出口基地，花生蛴螬常年发生为害严重。山东花生种植可大体分为鲁东、鲁中和鲁西三大花生种植区，种植方式以春播为主，也有麦套和夏直播。本文采用田间调查和室内外试验相结合的方法，系统研究了山东省花生代表地区蛴螬的发生特点及药剂对蛴螬的防治效果，以便为花生蛴螬的防治提供技术支持。主要结果如下：

1. 在山东宁阳、新泰和招远花生田调查，花生田蛴螬主要种类有暗黑鳃金龟、铜绿丽金龟和大黑鳃金龟，其中，以暗黑鳃金龟为优势种，占采集蛴螬总量的 70% 以上；仅有个别地块以大黑鳃金龟为主要优势种。

2. 花生产区不同作物布局对于蛴螬的发生种类有较大的影响。根据 2011 年花生收获期的调查，在山东宁阳和新泰周围种植有玉米、杨树和桃树的花生田，蛴螬平均密度分别为 173.2 头/666.7m²、126.7 头/666.7m² 和 104.7 头/666.7m²，明显多于纯作的花生田 45.7 头/666.7m²；且在附近种植杨树和玉米的花生田较单作花生田铜绿丽金龟所占比例明显增高，种植杨树和玉米的花生田铜绿丽金龟所占比例分别为 24.6% 和 17.4%，而周围种植桃树的和纯作的花生田为 10.4% 和 10.1%。花生田周围种植树木等高杆作物杨树、玉米和桃树等植物，有利于金龟甲成虫的栖息和就近产卵，因此，邻近的花生地中蛴螬数量大；铜绿丽金龟成虫偏好取食杨树、玉米，因此，附近花生田铜绿丽金龟发生数量比例增加。

3. 2011 年在山东省花生主产区调查了有代表性的 3 个地区，29 个取样地点结果表明：不同土质的花生田蛴螬的发生有明显差异，其中，以壤土中蛴螬发生数量最大，平均密度为 85.5 头/666.7m²，砂土和黏土中蛴螬密度明显少于壤土，分别为 40.2 头/666.7m² 和 37.0 头/666.7m²。在 3 种土质中，均以暗黑鳃金龟为优势种，暗黑鳃金龟、铜绿丽金龟、大黑鳃金龟幼虫在壤土中的平均比例分别为 79.6%、14.0% 和 6.4%，在黏土中的比例分别为 71.1%、16.9% 和 12.0%，在黏土地中大黑鳃金龟幼虫的比例有所增加。

4. 不同种植方式对于田间蛴螬的分布也有较大影响。春花生蛴螬的发生数量明显高于夏花生，未覆膜地块蛴螬的发生数量明显高于覆膜地块。根据泰安山东农业大学植保试

---

\* 基金项目：山东省现代农业产业技术体系花生创新团队建设（2011）；农业公益性行业科研专项（201003025）

\*\* 作者简介：闫冉冉，女，硕士研究生，主要从事害虫综合治理方向的研究；E-mail：yrr1989@sina.com

\*\*\* 通讯作者：薛明，博士生导师；E-mail：xueming@sdau.edu.cn

验基地花生田调查结果，在未使用药剂防治的条件下，未覆盖地膜的春花生田中蛴螬密度为 485.2 头/666.7m$^2$，覆盖地膜春花生田蛴螬密度为 244.6 头/666.7m$^2$，后者较前者降低 49.6%；未覆盖地膜的夏花生田蛴螬密度为 230.1 头/666.7m$^2$，覆盖地膜夏花生田蛴螬密度为 125.1 头/666.7m$^2$，后者较前者降低 45.7%；花生地膜覆盖种植可显著降低蛴螬的发生量。

5. 试验表明，新烟碱类杀虫剂吡虫啉、噻虫胺、噻虫啉和噻虫嗪，有机磷类杀虫剂辛硫磷、毒死蜱、二嗪磷和敌百虫对蛴螬 2 龄虫的毒力都较高，均为有效药剂。因新烟碱类杀虫剂具有内吸性，播种期种子处理、土壤处理和生长期灌根使用，对蛴螬可发挥胃毒和触杀双重作用，田间实际防治效果优于有机磷杀虫剂，值得在花生蛴螬防治中推广。

**关键词：**花生蛴螬；发生；分布；防治

# 茴香薄翅野螟越冬幼虫耐寒性的初步研究

来有鹏[*]　张登峰

（青海省农林科学院植物保护研究所，西宁　810016）

**摘　要：** 本文就茴香薄翅野螟越冬幼虫对青藏高原冷凉环境的适应进行了初步研究。2011 年 11 月到 2012 年 3 月，茴香薄翅野螟的过冷却点和结冰点变化范围分别为 $-6.85 \sim -12.49℃$ 和 $-6.23 \sim -8.17℃$，其中，2012 年 1 月过冷却点和结冰点降至最低。其体内糖原含量变化范围在 $2.42 \sim 4.56mg/g$。水分含量和脂肪含量变化幅度不太大，它们于 2012 年 1 月降至最低，分别为 $642.71mg/g$ 和 $138.65mg/g$。蛋白质含量先升后降，2012 年 1 月升至最高，为 $406.23mg/g$。5 月间，甘油含量分别为 $87.66mg/g$、$88.22mg/g$、$96.73mg/g$、$96.60mg/g$ 和 $95.46mg/g$。随着环境温度的降低 3 种保护酶系的活力先下降，后上升，并于 2012 年 1 月达到最低，POD 酶活、CAT 酶活和 SOD 酶活分别为 134.37 $OD_{470}/$（$\mu g$ 蛋白·min）、422.73 $mgH_2O_2/\mu g$（蛋白·min）和 88.25 $OD_{560}/\mu g$ 蛋白。

**关键词：** 茴香薄翅野螟越冬幼虫；耐寒性；研究

---

\* 第一作者：来有鹏；E-mail：yplai@126.com

# 二疣犀甲对寄主茎干的产卵选择行为研究

吕朝军　钟宝珠\*　覃伟权

（中国热带农业科学院椰子研究所，文昌　571339）

**摘　要：** 在室内采用选择行为方法，研究了二疣犀甲 ［*Oryctes rhinoceros* （Linnaeus）］对不同寄主茎干的产卵选择行为。结果表明，二疣犀甲对不同腐烂状态椰子茎干的产卵选择性具有明显的差异，其中，以半腐烂状态的茎干对二疣犀甲的产卵引诱效果最强，其次为完全腐烂的茎干，而健康茎干的引诱效果最差。对 5 种不同棕榈植物茎干的产卵选择结果表明，二疣犀甲在椰子和油棕茎干上产卵量最高；而在不同椰子品种之间，二疣犀甲优先选择香水椰子茎干腐烂物产卵，其次为海南高种椰子和红矮椰子。在不同死亡原因造成的椰子茎干死亡中，二疣犀甲优先选择机械损伤致死的茎干产卵，其次为染虫死亡茎干。少量的二疣犀甲幼虫粪便具有引诱成虫产卵的效果，而随着粪便数量增多，二疣犀甲的产卵行为逐渐受到抑制。

**关键词：** 二疣犀甲；寄主茎干；产卵选择

---

\*　通讯作者：钟宝珠；E-mail：baozhuz@ 163. com

# 茶尺蠖对不同成熟度茶树叶片取食
# 适应性的地理变异*

郭　萧**　彭　萍***　王晓庆　林　强　胡　翔
（重庆市农业科学院茶叶研究所，重庆　402160）

**摘　要：** 茶尺蠖（*Ectropis oblique* Prout）是茶树上主要的食叶类害虫之一。在众多防治方法中，喷施核型多角体病毒（*Eo*NPV）因对茶尺蠖具有较高的杀伤力、不产生抗性、不杀伤天敌、不产生农药残留等优点深受茶农欢迎。但近年来发现，部分茶区茶尺蠖种群存在对 *Eo*NPV 的敏感性较低的情况。对于这种现象有观点认为是由茶尺蠖地理种群的分化造成。但目前有关不同地理种群茶尺蠖生物学差异的研究较少。本研究通过对浙江、湖北、福建和江西等地茶尺蠖种群饲喂嫩叶、成叶和老叶 3 种不同成熟度的茶树叶片后，对比其发育历期、死亡率以及内禀增长率等发育与生命表参数，旨在揭示茶尺蠖不同地理种群对不同成熟度茶树叶片取食适应性的地理变异。试验设 3 个处理，每个处理设置 3 个重复。3 个处理分别为嫩叶组：新生尚未成熟的叶片；成叶组：当年生已经成熟的叶片；老叶组：隔年生的叶片。成虫均饲喂 10% 蜂蜜水。每个重复 30 头茶尺蠖。饲养温度为 25℃，空气相对湿度为 80%，光照时间为 L16h：D8h，光照强度约为 2 500lx。供试的茶尺蠖种群分别采自 4 个不同的地区：湖北黄冈地区茶园、浙江杭州地区茶园、江西南昌地区茶园、福建福安地区茶园，于重庆市农业科学院茶叶研究所实验室内进行人工饲养扩繁。实验用的茶尺蠖均为同一天孵化出的幼虫。茶尺蠖幼虫饲养在高约 15cm，直径约 10cm 的圆形玻璃瓶中，瓶口用尼龙纱布包裹，以防幼虫逃逸。实验用茶树叶片叶柄用湿润的脱脂棉包裹，以保持新鲜。茶尺蠖蛹放置在湿润的沙土中直至羽化；羽化后的成虫按雌雄比 1：1 放置在无色透明的圆形塑料罩（高约 25cm，直径 10cm，尼龙纱布罩顶）内交配，罩内放置折叠的纸条，以便收集茶尺蠖卵块，每罩放置雌雄成虫各 1 头。逐日检查茶尺蠖发育状况、死亡数、产卵数等参数，并补充更换新鲜食物。在整个试验期间分别在 5 月初、6 月中旬、8 月初采集不同成熟度叶片测定，最终每个成熟度的叶片化学物质含量取 3 次的平均值。结果表明，在发育历期方面，所有处理中，不同地理种群茶尺蠖发育历期存在显著差异，且均以成叶处理发育历期最短；在死亡率和产卵量方面，3 种处理中，幼虫 3 龄前死亡率以老叶处理死亡率最高，嫩叶处理最低，每雌产卵量以嫩叶处理最高，老叶处理最低；在内禀增长率等 5 个生命表参数方面，各地理种群在成叶处理下差异不显著，嫩叶和老叶处理下差异显著，表现出不同地理种群茶尺蠖在营养需求和抗逆性方面的差异；通过茶树叶片营养与茶尺蠖发育相关性分析，发现不同地理种群生命参数与各营养成分的相关性各不相同，揭示了营养需求不同可能是不同地理种群茶尺蠖取食适应性差异的关键。

**关键词：** 茶尺蠖；茶树叶片；生命表参数；取食适应性；地理种群

---

　*　基金项目：国家茶叶产业技术体系西部病虫害防控岗位专家基金（CARS－23）

　**　作者简介：郭萧（1980—），男，博士，主要从事茶树害虫测报与综合防控工作；E-mail：qiye-shu2000@163.com

　***　通讯作者：彭萍；E-mail：pptea2006@yahoo.com.cn

# 华南地区秋季桑园和荒地红火蚁食物组成研究[*]

高　燕[1][**]　吕利华[1]　张　波[2]　何余容[2]

（1. 广东省农业科学院植物保护研究所/广东省植物保护新技术重点实验室，广州 510640；2. 华南农业大学资源环境学院，广州　510642）

**摘　要**：通过对红火蚁觅食搬运的和弃尸堆中的动植物残片取样和鉴定，研究了华南地区秋季桑园和荒地两种生境中红火蚁的食物组成，并就夏季和秋季两种生境中红火蚁食物组成进行了比较和讨论。结果表明：在桑园和荒地中，红火蚁的食物残片无论是在觅食搬运中还是在弃尸堆中均以动物残片为主，分别高达 83.85% 和 89.97% 以上，而且两种生境红火蚁食物组成种类相近，以昆虫纲动物残片为主，只是各类群所占比例略有不同。红火蚁觅食搬运的食物残片种类比弃尸堆中的丰富。觅食昆虫纲食物碎片集中在同翅目、鳞翅目、鞘翅目、双翅目、膜翅目和半翅目，弃尸堆昆虫纲残片集中在鞘翅目、半翅目、膜翅目和同翅目。与张波等（2012）夏季调查结果相比较发现，同一生境内秋季红火蚁取食固体食物主要类群与夏季的相近，其受季节变化影响较小；在觅食搬运残片中，秋季植物种子所占比例明显高于夏季，但在弃尸堆中，夏季与秋季植物种子的比例组成接近。

　　本研究为红火蚁固体取食结构变化提供了数据，也为分析红火蚁在生物群落中的作用提供了直接证据。

**关键词**：红火蚁；觅食；弃尸堆；食物组成

　* 基金项目：广东省科技计划项目（2010B050300014，2011B031500020）；国家国际科技合作计划（2011DFB30040）

　** 作者简介：高燕（1977—），女，助理研究员；E-mail：beauty - gaoyan@163.com

# 科尔沁平原丘陵草甸草原蝗虫群落集团结构的研究

孙　崐* 张柱亭 类成平 董　辉 钱海涛 丛　斌**

（沈阳农业大学，沈阳　110866）

**摘　要：** 近年来，科尔沁平原丘陵草甸草原大面积高密度发生蝗虫灾害，威胁着牧业生产的正常发展。作者于 2011 年 6 ~ 10 月在此研究区域，应用生态学中的集团理论，设置蝗虫的取食行为和栖息地选择两项生态指标的多个梯度，分析了该区草原蝗虫群落的结构及种间关系。聚类分析及主成分分析的研究结果显示，欧式距离为 9.7 时，该区草原蝗虫群落可划分为 6 个集团，反映了蝗虫群落的差异性；提取的前 3 个主成分的累积贡献率达 82.908%，3 个主成分反映了蝗虫对地面基层、取食高度、地形以及阴影的选择。通过生态位的研究，比较了该区蝗虫的生态位宽度，分析了不同蝗虫之间的生态位重叠情况。本文结果可为该区草原蝗虫预测预报及防治工作提供科学依据。

**关键词：** 集团结构；草原蝗虫；生态位；聚类分析；主成分分析

---

* 作者简介：孙崐（1982—），男，吉林长春人，博士生，主要从事害虫生物防治和害虫生态学研究；E-mail：swswsw1221@ sina. com. cn

** 通讯作者：丛斌（1956—），男，教授，博士生导师；E-mail：bin1956@163. com

# 生物防治

# 抗生素 RIFAMPICIN 对麦长管蚜 (E) - β-法尼烯释放的影响*

于文娟[1,2]** 陈巨莲[1]*** Frederic Francis[2] 刘 勇[3] 程登发[1] 孙京瑞[1]

( 1. 中国农业科学院植物保护研究所 植物病虫害生物学国家重点实验室, 北京 100193;

2. Functional and Evolutionary Entomology, Gembloux Agro-Bio Tech,

University of Liege, Passage des Déportés 2, B-5030 Gembloux, Belgium;

3. 山东农业大学植物保护学院, 泰安 271018 )

**摘 要:** 许多种类蚜虫在遇到天敌攻击等机体压力 (physical stress) 时会释放报警信息素 (E) -β-farnesene (EβF)。已有文献报道, 能分泌 EβF 的蚜虫种类至少 21 种, 有 16 种蚜虫被机械外力碾碎后的残体所释放的挥发物组分以 EβF 为主 (>70%), 其中, 13 种蚜虫残体挥发物的唯一成分为 EβF, 如豌豆蚜 Acyrthosiphon pisum、桃蚜 Myzus persicae 和麦长管蚜 Sitobion avenae (Francis et al., 2005) 等。本文采用 Parafilm 膜夹营养液法添加抗生素 RIFAMPICIN 喂养两种麦长管蚜种群 [比利时 Gembloux (让布鲁) 种群和中国北京种群], 然后应用 GC-MS 方法检测比较蚜虫的 EβF 释放量的差异。

在人工饲料中加入 50μg/μl 抗生素 RIFAMPICIN (Sigma)。取每个地理种群成虫约 400 头放入两端通透的玻璃管中 (直径 3cm, 高 2.5cm), 玻璃管上端覆以两层 Parafilm 膜并在两膜间的空隙内加入含有抗生素的人工饲料 200~250 μl。将处理好的玻璃管放入人工气候箱中 [温度 (22℃±1)℃; 相对湿度 60%~70%; 光周期 L:D = 16:8]。48h 后, 将各处理的每 5 头蚜虫转移到 20cm 长的玻璃瓶中 (瓶中有玻璃球), 抽取空气密封 1h; 用玻璃球充分磨碎蚜虫, 该密封玻璃瓶在 (30±0.2)℃下放置 30min, 然后直接应用 GC-MS 方法测每一个样品的 EβF 的含量。每个处理重复 10 次。以不含抗生素的人工饲料的蚜虫为对照。数据采用 SAS One-Way ANOVA, Ducan's multiple-range test 进行处理。

实验结果表明, 在每个玻璃瓶中只能检测到挥发物 EβF。未喂养抗生素的麦长管蚜比利时让布鲁种群和中国北京种群的 EβF 含量成显著差异 (P < 0.05), 比利时种群 EβF 含量约是中国种群的 5 倍。喂养抗生素的比利时让布鲁种群和中国北京种群的 EβF 含量均明显减少; 比利时让布鲁种群抗生素处理 EβF 含量极显著低于对照 (P < 0.01), 其含量为对照的 6.08%; 抗生素处理的中国种群 EβF 含量显著低于对照 (P < 0.05), 其含量为对照的 22.89%。

综上所述, 抗生素 RIFAMPICIN 喂养的蚜虫, 其报警信息素 (E) -β-farnesene 明显减少。因为抗生素主要抑制蚜虫体内共生菌的生存, 因此, 本文结果说明蚜虫体内共生菌参与报警信息素的形成有关。

**关键词:** 麦长管蚜; (E) -β-farnesene (EβF); GC-MS; RIFAMPICIN; 共生菌

---

* 基金项目: 中—比国际合作项目 (PIC/CUD Shandong, 2010DFA32810); 国家自然科学基金项目 (30971920)

** 作者简介: 于文娟, 女, Functional and Evolutionary Entomology, Gembloux Agro - Bio Tech, University of Liege, 博士研究生, 从事昆虫分子生物学研究; E-mail: ywj19830906@163.com

*** 通讯作者: 陈巨莲, E-mail: jlchen@ippcaas.cn

# *Eo*NPV 实时荧光定量 PCR 检测方法的优化及应用

袁志军* 肖 强 殷坤山

（中国农业科学院茶叶研究所，杭州 310008）

**摘 要**：茶尺蠖核型多角体病毒（Ectropis oblique nucleopolyhedrovirus，*Eo*NPV）（杆状病毒科核型多角体病毒属）是茶尺蠖的病原性天敌，被茶尺蠖幼虫取食后在其体内迅速增殖，致其感染发病而死亡。该病毒制剂已获批农药登记许可，现已在浙江省及周边省区茶园广泛应用。因此，为了快速有效的检测出生物杀虫剂中 *Eo*NPV 的含量，对生物农药进行真伪甄别，建立灵敏、特异而又简易的检测方法尤为重要。然而传统的血清学记数法对茶尺蠖核型多角体病毒的检测不能精确定量，且检测灵敏度低。常规 PCR 技术只能定性，却不能准确定量。目前，实时荧光定量 PCR（RT-PCR）技术因具有高度特异性、敏感性和可重复性、耗时短、无污染等特点而得到广泛应用，成为定量检测目标基因的最为有效方法。前期，本研究所基于 *Eo*NPV 的 p10 基因建立的茶尺蠖核型多角体病毒的检测方法。为了优化茶尺蠖核型多角体病毒定量检测方法，经过大量目标基因的筛选，本研究确定茶尺蠖核型多角体病毒的 p16 基因为目的基因，经过引物设计、PCR 扩增、目的片段与载体连接转化以及对重组质粒进行测序鉴定。以经鉴定过的 p16 基因的 PCR 纯化产物作为茶尺蠖核型多角体病毒实时荧光定量 PCR 标准品模板，稀释后建立 SYBR Green I 荧光定量标准曲线。统计学分析显示标准品浓度的对数值与 Ct 值之间存在良好的线性关系（$R = 0.9981$）。该方法的检测灵敏度达到 $10^2$，扩增产物形成单一的特异性熔解峰。$C_t$ 值组内变异系数（CV）分别为 0.33%、0.16%、0.66%、0.23%；组间变异系数（CV）分别为 1.35%、1.91%、1.76%、0.99%，均小于 2%，表明该方法重复性良好。对 *Eo*NPV 的水制剂和 *Bt* 制剂的检测均表现出较高的准确性和灵敏度。结合 RT-PCR 的反应条件，通过调试使得基于 p16 基因的常规 PCR 反应可以对 *Eo*NPV 的生物农药进行定性检测。因此，该方法可以同时从定性定量两方面入手，对 *Eo*NPV 生物农药进行真伪甄别，以及精确鉴别与其同源性较高的其他核型多角体病毒（茶毛虫核型多角体病毒、茶刺蛾核型多角体病毒等）。同时可以以此方法对不同时间点茶尺蠖感病幼虫进行抽样检测，以了解茶尺蠖核型多角体病毒在其宿主幼虫内的增值动态。

**关键词**：*Eo*NPV；SYBR Green I；RT-PCR；定性定量；幼虫检测

---

\* 通讯作者：E-mail：yzj21552102@126.com

# 蓟马 GC-MS 特征图谱检测的取样技术[*]

陈　婷[**]　吕利华　钟　锋

(广东省农业科学院植物保护研究所 广东省植物保护新技术重点实验室，广州　510640)

**摘　要**：蓟马是一类体型微小、若虫鉴定识别难度大的昆虫，利用现代技术鉴定该类昆虫已成为现实。本文以西花蓟马为供试虫体，采用本研究室研制的昆虫 GC-MS 进样技术，建立了蓟马表皮碳氢化合物 GC-MS 鉴定技术。结果表明：①分别进样 1 头、2 头、5 头和 10 头西花蓟马雌成虫，各色谱峰的相对保留值基本一致，相对峰面积有差异。取样量为 1 头，即可对蓟马进行 GC-MS 检测。②分别对西花蓟马雌成虫的新鲜标本、冰冻标本及酒精浸泡标本进行 GC-MS 特征谱检验，冰冻标本与新鲜标本的图谱完全相同。③分别获得西花蓟马的雌成虫、雄成虫、蛹和若虫的 GC-MS 特征图谱，其表明该虫各虫态个体的 GC-MS 图谱存在异同，其中，雌成虫的特征峰多于雄成虫的，成虫的特征峰多于蛹和若虫的。④鉴定技术重现性、稳定性高，当 GC-MS 条件相同时，多次取样西花蓟马的各色谱峰的相对保留值和相对峰面积基本一致。建议 GC-MS 取样最好是活体或冰冻标本。本研究提出的昆虫 GC-MS 鉴定的取样技术为丰富小型昆虫鉴定手段提供了良好的条件。

**关键词**：西花蓟马；表皮碳氢化合物；GC-MS；鉴定技术

＊ 基金项目："一种昆虫表皮碳氢化合物 GC－MS 分析检测实验及其所用进样针"（专利授权号：ZL 2011 20060719.6）

＊＊ 作者简介：陈婷（1986—），女，研究实习员；E-mail：ch.t120@126.com

# 嗅觉反应研究对草蛉定殖的指导意义[*]

武鸿鹄[**]　张礼生　王孟卿　陈红印[***]

（中国农业科学院植物保护研究所　农业部作物有害生物综合治理重点实验室，
北京　100081；中美合作生物防治实验室，北京　100081）

**摘　要：** 草蛉是一类非常重要的捕食性天敌，种类多，分布广，寿命长，食量大，成、幼虫均可捕食，持续控害时间久，猎食害虫种类多，蚜类、蚧类、螨类、粉虱、鳞翅目等害虫的卵、低龄幼（若）虫均可捕食，适于农田、果园、蔬菜及花卉的害虫生物防治，具有良好的应用前景。草蛉的定殖性是影响其应用成败的关键因素，在一定时间和空间内，草蛉定殖程度决定了其在生产中的应用效果，有效的害虫生物防治取决于草蛉在空间的定殖能力及对害虫的捕食能力，而草蛉的定殖、捕食等行为与嗅觉反应又紧密相关。通过控制光暗与摘除触角研究其对中华通草蛉 *Chrysoperla sinica*（Tjeder）成虫取食的影响，结果表明光、暗、触角及其相关的视、嗅觉都会影响中华通草蛉的取食，且具有协同作用，但嗅觉影响更大。由于昆虫拟寄生物和捕食者常利用信号化合物来完成寄主定位，这些信号化合物不仅直接来自昆虫本身，还可能来自寄主植物，故此有学者用 Y 形嗅觉仪进行类似测试，结果表明茶二叉蚜、蚜害茶梢复合体和茶花的挥发物，如正辛醇、己醛、苯甲醛、己醛、香叶醇等能显著引诱大草蛉 *Chrysopa pallens*（Rambur）。此外，国外有研究普通草蛉 *Chrysoperla* sp.（*carnea*-group）和安平草蛉 *Mallada desjardinsi*（Navas）这两种草蛉成虫取食棉花的扶桑绵粉蚧的嗅觉反应，显示两种草蛉的雌雄虫均能感受棉花植株释放的绿叶挥发物，受绵粉蚧为害的棉叶上饱和烃含量较高，草蛉成虫对其反应也更强烈。基于此，可在植株受害期和开花期释放草蛉，能提高其在田间的定殖效果。

**关键词：** 草蛉；嗅觉反应；定殖

---

　* 课题来源：农业行业科研专项（201103002）；农业部 948 项目（2011 – G4）

　** 作者简介：武鸿鹄（1990—），男，硕士研究生，研究方向为害虫生物防治；E-mail：wuhong-hu566@126. com

　*** 通讯作者，陈红印，男，研究员，博士生导师，研究方向为害虫生物防治；E-mail：chen. hongyin@ gmail. com

# 温度和光周期对多异瓢虫滞育诱导的影响*

吴根虎**　张礼生***　陈红印

（中国农业科学院植物保护研究所／农业部作物有害生物综合治理
综合性重点实验室，北京　100081）

**摘　要：** 多异瓢虫 *Hippodamia variegata*（Goeze）是一类重要的捕食性天敌，属于鞘翅目瓢甲科长族瓢虫族多异瓢虫属，可捕食植物上的多种蚜虫，在田间取食时间较长，而且在盛夏亦能繁殖，对温湿度的适应性较强，能有效地控制蚜虫的为害。多异瓢虫分布较广，国外主要分布在古北区、印度及非洲中部，国内主要分布于北京、吉林、辽宁、内蒙古、河北、山东、河南、四川、宁夏、云南和西藏等地。其寄主有瓜蚜、棉蚜、苜蓿蚜、玉米蚜等蚜虫。滞育是昆虫在长期进化过程中形成的适应环境的一种特征，对昆虫种群的延续有重要意义，既可使昆虫度过不良环境，维持个体和种群的生存；又可令种群发育整齐，增加雌雄个体的交配机会，利于后代的繁衍。通过研究温度和光周期对多异瓢虫成虫滞育诱导的影响，揭示其滞育的规律，可为大量繁育生产多异瓢虫提供理论依据，达到利用益虫控制害虫之目的。

本实验以采自中国农业科学院麦田并于室内饲养成稳定世代的多异瓢虫为供试虫源，于人工气候箱内开展组合试验，实验诱导温度为13℃、15℃、18℃，光周期为8L∶16D、10L∶14D、12L∶12D、14L∶10D 共12个组合，雌雄虫各1对单对置入养虫盒内，每处理观测30对试虫，3次重复，以大豆蚜饲喂，逐日检测记录。多异瓢虫的滞育判定采用国际通用的产卵前期指标，即通过比较相同温度、不同光周期下雌虫的产卵前期判断成虫是否滞育，若雌虫产卵前期超过非滞育个体产卵前期1倍，则视其为滞育成虫。本研究视18℃下20天未产卵、15℃下30天未产卵、13℃下40天未产卵者为滞育成虫。实验结果表明，在13℃条件下，随光照时间的延长，滞育率先增后减，但滞育率均在80%以上，当光照时长为10L∶14D时，滞育率最高，达到91.84%；在15℃条件时，随光照时间的延长，滞育率逐渐降低，在相同光照条件下其滞育率显著低于13℃条件下的滞育率，说明高温能够抵消短光照对滞育的诱导。光周期诱导试验表明，在光照时间为8h/天时，滞育率为57.41%，在光照时间10h/天时，滞育率为43.43%，说明多异瓢虫的滞育临界光周期在8~10h/天；在温度18℃时，光照时长10L∶14D 和12L∶12D 的产卵前期较大，但各光周期下多异瓢虫成虫产卵前期差异不显著（$P > 0.05$），均未滞育，结合前期开展的高温诱导试验，综合分析，多异瓢虫滞育属低温短日照型，实践操作中可于13℃、10L∶14D 条件下诱导多异瓢虫进入滞育。

**关键词：** 多异瓢虫；滞育；温度；光周期

＊　课题来源：公益性行业（农业）科研专项（201103002）；"948"重点项目（2011-G4）
＊＊　作者简介：吴根虎，男，江西上饶人，硕士研究生，研究方向害虫生物防治；E-mail：2010102087@ njau. edu. cn
＊＊＊　通讯作者：张礼生，男，副研究员，研究方向害虫生物防治；E-mail：zhangleesheng@ 163. com

# 补充营养和寄主密度对斑痣悬茧蜂
# 搜寻行为及功能反应的影响[*]

尚　禹　孟　玲　李保平[**]

（南京农业大学植物保护学院、农作物生物灾害综合治理教育
部重点实验室，南京　210095）

**摘　要：** 为探究补充营养和寄主密度对斑痣悬茧蜂野外寄主搜寻选择行为的影响，在室外罩笼中放置分别用圆柱形透明有机玻璃罩隔离的 15 盆大豆植株，观察不同营养水平和不同寄主密度下斑痣悬茧蜂的搜寻寄生行为。运用 Cox 比例风险模型分析表明：①与取食清水相比，取食 30% 糖液促使斑痣悬茧蜂提早离开寄主斑块，离开斑块的累计风险是取食清水寄生蜂的 5.4 倍；②寄主密度增大促使斑痣悬茧蜂提早离开寄主斑块，寄生蜂离开密度为 10 头/株斑块的风险是 5 头/株斑块的 1.1 倍；③产卵促进斑痣悬茧蜂在斑块上驻留更长时间，产卵 2 次的寄生蜂离开斑块的风险比产卵 1 次的下降 34.5%；④补充营养与寄主密度互作促进寄生蜂在斑块上驻留更长的时间，随着寄主密度的升高，取食 30% 糖液的寄生蜂比取食清水的离开斑块的风险下降 9.4%；⑤补充营养对斑痣悬茧蜂寄生率没有显著影响，寄主密度升高使寄生率下降，寄主密度每增加 5 头/株，寄生发生的风险将下降 7.1%，斑块内总的滞留时间越长，斑痣悬茧蜂的寄生率越高，总滞留时间每增加 1min，寄生发生的风险加大 0.9%。

为揭示补充营养对斑痣悬茧蜂功能反应的影响，在室外条件下，设置 6 个寄主密度水平：5 头/株、10 头/株、15 头/株、20 头/株、25 头/株和 30 头/株，寄生时间为 8：00～16：00 时，统计连续 5 天寄生的斜纹夜蛾幼虫数量。研究结果表明：①在连续 5 天内，无论是取食糖液还是清水的斑痣悬茧蜂，每天的寄生数均随着寄主密度增加而增加，寄主密度每增加 5 头/株寄生数量增加 2.2 头；②随着寄生天数的增加，斑痣悬茧蜂每天的总寄生数逐渐减少，例如，第 2 天寄生（寄主）的数量比第 1 天减少 0.63 头；③寄主密度和寄生天数存在显著互作，随着寄主密度和寄生天数的增加，寄生数量减少 3%；④补充营养和寄主密度存在显著互作关系，与补充清水的寄生蜂相比，寄主密度每增加 5 头，被寄生的寄主数量数量减少 6%；⑤寄生天数和补充营养存在显著互作关系，与补充清水的寄生蜂相比，补充糖液的寄生蜂寄生天数每增加 1 天，被寄生的寄主数量增加 5%。

**关键词：** 搜寻行为；斑痣悬茧蜂；斜纹夜蛾；功能反应；生物防治

---

\* 国家公益性行业（农业）科研专项（200903003，201103032）资助

\*\* 通讯作者：E-mail：lbp@ njau. edu. cn

# 七星瓢虫滞育关联蛋白双向电泳样品制备方法优化

刘　遥* 　张礼生** 　陈红印

（中国农业科学院植物保护研究所　农业部作物有害生物综合治理重点实验室，
北京　100081；中美合作生物防治实验室，北京　100081）

**摘　要：** 滞育作为一种昆虫在时间上对不良环境的适应策略，具有种的遗传特异性，是在长期进化过程中，昆虫对环境的不断适应和环境竞争选择的结果。一些昆虫在滞育过程中，脑组织、脂肪体和血淋巴中会产生特殊的蛋白质，即滞育关联蛋白（Diapause Associated Protein，DAP）。研究七星瓢虫等天敌昆虫的滞育关联蛋白，有利于拓展和深化昆虫滞育的生物学规律，也为天敌昆虫大规模扩繁中的贮藏、延长产品货架期等问题提供理论依据。双向电泳技术作为蛋白质组学研究的核心技术之一，是目前唯一可将数千种蛋白质同时分离的方法，而尽可能完整的获得生物体特定时期的蛋白质种类和数量即蛋白质样品的制备是双向电泳的基础。

本研究在常用双向电泳样品制备方法的基础上，对七星瓢虫蛋白样品的抽提、沉淀、重悬等环节进行了优化。以温度（24±1）℃、相对湿度（70±10）%、光周期 L16：D8 饲养的七星瓢虫非滞育成虫和（18±1）℃、相对湿度（70±10）%、光周期 L10：D14 饲养的七星瓢虫滞育成虫为试验材料，试虫用 70% 酒精冲洗，－80℃ 冰箱保存备用。蛋白样品的抽提：采用液氮或玻璃匀浆器研磨，加入裂解液或不同 pH 值的磷酸缓冲液抽提。SDS-PAGE 效果显示，加入磷酸缓冲液后用玻璃匀浆器研磨效果较好，研磨后和离心后的沉淀用裂解液裂解，将离心后的两份上清液合并。不同 pH 值的磷酸缓冲液对样品的影响效果不大，pH 值 7.6 的磷酸缓冲液效果略好于其他 pH 值。蛋白样品的沉淀：采用 TCA/丙酮法沉淀蛋白，沉淀后蛋白质的重悬效果不好，且双向电泳过程中盐离子的浓度较高。因为七星瓢虫蛋白质样品抽提时，离心后最上层有一层黄色的脂类物质，去除脂类并沉淀蛋白，蛋白质仍呈现黄色，推测脂类物质干扰了后续的双向电泳的等电聚焦过程。改用 GE Healthcare 公司的 2-D Cleanup kit，效果得到改善，样品的黄色去除。蛋白样品的重悬：沉淀后的蛋白样品加入一定体积的蛋白质溶解缓冲液，使最终的浓度小于 10mg/ml，可满足进一步的双向电泳测试分析。蛋白质溶解缓冲液组成为：7mol/L 尿素、2mol/L 硫脲、65mmol/L DTT、4% CHAPS、0.2% Pharmalyte（pH 值 3~10）。

**关键词：** 七星瓢虫；滞育；样品制备方法

---

* 作者简介：刘遥（1989—），女，硕士研究生，研究方向为害虫生物防治；E-mail：liuyaozhibao@yahoo.cn

** 通讯作者：张礼生；E-mail：zhangleesheng@163.com

# 烟盲蝽卵黄原蛋白基因表达的营养调控*

刘丽平** 张礼生 王孟卿 刘晨曦 陈红印***

（中国农业科学院植物保护研究所 农业部作物有害生物综合治理重点实验室，
北京 100081；中美合作生物防治实验室，北京 100081）

**摘 要：**烟盲蝽 *Nesidiocoris tenuis*（Reuter）属于半翅目盲蝽科，食性杂，既可取食植物对农作物造成为害，又可捕食小型昆虫，尤其是对温室白粉虱 *Trialeurodes vaporariorum*（Westwood）、小菜蛾 *Plutella xylostella* 种群规模的控制，近年来，烟盲蝽在保护地蔬菜生物防治上的作用受到了越来越多的关注。

卵黄原蛋白（Vitellogenin，Vg）主要由昆虫体内的重要的器官脂肪体细胞合成，被发育中的卵母细胞选择性的摄取，在卵子内沉积形成卵黄磷蛋白（Viteilin，Vt），为胚胎发育提供营养。昆虫的营养与生殖之间存在非常密切的关系，营养对昆虫生殖具有重要的调控作用。昆虫的母体将营养贮藏在卵内，按程序释放出营养物质满足胚胎发育的需要。以卵黄蛋白为主要物质组成供胚胎发育所需营养。昆虫卵黄发生的一个重要过程是卵黄蛋白的摄取，已有的研究表明脂肪体合成的卵黄原蛋白是通过受体介导的内吞作用（receptor mediated endocytosis，RME）被正在发育的卵母细胞所摄取。因此，卵黄原蛋白在昆虫生殖过程中起着重要的作用。研究卵黄原蛋白表达的营养调控对天敌昆虫扩繁具有一定的指导意义。

通过分析、比较不同蝽类昆虫的卵黄原蛋白基因序列，设计出了克隆烟盲蝽卵黄原蛋白基因序列的引物，利用 PCR 扩增出卵黄原蛋白基因的片段，然后再利用 RACE 得到烟盲蝽卵黄原蛋白基因序列，在试验中烟盲蝽取食烟粉虱、烟蚜、米蛾卵、人工饲料 4 种不同的饲料，运用荧光定量 PCR 的方法，比较饲喂 4 种不同饲料的烟盲蝽卵黄原蛋白基因的表达量，反映出饲喂不同饲料的烟盲蝽卵黄原蛋白基因表达量的不同，同时也反映出烟盲蝽取食何种营养源可以促进其更好地生长发育。

**关键词：**烟盲蝽；卵黄原蛋白；营养源；荧光定量

---

\* 课题来源：公益性行业（农业）科研专项（201103002）；中央级公益性科研院所基本科研业务费专项资金（1610142012013）

\*\* 作者简介：刘丽平，女，山东潍坊人，硕士研究生，研究方向为害虫生物防治；E-mail：dandan1986love@163.com

\*\*\* 通讯作者：陈红印，男，研究员，研究方向为害虫生物防治；E-mail：hongyinchen@bbn.cn

# 水稻品种对褐飞虱共生菌
# *Arsenophonus* 感染率的影响

陈　宇* 　王渭霞　赖凤香　洪利英　孙燕群　傅　强**

（中国水稻研究所水稻生物学国家重点实验室，杭州　310006）

**摘　要**：*Arsenophonus* 是属于 *Proteobacteria* γ 亚类肠杆菌科的一类昆虫内生菌。1985 年，Skinner 发现 *Arsenophonus* 侵染 *Nasonia vitripennis* 可诱导其后代雄性死亡，故名 "杀雄菌"。进一步研究发现该菌还与烟粉虱对农药的敏感性有关，但该菌与宿主昆虫与寄主植物互作的关系尚少有报道。研究表明 *Arsenophonus* 是褐飞虱田间种群或感虫品种 TN1 上室内种群试虫体内一种常见共生菌，但饲养于 Mudgo 上的褐飞虱室内种群感染率为 0%，推测 *Arsenophonus* 可能在褐飞虱与水稻品种的互作中有一定作用，为进一步明确该关系，我们在筛选到感染该菌的阳性种群及不感染该菌的阴性种群的基础上，将初羽化成虫雌雄各半，按阳性与阴性 1∶1 比例混合，分别饲养于 Mudgo 和 TN1 上，隔代观察两种饲养条件下试虫 *Arsenophonus* 感染率的变化情况，每个处理均饲养 4 盆作为 4 个重复。

结果表明，TN1 上各代试虫的平均感染率均高于 Mugdo 试虫。其中，Mugdo 试虫的感染率，第 1 代至第 7 代呈逐渐下降趋势，由第 1 代的 35% 降至第 7 代的 7.5%，与以往对 TN1 种群和 Mudgo 种群的研究结果一致；但第 9 代开始上升到 25.8%，第 13 代仍维持在 19.2%。进一步分析 Mudgo 上饲养的 4 个重复的感染率发现，仅其中的两个重复第 9 代开始显著上升，是该代 Mudgo 上总体感染率上升的原因，而另有两个重复的试虫则分别于第 7 代、第 9 代感染率降为 0%，之后直至第 13 代仍维持在 0%。TN1 上饲养的 4 个重复的感染率均未降低至 0%。鉴于不同重复的起始试虫个体不同，推测褐飞虱种群可能存在不同的 *Arsenophonus* 菌种或株系，其中一类在抗性品种上胁迫下会逐步消失，另一类则不会。进一步的研究正在进行中。

**关键词**：褐飞虱；共生菌 *Arsenophonus*；致害性

---

　* 作者简介：陈宇，女，硕士研究生，从事水稻害虫相关研究；E-mail：chenyu87625@163.com

** 通讯作者：E-mail：qiangfu1@yahoo.com.cn

# 蠋蝽人工饲料研究[*]

邹德玉[**]　陈红印[***]　张礼生　王孟卿　王树英　陈长风　刘晨曦

（中国农业科学院植物保护研究所 农业部作物有害生物综合治理重点实验室，
北京　100081；中美合作生物防治实验室，北京　100081）

**摘　要：** 蠋蝽，又名蠋敌，属半翅目，蝽总科，蝽科，益蝽亚科，蠋蝽属。该蝽分布于我国北京、甘肃、贵州、河北、黑龙江、湖北、湖南、江苏、江西、吉林、辽宁、内蒙古、山西、山东、陕西、四川、新疆、云南、浙江及蒙古和朝鲜半岛。蠋蝽可以捕食鳞翅目、鞘翅目、膜翅目及半翅目等多个目的害虫。由于 *Bt* 棉的种植，棉铃虫的种群被有效地抑制，但是盲蝽由次要害虫上升为主要害虫。蠋蝽除了可以捕食棉铃虫外，还可以捕食三点盲蝽和绿盲蝽。因此，应用转基因技术和释放天敌昆虫相结合的方法来控制害虫可以更有效地达到可持续发展的目的。此外，蠋蝽还可以取食马铃薯甲虫和美国白蛾，因此，应用本地天敌昆虫来防治重大外来入侵害虫是一种切实有效的好方法。由此可见，蠋蝽是农林业害虫生物防治中一种非常值得关注的天敌昆虫。

应用生物防治方法来控制害虫的一个最主要的任务就是释放大量的高质量昆虫天敌。而生物防治大范围应用的一个限制因子就是天敌昆虫的费用问题，它要远远超过化学防治的费用。采用传统的方法大量繁殖天敌昆虫经济成本高而且浪费时间，因此一个理想的人工饲料可以大大地减少生产天敌昆虫的费用。为了大量廉价生产蠋蝽，本文对蠋蝽无昆虫添加成分的人工饲料进行了研究。经过连续饲喂蠋蝽 8 代，结果显示：与取食柞蚕蛹的蠋蝽相比，取食人工饲料的蠋蝽的卵和成虫的体重、体长、成虫产卵量及卵的孵化率相对降低；取食人工饲料的蠋蝽从 2 龄到成虫的发育时间和产卵前期延长；取食人工饲料的蠋蝽，若虫体重、体长、成虫寿命、2 龄到成虫的存活率及可育率，随着代数的增加而增加，但是性比（♂：♀）有所下降。这些变化显示人工饲料对蠋蝽种群进行一定程度的选择，而蠋蝽对人工饲料也产生了一定的适应。卵及 1 龄若虫的发育时间及 1 龄到 2 龄的存活率没有变化。所有处理当中，雌虫个体都比雄虫大，雄虫寿命比雌虫寿命要长。

本文在国际上首次对天敌昆虫-蠋蝽的无昆虫添加成分的人工饲料进行了研究，尽管取食人工饲料的蠋蝽的一些生物学参数稍低于取食柞蚕蛹的蠋蝽的参数，但本研究为以后应用人工饲料大量扩繁蠋蝽奠定了一定的基础。

**关键词：** 蠋蝽；人工饲料；棉铃虫；盲蝽；马铃薯甲虫

---

 * 课题来源：农业公益性行业科研专项（201103002）；948 重点项目（2011 – G4）

 ** 第一作者：邹德玉，男，黑龙江齐齐哈尔人，博士研究生，研究方向为害虫生物防治；E-mail：deyuzou@ gmail. com

 *** 通讯作者：陈红印，男，研究员，博导；E-mail：chen. hongyin@ gmail. com

# 米蛾卵饲养东亚小花蝽

杨丽文[1]　张　帆[1]*　王　甦[1]　李　敏[1,2]

（1. 北京市农林科学院植物保护环境保护研究所，北京　100097；

2. 南京农业大学农业部作物病虫害监测与防控重点开放实验室，南京　210095）

**摘　要：** 在室内条件下 ［ （29 ±1）℃，RH70%，L：D = 16：8］，初步研究了以米蛾（*Corcyra cephalonica*）卵为饲料时，东亚小花蝽（*Orius sauteri*）的发育历期（表1）和取食情况。结果显示，取食米蛾卵的东亚小花蝽能够完成世代，并能成功繁殖下一代。东亚小花蝽一生可取食米蛾卵（359.402 ± 128.381）粒，其中，1 龄一生捕食米蛾卵（10.490 ±3.249）粒，2 龄捕食米蛾卵（14.287 ±3.742）粒，3 龄捕食米蛾卵（17.338 ±3.047）粒，4 龄捕食米蛾卵（26.163 ±5.335）粒，5 龄捕食米蛾卵（36.585 ±7.369）粒，成虫捕食米蛾卵（254.539 ±95.640）粒，捕食量随着龄期的增加而增加。本试验为利用米蛾卵大量饲养东亚小花蝽提供了依据。

**表 1　米蛾卵饲养东亚小花蝽的历期**

|  | egg | 1st instar | 2st instar | 3rd instar | 4th instar | 5th instar | adult |
|---|---|---|---|---|---|---|---|
| Developmental time （Days） | 2.165 ± 0.533 | 1.776 ± 0.419 | 2.197 ± 0.182 | 2.018 ± 0.388 | 2.653 ± 0.613 | 3.203 ± 0.487 | 17.437 ± 0.626 |

**关键词：** 东亚小花蝽；米蛾卵；人工饲养

---

\* 通讯作者：张帆；E-mail：zf6131@263.net

# Wolbachia 感染和未感染的松毛虫赤眼蜂品系寄生功能反应[*]

谢丽娜[**] 董 辉 钱海涛 闫京京 丛 斌[***]

（沈阳农业大学植物保护学院，沈阳 110866）

**摘 要**：在 20℃、25℃、30℃、35℃ 4 个恒温条件下，对 Wolbachia 感染和未感染的松毛虫赤眼蜂品系进行寄生米蛾卵功能反应比较研究。结果表明：在试验温度处理范围内，寄生量随米蛾卵密度增加而增大（5~20 粒/卡），达到一定水平后（40~60 粒/卡），其关系则趋于平衡，呈负加速曲线，说明其功能反应属于 Holling Ⅱ 型，用功能反应 Holling 圆盘方程模拟，经 F 和 R 检验，除感染 Wolbachia 品系在 35℃ 时未达显著水平外，两品系的拟合效果均达到显著水平；不同温度间两品系功能反应参数均存在着显著差异，瞬时攻击率变化稳定，但处置时间变化剧烈，且感染 Wolbachia 的松毛虫赤眼蜂产雌孤雌品系在高温（30℃）寄生效果最好，而未感染的松毛虫赤眼蜂品系在低温（20℃）寄生效果最好，说明温度对处置时间影响较大，由此看来，在评价功能反应时除了考虑瞬时攻击率和处置时间，还应考虑温度因素对天敌寄生能力的影响；除 30℃ 恒温外，相同温度下两品系间瞬时攻击率及处置时间存在显著性差异，且日最大寄生量间也存在着极显著的差异，感染 Wolbachia 的品系在寄生寄主时的处置时间较长，瞬时攻击率比未感染 Wolbachia 的小，未感染 Wolbachia 的品系最大寄生量显著高于感染 Wolbachia 品系，说明共生菌 Wolbachia 对松毛虫赤眼蜂的寄生能力存在显著影响。

**关键词**：Wolbachia；松毛虫赤眼蜂；功能反应；Holling Ⅱ 圆盘方程；温度

* 基金项目：国家自然科学基金（30871674，30971962）；十二五科技支撑计划（2012BAD19B04）；辽宁省高校重点实验室支撑计划项目（2008S203）；辽宁省教育厅科研项目（L2010488）

** 作者简介：谢丽娜（1988—），女，硕士研究生，害虫生物防治；E-mail：shelinaa@ 126. com

*** 通讯作者：丛斌（1956—），男，教授，博士生导师；E-mail：bin1956@ 163. com

# 大草蛉成虫取食经历对子代生长发育的影响*

党国瑞**　刘　竹**　陈红印***

（中国农业科学院植物保护研究所，农业部作物有害生物综合治理重点实验室，
北京　100081；中美合作生物防治实验室，北京　100081）

**摘　要**：为了解大草蛉成虫取食经历对子代的影响，对饲喂人工饲料的大草蛉成虫所产子代进行一系列试验。子代每隔 15 天取样测定卵孵化率；产卵盛期所产卵孵化后饲喂大豆蚜，测定幼虫与茧的累计发育历期、茧体大小、成虫体长、存活率等。以饲喂大豆蚜者为对照。结果如下：

饲喂人工饲料导致大草蛉产卵选择性发生变化，雌虫产卵点更趋随机分布，饲养空间各位置均有卵粒分布；而饲喂大豆蚜者所产卵多集中在猎物（大豆蚜）周围。

饲喂人工饲料可提高子代卵孵化率，卵孵化率为 69.5%，明显高于饲喂大豆蚜的 60.4%。人工饲料饲喂子代的结茧率、成虫获得率与对照间无显著差异，结茧率分别为 87.7%（处理）和 82.7%（对照），成虫获得率则分别为 93.0%（处理）和 90.7%（对照）。

饲喂人工饲料的大草蛉子代幼虫与茧的累计发育历期显著缩短，但不超过 1 天。

饲喂人工饲料对大草蛉子代的茧体大小、成虫体长无显著影响。

试验证明，大草蛉成虫取食经历可对子代生长发育产生一定影响，进一步阐释内在机制将有利于指导天敌昆虫人工饲料开发与改良。

**关键词**：大草蛉；取食经历；子代；生长发育

＊　课题来源：农业公益性行业科研专项（201103002），948 重点项目（2011－G4）

＊＊　作者简介：党国瑞，男，山东滕州人，硕士研究生，研究方向为害虫生物防治，E-mail：hutudgr@163.com；刘竹，女，重庆人，西南大学植物保护学院 2009 级本科生

＊＊＊　通讯作者：陈红印，男，研究员，博导，研究方向为害虫生物防治，E-mail：chen.hongyin@gmail.com

# 薇甘菊提取物对二疣犀甲防控潜力研究

钟宝珠* 吕朝军 覃伟权

（中国热带农业科学院椰子研究所，文昌 571339）

**摘 要**：为了评价外来入侵杂草薇甘菊在害虫综合防治方面的潜力，为二疣犀甲的防控提供参考，采用生物测定法测定了薇甘菊提取物对二疣犀甲的室内生物活性。结果报道如下：①拒食作用结果表明，薇甘菊提取物对二疣犀甲 3 龄幼虫具有很强的拒食作用，且拒食率与处理浓度呈正相关，在供试浓度 10mg/g 处理下，其对二疣犀甲 3 龄幼虫的拒食率达 74.39%；②处理二疣犀甲的卵后，孵化率明显降低，且孵化期延长，当处理浓度为 10mg/ml 时卵孵化率仅有 66.66%，卵孵化期延长至 9 天，比对照延迟 3 天，同时初孵幼虫死亡率也高达 40.43%；③采用添加薇甘菊提取物的饲料饲喂 1 龄幼虫后，幼虫体重增长减缓，在 10mg/g 和 5mg/g 浓度下，处理后 90 天，其体重增加至 4.34g 和 5.04g，体重增加量分别为 3.83g 和 4.53g，而对照组中，体重增加量达到 6.87g。结论：薇甘菊提取物对二疣犀甲具有一定的生物活性和防控潜力。

**关键词**：薇甘菊提取物；二疣犀甲；生物活性；防控潜力

---

* 第一作者：E-mail：baozhuz@163.com

# 球孢白僵菌交配型分子鉴定[*]

张 军[1][**]　赵 强[2]　汪洋洲[1]　张正坤[1]　李启云[1][***]

(1. 吉林省农业科学院/农业部东北作物有害生物综合治理重点实验室,
长春　130033; 2. 哈尔滨师范大学生命科学与技术学院,哈尔滨　150080)

**摘　要:** 球孢白僵菌 *Beauveria bassiana* 是一种重要的虫生真菌,开发的真菌杀虫剂是一类优良的生物农药,其有性世代球孢虫草 *Cordyceps bassiana* 也有潜在的经济价值。李增智等 2001 年首先证实了球孢虫草是球孢白僵菌的有性型。球孢白僵菌有性型—无性型关系的明确,使得球孢白僵菌的生活史得以完整的呈现,球孢白僵菌在真菌系统中的分类地位也更加的明确。一般认为,球孢白僵菌的有性生殖方式是异宗配合,只有含有 MAT1-1 交配型基因的菌株和 MAT1-2 交配型的菌株在一起才能完成有性生殖,产生子实体和子代的子囊孢子。鉴定球孢白僵菌菌株的交配型,确立含有不同交配型标准菌株,进行菌株的快速配对,对于球孢虫草的人工栽培和球孢白僵菌的育种都具有重要的价值。

本课题组对球孢白僵菌的人工栽培和交配型等方面进行了研究,在交配型基因扩增试验中发现,利用 Yokoyama 等设计的引物不能有效地扩增出球孢白僵菌的交配型基因。利用改进的 MEYLING 等设计的引物对新疆采集的球孢白僵菌菌种进行了交配型基因的扩增,发现该菌种同时含有 2 种交配型基因,单胞分离和鉴定,得到含有 *MAT1-1* 基因的命名为 YN-01 菌株和含有 *MAT1-2* 基因的命名为 YN-02 菌株。对其他 27 个菌种的平板培养物进行交配型的分子检测并与 2 个对照菌株比对,结果发现,含有 MAT1-1 的交配型的菌株为 5 株,含有 MAT1-2 交配型的菌株为 1 株,有 21 个菌株检测出了同时含有 2 种交配型。

通过多次重复试验,优化了扩增条件,保证了检测结果的稳定性和可靠性。本试验结果为快速检测球孢白僵菌菌株的交配型提供了一种简便、准确的方法,并为研究球孢白僵菌交配型基因的功能、人工栽培和育种奠定了基础。

**关键词:** *Beauveria bassiana*; *Cordyceps bassiana*; 交配型基因; 检测

* 基金项目: 吉林省农业微生物研究与利用创新团队 (20121812); 吉林省农业微生物重点实验室 (20122105)

** 第一作者简介: 张军 (1984—), 男, 硕士, 研究实习员, 研究方向为虫生真菌与亚洲玉米螟互作; Tel: 0434-6283336, E-mail: zhangjun5155232@163.com

*** 通讯作者: 李启云, 博士, 研究员; Tel: 0431-87063003, E-mail: qyli@cjaas.com; 汪洋洲, 博士, 副研究员, Tel: 0434-6283336, E-mail: wang_yangzhou@163.com

# 不同饲料添加物对腐食酪螨室内种群增长及巴氏新小绥螨生物学参数的影响[*]

黄　和[1,2][**]　　徐学农[1][***]　　李桂亭[2]　　王恩东[1]

（1. 中国农业科学院植物保护研究所，农业部作物有害生物综合治理重点实验室，
害虫天敌创新课题组，北京　100193；2. 安徽农业大学植物保护学院，合肥　230000）

**摘　要**：巴氏新小绥螨 Amblyseius barkeri （Hughes，1948）隶属于植绥螨科 Phytoseiidae 钝绥螨属 Amblyseius，是众多农业吸汁性害虫的重要捕食性天敌，其天然猎物有蓟马、叶螨、瘿螨、粉螨等，在农业生产中极具利用价值，因其发育历期短、自然死亡率低、产卵率高、扩散及捕食能力强等优点而被认为是最好的生物防治产品之一，也是国内外推广应用面积较大的捕食性天敌产品之一。

解决天敌自身大量繁殖问题是天敌产品推广应用首要前提，腐食酪螨（Tyrophagus putrescentiae，Schrank，1781）以其食性杂、繁殖量大和饲养成本低等优点现已成为巴氏新小绥螨商业化饲养的常用替代猎物，目前已有十多种植绥螨可以用腐食酪螨为食物来大量繁殖。由于麦麸廉价且饲养时可以为腐食酪螨及巴氏新小绥螨提供蓬松的环境，很快成为饲养腐食酪螨最常用的食物，仅利用纯麦麸饲养腐食酪螨，麦麸利用率低，单位质量麦麸饲养出的腐食酪螨在数量上还有很大提升空间，且麸皮中各营养成分参差不齐，该方法在营养学上还有很大的改进，本实验研究在麸皮中添加几种常用营养物添加物，阐明各添加物对腐食酪螨室内种群增长的影响，挖掘出对腐食酪螨大量饲养效果最好的营养添加物的种类，提高麦麸利用率，增大单位质量麦麸中腐食酪螨的比重。实验进一步研究了添加营养对腐食酪螨体内可溶性糖、可溶性蛋白含量影响及这些体内营养的变化对巴氏新小绥螨生命学各参数的影响，实验结果将进一步明确添加的营养物对巴氏新小绥螨大量繁育的影响。

实验结果表明：添加酵母粉、葡萄糖、白砂糖能够显著增大腐食酪螨种群周增长量及最大增长倍数，分别达到了 318.5 倍、316.7 倍、179.9 倍；三者均显著提高了腐食酪螨体内可溶性糖含量，其中白砂糖尤其突出，增幅达 133%；三者中仅酵母粉能显著增大腐食酪螨体内可溶性蛋白的含量，增幅近 25%；添加酵母粉、葡萄糖、白砂糖均能明显缩短巴氏新小绥螨发育；三者也显著增大了雌螨的日均产卵量；添加酵母粉能显著增大后代雌性比；而添加葡萄糖和白砂糖显著减少后代雌性比；添加白砂糖及酵母粉时巴氏新小绥螨种群内禀增长率最大，分别为 1.553、1.554。添加酵母粉、白砂糖及葡萄糖后，单位麦麸中腐食酪螨数达到包装要求（80 头/g）所需天数分别为 14 天、13 天、11 天，对照为 24 天，添加三者均减短了巴氏新小绥螨的扩繁周期。

**关键词**：腐食酪螨；营养物；种群增值；营养水平；生物学参数

---

　* 基金资助：中国农业科学院植物保护研究所中央级公益性科研院所基本科研业务费专项资金资助项目（1610142012011）

　** 作者简介：黄和（1988—），男，硕士研究生，研究方向：农业昆虫与害虫防治；E-mail：huanghe880 @ 126. com

　*** 通讯作者：徐学农，研究员；E-mail：xnxu@ ippcaas. cn Tel：010 – 62815981

# 白僵菌 CQBb111 菌株对柑橘木虱和胡瓜
# 新小绥螨的毒力差异

张艳璇[1,2]* 孙 莉[1] 林坚贞[1,2] 陈 霞[1,2] 季 洁[1,2]

（1. 福建省农业科学院植物保护研究所，福州 350013；

2. 福建省农作物害虫天敌资源工程技术研究中心，福州 350013）

**摘 要**：2011 年笔者在研究中发现，球孢白僵菌 CQBb111 菌株（重庆大学王中康教授提供）的分生孢子在一定环境条件下对柑橘木虱的卵、低龄若虫、成虫有很强的致死作用，3 天后的感染率分别达 98%、100%、98.5%，笔者利用捕食螨搭载白僵菌 CQBb111 菌株的孢子粉对柑橘木虱卵、低龄若虫、成虫致病性进行研究，结果发现：3 天后的感染率和致病率分别达 98% 和 98.5%，对低龄若虫感染率达 100%。结论：利用捕食螨搭载白僵菌 CQBb111 菌株可有效地控制柑橘木虱。白僵菌 CQBb111 菌株对柑橘木虱有强致病性，那么对捕食螨是否有致病作用？为此，我们开展"相同浓度的白僵菌分生孢子悬浮液对柑橘木虱和胡瓜新小绥螨的毒性差异性比较研究"，以期为天敌昆虫与虫生真菌联合控制柑橘木虱作用提供参考。用球孢白僵菌 CQBb111 菌株的分生孢子配成 $1.0 \times 10^4 \sim 1.0 \times 10^8$（$1.0 \times 10^9$）孢子/ml 的悬浮液对柑橘木虱成虫和胡瓜新小绥螨雌成螨的毒性进行了测定。试验结果表明：$1.0 \times 10^4$ 孢子/ml 的悬浮液作用第 10 天的柑橘木虱和胡瓜新小绥螨累计校正死亡率分别为 92.68%、4.05%，同浓度的孢子悬浮液对柑橘木虱的致死率远高于其对胡瓜新小绥螨的致死率。柑橘木虱和胡瓜新小绥螨第 3 天的 $LC_{50}$ 为 $2.24 \times 10^9$ 孢子/ml、$5.4 \times 10^{12}$ 孢子/ml，同一时间下，对柑橘木虱致死率达 50% 的悬浮液对胡瓜新小绥螨的影响甚微。浓度为 $1.0 \times 10^8$ 孢子/ml 时，柑橘木虱的 $LT_{50}$ 仅为 2.88 天，而胡瓜新小绥螨此时校正死亡率仅为 10.7%。但可以推断出同浓度的孢子悬浮液对柑橘木虱的 $LT_{50}$ 远小于胡瓜新小绥螨的 $LT_{50}$。该菌株对柑橘木虱成虫有很好的防效，对胡瓜新小绥螨雌成螨影响甚微。由此可见，白僵菌 CQBb111 菌株对柑橘木虱成虫有很强的致死作用，可以用来防治传播柑橘黄龙病的柑橘木虱，对胡瓜新小绥螨雌成螨的致死作用很小。利用天敌—捕食螨活动性强、到田间后能自行搜索捕食等特点，以捕食螨为载体，通过捕食螨爬动将体上粘白僵菌带到田间、果园，解决捕食螨只能控制害螨而不能控制其他害虫的问题。

**关键词**：白僵菌；柑橘木虱；胡瓜新小绥螨；黄龙病；毒力；联合控制

---

\* 通讯作者：张艳璇；E-mail：xuan7616@ sina. com

# 胡瓜钝绥螨控制日光大棚甜椒上的
# 西花蓟马的研究与应用

张艳璇[1]* 单绪南[2] 林坚贞[1] 张公前[3] 季 洁[1] 陈 霞[1] 唐 清[1]

（1. 福建省农业科学院植物保护研究所，福州 350013；2. 全国农业技术推广服务中心，北京 100125；3. 临沂师范学院生命科学学院，临沂 276005）

**摘 要：** 在我国山东省寿光市的蔬菜基地上开展了利用胡瓜钝绥螨控制日光大棚甜椒上的西花蓟马的研究与应用。结果表明：①利用胡瓜钝绥螨能有效控制西花蓟马的种群增长；②在甜椒的整个生长季节（270 天）中释放胡瓜钝绥螨 2～3 次，苗期每次每株释放 5～10 头，结果期每次每株释放 20～30 头；③释放胡瓜钝绥螨的生防区比常规化防区减少农药使用 10 次；④释放胡瓜钝绥螨的生防区在释放后第 25 天内对西花蓟马种群控制效果为 86.74%～81.09%，第 30 天后达 92.71%，第 50 天后一直维持在 91.40%～94.50%；常规化学防治效果分别为第 25 天内为 41.14%～53.86%，第 30 天后达 56.91%，第 50 天后一直维持在 73.73%～74.85%。胡瓜钝绥螨是 1 种广食性的捕食螨，可捕食多种害螨，一些植物的花粉、真菌、蜜露也是其良好的补充和替代食物。研究表明：在我国胡瓜钝绥螨运用于寿光市的蔬菜日光塑料大棚能有效地控制为害甜椒的西花蓟马的发生，防治成本 250～300 元。生防区比化防区减少农药使用 9～10 次。从产量与产值上分析，生防园好果率平均 90%～95%，而化防区好果率平均 75%～80%，甜椒好果（标准）价格为 3.5 元/kg，而次果（黑肩果）价格为 1 元/kg 左右，生防园比化防园提高产值 3500 元/棚。从防治成本上分析，化防园每个生产季节平均用药 11 次，共计 220 元，生防园扣除捕食螨成本 300 元/棚，比化防园每棚增加收入 3422 元左右。用捕食螨控制蓟马必须同时做好以下工作：①在释放前必须对大棚做好清园工作，即用化学农药对大棚侧面墙、薄膜、土壤，进行全面的喷雾，杀死大棚内害虫、害螨，全面降低棚内的害虫、害螨的虫口基数；②移苗前必须对将要进棚的蔬菜苗进行全面的化学农药喷雾。以降低菜苗中的害虫、害螨的虫口基数；③在甜椒生长期间最好释放 2～3 次胡瓜钝绥螨。苗期每株释放 5～10 头（每棚 1.1 万～2.2 万头），结果期每株 20～30 头（每棚平均 4.4 万～6.6 万头）。

应用捕食螨控制大棚蔬菜害虫、害螨，在我国目前刚刚开始，有关试验及应用中的操作规程正在研究、探索、整理与修正中。该项技术的研发将对我国的日光大棚蔬菜的害虫、害螨的生防工作，降低农药使用量，提高蔬菜的品质和出口创汇有着重要的意义与指导作用。

**关键词：** 胡瓜钝绥螨；西花蓟马；生物防治；捕食螨

---

\* 通讯作者：张艳璇；E-mail：xuan7616@sina.com

# 不同虫态的东方钝绥螨对烟粉虱卵的
# 功能反应的比较<sup>*</sup>

盛福敬<sup>**</sup>　　王恩东　　徐学农<sup>***</sup>

（中国农业科学院植物保护研究所，农业部作物有害生物综合治理重点实验室，
害虫天敌创新课题组，北京　100193）

**摘　要：** 烟粉虱 *Bemisia tabaci* Gennadius 是世界上唯一被称为超级害虫的昆虫，其世代重叠严重，繁殖力强，短时间内可形成很大数量，在温室中可终年为害，烟粉虱为害造成植物叶片褪绿、变黄、萎蔫，甚至整株枯死，并可传播多种植物病毒病，造成很严重的经济损失。另外，烟粉虱成虫和若虫还可以分泌很多蜜露，不仅严重影响植物的商品价值，还使化学药剂不能渗透而影响药效。粉虱成虫、卵、若虫多栖息在植株叶背，喷药既费力费时成本高又不易成功。生物防治越来越受人们的重视。东方钝绥螨 *Amblyseius orientalis* 是我国捕食螨天敌中重要的优势种，在国内分布广泛，除西北西南的少数地区如新疆、西藏外均有分布，国外分布于日本、韩国、印度、俄罗斯和美国的夏威夷等地。东方钝绥螨是柑橘、苹果等果树上叶螨的重要天敌。在我国 20 世纪 80~90 年代曾得到较为广泛而深入的研究。东方钝绥螨对柑橘全爪螨、苹果全爪螨和山楂叶螨的自然控制率达 70%~93%。我们可以看出，东方钝绥螨是防治叶螨的有效天敌，但自 20 世纪 80 年代以来对东方钝绥螨的研究甚少。经我们室内的初步筛选观察发现，东方钝绥螨对烟粉虱卵有一定的捕食能力。本试验研究了东方钝绥螨各螨态对不同密度下烟粉虱卵的捕食作用，以期为评价东方钝绥螨作为烟粉虱的生物防治作用物提供理论依据。

**材料与方法：** 将新鲜的芸豆叶片放于烟粉虱的饲养笼中，24h 后取出做成小室，将烟粉虱卵的密度设置成每小室 3 头、5 头、7 头、9 头、11 头、13 头，然后将饥饿 24h 的东方钝绥螨雌成螨、雄成螨以及孵化 3 天的若螨挑入，24h 后观察结果。试验在 25℃、RH80% 的条件下进行。

**结果：** 东方钝绥螨雌成螨、雄成螨以及孵化 3 天后的若螨对烟粉虱卵的捕食作用均符合 Holling ⅱ 方程，分别为 $Na = 0.742 \times Nt/（1 + 0.0386Nt）$、$Na = 0.464 \times Nt/（1 + 0.0501Nt）$ 及 $Na = 0.565 \times Nt/（1 + 0.0429Nt）$，相关系数 $R^2$ 分别为 0.853、0.978、0.982，对烟粉虱卵的瞬时攻击率分别为 0.742、0.464、0.565，处理时间分别为 0.052、0.108、0.076。理论最大日捕食量分别为 19.23 头、9.25 头、13.16 头。东方钝绥螨雌成螨对烟粉虱卵的实际捕食量大于若螨，而若螨又大于雄成螨。

**关键词：** 东方钝绥螨雌成螨；若螨；雄成螨；功能反应

　＊　基金资助：公益性行业（农业）科研专项经费项目—捕食螨繁育与大田应用技术研究（200903032）
　＊＊　作者简介：盛福敬，女，硕士研究生；研究方向：植物保护；E-mail：shengfujing@163.com
＊＊＊　通讯作者：徐学农，研究员；E-mail：xnxu@ippcaaas.cn Tel：010－62815981

# 温度对一种新种新小绥螨生长发育的影响*

蒋洪丽**　　徐学农***　　王恩东

（中国农业科学院植物保护研究所，农业部作物有害生物综合治理重点实验室，
害虫天敌创新课题组，北京　100193）

**摘　要：** 朱砂叶螨 *Tetranychus cinnabarinus* 属于蛛形纲 Arachnida、真螨目 Acariformes、叶螨科 Tetranychidae，是一种重要的世界性害螨，可为害农田和温室里的120多种植物，包括果树、蔬菜、棉花和观赏植物等。近年来，由于农药的大量使用，朱砂叶螨的抗药性急速上升，而以螨治螨的生物防治方法具有安全性，与环境相容性等优点，是害螨综合治理的主要方法。虽然目前有国内外有众多捕食螨品种可以取食朱砂叶螨，但作为天敌资源防治朱砂叶螨的效果并不是很明显，因此挖掘新的植绥螨资源就显得尤为重要。本研究的新小绥螨隶属于植绥螨科 Phytoseiidae、新小绥螨属 *Neoseiulus*，采自广州，是我国本地新发现的一种捕食螨，经室内初步评价，对朱砂叶螨的捕食功能要优于拟长毛钝绥螨（国内捕食朱砂叶螨的优势种），且以朱砂叶螨作猎物时表现很高的繁殖势能，是害螨的潜在生防物种，是重要的生防资源。温度是影响昆虫生长发育、繁殖和存活的重要因子，是影响昆虫种群能否稳定生存的决定因素。本研究通过观察比较不同温度下新小绥螨以朱砂叶螨为猎物的生命表，对其生物生态学等基础特性进行研究，有利于发掘对害螨有良好控制作用的本地植绥螨新资源，进一步为评价该新小绥螨对害螨的生物防治作用提供理论依据。

　　**材料与方法：** 新小绥螨采自广州，于人工气候箱内（25℃，80% RH，16L：8Dh）的饲养盒中进行多代饲养。每天向饲养盒中添加足量的朱砂叶螨作为食物，以扩大种群。用毛笔挑入新小绥螨6h内产下的卵120粒于实验小室中（1粒卵/室），将实验小室分别置于以下5个恒温梯度：15℃、20℃、25℃、30℃和35℃（温度波动范围为±1℃）进行饲养，卵孵化后供以朱砂叶螨，每12h观察新小绥螨的发育历期及存活情况；待新小绥螨性成熟后雌雄两两配对，记录雌成螨的日产卵量及寿命；及时更换叶碟和补充叶螨，以保证叶片新鲜和猎物充足。产卵后，每日将新小绥螨的雌雄螨挑入新的小室中，并将原小室内的卵饲养成成螨，观察后代性比。

　　**结果：** 在供试条件下，温度对于新小绥螨的生长发育有显著影响。新小绥螨在35℃条件下能完成世代发育，但并不能正常产卵；在15~30℃范围内发育历期随着温度的升高而缩短，其中30℃最短为3.78天。雌成螨的平均产卵期和寿命均随着温度的上升而逐渐缩短，但日均产卵量随着温度的升高而增大，不同温度下的总产卵量并没有显著差异，为50粒左右。20℃和25℃时净增值率最高（分别为38.7969和38.5815），且雌性比最大。15℃时内禀增长率、净增值率和周限增长率均最低，分别为0.1035、32.3019和1.1091，种群倍增时间最长（6.6961天）；30℃时内禀增长率和周限增长率均最高，分别为0.2741和1.3154，种群倍增时间最短（2.5881天）。

　　**关键词：** 新小绥螨；温度；发育历期；生命表

　　* 基金资助：公益性行业（农业）科研专项经费项目—捕食螨繁育与大田应用技术研究（200903032）
　　** 作者简介：蒋洪丽，女，硕士研究生；研究方向：农业昆虫与害虫防；E-mail：jianghongli1987@163.com
　　*** 通讯作者：徐学农，研究员；E-mail：xnxu@ippcaaas.cn Tel：010-62815981

# 利用捕食螨搭载白僵菌控制柑橘木虱的研究

张艳璇* 孙 莉 林坚贞 陈 霞 季 洁

（福建省农业科学院植物保护研究所，福州 350013）

**摘 要：** 笔者在研究"以螨治螨"与"黄龙病"关系中发现，在柑橘园中多次释放捕食螨可以减缓柑橘黄龙病蔓延速度。捕食螨（胡瓜钝绥螨）能捕食柑橘木虱卵与低龄若虫，减少传播媒介。跟踪观察中发现"以螨治螨"生防园年平均减少化学农药的使用次数达60%～70%，改善果园的生态环境使得果园自然天敌生存条件得到明显的改善，柑橘木虱在自然天敌控制下不发生或少发生，从而减缓柑橘黄龙病的蔓延速度。为了扩大捕食螨应用范围，我们开展利用捕食螨搭载白僵菌控制柑橘木虱的研究，旨在为柑橘黄龙病的控制提供新的思路。①不同处理对柑橘木虱的致死作用。②不同处理对柑橘木虱卵孵化率的影响及对低龄若虫致死作用。试验结果表明，捕食螨（胡瓜钝绥螨、斯氏钝绥螨）对木虱卵、若虫有一定的捕食作用；白僵菌 $I_2$ 菌株对柑橘木虱卵、若虫、成虫均有很强的致病作用，3 天后感染率达100%，对低龄若虫致死率达100%；用捕食螨搭载白僵菌的孢子粉对柑橘木虱各虫态的感染率和致病率分别达98%和98.5%。特别对低龄若虫的感染率达100%，因此，白僵菌 $I_2$ 对柑橘木虱有较强的致病致死效果。同样的试验在九里香的盆栽中也获得成功（另文报道）。另外，试验也表明柑橘木虱混合虫态，低龄若虫，排泄物对捕食螨有较强烈的吸引作用（另文报道）。我国农田、果园因长期使用农药，农田、果园生态环境已受到严重破坏，病虫害发生种类多、发生量大，以柑橘为例，在红蜘蛛、锈壁虱发生严重的同时，还发生蚜虫、介壳虫、粉虱、潜叶蛾、椿象、橘小实蝇。柑橘木虱还引发黄龙病发生。张艳璇博士及其课题组自 1997 年引进胡瓜钝绥螨，探索"以螨治螨"生物防治技术，研究证明胡瓜钝绥螨可以作为有效天敌控制柑橘、棉花、毛竹、蔬菜、茶等20 多种作物上害螨，2007 年研究利用捕食螨活动性强，到田间能自行搜索捕食等特点，选择一些对捕食螨没有毒害作用的虫生真菌、病毒制剂，以捕食螨为载体、通过捕食螨爬动将体上所粘着的蚜虫、介壳虫、粉虱、潜叶蛾等害虫的致病菌带到田间果园，解决捕食螨只能控制害螨而不能控制其他害虫的问题（2009 年已获得国家发明专利）。橘园与大田作物和落叶果树比较，生态体系比较稳定，在这种独特的生态条件下，橘园树冠内相对湿度较高，给虫生真菌所引起的害虫、害螨流行病提供了较为有利的条件。因此，利用捕食螨携带白僵菌控制柑橘木虱具有广泛应用前景，将为黄龙病的有效防治提供新技术、新思路。有关研究还在继续。

**关键词：** 捕食螨；白僵菌；柑橘木虱；搭载；致病性

---

* 通讯作者：张艳璇；E-mail：xuan7616@ sina. com

# 释放胡瓜新小绥螨对温室作物烟粉虱垂直分布和种群数量的影响

张艳璇[1,2]*　林　涛[1]　林坚贞[1]　季　洁[1]　陈　霞[1]

（1. 福建省农业科学院植物保护研究所，福州　350013；
2. 福建省农作物害虫天敌资源工程技术研究中心，福州　350013）

**摘　要：** 2009 年张艳璇等开始尝试利用胡瓜新小绥螨［*Neoseiulus（Amblyseius）cucumeris*（Oudemans）］控制大棚温室烟粉虱的研究。笔者发现化防园中的烟粉虱发生的情况与释放胡瓜新小绥螨的生防园有明显的不同。常规化防园中烟粉虱主要发生并集中在植株的中下部，释放胡瓜新小绥螨的大棚中烟粉虱的发生不但明显地低于常规化防园，在植株的上、中、下分布很少也很均匀。这些现象在 2009 年、2010 年、2011 年笔者在多点、多区域的试验中普遍存在。笔者认为：生防园应用的捕食螨是活体，对其目标害虫具有跟踪、搜捕、猎食作用，所以，释放到田中无论烟粉虱在植株的任何部位捕食螨都能够搜捕、猎食。而化防园打农药大部分只打上部，药剂很少触及中、下部，从这现象中能够说明使用天敌的生物防治害虫明显地优于使用农药的化学防治。为了证明笔者的观点符合事实真，2009～2011 年先后在茄子、黄瓜、芸豆上开展释放胡瓜新小绥螨、常规化学防治对大棚烟粉虱垂直分布和种群数量影响的研究。试验结果表明：①通过对茄子整个生长周期的持续调查发现，在释放胡瓜新小绥螨的生防园棚中，烟粉虱的总虫量仅为化防园总虫量的 69.37%。并且相同部位上的虫量生防园均比化防园少，烟粉虱种群在不同处理园区的茄株上的垂直分布均具有上部多，下部次之，中部少的特点，茄株上部的虫量占了总虫量将近一半。在释放胡瓜新小绥螨的生防区和常规的化防区中，烟粉虱成虫主要分布在茄株中下部（100%，100%），并以下部为主（95.36%，93.61%）；卵主要分布在茄株中上部（99.81%，99.90%），并以上部为主（94.79%，96.39%）；若虫主要分布在茄株上中部（94.56%，97.47%）；伪蛹则大多数分布在茄株中下部（93.59%，92.03%）。烟粉虱各虫态在芸豆、黄瓜植株上不同部位的分布基本与茄株相同；②为了阐明作物植株上不同部位烟粉虱数量的关系，我们进一步比较了茄子植株上、中、下三部位两两之间烟粉虱数量的差异性。即在整个实验的 22 次采样中，分别统计每次采样不同部位上的烟粉虱数量，进而对生防园与化防园其茄株的上部和中部、上部和下部、中部和下部的烟粉虱数量进行方差分析（即两处理园区各进行 66 次差异显著性分析），统计出现显著差异的次数。其中，生防园茄株不同空间位置烟粉虱数量差异显著（$P < 0.05$）的次数为 34 次，而化防园则达到 43 次，各占总比较次数（66 次）的 44.16% 和 55.84%。这说明生防园中烟粉虱在茄株上均匀分散分布的时间较化防园长，而化防园其聚集分布的时间则比生防园更长。同样的结果，在我们同时进行的黄瓜、芸豆实验中均能得到验证。生防园和化防

---

*　通讯作者：张艳璇；E-mail：xuan7616@sina.com

园黄瓜植株不同空间位置烟粉虱数量差异显著次数分别占总统计次数的 43.75% 和 56.25%，而芸豆则更明显，分别为 27.27% 和 72.73%。以茄子现蕾时间为界，我们将整个实验周期（270 天）分为前、后两个时期，分别对这两个时期茄子植株不同空间位置烟粉虱数量进行聚类分析。从中可以看出，生防中、下、上部聚为一类，化防中、下部聚为一类，化防上部单独聚为一类并且与前两类距离最远。这说明前期释放胡瓜新小绥螨的生防园植株上、中、下部烟粉虱的数量差距较小，分布较均匀，这与捕食螨的全株捕食有关；但化防园植株上部烟粉虱的数量与中、下部的差距均较大，分布不均匀，有较明显的聚集现象，这可能与施药方法有关。生防中、下部与化防中部聚为一类，生防上部与化防上、下部聚为一类。这说明在后期化防园植株上烟粉虱的数量分布不均匀，这与前期一致。但后期生防园烟粉虱的数量分布也不均匀，这是由于生防园后期烟粉虱卵（不会移动）的增加幅度较大，客观上拉大了植株上部与中、下部烟粉虱数量的差距。而对于调查周期较短的芸豆（86 天）、黄瓜（96 天），对其整个实验周期植株上烟粉虱数量进行聚类分析，发现其垂直分布的差距更为明显。即两者化防的上部单独为一类，化防中、下部聚为一类，生防上、中、下部聚为一类，说明释放胡瓜新小绥螨的芸豆和黄瓜的生防园中烟粉虱在整个植株上的分布较为均匀分散，与化防园烟粉虱聚集分布在中下部可以明显的区分开。这与前述茄株上的分析结果基本一致。总体上看，化防区烟粉虱种群数量的消长曲线波动幅度均比生防区大，这与化学药剂防治的特点有关。施药初期药效好，烟粉虱的数量快速下降，药效期一过，其种群数量迅速恢复，防治效果时好时坏。但生物防治则不同，胡瓜新小绥螨能够捕食烟粉虱的各个虫态，并以其为食物正常发育和繁殖。在前期（清园后的 60 天内）显著降低生防区的烟粉虱种群数量，之后虽然略有增加，但基本仍低于化防区（$P > 0.05$）。因此，利用胡瓜新小绥螨防治烟粉虱相比于化学防治，防效更稳定，防治周期更长。另外，在茄子定植前，应该对大棚进行彻底的清园除杂，以降低烟粉虱的初始虫口基数，并在定植初期烟粉虱种群数量较低时释放胡瓜钝绥螨，对其具有很好的压制作用。尽管胡瓜新小绥螨能以烟粉虱各虫态为食物并发育和繁殖，但其产卵率极低（前期实验结论）。胡瓜新小绥螨能够在茄子园中维持一定的种群，这可能与该螨能够取食多种植物的花粉有关，其在茄子园中可能是以茄子花粉作为替代食物（茄子定植 60 天后即现蕾），来维持体内营养平衡，但其种群增殖速度仍然较慢。据此，我们通过在茄子的整个生长周期中多次释放胡瓜新小绥螨来维持较高的捕食螨种群，以达到持续控制烟粉虱的目的。除此之外，在烟粉虱发生的初期，配合捕食螨的释放为其提供适量的花粉不但能够扩大胡瓜钝绥螨的种群，而且能够降低烟粉虱的种群，对于有效防治作物上烟粉虱的为害也是一个可行的策略。

通过以上实验表明，在茄子园中释放胡瓜钝绥螨相比于喷施化学农药，能够较好地控制烟粉虱的种群。尤其在烟粉虱发生初期，前者的效果明显好于后者。同时与化学防治仅对植株上部的防效明显相比，捕食螨能够捕食植株上、中、下部处于各个虫态的烟粉虱，达到全株全面防控的效果。通过本项研究进一步证明了生物防治明显地优于化学防治。

# 斯氏小盲绥螨在大棚上防治烟粉虱的研究与应用

张艳璇[1,2] *　张公前[3]　陈　霞[1,2]　林坚贞[1,2]　季　洁[1,2]　孙　莉[1]

（1. 福建省农业科学院植物保护研究所，福州　350013；2. 福建省农作物害虫天敌资源工程技术研究中心，福州　350013；3. 临沂师范学院，临沂　276005）

**摘　要：** 评价斯氏小盲绥螨 [*Typhlodromips swirskii*（Athias-Henriort）] 在我国日光大棚中对黄瓜上的烟粉虱 [*Bemisia tabaci*（Gennadius）] 控制作用。在不同温度条件下研究斯氏小盲绥螨以烟粉虱为猎物的试验种群生命表，以及在日光大棚中释放斯氏小盲绥螨控制黄瓜上的烟粉虱所取的防治效果。斯氏小盲绥螨取食烟粉虱的卵、成虫、若虫、伪蛹能完成世代并能正常产卵。在 19 ~ 35℃ 范围总产卵量 25 ~ 41 粒/雌，产雌率 60% ~ 62.68%。在（20±1）℃，（25±1）℃，（30±1）℃，（34±1）℃温度条件下斯氏小盲绥螨净增殖率（$Ro$）分别为 12.6160、22.1021、17.4500 和 16.7463；内禀增长率（$r_m$）分别 0.0865、0.1528、0.1535 和 0.1690。在大棚黄瓜上应用结果表明：释放斯氏小盲绥螨与目前大棚中的常规化学防治比较，生防区能有效地控制烟粉虱成虫、卵、若虫的种群数量增长。根据斯氏小盲绥螨和烟粉虱的生物学特性，结合大棚黄瓜栽培过程中的环境条件，笔者提出了在日光大棚中应用斯氏小盲绥螨控制黄瓜上烟粉虱的策略：在黄瓜生长的整个期间释放 2 ~ 3 次斯氏小盲绥螨，每 20 ~ 25 天释放 1 次，苗期每株释放 20 ~ 25 只，后期每株释放 25 ~ 50 只，才能达到预期效果。生防园每季减少农药使用次数 5 次。做好清园工作、安装防虫网、适时释放斯氏小盲绥螨是生防成功之关键：①释放斯氏小盲绥螨前必须对大棚进行清园，减少虫源；②培育无虫苗，移苗前必须对将要进棚的蔬菜苗全面地喷雾化学农药，降低菜苗中害虫、害螨基数；③挂黄色或蓝色诱虫板；④必须在大棚进出口及两侧采用防虫网，阻隔害虫迁入。当生防区出现蚜虫或其他害虫时可用阿克泰、苦参碱、阿维菌素防治。

**关键词：** 斯氏小盲绥螨；烟粉虱；生物防治；黄瓜

---

　* 通讯作者：张艳璇；E-mail：xuan7616@ sina. com

# 柑橘全爪螨 P450 基因表达谱分析

江高飞[1]* 冉 春[2] 丁 伟

(1. 西南大学植物保护学院，重庆 400716；2. 中国农业科学院柑橘研究所，
国家柑橘工程技术研究中心，重庆 400712)

**摘 要：**P450 活性增强是昆虫对杀虫剂产生抗性的重要机制。为明确橘全爪螨 (*Panonychus citri* McGregor) 抗性与 P450 基因的关系，对橘全爪螨抗性和敏感品系 P450 基因进行了表达差异分析。通过 Blastx、Blast2GO 等软件对所得基因进行功能注释和代谢通路分析，共获得 121 条 P450 基因，经同源性比对，最终获得了 46 条相似度较高的 P450 基因 (E-value < le-5)。根据 P450 分类原则、氨基酸相似性及进化关系，将柑橘全爪螨 P450 基因分为 CYP2、CYP3、CYP4 和线粒体 CYP 四个宗族，14 家族，24 个亚族。CYP4 宗族的数量最多，包含 19 条 P450 基因；线粒体 CYP 宗族的数量最少，包含 5 条 P450 基因。进一步构建了柑橘全爪螨不同品系基因表达文库，使用 RPKM 法比较了抗性和敏感品系 P450 基因表达谱，抗性品系中有 20 条 P450 基因发生了上调，26 条 P450 基因发生了下调，其中，*CYP389A6* 上调倍数最高 (12.144)，*CYP389A1* 下调倍数最高 (11.816)，其他 P450 基因上调或下调的倍数相对较低 [-2 < log2 Ratio (RS/SS) < 2]。橘全爪螨抗性产生可能是一个比较复杂的过程，而 *CYP389A6* 上调和 *CYP389A1* 下调可能是橘全爪螨对噻螨酮产生抗性的重要原因，但有待进行进一步功能验证。

**关键词：**柑橘全爪螨；噻螨酮；抗性；P450 基因；表达差异

---

\* 第一作者：江高飞；E-mail：jgf06@126.com

# 两种杀螨剂诱导后柑橘全爪螨三种主要解毒酶生化特性研究[*]

丁天波[**] 张 昆 牛金志 豆 威 王进军[***]

（西南大学植物保护学院，昆虫学及害虫控制工程重庆市市级重点实验室，重庆 400716）

**摘 要：** 柑橘全爪螨 *Panonychus citri*（McGregor）又名柑橘红蜘蛛，是橘园三大害螨之一，常年发生于我国各大柑橘产区，造成严重经济损失。其寄主涵盖柑橘在内的 112 种植物。对于柑橘全爪螨的防治，目前仍以使用化学农药为主。随着橘园中化学农药的大量、持续、不合理使用，就不可避免地导致其抗药性越来越严重。现已证明，昆虫（螨）体内主要解毒酶系［细胞色素 P450（P450s），谷胱甘肽 S-转移酶（GSTs）和羧酸酯酶（CarE）］代谢能力的增强是昆虫（螨）对多种杀虫（螨）剂产生抗性的主要原因。本研究通过叶碟浸渍法对柑橘全爪螨北碚种群进行阿维菌素、螺螨酯的敏感性测定，通过 SPSS 分析，得到 $LC_{30}$ 分别为 0.130mg/L 和 0.538mg/L。利用两种杀螨剂亚致死浓度 $LC_{30}$ 对柑橘全爪螨北碚种群进行 24h 诱导，对照为双蒸水处理，进行酶液提取。P450s、GSTs、CarE 酶活测定采用微量酶标板法。结果表明，阿维菌素诱导后，GSTs 比活力显著提高（$P < 0.05$），为对照的 4.18 倍，而细胞色素 P450 和 CarE 的比活力同对照相比均无显著性差异（$P > 0.05$）。经螺螨酯诱导后，三种代谢酶比活力分别为 P450s：38.19（EU of P450）/mg；GSTs：248.83nmol/（min·μg）；CarE：5.36 nmol/（min·μg）。其中，处理组 P450s 的比活力显著高于对照组（$P < 0.05$），处理组 GSTs 的比活力是对照组的 2.13 倍，但无显著性差异（$P > 0.05$），同样 CarE 的比活力没有显著性变化（$P > 0.05$）。综上，说明 GSTs 对阿维菌素的代谢起到重要作用，而柑橘全爪螨对螺螨酯的抗性形成则可能与细胞色素 P450 和 GSTs 有关，其中 P450s 起主导作用。今后将通过分子生物学方法对代谢酶基因表达模式进行全面解析，并结合异源表达，将使柑橘全爪螨代谢抗性机理的研究迈上新的台阶。

**关键词：** 柑橘全爪螨；细胞色素 P450；谷胱甘肽 S-转移酶；羧酸酯酶；抗性

---

\* 基金项目：公益性行业（农业）科研专项（201203038，20110320）；国家自然科学基金（31171851）；重庆市自然基金（2010JJ1034）

\*\* 作者简介：丁天波（1988—），男，山东定陶人，博士研究生，研究方向为昆虫分子生物学；E-mail：dingdingsky315@126.com

\*\*\* 通讯作者：王进军，教授，博士生导师；E-mail：jjwang7008@yahoo.com

# 城市绿化杀手"黄杨绢野螟"的天敌资源调查

李红梅[1,2]*　　万欢欢[1,2]　　Tim Haye[3]　　Marc Kenis[3]　　张　峰[1,2]　　Ulrich Kuhlmann[3]

（1. MoA-CABI 生物安全联合实验室，中国农业科学院植物保护研究所；

2. CABI 北京代表处，北京，中国；3. CABI 瑞士中心，德莱蒙，瑞士）

**摘　要**：黄杨绢野螟 *Diaphania perspectalis* Walker 隶属于鳞翅目，螟蛾科。该虫起源于亚洲，在中国、韩国、朝鲜、日本、印度等都均有为害。该虫在我国分布广泛，几乎遍及全国。随着城市园林绿化种植和发展，瓜子黄杨种植面积扩大，黄杨绢野螟的为害日益严重，寻找该虫的有效生防控制因子迫在眉睫。值得注意的是，2006 年德国西南部首次发现了黄杨绢野螟为害。自此，黄杨绢野螟迅速扩张到瑞士、荷兰、法国、奥地利和英国并暴发流行。该虫对欧洲各国的城市重要观赏和绿化植物 – 黄杨属植物构成了巨大威胁。黄杨绢野螟造成的为害正在逐渐成为国际化问题。

首先，在我国北京、山东、安徽、浙江、福建 5 个省市开展了广泛调查。调查结果表明黄杨绢野螟在中国局部地区的为害相当严重，在城市道路和园区等绿化带发现了多处致死的大片小叶黄杨。该虫目前是我国瓜子黄杨的最主要害虫之一。截至目前，通过调查发现了我国境内 3 种寄生性天敌，其中，以台北甲腹茧 *Chelonus tabonus* Sonan 为优势寄生性天敌。该寄生蜂的自然寄生率约为 4.3%～16.8%。其次，作为新入侵欧洲的害虫，利用中国农业部和 CABI 生物安全实验室这个平台，在瑞士的瓜子黄杨自然分布区域开展了黄杨绢野螟天敌调查。调查表明：在瑞士野外山林发现黄杨绢野螟的寄蝇，经过鉴定确定为 *Pseudoperichaeta nigrolineata*（Walker，1853）。该天敌对黄杨绢野螟的野外寄生率为 2%～3%。

在充分掌握了黄杨绢野螟寄生蜂台北甲腹茧蜂的人工繁殖的基础上，正在开展相关的生物学特性和寄主专一性研究。以期能够解决在城市和园区绿化带，长期依赖化学药剂防治该虫的现状，提倡应用综合防治技术控制其为害。

**关键词**：黄杨绢野螟；天敌资源；调查

---

\* 第一作者：李红梅；E-mail：h. li@ cabi. org

# 桃蚜体内共生菌的检测*

尹荣岭[1,2,4]**　陈巨莲[1]***　刘　勇[2]***　程登发[1]　孙京瑞[1]

Claude BRAGARD[3]，Frédéric FRANCIS[4]

（1. 中国农业科学院植物保护研究所　植物病虫害生物学国家重点实验室，
北京　100193；2. 山东农业大学植物保护学院，泰安　271018；
3. Université Catholique de Louvain，B-1348 Louvain-La-Neuve，
Belgium；4. Universite de Liège Gembloux Agro-Bio-Tech，
5030 Gembloux，Belgium）

**摘　要：**昆虫与共生菌存在密切的共生关系，昆虫为共生菌提供稳定的小生境和营养，而共生菌又合成昆虫食物中缺乏的某些重要的必需营养成分，以弥补其不足。桃蚜（Myzus persicae）是半翅目中一类取食植物韧皮部汁液的昆虫，且能传播多种植物病毒。对蚜虫与内共生菌系统发育格局进行研究有助于进一步了解生物间共生关系的演化，并阐明共生菌在蚜虫传播病毒方面的作用。

通过对国内北京、山东两地不同蔬菜植株上采集的 7 个桃蚜样品进行体内共生菌检测。结果显示，7 个桃蚜样品中均检测出初级内共生菌 Buchnera 和次要内共生菌 Rickettsia，其他 R、U 型及 Spiroplasma 内共生菌存在于部分桃蚜样品中。本试验在 6 个蚜虫样品中均检测出 Spiroplasma 内共生菌，仅实验室内养殖种群（BJ-tobacco）中未检测出 Spiroplasma 共生菌，并且在黄瓜花叶病毒（Cucumber mosaic virus，山东寿光病毒分离物，D1772）的传毒效率试验中发现该实验室种群的感染率最低，仅为 6%。相关报道称蚜虫体内共生菌的种类可能与持久性病毒传播有关，但未涉及非持久性病毒，有待进一步研究。

蚜虫与其内共生菌存在密切的互利共生的关系，并且共生菌在蚜虫—病毒—植物相互关系中可能扮演着重要角色。随着分子生物学的持续发展及应用，蚜虫与其内共生菌相互关系的研究会日渐深入，为其潜在生物学、生态学及蚜虫种群动态、蚜虫—植物—病毒关系以及蚜虫天敌作用等方面的研究提供重要的理论依据，推动蚜虫相关研究的纵向深度发展。

**关键词：**内共生菌；桃蚜；黄瓜花叶病毒；传毒效率

＊　基金项目：中国—比利时合作项目（PICShandong，2010DFA32810）

＊＊　作者简介：尹荣岭（1985—），男，博士研究生，从事分子生物学研究

＊＊＊　通讯作者：陈巨莲，E-mail：jlchen@ippcas.cn；刘勇，E-mail：liuyong@sdau.edu.cn

# 两种甜菜夜蛾致病菌的分离、鉴定及杀虫成分分析

杨　琼*　周　宇　方继朝

（江苏省农业科学研究院植物保护研究所，南京　210014）

　　**摘　要：**近年来甜菜夜蛾对蔬菜、大豆和棉花等经济作物造成严重为害。由于抗药性和耐药性的增强，许多常规的化学农药不能达到防治目的，开发新的生物农药是持续治理抗性害虫的重要途径之一。甜菜夜蛾生防技术的相关研究结果显示，目前应用最为广泛的生防制剂苏云金杆菌对甜菜夜蛾并不敏感，因此，加强甜菜夜蛾生防菌资源的研究具有非常重要的意义。

　　本研究从室内饲养的甜菜夜蛾患病死亡虫体中分离出 5 个菌株，进行致病力测试，筛选出对甜菜夜蛾具有较高毒力的菌株 B30 和 B32。在革兰氏染色及常规形态学观察的基础上结合 16S rDNA 序列系统发育树分析，对这两个菌株进行属类鉴定，初步确定 B30 和 B32 分别为沙雷氏菌属和类芽孢杆菌属。对 B30 和 B32 菌体经过离心、破碎等处理后，进行杀虫成分分析。结果显示，两个菌株经破碎处理后的菌液致病力均显著高于上清液，且菌体破碎液经蛋白酶 K 处理后致病力显著降低，因此，我们推断该两种致病菌的杀虫成分是未分泌到胞外的蛋白质。

　　**关键词：**甜菜夜蛾；16S rDNA；分离；活性分析

---

　　* 第一作者：杨琼；E-mail：mlyangqiong@163.com

# 不同性诱剂诱芯对小菜蛾引诱效果研究*

李振宇　林庆胜　陈焕瑜　张德雍　胡珍娣　尹　飞　冯　夏**

（广东省农业科学院植物保护研究所，广州　510420）

**摘　要：** 小菜蛾［*Plutella xylostella*（L.）］是我国为害最严重的蔬菜害虫之一，为提高检测和诱捕效率，2009 年在广东广州、云南通海和浙江上虞 3 个试验点测试了 5 种性诱剂诱芯对小菜蛾的引诱效果，实验结果表明，广东省昆虫研究所研发的性诱剂诱芯在广东试点对小菜蛾诱捕效果最好，持效期在 1 个月以上，日平均诱蛾量 21.3 头/盆，是荷兰 Koppert 公司诱芯的 5.3 倍，适合应用于广东菜区小菜蛾田间种群的预测预报和综合控制；北京中捷四方商贸有限公司提供的性诱剂诱芯比较适合云南试点的应用，日平均诱蛾量 13.6 头/盆；中国科学院动物研究所研发的小菜蛾性诱剂诱芯对浙江试点小菜蛾日平均诱捕量 13.6 头/盆，效果最佳，适合浙江地区小菜蛾田间种群动态的预测预报及综合防控。

**关键词：** 小菜蛾；性诱剂；诱蛾效果

---

＊ 资助项目：农业部公益性行业（农业）科研专项（200803001）；广东省科技计划项目：（2009A020101001）

＊＊ 通讯作者：冯夏；E-mail：fengx@gdppri.com

# 浅黄恩蚜小蜂寄生对寄主烟粉虱若虫蛋白含量的影响

李　敏[1,2]　李元喜[1]　王　甦[2]　杨丽文[2]　张晓曼[2]　张　帆[2]*

(1. 南京农业大学农业部作物病虫害监测与防控重点开放实验室，南京　210095；

2. 北京市农林科学院植保环保所，北京　100097)

**摘　要**：为揭示浅黄恩蚜小蜂（*Encarsia sophia*）对其寄主烟粉虱（*Bemisia tabaci*）的生理调控机制，采用考马斯亮蓝法在室内测定比较了被寄生和未被寄生的 4 龄烟粉虱若虫体内蛋白含量。结果显示：在蛋白缓冲液体系为 20μl，烟粉虱若虫为 3 头的检测条件下，被浅黄恩蚜小蜂寄生 24h、48h 和 72h 后烟粉虱若虫的蛋白含量分别为 0.31mg/ml，0.24mg/ml，0.21mg/ml，与未被寄生的烟粉虱若虫蛋白含量（0.41mg/ml）相比，均显著降低（$P < 0.05$）。随着烟粉虱若虫被寄生后时间的增加，其蛋白含量逐渐降低，其中，被寄生后 24h 的蛋白含量与被寄生后 72h 蛋白含量有显著差异（$P < 0.05$）。结果说明：浅黄恩蚜小蜂可以调控寄主烟粉虱若虫的蛋白含量变化以保证自身营养需求。

**关键词**：浅黄恩蚜小蜂；烟粉虱；寄生；蛋白；生理调控

---

＊ 通讯作者：张帆；E-mail：zf6131@263.net

# 苹果早期落叶病生物防治实践

陈　亮[1]*　陈五岭[2]

（1. 河南工业大学生物工程学院，郑州　450001；

2. 西北大学生命科学学院，西安　710069）

**摘　要：** 苹果早期落叶病已成为我国苹果生产中最严重的病害之一，在我国各苹果主产区均有发生，且发病率逐年上升，直接影响苹果的产量和质量，为害巨大，其中，以苹果斑点落叶病（*Alternaria alternata* f. sp. Mali）和褐斑病（*Marssonina coronaria*（Ell Et Davis）Davi）为主。我们在前期研究中筛选得到一株高效广谱拮抗菌株 BS24，Genbank 登录号为 GQ213991，经分类鉴定应为枯草芽孢杆菌。菌株 BS24 可显著抑制 *Alternaria alternata* f. sp. Mali、*Marssonina coronaria*（Ell Et Davis）Davis 的菌丝生长，抑菌带宽度分别为 9.5 mm 和 9.2 mm；可在苹果叶片上迅速定殖、占据生存空间，使病原菌无法在叶片上定殖，从而有效地阻断了病原菌对苹果叶片的侵染。菌株无细胞培养滤液可明显抑制病原菌的生长，使病原菌菌丝生长畸形，出现扭曲变形、明显交联、部分部位断裂、细胞质聚集以及内含物外溢等现象；还可导致芽管生长畸形，明显抑制病原菌分生孢子的萌发。采用 Plackett-Burman 设计、最陡爬坡试验、中心组合设计对菌株 BS24 进行发酵工艺优化，未优化前发酵液活菌数为 $8.6 \times 10^9$ cfu/ml，优化后为 $15.08 \times 10^9$ cfu/ml，增加了 75.35%。优化后发酵工艺为淀粉 1.5g，黄豆粉 2.16g，酵母膏 0.3g，蔗糖 0.5g，尿素 0.2g，$MnSO_4$ 0.01g，$MgSO_4$ 0.01g，$K_2HPO_4$ 0.2g，蒸馏水 100ml，pH7.0，转速 300r/min，接种量 7.8%。田间试验结果表明，拮抗菌剂 3 个不同浓度的处理均对苹果早期落叶病有较好的防治效果，拮抗菌剂原液、拮抗菌剂 50 倍液和拮抗菌剂 100 倍液防治效果分别为 83.14%、79.21% 和 76.99%，均显著高于 10% 多抗霉素 WP 1000 倍的 70.04%（$P < 0.05$）。供试拮抗菌剂在试验浓度范围内对供试果树无任何不良影响，使用安全。拮抗菌剂处理组果实感官评价、农药残留、重金属残留均符合国家无公害食品的要求。

**关键词：** 苹果早期落叶病；生物防治；枯草芽孢杆菌；发酵工艺优化；田间试验

---

＊　第一作者：E-mail：chenliang@ haut. edu. cn

# 甜菜根腐病生防芽孢杆菌的筛选*

杜　娟** 孙　海 李　燕 王　琦***

（中国农业大学植物病理学系，农业部植物病理学重点开放实验室，北京　100193）

**摘　要**：甜菜根腐病是甜菜生产上发生的严重病害，由多种真菌和细菌分别或混合侵染造成。甜菜根腐病在我国甜菜主产区均有发生，连作地块发病较重，一般减产 10% ~ 40%，严重可导致绝产。我国甜菜根腐病的优势致病菌是镰刀菌（*Fusarium*），其次为丝核菌（*Rhizoctonia*）致病菌。国内外研究表明，抗病品种的选育和应用是防治甜菜根腐病的最有效途径，在我国目前尚无高抗甜菜根腐病品种可供生产应用的情况下，生物防治和化学防治均是控制甜菜根腐病发生和为害的有效技术措施，而生物防治具有无毒，无污染的特点，受到了广泛重视。

本实验室近 3 年针对尖孢镰刀菌（*Fusarium oxysporum*）进行生防菌的筛选工作，筛选获得的 4 株生防芽孢杆菌在温室条件下防治效果稳定，在黑龙江海伦市田间试验防治效果明显，增产 63.1% ~ 97.5%，但是在黑龙江齐齐哈尔市依安县和内蒙古察哈尔右翼前旗土贵乌拉试验田中对甜菜根腐病的防治效果不显著。因此，为了提高生防制剂的防治效果和稳定性，在以后的筛选试验中需要针对甜菜根腐病的其他病原菌进行筛选，开发出甜菜根腐病生防制剂产品。

本研究从黑龙江省海伦市、伦河市、依安市和内蒙古丰镇市等地甜菜产区采集的甜菜根际土壤和甜菜根部分离得到菌株约 220 多种，通过平板对峙培养法共筛选出 21 株对立枯丝核菌 AG-2-2 有明显抑制效果的菌株，抑制率为 12.5% ~ 64.3%，其中，19 株细菌对尖孢镰刀菌也有不同程度的抑制作用，以伦河市宝伦村根际土壤拮抗菌比例最高。选取其中 12 株拮抗效果最好的菌株进行温室盆栽试验，结果显示有 3 株细菌防效较好，最高达到 79.4%，根据其菌落形态特征，培养性状及 16S rDNA 序列比对分析，初步确定均为芽孢杆菌（*Bacillus*）。通过平板检测 3 株菌都产蛋白酶，2 株产 β-1, 3-葡聚糖酶，1 株产几丁质酶。用 CAS 检测体系检测到各菌株都能产生嗜铁素，可溶指数较高，通过对铁元素的竞争抑制病原菌的生长，从而发挥生防作用。采用 PCR 检测发现菌株都有溶杆菌素（*Bacilysin*）和伊枯草菌素（*Iturin*）相关合成基因，这些脂肽类物质可能对丝状真菌有极好的抑制效果。这 3 株细菌可作为立枯丝核菌引起的甜菜根腐病的生防菌进一步确定其田间效果及开展生防机制的研究。

**关键词**：甜菜根腐病；立枯丝核菌；芽孢杆菌；生物防治

---

　* 基金项目：国家甜菜产业技术体系（CARS－210202）

　** 第一作者：杜娟，硕士生，植物病理学；Tel：18810642980，E-mail：lunar604@163.com

　*** 通讯作者：王琦，教授；Tel：010－62731460，E-mail：wangqi@cau.edu.cn

# 根癌农杆菌介导的苹果树腐烂病菌的遗传转化和突变体库建立[*]

胡 杨[1**] 杨 哲[2] 王典茹[2] 周 洁[2] 任德成[2] 黄丽丽[1***]

（旱区作物逆境生物学国家重点实验室，西北农林科技大学植物保护学院，杨凌 712100）

**摘 要**：中国是世界重要的苹果出产国，苹果及苹果产业的发展为我国苹果产区农村经济发展和农民增收作出了巨大贡献。但由于苹果树腐烂病（Valsa canker of apple）近些年的普遍发生，加之人们对苹果树腐烂病菌（*Valsa mali* var. *mali*）的致病机理了解非常少，生产上缺乏科学的理论指导病害的防控。为了寻找苹果树腐烂病菌的致病基因，探索其致病机理，本研究运用根癌农杆菌 EHA105（含双元载体 pBIG2RHPH2-GFP-GUS）作为转化供体，苹果树腐烂病菌分生孢子作为转化受体，建立了根癌农杆菌介导苹果树腐烂病菌的遗传转化体系，并对共培养时间、农杆菌与分生孢子数量比、乙酰丁香酮浓度等因素进行了优化。农杆菌（$OD_{660}=0.3$）与分生孢子（$10^6$ 个/ml）等体积混合液在 $200\mu M$ 共培养基上共培养，潮霉素 B 筛选培养，可以得到转化子，转化效率约为 160 个转化子/$10^6$ 个孢子，并建立了 5 000 多个转化子组成的文库。随机挑选转化子验证发现 97.6% 有丝分裂稳定，报告基因 *HPH* 的 PCR 检出率达 96.5%，该结果显示 T-DNA 已经成功整合到苹果树腐烂病菌基因组。本研究中，转化体系和转化子文库的建立将为苹果树腐烂病菌致病基因的鉴定以及其他基因功能的研究奠定重要基础。

**关键词**：根癌农杆菌；遗传转化；苹果树腐烂病菌；体系优化；转化子文库

* 基金项目：国家自然科学基金（31171796）；陕西省科技统筹创新工程计划（2011KTZB02 - 02 - 02）；公益性行业（农业）科研专项经费（201203034）

** 第一作者：胡杨，植物病理学硕士；E-mail：wwjx. hy@ 163. com

*** 通讯作者：黄丽丽，教授，博士生导师，主要从事植物病害综合治理研究；E-mail：huanglili@ nwsuaf. edu. cn

# 内生枯草芽孢杆菌对茄子黄萎病的
# 防治效果及作用机制

林 玲* 乔勇升 孙 义 居正英 周益军

（江苏省农业科学院植物保护研究所，南京 210014）

茄子黄萎病是茄子的三大病害之一，是一种土传维管束病害，在我国南北各地均为害严重。植物内生菌是近十余年来广泛受到重视的一类重要微生物资源，也逐渐成为生物防治的新资源。

我们从茄子茎组织中分离获得一株内生细菌枯草芽孢杆菌 Jaas ed1（原名 29-12），该菌对茄子黄萎病菌具有很强的拮抗活性，菌株分泌抗菌物质抑制茄子黄萎病菌的菌丝生长、分生孢子的萌发。通过平板法测定，内生枯草芽孢杆菌 Jaas ed1 可产生挥发性抗菌物质、嗜铁素和蛋白酶。其胞外抗菌粗提物的抗菌活性对热稳定，耐碱性不耐酸性，对蛋白酶 K 和胰蛋白酶都不敏感，进一步通过分离纯化和质谱分析，抗菌物质包含有两个分子量相差 14 Da 脂肽类化合物系列，推测为 3 个 Fengycin 家族同系物和 4 个 Surfactin-like compound 同系物。以抗利福平和拮抗病原真菌双抗性标记 Jaas ed1，用不同的接种方法土壤灌根、涂抹叶片、茎部针刺接种 Jaas ed1 后，都可在植株中的根、茎、叶中分离获得标记的菌株 Jaas ed1，说明菌株 Jaas ed1 可通过叶表、根表及茎表等部位进入植株体内，并迅速向未接种的组织器官转移传导，并可在茄子内定殖很长时间。从回收菌的数量与分离部位看，茎部针刺接种方法不利于 Jaas ed1 的内生定殖，土壤灌根接种法有一定的优越性。另外，用 Jaas ed1 的菌体细胞悬浮液灌根接种 3 天后再灌根接种茄子黄萎病菌的处理，与只接种茄子黄萎病菌的对照相比，可使茄子组织中可溶性蛋白增加，而活性氧的产生速率降低，增强茄子组织中植物抗病性评价相关酶，苯丙氨酸解氨酶（PAL）、超氧化物歧化酶（SOD）、过氧化氢酶（CAT）、和过氧化物酶（POD）的活性。说明菌株 Jaas ed1 的菌体细胞可诱导植株产生抗性。室内防效测定表明，Jaas ed1 菌株的不同处理菌液、菌体、无细胞上清液对茄子黄萎病都有很好的防治效果，在前期，上清液较菌体的防病效果好，在后期，菌体较上清液的防病效果强。生防菌菌体及其胞外分泌物均有防病作用，其胞外分泌物的速效性较好，菌体的持效性较好。因此，推测菌株 Jaas ed1 的防病作用是通过分泌抗菌物质，在宿主体内定殖，诱导植物产生抗性等多种因素综合作用的结果。

由于土传维管束病害的病原菌侵染后，就在寄主植物维管束中生长、繁殖、为害，造成化学药剂防治困难，效果不理想又污染环境，而内生细菌可以通过在寄主植物体内定殖，与病原菌争夺生存空间，产生拮抗物质直接对病原菌作用以及诱导寄主植物产生抗性等机制单独作用或复合作用达到防病控病的目的，显示出利用内生细菌作为生防菌来防治土传微管束病害的独特优势，是很有应用前景的防治措施。当然，将内生枯草芽孢杆菌 Jaas ed1 作为可用于田间防治茄子黄萎病的生防菌剂还需要进一步进行田间大面积应用试验。

---

* 第一作者：林玲；E-mail：linling@ jaas. ac. cn

# *sec*G 在假单胞菌 *Pseudomonas japonica* YL23 抗细菌活性中的功能研究[*]

刘邮洲[1][**]　Shien Lu[2]　陈志谊[1]　刘永锋[1]　罗楚平[1]　乔俊卿[1]

（1. 江苏省农业科学院植物保护研究所，南京　210014；

2. Mississippi State University, Starkville　39759）

假单胞菌（*Pseudomonas* spp.）是活跃在植物根际的一类微生物，属内许多菌株有防治植物病害、促进植株生长的作用，属植物根围促生细菌（Plant Growth-Promoting Rhizobacteria, PGPR）类。这些具有生防促生作用的菌株尤以荧光性假单胞菌（*Fluorescent pseudomonas* spp.）[1]为主。日本假单胞菌 *Pseudomonas japonica* 是 2008 年首次报道的能直接降解烷基酚的假单胞菌新种，在选择性培养基上能发出荧光，目前在病害防治上未见报道。

本文采集土样，从大豆根围分离了近 1 000 个细菌分离物，以 2 种病原细菌（解淀粉欧文氏菌 *Erwinia amylovora* 和菊果胶杆菌 *Pectobacterium chrysanthemi*）为指示菌，室内拮抗试验结果表明：日本假单胞菌 YL23（*Pseudomonas japonica*）的拮抗性能较好。

为了探明日本假单胞菌 YL23 抗细菌病害的活性物质和相关基因，本文开展了以下研究：

## 1　参考 Cornish et al.（1998）的方法，制备日本假单胞菌 YL23 感受态细胞

构建假单胞菌 YL23 的转化操作体系，利用大肠杆菌—假单胞菌穿梭载体 pUCP26（25mg/kg 的四环素 Tetracycline 抗性）检测 YL23 感受态细胞的转化效率。试验结果表明：假单胞菌 YL23 感受态细胞的转化效率为 $10^5$ cfu/μg DNA。

## 2　利用转座子 EZ-Tn5 < R6Kγori/Kan-2 >（2000bp）插入突变技术，随机插入假单胞菌 YL23 感受态细胞，共获得 10 000 个转化子

以病原细菌 *Erwinia amylovora* 和 *Pectobacterium chrysanthemi* 做试验指示菌进行室内抑菌能力筛选试验，和野生型菌株相比，共获得 78 个抑制细菌能力下降或丧失的突变菌株。通过质粒拯救（rescue clones）、反向 PCR（Inverse PCR）和基因步行的方法克隆假单胞菌 YL23 的抗细菌活性相关基因的全长序列并进行基因组学分析，包括：*pvd*A、*pvd*I、*pvd*L、*tat*ABC 和 *sec*G 等 13 个相关基因。

## 3　对 *Pseudomonas japonica* YL23 抗细菌活性相关基因 *sec*G 进行了互补功能验证

在细菌中，至少有 5 种独立的蛋白输出系统。所有这些系统中，仅 Sec 分泌蛋白转运

---

\* 基金项目：国家自然科学基金项目（31201555）

\*\* 作者简介：刘邮洲，女，博士，副研究员，主要从事园艺作物病害生物防治研究；Tel：025 - 84391002，E-mail：shitouren88888@163.com

系统对维持细胞的生存发育能力是必要的，是最重要的运输途径。该转运体系主要由亚基 SecY、SecE、SecG 和 SecA 在细胞质膜上形成一个转运复合体，主要分泌各种蛋白如毒素、黏附素以及水解酶类。近年来，越来越多的研究结果表明：Sec 转运系统能操控细菌分泌蛋白等拮抗物质，进而影响其抑菌能力。本文设计带限制性酶切位点的特异引物，从日本假单胞菌 *Pseudomonas japonica* YL23 中克隆 *secG* 基因，酶切后插入到大肠杆菌—假单胞菌穿梭表达载体 pUCP26 中。电转化相应的 *secG* 突变菌株 YL23-93 后，结果表明：回复菌株 YL23-93（pUCP26-*secG*）恢复了室内抑制解淀粉欧文氏菌 *Erwinia amylovora* 和菊果胶杆菌 *Pectobacterium chrysanthemi* 的能力，从而也验证了 *secG* 基因的功能。

下一步，我们将从获得的突变菌株中选择 2~3 个感兴趣的基因进行定向敲除，研究这些基因在假单胞菌 YL23 抗细菌活性物质产生、生物膜形成和定殖能力等生防重要表型的功能。研究结果一方面能拓宽假单胞菌的生防谱，开发相关抗细菌病害生物农药，提升假单胞菌 YL23 的生防应用前景；同时对于遗传改良假单胞菌 YL23、解析假单胞菌 YL23 对细菌病害的生防机理提供理论依据。

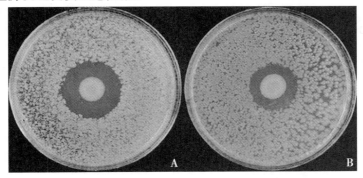

图 1　假单胞菌 YL23 对病原细菌 *Erwinia amylovora* 和
*Pectobacterium chrysanthemi* WSCH 的室内抑制作用

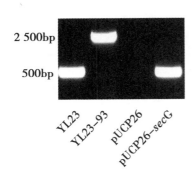

图 2　*secG* 特异性引物 PCR

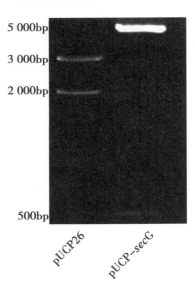

图 3　酶切质粒 pUCP26 和 pUCP26-*secG*

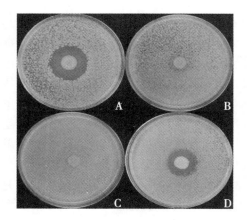

**图4 YL23 突变菌株恢复对 *Erwinia amylovora* 的室内抑菌能力**
A：YL23 WT；B：YL23-93；
C：YL23-93（pUCP26）；
D：YL23-93（pUCP26-*sec*G）

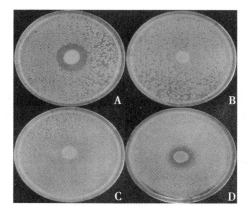

**图5 YL23 突变菌株恢复对 *Pectobacterium chrysanthemi* WSCH 的室内抑菌能力**
A：YL23 WT；B：YL23-93；
C：YL23-93（pUCP26）；
D：YL23-93（pUCP26-*sec*G）

# 芽孢杆菌 W-2-24 活性成分分析

马毅辉 *

（河南省农业科学院植物保护研究所，郑州 450002）

**摘　要：** 通过对 200 多株从植物根部土壤分离得到的细菌进行筛选，得到了 17 株对小麦全蚀病原菌有较强拮抗作用的细菌。其中，一株编号为 W-2-24 的菌株显示出了优于其他菌株的活性。进一步的研究发现，乙酸乙酯可以最大限度的萃取其发酵液中的活性成分。经 HPLC 分析，乙酸乙酯萃取物为保留时间集中在 25～27 min 的多种物质。另外还发现，经乙酸乙酯充分萃取过的发酵液不再具有拮抗活性，表明 W-2-24 的拮抗活性主要来源于其发酵液的乙酸乙酯萃取物。

**关键词：** 芽孢杆菌；全蚀病；萃取

* 通讯作者：马毅辉；E-mail：ma. 150@ buckey. osu. edu

# 生防菌 *Bacillus subtilis* 1619 在番茄根围的定殖规律及其对土壤微生物的影响[*]

乔俊卿[1][**]　刘邮洲[1]　慕少峰[2]　梁雪杰[1]　聂亚锋[1]　刘永锋[1]　陈志谊[1][***]

（1. 江苏省农业科学院植物保护研究所，南京　210014；

2. 河南科技大学植物保护学院，洛阳　471003）

**摘　要：** 设施蔬菜已成为现代农业生产中的支柱产业和农民增收的主要途径。由于设施蔬菜种植空间的密闭性及重茬连作的栽培方式，由土传病害（细菌或真菌性）引起的连作障碍日益暴发，严重威胁着蔬菜产业的可持续性发展。本研究室于 2006 年开始关注江苏省设施茄果类土传病害的发生和防治情况，以设施番茄常见真菌性枯萎病菌和细菌性青枯病菌为指示菌，筛选出具有优秀拮抗能力和防效的生防菌 *Bacillus subtilis* 1619。本研究通过室内 MS 平板定殖实验、温室盆栽实验、大田根围土壤微生物含量、土壤酶活性检测及 PCR-DGGE 技术就生防菌 *Bs*1619 在番茄根部的定殖规律及其对整个根围土壤微生态的影响开展相关研究，目的是为生防菌 *Bs*1619 在田间的大批量安全应用提供理论依据。MS 平板播种实验证明，生防菌 *Bs*1619 能够促进番茄植株生长，并能在番茄根部定殖，但其根部定殖量并非与浸种菌液的起始浓度成呈相关；在浸种菌液浓度 OD = 1.0 时，生防菌在根部定殖量达到最大，约为 $1.5 \times 10^9$ cfu/g 根，其促生率也达到 5.7%。温室盆钵根部定殖实验显示 *Bs*1619 在定殖后，定殖数量出现先下降后上升，然后趋于稳定状态的规律，15 天后生防菌定殖数量仍能达到 $10^6$ cfu/g 根。通过比较施用和未施用生防菌的番茄根围土壤微生物含量及酶活性，进一步表明生防菌 *Bs*1619 能够有效调节土壤中的微生物群落结构及数量。土壤微生物含量数据显示，*Bs*1619 对土壤中的细菌有抑制作用，而对真菌和放线菌有一定的促进作用；土壤酶活性检测显示，*Bs*1619 能够促进土壤蔗糖酶的活性，降低过氧化氢酶和脲酶的活性，而尿酶的活性与土壤微生物含量呈正相关，这也进一步表明 *Bs*1619 能够降低土壤微生物的总含量。利用土壤细菌 16s rDNA 序列进行 PCR-DGGE 电泳分析，结果显示，随着番茄植株在土壤中的定植，其根围细菌含量及种群结构逐渐增多，而施用生防菌 *Bs*1619 的根围细菌数量及种群呈现下降趋势，这和之前土壤微生物含量检测结果一致。本研究所得结果表明生防菌 *Bs*1619 能够在番茄根围有效定殖，且具有调节土壤微生物种群及含量的作用，这为其田间生防效果的发挥和成功、安全应用提供有力的理论依据。

**关键词：** 设施番茄；根围土壤；生防菌 *Bs*1619；定殖；PCR-DGGE 技术

---

\* 基金项目：江苏省基础研究计划（自然科学基金）——青年基金项目 BK2012373；江苏省自主创新项目 CX（12）3022

\*\* 第一作者：乔俊卿（1984—），男，山西大同人，助理研究员，博士，从事园艺作物病害及其生物防治研究；E-mail：junqingqiao@ hotmail. com

\*\*\* 通讯作者：陈志谊，研究员，主要从事植物病害生物防治研究；Tel：025 - 84390393，Fax：025 - 84391002，E-mail：chzy@ jaas. ac. cn

# 柚皮精油的抑菌活性及其活性成分鉴定[*]

吴建挺[1,2][**]　赵连仲[1,2]　张　博[1]　张悦丽[1]　李长松[1]　齐军山[1][***]

（1. 山东省农业科学院植物保护研究所，山东省植物病毒学重点实验室，
济南　250100；2. 山东师范大学生命科学学院，济南　250014）

**摘　要**：有机合成农药的滥用导致了很多环境和社会问题，危及了人类的生存。环境友好农药的开发是农药工业的重要出路。从植物中分离提取抑菌活性成分，鉴定其化学结构，得到先导化合物，进而开发新型农药，无疑是农药开发的捷径。柚是芸香科柑橘属水果，我国具有丰富的柚资源。柚皮提取物中富含黄酮、香精油等活性成分，具有较高的保健和药用价值，是天然杀菌剂的良好来源，研究柚皮的抑菌活性及其抑菌成分，可以为柚皮的综合利用和植物源杀菌剂的开发提供理论依据。

本研究以沙田柚皮为原料，通过水蒸气蒸馏装置提取柚皮精油，以瓜果腐霉（*Pythium aphanidermatum*）、终极腐霉（*Pythium ultimum*）、尖镰孢菌（*Fusarium oxysporium*）、茄镰孢菌（*Fusarium solani*）、灰葡萄孢（*Botrytis cinerea*）和禾谷镰孢菌（*Fusarium graminearum*）6种植物病原真菌为供试菌株，用菌丝生长法对柚皮精油进行了抑菌活性的测定。在2g/L的浓度下，精油对供试的所有病原菌的抑制率都在35%以上，对瓜果腐霉和灰葡萄孢抑制率分别为74.20%和95.25%。对精油中的杀菌活性成分进行了追踪分离及活性测定。采用柱层析等方法，从中分离并纯化出1种具有杀菌活性的成分。该成分对灰葡萄孢和禾谷镰孢菌菌丝生长的$EC_{50}$分别为298.70μg/ml和1350.27μg/ml，在150mg/L的浓度下对灰葡萄孢孢子萌发的抑制率为91.93%。并通过$^1$H-NMR波谱技术，对该成分的化学结构进行了鉴定。

**关键词**：柚皮精油；植物病原真菌；柠檬烯；抑菌机理

　*　基金项目：公益性行业（农业）科研专项经费（201003004，201003066）；山东省优秀中青年科学家科研奖励基金（BS2009NY027）；山东省现代农业产业技术体系小麦创新团队资助

　**　作者简介：吴建挺（1987—），男，硕士研究生，研究方向为微生物学；E-mail：wujianting1987@163.com

　***　通讯作者：齐军山（1970—），男，博士，研究员，从事植物病害生物防治研究；E-mail：qi999@163.com

# Tn10 介导的枯草芽孢杆菌 YB-81 转座突变体系的建立及突变体筛选[*]

杨丽荣[**]　全　鑫　刘婷婷　薛保国[***]

（河南省农业科学院植物保护研究所/河南省农作物病虫害防治重点实验室/
农业部华北南部作物有害生物综合治理重点实验室，郑州　450002）

**摘　要：** 生防枯草芽孢杆菌（*Bacillus subtilis*）YB-81，对全蚀病等小麦根部病害具有很好的防治效果，本文以 YB-81 为研究对象，利用含 Tn10 转座子的 PIC333 质粒电转化的方法，实现了 Tn10 介导的枯草芽孢杆菌 YB-81 的转化，并研究了抗生素（红霉素、壮观霉素）和电转化强度对转化效率的影响。结果表明：在采用 28℃、新鲜制备的感受态，设电转化强度为 1kV/5s、1.2 kV/5s、1.4 kV/5s、1.6 kV/5s、1.8 kV/5s、2.0 kV/5s、2.4 kV/5s 时，以 2 kV/5s 的强度为最佳，可得到转化子；在采用 28℃、新鲜制备的感受态、设电转化强度为 2 kV/5s，红霉素筛选浓度分别设为 0μg/ml、0.2μg/ml、0.4μg/ml、0.6μg/ml、0.8μg/ml、1.0μg/ml 时，以 0.8μg/ml 浓度为最佳，可抑制野生菌株生长，并能筛选到转化子，高温诱导后可抑制菌株生长，筛选到突变子；壮观霉素浓度分别设为 0μg/ml、50μg/ml、100μg/ml、150 μg/ml、200 μg/ml、250 μg/ml、300 μg/ml、350 μg/ml时，以 300μg/ml 浓度为最佳，高温诱导后可筛选到突变子。进一步通过 PCR 和 Southern 验证了转座子插入到了突变株基因组 DNA 中。通过以上最佳条件摸索，降低了假阳性提高了转化效率，已建立了 9 600株的突变体库，后期筛选抗病相关基因的研究工作正在进行。本文结果为进一步研究生防枯草芽孢杆菌 YB-81 的生长发育、生防机理和与植物根系互作抑制病原菌的蔓延等相关功能研究奠定了基础。

**关键词：** 枯草芽孢杆菌；转座突变体；Tn10 转座子；转化效率

---

　*　基金项目：科技部"十二五"国家科技支撑计划项目（2012BAD19B04）

　**　作者简介：杨丽荣（1976—），女，博士，副研究员，主要从事微生物基因工程与分子生物学；Tel：0371－65852150；E-mail：yanglirong0224@ yahoo. com. cn

　***　通讯作者：薛保国（1957—），男，博士，研究员，研究方向：微生物分子生物学研究；Tel：0371－65852150；E-mail：xuebbb@ gmail. com

# 纳他霉素和几丁质酶共表达的链霉工程菌株 构建及二者高效协同发酵优化[*]

吴 琼[**] 林振亚 李雅乾 陈 捷[***]

（上海交通大学 农业与生物学院都市农业南方重点开放实验室，上海 200240）

**摘 要**：利迪链霉菌 A01（*Streptomyces lydicus* A01）通过代谢产生纳他霉素拮抗番茄灰霉菌（*Botrytis cinerea*）。纳他霉素是多烯烃大环内酯类抗生素，降解病原真菌的细胞膜。木霉菌（*Trichoderma*）代谢产生几丁质酶 CHIT33 和 CHIT42 抑制番茄灰霉菌。几丁质酶具有分解真菌细胞壁的作用。本研究首先通过接合转移技术将木霉菌的两个几丁质酶基因分别转化入利迪链霉菌 A01 中，成功构建 A01-chit42 和 A01-chit33 工程菌株，兼具抗生素和几丁质酶特性，具有分解病原真菌的细胞壁和细胞膜双重功能。其次，研究工程菌株拮抗番茄抗灰霉病的孢子萌发和菌丝生长，确定其拮抗灰霉病的效果。最后，通过全因子（FFD）筛选和中心组和设计（CCD）对发酵培养基和条件进行优化，确定产纳他霉素最佳发酵因子。其次，采用不同阶段添加几丁质粉策略，诱导几丁质酶大量表达，最终实现二者同时高效协同表达。在优化条件下，链霉菌工程菌 A01-chit33 产几丁质酶活达 990U/ml，同时产纳他霉素达 1.92g/L。进一步温室防效实验结果表明：链霉菌工程菌 A01-chit33/chit42 的发酵液对番茄灰霉病等多种植物病原真菌防效显著，而且对番茄植株还有诱导抗逆及促进生长的能力。

**关键词**：利迪链霉菌 A01；木霉菌；纳他霉素；几丁质酶；协同发酵

* 基金项目：上海市科委重点项目（09391910900）；国家 863 项目（2011AA10A205）

** 第一作者：吴琼，博士研究生，植物病理学；E-mail：wuqiong2010@gmail.xom

*** 通讯作者：陈捷，教授，博士生导师；E-mail：jiechen59@sjtu.edu.cn

# 化学防治

# 几种喷雾器械的雾滴沉积特性与田间
# 喷雾防治麦蚜的效果[*]

程　志[**]　高占林　党志红　李耀发　范文超　潘文亮[***]

（河北省农林科学院植物保护研究所　河北省农业有害生物综合
防治工程技术研究中心，保定　071000）

**摘　要：** 麦蚜是小麦田主要害虫，喷施药剂是目前防治麦蚜的主要措施，而药液雾滴的沉积特性是影响喷雾对麦蚜的防治效果的因素之一。作者选用 4 种不同喷雾器械及其配置，即 3WBS-16A 型背负式手动喷雾器、JACTO HD400 型背负式手动喷雾器、3WBD-16 型电动喷雾器 0.9mm 喷孔、3WBD-16 型电动喷雾器 2mm 喷孔，分别测定了喷雾雾滴的体积中径及其在模拟小麦植株的沉积特性，并通过喷施 4.5% 高效氯氰菊酯乳油的田间试验，初步研究了其雾滴沉积特性和田间防治效果的关系。结果表明，4 种喷雾方式雾滴体积中径分别为 151μm、170μm、159μm 和 195μm，喷雾的 DR 值均大于 0.67，各喷雾方式雾滴的均匀度均能达到基本喷雾要求；4 种雾滴体积中径喷雾在模拟植株穗部的雾滴密度分别为 72 个/cm$^2$、66 个/cm$^2$、72 个/cm$^2$ 和 73 个/cm$^2$，雾滴密度变化幅度较小；雾滴密度变异系数为 10% ~ 15.67%；其中，雾滴体积中径 159μm（3WBD-16 型电动喷雾器 0.9mm 喷孔）的覆盖率最高，是雾滴体积中径 151μm（3WBS-16A 型背负式手动喷雾器）覆盖率的 2.13 倍。田间喷施高容量 60L/667m$^2$，低浓度（0.33mg/L）时，药后 7 天的防治效果分别为 80.72%、91.07%、74.88% 和 80.97%，其中，雾滴体积中径 159μm 的防治效果最高；田间喷施常量 40L/667m$^2$，中浓度（0.5mg/L）时，药后 7 天的防治效果分别为 83.20%、92.47%、83.26% 和 84.68%，其中，雾滴体积中径 159μm 的防治效果最高；田间喷施低容量 20L/667m$^2$，高浓度（1mg/L）时，药后 7 天的防治效果分别为 72.00%、83.73%、79.94% 和 78.96%，其中，雾滴体积中径 159μm 的防治效果最高，但是不同体积中径之间的防效差异不显著。雾滴体积中径 159μm，常量 40L/667m$^2$ 喷雾药后 7 天的防治效果与高容量 60L/667m$^2$ 喷雾在药后 1 天、3 天和 7 天的防治效果无显著差异，显著高于低容量 20L/667m$^2$ 喷雾在药后 1 天、3 天和 7 天的防治效果。因此，实际应用时使用雾滴体积中径 159μm 的小雾滴进行喷雾，使用常量 40L/667m$^2$ 喷雾可以达到理想的防治效果。

**关键词：** 喷雾器械；麦蚜；防治效果；雾滴密度；覆盖率；沉积特性

---

　* 基金项目：公益性行业科研专项经费项目（201103022 - 4）

　** 作者简介：程志，女，在读硕士研究生，主要从事害虫综合防治和农药应用技术研究

　*** 通讯作者：潘文亮（1958—），男，汉族，河北霸州人，研究员，从事害虫治理及杀虫剂毒理方面研究；Tel：0312 - 5915191，E-mail：pwenliang@163.com

# 新药剂环氧虫啶对稻飞虱的杀虫活性和田间效果*

刘宝生** 张志春 谢 霖 张谷丰 王利华

（江苏省农业科学院植物保护研究所，南京 210014）

**摘 要**：褐飞虱（*Nilaparvata lugens* Stål）和白背飞虱（*Sogatella furcifera* Horváth）是水稻主要迁飞性害虫，具有突发性、隐蔽性和毁灭性等为害特点。这两种害虫属于典型的"r 对策型"害虫，具有极高的内禀增长率，有较强的环境适应性，在外界条件适宜时易于暴发成灾。自 1982 年以来，褐飞虱在我国有 8 次大发生，对水稻生产造成严重为害。在害虫的应急防控措施中化学防治一直占据主要位置，但长期大量使用单一化学药剂不仅使生态环境恶化，而且使害虫对化学药剂产生抗药性，因而产生害虫的再猖獗问题。如 20 世纪 90 年代吡虫啉是防治稻飞虱的高效杀虫剂，随着吡虫啉的大量使用，褐飞虱逐渐对吡虫啉产生抗性，从而导致 2005 年褐飞虱的大爆发。而后氟虫腈、吡蚜酮等用于稻飞虱的防治。稻飞虱对药剂的抗药性归因于单一杀虫剂品种长时间单独使用，亚洲不少国家和地区的稻飞虱对常用杀虫剂产生了不同程度的抗药性。

为丰富稻飞虱控制药剂种类，延缓害虫对当前生产上常用药剂抗药性的产生，对由华东理工大学自主研发的新烟碱类杀虫剂 - 环氧虫啶进行了室内活性和田间控害效果研究。利用浸苗法比较了环氧虫啶与吡虫啉、噻虫嗪、烯啶虫胺等其他烟碱类杀虫剂对褐飞虱和白背飞虱 3 龄若虫的作用活性，并评价了上述药剂对稻飞虱的田间防效。结果表明，4 种烟碱类药剂中，对褐飞虱 3 龄若虫的室内活性以环氧虫啶最高，其次分别为烯啶虫胺、噻虫嗪和吡虫啉，其中，25% 环氧虫啶可湿性粉剂对褐飞虱的作用活性显著高于烯啶虫胺，吡虫啉对褐飞虱的活性显著低于其他药剂；对白背飞虱 3 龄若虫活性表现与对褐飞虱不同，几种药剂中吡虫啉活性最高，其次为噻虫嗪、环氧虫啶和烯啶虫胺，其中，吡虫啉的活性显著高于其他 3 种药剂，噻虫嗪的活性显著高于环氧虫啶和烯啶虫胺，后两者活性相当。在田间以白背飞虱发生为主时进行了控害效果评价，发现环氧虫啶对以白背飞虱为主的稻飞虱田间控害效果不突出，和吡虫啉、噻虫嗪和烯啶虫胺相当，其可作为一种防治褐飞虱的轮换药剂。

**关键词**：环氧虫啶；烟碱类药剂；稻飞虱；作用活性；田间效果

* 基金项目：国家科技支撑计划（2012BAD19B03）；国家重点基础研究发展计划（973 计划）项目（2010CB126104）

** 作者简介：刘宝生（1979—），山东寿光人，本科，助理研究员，主要从事害虫无公害控制技术研究；E-mail：liubaosheng121@yahoo.com.cn

# 吡虫啉拌种对麦长管蚜控制机制的初步探讨[*]

范文超[**]　程　志　党志红　李耀发　潘文亮　高占林[***]

（河北省农林科学院植物保护研究所　河北省农业有害生物

综合防治工程技术研究中心，保定　071000）

**摘　要：** 吡虫啉拌种可在小麦整个生育期将麦蚜控制在防治指标之下，表现出了超高效、持效的控制效果。为了探究吡虫啉拌种后对小麦蚜虫超长持效期的作用机制，笔者初步研究了不同剂量吡虫啉拌种对小麦蚜虫存活时间、蜜露排泄量及刺吸数量的影响。试验结果表明，吡虫啉拌种在小麦的苗期、孕穗期及灌浆期对麦蚜均有一定的防治效果，但在各生育阶段的控制机制具有较大差异。

苗期以吡虫啉有效成分420g/100kg种子拌种处理的小麦植株在接蚜30min内就有试虫掉落，掉落的麦蚜丧失取食能力，中毒症状明显。30min后拌种植株上的蚜量仅为接蚜总量的63.04%，3h后其存活率为0%；孕穗期麦蚜在相同剂量拌种植株上3h蚜虫存活率为100%，12h后存活率为65.77%，24h后其存活率为42.56%；灌浆期拌种植株上24h后的麦蚜存活率达到77.33%。其结果表明：吡虫啉拌种处理后，苗期植株对麦蚜有较强的致死作用；后期在拌种植株上取食的麦蚜存活率与苗期相比有显著提高，即麦蚜直接中毒死亡比例随着小麦生育期的发展而减少。从麦蚜蜜露排泄量来看，苗期麦蚜取食拌种植株的蜜露排泄量为对照的4.12%，孕穗期麦蚜取食拌种植株的蜜露排泄量为对照的7.86%，灌浆期蜜露的排泄量为对照的8.59%，结合记录麦蚜存活时间的试验，我们发现，苗期麦蚜存活取食时间短，因此蜜露排泄量很少；孕穗期麦蚜存活率显著提高，蜜露排泄量也由苗期的4.12%提高到了7.86%；灌浆期麦蚜的存活率较孕穗期显著提高，为81.70%，但其蜜露排泄量与之相比却相差不大，这说明拌种后期麦蚜取食经吡虫啉拌种的植株后，大部分麦蚜并没有立即死亡，但已经停止或减少了取食。由此可以看出，吡虫啉拌种后期对麦蚜有一定的拒食作用。

从麦蚜刺吸次数来看，苗期麦蚜存活时间最长仅为3h，其刺吸次数为对照的69.61%；孕穗期麦蚜存活率提高到了42.56%，其刺吸次数占对照的78.91%；但灌浆期却出现了异常，麦蚜在灌浆期存活率较孕穗期有显著提高，但其刺吸次数比例仅为对照的39.78%，较孕穗期的比例还要低，结合其蜜露排泄量我们发现，孕穗期与灌浆期拌种植株上麦蚜刺吸次数有较大差异，但两个时期麦蚜的蜜露排泄量却差别不明显，这说明：孕穗期吡虫啉拌种虽然对麦蚜的刺吸行为影响不大，但有些刺吸痕迹麦蚜只是完成了整个刺吸过程的一部分，实际上是无效刺吸或是药剂使其在韧皮部取食时间明显缩短。灌浆期吡虫啉拌种明显减少了麦蚜的再刺吸行为，对麦蚜有较强的拒食作用。

以上试验结果表明：吡虫啉拌种，在小麦苗期以胃毒作用为主，对麦蚜有较强的致死作用；小麦孕穗期表现出一定的拒食，兼有部分胃毒作用；到小麦灌浆期对麦蚜则以拒食作用为主。

**关键词：** 吡虫啉；拌种；麦蚜；控制机制

---

　\*　基金项目：公益性行业科研专项经费项目（201103022-4）

　\*\*　作者简介：范文超，女，在读硕士研究生，主要从事害虫综合防治和农药应用技术研究

　\*\*\*　通讯作者：高占林（1966—），男，汉族，河北乐亭人，研究员，从事害虫治理及杀虫剂毒理方面研究；Tel：0312-5915651，E-mail：gaozhanlin@ gmail. com

# 四种常用杀虫剂对小菜蛾海藻糖酶活力的抑制作用

马　俊[1]* 　　王　翰[1] 　　周小毛[1]** 　　柏连阳[1,2]

（1. 湖南农业大学农药研究所，长沙　410128；

2. 湖南人文科学技术学院，娄底　417000）

**摘　要：** 小菜蛾［*Plutella xylostella*（L.）］是一种世界性害虫，已对多种杀虫剂产生了不同程度的抗药性，目前，大多数的杀虫剂主要作用靶标为乙酰胆碱酯酶、乙酰胆碱受体、ATP 酶、$\gamma$-氨基丁酸受体、钠离子通道和几丁质等，而这些靶标由于长期、频繁、较强药剂的选择压力，对多数杀虫剂敏感性不强，产生了明显的抗药性，所以选择新的靶标——海藻糖酶，并以此靶标为研究对象，筛选新的抑制剂具有很大的研究前景和实践意义。

本实验研究了小菜蛾体内海藻糖酶的酶学性质以及 4 种常用杀虫剂对小菜蛾三龄、四龄幼虫体内海藻糖酶活性的影响。结果表明，小菜蛾体内海藻糖酶最适反应条件为 pH 值 6，温度 37℃，海藻糖酶的米氏常数（$Km$）为 21.8mmol/L。四种杀虫剂处理的三龄幼虫离体海藻糖酶活性与对照相比没有显著差异（$P > 0.05$），药剂浓度为 10g/L 时 4 种杀虫剂对四龄幼虫离体海藻糖酶活性抑制的顺序为：灭多威 > 仲丁威 > 呋虫胺 > 吡蚜酮，对小菜蛾海藻糖酶的抑制率分别为 20.62%、14.36%、9.14% 和 6.63%。灭多威对小菜蛾幼虫的离体海藻糖酶活性抑制效果显著，且随添加物浓度增高，海藻糖酶抑制率上升，5g/L、15g/L、20g/L 浓度下试虫海藻糖酶活性抑制率分别为 15.6%、26.12%、30.35%。

**关键词：** 小菜蛾；海藻糖酶；杀虫剂；酶活性；抑制率

---

* 作者简介：马俊（1986—），女，在读硕士，主要研究农药毒理学与有害生物抗药性；E-mail：1134469986@qq.com

** 通讯作者：周小毛（1972—），男，副教授，博士生导师，主要研究农药剂型加工，农药毒理学与有害生物抗药性；E-mail：zhouxm1972@126.com

# 微喷灌对小菜蛾田间种群的控制作用[*]

梁延坡[**] 谢圣华[***] 肖彤斌 吉训聪 秦 双

（海南省农业科学院农业环境与植物保护研究所，海南省植物
病虫害防控重点实验室，海口 571100）

**摘 要：** 微喷灌（微喷带灌溉）是采用设施微喷带进行灌溉的一种技术措施，是海南地区菜田常用的一种灌溉方式，具有省水、省工、保土、保肥等优点。为了明确微喷灌对小菜蛾田间种群的控制效应，本实验室通过田间虫情巡回普查的方法调查了海口市郊苍东村菜区微喷灌和非喷灌（人工浇灌）两个不同灌溉方式下芥蓝上小菜蛾的发生为害情况。结果显示，采用微喷带灌溉的菜田其田间小菜蛾的卵量、田间卵孵化率、幼虫数量、蛹量和蛹的羽化率分别为 29.76 粒/25 株、75.94%、21.31 头/25 株、3.77 头/25 株和85.06%，而采用人工浇灌菜田的则分别为 43.23 粒/25 株、88.35%、39.31 头/25 株、7.00 头/25 株和96.10%，两个菜田的小菜蛾种群数量存在差异。

通过组建微喷灌区和非喷灌区由作用因子组配的小菜蛾种群生命表和干扰作用控制指数（IIPC），分析了微喷灌对小菜蛾田间种群的控制效应。结果表明：非喷灌区小菜蛾种群趋势指数（I）值为13.5425，而微喷灌区的 I 值下降为5.7928；微喷灌对小菜蛾田间种群的干扰作用控制指数（IIPC）为0.4278，即与非喷灌相比，微喷灌对小菜蛾种群的控制效果可以达到57.22%。由此可以看出，微喷灌对小菜蛾田间种群的控制作用十分明显。

**关键词：** 微喷灌；小菜蛾；田间种群；控制作用

---

* 基金项目：农业部公益性行业科研专项（201103021）、（200803001）；海南省自然科学基金项目（311039）

** 作者简介：梁延坡，男，助理研究员，主要从事蔬菜害虫抗药性研究；E-mail：liangyanpo2008@yahoo.com.cn

*** 通讯作者：谢圣华，男，副研究员，主要从事农作物害虫防治技术研究；E-mail：shxie123@263.net

# 烟碱类杀虫剂对小菜蛾 ATPase 活力的抑制作用

林钰婷[1]* 汪丹丹[1] 柏连阳[1,2] 周小毛[1]**

（1. 湖南农业大学农药研究所，长沙 410128；2. 湖南人文科技学院，娄底 417000）

**摘 要：**小菜蛾 *Plutella xylostella*（L.）属鳞翅目菜蛾科，是一种世界性的、为害十字花科蔬菜的主要害虫。由于一直依靠化学防治，小菜蛾已对现市场上常用的 50 余种杀虫剂产生了抗性，传统杀虫剂主要是通过天然活性化合物模拟、随机合成和类推合成等途径进行开发，没有很好地利用物种间药剂靶标的差异，通常以乙酰胆碱酯酶、超氧化物歧化酶等酶系作为药剂普遍的作用位点，导致害虫极易产生抗药性和交互抗性。鉴于 ATPase 是昆虫生理活动中神经调节重要酶之一，在小菜蛾的生长生育过程中起着非常重要的作用，故有可能是小菜蛾控制中的一个重要作用靶标，寻找有效的抑制剂，通过抑制小菜蛾体内 ATPase 活力，使其持续兴奋或使其丧失防御能力从而间接达到合理控制害虫的目的。

为明确烟碱类杀虫剂对小菜蛾体内 ATPase 活力抑制作用，本实验通过对小菜蛾神经系统的 T-ATPase 的离体性质研究，表明 T-ATPase 反应的适宜 pH 值为 7.4；适温为 35～40℃；底物 ATP 最适浓度为 0.3mmol/L；ATP 的米氏常数（$K_m$）为 0.151mmol/L，最大反应速度（$V_m$）为 0.676μmol/（mg·h）。在药剂浓度 $0.1 \times 10^{-3}$ mol/L 下比较测定 3 代不同代表性烟碱类杀虫剂对 ATPase 的抑制作用，3 种烟碱类杀虫剂对离体 ATPase 活性抑制顺序为：噻虫嗪＞呋虫胺＞吡虫啉；对小菜蛾 T-ATPase 抑制率分别为 72.86%、64.31%、63.32%。然后采用酶活力测定方法分别用浓度为 25mg/ml、12.5mg/ml、6.25mg/ml 和 3.125mg/ml 3 种烟碱类杀虫剂处理小菜蛾 4 龄幼虫提取的 ATP 酶液，测定 ATPase 活力变化。结果表明，吡虫啉、噻虫嗪和呋虫胺处理浓度均为 3.125mg/ml 时 ATPase 活性最高，分别为 3.04 U/（mgprot·h）、6.69 U/（mgprot·h）和 12.84U/（mgprot·h）。该实验阐明了不同构型烟碱类杀虫剂对小菜蛾 T-ATPase 靶标均有一定的抑制作用，为今后以该酶为靶标的新型害虫控制剂和相关杀虫剂的毒理机制提供依据。

**关键词：**小菜蛾；ATP 酶；吡虫啉；噻虫嗪；呋虫胺

* 作者简介：林钰婷（1988—），女，硕士，研究方向：农药毒理学与有害生物抗药性；E-mail：linyuting0929@126.com

** 通讯作者：周小毛（1972—），男，副教授，博士生导师，主要从事农药剂型加工，农药毒理学与有害生物抗药性；E-mail：zhouxm1972@126.com

# 诱集带技术防治苹果蠹蛾 *Cydia pomonella*（L.）效果初探[*]

刘 伟[1,2][**] 徐 婧[1] 张润志[1,3][***]

（1. 中国科学院动物研究所 动物进化与系统学重点实验室，北京 100101；

2. 中国科学院研究生院（中国科学院大学），北京 100049；

3. 农业虫鼠害综合治理技术国家重点实验室，北京 100101）

**摘 要**：诱集带监测防治技术是利用苹果蠹蛾老熟幼虫在树干翘皮缝隙结茧的特性，将诱集带绑缚于树干之上，形成大量适宜幼虫结茧的区域，吸引幼虫在固定区域结茧的无公害物理监测防治技术。本研究首先对苹果蠹蛾在树干不同位置的结茧数进行了调查，然后在特定位置绑缚两种材料的诱集带，对其防治效果进行评定。研究结果发现：①绝大多数苹果蠹蛾在主干上结茧（72.83%），且在 0～50cm 和 50～100cm 这两个高度范围的结茧数最多，分别占总结茧数的 68.74% 和 29.54%，因此，将诱集带的绑缚位置设在 50～60cm 处；②6 月上旬至 7 月下旬，两种材料的诱集带持续诱捕到第 1 代幼虫，诱集高峰期为 7 月上旬；③两种材料中黑布诱集带的诱集效果更好，其每株诱虫量（58.63±11.76 头）显著高于黑色海绵垫（30.50±6.61 头）的诱虫量；④黑布诱集带对第 1 代幼虫的诱集效率可以达到 93.80±1.35%，证明该技术对苹果蠹蛾具有良好的防治潜力。

**关键词**：苹果蠹蛾；诱集带；幼虫；防治

[*] 资助项目：公益性行业（农业）科研专项（200903042），973 计划课题（2009CB119204）

[**] 刘伟，男，在读硕士研究生，中国科学院动物研究所，从事昆虫生态学研究工作；Tel：010 - 64807265，E-mail：piglight_ 326@163.com

[***] 通讯作者：张润志，中国科学院动物研究所，Tel：010 - 64807265，E-mail：Zhangrz@ioz.ac.cn

# 二甲基二硫醚对绿盲蝽的驱避作用

潘洪生\*　　陆宴辉\*\*

（中国农业科学院植物保护研究所/植物病虫害生物学国家重点实验室，北京　100193）

**摘　要：** 绿盲蝽是我国棉花、果树等多种农作物生产上的一种重要害虫。田间偶尔发现，在喷施杀螨剂二甲基二硫醚防治棉叶螨的小区中，绿盲蝽的发生数量和为害程度明显减轻，但内在原因尚未明确，本文对此进行了系统研究。室内试验发现，在棉田二甲基二硫醚常规施用剂量（10 μl/L）的条件下，二甲基二硫醚对绿盲蝽成虫和若虫均无致死效果，即使在田间常规浓度16倍的剂量下也无毒杀效果；在Y型嗅觉仪行为测定中，绿盲蝽雌雄成虫对二甲基二硫醚显示出了明显的负趋向；在非选择和选择性罩笼试验中，施用二甲基二硫醚处理后的植株上绿盲蝽的刺点数和着卵量均显著低于对照植物。在田间条件下，与对照相比，喷施二甲基二硫醚后绿盲蝽成虫密度大大减少，且驱避效果可持续6天。本研究证明，二甲基二硫醚对绿盲蝽无毒杀效果，但具有明显的趋避作用，有望开发成为绿盲蝽成虫驱避剂。

**关键词：** 绿盲蝽；二甲基二硫醚；驱避剂；行为调控

---

　\* 作者简介：潘洪生，男，博士，从事昆虫生态学研究；Tel：010-62816306；E-mail：13811449958@163.com

　\*\* 通讯作者：陆宴辉；E-mail：yhlu@ippcaas.cn

# 1,3-二氯丙烯熏蒸土壤对病虫草害的防治效果评价

乔　康[1]　姬小雪[1,2]　董　飒[1]　王开运[1]

（1. 山东农业大学植物保护学院，泰安 271018；

2. 山东省肥城市农业局植保植检站，肥城 271600）

**摘　要**：甲基溴（methyl bromide）作为一种臭氧层消耗物质，将于 2015 年在发展中国家淘汰。因此，寻找甲基溴替代品势在必行。1,3-二氯丙烯（1,3-dichloropropene）是一种很有潜力的甲基溴替代物。本文通过室内毒力试验和大田验证试验，研究了 1,3-二氯丙烯熏蒸土壤防治南方根结线虫、杂草种子和土传病害病菌的效果，分析其在我国保护地蔬菜上应用的可行性。

采用直接触杀法测定了 1,3-二氯丙烯对南方根结线虫的毒力。结果表明，1,3-二氯丙烯对南方根结线虫的 $LC_{50}$ 和 $LC_{90}$ 分别为 1.20mg/L 和 3.74mg/L。采用美国农业部杂草种子处理方法研究了 1,3-二氯丙烯对多种杂草种子的剂量—响应关系。结果表明，杂草种子对 1,3-二氯丙烯敏感性由大到小顺序为：马唐 > 牛筋 > 稗草 > 反枝苋，其 $LC_{50}$ 在 14.23 ~ 73.59mg/kg。采用十字交叉法测定了 1,3-二氯丙烯对辣椒疫霉病菌、草莓枯萎病菌、棉花立枯病菌、烟草黑胫病菌和番茄灰霉病菌的毒力。结果表明，1,3-二氯丙烯对辣椒疫霉病菌和草莓枯萎病菌的 $LC_{50}$ 分别为 0.24g/m² 和 1.55g/m²，1,3-二氯丙烯熏蒸对辣椒疫霉病菌最为敏感，其他种类病原菌则表现出中等程度的敏感性。

分别在温室大棚番茄、黄瓜、大姜作物上进行大田试验来验证 1,3-二氯丙烯（90L/hm²、120L/hm² 和 180L/hm²）对南方根结线虫、杂草和土传病害病原菌的防治效果。结果表明，与对照组相比，1,3-二氯丙烯施用后能够明显促进作物生长，增强植株活力，有效抑制根结线虫侵染和种群数量，降低根结指数，减少土传病害发生率，增加作物产量。并且中高剂量的 1,3-二氯丙烯熏蒸处理在除杂草防治以外的各种防治指标上达到甚至超过甲基溴处理的防治水平，在作物产量上与甲基溴处理之间无显著性差异。

总之，1,3-二氯丙烯熏蒸土壤防治蔬菜根结线虫效果良好，并可控制一些土传病害发生，是一种很有潜力的甲基溴替代物。但是，1,3-二氯丙烯对杂草的防治效果一般。因此，建议将 1,3-二氯丙烯与其他化学替代品或非化学替代技术结合使用，以达到综合防治的目的。

**关键词**：1,3-二氯丙烯；甲基溴替代物；土壤熏蒸；南方根结线虫；杂草；土传病害

# 香菇多糖与化学杀菌剂协调防控黄瓜病害的研究

王 杰 王开运*

（山东农业大学植物保护学院，泰安 271018）

**摘 要**：本文研究了 0.5% 香菇多糖 AS、2% 氨基寡糖素 AS 与化学杀菌剂混合使用对温室黄瓜病害发展的影响。泰安市房村镇试验包括以下处理：混合喷施 50% 啶酰菌胺 WG、68.75% 氟吡菌胺·霜霉威 SC 的桶混液、60% 唑醚·代森联 WG、40% 嘧霉胺 SC、50% 烯酰吗啉 WP、10% 苯醚甲环唑 WG、69% 烯酰·锰锌 WP、68.75% 唑·锰锌 WG、52.5% 唑·霜脲氰 WG 等不同作用机理和防治谱的化学杀菌剂；混施 0.5% 香菇多糖 AS、2% 氨基寡糖素 AS 及 68.75% 氟吡菌胺·霜霉威 SC、50% 烯酰吗啉 WP、25% 双炔酰菌胺 SC、25% 吡唑醚菌酯 EC 等对霜霉病特效化学杀菌剂；其对黄瓜霜霉病的防效分别为 90.5%、82.3% 和 85.6%，对黄瓜白粉病的防效分别为 91.7%、82.9% 和 87.4%，对灰霉病的防效分别为 69.3%、75.6% 和 78.5%，每种病害的病害发展曲线下面积（AUDPC）相当。在泰安市宅子试验中，将不同化学杀菌剂桶混液与香菇多糖水剂、氨基寡糖素水剂和化学杀菌剂桶混液交替喷施。化学杀菌剂与香菇多糖混施对白粉病的防效（72.8%）明显低于其与氨基寡糖素混施的防效（90.6%），对灰霉病和霜霉病的防效（95.1%，90.2%）与后者的防效（92.5%，92.6%）相当。

**关键词**：黄瓜病害；香菇多糖；化学杀菌剂；协调使用

---

\* 通讯作者：王开运；E-mail：wangjetby@163.com

# 6种熏蒸剂对黄瓜温室土壤养分的影响[*]

颜冬冬[1***]　毛连纲[1]　马涛涛[1]　吴篆芳[1]　李　园[1]　王秋霞[1]

郭美霞[1]　郑建秋[2]　曹坳程[1***]

（1. 中国农业科学院植物保护研究所，北京　100193；

2. 北京市植物保护站，北京　100029）

**摘　要：** 研究了6种熏蒸剂处理对土壤养分含量的影响。结果表明：除威百亩处理外，其他5种熏蒸处理后土壤中铵态氮含量均有不同程度增加，其中，棉隆处理土壤中铵态氮含量最高为83.9mg/kg。熏蒸处理后硝态氮含量较对照均有减少，其中，氯化苦+1，3－D胶囊处理后土壤中硝态氮含量最低为245.7mg/kg。6种熏蒸剂处理均能抑制土壤中硝化作用过程。土壤中有效磷和速效钾含量在熏蒸处理后均有一定程度增加，而熏蒸对土壤有机质含量和pH值影响较小。

**关键词：** 土壤消毒；熏蒸剂；氯化苦；土壤养分

　*　基金项目：现代农业产业技术体系北京市果类蔬菜创新团队项目

　**　作者简介：颜冬冬，男，博士研究生，主要从事土壤熏蒸与氮素循环研究；E-mail：yandd@ yahoo. cn

　***　通讯作者：曹坳程，研究员，博士生导师，专业方向：土壤消毒技术；E-mail：caoac @ vip. sina. com

# 红平红球菌 djl-11 多菌灵水解酶基因的克隆与代谢产物分析[*]

张新建[**] 黄玉杰 赵晓燕 任 艳 李红梅 李纪顺 杨合同[***]

（山东省科学院中日友好生物技术研究中心，山东省应用微生物

重点实验室，济南 250014）

**摘 要**：多菌灵（Carbendazim，MBC）化学名称为 N-（2-苯并咪唑基）氨基甲酸甲酯，是一种高效低毒的内吸性杀菌剂，对多种农作物真菌病害具有较好的防治效果，也是苯菌灵、甲基硫菌灵等咪唑类杀菌剂的代谢中间产物。多菌灵在土壤和水中性质非常稳定，降解半衰期较长，在蔬菜、果品和土壤中残留与累积，可通过食物链影响人体健康。微生物代谢是自然界中多菌灵降解的主要途径，目前国内外已报道了多株对多菌灵有降解作用的菌株。降解菌株资源的发掘及其降解特性的研究对于修复多菌灵农残污染、保障农产品安全具有重要意义。

红平红球菌（*Rhodococcus erythropolis*）djl-11 是本实验室分离筛选到的一株多菌灵高效降解菌，该菌株 48h 对液体培养基中多菌灵（1000mg/L）的降解率达到 99.15%。本研究利用高效液相色谱和质谱技术对菌株 djl-11 降解多菌灵过程中的中间代谢产物进行了分析，结果表明，在多菌灵的降解过程中发现了 2 种代谢中间产物：2-氨基苯并咪唑（2-AB）、2-羟基苯并咪唑（2-HB）。而且菌株 djl-11 能分别以 2-AB 和 2-HB 为唯一碳源进行生长，在以 2-AB 为唯一碳源的无机盐培养基中，2-AB 可进一步被降解，中间产物有 2-HB；而在以 2-HB 为唯一碳源的无机盐培养基中，2-HB 也可被降解，但没有检测到 2-AB。另外，利用 PCR 技术对菌株 djl-11 的多菌灵水解酶基因进行了克隆，得到多菌灵水解酶基因（*mheI*），基因片段共 729bp，为完整的开放阅读框架，共编码氨基酸 242 个，通过 BLAST 检索，发现碱基序列同 GenBank 上的多菌灵水解酶基因（登录号 GQ454795.1）同源性达到 99%。该基因已在 GenBank 上登录，登录号为 HQ874282.1。

**关键词**：红平红球菌；多菌灵；代谢产物；水解酶基因

[*] 基金项目：国际科技合作项目（2010DFA32330）；山东省科技发展计划项目（2012GNC11004）

[**] 第一作者：张新建，博士，副研究员，主要从事微生物应用研究；E-mail：zhangxj@sdas.org

[***] 通讯作者：杨合同，博士，研究员；E-mail：yanght@sdas.org

# 我国南方地区木霉菌资源多样性与拮抗性评价新技术*

孙瑞艳[1,2]** 刘志诚[1,2] 李雅乾[1,2] 陈捷[1,2]***

(1. 上海交通大学农业与生物学院；上海 200240；2. 农业部都市农业（南方）重点开放实验室；上海 200240)

**摘 要：** 木霉属（*Trichoderma* Pers. ex Fr.）真菌属于子囊菌门（Ascomycota）子囊菌亚门（Pezizomycotina）粪壳菌纲（Sordariomycetes）肉座菌亚纲（Hypocreomycetidae）肉座菌目（Hypocreales）的肉座菌科（Hypocreaceae），已成为国际上普遍应用的工农业微生物，在农业生产中主要作为植物病害生物防治微生物和环境修复微生物而得到广泛应用。木霉菌具有明显的生态多样性和物种多样性，目前，国际上已记录的木霉菌共有 141 种，其中，包括已发现其肉座菌有性世代的有 98 种。但是目前国内关于木霉菌资源的分布及种类多样性缺少系统性研究，尤其在我国南方生物多样性非常丰富地区至今缺少木霉菌资源大规模采集与多样性研究，再加上拮抗木霉菌筛选暂无统一标准，这些都减缓了木霉菌相关产品的开发进程。

针对上述问题，为农业持续绿色发展提供更多的资源贮备，为促进木霉菌得到更好、更快的开发利用，本课题组自 2009～2012 年围绕中国南部不同生态区（17 省二市）开展木霉菌资源的大规模采集、鉴定，从不同类型土壤角度进行木霉菌种类、分布多样性研究，从遗传进化角度进行系统发育分析，并进行系统多重生物防治功能因子的评价。目前为止，从 497 份土样中共分离得到 1910 株木霉菌，利用分子鉴定与形态鉴定相结合的技术手段，目前共发现木霉菌 22 种；采用离体和活体方法从资源库中筛选出高效拮抗菌株，建立以抗菌肽、多种几丁质酶、葡聚糖酶和蛋白酶等细胞壁降解酶为综合指标的生防功能因子评价系统，通过主成分分析（Principal component analysis，PCA）方法确定木霉菌生物防治菌株综合评价指标，建立拮抗性评价新技术。

**关键词：** 木霉菌；资源；多样性；拮抗性评价

* 基金项目：国家公益性行业（农业）科研专项经费项目（No. 200903052）；国家农业科技成果转化资金项目（2010GB2C00146）；上海市科委重大科技攻关项目（No. 09dz1900103）

** 第一作者：孙瑞艳，硕士在读，植物保护专业；E-mail：10704008. sry@163.com

*** 通讯作者：陈捷，教授，博士生导师；E-mail：jiechen59@sjtu.edu.cn

杂　　草

# 紫茎泽兰对花生生长的影响及其经济阈值[*]

朱文达[1][**]　颜冬冬[2]　曹坳程[2]　李　林[1]

（1. 湖北省农业科学院植保土肥所，武汉　430064；

2. 中国农业科学院植物保护研究所，北京　100193）

**摘　要**：摘要：为了有效反映大田条件下紫茎泽兰对花生的生长和产量的直接为害和经济为害允许水平，采用添加系列试验和模型拟合的方法观察了不同紫茎泽兰密度下花生的生长和产量变化以及花生田间透光率和紫茎泽兰水肥积累量的变化。结果表明：紫茎泽兰密度的增加均显著降低了花生荚果数、百仁重和产量。花生荚果数和百仁重的降低可能是花生减产的直接原因。此外，紫茎泽兰对田间透光率的影响和对水肥的累积量也可能是花生减产的重要原因。幂函数模型能较好地拟合紫茎泽兰密度（x）与花生产量损失率（y）间的关系（$y = 1.712x^{1.063}$，$P < 0.0001$）。花生田采用人工除草、草甘膦和氨氯吡啶酸对紫茎泽兰进行防除时，紫茎泽兰的经济为害允许水平为 6.060%、0.574%、0.766%，经济阈值分别为 3.28 株/$m^2$、0.36 株/$m^2$、0.46 株/$m^2$。

**关键词**：紫茎泽兰；花生；产量；经济阈值

* 基金项目：公益性行业（农业）科研专项（201103027）

** 通讯作者：朱文达（1938—），男，江苏南通人，研究员，研究方向为杂草的综合防治；E-mail：zhwd@163.com

# 我国木薯杂草及其防控技术研究概况<sup>*</sup>

程汉亭　范志伟<sup>**</sup>　黄乔乔　李晓霞　沈奕德　刘丽珍

（中国热带农业科学院环境与植物保护研究所/农业部热带作物有害生物综合治理重点实验室/农业部儋州农业环境科学观测实验站/海南省热带农业有害生物监测与控制重点实验室/海南省热带作物病虫害生物防治工程技术研究中心，儋州571737）

**摘　要**：木薯（*Manihot esculenta* Crantz）为大戟科木薯属灌木状多年生作物，其块根富含淀粉，是许多热带地区居民日常食物中的主要热量来源。自19世纪引入我国以来，木薯已在华南地区广泛种植。以木薯块根为原料的淀粉加工和生物能源等产业是我国热区农业经济的重要组成部分。但木薯园杂草为害十分普遍，严重影响木薯生长发育，导致木薯减产和品质下降。据调查，杂草可致使木薯减产30%～60%。近几年由于除草剂的不合理使用和生物入侵步伐的加快，导致木薯地恶性杂草种类繁多。根据我们研究组对广东、广西和海南三省木薯地杂草调查，共发现木薯园杂草39科138属184种，其中，恶性杂草10种，包括莎草科、禾本科和阔叶类杂草。

木薯杂草防控技术向杂草综合管理方向发展，以杂草生物学和生态学研究为基础，采取农业防控和化学防控相结合，如间作、盖草、施用有机肥和灌溉等措施结合除草剂施用防控杂草，达到安全、经济和有效地防控木薯生产的杂草。木薯是长季节、宽间距生长的作物，最初生长和发育很慢，因此，通过间种短周期作物来提高总体的生物效率。在农业防控方面，间作豆科作物、覆盖枯草、施用腐熟有机肥和合理灌溉，都可以有效防控杂草。在化学防控方面，在木薯种植前，用草甘膦等作茎叶喷雾，防除一年生和多年生杂草；在木薯种植后出苗前，用莠去津和乙草胺等作土壤封闭处理，防除种子萌发的杂草；在木薯出苗后早期，用选择性除草剂精吡氟禾草灵或高效氟吡甲禾灵等作茎叶喷雾，防除禾本科杂草；在木薯茎杆高1m以上木栓化后，用草甘膦或百草枯作为茎叶定向喷雾，防除一年生和多年生杂草。目前，对木薯杂草主要采取人工防治，并结合机械或物理防治、化学防治、生物防治等，但单一的防治方法并不能有效地防除所有杂草，需要采取综合的防治措施，同时应积极提倡应用科学、环保技术和措施；并开展杂草利用研究，化害为利，以期减轻经济和环境压力。

农作物化感作用的研究可针对农田杂草控制、轮作套种技术提出科学的生态措施。作物化感抑草是利用自身分泌的化感物质防治杂草，具有剂量小、选择性强、无3R问题等优点，被认为是21世纪可持续农业的关键生物技术之一。开发和利用作物自身抑制杂草的化感功能将有助于实现可持续的杂草防治策略，大大减少除草剂的使用。目前，木薯化感作用的研究还处在起步阶段。

**关键词**：木薯；杂草；防控；除草剂

---

\* 基金项目：国家自然科学基金资助项目（31071699）；公益性行业（农业）科研专项（201103027）；科技部国际合作项目（2011DFB30040），现代农业产业体系项目子课题（nycytx－17－3）；农业部外来入侵生物防治专项；本所中央级公益性科研院所基本科研业务费专项（NO.2012hzs1J007－2）

\*\* 通讯作者：范志伟；E-mail：fanweed@163.com

# 福寿螺作蛋鸡饲料对土鸡蛋产品的影响初探*

陈晓娟[1][**]　何忠全[1]　吴继云[2]

（1. 四川省农业科学院植物保护研究所，成都　610066；

2. 成都市大邑县植保植检站，成都　610000）

**摘　要：** 福寿螺（*Pomacea canaliculata*）是近年来水稻生产中一种重要外来有害生物，目前在四川省已有 16 个地区发现福寿螺的分布，并已在成都、乐山、泸州等地造成严重为害。同时，通过对福寿螺进行农业、生物和化学防治相结合的综合控制技术研究，四川省水稻大面积已取得 89.73% 以上的灭螺效果。然而，苗期和分蘖期集中捡拾的大量福寿螺个体的处理问题随之而来。面对这些堆积如山的福寿螺，将其进行烘干并粉碎添加到鸡饲料中，不失为对其进行充分利用的有益尝试。

本试验将稻田中捡拾的福寿螺进行清洗、烘干和粉碎后，全量替代（处理 1）或半量替代（处理 2）鸡饲料中的骨粉添加到蛋鸡饲料中，用此饲料饲喂农村同龄土鸡，以未添加福寿螺粉的鸡饲料饲喂（处理 3）和全粮食饲喂（处理 4）作对照组，重复 3 次。饲喂 50 天后随机采集不同处理的鸡蛋，每处理 20 枚，逐枚进行大小、重量测定，并测定了蛋清蛋黄的氨基酸成分、干物质和蛋白质含量以及蛋黄脂肪和胆固醇含量。结果表明：处理 1 鸡蛋平均长径 5.55cm，短径 4.15cm，蛋重 52.2113g，分别超出饲料饲喂对照（处理 3）1.79%、0.34%、0.96%，超出粮食饲喂对照（处理 4）2.64%、0.07%、2.52%。处理 2 鸡蛋平均长径 5.73cm，短径 4.29cm，蛋重 59.3405g，分别超出饲料饲喂对照（处理 3）4.97%、3.96%、14.74%，超出粮食饲喂对照（处理 4）5.84%、3.68%、16.52%。可见，处理 1、处理 2 的鸡蛋体积和重量均高于对照，并以处理 2（福寿螺半量取代骨粉的鸡饲料饲喂土鸡）鸡蛋的增大和增重效果更为显著。各处理组的蛋清和蛋黄中均测得含有天门冬氨酸、谷氨酸、亮氨酸、赖氨酸等 17 种游离氨基酸，处理 1、2、3、4 的蛋黄中氨基酸总量分别为 13.1mg/ml、14.0mg/ml、12.4mg/ml、13.0mg/ml，略高于蛋清中的氨基酸总量（分别为 11.9mg/ml、11.3mg/ml、11.7mg/ml、12.8mg/ml），处理间差异不明显。干物质、蛋白质和脂肪在各处理间差异不明显。处理 1、处理 2 蛋黄中的胆固醇含量分别为 1 020.2mg/100g、917mg/100g，超过粮食饲喂对照（处理 4）17.12%、5.29%。

本试验初步认为，福寿螺加工成粉末添加入鸡饲料中对土鸡蛋的产量有明显的促进作用，而对鸡蛋理化成分的影响与对照无显著差异。至于福寿螺作蛋鸡饲料对蛋产品理化成分及营养价值究竟有没有正向作用，仍需做进一步研究。

**关键词**　福寿螺；饲料；土鸡；理化成分

* 基金项目：农业部外来入侵有害生物防治专项

** 第一作者：陈晓娟；E-mail：oywenjuan@yahoo.com.cn

第一届国际水稻
病虫害综合治理
新策略研讨会

# Rice Planthoppers in Asia-Return of the Green Revolution Pest and Why

K. L. Heong    Principal Scientist [*]

(*International Rice Research Institute*, *Los Banos*, *Philippines*)

In the last 5 years rice planthoppers (*Nilaparvata lugens* and *Sogatella furcifera*) have become the most damaging pests of rice that are threatening the sustainability of intensive systems. From 2008 Thailand's rice bowl has suffered continuous outbreaks for 10 consecutive seasons. In 2010 rice production lost 1.1 million tons of paddy and this year another loss of about 1 million tons is expected by 2012. Similarly Indonesia is suffering the same threats and had lost about a million tons in 2011. China loses about a million tons a year but in early 2012 higher than normal planthopper infestations were in southern provinces and Zhejiang. Smaller patches of outbreaks occur in India, Myanmar, Bangladesh, Philippines and India. Besides economic loss, hundreds of farmers suffer crop failures, falling in debts and poverty, pesticide poisoning and even suicides.

Planthoppers are secondary pests induced by insecticides and are normally under natural control. Outbreaks are symptoms of unsustainable practices that destroy vital ecosystem services triggering exponential growth. Although abnormal weather like droughts and floods can also trigger outbreaks, the most consistent factor in Asia seems to be insecticide misuse and weather factors further exaggerate them. In the first Green Revolution, rice intensification programs, particularly in China, Indonesia, Philippines, India and Vietnam rice production was seriously threatened by the brown planthopper and two virus diseases it vectors. Today more serious threats to rice production are being caused by 2 planthopper species and 3 virus diseases persistently causing thousands of crop failures.

Insecticide use in rice has increased dramatically over the last 5 to 10 years. In some countries like Thailand and Indonesia insecticide imports have increased more than 10 folds. Most farmers use insecticides with extremely toxicities to bees and natural enemies, like pyrethroids, abamectin and organo phosphates. Pesticides in Asia are being market using FMGC (fast moving consumer goods) strategies with aggressive advertising, multi tier marketing and purchase incentives to promote sales. Such marketing strategies have contributed to rampant misuse that are threatening essential ecosystem services and make rice farms vulnerable to pest outbreaks. Most rice farmers depend on local pesticide detailers with no training or license for advice falling victims to the insecticide misuse.

---

* E-mail: *kl. heong@ gmail. com*

The presentation describes the ecological, economic and social factors contributing to the outbreaks and looks at 3 ecological principles and the management strategies that might affect them. It will discuss the need to take a broader view to consider social, marketing, structural and policy issues beyond the development technological fixes in order to manage future outbreaks. The presentation will also discuss the need for reforms in plant protection systems in Asia that had been designed for "pest fighting" services rather to pest prevention using ecological principles. There is urgent need for the "professionalization" of plant protection services with proper certification programs that will provide quality advice to farmers on pest management and insecticide use.

## Key References

Heong, K. L. and Hardy, B. 2009. Planthoppers: new threats to the sustainability of intensive rice production systems in Asia. 460 pp. IRRI, Los Banos, Philippines.

Bottrell, D. G. and Schoenly, K. G. 2012. Resurrecting the ghost of green revolutions past: The brown planthopper as a recurring threat to high-yielding rice production in tropical Asia. Journal of Asia-Pacific Entomology 15 (2012) 122 – 140.

http: //ricehoppers. net/

# Current Status of Insecticide Resistance and Virulence to Resistant Varieties in Asian Rice Planthoppers

Masaya Matsumura[*]

(*NARO Kyushu Okinawa Agricultural Research Center*
*2421 Suya*, *Koshi*, *Kumamoto* 861-1192, *Japan*)

Outbreaks of the brown planthopper (BPH), *Nilaparvatalugens* (St? 1) and the white-backedplanthopper (WBPH), *Sogatellafurcifera* (Horváth) have occurred in East Asia and Indochina since 2005. Outbreaks of the small brown planthopper (SBPH), *Laodelphaxstriatellus* (Fallén) has also occurred in eastern China and Japan since mid-2000s. These outbreaks are closely related to the development of insecticide resistance in the three planthoppers and the change in virulence to resistant rice varieties in BPH.

First, the insecticide susceptibility of the three planthoppers: BPH, WBPH, and SBPH in Asian countries was determined and compared from 2006-2010 by topical application method. A species-specific change in the insecticide susceptibility was found in BPH and WBPH: imidacloprid resistance in BPH and fipronil resistance in WBPH. Resistance to imidacloprid has developed only in BPH in East Asia (Japan, China and Taiwan) and Vietnam, but not in the Philippines. In contrast, resistance to fipronil has developed only in WBPH in East Asia, Vietnam, and the Philippines. The LD50 values for imidacloprid in BPH in East Asia and Vietnam increased from 2006 to 2009, and have slightly decreased in 2010. In SBPH, an area-specific insecticide resistance has developed in eastern China and western Japan: the SBPH populations in Jiangsu Province, China showed resistance only against imidacloprid, whereas the populations in western Japan showed resistance only against fipronil. Migration of SBPH from eastern China to western Japan occurred in June 2008; the following year local SBPH populations in Japan became resistant to both imidacloprid and fipronil. These populations were conceivably produced by the intercrossing between immigrant and domestic populations.

Second, virulence to resistant rice varieties were determined and evaluated in BPH collected from Asian countries (Japan, China, Taiwan, northern Vietnam, southern Vietnam, and Philippines) between 2006 and 2008. Virulence to resistant rice varieties was evaluated by Tanaka's (2000) method using five differential rice varieties carrying different planthopper resistance gene (s). The virulence of Asian BPH strains was classified into three groups: (1) The BPH strains in East Asia and northern Vietnam were virulent to Mudgo (carrying *Bph*1) and ASD7 (carrying

---

* E-mail: mmasa@ affrc. go. jp

*bph*2) but avirulent to other three varieties, (2) The BPH strains in Southeast Asia (the Philippines) were virulent to Mudgo, ASD7 and also partially virulent to Babawee (carrying *bph*4), and (3) The BPH strains in southern Vietnam were highly virulent to Babawee in addition to Mudgo and ASD7. The virulence in some northern Vietnam BPH strains against Babawee has been developed during 2007 and 2008. The varieties RathuHeenati (carrying *Bph*3 and *Bph*17) and Balamawee (carrying *Bph*9) still have a broad spectrum of resistance against all the Asian BPH strains tested.

## Key References

Fujita, D. et al. (2009) The genetics of host-plant resistance to rice planthopper and leafhopper. pp. 389 – 400 in "Planthoppers: new threats to the sustainability of intensive rice production systems in Asia", Heong K. L. and B. Hardy eds. Los Ba? os (Philippines), International Rice Research Institute.

Matsumura, M. et al. (2008) Species-specific insecticide resistance to imidacloprid and fipronil in the rice plan-thoppers*Nilaparvatalugens* and *Sogatellafurcifera* in East and South-east Asia. *Pest Manag. Sci.* 64: 1 115 – 1 121.

Matsumura, M. and S. Sanada-Morimura (2010) Recent status of insecticide resistance in Asian rice planthoppers. *JARQ* 44: 225 – 230.

Otuka, A. et al. (2010) The 2008 overseas mass migration of the small brown planthopper, *Laodelphaxstriatellus*, and subsequent outbreak of rice stripe disease in western Japan. *Appl. Entomol. Zool.* 45: 259 – 266.

Sanada-Morimura, S. and M. Matsumura (2011) Effect of acetone solution in a topical application method on mortality of rice planthoppers, *Nilaparvatalugens*, *Sogatellafurcifera*, and *Laodelphaxstriatellus* (Homoptera: Delphacidae). *Appl. Entomol. Zool.* 46: 443 – 447.

Sanada-Morimura, S. et al. (2011) Current status of insecticide resistance in the small brown planthopper, *Laodelphaxstriatellus*, in Japan, Taiwan, and Vietnam. *Appl. Entomol. Zool.* 46: 65 – 73.

Tanaka, K. (2000) A simple method for evaluating the virulence of the brown planthopper. *IRRN* 25 (1): 18 – 19.

Tanaka, K. and M. Matsumura (2000) Development of virulence to resistant rice varieties in the brown planthopper, *Nilaparvatalugens* (Homoptera: Delphacidae), immigrating into Japan. *Appl. Entomol. Zool.* 35: 529 – 533.

# Host Plant Resistance for Herbivore Management in Rice

Finbarr G. Horgan *

( *Crop and Environmental Science Division , International Rice Research Institute , DAPO Box 7777 , Metro Manila , Philippines* )

Several insects feed on rice and some of these occasionally cause chronic and/or event-related declines in yield. During the last 60 years host plant resistance as a management strategy to reduce insect damage has gained increasing attention and secured considerable financial and scientific support. One of the principal objectives of host plant resistance has been to reduce the use of damaging insecticides – however, evidence indicates that insecticide imports and sales throughout rice-growing Asia have continually increased. This puts into question the cost effectiveness of resistance research and suggests that new paradigms are required to improve resistance technology and management. This talk presents a short history of host plant resistance research in rice and examines popular paradigms in the context of sustainable rice production. Over 80 major resistance genes against rice herbivores have been discovered; however, the application of these genes for plant protection has been slow because of unforeseen trade-offs, a high degree of herbivore adaptation, and a poor understanding of the mechanisms underlying the resistance. Furthermore, inappropriate crop management can reduce the effectiveness of plant resistance and increase the breakdown of resistance genes. Several evolutionary principals related underlying insect-plant interactions have been omitted from crop management science. These principals can help to optimize future deployment of rice varieties to reduce vulnerability. Therefore, call is made for a holistic, balanced and regional approach to the deployment of resistant varieties and better integration of host-plant resistance into integrated herbivore management programs.

* E-mail: f. horgan@ irri. org

# Plantwise-New Framework for Pest Management in Rice Production

Feng Zhang [1,3] *    Ulli Kuhlmann [2]

( 1. *CABI, C/o Internal Post Box* 56, *Chinese Academy of Agricultural Sciences*, 12 *ZhongguancunNandajie, Beijing* 100081, *China*;

2. *CABI, Rue des Grillons, CH*-2800 *Delémont, Switzerland*;

3. *MOA – CABI Joint Laboratory for Bio-safety, Institute of Plant Protection, Chinese Academy of Agricultural Sciences, Beijing, China*)

Global losses of attainable rice yields to pests and diseases are estimated at 37.4% in average**. Coupled with a further average loss of 16% of postharvest yields on smallholder farms in developing countries, the global losses for this crop, which constitutes a major source of food for over half of the world's population, are substantial. International trade, travel and climate change are exacerbatingthe problem by altering and speeding up the spread of plant pests and diseases around the world. Timely access to information and advice about how to manage pest problems is crucial for farmers, extension staff, institutions and governments to manage current threats and adapt to future risks.

Plantwise, a global programme led by CABI, fosters diverse partnerships that underpin and sustain global efforts to remove constraints to agricultural productivity. Plantwise supports national extension systems in developing countries to provide smallholder farmers with better access to the advice and information needed to help them increase food security and improve their livelihoods by losing less of what they grow due to plant health problems. This is being achieved through the establishment and operation of plant clinic networks, supported by a global knowledge bank, a central repository within Plantwise for plant health diagnosis and management information. Plantwise uses an approach based on available resources and personnel who already work in extension, research, plant protection and phytosanitary regulation. Locally run and organised plant clinics, embedded in existing extension providers, are the starting point for developing and strengthening the links that help create a functioning plant health system. Plantwise is responsible for the training of plant doctors and the support of plant clinic establishment. The subsequent operation of plant clinics and the actions of the plant doctors fall under the ownership and management of the local/national partner organisations.

Partnerships have already been established in Plantwise with local, nationaland international

---

\* E-mail: f. zhang@ cabi. org

\*\* Oerke, E. C. (2006) Crop losses to pests. J. Agric. Sci. 144: 31 – 43.

organisations in major rice producingcountries, such as Bangladesh, China, India, Thailand and Vietnam. It is expected that Plantwise will strengthen crop health systems in these countries by-providing smallholder rice farmers with theregular and reliable advisory services required toreduce pesticide useand build the resilience of agoecosystems to pest outbreaks. The resulting decrease in crop losses and increase inproductivity will ultimately lead to improved farmer livelihoods and sustainable food security.

**Key words**: plant clinic, knowledge bank, plant health system

# Insecticide Resistance Development in Rice Planthoppers: from Mechanisms to Management

Zewen Liu

(*College of Plant Protection, Nanjing Agricultural University, Nanjing, China*)

Rice planthoppers are major rice pests in many parts of Asia. Insecticides, such as imidacloprid and fipronil, have been extensively used for their control and resistance to a number of them has been reported in different countries and areas. In laboratory, insecticide resistance selection from a susceptible strain often causes a stage development with two steady increase period as the double 'S' shape for the selection curve. At different development stages, the main mechanisms for insecticide resistance are different. Mostly, at the first stage, the biochemical factors, such as the increased activities of detoxification enzymes, are the main mechanisms. By contrast, at the second stage, the target insensitivities, such as mutations in target proteins, are the main mechanisms. In order to implement the insecticide resistance management strategies, such as the insecticide rotation and mixtures, mosaic pattern, suspended and restricted use, synergist application, the present development of insecticide resistance should be at the first stage. So, when to decide whether one insecticide could be used anymore because of the resistance in rice planthoppers, it is first to determine the resistance level and which stage of such resistance level. The present talk will include the representative curves for insecticide resistance development in rice planthoppers, the resistance mechanism studies and molecular detection methods for insecticide resistance.

# Ecological Engineering and Global Food Security

Geoff M. Gurr [1] *    Zeng-Rong Zhu [2] and Minsheng You [3]

( 1. *EH Graham Centre, School of Agriculture and Wine Science, Charles Sturt University, PO Box* 883, *Orange, NSW* 2800, *Australia*;

2. *State Key Laboratory of Rice Biology and Institute of Insect Sciences, Zhejiang University, Hangzhou, Zhejiang*, 310058, *China*;

3. *Institute of Applied Ecology, Research Centre for Biodiversity and Eco-Safety, Fujian Agriculture and Forestry University, Fuzhou* 350002, *China*)

Ecological engineering can be considered the design of human systems in a manner consistent with ecological principles so that the role of natural processes is maximized and the need for human inputs is reduced ( Mitsch & J? rgensen, 1989) . One application for ecological engineering is to provide pest suppression, chiefly by enhancement of biological control from providing appropriate forms of vegetation that provide shelter and foods for natural enemies ( Gurr et al. , 2004). Thought ecological engineering can provide high levels of pest suppression and greatly reduce dependence on insecticide use, it tends to be adopted most readily when other ecosystem services are simultaneously provided by the vegetation. These may include pollination, nitrogen fixation, carbon sequestration and secondary crop production. Ecological engineering also leads to increased levels of planned and associated biodiversity on farms so can contribute to the need to address currently high levels of extinction that are largely caused by convention agriculture. Thus, ecological engineering and related approaches offer scope to help address the related issues of global food security and wildlife conservation. In the last decade, studies in many countries have demonstrated the benefits of "alternative" agricultural systems that currently extend over only a small minority of agricultural land. These can be as productive as conventional agriculture on per-hectare basis, despite requiring fewer pesticides, fertilizers and other fossil fuel-derived inputs ( Pretty et al. , 2006) . Biodiversity can be increased substantially in at least some alternative agricultural systems in which it provides a range of ecosystem services. Agricultural intensification based on an ecological evidence base offers significant scope for a win-win scenario whereby future food production needs are met by preserving biodiversity on and around farms to provide high levels of ecosystem services as well as upon the land that can thereby be spared from clearing.

## Key References

Gurr GM, Wratten SD & Altieri MA ( eds) . (2004) . *Ecological Engineering: Advances in Habitat Manipula-*

---

∗ E-mail: ggurr@ csu. edu. au

*tion for Arthropods*. CSIRO Publishing, Melbourne (Australasian publisher) / CABI International, Wallingford (European Publisher) / Cornell University Press, Ithaca (Americas publisher). 244 pp. ISBN 0643090223.

Mitsch WJ, J? rgensen SE, (1989) in *Ecological Engineering: an Introduction to Ecotechnology*, eds Mitsch WJ, J? rgensen SE (Wiley, New York), pp 3 – 19.

Pretty J, et al. (2006) Resource-conserving agriculture increases yields in developing countries *Environ Sci Technol* 40: 1 114 – 1 119.

Chen W, ZR Zhu, et al. 2012. Technical Cartoons of Ecological Engineering for Pest Management in Rice (1, 2). China Agriculture Press.

Gurr GM, Wratten SD, Snyder WS and Read DMY. 2012, Biodiversity and Insect Pests: Key Issues for Sustainable Management. Wiley Blackwell, Oxford.

Zhu ZR, ZX Lv, MQ Yu, R Guo, JA Cheng. 2012. Ecological Engineering for Pest Management in Rice. China Agriculture Press.

# Up-scaling of Ecological Engineering Approach for Rice Insect Pest Management in China

Zeng-Rong Zhu [1]*   Zhong-Xian Lv [2]

Ming-Quan Yu [3]   Dian-Dong Ren [3]

Guihua Chen [4]   MM Escalada [5]

GM Gurr [1,6]   KL Heong [7] and Jiaan Cheng [1]

( 1. *Institute of Insect Sciences, Zhejiang University, Zijingang Campus, Hangzhou*, 310058, *China. zrzhu@ zju. edu. cn*; 2. *Zhejiang Academy of Agricultural Sciences, Hangzhou, China*; 3. *Bureau of Agriculture, Sanmen County, Zhejiang, China*; 4. *Station of Plant Protection, Jinhua City, Zhejiang, China*; 5. *Visayas State University, Philippines*; 6. *Charles Sturt University, Australia*; 7. *International Rice Research Institute, Los Banos, Philippines*)

In a common sense, ecological engineering ( EE ) was defined as that the design, construction and management of ecosystems that have value to both humans and the environment. EE is a rapidly developing discipline that provides a promising technology to solve agricultural, ecological and environmental problems. EE for pest management aims at ( 1 ) enhancing biodiversity through providing food and shelter resources to natural enemies ( NE ) and ( 2 ) conserving biodiversity via reduction of pesticide use. The two EE pillars can build up NE and restore important ecosystem services and resilience that are vital in reducing vulnerability to insect pest outbreaks.

The first EE field experiment was in Jinhua, Zhejiang in 2008 and the non-insecticide and non-fungicide use enhancing the NE in regulation main insect pest populations have been set up since earlier 2000S in Sanmen county in the same province. The current field experiments in both sites strongly indicated the key roles of NE in decrease of population growth of insect pests, functional gain of no or reduced insecticide use and higher profit of EE approach.

The main EE technical package has been delivered continuously to farmers, agro-tech extension staff through launching day, specially designed and published cartoon, newspaper articles and book, farmer field day, face to face, new media including blog, micro-blog ( blog. sina. com. cn/wbph ), QQ, Zhejiang Farmer e-mail box system ( www. zjnm. cn ), etc. Positive feedbacks arrived from media-receivers and practices have been taken by large farmers, extension system in different regions in large scale. The combination of traditional media and neo-media increases the up-scaling of EE effectively.

---

* E-mail: of the corresponding author ZRZHU@ ZJU. EDU. CN

## Key References

Chen W, ZR Zhu, et al. 2012. Technical Cartoons of Ecological Engineering for Pest Management in Rice (1, 2). China Agriculture Press. http:/ricehoppers. net

Gurr GM, Wratten SD, Snyder WS and Read DMY. 2012, Biodiversity and Insect Pests: Key Issues for Sustainable Management. Wiley Blackwell, Oxford.

Zhu ZR, ZX Lv, MQ Yu, R Guo, JA Cheng. 2012. Ecological Engineering for Pest Management in Rice. China Agriculture Press.

# Applying Genetic Diversification for Sustainable Disease Management in Rice

C. M. Vera Cruz[1]* N. Castilla[1] L. Willocquet[2] S. Suwarno[3] S. Santoso[3]
A. Nasution[3] Y. Sulaeman[3] S. Savary[2] E. Hondrade[4] R. F. Hondrade[4]
F. Elazegui[1] L. Zheng[5] L. Murray[5] M. Shepard[6] M. Hammig[6]
C. Mundt[7] and K. Garrett[5]

( 1. *International Rice Research Institute, Los Banos* 4030, *Philippines*;
2. *INRA AGIR* – *Centre de Recherche de Toulouse*, *UMR* 1248, *BP* 52627, 31326
*Castanet-TolosanCedex*, *France*; 3. *Indonesian Center for Rice Research*,
*Sukamandi* 35512, *Indonesia*; 4. *University of Southern Mindanao*, *North
Cotabato*9400, *Philippines*; 5. *Kansas State University*, *Manhattan*, *KS* 66506,
*USA*; 6. *Clemson University*, *Clemson*, *SC* 29634, *USA*; 7. *Oregon State
University*, *Corvallis*, *OR* 97331, *USA*)

Advances in disease management using genetic diversification approachescould contributeto improvedcrop and landscape management of rice genetic resources. With science-based inter-row planting design combined with farmers' indigenous knowledge, a large-scale adoption of the diversification scheme under irrigated environment in Yunnan, Chinaresulted in yield gains and reduced pesticide use against the most damaging disease, rice blast, in this rice production area. This strategy has proven effective to manage disease in several pathosystems for both annual and perennial crops. We have extended a similar strategy to manage a major disease causing severe yield losses in the uplands of Indonesia, where newly released high-yielding improved varieties in the 1990's succumbed to rice blast after one to three cropping seasons of wide deployment. We studied the efficiency of variety mixtures composed of resistant and susceptible varieties in reducing leaf and neck blast and increasing yield. In two sets of field experiments, different proportions of resistant and susceptible varieties, ranging from moderately susceptible to highly susceptible, were designed, and efficiency of varietal mixtureswasassessed based on disease intensity and yield in mixed and pure stands. Although disease pressure varied over the years, mixtures were more efficient when the proportion of resistant variety was increased, when a moderately susceptible variety was used instead of highly susceptible variety, and when disease levels in pure standswerehigher than in mixtures. There was no penalty in resistant componentsin mixture when resistant and susceptible varieties were interplanted in rows, even under high disease pressure based on disease level and yield. Farmers would adopt this technology if the components of variety mixtures have

---

* E-mail: of the Corresponding author: C. VeraCruz@ irri. org

similar duration, height and grain quality.

A multi-level diversification approach was further evaluated primarily for sustaining food production, but also for pest management, in rolling areas of southern Mindanao under rubber plantations. Although pest occurrences were low during the course of the study, we evaluated this form of landscape management on crop production because its impact can lead to losses if this is not designed with pests as one of the considerations. We intercropped two farmer-preferred rice varieties – traditional, highly valued Dinorado and improved UPL Ri5, in pure stand and mixture – and mungbean under 1-3 yr old rubber, in a total of 10 rows for different rice and mungbean combinations. Disease occurrence for rice brown spot, narrow brown spot, leaf and panicle blast varied in different years on Dinorado and UPL Ri5 in all intercropping combinations, similar topod rot of mungbean. Overall, however, disease and insect pests were present at fairly low levels. The estimated land equivalent ratio (LER) for rice mixture differed from year to year, but the mungbean intercrop LER estimate for 20% mungbean was significantly greater than 1 in all three years and significantly greater than 1 in two of three years for 50% and 80% mungbean treatments. Although yield in fields of farmer-cooperators was highly variable, there was some evidence for benefits of these forms of cropping system diversification.

**Key words**: disease management, intercropping, landscape management, rice genetic diversification, variety mixture

## Key References

Zhu Y, H Chen, J Fan, Y Wang, Y Li, J Chen, JX Fan, S Yang, L Hu, H Leung, TW Mew, PS Teng, Z Wang and CC Mundt. 2000. Genetic diversity and disease control in rice. Nature 406: 718 – 722.

Vera Cruz CM, NP Castilla, Suwarno, Santoso, E Hondrade, RF Hondrade, T Paris, and FA Elazegui. 2009. Rice disease management in the uplands of Indonesia and the Philippines. In: Haefele SM and Ismail AM (eds), Natural resource management for poverty reduction and environmental sustainability in fragile rice-based systems. Limited Proc No. 15. Los Ba? os (Philippines): International Rice Research Institute, pp. 10 – 18.

Castilla NP, L Willocquet, S Suwarno, S Santoso, A Nasution, Y Sulaeman, S Savary, CM Vera Cruz. 2010. Assessing the effect of resistant-susceptible associations and determining thresholds for associations in suppressing leaf and neck blast of rice. Crop Protection 29: 390 – 400.

HondradeE, RF Hondrade, L Zheng, L Murray, JLE Duque, F Elazegui, M Shepard, M Hammig, C Mundt, CM Vera Cruz, K Garrett. 2012. Multi-level diversification for food production in Southern Mindanao rubber plantations: Rice mixtures intercropped with mungbean and young rubber trees. In preparation.

# Current Status and Future Perspective of Disease Management in Rice Production of Japan

Tohru TERAOKA *

(*Tokyo University of Agriculture & Technology*: *TUAT*)

In rice production of Japan rice blast is still the most serious disease. And rice sheath blight, Bakanae disease, bacterial leaf blight, viral dwarf and leaf stripe are sometimes serious damage. Fortunatelymanyeffective chemical agents are commercially availablenow to control the diseases. But some risks, such as emergence of the unique pathogen resistant to the chemicals, are always involvedin the chemical application. Further from the aspects of environmental burden and food safety various efforts have been desiredto decrease or support the chemical application. So other control methodshave been developed and applied based on the disease triangle or tetrahedron. Breeding of resistant varieties is one of the economical and effective methods to control the diseases. However the true resistance of varieties governed by a major gene is often broken down due to the emergence of unique virulent races after only several years of the usage. Then application ofthe near-isogenic lineswith a blast resistant gene, practically by mixing the seeds of some lines, called as "multi-lines", is a good example to increase host genetic diversityand avoid easy breakdown of resistance. Actually this method has beenbroughtinthe major cultivars "Koshi-hikari" (1) or "Sasa-nishiki". The effectiveness of multi-lines in reducing blast disease has been demonstrated in Japan almost without chemical application. Additionally some biological agents such as *Trichoderma* (2) or *Penicillium* spp. (3) are also commerciallyuseful as seed disinfectants for blast and Bakanae disease. Recently some groups reported independently that some avirulencegenes in *Magnaporthe* (4) and *Xanthomonas* (5) and also the corresponding resistant genes (6) in rice plants were identified in molecular levels. Our group also reported that transgenic rice plants over-expressing mannose binding rice lectin have enhanced the resistance to rice blast (7) . Additionally some chemicals to induce resistance, called as "plant activators", are developed and their action mechanisms are gradually elucidated. And new mycoviruses (8) with potential ability of hypovirulence and horizontal transmission are found in some rice isolates of *Magnaporthe*. Probably thesenovel information will open thenewstrategiesin disease management.

1. *Breeding Science*, 55: 371 ~ 377 (2005)
2. *J PesticSci*, 32 (3): 222 ~ 228 (2007)
3. *J Gen Plant Pathol*, 78: 54 ~ 61 (2012)
4. *Nature*, 434: 980 ~ 986 (2005); *Plant Cell*, 21: 1573 ~ 1591 (2009); *Mol Plant*

---

* E-mail: teraoka@ cc. tuat. ac. jp

Pathol, 211: 419 ~ 427 (2010); *PLos Pathogen*, 8: e1002711 (2012)

5. *J Bacteriol*, 187: 2308 ~ 2314 (2005), 188: 4158 ~ 4162 (2006); *FEMS MicrobiolLett*, 259: 133 ~ 141 (2006), 319: 58 ~ 64 (2011); *Microbiology*, 155: 3033 ~ 3044 (2009); *MPMI*, 22: 96 ~ 106 (2009), 22: 321 ~ 329 (2009)

6. *Genetics*, 180: 2267 ~ 2276 (2008); *Nature Biotechnol*, 30: 174 ~ 179 (2012); *Plant J*, 66: 467 ~ 79 (2011);

7. *J Gen Plant Pathol* 77: 85 ~ 92 (2010)

8. *J GenVirol* 91: 3085 ~ 3094 (2010); *J Virology*, 86: 8287 ~ 8295 (2012)

# Fungicide Resistance in Rice Blast Fungus: Sensitivity, Virulence, and Fitness Components of Korean Isolates of *Magnaporthe oryzae* to Edifenphos and Iprobenfos

Ki Deok Kim[*]

(*Division of Biotechnology, Korea University*
*Anam-dong, Sungbuk-gu, Seoul 136-713, Republic of Korea*)

The sensitivity of *Magnaporthe oryzae* isolates from different geographic areas in Korea to two phosphorothiolates (PTL) fungicides such as edifenphos and iprobenfos was examined. A total of 1, 080 *M. oryzae* isolates were collected from rice-cultivating fields in 11 locations throughout Korea in 1997 and 1998. The minimum inhibitory concentrations (MIC) of edifenphos (20 μg a. i. /ml) and iprobenfos (55 μg a. i. /ml) against seven representative sensitive isolates were determined from the dose-response curves, and the MIC was used as single discriminatory concentrations for the detection of fungicide resistance. Isolates resistant to edifenphos and iprobenfos among 1, 080 isolates tested were 57 and 84%, respectively; 53% of the isolates were resistant to both fungicides. About 11% of all tested isolates showed no growth at the MIC of the tested fungicides. Isolates with a relative mycelial growth of 0.05 to edifenphos occurred at the greatest frequency (33%); isolates with a relative growth of 0.3 to iprobenfos occurred at the greatest frequency (23%). The frequency distribution of isolates sensitive to either edifenphos or iprobenfos varied with geographic location. Analysis of Spearman's rank correlation test showed a significantly positive relationship ($r = 0.490$, $P < 0.001$) between edifenphos and iprobenfos sensitivities. Therefore, these results indicate that differences in sensitivity to the PTL fungicides, edifenphos and iprobenfos, exist among *M. oryzae* populations from different geographic areas in Korea, and isolates resistant to these fungicides exhibit cross-resistance with each other.

In another study, the virulence of the fungal isolates sensitive and resistant was evaluated to the edifenphos and iprobenfos on rice plants treated with or without the fungicides. Monoconidial isolates sensitive and resistant to the fungicides were selected from mycelial growth assay of 1, 080 isolates on fungicide-amended media. Two times MIC of edifenphos (40 μg a. i. /ml) and iprobenfos (110 μg a. i. /ml) were the least concentration producing great virulence differences when inoculating four resistant and four sensitive isolates on 6-leaf-stage rice plants treated with different concentrations of the fungicides. Using these as discriminatory concentrations, further virulence tests with 20 sensitive and 20 resistant isolates were conducted. Resistant isolates to ed-

---

* E-mail: kidkim@ korea. ac. kr

ifenphos produced significantly ($P$ < 0.0001) greater disease severity and susceptible lesion number per leaf area (SLNLA) than sensitive isolates on rice plants regardless of treatments. Sensitive isolates showed more significant ($P$ < 0.05) reduction of disease severity and SLNLA than resistant isolates on edifenphos-treated plants compared with the untreated controls. Similar results were obtained with iprobenfos treatments as observed in edifenphos treatments. However, disease severity or SLNLA of resistant isolates was not affected by iprobenfos compared with the untreated controls. Thus, it was evident that resistant isolates of *M. oryzae* were more virulent than sensitive isolates on rice plants; resistant isolates were less affected by the fungicides. Taken together, rice blast management programs should consider a potential adaptation enhancement for increased PTL-fungicide resistance in *M. oryzae* populations.

## References

Kim, Y. S., and Kim, K. D. 2009. Evidence of a potential adaptation of *Magnaporthe oryzae* for increased phosphorothiolate-fungicide resistance on rice. Crop Protection 28: 940 – 946.

Kim, Y. S., Oh, J. Y., Hwang, B. K., and Kim, K. D. 2008. Variation in sensitivity of *Magnaporthe oryzae* isolates from Korea to edifenphos and iprobenfos. Crop Protection 27: 1 464 – 1 470.

# Discovery of Probenazole, A Unique Plant Activator Controlling Rice Blast, and the Innovative Application Techniques to Exert Its Characteristics

Kentaro Yamamoto [*]

(*Meiji Seika Pharma Co., Ltd. Agricultual & Veterinary
Research LABS, Yokohama 222-8567, Japan*)

Probenazole (3-allyloxy-1, 2-benzisothiazole-1, 1-dioxide) was developed as a first plant activator by Meiji Seika Kaisha, Ltd. (present Meiji Seika Pharma Co., Ltd.) in 1975. Since then, it has been used to protect rice against rice blast disease in Japan. As probenazole treatment is highly effective in inducing the disease resistance in rice plants while having no notable effect on the growth or virulence of rice blast fungus, it is referred to as a plant activator.

At the beginning our company launched Oryzemate? containing probenazole as an active ingredient. When Oryzemate? granule is applied to paddy fields, probenazole is absorbed by the roots of rice, then systemically transferred to whole plants, resulting in almost controlling the leaf blast. In 90's our company put on sale a new version of probenazole formulation. Dr. Oryze? under our brand name has been applied to the culture box before transplantation of rice seedlings. The application of such agrochemicals is an established laborsaving approach to controlling blast disease and some insects in Japan. In recent years probenazole product has been used in about 30% of paddy fields in Japan.

Since probenazole has been presumed to utilize an innate immune system in plants, we have mainly investigated the responses in rice plants by probenazole in order to examine the defense mechanism in the rice-blast fungus pathosystem. Here I also discuss the results of the studies conducted on disease responses in rice plants.

* E-mail: kentarou. yamamoto@ meiji. com

# New Insights into Rice Blast Resistance for Developing Durable Resistance to Magnaportheoryzae

Guoliang Wang[*]

(*Institute of Plant Protection, Chinese Academy of Agricultural Sciences,
Beijing* 100193, *China and Department of Plant Pathology, Ohio State
University, Columbus, Ohio* 43210 *USA*)

**Abstract:** Rice blast, caused by the filamentous ascomycete fungus Magnaportheoryzae, is a destructive and widespread disease of rice. Useof resistant cultivars is the most economic and environmentallysound way to control the disease. In the last two decades, significant progress has been made in mapping and cloning important host resistance fungal pathogenesis genes. Over 85 resistance (R) genes have been mapped in the rice genome, and 23 have been cloned. Similarly, about 40 avirulence (Avr) genes have been mappedin the M. oryzae genome, and 9 have been cloned. However, the molecular mechanism underlying the interaction between R and Avr proteins is not fully elucidated. In the last several years, we identified sixteen R genes from various broad-spectrum resistant cultivars and cloned four of them (Pi2, Pi5, Pi9 and Piz-t). All these four genes encode NBS-LRR proteins. We also cloned the AvrPiz-t gene encodes a novel secreted effector that has no homolog in any microorganism. Live-cell imaging analysis showed that the AvrPiz-t protein preferentially accumulates in the biotrophic interfacial complex (BIC) and is thentranslocated into the rice cell. Ectopic expression of AvrPiz-t in transgenic rice leads to the suppression of flg22- and chitin-induced ROS generation, to the reduction of defense genes and enhanced susceptibility to virulence blast strains. In the yeast two-hybrid screens, we identified 12 AvrPiz-t interacting proteins (APIPs). Among them, three are RING finger E3 ubiquitin ligases. We demonstrated that AvrPiz-t interacts with three host E3 ligases (APIPs) and suppresses their ligase activity. Interestingly, one of the E3 ligases, APIP6, ubiquitinates AvrPiz-t in vitro and degrades AvrPiz-t in vivo. In return, APIP6 degrades AvrPiz-t in vivo. In the APIP6silencing plants, the chitin- or flg22-induced ROS generation was significantly reduced compared to the wild type. The APIP6RNAi rice plants showedan increased susceptibility to virulent blast strain compared to the wild type. Taken together, our data suggest that M. oryzae effector AvrPiz-t suppresses host innate immunity by targeting the RING-type E3 ligase APIP6 for degradation in rice. Based on the results from molecular studies, new strategies for the control of rice blast will be discussed.

---

* E-mail: wang. 620@ osu. edu

# RNA Interference Mediated Marker-free Transgenic Rice Resistant to *Rice stripe virus* and *Rice black-streaked dwarf virus*

Hongwei Li    Biao Wang    Li Li and Xifeng Wang *

(*State Key Laboratory for Biology of Plant Diseases and Insect Pests,*

*Institute of Plant Protection, Chinese, Academy of Agricultural*

*Sciences, Beijing* 100193, *China*)

*Rice stripe virus* (RSV) and *Rice black-streaked dwarf virus* (RBSDV) are two widespread pathogenic viruses that cause serious loss of yield in japonica rice. RNA interference (RNAi) triggered by hairpin RNA (hpRNA) transcribed from a transgenic inverted-repeat sequence is an effective way to defend against viruses in plants. In this study, three hpRNA expression vectors containing a sense arm and an antisense arm of 270, 306 and 538bp separated by an intron of the rice Nipponbare waxy-a gene was constructed to target the partial coat protein gene of RSV, RBS-DV and RSV + RBSDV respectively. These three vectors and pCMBIA1301 which contained marker gene were used to transform *Agrobacterium tumefaciens* strain EHA105 respectively. The transformed Agrobacterium strain was used to transform rice embryonic calli isolated from mature embryos by an improved culture technique. In all, 447 regeneration plants with vector pCAM-BIA1301 + / -D, 139 with pCAMBIA1301 + / -R and 105 with pCAMBIA1301 + / -B have been obtained respectively. Nested PCR screening results indicated that 28 seedlings were positive with double viral genes. Part of the transgenic rice were doing resistance evaluation in the field, The result showed that transgenic rice grew better and caught light disease.

* E-mail: xfwang@ ippcaas. cn

# The Nucleoporin98 Homolog APIP12, Interacting with the Magnaporthe oryzae Avirulence Protein AvrPiz-t, Mediates Both Basal and Piz-t-dependent Disease Resistance in Rice

Mingzhi Tang[1]   Yangwei Shi[1]   Zhiming Zhang[2]   Hongyan Zhang[1]
Guoliang Wang[3]   Jiahai Zhou[2] and Bo Zhou[1,4]*

(1. *Institute of Virology and Biotechnology, Zhejiang Academy of Agricultural Sciences*, 198 *Shiqiao Road, Hangzhou, Zhejiang, China*, 310021; 2. *Shanghai Institute of Organic Chemistry, Chinese Academy of Sciences*, 345 *Lingling Road, Shanghai, China*, 200032; 3. *Department of Plant Pathology, the Ohio State University, Columbus, OH*, 43210; 4. *International Rice Research Institute, DAPO Box* 7777, *Metro Manila, Philippines*)

The rice blast resistance gene Piz-t mediates resistance to the devastating fungal disease rice blast by recognizing its cognate avirulence gene AvrPiz-t in Magnaporthe oryzae. A total of 12 AvrPiz-t interacting proteins, designated as APIPs, were identified by a yeast-two-hybrid approach. APIP12 encodes a putative protein showing significant sequence homology to members of the nucleoporin 98 (NUP98) family. However, APIP12 appears to be unique from other NUP98 homologs with respect to its atypical FG repeats and cladistic relationship. The central portion of APIP12 (314-475 aa) was critical for the interaction with AvrPiz-t delimited by the Y2H method. Interestingly, the N-terminus portion of AvrPiz-t interacts with APIP8, encoding an ubiquitin fusion degradation 1 like protein essential for the ubiquitin-dependent proteolytic pathway. The function of APIP12 in the basal and Piz-t-mediated resistance was investigated by phenotypic analysis of knockdown and overexpression transgenic plants. We found that APIP12 RNAi knockdown plants were more susceptible to virulent strains of rice blast. Moreover, the plants were lethal if APIP12 was silenced in the Piz-t genetic background. Interestingly, APIP12 RNAi knockdown plants showed significantly late flowering compared to wild plants. Therefore, we postulated that APIP12 is an essential component for flowering development and could be hijacked by AvrPiz-t for promoting the virulence of the rice blast pathogen. The finding that silencing of APIP12 promoted the Piz-t mediated cell death suggested that APIP12 could be a critical component involved in the Piz-t mediated resistance.

In this study, we also resolved the solution structure of AvrPiz-t by nuclear magnetic resonance (NMR). A total of 7 alkaline residues were exposed peripherally and were predicted to be

---

∗ E-mail: b. zhou@ irri. org

involved in protein-protein interaction. Each of these 7 residues was changed to alaline and the derived variants were used for functional analysis. Gene complementation tests of these variants revealed that all the transformants were virulent to Piz-t-carrying plants, indicating that mutations at each of the 7 alkaline residues compromised the recognition by Piz-t. The interactions of those AvrPiz-t variants with different APIPs were assessed using the Y2H method. Only the mutation at position 46 ( AvrPiz-tR46A ) was sufficient to attenuate the interaction between AvrPiz-t and APIP12. On the contrary, the mutations at these seven residues all compromised dramatically the interaction with APIP3. These data indicated that the protein-protein interaction status might pose different effects on the avirulence function of AvrPiz-t.

# Microsatellite Markers Development for *Sesamia inferens* (Walker) and *Laodelphax striatellus*: Genomic SSRs vs. EST-SSRs

Yudi Liu*    Luomao Hai    Anxing Kui and Maolin Hou

(*State Key Laboratory for Biology of Plant Diseases and Insect Pests,
Institute of Plant Protection, Chinese Academy of Agricultural
Sciences, Beijing* 100193, *China*)

Microsatellites or simple sequence repeats (SSRs) are the most powerful codominant markers in population genetics, with a broad spectrum of applications. For fully understand the population genetics of the studied species, the large numbers of microsatellite loci were needed. Now an average of 17.4 microsatellite loci are employed in studies published in the Molecular Ecology journal in 2011, especially for the studies of 'Ecological Genomics' and 'Molecular Adaptation'. However, it is difficult to develop large number of polymorphic microsatellite markers using traditional methods by one or two enriched library isolation. Recent developments in next generation sequencing (NGS) technology are currently overcoming the major drawback of traditional methods. Among next-generation sequencing technologies, the 454 GS-FLX technology has created new opportunities and made high-throughput microsatellite development cheaper and faster. In this study, we developed genomic microsatellite markers for the Pink Stem Borer, *Sesamia inferens* (Walker) using next-generation Roche 454 pyrosequencing method, and EST-SSRs for the small brown planthopper, *Laodelphax striatellus* from the combined EST library listed by the NCBI database.

Genomic microsatellite SSRs development of *S. inferens*: 1459 SSRs containing candidate sequences were isolated using enriched method from a single-type line using 454 sequencing. 39 functional microsatellite markers (di-, tri- and tetranucleotide SSRs, minimum repeats > 8) were selected to synthesis for further optimization, and 21 loci exhibited reliable amplification of a single product of expected size. All of these 21 loci showed polymorphic in the 96 *S. inferens* individuals. Cross species amplification was tested in *Chilo suppressalis*, *Tryporyza incertulas*, *Cnaphalocrocis medinalis* (Guenée), which are three other important rice pests. Marker transferability is different among these three species (*C. suppressalis* 21.62%, *T. incertulas* 16.22, *C. medinalis* 0%). This set of genomic microsatellite primers enriched for *S. inferens* has the limited cross-species applicability.

EST-based SSRs isolation of the *L. striatellus*: we developed PCR primers for 40 di- or tricandidate SSRs (minimum repeats > 8) from the combined EST library resulting from published 454 pyrosequencing of *L. striatellus* cDNA. After extensive optimization, 13 primer pairs exhibited reliable amplification of a single product of expected size. All of these 13 loci showed polymorphic in 96 *L. striatellus* individuals. Here, we also tested these 40 SSRs for cross species amplification in two other planthoppers, *Nilaparvata lugens* and *Sogatella furcifera* (Horváth). The cross-species transferability was high, with high percentages of loci producing PCR products in all species tested.

Compared with EST-based SSRs, genomic SSRs have some advantages over than ESR-SSRs, as they have higher polymorphism rates than SSRs in noncoding regions and they may not experience selection. As next generation sequencing (NGS) technologies make EST resources being rapidly growing and becoming publicly available and offer a rich source of information for development of SSRs. SSRs residing in EST sequences typically benefit from higher amplification rates and higher levels of cross-species transferability. Therefore, for the species with poor genomic information, it is the first choice to use the NGS to rapidly develop large number of microsatellite markers from genomic DNA.

# Molecular Characterization and RNA Interference of Midgut Aminopeptidase N Isozymes from *Chilo suppressalis*

Xing-yun Wang    Li-xiao Du    Lan-zhi Han and Mao-lin Hou[*]

(*Institute of Plant Protection*, *Chinese Academy of Agricultural Sciences*, *State Key Laboratory of Plant Disease and Insect Pests*, *Beijing* 100193, *China*)

**Abstract**: Genetically modified rice expressing cry genes from *Bacillus thuringiensis* (Bt) has exhibited high efficiency and can provide season-long protection against the main target pests of *Chilo supperssalis*. However, evolution of insect resistance threatens the long-term applications of Bt rice. Understanding molecular resistant mechanism of *C. supperssalis* to Bt will facilitate development of effective strategies for delaying or countering resistance. Aminopeptidase N (APN) protein located at the midgut epithelium of some lepidopteran species has been implicated as a Cry1A receptor and is associated with insect resistance in some species, such as *Diatraea saccharalis*, *Trichoplusia ni* and *Helicoverpa armigera*. To determine APN-mediated resistance in *C. supperssalis*, cDNAs of two APN isoforms, CsAPN2 and CsAPN3, were identified and sequenced by degenerative primer PCR and RACE techniques. The characteristic APN sequence features were derived from deduced amino acid sequences of the cloned cDNAs. Purified CsAPN protein from *C. supperssalis* larvae bound to Cry1Ab on ligand blot showed that CsAPN is a receptor for Cry1Ab. The mRNA level was assessed for two genes in three different gut tissues and different developmental stages using real-time quantitative PCR. The expression of CsAPN3 genes in fourth-instar larvae was predominantly in midgut tissues, followed by hindgut and foregut, but transcript expression of CsAPN2 did not differ significantly in foregut, midgut and hindgut tissues. Two CsAPNs have expression in all the larval developmental stages. The expression of CsAPN3 was low in the first- and second-instar larvae and reached the highest level in the third-instar larvae, then declined in the fourth- and fifth-instar larvae. The transcripts of CsAPN2 changed slightly in different larval stages with the high level in the first-, third-, and fifth-instar larvae and low level in the second- and fourth-instar larvae. To verify the involvement of CsAPN2 and CsAPN3 in Cry1Ab toxicity and resistance, RNA interference (RNAi) was employed to knockdown the two genes expression by siRNA micro-injection technique in *C. supperssalis* larvae. The transcript level for CsAPN2 and CsAPN3 gene was reduced by 81.0% and 70% in siRNA injection for 48 h treatments as compared with the control treatment. Down-regulating expressions of two CsAPNs genes by RNAi were corresponding to the reductions in the specific CsAPN activity. Further bioassay indicated that mortality of RNAi-treated *C. supperssalis* neonates fed diet containing Cry1Ab was reduced significantly relative to that of control treatment. Our results showed that reduction in expression of the two CsAPNs is functionally associated with the Cry1Ab resistance in *C. supperssalis*.

**Key words**: *Chilo supperssalis*; aminopeptidase N; molecular characterization; RNA interference; transcript expression; resistance

---

* E-mail: mlhou@ippcaas.cn

# RNA-Seq Elucidates Global Transcriptional Changes in Rice Triggered by Rice Stripe Virus Infection

Sen Lian  SangMin Kim  Won Kyong Cho and Kook-Hyung Kim *

( *Department of Agricultural Biotechnology and Research Institute for Agriculture and Life Sciences, Seoul National University, Seoul* 151-921, *Republic of Korea* )

**Abstract**: Rice ( *Oryza sativa* L. ) is an important cereal crop worldwide and is one of representative model plants in plant research. *Rice stripe virus* ( RSV ) has become a major pathogen in rice causing serious damage on the yield of rice. To reveal the molecular mechanism of the rice transcriptome modulated by RSV infection, we performed a genome-wide gene expression analysis using next generation sequencing. The transcriptomes of RSV-treated plants at three different time points were compared to those of mock-treated plants. About transcripts for 90% of rice genes were mapped on the reference rice transcriptome. Based on two-fold changes, the ratios of differentially expressed genes were ranged from 8% to 11%. Among them, 532 genes were differentially expressed at three time points. Surprisingly, 37.6% of 532 genes are related to transposon. And 104 genes were just down-regulated while 110 genes were up-regulated regardless of infection time. Gene ontology ( GO ) enrichment analysis revealed significantly enriched GO terms at each time point ( 49 terms at 3 dpi, 10 terms at 7 dpi, and 48 terms at 15 dpi ). Many chloroplast genes required for photosynthesis were down-regulated at 3 dpi and 15 dpi. Expression of genes associated with cell differentiation and flowering was significantly repressed at 15 dpi. In contrast, a majority of up-regulated genes are localized to the cell wall, plasma membrane, and vacuole and they are known to function in various metabolic pathways and stress responses. In addition, we found that transcripts for diverse transcription factors were gradually accumulated with increasing infection time. Of genes containing NBS-LRR domains, expression of many genes on chromosome 8 and 11 was strongly affected by RSV. We demonstrated that expression of more than 10% of receptor like kinases was changed by RSV infection. Except few genes, expression of genes involving RNA silencing like *ago*, *dicer*, and *rdr* was not affected. Comparative analysis showed that RNA-Seq based transcriptome analysis is much superior than the microarray based analysis. Taken together, we demonstrated that down-regulation of genes related to photosynthesis and flowering is strongly associated with disease symptoms caused by RSV and up-regulation of genes involved in metabolic pathways, stress responses, and transcription is related with the host defense mechanism.

**Key words**: Rice; *Rice stripe virus*; transcriptome; RNA-Seq; gene expression

---

* E-mail: kookkim@ snu. ac. kr, Tel: +82-2-880-4677; Fax: +82-2-873-2317

# Tipping the Balance: *Sclerotinia sclerotiorum* Regulates Autophagy, Apoptosis and Disease Development by Manipulating the Host Redox Environment

Marty Dickman   Brett Williams   Mehdi Kabbage   and Wende Liu

(*Institute for Plant Genomics and Biotechnology, Borlaug AdavancedReearch CenterTexas A&M University, Department of Plant Pathology and Microbiology, College Station, Texas 77843 USA*)

Disease symptoms in necrotrophic fungal infection have been attributed to direct killing of host tissue via secretion of toxic metabolites by the pathogen. Recently however, accumulating evidence from several pathosystems have suggested that such fungi are tactically more subtle in the manner by which pathogenic success is achieved, though the mechanistic details are not known. *Sclerotinia sclerotiorum*is, a necrotrophic ascomycete fungus with an extremely broad host range (>400 species). This pathogen produces the non-specific phytotoxin and keypathogenicity factor, oxalic acid (OA). Our recent work indicated that the fungus and more specifically OA, can induce apoptotic-like programmed cell death (AP-PCD) in plant hosts. Importantly, we have also demonstrated that the induction of AP-PCD requires generation of ROS in the host, a process necessary for cell death and subsequent disease. Conversely, OA also dampens the plant oxidative burst, an early host response associated with defense. A challenge regarding OA in this context is the observation that OA both suppresses and induces host ROS during the same interaction. To address this issue, we have generated transgenic plants expressing a redox-regulated GFP reporter. Results show that initially, *Sclerotinia* (via OA) generates reducing conditions in host cells that suppress host defense responses including the oxidative burst and callose deposition, akin to hemi-biotrophicpathogens. Once infection is established however, *Sclerotinia* induces generation of plant reactive oxygen (ROS) leading to AP-PCD, of direct benefit to the pathogen. Moreover the OA⁻non-pathogenic, *Sclerotinia*mutants, induce autophagy in the host. Time permitting, a novel chorismate mutase effector from the *S. sclerotiorum*that is a functional relative of an effector from the biotroph *Ustilago maydis* will be discussed.

# Tolerance Differences between *Chilo suppressalis* and *Sesamia inferens* to Bt rice/toxins

Yangyang Xu    Chao Han    Lanzhi Han* and Maolin Hou

(*Institute of Plant Protection, Chinese Academy of Agricultural Sciences, State Key Laboratory of Plant Disease and Insect Pests, Beijing* 100193, *China*)

**Abstract:** The striped stem borer (SSB), *Chilo supperssalis* Walker and the pink stem borer (PSB), *Sesamia inferens* Walker are the major rice pests in rice growing areas of China. Recently, SSB and PSB populations have increased gradually, due to changes in rice cultivation, global climate and pest resistance to chemical insecticides. The development of transgenic rice lines expressing *Bacillus thuringiensis* (*Bt*) insecticidal protein provides the new strategy for the control of SSB and PSB. However, protein types of Bt insecticidal crystals are different, so are their insecticide spectrums. Some reports showed that Bt rice/toxins have high control efficiency on SSB, but low efficiency on PSB. Moreover, there was a small quantity of residual PSB in Bt rice field late in the season. The survival of PSB larvae on Bt rice probably accelerates the evolution of insect resistance and influences the sustainable utility of Bt rice. Therefore, tolerance differences between SSB and PSB to Bt rice/toxins and possible biochemical mechanism were conducted to help design appropriate management tactics to delay the evolution of insect resistance.

Detached stem bioassays were conducted to determine the effect of two transgenic Bt rice lines, TT51 and Cry2A, and their untransformed parental cultivar, Minghui63, on the survival of PSB and SSB at four different growing stages. After 48 h and 96 h infestation on TT51 rice lines at four growth stages, the corrected mortalities of SSB varied from 72.4 to 77.9% and 100%, respectively, whereas the corresponding values of PSB varied from 15.8% to 46.2% and from 75.0% to 80.0%, respectively. In contrast, the corrected mortalities of SSB feeding on Cry2A lines for 48 h and 96 h ranged from 19.7 to 33.8% and from 62.0% to 70.7%, respectively. However, the corresponding mortalities of PSB ranged from 3.9 to 27.3% and 40.0 to 45.6%, respectively. Significant differences for survival were observed between SSB and PSB feeding on transgenic TT51 and Cry2A lines at four growing stages.

Nutrition indices, Corrected Relative Growth Rate (CRGR), Corrected Relative Consumption Rate (CRCR) and Corrected Approximate Digestibility (CAD), were determined to compare the effect of transgenic rice lines on PSB and SSB larval consumption and digestibility. CADs of PSB feeding on both TT51 and Cry2A lines were obviously lower than those of SSB, but CGGRs of

* E-mail: lzhan@ippcaas.cn

Funded by the National Genetically Modified Organisms Key Breeding Projects of China (2011ZX08011 – 001 and 2011ZX08012 – 004)

PSB feeding on the two transgenic lines were significantly higher than those of SSB, exhibiting potential adaptability to Bt rice.

Baseline susceptibilities of PSB and SSB to different Bt toxins were established. The results of bioassay showed that the $LC_{50}$ values of PSB were obviously higher than that of SSB. The relative ratios of PSB $LC_{50}$ to SSB $LC_{50}$ were 20. 21 (Cry1Ac), 39. 13 (Cry1Ab), 3. 2 (Cry1Ah), 1. 85 (Cry1Ca) and 1. 57 (Cry2Aa), respectively, indicating significantly higher tolerance of PSB to Bt toxin compared with SSB.

Proteinase activities from PSB and SSB larval midgut extracts were compared. Overall, activities of total proteases, trypsin-like proteinases and chymotrypsin-like proteinases of SSB were significantly higher than that of PSB. However, there was no significant difference for aminopeptidase activities between SSB and PSB. The result suggests the protease-mediated tolerant mechanism in PSB.

**Key words**: *Chilo supperssalis*; *Sesamia inferens*; *Bacillus thuringiensis*; tolerance; difference